AF293813

Bachem · Jünger · Schrader (Hrsg.)   Mathematik in der Praxis

Springer
Berlin
Heidelberg
New York
Barcelona
Budapest
Hong Kong
London
Mailand
Paris
Tokyo

Achim Bachem   Michael Jünger
Rainer Schrader   (Hrsg.)

Mathematik in der Praxis

*Fallstudien aus Industrie, Wirtschaft,
Naturwissenschaften und Medizin*

Mit 112 Abbildungen,
davon 2 in Farbe

Springer

Achim Bachem

Mathematisches Institut
Universität zu Köln
Weyertal 86-90
D-50931 Köln

Michael Jünger
Rainer Schrader

Institut für Informatik
Universität zu Köln
Pohligstraße 1
D-50969 Köln

Mathematics Subject Classification (1991): 62-XX, 68-XX, 70-XX, 73-XX, 76-XX, 78-XX, 80-XX,81-XX, 90-XX, 92-XX, 93-XX

ISBN-13:978-3-642-79764-4

Die Deutsche Bibliothek – CIP-Einheitsaufnahme
Mathematik in der Praxis:
Fallstudien aus Industrie, Wirtschaft, Naturwissenschaften und Medizin / Achim Bachem...(Hrsg.).-
Berlin; Heidelberg; New York; Barcelona; Budapest; Hong Kong; London; Milan; Paris; Tokyo:
Springer, 1995
ISBN-13:978-3-642-79764-4   e-ISBN-13:978-3-642-79763-7
DOI: 10.1007/978-3-642-79763-7

NE: Bachem, Achim [Hrsg.]

Umschlaggestaltung: Design & Concept, Heidelberg
Satz: Reproduktionsfertige Vorlage von den Herausgebern
SPIN 10501155   44/3143 – 5 4 3 2 1 0 – Gedruckt auf säurefreiem Papier

Geleitwort

Mathematik ist eine Wissenschaft mit vielen Facetten. Manche Mathematiker sehen sie als Naturwissenschaft, manche als Geisteswissenschaft, manche auch als Kunst. Mathematik ist auch eine Sprache. In dieser Funktion liegt vielleicht ihre größte Bedeutung für den Nichtmathematiker. Einsichten über die Natur lassen sich mit Hilfe von Mathematik präzise darstellen. Viele Probleme in Wirtschaft und Industrie können mathematisch formuliert werden. Mit Mathematik kann man derartige Probleme aber nicht nur modellieren. Mit Mathematik – und häufig nur mit Mathematik – kann man einige dieser Aufgaben auch lösen.

Es mag sein, daß sich die Mathematiker über längere Zeit zu sehr mit sich selbst und zu wenig mit der Welt außerhalb ihrer komplexen Denkgebäude beschäftigt haben. Diese Haltung hat sich in den letzten Jahren deutlich gewandelt. Der vorliegende Band ist ein Ausdruck dieser Veränderung.

Die Mathematiker suchen Kontakt zu den drängenden Fragen der Praxis und sind bereit, Anwender von Mathematik bei der mathematischen Modellierung ihrer Probleme zu unterstützen und mathematische Theorien sowie effiziente Algorithmen zur Lösung dieser Aufgaben zu entwickeln. Sie versuchen auch, die Öffentlichkeit in verständlicher Form über ihre Arbeit zu unterrichten. Die Deutsche Mathematiker-Vereinigung hat die Notwendigkeit der Öffnung der Mathematik erkannt und fördert sie nachdrücklich.

Die erfolgreiche Tagung „Mathematik in Industrie und Wirtschaft", vorzüglich in Köln im März 1993 organisiert von den Kollegen Bachem, Jünger und Schrader und ihren Mitarbeiterinnen und Mitarbeitern, zeugt von diesem „Trend zur größeren Praxisnähe". Das vorliegende Buch enthält die Ausarbeitungen der meisten der auf der Tagung gehaltenen Vorträge. Mathematiker aus Hochschule und Industrie sowie Fachleute aus der Praxis haben dazu beigetragen. Die Aufsätze belegen wie vielfältig und wie aufregend gute Mathematik im Spannungsfeld zwischen Theorie und Anwendung sein kann. Mathematik zeigt sich hier in einer weiteren Funktion. Sie ist – im besten Sinne – Hilfswissenschaft; gleichzeitig aber benutzt sie die Anwendungen als Inspiration zu ihrer eigenen Weiterentwicklung. Kann man Schöneres über eine Wissenschaft sagen?

Martin Grötschel
Vorsitzender der Deutschen Mathematiker-Vereinigung

Berlin, im Mai 1995

Vorwort

Im März 1993 fand an der Universität zu Köln die Tagung „Mathematik in Industrie und Wirtschaft" statt. Wir hatten gerne die Anregung der Deutschen Mathematiker-Vereinigung (DMV) aufgenommen, neben der jährlich stattfindenden DMV-Jahrestagung einen neuen Versuch zu wagen. Würde es möglich sein, anwendbare und angewandte Mathematik in einem Kreis von Industrie-, Wirtschafts- und Hochschul-Mathematikerinnen und -Mathematikern zu diskutieren und gleichzeitig der Öffentlichkeit einen Einblick in die Rolle der Mathematik in unserer Gesellschaft zu geben?

Jeder von uns hat die Erfahrung gemacht, daß das öffentliche Bild der Mathematik gespalten ist. Die Hochachtung vor den geistigen Leistungen der Mathematikerinnen und Mathematiker mischt sich oft mit dem Gefühl, daß diese sich mehr als andere Wissenschaftler im akademischen Elfenbeinturm aufhalten, sich bestenfalls untereinander verstehen und Forschungen betreiben, die mit der realen Welt draußen wenig zu tun haben. Ein wesentlicher Aspekt der Tagung war es, dazu beizutragen, dieses falsche Bild zu korrigieren. Mit Hilfe unserer Koorganisatoren Prof. Dr. Martin Grötschel (Deutsche Mathematiker-Vereinigung), Prof. Dr. Helmut Neunzert (European Consortium for Mathematics in Industry) und Dr. Simon Golin (Wissenschaftszentrum Nordrhein-Westfalen) und des großen Engagements der einzelnen Sektionsleitungsteams war es uns gelungen, Vortragende zu finden, die über ihre Forschungen und Anwendungen berichteten. Die Beiträge aus Automobilindustrie, Chemischer Industrie, Robotik, Medizin, Biologie, Versicherungswirtschaft, Banken, sowie aus den Bereichen Transport und Kommunikation gaben allen Anwesenden einen schönen Einblick in die facettenreichen konkreten Anwendungen aktueller mathematischer Forschung.

Natürlich lag es nahe, den Versuch zu unternehmen, ein Buch zu konzipieren, das das vorgetragene und teilweise heftig diskutierte Material einer größeren Öffentlichkeit zugänglich macht. Unsere Bitte an die Vortragenden und einige andere, die nicht an der Tagung teilnahmen, uns bei einem solchen Buchprojekt zu unterstützen, stieß auf eine erfreuliche Resonanz. Mit viel Engagement haben die Autorinnen und Autoren unsere Anregung aufgenommen, Artikel zu schreiben, die sowohl von Schülerinnen und Schülern im Oberstufen-Mathematikunterricht, Studierenden im Grundstudium, als auch von Fachleuten mit Gewinn gelesen werden können – eine sicherlich nicht einfache Aufgabe.

Es entspricht der Natur der Sache, daß die Beiträge in diesem Buch je nach Leserkreis unterschiedlich leicht „verdaulich" sind, eines haben sie jedoch alle gemeinsam: „Fachjargon" wird eingeführt, bevor er benutzt wird, und es wird zugunsten einer einführenden Übersicht auf technische Details verzichtet, wenn immer dies möglich ist. Es ist unser Ziel, daß die Leserinnen und Leser einen Einblick in erfolgreich angewandte mathematische Methoden erhalten; wir wollen das Interesse wecken, ein vertieftes Studium muß sicherlich mit Hilfe anderer Quellen erfolgen.

In Analogie zur Sektionseinteilung der Tagung gliedert sich das Buch in sechs Teile:

- Mathematik in der Automobilindustrie
- Mathematik in der Chemischen Industrie
- Mathematik im CIM und in der Robotik
- Mathematik in Medizin und Biologie
- Mathematik in Versicherungen und Banken
- Mathematik in Transport und Kommunikation

Jeder einzelne Artikel kann unabhängig von den anderen gelesen werden. Thematische Überschneidungen zwischen einzelnen Beiträgen sind durchaus beabsichtigt, zeigen sie doch, daß das jeweils „richtige" Modell bzw. die jeweils „richtige" Methode durchaus Gegenstand aktiver wissenschaftlicher Diskussion ist.

Wir hoffen, daß dieses Buch dazu beiträgt, Schülerinnen und Schüler für das Mathematikstudium zu begeistern, und Industrie- und Hochschul-Mathematikerinnen und Mathematiker dazu anregt, interdisziplinäres Arbeiten in Anwendungen der verschiedensten Bereiche unserer Gesellschaft zu verstärken.

Das Titelbild symbolisiert den Inhalt dieses Buchs gleich in zweifacher Hinsicht. Man sagt, daß Galileo Galilei (1564–1642) im Jahre 1589 ebenfalls eine „Fallstudie" betrieben hat. Um die Fallgesetze zu studieren, warf er bei Windstille eine Kanonenkugel vom schiefen Turm von Pisa. Weitere Studien führten ihn zu der Erkenntnis, daß ein frei fallender Körper, unabhängig von seinem Gewicht, eine konstante Beschleunigung erfährt; heute wissen wir es genauer: $g \approx 9,81\,\mathrm{m/s}^2$ auf der Erde. Galileo Galilei war ein bedeutender „Praktischer Mathematiker". Im Jahre 1610 bezeichnete er die „Sprache der Natur" als Mathematik, deren Charaktere Dreiecke, Kreise und andere geometrische Figuren sind.

Achim Bachem   Michael Jünger   Rainer Schrader

Köln, im Mai 1995

Danksagung

Viele Kolleginnen und Kollegen im inner- und außeruniversitären Bereich haben uns durch ihren Rat und konkreten Beitrag unterstützt. Die „Initialzündung" gab Prof. Dr. Martin Grötschel mit der Idee zu der DMV-Tagung „Mathematik in Industrie und Wirtschaft". Prof. Dr. Helmut Neunzert und Dr. Simon Golin haben uns als zusätzliche Koorganisatoren der Tagung unterstützt. Die Organisation der sechs Themenbereiche resultiert im wesentlichen aus dem Engagement der Kolleginnen und Kollegen Prof. Dr. Hans Georg Bock, Dr. Wilhelm Krüger und Prof. Dr. Helmut Neunzert (Automobilindustrie), Prof. Dr. Peter Deuflhard, Dr. Günther Kaufhold und Dr. Anna Schreieck (Chemische Industrie), Dr. Rolf Bernhardt, Prof. Dr. Hans Georg Bock, Dr. Rainer Janßen und Prof. Dr. Dr. h.c. mult. Günter Spur (CIM und Robotik), Prof. Dr. Andreas Dress, Prof. Dr. Dr. h.c. mult. Manfred Eigen und Prof. Dr. Markus Löffler (Medizin und Biologie), Dr. Martin Balleer, Dipl.-Math. Ludger Bettmer, Prof. Dr. Albrecht Beutelspacher, Priv.-Doz. Dr. Franz-Peter Heider, Prof. Dr. Klaus Heubeck, Dr. Axel Holzwarth und Dr. Heidrun Ong (Versicherungen und Banken) sowie Prof. Dr. Rolf Möhring (Transport und Kommunikation).

Herr Dr. Joachim Heinze vom Springer-Verlag hat mit seinem großen Fachwissen im Publizieren von Mathematik wertvolle Anregungen gegeben und die Entstehung dieses Buchs konstruktiv begleitet.

Claudia Krupp, Judith Steinmann, Martin Diehl, Volker Kaibel und Joachim Kupke haben einige der Manuskripte in LaTeX erstellt. Frau Dr. Petra Bauer hat den Beitrag „Bestimmung optimaler Einsatzpläne für Flugpersonal" aus dem englischen Originalmanuskript übersetzt.

Ein herzliches Dankeschön an Herrn Theo Jünger für die Gestaltung des Buchumschlags.

Unser ganz besonderer Dank gilt Herrn Dipl.-Inform. Thomas Lange, der die zentrale Aufgabe der technischen Koordination übernommen hat und dem das ansprechende Erscheinungsbild dieses Buchs zu verdanken ist.

Inhaltsverzeichnis

Mathematik in Medizin und Biologie

Mathematik in Versicherungen und Banken

Mathematik in Transport und Kommunikation

Mathematik
in der Automobilindustrie

Kann man berechnen,
wie lange ein Auto hält ?

Andreas Beste[1], *Martin Brokate*[2] *und Klaus Dreßler*[3]

[1] AUDI AG, Ingolstadt
[2] Institut für Informatik und Praktische Mathematik, Universität Kiel
[3] Tecmath GmbH, Kaiserslautern

1 Einführung

Müßte man die in der Überschrift gestellte Frage mit einem Wort beantworten, so würde man sagen: Teilweise. Dürfte man einen ganzen Satz formulieren, so könnte man etwa antworten: Nur das richtige Zusammenspiel von Tests, Rechnungen und Ingenieurerfahrung ermöglicht es gegenwärtig, brauchbare Lebensdauervorhersagen bei vertretbarem Aufwand zu erstellen. Würde man sich auf Tests beschränken, so hieße das Echtzeitfahrt auf der Straße oder auf dem Prüfstand. Die Entwicklung wäre dann zu teuer und zu langwierig, da für jede Entwurfsvariante Prototypen des Fahrzeugs oder einzelner Teile desselben hergestellt werden müßten. Auf der anderen Seite sind die auf dem heutigen Stand von Theorie und Algorithmik durchgeführten Rechnungen für sich allein genommen nicht aussagekräftig und sicher genug. Tatsächlich sind gegenwärtig in der Betriebsfestigkeitsanalyse Tests und Rechnungen an mehreren Stellen verzahnt. Eine zentrale Rolle auf der Seite der Algorithmik spielen hier – neben FE- und BE-Verfahren – Verfahren zur Datenanalyse und -aufbereitung, und zwar im Bereich der Klassierverfahren insbesondere das *Rainflow-Verfahren*.

Betrachten wir nun ein einzelnes Bauteil eines Autos. Ziel der Betriebsfestigkeitsanalyse ist es, sicherzustellen, daß es unter den im Betrieb wirkenden Beanspruchungen innerhalb einer vorgegebenen Lebensdauer nicht versagt. Das Bauteil selbst wird charakterisiert durch seine Gestalt (auch als *Geometrie* bezeichnet), seine Werkstoffeigenschaften (insbesondere das Spannungs-Dehnungs-Gesetz, aber auch das thermische Verhalten) sowie durch seine vom Fertigungsprozeß herrührenden Anfangsbedingungen, etwa Oberflächenbeschaffenheit und Eigenspannungen. Die Kenntnis der bauteilbezogenen Daten reicht natürlich nicht aus, sondern muß durch Annahmen (sogenannte *Lastannahmen*) über die – etwa von Straßenbeschaffenheit und Fahrverhalten abhängigen – Betriebsbeanspruchungen ergänzt werden.

Stellen wir uns nun der Einfachheit halber das Ausmaß der Schädigung als eine Zahl $\delta \in [0,1]$ vor, wobei 0 dem vollständig intakten und 1 dem zerstörten Zustand entspricht. Ideal wäre es nun, wenn man δ aus den Bauteildaten (Geometrie und Werkstoff) und den Betriebsbeanspruchungen ohne weitere Tests und mit vertretbarem Zeitaufwand berechnen könnte. Dies ist aber in nahezu allen praxisrelevanten Situationen nicht möglich. Es ist daher äußerst hilfreich, wenn man wenigstens in der Lage ist, gewisse Folgen von Betriebsbeanspruchungen als für ein gegebenes Bauteil *schädigungsäquivalent* zu erkennen. Man hat dann die Möglichkeit, eine Datensammlung vieler langer Tests in komprimierter Form anzulegen, durch rechnerische Manipulationen neue Tests (für Straße oder Prüfstand) zu synthetisieren und sogar (mit geeigneten Zusatzüberlegungen) von kurzen Tests auf lange zu extrapolieren.

Wie wird ein Bauteil zerstört? Ist die wirkende Last (Spannung oder Dehnung) hinreichend groß, so zerbricht es unmittelbar. Aber[4]: „Der Bruch des Materials läßt sich auch durch vielfach wiederholte Schwingungen herbeiführen, von denen keine die absolute Bruchgrenze erreicht." Dieses Phänomen wird als *Materialermüdung* oder einfach Ermüdung bezeichnet und ist – jedenfalls im Fahrzeugbau – neben der Korrosion (auf die wir hier nicht eingehen) die wichtigste Versagensursache bei mechanisch belasteten Teilen. Wir setzen das Zitat fort: „Die Differenzen der Spannungen, welche die Schwingungen eingrenzen, sind dabei für die Zerstörung des Zusammenhangs maßgebend. Die absolute Größe der Grenzspannung ist nur in soweit von Einfluß, als mit wachsender Spannung die Differenzen, welche den Bruch herbeiführen, sich verringern." Man erhält also eine Funktion, welche den die Schwingung eingrenzenden Spannungswerten σ_1 und σ_2 die Anzahl N von Schwingungen zuordnet, bei deren Erreichen das Bauteil zerstört wird; in erster Näherung hängt N nur von der Amplitude $\sigma_a = |\sigma_2 - \sigma_1|$ ab. Die Kenntnis der Funktion $N = N(\sigma_a)$[5] ist eine zentrale Voraussetzung der meisten Rechnungen zur Lebensdauervorhersage. Ihre graphische Darstellung heißt *Wöhlerlinie* oder genauer *Bauteil-Wöhlerlinie*, da sich in dem auf Basquin [Ba10] zurückgehenden und vielfach verwendeten Ansatz[6]

$$\sigma_a = c_1 N^{c_2} \tag{1}$$

bei logarithmischer Skalierung beider Achsen eine Gerade ergibt. Ein typischer Wert für den Exponenten c_2 ist $-1/5$; eine Verdopplung der Schwingungsamplitude bedeutet dann eine Verkürzung der Lebensdauer um den Faktor 32.

Die Bauteil-Wöhlerlinie hängt offensichtlich nicht nur vom Werkstoff, sondern auch von der Geometrie des Bauteils sowie von Angriffspunkt und Art der Last ab. Ihre direkte experimentelle Ermittlung ist aufwendig und daher

---

[4] Wöhler [Wö70], zitiert nach Schütz [Sch93], S. 2. Die historischen Anmerkungen des laufenden Absatzes sind der Arbeit von Schütz entnommen.

[5] Sie wird grundsätzlich experimentell bestimmt. Verfeinerte Ansätze basieren in zunehmendem Maße auf mesoskopischen Modellen, etwa für Rißwachstum, siehe z.B. [VA91].

[6] Basquin hat bereits Zahlenwerte für die Konstanten c_1 und c_2 angegeben, basierend auf Wöhlers Versuchen.

nicht sehr geeignet im frühen Stadium der Entwicklung, solange noch viele Entwurfsparameter verändert werden. Selbst umfangreiche Tabellen- und Regelwerke zur systematischen Erfassung von Bauteilwöhlerlinien sind wegen der hohen Zahl der Freiheitsgrade nur begrenzt hilfreich. Im *Örtlichen Konzept* macht man sich dagegen zunutze, daß Ermüdung ein lokales Phänomen ist in dem Sinne, daß wir jedem Punkt x im Bauteil eine Schädigung $\delta(x)$ nur in Abhängigkeit vom Spannungs-Dehnungs-Verlauf in x zuordnen können. Hierfür genügt es, eine Wöhlerlinie des Werkstoffs zu kennen. Die kritischen Punkte sind in der Regel wohlbekannt oder leicht zu ermitteln. Um die Schädigung durch eine zeitabhängige äußere Last $L = L(t)$ zu bestimmen, muß man dann den zugehörigen lokalen Spannungs-Dehnungs-Verlauf bestimmen. Während dies mit FE-Verfahren grundsätzlich mit ausreichender Genauigkeit möglich ist, ist eine direkte Rechnung sehr aufwendig, da im schädigungsrelevanten Bereich das Materialgesetz nichtlinear und die Zahl der Schwingungen in $L(t)$ groß ist. Üblicherweise verwendet man daher eine Kombination von linearer FE- oder BE-Analyse mit Gleichungen, in denen der Einfluß der Nichtlinearität durch (von Werkstoff und lokaler Geometrie abhängigen) *Kerbfaktoren*[7] berücksichtigt wird. Es entsteht nun das Problem, wie eine solche lokale Analyse mit den oben angesprochenen, auf den äußeren Lasten operierenden, Datenreduktions- und Datenaufbereitungsverfahren verbunden wird. Hier gibt es noch viele offene Fragen.

Da reale Probleme mehrdimensional sind, müssen die auftretenden Spannungen und Dehnungen durch Tensoren statt durch Skalare beschrieben werden. Oft dominiert jedoch eine Komponente am kritischen Punkt alle anderen, so daß im Falle einer eindimensionalen (d.h. in einem eindimensionalen Unterraum liegenden) äußeren Last die interessierenden Größen als Skalare betrachtet werden können. Eine solche Situation paßt besonders gut zu dem seiner Natur nach skalaren Rainflow-Verfahren. Erhebliche Komplikationen treten auf, wenn entweder die äußeren Lasten oder der schädigungsrelevante Teil des lokalen Spannungs-Dehnungs-Verlaufs am kritischen Punkt nicht mehr als Skalare angesehen werden können. Ein der geschlossenen Hystereseschleife in der Spannungs-Dehnungs-Ebene vergleichbares, elementares und allgemein anerkanntes Schädigungsereignis gibt es im Mehrdimensionalen bisher nicht. Dementsprechend ist auch noch kein dem Rainflow-Verfahren entsprechendes, auf dem örtlich mehrachsigen Deformationsverhalten basierendes Datenreduktions- und Zählverfahren entwickelt worden[8]. Man sucht daher nach skalaren Vergleichsgrößen (sogenannten *Schädigungsparametern*), deren zeitlicher Verlauf die schädigungsrelevante Information enthält. Wir wollen hier auf die einzelnen Ansätze nicht näher eingehen[9], bemerken aber, daß

---

[7] Siehe [Ne61, SB77].

[8] Um in der Praxis trotzdem den Fall mehrerer Lastkomponenten behandeln zu können, arbeitet man mit dem *Rainflow-Projektions-Verfahren*, welches aus einer vektoriellen Lastfolge durch eindimensionale Projektionen skalare Lastfolgen erzeugt und diese dem Rainflow-Verfahren unterwirft, siehe [BDK92].

[9] Siehe etwa [ME93].

die Behandlung *zwei*dimensionaler Vergleichsgrößen mehr und mehr geboten erscheint[10].

Der Nutzen mathematisch-formaler Bemühungen für den angesprochenen Problemkreis liegt – wie bei vielen ingenieurwissenschaftlichen Fragestellungen – nicht zuletzt darin, eine grundlegende, problemangepaßte und möglichst einfach zu handhabende Begrifflichkeit zur Verfügung zu stellen. Grundlegender Aspekt der hier behandelten Phänomene ist die in Abschnitt 2.1 vorgestellte *Ratenunabhängigkeit*. Der darauf direkt aufbauende mathematische Begriff des *Hystereseoperators* erweist sich tatsächlich als geeignet, die Struktur des Rainflowverfahren und dessen Zusammenhang mit Materialgesetz und Schädigungsbewertung in übersichtlicher Weise darzustellen. Wir erläutern dies in den Abschnitten 2.2 bis 2.4. Der ganze Abschnitt 2 beschränkt sich auf den skalaren Fall. Eine Übertragungsmöglichkeit auf den tensoriellen Fall, die auch für die Betriebsfestigkeitsanalyse neue Aspekte beinhaltet, diskutieren wir in Abschnitt 3.

Während wir uns einerseits bemühen, den Kern der Argumentation darzustellen, können wir über Beweisskizzen in der Regel nicht hinausgehen. Einiges davon findet sich in [BDK2]. Zur Theorie der Hystereseoperatoren verweisen wir auf einschlägige Monographien [KP89, Vi94, BSp] und zusammenfassende Darstellungen [Vi88, MNZ93, Br94], zu den hier nicht behandelten Fragen der Lastfolgenrekonstruktion und -extrapolation aus gegebenen Rainflow-Matrizen auf die Originalliteratur [KSB85, DKB93, DKB94, DK].

2 Der skalare Fall

2.1 Ratenunabhängigkeit

Legt man die Wöhlerlinie, etwa in der Form (1), zur Schädigungsbewertung zugrunde, so sieht man, daß es nur auf die Anzahl und Amplitude der Schwingungen nicht aber auf deren Frequenz oder Form (Sinus oder Zackenlinie oder anderes) ankommt. Solche Phänomene, bei denen nur die Ordnung der Zeitachse, nicht jedoch ihre additive Struktur eine Rolle spielt, heißen *ratenunabhängig*. Sei etwa $\mathcal{D}[v]$ die Zahl, welche die Gesamtschädigung einer im Zeitintervall $[0, T]$ wirkenden eindimensionalen Last $v : [0, T] \to \mathbb{R}$ repräsentiert[11]. Ratenunabhängigkeit bedeutet dann, daß $\mathcal{D}[v] = \mathcal{D}[v \circ \varphi]$ gelten muß für monotone Transformationen φ des Zeitintervalls auf sich selbst. Für eine präzise formale Definition ist es zweckmäßig, als Definitionsbereich von

---

[10] Wir zitieren [CCB93], S. 49: „Simulations of most recent variable amplitude service histories reduce the list of the more promising parameters to those with combined normal and shear effects".

[11] Wir hatten sie in der Einleitung mit δ bezeichnet.

$\mathcal{D}$ die Menge

$$M_{pm}[0,T] = \{v | v : [0,T] \to \mathrm{I\!R}, v \text{ ist stückweise monoton}\} \tag{2}$$

festzulegen[12].

Definition 1 (Ratenunabhängigkeit). Ein Funktional $\mathcal{D} : M_{pm}[0,T] \to \mathrm{I\!R}$ heißt ratenunabhängig, wenn

$$\mathcal{D}[v] = \mathcal{D}[v \circ \varphi] \tag{3}$$

gilt für jedes $v \in M_{pm}[0,T]$ und jede monoton wachsende Abbbildung $\varphi :$ $[0,T] \to [0,T]$ mit $\varphi(0) = 0$ und $\varphi(T) = T$. $\qquad\square$

Liegt Ratenunabhängigkeit vor, so können wir von zeitkontinuierlichen Lastfunktionen $v : [0,T] \to \mathrm{I\!R}$ auf zeitdiskrete Lastfolgen $s = (v_0, \ldots, v_N)$ übergehen, indem wir setzen

$$\mathcal{D}((v_0, \ldots, v_N)) = \mathcal{D}[v] \ , \tag{4}$$

wobei $v : [0,T] \to \mathrm{I\!R}$ eine Funktion ist, welche die Werte $(v_0, \ldots, v_N)$ in dieser Reihenfolge linear interpoliert. Das Funktional $\mathcal{D}$ ist dadurch auf der Menge S aller endlichen Folgen der Mindestlänge 2,

$$S = \{(v_0, \ldots, v_N) : N \geq 1, v_i \in \mathrm{I\!R}\} \ , \tag{5}$$

definiert[13]. Darüber hinaus sehen wir sofort, daß der Wert $\mathcal{D}[v]$ eines ratenunabhängigen Funktionals $\mathcal{D}$ bereits durch die zu v gehörende *Umkehrpunktfolge* $(v_0, \ldots, v_N)$ mit $v_0 = v(t_0) = v(0)$ und, falls $t_i < T$,

$$v_{i+1} = v(t_{i+1}), \quad t_{i+1} = \max\{t : t_i < t \leq T, v \text{ ist monoton auf } [t_i, t]\} \ , \tag{6}$$

eindeutig festgelegt ist. Umgekehrt liefert jede auf der Menge S_U aller Umkehrpunktfolgen definierte reellwertige Abbildung ein ratenunabhängiges Funktional. Formal erhalten wir die Menge S_U, indem wir jeder endlichen Folge $s = (v_0, \ldots, v_N) \in S$ die Differenzenfolge

$$d(s) = (d_0, \ldots, d_{N-1}) \ , \quad d_i = v_{i+1} - v_i \ , \tag{7}$$

zuordnen und

$$S_U = \{(v_0, \ldots, v_N) \in S : N \geq 1, d_{i-1} d_i < 0, 1 \leq i < N\} \tag{8}$$

setzen. (Eine Last, die den konstanten Wert v_0 hat, wird in S_U und in S durch (v_0, v_0) repräsentiert. Stattdessen schreiben wir aber auch einfach v_0.)

---

[12] Zur Terminologie: Ein $v : [0,T] \to \mathrm{I\!R}$ heißt (streng) monoton wachsend, wenn $v(t) \leq (<)v(\tau)$ für $t < \tau$ gilt. v heißt (streng) monoton fallend, wenn $-v$ (streng) monoton wachsend ist. v heißt (streng) monoton, falls v entweder (streng) monoton wachsend oder (streng) monoton fallend ist. v heißt stückweise monoton, wenn es eine Zerlegung $0 = t_0 < t_1 \ldots < t_M = T$ gibt, so daß v auf jedem Teilintervall $[t_i, t_{i+1}]$ monoton ist.

[13] Im folgenden schreiben wir $\mathcal{D}(s)$ für $s \in S$ und $\mathcal{D}[v]$ für $v \in M_{pm}[0,T]$.

2.2 Das Rainflow-Verfahren

Die auf Matsuishi und Endo [ME68][14] zurückgehende *Rainflow-Zählung* nimmt bei der Analyse und Aufbereitung dynamischer Belastungen eine zentrale Stellung ein. Sie ist vielseitig einsetzbar, da sie für beliebige skalare Lastfolgen $s = (v_0, \ldots, v_N)$ – zunächst unabhängig von jeder werkstoffmechanischen Interpretation – Datenreduktion und Datenaufbereitung ermöglicht, und zwar so, daß – bei richtiger Anwendung – wesentliche für die Betriebfestigkeitsanalyse relevante Informationen erhalten bleiben.

Um die vom Rainflowverfahren vorgenommene Datenreduktion und Zählung formal zu beschreiben, ist es zweckmäßig, zwei Löschregeln zu definieren, welche auf Folgen in S operieren. Die erste davon, die sogenannte *monotone Löschung*, ist definiert durch

$$(v_0, \ldots, v_N) \mapsto (v_0, \ldots, v_{i-1}, v_{i+1}, \ldots, v_N), \quad \text{falls } v_i \in [v_{i-1}, v_{i+1}] \ .^{15} \quad (9)$$

Wiederholt angewandt, erzeugt (9) zu einem beliebigen $s \in S$ die zugehörige Umkehrpunktfolge. Für die Rainflow-Zählung charakteristisch ist nun die zweite Löschregel, die von Madelung [Ma05] im Kontext ferromagnetischer Hystereseschleifen formuliert wurde. Wir nennen (v_i, v_{i+1}) ein *Madelung-Paar* oder einen *Zyklus*, falls $[v_i, v_{i+1}] \subset [v_{i-1}, v_{i+2}]$, aber weder v_i noch v_{i+1} durch Anwenden der monotonen Löschregel (9) entfernt werden können[16]. Wir erhalten daraus die *Madelung-Löschung*.

$$(v_0, \ldots, v_N) \mapsto (v_0, \ldots, v_{i-1}, v_{i+2}, \ldots, v_N), \quad (10)$$

falls (v_i, v_{i+1}) ein Madelung-Paar für $(v_0, \ldots, v_N)$ ist. Wir zerlegen also das Quadrupel $(v_{i-1}, \ldots, v_{i+2})$ in eine innere Schwingung und einen monotonen Zweig, wobei der Übergang von v_{i-1} nach v_{i+2} erhalten bleibt[17]. Das Rainflowverfahren besteht nun darin, aus einer Umkehrpunktfolge durch wiederholtes Anwenden von (10) alle Zyklen zu eliminieren und dabei zu zählen[18]. Als Ergebnis erhalten wir eine nicht weiter reduzierbare Umkehrpunktfolge, das sogenannte *Rainflow-Residuum* oder einfach Residuum, sowie für jedes Paar (x, y) reeller Zahlen eine Zahl $a_u(x, y)$, die angibt, wie oft der Zyklus (x, y) gelöscht wurde. Die hierdurch definierte Funktion $a_u : \mathrm{I\!R}^2 \to \mathrm{I\!N}$ heißt die *unsymmetrische Rainflow-Zählung*[19].

---

[14] Ebenfalls enthalten in [Mu92].

[15] Hier und im folgenden schreiben wir $[x, y]$ für das durch x und y begrenzte abgeschlossene Intervall, so daß insbesondere $[x, y] = [y, x]$.

[16] Es gilt also $v_{i-1} < v_i > v_{i+1} < v_{i+2}$ oder $v_{i-1} > v_i < v_{i+1} < v_{i+2}$.

[17] Wir erinnern daran, daß große Amplituden stark überproportional zur Schädigung beitragen.

[18] Inwiefern es dabei auf die Reihenfolge der Löschungen ankommt, erläutern wir im Anschluß an Algorithmus 2.

[19] Offensichtlich ist $a_u(x, y) = 0$ für alle bis auf endlich viele Paare (x, y).

Algorithmus 2 (Rainflowverfahren). Gegeben ist ein $s = (v_0, \ldots, v_N) \in$ S_U mit $N \geq 3$. Das Verfahren arbeitet mit einem $s_a \in S_U$ variabler Länge, dem sogenannten *aktuellen Residuum*. Mit $m(s_a)$ bezeichnen wir den Teil von s_a, der von den letzten 4 Elementen von s_a gebildet wird.

1. Setze $s_a := (v_0, v_1, v_2, v_3)$, $i := 3$ und $a_u(x, y) := 0$ für alle x, y.
2. **While** ((Länge(s_a) ≥ 4) **and** (das mittlere Paar (x, y) von $m(s_a)$ ist ein Madelung-Paar für $m(s_a)$))
   begin vergrößere $a_u(x, y)$ um 1; lösche das mittlere Paar (x, y) von $m(s_a)$ aus s_a **end**;
3. **If** $i = N$ **then** stop **else**
   begin vergrößere i um 1; füge v_i als neues letztes Element an s_a an;
   go to 2 **end**;														□

Es ist klar, daß Algorithmus 2 eine Folge von Madelung-Löschungen auf s ausführt[20]. Es gilt weiter, daß zu Beginn von Schritt 3 das aktuelle Residuum s_a keine Madelung-Löschung zuläßt[21]. Folglich enthält s_a das Residuum von s, wenn das Verfahren mit $i = N$ anhält.

Algorithmus 2 ist für die Echtzeit-Anwendung sehr geeignet, da er die Daten v_i in der Reihenfolge ihres Eintreffens verarbeitet und er darüber hinaus nur auf dem Endstück $m(s_a)$ des aktuellen Residuums operiert.

Würde sich das Ergebnis ändern, wenn wir die Löschungen in einer anderen Reihenfolge vornehmen würden? Am Beispiel $s = (0, 3, 1, 3, 0)$ sehen wir, daß wir entweder $(3, 1)$ oder $(1, 3)$, aber nicht beides löschen können; in beiden Fällen erhalten wir $(0, 3, 0)$ als Residuum. Entsprechendes trifft auf die monotone Löschung im Beispiel $s = (0, 3, 3, 0)$ zu. Wir können Eindeutigkeit also nur für die durch

$$a(x, y) = a_u(x, y) + a_u(y, x) \tag{11}$$

definierte *symmetrische Rainflow-Zählung* $a : \mathbb{R}^2 \to \mathbb{N}$ erwarten. Zum Beweis der Eindeutigkeit führen wir eine Halbordnung auf S ein, indem wir sagen, daß $s' \leq s$ gilt, falls s sich durch monotone und/oder Madelung-Löschungen auf s' reduzieren läßt; minimale Elemente bezüglich dieser Halbordnung nennen wir *irreduzibel*. Es gilt dann der folgende Satz.

Satz 3. *Für jedes $s \in S$ gibt es ein eindeutig bestimmtes irreduzibles $s_R \in S$ mit $s_R \leq s$. s_R heißt das* Residuum *von s. Die symmetrische Rainflow-Zählung $a : \mathbb{R}^2 \to \mathbb{N}$ ist für jede von s auf s_R führende Folge von Löschungen dieselbe.*

---

[20] Muß man auch die monotonen Löschungen vornehmen, so genügt es, beim Verlängern von s_a in Schritt 3 das vorletzte Element zu betrachten und Schritt 1 geeignet zu modifizieren.

[21] Beweis mit Induktion über die Anzahl der Durchläufe der von den Schritten 2 und 3 gebildeten Schleife.

Beweis. Man zeigt zunächst, daß außer in den beiden oberhalb von (11) angeführten Fällen zwei auf dasselbe $s \in S$ anwendbare Löschungen nacheinander angewendet werden können und das Ergebnis von der Reihenfolge unabhängig ist. Der Satz wird dann durch Induktion über die Länge von s bewiesen.   □

Wie sieht das Residuum s_R von s aus? Zunächst gilt $s_R \in S_U$, da andernfalls eine monotone Löschung möglich wäre. Ein Madelung-Paar (v_i, v_{i+1}) eines beliebigen $s \in S$ läßt sich über die Differenzenfolge $d(s)$ aus (7) charakterisieren durch die Ungleichung

$$0 < |d_i| \leq \min\{|d_{i-1}|, |d_{i+1}|\} . \tag{12}$$

Da s_R kein Madelung-Paar enthält, muß $d(s_R)$ die Form

$$0 < |d_0| < \cdots < |d_{J-1}| \leq |d_J| > \cdots > |d_{N-1}| > 0 \tag{13}$$

mit einem geeigneten Index J mit $0 \leq J < N$ haben[22]. Dies erkennt man, indem man J als den kleinsten Index definiert, für den $|d_J| > \cdots > |d_{N-1}|$ gilt, und (12) sukzessive für $i = J - 1, \ldots, 1$ anwendet. Das Residuum ist also eine Umkehrpunktfolge, deren Amplituden bis zu einem Maximum $|d_J|$ anwachsen und dann wieder abnehmen.

Da N in der Regel sehr groß ist, müssen wir zusätzlich eine Datenreduktion vornehmen[23], um aus der Rainflow-Zählung a ein brauchbares Werkzeug für die Praxis zu erhalten. Zu diesem Zweck *klassiert* man die Elemente von s, indem man den interessierenden Wertebereich $[V_{min}, V_{max}]$ in K Intervalle $I_j = (V_{min} + (j-1)h, V_{min} + jh]$ der Länge $h = (V_{max} - V_{min})/K$ aufteilt und jedem v_i das zugehörige j zuordnet[24]. Aus der Rainflow-Zählung a wird dann die *Rainflow-Matrix* $A \in \mathbb{R}^{K,K}$, deren Elemente definiert sind durch

$$a_{jk} = \sum_{x \in I_j, y \in I_k} a(x,y) , \quad 1 \leq j, k \leq K . \tag{14}$$

Man komprimiert also die ursprüngliche Information in die K^2 Elemente der Rainflow-Matrix und die maximal $2K$ Komponenten des Residuums[25]. Ist K hinreichend klein, so kann man die in der Rainflow-Matrix enthaltene Information – bei geeigneter graphischer Darstellung und hinreichender Übung – „auf einen Blick" erfassen.

Es hat sich in der Praxis gezeigt, daß aus der Rainflow-Matrix gewonnene synthetische Lastfolgen bessere Ergebnisse für die Betriebsfestigkeitsanalyse liefern, wenn man die im Residuum – wenn auch nur in rudimentärer Form – enthaltene Information über die Reihenfolge insbesondere der großen Zyklen

---

[22] Für $N = 1$ ist auch $d_0 = 0$ möglich.

[23] Ist s Umkehrpunktfolge und sind alle v_i verschieden, so beschreibt a lediglich eine Paarbildung.

[24] Ebenfalls on-line in Schritt 3 von Algorithmus 2 möglich.

[25] Typische Größenordnungen sind $N = 10^6$ und $K = 64$.

ausnutzt. Hierdurch rechtfertigt sich die separate Behandlung des Residuums. Will man jedoch Schwingungen in s zählen, so sollte das Residuum s_R mitgezählt werden. Zu diesem Zweck betrachten wir das doppelt hingeschriebene Residuum (s_R, s_R). Es gilt

$$(s_R, s_R)_R = s_R \ , \tag{15}$$

wie man leicht aus der anschaulichen Vorstellung bzw. (13) erkennt. Es macht daher Sinn, die symmetrische Rainflow-Zählung von (s_R, s_R) als Zählung von s_R zu interpretieren; wir bezeichnen sie mit a_{res} und definieren die *periodische*[26] *Rainflow-Zählung* durch

$$a_{per} = a + a_{res} \ . \tag{16}$$

2.3 Das Materialgesetz von Prandtl

Schädigungsrelevante Lasten, insbesondere die mit großer Amplitude, korrespondieren in der Regel zu plastischen Verformungen des Bauteils in der Umgebung des kritischen Punktes. Das Spannungs-Dehnungs-Verhalten an einem einzelnen Punkt wird durch ein werkstoffspezifisches *Materialgesetz* beschrieben. Wir behandeln eine auf Prandtl [Pr28] und Masing [Ma26] zurückgehende ratenunabhängige Formulierung, welche geschachtelte Hystereseschleifen in der Spannungs-Dehnungs-Ebene modelliert[27] [28] und in engem Zusammenhang mit der Rainflow-Zählung steht.

In der Werkstoffmechanik formalisiert man dieses Materialgesetz meistens dadurch, daß man gewisse Regeln über das Ineinandergreifen der Hystereseschleifen angibt. Diese Vorgehensweise ist für eine anschauliche Vorstellung und für die numerische Behandlung angemessen, aber nicht sehr geeignet für eine mathematische Analyse. Letztere arbeitet zweckmäßigerweise mit dem Begriff des *Hystereseoperators*.

Jedes ratenunabhängige Funktional $\mathcal{D} : S \rightarrow \mathbb{R}$ definiert einen Operator $\mathcal{W} : S \rightarrow S$, indem wir setzen

$$\mathcal{W}(v_0, \ldots, v_N) = (w_0, \ldots, w_N) \ , \quad w_i = \mathcal{D}(v_0, \ldots, v_i) \ , \quad 0 \le i \le N \ . \tag{17}$$

Ein solcher Operator $\mathcal{W}$ heißt *Hystereseoperator* zum *Endwertfunktional* $\mathcal{D}$. Letzteres bezeichnen wir im folgenden mit $\mathcal{W}_f$. In kontinuierlicher Zeit erhalten wir einen Operator $\mathcal{W} : M_{pm}[0, T] \rightarrow \text{Abb}[0, T]$ [29] vermöge der Vorschrift

---

[26] Ist s *abgeschlossen*, d.h. gilt $v_0 = v_N$, so ist a_{per} invariant unter zyklischen Permutationen von s.

[27] Wir nehmen hier an, daß eine eindimensionale Näherung angemessen ist.

[28] Seine Gültigkeit wird bei der Anwendung des örtlichen Konzepts in der Betriebsfestigkeitsanalyse metallischer Werkstoffe in der Regel unterstellt. Transiente Vorgänge, etwa während des ersten und letzten Zehntels des Lebensdauerintervalls, sowie auf Temperaturänderungen beruhende Effekte werden dabei vernachlässigt.

[29] $\text{Abb}[0, T]$ bezeichnet die Menge aller reellwertigen Funktionen auf $[0, T]$.

$$\mathcal{W}[v](t) = \mathcal{W}_f(v(t_0), \ldots, v(t_k)) \ , t \in [0, T] \ , \tag{18}$$

wobei $0 = t_0 < \ldots < t_k = t$ eine Monotoniezerlegung von $[0, t]$ für v ist[30].

Prandtls Materialgesetz ermöglicht eine Hierarchie ineinandergeschachtelter Hystereseschleifen in der Spannungs-Dehnungs-Ebene. Formal beschrieb er es durch Parallelschaltung (im Sinne *rheologischer Modelle*) einer kontinuierlichen Schar elastisch-perfekt plastischer Elemente mit der Fließgrenze als Scharparameter. Als Hystereseoperator aufgefaßt, wird ein einzelnes solches Element $\mathcal{E}_r$ definiert durch die Endwertfunktion

$$\mathcal{E}_{r,f}(v_0) = e_r(v_0) \ ,^{31} \tag{19}$$

$$\mathcal{E}_{r,f}(v_0, \ldots, v_N) = e_r(v_N - v_{N-1} + \mathcal{E}_{r,f}(v_0, \ldots, v_{N-1})) \ , \tag{20}$$

mit

$$e_r(v) = \min\{r, \max\{-r, v\}\} \ . \tag{21}$$

Das elastisch-perfekt plastische Materialgesetz zum Elastizitätsmodul E und zur Fließgrenze r wird (in kontinuierlicher Zeit, d.h. für eine Spannung bzw. Dehnung $\sigma, \varepsilon : [0, T] \to \mathrm{I\!R}$) repräsentiert durch den durch

$$\sigma = \mathcal{W}[\varepsilon] = \mathcal{E}_r[E\varepsilon] \tag{22}$$

definierten Hystereseoperator. Prandtls Materialgesetz wird beschrieben durch den *Prandtl-Operator*

$$\sigma(t) = \mathcal{P}[\varepsilon](t) = \int_0^\infty p(r) \mathcal{E}_r[\varepsilon](t) \, dr \ .^{32} \tag{23}$$

Die unter dem Integral auftretende Dichtefunktion p ist ein theoretisches Konstrukt. Experimentell bestimmt und bekannt ist die *Erstbelastungskurve*[33] $\sigma_0 = \mathcal{P}_f(\varepsilon_0)$. Für $\varepsilon_0 \geq 0$ hat sie die Form

$$\mathcal{P}_f(\varepsilon_0) = \int_0^\infty p(r) \mathcal{E}_{r,f}(\varepsilon_0) \, dr = \int_0^\infty p(r) e_r(\varepsilon_0) \, dr \ . \tag{24}$$

Einsetzen von (21) und Differenzieren ergibt

$$\mathcal{P}_f'(\varepsilon_0) = \int_{\varepsilon_0}^\infty p(r) \, dr \ , \quad \mathcal{P}_f''(\varepsilon_0) = -p(\varepsilon_0) \ . \tag{25}$$

---

[30] D.h., v ist monoton auf jedem Teilintervall $[v_i, v_{i+1}]$.

[31] Hierdurch wird 0 als Anfangszustand für Spannung und Dehnung festgesetzt.

[32] Der E-Modul steckt implizit in der Funktion p, man beachte die Gleichung $\mathcal{E}_r[E\varepsilon] = E\,\mathcal{E}_{r/E}[\varepsilon]$. Nimmt man die Steigung E bereits in die Definition von $\mathcal{E}_r$ hinein, so erhält man die von Prandtl [Pr28] angegebene Formel.

[33] Genauer gesagt, handelt es sich um die stabilisierte, d.h. die nach Abklingen transienter Vorgänge in der Anfangsphase der Lebensdauer gültige Kurve. Siehe auch Anmerkung 35.

Die Version (23) des Prandtl-Operators beschreibt also glatte Erstbelastungskurven. Ein typisches Beispiel erhält man aus der *Ramberg-Osgood-Gleichung*

$$\varepsilon_0 = \frac{\sigma_0}{E} + \left(\frac{\sigma_0}{K'}\right)^{\frac{1}{n'}} , \tag{26}$$

welche mit zwei zusätzlichen Materialkennwerten K' und n' auskommt. Sie
beschreibt ein Materialgesetz ohne ausgezeichneten Fließpunkt und ohne rein
elastische Zone. Beispiele für nichtglatte Erstbelastungskurven liefern die in
FE-Codes häufig verwendeten stückweise linearen Kurven. Sie werden durch
eine endliche Summe von Elementen der Form (22) bzw. durch eine Linearkombination von Dirac-Maßen (anstatt der Dichtefunktion p) in (23) definiert.

Zum Verständnis der Gedächtnisstruktur des Prandtl-Operators greifen
wir auf den Formalismus von Abschnitt 2.2 zurück und fragen uns, nach welchem Mechanismus die einzelnen Operatoren $\mathcal{E}_r$ die in einer Eingabefolge
$(v_0, \ldots, v_N)$ enthaltene Information „vergessen". Aus der Ratenunabhängigkeit folgt unmittelbar, daß

$$\mathcal{E}_{r,f}(s') = \mathcal{E}_{r,f}(s) \tag{27}$$

für alle $r \geq 0$ gilt, falls s' aus $s \in S$ durch monotone Löschung hervorgeht.
Dies trifft auch auf die Madelung-Löschung zu, wie man elementar durch
Fallunterscheidungen nachprüfen kann[34]. Der Operator $\mathcal{E}_r$ vergißt also eine
innere Hystereseschleife im Moment des Schließens – das ist aber derselbe
Moment, in dem das Rainflowverfahren den korrespondierenden Zyklus löscht
und zählt. Darüber hinaus gilt (27) auch für die *initiale Löschung*

$$(v_0, \ldots, v_N) \mapsto (v_1, \ldots, v_N) , \quad \text{falls } |v_0| \leq \max\{|v_1|, |v_2|\} . \tag{28}$$

Wiederholte Anwendung von (28) auf das Residuum s_R eines beliebigen $s =$
$(v_0 \in S$ führt offensichtlich zu einem $s_P = (v_0, \ldots, v_N)$ mit $J = 0$ in (13), also

$$|d_0| > \cdots > |d_{N-1}| , \quad \text{ferner } |v_0| = \max_{0 \leq i \leq N} |v_i| . \tag{29}$$

Eine kleine Rechnung zeigt, daß für s_P gilt

$$\mathcal{E}_{r,f}(v_0, \ldots, v_N) = \mathcal{E}_{r,f}(v_0, \ldots, v_{N-1}) + 2\mathcal{E}_{r,f}(\tfrac{1}{2}(v_N - v_{N-1})) , \tag{30}$$

also

$$\mathcal{E}_{r,f}(v_0, \ldots, v_N) = \mathcal{E}_{r,f}(v_0) + \sum_{k=1}^{N} 2\mathcal{E}_{r,f}(\tfrac{1}{2}(v_k - v_{k-1})) . \tag{31}$$

Die Formel (31) ist als *Masing'sches Gesetz* [Ma26] bekannt und besagt, daß
die die Hystereseschleifen definierenden Kurven aus der Erstbelastungskurve

---

[34] Wegen der Zusammenhänge zwischen den verschiedenen Hystereseoperatoren
genügt es, dies für den Thermostaten $\mathcal{R}_{x,y}$ aus Definition 4 zu tun.

durch Vergrößern um den Faktor 2 entstehen[35]. Die durch (27) – (31) beschriebenen Eigenschaften übertragen sich wegen

$$\mathcal{P}_f(s) = \int_0^\infty p(r)\mathcal{E}_{r,f}(s)\,dr \ , \quad s \in S \ , \tag{32}$$

unmittelbar auf $\mathcal{P}_f$ und werden insgesamt als *Masing-Memory-Verhalten* (siehe [CS86]) des Prandtl-Operators bezeichnet[36].

Komplementär zur Beschreibung des Löschvorgangs ist eine Beschreibung des Gedächtnisses eines Hystereseoperators $\mathcal{W}$. Hierzu führen wir, wie in der Systemtheorie üblich, neben dem Argument- und Wertebereich S von $\mathcal{W}$ eine geeignete Menge Ψ von *inneren Zuständen* ein und faktorisieren $\mathcal{W}$ über Ψ. Die zu den drei oben beschriebenen Löschregeln passenden inneren Zustände erhält man über einen weiteren Hystereseoperator $\mathcal{F}_r$, welcher das mechanische Spiel beschreibt und daher als *Spieloperator* bezeichnet wird. Sein Endwertfunktional ist

$$\mathcal{F}_{r,f}(v_0) = f_r(v_0, 0) \ , \ ^{37} \tag{33}$$

$$\mathcal{F}_{r,f}(v_0, \ldots, v_N) = f_r(v_N, \mathcal{F}_{r,f}(v_0, \ldots, v_{N-1})) \ , \tag{34}$$

mit

$$f_r(v, w) = \max\{v - r, \min\{v + r, w\}\} \ . \tag{35}$$

Die mit r parametrisierte Schar $\mathcal{F}_{r,f}$ liefert zu einem $s \in S$ den inneren Zustand $\psi_f(s)$ vermittels

$$(\psi_f(s))(r) = \mathcal{F}_{r,f}(s) \ , \tag{36}$$

das heißt, für jedes $s \in S$ definiert (36) eine Funktion $\psi_f(s) : [0, \infty) \to \mathbb{R}$. (Sie enthält – nur anders kodiert – dieselbe Information wie das Residuum s_R von s.) Aus (33) – (35) ergibt sich mit Induktion über die Länge von s, daß

$$|(\psi_f(s))(r) - (\psi_f(s))(r')| \le |r - r'| \ , \quad r, r' \ge 0 \ . \tag{37}$$

Da außerdem $(\psi_f(s))(r) = 0$ gilt für hinreichend große r, können wir

$$\Psi = \{\, \varphi : [0, \infty) \to \mathbb{R} \mid |\varphi(r) - \varphi(r')| \le |r - r'| \text{ für alle } r, r' \ge 0, \tag{38}$$

$$\varphi|_{[\rho, \infty)} = 0 \text{ für ein } \rho \ge 0 \,\} , \tag{39}$$

---

[35] Experimentell bestimmt werden die stabilisierten Spannungs-Dehnungs-Hystereseschleifen zu Lastfolgen $(\sigma_0, -\sigma_0, \sigma_0, -\sigma_0, \ldots)$ bzw. $(\varepsilon_0, -\varepsilon_0, \varepsilon_0, -\varepsilon_0, \ldots)$. Die stabilisierte Erstbelastungskurve wird durch die hieraus gewonnenen Paare $(\varepsilon_0, \sigma_0)$ definiert. Ein Vergleich der Hystereseschleifen untereinander und mit der Erstbelastungskurve zeigt, ob das Masing'sche Gesetz auf den betreffenden Werkstoff anwendbar ist.

[36] Man kann auch umgekehrt zeigen, daß es außer den Prandtl-Operatoren keine Operatoren mit Masing-Memory-Verhalten gibt.

[37] Wir normalisieren wieder auf Anfangswert 0.

setzen. Damit ist die Zustandsabbildung $\psi_f : S \to \Psi$ wohldefiniert. Man kann zeigen, daß die Hystereseoperatoren $\mathcal{W}$ mit der Memory-Eigenschaft

$$\mathcal{W}_f(s') = \mathcal{W}_f(s) \tag{40}$$

für die monotone, Madelung- und initiale Löschung gerade die sind, deren Endwertfunktional $\mathcal{W}_f$ sich in der Form

$$\mathcal{W}_f = Q \circ \psi_f \tag{41}$$

mit einer geeigneten Abbildung $Q : \Psi \to \mathrm{I\!R}$ faktorisieren läßt.

Wie sieht Q für den Prandtl-Operator aus? Aus der für alle $v, w \in \mathrm{I\!R}$ gültigen Identität

$$v - f_r(v, w) = e_r(v - w) \tag{42}$$

erhalten wir, wieder mit Induktion über N, daß

$$\mathcal{F}_{r,f}(v_0, \ldots, v_N) + \mathcal{E}_{r,f}(v_0, \ldots, v_N) = v_N \tag{43}$$

für alle $(v_0, \ldots, v_N) \in S$ gilt, und damit auch die Operatoridentität

$$\mathcal{F}_r + \mathcal{E}_r = id \ . \tag{44}$$

Wegen $\mathcal{E}_0 = 0$, $\mathcal{F}_0 = id$ wird (23) daher zu

$$\mathcal{P}[v](t) = \int_0^\infty p(r)\,\mathcal{E}_r[v](t)\,dr \tag{45}$$

$$= \int_0^\infty p(r)\,dr \cdot \mathcal{F}_0[v](t) - \int_0^\infty p(r)\,\mathcal{F}_r[v](t)\,dr \ , \tag{46}$$

also hat der Prandtl-Operator die Form (41) mit

$$Q(\varphi) = p_0\varphi(0) - \int_0^\infty p(r)\varphi(r)\,dr \ , \quad p_0 = \int_0^\infty p(r)\,dr \ . \tag{47}$$

Die Kompositionsformel $\mathcal{P} = Q \circ \psi_f$ beschreibt daher die Zerlegung in ein allen Prandtl-Operatoren gemeinsames, durch die Memory-Eigenschaft (40) charakterisiertes Materialgedächtnis und eine werkstoffspezifische gedächtnislose Abbildung Q.

2.4 Schädigungsfunktionale, Palmgren-Miner-Regel

Um aus der Rainflow-Zählung einer Lastfolge s einen Wert für die durch s verursachte Schädigung $\mathcal{D}(s)$ zu erhalten, ordnet man jedem Zyklus (x, y) den aus der Wöhlerlinie gewonnenen Schädigungswert[38]

$$\Delta(x, y) = \frac{1}{N(x, y)} \tag{48}$$

---

[38] $N(x, y) =$ Anzahl der Schwingungen bis zur Zerstörung.

zu. Geht man nach der *Palmgren-Miner-Regel* [Pa24, Mi45] vor, so setzt man die Schädigung mit der *Schadenssumme* gleich, also

$$\mathcal{D}(s) = \sum_{x<y} a_{per}(x,y)\Delta(x,y) \ . \tag{49}$$

Diese Formel eignet sich hervorragend zur Berechnung einzelner Werte $\mathcal{D}(s)$ [39]. Um weitere Aussagen über $\mathcal{D}$ zu erhalten, muß man Eigenschaften der Rainflow-Matrix ableiten.

Bereits in [KSB85] wurde die Rainflow-Zählung in Verbindung gebracht zur Zählung von Schwingungen, welche ein Paar (x,y) fest gegebener Schwellwerte überschreiten. Zur Beschreibung dieses Zusammenhangs eignet sich ebenfalls ein Hystereseoperator, der *Thermostat-Schalter*.

Definition 4. Seien $x,y \in \mathbb{R}$ gegeben mit $x < y$, sei $w_{-1} \in \{0,1\}$. Wir definieren den Thermostat-Schalter $\mathcal{R}_{x,y}$ [40] durch sein Endwertfunktional

$$\mathcal{R}_{x,y,f}(v_0,\ldots,v_N) = \begin{cases} 1, & v_N \geq y, \\ 0, & v_N \leq x, \\ \mathcal{R}_{x,y,f}(v_0,\ldots,v_{N-1}), & x < v_N < y, \ N \geq 1, \\ w_{-1}, & x < v_N < y, \ N = 0 \ . \end{cases} \tag{50}$$

$\square$

Die Variation eines $s = (v_0,\ldots,v_N) \in S$ definieren wir wie üblich durch

$$\mathrm{Var}\,(s) = \sum_{i=0}^{N-1} |v_{i+1} - v_i| \ . \tag{51}$$

Die Löschung eines Madelung-Paars (ξ,η) aus s verringert also die Variation von s um $2|\xi - \eta|$ und die Variation von $\mathcal{R}_{x,y}(s)$ um 2; letzteres nur, falls $[x,y] \subset [\xi,\eta]$. Monotone Löschungen verändern die Variation nicht. Wir erhalten also die Formel

$$\mathrm{Var}\,(\mathcal{R}_{x,y}(s)) = 2 \sum_{\xi \leq x < y \leq \eta} a(\xi,\eta) + \mathrm{Var}\,(\mathcal{R}_{x,y}(s_R)) \ . \tag{52}$$

Durch Übergang zur periodischen Rainflow-Zählung a_{per} kann man in (52) das Residuum eliminieren.

Lemma 5. *Sei* $s = (v_0,\ldots,v_N)$, $\mathcal{R}_{x,y}(s;w_{-1}) = (w_0,\ldots,w_N)$, *es gelte* $w_{-1} = w_0 = w_N$. *Dann gilt*

$$\mathrm{Var}\,(\mathcal{R}_{x,y}(s)) = 2 \sum_{\xi \leq x < y \leq \eta} a_{per}(\xi,\eta) \ . \tag{53}$$

---

[39] Die Treffsicherheit einer allein auf (49) beruhenden Lebensdauervorhersage ist allerdings in der Regel nicht gut genug.

[40] Falls wir die Abhängigkeit vom Anfangswert w_{-1} explizit ausdrücken wollen, schreiben wir $\mathcal{R}_{x,y}(s;w_{-1})$ statt $\mathcal{R}_{x,y}(s)$.

Beweis. Wir wenden (52) auf die verdoppelte Folge (s, s) an. Da $(s, s)_R = s_R$, gilt wegen (15) und (16) für die symmetrische Rainflow-Zählung $a^{(s,s)}$ von (s, s)

$$a^{(s,s)}(x, y) = a(x, y) + a_{per}(x, y) \; , \tag{54}$$

also gilt

$$\mathrm{Var}\,(\mathcal{R}_{x,y}(s, s)) = 2 \sum_{\xi \leq x < y \leq \eta} (a(\xi, \eta) + a_{per}(\xi, \eta)) + \mathrm{Var}\,(\mathcal{R}_{x,y}(s_R)) \; . \tag{55}$$

Wegen $\mathrm{Var}\,(\mathcal{R}_{x,y}(s, s)) = 2\,\mathrm{Var}\,(\mathcal{R}_{x,y}(s))$ folgt (53), indem wir (52) von (55) subtrahieren. $\qquad\square$

Die etwas willkürlich anmutende Voraussetzung $w_{-1} = w_0 = w_N$ in Lemma 5 hat seinen Grund darin, daß Hystereseoperatoren – aufgrund des Einflusses des Anfangswertes – erst nach einer Anfangsphase (hier: nach einem Durchlauf von s) periodische Bildfolgen erzeugen. Um auf sie verzichten zu können, führen wir die periodische Version $\mathcal{R}_{x,y}^p$ des Thermostats,

$$\mathcal{R}_{x,y}^p(s; w_{-1}) = \mathcal{R}_{x,y}(s; \mathcal{R}_{x,y,f}(s; w_{-1})) \; , \tag{56}$$

ein. Man erhält dann:

Satz 6. *Sei* $s = (v_0, \ldots, v_N)$ *mit* $v_0 = v_N$. *Dann gilt*

$$\mathrm{Var}\,(\mathcal{R}_{x,y}^p(s)) = 2 \sum_{\xi \leq x < y \leq \eta} a_{per}(\xi, \eta) \; . \tag{57}$$

Um eine zu (57) analoge Formel für die Schadenssumme (49) zu erhalten, müssen wir die Thermostaten gewichten. Dies führt zu dem ursprünglich zur Beschreibung ferromagnetischer Hystereseschleifen entwickelten *Preisach-Operator* [Pr35]. Die Gewichtung wird durch eine Dichtefunktion ρ beschrieben. Sei C_{max} eine a-priori-Schranke für die auftretenden Lasten. Die interessierenden Schwellwertpaare liegen dann in dem Dreieck

$$P = \{(x, y) \in \mathrm{I\!R}^2 : -C_{max} \leq x < y \leq C_{max}\} \; . \tag{58}$$

Definition 7. Sei $\rho \in L^1(P)$. Wir definieren den Preisach-Operator $\mathcal{W} : S \to S$ durch

$$\mathcal{W}(s) = \int_{x<y} \rho(x, y)\mathcal{R}_{x,y}(s)\,dx\,dy \; .\,^{41} \tag{59}$$

Für jeden Thermostat $\mathcal{R}_{x,y}$ ist dabei ein Anfangswert $w_{-1}(x, y)$ festzulegen. Die periodische Version $\mathcal{W}^p$ lautet entsprechend

$$\mathcal{W}^p(s) = \int_{x<y} \rho(x, y)\mathcal{R}_{x,y}^p(s)\,dx\,dy \; . \tag{60}$$

$\square$

---

[41] Das Integral ist komponentenweise bezüglich der Elemente von $\mathcal{R}_{x,y}$ zu interpretieren.

Im Hinblick auf (57) möchten wir erreichen, daß

$$\mathrm{Var}\,(\mathcal{W}^p(s)) = \int_{x<y} \rho(x,y)\mathrm{Var}\,(\mathcal{R}^p_{x,y}(s))\,dx\,dy \tag{61}$$

gilt. Dies ist tatsächlich der Fall, falls W *stückweise monoton* ist, d.h. falls für $s = (v_0,\dots,v_N)$ und $W(s) = (w_0,\dots,w_N)$ gilt

$$(w_k - w_{k-1})(v_k - v_{k-1}) \geq 0 \ , 1 \leq k \leq N \ . \tag{62}$$

Offensichtlich ist $\mathcal{R}_{x,y}$ stückweise monoton.

Lemma 8. *Ist W ein stückweise monotoner Preisach-Operator mit Dichtefunktion ρ, so gilt (61).*

Beweis. Wir multiplizieren beide Seiten der Gleichung

$$(\mathcal{W}^p(s))_{i+1} - (\mathcal{W}^p(s))_i = \int_{x<y} \rho(x,y)\left[(\mathcal{R}^p_{x,y}(s))_{i+1} - (\mathcal{R}^p_{x,y}(s))_i\right]\,dx\,dy \tag{63}$$

mit $\mathrm{sign}(v_{i+1} - v_i)$ und summieren über i. Die Behauptung folgt, da mit W auch $\mathcal{W}^p$ stückweise monoton ist. $\qquad\square$

Wir setzen jetzt (57) in (61) ein. Es ergibt sich[42]

$$\begin{aligned}
\mathrm{Var}\,(\mathcal{W}^p(s)) &= \int_{x<y} \rho(x,y)\mathrm{Var}\,(\mathcal{R}^p_{x,y}(s))\,dx\,dy \\
&= \int_{-\infty}^{\infty}\int_{-\infty}^{y} \rho(x,y)\cdot 2\sum_{y\leq\eta}\sum_{\xi\leq x} a_{per}(\xi,\eta)\,dx\,dy \\
&= \sum_{\eta\in\mathbb{R}}\sum_{\xi<\eta} a_{per}(\xi,\eta)\cdot \int_{\xi}^{\eta}\int_{\xi}^{y} 2\rho(x,y)\,dx\,dy \ .
\end{aligned} \tag{64}$$

Wählen wir nun die Funktion ρ so, daß das Doppelintegral in (64) gleich $\Delta(\xi,\eta)$ ist, so haben wir die Schadenssumme $\mathcal{D}(s)$ in (49) als Variation des Outputs eines Preisach-Operators W dargestellt, falls dieser stückweise monoton ist. Man kann zeigen[43], daß dies der Fall sind, wenn Δ die (völlig natürlichen) Eigenschaften

$$\partial_x\Delta(x,y) \leq 0 \ , \quad \partial_y\Delta(x,y) \geq 0 \ , \quad (x,y)\in P \ , \tag{65}$$

$$\Delta(x,x) = \partial_x\Delta(x,x) = \partial_y\Delta(x,x) = 0 \ , \quad x\in\mathbb{R} \ , \tag{66}$$

besitzt. Zusammenfassend ergibt sich der folgende Darstellungssatz[44].

---

[42] Außerhalb von P setzen wir $\rho = 0$.

[43] Siehe etwa [BDK2].

[44] Siehe auch Theorem 6 in [Ry93].

Satz 9. *Für $\Delta \in W^{2,1}(P)$ gelte (65) und (66). Ist $\mathcal{W}$ der Preisach-Operator mit der Dichtefunktion*

$$\rho(x,y) = -\frac{1}{2}\partial_{xy}\Delta(x,y) \ , \tag{67}$$

so gilt für jedes $s \in S$ mit $\|s\|_\infty \leq C_{max}$

$$\mathcal{D}(s) = \sum_{x<y} a_{per}(x,y)\Delta(x,y) = \mathrm{Var}\,(\mathcal{W}^p(s)) \ . \tag{68}$$

Der Preisach-Operator ist mathematisch eingehend untersucht worden[45]. Die Ergebnisse sind wegen Satz 9 auf das Schädigungsfunktional $\mathcal{D}$ anwendbar. So ist etwa die Zahl $\mathcal{D}[v]$ für recht allgemeine[46] Funktionen v wohldefiniert und stabil gegen Störungen von v.

Satz 10. *Seien die Voraussetzungen von Satz 9 erfüllt. Gibt es ein $r_0 > 0$ mit $\Delta(x,y) = 0$ für $|x - y| \leq r_0$, so ist $\mathcal{D} : C[0,T] \to \mathbb{R}$ wohldefiniert und stetig, d.h.*

$$\lim_{n\to\infty} \mathcal{D}[v_n] = \mathcal{D}[v] \ , \tag{69}$$

falls v_n gleichmäßig gegen v in $C[0,T]$ konvergiert.

Beweis. Ein auf Visintin [Vi94] zurückgehendes Ergebnis, welches sich auf $\mathcal{W}^p$ übertragen läßt, besagt, daß unter den vorliegenden Voraussetzungen die gleichmäßige Konvergenz von v_n gegen v die Konvergenz von $\mathrm{Var}\,(\mathcal{W}[v_n])$ gegen $\mathrm{Var}\,(\mathcal{W}[v])$ impliziert. □

Aus Satz 10 können wir beispielsweise schließen, daß die zur Berechnung der Rainflow-Matrix notwendige Klassierung der Lastfolgen ein – hinsichtlich der Berechnung von $\mathcal{D}$ jedenfalls – numerisch stabiler Prozeß ist.

3 Zum tensoriellen Fall: Das Modell von Mróz

Wie wir einleitend bereits erwähnten, existiert gegenwärtig kein „echtes tensorielles" werkstoffmechanisch fundiertes Datenreduktions- und Zählverfahren. Da nun, wie dargestellt, im Skalaren das Zählen im Rainflowverfahren zum Löschen im Materialgedächtnis korrespondiert, kann man hoffen, durch Analyse des Gedächtnisses tensorieller Materialgesetze zu tensoriellen Zählverfahren zu gelangen.

---

[45] Siehe [Vi84, BV89, Br89, KL90] sowie die in der Einleitung zitierten Monographien.

[46] Der folgende Satz gilt auch, wenn wir statt $C[0,T]$ den Raum der regulierten Funktionen ($=$ Abschluß von $M_{pm}[0,T]$ in der Supremumsnorm) betrachten.

Wie läßt sich das Prandtlsche Materialgesetz ins Tensorielle verallgemeinern? Wir gehen zunächst auf eine spezielle Situation im Skalaren zurück. Zur bilinearen Erstbelastungskurve

$$\sigma_0 = \begin{cases} E\varepsilon_0\,, & E\varepsilon_0 \leq r\,, \\ r + \kappa(E\varepsilon_0 - r)\,, & E\varepsilon_0 \geq r\,, \end{cases} \tag{70}$$

mit den Steigungen E und κE, $0 < \kappa < 1$, gehört der durch

$$\sigma = \kappa\left(E\varepsilon + \frac{1-\kappa}{\kappa}\mathcal{E}_r[E\varepsilon]\right) \tag{71}$$

definierte Hystereseoperator. Die zu (71) inverse Formulierung desselben Materialgesetzes führt auf

$$\varepsilon = \frac{1}{E}\sigma + \eta\mathcal{F}_r[\sigma]\,, \quad \eta = \frac{1-\kappa}{\kappa E}\,. \tag{72}$$

Die in (71) und (72) implizit enthaltene lastabhängige Verschiebung des elastischen Bereichs bezeichnet man als *kinematische Verfestigung*. Eine allgemeine Erstbelastungskurve, etwa das Ramberg-Osgood-Gesetz, erhält man in der inversen Formulierung mit

$$\varepsilon(t) = \frac{1}{E}\sigma(t) + \int_0^\infty \eta(r)\mathcal{F}_r[\sigma](t)\,dr\,. \tag{73}$$

Im Tensorraum geht das Elastizitätsintervall $[-r,r]$ in eine abgeschlossene konvexe Nullumgebung und sein zweipunktiger Rand in deren Oberfläche, die sogenannte *Fließfläche*, über. Im Falle der v.Mises-Fließbedingung handelt es sich um eine Kugel B_r im Raum der deviatorischen Spannungen[47]. Mathematisch läßt sich die tensorielle Version von $\mathcal{E}_r$ durch eine Variationsungleichung beschreiben. Im Skalaren erhalten wir nämlich $w = \mathcal{E}_r[v; w_{-1}]$ auch als Lösung der (für fast alle $t \in [0,T]$ zu erfüllenden) Evolutionsvariationsungleichung

$$(\dot{v}(t) - \dot{w}(t))(w(t) - x) \geq 0 \qquad \forall x \in [-r,r]\,, \tag{74}$$

$$w(t) \in [-r,r]\,, \quad w(0) = w_0\,, \tag{75}$$

mit dem Anfangswert $w_0 = e_r(v(0) - w_{-1})$. Wir brauchen nun nur $[-r,r]$ durch eine konvexe Nullumgebung und das Produkt durch das Skalarprodukt zu ersetzen. Entsprechendes gilt für $\mathcal{F}_r$. Mit (73) [48] können wir nun einen ratenunabhängigen tensoriellen Hystereseoperator $\mathcal{W}$ definieren, welcher für eindimensionale Lasten in den Prandtl-Operator übergeht. Während nun eine ganze Reihe mathematischer Eigenschaften von $\mathcal{W}$ bekannt sind[49], ist er in der

---

[47] D.h. nach Wegfaktorisieren des hydrostatischen Drucks. Wir verweisen auf die einschlägige Lehrbuchliteratur der Mechanik.

[48] Wobei wir den Faktor $1/E$ durch das tensorielle Hookesche Gesetz ersetzen.

[49] Mit Methoden aus der Theorie der Variationsungleichungen gewonnen, siehe [Vi87, Kr91].

Werkstoffmechanik nicht sehr beliebt, da er schlecht zu den experimentellen Befunden paßt. Er weist außerdem keine einfache Gedächtnisstruktur auf. Unter letzterem Aspekt ist stattdessen das Modell von Mróz [Mr67]. Die hier diskutierte bezüglich r kontinuierliche Variante stammt von Chu [Ch84, Ch87] mit einer Modifikation der Fließregel aus [BDK1]. interessant, welches wir aus diesem Grund aus der Vielzahl der gegenwärtig diskutierten und verwendeten Materialgesetze herausgreifen wollen.

Im Gegensatz zu (73) bewegen sich im Modell von Mróz – wie auch in anderen Mehrflächenmodellen – die Fließflächen nicht mehr unabhängig voneinander, sondern so, daß die zugehörigen Kugeln alle ineinander enthalten sind. Wir beschreiben dies im einzelnen. Sei $\psi(t,r) \in V$ die Position des Mittelpunkts der Kugel $B_r(t)$ mit Radius r zum Zeitpunkt t im Raum V der deviatorischen Spannungstensoren, sei $\sigma^d : [0,T] \to V$ ein Spannungs-Zeit-Verlauf. Die Inklusion der Kugeln kann äquivalent beschrieben werden durch

$$|\psi(t,r_1) - \psi(t,r_2)| \le r_2 - r_1 \ , \quad 0 \le r_1 \le r_2 \ , \quad t \in [0,T] \ . \tag{76}$$

Zusätzlich zu (76) werden die für Fließflächenmodelle typischen Bedingungen

$$|\sigma^d(t) - \psi(t,r)| \le r \ , \quad t \in [0,T] \ , \quad r \ge 0 \ , \ ^{50} \tag{77}$$

$$\partial_t \psi(t,r) = 0 \ , \quad \text{falls } r > |\sigma^d(t) - \psi(t,r)| \ , \quad t \in [0,T] \ , \ ^{51} \tag{78}$$

verlangt. Eine naheliegende Anfangsbedingung ist $\psi_{-1}(r) = 0$ für alle r. Es stellt sich heraus, daß durch (76) – (78) die die Bewegung der Fließflächen charakterisierende *Mittelpunktskurve* $\psi : [0,T] \times \mathbb{R}_+ \to V$ zu gegebenem σ^d bereits eindeutig bestimmt ist [52]. Aus (76) und (77) folgt, daß es zu jedem Zeitpunkt t einen größten Radius $R(t)$ gibt mit

$$|\psi(t,r) - \sigma^d(t)| = r \ , \quad 0 \le r \le R(t) \ , \tag{79}$$

so daß also alle Fließflächen zum Radius $r \le R(t)$ sich im Punkt $\sigma^d(t)$ mit einer gemeinsamen äußeren Normalen $n(t)$ treffen[53]. Im Skalaren ($V = \mathbb{R}$) gilt

$$\psi(t,r) = \mathcal{F}_r[\sigma^d](t) \ , \tag{80}$$

also erhalten wir, wenn wir den gedächtnislosen Anteil Q (die sogenannte *Fließregel*) aus dem skalaren Modell übernehmen, durch

$$\varepsilon(t) = \mathcal{M}[\sigma](t) = A\sigma(t) + \int_0^\infty \eta(r)\psi(t,r)\,dr \ ^{54} \tag{81}$$

---

[50] D.h. kein Spannungswert liegt jenseits einer Fließfläche.

[51] D.h. eine Fließfläche bewegt sich nur, wenn der Spannungswert sich auf ihr befindet.

[52] Zunächst für stückweise lineare Funktionen σ^d. Ein Stetigkeitssatz erlaubt eine Fortsetzung auf $C(0,T;V)$. Genaueres findet sich in [BDK1] und [Br94].

[53] Es ist in der Mechanik üblich, die Bewegung von Fließflächen anhand von auf Normale bezogene Regeln zu definieren. Für eine mathematische Analyse ist – jedenfalls beim kontinuierlichen Mróz-Modell – das Arbeiten mit der Mittelpunktskurve ψ erheblich zweckmäßiger.

eine tensorielle Verallgemeinerung des Prandtl-Operators, in der statt der Variationsungleichung die Regeln (76) – (78) herangezogen werden. Wir bezeichnen $\mathcal{M}$ als den *Mróz-Operator*[55].

Der Mróz-Operator weist eine charakteristische Gedächtnisstruktur auf. Sei $\sigma^d : [0,T] \to V$ stückweise linear. Für ein festes t definiert die Mittelpunktskurve $\varphi(r) = \psi(t,r)$ eine stückweise lineare Funktion $\varphi : \mathbb{R}_+ \to V$. Sie ist also durch endlich viele Ecken festgelegt, deren letzte dem Radius $R(t)$ der gerade aktiven Fließfläche entspricht. Nur diese letzte Ecke kann sich bewegen, wenn die Zeit weiterläuft; sie kann sich dabei mit der früher gebildeten vorletzten Ecke vereinigen (das entspricht einer Gedächtnislöschung). Ebenso kann in $r = 0$ eine neue Ecke gestartet werden. Die Bewegung der nach ihrem r-Wert geordneten Ecken induziert also eine Hierarchie, die im Skalaren den ineinander geschachtelten Hystereseschleifen entspricht. Ob sie als Baustein eines tensoriellen Zählverfahrens brauchbar ist, wird sich noch erweisen müssen.

Literatur

[Ba10]   Basquin, O.H.: The exponential law of endurance tests. Proc. Ann. Meeting, Am. Soc. Testing Materials **10** (1910) 625–630

[BDK92]   Beste, A., Dreßler, K., Kötzle, H., Krüger, W., Maier, B., Petersen, J.: Multiaxial rainflow. In: Murakami [Mu92], 31–40

[Br89]   Brokate, M.: Some BV properties of the Preisach hysteresis operator. Applicable Analysis **32** (1989) 229–252

[Br94]   Brokate, M.: Hysteresis operators. In: A. Visintin (ed.) Phase Transitions and Hysteresis. Lecture Notes in Mathematics, vol. 1584 Springer 1994, pp. 1–38

[BDK1]   Brokate, M., Dreßler, K., Krejčí, P.: On the Mróz model. Zur Veröffentlichung eingereicht.

[BDK2]   Brokate, M., Dreßler, K., Krejčí, P.: Rainflow counting and energy dissipation for hysteresis models in elastoplasticity. Zur Veröffentlichung eingereicht.

[BSp]   Brokate, M., Sprekels, J.: Buchmanuskript. In Vorbereitung.

[BV89]   Brokate, M., Visintin, A.: Properties of the Preisach model for hysteresis. J. Reine Angew. Math. **402** (1989) 1–40

[Ch84]   Chu, C.C.: A three–dimensional model of anisotropic hardening in metals and its application to the analysis of sheet metal formability. J. Mech. Phys. Solids **32** (1984) 197–212

[Ch87]   Chu, C.C.: The analysis of multiaxial cyclic problems with an anisotropic hardening model. Int. J. Solids Structures **23** (1987) 567–579

[CCB93]   Chu, C.-C., Conle, F.A., Bonnen, J.J.F: Multiaxial stress-strain modeling and fatigue life prediction of SAE axle shafts. In: McDowell and Ellis [ME93], 37–54

---

[54] $A = (a_{ijkl})$ repräsentiert wieder das Hookesche Gesetz.

[55] Zu seiner Analyse verweisen wir auf [BDK1]. Insbesondere ist er mit dem 2. Hauptsatz der Thermodynamik ohne weitere Einschränkung konsistent, falls $\eta \geq 0$.

[CS86]	Clormann, U.H., Seeger, T.: RAINFLOW-HCM: Ein Zählverfahren für Betriebsfestigkeitsnachweise auf werkstoffmechanischer Grundlage. Stahlbau **55** (1986) 65–71

[DKB93]	Dreßler, K., Krüger, W., Beste, A.: Rainflow – das Werkzeug für den Lebensdauernachweis von Fahrzeugen. In: Bauteillebensdauer: Rechnung und Versuch. 19. Vortragsveranstaltung des DVM-Arbeitskreises Betriebsfestigkeit, DVM, München 1993, 179–188

[DKB94]	Dreßler, K., Köttgen, V.B., Beste, A., Kötzle, H.: Möglichkeiten der Berechnung in der Betriebsfestigkeitsanalyse. In: 7. Fachtagung Berechnung im Automobilbau, VDI-Bericht **1153** (1994) 43–59

[DK]	Dreßler, K., Krüger, W.: The optimal stochastic reconstruction of loading histories from a rainflow matrix. Zur Veröffentlichung eingereicht.

[KP89]	Krasnosel'skii, M.A., Pokrovskii, A.V.: Systems with hysteresis. Springer 1989. Russisches Original: Nauka 1983.

[Kr91]	Krejčí, P.: Vector hysteresis models. European J. Appl. Math. **2** (1991) 281–292

[KL90]	Krejčí, P., Lovicar, V.: Continuity of hysteresis operators in Sobolev spaces. Apl. Mat. **35** (1990) 60–66.

[KSB85]	Krüger, W., Scheutzow, M., Beste, A., Petersen, J.: Markov- und Rainflowrekonstruktion stochastischer Beanspruchungszeitfunktionen. VDI-Report, Serie 18, Nr. 22, 1985

[MNZ93]	Macki, J.W., Nistri, P., Zecca, P.: Mathematical models for hysteresis. SIAM Review **35** (1993) 94–123

[Ma05]	Madelung, E.: Über Magnetisierung durch schnellverlaufende Ströme und die Wirkungsweise des Rutherford-Marconischen Magnetdetektors. Ann. Phys. **17** (1905) 861–890

[Ma26]	Masing, G.: Eigenspannungen und Verfestigung bei Messing. In: Proc. 2nd Int. Congress of Appl. Mech. (1926) 332–335

[ME68]	Matsuishi, M., Endo, T.: Fatigue of metals subjected to varying stress. In: Proc. Kyushu Branch of Japan. Soc. of Mech. Eng. (1968) 37–40

[Ma91]	Mayergoyz, I.D.: Mathematical models of hysteresis. Springer 1991

[ME93]	McDowell, D.L, Ellis, R. (Hrsg.): Advances in multiaxial fatigue. American Society for Testing Materials, STP **1191**, Philadelphia 1993

[Mi45]	Miner, M.A.: Cumulative damage in fatigue. J. Appl. Mech. **12** (1945) A159–A164

[Mr67]	Mróz, Z.: On the description of anisotropic workhardening. J. Mech. Phys. Solids **15** (1967) 163–175

[Mu92]	Murakami, Y. (ed.): The rainflow method in fatigue. Butterworth & Heinemann, Oxford 1992

[Ne61]	Neuber, H.: Theory of stress concentration for shear-strained prismatical bodies with arbitrary nonlinear stress-strain law. Trans. ASME, J. Appl. Mech. **28** (1961) 544–550

[Pa24]	Palmgren, A.: Die Lebensdauer von Kugellagern. VDI-Zeitschrift **68** (1924) 339–341

[Pr28]	Prandtl, L.: Ein Gedankenmodell zur kinetischen Theorie der festen Körper. ZAMM **8** (1928) 85–106

[Pr35]	Preisach, F.: Über die magnetische Nachwirkung. Z. Physik **94** (1935) 277–302

[Ry87]   Rychlik, I.: A new definition of the rainflow cycle counting method. Int. J. Fatigue **9** (1987) 119–121

[Ry92]   Rychlik, I.: Rainflow cycles in Gaussian loads. Fatigue Fract. Engng. Mater. Struct. **15** (1992) 57–72

[Ry93]   Rychlik, I.: Note on cycle counts in irregular loads. Fatigue Fract. Engng. Mater. Struct. **16** (1993) 377–390

[Sch93] Schütz, W.: Zur Geschichte der Schwingfestigkeit. IABG, Ottobrunn 1993

[SB77]   Seeger, T., Beste, A.: Zur Weiterentwicklung von Näherungsformeln für die Berechnung von Kerbbeanspruchungen im elastisch-plastischen Bereich. Fortschrittsberichte, Reihe 18, VDI-Verlag, Düsseldorf 1977

[Vi84]   Visintin, A.: On the Preisach model for hysteresis. Nonlinear Anal. **9** (1984) 977–996

[Vi87]   Visintin, A.: Rheological models and hysteresis effects. Rend. Sem. Matem. Univ. Padova **77** (1987) 213–243

[Vi88]   Visintin, A.: Mathematical models of hysteresis. In: J.J. Moreau, P.D. Panagiotopoulos, G. Strang (eds.) Topics in nonsmooth mechanics, Birkhäuser 1988, pp. 295–326

[Vi94]   Visintin, A.: Differential models of hysteresis. Springer 1994

[VA91]   Vormwald, M., Seeger, T.: The consequences of short crack closure on fatigue crack growth under variable amplitude loading. Fatigue Fract. Engng. Mater. Struct. **14** (1991) 205–225

[Wö70]   Wöhler, A.: Über die Festigkeits-Versuche mit Eisen und Stahl. Zeitschrift f. Bauwesen **20** (1870) 73–106

Von der Punktwolke zur Edelkarosse

Josef Hoschek

Fachbereich Mathematik, Technische Hochschule Darmstadt

1 Einführung

Die erste Stufe der Entwicklung einer Automobilaußenhaut ist der Designprozeß. Über Skizzen und Zeichnungen (oft mit CAD-Hilfe) wird in der Design-Abteilung ein Plastikmodell gestaltet, das dann nach positiver Entscheidung des Vorstandes der Konstruktionsabteilung übergeben wird. Um nun von einem solchen Modell zu einer perfekten Auto-Oberfläche zu gelangen, sind zahlreiche Arbeitsgänge notwendig, die über geeignete mathematische Modelle mit Rechnerhilfe gesteuert werden.

Zunächst muß die Oberfläche des Modells digitalisiert werden, d.h. an die Stelle der Modelloberfläche tritt eine Wolke von Punkten. Diese Punktwolke wird dann in geeignete Teilbereiche zerlegt (segmentiert), diese Teilbereiche werden durch Flächenstücke (Patches) approximiert. Um die Oberflächengüte dieser Patches zu verbessern, wird ein Glättungsprozeß nachgeschaltet. Danach wird die Außenhautoberfläche in Teilbereiche (Verbände von Patches) zerlegt, um die Preßwerkzeuge für die mechanische Gestaltung der Autoaußenhaut zu entwickeln. Abschließend muß noch durch Kontrollmessungen der erzeugten Blechteile überprüft werden, ob die rechnerentwickelte Oberfläche auch tatsächlich mechanisch realisiert wurde. Im folgenden wird gezeigt, welche mathematischen Methoden und Modelle in dieser Prozeßkette eingesetzt werden.

Durch direkte Konstruktion mit Hilfe von CAD-Systemen werden die Teile im Innenraum, Unterboden und natürlich im technischen Bereich entwickelt. Dafür erübrigt sich die Digitalisierung.

2 Die Punktwolke

Zum Digitalisieren der Modelloberflächen werden mechanische oder optische Meßmaschinen eingesetzt. Eine mechanische Meßmaschine besitzt eine Meßkugel, beim Berühren der Modelloberfläche durch die Meßkugel wird der Mittelpunkt der Meßkugel gemessen. Die Oberfläche wird meist in Bahnen parallel zu einer Richtebene abgetastet. Die eigentliche Modelloberfläche ist um

den Radius der Meßkugel versetzt (Parallelfläche, Offsetfläche). Optische Meßmaschinen (Laserscanner) verwenden meist Reflexionen von Laserstrahlen mit
entsprechenden Sende- und Meßeinrichtungen für den reflektierten Strahl. Bei
optischen Messungen werden die Punkte direkt auf der Oberfläche gemessen,
Probleme ergeben sich durch unterschiedliche Oberflächenstrukturen, unterschiedliches Reflexionsverhalten bezogen auf dem Kamerastandpunkt, Schat-
tenbilder und Totalreflexionen. Besonders mit Laserscannern wird meist eine
unstrukturierte Punktmenge erzeugt.

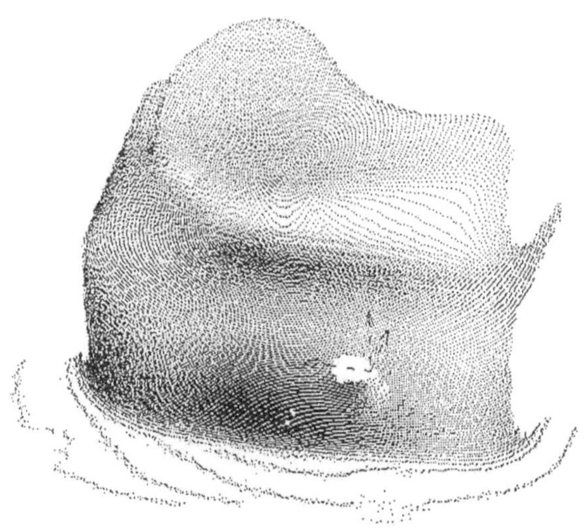

Abbildung 1. Punktwolke aus einem Laserscanner

Um aus dieser Punktwolke eine manipulierbare Flächendarstellung zu erhalten, muß diese Punktmenge durch geeignete Modellflächen approximiert
werden. Dazu werden in den CAD Systemen meist parametrisierte Flächen-
darstellungen eingesetzt, die über viereckigen Parametergebieten definiert
sind. Die Grenzen dieser Parametergebiete müssen zunächst geeignet in den
Punktwolken festgelegt werden [Bra92]. Ideal wäre es, wenn man in einer solchen Punktwolke automatisch natürliche Segmentgrenzen etwa über extreme
Änderungen von geschätzten Krümmungen, über Sprünge in den (geschätzten) Normalen usw. erkennen könnte. Sind in der Punktwolke Scanlinien
enthalten, läßt sich über den Radius des Kreises durch je drei benachbarte Punkte eine diskrete Krümmung κ_i im Punkt $\mathbf{P}_i$ definieren. Werden mit
$l_i = |\mathbf{P}_i - \mathbf{P}_{i-1}|$ die euklidischen Abstände der Punkte $\mathbf{P}_i, \mathbf{P}_{i-1}$ bezeichnet,
können die Ableitungen der Krümmung über

$$\kappa_i' = \frac{1}{l_i + l_{i+1}} \cdot \left(l_i \cdot \frac{\kappa_{i+1} - \kappa_i}{l_{i+1}} + l_{i+1} \cdot \frac{\kappa_i - \kappa_{i-1}}{l_i} \right)$$

$$\kappa_i'' = \frac{2}{l_i + l_{i+1}} \cdot \left(\frac{\kappa_{i+1} - \kappa_i}{l_{i+1}} - \frac{\kappa_i - \kappa_{i-1}}{l_i} \right)$$

geschätzt werden [Buq89, Eck91, Eck94]. Segmenttrennungslinien sind zu erwarten, wenn die Folge der Ableitungen der Krümmungen ein Minimum oder ein Maximum hat bzw. wenn die Folge der zweiten Ableitung der diskreten Krümmungen in einem Punkt einen echten Vorzeichenwechsel haben, d.h.

$$\kappa_{i-1}'' \cdot \kappa_i'' < 0.$$

Da die gemessenen Punktkoordinaten meist mit Meßfehlern behaftet sind, empfiehlt sich vorab die Glättung der Punktfolge [Eck94].

Sind keine Scanlinien vorhanden, kann aus den Nachbarpunkten eines Punktes $\mathbf{P}$ z.B. durch Approximation mit einer quadratischen Bézierfläche [Ho92b, Far93] eine Abschätzung der Gaußschen Krümmung [Lau68] gewonnen werden. Oft enthalten Laserdatensätze auch Lücken, die bei klassischen Approximationsansätzen (siehe Abschnitt 3) zu unerwünschten Oszillationen führen.

Leider gibt es zur Zeit noch keine vollautomatischen Algorithmen zum Erkennen der Trennlinien, so daß meist interaktiv etwa durch Projektion geeignet gewählter Geraden oder Kurven gewünschte Grenzen von Flächensegmenten in der Punktwolke erzeugt werden müssen [Sin92, Sin94]. Diese Flächensegmente sollten möglichst viereckig sein, für dreieckige Flächenstücke fehlt den meisten CAD-Systemen eine exakte Representation, so daß dreieckige Flächenstücke nur als ausgeartete Vierecksflächenstücke behandelt werden können [Ho92b]. Dies führt dann aber zu numerischen Problemen.

Innerhalb eines solchen Flächensegmentes können noch sehr viele Punkte liegen. Würden all diese Punkte beim nachfolgenden Approximationsprozeß verwendet werden, würde die Approximation unnötig viel Zeit verschlingen. Daher empfiehlt sich ein Ausdünnen der Daten. Das Ausdünnen muß so erfolgen, daß mit der Restpunktmenge die gleiche Approximationsgüte, d.h. die gleiche vorgegebene Fehlerschranke erreicht wird.

3 Die Flächendarstellung

Nach dieser Vorbereitung wird mit der Approximation der einzelnen viereckigen Flächensegmente begonnen: In den CAD-Systemen werden meist Tensorproduktsätze für polynomiale Bézier- oder B-Splineflächen eingesetzt [Ho92b], [Far93]. Diese Ansätze haben den großen Vorteil, daß die Koeffizienten (Kontrollpunkte) geometrische Bedeutung besitzen, was bei der Darstellung durch Monome nicht der Fall ist. Wir wollen uns hier auf die Tensorprodukt-B-Splinedarstellung beschränken, weil damit bei niedrigem Polynomgrad auch größere Flächenstücke approximiert werden können und die Datenmenge i.a. kleiner ist als bei der Bézierdarstellung. Eine Übersicht über alternative Approximationsansätze findet sich in [Bra93].

Die Basisfunktionen $N_{ik}(t)$ der Ordnung k (Grad $k-1$) für B-Splinedarstellungen können z.B. rekursiv definiert werden:

Für $k = 1$ gilt

$$N_{i1} = \begin{cases} 1 & \text{für } t_i \leq t < t_{i+1} \\ 0 & \text{sonst} \end{cases} \tag{1}$$

sowie für $k > 1$

$$N_{ik}(t) = \frac{t - t_i}{t_{i+k-1} - t_i}\, N_{i,k-1}(t) + \frac{t_{i+k} - t}{t_{i+k} - t_{i+1}}\, N_{i+1,k-1}(t) \tag{2}$$

mit $i = 0(1)n$.

Diese Funktionen operieren über dem Trägervektor

$$T = (t_0, t_1, \ldots, t_{n+k})$$

mit monoton steigenden Knotenwerten t_j und $t_j < t_{j+1}$. Um ein (offenes) B-Spline Tensorproduktflächenstück zu erhalten, führen wir für die beiden Parameter u und v als spezielle Knotenvektoren ein

$$\mathbf{T} = (\underbrace{u_0 = u_1 = \ldots = u_{k-1}}_{k-fach}, u_k, u_{k+1}, \ldots, u_n, \underbrace{u_{n+1} = u_{n+2} = \ldots = u_{n+k}}_{k-fach}) \times$$
$$(\underbrace{v_0 = v_1 = \ldots = v_{l-1}}_{l-fach}, v_l, v_{l+1}, \ldots, v_m, \underbrace{v_{m+1} = v_{m+2} = \ldots = v_{m+l}}_{l-fach})$$
$$\tag{3}$$

und erhalten die Parameterdarstellung einer B-Spline Tensorproduktfläche über

$$X(u,v) = \sum_{i=0}^{n} \sum_{j=0}^{m} \mathbf{d}_{ij}\, N_{ik}(u)\, N_{jl}(v) \tag{4}$$

mit k, l als Ordnung der Basisfunktionen, die $\mathbf{d}_{ij}$ sind die vektorwertigen Kontrollpunkte oder de Boorpunkte. Durch unsere spezielle Wahl des Knotenvektors haben wir erreicht, daß die Kurven $u = 0$ bzw. $v = 0$ und $u = u_{n+1}$ bzw. $v = v_{m+1}$ die Randkurven des Flächenstückes beschreiben und die Punkte $\mathbf{d}_{00}, \mathbf{d}_{n0}, \mathbf{d}_{m0}, \mathbf{d}_{nm}$ auf der Fläche selbst liegen. Die Menge der Kontrollpunkte bildet das Kontrollnetz, das bereits eine gute Vorstellung über den Verlauf der Fläche liefert.

Aufgabe der approximativen Flächendarstellung ist es nun, die Kontrollpunkte $\mathbf{d}_{ij}$ so zu bestimmen, daß die Abstandsvektoren

$$\mathbf{d}_s = \mathbf{P}_s - \sum_{i=0}^{n} \sum_{j=0}^{m} \mathbf{d}_{ij}\, N_{ik}(u_s)\, N_{jl}(v_s) \tag{5}$$

zwischen den gegebenen Punkten $\mathbf{P}_s$ ($s = 0(1)N$, $N > (n+1)(m+1)$) aus der gemessenen Punktwolke und der Approximationsfläche minimal wird. Die

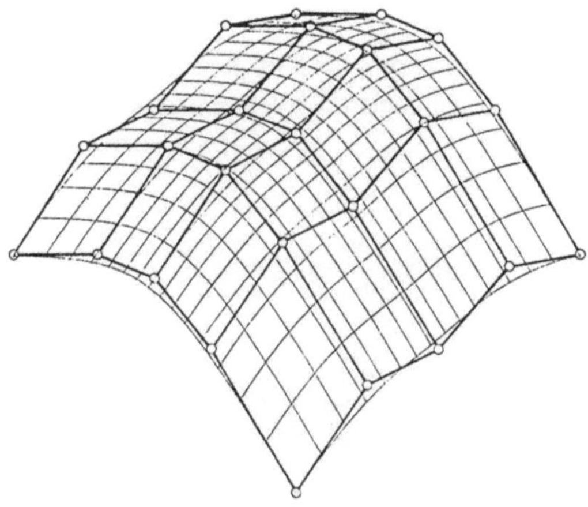

Abbildung 2. B-Splinefläche und Kontrollnetz

Parameterwerte (u_s, v_s) von $\mathbf{P}_s$ sind dabei zunächst unbekannt. Um diesen Punkten eine Ausgangsparametrisierung zuzuordnen, können die gegebenen Punkte auf eine geeignet gewählte Ebene oder eine geeignet festgelegte andere Referenzfläche projiziert werden. Da in unserem Falle die Ränder der Flächenstücke bekannt sind, hat sich folgender Weg als effektiv erwiesen [Ho92a]: Zunächst werden die Randkurven einzeln approximiert, da die Parametrisierung von Kurven erheblich einfacher ist: Man kann chordal (d.h. proportional zum Abstand der Meßpunkte) oder zentripetal (d.h. proportional zur Wurzel aus dem Abstand der Meßpunkte) parametrisieren und dann (z.B. längs der Kurve $v = 0$) die Fehlervektoren

$$\mathbf{d}_r = \mathbf{P}_r^{(v=0)} - \sum_{i=0}^{n} \mathbf{d}_{i0}\, N_{ik}(u_r) \tag{6}$$

minimieren. Die Minimierung der Fehlerquadratsumme $d = \sum_{r=0}^{s}(\mathbf{d}_r)^2$ erfolgt am einfachsten über die linear arbeitende Fehlerquadratmethode (least square) nach Gauss. Dazu wird die Fehlerquadratsumme (d^2) über Differentiation nach den unbekannten $\mathbf{d}_{i0}$ auf das sogenannte (lineare) Normalgleichungssystem reduziert, das dann mit bekannten Lösungsmethoden für lineare Gleichungssysteme gelöst werden kann. Ein anderer Weg ist, das System (6) direkt mit der Householder Transformation zu minimieren.

Nun war die Parameterwahl für die Kurvenapproximation relativ willkürlich. Daher werden im allgemeinen die Fehlervektoren (6) nicht orthogonal zur Approximationskurve stehen, d.h. es werden nicht die kürzesten Abstände zwischen den Meßpunkten und der Randkurve minimiert. Die zu minimierenden Abstände können durch eine geeignete Korrektur der Parametrisierung so verändert werden, daß sie näherungsweise orthogonal zu der über die Ausgangsparametrisierung berechneten Approximationskurve liegen. Danach wird erneut approximiert. Diese Folge Parameterkorrektur – Approximation wird iterativ wiederholt, bis eine Reduktion der Fehlerquadratsumme nicht mehr auftritt. Die meisten Parameterkorrekturverfahren arbeiten Newton-artig [Ho92b].

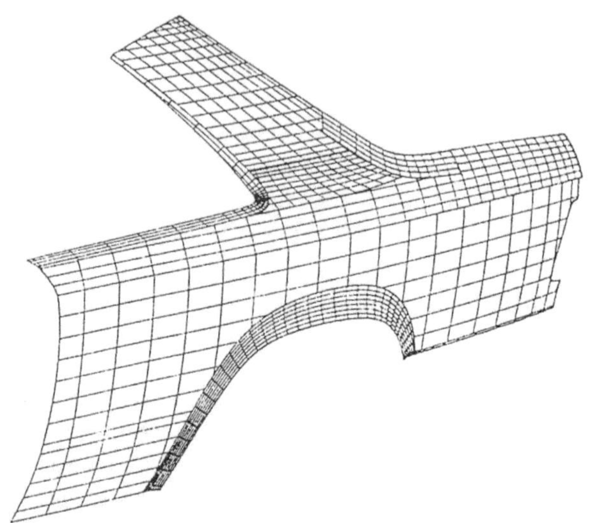

Abbildung 3. Patchstruktur eines Automobilteils (s.a. [Kau88])

Nach der Approximation der vier Randkurven eines Flächensegmentes wird in diese Randkurven eine einfach zu konstruierende Referenzfläche eingespannt (z.B. Coons-Fläche, siehe [Ho92b]) und den Punkten $\mathbf{P}_s$ aus dem Flächeninnern durch Projektion über die Normalenvektoren der Referenzfläche die Parameterwerte (u_s, v_s) zugeordnet. Diese Parametrisierung ist Grundlage einer ersten Approximation des Flächeninneren mit einer Tensorproduktdarstellung gemäß (4). Auch hier muß die Parametrisierung iterativ durch Parameterkorrektur verbessert werden, um eine optimale Anpassung zu erreichen.

Die Approximation mit B-Splineflächen hat ihre Grenzen, wenn in den Datensätzen Löcher auftreten, weil der Scanner gewisse Flächenteile nicht digitalisieren konnte. Helfen kann in diesem Fall der Einbau von (quadratischen) Energiefunktionalen (siehe Abschnitt 5) direkt in den Approximationsprozeß, um solche Lücken gewissermaßen mit Spannung zu belegen und damit durch glatte Flächen zu überbrücken.

Zusätzliche Konstruktionsschritte sind erforderlich um z.B. Scheinwerfer oder Zierkanten an Radkästen anzubringen. Dann werden aus den bisher ermittelten rechteckigen Tensorproduktflächenstücken Teile wieder herausgeschnitten, um die Zusatzkonstruktionen aufzunehmen. Diese Schnittkurven (Trimmkurven) werden meist in der Parameterebene mit Hilfe geeigneter Schnittalgorithmen berechnet bzw. abgelegt (siehe Abbildung 3).

4 Qualitätsprüfung von Flächen

Nach der Approximation der einzelnen Flächensegmente muß untersucht werden, ob die Vereinigung all dieser Segmente ein glattes („schönes") Flächenstück beschreibt. Für eine gute Oberfläche ist es notwendig, daß die einzelnen Flächensegmente weitgehend mit gemeinsamen Tangentialebenen (oder gemeinsamer Gaußscher Krümmung) längs der Randkurven aneinander anschließen. Sind die gemeinsamen Randkurven Parameterlinien, lassen sich solche Übergänge über geeignete Kombination der Kontrollpunkte aus den Nachbarreihen zu den gemeinsamen Randkurven erzwingen. Besondere Probleme entstehen, wenn die gemeinsamen Randkurven Trimmkurven sind: längs solcher Randkurven kann immer nur ein approximativ stetiger Übergang erreicht werden, d.h. es muß durch eine nachgeschaltete Optimierung angestrebt werden, die Winkel zwischen den Flächennormalen längs dieser Trimmkurven zu minimieren (für die Praxis reichen in vielen Bereichen Winkelunterschiede kleiner als 0,2 Grad!).

Um zu erkennen, ob eine Fläche nach erfolgter Approximation die gewünschte Güte besitzt, d.h. keine unerwünschten und unnötigen Krümmungsänderungen in der Fläche auftreten, wurden verschiedene Verfahren vorgeschlagen:

- einmal Verfahren, die die Krümmungseigenschaft der Fläche direkt berechnen,
- sowie „optische" Verfahren, die über geeignete Abbildungen die Güte der Fläche testen.

Ein Indiz für die Güte der Fläche ist z.B. das Verhalten der Gaußschen Krümmung, der mittleren Krümmung oder von Funktionalen, die aus den Hauptkrümmungen konstruiert werden. So werden z.B. die Linien gleicher Gaußscher Krümmung, gleicher mittlerer Krümmung oder gleicher absoluter Krümmung $\kappa_{ab} = |\kappa_1| + |\kappa_2|$ (mit κ_1, κ_2 als Hauptkrümmungen, siehe [Lau68]) eingesetzt. In [Koe92] wurden über

$$s = \frac{2}{\pi} \arctan \frac{\kappa_2 + \kappa_1}{\kappa_2 - \kappa_1} \qquad (\kappa_1 \geq \kappa_2;\ s \geq 0)$$

Linien mit gleichem Flächenindex eingeführt. Dabei erhalten Nabelpunkte den Index 1, eine Linie mit verschwindender Gaußscher Krümmung den Index $\frac{1}{2}$ und Minimalflächen den Index 0. Andere *Isolinienverfahren* sind z.B. Linien mit konstantem Anstiegswinkel bezogen auf eine Referenzebene, Linien konstanter erster Ableitung, Linien konstanter gemischter Ableitungen.

Beim optischen Zugang verwendet man oft die in den meisten größeren
CAD-Systemen vorhandenen *Shadingverfahren*, die auf starke Krümmungsänderungen aufmerksam machen, jedoch relativ viel Rechenzeit benötigen.

Viel sensibler ist dagegen das *Reflexionslinienverfahren* [Kla80], das im
Automobilbau wohl am breitesten eingesetzt wird. Dabei wird auf der zu
untersuchenden Fläche das Reflexionsbild einer Schar von Lichtgeraden L
von einem festen Augpunkt A aus beobachtet. Unregelmäßigkeiten im Verlauf der Reflexionslinien deuten unerwünschte Bereiche an. Abbildung 4 zeigt
ein Reflexionslinienbild einer Schar paralleler Lichtgeraden mit deutlichen Unregelmäßigkeiten im mittleren Bereich, das untere Bild gibt die gleiche Fläche
nach geeigneter Glättung wieder.

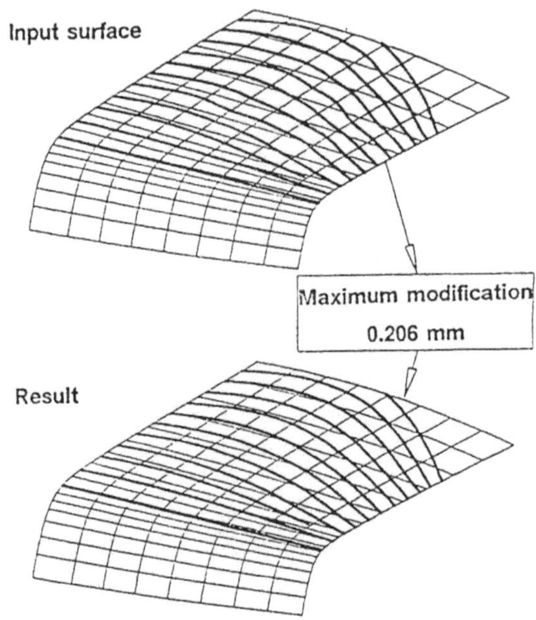

Abbildung 4. Reflexionslinien vor und nach Flächenglättung[1]

Das Reflexionslinienverfahren ist eine mathematische Nachbildung der in
der Autoindustrie üblichen Gütebeurteilung einer Karosserieoberfläche in einem Lichtkäfig: Dabei werden vom Designer auf einem Karosserierohmodell
die Reflexionslinien der Neonröhren eines Lichtkäfigs beobachtet, und aufgrund dieser Beobachtungen werden dann Korrekturen vorgenommen. Jeder
von uns kann mit dieser Methode die Güte der Oberfläche einer Autokarosserie
selbst beurteilen, z.B. an den Spiegelbildern eines Mastes einer Straßenlaterne

---

[1] Das Bild wurde freundlicherweise von Mercedes-Benz zur Verfügung gestellt.

oder an den Spiegelbildern von Kanten eines Hauses oder an den Spiegelbildern der Verkehrsmarkierungslinien auf den Straßen.

Eine Modifikation der Reflexionslinien sind die sog. *highlights* [Bei93]: Lichtgeraden oder Lichtzylinder endlicher Dicke (Lichtbänder) werden über Lotfußpunkte auf die zu untersuchende Fläche abgebildet. Besonders die Lichtbänder sind sehr sensibel gegen kleine Störungen der betrachteten Fläche.

Eine einfach zu handhabende Modifikation der Reflexionslinienmethode wurde neuerdings entwickelt [Kau88]. Man greift auf der Fläche eine Kurvenschar heraus (z.B. ebene Parameterlinien, falls diese vorhanden sind, oder Schnittkurven mit einer Schar von Ebenen), gibt eine Lichtrichtung $\mathbf{a}$ und Reflexionswinkel α_l vor und ermittelt auf der Kurvenschar die Punkte $\mathbf{P}_j$, deren Tangenten mit der Lichtrichtung $\mathbf{a}$ den Winkel α_l bilden.

Einen anderen Zugang zum Erkennen unerwünschter Krümmungsbereiche liefern die aus der Optik oder Katastrophentheorie bekannten *k-orthotomics* [Hos85], die in der deutschen Literatur auch als *k*-fach verlängerte Fußpunktskurven oder Fußpunktsflächen bezeichnet werden. Auf eine weitere Möglichkeit des Erkennens unerwünschter Flächenbereiche mit Hilfe gewisser Polaritäten wurde in [Hos84] hingewiesen. Bei diesem Verfahren ist charakteristisch, daß Wendepunkte einer Kurve bzw. Vorzeichenwechsel der Gaußschen Krümmung einer Fläche nach der entsprechenden Abbildung als Singularitäten der Bildkurve bzw. Bildfläche sichtbar werden.

Unerwünschte Übergänge zwischen den einzelnen Flächensegmenten sind mit Hilfe der aus der Beleuchtungstheorie bekannten *Isophoten*, d.h. Linien gleicher Helligkeit, erkennbar. Ist $\mathbf{L}$ die Richtung des einfallenden Lichtes und sind $\mathbf{N}$ die Normalenvektoren einer gegebenen Fläche, so gilt für die Isophoten

$$\mathbf{N} \cdot \mathbf{L} = C$$

mit C als reeller Konstanten. $C = 0$ führt auf die Umrißlinien oder Eigenschattengrenzen der betrachteten Fläche. Für Isophoten gilt [Poe84]: Stoßen zwei Flächenstücke längs einer Kurve X C^k-stetig aneinander, so sind die Isophoten längs X nur C^{k-1}-stetig. Stoßen also z.B. zwei Flächensegmente C^0-stetig aneinander, so sind die Isophoten unstetig, d.h. sie haben Sprünge. Ist der Flächenübergang C^1-stetig, so haben die Isophoten an den Trennlinien zwischen den beiden Flächensegmenten Knicke. Durch ungünstige Blickrichtungen des Beobachters kann dieser Defekt der Isophoten evtl. nicht klar erkennbar sein, dann müssen die Flächen entsprechend gedreht oder das Auge des Beobachters verlagert werden. Eine optimale Ermittlung des Beobachtungsstandpunktes wurde in [Pot88] vorgeschlagen.

5 Glätten von Flächen

Für das Glätten von nichterwünschten Flächenbereichen wurden zahlreiche Algorithmen vorgeschlagen. Am einfachsten ist es wohl, die Kontrollpunkte der B-Splinedarstellung interaktiv lokal geeignet zu verändern. Erfolgreich ist dies aber nur, wenn ergänzende Hilfe durch entsprechende mathematische Methoden erfolgt. So wird z.B. in [Kla80] die interaktive Veränderung der Kontrollpunkte über Lösung einer partiellen Differentialgleichung gesteuert.

Global arbeitende Glättungsverfahren minimieren Energiefunktionale, die aus mechanischen Modellen hergeleitet werden: So kann die Biegeenergie einer Platte angenähert werden über

$$U = \int_a^b \int_c^d \left(\kappa_1^2 + \kappa_2^2\right) \, du\,dv \to min$$

mit κ_1, κ_2 als Hauptkrümmungen. Da dieser Ansatz nur über nichtlineare Lösungsmethoden erfolgreich zu bearbeiten ist, werden oft als Linearisierungen der Plattenbiegeenergie Funktionale mit 2. Ableitungen (Laplace-artige Operatoren) eingesetzt. Eine Sonderstellung nimmt dabei der Beltrami Operator

$$\Delta \mathbf{X} = \frac{1}{\sqrt{g}} \, \frac{\partial}{\partial i} \left(\sqrt{g}\, g^{ij} \, \partial_j \mathbf{X}\right)$$

mit g als Determinante der ersten (kovarianten) Fundamentalform und g^{ij} als kontravarianten Metriktensor, da dieser Operator invariant gegenüber Parametertransformation ist [Lau68], [Gre94].

Weitere differentialgeometrisch motivierten Glattheitsbedingungen sind etwa

$$\int_a^b \int_c^d \left|\frac{\partial \mathbf{c}}{\partial u} \times \frac{\partial \mathbf{c}}{\partial v}\right| \, du\,dv \to min.$$

wobei als Indikatrix $\mathbf{c}$ gewählt werden kann (siehe [Ran91]).

$$\mathbf{c}(u,v) := K(u,v)\,\mathbf{N}(u,v) \quad \text{oder} \quad \mathbf{c}(u,v) := \mathbf{X}(u,v) + \frac{H(u,v)}{K(u,v)}\,\mathbf{N}(u,v)$$

$$\text{oder} \quad \mathbf{c}(u,v) := [K(u,v) + H(u,v)^2]\mathbf{N}(u,v)$$

mit $\mathbf{N}(u,v)$ als Einheitsvektor der Normalen der Fläche $\mathbf{X}(u,v)$ sowie K als Gaußsche Krümmung und H als mittlere Krümmung.

In verschiedenen Untersuchungen wurde gezeigt, daß die Minimierung der Integrale über die 3. Ableitungen, d.h. über Änderungen der Biegeenergie, besonders wirksam ist. So wurde in [Hag92] vorgeschlagen

$$\alpha \int_a^b \int_c^d \left|\frac{\partial^3 \mathbf{X}(u,v)}{\partial u^3}\right|^2 \, du\,dv + \beta \int_c^d \left|\frac{\partial^3 \mathbf{X}(u,v)}{\partial v^3}\right|^2 \, du\,dv \to min.$$

Bei praktischen Anwendungen werden die in diesen Kriterien auftretenden Integrale meist numerisch gelöst. Auf dieser Basis wird in [Had95] ein Algorithmus entwickelt, der zunächst die Kontrollpunkte der zu glättenden Fläche ermittelt, die den stärksten Einfluß auf die angestrebte Energieminimierung haben. Danach werden diese Punkte algorithmisch so verlagert, daß sich eine möglichst geringe Biegeenergie einstellt.

6 Fräsen von Formteilen

Um das gewünschte Autoteil produzieren zu können, müssen geeignete Preßwerkzeuge oder Gießformen konstruiert werden, d.h. die mathematisch beschriebene Fläche muß metallisch realisiert werden. Das Verformen des Bleches
geschieht in einem Preßvorgang (siehe Abschnitt 7), die Form des Preßwerk-
zeuges wird mit Hilfe von numerisch gesteuerten Fräsern erzeugt.

Im Automobilbau werden meist 3- oder 5-achsige Fräser eingesetzt [Ho92b],
d.h. der Fräskopf kann nur in Richtung der 3 Koordinatenachsen bewegt werden oder kann noch zusätzlich durch 2 Winkel geschwenkt werden. Für Außen-
hautformen werden oft 5-Achsfräser verwandt [Kla91, Cho93], da damit die
optisch wirksamen Bereiche besser erzeugt werden können. Im Innenbereich
wird meist die einfacher zu steuernde 3-Achsfräsung eingesetzt, wobei für
schwierige Teile Kugelfräser mit kleinem Radius benötigt werden [Zhu91].

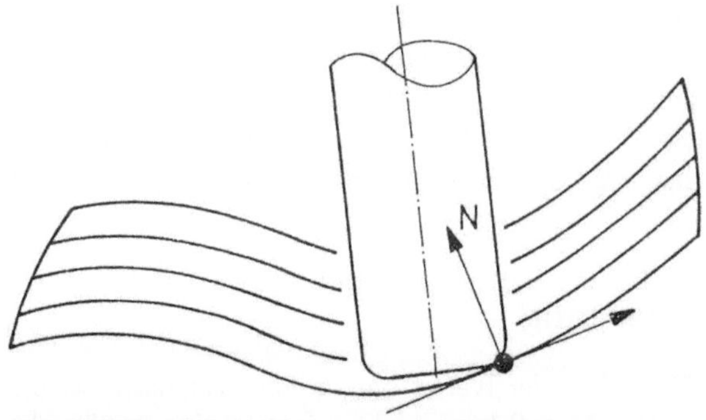

Abbildung 5. 5-Achsfräsen eines Flächenstückes

Grundlage der Erzeugung von Formteilen durch Fräser ist die Entscheidung über die Strategie der zu wählenden Fräsbahnen, d.h. man kann entweder den Fräser zick-zack-förmig hin- und herbewegen oder am Rand beginnend den Fräser auf spiralförmigen Kurven rund um die Fläche führen.
Meist wird entlang ebener Schnittkurven gearbeitet, d.h. vorher muß über
geeignete Algorithmen zum Verschneiden von Flächen eine Schar ebener Kurven s_i auf der zu fräsenden Fläche erzeugt werden [Zir89]. Beim 3-Achsfräsen
(mit Kugelkopfradius r) wird der Fräskopf entlang von Parallelkurven im Abstand r auf der Parallelfläche der zu konstruierenden Fläche geführt, während
beim 5-Achsfräsen noch zusätzlich die Neigung der Fräserachse bezüglich der
Flächennormalen **N** berücksichtigt werden muß.

Um das 3-Achsfräsen zu beschleunigen, wird oft nicht die B-Splinefläche als
Basis für die Steuerung eingesetzt, sondern eine Triangulierung dieser Fläche
benutzt: Der Fräser wird entlang der C^0-stetigen ebenen Facettendreiecke
geführt, wobei die Elastizität des Materials und geeigneter Algorithmen die
Knicke an den Rändern der Dreiecksfacetten ausgleichen [Mue93].

Der Fräskopf wird so gesteuert, daß der tiefste Punkt des Werkzeugs sich entlang der gewählten Fräsbahn bewegt. Je nach Breite des Fräsers bzw. des Abstandes der einzelnen Fräsbahnen entsteht so ein Rillenprofil, das dann meist durch Schleifen per Hand nachgeglättet wird.

Besonders beim 5-Achsfräsen ist eine Kollisionskontrolle nötig, d.h. es muß zusätzlich getestet werden, ob der Fräser z.B. das an der Stirnseite erzeugte Profil nicht wieder mit der eigenen Rückseite zerstört. Zur Kollisionskontrolle gehört auch das Einhalten von vorgegebenen Sollgrenzen zu den ein Flächenstück begrenzenden anderen Teilen.

Während mit Fräsern meist geeignete Metallwerkzeuge zum Pressen von Metallteilen erzeugt werden, gibt es im Automobil auch viele gegossene Teile aus Metall und anderen Werkstoffen. Vor allem aber für Plastikteile spielt das Gießen die entscheidende Rolle. Für Gießvorgänge müssen entsprechende Formen konstruiert werden, die meist über Stereolithographie oder Erodieren generiert werden: das gewünschte Flächenprofil wird (mathematisch) in Schichten endlicher Breite zerlegt und in diesen Schichten wird die gewünschte Kontur mit Laser, ultraviolettem Licht oder einem elektrisch aufgeheizten Draht aus einem geeigneten Materialblock herausgeschmolzen oder in einer geeigneten Flüssigkeit ausgehärtet. Dieses sogenannte „rapid prototyping" ist wesentlich billiger als das Erzeugen von Werkzeugen über Fräsersteuerung [Ash91].

7 Der Preßvorgang

Der vorletzte Prozeß in der Kette, die zu einer Edelkarosse führt, ist die Metallverformung. Das Metall kann nicht sofort in eine gewünschte (meist komplizierte) Form deformiert werden. Es müssen Zwischenschritte eingeführt werden, um die Metallverformung mathematisch und technologisch beherrschen zu können. Die Berechnung dieser verschiedenen Verformungsstufen geschieht mit Finite-Element-Methoden, wobei das Fließen des Metalls unter der Berücksichtigung der Reibung zu modellieren ist, wenn das zu formende Blech an einer Stelle aufsitzt [Maz90, Sche88, Sug88, Wan85].

Jedes Preßwerkzeug erhält neben der gewünschten Flächenform Blechhalter, die die Blechränder festhalten müssen [Fre93], wenn das Innere weiter verformt wird. Diese Blechhalter sollten (nahezu) singularitätsfrei abwickelbare Flächen sein, damit eine möglichst geringe Biegeenergie benötigt wird und außerdem durch den Haltevorgang keine Druckfalten entstehen, die sich in den inneren Bereich fortpflanzen können. Dieser Teil des Bleches wird aber benötigt, um die gewünschte Fläche beim Preßvorgang auszuformen.

8 Qualitätsprüfung

Das Pressen oder Gießen der Einzelteile muß zur Qualitätssicherung überwacht werden. Einmal muß kontrolliert werden, ob das am Ende der Konstruktionskette entstandene Teil wirklich die Form hat, die ursprünglich gewünscht

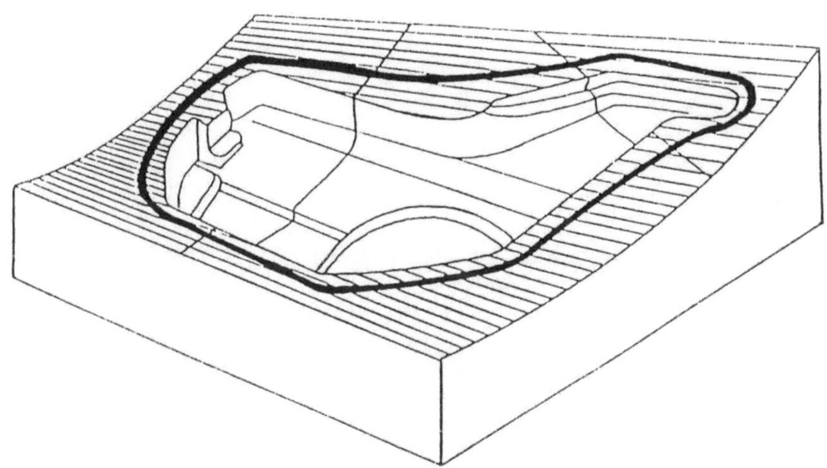

Abbildung 6. Presswerkzeug mit Blechhalter (s.a. [Fre93])

worden ist, bzw. es muß erkannt werden, wann die Preßteile oder die Gießformen erneuert werden müssen, da sie durch Verschleiß nicht mehr die gewünschte Form (innerhalb einer vorgegebenen Toleranz) erzeugen. Damit ist man aber wieder am Anfang der Prozeßkette „Von der Punktwolke zur Edelkarosse" angelangt: Auf einer Digitalisiermaschine werden Punkte auf dem produzierten Teil gemessen und es muß geprüft werden, ob diese Punkte in der mathematisch vorgegebenen (Soll-)Fläche liegen. Ein Hauptproblem ist dabei die Reorientierung des erzeugten Teils [Pfe89, Sou92], d.h. es muß mit Hilfe möglichst präzis bekannter Markierungspunkte das konstruierte Teil auf das Koordinatensystem des mathematischen Modells zurücktransformiert werden. Danach werden die neuen Meßpunkte geeignet parametrisiert und der Abstandsfehler zwischen realer (Soll-)Fläche und dem mathematischen Modell ermittelt.

Literatur

[Ash91]   Ashley, S.: Rapid Prototyping Systems, Special Report. Mechanical Engineering (1991) 34–43

[Bei93]   Beier, K.-P., Chen, Y.: Highlight-line algorithm for realtime surface-quality assessment. Computer-Aided Design 4 (1994) 268–277

[Bra92]   Bradley, C., Vickers, G.W.: Automated Rapid Prototyping Utilizing Laser Scanning and Free-Form Machining. Annals of the CIRP **41** (1992) 437–440

[Bra93]   Bradley, C., Vickers, G.W.: Free-form surface reconstruction for machine vision rapid prototyping. Optical Engineering **32** (1993) 2191–2200

[Buq89]   Bu-qing, S., Ding-yuan, L.: Computational Geometry – Curve and Surface Modeling. Academic Press 1989

[Cho93]   Choi, B.K., Park, J.W., Jun, C.S.: Cutter-location data optimization in 5-axis surface machining. Computer-aided design **25** (1993) 377–386

[Eck91]   Eck, M.: Geometrische Verfahren zur dreidimensionalen Osteotomieplanung. Diss. TH Darmstadt 1991

[Eck94]   Eck, M., Jaspert, R.: Automatic fairing of point sets. Erscheint in: N. Sapidis (ed.) Designing Fair Curves and Surfaces. SIAM 1994

[Far93]   Farin, G.: Curves and Surfaces for Computer Aided Geometric Design, A Practical Guide. 3rd edn. Academic Press 1993

[Fre93]   Frey, W.H., Bindschadler, D.: Computer Aided Design of a class of developable Bézier Surfaces. General Motors Corporation Publication R & D–8057 (1993)

[Gre94]   Greiner, G.: Surface Construction Based on Variational Principles. In: P.J. Laurent, A. Le Méhauté, L.L. Schumaker (eds.) Curves and Surfaces III. A.K. Peters, Boston 1994

[Had95]   Hadenfeld, J.: Local Energy Fairing of B-Spline Surfaces. Erscheint in: Lyche, T., Schumaker, L. (eds.) Mathematical Methods in Computer Aided Geometric Design. A.K. Peters (1995)

[Hag87]   Hagen, H., Schulze, G.: Automatic smoothing with geometric surface patches. Computer Aided Geometric Design **4** (1987) 231–236

[Hag92]   Hagen, H., Santarelli, P.: Variational Design of Smooth B-Spline Surfaces. In: Hagen, H. (ed.) Topics in Surface Modeling. SIAM 1992, pp. 85–92

[Hos84]   Hoschek, J.: Detecting regions with undesirable curvature. Computer Aided Geometric Design **1** (1984) 183–192

[Hos85]   Hoschek, J.: Smoothing of curves and surfaces. In: Barnhill, R.E., Böhm, W. (eds.) Surfaces in CAGD '84. North Holland 1985, pp. 97–105

[Ho92a]   Hoschek, J., Schneider, F.-J.: Approximate Spline Conversion for Integral and Rational Bézier- and B-Spline Surfaces. In: Barnhill, R.E. (ed.) Geometry Processing for Design and Manufacturing. SIAM 1992, pp. 45–85

[Ho92b]   Hoschek, J., Lasser, D.: Grundlagen der geometrischen Datenverarbeitung, 2. Aufl. Teubner 1992

[Kau88]   Kaufmann, E., Klass, R.: Smoothing surfaces using reflection lines for families of splines. Computer-aided design **20** (1988) 312–316

[Kla80]   Klass, R.: Correction of local surface irregularities using reflection lines. Computer-aided design **12** (1980) 73–77

[Kla91]   Klass, R., Schramm, P.: Numerically-controlled milling of CAD surface data. In: Hagen, H., Roller, D. (eds.) Geometric Modeling. Methods and Applications. Springer 1991, pp. 213–226

[Koe92]   Koenderink, J.J., van Doorn, A.J.: Surface shape and curvature scales. Image and Vision Computing **10** (1992) 557–565

[Lau68]   Laugwitz, D.: Differentialgeometrie, 2. Aufl. Teubner 1968

[Lon87]   Loney, G.C., Ozsoy, T.M.: NC machining of free form surfaces. Computer-aided design **19** (1987) 85–90

[Maz90]   Mazilu, P., Luo, S., Kurr, J.: Anisitropy Evolution by Cold Prestrained Metals Described by ICT-Theory. Journal of Materials Processing Technology **24** (1990) 303–311

[Mue93]   Müller, G.: Tebis CAD. In: Hoschek, J. (Hrsg.) Was CAD-Systeme wirklich können. Teubner 1993, pp. 49–68

[Pfe89]   Pfeifer, T., v. Hemdt, A.: Lageprüfung an Freiformkurven und -flächen in der Koordinatenmeßtechnik. Technisches Messen tm **56** (1989) 17–22

[Poe84]   Pöschl, Th.: Detecting surface irregularities using isophotes. Computer Aided Geometric Design **1** (1984) 163–168

[Pot88]   Pottmann, H.: Eine Verfeinerung der Isophotenmethode zur Qualitätsanalyse von Freiformflächen.CAD und Computergraphik **11** (1988) 99–109

[Ran91]   Rando, T., Roulier, J.A.: Designing faired parametric surfaces. Computer-aided design **23** (1991) 492–497

[Sche88]   Schedin, E., Friedriksson, K., Gustafsson, C.: Characterization of the friction properties during sheet forming. Report of Swedish Institute for Metal Research 1988

[Sin92]   Sinha, S.S., Schunck, B.G.: A Two-Stage Algorithm for Discontinuity-Preserving Surface Reconstruction. IEEE Transactions on Pattern Analysis and Machine Intelligence **14** (1992) 36–55

[Sin94]   Sinha, S.S., Jain, R.: Range Image Analysis. Handbook of Pattern Recognition and Image Processing: Computer Vision, Academic Press 1994, pp. 185–237

[Sou92]   Sourlier, D., Bucher, A.: Normgerechter Bestfit-Algorithmus für Freiformflächen oder andere nicht reguläre Ausgleichsflächen in Parameterform. Technisches Messen tm **59** (1992) 293–302

[Sug88]   Sugiura, H., Okamoto, L., Hiramatsu, T., Yoshimi, J., Fujiwara, K.: Evaluation of Elongations and Material Movements during Press Forming with CAD. JSAE Review **9** (1988) 62–69

[Wan85]   Wang, N.-M., Tang, S.C.: Computer Modeling of Sheet Metal Forming Process: Theory, Verification and Application. Proceedings Ann Arbor Meeting of The Metallurgical Society 1985

[Zhu91]   Zhu, C.: Tool-path generation in manufacturing sculptured surfaces with a cylindrical end-nulling cutter. Computers in Industry **17** (1991) 385–389

[Zir89]   Zirbs, J.: Fertigungsgerechte Aufbereitung von Flächenverbänden bei der NC-Prommierung im Formenbau. In: Pritschow, G. (Hrsg.) ISW Forschung und Praxis. Springer 1989

Numerische Methoden
in der Mehrkörperdynamik

Edda Eich[1] *und Claus Führer*[2]

[1] Fachbereich 07 (Mathematik/Informatik), Fachhochschule München
[2] Institut für Robotik und Dynamik, DLR Oberpfaffenhofen

1 Einführung

Computersimulation ist zu einem der wichtigsten Werkzeuge bei der Konstruktion von Fahrzeugen geworden. Sie konnte in den letzten zwei Jahrzehnten den Prototypbau reduzieren. Dadurch werden der hohe Aufwand für den Prototypbau und Experimente, lange Entwicklungszeiten und die damit verbundenen hohen Kosten durch die schnellere und weniger aufwendige Computersimulation ersetzt.

Dieser Artikel beschäftigt sich mit der Computersimulation des dynamischen Verhaltens komplexer mechanischer Systeme, die durch sogenannte *Mehrkörpersysteme (MKS)* modelliert werden. Unter mechanischen Mehrkörpersystemen versteht man Systeme aus vielen massebehafteten Körpern (Räder, Chassis, Motorblock), die durch masselose Kraftelemente (Federn, Dämpfer oder Stellmotoren) und durch masselose starre Verbindungen (Koppelstangen, Gelenke) miteinander verbunden sind.

Eine Modellierung als Mehrkörpersystem ist nicht in allen Fällen adäquat. Crash-Tests, zum Beispiel, bei denen die Verformung der Karosserie eines Fahrzeuges untersucht werden soll, verlangen andere Modellannahmen. Hier werden oft Finite-Element Methoden eingesetzt.

Die Simulation des dynamischen Verhaltens eines Mehrkörpersystems besteht im wesentlichen aus den folgenden vier Schritten (s. Abb. 1):

1. Abstraktion von der Wirklichkeit auf ein mechanisches Ersatzmodell
2. Aufstellung der Bewegungsgleichungen
3. Numerische Lösung der Bewegungsgleichungen
4. Weiterverarbeitung der Ergebnisse (Computeranimation,...)

Schritt 1 ist i.a. Aufgabe des Ingenieurs. Er muß bei der Aufstellung des Modells entscheiden, welche Effekte er berücksichtigen muß und welche er im Rahmen seiner Fragestellung vernachlässigen kann. Dieser Schritt erfordert oft auch eine gute Kenntnis der später eingesetzten numerischen Methoden, denn durch Abstimmung von Modellbildung und Numerik kann viel Rechenzeit eingespart werden. Schritt 2 kann ausgehend von einer formalen Beschreibung des Modells automatisch durch *Mehrkörperformalismen* erledigt werden. Hier wurden im Laufe der letzten 15 Jahre schnelle und benutzerfreundliche Werkzeuge geschaffen [RE93, Sch89]. Dieser Artikel widmet sich hauptsächlich dem dritten Schritt, der numerischen Lösung der Bewegungsgleichungen. Es werden einige der zugrunde liegenden numerischen Verfahren vorgestellt. Doch zunächst soll zur Veranschaulichung der Vorgehensweise in Abschnitt 2 ein einfaches, ebenes Mehrkörpermodell für einen LKW vorgestellt werden. In Abschnitt 3 werden die wesentlichen mathematischen Grundaufgaben, die im Rahmen einer Simulation gelöst werden müssen, dargestellt, die Abschnitte 4 und 5 gehen dann detaillierter auf zwei dieser Grundaufgaben ein: die dynamische Simulation, d.h. die Lösung differential-algebraischer Gleichungssysteme, und die Schätzung unbekannter Systemparameter aus Messungen, d.h. die Lösung eines Optimierungsproblems mit Differentialgleichungsnebenbedingungen.

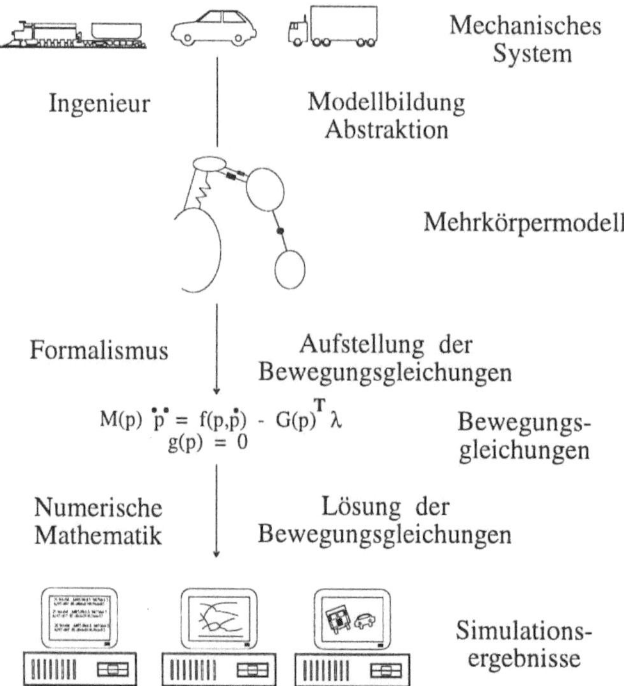

$$M(p)\,\ddot{p} = f(p,\dot{p}) - G(p)^T \lambda$$
$$g(p) = 0$$

Abbildung 1. Typische Schritte bei der Computersimulation eines Fahrzeuges

2 Modellierung mit der Methode der Mehrkörpersysteme

Hier soll die Modellierung eines LKWs, s. Abb. 2, diskutiert werden, um anschließend die allgemeine Form der Bewegungsgleichungen aufzustellen.

Zunächst muß man sich fragen, wozu das gegebene System modelliert werden soll, welche Effekte man untersuchen will und welche eher uninteressant sind. Beim vorliegenden Beispiel soll es um die Untersuchung von Hubschwingungen gehen, die für den Fahrkomfort des Fahrers relevant sein können. Gerade bei Baufahrzeugen- und Maschinen ist die Auslegung von Fahrersitzen ein typischer Anwendungsfall. Dieser Aufgabenhintergrund erlaubt es, den LKW als einfaches ebenes Hubmodell zu modellieren, bei dem der horizontale translatorische Freiheitsgrad von Rädern, Chassis und Fahrerkabine unberücksichtigt bleiben kann. Ebenso spielt die Radrotation für die gewünschten Aussagen keine Rolle. Die Ladefläche wird jedoch, um die Kippbewegung beschreiben zu können, mit allen drei Freiheitsgraden der ebenen Bewegung modelliert worden. Insgesamt ergeben sich neun Freiheitsgrade, die durch die Lagekoordinaten $p_i, i = 1, \ldots, 9$ beschrieben werden.

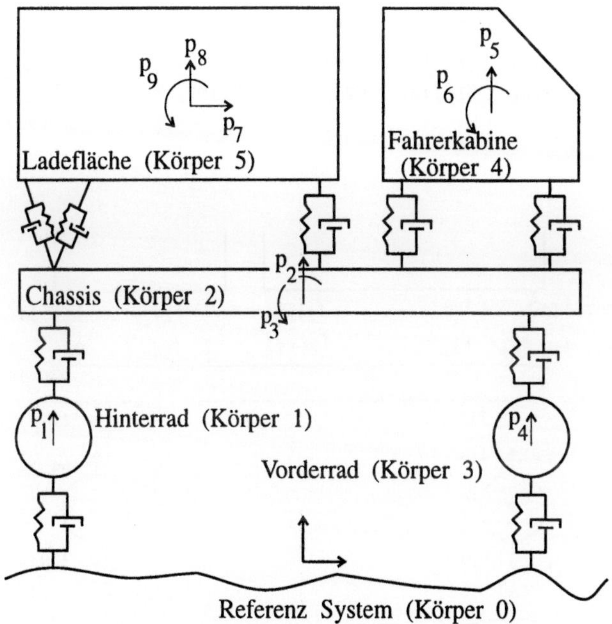

Abbildung 2. Ebenes Modell eines LKWs

Die Körper sind durch lineare Feder-Dämpfer-Elemente gekoppelt, Ausnahme sind nur die Radaufhängungen: Chassis und Räder sind durch pneumatische Federn verbunden, wie sie in schweren Fahrzeugen oft verwendet werden. Man erhält die Bewegungsgleichungen aus dem Newton'schen Kraftgesetz:

$$Masse \cdot Beschleunigung = Kraft.$$

Abb. 3 zeigt die angreifenden Kräfte. Es ergibt sich dann folgendes System gewöhnlicher Differentialgleichungen .

$$
\begin{aligned}
m_1\ddot{p}_1 =& -f_{10_2} + f_{12_2} - m_1 g_{gr} \\
m_2\ddot{p}_2 =& -f_{12_2} - f_{23_2} + f_{24_2} + f_{42_2} + f_{25_2} + f_{1d_2} + f_{2d_2} - m_2 g_{gr} \\
l_2\ddot{p}_3 =& \left(-a_{23}f_{23_2} - a_{12}f_{12_2} - h_1(f_{23_1} + f_{12_1})\right)\cos(p_3) - \\
& \left(-a_{23}f_{23_1} - a_{12}f_{12_1} - h_1(f_{23_2} + f_{12_2})\right)\sin(p_3) + \\
& \left(a_{25}f_{25_2} + a_{52}(f_{1d_2} + f_{2d_2}) + h_2(f_{25_1} + f_{1d_1} + f_{2d_1})\right)\cos(p_3) - \\
& \left(a_{25}f_{25_1} + a_{52}(f_{1d_1} + f_{2d_1}) + h_2(f_{25_2} + f_{1d_2} + f_{2d_2})\right)\sin(p_3) - \\
& \left(a_{24}f_{24_2} + a_{42}f_{42_2} + h_2(f_{24_1} + f_{42_1})\right)\cos(p_3) - \\
& \left(a_{24}f_{24_1} + a_{42}f_{42_1} + h_2(f_{24_2} + f_{42_2})\right)\sin p_3) \\
m_3\ddot{p}_4 =& -f_{30_2} + f_{23_2} - m_3 g_{gr} \\
m_4\ddot{p}_5 =& -f_{42_2} - f_{24_2} - m_4 g_{gr} \\
l_4\ddot{p}_6 =& \left(-b_{24}f_{24_2} - b_{42}f_{42_2} - h_3(f_{24_1} + f_{42_1})\right)\cos(p_6) - \\
& \left(-b_{24}f_{24_1} - b_{42}f_{42_1} - h_3(f_{24_2} + f_{42_2})\right)\sin(p_6) \\
m_5\ddot{p}_7 =& -f_{25_1} - f_{1d_1} - f_{2d_1} \\
m_5\ddot{p}_8 =& -f_{25_2} - f_{1d_2} - f_{2d_2} - m_5 g_{gr} \\
l_5\ddot{p}_9 =& \left(-c_{25}f_{25_2} - c_{1d}f_{1d_2} - c_{2d}f_{2d_2} - h_3(f_{25_1} + f_{1d_1} + f_{2d_1})\right)\cos(p_9) - \\
& \left(-c_{25}f_{25_1} - c_{1d}f_{1d_1} - c_{2d}f_{2d_1} - h_3(f_{25_2} + f_{1d_2} + f_{2d_2})\right)\sin(p_9)
\end{aligned}
$$

$$(2.1)$$

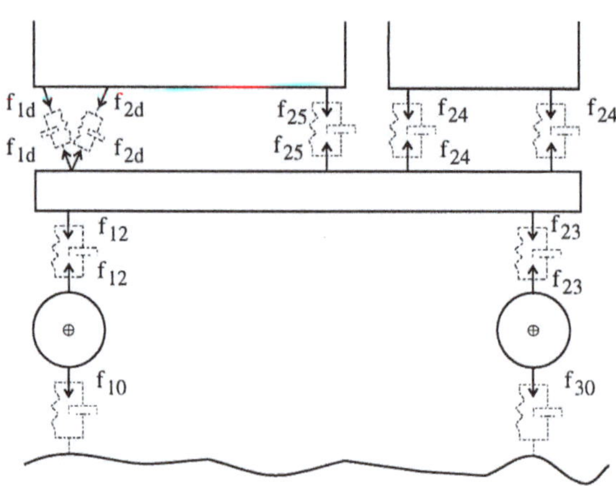

Abbildung 3. Kräfte am LKW

Hierbei bezeichnen m_i, l_i die Massen bzw. Trägheitsmomente der einzelnen Körper und g_{gr} die Gravitationsbeschleunigung. $a_{ij}, b_{ij}, c_{i,j}$ bezeichnen geometrische Größen des LKW. Die konkreten Werte dieser Größen basieren auf Daten der Firma MAN und sind [EF95] entnommen. Die Kräfte hängen vom Vektor zwischen den Ankoppelpunkten ab, an denen die jeweilige Verbindung angreift. So gilt beispielsweise für das lineare Feder-/ Dämpferelement f_{10} zwischen Rad und Fahrbahn:

$$f_{10}(t) = k_{10}(p_1(t) - u(t - T)) + d_{10}(\dot{p}_1(t) - \dot{u}(t - T)) + f_{10}^0 \,,$$

wobei k_{10}, d_{10} die Feder- und Dämpferkonstanten sind, die gegebene Funktion $u(t)$ die Straße als Funktion der Zeit beschreibt und f_{10}^0 die Federvorspannkraft ist. Da Vorder- und Hinterrad über die gleiche Fahrbahnunebenheit jedoch mit einem von Fahrgeschwindigkeit und Achsabstand abhängigen Zeitversatz fahren, enthält die Anregungsfunktion u in obiger Gleichung noch eine sogenannte Totzeit T.

Allgemein lassen sich die Bewegungsgleichungen in der Form

$$M(p)\ddot{p} = f_a(t, p, \dot{p}) \tag{2.2}$$

schreiben. Dabei bezeichnet M die positiv definite *Massenmatrix* und $f_a(t, p, \dot{p})$ die angreifenden Kräfte. t bezeichnet die unabhängige Variable, die Zeit, p die Lagekoordinaten, $\dot{p}$ die Geschwindigkeit, $\ddot{p}$ die Beschleunigung.

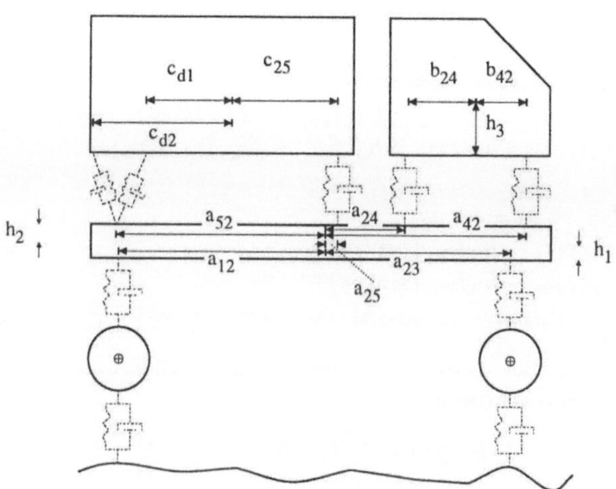

Abbildung 4. Defintion der geometrischen Größen des LKW

Häufig hat man zusätzlich zu den elastischen Verbindungen durch Kraftelemente auch noch starre Verbindungen durch Gelenke, Koppelstangen, ... Ersetzt man in dem LKW-Modell die beiden Diagonalfedern und -dämpfer am hinteren Ende der Ladefläche durch ein Gelenk, das das Kippen der Ladefläche erlaubt, so können sich Ladefläche und Chassis nicht mehr unabhängig voneinander bewegen, sondern die Ansatzpunkte des Gelenks auf Chassis und Ladefläche sind dieselben Raumpunkte. Dies läßt sich durch die Gleichungen

$$g(p) = \begin{pmatrix} p_7 \\ p_8 \end{pmatrix} + S(p_9) \begin{pmatrix} c_{c_1} \\ c_{c_2} \end{pmatrix} - \left(\begin{pmatrix} 0 \\ p_2 \end{pmatrix} + S(p_3) \begin{pmatrix} a_{c_1} \\ a_{c_2} \end{pmatrix} \right) = 0 \qquad (2.3)$$

mit der Drehmatrix

$$S(\alpha) = \begin{pmatrix} \cos(\alpha) & -\sin(\alpha) \\ \sin(\alpha) & \cos(\alpha) \end{pmatrix}$$

und den geometrischen Größen $a_{c_1}, a_{c_2}, c_{c_1}, c_{c_2}$ beschreiben. Diese *Zwangsbedingung* führt zu Zwangskräften f_{Zwang} im Gelenk. Es gilt $F_{Zwang} = G(p)^T \lambda$ mit $G(p) = \frac{dg(p)}{dp}$ und noch zu bestimmenden Lagrange-Parametern λ. Diese Zwangskräfte treten an die Stelle der eingeprägten Kräfte der Diagonalfedern und -dämpfer, so daß man das Gleichungssystem

$$\begin{aligned}
m_1 \ddot{p}_1 &= -f_{10_2} + f_{12_2} - m_1 g_{gr} \\
m_2 \ddot{p}_2 &= -f_{12_2} - f_{23_2} + f_{24_2} + f_{42_2} + f_{25_2} + \lambda_1 - m_2 g_{gr} \\
l_2 \ddot{p}_3 &= (-a_{23} f_{23_2} - a_{12} f_{12_2} - h_1 (f_{23_1} + f_{12_1})) \cos(p_3) - \\
&\quad (-a_{23} f_{23_1} - a_{12} f_{12_1} - h_1 (f_{23_2} + f_{12_2})) \sin(p_3) + \\
&\quad (a_{25} f_{25_2} + h_2 f_{25_1}) \cos(p_3) - \\
&\quad (a_{25} f_{25_1} + h_2 f_{25_2}) \sin(p_3) - \\
&\quad (a_{24} f_{24_2} + a_{42} f_{42_2} + h_2 (f_{24_1} + f_{42_1})) \cos(p_3) - \\
&\quad (a_{24} f_{24_1} + a_{42} f_{42_1} + h_2 (f_{24_2} + f_{42_2})) \sin p_3 + \\
&\quad (-a_{c_1} \sin p_5 + a_{c_2} \cos p_5) \lambda_1 + (a_{c_1} \cos p_5 - a_{c_2}) \sin p_5) \lambda_2 \\
m_3 \ddot{p}_4 &= -f_{30_2} + f_{23_2} - m_3 g_{gr} \\
m_4 \ddot{p}_5 &= -f_{42_2} - f_{24_2} - m_4 g_{gr} \\
l_4 \ddot{p}_6 &= (-b_{24} f_{24_2} - b_{42} f_{42_2} - h_3 (f_{24_1} + f_{42_1})) \cos(p_6) - \\
&\quad (-b_{24} f_{24_1} - b_{42} f_{42_1} - h_3 (f_{24_2} + f_{42_2})) \sin(p_6) \\
m_5 \ddot{p}_7 &= -f_{25_1} - \lambda_1 \\
m_5 \ddot{p}_8 &= -f_{25_2} - \lambda_2 - m_5 g_{gr} \\
l_5 \ddot{p}_9 &= (-c_{25} f_{25_2} - h_3 f_{25_1}) \cos(p_9) - \\
&\quad (-c_{25} f_{25_1} - h_3 f_{25_2}) \sin(p_9) - \\
&\quad (-c_{c_1} \sin(p_9) - c_{c_2} \cos(p_9)) \lambda_1 - (c_{c_1} \cos(p_9) - c_{c_2} \sin(p_9)) \lambda_2
\end{aligned} \qquad (2.4)$$

erhält. Die allgemeine Form der Bewegungsgleichungen solcher beschränkter Mehrkörpersysteme ist dann

$$M(p)\ddot{p} = f_a(t, p, \dot{p}) - G(p)^T \lambda \qquad (2.5a)$$

$$0 = g(p) \; . \qquad (2.5b)$$

Neben den Differentialgleichungen für die Lagekoordinaten haben wir somit eine algebraische Gleichung erhalten, aus der letztendlich die algebraischen Variablen λ bestimmt werden, also ein *differential-algebraisches Gleichungssystem (engl.: differential-algebraic equation (DAE))*. Differential-algebraische Systeme sind numerisch wesentlich schwerer zu lösen als reine Differentialgleichungen. Hierauf wird in Abschnitt 4.2 näher eingegangen. In der Praxis sind überdies die Kraftverläufe f_a häufig unstetig oder haben Unstetigkeiten in höheren Ableitungen, s. Abschnitt 4.3 .

3 Mathematische Grundaufgaben

Im folgenden wird dargestellt, welche mathematischen Aufgabenstellungen sich aus den zu lösenden physikalischen Fragestellungen ergeben.

Kinematikanalyse. Ist ein Modell entworfen worden, so muß zunächst getestet werden, ob es kinematisch zusammenpaßt. Dies ist Gegenstand der Kinematikanalyse. Sie beschäftigt sich darüberhinaus damit, zu einer geg. Systemkonfiguration, z.B. der Stellung der Hand eines Roboters, die Koordinaten, d.h. alle Winkel der Gelenke zu berechnen. Hierzu ist ein nichtlineares Gleichungssystem zu lösen.

Bestimmung des Gleichgewichtszustandes. Hier sind die Koordinaten so zu bestimmen, daß Kräftegleichgewicht herrscht. Dazu ist die Lösung eines nichtlinearen Gleichungssystems notwendig. Dies wird mit einem verallgemeinerten Newton-Verfahren oder Homotopie-Verfahren durchgeführt.

Die Bestimmung des Gleichgewichtszustandes (Ruhelage) eines Systems bildet z.B. die Basis für Stabilitätsuntersuchungen, die auf einem um die Ruhelage linearisierten Modell beruhen. Eine ähnliche Aufgabe ist die Bestimmung der sog. nominellen Schnittkräfte, d.h. der Vorspannkräfte in den Kraftelementen, so daß ebenfalls Kräftegleichgewicht herrscht. Hier ist ein lineares Gleichungssystem zu ermitteln. In den Gleichungen (2.1), die den LKW beschreiben, sind diese Schnittkräfte mit f_{ij}^0 bezeichnet.

Dynamische Simulation. Die Aufgabe der dynamischen Simulation ist die Berechnung des Systemzustands bei gegebenen Parametern und Anregungsfunktionen. Im Fall des obigen LKW hat man das Differentialgleichungssystem (2.1) bzw. das differential-algebraische Gleichungssystem (2.4) für gegebene Anfangswerte

$$p(t_0) = p_0, \quad \dot{p}(t_0) = v_0, \quad \lambda(t_0) = \lambda_0$$

zu lösen. Diese Aufgabe wird in Abschnitt 4 diskutiert.

Linearisierte Modelle. Häufig werden die Gleichungen um einen Gleichgewichtspunkt linearisiert, um das Stabilitätsverhalten des Systems zu studieren. Dies erfordert eine Eigenwertanalyse der Koeffizientenmatrizen. Um den Frequenzgang, d.h. die Abhängigkeit der Amplitude einer erzwungenen Schwingung von der anregenden Frequenz ω zu berechnen, führt man eine Laplace-Transformation durch und hat dann für jede Frequenz ein lineares Gleichungssystem zu lösen. Frequenzgänge sind ein wichtiges Beurteilungskriterium für ein dynamisches System. So möchte man z.B. nicht, daß die Frequenz des Motors zu starken Vibrationen des Fahrzeugs führt oder die Frequenz der Straßenunebenheiten das ganze Fahrzeug zu starken Schwingungen anregt, die den Fahrkomfort wesentlich beeinträchtigen.

Optimierung, Parameteridentifizierung, optimale Steuerung. Bei der Auslegung eines Fahrzeugs ist man häufig an einer bzgl. eines bestimmten Kriteriums optimalen Wahl gewisser Parameter interessiert. Dies führt auf ein *Parameteroptimierungsproblem* mit Nebenbedingungen. Die Nebenbedingungen werden i.a. Differentialgleichungen sein.

Strukturoptimierungsprobleme, bei denen entschieden werden soll, welche (und wieviele) Komponenten für das Fahrzeug zu verwenden sind, führen auf ganzzahlige oder gemischt ganzzahlige Optimierungsprobleme. Im Gegensatz zu Parameteroptimierungsproblemen läßt sich die optimale Lösung dieses diskreten Optimierungsproblems nicht mit den Mitteln der Analysis über das Verschwinden gewisser Ableitungen charakterisieren, so daß man i.a. auf geschicktes Probieren angewiesen ist.

Die Bestimmung einer energieoptimalen Fahrweise führt auf ein Problem der *optimalen Steuerung*. Gesucht ist in diesem Fall beispielsweise die Gaspedalstellung zu jedem Zeitpunkt. Zur Lösung optimaler Steuerungsprobleme gibt es prinzipiell zwei Ansätze:

— den *direkten Ansatz* durch Parametrisierung der Steuerung und Lösung des zugehörigen Optimierungsproblems mit Differentialgleichungsnebenbedingungen;
— den *indirekten Ansatz* über die notwendigen Bedingungen des Pontryagin'schen Maximumprinzips und Lösung des zugehörigen Randwertproblems.

Häufig kennt man die Parameter, die das System bestimmen nur sehr ungenügend. Dann führt man Messungen durch. Die Parameter sind so zu bestimmen, daß die auf der Basis der Parameter berechneten Werte die Messungen optimal wiedergeben. Dieses inverse Problem führt auf ein Optimierungsproblem mit einem Least-squares Zielfunktional und Nebenbedingungen. Für dynamische Messungen erhält man Differentialgleichungsnebenbedingungen. Dieses *Parameteridentifizierungsproblem* wird in Abschnitt 5 diskutiert.

4 Numerische Methoden der dynamischen Simulation von Mehrkörpersystemen

Die Bewegungsgleichungen von Mehrkörpersystemen sind linear-implizite Differentialgleichungen oder differential-algebraische Gleichungen zweiter Ordnung. Ihre konkrete Form hängt sowohl vom zu modellierenden Mehrkörpersystem ab, als auch vom Mehrkörperformalismus, der zur Aufstellung der Gleichungen benutzt wird. Einige Formalismen transformieren auf Minimalkoordinaten, dann erhält man ein kleines System von gewöhnlichen Differentialgleichungen. Die Massenmatrix ist dann i.a. vollbesetzt und abhängig von den Koordinaten. Andere Formalismen benutzen für jeden Körper den vollen Satz an Koordinaten entsprechend der Anzahl der Freiheitsgrade. Redundanzen in den Koordinaten werden durch algebraische Gleichungen beschrieben.

Man erhält ein großes System von differential-algebraischen Gleichungen mit einer Massenmatrix, die Blockdiagonalgestalt hat. Auch die Wahl der Koordinaten, d.h. die Verwendung von Absolut- bzw. Relativkoordinaten, hat einen wesentlichen Einfluß auf die Form der Bewegungsgleichungen. So ist in der Regel bei Verwendung von Absolutkoordinaten die Massenmatrix konstant.

Auf die numerische Behandlung hat die konkrete Form der Bewegungsgleichungen eine großen Einfluß, s. Abschnitt 4.1. In Abschnitt 4.2 werden die Schwierigkeiten bei der numerischen Lösung von DAEs dargestellt, Abschnitt 4.3 widmet sich der Behandlung unstetiger Dynamiken. Der Einsatz eines Integrationsverfahrens zur Lösung dieser Bewegungsgleichungen erfordert die Berücksichtigung und zuverlässige Behandlung aller dieser Punkte.

4.1 Systeme ohne algebraische Nebenbedingungen

Die numerische Behandlung gewöhnlicher Differentialgleichungen [SB73, PTV92] beschränkt sich i.a. auf Gleichungen der Form

$$\dot{x} = f(t, x) \ . \tag{4.1}$$

Prinzipiell läßt sich natürlich das System (2.2) durch Inversion der Matrix $M(p)$ und Einführen zusätzlicher Koordinaten auf diese Form bringen, so daß Standardverfahren verwendet werden können. Dies sind explizite Runge-Kutta-Verfahren oder Mehrschrittverfahren des Prädiktor Korrektortyps. Derartige Verfahren diskretisieren die Zeitachse in einzelne Zeitpunkte t_n mit $t_n = t_{n-1} + h_n$ und ersetzen die Differentialgleichung durch eine Differenzengleichung, die rekursiv ausgewertet wird. Klassisches Beispiel hierfür ist das explizite Euler Verfahren:

$$x_{n+1} = x_n + h_n f(t_n, x_n) \ .$$

Komplexe Schrittweitenalgorithmen sorgen dafür, daß zumindest lokal die so erhaltene diskrete Lösung sich von der Lösung der Differentialgleichung nicht zu weit entfernt. In der Praxis tritt oft das Problem auf, daß derartige Differenzenformeln selbst für stabile Differentialgleichungen instabile Lösungen liefern, sofern die Schrittweite h nicht extrem klein gewählt wird. Man spricht dann von *numerisch steifen Problemen*. Solche Probleme treten in der Fahrzeugdynamik häufig auf, insbesondere bei einigen Reifenmodellen. Um den hohen Rechenaufwand zu vermeiden, der aus derart kleinen Schrittweiten resultieren würde, greift man auf implizite Integrationsverfahren zurück. Einfachstes Verfahren dieser Klasse ist das implizite Euler-Verfahren:

$$x_{n+1} = x_n + h_n f(t_{n+1}, x_{n+1}) \ .$$

Der zu berechnende Wert x_{n+1} tritt in dieser Formel implizit auf und muß mithilfe des Newton-Verfahrens iterativ ermittelt werden. Dies erscheint zunächst einmal sehr aufwendig, ist jedoch im Fall steifer Probleme oft schneller und genauer als das Arbeiten mit expliziten Verfahren. Bei impliziten Verfahren brauchen darüberhinaus die mechanischen Bewegungsgleichungen nicht erst durch Inversion der Massenmatrix auf obige Form (4.1) gebracht zu werden. Dies kann beim Newton-Verfahren gleich „miterledigt" werden. Ansonsten kann die Inversion der Massenmatrix schon gleich vom Mehrkörperformalismus übernommen werden. Hier wird die spezielle Struktur der mechanischen Gleichungen ausgenutzt und durch sogenannte *Order N-Formalismen* ein Rechenaufwand erreicht, der nur linear mit der Anzahl N der Körper im System steigt. Anderenfalls würde der Aufwand wie N^3 anwachsen.

Wertet man die rechte Seite der Differentialgleichung (4.1) aus, so ermittelt man im wesentlichen Beschleunigungsgrößen. Die Mehrkörperformalismen sind jedoch in der Lage etwa vier mal so schnell die Residuen

$$r_d(p,\dot{p}) = M(p)\ddot{p} - f_a(t,p,\dot{p}) \tag{4.2}$$

auszuwerten [AEF90, Ei93]. Derartige auf Residuen basierende Mehrkörperformalismen sind für numerisch steife Systeme sehr effektiv, insbesondere dann, wenn beim iterativen Lösen linearer Gleichungssysteme, dem Kern des Newton-Verfahrens, die Struktur der mechanischen Gleichungen soweit wie möglich ausgenutzt wird [Ei92]. Dies ist ein typischer Bereich, in dem Numerik und Mechanik eng verzahnt sind.

Abbildung 5 zeigt ein typisches Simulationsergebnis. Das oben vorgestellte LKW–Modell wird angeregt durch eine Fahrbahn mit einer Bodenwelle von 1 m Länge und 20 cm Höhe. Die Bodenwelle wirkt zeitversetzt zweimal als Anregung auf das System, zunächst aufs Vorderrad und dann aufs Hinterrad. Man sieht deutlich die gute Dämpfung der Fahrerkabine, auf die bei der Auslegung derartiger Fahrzeuge Wert gelegt wird.

Mehrkörperprogramme wie z.B. SIMPACK [RE93] stellen die Ergebnisse der Simulation nicht nur als Zeitschrieb dar, sondern sie verwenden 3D Animation des Fahrzeuges zur Erleichterung der Ergebnisinterpretation.

4.2 Differential-algebraische Gleichungssysteme

Wie oben am LKW-Modell gezeigt, liegen oft algebraische Beziehungen implizit vor und sind überdies mit den Differentialgleichungen gekoppelt.

Während man früher versucht hat, in einem solchen Fall Differentialgleichung und algebraische Gleichungen schrittweise entkoppelt zu lösen, indem man Variablen aus dem Differentialgleichungssystem eliminiert hat, verwendet man heute zunehmend Lösungsverfahren für differential-algebraische Gleichungssysteme. Hierzu kann man wegen der impliziten Form der Gleichungen nur implizite Integrationsverfahren einsetzen. Liegen die Differentialgleichungen selber explizit vor und nur die algebraischen Gleichungen implizit, so ist es u.U. möglich, spezielle semi-explizite Verfahren einzusetzen [LNP92]. In beiden Fällen ist die Abstimmung des Verfahrens auf das konkrete Problem bzw. den konkreten Mehrkörperformalismus unumgänglich. Dies zeigt

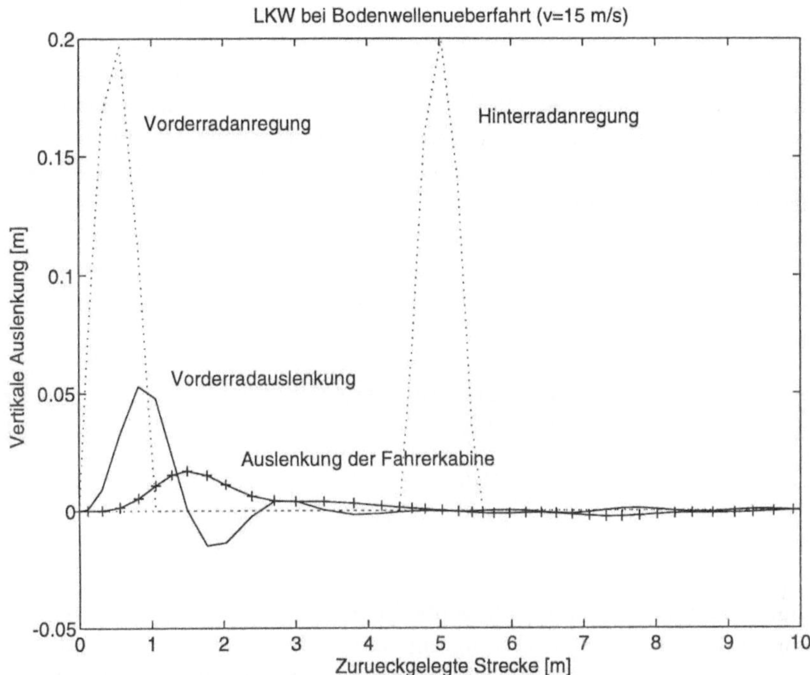

Abbildung 5. Fahrt des LKWs über eine Bodenwelle

sich auch darin, daß fast alle gängigen Mehrkörperprogramme zur Simulation komplexer mechanischer Systeme Integrationsverfahren verwenden, die speziell angepaßt wurden und nicht auf Bibliothekslöser zurückgreifen.

Das Grundprinzip zur numerischen Lösung von DAE läßt sich wiederum am besten am impliziten Eulerverfahren erklären. Man erhält ähnlich wie oben in jedem Schritt ein nichtlineares Gleichungssystem

$$M(p_{n+1})\frac{p_{n+1} - 2p_n + p_{n-1}}{h^2} = f\left(t_{n+1}, p_{n+1}, \frac{p_{n+1} - p_n}{h}\right) - G(p_{n+1})^T \lambda_{n+1}$$

$$0 = g(p_{n+1}) \ .$$

Dieses wird iterativ nach den Unbekannten p_{n+1}, λ_{n+1} aufgelöst. p_{n+1}, λ_{n+1} sind Näherungen für p, λ zum Zeitpunkt $t_n = t_0 + (n+1)h$.

In dieser sogenannten Index-3 Formulierung führt die Diskretisierung jedoch auf große numerische Schwierigkeiten. Man erhält für kleine Schrittweiten u.U. schlecht konditionierte lineare Gleichungssysteme, die klassischen Fehlerabschätzungsmethoden zur Schrittweitensteuerung sind nicht mehr anwendbar und Integrationsformeln, die sich für explizite Probleme bewährt haben, werden hier u.U. instabil. Diese Probleme sind derzeit Gegenstand der Forschung auf dem Gebiet der Numerik gewöhnlicher Differentialgleichungen.

Der Index einer gewöhnlichen Differentialgleichung ist ein wesentliches Merkmal zur Klassifikation von DAEs und ein Kennzeichen für die Komplexität des numerischen Problems. Je höher der Index ist, desto schwieriger ist die numerische Behandlung. An den Bewegungsleichungen des LKW-Modells erkennt man, daß ein dreimaliges Ableiten der Lagenebenbedingung zusammen mit geeigneten algebraischen Umformungen auf ein Differentialgleichungssystem führt, in dem auch $\dot\lambda$, d.h. die Ableitung der algebraischen Variablen, explizit auftritt (s. (4.3)). Die Anzahl der Differentiationen, die notwendig sind, um auf eine solche Form zu kommen ist – grob gesprochen – der Index des Problems.

Führt man die Differentiation bei dem obigen System aus, so erhält man

$$M(p)\ddot{p} = f_a(t,p,\dot{p}) - G(p)^T \lambda \tag{4.3a}$$

$$0 = g(p) \tag{4.3b}$$

$$0 = G(p)\dot{p} \tag{4.3c}$$

$$0 = \dot{p}^T \frac{dG}{dp}\dot{p} + G \underbrace{M^{-1}(f - G^T \lambda)}_{=\ddot{p}} \; . \tag{4.3d}$$

Damit bilden (4.3a), (4.3b) (Nebenbedingung auf Lageebene) ein Index 3 System, (4.3a), (4.3c) (Nebenbedingung auf Geschwindigkeitsebene) ein Index 2 System und (4.3a), (4.3d) (Nebenbedingung auf Zwangskraftebene) ein Index 1 System.

Gleichung (4.3d) ist nun eine Gleichung für λ, eine weitere Differentiation würde wie oben erwähnt, eine Differentialgleichung für λ ergeben. Wählt man konsistente Anfangswerte, d.h. Anfangswerte, die (4.3b), (4.3c), (4.3d) erfüllen, so stimmen die exakten Lösungen aller drei Systeme überein. Dies führte zu der Idee, das Index 1 System zu integrieren. Durch Diskretisierungs- und Rundungsfehler erhält man hierbei jedoch eine Lösung, die (4.3b), (4.3c) nicht mehr erfüllen. Mit wachsender Zeit wird der Fehler in diesen Gleichungen größer und führt damit zu physikalisch nicht sinnvollen Lösungen. Dieser „Drift-off "-Effekt kann vermieden werden, wenn man nach jedem Integrationsschritt die numerische Lösung auf die durch (4.3b), (4.3c) gegebenen Mannigfaltigkeiten zurückprojiziert [Ei92]. Die Theorie dieses Verfahrens und seine numerische Realisierung ist in [Ei92] dargestellt. Eine alternative Verfahrensklasse bilden Verfahren, die implizit auf Zustandsform transformieren [Fu88].

4.3 Unstetigkeiten

Unstetigkeiten treten bei der Modellierung von Stößen (Sprünge in den Geschwindigkeitsvariablen), Spiel (die Anzahl der Freiheitsgrade ändert sich und damit das Differentialgleichungssystem), Coulomb-Reibung (Sprünge in der rechten Seite der DAE), Hysterese (nicht glatte rechte Seite der DAE), diskrete Regler, wie sie z.B. im bei der Modellierung von Antiblockiersystemen verwendet werden, und bei der Verwendung von tabellierten Daten z.B. aus Messungen zur Approximation von nichtlinearen Kraftgesetzen oder stückweise glatten Funktionen auf.

Diese Unstetigkeiten verursachen Schwierigkeiten bei der numerischen Integration, da sowohl die Konvergenztheorie von Diskretisierungsverfahren als auch die zur Schrittweiten- und Ordnungssteuerung verwendeten Strategien Differenzierbarkeit der Lösung bis zu einer gewissen Ordnung verlangen (Ordnung 7 bei BDF- Verfahren, Ordnung 5 für das klassische Runge-Kutta-Verfahren, ...). Diese Schwierigkeiten äußern sich im Abbruch der Integration, in sehr kleinen Schrittweiten und in einem unzuverlässigen Ergebnis, da der Fehlersteuerung die Basis entzogen ist.

Diese Effekte sind noch schwerwiegender, wenn Ableitungen der Lösung nach Anfangswerten oder Parametern (Sensitivitätsmatrizen) bestimmt werden müssen, z.B. im Optimierungszusammenhang (s. Abschnitt 5).

Unstetigkeiten werden adäquat durch die Einführung sog. Schaltfunktionen behandelt. Dies basiert darauf, daß die Bedingungen für das Auftreten von Unstetigkeiten meist bekannt sind, aber nicht ihr Zeitpunkt. Die Schaltfunktionen werden so formuliert, daß sie eine Nullstelle genau an den Umschaltbedingungen haben.

Die generelle Vorgehensweise bei der Integration ist dann folgendermaßen

- Nach jedem Integrationsschritt wird geprüft, ob im letzten Integrationsintervall ein Vorzeichenwechsel stattgefunden hat.
- Ist dies der Fall, wird der Zeitpunkt der Unstetigkeit durch eine Nullstellensuche bestimmt.
- Der neue Zustand und die neue rechte Seite der DAE werden bestimmt.
- Das Diskretisierungsverfahren wird angepaßt, d.h. im allgemeinen an dieser Stelle neu gestartet.

Zur Lokalisierung der Unstetigkeit, also zur (iterativen) Bestimmung der Nullstelle einer zustandsabhängigen Schaltfunktion, müssen die Werte der Variablen nicht nur an den Diskretisierungspunkten, sondern auch dazwischen bekannt sein. Dies kann sehr effizient geschehen, indem man Integrationsverfahren mit einer kontinuierliche Lösungsdarstellung ergänzt. Im Fall des BDF-Verfahrens z.B., das auf der Interpolation bereits berechneter Diskretisierungspunkte beruht, läßt sich das Interpolationspolynom für diesen Zweck verwenden.

Um zu vermeiden, daß in dem Schritt, in dem eine Unstetigkeit auftritt, schon die neuen Gleichungen verwendet werden, darf die Routine zur Auswertung der rechten Seite der DAE nur auf diskrete Entscheidungsvariablen zurückgreifen, deren Werte zwar den Vorzeichen der Schaltfunktionen entsprechen, die jedoch nur nach Lokalisierung eines Schaltpunktes vom Integrationsverfahren umgesetzt werden. Einzelheiten findet man in [Ei92, EF95]. Um dem Benutzer die mühsame Arbeit der Definition der Schaltfunktionen und die Implementation der Logik abzunehmen wurden in [AEF90] die in der Mechanik am häufigsten auftretenden Klassen von Unstetigkeiten definiert und Schnittstellen zu Spezialmodulen definiert, die automatisch nach Definition des Unstetigkeittyps die entsprechenden Schaltfunktionen generieren.[3] Innerhalb von Mehrkörperprogrammen sollten zu jedem Kraftelement, das in der Modellbibliothek abgelegt wird, auch die entsprechenden Schaltfunktionen abgelegt werden.

5 Parameteridentifizierung

Oben wurde gezeigt, wie man das Verhalten eines LKW simulieren kann. Dazu wird jedoch die Beschreibung aller auftretenden Kräfte benötigt, insbesondere müssen alle auftretenden Konstanten in den Kraftgesetzen bekannt sein. Die Aufgabe ist daher, unbekannte Parameter aus Messungen möglichst genau zu bestimmen. Dies ist die Aufgabe der *Parameteridentifizierung*. Das mathematische Modell sei durch eine Differentialgleichung zusammen mit einem Modell für die Messungen y

$$\dot{x} = f(t, x, \theta), \qquad y = b(x, \theta)$$

gegeben, wobei θ die zu bestimmenden unbekannten Parameter sind. Es bezeichne $\eta_{ij} = y_j(t_i) + \varepsilon_j(t_i)$ die Messung der Komponente j $(j = 1, \ldots, n_y)$ von y zum Zeitpunkt t_i $(i = 1, \ldots, n_t)$. ε sei der Meßfehler. Nimmt man an, daß der Meßfehler normalverteilt (Standardabweichung σ_{ij}) mit Mittelwert 0 ist, so führt eine Maximum-Likelihood-Schätzung auf das folgende Optimierungsproblem mit Differentialgleichungsnebenbedingungen

$$\phi(\theta) := \sum_{\substack{i=1,\ldots,n_t \\ j=1,\ldots,n_y}} \left(\frac{(\eta_{ij} - y_j(t_i, \theta))}{\sigma_{ij}} \right)^2 \overset{!}{=} \min \qquad (5.1a)$$

$$\dot{x} = f(t, x, \theta), \qquad y = b(t, x, \theta). \qquad (5.1b)$$

Häufig kommen noch Nebenbedingungen, die aus Anfangs- oder Randbedingungen resultieren, hinzu. Die wesentliche Schwierigkeit sind die Differentialgleichungsnebenbedingungen, d.h. die Bestimmung von $y(t; \theta)$. Da man im allgemeinen x bzw. y nicht exakt bestimmen kann, greift man auch hier auf numerische Näherungslösungen zurück. Der einfachste Algorithmus ist

1. Wähle eine Anfangsschätzung $\theta^{(0)}$. Setze $k = 0$.
2. Löse das Anfangswertproblem

$$\dot{x} = f(t, x, \theta^{(k)}), \qquad x(t_0) = x_0 .$$

3. Berechne die Zielfunktion $\phi(\theta^{(k)})$ (und evtl. deren Ableitungen nach θ).

---

[3] In [Ei92] werden Techniken beschrieben, die auf die spezielle Struktur der Unstetigkeiten Rücksicht nehmen.

4. Bestimme mit einem Optimierungsverfahren einen neuen Wert $\theta^{(k+1)}$. Setze $k = k + 1$. Gehe zu Schritt 2, bis die gewünschte Genauigkeit erreicht ist.

Diese Vorgehensweise ist im Zusammenhang mit Randwertproblemen auch als Einfachschießverfahren bekannt. Dieses Verfahren versagt jedoch, wenn schlechte Startschätzungen $\theta^{(0)}$ für die Parameter zu einer Lösung der Differentialgleichung führen, die nichts mehr mit den Meßwerten zu tun hat. Abhilfe liefert hier das Mehrfachschießverfahren, wie es z.B. in [SB73, Bo87] beschrieben ist.

Das Least-Squares-Problem (5.1a) in Schritt 3 kann iterativ mit einem Gauß-Newton-Verfahren gelöst werden. Gauß-Newton-Verfahren sind für Parameteridentifizierungsprobleme besonders gut geeignet, weil sie für kleine Meßfehler fast quadratisch konvergieren, obwohl sie nur erste Ableitungen der auftretenden Funktionen benötigen.

Für die Anwendung des Gauß-Newton-Verfahrens werden erste Ableitungen der Zielfunktion ϕ nach θ und damit der Lösung $x(t, \theta)$ der Differentialgleichung nach θ benötigt. Diese Rechnungen nehmen den größten Teil Rechenzeit in Anspruch. Hier gibt es zunächst prinzipiell 2 verschiedene Möglichkeiten:

1. Berechnung der Ableitungen aus den Variationsdifferentialgleichungen:

$$\frac{d}{dt}\frac{dx(t,\theta)}{d\theta} = \frac{\partial f}{\partial x}\frac{dx(t,\theta)}{d\theta} + \frac{\partial f}{\partial \theta}, \qquad \frac{dx(t_0,\theta)}{d\theta} = 0 \ .$$

Die Schwierigkeit bei diesem Ansatz ist, daß die partiellen Ableitungen von f nach x, θ meist nicht explizit bekannt. Für Mehrkörpersysteme könnten sie jedoch mit den Kräften gemeinsam in der Modellbibliothek gespeichert werden.

2. Die Ableitungen werden numerisch durch Differenzenquotienten berechnet, indem man die Komponenten von θ stört. Die Schwierigkeit bei diesem Ansatz besteht darin, daß Integrationsschemata mit Ordnungs- und Schrittweitensteuerung und den damit verbundenen IF-Abfragen keineswegs differenzierbar von den Parametern abhängen.

Wünschenswert ist Vorgehensweise 1, die jedoch aufgrund fehlender analytischer Ableitungen häufig nicht möglich ist. Man kann jedoch zeigen [EF95], daß eine Integration der Variationsdifferentialgleichung bis auf Terme höherer Ordnung äquivalent ist zu einer Diskretisierung nach Vorgehensweise 2, wenn die Diskretisierungsschemata für alle variierten θ dieselben sind. Dies erfordert insbesondere, daß bei Parametervariation für alle Parameter mit derselben Ordnungs- und Schrittweitenfolge integriert wird. Dies ist die Methode der Wahl, wenn keine analytischen partielle Ableitungen vorliegen. Die Erweiterung dieser Verfahren von gewöhnlichen Differentialgleichungen auf differential-algebraische Gleichungen findet man in [BES87, EMS93, GE93, EF95].

Zur Verdeutlichung der Problemstellung soll noch einmal das obige LKW-Beispiel herangezogen werden. Die Federn zwischen Radachsen und Chassis sind pneumatische Federn. Der Betrag der zugehörigen Kräfte genügt folgendem nichtlinearem Gesetz:

$$f(x) = s_1 \left(\frac{1 + s_2 x_{nom}}{1 + s_2 x} \right)^\kappa - s_3$$

mit geeigneten Konstanten s_i, der nominellen und aktuellen Einbaulänge x_{nom} und x sowie dem in der Pneumatik üblichen Adiabatenexponent κ. Der Wert dieses Exponenten ist in der Praxis oft nur ungenügend bekannt. Wir nehmen ihn hier mit $\kappa = 1,35$ an und versuchen ihn durch eine Parameteridentifizierung zu verifizieren bzw. korrigieren. Geht man von etwa 1000 Messungen $y(t_k)$ mit einer Abtastrate von $0,01s$ aus, die am LKW bei einer simulierten Überfahrt über eine verrauschte Fahrbahn vorgenommen wurden, so erhält man nach etwa 23 Schritten obiger Iteration den korrigierten Adabiatenkoeffizient $\kappa = 1,400071$. Bei einem derartigen Schätzverfahren fragt man natürlich nach der Zuverlässigkeit der so erhaltenen Schätzung. Auch hierauf liefert die Parameteridentifizierung eine Antwort, sofern das Maß der Verrauschung der Meßdaten bekannt ist. Im obigen Beispiel liegt mit einer Wahrscheinlichkeit von 95 % der Wert im Intervall $1,400071 \pm 0,00087$. (Details zu diesem Beispiel können [GE93] entnommen werden.)

Der Rechenaufwand, den Optimierungsmethoden und die Parameteridentifizierung erfordern, kann bei realistischen Mehrkörpersystem enorm groß werden und unter Umständen mehrere Tage auf einer Workstation an CPU-Leistung in Anspruch nehmen.

6 Zusammenfassung

Der vorliegende Aufsatz versuchte ganz knapp die Rolle der Numerik als wichtiges Hilfsmittel im modernen computergestützten Maschinenbau zu verdeutlichen. Ein kleines Beispiel sollte die Art und Weise, wie in der Mehrkörperdynamik komplexe Mechanismen wie Fahrzeuge modelliert werden, demonstrieren und daran wesentliche Aufgaben der numerischen Mathematik umreißen. Gerade in der Mehrkörperdynamik ist der Schritt von Modellbildung zum numerischen Algorithmus noch einigermaßen überschaubar und stellt für den Numeriker in der ingenieurwissenschaftlichen Praxis ein interessantes und herausforderndes Aufgabengebiet dar.

Literatur

[AEF90]   T. Andrzejewski, E. Eich, C. Führer, M. Otter, G. Leister: Entwurf von Schnittstellen zur numerischen Integration von Mehrkörpersystemen. Technical Report TR R 30-90, DLR Oberpfaffenhofen 1990

[BES87]   H. Bock, E. Eich, J. Schlöder: Numerical solution of constrained least squares boundary value problems in differential-algebraic equation. In: Strehmel (ed.) Proceedings NUMDIFF 87. Teubner, Halle 1987

[Bo87]   H. G. Bock: Randwertproblemmethoden zur Parameteridentifizierung in Systemen nichtlinearer Differentialgleichungen. PhD thesis, Bonner Mathematische Schriften 183, Universität Bonn 1987

[Ei92]   E. Eich: Convergence results for a coordinate projection methods applied to constrained mechanical systems. Erscheint in: SIAM J. Numer. Anal. (1992)

[EF95]   E. Eich, C. Führer: Numerical methods in Multibody Dynamics. Teubner, Stuttgart. Erscheint 1995

[EMS93]   E. Eich, R. Mehlhorn, G. Sachs: Stabilization of numerical solutions of boundary value problems exploiting invariants. Technical Report 16, Lehrstuhl für Flugmechanik und Flugregelung, TU München 1993

[Ei93]   A. Eichberger: Simulation von Mehrkörpersystemen auf parallelen Rechnerarchitekturen, vol. 8 **332** VDI, Düsseldorf 1993

[Fu88]   C. Führer: Differential-algebraische Gleichungssysteme in mechanischen Mehrkörpersystemen. PhD thesis, Mathematisches Institut, TU München 1988

[GE93]   F. Grupp, E. Eich: Parameter identification of nonlinear mechanical multibody systems in descriptor form. In: International Symposium on the Mathematical Theory of Networks and Systems, Regensburg 2-6.8.93

[LNP92]   C. Lubich, U. Nowak, U.Pöhle, C. Engstler: Differential-algebraic equations for constrained mechanical systems and their numerical solution by extrapolation methods. In: Problemes Nonlineaires Appliques: Systemes Algebro-Differentiels. INRIA, EDF, Clamard, France, 1992, pp. 20–42

[PTV92]   W. C. Press, S. A. Teukolsky, W. T. Vetterling, B. P. Flannery: Numerical Recipes. Cambridge University Press 1992

[RE93]   W. Rulka, A. Eichberger: SIMPACK, an Analysis and Design Tool for Mechanical Systems Mehrkörpersystemen mit grossen Bewegungen. In: Vehicle System Dynamics, Computergestütztes Berechnen und Konstruieren, vol. 22. Swets & Zeitlinger 1993, pp. 122–126

[Sch89]   W. Schiehlen (ed.) Multibody Handbook. Springer, Heidelberg Berlin 1990

[SB73]   J. Stoer, R. Bulirsch: Einführung in die Numerische Mathematik II. Heidelberger Taschenbücher. Springer, Heidelberg Berlin 1973

Mathematik
in der Chemischen Industrie

Modellierung und numerische Simulation in der Chemischen Verfahrenstechnik

Edda Eich[1], Peter Burr[1], Andreas Kröner[1] und Peter Lory[2]

[1] Werksgruppe Verfahrenstechnik und Anlagenbau, Linde AG, Höllriegelskreuth
[2] Fachhochschule München (ehemals Linde AG)

1 Einführung

Wachsende Anforderungen an die Wirtschaftlichkeit, den Umweltschutz sowie die Sicherheit und mimimalen Rohstoffeinsatz in der chemischen Industrie führen dazu, daß die Computersimulation *das* Hilfsmittel für den Entwurf, die Auslegung und den Betrieb verfahrenstechnischer Anlagen wie Raffinerien, petrochemischer und biotechnologischer Prozesse oder Luftzerleger ist. Die wesentlichen Bestandteile dieser Prozesse sind Stoffumwandlung durch chemische Reaktion und Trennung von Stoffgemischen mit dem Ziel, die Produkte in der geforderten Reinheit herzustellen. Darüber gewinnt die Meß- und Regeltechnik zur Überwachung und Automatisierung der Anlagen ständig an Bedeutung.

Die Grundlagen für eine Vielzahl von Trennprozessen sind die unterschiedlichen physikalischen und chemischen Eigenschaften der beteiligten Stoffe in Gemischen, wie Flüchtigkeit, Siede- und Taupunkt, Dichte oder Löslichkeit. Dagegen ist das Bestreben eines chemischen Systems, unter den gegebenen Umständen wie Temperatur, Druck und Katalysator, einen energetisch günstigeren Zustand zu erreichen, die treibende Kraft für chemische Reaktionen. Als Beispiel seien hier die Verbrennung und das sog. „cracking" zur Herstellung von Ethylen aus Rohölfraktionen genannt.

Das Hauptinteresse der Simulation in der Verfahrenstechnik liegt heute noch in der Berechnung und Optimierung des stationären Verhaltens von Anlagen. Die dynamische Simulation gewinnt jedoch ständig an Bedeutung, insbesondere für Echtzeitsimulationen zur Schulung des Bedienungspersonals, für die Prozeßüberwachung und die optimale Regelung.

Die Modellierung verfahrenstechnischer Anlagen erfolgt im wesentlichen zweistufig. Ausgehend von der bestehenden oder geplanten Anlage (Abb. 1), wird zunächst durch Abstraktion und Strukturierung das Anlagenmodell („flowsheet") erstellt (Abb. 2). Es enthält alle für das Ziel der Berechnungen relevanten Prozeßstufen („units"), wie Apparate oder Apparateteile, Automatisierungskomponenten sowie die sie verbindenden Stoff-, Energie- und

Abbildung 1. Foto einer Luftzerlegungsanlage

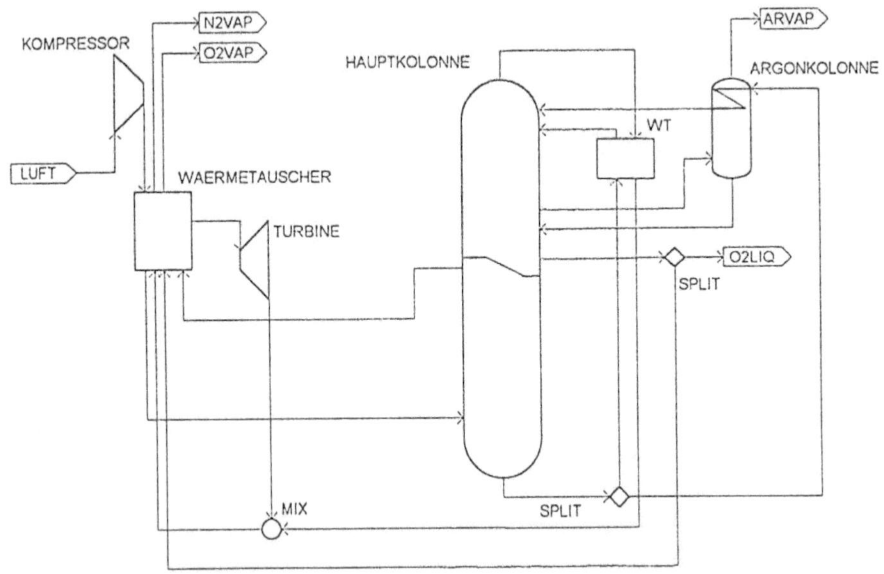

Abbildung 2. Vereinfachtes Flowsheet einer Luftzerlegungsanlage

Informationsströme. Jede Prozeßstufe ist dadurch gekennzeichnet, daß sie die Eigenschaften der eintretenden Ströme verarbeitet und ggf. verändert.

Die mathematische Modellierung einzelner verfahrenstechnischer Prozeßstufen erfolgt auf der Basis allgemeiner Bilanzen von Stoff und Energie

$$\begin{vmatrix} \text{zeitliche} \\ \text{Änderung} \\ \text{der} \\ \text{Bilanzgröße} \end{vmatrix} = \begin{vmatrix} \text{Nettotransport} \\ \text{durch} \\ \text{Konvektion} \end{vmatrix} + \begin{vmatrix} \text{Nettotransport} \\ \text{durch Diffusion} \\ \text{oder Leitung} \end{vmatrix} + \begin{vmatrix} \text{Produktionraten} \\ \text{von Quellen} \\ \text{und Senken} \end{vmatrix}$$

Die rechte Seite der allgemeinen Bilanzgleichung ist dabei den jeweiligen Eigenschaften des zu modellierenden Verfahrensschrittes anzupassen.

Algebraische Gleichungen, die zusätzliche Annahmen über das stationäre und dynamische Verhalten festlegen, ergänzen das Modellgleichungssystem. Dazu zählen Gleichgewichtsbedingungen, phänomenologische und empirische Beziehungen zur Berechnung von Stoff- und Energieströmen sowie Korrelationen, die die physikalischen und chemischen Eigenschaften der Stoffe beschreiben.

Bei den so erhaltenen Modellgleichungen handelt es sich um gewöhnliche oder partielle Differentialgleichungen mit algebraischen Nebenbedingungen, die i.a. Unstetigkeiten aufweisen. Partielle Differentialgleichungen ergeben sich aus der Modellierung von Wärmetauschern oder Packungskolonnen. Die Unstetigkeiten in den Gleichungen werden u.a. verursacht durch das Öffnen und Schließen von Ventilen und durch Phasenübergänge, in denen eine oder mehrere gasförmige, flüssige oder feste Phasen entstehen oder vergehen.

Neben dem komplexen Beispiel eines Luftzerlegers verwenden wir das folgende Beispiel zur Veranschaulichung der Vorgehensweise bei der Modellierung und Simulation einer einzelnen Prozeßstufe.

Beispiel: Zweiphasenprozeß.

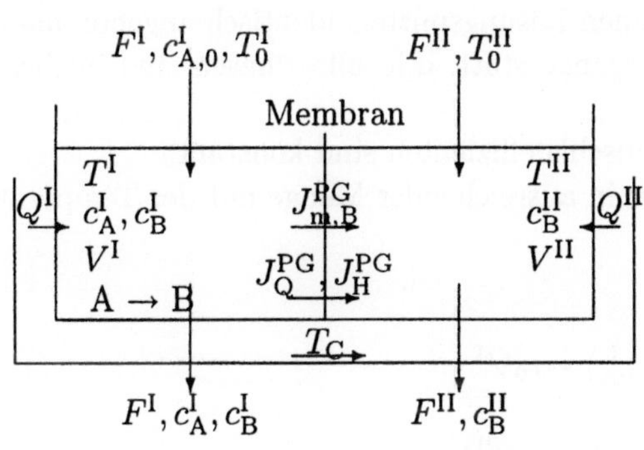

In einem verfahrenstechnischen Prozeß wird aus einem Stoff A ein Stoff B hergestellt. Der Prozeß teilt sich in einen Reaktions- und einen Aufbereitungsschritt auf. Man erhält so eine Reaktionsphase (I) und eine Aufbereitungsphase (II), die über eine selektive, nur für den Stoff B durchlässige Membran miteinander im Stoff- und Wärmeaustausch stehen.

Der Ausgangsstoff A fließt der Reaktionsphase I in einer verdünnten wässrigen Lösung mit dem Volumenstrom F^{I} und der Zulaufkonzentration $c_{\mathrm{A0}}^{\mathrm{I}}$ und der Temperatur T_0^{I} zu. Aus der Reaktionsphase tritt der Volumenstrom F^{I} mit einem Gemisch aus Stoff A und B in wässriger Lösung mit der Temperatur T^{I} aus.

In das ideal durchmischte Volumen V^{II} tritt der reine Waschwasserstrom F^{II} mit der Temperatur T_0^{II} ein. Am Austritt besitzt dieser Strom die Temperatur T^{II} und den Stoff B in der Konzentration $c_{\mathrm{B}}^{\mathrm{II}}$.

Zur mathematischen Modellierung werden die dynamischen Mengenbilanzen für die Stoffe A und B in Phase I, (1.1a), (1.1b), für den Stoff B in der Phase II (1.1d) sowie die Energiebilanzen für beide Phasen (1.1c), (1.1e) aufgestellt.

In der ideal durchmischten Reaktionsphase mit dem konstanten Volumen V^{I} läuft die volumenkonstante exotherme Reaktion erster Ordnung A $\to$ B mit der Reaktionsgeschindigkeit r_0 und der Wärmetönung $\Delta H_{\mathrm{R}} < 0$ ab. Die Reaktionsgeschwindigkeit r_0 (1.1f) ist entsprechend der Reaktion erster Ordnung proportional zur Konzentration des Ausgangsstoffs A. Ihre Abhängigkeit von der Temperatur wird hier durch den Arrhenius-Ansatz beschrieben.

Die selektive Membran stellt die Phasengrenze zwischen den beiden Phasen dar. Durch sie wird das Produkt B teilweise aus dem Reaktionsvolumen V^{I} abgetrennt. Der Stoffaustauschstrom $J_{\mathrm{m,B}}^{\mathrm{PG}}$ (1.1j) durch die Membran ist proportional der Konzentrationsdifferenz des Stoffes B in beiden Phasen. Der Energieaustausch zwischen beiden Phasen besteht aus zwei Anteilen. Der Wärmeübergang (1.1i) aufgrund von Leitungsvorgängen in der Membran ist proportional der Temperaturdifferenz zwischen den beiden Phasen. Mit dem Stoffübergang zwischen den Phasen ist ein weiterer Energiestrom (1.1k) verbunden, der eine Funktion von Temperatur- und Konzentrationsdifferenz ist.

Die Phasen stehen mit dem Kühlwasser jeweils über den Wärmestrom Q^{I}, (1.1g), Q^{II}, (1.1h), im Wärmeaustausch.

Zur Erstellung des Modells wurden die folgenden vereinfachenden Annahmen getroffen:

- Da es sich hier um sehr verdünnte Lösungen der Stoffe A und B in Wasser handelt, werden die Stoffwerte Dichte und Wärmekapazität hier als konstant und mit denen des reinen Lösungsmittels identisch angenommen.
- Es finden keine Phasenübergänge statt, d.h. alle Phasen sind in diesem Beispiel Flüssigkeiten.
- Die Wärme- und Stoffaustauschkoeffizienten sind konstant.
- Das Kühlmittel steht immer in ausreichender Menge mit der Temperatur T^{C} zur Verfügung.

$$V^{\mathrm{I}}\frac{dc_{\mathrm{A}}^{\mathrm{I}}}{dt} = F^{\mathrm{I}}(c_{\mathrm{A0}}^{\mathrm{I}} - c_{\mathrm{A}}^{\mathrm{I}}) - r_0 V^{\mathrm{I}} \tag{1.1a}$$

$$V^{\mathrm{I}}\frac{dc_{\mathrm{B}}^{\mathrm{I}}}{dt} = -F^{\mathrm{I}}c_{\mathrm{B}}^{\mathrm{I}} + r_0 V^{\mathrm{I}} - J_{\mathrm{m,B}}^{\mathrm{PG}} \tag{1.1b}$$

$$V^{\mathrm{I}} \rho c_p \frac{dT^{\mathrm{I}}}{dt} = F^{\mathrm{I}} \rho c_p (T_0^{\mathrm{I}} - T^{\mathrm{I}}) + Q^{\mathrm{I}} - J_{\mathrm{Q}}^{\mathrm{PG}} - J_{\mathrm{H}}^{\mathrm{PG}} - r_0 V^{\mathrm{I}} \Delta H_{\mathrm{R}} \quad (1.1\mathrm{c})$$

$$V^{\mathrm{II}} \frac{dc_{\mathrm{B}}^{\mathrm{II}}}{dt} = -F^{\mathrm{II}} c_{\mathrm{B}}^{\mathrm{II}} + J_{\mathrm{m,B}}^{\mathrm{PG}} \qquad\qquad\qquad (1.1\mathrm{d})$$

$$V^{\mathrm{II}} \rho c_p \frac{dT^{\mathrm{II}}}{dt} = F^{\mathrm{II}} \rho c_p (T_0^{\mathrm{II}} - T^{\mathrm{II}}) + Q^{\mathrm{II}} + J_{\mathrm{Q}}^{\mathrm{PG}} + J_{\mathrm{H}}^{\mathrm{PG}} \qquad (1.1\mathrm{e})$$

$$0 = r_0 - c_{\mathrm{A}}^{\mathrm{I}} k_0 e^{-\frac{E}{\mathcal{R} T^{\mathrm{I}}}} \qquad\qquad\qquad (1.1\mathrm{f})$$

$$0 = Q^{\mathrm{I}} - k^{\mathrm{I}} A^{\mathrm{I}} (T^{\mathrm{C}} - T^{\mathrm{I}}) \qquad\qquad\qquad (1.1\mathrm{g})$$

$$0 = Q^{\mathrm{II}} - k^{\mathrm{II}} A^{\mathrm{II}} (T^{\mathrm{C}} - T^{\mathrm{II}}) \qquad\qquad\qquad (1.1\mathrm{h})$$

$$0 = J_{\mathrm{Q}}^{\mathrm{PG}} - k^{\mathrm{PG}} A^{\mathrm{PG}} (T^{\mathrm{I}} - T^{\mathrm{II}}) \qquad\qquad\qquad (1.1\mathrm{i})$$

$$0 = J_{\mathrm{m,B}}^{\mathrm{PG}} - \beta A^{\mathrm{PG}} (c_{\mathrm{B}}^{\mathrm{I}} - c_{\mathrm{B}}^{\mathrm{II}}) \qquad\qquad\qquad (1.1\mathrm{j})$$

$$0 = J_{\mathrm{H}}^{\mathrm{PG}} - c_p (T^{\mathrm{I}} - T^{\mathrm{II}}) J_{\mathrm{m,B}}^{\mathrm{PG}} \ . \qquad\qquad\qquad (1.1\mathrm{k})$$

Die restlichen Größen sind konstant und im Anhang erkärt.
Das Modellgleichungssystem definiert den Zustandsvektor

$$x = (c_{\mathrm{A}}^{\mathrm{I}}, c_{\mathrm{B}}^{\mathrm{I}}, c_{\mathrm{B}}^{\mathrm{II}}, T^{\mathrm{I}}, T^{\mathrm{II}}, r_0, J_{\mathrm{Q}}^{\mathrm{PG}}, Q^{\mathrm{I}}, Q^{\mathrm{II}}, J_{\mathrm{m,B}}^{\mathrm{PG}}, J_{\mathrm{H}}^{\mathrm{PG}})^{\mathrm{T}} \ .$$

Die Eingangs- oder Steuergrößen des Systems sind

$$u = (c_{\mathrm{A0}}^{\mathrm{I}}, F^{\mathrm{I}}, F^{\mathrm{II}}, T_0^{\mathrm{I}}, T_0^{\mathrm{II}}, T^{\mathrm{C}})^{\mathrm{T}} \ .$$

Die Wiederverwertung von einmal erstellten Apparatemodellen für unterschiedliche Anlagen und die Tatsache, daß die Topologie der Anlage und damit auch das Simulationsmodell in Studien häufig angepaßt werden muß, führten in der Vergangenheit zu einer Vielzahl von Entwicklungen von Softwaresystemen für stationäre und dynamische Simulation verfahrenstechnischer Anlagen. Für einen Überblick über stationäre Simulationsysteme s. [Pe84]. In [Ma91] wird die Modellierung und Simulation dynamischer verfahrenstechnischer Prozesse dargestellt.

Die sog. *„Flowsheeting-Systeme"*, bieten i.a. in einer Modellbibliothek eine Auswahl vordefinierter parametrisierbarer Apparate- und Informationsverarbeitungsmodelle an. Die Modellgleichungen können in codierter oder symbolischer Form abgelegt sein. Dies hat den Vorteil, daß vorhandene Programme für einzelne Apparate mehrfach verwendet werden können. Die Ein- und Ausgangsgrößen der Modelle in Form von Stoff-, Energie- und Informationsströmen werden entsprechend der Anlagentopologie zum Anlagenmodell verschaltet. Die Verschaltungsinformation wird mit Hilfe von Beschreibungssprachen, über Verknüpfungstabellen bereitgestellt.

Sowohl stationäre als auch dynamische Simulationssysteme lassen sich bezüglich der Strategie zur Lösung im wesentlichen in zwei Klassen aufteilen [Bie89]. Im *sequentiell-modularen* Ansatz werden die Gleichungen der Apparate für sich in der Reihenfolge des Materialflusses gelöst. In diesem Ansatz sind die Modellgleichungen und ihre Lösung eng miteinander verwoben, was den Einsatz problemangepaßter Lösungsverfahren erleichtert. Das Gesamtmodell wird dann iterativ gelöst, um die zunächst aufgetrennten Rückführungen zur Konvergenz zu bringen. Diese enge Verflechtung von Modellgleichungen, Heuristiken und numerischen Lösungsmethoden führt zu großen Schwierigkeiten, insbesondere wenn moderne Methoden zur stationären und dynamischen Simulation und Optimierung benutzt werden sollen. Dies wird erst möglich durch die Verwendung der *simultan-gleichungsorientierte* Simulationsstrategie. Dabei werden die Modellgleichungen aller Prozeßstufen, Apparate und Regler in *ein* Gleichungssystem zusammengefaßt. Dieses Anlagengleichungssystem wird dann mit einem numerischen Lösungsalgorithmus bearbeitet. Der wesentliche Unterschied zum sequentiell-modularen Verfahren ist, daß in der simultan-gleichungsorientierten Strategie die Modellgleichungen und ihre numerische Lösung streng voneinander getrennt sind.

In Abschnitt 2 werden dynamische mathematische Modelle für verschiedene typische Anlagenteile wie Trennstufen, Destillationskolonnen und Wärmetauscher vorgestellt. Die wichtigsten mathematischen Grundaufgaben werden in Abschnitt 3 vorgestellt. In Abschnitt 4 werden die speziellen Eigenschaften der Gleichungen dargestellt, die numerischen Probleme, die dadurch zustandekommen, aufgezeigt und Lösungsmöglichkeiten vorgestellt. In der Praxis sind algebraische oder gemischt differential-algebraische Systeme mit mehreren 10000 Gleichungen und Variablen dabei nicht unüblich. Es werden direkte und iterative Verfahren zur Behandlung großer dünnbesetzter linearer Gleichungssysteme, „moving grid"-Verfahren zur Verfolgung der Phasenübergangspunkte innerhalb ortsdiskretisierter Gleichungen in Wärmetauschern, die Lösung differential-algebraischer Gleichungen mit Unstetigkeiten mit Hilfe von strukturausnutzenden Rückwärtsdifferenzen- Verfahren (BDF), sowie Verfahren zur Optimierung des Anlagenmodells skizziert.

2 Mathematische Modelle einzelner Apparate

Die im folgenden vorgestellten dynamischen Simulationsmodelle, Lösungsstrategien sowie numerischen Lösungsverfahren für algebraische und differential-algebraische Gleichungssysteme, wurden dem Linde-eigenen simultan-gleichungsorientierten Simulationswerkzeug OPTISIM®[3] entnommen. Die ausschließliche Behandlung dynamischer Modellgleichungen stellt keine Einschränkung dar, da an ihnen die verfahrenstechnische Problemstellung und die angewandten Lösungsverfahren für stationäre Rechnung, Optimierung und dynamische Simulation aufgezeigt werden können. In OPTISIM® liegen neben den Modellgleichungen auch die analytischen partiellen Ableitungen, Schaltfunktionen zur Beschreibung von Unstetigkeiten und Startwertgenerierungsfunktionen für jedes Apparatemodell in der Modellbibliothek vor.

---

[3] OPTISIM® ist eine eingetragene Marke der Linde AG.

2.1 Das dynamische Modell einer thermischen Trennstufe

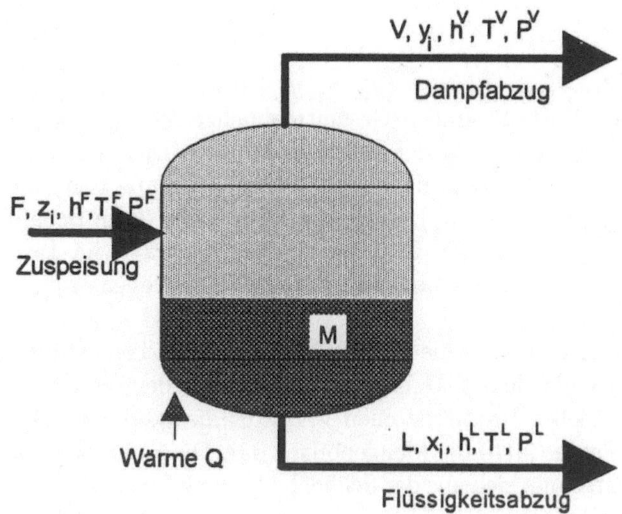

Abbildung 3. Thermische Trennstufe

Eine zentrale Grundoperation in der Verfahrenstechnik ist die thermische Trennung von Stoffgemischen wie in Abb. 3 gezeigt. Dazu wird ein Stoffgemisch bis an den Siedepunkt erhitzt. Der aufsteigende Dampf enthält einen höheren Anteil an leichtersiedenden Komponenten als die Flüssigkeit. Zieht man den Dampf ab, so verarmt das ursprüngliche Gemisch an leichtersiedenden Komponenten. Es bleibt ein Restgemisch zurück, das einen höheren Anteil der schwerersiedenden Komponenten enthält.

Eine Gleichgewichtstrennstufe mit vernachlässigter Speicherfähigkeit der Dampfphase wird durch

$$\frac{d}{dt}M = F - V - L \tag{2.1a}$$

$$\frac{d}{dt}(Mx_i) = Fz_i - Vy_i - Lx_i \quad i = 1,\ldots,n_c - 1 \tag{2.1b}$$

$$\sum_{i=1}^{n_c} x_i = 1 \tag{2.1c}$$

$$\frac{d}{dt}(Mh^L) = Fh^F - Vh^V - Lh^L + Q \tag{2.1d}$$

$$y_i = K_i(T, P, x, y)x_i \quad i = 1,\ldots,n_c \tag{2.1e}$$

$$L = \Phi(M) \tag{2.1f}$$

$$h^L = h^L(T, P, x), \qquad h^V = h^V(T, P, y) \tag{2.1g}$$

$$\sum_{i=1}^{n_c} y_i = 1 \tag{2.1h}$$

$$P^V = P, \quad P^L = P, \qquad T^V = T, \quad T^L = T \tag{2.1i}$$

mit $x = (x_1, \ldots, x_{n_c})$, $\quad y = (y_1, \ldots, y_{n_c})$ beschrieben. Aus diesen Gleichungen sind die Zustandsgrößen Gesamtmolmenge M, die Konzentrationen der Einzelkomponenten x_i in der Flüssigkeit, y_i im Dampf, die Enthalpien h^V, h^L in Dampf und Flüssigkeit, die abfließenden Dampf- und Flüssigkeitsstöme V, L (V: vapour, L: liquid), sowie die Temperatur T im Behälter und in den Produkten zu bestimmen. Gegeben sind der Druck P im Tank, die Heizleistung Q sowie die Zuflußmenge F, die Konzentrationen z_i und die Enthalpie h^F des Zulaufs.

Gleichung (2.1a) ist die Mengenbilanz um die Trennstufe: die Änderung der Gesamtmolmenge $\frac{d}{dt}M$ ist die Differenz aus dem zufließendem Strom F und den abfließen Produktstömen V, L. Für die ersten $n_c - 1$ Komponenten stellt Gleichung (2.1b) die Mengenbilanz dar. Die Konzentration der Komponente n_c berechnet sich aus der Schließbedingung (2.1c), die genauso wie Gleichung (2.1h) besagt, daß die Summe der Konzentrationen 1 sein muß. In die Enthalpiebilanz geht neben den konvektiven Enthalpieströmen der von außen zugeführte Wärmestrom Q ein. Gleichung (2.1e) beschreibt, wie die Konzentration der Komponenten in der Dampfphase von denjenigen in der Flüssigkeit abhängt. Der Proportionalitätsfaktor K_i, der sog. K-Wert, ist eine Funktion von Druck, Temperatur und den Zusammensetzungen von Flüssigkeit und Dampf. Er wird von Stoffwertberechnungspaketen zur Verfügung gestellt.

Es wird angenommen, daß die Menge L, die als Flüssigkeit abgezogen wird, als Funktion der Menge im Behälter gegeben ist (2.1f). Die Gleichungen (2.1g) beschreiben, wie sich die Enthalpien aus Temperatur, Druck und Konzentration berechnen lassen. Wie der K-Wert sind auch diese Funktionen Stoffwertkorrelationen. Gleichung (2.1h) zusammen mit (2.1e) legt das thermische Gleichgewicht, d.h. gleiche Temperatur in Dampf und Flüssigkeit fest. Die Gleichungen (2.1i) weisen den Produktströmen den Druck und die Temperatur des Tankinhalts zu.

Insgesamt erhält man $2n_c + 10$ Gleichungen für ebenso viele Unbekannte.

2.2 Modell einer Destillationskolonne

Eine Destillationskolonne ist eine Folge einzelner thermischer Trennstufen und wird durch das Gleichungssystem

$$\frac{d}{dt}M_j = L_{j+1} + V_{j-1} - V_j - L_j + F_j \tag{2.2a}$$

$$\frac{d}{dt}(M_j x_{j,i}) = L_{j+1} x_{j+1,i} + V_{j-1} y_{j-1,i} - L_j x_{j,i} - V_j y_{j,i} + F z_{j,i}, \tag{2.2b}$$

$$i = 1, \ldots, n_c - 1 \tag{2.2c}$$

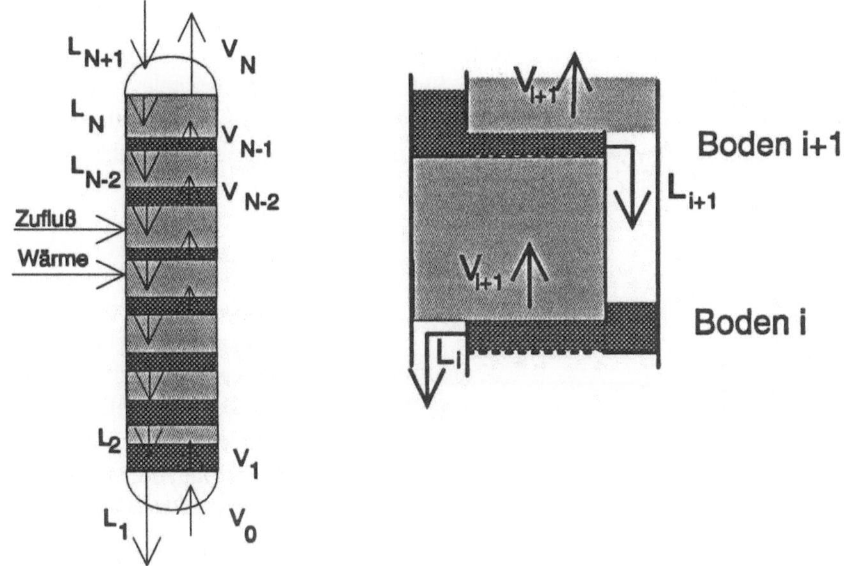

Abbildung 4. Destillationskolonne

$$\frac{d}{dt}\left(M_j h_j^L\right) = L_{j+1}h_{j+1}^L + V_{j-1}h_{j-1}^V - V_j h_j^V - L_j h_j^L + Q_j + F_j h_j^F \qquad (2.2\mathrm{d})$$

$$y_{j,i} = K_{j,i}(T_j, P_j, x_j, y_j)x_{j,i}, \quad i = 1,\ldots,n_c \qquad (2.2\mathrm{e})$$

$$L_j = \Phi(M_j) \qquad (2.2\mathrm{f})$$

$$h_j^L = h_j^L(T_j, P_j, x_j), \qquad h_j^V = h_j^V(T_j, P_j, y_j) \qquad (2.2\mathrm{g})$$

$$\sum_{i=1}^{n_c} y_{j,i} = 1, \qquad \sum_{i=1}^{n_c} x_{j,i} = 1 \qquad (2.2\mathrm{h})$$

$$P_{j-1} - P_j = \Psi(M_j, V_{j-1}). \qquad (2.2\mathrm{i})$$

mit $(x_j := (x_{j,1},\ldots,x_{j,n_c}), \quad y_j := (y_{j,1},\ldots,y_{j,n_c})$ beschrieben. Dabei bezeichnet $j = 1,\ldots,N$ die Nummer des Bodens, $i = 1,\ldots,n_c$ die Nummer der Komponente im Gemisch. Dies sind $N(2n_c + 7) - 1$ Gleichungen für die $N(2n_c + 7)$ Unbekannten: die Konzentrationen in Flüssigkeit und Dampf auf dem Boden i, $x_{j,i}, y_{j,i}$, die Flüssigkeitsmenge M_i auf dem Boden i, die Flüssigkeitsstrommenge L_j, die vom Boden j nach unten auf den Boden $j - 1$ läuft, die Dampfstrommenge V_j die vom Boden j zum Boden $j + 1$ aufsteigt, sowie Temperatur T_j, Flüssigkeits- und Dampfenthalpien h_j^L, h_j^V und der Druck P_j auf dem Boden j.

Die Gleichungen stimmen mit denen des Abscheiders im wesentlichen überein, lediglich die Bilanzgleichungen ändern sich: die Mengenänderung auf Boden j ist gegeben durch die von oben zufließende Flüssigkeit L_{j+1}, den von unten zufließenden Dampf V_{j-1}, die abfließenden Dampf- und Flüssigkeitsströme V_j, L_j sowie etwaige Zuspeisungen oder Abzüge F_j. Durch Hydrostatik und Reibungsverluste kommt es zu einem Druckabfall, der durch (2.2i) beschrieben wird. Um genauso viele Gleichungen wie Unbekannte zu erhalten, muß man noch den Druck in Kopf oder Sumpf P_1 oder P_N festgelegen.

Typische Kolonnengrößen reichen von $N = 10$ bis $N = 100$ Böden, bei den Komponenten werden meist nicht mehr als $n_c = 50$ mitgeführt.

2.3 Modell eines Wärmetauschers

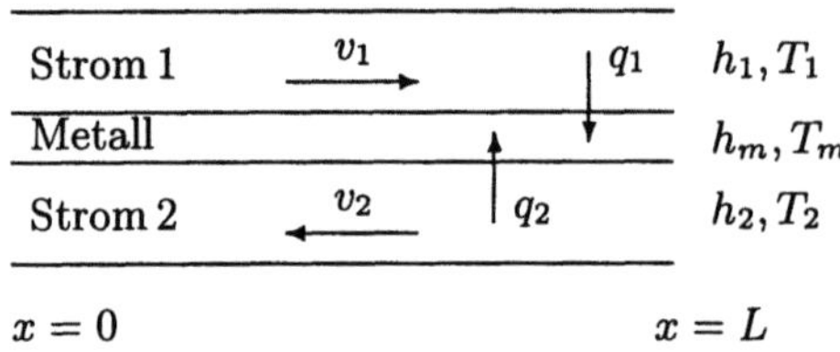

Die meisten Tieftemperatur-Wärmetauscher arbeiten nach dem Gegenstromprinzip. Der einfacheren Darstellung wegen beschränken wir uns auf den Fall zweier Ströme, die sich gegenseitig anwärmen bzw. abkühlen.

Der Wärmeübergang erfolgt dabei über ein die Ströme trennendes Metall, an dem diese vorbeigeleitet werden. Es bezeichnen v_1, v_2 die (hier als konstant angenommenen) Strömungsgeschwindigkeiten, h_1, h_2 die Enthalpie-Stromraten und T_1, T_2 die Temperaturen der beiden Ströme. Der Zustand des Metalls wird beschrieben durch die Enthalpie h_m pro Längeneinheit und die Temperatur T_m. Der Enthalpie-Transfer von den Strömen ins Metall ist gegeben durch $q_i = \alpha_i \Omega_i (T_i - T_m)$. Dabei bezeichnen $\alpha_i = \alpha_i(T, P, \dots)$ die Wärmeübergangszahlen und Ω_i die wärmeübertragenden Flächen pro Längeneinheit; x ist die Ortskoordinate. Die Wärmeleitung in axialer Richtung spielt meist im Vergleich zur Konvektion eine untergeordnete Rolle und wird deshalb hier nicht berücksichtigt. Bei der Modellierung fehlen deshalb die entsprechenden diffusiven Terme. Das dynamische Verhalten wird daher durch das folgende hyperbolische System beschrieben:

$$\frac{1}{v_1}\frac{\partial h_1}{\partial t} = -\frac{\partial h_1}{\partial x} - \alpha_1 \Omega_1 (T_1 - T_m) \tag{2.3a}$$

$$\frac{1}{v_2}\frac{\partial h_2}{\partial t} = \frac{\partial h_2}{\partial x} - \alpha_2 \Omega_2 (T_2 - T_m) \tag{2.3b}$$

$$\frac{\partial h_m}{\partial t} = \alpha_1 \Omega_1 (T_1 - T_m) + \alpha_2 \Omega_2 (T_2 - T_m) \tag{2.3c}$$

$$0 = h(T_1) - h_1 \tag{2.3d}$$

$$0 = h(T_2) - h_2 \tag{2.3e}$$

$$0 = h(T_m) - h_m \; . \tag{2.3f}$$

Dabei hängt die Stoffdaten-Funktion h ab von der Temperatur (und – im Falle eines Stroms – vom Druck und der Zusammensetzung). Gegeben sind die

Anfangsbedingungen $h_i(x,0), h_m(x,0)$, sowie als Randbedingungen die Eintrittsbedingungen der Ströme $h_1(0,t), h_2(L,t)$.

Die numerische Lösung dieser Gleichungen wird in Abschnitt 4.1 diskutiert.

3 Mathematische Grundaufgaben

Die mathematischen Aufgaben, die in der Verfahrenstechnik zu lösen sind, sind sowohl breitgestreut als auch sehr anspruchsvoll.

Die gesuchten Zustandsgrößen eines Systems sind die Konzentrationen c_i, x_i, y_i, z_i, Stromraten F, V, L die Temperaturen T, die Drücke P, Enthalpien oder Wärmemengen h, Q. Sie werden von nun an im Vektor x zusammengefaßt.

3.1 Auslegung

Die erste bei der Konzeption einer Anlage zu lösende Aufgabe ist die Bestimmung der Struktur der Anlage, d.h. aus welchen Anlagenteilen die Anlage bestehen soll, um das gewünschte Verhalten zu erreichen („basic engineering"). Dann wird das Modell immer weiter verfeinert („detailed engineering") und u.a. die genauen Größen der Anlagenteile bestimmt wie z.B. die Fläche der Wärmetauscher. Dabei werden verschiedene Betriebsfälle (Sommer und Winter, Tag und Nacht, verschiedene Einsatzmenge, ...) mittels Simulation untersucht.

Die meisten Großanlagen werden so gefahren, daß sie die Produkte fortlaufend in möglichst gleichen Mengen und Konzentrationen liefern, wobei sie dann natürlich auch konstant beschickt werden. Sie operieren im *stationären* Zustand. Die zugehörige mathematische Aufgabe ist die *Lösung eines großen Systems nichtlinearer unstetiger Gleichungen mit einer dünn besetzten Jacobimatrix*

$$F(x, p, \text{sign } q) = 0, \quad q = q(x, p), \tag{3.1}$$

wobei $F \in \mathbb{R}^{n_x}$ die Modellgleichungen und p gegebene Parameter sind, z.B. die Austauschfläche A im obigen Zweiphasenprozeß. Die Schaltfunktionen q werden verwendet, um verschiedene mögliche Systemzustände zu beschreiben, die zu unterschiedlichen Gleichungen führen können (Unstetigkeiten). Unstetigkeiten in den Gleichungen werden u.a. verursacht durch das Öffnen und Schließen von Ventilen und aufgrund von Phasenübergängen zwischen verschiedenen Phasenzuständen (Gas, Flüssigkeit) eines Stoffes. Zunächst werden wir aus Gründen einer einfacheren Notation die Schaltfunktionen jedoch weglassen.

Beispiel: Gleichgewichtszustand des Zweiphasenprozesses.
Für den obigen Zweiphasenprozeß muß das folgende System von Gleichungen zur Berechnung des stationären Zustands gelöst werden:

$$0 = F^I(c_{A0}^I - c_A^I) - r_0 V^I \tag{3.2a}$$

$$0 = -F^{\mathrm{I}}c_{\mathrm{B}}^{\mathrm{I}} + r_0 V^{\mathrm{I}} - J_{\mathrm{m,B}}^{\mathrm{PG}} \tag{3.2b}$$

$$0 = F^{\mathrm{I}}\rho c_p(T_0^{\mathrm{I}} - T^{\mathrm{I}}) + Q^{\mathrm{I}} - J_{\mathrm{Q}}^{\mathrm{PG}} - J_{\mathrm{H}}^{\mathrm{PG}} - r_0 V^{\mathrm{I}}\Delta H_{\mathrm{R}} \tag{3.2c}$$

$$0 = -F^{\mathrm{II}}c_{\mathrm{B}}^{\mathrm{II}} + J_{\mathrm{m,B}}^{\mathrm{PG}} \tag{3.2d}$$

$$0 = F^{\mathrm{II}}\rho c_p(T_0^{\mathrm{II}} - T^{\mathrm{II}}) + Q^{\mathrm{II}} + J_{\mathrm{Q}}^{\mathrm{PG}} + J_{\mathrm{H}}^{\mathrm{PG}} \ , \tag{3.2e}$$

sowie (1.1f) - (1.1k). Als Lösung ergibt sich $c_{\mathrm{A}}^{\mathrm{I}} = 0{,}275 \cdot 10^{-5}\frac{\mathrm{kmol}}{\mathrm{m}^3}$, $c_{\mathrm{B}}^{\mathrm{I}} = 0{,}160\frac{\mathrm{kmol}}{\mathrm{m}^3}$, $c_{\mathrm{B}}^{\mathrm{II}} = 0{,}08\frac{\mathrm{kmol}}{\mathrm{m}^3}$, $T^{\mathrm{I}} = 299{,}5$ K, $T^{\mathrm{II}} = 293{,}7$ K, $J_{\mathrm{m,B}}^{\mathrm{PG}} = 0{,}8 \cdot 10^{-5}\frac{\mathrm{kmol}}{\mathrm{s}}$, $Q^{\mathrm{I}} = -65{,}41$ kW, $Q^{\mathrm{II}} = -68{,}99$ kW, $J_{\mathrm{Q}}^{\mathrm{PG}} = 5{,}85$ kW, $J_{\mathrm{H}}^{\mathrm{PG}} = 0{,}177 \cdot 10^{-3}$ kW, $r_0 = 0{,}004\frac{\mathrm{kmol}}{\mathrm{m}^3\,\mathrm{s}}$.

3.2 Auslegungsoptimierung

Oft wird das Auslegungsproblem auch als *Optimierungsproblem* gelöst:

$$\Phi(x,p) \overset{!}{=} \min_{x,p} \tag{3.3a}$$

$$F(x,p) = 0 \tag{3.3b}$$

$$x_{\min} \leq x \leq x_{\max}, \qquad p_{\min} \leq p \leq p_{\max} \ . \tag{3.3c}$$

Die Zielfunktion Φ kann dabei z.B. die Energie, die Kosten oder auch die Produktmenge sein. Die Nebenbedingungen (3.3c) beschränken den zulässigen Lösungsraum so, daß z.B. bestimmte Mindestanforderungen an die Reinheit der Produkte eingehalten werden oder daß z.B. der zu bestimmende Druck in einem Anlagenteil gewisse Sicherheitsgrenzen nicht überschreitet.

Beispiel: Optimierung des Zweiphasenprozesses. Im obigen Zweiphasenprozeß soll eine Kostenoptimierung durchgeführt werden: man bestimme die Kühltemperatur T^{C}, die Stoffaustauschfläche A^{PG}, die Volumina $V^{\mathrm{I}}, V^{\mathrm{II}}$, die Austauschflächen $A^{\mathrm{I}}, A^{\mathrm{II}}$ und die Konzentration $c_{\mathrm{A0}}^{\mathrm{I}}$ (d.h. $p = (A^{\mathrm{PG}}, V^{\mathrm{I}}, V^{\mathrm{II}}, A^{\mathrm{I}}, A^{\mathrm{II}}, c_{\mathrm{A0}}^{\mathrm{I}}))$ so, daß die Differenz aus den Investitions- bzw. Einsatzkosten und dem Ertrag minimal wird:

$$\phi(x,p) = 100(V^{\mathrm{I}} + V^{\mathrm{II}}) + A^{\mathrm{I}} + A^{\mathrm{II}} + A^{\mathrm{PG}} + 100c_{\mathrm{A0}}^{\mathrm{I}} - 1000c_{\mathrm{B}}^{\mathrm{II}}$$

$$\text{mit } T^{\mathrm{II}} \leq 300, \quad T^{\mathrm{II}} \leq 300,$$

$$10^{-5} \leq V^{\mathrm{I}} \leq 10^{-1}, \quad 10^{-5} \leq V^{\mathrm{II}} \leq 10^{-1},$$

$$10^{-5} \leq A^{\mathrm{I}} \leq 10, \quad 10^{-5} \leq A^{\mathrm{II}} \leq 10 \ .$$

Die Lösung dieses Optimierungsproblems ist $A^{\mathrm{PG}} = 10^{-1}\,\mathrm{m}^2, V^{\mathrm{I}} = 4{\cdot}10^{-4}\,\mathrm{m}^3$, $V^{\mathrm{II}} = 10^{-5}\,\mathrm{m}^3$, $A^{\mathrm{I}} = 1{,}54\,\mathrm{m}^2$, $A^{\mathrm{II}} = 10^{-5}\,\mathrm{m}^2$, $c_{\mathrm{A0}}^{\mathrm{I}} = 0{,}3\frac{\mathrm{kmol}}{\mathrm{m}^3}$.

3.3 Betriebsoptimierung

Die Betriebsoptimierung wird in drei wiederkehrenden Schritten durchgeführt:
1.) Modellanpassung („parameter tuning"), 2.) Meßwertüberwachung und
Ausgleich („data reconciliation") und 3.) Sollwertbestimmung. Dabei ist das
Anlagenmodell üblicherweise auf einem Prozeßrechner installiert, der Daten
direkt mit dem Leitsystem der Anlage austauscht.

Die ersten beiden Schritte sind inverse Probleme, da Meßwerte und damit
die Lösung des Systems bekannt sind. Das Zielfunktion Φ ist von der Form

$$\Phi(x,p) = \sum_{i=1}^{n_{mess}} w_i(x_i - \bar{x}_i)^2,$$

wobei die $\bar{x}_i$ Messungen der Zustände x_i sind und w_i Gewichte, die den verschiedenen Größenordnungen der Meßfehler Rechnung tragen. Diese beiden
Schritte unterscheiden sich nur in der Wahl der Parameter, die optimiert werden. Bei der Sollwertberechnung werden die Sollwerte für Regler, die im Prozeß Durchflüsse, Temperaturen oder Drücke einstellen, so bestimmt, daß die
Zielfunktion (Kosten, Energieaufnahme, Einsatzmenge, Produktmenge) minimiert wird. Um sicherzustellen, daß die Anlage bei den ermittelten Sollwerten
auch betrieben werden kann, stellt man zusätzliche Bedingungen an den An-
lagenzustand, die auf nichtlineare Nebenbedingungen führen.

3.4 Auslegung für den dynamischen Fall

Wie aus den Beispielen zu erkennen ist, liegen die dynamischen Modellgleichungen in der Verfahrenstechnik meist als *differential-algebraische Gleichun-*
gen in linear-impliziter Form

$$\begin{pmatrix} A(y,z) \\ 0 \end{pmatrix} \begin{pmatrix} \dot{y} \\ \dot{z} \end{pmatrix} = \begin{pmatrix} f(y,z,p,u) \\ g(y,z,p,u) \end{pmatrix} \tag{3.4}$$

vor. Nun bezeichnet $x = \begin{pmatrix} y \\ z \end{pmatrix}$ die gesuchten Zustandsvariablen. Die Parameter
p sowie die Steuerungen u sind gegeben. Dynamische Simulation wird zur
Berechnung des dynamischen Verhaltens stationär ausgelegter Apparate und
Prozesse im Übergang zwischen stationären Zuständen benutzt.

3.5 Entwurf von Regelungsstrategien

Die Verfügbarkeit dynamischer Modelle ist die Grundlage für die Entwicklung
von Steuerungs- und Regelungsstrategien. Ziel ist hierbei, neben einem optimalen Betrieb auch ein stabiles Verhalten der Anlage sicherzustellen. Letzteres

erfolgt mit Hilfsmitteln der Regelungstechnik wie z.B. der Frequenzganganalyse. Eine optimale Fahrweise erhält man u.a. aus der Lösung eines *optimalen Steuerungsproblems*

$$\Phi(x, p, u) = \int_0^T L(x(\tau), p, u(\tau)) d\tau \overset{!}{=} \min_{x,p,u} \qquad (3.5\text{a})$$

$$\begin{pmatrix} A(x) \\ 0 \end{pmatrix} \dot{x} = \begin{pmatrix} f(x, p, u) \\ g(x, p, u) \end{pmatrix} \qquad (3.5\text{b})$$

$$x_{\min} \leq x(t) \leq x_{\max}, \qquad p_{\min} \leq p \leq p_{\max} \qquad u_{\min} \leq u(t) \leq u_{\max} \; . \quad (3.5\text{c})$$

Die zu bestimmenden Größen sind die Steuerungen $u(t)$ und die Parameter p.

3.6 Trainingssimulation

Neben der Betriebsoptimierung und der Regelung ist die Trainingssimulation die dritte wichtige Simulationsanwendung für den Anlagenbetrieb. Diese Simulationsprogramme werden bereits lange vor der Fertigstellung einer Anlage eingesetzt, um das Bedienungspersonal zu schulen. So kann die Anlage einerseits direkt nach Fertigstellung ihren Betrieb aufnehmen, zum anderen kann so das Verhalten bei Störfällen ohne Risiko geprobt werden. Für Trainingssimulatoren wird deshalb die Anlage durch ein Simulationsmodell ersetzt, an das das spätere Prozeßleitsystem der Anlage angekoppelt wird, so daß der Anlagenfahrer frühzeitig in der späteren Bedienumgebung trainieren kann.

Die Anforderungen an diese Simulatoren sind sehr hoch: Die differentialalgebraischen Modellgleichungen sind steif und besitzen sehr viele Unstetigkeiten. Darüber hinaus sind diese Systeme mit bis zu 50000 Gleichungen in Echtzeit zu lösen. Neben den in den Modellen enthaltenen Unstetigkeiten ergeben sich aus dem ständig (z.B. alle fünf Sekunden) stattfindenden Datenaustausch mit dem Prozeßleitsystem weitere unstetige Eingangsgrößen. Zusätzliche Unstetigkeiten werden durch den sog. Trainer verursacht, der für das zu schulende Personal Störungen in das Modell eingibt.

Die Besonderheit der Modelle für Trainingssimulatoren besteht darin, daß ein weiter Bereich von Betriebsfällen der Anlage abgedeckt werden muß. Dabei stehen Grenzfälle wie Leer- und Überlaufen, An- und Abfahren sowie Störfälle im Vordergrund. Der Detaillierungsgrad der Modelle, z.B. die Kinetik einer Reaktion, ist dabei meist gering.

4 Numerische Schwierigkeiten und Lösungsansätze

4.1 Lösung der Wärmetauschergleichungen

In diesem Abschnitt soll die numerische Lösung der Wärmetauschergleichungen (2.3) diskutiert werden. Es wurde ein Finite-Elemente-Ansatz

$$h_i(x, t) = \sum_{k=1}^{N} \eta_{i,k}(t) \phi_k(x)$$

mit Basisfunktionen $\phi_k(x)$ und zeitabhängigen Koeffizienten $\eta_{i,k}(t)$ gewählt (Linienmethode). Stabilitätsgründe und mögliche Unstetigkeiten in den Randdaten erfordern „Upwinding" im Rahmen eines Petrov-Galerkin-Verfahrens (Testfunktionen $\psi_k(x)$ von den Basisfunktionen verschieden; vergleiche etwa [WM85]). Die Diskretisierung von (2.3a) liefert das folgende System gewöhnlicher Differentialgleichungen

$$\frac{1}{v_1} \underbrace{A_1 \dot\eta_1}_{<\psi_j,\sum_k \dot\eta_{1,k}\phi_k>} = - \underbrace{B_1 \eta_1}_{<\psi_j,\sum_k \eta_{1,k}\phi'_k>} - \underbrace{c_1}_{<\psi_j,q_1>} \tag{4.1}$$

für die gesuchten Koeffizienten

$$\eta_1 = (\eta_{1,1}, \dots, \eta_{1,N})^T .$$

Eine besondere Schwierigkeit ist, daß die Stoffdaten-Funktion h (Enthalpie) als Funktion der Temperatur am Siede- und am Taupunkt (T_{SP} bzw. T_{TP}) die Phase wechselt und dort Unstetigkeiten besitzt. Konsequenterweise weisen daher auch die Lösungen des Systems (2.3a)-(2.3f) Unstetigkeiten an den Orten auf, an denen ein Phasenwechsel erfolgt. Deren Lage im Tauscher hängt dabei natürlich von der Zeit ab. Ingenieurmäßige und numerische Gründe erfordern es, den zeitlichen Verlauf dieser Orte $x_{\mathrm{SP}}(t)$ bzw. $x_{\mathrm{TP}}(t)$ zu verfolgen. Dazu wurde ein *„moving grid"* Ansatz verwendet, dessen Prinzip im folgenden für den Fall eines einzigen derartigen Ortes $x_{\mathrm{SP}}(t)$ erläutert sei (vgl. dazu auch [MM81], [Sch90]). Dazu wird eine (zeitabhängige) Koordinatentransformation $x \leftrightarrow \zeta$ so durchgeführt, daß im ζ-Koordinatensystem der Phasenwechsel konstant etwa im Punkt $\frac{L}{2}$ auftritt. Dies kann z.B. erreicht werden durch eine stückweis lineare Koordinatentransformation $x = x(\zeta; x_{\mathrm{SP}}(t))$ mit

$$x(0; x_{\mathrm{SP}}(t)) = 0, \qquad x\left(\frac{L}{2}; x_{\mathrm{SP}}(t)\right) = x_{\mathrm{SP}}(t), \qquad x(L; x_{\mathrm{SP}}(t)) = L .$$

Die zusätzliche Variable x_{SP}, der Ort des Phasenwechsels, wird durch die Gleichung

$$T_1(x_{\mathrm{SP}}(t), t) - T_{\mathrm{SP}} = 0 \tag{4.2}$$

bestimmt. Dabei ist angenommen, daß der Phasenwechsel im Strom 1 auftritt. Es seien

$$g_1(\zeta, t) := h_1(x(\zeta; x_{\mathrm{SP}}(t)), t), \qquad \bar T_1(\zeta, t) := T_1(x(\zeta; x_{\mathrm{SP}}(t)), t)$$

die transformierten Funktionen. Gleichung (4.2) wird dann zu

$$\bar T_1\left(\frac{L}{2}, t\right) - T_{\mathrm{SP}} = 0$$

und aus (2.3a) wird

$$\frac{1}{v_1}\frac{\partial g_1}{\partial t} = \frac{1}{s}\left[\frac{r}{v_1}\dot x_{\mathrm{SP}} - 1\right]\frac{\partial g_1}{\partial \zeta} - q_1 .$$

Dabei bezeichnen

$$r := \frac{\partial x}{\partial x_{\mathrm{SP}}}, \qquad s := \frac{\partial x}{\partial \zeta} \ .$$

Damit gekoppelt sind wieder die entsprechend transformierten Versionen von (2.3b)-(2.3f). Diese Gleichungen werden dann analog zu (4.1) in Ortsrichtung diskretisiert.

4.2 Berechnung des Gleichgewichtszustandes

Zur Berechnung des Gleichgewichtszustandes muß ein großes System nichtlinearer, i.a. unstetiger Gleichungen gelöst werden. Dies geschieht mit einer speziell auf die Struktur und Eigenschaften der auftretenden Systeme abgestimmten Variante des Newton-Verfahrens. Dabei wird der dünnbesetzten Struktur der Jacobimatrix Rechnung getragen.

Iterative Lösung der nichtlinearen Gleichungen mit einem inexakten Newton-Verfahren. Das nichtlineare Gleichungssystem (3.1) wird mit Hilfe eines inexakten Newton-Verfahrens

$$\frac{\partial F}{\partial x}\Delta x^{(i)} = -F(x^{(i)},p), \qquad x^{(i+1)} = x^{(i)} + \alpha \Delta x^i \qquad (4.3)$$

gelöst. Die Schrittlänge $\alpha \in (0,1]$ wird dabei so bestimmt, daß die Funktion $\|F(x,p)\|$ abnimmt. Im Falle von Unstetigkeiten müssen besondere Maßnahmen getroffen werden. Das lineare Gleichungsystem (4.3) wird iterativ gelöst, s. unten.

Stoffdaten. Stoffdaten, die für viele Gleichungen benötigt werden (z.B. (2.1e)), werden auf der Basis von Meßwerten ermittelt. Dabei müssen auch nichtlineare Gleichungen gelöst werden: Zustandsgleichungen, die Temperatur, Druck und Volumen miteinander in Beziehung setzen. Da diese Gleichungen wie z.B. die kubische Zustandsgleichung mehrere Lösungen haben können und die Wahl der Lösung vom thermodynamischen Zustands des Systems abhängt, ist die Lösung des Gesamtsystems sehr ineffizient, so daß diese Gleichungen meist unterlagert (iterativ) gelöst werden.

Direkte Lösung linearer Gleichungssysteme: Dünnbesetzte Matrizen. Die Dimension der System ist sehr hoch: Ein Simulationsmodell, wie es von Linde für die Betriebsoptimierung einer Äthylenanlage eingesetzt wird, besteht typischerweise aus 40000 Gleichungen, die Jacobimatrix hat ungefähr 200000 Nichtnulleinträge. Das entspricht einer Besetzungsrate vom 10^{-4}. Dynamische (exakte) Modelle sind meist kleiner, so hat z.B. das Modell der Luftzerlegungsanlage, dessen dynamische Simulation in [ZS93] vorgestellt wird, ungefähr 4000 Gleichungen, von denen nur 1000 Differentialgleichungen sind.

Trainingssimulatoren verwenden weniger exakte Modelle. Hier hat man typischerweise 30000 Verbindungsvariablen zwischen den einzelnen Apparaten und zusätzlich noch die Variablen, die apparatinterne Größen beschreiben.

Die hohe Dimension der Systeme macht deshalb aus Rechenzeit- und Stabilitätsgründen die Verwendung von sog. „sparse matrix" Methoden notwendig, also Methoden, die bei der Lösung eines linearen Gleichungssystems die Besetzungsstruktur der Matrizen ausnutzen.

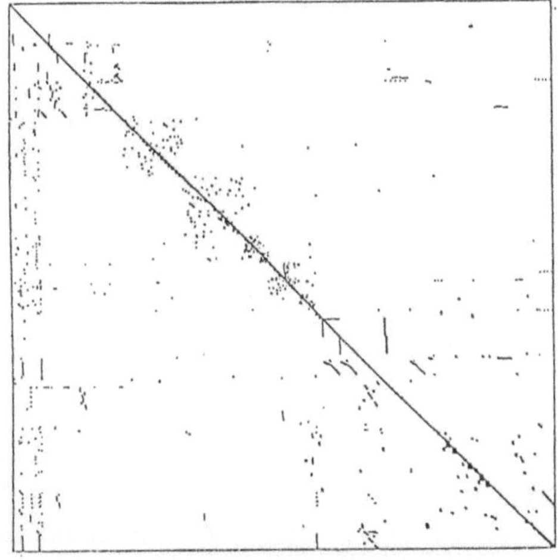

Die nebenstehende Abbildung zeigt eine typische Besetzungsstruktur der Jacobimatrix. Leider haben die Matrizen keine der Eigenschaften, die ihre Zerlegung einfacher machen, wie Bandstruktur, Symmetrie, Diagonaldominanz oder positive Definitheit, so daß man auf allgemeine Routinen zur Behandlung dünnbesetzter Matrizen zurückgreifen muß, z.B. [DER86].

Abbildung 5. Typische Besetzungsstruktur der Jacobimatrix

Um den Aufwand weiter zu reduzieren und die Rechengenauigkeit zu erhöhen[4], werden diese kombiniert mit Methoden zur iterativen Lösung linearer Gleichungssysteme, wie sie unten beschrieben werden.

Spezielle Verfahren zur Lösung linearer Gleichungssysteme mit dünnbesetzten Matrizen sind nötig, weil Speicherplatz- und Rechenzeitaufwand sonst zu groß werden (sie sind bei vollbesetzten Matrizen bekanntlich proportional zu N^2 bzw. N^3, wenn N die Größe des Systems ist). Direkte Methoden zur Lösung solcher Systeme unterscheiden sich hauptsächlich in der Wahl der Pivotelemente von herkömmlichen Gauß-Algorithmen. Hier ist nun nicht mehr vorwiegend die Stabilität ein Kriterium zur Wahl der Pivotelemente, sondern zusätzlich die Vermeidung von zusätzlichen Einträgen („fill-in") während der Elimination. Verfahren zur Lösung dünnbesetzter linearer Gleichungssysteme arbeiten i.a. in 3 Phasen: 1.) Analyse der Besetzungsstruktur und Festlegung einer Pivotreihenfolge, 2.) Berechnung der LR-Zerlegung für die gegebene Pivotreihenfolge, 3.) Lösung des Gleichungssystems. Der Aufwand für diese Schritte fällt von 1.) nach 3.).

---

[4] Die Matrizen sind sehr schlecht konditioniert.

Diese Modularisierung macht man sich während des Newton-Verfahrens zunutze und versucht, solange wie möglich mit Schritt 3.) auszukommen. Schlechtes Konvergenzverhalten und auftretende Unstetigkeiten in den Einträgen oder der Struktur der Jacobi-Matrix erfordern dann die Schritte 2.) und 1.).

Die Verwendung dieser Methoden ist in OPTISIM® auch deshalb besonders leicht, weil zu jedem Modell auch dessen analytische Ableitungen abgespeichert sind, so daß auch die „sparse"-Struktur explizit bekannt ist und man nicht auf numerische Tests angewiesen ist, die entscheiden, ob ein Element 0 ist oder nicht.

Iterative Lösung der linearisierten Systeme. Um den Aufwand zur Lösung des bei der Newton-Iteration entstehenden linearen Gleichungssystems möglichst gering zu halten, werden iterative Verfahren wie GMRES (Generalized **minimal residual**) [SS86, Wa88], „biconjugate gradient" [PTV92] oder „iterative refinement" verwendet. Zur Konvergenzverbeserung wird das System mit einer Matrix, deren Zerlegung in einem vorherigen Newton-Schritt bzw. im dynamischen Fall in einem vorherigen Zeitschritt bestimmt wurde, vorkonditioniert.

Unstetigkeiten. Unstetigkeiten entstehen dadurch, daß sich die Gleichungen oder Parameterwerte in Abhängigkeit von Zustandsgrößen ändern können. Dies ist z.B. der Fall, wenn sich die Phase der beteiligten Stoffe ändert oder wenn Böden einer Destillationskolonne trockenlaufen.

Eine besonderes Problem stellt die Behandlung von Unstetigkeiten dar, die während der Newton-Iteration zur Bestimmung eines stationären Punkts dadurch auftreten, daß der gesuchte Zustand zu Beginn der Iteration noch unbekannt ist. Hier muß man zwischen Unstetigkeiten in den Gleichungen, in den Werten der Einträge in der Jacobimatrix, in der Struktur der Jacobimatrix und in den Variablen unterscheiden und jeweils bzgl. Konvergenzsteuerung, Neuberechnung, -analyse, und -zerlegung der Jacobimatrix, ... entsprechende Maßnahmen treffen.

4.3 Optimierung des Gleichgewichtszustandes

Wir betrachten das Optimierungsproblem (3.3). Der Vektor

$$h(x,p) = \left((x - x_{\min})^T, (x_{\max} - x)^T, (p - p_{\min})^T, (p_{\max} - p)^T \right)^T$$

fasse die Ungleichungsbeschränkungen zusammen und $s = \left(x^T\, p^T \right)^T$ die Optimierungsvariablen. Dann ist das Problem

$$\Phi(s) \overset{!}{=} \min_s \tag{4.4a}$$

$$F(s) = 0 \tag{4.4b}$$

$$h(s) \geq 0 \tag{4.4c}$$

zu lösen. Dies geschieht mit iterativen Verfahren: ausgehend von einem Startwert $s^{(0)}$, berechnet man sukzessive bessere Näherungen der Lösung durch $s^{(i+1)} = s^{(i)} + \Delta s^{(i)}$. Die Verfahren unterscheiden sich im wesentlichen durch die Bestimmung der Suchrichtung $\Delta s^{(i)}$.

Sequentielle lineare Programmierung (SLP). Das in der verfahrenstechnischen Anwendung wohl verbreitetste Verfahren ist das Verfahren der sequentiellen linearen Programmierung. Hierbei werden Zielfunktion und Nebenbedingungen um den aktuellen Punkt $s^{(i)}$ linearisiert und die Lösung des linearisierten Problems

$$\nabla \phi(s^{(i)}) \cdot \Delta s^{(i)} = \min_{\Delta s^{(i)}} \tag{4.5a}$$

$$F(s^{(i)}) + \frac{\partial F}{\partial s} \cdot \Delta s^{(i)} = 0 \tag{4.5b}$$

$$h(s^{(i)}) + \frac{\partial h}{\partial s} \cdot \Delta s^{(i)} \geq 0 \tag{4.5c}$$

bestimmt. Da dieses Problem unbeschränkt sein kann, nimmt man noch die Bedingung

$$\|\Delta s^{(i)}\| \leq \alpha^i \tag{4.6}$$

hinzu, die die Existenz einer Lösung sicherstellt. $\alpha^{(i)}$ wird so gesteuert, daß die Linearisierung noch eine gute Näherung für das nichtlineare Problem ist. Details über diese „trust region" Methode findet man in [GMW81].

Sequentielle quadratische Programmierung (SQP). Im Gegensatz zu den oben genannten SLP-Verfahren verwenden SQP-Verfahren statt (4.5a) eine quadratische Näherung der Zielfunktion:

$$\nabla \phi(s^{(i)}) \cdot \Delta s^{(i)} + \frac{1}{2}(\Delta s^{(i)})^T B^{(i)} \Delta s^{(i)} = \min_{\Delta s^{(i)}} \;, \tag{4.7}$$

wobei die Matrix $B^{(i)}$ die Terme 2. Ordnung approximiert. Die Lösung dieses Problems stimmt mit der überein, die man erhält, wenn man ein Newton-Verfahren auf die Kuhn-Tucker-Bedinungen, also die notwendigen Optimalitätsbedingungen 1. Ordnung anwendet.

Da zweite Ableitungen i.a. nicht zur Verfügung stehen, wird die Matrix $B^{(i)}$ sukzessive z.B. durch BFGS-Updates [GMW81] approximiert.

„Feasible" *und* *„infeasible path"* *Methoden.* Die Formulierung (3.3) legt es nahe, die Flowsheetgleichungen (3.3b) als Nebenbedingungen für das Optimierungsproblem zu betrachten und ihre Lösung dem Optimierungsverfahren zu überlassen, d.h. die Optimierung (Anpassung von p) und die Lösung

der Flowsheetgleichungen (Bestimmung von x zu geg. p) werden gleichzeitig durchgeführt. Dabei muß auch hier der großen Dimension und der dünnbesetzten Struktur der Ableitungsmatrix $\left(\frac{\partial F}{\partial x}, \frac{\partial F}{\partial p}\right)$ der Nebenbedingungen Rechnung getragen werden.

Im Rahmen von SLP-Verfahren ist dies möglich, da bereits lineare Optimierungsverfahren zur Verfügung stehen, die die dünnbesetzte Struktur berücksichtigen können (MPSX, OSL (IBM), FortLP (NAG),...) . Für SQP-Verfahren gibt es zwar Vorschläge, projizierte SQP-Verfahren zu verwenden, Realisierungen sind bisher aber noch sehr rar oder wegen des hohen Speicherplatzbedarfs wie im Fall des in [BS93] entwickelten Verfahrens für praktische Zwecke nicht einsetzbar.

Aus diesem Grund wird im Gegensatz zu dem obigen „infeasible path" Ansatz (d.h. die Nebenbedingungen sind während der Iteration nicht erfüllt, sondern erst in der Lösung) häufig ein „feasible path" Ansatz verwendet. Dabei wird $x = x(p^{(i)})$ aus den Flowsheetgleichungen $F(x,p) = 0$ außerhalb der Optimierungsroutine bestimmt. Diese „sieht" dann nur die Variablen p. Im allgemeinen sind „feasible path" Methoden aufwendiger, haben aber den Vorteil, daß in jeder Optimierungsiteration eine gültige Lösung des Flowsheets vorhanden ist. Dies ist insbesondere dann von Vorteil, wenn die Optimierung nicht zu Ende durchgeführt wird.

Bei der Anwendung von „feasible path" Methoden benötigt man die Sensitivitäten $\frac{\partial x}{\partial p}$ zur Berechnung der partiellen Ableitungen der Zielfunktion und der Nebenbedingungen nach p. Sie lassen sich als Lösung des linearen Gleichungssystems

$$\frac{\partial F}{\partial x}\frac{\partial x}{\partial p} + \frac{\partial F}{\partial p} = 0$$

berechnen, das man aus $F(x(p),p) = 0$ durch Differentiation erhält (Satz über implizite Funktionen).

Ganzzahlige Optimierung. Bei der Auslegung von Anlagen ist es oft wichtig, die Zuspeise- und Abzugsböden einer Destillationskolonne so zu bestimmen, daß das Verhalten der Kolonne oder der Gesamtanlage optimal ist. Hierbei handelt es sich um ein ganzzahliges Optimierungsproblem, oder – wenn gleichzeitig noch andere Parameter optimiert werden – um ein gemischt ganzzahliges Optimierungsproblem.

Strukturoptimierungsprobleme, bei denen auch über die Verwendung oder Nichtverwendung eines Apparates entschieden werden soll, führen ebenfalls auf diesen Problemtyp. Bekanntlich läßt sich die Lösung eines solchen diskreten Problems analytisch nicht charakterisieren, so daß man im Allgemeinen auf ein geschicktes und effizientes Testen der meist zahlreichen Alternativen angewiesen ist.

4.4 Dynamische Simulation

Steife Systeme. Die Modellgleichungen sind meist steife Systeme, d.h. die Zeitkonstanten der Apparate sind sehr verschieden. Zu den „schnellen" Komponenten gehören Regler, Reaktoren und Kompressoren. Destillationskolonnen oder Speichertanks besitzen dagegen sehr große Zeitkonstanten. Dies macht die Verwendung impliziter Integrationsverfahren notwendig. In OPTISIM® kommt standardmäßig ein Rückwärtsdifferenzenverfahren (BDF) zum Einsatz.

Steifigkeiten erhält man auch im stationären Fall bei partiellen Differentialgleichungen. Hier führt die Diskretisierung zu Steifigkeiten bzgl. der Zeit. Darüberhinaus hat man es im stationären Fall mit Steifigkeiten bzgl. des Ortes zu tun: ein Wärmetauscher mit einem sehr kleinen und einem sehr großen Strom führt auf eine steife Differentialgleichung.

Differential-algebraische Gleichungen. Das dynamische Verhalten verfahrenstechnischer Prozesse (nach geeigneter Diskretisierung partieller Differentialgleichungen) läßt sich wie oben gezeigt durch ein System differential-algebraischer Gleichungen (DAE) der Form (3.4) beschreiben. Das wesentliche Kriterium für ihre theoretische und numerische Behandlung ist der *Index*. Grob gesagt ist er definiert als die höchste totale zeitliche Ableitung, die notwendig ist, um das System in ein reines Differentialgleichungssystem für alle Unbekannten y, z zu transformieren. Je höher der Index ist, desto größer sind die Schwierigkeiten bei der numerischen Behandlung: mit modernen Integrationsmethoden sind nur Systeme bis zum Index 2 zuverlässig direkt behandelbar [BCP89].

Ein weiteres Problem bildet die Initialisierung eines solchen Systems: im Gegensatz zu gewöhnlichen Differentialgleichungen sind nicht für alle Unbekannten die Anfangswerte frei wählbar. Die erfolgreiche Anwendung von Integrationsverfahren für DA-Systeme erfordern einen Satz konsistenter Anfangswerte für die Unbekannten y_0, z_0 und deren Ableitungen $\dot{y}_0, \dot{z}_0$, d.h. sie müssen das DAE (3.4) und ggf. höhere Ableitungen einzelner Gleichungen erfüllen. Dieses Problem der konsistenten Initialisierung tritt nicht nur zu Beginn der dynamischen Simulation auf, sondern an jeder Unstetigkeit.

Beispiel: Index des Zweiphasenprozesses. Geht man zunächst von der reinen dynamischen *Simulationsaufgabe* aus, d.h. von der Berechnung der Zustands- und Ausgangsgrößen aus gegebenen Eingangsgrößen, dann stellt (1.1) eine DAE vom Index 1 dar. Die algebraischen Gleichungen lassen sich jeweils nach einer Variablen auflösen. Durch Differentiation der algebraischen Gleichungen erhält dman somit eine Differentialgleichung für die entsprechende Variable. Die algebraischen Variablen werden nicht direkt in die Differentialgleichungen eingesetzt, da sie dem Ingenieur wichtige Informationen über die Vorgänge im Inneren des Apparates liefern. Häufig ist diese Auflösung auch explizit gar nicht möglich (s. das Beispiel der thermischen Trennstufe).

Stellt man nun die Frage nach dem Verlauf von Eingangsgrößen, um ein vorgegebenes Verhalten $s(t)$ von Zustands- und Ausgangsgrößen, z.B. $x_i = s(t)$ zu erreichen, liegt eine dynamische *Designaufgabe* vor (s. unten). Die Wahl der vorgegebenen Zustandsgrößen und der gesuchten Eingangsgrößen hat entscheidenden Einfluß auf den Index der DAE (vgl. Tab. 1).

Tabelle 1. Verschiedene Designfälle und ihr Index

vorgegeben $s(t)$)	gesucht	Index
$c_{\mathrm{A}}^{\mathrm{II}}$	$c_{\mathrm{A0}}^{\mathrm{I}}$	2
T^{II}	F^{I}	3
T^{I}	$c_{\mathrm{A0}}^{\mathrm{I}}$	3
$c_{\mathrm{B}}^{\mathrm{II}}$	T_{C}	4

Das Simulationsmodell der thermischen Trennstufe besitzt den Index 2: die Schwierigkeit ist, den Gasstrom V zu bestimmen. Er läßt sich aus (2.1d) berechnen, wofür die Gleichung für h^{L} (2.1g) einmal differenziert werden muß. Eine weitere Differentiation dieser Gleichungen führt dann auf $\dot{V}$.

Der Index einer Destillationskolonne hängt von den angenommenen Spezifikationen ab [PGS88]: Spezifiziert man den Druck am Kopf der Kolonne, d.h. p_0 ist gegeben, so ist der Index 2. Spezifiziert man den Druck p_{N} im Sumpf, so ist er $N + 1$, wenn N die Anzahl der Böden ist.

Der Index des Wärmetauschers ist 1.

Behandlung der Unstetigkeiten im dynamischen Fall. Neben den oben genannten Unstetigkeiten treten während der dynamischen Simulation Unstetigkeiten durch Benutzereingaben, Modellumschaltungen aufgrund veränderten Betriebsbedingungen und durch Totzeiten („delays") in den Modellgleichungen auf. Letztere hängen nicht nur vom aktuellen Zustand $x(t)$ am Zeitpunkt t, sondern auch vom Zustand $x(t - \tau)$ zu einem bereits vergangenen Zeitpunkt $t - \tau$ ab. Solche Totzeiten werden z.B. verwendet, um Strömungen durch lange Rohre zu modellieren. Dabei ist die Stromzusammensetzung am Ende des Rohres gleich der am Anfang des Rohres vor einer gegebenen Zeit.

Unstetigkeiten, die aufgrund von Zustandsänderungen während des dynamischern Verlaufs der Simulation auftreten, werden effizient durch die Verwendung von Schaltfunktion $q(t, x(t))$ [Ei91] behandelt. Die Zeitpunkte, an denen Unstetigkeiten auftreten können, sind dabei durch den Nulldurchgang einer Schaltfunktion beschrieben. Das Integrationsverfahren prüft nach jedem erfolgreichen Integrationsschritt, ob eine der Schaltfunktionen ihr Vorzeichen gewechselt hat. Ist dies der Fall, so wird der Zeitpunkt der Unstetigkeit iterativ bestimmt. Da die Schaltfunktion zustandsabhängig ist, x aber nur zu den diskreten Integrationszeitpunkten zur Verfügung steht, wird die vom Integrationsverfahren (hier BDF) leicht zu erhaltende kontinuierliche Lösungsdarstellung (d.h. das BDF-Polynom) benutzt [Ei91]. Sie wird auch benutzt, um die totzeitbehafteten Werte $x(t - \tau)$ zu bestimmen. Aus Effizienzgründen wird dabei jeweils die typische Struktur der Unstetigkeit berücksichtigt.

Das Auftreten von Unstetigkeiten in DAEs führt zu besonderen Schwierigkeiten, da die Lösung im Gegensatz zu der gewöhnlicher Differentialgleichungen gegenüber der definierenden Gleichung an Glattheit verlieren kann. So können die Variablen im Index-2-Fall selbst dann Sprünge aufweisen, wenn als Anregung eine Rampenfunktion benutzt wird, oder umgekehrt: der linksseitige Grenzwert an der Unstetigkeitsstelle ist kein konsistenter Startwert für die Integration im nächsten Zeitintervall. Dies macht die konsistente Initialisierung nicht nur zu Beginn der Integration, sondern auch zu jedem Schaltpunkt notwendig.

4.5 Trainingssimulation

Zur Echtzeitsimulation in OPTISIM®- Trainingssimulatoren kommt ein „multirate"-Verfahren [GW84] zum Einsatz, das mit einem speziellen, sehr effizienten Newton-Verfahren arbeitet. Die Grundschrittweite des Verfahrens ist vorgegeben durch den Abtastzyklus.

5 Beispiel: Luftzerlegungsanlage

Als komplexeres Anwendungsbeispiel soll eine Luftzerlegungsanlage dienen (vgl. Tabelle 2).

Tabelle 2. Bestandteile der Luft, ihre physikalischen Eigenschaften und ihre Weiterverwendung

	Anteil	Siedepunkt ($P=1$ bar)	Weiterverwendung
N_2	78 %	$-195,8°$ C	Amoniak, Düngemittel, Kühlung,...
O_2	21 %	$-182,7°$ C	Stahlherstellung, Oxidation, Schweißen
Ar	1 %	$-185,9°$ C	Stahlveredelung

Das vereinfachte Modell der Gesamtanlage enthält ca. 4000 Gleichungen bzw. Variable (d.h. es handelt sich noch um ein relativ kleines Beispiel), wovon ca. 1000 gewöhnliche Differentialgleichungen sind. Die Jacobimatrix hat ca. 30000 Nichtnulleinträge. Für eine typische dynamische Simulation über eine Zeithorizont von 12000 sec. benötigt man auf einer IBM 3090 600 sec. CPU

Zeit. Es sind dazu ca. 400 Schritte mit einem BDF-Verfahren mit Ordnungs-
und Schrittweitensteuerung notwendig, sowie ca. 1400 Funktionsauswertungen
und 100 Jacobimatrix-Berechnungen. Man beachte, daß dies ein sehr kleines
Anwendungsbeispiel ist. Die Jacobimatrix hat eine sehr schlechte Kondition.
Abb. 6 zeigt die Kolonnenprofile der Drucksäule dieser Anlage.

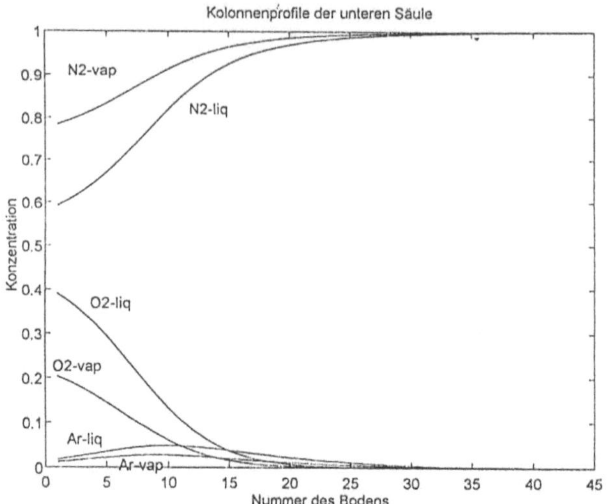

Abbildung 6. Konzentrationsprofil in der Destillationskolonne einer Luftzerlegungsanlage

Wegen des höchsten Siedepunktes ist O_2 die schwerste Komponete und
sammelt sich im Sumpf der Kolonne, während Ar mit einem mittleren Siedepunkt in der Mitte der Kolonne einen Bauch bildet und dort zur weiteren
Reinigung abgezogen wird. Der leichte Stickstoff sammelt sich am Kopf.

Anhang

Zur Berechnung des Zweiphasenprozeßes werden folgende Parameterwerte ver-
wendet: Die Kühlflächen $A^{\mathrm{I}} = 10^{-1}$ m^2, $A^{\mathrm{II}} = 10^{-1}$ m^2, die Phasengrenz-
fläche $A^{\mathrm{PG}} = 10^{-2}$ m^2, die Stoffaustauschgeschwindigkeit $\beta = 10^{-3}\frac{\mathrm{m}}{\mathrm{s}}$, die
Konzentration von Stoff A im Zufluß $c_{\mathrm{A0}}^{I} = 0,2\frac{\mathrm{kmol}}{\mathrm{m}^3}$, die Wärmekapazität
$c_p = 3,78\frac{\mathrm{kJ}}{\mathrm{kmol\,K}}$, die Reaktionsenergie $E = 12000\frac{\mathrm{kJ}}{\mathrm{kmol}}$, die Wärmetönung
$\Delta H_{\mathrm{R}} = -1,93 \cdot 10^6 \frac{\mathrm{kJ}}{\mathrm{kmol}}$, die Stromrate durch Phase I $F^{\mathrm{I}} = 2 \cdot 10^{-4}\frac{\mathrm{m}^3}{\mathrm{s}}$,
die Stromrate durch Phase II $F^{\mathrm{II}} = 1 \cdot 10^{-4}\frac{\mathrm{m}^3}{\mathrm{s}}$, die Reaktionskonstante
$k_0 = 1,8 \cdot 10^5 \frac{1}{\mathrm{s}}$, die Wärmeübergangskoeffizienten zwischen den Phasen und
dem Kühlwasser $k^{\mathrm{I}} = 10\frac{\mathrm{kW}}{\mathrm{m}^2\,\mathrm{K}}$, $k^{\mathrm{II}} = 10\frac{\mathrm{kW}}{\mathrm{m}^2\,\mathrm{K}}$, der Wärmeübergangskoeffizient
für die Phasengrenze $k^{\mathrm{PG}} = 10\frac{\mathrm{kW}}{\mathrm{m}^2\,\mathrm{K}}$, die Idealgaskonstante $\mathcal{R} = 8,314\frac{\mathrm{kJ}}{\mathrm{kmol\,K}}$,
die Dichte $\rho = 1200\frac{\mathrm{kg}}{\mathrm{m}^3}$, die Kühltemperatur $T^{\mathrm{C}} = 293\mathrm{K}$ und die Volumina
der beiden Phasen $V^{\mathrm{I}} = 10^{-2}\mathrm{m}^3$, $V^{\mathrm{II}} = 10^{-2}\mathrm{m}^3$.

Literatur

[Bie89]   L. Biegler: Chemical process simulation. Comput. Engineering Progress 85/10 (1989)

[BS93]   L. Biegler, C. Schmidt: Acceleration of reduced hessian methods for large scale nonlinear programming. Comput. chem. Engng. **17** 5/6 (1993) 451–463

[BCP89]   K. Brenan, S. Campbell, L. Petzold: The Numerical Solution of Initial Value Problems in Ordinary Differential-Algebraic Equations. North Holland Publishing Co. 1989

[PGS88]   K. R. M. C. C. Pantelides, D. Gritsis, R. W. H. Sargent: The mathematical modelling of transient systems using differential-algebraic equations. Comput. chem. Engng. **12** (1988) 449–454

[DER86]   I. S. Duff, A. M. Erisman, J. K. Reid: Direct Methods for Sparse Matrices. Clarendon Press, Oxford 1986

[Ei91]   E. Eich: Projizierende Mehrschrittverfahren zur numerischen Lösung der Bewegungsgleichungen technischer Mehrkörpersysteme mit Zwangsbedingungen und Unstetigkeiten.   PhD thesis, Institut für Mathematik, Universität Augsburg 1991. „VDI-Fortschrittsberichte", VDI, Düsseldorf

[GW84]   C. W. Gear und R. Wells. Multirate linear multistep methods. BIT **24** (1984) 484–502

[GMW81]   P. Gill, Murray, M. Wright: Practical Optimization. Addison Wesley 1981

[Ma91]   W. Marquardt: Dynamic process simulation - recent progress and further chellenges. In: W. Ray und Y. Arhun (eds.) Chemical Process Control, vol. 4. CHCHE 1991

[MM81]   K. Miller, R. Miller. Moving finite elements, Part I. SIAM J. Numer. Anal. **18** (1981) 1019–1032

[Pe84]   Perkins: Equation-oriented flowsheeting. In: A. Westerberg, H. Chien (eds.) Proceedings of the 2. Int. Conf. on Foundations of Computer-Aided Process Desgin, Austin 1983 CACHE

[PTV92]   W. H. Press, S. A. Teukolsky, W. T. Vetterling, B. P. Flannery: Numerical Recipes. Cambridge University Press 1992

[SS86]   Y. Saad, M. H. Schultz: GMRES: A generalized minimal residual algorithm for solving nonsymmetric linear systems. SIAM J. Sci. Stat. Comput. **7** (1986) 856–869

[Sch90]   N. L. Schryer: Designing software for one-dimensional partial differential equations. ACM Trans. Math. Software 16 (1990) 72–85

[WM85]   R. Wait, A. R. Mitchell: Finite Element Analysis and Applications. John Wiley & Sons, Chichester 1985

[Wa88]   H. F. Walker: Implementation of the gmres method using Householder transformations. SIAM J. Sci. Stat. Comput. **9** (1988) 152–163

[ZS93]   G. Zapp, W. Sendler: Nichtlineare Steuerung und Regelung durch inverse Simulation mit komplexen DAE-Modellen. Chemie-Ingenieur-Technik **65** 9 (1993) 1045–1136

Moderne Methoden der numerischen Quantenchemie

Carsten Fuchs

Fachbereich Chemie, Freie Universität Berlin

1 Einführung

Die Quantenmechanik ist der mathematische Schlüssel zur Berechnung von physikalischen und chemischen Eigenschaften von Atomen, Molekülen und Festkörpern. Nach der von Heisenberg und Schrödinger 1926 entwickelten Theorie, die die Gesetze der klassischen Mechanik auf atomarer Ebene ablöst, wird die Elektronenstruktur eines Systems beschrieben durch eine Funktion von mehreren Variablen, die einer gewissen partiellen Differentialgleichung, der Schrödinger–Gleichung, gehorchen muß. Mit Kenntnis dieser „Wellenfunktion" lassen sich im Prinzip alle physikalisch oder chemisch meßbaren Größen des untersuchten Systems bestimmen – dazu weiter unten Genaueres. Da die Schrödinger–Gleichung für Moleküle nicht mehr analytisch lösbar ist, blieben Anwendungen quantenmechanischer Prinzipien auf chemische Fragestellungen, insbesondere auf das Phänomen der chemischen Bindung, lange Zeit entweder rein qualitativ oder benutzten sehr grobe Näherungen (wie z.B. die Hückel-Theorie 1930–33). Die ersten numerischen Berechnungen an Molekülen, die auf rein quantenmechanischer Grundlage („ab initio") ohne zusätzliche Approximationen durchgeführt wurden, fallen in den Zeitraum 1955–60, in dem auch die ersten Digitalrechner aufkamen. Ende der 60er Jahre setzte dann eine stürmische Entwicklung von neuen Näherungsmodellen und Algorithmen ein, die in den 70er und 80er Jahren zu einigen entscheidenden Durchbrüchen führte. Inzwischen steht eine Reihe von bewährten und effizienten Methoden zur Verfügung, die teilweise sehr genaue Voraussagen ermöglichen. Insbesondere die sog. direkten Methoden erlauben heute Berechnungen, von denen man vor 30 Jahren nur träumen konnte. Mittlerweile sind ab-initio-Rechnungen an Systemen mit über hundert Atomen ohne weiteres möglich, und dank ihrer Durchführbarkeit und Vorhersagekraft für Moleküle von industriellem Interesse haben quantenchemische Verfahren inzwischen auch Einzug in die Forschungsabteilungen der chemischen, petrochemischen und pharmazeutischen Unternehmen gehalten.

Welche Informationen liefern nun quantenchemische Rechnungen? Da quasi die gesamte Physik bzw. Chemie eines Moleküls durch die elektronische

Struktur bestimmt ist, läßt sich eine Fülle von Daten aus der Wellenfunktion extrahieren. Zu den wichtigsten Anwendungen gehören die Bestimmung
von Gleichgewichtsgeometrien, insbesondere also von Bindungslängen und
-winkeln (mehr dazu in Abschnitt 5), sowie die Berechnung von Energiedifferenzen (z.B. Dissoziationsenergien, Ionisierungspotentiale) und elektrischen
Größen (Dipolmoment, Polarisierbarkeit). Von großer Bedeutung sind spek-
troskopische Daten wie Übergangsenergien und Intensitäten bzw. (in der magnetischen Resonanzspektroskopie) chemische Verschiebungen. Schließlich läßt
sich die Dynamik chemischer Reaktionen mit Hilfe quantenchemischer Rechnungen simulieren.

An Genauigkeit kann es die Quantenchemie inzwischen durchaus mit dem
Experiment aufnehmen; bei vielen Systemen erreicht man heute „chemische
Genauigkeit" ($\approx$ 1 kcal/mol bei der Berechnung von Energiedifferenzen). Dies
soll jedoch nicht den Eindruck erwecken, als ob die Computerberechnungen
als Konkurrenz zum Experiment kultiviert würden. Im Gegenteil: Der Trend
geht zur Zusammenarbeit zwischen experimentell und theoretisch (genauer:
am Computer) arbeitenden Chemikern. So werden quantenchemische Berechnungen in immer stärkerem Maße zur Klärung experimenteller Befunde oder
auch zur Planung von Experimenten herangezogen. Es gibt mehrere Beispiele,
bei denen die Existenz eines neuen Moleküls am Computer vorhergesagt und
dieses dann auch synthetisiert wurde bzw. ein anderes sich in den Rechnungen als instabil herausstellte, worauf man die Bemühungen, es herzustellen,
abbrach.

Die Schwierigkeiten, auf die man bei quantenchemischen Verfahren trifft,
hängen mit der Komplexität der Rechnungen zusammen. Noch immer sind
Anwendungen, die eine hohe Genauigkeit erfordern, sehr aufwendig und auf
relativ kleine Moleküle beschränkt. Bei vielen Problemstellungen sind die Anforderungen an die Genauigkeit jedoch wesentlich niedriger; hier lassen sich
quantenchemische Methoden einsetzen, um Abschätzungen der interessierenden Größen zu erhalten. Generell sind ab–initio–Rechnungen heute für Systeme mit bis zu ca. 200 Atomen durchführbar. Viele Moleküle, die in der Industrie von großer Bedeutung sind, wie z.B. Polymere oder Proteine, sind damit
nicht mehr voll quantenmechanisch behandelbar. Häufig gewinnt man jedoch
durch Simulationen an kleineren Prototypen bereits wertvolle Trendaussagen
oder kann ab–initio–Rechnungen mit vereinfachten Methoden kombinieren
(vgl. Abschnitt 7).

Ein Hauptproblem, mit dem alle quantenchemischen Verfahren zu kämpfen haben, liegt darin, daß es keine strenge Fehlerabschätzung gibt. Die Frage:
„Welche Methode muß ich anwenden, um die Grundschwingungsfrequenzen
des Ozonmoleküls auf 20 cm^{-1} genau zu erhalten?" ist also in dieser Form a
priori nicht beantwortbar. Mittlerweile liegt aber ein so umfangreiches Daten-
material aus numerischen Berechnungen und Vergleichen mit experimentellen
Werten vor, daß man die Zuverlässigkeit der einzelnen Verfahren ganz gut
kennt und in vielen Fällen auch die Möglichkeit hat, die Qualität der Rechnungen systematisch zu verbessern.

In diesem Artikel werden die wichtigsten ab–initio–Methoden, die heute benutzt werden, vorgestellt. Nach einer kurzen Darstellung der quantenmechanischen Grundlagen behandeln wir die Hartree–Fock–Methode als einfachstes Modell, auf dem fast alle weitergehenden Verfahren aufbauen. Aus dem Spektrum der über Hartree–Fock hinausführenden Methoden gehen wir auf das MCSCF–Verfahren und die Methode der Konfigurationswechselwirkung ein sowie, nach einem Abschnitt über die Bestimmung von Molekülgeometrien, auf die Störungstheorie, Coupled–Cluster–Verfahren und Dichtefunktionalmethoden. Wie die theoretisch entwickelten Modelle mittels spezieller Algorithmen zu effizienten Werkzeugen umgesetzt werden, wird in Abschnitt 7 erläutert. Ausgewählte Beispiele, die in die jeweiligen Abschnitte eingestreut sind, illustrieren aktuelle Anwendungen der Methoden. Der Schwerpunkt liegt durchweg auf einem Überblick über die Methodologie und der Darstellung der mathematischen Prinzipien, die den Methoden zugrundeliegen. Interessante technische Details, aber auch die ausführliche Würdigung eines größeren Anwendungsprojekts, konnten aus Platzgründen nicht berücksichtigt werden. Experten mögen verzeihen, daß einige Sachverhalte etwas vereinfacht dargestellt sind, und daß spezielle Techniken, die ebenfalls zum Standardrepertoire der Quantenchemie gehören (wie z.B. effektive Kernpotentiale) keine Aufnahme finden konnten. Es ist natürlich zu hoffen, daß die interessierte Leserin genügend Motivation und Orientierung erhält, um tiefer in die Materie einzudringen. Die Referenzen, an eckigen Klammern [ ] zu erkennen, sind zwar bewußt sparsam gehalten, enthalten jedoch genug Zitate für ein weitergehendes Studium.

2 Ein Steilkurs in Quantenmechanik

Bevor wir uns die wichtigsten numerischen Verfahren anschauen, müssen notwendigerweise die quantenmechanischen Grundlagen kurz erklärt werden. Die Quantenmechanik postuliert, daß sich beliebige Eigenschaften eines Systems (d.h. eines Atoms, eines Moleküls, eines Festkörpers, . . .) berechnen lassen, wenn man eine gewisse Eigenwertgleichung gelöst hat, die berühmte (zeitunabhängige) *Schrödinger–Gleichung*:

$$H\Psi = E\Psi \tag{1}$$

Dabei ist H ein Differentialoperator, der sogenannte *Hamiltonoperator* des Systems. Man gelangt zu diesem Operator, indem man die physikalischen Größen, die in der aus der klassischen Mechanik bekannten Gleichung für die Gesamtenergie eines Teilchens der Masse m auftreten, durch Operatoren ersetzt, und zwar den Impuls p durch den Impulsoperator $-i\nabla$ und die potentielle Energie durch einen Multiplikationsoperator, der mit der Potentialfunktion U multipliziert (wieder mit U bezeichnet). Aus

$$E = E_{\text{kin}} + E_{\text{pot}} = \tfrac{1}{2m}p^2 + U \tag{2}$$

wird so

$$H = \frac{1}{2m}(-i\nabla)^2 + U = -\frac{1}{2m}\Delta + U \tag{3}$$

(wobei Δ das übliche Symbol für den Laplaceoperator ist). Für ein Molekül mit K Atomen und N Elektronen nimmt der Hamiltonoperator folgende Gestalt an:

$$H = -\sum_{i=1}^{N} \tfrac{1}{2}\Delta_i - \sum_{A=1}^{K} \frac{1}{2M_A}\Delta_A$$

$$-\sum_{i=1}^{N}\sum_{A=1}^{K}\frac{Z_A}{|r_i - R_A|} + \sum_{i<j}^{N}\frac{1}{|r_i - r_j|} + \sum_{A<B}^{K}\frac{Z_A Z_B}{|R_A - R_B|} \tag{4}$$

Hierbei bezeichnet r_i den Vektor der drei Raumkoordinaten des i–ten Elektrons und R_A, Z_A, M_A Koordinaten, Kernladung und Masse des Kerns A[1]. Die erste Zeile der rechten Seite von (4) stellt die Operatoren für die kinetische Energie der Elektronen bzw. Kerne dar, die zweite Zeile das *Coulomb-Potential*, das sich aus dem Term der Elektron–Kern–Anziehung und den Termen der Elektron–Elektron- bzw. Kern–Kern–Abstoßung zusammensetzt.

Gleichung (4) stellt den Hamiltonoperator eines einzelnen Moleküls dar. Angesichts der Tatsache, daß die meisten Experimente an größeren Aggregaten von Molekülen durchgeführt werden, stellt sich natürlich die Frage, inwiefern die Lösung der Schrödinger–Gleichung für ein isoliertes Molekül von Relevanz für die experimentelle Situation sein kann. Die allgemein akzeptierte Antwort ist, daß die Lösung von Gl. (1) (welche im übrigen schwierig genug ist) eine notwendige Voraussetzung für die Beschreibung des gesamten Systems ist [Su75]. Die gute Übereinstimmung von gemessenen und berechneten Werten für Systeme mit schwacher intermolekularer Wechselwirkung zeigt außerdem, daß die Beiträge der isolierten Moleküle eine dominierende Rolle spielen. Leider ist selbst die Lösung der Schrödinger–Gleichung mit dem kompletten Hamiltonoperator eines einzelnen Moleküls noch zu schwierig [loc. cit.]. Die numerische Quantenchemie geht daher noch einen Schritt weiter und macht sich die *Born–Oppenheimer–Näherung* zu eigen: Sie beruht darauf, daß sich die Atomkerne aufgrund des großen Massenunterschiedes viel langsamer bewegen als die Elektronen und postuliert, daß sich die Elektronenstruktur jeder Kernbewegung sofort anpaßt. Als Folge davon lassen sich Elektronen- und Kernbewegung separieren: Ist für jede fixierte Anordnung der Kerne die elektronische Struktur bekannt, so kann man auf dieser Grundlage nachträglich die Kernbewegung berechnen. Natürlich gibt es Fälle, wo die Born–Oppenheimer–Näherung versagt, aber die Beschreibung der zusätzlichen Komplikationen würde den Rahmen dieses Artikels sprengen. In den meisten Fällen ist die BO–Näherung absolut gerechtfertigt und liefert sehr

---

[1] Hier und im folgenden verwenden wir die sog. *atomaren Einheiten*, d.h. einige physikalische Konstanten (u.a. die Masse eines Elektrons) werden gleich 1 gesetzt.

gute Ergebnisse. Im folgenden wird es also um die fundamentale Aufgabe gehen, für eine feste Anordnung der Kerne die elektronische Struktur eines Moleküls zu berechnen. Der Term der kinetischen Energie der Kerne in Gl. (4) fällt dann weg, und wir haben es mit dem *elektronischen Hamiltonoperator* zu tun, der auf (i.a. komplexwertigen) Funktionen operiert, die „nur" von den Raumkoordinaten $r_1, \ldots, r_N$ der Elektronen abhängen.

Aus mathematischer Sicht ist der elektronische Hamiltonoperator alles andere als angenehm: er ist unbeschränkt (d.h. unstetig), und auch sein Definitionsbereich ist zunächst völlig unklar. Tatsächlich hat die Theorie unbeschränkter Operatoren, die heute zu den klassischen Teilgebieten der Funktionalanalysis gehört, in der Quantenmechanik ihren Ursprung. Kato gelang es zu zeigen, daß sich H eindeutig zu einem selbstadjungierten Operator im Hilbertraum $L^2(\mathbb{R}^{3N})$ (mit dem Skalarprodukt $\langle \Phi | \Psi \rangle = \int \Phi^*(r)\,\Psi(r)\,\mathrm{d}^{3N}r$) fortsetzen läßt. Hilbertraummethoden sind in der gesamten Quantenmechanik von großer Wichtigkeit.

Inwiefern wird das System nun durch seinen Hamiltonoperator beschrieben? Die Quantenmechanik postuliert, etwas vereinfacht ausgedrückt, daß das System nur in bestimmten diskreten Energiezuständen existieren kann, charakterisiert durch die Eigenwerte und Eigenfunktionen des Hamiltonoperators (Gl. (1)). Der Eigenwert E ist die Energie des Systems in diesem Zustand. Die normierte Eigenfunktion Ψ, die auch als *Zustandsfunktion* oder *Wellenfunktion* bezeichnet wird, besitzt insofern physikalische Bedeutung, als ihr Betragsquadrat $|\Psi|^2$ als Wahrscheinlichkeitsdichte interpretiert werden kann: Die Wahrscheinlichkeit P, ein Elektron im Bereich $A_1 \subset \mathbb{R}^3$ zu finden, das zweite in $A_2 \subset \mathbb{R}^3$ etc., wird gegeben durch das Integral

$$P = \int_{A_1 \times \ldots \times A_N} |\Psi(r_1, \ldots, r_N)|^2 \, \mathrm{d}r_1 \ldots \mathrm{d}r_N \tag{5}$$

Die Eigenwerte des Hamiltonoperators bilden eine aufsteigende Folge (E_n) von diskreten (negativen) Werten, die sich lediglich für $n \to \infty$ häufen. Der energetisch niedrigste Zustand, der sog. *Grundzustand*, ist dabei der bevorzugte.

Ist die Zustandsfunktion bekannt, lassen sich beliebige Eigenschaften des Systems über Erwartungswerte bezüglich dieser Wahrscheinlichkeitsdichte berechnen: Jeder Observablen, d.h. jeder physikalisch beobachtbaren Größe, ist ein selbstadjungierter Operator A zugeordnet. Der Wert der Observablen wird dann durch das Skalarprodukt $\langle \Psi | A\Psi \rangle$ gegeben.

Unglücklicherweise läßt sich die Schrödinger–Gleichung nur für den allereinfachsten Fall, nämlich das Wasserstoffatom, exakt lösen. Als Eigenwerte ergeben sich (wiederum in atomaren Einheiten) die Werte $E_n = -\frac{1}{2n^2}$. Stellt man die zu den Eigenfunktionen Ψ assoziierten Wahrscheinlichkeitsdichten $|\Psi|^2$ über ihre Niveauflächen dar, so erhält man die bekannten Bilder der *Wasserstofforbitale*: das kugelförmige $1s$–Orbital, die hantelförmigen $2p$–Orbitale etc. (siehe z.B. [PM84]).

Für Systeme mit mehr als einem Elektron, also für alle Moleküle, ist man auf numerische Näherungslösungen der Schrödinger–Gleichung angewiesen. Dabei sind zwei weitere, von der Quantenmechanik diktierte Prinzipien zu berücksichtigen: der Elektronenspin und das Pauliverbot.

Uhlenbeck und Goudsmit postulierten in den 20er Jahren eine Art Eigendrehimpuls („Spin") des Elektrons. Das Konzept des Elektronenspins erklärte einige experimentelle Befunde auf sehr befriedigende Weise, mußte aber der Quantenmechanik scheinbar als zusätzliche Hypothese hinzugefügt werden. Erst Dirac gelang mit der relativistischen Quantenmechanik ein überzeugender theoretischer Überbau, in dem der Elektronenspin eine natürliche Konsequenz ist. Da wir uns hier auf die nichtrelativistische Quantenmechanik beschränken wollen, müssen wir als Zusatzpostulat akzeptieren, daß ein Elektron außer den drei kontinuierlichen Raumkoordinaten x, y, z noch eine diskrete Spinkoordinate s besitzt, die nur zwei Werte annehmen kann. Eine Wellenfunktion für ein System mit N Elektronen hängt demnach von den $4N$ Koordinaten $x_1, y_1, z_1, s_1, \ldots, x_N, y_N, z_N, s_N$ ab und ist Element des Hilbertraums $L^2((\mathbb{R}^3 \times \$)^N)$, wobei $\$$ eine Menge mit zwei Elementen ist. Der Hamiltonoperator operiert nur auf dem räumlichen Anteil dieser Funktionen. Raum- und Spinkoordinaten des i–ten Elektrons werden im folgenden im Vektor $\boldsymbol{x}_i = (\boldsymbol{r}_i, s_i)$ zusammengefaßt. Für die numerischen Verfahren liegt die Bedeutung des Elektronenspins darin, daß eine Eigenfunktion des elektronischen Hamiltonoperators stets eine gewisse „Spinsymmetrie" hat (sie ist automatisch Eigenfunktion des sog. Gesamtspinoperators, der nur auf den Spinkoordinaten operiert). Bei der Konstruktion von Näherungslösungen der Schrödinger–Gleichung kann man dadurch viel Rechenaufwand sparen, indem man diese Spinsymmetrie berücksichtigt und von Anfang an nur „spinadaptierte" Wellenfunktionen zuläßt.

Das Pauli- oder Antisymmetrieprinzip ist die mathematische Formulierung der Ununterscheidbarkeit der Elektronen. Es verlangt, daß nur solche Wellenfunktionen Ψ als physikalisch sinnvoll zugelassen werden, die antisymmetrisch bezüglich der Elektronenkoordinaten sind, also ihr Vorzeichen ändern, wenn man Raum- und Spinkoordinaten zweier Elektronen vertauscht:

$$\Psi(\ldots, \boldsymbol{x}_j, \ldots, \boldsymbol{x}_i, \ldots) = -\Psi(\ldots, \boldsymbol{x}_i, \ldots, \boldsymbol{x}_j, \ldots) \tag{6}$$

Der Hilbertraum muß somit auf seine antisymmetrische Komponente eingeschränkt werden. Beide Prinzipien, die Spinabhängigkeit und das Pauli-Prinzip, müssen bei der Konstruktion von Näherungslösungen der Schrödinger–Gleichung beachtet werden.

3 Die Hartree–Fock–Methode

Die Hartree–Fock–Methode ist die einfachste Methode zur näherungsweisen Berechnung des Grundzustands eines Moleküls und sozusagen das Arbeitspferd der numerischen Quantenchemie. Sie kann heute auch für größere Systeme routinemäßig durchgeführt werden (vgl. dazu Abschnitt 7) und liefert in vielen Fällen brauchbare Resultate. Fast alle verfeinerten Verfahren benutzen die Ergebnisse einer Hartree–Fock–Berechnung als Startdaten. Eine ausgezeichnete ausführliche Darstellung der Hartree–Fock–Methode findet man in [SO82].

Ausgangspunkt des Verfahrens ist die Beobachtung, daß man eine antisymmetrische Funktion auf einfache Weise dadurch erhält, daß man N Einelektronenfunktionen $\chi_1, \ldots, \chi_N$ zu einem antisymmetrisierten Produkt, sprich einer Determinante kombiniert:

$$\Psi(\boldsymbol{x}_1, \ldots, \boldsymbol{x}_N) = \det \begin{pmatrix} \chi_1(\boldsymbol{x}_1) & \cdots & \chi_1(\boldsymbol{x}_N) \\ \vdots & & \vdots \\ \chi_N(\boldsymbol{x}_1) & \cdots & \chi_N(\boldsymbol{x}_N) \end{pmatrix} \tag{7}$$

Diese Funktion, die wir im folgenden durch die Schreibweise $\mathcal{A}(\chi_1 \otimes \cdots \otimes \chi_N)$ kennzeichnen wollen, wird als *Slater–Determinante* bezeichnet. Slater–Determinanten sind die Grundbausteine aller antisymmetrischen Funktionen, doch davon später mehr.

Die Hartree–Fock–Methode besteht nun darin, N orthonormale Funktionen $\chi_1, \ldots, \chi_N \in L^2(\mathbb{R}^3 \times \mathbb{S})$ zu finden, so daß die daraus gebildete Slater–Determinante Ψ minimale Energie hat:

$$E = \frac{\langle \Psi | H\Psi \rangle}{\langle \Psi | \Psi \rangle} = \text{min}! \tag{8}$$

Nach dem Variationsprinzip ist das absolute Minimum des Rayleigh–Quotienten in (8) gerade der kleinste Eigenwert des Hamiltonoperators. Lieb und Simon [LS77] konnten zeigen, daß dieses Variationsproblem immer eine Lösung besitzt.

Eine klassische Strategie, um Variationsprobleme zu lösen, ist, sich die dazugehörige *Euler–Gleichung* anzusehen, eine partielle Differentialgleichung, die notwendigerweise von der minimierenden Funktion erfüllt werden muß. Leider ist die zum Hartree–Fock–Variationsproblem gehörende Euler–Gleichung, die *Hartree–Fock–Gleichung*, wieder so kompliziert, daß man keine Hoffnung haben kann, sie analytisch zu lösen. Der entscheidende Schritt in Richtung auf eine numerische Lösung wurde von Roothaan [Ro51] unternommen. Zunächst werden die Funktionen χ_i (die auch als *Spinorbitale* bezeichnet werden) angesetzt als

$$\chi_i(\boldsymbol{r}, s) = \psi_i(\boldsymbol{r})\,\sigma_i(s) \qquad (\text{kurz}: \chi_i = \psi_i \otimes \sigma_i) \tag{9}$$

wobei $\sigma_i \in L^2(\mathbb{S}) \cong \mathbb{C}^2$ eine der beiden kanonischen Basisfunktionen $\alpha = \binom{1}{0}$ („spin up") oder $\beta = \binom{0}{1}$ („spin down") sein kann. Wir beschränken uns auf die einfachste Spinsymmetrie („Singlett"), bei der nur gepaarte Elektronen auftreten, d.h. mit einem Spinorbital $\psi \otimes \alpha$ kommt auch $\psi \otimes \beta$ in der Slater–Determinante vor. Roothaan schlug nun vor, die gesuchten Einelektronenfunktionen ψ_i als Linearkombinationen von endlich vielen, fest gewählten

Basisfunktionen φ_k zu konstruieren, also die Suche nach den ψ_i auf einen endlichdimensionalen Unterraum von $L^2(\mathbb{R}^3)$ zu beschränken:

$$\psi_i = \sum_k c_{ki}\,\varphi_k \tag{10}$$

Die Hartree–Fock–Gleichung, eine komplizierte Integro–Differentialgleichung, verwandelt sich so in eine Matrixgleichung, der mit numerischen Algorithmen zu Leibe gerückt werden kann:

$$\mathbf{F}\,c_i = \varepsilon_i\,\mathbf{S}\,c_i \tag{11}$$

Man spricht bei Gl. (11) von einem *Pseudo-Eigenwertproblem*, da die Matrix $\mathbf{F}$, die sog. *Fock-Matrix*, noch von den Entwicklungskoeffizienten $c_i = (c_{ki})$ abhängt:

$$F_{ij} = H_{ij} + \sum_{\nu}\sum_{k,l} c_{k\nu}c_{l\nu}\left[2(ij|kl) - (il|kj)\right] \tag{12}$$

Hierbei sind H_{ij} und $(ij|kl)$ die sog. *Ein-* und *Zweielektronenintegrale*:

$$H_{ij} = -\tfrac{1}{2}\langle\varphi_i|\Delta\varphi_j\rangle - \sum_{A=1}^{K} Z_A \int \frac{\varphi_i(\boldsymbol{r})\varphi_j(\boldsymbol{r})}{|\boldsymbol{r}-\boldsymbol{R}_A|}\,\mathrm{d}^3\boldsymbol{r} \tag{13}$$

$$(ij|kl) = \iint \frac{\varphi_i(\boldsymbol{r})\varphi_j(\boldsymbol{r})\varphi_k(\boldsymbol{r}')\varphi_l(\boldsymbol{r}')}{|\boldsymbol{r}-\boldsymbol{r}'|}\mathrm{d}^3\boldsymbol{r}\,\mathrm{d}^3\boldsymbol{r}' \tag{14}$$

In Gl. (11) tritt außerdem auf: die positiv definite *Überlappmatrix* $\mathbf{S}$ mit Einträgen $S_{ij} = \langle\varphi_i|\varphi_j\rangle$. Die Funktionen ψ_i, die gemäß (10) aus den Eigenvektoren c_i zu den N niedrigsten Eigenwerten ε_i von (11) konstruiert werden, bilden die gesuchte Slater–Determinante.

Drei Problemstellungen, die sich hier aufdrängen und nichttriviale mathematische Probleme aufwerfen, wollen wir kurz ansprechen:

1. Welche Funktionen φ_k wählt man als Basisfunktionen, und wieviele?
2. Wie berechnet man die Integrale, die zur Konstruktion der Matrizen $\mathbf{S}$ und $\mathbf{F}$ benötigt werden?
3. Wie wird die Hartree–Fock–Gleichung numerisch gelöst?

Von der Vielzahl der vorgeschlagenen Basisfunktionen hat sich nur ein Typ durchsetzen können, die sog. *Gaußfunktionen*:

$$\varphi_{i,j,k,\alpha,R}(x,y,z) = (x-R_x)^i(y-R_y)^j(z-R_z)^k\,\mathrm{e}^{-\alpha|r-R|^2} \tag{15}$$

Dabei sind i,j,k nichtnegative ganze Zahlen, $\boldsymbol{R} = (R_x, R_y, R_z)$ die Position eines Kerns und α ein Parameter, der die „Diffusheit" der Funktion regelt. Tatsächlich modelliert die Linearkombination dieser Funktionen das Phänomen der chemischen Bindung: Gaußfunktionen ähneln nämlich den Lösungen einer vereinfachten Schrödinger–Gleichung für die Atome, so daß die Kombination dieser Funktionen als Überlappung der ursprünglichen *Atomorbitale* (AO) zu neuen *Molekülorbitalen* (MO) interpretiert werden kann. In Analogie zu den Wasserstofforbitalen nennt man Gaußfunktionen mit $l = i + j + k = 0, 1, 2, \ldots$ auch s-, p-, d- ... Funktionen. Ein normaler Basissatz $\{\varphi_k\}$ enthält nun für jedes Atom A des Moleküls mehrere Gaußfunktionen, die auf dem Atom zentriert sind (d.h. $R = R_A$), mindestens s- und p–Funktionen mit verschiedenen Exponenten α, häufig jedoch auch d–Funktionen oder Funktionen mit noch höherer Drehimpulsquantenzahl l. Es ist nicht immer einfach, einen Basissatz zusammenzustellen, der der gerade behandelten Problemstellung angemessen ist. Aus Gründen der Ökonomie und der Vergleichbarkeit greifen die meisten Anwender auf Standardbasissätze zurück, die unter bestimmten Kriterien optimiert wurden (vgl. z.B. [DH77]). Man muß immer im Hinterkopf behalten, daß viele (aber nicht alle) Unzulänglichkeiten quantenchemischer Rechnungen letztendlich auf die Unvollständigkeit (Endlichkeit) des Einelektronenbasissatzes zurückzuführen sind.

Der Grund, warum man bei nahezu allen quantenchemischen Rechnungen Gaußfunktionen verwendet (und nicht etwa die verwandten Slaterfunktionen, die das Verhalten der exakten Lösungen der atomaren Schrödinger–Gleichung besser modellieren), ist einfach und leitet zur Beantwortung der zweiten Frage über: Während die Integrale, die zur Konstruktion der Matrizen in Gl. (11) benötigt werden, bei Slaterfunktionen numerisch ausgewertet werden müssen, stehen bei Gaußfunktionen *analytische* Ausdrücke zur Verfügung. Dies ist ein enormer Vorteil, wenn man sich vor Augen hält, daß die Zahl der Zweielektronenintegrale mit der vierten Potenz der Anzahl n der Basisfunktionen wächst. So muß man z.B. für $n = 150$ (was kein besonders großer Wert ist) rund 64 Millionen Integrale berechnen. (Die Zahl kann durch die Symmetrie des Moleküls reduziert werden (s.u.), was jedoch nichts an der grundsätzlichen Problematik ändert.) Zur Illustration sei hier die Formel für das einfachste vorkommende Integral vorgestellt, das Überlappungsintegral zwischen zwei s–Funktionen:

$$\langle \varphi_{0,0,0,\alpha,R_A} | \varphi_{0,0,0,\beta,R_B} \rangle = \left(\frac{\pi}{\alpha + \beta} \right)^{3/2} \exp\left(-\frac{\alpha\beta}{\alpha + \beta} |R_A - R_B|^2 \right) \quad (16)$$

Eine Formel für die Zweielektronenintegrale mit s–Funktionen läßt sich mittels Fouriertransformation herleiten; Ausdrücke für die Integrale mit Gaußfunktionen höherer Drehimpulsquantenzahl lassen sich daraus mit Hilfe von Rekursionsformeln gewinnen. Es gibt durchaus verschiedene Algorithmen zur Berechnung der Ein- und Zweielektronenintegrale, und in letzter Zeit sind verstärkt Bemühungen zu verzeichnen, besonders effiziente Methoden miteinander zu kombinieren. Für eine Übersicht siehe [Sau83]; neuere Entwicklungen findet man in [GHP89].

Die Hartree–Fock–Gleichung (11) selbst wird iterativ gelöst: Man startet mit einer Anfangsschätzung für die Vektoren c_i, konstruiert daraus die Matrix $\mathbf{F}$, löst das Eigenwertproblem (11) und erhält dadurch neue Vektoren c_i. Dies wiederholt man, bis z.B. die Differenz der Vektoren c_i aus zwei aufeinanderfolgenden Iterationsschritten kleiner als eine vorgegebene Schranke ist (in der Praxis werden allerdings meistens andere Abbruchkriterien verwendet). Der Terminus „SCF–Verfahren" (self–consistent field), ein Synonym für die HF–Methode, rührt von dieser iterativen Prozedur her: man stellt sich vor, daß sich das elektrostatische Feld im Molekül im Laufe der Iterationen einpendelt. Die naive Implementation des Verfahrens konvergiert normalerweise nur sehr langsam oder überhaupt nicht. Mittlerweile sind jedoch wirkungsvolle Konvergenzhilfen entwickelt worden, wobei vor allem die Level–Shifting–Methode [SH73] und das DIIS–Verfahren [Pu80] zu nennen sind. Die meisten heute verfügbaren Hartree–Fock–Programme sind in dieser Hinsicht recht effizient. Zum Schluß bilden die Eigenfunktionen der N niedrigsten Eigenwerte die gesuchte Slater–Determinante. Dieser Sachverhalt hat eine wichtige physikalische Interpretation: Stellt man die verfügbaren „Energieniveaus" ε_i in einem sog. MO–Diagramm dar, so erhält man den Grundzustand des Systems durch „Auffüllen" der Elektronen in die vorhandenen Niveaus (Abb. 1a).

4 Korrelationseffekte; die CI–Methode

Das Hartree–Fock–Verfahren ist in der Lage, die Elektronenstruktur vieler Moleküle in der Nähe ihrer Gleichgewichtsgeometrie zufriedenstellend zu beschreiben. So werden z.B. Bindungslängen bzw. Bindungswinkel zwischen Hauptgruppenelementen in der Regel mit einem Fehler von 1 bis 2 pm (bzw. 1 bis 2°) genau berechnet[2], auch bei Kraftkonstanten und Dipolmomenten ergeben sich brauchbare Werte (typischerweise $\approx$ 10% zu groß). In vielen Situationen benötigt man jedoch genauere Ergebnisse, und für manche Fragestellungen ist Hartree–Fock sogar ungeeignet. So gerät man immer dann in Schwierigkeiten, wenn Bindungsbrüche zu beschreiben sind, also Phänomene, die charakteristisch für chemische Reaktionen sind.

Die Ursachen für die Abweichungen der HF–Ergebnisse von den exakten Werten werden unter dem Begriff *Korrelationseffekte* zusammengefaßt, da die Tatsache, daß jedes Elektron mit jedem anderen über das Coulomb–Potential korreliert ist, im HF–Modell nur in einer approximativen Weise berücksichtigt wird. Vom formalen Standpunkt besteht die konzeptionelle Schwäche der Hartree–Fock–Methode darin, daß die Wellenfunktion als eine einzige Slater–Determinante angesetzt wird. Man kann sich leicht überlegen, daß die exakten Eigenfunktionen des Hamiltonoperators im allgemeinen durch Linearkombination aus unendlich vielen Determinanten, die in diesem Zusammenhang auch als *Konfigurationen* bezeichnet werden, zusammengesetzt sind:

$$\Psi = \sum_{i_1 < \ldots < i_N} a_{i_1 \ldots i_N} \, \mathcal{A}(\chi_{i_1} \otimes \ldots \otimes \chi_{i_N}) \tag{17}$$

---

[2] Wie man die Geometrie eines Moleküls berechnet, wird im nächsten Abschnitt erläutert.

Hierbei ist $\{\chi_i\}$ eine Orthonormalbasis von $L^2(\mathbb{R}^3 \times \mathbb{S})$. Daß die HF–Methode in vielen Fällen so gute Resultate liefert, ist dem Umstand zu verdanken, daß in der Entwicklung (17) die Grundzustandskonfiguration (Abb. 1(a)) den bei weitem größten Beitrag liefert (typischerweise 80% oder mehr). Alle anderen Konfigurationen entstehen durch Anregen von einem oder mehreren Elektronen auf höhere Niveaus (Abb. 1(b) und (c)).

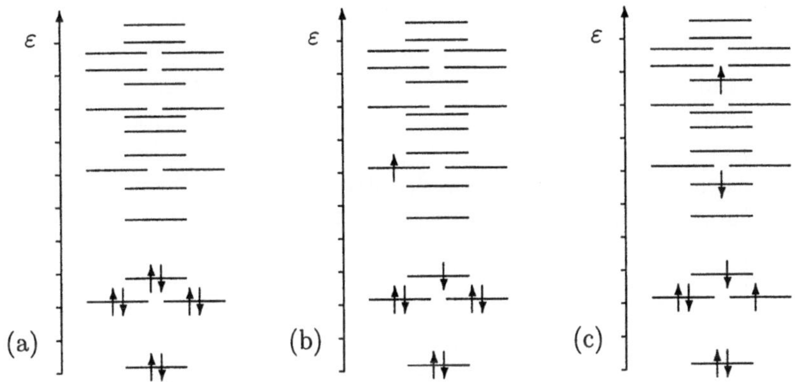

Abb. 1: Drei MO–Diagramme. Jedes MO–Diagramm symbolisiert eine Slater–Determinante. Dabei steht ein waagerechter Strich für einen Eigenwert ε_i bzw. die dazugehörige Eigenfunktion ψ_i (Gl. (10) und (11)), und ein Pfeil nach oben (bzw. unten) bedeutet, daß das Orbital $\psi_i \otimes \alpha$ (bzw. $\psi_i \otimes \beta$) in der Slater–Determinante vorkommt („mit einem Elektron besetzt ist"). (a) Die Hartree–Fock–Grundzustandskonfiguration. (b) Eine einfach angeregte Konfiguration. Sie entsteht durch Ersetzen eines in der Grundzustandskonfiguration besetzten Orbitals durch ein unbesetztes, physikalisch ausgedrückt: durch Anregen eines Elektrons in ein höheres Niveau. (c) Eine doppelt angeregte Konfiguration.

Das MCSCF–Verfahren. Nach den obigen Überlegungen besteht der natürliche Ansatz zur Verbesserung des HF–Verfahrens darin, bei der Suche nach den Orbitalen ψ_i mehrere Konfigurationen $\Phi_I = \mathcal{A}(\chi_{i_1} \otimes \ldots \otimes \chi_{i_N})$, $I = \{i_1, \ldots, i_N\}$, zuzulassen und neben den MO–Koeffizienten c_{ki} (Gl. (10)) auch die Gewichte a_I der Konfigurationen zu optimieren. Dieses Verfahren wird als Multiconfigurational SCF (MCSCF) bezeichnet [Ro83, She87]; es gehört heute zu den Standardmethoden der Quantenchemie und wird für die verschiedensten Aufgaben eingesetzt: von der Geometrieoptimierung bis hin zur Bestimmung von magnetischen Eigenschaften. Die ersten MCSCF–Programme orientierten sich an der numerischen Behandlung der HF–Gleichung und hatten mit erheblichen Konvergenzproblemen zu kämpfen. Erst nach und nach wurden quadratisch konvergente Optimierungsalgorithmen entwickelt, bei denen die Energie als Funktion der Parameter c_{ki} und a_I aufgefaßt wird und die Ableitungen dieser Funktion zur Optimierung benutzt werden. Einer der effizientesten Algorithmen, welcher in vielen Fällen inner-

halb von nur drei (!) Iterationen konvergiert, stammt von Werner und Knowles [WK85]. Die meistbenutzte MCSCF–Variante ist das CASSCF–Verfahren
(Complete Active Space) [SAH81, Ro87], bei dem die Konfigurationen auf einfache Weise erzeugt werden und das rechentechnisch sehr effizient realisiert
werden kann.

Konfigurationswechselwirkung. Im allgemeinen wird das MCSCF–Verfahren dazu benutzt, Korrelationseffekte zu erfassen, die von den Valenz-
elektronen herrühren, also denjenigen Elektronen, die für die chemische Bindung verantwortlich sind. Für sehr genaue Berechnungen muß man noch
einen Schritt weiter gehen. Bei der Methode der *Konfigurationswechselwirkung* (configuration interaction, CI) [Sha77] setzt man auf das Prinzip „die
Masse macht's" und versucht, von den Konfigurationen Φ_I, die sich aus dem
endlichen Orthonormalsystem der optimierten (SCF- oder MCSCF-) Orbitale bilden lassen, möglichst viele in die Entwicklung (17) der Wellenfunktion
mitaufzunehmen. Die dabei benutzten Konfigurationsräume sind in der Regel
um mindestens zwei Zehnerpotenzen größer als bei einer MCSCF–Rechnung.
Die optimalen Koeffizienten a_I, d.h. diejenigen, die zu einer möglichst niedri-
gen Energie führen, werden durch Projektion der Schrödinger–Gleichung auf
den von den Konfigurationen Φ_I aufgespannten Unterraum bestimmt, d.h.
sie sind die Komponenten des Eigenvektors zum niedrigsten Eigenwert der
Hamiltonmatrix

$$\mathbf{H} = \left(\langle \Phi_I | H \Phi_J \rangle \right)_{I,J} \tag{18}$$

Welche Determinanten werden nun in die Entwicklung (17) der Wellenfunktion aufgenommen? Nach einem Satz von MacDonald [She87, S. 75] wird die
Energie um so niedriger, je mehr Konfigurationen hinzukommen. Das beste
wäre also, *alle* Determinanten, die man aus dem endlichen Orthonormalsystem bilden kann, zuzulassen. Dieses Verfahren wird als *Full CI* bezeichnet;
es liefert bei gegebenem Einelektronenbasissatz $\{\varphi_k\}$ (s.o.) das bestmögliche
Resultat. Man beachte jedoch, daß es bei N Elektronen und n verfügbaren Einelektronenfunktionen $\binom{2n}{N}$ mögliche Determinanten gibt, und diese
Zahl ist selbst für moderate Basissätze bereits zu groß, um eine Full CI-
Rechnung durchzuführen. In der Praxis ist man daher in fast allen Fällen
gezwungen, eine Teilmenge aller Determinanten auszuwählen, wobei die Auswahl natürlich möglichst so erfolgen sollte, daß alle wichtigen Konfigurationen
enthalten sind. Man weiß heute, daß eine vergleichsweise geringe Anzahl von
Determinanten ausreicht, um sehr nahe an den Full–CI–Grenzwert heranzu-
kommen, aber es ist leider nicht möglich vorherzusagen, *welche* Konfigurationen man dazu auswählen sollte. Die meisten der heute verwendeten CI-
Versionen sind Multireferenzverfahren [BPB78, We87, IRR91], d.h. sie starten mit einer kleinen Anzahl von wichtigen *Referenzkonfigurationen* (die man
z.B. aus einer vorhergehenden MCSCF–Rechnung erhält), aus denen dann alle Konfigurationen generiert werden, die in die Entwicklung (17) einfließen.

So wählt man beim *multireference double excitation CI* Verfahren (MRDCI) eine Teilmenge derjenigen Konfigurationen aus, die aus den Referenzkonfigurationen durch Einfach- oder Doppelanregung entstehen. Es hat sich gezeigt, daß Multireferenz–CI–Methoden die Full–CI–Resultate mit guter Genauigkeit reproduzieren können: Bei einem systematischen Vergleich in 66 Fällen erhielten Knowles et al. [KAH90] eine durchschnittliche Abweichung von weniger als 1 kcal/mol. Trotz der verschiedenen Auswahlverfahren ist die Zahl der verwendeten Konfigurationen bei einer CI–Rechnung i.a. sehr groß ($> 10^5$, oft $> 10^6$). Wie man solche riesigen Eigenwertprobleme überhaupt in den Griff bekommt, wird in Abschnitt 7 erläutert.

Zwei kleine Beispiele für die Berechnung von Dissoziationsenergien sollen, ohne auf Einzelheiten einzugehen, die Möglichkeiten der CI–Methode illustrieren. Die Bestimmung der Dissoziationsenergie D_e des Stickstoffmoleküls N_2 ist wegen der Dreifachbindung eine harte Nuß für quantenchemische Methoden. Der experimentelle Wert für D_e beträgt 9,90 eV (Elektronenvolt). Auf dem Hartree–Fock–Level erreicht man gerade mal gut die Hälfte, nämlich 5,27 eV. Eine MCSCF–Berechnung verbessert den Wert auf 7,27 eV. Erst mit einem sehr großen AO–Basissatz und einer Multireferenz–CI–Rechnung (32 Referenzkonfigurationen) ergibt sich ein zufriedenstellender Wert von $D_e = 9,80$ eV. Das andere Beispiel kommt aus dem NASA–Forschungszentrum in Kalifornien, wo u.a. mit quantenchemischen Methoden an der Modellierung von Verbrennungsvorgängen gearbeitet wird. Mit einer sehr genauen Multireferenz–CI–Rechnung bestimmten Bauschlicher et al. die C–H–Dissoziationsenergie von Acetylen zu 130,1± 1,0 kcal/mol und räumten damit Zweifel aus, die durch Diskrepanzen unter den experimentellen Resultaten entstanden waren [BL91].

Der Grund, warum man bei CI–Rechnungen eigentlich mit sehr großen Basissätzen arbeiten müßte, um in die Nähe der exakten Resultate zu kommen, ist mittlerweile bekannt: es ist der *Korrelationscusp* [Ka57]. Damit bezeichnet man die Tatsache, daß die Ableitung der exakten Wellenfunktion an den Stellen, wo sich zwei Elektronen beliebig nahekommen ($r_{12} = |r_1 - r_2| \rightarrow 0$), unstetig wird – eine direkte Konsequenz der Singularität des Coulomb–Potentials. Sie impliziert, daß die Wellenfunktion für kleine Werte von r_{12} linear in r_{12} ist. Kutzelnigg und Mitarbeiter haben es geschafft, durch explizite Aufnahme von r_{12}–Termen in die Wellenfunktion den Korrelationscusp richtig zu beschreiben und damit die CI–Konvergenz bei größer werdenden Basissätzen (genauer: bei größer werdender maximaler Drehimpulsquantenzahl l) erheblich zu verbessern [KK91]. Der Preis sind zusätzliche schwierige Integrale, die berechnet werden müssen, teilweise jedoch approximiert werden können. Die Methode ist bereits implementiert, doch eine Bestätigung im quantenchemischen Alltag steht noch aus.

Ein kleiner Exkurs in die Gruppentheorie. Wenn von mathematischen Methoden in der Quantenchemie die Rede ist, darf die Gruppentheorie nicht unerwähnt bleiben. Sie kann immer dann nutzbringend eingesetzt werden, wenn Symmetrieaspekte ins Spiel kommen. Wir wollen dies exemplarisch anhand der CI–Methode erläutern. Die orthogonalen Abbildungen des $\mathbb{R}^3$ (Drehungen, Spiegelungen, . . .), die ein Molekül invariant lassen, bilden eine Untergruppe G der orthogonalen Gruppe O(3), die *Symmetriegruppe* (oder *Punktgruppe*) des Moleküls (vgl. z.B. [Fl80]). So ist beispielsweise die Symmetriegruppe des Methanmoleküls CH_4 isomorph zur symmetrischen Gruppe S_4. Führt man nun eine CI–Rechnung an dem Molekül durch, so wird durch

$$R \cdot \Psi(r_1, \ldots, r_N) = \Psi(R^{-1}r_1, \ldots, R^{-1}r_N) \qquad (R \in G) \qquad (19)$$

eine Operation von G auf dem benutzten Konfigurationsraum V definiert, also ein Homomorphismus $\rho : G \to \mathrm{GL}(V)$. Einen solchen Homomorphismus nennt man eine *Darstellung* von G (vgl. z.B. [Se77]). Man kann diese Darstellung durch eine Ähnlichkeitstransformation, d.h. durch geschickte Wahl der Basis von V in irreduzible Darstellungen zerlegen, d.h. alle Matrizen $\rho(R)$ auf einheitliche Blockdiagonalgestalt bringen, die sich nicht weiter vereinfachen läßt. Die Nützlichkeit dieser Zerlegung besteht nun darin, daß nach einem Satz aus der Gruppentheorie auch die Hamiltonmatrix dieselbe Blockgestalt besitzt. Das bedeutet natürlich eine entscheidende Rechenersparnis, denn man muß statt der gesamten Hamiltonmatrix nur noch die wesentlich kleineren Blöcke bearbeiten. Auf ähnliche Weise sorgt die Darstellungstheorie auch an anderen Stellen für Vereinfachungen; so kann man z.B. bei der Auswertung von Zweielektronenintegralen von vorneherein Integrale identifizieren, die aus Symmetriegründen verschwinden oder mehrfach auftreten.

5 Geometrieoptimierung

Zu den wichtigsten und am häufigsten durchgeführten quantenchemischen Berechnungen gehört die Geometrieoptimierung, d.h. die Bestimmung der energetisch günstigsten Anordnung der Kerne. Nach der Born–Oppenheimer–Näherung ist die Energie eines Moleküls eine parametrische Funktion der Kernkoordinaten:

$$E = E(R_1, \ldots, R_K) \qquad (20)$$

Der Graph dieser Funktion im $(3K + 1)$–dimensionalen Raum wird *Potentialhyperfläche* (potential energy surface, PES) genannt. Da ein Molekül eine Konformation möglichst geringer Energie einzunehmen bestrebt ist, entsprechen die lokalen Minima auf der PES den stabilen Geometrien des Moleküls. Das Konzept der Potentialhyperfläche hat erstmals auch zu einer scharfen Definition des Begriffs des Übergangszustandes geführt: Übergangszustände entsprechen Sattelpunkten (erster Ordnung) auf der Potentialhyperfläche. Um Minima auf der PES zu lokalisieren, bedient man sich Methoden, die sich nicht grundlegend von anderen Optimierungsverfahren unterscheiden: Man startet mit einer Anfangsgeometrie und benutzt die Ableitungen von $E(R_1, \ldots, R_K)$, um möglichst schnell auf ein Minimum zuzuwandern (vgl. z.B. [JS86, Sch87]).

Durchgesetzt haben sich allgemein sogenannte *Quasi–Newton–Verfahren*: Die Funktion E wird dabei in der Nähe des aktuellen Parametervektors x_k durch eine quadratische Funktion approximiert:

$$E(x) = E(x_k) + g(x_k)^T(x - x_k) + \tfrac{1}{2}(x - x_k)^T \mathbf{H}(x_k)(x - x_k) \quad (21)$$

Hierbei ist g der Gradient von E. Das Minimum p_k dieser quadratischen Funktion, das man durch Lösung des linearen Gleichungssystems $\mathbf{H}(x_k)p_k = -g(x_k)$ erhält, gibt dann die Richtung an, in der man weiterlaufen muß:

$$x_{k+1} = x_k + \alpha\, p_k \quad (22)$$

Für $\mathbf{H} = 1$ erhält man die einfachste „Methode des steilsten Abstiegs"; wählt man für $\mathbf{H}$ die Hessesche Matrix (also die Matrix der zweiten Ableitungen), so ergibt sich das klassische Newton–Verfahren. Die Berechnung der exakten Hesseschen Matrix ist im allgemeinen sehr rechenaufwendig. In der Praxis werden daher häufig Methoden eingesetzt, die am Anfang eine grobe Näherung der Hesseschen Matrix verwenden, welche dann im Verlauf der Iterationen mittels der Informationen über den Gradienten verbessert wird (sog. „Update" der Hesseschen Matrix).

Der aufmerksamen Leserin wird eine Schwierigkeit der Optimierungsstrategien, die die Ableitungen von E benutzen, nicht entgangen sein: Man kann ja überhaupt keinen analytischen Ausdruck für E in Abhängigkeit von den Kernkoordinaten angeben, sondern man ist gezwungen, für jede neue Konfiguration der Kerne eine Hartree–Fock- oder eine CI–Rechnung durchzuführen, um den (approximativen) Wert von E zu ermitteln. Dementsprechend erscheint es zunächst aussichtslos, geschlossene Ausdrücke für die Ableitungen von E zu bestimmen. Gradienten und Hessesche Matrix müßten somit durch *numerische* Differentiation berechnet werden. Pulay demonstrierte 1969 zunächst für das Hartree–Fock–Verfahren, daß sich diese Schwierigkeit elegant umgehen läßt. Betrachten wir den Ausdruck für die HF–Energie:

$$E_{\mathrm{HF}} = \sum_{i,j} D_{ij}\, H_{ij} + \sum_{i,j,k,l} D_{ij}\, D_{kl}\, [2(ij|kl) - (il|kj)] + \sum_{A<B}^{M} \frac{Z_A Z_B}{|R_A - R_B|} \quad (23)$$

Dabei ist $D_{ij} = \sum_{\nu} c_{i\nu}\, c_{j\nu}$ die sog. *Dichtematrix*, die die (für jede Kernkonfiguration neu zu berechnenden) Entwicklungskoeffizienten $c_{i\nu}$ enthält. Bei der Differentiation von (23) nach einer Kernkoordinate x kann man unter Benutzung der Hartree–Fock–Gleichung (11) die Ableitungen der Koeffizienten $c_{i\nu}$ nach x eliminieren und erhält folgenden Ausdruck:

$$\frac{\partial E_{\mathrm{HF}}}{\partial x} = \sum_{i,j} D_{ij}\, \frac{\partial H_{ij}}{\partial x} + \sum_{i,j,k,l} D_{ij}\, D_{kl}\, \frac{\partial}{\partial x}[2(ij|kl) - (il|kj)]$$

$$+ \sum_{i,j,\nu} \varepsilon_\nu c_{i\nu} c_{j\nu}\, \frac{\partial S_{ij}}{\partial x} + \frac{\partial}{\partial x}\Big(\sum_{A<B}^{M} \frac{Z_A Z_B}{|R_A - R_B|}\Big) \quad (24)$$

In Gleichung (24) tauchen nur noch Ableitungen der diversen Integrale S_{ij}, H_{ij}, $(ij|kl)$, für die analytische Ausdrücke vorliegen, nach den Kernkoordinaten auf. Diese Strategie, Ableitungen *analytisch* auszuwerten, funktioniert auch für die höheren Ableitungen und läßt sich in zwei Richtungen verallgemeinern: Einmal ist die Prozedur nicht auf die Kernkoordinaten als Parameter beschränkt, sondern es lassen sich auch andere externe Parameter behandeln, z.B. die Feldstärke eines von außen angelegten elektrischen Feldes. Auf diese Weise lassen sich analytische Ausdrücke für wichtige Eigenschaften wie die Polarisierbarkeit eines Moleküls gewinnen. Zum anderen kann man das Verfahren auf nahezu alle quantenchemischen Näherungsverfahren ausdehnen. So sind analytische Ableitungen u.a. für MCSCF, CI sowie die im nächsten Abschnitt vorgestellten Verfahren hergeleitet und implementiert worden.

6 Weitere Verfahren

Störungstheorie. Eine zweite Hauptschiene, auf der man zu Verbesserungen der Hartree–Fock–Näherung gelangt, ist die Störungsrechnung. Sie wurde in die Quantenmechanik eingeführt von Erwin Schrödinger [Sch26], der eine von Lord Rayleigh bereits für klassische Probleme benutzte Methode auf quantenmechanische Fragestellungen übertrug. In der Störungstheorie ist der Hamiltonoperator Summe zweier Operatoren, des ungestörten Hamiltonoperators H_0 und eines Störoperators H_1. (In Schrödingers ursprünglicher Anwendung war H_0 der Hamiltonoperator des Wasserstoffatoms und H_1 ein zusätzlicher Operator, der ein äußeres magnetisches Feld beschreibt.) Man geht davon aus, daß die Eigenwerte E_n^0 und Eigenfunktionen Ψ_n^0 des ungestörten Operators H_0 bekannt sind und möchte die Eigenwerte und Eigenfunktionen von $H = H_0 + H_1$ bestimmen. Dazu multipliziert man den Störoperator mit einem skalaren Parameter λ, der z.B. im Falle des elektrischen oder magnetischen Feldes als Feldstärke interpretiert werden kann. Die geniale (und plausible) Schlüsselannahme besteht nun darin, daß sich die Eigenwerte $E(\lambda)$ und die Eigenfunktionen $\Psi(\lambda)$ von $H_0 + \lambda H_1$ *analytisch* mit λ ändern, d.h. jeweils in eine unendliche Reihe entwickelt werden können:

$$E(\lambda) \;=\; \sum_{n=0}^{\infty} E_n \lambda^n \qquad\qquad \Psi(\lambda) \;=\; \sum_{n=0}^{\infty} \Psi_n \lambda^n \qquad (25)$$

Durch Einsetzen der Reihenentwicklungen in die Schrödinger–Gleichung

$$(H_0 + \lambda H_1)\,\Psi(\lambda) \;=\; E(\lambda)\,\Psi(\lambda) \qquad (26)$$

erhält man rekursiv Ausdrücke für die Koeffizienten E_n und Ψ_n, die die bereits bekannten Eigenwerte und –funktionen E_n^0, Ψ_n^0 enthalten. Die mathematische Problematik, unter welchen Bedingungen die Reihen in (25) konvergieren, ist außerordentlich schwierig. Tatsächlich hat sich, ausgehend von der quantenmechanischen Fragestellung, die Störungstheorie als eigenständiger Zweig der

Funktionalanalysis entwickelt, der vielfältige Querverbindungen zu anderen mathematischen Teilgebieten aufweist (als Standardwerk ist hier [Ka80] zu nennen).

Wie kann man die Störungstheorie nun ausnutzen, um den Grundzustand eines isolierten, also von außen ungestörten Moleküls zu berechnen? Man teilt den vollständigen elektronischen Hamiltonoperator H auf in einen einfacheren Operator H_0, dessen Eigenwerte und Eigenfunktionen bekannt sind, und den Rest $H - H_0$, der als Störung betrachtet wird. Die natürliche Wahl für H_0 ist der sog. HF–Hamiltonoperator, d.h. die Fortsetzung des durch die Fock–Matrix (12) repräsentierten Einelektronenoperators auf den Raum der N–Elektronenfunktionen [SO82, Sec. 6.5]). Das resultierende Verfahren trägt den Namen *Møller–Plesset–Störungstheorie* und wird mit dem Kürzel MPn belegt, wobei n die Ordnung des Terms ist, bei dem man die Störungsentwicklung (25) abbricht. Tatsächlich hat sich das MP2–Verfahren (MP1 ist identisch mit Hartree–Fock) als einfachste und am wenigsten rechenintensive Methode, um die Hartree–Fock–Näherung durch Korrelationseffekte zu korrigieren, in der Quantenchemie etabliert und erfreut sich großer Beliebtheit. Eine spektakuläre Anwendung war 1991 die Berechnung der Bindungslängen im „Fußballmolekül" C_{60} (Buckminsterfulleren). Die 1985 entdeckten Fullerene und ihre Derivate werden zur Zeit intensiv auf mögliche industrielle Anwendungen abgeklopft [CS91]. Mit einem Basissatz von insgesamt 1140 Funktionen bestimmten Häser et al. [HAS91] die Bindungslänge im Fünfring zu 144,6 pm und die zwischen zwei Sechsringen zu 140,6 pm, in sehr guter Übereinstimmung mit den (danach publizierten) experimentellen Werten von 145,8 pm bzw. 140,1 pm [HHB91]. Neben MP2 sind noch die rechenintensiveren Methoden MP3 und MP4 im Gebrauch. Außerdem sei noch die kürzlich entwickelte Variante der Störungstheorie erwähnt, die auf einer CASSCF–Wellenfunktion aufsetzt [RAF92].

Coupled–Cluster–Verfahren. Alle Versionen der Konfigurationswechselwirkung, die Determinanten nur bis zu einem gewissen Anregungsgrad einschließen (z.B. höchstens Vierfachanregungen), leiden an einer unangenehmen Schwäche: Sie sind nicht *größenkonsistent*. Das bedeutet: Berechnet man die Energie eines aus zwei Subsystemen A und B zusammengesetzten Systems AB und läßt den Abstand zwischen A und B immer größer werden, so konvergiert die Energie $E(AB)$ nicht gegen die Summe $E(A) + E(B)$ der Einzelenergien, sondern gegen einen höheren Wert. Dies hat unerwünschte Folgen: Für größere Systeme werden die CI–Ergebnisse zunehmend unzuverlässiger, und Bindungsenergien können u.U. völlig verfälscht werden. Lediglich das Full CI–Verfahren bietet die Gewähr der Größenkonsistenz. Nun muß man die Hoffnung auf praktikable größenkonsistente Methoden nicht sofort begraben; beispielsweise kann man zeigen, daß das störungstheoretische MPn–Verfahren stets größenkonsistent ist, und zwar unabhängig von n. Eine genauere Analyse der Ursachen für die mangelnde Größenkonsistenz der „abgeschnittenen" CI–Versionen zeigt, daß es nötig ist, höher angeregte Determinanten in die

Entwicklung mit aufzunehmen, und zwar mit Koeffizienten, die sich aus Produkten von Koeffizienten niedriger angeregter Determinanten zusammensetzen. Dies ist der Ausgangspunkt für die Coupled–Cluster–Methode (vgl. z.B. [JS81]). Um sie formal zu definieren und ihre Relation zur Konfigurationswechselwirkung aufzuzeigen, schreiben wir die CI–Entwicklung mit Hilfe der sog. *Anregungsoperatoren* $\mathbf{e}_i^a$: Der Operator $\mathbf{e}_i^a$, angewandt auf eine Slater–Determinante, ersetzt in dieser Determinante das Spinorbital mit dem Index i durch das mit dem Index a („regt ein Elektron vom Niveau i auf das Niveau a an"). Die CI–Wellenfunktion kann nun geschrieben werden als

$$\Psi_{\mathrm{CI}} = (1 + T_1 + T_2 + \ldots + T_N)\,\Psi_{\mathrm{HF}} = (1 + T)\,\Psi_{\mathrm{HF}} \tag{27}$$

(N = Anzahl der Elektronen) wobei T_k der Operator ist, der alle k–fach angeregten Determinanten erzeugt, also

$$T_1 = \sum_{i,a} t_i^a\, \mathbf{e}_i^a \qquad\qquad T_2 = \sum_{\substack{i>j \\ a>b}} t_{ij}^{ab}\, \mathbf{e}_j^b\, \mathbf{e}_i^a \qquad\qquad \text{etc.} \tag{28}$$

Im Gegensatz zur linearen Parametrisierung der CI–Wellenfunktion wird die Coupled–Cluster–Methode definiert durch den *exponentiellen* Ansatz

$$\Psi_{\mathrm{CC}} = \exp(T)\,\Psi_{\mathrm{HF}} \tag{29}$$

Wie beim CI–Verfahren ist man gezwungen, T nach einigen Termen abzubrechen: So definiert die Approximation $T \approx T_1 + T_2$ das CCSD–Verfahren („coupled cluster singles and doubles"), $T \approx T_1 + T_2 + T_3$ führt zu CCSDT („singles, doubles and triples") usw. Durch die exponentielle Parametrisierung enthält die Wellenfunktion jedoch auch stets Konfigurationen beliebig hohen Anregungsgrades, was letztendlich die Größenkonsistenz sichert. Die Bestimmungsgleichungen für die Koeffizienten $t_{ij\ldots}^{ab\cdots}$ sind nun nichtlinear, man erhält sie durch Linksmultiplikation von (29) mit $\exp(-T)$ und anschließende Projektion auf die in T enthaltenen angeregten Konfigurationen.

In den letzten zehn Jahren hat sich die Coupled–Cluster–Methode als äußerst leistungsfähiges Instrument zur Bestimmung der elektronischen Struktur erwiesen. CC–Berechnungen gehören zu den genauesten verfügbaren und haben sich innerhalb von wenigen Jahren von einer Randerscheinung zum „Mainstream" in der Quantenchemie entwickelt. Eine Erweiterung des CC–Ansatzes stellen die Multireferenz–Coupled–Cluster–Methoden dar, bei denen die Ausgangswellenfunktion aus mehreren Determinanten bestehen darf [JM81]. Leider gibt es auf diesem Gebiet bisher weder eine überzeugende allgemeine Theorie noch eine effiziente Implementation, so daß hier noch genügend Entwicklungsbedarf besteht.

Angeregte Zustände. Durch Absorption von elektromagnetischer Strahlung geeigneter Energie (z.B. sichtbarem Licht oder UV–Strahlung) kann ein Molekül, welches sich im Grundzustand befindet (beschrieben durch die Eigenfunktion zum niedrigsten Eigenwert des Hamiltonoperators), in einen angeregten Zustand übergehen (Eigenfunktion zu einem höheren Eigenwert). Die Berechnung von angeregten Zuständen ist für eine Reihe von Anwendungen, insbesondere in der Photochemie (aktuelles Beispiel: die Ozonproblematik), von großer Bedeutung und soll daher kurz erwähnt werden. Als geeignetes Verfahren drängt sich hier vor allem die Konfigurationswechselwirkung auf: Die benutzten Diagonalisationsmethoden erlauben es ohne weiteres, auch höhere Eigenwerte der Hamiltonmatrix zu berechnen (vgl. Abschnitt 7). In den letzten Jahren gewinnen außerdem sogenannte Response–Verfahren an Bedeutung, die Übergangsenergien aus einer Zeitentwicklung der Grundzustandswellenfunktion extrahieren. Dazu gehören die Random Phase Approximation (RPA) und das Multiconfigurational Linear Response (MCLR) Verfahren, welche auf einer Hartree–Fock- bzw. MCSCF–Wellenfunktion aufsetzen [FBK93]. Einen ähnlichen Ansatz verfolgt die EOM–CC Methode, die auf dem Coupled–Cluster–Ansatz aufbaut [GRB89].

Übrigens läßt sich mitunter durch die Berechnung angeregter Zustände indirekt auch Aufschluß über den Grundzustand gewinnen. So gelang es zum Beispiel bei kleinen Metallclustern (das sind „Moleküle" aus Metallatomen), durch Vergleich von gemessenen und berechneten Absorptionsspektren die (experimentell nicht direkt bestimmbare) Struktur der Cluster aufzuklären [BČF94].

Dichtefunktionalmethoden. [3] Bereits vor den ersten Anfängen der numerischen Quantenchemie war bekannt, daß die komplette Grundzustands–Wellenfunktion Ψ eines Systems mit N Elektronen, eine Funktion von $3N$ (räumlichen) Variablen, eigentlich mehr Information enthält als man benötigt. So kann man leicht zeigen, daß sich alle physikalisch interessanten Größen allein durch die *Zweiteilchen–Dichtematrix*

$$\Gamma(r_1, r_2, r_1', r_2')$$

$$= \frac{N(N-1)}{2} \int \Psi^*(r_1', r_2', r_3, \dots, r_N)\, \Psi(r_1, r_2, r_3, \dots, r_N)\, \mathrm{d}r_3 \dots \mathrm{d}r_N \quad (30)$$

ausdrücken lassen, eine Funktion von nur 12 Variablen, unabhängig wieviel Elektronen das System enthält. Man könnte also viel Arbeit sparen, wenn man gleich versucht, geeignete Dichtematrizen zu finden, die die Gesamtenergie minimieren. Unglücklicherweise ist dies bisher daran gescheitert, daß keine Charakterisierung derjenigen Dichtematrizen bekannt ist, die von antisymmetrischen N-Elektronen–Wellenfunktionen stammen. Dieses sogenannte *N–Darstellbarkeitsproblem* ist bis heute ungelöst.

---

[3] In diesem Abschnitt unterdrücken wir der Einfachheit halber die Spinabhängigkeit.

Einen wesentlichen Auftrieb erhielten die Bemühungen, Dichtematrizen
zur Berechnung der elektronischen Struktur zugrundezulegen, in den 60er
Jahren durch das Hohenberg–Kohn–Theorem [HK64]. Hohenberg und Kohn
konnten zeigen, daß unter schwachen Voraussetzungen (die in der Praxis
fast immer erfüllt sind) die Abbildung, die einer kompletten antisymmetrischen N–Elektronen–Grundzustandswellenfunktion $\Psi(r_1, \ldots, r_N)$ die Elektronen*dichte*

$$\rho(r) = \int |\Psi(r, r_2, \ldots, r_N)|^2 \, dr_2 \ldots dr_N \tag{31}$$

zuordnet, *injektiv* ist. Die gesamte Information über das System ist also irgendwie in der nur von drei Variablen abhängigen Funktion $\rho(r)$ codiert!
Insbesondere muß es also ein universelles Funktional geben, das der Dichte
ρ die Energie der dazugehörigen Wellenfunktion zuordnet. Leider ist dieses
Dichtefunktional (DF) unbekannt (der Beweis von Hohenberg und Kohn ist
ein Widerspruchsbeweis, also nicht konstruktiv), und alles deutet darauf hin,
daß es wohl auch immer unbekannt bleiben wird. Trotzdem hat dieses theoretische Resultat eine Fülle von neuen Forschungsbemühungen hervorgebracht,
denn man kann ja sehr wohl versuchen, *Approximationen* dieses Funktionals
zu konstruieren. Hier tauchen weitere Schwierigkeiten auf: Zum einen ist der
mathematische Zusammenhang zwischen der Wellenfunktion Ψ und der Dichte ρ bislang zu wenig verstanden. Man kennt noch nicht einmal – ähnlich
wie beim N–Darstellbarkeitsproblem – eine Charakterisierung der Dichten,
die von antisymmetrischen Grundzustandswellenfunktionen herkommen, also den Definitionsbereich des Dichtefunktionals. Eine gute Zusammenstellung
der mathematischen Probleme, die die Dichtefunktionaltheorie aufwirft, findet sich in [Lie82]. Zum anderen gibt es keinen systematischen Weg, um ein
einmal gefundenes Funktional gezielt zu verbessern – im Gegensatz zu den
konventionellen Verfahren, wo z.B. durch Vergrößern des Basissatzes oder des
Konfigurationsraumes genauere Ergebnisse erzielt werden können. Man ist
also – überspitzt formuliert – auf geschicktes „Raten" angewiesen, weshalb
die DF–Theorie von vielen nicht mehr zur ab–initio–Quantenchemie gerechnet wird. Nichtsdestotrotz wurden bei der Konstruktion von Funktionalen in
den letzten Jahren entscheidende Fortschritte erzielt, die die Genauigkeit der
DF–Methoden wesentlich verbessert haben. Zu nennen sind hier vor allem die
Arbeiten von Becke, die die aus der Festkörperphysik stammende lokale Dich-
tenäherung (LDA) [LM83] durch nichtlokale, semiempirisch bestimmte Terme
korrigieren und so das korrekte asymptotische Verhalten des sog. *Austausch-
potentials* reproduzieren [Be88a]. Zur Zeit sind die DF–Methoden dabei, zu
einem ernsthaften Konkurrenten von CI und Coupled Cluster zu werden (vgl.
z.B. [OB94]), vor allem weil sie wesentlich weniger rechenintensiv sind: Die Berechnung der Gesamtenergie mit einem modernen Dichtefunktionalprogramm
dauert etwa zwei- bis dreimal so lang wie eine Hartree–Fock–Rechnung, wobei ein guter Teil auf die Auswertung der auftauchenden Integrale verwandt
wird, die mittels dreidimensionaler numerischer Integration berechnet werden

müssen [Be88b]. Aktuelle Anwendungen von DF–Methoden umfassen etwa
die Bestimmung der Struktur von Übergangsmetallkomplexen [FZ91] oder
die Untersuchung der katalytischen Wirkung von Basen in Eliminationsre-
aktionen der organischen Chemie [BBN93]. Die an Details über DF–Theorie
interessierte Leserin sei auf die Monographie [PY89] verwiesen.

7 Direkte Algorithmen

Angesichts der riesigen Datenmengen, die bei quantenchemischen Rechnungen
verarbeitet werden müssen, und der immer billiger werdenden CPU–Zeit ist
man seit dem Ende der 70er Jahre in wachsendem Maße dazu übergegangen,
mehrmals benötigte Daten nicht mehr abzuspeichern, sondern immer wieder
neu zu berechnen, wenn sie gerade gebraucht werden. Die entsprechenden
Verfahren sind unter dem Stichwort *direkte Methoden* bekanntgeworden.

Direkt–CI. Vorreiter in dieser Hinsicht war das CI–Verfahren [RS77, Sie83].
Die Entwicklung der Direkt–CI–Strategie war durch die schiere Größe der
Hamiltonmatrix diktiert: Sehr genaue CI–Rechnungen erfordern oft Konfigurationsräume von 10^5 bis 10^6 oder noch mehr Basisfunktionen. Eine solche
Matrix kann der Durchschnittsanwender, selbst wenn er die dünne Besetzung ausnutzt, überhaupt nicht mehr abspeichern. Hinzu kommt, daß man
mit herkömmlichen Diagonalisationsverfahren, die die Matrixelemente direkt
manipulieren (wie z.B. das Jacobi–Verfahren), Jahre für eine komplette Diagonalisation brauchen würde. Es ist also klar, daß eine neue Strategie vonnöten
war.

Einen entscheidenden Vorteil bieten iterative Diagonalisationsverfahren,
die nicht mehr auf einzelnen Matrixelementen operieren, sondern die Matrix
ausschließlich über Matrix–Vektor–Produkte ansprechen. Die Methode, die
sich in der Quantenchemie durchgesetzt hat, der *Davidson–Algorithmus*, wird
weiter unten vorgestellt. Schauen wir uns die Einträge von $\mathbf{H}v$ an, wobei $\mathbf{H}$ die
Hamiltonmatrix und v ein beliebiger Vektor sein soll. Die m–te Komponente
des Produktvektors wird gegeben durch

$$(\mathbf{H}v)_m = \sum_n \sum_{i,j} H_{ij}\, A^{ij}_{mn}\, v_n \;+\; \tfrac{1}{2} \sum_n \sum_{i,j,k,l} (ij|kl)\, A^{ijkl}_{mn}\, v_n \qquad (32)$$

Dabei sind H_{ij} und $(ij|kl)$ die Ein- und Zweielektronenintegrale (wobei aller-
dings die beteiligten Basisfunktionen φ_i nicht mehr die Ausgangs–Atomorbitale sind, sondern (z.B.) die Hartree–Fock–Eigenfunktionen[4]), und die Größen

---

[4] Auf das damit zusammenhängende Problem der *Integraltransformation*, das bei
allen über Hartree–Fock hinausgehenden Verfahren auftaucht, kann aus Platzgründen nicht eingegangen werden, siehe z.B. [Die74].

A^{ij}_{mn}, A^{ijkl}_{mn} sind die sog. Ein- und Zweiteilchen–Kopplungskoeffizienten[5]. Statt nun die riesige Hamiltonmatrix abzuspeichern, baut man bei jeder Iteration den Produktvektor aus den (um Größenordnungen kleineren) Listen der Integrale bzw. der Kopplungskoeffizienten zusammen.

Noch ein Wort zur Berechnung der Kopplungskoeffizienten: Wer sich die Definition angesehen hat, ahnt, daß eine systematische und effiziente Bestimmung dieser Koeffizienten durchaus ein nichttriviales Problem ist, zumal als Basisfunktionen nicht nur die einfachen Determinanten benutzt werden, sondern auch spinadaptierte Funktionen (Linearkombinationen von mehreren Determinanten). Eine geniale Lösung, die relativ tiefliegende Mathematik verwendet, wurde Mitte der 70er Jahre von Paldus gefunden. Sie ist unter dem Namen „Unitary Group Approach" bekanntgeworden und wurde von Shavitt zum „Graphical Unitary Group Approach" (GUGA) ausgebaut [Hi81, Sha83, MP86]. Diese Theorie benutzt massiv die Darstellungstheorie der unitären Gruppen. Ihre wesentlichen Charakteristika sind, daß sie spinadaptierte Konfigurationen verwendet und vor Beginn der eigentlichen Diagonalisation eine Liste mit allen von Null verschiedenen Kopplungskoeffizienten produziert, die dann während der Iterationen nur noch eingelesen werden muß. Leider wird diese Liste (das sog. *formula tape*) bei sehr großen Konfigurationsräumen auch sehr lang, und das Einlesen der Koeffizienten droht die ganze Rechnung zu dominieren. Unter anderem aus diesem Grund hat man sich ab etwa Mitte der 80er Jahre wieder verstärkt den einfacheren Slater–Determinanten als Basisfunktionen zugewendet. Es erschienen mehrere Arbeiten, die zeigten, daß sich die Werte der Kopplungskoeffizienten sehr einfach „on the fly", also immer dann wenn sie gebraucht werden, berechnen lassen, und die effiziente Algorithmen angaben, mit denen sich der Produktvektor $\mathbf{H}v$ aus den Integralen und den Kopplungskoeffizienten zusammenbauen läßt [KH84, ORJ89, HZ89]. Der Nachteil von Slater–Determinanten als Basisfunktionen liegt darin, daß die Konfigurationsräume größer werden: Man benötigt etwa dreimal soviele Determinanten wie spinadaptierte Funktionen.

Davidson–Algorithmus. Wie bereits angedeutet, sind iterative Diagonalisationsverfahren, die mit Matrix–Vektor–Produkten arbeiten, prädestiniert zur Lösung großer CI–Eigenwertprobleme. Ein solches Verfahren ist der *Lanczos–Algorithmus.* Hier werden die Eigenwerte einer $n \times n$ Matrix $\mathbf{A}$ durch die Eigenwerte von wesentlich kleineren Matrizen der Bauart $\mathbf{B}^T\mathbf{A}\mathbf{B}$ approximiert. Dabei werden die Spalten der Matrix $\mathbf{B}$ so gewählt, daß $\mathbf{B}^T\mathbf{A}\mathbf{B}$ Tridia-

---

[5] Die Definition der Kopplungskoeffizienten läßt sich relativ einfach mit Hilfe der bereits erwähnten Anregungsoperatoren angeben. Bezeichnen i, j, k, l räumliche Orbitale, so definiert man die sog. *spingemittelten* Anregungsoperatoren durch $E^i_j = \mathbf{e}^{i\alpha}_{j\alpha} + \mathbf{e}^{i\beta}_{j\beta}$. Die Kopplungskoeffizienten werden nun definiert als

$$A^{ij}_{mn} = \langle \Phi_m | E^i_j \Phi_n \rangle \qquad\qquad A^{ijkl}_{mn} = \langle \Phi_m | (E^i_j E^k_l - \delta_{jk} E^i_l) \Phi_n \rangle$$

wobei Φ_n die Basisfunktionen des Konfigurationsraums sind.

gonalgestalt besitzt. Die Matrix $\mathbf{B}$ wird in jedem Iterationsschritt vergrößert, bis Konvergenz der Eigenwerte eingetreten ist. Das Verfahren ist sehr elegant, konvergiert aber nicht unbedingt sehr schnell. Für große CI–Rechnungen ist schnelle Konvergenz jedoch entscheidend, denn jede Iteration ist verbunden mit der Bildung von einem oder mehreren Produktvektoren, und dies ist der zeitraubendste Schritt der ganzen Prozedur. Davidson schlug vor, das Lanczos–Verfahren dahingehend abzuändern, daß die Vektoren, um die die Matrix $\mathbf{B}$ in jeder Iteration vergrößert wird, nicht so sehr unter dem Gesichtspunkt gewählt werden, daß die „reduzierte Matrix" $\mathbf{B}^T\mathbf{A}\mathbf{B}$ möglichst einfache Gestalt hat und deshalb schnell diagonalisiert werden kann, sondern daß insgesamt möglichst wenig Iterationen benötigt werden [Da75]. Die Vektoren $\boldsymbol{b}$, die beim Davidson–Verfahren addiert werden, haben die Einträge $b_i = [(\mathbf{A} - \tilde{\lambda})\tilde{v}]_i/(A_{ii} - \tilde{\lambda})$. Dabei sind $\tilde{\lambda}$, $\tilde{v}$ die approximativen Eigenwerte bzw. Eigenvektoren des aktuellen Iterationsschritts. Man kann zeigen, daß b_i eine sinnvolle Approximation der optimalen Schrittweite ist, die man in Richtung des i–ten Einheitsvektors auf den exakten Eigenvektor hin gehen muß. Es hat sich herausgestellt, daß das Verfahren von Davidson für CI–Rechnungen deutlich weniger Iterationen benötigt als andere iterative Verfahren. Inzwischen gibt es auch Verallgemeinerungen des Verfahrens, so für nichtsymmetrische Matrizen von Rettrup [Re82] und für allgemeine indefinite Eigenwertprobleme von Olsen et al. [OJJ88]. Davidson–artige Algorithmen trifft man auch an anderen Stellen in quantenchemischen Programmen, so bei der Lösung großer linearer Gleichungssysteme.

Direkt–SCF. Der Erfolg der direkten Strategie beim CI–Verfahren gab dazu Anlaß, diese Philosophie auch auf das Hartree–Fock–Verfahren auszudehnen. Wie oben erläutert, bildet die große Zahl der Zweielektronenintegrale, die berechnet, abgespeichert und in jeder Iteration eingelesen werden müssen, den „Bottleneck" beim SCF–Verfahren. Anfang der 80er Jahre tauchte nun der kühne Vorschlag auf, die Zweielektronenintegrale in jeder Iteration neu zu berechnen, anstatt sie am Anfang einmal zu berechnen und dann immer wieder zu verwenden [AT84]. Angesichts der ungeheuren Zahl dieser Integrale war klar, daß diese Strategie nur dann Erfolg haben würde, wenn a) so wenig Integrale wie möglich berechnet werden, b) die Integrale so effizient wie möglich wie berechnet werden und c) die Anzahl der Iterationen insgesamt möglichst klein ist. Um a) zu realisieren, kann man neben der Ausnutzung der Molekülsymmetrie noch weitere Tricks anwenden. Durch sog. „Prescreening" können ganze Gruppen von Integralen identifiziert werden, die aufgrund eines gemeinsamen sehr kleinen Faktors numerisch vernachlässigbare Werte haben; außerdem kann man Integrale aussondern, die während der SCF–Prozedur mit sehr kleinen Größen multipliziert werden. Durch solche Techniken und durch Kombination der besten verfügbaren Algorithmen zur Integralauswertung ist die Direkt–SCF–Methode inzwischen zu einem sehr effizienten Werkzeug des Quantenchemikers ausgebaut worden. So benötigt ein guter Algorithmus zur Auswertung der Zweielektronenintegrale bei 200 Basisfunktionen auf einer schnellen Workstation typischerweise nur noch etwa fünf Minuten. Die Vorteile der direkten Strategie sind enorm: das Abspeichern und Einlesen der riesigen Integraldateien entfällt; dadurch bestehen praktisch keine Einschränkungen mehr bezüglich der Größe des verwendeten Basissatzes: man kann folglich wesentlich größere Systeme mit Hartree–Fock berechnen, und man kann bei kleineren Systemen bessere Basissätze benutzen. Tatsächlich ist das Direkt–SCF–Verfahren die Methode, die den Durchbruch zu größeren Molekülen gebracht hat.

Ein Beispiel aus der Industrie: In der Forschungsabteilung eines großen deutschen Chemieunternehmens wurden mit Hilfe des Direkt–SCF–Verfahrens die relativen Stabilitäten verschiedener Konformationen der Dipeptide Dialanin und Diglycin bestimmt [BB91]. Solche Systeme dienen als Modelle für größere Peptide und Proteine, die in der biochemischen und der Pharmaforschung eine wesentliche Rolle spielen, beispielsweise beim drug design (Entwurf neuer Arzneimittel). Diese großen Moleküle können nicht mehr voll quantenmechanisch gerechnet werden, sondern werden klassisch mit sog. *Kraftfeldmethoden* behandelt. Ab–initio–Rechnungen an kleineren Spezies dienen dann dazu, die Qualität der Kraftfelder zu überprüfen und diese ggf. neu zu parametrisieren. Im zitierten Fall wurde z.B. die sog. C_7–Konformation von Diglycin von allen getesteten Kraftfeldern als stabilste vorhergesagt, im Gegensatz zu den Resultaten der Hartree–Fock–Rechnungen.

Ein wichtiges Gebiet, auf dem quantenchemische Berechnungen an Prototyp–Systemen zur Extrapolation auf größere Dimensionen eingesetzt werden, ist die Untersuchung von Chemisorptionsvorgängen, beispielsweise die Anlagerung von Gasatomen oder –molekülen auf einer Metalloberfläche. Die Oberfläche wird dabei durch einen endlichen Ausschnitt (einen Metallcluster, s.o.) modelliert. Obwohl dieser Ansatz auch Probleme in sich birgt, kann man bei sorgfältiger Wahl des Modells durchaus konsistente Trendaussagen gewinnen. So gelang Siegbahn et al. [SPW91] in einer Arbeit über die Chemisorption von Fluor auf einer Nickeloberfläche die Abschätzung der Chemisorptionsenergie zu etwa 120 kcal/mol, bei einer maximalen Clustergröße von 70 Nickelatomen.

Eine weitere Möglichkeit, zu noch größeren Systemen vorzudringen, besteht darin, ab–initio–Rechnungen mit klassischen Methoden wie der Molekularmechanik zu kombinieren. Die Idee dabei ist, die (in der Regel nicht allzu großen) Bereiche, in denen Bindungsreorganisationen stattfinden, quantenmechanisch zu behandeln, während der restliche Teil klassisch gerechnet wird. Ein aktuelles Beispiel ist die Untersuchung der Stereoselektivität intramolekularer Cycloadditionen mit ein solchen „Tandem"–Technik [BCK92].

Aspekte der Implementation. Viele Quantenchemiker sind eifrige Programmierer. Davon zeugt die Vielzahl der vorhandenen Computerprogramme, die alle hier beschriebenen Verfahren abdecken und meistens in größeren Softwarepaketen zusammengefaßt sind (die bekanntesten sind GAUSSIAN, HONDO, GAMESS, TURBOMOLE, MOLPRO, CADPAC; sie werden zum überwiegenden Teil bereits kommerziell vertrieben). Die numerische Quantenchemie mit ihren speicher- und/oder rechenzeitintensiven Anwendungen hat ganz erheblich vom rasanten Fortschritt in der Computertechnologie profitiert und teilweise recht schnell auf neue Hardware–Entwicklungen reagiert. Mit dem Aufkommen der Vektorrechner wurden Algorithmen entwickelt, die sich besonders gut vektorisieren lassen; dazu gehören z.B. die determinantenorientierten CI–Algorithmen (s.o.). Man erkannte, daß sich viele Programmteile beschleunigen lassen, wenn eine matrizenorientierte Formulierung des Algorithmus benutzt wird und auf entsprechende Bibliotheksprogramme zurückgegriffen wird, die auf Maschinenebene optimiert werden können. In jüngster Zeit steht die Adaption quantenchemischer Programme für Parallelrechner im Mittelpunkt (vgl. z.B. [GSL93]). Im Hinblick auf die Behandlung größerer Systeme stimmt es hoffnungsvoll, daß zu den Verfahren, die sich besonders gut für eine Verteilung auf viele Prozessoren eignen, auch das Direkt–SCF–Verfahren gehört.

8 Zusammenfassung und Ausblick

Quantenchemische Methoden erlauben die Berechnung und Vorhersage einer Vielzahl von molekularen Eigenschaften. Eine Reihe von gut entwickelten und erprobten Verfahren, wie Hartree–Fock, MCSCF, CI, MP2, Coupled Cluster, deren Zuverlässigkeit inzwischen gut eingeschätzt werden kann, steht in effizienten Implementierungen zur Verfügung. Dank spezieller direkter Algorithmen kann man heute Rechnungen an Molekülen mit über hundert Atomen durchführen. Den Verfahren und Algorithmen liegen z.T. recht anspruchsvolle mathematische Methoden zugrunde. Wie an einigen Beispielen angedeutet wurde, haben hier auch rein theoretische Resultate Einfluß auf die Modellbildung gehabt. Die jüngsten Entwicklungen im Bereich Coupled–Cluster–Verfahren, Dichtefunktionaltheorie oder r_{12}–Ansätze zeigen, daß die Methodenentwicklung längst noch nicht abgeschlossen ist. Der Anwendungsbereich der Quantenchemie wird sich mit Sicherheit weiter vergrößern. Schon heute werden quantenchemische Rechnungen zur Unterstützung der experimentellen Arbeit durchgeführt, und es wird intensiv daran gearbeitet, ab–initio–Berechnungen für immer größere Moleküle nutzbar zu machen. Zu den Herausforderungen, vor den die numerische Quantenchemie steht, gehören u.a. das riesige Gebiet der Biochemie, die Chemie der Übergangsmetalle, die theoretisch sehr schwierig zu beschreiben sind, und die ab–initio–Simulation der Dynamik chemischer Reaktionen.

Literatur

[AT84]   Almlöf, J., Taylor, P. R.: Computational Aspects of Direct SCF and MCSCF methods. In: C. E. Dykstra (ed.) Advanced Theories and Computational Approaches to the Electronic Structure of Molecules. Reidel, Dordrecht 1984

[BL91]   Bauschlicher Jr., C. W., Langhoff, S. W.: Quantum Mechanical Calcula-
          tions to Chemical Accuracy. Science **254** (1991) 394

[Be88a]   Becke, A. D.: Density–functional exchange–energy approximation with
          correct asymptotic behavior. Phys. Rev. A **38** (1988) 3098

[Be88b]   Becke, A. D.: A multicenter numerical integration scheme for polyatomic
          molecules. J. Chem. Phys. **88** (1988) 2547

[BBN93]   Bickelhaupt, F. M., Baerends, E. J., Nibbering, N. M. M., Ziegler, T.:
          Theoretical Investigation on Base–Induced 1,2–Eliminations in the Mo-
          del System $F^- + CH_3CH_2F$. The Role of the Base as a Catalyst. J. Am.
          Chem. Soc. **115** (1993) 9160

[BB91]   Böhm, H.-J., Brode, S.: Ab Initio SCF Calculations on Low–Energy
          Conformers of N–Acetyl–N'–methylalaninamide and N–Acetyl–N'–
          methylglycinamide. J. Am. Chem. Soc. **113** (1991) 7129

[BČF94]   Bonačić–Koutecký, V., Češpiva, L., Fantucci, P., Fuchs, C., Koutecký,
          J., Pittner, J.: Quantum Chemical Interpretation of Optical Response of
          Small Metal Clusters. Comm. Atomic & Mol. Phys. Im Druck

[BCK92]   Brown, F. K., Chandra Singh, U., Kollman, P. A., Raimondi, L., Houk,
          K. N., Bock, C. W.: A Theoretical Study of Intramolecular Diels–Alder
          and 1,3–Dipolar Cycloaddition Stereoselectivity Using ab Initio Methods,
          Semiempirical Methods, and a Tandem Quantum Mechanic–Molecular
          Mechanic Method. J. Org. Chem. **57** (1992) 4862

[BPB78]   Buenker, R. J., Peyerimhoff, S. D., Butscher, W.: Applicability of the
          multi-reference double-excitation CI (MRD-CI) method to the calculati-
          on of electronic wavefunctions and comparison with related techniques.
          Mol. Phys. **35** (1978) 771

[CS91]   Curl, R. F., Smalley, R. E.: Fullerenes, Scientific American **10** (1991) 54

[Da75]   Davidson, E. R.: The Iterative Calculation of a Few of the Lowest Eigen-
          values and Corresponding Eigenvectors of Large Real-Symmetric Matri-
          ces. J. Comp. Phys. **17** (1975) 87

[Die74]   Diercksen, G. H. F.: Optimized Transformation of Four Center Integrals.
          Theoret. Chim. Acta **33** (1974) 1

[DH77]   Dunning Jr., T. H., Hay, P. J.: Gaussian basis sets for molecular calculati-
          ons. In: H. F. Schaefer III (ed.) Methods of Electronic Structure Theory.
          Plenum Press, New York 1977

[FZ91]   Fan, L., Ziegler, T.: Optimization of molecular structures by self–
          consistent and nonlocal density–functional theory. J. Chem. Phys. **95**
          (1991) 7401

[Fl80]   Flurry, Jr., R. L.: Symmetry Groups. Prentice–Hall, Englewood Cliffs
          1980

[FBK93]   Fuchs, C., Bonačić-Koutecký, V., Koutecký, J.: Compact Formulation
          of Multiconfigurational Response Theory. Applications to Small Alkali
          Metal Clusters. J. Chem. Phys. **98** (1993) 3121

[GRB89]   Geertsen, J., Rittby, M., Bartlett, R. J.: The Equation-of-Motion
          Coupled-Cluster Method: Excitation Energies of Be and CO. Chem.
          Phys. Lett. **164** (1989) 57

[GHP89]   Gill, P. M. W., Head-Gordon, M., Pople, J. A.: An Efficient Algorithm for
          the Generation of Two–Electron Repulsion Integrals over Gaussian Basis
          Functions. Int. J. Quantum Chem. Symp. **23** (1989) 269

[GSL93] Guest, M. F., Sherwood, P., van Lenthe, J. H.: Parallelism in computational chemistry. I. Hypercube–connected multicomputers. Theor. Chim. Acta **84** (1993) 423

[HZ89]   Harrison, R. J., Zarrabian, S.: An efficient implementation of the Full-CI method using an $(n - 2)$-electron projection space. Chem. Phys. Lett. **158** (1989) 393

[HAS91] Häser, M., Almlöf, J., Scuseria, G. E.: The equilibrium geometry of C_{60} as predicted by second-order (MP2) perturbation theory Chem. Phys. Lett. **181** (1991) 497

[HHB91] Hedberg, K., Hedberg, L., Bethune, D. S., Brown, C. A., Dorn, H. C., Johnson, R. D., de Vries, M.: Bond Lengths in Free Molecules of Buckminsterfullerene, C_{60}, from Gas–Phase Electron Diffraction. Science **254** (1991) 410

[Hi81]   Hinze, J. (ed.): The Unitary Group for the Evaluation of Electronic Energy Matrix Elements, Springer, Berlin Heidelberg New York 1981 (Lecture Notes In Chemistry **22**)

[HK64]   Hohenberg, P., Kohn, W.: Inhomogeneous electron gas, Phys. Rev. **136** (1964) 864

[IRR91] Illas, F., Rubio, J., Ricart, J. M., Bagus, P. S.: Selected versus complete configuration interaction expansions. J. Chem. Phys. **95** (1991) 1877

[JM81]   Jeziorski, B., Monkhorst, H. J.: Coupled-cluster method for multideterminantal reference states. Phys. Rev. A **24** (1981) 1668

[JS81]   Jørgensen, P., Simons, J.: Second Quantization-Based Methods in Quantum Chemistry. Academic Press, New York 1981

[JS86]   Jørgensen, P., Simons, J. (eds.): Geometrical Derivatives of Energy Surfaces and Molecular Properties, Reidel, Dordrecht 1986

[Ka57]   Kato, T.: On the Eigenfunctions of Many–Particle Systems in Quantum Mechanics. Commun. Pure Appl. Math. **10** (1957) 151

[Ka80]   Kato, T.: Perturbation Theory for Linear Operators. Springer, Berlin Heidelberg New York 1980

[KAH90] Knowles, D. B., Alvarez-Collado, J. R., Hirsch, G., Buenker, R. J.: Comparison of perturbatively corrected energy results from multiple reference double-excitation configuration-interaction method calculations with exact full configuration-interaction benchmark values. J. Chem. Phys. **92** (1990) 585

[KH84]   Knowles, P. J., Handy, N. C.: A new determinant-based full configuration interaction method, Chem. Phys. Lett. **111** (1984) 315

[KK91]   Kutzelnigg, W., Klopper, W.: Wave functions with terms linear in the interelectronic coordinates to take care of the correlation cusp. I. General theory. J. Chem. Phys. **94** (1991) 1985

[Lie82] Lieb, E. H.: Density Functionals for Coulomb Systems, In: A. Shimony, H. Feshbach (eds.) Physics as Natural Philosophy. MIT Press, Cambridge (Mass.) 1982

[LS77]   Lieb, E. H., Simon, B.: The Hartree–Fock Theory for Coulomb Systems. Commun. Math. Phys. **53** (1977) 185

[LM83]   Lundqvist, S., March, N. H. (eds.): Theory of the Inhomogeneous Electron Gas. Plenum Press, New York London 1983

[MP86]   Matsen, F. A., Pauncz, R.: The Unitary Group In Quantum Chemistry. Elsevier, Amsterdam 1986 (Studies in physical and theoretical chemistry **44**)

[OB94]   Oliphant, N., Bartlett, R. J.: A systematic comparison of molecular properties obtained using Hartree-Fock, a hybrid Hartree-Fock density-functional-theory, and coupled-cluster methods. J. Chem. Phys. **100** (1994) 6550

[OJJ88]   Olsen, J., Jensen, H. J. Aa., Jørgensen, P.: Solution of the Large Matrix Equations Which Occur in Response Theory. J. Comp. Phys. **74** (1988) 265

[ORJ89]   Olsen, J., Roos, B. O., Jørgensen, P., Jensen, H. J. Aa.: Determinant based configuration interaction algorithms for complete and restricted configuration interaction spaces. J. Chem. Phys. **89** (1989) 2185

[PY89]   Parr, R. G., Yang, W.: Density Functional Theory of Atoms and Molecules. Oxford University Press, New York 1989

[PM84]   Primas, H., Müller-Herold, U.: Elementare Quantenchemie. Teubner, Stuttgart 1984

[Pu80]   Pulay, P.: Convergence acceleration of iterative sequences: The case of SCF iteration. Chem. Phys. Lett. **73** (1980) 393

[Re82]   Rettrup, S.: An Iterative Method for Calculating Several of the Extreme Eigensolutions of Large Real Non-symmetric Matrices. J. Comp. Phys. **45** (1982) 100

[RS77]   Roos, B. O., Siegbahn, P. E. M.: The Direct Configuration Interaction Method from Molecular Integrals. In: H. F. Schaefer III (ed.) Methods of Electronic Structure Theory. Plenum Press, New York 1977

[Ro83]   Roos, B. O.: The Multiconfigurational (MC) SCF Method. In: G. H. F. Diercksen, S. Wilson (eds.) Methods in Computational Molecular Physics.
Reidel, Dordrecht 1983

[Ro87]   Roos, B. O.: The Complete Active Space Self-Consistent Field Method and its Application in Electronic Structure Calculations. In: K. P. Lawley (ed.) Ab Initio Methods in Quantum Chemistry, Bd. II. John Wiley & Sons, Chichester 1987 (Adv. Chem. Phys. **69**)

[RAF92]   Roos, B. O., Andersson, K., Fülscher, M. P.: Towards an accurate molecular orbital theory for excited states: the benzene molecule. Chem. Phys. Lett. **192** (1992) 5

[Ro51]   Roothaan, C. C. J.: New developments in molecular orbital theory. Rev. Mod. Phys. **23** (1951) 69

[Sau83]   Saunders, V. R.: Molecular Integrals for Gaussian Type Functions. In: G. H. F. Diercksen, S. Wilson (eds.) Methods in Computational Molecular Physics. Reidel, Dordrecht 1983

[SH73]   Saunders, V. R., Hillier, I. H.: A „Level–Shifting" Method for Converging Closed Shell Hartree–Fock Wave Functions, Int. J. Quantum Chem. **7** (1973) 699

[Sch87]   Schlegel, H. B.: Optimization of equilibrium geometries and transition structures. In: K. P. Lawley (ed.) Ab Initio Methods in Quantum Chemistry, Bd. I. John Wiley & Sons, Chichester 1987 (Adv. Chem. Phys. **68**)

[Sch26]   Schrödinger, E.: Quantisierung als Eigenwertproblem, Ann. d. Phys. **80** (1926) 437

[Se77]   Serre, J.-P.: Linear Representations of Finite Groups. Springer, Berlin Heidelberg New York 1977

[Sha77]   Shavitt, I.: The Method of Configuration Interaction. In: H. F. Schaefer III (ed.) Methods of Electronic Structure Theory. Plenum Press, New York 1977

[Sha83]   Shavitt, I.: The unitary group and the electron correlation problem. In: P.-O. Löwdin, B. Pullman (eds.) New Horizons of Quantum Chemistry. Reidel, Dordrecht 1983

[She87]   Shepard, R.: The Multiconfiguration Self-Consistent Field Method. In: K. P. Lawley (ed.) Ab Initio Methods in Quantum Chemistry, Bd. II. John Wiley & Sons, Chichester 1987 (Adv. Chem. Phys. **69**)

[SAH81]   Siegbahn, P. E. M., Almlöf, J., Heiberg, A., Roos, B. O.: The complete active space SCF (CASSCF) method in a Newton-Raphson formulation with application to the HNO molecule. J. Chem. Phys. **74** (1981) 2384

[Sie83]   Siegbahn, P. E. M.: The Direct CI Method. In: G. H. F. Diercksen, S. Wilson (eds.) Methods in Computational Molecular Physics. Reidel, Dordrecht 1983

[SPW91]   Siegbahn, P. E. M., Pettersson, L. G. M., Wahlgren, U.: A theoretical study of atomic fluorine chemisorption on the Ni(100) surface. J. Chem. Phys. **94** (1991) 4024

[Su75]   Sutcliffe, B. T.: Fundamentals of computational quantum chemistry. In: G. H. F. Diercksen, A. Veillard (eds.) Computational Techniques in Quantum Chemistry. Reidel, Boston 1975

[SO82]   Szabo, A., Ostlund, N.: Modern Quantum Chemistry. MacMillan, New York 1982

[We87]   Werner, H.-J.: Matrix–Formulated Direct Multiconfiguration Self–Consistent Field and Multiconfiguration Reference Configuration Interaction Methods. In: K. P. Lawley (ed.) Ab Initio Methods in Quantum Chemistry, Bd. II. John Wiley & Sons, Chichester 1987 (Adv. Chem. Phys. **69**)

[WK85]   Werner, H.-J., Knowles, P. J.: A second order multiconfiguration SCF procedure with optimum convergence. J. Chem. Phys. **82** (1985) 5053

Simulationsverfahren für die Polymerchemie

Peter Deuflhard[1] *und Michael Wulkow*[2]

[1] Konrad-Zuse-Zentrum für Informationstechnik Berlin (ZIB)
[2] Computing in Technology GmbH (CiT), Rastede

1 Einleitung

Polymere sind langkettige Makromoleküle, bestehend aus kleineren Molekül-
bausteinen, deren Anzahl in der Praxis zwischen 10^3 und 10^6 variiert. Wegen
ihrer hohen Flexibilität gehören sie zu den vielseitigsten Werkstoffen unserer Zeit. Die Palette der auf der Basis von Polymeren hergestellten Produkte
reicht von Kunststoffverpackungen über Klebstoffe, Lacke, Farben bis hin zu
Grundstoffen für Autoreifen. In jüngerer Zeit stehen zunehmend Umwelta-
spekte im Vordergrund (Biopolymerisation, bakterielles Recycling, rohstoff-
schonende Polymerisationstechniken).

Die mathematische Modellierung der Reaktionskinetik von Polymeren
führt für jeden einzelnen makromolekularen Reaktionsschritt auf ein System
von $10^3 - 10^6$ Differentialgleichungen, dessen Dimension zusätzlich noch mit
der Zeit um Größenordnungen variieren kann. Die mathematisch korrekte Modellierung ist somit ein *abzählbares Differentialgleichungssystem* mit formal
abzählbar unendlich vielen Differentialgleichungen. Solche Systeme haben gewisse Ähnlichkeiten mit partiellen Differentialgleichungen, unterscheiden sich
jedoch durch ihre diskrete Struktur. Ihre effiziente numerische Lösung ist – zumindest für die anspruchsvollen Probleme, die in der Praxis auftreten – auch
heute noch Gegenstand der Forschung. Die bis dato verwendeten Methoden
sind jedenfalls unbefriedigend – entweder, weil sie zu langsam sind, oder, weil
sie keine verläßlich richtigen Ergebnisse liefern.

In diesem Artikel wird eine neue Klasse von effizienten Lösungsmethoden
vorgestellt, die adaptiven diskreten Galerkin-Methoden. Sie basieren auf einer
Betrachtung abzählbarer Differentialgleichungssysteme in Folgenräumen (gewichtete und ungewichtete l^2-Räume) und einer Galerkin-Approximation der
Lösungen durch dynamisch angepaßte Basisfunktionen in diesen Folgenräum-
en. Die adaptiven diskreten Galerkin-Methoden wurden zunächst am Konrad-
Zuse-Zentrum für Informationstechnik Berlin (ZIB) erdacht und entwickelt,
heute werden sie in der Firma CiT weiterentwickelt und in Form von kommerzieller Anwendungssoftware vertrieben. Diese Software gestattet mittlerwei-

le die rasche Simulation kompletter Reaktionssysteme der technischen Chemie auf Personalcomputern – was vorher nicht einmal auf Supercomputern möglich war.

2 Problemklasse und mathematische Modellierung

Polymere P_s der Kettenlänge s bauen sich aus kleineren Bausteinen durch chemische Reaktionen bis zu einer maximalen Kettenlänge s_{max} auf. Bei der Homopolymerisation sind diese Bausteine einzelne Moleküle, sogenannte Monomere, oder Molekülgruppen, sogenannte Oligomere. Bei der Copolymerisation entstehen Copolymere, die aus mehreren Monomerarten zusammengesetzt sind. Darüber hinaus unterscheiden sich die Polymere noch durch ihre räumliche Struktur, etwa durch Vernetzung oder Verzweigung. Im Prozeß der Polymerisation entsteht nicht etwa ein einheitliches Polymer fester Kettenlänge, sondern eine Verteilung von Polymeren unterschiedlicher Kettenlängen. Diese Kettenlängenverteilung legt zugleich in vielen Fällen die physikalischen und chemischen Eigenschaften fest. Ziel der Simulation ist die Berechnung der Kettenlängenverteilung $P_s(t), s = 1, \ldots, s_{max}$ in Abhängigkeit von der Zeit t. Zugleich ist die Simulation zu verstehen als innere Schleife von Optimierungsverfahren.

Die mathematische Formulierung chemischer Reaktionskinetik führt auf Systeme gewöhnlicher Differentialgleichungen, (i.a. nichtlinear und „steif"), deren Komplexität von der Komplexität der zugrundeliegenden Reaktionsmechanismen abhängt – siehe etwa [EDJ81]. Bei Polymerisationsprozessen entstehen nach dem gleichen Schema s_{max} gewöhnliche Differentialgleichungen, wobei die maximale Kettenlänge s_{max} in realistischen Fällen zwischen 10^3 und 10^6 variiert. Bei Mehrphasensystemen treten zusätzlich algebraische Gleichungen auf. Manche Polyreaktionsschemata enthalten mehr als fünf solcher Verteilungen und mehr als 30 Reaktionsschritte. Im folgenden wollen wir der Einfachheit halber die gleiche Bezeichnung P_s auch für die *Konzentration* der Moleküle verwenden.

Kinetisches Schema. Ausgangspunkt für eine Modellierung ist das kinetische Schema eines Prozesses. Dieses besteht im allgemeinen aus

- Reaktionsschritten
- Reaktionskoeffizienten
- Zusatzeffekten

und bildet je nach behandeltem Polymerisationstyp ein bestimmtes Muster. Polymerisationstypen sind z.B.

- Radikalische Polymerisation
- Koordinative Polymerisation
- Polykondensation
- Ionische Polymerisation.

Beispiel: Radikalische Polymerisation Zur Illustration betrachten wir einen typischen Polymerisationsprozeß, die radikalische Polymerisation.

$$
\begin{aligned}
I + M &\xrightarrow{k_s} P_1 && \text{Start} \\
P_s + M &\xrightarrow{k_p} P_{s+1} && \text{Wachstum} \\
P_s + M &\xrightarrow{k_t} D_s + P_l && \text{Übertragung} \\
P_s + P_r &\xrightarrow{k_{tc}} D_{s+r} && \text{Kombinationsabbruch} \\
P_s + P_r &\xrightarrow{k_{td}} D_s + D_r && \text{Disproportionsabbruch}
\end{aligned}
$$

Gestartet wird die Reaktion mit Eingangskonzentrationen für den Initiator I und das Monomere M. Der Startschritt führt zu einem aktiven Zentrum (Polymerradikal) P_1, welches dann durch Anlagerung weiterer Monomere wächst, bis durch Zusammentreffen auf ein anderes Radikal die Reaktion gestoppt wird, wodurch sogenannte „tote", d.h. nicht mehr aktive Polymere D_s entstehen. Die oben angesprochenen Zusatzeffekte entstehen in diesem Fall durch die Modellierung der Abbruchkonstanten k_{td} und k_{tc}, die in Abhängigkeit vom Verbrauch des Monomeren M und gewissen Eigenschaften des Polymers D_s wegen des sogenannten *Geleffekts* (Ansteigen der Viskosität durch Bildung langer Ketten) zeitabhängig beschrieben werden müssen. Die aus den kinetischen Gleichungen entstehenden Differentialgleichungen für die Polymere P_s und D_s haben die folgende Form:

$$
P_1' = \underbrace{k_s IM}_{\text{Start}} - \underbrace{k_p MP_1}_{\text{Wachstum}} + \underbrace{k_t M(\Sigma P_r - P1)}_{\text{Übertragung}} - \underbrace{(k_{tc} + k_{td})P_1\Sigma P_r}_{\text{Abbruch}}
$$

$$
P_s' = - \underbrace{k_p M(P_s - P_{s-1})}_{\text{Wachstum}} - \underbrace{k_t MP_s}_{\text{Übertragung}} - \underbrace{(k_{tc} + k_{td})P_s\Sigma P_r}_{\text{Abbruch}} \quad , \ s \geq 2
$$

$$
D_s' = \underbrace{+ k_{tc}/2 \sum_{r=1}^{s-1} P_r P_{s-r}}_{\text{Kombination}} + \underbrace{k_{td}P_s\Sigma P_r}_{\text{Disproportion}} \quad , \ s \geq 2
$$

Hinzu kommen die Differentialgleichungen für I und M sowie die zeitabhängige Berechnung der Abbruchkoeffizienten. Das Abschneiden des obigen Systems bei einem Index $s_{\max}$ ist hier nicht ganz unproblematisch, da die interessierenden Bereiche des Polymerisationsgrades im Verlauf der Reaktion stark variieren. Ein Abschneiden des Systems bei zu kleinem Index $s_{\max}$ kann zu qualitativ völlig falschen Resultaten führen, ein Abschneiden bei zu großem Index $s_{\max}$ treibt oft den ohnehin hohen Aufwand noch höher. Hier handelt es sich für realistische Daten um ein System von insgesamt ca. 20000 Differentialgleichungen. Gesucht sind die Konzentrationen aller Komponenten I, M, P_s und D_s für alle s. Darüber hinaus interessieren Makrovariable, z.B. die mittlere Kettenlänge. Wie insbesondere dem Kombinationsterm in der Differentialgleichung für D_s zu entnehmen ist, sind alle Komponenten der Lösung *global* miteinander verknüpft – eine Eigenschaft, die Konsequenzen für die Lösungsmethode hat, wie sich später zeigen wird.

Prozeßführung. Zusätzlich zum kinetischen Schema gibt es einen zweiten wichtigen Einflußfaktor bei der Modellierung von Polyreaktionen, die Prozeßführung. Grob unterscheidet man hier die Betriebsarten

- batch
- semibatch
- kontinuierlich

und zwar für einen oder mehrere Reaktoren. Im zweiten Fall geht man davon aus, daß alle Stoffe (oder auch nur ausgewählte Ströme) von Reaktor zu Reaktor fließen und dort unabhängig reagieren. Selbst eine Rückführung von Stoffen ist möglich. Schließlich gibt es Rohrreaktoren, in denen die Reaktion zeitlich stationär, aber im Ort ohne Rückvermischung stattfindet.

Durch die Prozeßführung kann der Chemiker in entscheidender Weise die Produkteigenschaften – insbesondere auch die Molmassenverteilungen des Polymerisats – beeinflussen. Dazu gehören auch Mix- und Feedstrategien, bei denen durch kontinuierliches Hinzufügen von Stoffen, z.B. Monomeren, der Prozeßverlauf gesteuert wird. Weitere Modellierungsaspekte sind

- Volumenänderungen – entstehend durch die Reaktorfahrweise oder die sogenannte Volumenkontraktion, welche durch die höhere Dichte des Polymeren im Vergleich zum Monomeren auftritt.
- Temperaturänderungen – entstehend durch Vorgabe von Temperaturprofilen zur Steuerung, adiabatische Prozesse, Kühlung und Feedströme
- kinetische Schritte, welche Eigenschaften wie Propfung, Verzweigung oder Vernetzung beschreiben.

Die Gesamtanforderung eines realistischen Polyreaktionssystems ist daher die mathematische Behandlung

- einer beliebigen Anzahl von Reaktanden und Polymerverteilungen
- einer beliebigen Anzahl von Reaktionsschritten
- der Reaktionsführung.

Dabei darf es im Prinzip keine Einschränkungen geben in Bezug auf

- die Form der Verteilungen
- die Art der Prozesse.

Für die Anwendbarkeit der weiter unten dargestellten neuen Algorithmen in der Praxis ist es von entscheidender Bedeutung, daß die vielfältigen Möglichkeiten der auftretenden Probleme bequem und fehlerfrei mittels einer benutzerfreundlichen Softwareschale einzugeben sind. Auch die brilliantesten

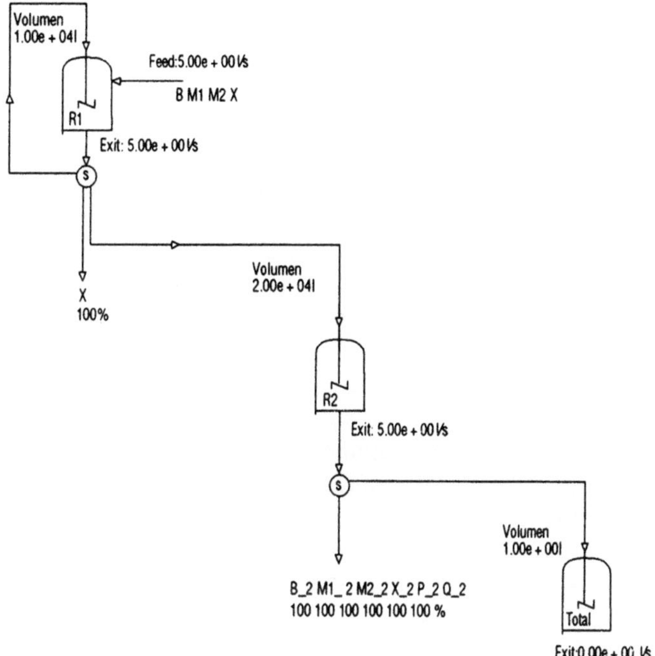

Abbildung 1. Typisches Flow-Sheet aus PREDICI

algorithmischen Ideen werden in der Praxis nur innerhalb einer solchen komfortablen Programmoberfläche akzeptiert. Diese Einsicht führte schließlich – anschließend an die algorithmische Entwicklung – zur Entwicklung des Softwaresystems PREDICI, das nun tatsächlich diesen Anforderungen genügt. Zur Illustration ist in Abb. 1 eine typische Reaktorkaskade gezeigt. In jedem der Reaktoren finden zahlreiche Elementar- und Polymerreaktionen statt.

3 Diskussion bisheriger Lösungsmethoden

Bevor wir uns der Beschreibung der von uns entwickelten adaptiven diskreten Galerkin-Methoden zuwenden, wollen wir noch kursorisch die bisher verfügbaren Lösungsmethoden darstellen und diskutieren.

Direkte numerische Integration. In nicht allzu komplizierten Fällen wird immer noch eine direkte numerische Integration der im vorigen Abschnitt hergeleiteten großen Differentialgleichungssysteme versucht. Da diese Differentialgleichungen in der Regel „steif" sind, benötigen sie in jedem Fall die Speicherung der Jacobimatrix der rechten Seite – was außer in besonders einfachen Fällen sowohl Speicherplatz als auch Rechenzeiten über jede vernünftige Schranke treibt. Als Alternative bleibt oft noch, mit einer „kleinen" Anzahl von Differentialgleichungen zu starten und sich langsam zu höheren Anzahlen hochzuhangeln, um aus diesem Approximationsprozeß eventuell Rückschlüsse ziehen zu können; selbst diese Einschränkung führt noch zu unvertretbar hohen Rechenzeiten und zudem noch nicht zu verläßlichen Resultaten – vergleiche Tabelle 1.

Lumping-Techniken. Kettenlängenverteilungen sehen in der Regel relativ *glatt* aus – d.h. für nah beieinander liegende Polymerisationgrade s liegen auch die Konzentrationen P_s nah beieinander. Dies läßt erwarten, daß man solche Verteilungen mit weitaus weniger Freiheitsgraden als der ursprünglichen maximalen Kettenlänge mit genügender Genauigkeit darstellen kann. Beim sogenannten Lumping werden eine Reihe von Komponenten zu einer Superkomponente zusammengefaßt. Für diese Superkomponenten werden dann Differentialgleichungen hergeleitet, die wiederum numerisch direkt gelöst werden. Eine richtige Zusammenfassung der Komponenten erfordert eine Menge Einsicht in den betrachteten Polymerisationsprozeß, was nur bei hinreichend bekannten Prozessen der Fall ist. Zudem ist in vielen Beispielen eine dynamische Anpassung des Lumpingschemas während der Zeitintegration erforderlich, was praktisch sehr schwierig sein kann. Für lineare Differentialgleichungssysteme ist dieses Vorgehen noch ausreichend kontrollierbar, da Lumping selbst eine lineare Operation ist. Für nichtlineare Prozesse hingegen wird auf diese Weise ein unbekannter Modellierungsfehler eingeführt. Vollends unüberblickbar ist die Situation in einem umfangreichen Reaktionsschema, dessen Verhalten noch nicht vorab bekannt ist. Möchte man hier Fraktionen auswählen, so benötigt man aus Rechenzeitgründen Gitter, welche möglichst wenige Knoten an der richtigen Stelle enthalten müssen. Diese Gitter, die etwa durch Kollokation [Ra72] erzeugt werden, sind also entweder in der Zeit mit zu verändern – was in der Implementierung durchaus schwierig ist – oder für den gesamten betrachteten Zeitraum von Anfang an dicht genug zu wählen – was in der Regel aus Rechenzeitgründen scheitert. Eine Herleitung der zugehörigen Differentialgleichungen ist darüber hinaus oft nicht möglich. Wichtigster Einwand gegen diese Methode ist jedoch, daß sie keine saubere Kontrolle der auftretenden Approximationsfehler gestattet.

Momentenmethode. Eine Reduktion der Freiheitsgrade gelingt in einer Reihe von Problemen durch Übergang von der Kettenlängenverteilung P_s zu den zugehörigen statistischen Momenten

$$\mu_k(t)[P] := \sum_{s \geq 1} s^k P_s(t) , \quad k = 0, 1, \ldots, .$$

Nach dem Satz von Stieltjes ist die Kenntnis sämtlicher Momente, falls diese beschränkt sind, äquivalent zur Kenntnis der Verteilung. Sind jedoch nicht alle, in der Praxis sogar oft nur einige wenige dieser Momente bekannt, so benötigt man zusätzliche Informationen, um die Verteilung bestimmen zu können, etwa durch Vorabfestlegung auf eine spezielle Form.

Beispiel. Sind die Momente $\mu_0[P]$ und $\mu_1[P]$ einer Verteilung P_s bekannt und weiß man, daß es sich bei P_s um eine Poissonverteilung

$$P_s = Ce^{-\lambda s}\frac{\lambda^{s-1}}{(s-1)!}$$

handeln muß, so läßt sich die Verteilung durch die Wahl

$$C = \mu_0 \,, \quad \lambda = \frac{\mu_1}{\mu_0}$$

eindeutig bestimmen. In diesem Fall ist also die Verteilung durch lediglich zwei Freiheitsgrade festgelegt. Offenbar ist hier die Vorabfestlegung auf die Poissonverteilung der kritische Punkt – eine Festlegung, die nicht weiter kontrolliert wird. Allgemein gilt, daß die aus der Momentenmethode erhaltenen Verteilungen keine Abschätzung des Fehlers zulassen. Heimtückischerweise sieht bei Vorgabe von ein- oder mehrparametrigen Basisverteilungen die Lösung meist optisch sehr glatt aus, unabhängig davon, wie weit sie von der tatsächlichen Lösung entfernt ist. Diese Methode zur Bestimmung von Verteilungen ist also nur zu empfehlen, falls der betrachtete Polymerisationsprozeß weitgehend studiert ist und keine Überraschungen zu erwarten sind. Dies ist gerade bei der Neuentwicklung oder Optimierung von technischen Verfahren nicht der Fall.

Darüber hinaus können gerade in technisch relevanten Situationen die Momente auf diese Weise häufig gar nicht berechnet werden, z.B. weil die entstehenden Differentialgleichungen nicht *abgeschlossen* sind, sodaß ein vernünftiges Abschneiden mit nur wenigen Freiheitsgraden nicht möglich erscheint – vergleiche [DW89] für Beispiele dazu. Bei bestimmten kettenlängenabhängigen Reaktionskoeffizienten ist sogar überhaupt keine Formulierung der rechten Seite durch die Momente der Verteilung möglich – vergleiche das Rußbildungsbeispiel von [FH87].

Quasistationäre Approximation (QSSA). Weiß man, daß das System oder Komponenten des Systems einer Quasistationaritätsannahme genügen, so lassen sich die Bilanzgleichungen manchmal stark vereinfachen. In Spezialfällen kann dann etwa das radikalische Polymerisationsschema auf eine reine Quadratur für die toten Ketten reduziert werden [Ra72]. Dann lassen sich auf einfache Weise Fraktionen auswählen, zwischen denen das Ergebnis interpoliert wird. Aufgrund des geringen Aufwandes bei der Quadratur muß dabei nicht sehr subtil vorgegangen werden; es genügt eine ungefähre Kenntnis des Kettenlängenbereiches und der Breite eventueller Maxima. Ein solches Vorgehen läßt verschiedene Verteilungsformen zu.

Kontinuierliche Modellierung. Ein recht häufiges Vorgehen ist, die unendlich vielen gewöhnlichen Differentialgleichungen in kontinuierliche partielle Differentialgleichungen überzuführen, indem aus dem an sich diskreten

Kettenlängenparameter s eine kontinuierliche Variable s gemacht wird. Dabei wird ein schwer kontrollierbarer Modellierungsfehler insbesondere bei kleinen Werten von s eingeschleppt – also leider gerade in einem Bereich, in dem häufig gute Messungen aus Experimenten vorliegen. Darüber hinaus entsteht bei diesem Vorgehen für eine Reihe von wichtigen Polymerisationsprozessen (die zu unbeschränkten Operatoren gehören) ein in der Umgebung von $s = 0$ unsachgemäß gestelltes Problem, das auch auf kleine Werte von s ausstrahlt und eine Regularisierung erfordert [GZ82]. Diese Methode kann also in ihrem Fehler nur schlecht abgeschätzt werden und sollte für Prozesse, in denen auch kurze Ketten eine Rolle spielen, unbedingt vermieden werden. Außerdem sind selbst im gutartigen Fall die resultierenden partiellen Differentialgleichungen keineswegs leichter zu lösen als die ursprünglichen kinetischen Gleichungen.

Monte-Carlo-Methoden. Der Vollständigkeit halber möchten wir noch erwähnen, daß zur Analyse von stationären Lösungen von Copolymerisationssystemen Markov-Ketten verwendet werden, bei denen die Übergangswahrscheinlichkeiten von Zuständen ausgenutzt werden [WH89]. Die statistische Simulation der den kinetischen Gleichungen zugrunde liegenden zeitabhängigen Mastergleichungen wird ebenfalls schon seit längerer Zeit versucht [DK94, LZ93, Lo70, BH91]. Sie erfordert allerdings einen enormen Rechenaufwand verglichen mit den anschließend darzustellenden neueren Methoden.

4 Adaptive diskrete Galerkin-Methoden

Wie oben dargestellt, lassen sich Polymerisationsprozesse mathematisch modellieren durch abzählbare Systeme gewöhnlicher Differentialgleichungen, die wir hier kurz schreiben wollen als

$$P_s'(t) = f_s(P_1(t), \ldots, P_s(t)) \ , \quad s = 1, \ldots, s_{\max} \tag{1}$$

mit gegebener Anfangsverteilung $P_s(0)$. Der Einfachheit halber wollen wir das Galerkin-Schema im folgenden darstellen anhand der linearen Gleichung

$$P_s'(t) = (AP(t))_s \tag{2}$$

wobei der lineare Operator A als möglicherweise unbeschränkt angenommen wird. Ausgangspunkt der Entwicklung von diskreten Galerkin-Methoden war die Arbeit [DW89], worin ein diskretes gewichtetes inneres Produkt

$$(f,g) := \sum_{s=1}^{\infty} f(s)g(s)\Psi(s) \tag{3}$$

über eine (vorgewählte) *Gewichtsfunktion* Ψ definiert wurde. Dieses Produkt induziert eine Basis $\{l_j\}$ von Orthogonalpolynomen mit

$$(l_j, l_k) = \gamma_j \delta_{jk} \quad , \qquad \gamma_j > 0 \qquad j, k = 0, 1, 2, \ldots \tag{4}$$

Unter bestimmten Bedingungen läßt sich die Lösung mittels dieser Basis darstellen in der Form

$$P_s(t) = \Psi(s) \sum_{k=0}^{\infty} a_k(t) l_k(s). \tag{5}$$

Einsetzen dieser Entwicklung in die Ausgangsgleichung (2), Multiplizieren mit einer Testfunktion $l_j(s)$, Summation über s, Vertauschung der Summationen bezüglich k und s und Benutzung der Orthogonalitätsrelation (4) generiert das abzählbare System

$$\gamma_j a'_j(t) = \sum_{k=0}^{\infty} a_k(t)(l_j, Al_k) \quad j = 0, 1, \ldots. \tag{6}$$

Falls die Darstellung (5) zulässig ist, so existiert auch eine Galerkin-Approximation

$$P_s^{(n)}(t) := \Psi(s) \sum_{k=0}^{n} a_k^{(n)}(t) l_k(s) \tag{7}$$

mit asymptotisch verschwindenden Koeffizienten $a_k^{(n)}$, die durch das zu (6) gehörige abgeschnittene Differentialgleichungssystem definiert sind.

Mitbewegte Gewichtsfunktion (moving weight function). Um den Index n abhängig von der verlangten Genauigkeit so klein wie möglich wählen zu können, wird die Gewichtsfunktion Ψ geschickt gewählt und dynamisch angepaßt. Als Beispiel geben wir die sogenannte *Schulz-Flory Verteilung*

$$\Psi_\rho(s) = (1 - \rho)\rho^{s-1} \quad , \quad 0 < \rho < 1 \tag{8}$$

an, die sich speziell für die freie radikalische Polymerisation eignet. Sie erzeugt als Orthogonalpolynome die *diskreten Laguerre-Polynome* $l_k(s; \rho)$. Der darin enthaltene Parameter ρ läßt sich nun derart anpassen, daß über alle Zeiten t die ersten beiden statistischen Momente der gesuchten Verteilung P_s und der Gewichtsfunktion $\Psi_\rho(s)$ übereinstimmen

$$\nu_0 = \sum_{s=1}^{\infty} \Psi_\rho(s) = 1 \quad \text{und} \quad \nu_1 = \sum_{s=1}^{\infty} s\Psi_\rho(s) = (1 - \rho)^{-1} = \frac{\mu_1}{\mu_0} . \tag{9}$$

Durch die Anpassung von ρ wird zugleich die Basis zeitabhängig mitgeführt. Anstelle der speziellen Schulz-Flory-Verteilung ist die flexiblere zweiparametrige Gewichtsfunktion [WD92, Wu92]

$$\Psi_{\rho,\alpha}(s) = (1 - \rho)^{1-\alpha} \binom{s - 1 + \alpha}{s - 1} \rho^{s-1} \quad 0 < \rho < 1 \quad \alpha > -1 \quad , \tag{10}$$

vorzuziehen, welche die Schulz-Flory-Verteilung und die Poisson-Verteilung als Spezialfälle enthält. Sie erzeugt als Orthogonalbasis die *modifizierten* diskreten Laguerre-Polynome $l_k(s; \rho, \alpha)$.

Hilbertraum-Skala. Durch die Gewichtsfunktion $\Psi_{\rho,\alpha}$ wird eine Skala von Folgenräumen, also diskreten Hilberträumen definiert:

$$H_{\rho,\alpha} := \left\{ u \in \mathbf{R}^{\mathbf{N}} | \quad \|u\|_{\rho,\alpha} = \sum_{s=1}^{\infty} u(s)^2 \Psi_{\rho,\alpha}^{-1} < \infty \right\}. \qquad (11)$$

Eine Lösung $P_s(t) = u(s,t)$ muß also der Bedingung $u \in H_{\rho,\alpha}$ genügen, um eine Entwicklung der Form (5) und eine zugehörige Galerkin-Approximation (7) zu gestatten. Diese Bedingung fordert ein asymptotisches Abklingverhalten

$$\lim_{s \to \infty} \frac{P_s^2}{\Psi(s;\rho,\alpha)} = 0 \,. \qquad (12)$$

Eine genauere theoretische Analyse zeigt, daß der Parameter ρ die Existenz, Eindeutigkeit und Regularität der Lösung charakterisiert, während der Parameter α die „Distanz" zur Schulz-Flory-Verteilung beschreibt. Dies belegt der folgende Satz nach [Wu90, Wu92], bei dem der Bequemlichkeit halber der zweite Parameter α weggelassen ist.

Theorem. *Betrachtet wird eine Skala von Folgenräumen H_ρ mit $\rho \in [\rho_0, 1)$, $0 < \rho_0 < 1$. Sei $J = [0, T_f] \subset \mathbf{R}$ und $F : J \times H_\rho \longrightarrow H_{\bar{\rho}}$ stetiger Operator für $\bar{\rho} > \rho$ mit $F(t, u(0)) \in H_{\rho_0}$ auf J. Ferner gelte eine Lipschitz-Bedingung der Form*

$$\|F(t,u) - F(t,v)\|_{\bar{\rho}} \le \frac{M}{(\bar{\rho} - \rho)^\gamma} \|u - v\|_\rho, \quad 0 < \gamma \le 1,$$

für $t \in J$, $\bar{\rho} > \rho$ und $u, v \in H_\rho$. Dann hat für jedes $\rho \in (\rho_0, 1)$ das Anfangswertproblem

$$u'(t) = F(t, u(t)), \ u(0) = \varphi \in H_{\rho_0}$$

eine eindeutige Lösung $u : [0, \delta(\bar{\rho} - \rho)^\gamma) \longrightarrow H_{\bar{\rho}}$ mit $\delta = \min\{T_f, (Md_\gamma)^{-1}\}$ für eine Konstante $d_\gamma > 1$, die in konkreten Fällen berechnet werden kann.

Präprozessor. Zur Berechnung der Galerkin-Approximation muß die Matrix

$$(l_j, Al_k) = \sum_{s=1}^{s\max} \Psi(s) l_j(s) Al_k(s)$$

ausgewertet werden. Diese Auswertung kann etwa bei der Schulz-Flory-Verteilung Ψ_ρ und einfachem Operator A analytisch durchgeführt werden. Bei hinreichend komplizierten Polymerisationsmechanismen müssen die Summen jedoch numerisch ausgewertet werden: hier kann nochmals die Struktur der Orthogonalbasis $\{l_j\}$ ausgenutzt werden, indem man die Summen durch die zur Gewichtsfunktion Ψ gehörige diskrete Gauss-Quadratur approximiert, wobei innerhalb einer Approximation mit $n + 1$ Entwicklungskoeffizienten $n + 2$ Gaussknoten ausreichen [Wu92].

Linienmethode. Eine Möglichkeit zur Lösung der auftretenden abzählbaren Differentialgleichungssysteme ist, einen Ansatz vom Typ (7) mit fest vorgewähltem Abschneideindex n zu machen; die Wahl des Index kann im Zuge der Rechnung durch eine Fehlerschätzung kontrolliert werden. Ist der Approximationsfehler nach Ablauf der numerischen Integration zu hoch, so kann immerhin die gesamte Simulation mit höherem Index wiederholt werden. Ein solches Vorgehen entspricht bei partiellen Differentialgleichungen einer Linienmethode, wobei zuerst im Raum, dann in der Zeit diskretisiert wird.

Aus den berechneten Koeffizienten a_k ergeben sich die statistischen Momente durch einfache lineare Beziehungen – vergleiche [DW89] – so daß auch momentenabhängige Reaktionskoeffizienten kein ernsthaftes Problem für diese Art der mathematischen Behandlung darstellen. Ein Verfahren dieses Typs wurde in dem Programmpaket MACRON des Konrad-Zuse-Zentrums implementiert, mit dem eine Reihe von interessanten Problemen bearbeitet werden konnten [BW91, AW90, CR92]. Es benutzt allerdings bisher nur die einfache Schulz-Flory-Verteilung, da in diesem Fall der oben erwähnte Präprozessor im wesentlichen analytisch arbeiten kann. Zur Illustration geben wir hier eine Vergleichsrechnung für ein technisch relevantes Problem an.

Tabelle 1. Rechenzeiten und berechnete Polydispersion als Funktion der maximalen Kettenlänge durch direkte steife Integration des ursprünglichen Differentialgleichungssystems – nach [JMS90].

Kettenlänge	Rechenzeit[a])	Dispersion[b])
50	43	1,98
100	220	1,98
200	1320	2,21
300	4048	2,30
400	7987	2,33
500	16042	2,34

a) CPU sec Cyber 205

b) auf vier Dezimalziffern genaue Dispersion 2,404 berechnet in 18,1 sec auf einer Workstation mit diskreter Galerkin-Methode ($n = 5$).

Beispiel: Freie radikalische Polymerisation. Das zugrundeliegende chemische Problem ist in [JMS90] beschrieben. Zur numerischen Lösung wählten die Autoren [JMS90] die Methode der direkten numerischen Integration für wachsende maximale Kettenlänge s_{max} – vergleiche Tabelle 1. Ignoriert man die Tatsache, daß die direkte Integration auf dem Supercomputer Cyber 205 nicht die gleiche Genauigkeit erzielt hat, so läßt sich – durch Vergleich der MFLOPS-Raten unter Berücksichtigung von LINPACK benchmark Tests – ein Beschleunigungsfaktor von mehr als 10000 abschätzen! Beschleunigungsfaktoren dieser

Größenordnung sind kein Einzelfall, sondern relativ typisch für eine größere
Klasse von Problemen – siehe etwa die erst jüngst publizierten Resultate in
[DMM93].

Rothe-Methode. Die Linienmethoden-Variante der diskreten Galerkin-Methode hat – allen Anfangserfolgen zum Trotz – in komplizierten praktischen
Problemen erhebliche Schwierigkeiten. So erweist sich eine saubere Abglei-
chung der verschiedenen auftretenden Fehler – Diskretisierungs-, Abschneide-
und Quadraturfehler – bei genauer Analyse als schwierig, wenn nicht im allgemeinen Fall unmöglich. Aus diesem Grund wurde im nächsten Entwicklungs-
schritt – angeregt durch Arbeiten von Bornemann [Bo90, Bo91] über parabo-
lische partielle Differentialgleichungen – die Linienmethode ersetzt durch eine
Rothe-Methode, bei der erst bezüglich der Zeit (mit Schrittweite τ) und so-
dann bezüglich der Orthogonalbasis diskretisiert wird. Mathematische Basis
ist die Theorie der analytischen Halbgruppen – interessanterweise hat Hille
[Hi61] eben diesen Begriff anhand eines abzählbaren Differentialgleichungssystems (mit konstanten Koeffizienten) geprägt. Zur Illustration des Vorgehens
nehmen wir an, wir hätten die Lösung $\varphi = u(t)$ der nichtlinearen Ausgangsgleichung (1) gegeben. Um eine Approximation u_1 der Lösung $u(t + \tau)$ zu
erhalten, wenden wir ein semi-implizites Euler-Verfahren nach [De85] an:

$$(I - \tau A)\Delta u = \tau f(\varphi) , \quad u_1 = \varphi + \Delta u , \tag{13}$$

wobei A die Ableitung $f_u(\varphi)$ ist. So erhalten wir ein lineares Randwertproblem
in einem Folgenraum, das wir durch eine diskrete Galerkin-Methode approximieren. In der numerischen Realisierung benötigt die Zeitschrittsteuerung
eine Schätzung η_1 des Fehlers $\|u_1 - u(t+\tau)\|$ in der von dem inneren Produkt
$(\cdot, \cdot)$ induzierten Norm $\| \cdot \|$. Dazu lösen wir die Korrekturgleichung

$$(I - \tau A)\eta_1 = -\frac{1}{2}\tau^2 Af(\varphi) , \quad u_2 = u_1 + \eta_1 ,$$

welche offenbar die gleiche Struktur wie (13) hat. Die Approximation u_2 ist
von der Ordnung 2. Es ergibt sich so eine geschätzte Zeitschrittweite

$$\tau_{\text{new}} = \tau \sqrt{\frac{\text{tol}}{\|\eta_1\|}}$$

zu vorgegebener Toleranz tol. Der Abschneideindex n wird innerhalb dieses
Approximationsschemas zeitabhängig derart angepaßt, daß die Approximati-
onsgenauigkeit deutlich unterhalb tol liegt.

h-p-Methode. Die oben beschriebenen gewichteten Galerkin-Methoden verwenden globale Ansatzfunktionen, die in einer Reihe technischer Anwendungen mit vielgestaltigen Kettenlängenverteilungen nicht besonders geeignet erscheinen. In Anlehnung an das Vorgehen bei Finite-Elemente-Methoden für

partielle Differentialgleichungen wurde deshalb auch hier als nächster Schritt eine lokale Basiswahl zusätzlich zur globalen Basiswahl entwickelt. Die lokale Basis orientiert sich am Gewicht $\Psi = 1$, führt also auf Tschebyscheff-Polynome t_k vom Grad k. Zusätzlich zur Variation des lokalen Grades k kann hierbei auch noch das lokale Intervall variiert werden – eine Technik, die im FEM-Bereich als h-p-Methode bezeichnet wird. Als Faustformel für die Kombination von globaler und lokaler Basis hat sich ergeben: *So global wie möglich, so lokal wie nötig.*

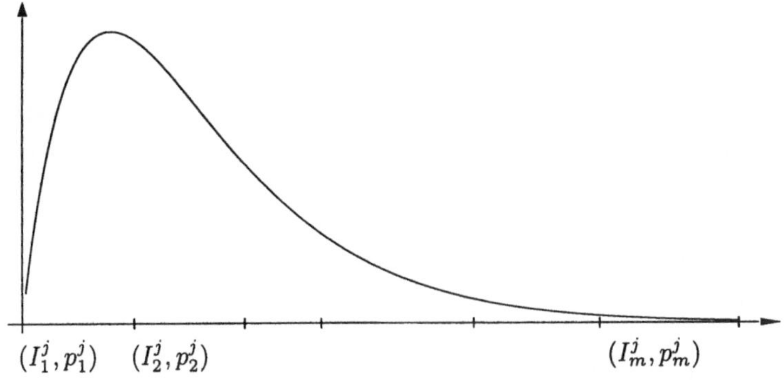

Abbildung 2. Allgemeines h-p-Muster

Um eine Vorstellung von der doch recht komplizierten Struktur des erst jüngst entwickelten diskreten Multilevel-h-p-Algorithmus zu geben, wollen wir noch etwas ins Detail gehen. Wir starten von einer Unterteilung der s-Achse (Kettenlängenachse) wie in Abb. 2 und benutzen lokale Entwicklungen auf jedem Intervall I mit speziellen Polynomen bis zu einer Ordnung j. Die Anzahl der Entwicklungskoeffizienten kann von Intervall zu Intervall differieren, so daß die Form der Kettenlängenverteilung durch Variation von Gitter und Ordnungen aufgelöst werden kann. Die Knoten-Ordnung-Verteilung auf dem feinsten Level $\Delta = \{(I_1, p_1), \ldots (I_m, p_m)\}$ muß so gewählt werden, daß der rechnerische Aufwand so klein wie möglich ist. Die Konstruktion des Gitters startet in der Regel mit einem Anfangsintervall $I_l = \{1, \ldots s_{\max}\}$ und schreitet von Level zu Level durch Bisektion von Intervallen oder Erhöhen der Ordnung. Auf jedem Teilintervall I_l^j (l: Nummer des Intervalls, j: Nummer des Levels) erhalten wir eine Approximation

$$P_s^j \big|_{I_l^j} = \sum_{k=0}^{p_l^j} a_{k_l} t_{k_l}(s) \, ,$$

wobei die Polynome $t_{k_l}^j$ die bekannten Tschebyscheff-Polynome vom Grade k_l sind, welche orthogonal auf dem diskreten Intervall I_l^j sind. Als Beispiel eines Übergangs zwischen zwei Levels betrachten wir Abb. 3:

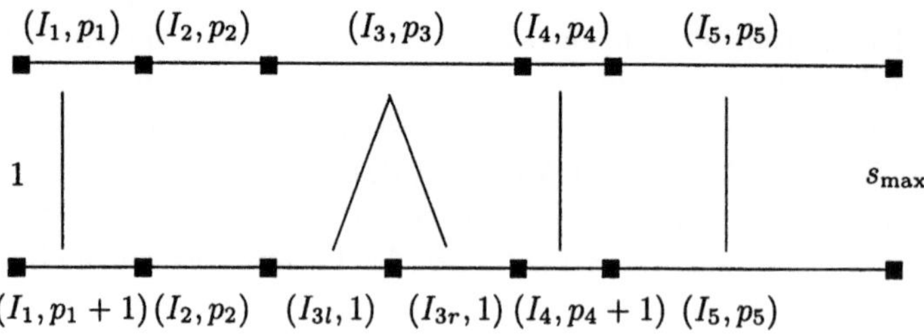

Abbildung 3. Beispiel eines Übergangs in einem h-p-Multilevel-Algorithmus

Während hier auf den Intervallen I_1 und I_4 die Ordnung der lokalen Approximation erhöht wurde, wurde Intervall I_3 verfeinert. Die übrigen Intervalle werden aufgrund der Informationen der Fehlerschätzung nicht verändert.

Der gesamte Algorithmus ist eingebettet in die Rothe-Methode wie oben beschrieben. Mit einer ausgereiften Version dieser Technik ist das Softwarepaket PREDICI nun flexibel in der Lage, multimodale Verteilungen oder Sprünge aufzulösen. Erst in dieser Verfeinerungsstufe des Algorithmus war es möglich, sämtliche interessanten Verteilungstypen und Prozesse zu behandeln, die in der industriellen Praxis eine Rolle spielen.

5 Ein komplexes Beispiel – radikalische Terpolymerisation

Die meisten industriellen Kunststoffe (z.B. Klebstoffe oder Lacke) sind Copolymere, d.h. sie bestehen aus mehreren Monomeren, wobei drei bis sieben Monomeren keine Seltenheit sind. In diesem Abschnitt wollen wir deshalb anhand eines in der Literatur wohldokumentierten Copolymerisationsproblems die Leistungsfähigkeit der adaptiven diskreten Galerkin-Methode exemplarisch illustrieren. Das zugrundeliegende Modell einer Copolymerisation mit den drei Monomeren MMA, Styrol und MSA wird in [ESN93] beschrieben und dort mit Hilfe statistischer Zusatzannahmen untersucht. Im Gegensatz dazu kommt die diskrete Galerkin-Methode ohne solche weiter nicht nachprüfbaren Zusatzannahmen aus.

Zur mathematischen Modellierung von Copolymerisationen wird oft ein „mehrdimensionaler" Ansatz gewählt, also bei zwei Monomeren anstelle einer Kettenlängenverteilung P_s eine Verteilung P_{sr} mit s Monomereinheiten vom Typ 1 und r Einheiten vom Typ 2. Dieser Ansatz führt zu einer enormen Aufblähung von Speicher und Rechenzeit. Aus diesem Grund verwenden wir hier eine Charakterisierung wie in [ESN93], welche die (lebenden) Copolymere nach dem chemisch aktiven Kettenende klassifiziert. In unserem Beispiel der Terpolymerisation bezeichnet P_s das Polymer mit MMA, Q_s das Polymer mit Styrol und R_s das Polymer mit MSA als aktivem Ende.

Mit diesen Bezeichnungen erhält man das folgende Reaktionsschema
Initiierung:

$$I \xrightarrow{k_d} 2I*$$
$$I^* + MMA \xrightarrow{k_l} P_1^*$$
$$I^* + S \xrightarrow{k_l} Q_1^*$$
$$I^* + MSA \xrightarrow{k_l} R_1$$

Kettenwachstum:

$$P_s^* + MMA \xrightarrow{k_{paa}} P_{s+1}^*$$
$$P_s^* + S \xrightarrow{k_{pab}} Q_{s+1}^*$$
$$P_s^* + MSA \xrightarrow{k_{pac}} R_{s+1}^*$$
$$Q_s^* + MMA \xrightarrow{k_{pba}} P_{s+1}^*$$
$$Q_s^* + S \xrightarrow{k_{pbb}} Q_{s+1}^*$$
$$Q_s^* + MSA \xrightarrow{k_{pbc}} R_{s+1}^*$$
$$R_s^* + MMA \xrightarrow{k_{pca}} P_{s+1}^*$$
$$R_s^* + S \xrightarrow{k_{pcb}} Q_{s+1}^*$$

Kettenabbruch:

$$P_s^* + P_r^* \xrightarrow{k_{caa}} D_{s+r}$$
$$P_s^* + Q_r^* \xrightarrow{k_{cab}} D_{s+r}$$
$$Q_s^* + Q_r^* \xrightarrow{k_{cbb}} D_{s+r}$$

Bei der Bestimmung der Reaktionskoeffizienten – der Index a ist verknüpft mit MMA, b mit Styrol, c mit MSA – unterscheidet man zwischen den Geschwindigkeitskonstanten für die Homopolymerisation – die Reaktion zwischen gleichen Monomeren – und den r-Werten, die den Quotienten zwischen Homopolymerisationskonstante und gemischter Konstante darstellen, zum Beispiel $r_{ab} = k_{paa}/k_{pab}$. Während die Bestimmung der r-Werte oft über isolierte Meßtechniken möglich ist, sind die absoluten Werte der k_{pii} oft nur mit Hilfe einer Parameteranpassung zu bestimmen. Die Koeffizienten sind in [ESN93] angegeben.

	mol · min/l		mol · min/l
k_d	6.25 $\cdot 10^{-4}$	k_{pca}	8.988 $\cdot 10^3$
k_{paa}	4.404 $\cdot 10^4$	k_{pcb}	1.056 $\cdot 10^5$
k_{pab}	8.007 $\cdot 10^4$	k_{caa}	2.547 $\cdot 10^9$
k_{pac}	8.897 $\cdot 10^3$	k_{cab}	5.688 $\cdot 10^9$
k_{pba}	1.65 $\cdot 10^4$	k_{cbb}	3.175 $\cdot 10^9$
k_{pbb}	1.056 $\cdot 10^3$	k_l	1
k_{pbc}	2.211 $\cdot 10^5$		

Die Anfangswerte für den Initiator und die Monomere sind $I(0) = 0,1$, $MMA(0) = 0,8$, $S(0) = 2,8$, $MSA(0) = 0,4$. In den ersten 360 Minuten der Reaktion wird ein Feed von 0,001 l/min bei einem Anfangsvolumen des Reaktors von 0,3 l vorgenommen. Der Feedstrom enthält Styrol in einer Konzentration von 0,5 mol/l und MSA mit 1,4 mol/l. Alle anderen Größen starten mit Null. Danach wird der Reaktor auf Batchbetrieb umgeschaltet, d.h. die Reaktion wird ohne weitere Zugabe von Substanzen weitergeführt – in diesem Beispiel noch einmal 720 Minuten.

Folgende Fragen sind durch eine Simulation zu klären:

- Wieviel vom eingesetzten Monomeren wird im Laufe der Reaktion umgesetzt? (Eine Frage, die entscheidend für die Wirtschaftlichkeit eines Produktionsverfahrens ist. Gewünscht wird natürlich 100% Umsatz.)
- Wie sieht die Molmassenverteilung des Polymeren aus, welche Mittelwerte ergeben sich?

Im vorliegenden Problem konnten diese Fragen mit Hilfe des Softwarepaketes PREDICI auf Anhieb innerhalb einer halben Stunde auf einem PC mit 486/50-Prozessor beantwortet werden – inklusive Ein- und Ausgabe. Im folgenden sind einige der Resultate ausgewählt.

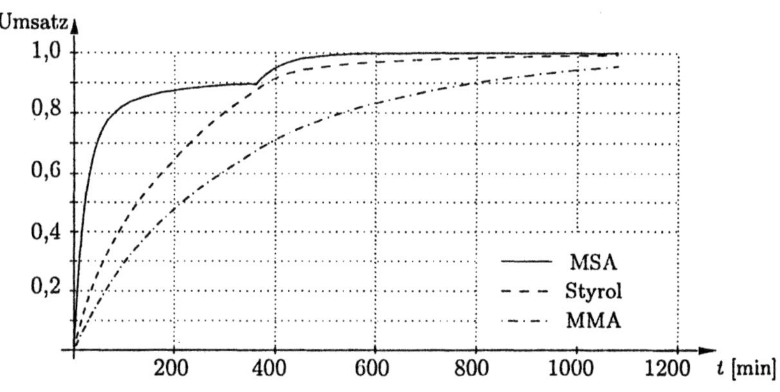

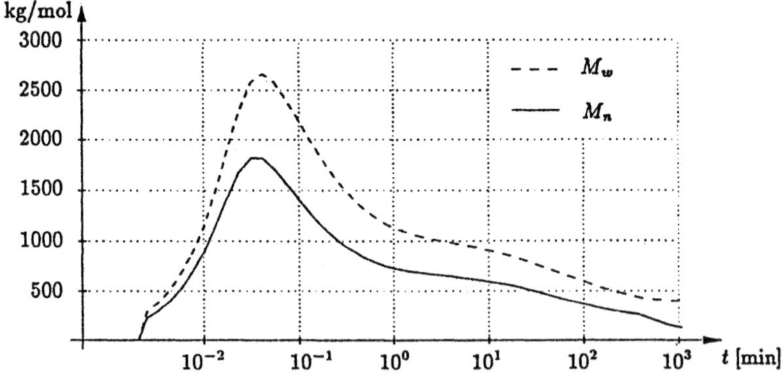

Abbildung 4. oben: Umsätze der Monomeren MMA, Styrol, MSA

unten: Mittlere Kettenlänge M_n und mittleres Gewicht M_w

In Abb. 4 sind die Umsätze der einzelnen Monomeren und der zeitabhängige Verlauf der mittleren Kettenlänge und des mittleren Gewichts des produzierten toten Polymeren zu sehen. Der Umsatz für MMA ist zu jedem Zeitpunkt kleiner als der für die anderen Monomere, so daß gegen Ende der Reaktion hauptsächlich MMA in die Polymermoleküle eingebaut wird, was wir weiter unten beim Zusammensetzungsverhältnis noch sehen werden. Die mittlere Kettenlänge des Polymeren erreicht in der Anfangsphase der Reaktion fast 2000, was einer maximalen Kettenlänge von ca. 10000 entspricht. Bei einer direkten Integration des Modells als Differentialgleichungssystems müßten also zeitweise bis zu 40000 Differentialgleichungen gelöst werden. Bei t=1 beträgt die mittlere Kettenlänge dann nur noch 700, am Ende dann 130.

Aus der Bilanzierung des verbrauchten Monomeren läßt sich leicht die Zusammensetzung des gesamten Polymers über die Zeit ermitteln (Abb. 5).

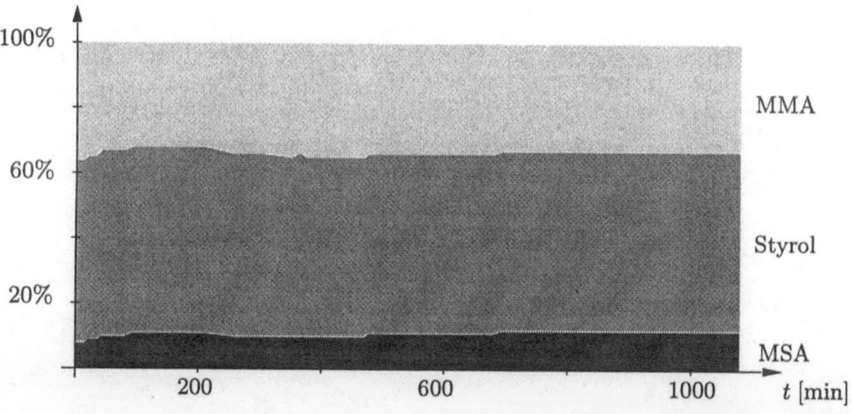

Abbildung 5. Zusammensetzung des gesammten Copolymeren über die Zeit

In Abb. 6 ist das gesamte lebende Polymer $(P_s + Q_s + R_s)$ in einer sehr frühen Phase der Reaktion zu sehen. Die Schwingungen für kleine Polymergrade sind tatsächlich aufgrund der verschiedenen Übergänge in den Wachstumsschritten enthaltene Strukturen für den oligomeren Bereich —hierbei zeigt sich die Stärke des h-p-Algorithmus.

Im weiteren Verlauf der Reaktion glätten sich die Verteilungen, so daß dann im Prinzip nur das tote Polymere interessant wird. Dabei bildet sich in der semibatch-Phase eine unimodale Verteilung heraus. Nach der Umschaltung auf den Batchbetrieb werden allerdings hauptsächlich kurze Ketten gebildet, so daß mit der Zeit ein zweites Maximum entsteht (Abb. 7). Die reine Information aus den Mittelwerten würde diese Feinstruktur der Verteilung nicht auflösen können.

Schließlich kann man aufgrund der Tatsache, daß in radikalischen Polymerisationen die lebenden Ketten nur sehr kurz leben, die Zusammensetzungsver-

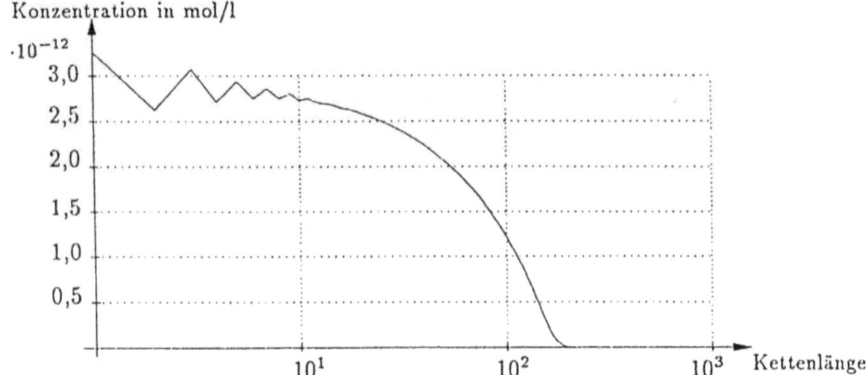

Abbildung 6. Verteilung des lebenden Copolymeren in der Anfangsphase (t =0,001 *min*)

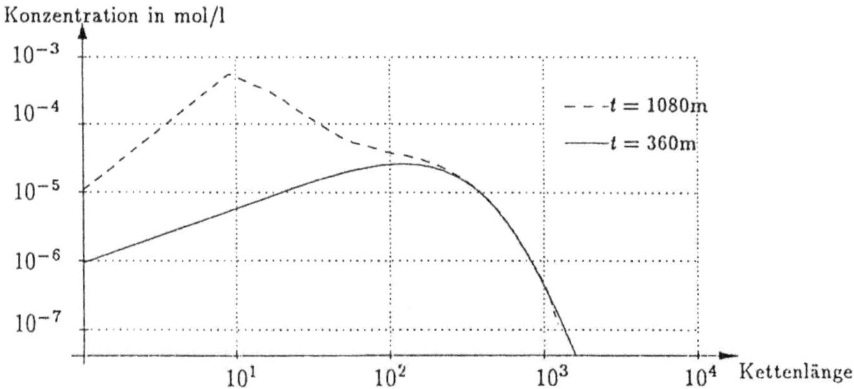

Abbildung 7. Verteilung des toten Polymeren am Ende der Semibatch-Phase ($t = 360$ min) und der Batch-Phase ($t = 1080$ min)

teilung des Polymers folgendermaßen berechnen. Dazu definiert man integrale Verteilungen wie etwa

$$\bar{P}_s(t) = \int_0^t P_s(t')dt' \, .$$

Die Größe $\bar{P}_s$ zählt (bis auf Normierung) die Anzahl der Copolymeren mit MMA in fester Position s. Das Verhältnis $\bar{P}_s : \bar{Q}_s : \bar{R}_s$ gestattet also differenzierte Aussagen über die Zusammensetzung der Ketten. Für $t = 360$ min und $t = 1080$ min sind solche Zusammensetzungsverteilungen in Abb. 8 gezeigt. Aufgrund des geänderten Reaktionsverhaltens in der Batchphase verschiebt sich die Zusammensetzung für kurze Ketten gegen Ende der Reaktion deutlich. Auch dies könnte in einer Momentenanalyse so nicht herausgearbeitet werden.

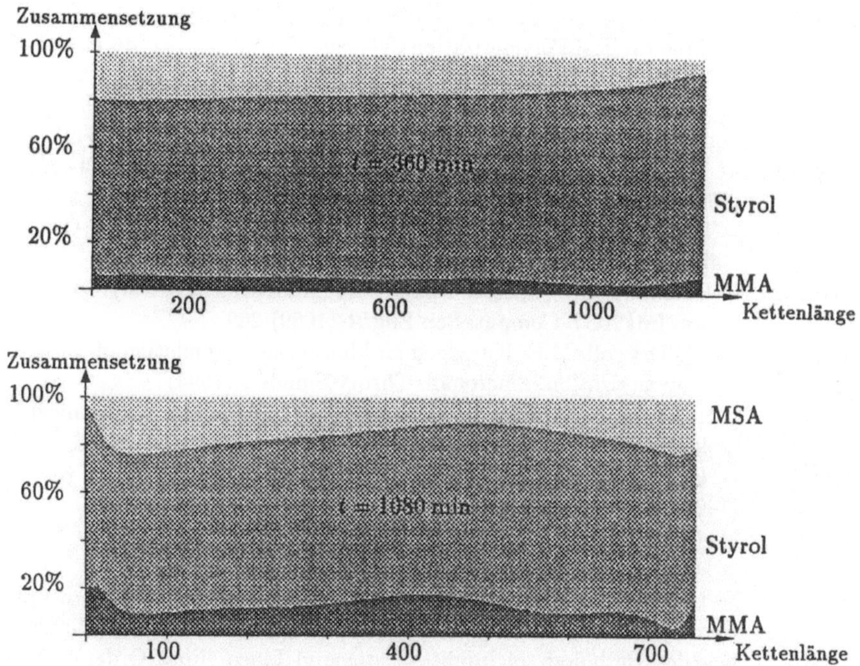

Abbildung 8. Zusammensetzung des Copolymeren über die Kettenlänge

Zusammenfassung

Die enorme algorithmische Beschleunigung durch diskrete Galerkin-Methoden für abzählbare Differentialgleichungssysteme hat der Simulation von Polymerisationsprozessen neue, industriell relevante Problembereiche eröffnet, die mit den bis dahin verfügbaren Methoden nicht zugänglich waren. In der industriellen Praxis haben die neuen Methoden jedoch erst wirklich Einzug gehalten, seitdem sie in Form ausgereifter Software mit anwenderfreundlicher Oberfläche zur Verfügung stehen.

Literatur

[AW90] J. Ackermann, M. Wulkow: MACRON – A Program Package for Macromolecular Reaction Kinetics. Konrad-Zuse-Zentrum, Preprint SC 90-14 (1990)

[Bo90] F.A. Bornemann: An Adaptive Multilevel Approach to Parabolic Equations I. General Theory and 1 D Implementation. IMPACT Comput. Sci. Engrg. **2** (1990) 279

[Bo91] F.A. Bornemann: An Adaptive Multilevel Approach to Parabolic Equations II. Variable Order Time Discretization Based on a Multiplicative Error Correction. IMPACT Comput. Sci. Engrg. **3** (1991) 93

[BKR91] R. Bradel, A. Kleinke, K.-H. Reichert: Molar Mass Distribution of Microbial Poly (D-3-Hydroxybutyrate) in the Course of Intracellular Synthesis and Degradation. Makromol. Chem., Rapid Commun. **12** (1991) 583

[BW91]   U. Budde, M. Wulkow: Computation of Molecular Weight Distributions
          for Free Radical Polymerization Systems. Chem. Ing. Sci. **46** (1991) 497-
          508

[CR92]   P. Canu, W.H. Ray: Discrete Weighted Residual Methods Applied to Po-
          lymerization Reactions. Computers Chem. Engrg. **15** (1991) 549

[DMM93]   M. Deady, A.W.H. Mau, G. Moad, T. Spurling: Makromol. Chem. **194**
          (1993)

[De85]   P. Deuflhard: Recent Progress in Extrapolation Methods for Ordinary
          Differential Equations. SIAM Review **27** (1985) 505

[DW89]   P. Deuflhard, M. Wulkow: Computational Treatment of Polyreaction Ki-
          netics. IMPACT Comput. Sci. Eng. **1** (1089) 269

[DK94]   K.F.O'Driscoll, M.E. Kuindersma: Monte Carlo simulation of pulsed la-
          ser polymerization. Macromol. Theory Simul. **3** (1994)

[EDJ81]   K.H. Ebert, P. Deuflhard, W. Jaeger (eds.): Modelling of Chemical Re-
          action Systems. Springer Series Chem. Phys. (1981)

[ESN93]   U. Engelmann, G. Schmidt-Naake: Makromol. Chem., Theory Simul. **2**
          (1993)

[FH87]   M. Frenklach, S.J. Harris: Aerosol Dynamics Modeling Using the Method
          of Moments. J. Colloid Interface Sci. **118**, No. 1 (1987)

[GZ82]   H. Gajewski, K. Zacharias: *On an Initial Value Problem for a Coagula-
          tion Equation with Growth Term.* Math. Nachr. **109**, (1982) 135-156

[Hi61]   E. Hille: Pathology of Infinite Systems of Linear First Order Differen-
          tial Equations with Constant Coefficients. Ann. Math. Pura. Appl. **55**
          (1961) 133

[BH91]   H.P. Breuer, J. Honerkamp, F. Petruccione: Comput. Polym. Sci. **1**
          (1991) 233

[JMS90]   Ch.H.J. Johnson, G. Moad, D.H. Solomon, Th.H. Spurling, D.J. Vearing:
          The Application of Supercomputers in Modeling Chemical Reaction Ki-
          netics: Kinetic Simulation of „Quasi-Living" Radical Polymerization.
          Aus. J. Chem. **43** (1990) 1215

[Lo70]   G.G. Lowry: Markov Chains and Monte Carlo Calculations in Polymer
          Science. M. Dekker Inc., N.Y. (1970)

[LZ93]   J. Lu, H. Zhang, Y. Yang: Monte Carlo simulation of kinetics and chain-
          length distribution in radical polymerization. Makromol. Theory Simul. **2**
          (1993)

[Ra72]   W.H. Ray: On the Mathematical Modeling of Polymerization Reactors.
          J. Macromol. Sci. Revs. Macromel. Chem. **C8** (1972) 1-56

[WH89]   P. Wittmer, K.-D. Hungenberg: Distribution of Degrees of Polymeriza-
          tion in Free-Radical Copolymerization. In: K.H. Reichert, W. Geiseler
          (eds.) Polymer Reaction Engineering. VCH, Weinheim (1989)

[Wu90]   M. Wulkow: Numerical Treatment of Countable Systems of Ordinary Dif-
          ferential Equations. Thesis and Technical Report TR 90-8, Konrad-Zuse-
          Zentrum Berlin (1990)

[Wu92]   M. Wulkow: Adaptive Treatment of Polyreactions in Weighted Sequence
          Spaces. IMPACT Comput. Sci. Engrg. **4** (1992) 152-193

[WD92]   M. Wulkow, P. Deuflhard: Towards an Efficient Computational Treat-
          ment of Heterogenous Polymer Reactions. In: S.O. Fatunla (ed.) Com-
          putational Ordinary Differential Equations. University Press, Nigeria,
          (1992) 287

Mathematik in der Modellierung am Beispiel der mechanischen Eigenschaften von Polymeren Hochleistungsfasern

Andreas Schuppert

Central Research, Method Projects, Scientific Computing, Hoechst AG

1 Einleitung

Die Modellierung von komplexen Systemen gewinnt in der Industrieforschung zunehmend an Bedeutung. Dabei wird nach dem folgenden Schema vorgegangen (Abb.1): In einem ersten Schritt wird das zu untersuchende Problem

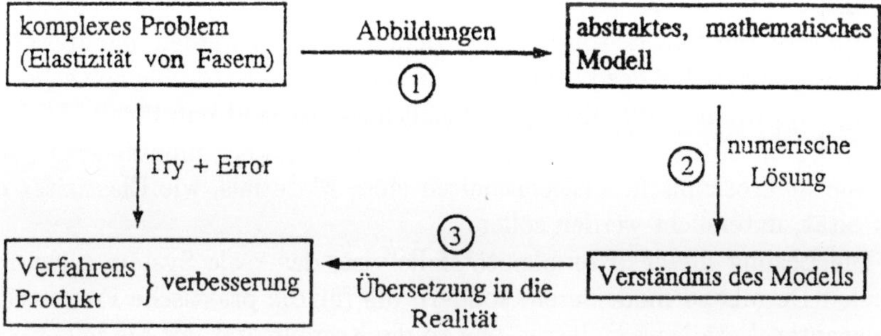

Abbildung 1. Schematische Darstellung des Modellierungsprozesses

(zum Beispiel die Elastizität von Fasern) auf ein abstraktes Modell abgebildet, das im allgemeinen aus einem Gleichungssystem besteht. Die dabei erhaltenen Gleichungen werden dann im zweiten Schritt gelöst. Dies ist meist nur numerisch zu bewältigen und stellt die klassische Domäne für den Einsatz von Mathematik in der Modellierung, ja sogar in der ganzen Industrieforschung dar. In einem letzten Schritt gilt es dann, die gefundenen Lösungen für die Modellgleichungen in Hinblick auf das zu lösende reale Problem zu interpretieren und so einen Beitrag zur zu einer Verfahrens- oder Produktverbesserung zu leisten.

Die numerische Lösung der Modellgleichungen ist jedoch nur ein Schritt zur Lösung des Problems, der eingebettet ist in die Modellerstellung und die Interpretation der Simulationsergebnisse. Es soll hier gezeigt werden, daß auch bei der Modellerstellung selbst interessante mathematische Probleme auftreten können.

Prinzipiell ist das ideale Modell eines realen Systems ein optimal detaillierte Abbildung der Realität. Zum Beispiel kann in der Materialforschung ein Material atomar modelliert werden, so daß die Positionen aller Atome mittels einer molekulardynamischen Simulation mit ihrer Dynamik berechnet werden. Eine solche Modellierung liefert zweifellos, zumindest falls die Kräfte zwischen den einzelnen Atomen bekannt sind, ein Maximum an Information über das Verhalten des realen Materials. Die Modellierung und die Interpretation der Modellösungen bieten keine entscheidenden Schwierigkeiten. Das Modell besteht aus einem System von gewöhnlichen Differentialgleichungen zweiter Ordnung von der Form

$$\ddot{x}_i(t) = f_i(x_1(t),\ldots,x_n(t))\,,\ i = 1,\ldots,n$$

wobei die $x_i(t)$ die Positionen jedes einzelnen Atoms und die f_i die resultierenden Kräfte beschreiben. In realen Materialien liegt aber die Zahl der Atome bei 10^{23} und es treten Prozesse auf, die sich um Faktoren 10^{12} in den Zeitskalen, auf denen sie ablaufen, unterscheiden. Von der numerischen Lösung eines solchen Modellsystems sind die besten Algorithmen und die schnellsten Computer noch um Größenordnungen entfernt, der zweite Modellierungsschritt ist also undurchführbar. Es soll hier trotzdem angemerkt werden, daß dieser Modellierungsansatz bei der Lösung von speziellen Materialproblemen schon mit Erfolg angewandt wurde [KG90]. Glücklicherweise sind nun für die Materialforschung die Positionen der einzelnen Atome meistens uninteressant, wenn nur die makroskopischen Eigenschaften eines Materials, wie Elastizität oder Vikosität, untersucht werden sollen.

Die Lösung dieser „Komplexitätsfalle" ist, das reale System nicht mehr in allen Details zu modellieren, sondern die für die praktische Fragestellung irrelevanten Details wegzulassen und so die Komplexität des Modells wesentlich zu reduzieren. Dabei ist sicherzustellen, daß tatsächlich nur irrelevante Details eliminiert werden, da sonst die Interpretierbarkeit der Lösungen der Modellgleichungen leidet. Die Trennung der wesentlichen von den unwesentlichen Details ist sicher keine originär mathematische Aufgabe, im Gegenteil erfordert dies ein detailliertes Verständnis der Prozesse, die im betrachteten System ablaufen. Auf der anderen Seite jedoch sind bei komplexen Systemen sogar die reduzierten Modellgleichungen oft noch so unübersichtlich, daß das Eliminieren scheinbar kleiner Details leicht zu qualitativen Änderungen im Modellverhalten führt. Daher sind schnelle Tests, die zeigen, ob das reduzierte Modellsystem überhaupt noch das richtige Verhalten zeigen kann, bei der Modellierung entscheidend. Dies erfordert die Einbeziehung analytischer Methoden in den Modellierungsprozeß und soll im Folgenden anhand von zwei Beispielen aus dem Materialbereich, der Modellierung von elastischen und viskoelastischen Eigenschaften von hochorientierten Polymerfasern, gezeigt werden.

2 Strukturmodell für Polymere Hochleistungsfasern

Polymere Hochleistungsfasern besitzen mechanische Eigenschaften, z.B. Dehnungsmoduln, die, bezogen auf das Gewicht, die Werte für Stahl deutlich übertreffen. Dies wird dadurch bewirkt, daß in ihnen die Polymermoleküle fast vollständig entlang der Faserachse orientiert sind und so eine mechanische Belastung im Idealfall von den sehr harten primären, intramolekularen Bindungen aufgenommen werden kann. Im Gegensatz dazu gibt es in konventionellen Fasern große Bereiche, in denen die Moleküle unorientiert wie ein Wollknäuel vorliegen. In diesem Fall dominieren diese Bereiche die mechanischen Eigenschaften. Hochleistungsfasern jedoch sind voll orientiert und besitzen meist eine Unterstruktur, sie bestehen aus orientierten Fibrillen, die durch einzelne Verbindungsmoleküle zusammengehalten werden [Pe77, SCJ92]. Diese bestehen wiederum aus orientierten kettenartigen Polymermolekülen, wobei die Fibrillen und die „Kettenmoleküle" fast vollständig in Richtung der Faserachse orientiert sind. Schematisch ist dies in Abb. 2 dargestellt.

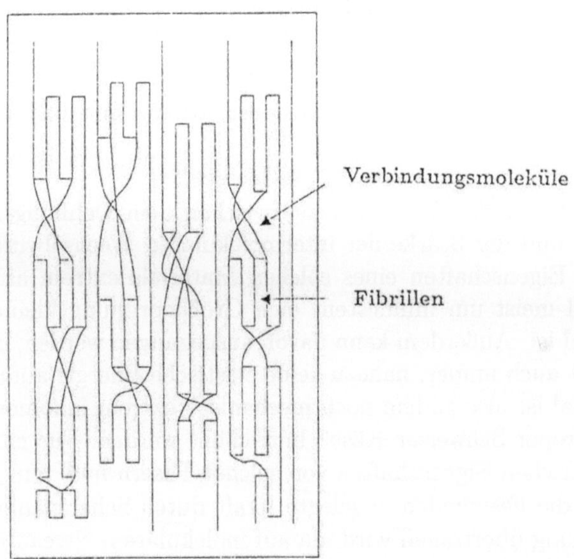

Abbildung 2. Schematische Darstellung der Struktur hochorientierter Polymerfasern

Der Dehnungsmodul der einzelnen gestreckten Moleküle ist extrem hoch, da die primären Bindungen sehr hart sind. Die Moleküle werden in ihrer orientierten Struktur durch sehr viel weichere sekundäre, intermolekulare Bindungen zusammengehalten. Außerdem existieren in der Faser eine große Zahl sowohl von Konformationsdefekten auf den Molekülketten, wie Versetzungen der Moleküle oder Schlaufen (Abb.3), als auch von Lochdefekten zwischen den Molekülen, d.h. Bereiche, die nicht von Molekülketten besetzt sind.

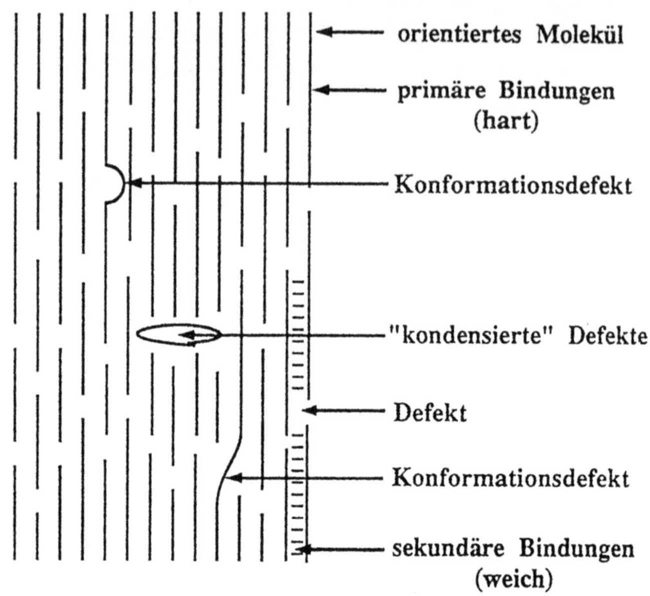

Abbildung 3. Schematische Darstellung der Struktur innerhalb einer Fibrille

Wegen der großen Unterschiede zwischen dem Dehnungsmodul der Molekülketten und der Stärke der intermolekularen Wechselwirkungen sind die elastischen Eigenschaften eines solchen Materials extrem anisotrop, da der Schermodul meist um mindestens eine Größenordnung kleiner als der Dehnungsmodul ist. Außerdem kann davon ausgegangen werden, daß die Defekte, welcher Art auch immer, nahezu keine elastische Energie aufnehmen können. Das Material ist also zudem noch mechanisch extrem inhomogen, es kann als ein „anisotroper Schweizer Käse" bezeichnet werden. Für eine Optimierung der mechanischen Eigenschaften von solchen Fasern muß nun geklärt werden, ob eine an die Faserenden angelegte Kraft durch Scherspannung oder durch Dehnspannung übertragen wird, da auf molekularem Niveau jeweils verschiedene Wechselwirkungen für die beiden Arten von Spannungsübertragungen verantwortlich sind.

Dieses Problem kann noch auf molekularer Ebene sinnvoll modelliert und gelöst werden, wenn keine Defekte auftreten. Das Auftreten von verstreuten großen Lochdefekten erschwert die molekulare Modellierung jedoch erheblich, so daß die Untersuchung dieser Frage mit einem abstrakten Kontinuumsmodell sinnvoller erscheint. Dies soll im ersten Beispiel gezeigt werden.

Ein typisches Merkmal der viskoelastischen Eigenschaften hochorientierter Polymerfasern ist ihr Kriechverhalten unter konstanter Belastung. Hierbei zeigt es sich, daß eine irreversible Dehnung ϵ auftritt, die proportional zum

Logarithmus der Zeit auf Zeitskalen von mehreren Tagen anwächst:

$$\epsilon(t) = a\log(t) + b$$

Dabei ist ist der Parameter a nahezu unabhängig von der Zugkraft. Der elastische Dehnungsmodul der Faser nimmt bei dieser irreversiblen Dehnung außerdem noch zu. Bei der Untersuchung dieses Prozesses ist eine Modellierung auf molekularer Ebene schon wegen der Zeitskala von Tagen, auf denen der zu untersuchende Prozeß abläuft, nicht sinnvoll. Die Modellierung dieses Problems wird im zweiten Beispiel demonstriert.

3 Elastischer Dehnungsmodul hochorientierter Fasern

Für die Verbesserung der elastischen Eigenschaften hochorientierter Fasern ist es entscheidend, ob in dem vorliegenden „anisotropen Schweizer Käse" die elastische Energie bei der Dehnung der Faser in einer Dehnung der Molekülketten oder in den intermolekularen Bindungen als Scherenergie aufgenommen wird. Eine direkte Berechnung der elastischen Eigenschaften einer orientierten Molekülstrunktur ohne Berücksichtigung der Dynamik ist bei realistischen Ensembles immer noch vom Aufwand her untragbar. Daher muß zur Analyse die reale Struktur auf ein einfacheres Modell reduziert werden.

Zur Modellreduktion nehmen wir an, daß die Moleküle durch kontinuierliche, orientierte Fäden mit Dehnungsmodul μ dargestellt werden. Diese Fäden haften durch intermolekulare Wechselwirkung aneinander. Die intermolekulare Wechselwirkung wird ebenfalls als kontinuierlich angenommen, so daß der Schermodul $\lambda\mu$ und der Dehnungsmodul μ im ganzen System konstant sind. Es werden somit alle möglichen Einflüsse der diskreten atomaren Struktur der Moleküle vernachlässigt, was sich für reale Systeme im Rahmen der Homogenisierungstheorie rechtfertigen läßt. Eine direkte Simulation des so reduzierten Modellsystems ist jedoch immer noch viel zu aufwendig. Bei der vorliegenden Materialklasse mit sehr hohem Dehnungsmodul, sehr kleinem Schermodul und Lochdefekten sind außerdem die in solchen Fällen üblicherweise angewandten Näherungen [Wa85] problematisch.

Eine exakte Lösung der Modellgleichungen läßt sich jedoch erreichen, wenn das System so weit reduziert wird, daß die molekularen Fäden in zwei Strängen die ganze Faserstruktur bilden. (Abb. 4). Diese Struktur enthält die typischen Strukturmerkmale des realen Materials und läßt daher ein qualitativ korrektes Resultat erwarten, das im Folgenden kurz vorgestellt werden soll. Sie ist jedoch so stark vereinfacht, daß eine quantitative Interpretation der Modellösungen nicht ohne weitere Überlegungen sinnvoll ist.

Die gesamte elastische Dehnungsenergie ist die Summe der elastischen Energien der einzelnen Segmente:

$$W_{el} = \sum_j W_{el}^j$$

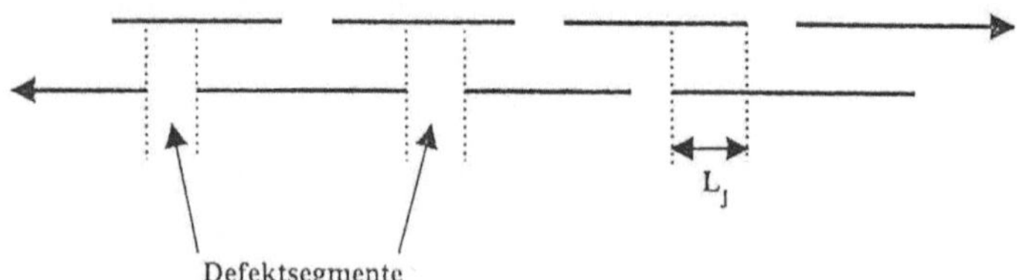

Abbildung 4. Struktur des „Zweistrangmodells" hochorientierter Polymerfasern

Die in den „Defektsegmenten" enthaltene elastische Energie wird in einer reinen Dehnung gespeichert, es gilt für die Scherenergie W_s^j bzw. die Dehnungsenergie W_D^j eines Defektsegments j:

$$W_s^j = 0$$

$$W_D^j = W_{el}^j = \frac{1}{2}\,\mu\,L_j\epsilon_j^2$$

mit ϵ_j als der Dehnung und L_j als der Länge des Segments. Die in den übrigen Segmenten gespeicherten Scher- bzw. Dehnungsenergien sind:

$$W_s^j = \lambda\mu\,\frac{\frac{1}{\sqrt{2\lambda}}\sinh\sqrt{2\lambda}L_j\cosh\sqrt{2\lambda}L_j + L_j}{\left(\cosh\sqrt{2\lambda}L_j + \sqrt{2\lambda}L_j\sinh\sqrt{2\lambda}L_j\right)^2}\,L_j^2\epsilon_j^2$$

$$W_D^j = \lambda\mu\,\frac{2\lambda L_j^2\sinh^2\sqrt{2\lambda}L_j + \sqrt{2\lambda}L_j\sinh\sqrt{2\lambda}L_j\cosh\sqrt{2\lambda}L_j - 2\lambda L_j^2}{\left(\cosh\sqrt{2\lambda}L_j + \sqrt{2\lambda}L_j\sinh\sqrt{2\lambda}L_j\right)^2}\,L_j^2\epsilon_j^2$$

Der effektive Dehnungsmodul eines „Defektsegments" im Modellsystem ist

$$\mu_{\text{eff},j} = \mu$$

während sich in den anderen Segmenten durch Überlagerung von Scherung und Dehnung ein effektiver Modul von

$$\mu_{\text{eff},j} = 2\mu\,\frac{2\lambda L_j^2\sinh^2\sqrt{2\lambda}L_j + \sqrt{2\lambda}L_j\sinh\sqrt{2\lambda}L_j\cosh\sqrt{2\lambda}L_j}{\left(\cosh\sqrt{2\lambda}L_j + \sqrt{2\lambda}L_j\sinh\sqrt{2\lambda}L_j\right)^2}$$

ergibt.

Der effektive Dehnungsmodul des Gesamtsystems läßt sich im betrachteten Fall als einfache Serienschaltung der einzelnen Segmente darstellen. Hierbei wird verwendet, daß bei einer Serienschaltung die an jedem Segment anliegenden Kräfte konstant gleich der am Gesamtsystem anliegenden Kraft sind. Damit erhalten wir für den effektiven Dehnungsmodul μ_{eff} des Gesamtsystems bestehend aus N Segmenten:

$$\mu_{\text{eff}} = \frac{\sum_{j=1}^N L_j}{\sum_{j=1}^N \frac{L_j}{\mu_{\text{eff},j}}}$$

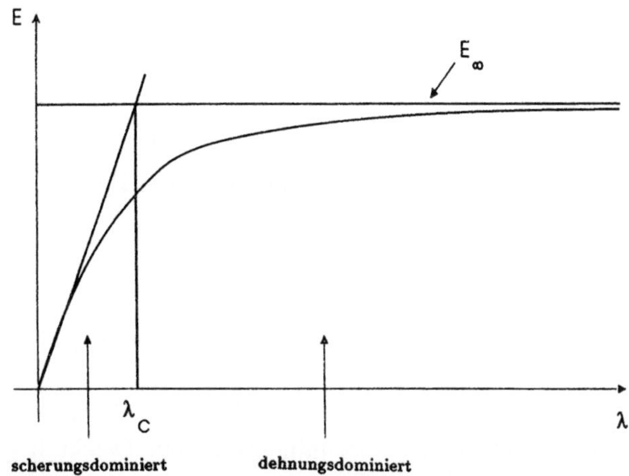

Abbildung 5. Effektiver Dehnungsmodul des „Zweistrangmodells" als Funktion von λ

μ_{eff} zeigt den in Abb. 5 dargestellten Verlauf. Für kleine Werte des Schermoduls $\lambda\mu$ nimmt μ_{eff} schnell zu. Die elastische Energie wird im Wesentlichen als Scherenergie in den intermolekularen Bindungen gespeichert. Die für das elastische Verhalten dominanten Bindungen sind also die intermolekularen Wechselwirkungen. Oberhalb einer kritischen Schwelle λ_c nimmt der Anteil der Dehnungsenergie für wachsend λ rasch zu und μ_{eff} nähert sich asymptotisch monoton dem Grenzwert

$$\lim_{\lambda\to\infty} \mu_{\text{eff}} = 2\mu\,\frac{1}{1+c_D}$$

mit der Defektkonzentration

$$c_D = \frac{\sum_{\text{Defektsegmente}} L_j}{\sum_{j=1}^{N} L_j}$$

Oberhalb von λ_c ist daher die Steifigkeit der einzelnen Moleküle entscheidend für den Modul der Faser.

Qualitativ gilt dieses Verhalten ebenso für komplexere, realistischere Strukturen. Das asymptotische Verhalten für $\lambda \to \infty$ und $\lambda \to 0$, und damit auch λ_c, werden jedoch von der Verteilung der Lochdefekte abhängen. Gerade λ_c ist jedoch der für praktische Fragestellung relevante Wert. Daher muß in einem zweiten Schritt das asymptotische Verhalten für kleine und große λ berechnet werden. Hierzu ist es jedoch nicht nötig, das gesamte, reale System zu berechnen, es läßt sich nämlich eine wesentliche weitere Modellreduktion speziell für die asymptotischen Fälle exakt durchführen. Dies soll im Folgenden gezeigt werden.

Hierzu wird das reale System auf ein 2-dimensionales Kontinuumsmodell abgebildet. Dabei kann wegen der perfekten Orientierung der Moleküle davon ausgegangen werden, daß das Verschiebungsfeld nur eine Komponente in

Richtung der Faserachse hat, deren lokaler Wert durch die Funktion $u(x,y)$ dargestellt wird. Außerdem können wir o.B.d.A. davon ausgehen, daß das betrachtete Gebiet das Einheitsquadrat $[0,1]^2$ ist. Die Verteilung der Defekte wird durch die Funktion $\gamma(x,y)$ dargestellt, die folgendermaßen definiert ist:

$$\gamma(x,y) \;=\; \begin{cases} 0: & (x,y) \text{ innerhalb eines Defekts,} \\ 1: & \text{sonst.} \end{cases}$$

wobei $\gamma(x,y)$ die Bedingung

$$\int_0^1 \gamma(x,y)\,dy \;\leq\; 1-\epsilon \qquad \forall\, x \in [0,1]. \tag{B1}$$

erfüllt. B1 besagt, daß auf jeder geraden, senkrechten Verbindung des unteren mit dem oberen Rand des Gebiets mindestens ein Defekt liegen soll. Dies ist bei den großen Defektkonzentrationen realer Systeme sicher erfüllt. Bei gegebenem Verschiebungsfeld $u(x,y)$ gilt nun für die elastische Energie:

$$W \;=\; \frac{1}{2}\,\mu \int_0^1\!\!\int_0^1 \gamma(x,y)\,[\lambda u_x^2 + u_y^2]\,dx\,dy$$

wobei wieder $\lambda =: \frac{\sigma}{\mu}$ das Verhältnis von Scher- zu Dehnungsmodul auf molekularer Ebene ist. In der Realität liegt jedoch ein Randwertproblem vor, bei dem die Verschiebung auf dem oberen und unteren Rand vorgegeben ist:

$$u(x,0) = 0\,,\;\; u(x,1) = u_0$$

Dann wird sich das Verschiebungsfeld $u(x,y)$ so einstellen, daß die elastische Energie $W_{el}(u)$ minimiert wird und die Randbedingungen erfüllt sind.

Betrachten wir nun den asymptotischen Limes $\lambda \to 0$. Für $\lambda = 0$ verschwindet die Scherenergie für jedes Verschiebungsfeld. Jedes reine Scherfeld wird also die elastische Energie minimieren, da diese positiv semidefinit ist. Wegen (B1) gibt es aber stets reine Scherfelder $u^0(x,y)$, die

$$\gamma\,u^0(x,y)_y \;=\; 0 \;\; \forall x,y \in [0,1]^2$$

und die Randbedingungen erfüllen. Das Material verhält sich für $\lambda = 0$ also wie eine orientierte Flüssigkeit.

Eine asymptotische Entwicklung von $u(x,y)$ und $W(u)$ für kleine λ:

$$u^\lambda \;=\; u^0 + \lambda u^1 + O(\lambda^2)$$

$$W(\lambda) \;=\; \int_0^1\!\!\int_0^1 \gamma\,[(u_y^0)^2 + \lambda\,(u_y^0 u_y^1 + (u_x^0)^2)]\,dy\,dx + O(\lambda^2)$$

führt wegen

$$\gamma\,u_y^0 \;=\; 0 \;\; \forall x,y$$

zur Bedingung:

$$\int_0^1\!\!\int_0^1 \gamma\,(u_x^0)^2\,dx\,dy \;=\; min$$

Dies bedeutet, daß durch die asymptotische Entwicklung in der ersten Ordnung das reine Scherfeld u^0 realisiert wird, das die Scherenergie für $\lambda = 1$ unter Berücksichtigung der Randbedingungen minimiert. Das Problem, dieses energieminimierende Scherfeld zu finden, kann bei gegebener Defektverteilung durch geeignete Partitionierung reduziert werden auf die Lösung eines linearen Gleichungssystems, in dessen Koeffizienten nur noch die Defektverteilung parametrisiert enthalten ist.

Hierzu wird verwendet, daß auf allen Gebieten mit $\gamma(x,y) = 1$ u nur von x abhängt. Das Gebiet mit $\gamma = 1$ kann nun so partitioniert werden, daß alle Partitionen P_i einfach zusammenhängend sind (Abb. 6a). Sie werden am

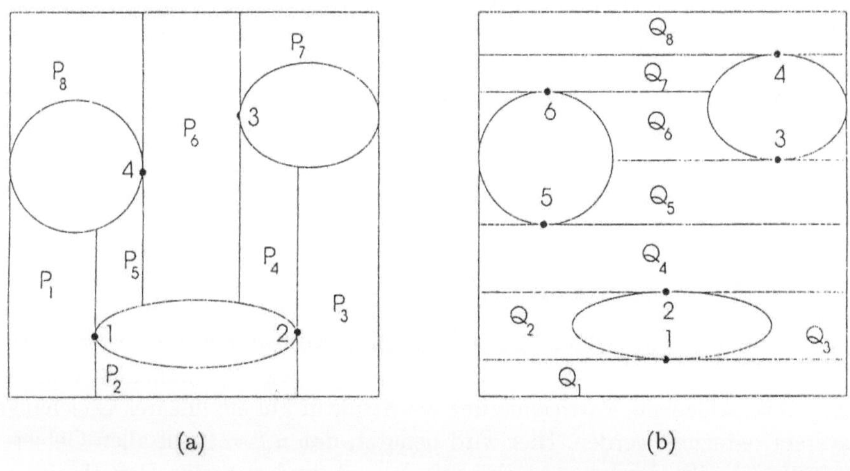

(a)   (b)

Abbildung 6. Partitionierung des Gebiets für kleine (6a) und große (6b) λ

oberen bzw. unteren Rand von Defekten begrenzt. Deren Abstand auf der i-ten Partition an der Stelle x sei $d_i(x)$. Der linke und rechte Rand von P_i stellt die Grenze zu den benachbarten Partitionen mit z.B. den Indizes j bzw. k dar. An diesen Grenzen muß das Verschiebungsfeld $u(x,y)$ stetig verlaufen, so daß u auf dem linken Rand von P_i gleich u auf dem rechten Rand von P_j ist. Die gesamte elastische Energie wird nun minimiert, wenn u die elastische Energie auf allen P_i minimiert sowie auf den linken und rechten Rändern aller Partitionen stetig ist und die Randbedingungen auf den Grenzen des gesamten Gebiets erfüllt. Bei gegebenem $u = u_L^i$ auf dem linken Rand von P_i und u_R^i auf dessen rechten Rand kann die elastische Energie auf P_i wegen $u_{i,y} = 0$ explizit minimiert werden. Man erhält:

$$W_i =: \frac{1}{2} \int_{P_i} (u_{i,x}^0)^2(x)\, dx\, dy = \frac{1}{2}\, \varrho_i\, (u_{i,R}^0 - u_{i,L}^0)^2,$$

146   Andreas Schuppert

mit

$$\varrho_i = \left[\int_{x_L^i}^{x_R^i} \frac{1}{d_i(x)} \right]^{-1}$$

x_R^i :   rechte Grenze von P_i

x_L^i :   linke Grenze von P_i

Damit bleibt noch die Minimierung der quadratischen Funktion

$$W = \sum_i W^i = \frac{1}{2} \sum_i \varrho_i \, (u_{i,R}^0 - u_{i,L}^0)^2$$

unter Berücksichtigung der Stetigkeit an den Rändern der Partitionierungen
und der Randbedingungen zu lösen. Dies reduziert sich auf die Lösung eines
linearen Gleichungssystems, dessen Matrixelemente die μ^i sind und dessen
Matrixstruktur von den Nachbarschaftsrelationen der P_i bestimmt wird.

Eine analoge Betrachtung kann für die asymptotische Entwicklung $\lambda \to \infty$
durchgeführt werden. Es läßt sich zeigen, daß in diesem Fall die Scherenergie asymptotisch verschwindet. Für den asymptotischen Limes $u^\infty(x, y)$ des
Verschiebungsfeldes erhalten wir damit die Bedingung:

$$\gamma u^\infty = 0$$

Das Verschiebungsfeld ist somit ein reines Dehnungsfeld. Es muß daher unter
den reinen Dehnungsfeldern dasjenige gesucht werden, das die Gesamtenergie
minimiert. Analog zum Fall für $\lambda \to 0$ kann dies wieder durch eine, vom Fall
$\lambda \to 0$ verschiedene, Partitionierung der Struktur auf ein lineares Gleichungssystem reduziert werden. Hier wird benutzt, daß $u_x^\infty = 0$ auf allen Gebieten
mit $\gamma = 1$ gilt. Analog zum Fall mit $\lambda \to 0$ wird nun eine Partitionierung
des gesamten Gebiets mit $\gamma = 1$ so gewählt, daß der rechte und linke Rand
jeder Partition Q_i von einem Defekt begrenzt wird (Abb. 6b). Der Abstand
dieser beiden Ränder an der Stelle y sei $b^i(y)$. Der in u^∞ wiederum stetige
Anschluß an benachbarte Q_j wird durch die Werte $u_{i,u}^\infty$ auf dem oberen Rand
von Q_i und u^∞ auf dem unteren Rand von Q_i gegeben. Auf jedem Q_i kann
nun wieder die elastische Energie minimiert werden. Man erhält:

$$W_i =: \frac{1}{2} \int_{Q_i} u_{i,y}^{\infty\,2}(y) \, dx \, dy = \frac{1}{2} \varrho_i \, (u_{i,u}^\infty - u_{i,l}^\infty)^2$$

mit

$$\varrho_i = \left[\int_{y_l^i}^{y_u^i} \frac{1}{b_i(y)} \, dy \right]^{-1}$$

unter Berücksichtigung der Randbedinungen und der Stetigkeit von u. Analog
zum Fall $\lambda \to 0$ bleibt zur Bestimmung des Minimums der gesamten elastischen Energie die Lösung eines linearen Gleichungssystems, das nur noch die

Struktur der Defektverteilung enthält. Die Lösungen der linearen Gleichungssysteme für die beiden asymptotischen Fälle lassen sich für typische Strukturen sehr viel leichter berechnen als das unreduzierte Ausgangsmodell. Damit kann der kritische Wert λ_c, an dem die Verschiebung von einer scherdominierten zu einer dehnungsdominierten Verschiebung übergeht, für typische Strukturen untersucht werden. Es zeigte sich damit, daß für reale, hochorientierte Polymerfasern ein dehnungsdominiertes elastisches Verhalten zu erwarten ist. λ_c hängt jedoch von der durchschnittlichen Kettenlänge $< l >$ wie

$$\lambda_c \sim \frac{1}{l^2}$$

ab. Wenn die Kettenlänge daher zu klein wird, entsprechend einer zu hohen Defektkonzentration, dann kann ein Übergang zum scherdominanten Verhalten beobachtet werden.

Durch diese Überlegungen konnte durch eine geeignete, mathematisch abgesicherte, Modellreduktion eine sichere Basis für weitere Untersuchungen auf molekularem Niveau gelegt werden.

4 Modellierung des Kriechens von Hochorientierten Fasern

Ein spezifisches Merkmal hochorientierter Polymerfasern ist das logarithmische Zeitgesetz der irreversiblen Dehnung ϵ unter konstanter Belastung. Experimentell wurde für Zeiten t nach einer kurzen Startphase ein Verhalten analog

$$\epsilon(t) = a \log t + b$$

beobachtet, wobei der Parameter a weder von der angelegten Kraft noch von der Temperatur nennenswert abhängt. Außerdem konnte experimentell gezeigt werden, daß der Dehnungsmodul der Faser durch die irreversible Dehnung zunimmt. Dies kann quantitativ dadurch erklärt werden, daß Konformationsdefekte (Abb. 3) in den orientierten Molekülketten während des Kriechens vernichtet werden [RB92]. Da der ganze Prozeß jedoch auf einer Zeitskala von Stunden und Tagen abläuft, ist eine direkte Simulation auf molekularer Basis selbst mit sehr kleinen Modellsystemen unmöglich. Benötigt wird deshalb ein möglichst einfaches Modell, das alle experimentellen Ergebnisse beschreiben kann und die wesentlichen physikalischen Eigenschaften des realen Systems enthält.

Ausgehend von den Untersuchungen von Rogozinskyi und Bazhenov [RB92], war somit ein Modell für die Vernichtung von Konformationsdefekten in einer hochorientierten, fibrillären Struktur zu suchen. Aus energetischen und sterischen Gründen ist die direkte Vernichtung eines Defekts im Inneren einer solchen Struktur nicht sehr wahrscheinlich. Außerdem verlangen alle Modelle, die eine direkte Vernichtung der Defekte postulieren, Zusatzannahmen über die Verteilung der Aktivierungsenergien der Defektvernichtung [RB92].

Einfacher kann die Defektvernichtung modelliert werden, wenn der Defekt an
die Oberfläche der Fibrille transportiert und erst dort vernichtet wird [Sch93].
Da die Vernichtung eines Konformationsdefekts unter Belastung stets zu einer Streckung des Molekülstrangs führt, kann so die beobachtete irreversible
Längenänderung erklärt werden. Es liegt dann nahe, daß der Transportprozeß des Defekts an die Oberfläche der Fibrille der zeitbestimmende Schritt ist
und so für das logarithmische Zeitgesetz verantwortlich sein muß. Es ist daher
zu klären, ob dieser Transportprozeß stets auf ein logarithmisches Zeitgesetz
führt.

Betrachten wir hierzu wiederum eine zweikettige Struktur: Der Defekt

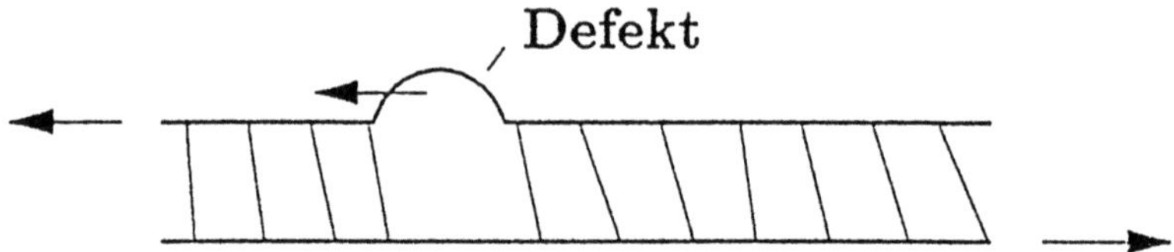

Abbildung 7. Transport eines Defekts im „Zweistrangmodell"

kann dadurch transportiert werden, daß auf der einen Seite eine intermolekulare Bindung aufbricht und sich auf der anderen Seite eine solche schließt. Das
Aufbrechen einer intermolekularen Bindung unter einer konstanten Belastung
ist nun ein ratenaktivierter Prozeß dessen Rate r bei der Temperatur T durch
eine Eyring-Kinetik beschrieben werden kann:

$$r = \omega \exp(-\frac{E_a - \gamma\,\sigma_{shear}}{kT})$$

mit E_a als der Aktivierungsenergie, σ_{shear} als der an der Bindung anliegenden Scherspannung, ω als einem Frequenzfaktor und k als der Boltzmann-
Konstanten. Eine im statistischen Mittel nach links gerichtete Driftbewegung
des Defekts ergibt sich dann, wenn die Rate des Brechens der linken intermolekularen Bindung größer ist als die für das Brechen der rechten intermolekularen Bindung, und umgekehrt. Dies ist möglich, wenn zwischen den
Scherspannungen an den beiden Seiten des Defekts eine Differenz Δs besteht,
die stets dasselbe Vorzeichen hat. Bei kleinen Spannungsdifferenzen erfüllt die
Driftgeschwindigkeit v in erster Näherung ein dem viskosen Fließen ähnliches
Gesetz:

$$v = \eta\,\Delta s$$

mit

$$\eta = \frac{\Delta l\,\omega\,\gamma}{kT} \exp(-\frac{E_a}{kT})$$

mit Δl als der Distanz, die der Defekt in einem „Hüpfprozeß" zurücklegt.
Entscheidend für das Zeitgesetz des Defekttransports ist damit die Verteilung
der Scherspannungen in der Fibrille.

Woher kommt diese Scherspannung? Bei eine homogenen Fibrille und homogener Verteilung der Zugspannung an der Oberfläche gibt es im Inneren der Fibrille keine Scher- sondern nur Dehnspannungen. Dieser Fall ist jedoch nie realisiert, stets sind Defekte vorhanden und, wichtiger, die Kraftübertragung im Material auf die Fibrillenoberfläche ist eng auf sogenannte tie-Moleküle lokalisiert. Durch diese singuläre Kraftübertragung entstehen Scherspannungen im Material, die an der Oberfläche maximal sind und ins Innere des Materials abklingen. Entscheidend für den Transport der Defekte nach dem postulierten Mechanismus ist folglich das Abklingverhalten der Scherspannungen.

Für die obige Zweikettenstruktur läßt sich die Verteilung der Scherspannungen explizit berechnen. Es zeigt sich, daß Δs vom Rand bis zur Mitte der Struktur weitgehend exponentiell abfällt. Daher nimmt auch die Driftgeschwindigkeit der Defekte zum Rand hin fast exponentiell mit dem Abstand vom Rand ab:

$$v \sim l \cosh(x - l) - sinh(x - l)$$

wobei x die Position des Defekts und $\pm l$ die Positionen der Ränder sind. Die Zeitspanne, die ein Defekt bis zu seiner Vernichtung am Rand der Fibrille benötigt, nimmt folglich exponentiell mit dem Anfangsabstand $l - x_0$ des Defekts vom Rand der Fibrille zu:

$$t((l - x_0)) = \int_0^{l-x_0} \frac{1}{v(l - x)}\, dx \sim e^{(l-x_0)}$$

Bei anfänglicher Gleichverteilung der Defekte wird daher die kumulierte Anzahl der bis zum Zeitpunkt t am Rand der Fibrille vernichteten Defekte mit dem geforderten logarithmischen Zeitgesetz zunehmen. Eine exakte Rechnung [Sch93] zeigt, daß der Parameter a im wesentlichen von der anfänglichen Defektdichte, nicht jedoch von der Scherspannungsdifferenz Δs abhängt. Dies konnte experimentell bestätigt werden.

Wo steckt nun in diesem Modell die Mathematik? Benutzt wurden in diesem Beispiel bisher nur einfache asymptotische Entwicklungen, die allerdings zu einem plausiblen Modell führten. Dieses Modell aus zwei Ketten ist jedoch stark vereinfacht. Die Rechnungen wären daher nutzlos, wenn sich die wesentlichen Aspekte nicht auf größere Systeme zumindest qualitativ übertragen ließen.

Entscheidend war im Modell, daß die Scherspannungsdifferenzen fast exponentiell mit zunehmendem Abstand von der Fibrillenoberfläche abklingen. Wenn dieses Verhalten auch in größeren Systemen vorhanden ist, dann gelten die übrigen Schlußfolgerungen analog. Ein exponentielles Abklingen der von einer inhomogenen Belastung der Oberflächen hervorgerufenen Scherspannungen läßt sich jedoch in langen Strukturen auf das Saint-Venant-Prinzip zurückführen [Tou65], das genau ein solches exponentielles Abklingen von elastischen Spannungen, die von Inhomogenitäten der Lastverteilung auf der Oberfläche herrühren, ganz allgemein beweist. Damit ist das Transportmodell für Defekte, von dem in einem sehr stark vereinfachten Modell gezeigt wurde, daß es auf das logarithmische Zeitgesetz für die irreversible Dehnung führt, auch in komplexeren Strukturen plausibel.

In diesem Beispiel wurde also ein funktionalanalytisch gewonnenes Resultat, die Herleitung des Saint-Venant-Prinzips, essentiell zur Validierung des verwendeten Modells eingesetzt.

5 Zusammenfassung

Mit den beiden Beispielen zur Mechanik der hochorientierten elastischen Fasern sollte demonstriert werden, daß Mathematik nicht nur bei der Lösung der Modellgleichungen, sondern oft auch schon bei der Fundierung der stets notwendigen Reduktion des realen Problems auf das Modell eine wichtige Rolle spielt. Hier sind, als Besonderheit, weniger numerische, sondern eher analytische und funktionalanalytische Methoden gefordert. Außerdem müssen, wie anhand der beiden Beispiele gezeigt wurde, mathematische Methoden oder Resultate aus den verschiedensten mathematischen Disziplinen eingesetzt werden. Dies macht den Modellierungprozeß für Mathematiker zu einem besonders vielseitigen und interessanten Thema. Allerdings ist die Modellierung auch kein rein mathematisches Problem. Die Reduktion der realen Systeme auf das Modell muß ja nicht nur mathematisch fundiert sein, zusätzlich muß das Modell dem realen System möglichst eng angepaßt sein, um die Interpretation der Simulationsresultate zu ermöglichen. Dies alles erfordert eine enge Kooperation zwischen Experiment, Theorie und Mathematik, so daß die Modellierung zu einem interdisziplinären Feld par excellance wird.

Literatur

[KG90]   Kremer, K., Grest, G.: Dynamics of Entangled Linear Polymer Melts: A Molecular Dynamics Simulation. J. Chem. Phys. **92**, 8 (1990) 5057-5086

[Pe77]   Peterlin, A.R: Mechanical Properties of Fibrous Structure. In: A. Ciferi, I.M. Ward (eds.) Ultra-High Modulus Polymers, Applied Science Publishers 1977, pp. 279ff

[RB92]   Rogozinsky A.K., Bazhenov S.L.: Polymer **33** (1992) 1391-1398

[SCJ92]   Sawyer, L.C., Chen, R.T., Jamieson, M.G., Musselman, I.H., Russell, P.E.: J. Mat. Sci. Lett. **11** (1992) 69-72

[Sch93]   Schuppert, A.: Makromol.Chem., Theory Simul. **2** (1993) 643-651

[Tou65]   Toupin, R.A.: Arch. Ration. Mech. Anal. **18** (1965) 83

[Wa85]   Ward, I.M.: Mechanical Properties of Solid Polymers, 2nd edn., J.Wiley & Sons, New York 1985

Modellierung der Dichtefunktionale von adsorbierten Polymerschichten

Olaf Evers

Zentrale Informatik, BASF-AG, Ludwigshafen

1 Einleitung

In diesem Abschnitt wird ein molekulares Dichtefunktionalmodell zur Beschreibung der Gleichgewichtsstruktur einer Mischung aus Polymeren und Lösungsmittelmolekülen in der Nähe einer atomistisch glatten Oberfläche eingeführt.

Adsorption von Polymerketten an Oberflächen spielt eine sehr wichtige Rolle bei verschiedenen industriellen Anwendungen, man denke z.B. an Lacke, wobei der Schutz des Metalls durch die Bildung einer Polymerhaftschicht entsteht. Die im Lack enthaltenen Pigmentteilchen sind nur für die optischen Eigenschaften der späteren Schutzschicht gedacht. Aber auch die Adsorption von Polymerketten an kolloidalen Teilchen mit Durchmessern von 10 bis 1000 nm ist von großem Interesse, da diese Teilchen in Lösung durch Polymeradsorption in bestimmten Fällen stabilisiert werden können.

Wir werden in diesem Abschnitt ein einfaches statistisches Modell für eine Mischung aus Polymeren und Lösungsmittelmolekülen im thermodynamischen Gleichgewicht entwickeln. Die Polymermoleküle werden als Perlenschnüre von miteinander verbundenen Monomeren betrachtet. Dieses Modell erlaubt die Berechnung von Erwartungswerten der Dichte der einzelnen Monomere in der Nähe einer Oberfläche. Diese Erwartungswerte nennt man auch Dichtefunktionale. Aus diesen Dichtefunktionalen können Vorhersagen im Hinblick auf die Bildung der Polymeradsorbatschichten und ihre mögliche stabilisierende Wirkung auf kolloidale Lösungen gemacht werden.

2 Modellierung

2.1 Der thermodynamische Ansatz

Bekanntlich kann auf der makroskopische Ebene Energie nicht aus dem Nichts entstehen oder in das Nichts verschwinden, da es bis heute noch keiner geschafft hat, ein Perpetuum Mobile zu konstruieren. Die innere Energie U einer

Mischung ist also eine Zustandsgröße. Dies bedeutet, daß bei einem Kreisprozeß

$$\oint dU = 0 \tag{2.1}$$

gelten muß; dU wird ein vollständiges Differential genannt. Der Kreisintegral $\oint$ bedeutet: der Anfangswert der Integration und der Endwert der Integration sind gleich. Es wird also auf dem Bereich der Variablen über einem geschlossenen Weg integriert. Die innere Energie einer Mischung resultiert aus den Wechselwirkungen zwischen den verschiedenen elementaren Teilchen, die in der Mischung vorhanden sind, aber auch aus der Bewegungsenergie dieser Teilchen. Das Volumen einer Mischung ist auch ein vollständiges Differential, da es offensichtlich der Bedingung 1 genügt. Die Änderung der inneren Energie einer Mischung können wir der Änderung von Wärmemenge Q und Arbeit A zuschreiben:

$$dU = \delta Q + \delta A. \tag{2.2}$$

Sowohl dQ als auch dA sind im allgemeinen keine vollständigen Differentiale, weil meistens bei der Ausübung von Arbeit an einer Mischung z.B. durch Volumenänderung auch Wärmeübertragung stattfindet. Nehmen wir an, daß nur die Arbeit aus der Volumenänderung eine Rolle spielt. Das Volumen ist eine Zustandsgröße und wir können für das Differential δA

$$\delta A \equiv \left(\frac{\partial U}{\partial V} \right) dV = -p\,dV \tag{2.3}$$

schreiben, wobei $-p$ die zugeordnete Intensitätsgröße zum Volumen ist. Wir haben natürlich schon längst erkannt, daß p dem makroskopischen Begriff Druck entspricht. Das Differential der Wärmemenge können wir auch aus einem vollständigen Differential einer Zustandsgröße S und einer zugeordneten Intensitätsgröße aufgebaut denken.

$$\delta Q = \left(\frac{\partial U}{\partial S} \right) dS \tag{2.4}$$

Die Entdeckung dieser Zustandsgröße S, Entropie genannt, ist eine der größten Errungenschaften der Thermodynamik gewesen und hat die Physik mit einem ihrer schwierigsten Begriffe beglückt. Was ist Entropie? Wenn wir die Temperatur einer Mischung bei konstantem Volumen erhöhen wollen, so wissen wir aus Erfahrung, daß der Mischung Wärme hinzugefügt werden muß. Nach Gleichung (2.4) bedeutet dies, daß wir die Entropie der Mischung erhöhen müssen. Nehmen wir als Beispiel das Schmelzen von Eis durch Zuführen von Wärme. Obwohl keine nennenswerten Änderungen in der Temperatur oder dem Volumen zu messen sind, ändert sich die innere Energie. Auf was sich diese Änderung der inneren Energie auswirkt, kann man sogar mit den Augen feststellen, nämlich auf die Struktur der Mischung. Das Eis schmilzt und das Wasser geht von einer ziemlich geordneten Struktur in eine Flüssigkeit über. Mit anderen Worten, Entropie hat offenbar etwas mit der Ordnung im

System zu tun. Die Temperatur ist ein makroskopischer Begriff. Nehmen wir
an, die Entropie einer Mischung sei minimal, das System ist völlig geordnet
und fest; hat der Begriff Temperatur in diesem Fall noch überhaupt einen
Sinn? Die absolute Temperatur T (gemessen in Kelvin K) dieses Zustands
werden wir gleich 0 (exp. gleich -273,15 C) definieren [Sp94, LL87], genau so
wie man die Entropie für diesen Zustand gleich 0 setzt. Die absolute Temperatur hängt also eng mit dem Begriff Entropie zusammen und wir setzen sie
die der Entropie zugeordneten Intensitätsgröße gleich, womit wir gleichzeitig
die thermodynamischen Einheiten der Entropie definieren (J/K). Damit kann
Gleichung (2.2) in den Zustandsgrößen S und V formuliert werden.

$$dU = TdS - pdV \tag{2.5}$$

Die Wärmemenge Q, die in einem System vorhanden ist, folgt also aus $\oint TdS$.
Da sowohl die Wärmemenge als auch die Temperatur immer positiv sind, kann
die Entropie auch nur positive Werte annehmen. Die Zustandsgrößen S und
V sind die natürlichen Variablen der inneren Energie $U(S,V)$. Oft ist der
Zustand einer Mischung in Abhängigkeit von der Temperatur anstelle der
Entropie zu beschreiben. In diesem Fall kann eine Legendre-Transformation
[Sp94] der Variablen vorgenommen werden. Wir definieren die Zustandsgröße
freie Energie $F(T,V)$ durch

$$F(T,V) \equiv U(S,V) - TS. \tag{2.6}$$

Das vollständige Differential der freien Energie, dF, wird mit Hilfe der Gleichung (2.5) gefunden

$$dF = -SdT - pdV. \tag{2.7}$$

Hält man die Temperatur konstant, so ist die Änderung der freien Energie
der Änderung des Arbeitsterms gleich.

Unser Ziel ist es, bei konstanter Temperatur T und Volumen V, den Gleichgewichtszustand einer Mischung aus Polymeren und Lösungsmittelmolekülen
in der Nähe einer Oberfläche zu beschreiben, wobei uns vor allem die Dichteverteilungen der einzelnen molekularen Bausteine interessiert. In der Thermodynamik wird der Begriff des Moleküls nicht verwendet. Die Thermodynamik
ist eine rein auf der makroskopischen Erfahrung basierende Wissenschafts-
lehre, die uns den gewünschten molekularen Dichteverteilungen nicht näher
bringen wird [LL87]. Trotzdem werden wir sie beim statistischen Ansatz benutzen.

2.2 Der statistische Ansatz

Es ist offensichtlich, daß auf der molekularen Ebene einer Mischung im Laufe der Zeit eine kolossale Menge unterschiedlicher mikroskopischer Zustände
durchlaufen werden. Gehen wir davon aus, daß die klassische Mechanik gültig

ist, dann würden wir, um Einsicht in den Aufbau von adsorbierten Polymerschichten zu bekommen, eine Unzahl von Bewegungsgleichungen der molekularen Bausteine zu lösen haben, was für größere Systeme praktisch unmöglich ist (über 10^{20} partielle Differentialgleichungen numerisch zu lösen, ist auch für „high performance computer" etwas zu viel!). Hinzu kommt noch, daß die molekularen Bausteine am Rande des Systems Wechselwirkungen mit der Umgebung des Systems ausgesetzt sind, die sich im Laufe der Zeit durchaus auf das Innere auswirken können (Wärmekopplung mit der Umgebung). Interessante Einsichten in Systeme mit einer sehr begrenzten Zahl von molekularen Bausteinen (z.B. ein Eiweißmolekül im Vakuum) können aber sehr wohl über die numerische Integration der Newtonschen Bewegungsgleichungen der Atome (Moleküldynamik) gewonnen werden [Ku94]. Bei der großen Zahl von molekularen Freiheitsgraden der adsorbierten Polymerschicht werden wir Zuflucht bei den Methoden der statistischen Physik suchen. Wie der Name schon andeutet, basiert die statistische Physik auf der Wahrscheinlichkeitslehre. Die statistischen Gesetzmäßigkeiten folgen aus der sehr großen Zahl an Freiheitsgraden. Sie können auf keiner Stufe auf die rein mechanischen Gesetzmäßigkeiten zurückgeführt werden; sie verlieren ihren Sinn, wenn die Anzahl der Freiheitsgrade zu gering wird. Der Grund dafür liegt in der Verknüpfung dieser statistischen Größen mit den thermodynamischen Größen.

Nehmen wir an, daß sowohl die Lösungsmittelmoleküle als auch die Polymersegmente auf der molekularen Ebene als harte Kugeln (engl. „hard spheres") vorliegen. Im weiteren Verlauf dieses Abschnitts werden wir diese harten Kugeln Monomere nennen. Eine Polymerkette wird also in unserer Betrachtung durch eine Perlenschnur von Monomeren modelliert und ein Lösungsmittelmolekül durch nur ein Monomer. Ein mikroskopischer Zustand der Mischung ist vollständig definiert durch den Satz $\omega = \{r_1, r_2, \ldots, r_N\}$ der Raumkoordinaten aller in der Mischung vorhandenen Monomere. Die Gesamtheit der mikroskopischen Zustände, welche sich aus dem in der Zeit zurückgelegten Trajektorien der Mischung über die verschiedenen möglichen räumlichen Anordnungen der molekularen Bausteine ergibt, wird in der statistischen Physik als ein Ensemble von Systemen aufgefaßt [LL87]. Sei $\Psi(\omega, t)\, d\omega$ die Wahrscheinlichkeit, daß die Mischung bei konstanter Temperatur und konstantem Volumen nach einer Zeit t in der unmittelbaren Nähe der Anordnung ω angetroffen wird, dann ist der Erwartungswert für irgendeine Eigenschaft A der Mischung während des Zeitintervalls t gegeben durch

$$\langle A \rangle_t = \int_{V^N} A(\omega)\, \Psi(\omega, t)\, d\omega. \tag{2.8}$$

Da der Autor dieses Abschnitts sich bei der ihm während des Schreibens verspürten Temperatur lieber in Richtung Baggerweiher begibt, als 10^{20} oder noch mehr Differentiale aufzuschreiben, ist in Gleichung (2.8) $d\omega$ stellvertretend für $dx_1 dy_1 dz_1 \ldots dx_N dy_N dz_N$ geschrieben und $\int_{V^N}$ für die $3N$ Integrale über x_1, y_1, z_1, etc. Die Funktion $\Psi(\omega, t)$ spielt die Rolle einer „Dichte" der Wahrscheinlichkeitsverteilung im Koordinatenraum und muß offenbar der Normierungsbedingung

$$\int_{V^N} \Psi(\omega, t)\, d\omega = 1 \tag{2.9}$$

genügen. Der Erwartungswert $\rho_i(r)$ der Anzahldichte des Monomeren i an der Stelle r in der Mischung wird aus dem Erwartungswert einer sogenannten „Delta-Distribution" mit der Wahrscheinlichkeitsdichte $\Psi(\omega, t)$ gewonnen.

$$\rho_i(r) = \int_{V^N} \delta[r_i - r]\, \Psi(\omega, t)\, d\omega. \tag{2.10}$$

Die von Dirac eingeführte Delta-Distribution $\delta[x]$ ist im eigentlichen Sinne keine Funktion sondern ein linear-stetiges Funktional [Gr88] definiert durch die Operationsvorschrift für die Distribution $l_\delta[\varphi]$:

$$l_\delta[\varphi] \equiv \int_{-\infty}^{\infty} \delta[x]\, \varphi(x)\, dx = \varphi(0). \tag{2.11}$$

Die Delta-Distribution $\delta[x]$ ist eine verallgemeinerte Funktion, die nur in der Anwendung unter einem Integral, d.h. als linear-stetiges Funktional auf Testfunktionen, ihre Bedeutung bekommt. Oft liest man in der physikalisch-chemischen Literatur: $\delta[x]$ ist eine Funktion die den Wert 1 annimmt, falls $x = 0$ und den Wert 0, falls $x \neq 0$. Die Folge dieser unkorrekten Definition ist allerdings, daß das Integral über $\delta[x]$ den Wert Null hat, anstatt das gewünschte $\varphi(0)$ wie es die Operationsvorschrift für $l_\delta[\varphi]$ vorschreibt. Wir beharren deshalb auf der Definition von $\delta[x]$ durch die Operationsvorschrift für die Distribution $l_\delta[\varphi]$. Der Erwartungswert $\rho_i(r)$ der Anzahldichte ist also ein Funktional, das man Dichtefunktional nennt. Der vollständige Satz $\{\rho_i(r)\}$ der Erwartungswerte der Anzahldichten aller Monomere legt eindeutig die Wahrscheinlichkeitsdichte $\Psi(\omega, t)$ fest und umgekehrt. Dies folgt aus der Operationsvorschrift für $l_\delta[\varphi]$ [4]. Die große Frage ist natürlich, wie bekommen wir einen expliziten oder impliziten Ausdruck für $\Psi(\omega, t)$ oder anders herum, wie erhalten wir die Dichtefunktionale $\rho_i(r)$.

In der Informatik definiert man ein Funktional $I[y]$ für den (fehlenden) Informationsgehalt einer Wahrscheinlichkeitsdichte y durch [Sp94]

$$I[y] = -\int y(x) \ln y(x)\, dx. \tag{2.12}$$

Für den Differentialquotienten des Informationsgehaltes $I[\psi]$ nach der Zeit erhalten wir

$$\frac{dI[\Psi]}{dt} = -\int_{V^N} \frac{d\Psi(\omega, t)}{dt}\, (1 + \ln \Psi(\omega, t))\, d\omega. \tag{2.13}$$

Die Wahrscheinlichkeitsrate $d\Psi(\omega,t)/dt$ ergibt sich aus der sogenannten Bilanzgleichung (in der englischen Literatur „master equation" genannt) [Sp94, Re87]

$$\frac{d\Psi(\omega,t)}{dt} = \int_{V^N,\omega'\neq\omega} \left[W(\omega,\omega')\,\Psi(\omega',t) - W(\omega',\omega)\,\Psi(\omega,t) \right] d\omega \qquad (2.14)$$

wobei $W(\omega',\omega)$ (≥ 0) die Rate eines Übergangs des Systems vom Zustand ω in den Zustand ω' angibt. Ersetzt man die Wahrscheinlichkeitsrate in Gleichung (2.13) durch die rechte Seite der Gleichung (2.14), so ergibt dies

$$\frac{dI[\Psi]}{dt} = -\int_V \int_{V^N,\omega'\neq\omega} \left[W(\omega,\omega')\,\Psi(\omega',t) - W(\omega',\omega)\,\Psi(\omega,t) \right] \cdot$$
$$(1 + \ln\Psi(\omega,t))\,d\omega'd\omega. \qquad (2.15)$$

Werden nun in dieser Gleichung ω' und ω gegeneinander ausgetauscht und beide Ausdrücke addiert, dann folgt

$$2\frac{dI[\Psi]}{dt} = -\int_V \int_{V^N,\omega'\neq\omega} \left[W(\omega,\omega')\,\Psi(\omega',t) - W(\omega',\omega)\,\Psi(\omega,t) \right] \cdot$$
$$(\ln\Psi(\omega,t) - \ln\Psi(\omega',t))\,d\omega'd\omega. \qquad (2.16)$$

Aus diesem Ausdruck können jetzt zwei wichtige Schlußfolgerungen gezogen werden. Erstens, nach der Bilanzgleichung wird sich im System nichts mehr ändern, d.h. das System befindet sich in einem Zustand des Gleichgewichts, wenn $W(\omega,\omega')\,\Psi(\omega',t) = W(\omega',\omega)\,\Psi(\omega,t)$. Zweitens; falls $W(\omega,\omega') = W(\omega',\omega)$, folgt aus Gleichung (2.16) $dI[\Psi]/dt \geq 0$, denn für $\Psi(\omega,t) > \Psi(\omega',t)$ ist auch $ln\Psi(\omega,t) > \ln\Psi(\omega',t)$ und umgekehrt. Die statistische Thermodynamik postuliert [LL87] für einen Zustand des makroskopischen Gleichgewichts, daß $\Psi(\omega,t)$ durch die Wahrscheinlichkeitsdichte $\Psi(\omega)$ gegeben ist, bei der $I[\Psi]$ maximal ist. Dieses Postulat folgt aus der experimentellen Erfahrung, daß die thermodynamischen Größen für makroskopische Mischungen im Gleichgewicht nur sehr sehr (!) kleine Fluktuationen in den verschiedenen thermodynamischen Variablen aufzeigen. Dies bedeutet, daß wir das System im Gleichgewicht als ein von der Umgebung abgeschlossenes System betrachten können. Da für abgeschlossene Systeme bekannt ist, daß $W(\omega,\omega') = W(\omega',\omega)$ gilt [Sp94, Re87], so muß für einen Zustand des Gleichgewichts $I[\Psi]$ maximal sein. Wir haben es also bei der Bestimmung des Gleichgewichtzustandes mathematisch betrachtet mit einem Optimierungsproblem zu tun.

Der Informationsgehalt $I[\Psi]$ ist ein kontinuierliches Funktional der Wahrscheinlichkeitsdichte. Damit ist garantiert, daß ein lokales Maximum von I auf dem Bereich aller möglichen Wahrscheinlichkeitsdichtefunktionen eindeutig bestimmt ist durch eine und nur eine Funktion $\Psi(\omega)$. Das System von Lösungsmittelmolekülen und Polymersegmenten erfüllt im Falle eines Gleichgewichts allerdings noch einige Nebenbedingungen (engl. „constraints"):

(a) Der Erwartungswert der inneren Energie $U(\omega)$ ist dem Wert der thermo-dynamischen inneren Energie U gleich.

(b) Nirgendwo in der Mischung ist ein Volumenelement doppelt oder mehrfach belegt. Dies bedeutet, daß die totale Volumendichte immer kleiner oder gleich 1 ist.

(c) Die Wahrscheinlichkeitsdichtefunktion $\Psi(\omega)$ genügt der Normierungsbedingung in Gleichung (2.9).

(d) Zwei miteinander verbundene Monomere i und j in einer Polymerkette erfüllen die Bedingung $|r_i - r_j| = R_i + R_j$, wobei R_i und R_j die Radien der Monomere i und j sind.

Nebenbedingung (a) kann geschrieben werden als

$$\int_{V^N} U(\omega)\,\Psi(\omega)\,d\omega = U. \qquad (2.17)$$

Die durchschnittliche Volumendichte $\phi_i(r)$ des Monomeren i an der Stelle r folgt aus dem Integral der Dichtefunktionale $\rho_i(r)$ dieses Monomeren über dem Volumen einer Kugel mit Radius R_i und Mittelpunkt r.

$$\phi_i(r) = \int_{|r_i - r| \leq R_i} \rho_i(r_i)\,dr_i. \qquad (2.18)$$

Nehmen wir an, daß in der Mischung kein freies Volumen vorhanden ist oder, daß das freie Volumen als eine Menge von Monomeren betrachtet wird. Dies bedeutet, daß das Volumen durch die Monomere vollständig ausgefüllt sein sollte. Nebenbedingung (b) kann dann mathematisch formuliert werden als

$$\sum_{i=1}^{N} \phi_i(r) = 1. \qquad (2.19)$$

Eigentlich ist diese Nebenbedingung schon in Nebenbedingung (a) enthalten. Überlappen sich zwei Monomere, so wird die Energie unendlich und das System verletzt offensichtlich Nebenbedingung (a). Es ist aber für die spätere Numerik wichtig, Singularitäten zu vermeiden, deshalb wird an Stelle dieses harten Kugel-Wechselwirkungsenergiebeitrags (engl. „hard core energy contribution") die Nebenbedingung (b) berücksichtigt

Auch Nebenbedingung (d) dient der Vermeidung von Singularitäten. Ist nämlich die Distanz zwischen zwei miteinander verbundenen Monomeren in einer Polymerkette ungleich der Summe ihrer Radien so wird die Energie $U(\omega)$ unendlich und $\Psi(\omega)$ gleich Null. Mathematisch kann dies mit Hilfe der Delta-Distribution wie folgt formuliert werden:

$$\int_{V^N} \Psi(\omega) \prod_{i,j>i} \delta\left[C_{i,j}\left(|r_i - r_j| - (R_i + R_j)\right)\right] d\omega = 1 \qquad (2.20)$$

wobei $C_{i,j}$ das Element (i,j) einer sogenannten Konnektivitätsmatrix ist. Das Element $C_{i,j}$ ist gleich 1, falls die Monomere i und j innerhalb einer Polymerkette miteinander verbunden sind und sonst 0. Nach Definition ist $C_{i,j} = 0$. Nebenbedingung (d) ist natürlich immer erfüllt, wenn die Mischung keine Polymerketten enthält.

Die Anzahl der Nebenbedingungen bei Problemen der Optimierung mit Nebenbedingungen (engl. „constrained optimization") kann bekanntlich mit Hilfe der sogenannten Lagrange-Parameter-Methode reduziert werden. Wir führen dazu ein Funktional $f[\Psi]$ sowie einen Satz von Lagrange-Parametern (a,b) und ein Lagrange-Parameterfeld $v(r)$ ein.

$$f[\Psi] = kI[\Psi] + a\left(\int_{V^N} U(\omega)\Psi(\omega)\,d\omega - U\right) +$$

$$\int_V v(r)\left(\sum_{i=1}^N \phi_i(r) - 1\right)dr + b\left(\int_{V^N}\Psi(\omega,t)\,d\omega - 1\right) \quad (2.21)$$

Das Funktional f hat ein lokales Maximum für die gleiche Funktion $\Psi(\omega)$ wie das Funktional I (vorausgesetzt daß $k > 0$) und garantiert außerdem die drei Nebenbedingungen (a) bis (c). Nebenbedingung (d) werden wir später berücksichtigen und leiten folglich jetzt einen Ausdruck her für die Wahrscheinlichkeitsdichte $\psi(\omega)$ einer Mischung aus Monomeren. Wir werden im weiteren Verlauf dieses Abschnitts $\psi(\omega)$ die Monomerwahrscheinlichkeitsdichte nennen. Im Falle eines lokalen Maximums müssen die Variationen von $f[\psi]$ nach der Monomerwahrscheinlichkeitsdichte und nach den Parametern a, b und das Parameterfeld $v(r)$ verschwinden. Die Variationen nach den verschiedenen Lagrange-Parametern liefern natürlich die Gleichungen (2.9), (2.17) und (2.19) zurück. Die Variation $\delta f[\psi;h]$ dieses Funktionals $f[\psi]$ in der Richtung $h(\omega)$ ergibt sich zu

$$\delta f[\psi;h] = \lim_{\varepsilon \to 0} \frac{f[\psi + \varepsilon h] - f[\psi]}{\varepsilon} \quad (2.22)$$

$$= \int_{V^N} h(\omega)\left(k\ln\psi(\omega) + k + aU(\omega) + \sum_i \int_{|r-r_i|\leq R_i} v(r)\,dr + b\right)d\omega$$

wobei $h(\omega)$ eine willkürliche Monomerwahrscheinlichkeitsdichte ist. Es gilt $\delta f[\psi;h] = 0$, und zwar für alle Richtungen $h(\omega)$, dies ist nur der Fall, wenn der Ausdruck in der Klammer in Gleichung (2.22) verschwindet. Das heißt: der Informationsgehalt I hat ein lokales Maximum an der Stelle $\psi(\omega)$, das den Nebenbedingungen genügt, wenn gilt:

$$k\ln\psi(\omega) + k + aU(\omega) + \sum_i \int_{|r-r_i|\leq R_i} v(r)\,dr + b = 0 \quad (2.23)$$

oder

$$\psi(\omega) = \frac{\exp\left[-\frac{a}{k}U(\omega) - \frac{1}{k}\sum_i \int_{|r-r_i|\leq R_i} v(r)\,dr\right]}{\exp\left[1 + \frac{b}{k}\right]}. \quad (2.24)$$

Da $\psi(\omega)$ der Normierungsbedingung in Gleichung (2.9) genügen muß, erhalten wir für den Zähler auf der rechten Seite der Gleichung (2.24), auch Zustandssumme Z genannt, den Ausdruck

$$Z = \exp\left[1 + \frac{b}{k}\right] = \int_{V^N} \exp\left[-\frac{a}{k}U(\omega) - \frac{1}{k}\sum_i \int_{|r-r_i|\leq R_i} v(r)\,dr\right] d\omega.$$

(2.25)

Im Gegensatz zum deutschen Ausdruck „Zustandssumme" bezeichnet man das Funktional Z in der englischen Sprache als „partition function". Multiplikation beider Seiten in Gleichung (2.23) mit $\psi(\omega)$) und anschließende Integration über ω liefert

$$k\ln Z + k\int_{V^N} \psi(\omega)\ln\psi(\omega)\,d\omega + a\int_{V^N} U(\omega)\psi(\omega)\,d\omega +$$

$$\int_{V^N} \psi(\omega)\sum_i \int_{|r-r_i|\leq R_i} v(r)\,drd\omega = 0. \qquad (2.26)$$

Im zweiten Term erkennen wir den Ausdruck für den Informationsgehalt $I[\psi]$ und im dritten Term die makroskopische innere Energie U. Der vierte Term kann statt in $\psi(\omega)$ auch in den Funktionalen $\rho_i(r)$ geschrieben werden. Für einen Gleichgewichtszustand gilt offenbar:

$$k\ln Z + kI[\psi] + aU + \sum_i \int_V \rho_i(r) \int_{|r'-r|\leq R_i} v(r')\,dr'dr = 0. \qquad (2.27)$$

Diese Gleichung läßt sich verknüpfen mit den thermodynamischen, d.h. makroskopischen, Zustandsgrößen und zugeordneten Intensitätsgrößen. Wie in Abschnitt 2.1 diskutiert wird in der Thermodynamik für eine Mischung im Gleichgewicht bei konstanter Temperatur und konstantem Volumen die freie Energie F definiert durch die Legendre-Transformation der inneren Energie: $F = U - TS$ oder $-F/T + U/T - S = 0$, wobei S die sogenannte Entropie ist. Den letzten Term in Gleichung (2.27) setzen wir Null, da er im Zustand des Gleichgewichts (keine Volumenüberlappungen der Monomere) keinen Beitrag zur Energie leisten soll. Den Logarithmus der Zustandssumme können wir nicht dem Term $-S$ zuordnen, da die Entropie immer positiv ist. Offenbar ist F/T gleich $-k\ln Z$ und wir setzen $kI[\psi]$ der Entropie S gleich. Der Parameter k wird die Boltzmannkonstante genannt ($k = 1,380658 \cdot 10^{-23} J/K$) [LL87]. Der thermodynamische Begriff Entropie läßt sich offenbar auf der molekularen Ebene als Informationsgehalt beschreiben. Dies bedeutet: In der Natur versucht ein System auf der molekularen Ebene bei vorgegebener Temperatur eine möglichst große Unordnung herzustellen, damit ein Gleichgewichtszustand sich einstellt. Viele von uns sind bestimmt der Überzeugung, daß auch sie diesem Prinzip unterworfen sind; ich brauche nur meinen Schreibtisch anzuschauen. Nachdem wir das Funktional $kI[\psi]$ als molekulares Analogon der thermodynamischen Entropie und die freie Energie F in Form von

$-kT \ln Z$ gefunden haben, muß der Lagrangeparameter a und das Lagrange-Parameterfeld $v(r)$ den Bedingungen

$$a = \frac{1}{T}$$

$$\sum_i \int_V \rho_i(r) \int_{|r'-r| \leq R_i} v(r')\, dr'\, dr = 0 \qquad (2.28)$$

genügen. Für die Monomerwahrscheinlichkeitsdichte $\psi(\omega)$ eines Gleichgewichtszustandes der Mischung finden wir letztendlich, daß sie, wie zu erwarten war, durch einen Boltzmannfaktor

$$\psi(\omega) = \frac{\exp\left[-\frac{U(\omega)}{kT} - \frac{1}{k}\sum_i \int_{|r_i-r| \leq R_i} v(r)\, dr\right]}{\int_{V^N} \exp\left[-\frac{U(\omega)}{kT} - \frac{1}{k}\sum_i \int_{|r_i-r| \leq R_i} v(r)\, dr\right] d\omega} \qquad (2.29)$$

beschrieben wird. Hätten wir nicht gleich die Monomerwahrscheinlichkeitsdichte nach Boltzmann in Form der Gleichung (2.30) aufschreiben können, so in der Form „Es ist allgemein bekannt, daß..." oder „Es läßt sich einfach zeigen, daß..."? Ja, aber dann wäre uns der Ursprung von $v(r)$ in der Form eines Lagrange-Parameterfeldes zu einem Optimierungsproblem entgangen und, was noch viel wichtiger ist, uns wäre die Bedeutung der Methoden der Variationsrechnung für die theoretische physikalische Chemie vorenthalten worden.

2.3 Die „Mean-Field" Näherung

Die makroskopische thermodynamische innere Energie U ist im Falle eines Gleichgewichts dem Erwartungswert der mikroskopischen Energie $U(\omega)$ gleichzusetzen.

$$U = \int_{V^N} U(\omega)\, \Psi(\omega)\, d\omega \qquad (2.30)$$

Die innere Energie $U(\omega)$ eines Systems in der Anordnung ω setzt sich zusammen aus den verschiedenen möglichen Wechselwirkungen wie z.B. die elektrostatische Paarwechselwirkung zwischen Ladungsträgern. Es gibt neben Paarwechselwirkungen auch Wechselwirkungen zwischen mehr als zwei Monomeren, z.B. die Wechselwirkungen zwischen polarisierbaren Monomeren. Beschränken wir uns nur auf die Wechselwirkungen, die in Form von Paarwechselwirkungspotentialen $U_{i,j}(r_i, r_j)$ geschrieben werden können, so ergibt sich für $U(\omega)$:

$$U(\omega) = \frac{1}{2}\sum_{i,j} U_{i,j}(r_i, r_j). \qquad (2.31)$$

Der Faktor 1/2 korrigiert die Doppelzählung der Energiebeiträge. Die Dichtefunktionale der Monomeren sind über die Wahrscheinlichkeitsdichte $\psi(\omega)$ miteinander korreliert. Die thermodynamische Energie U der Mischung kann man unter Benutzung der Paarpotentiale nach Umformung wie folgt schreiben

$$U = \frac{1}{2} \sum_{i,j} \int_V \int_V U_{i,j}(r,r') \int_V \delta[r_i - r] \int_V \delta[r_j - r'] \psi(\omega) \, d\omega dr dr'. \quad (2.32)$$

Das Gesamtintegral über ω ist ein sogenanntes Paardistributionsfunktional [Re87, PY89]. Es gibt den Erwartungswert dafür an, das Monomer i an der Stelle r und gleichzeitig das Monomer j an der Stelle r' zu finden. Diese Korrelation macht es für große Systeme natürlich praktisch unmöglich die Energie U zu berechnen. Deshalb machen wir an diesem Punkt die oft verwendete Näherung, die Korrelation zwischen den Monomeren zur Berechnung der inneren Energie zu vernachlässigen. Sind die Dichtefunktionale der Monomere völlig unkorreliert, so gilt

$$\int_{V^N} \psi(\omega') \int_V \delta[r_i - r] \int_{V^{N-1}} \delta[r_j - r'] \psi(\omega) \, d\omega d\omega'$$

$$= \int_{V^N} \psi(\omega') \int_V \delta[r'_i - r] \int_{V^{N-1}} \delta[r_j - r'] \psi(\omega) \, d\omega d\omega' \quad (2.33)$$

$$= \int_{V^N} \delta[r'_i - r] \psi(\omega') \, d\omega' \int_{V^N} \delta[r_j - r'] \psi(\omega) \, d\omega = \rho_i(r) \rho_j(r').$$

Werden beide Seiten der Gleichung (2.32) mit $\psi(\omega')$ multipliziert und anschließend über ω' integriert, so erhält man unter der Annahme, daß die Korrelation zwischen den Monomeren zu vernachlässigen ist, mit Hilfe von Gleichung (2.33) den Ausdruck

$$U = \frac{1}{2} \sum_{i,j} \int_V \int_V U_{i,j}(r,r') \rho_i(r) \rho_j(r') \, dr' dr. \quad (2.34)$$

Diese Gleichung führt dazu, daß für jede Anordnung der Monomere die Wechselwirkung des Monomeren i mit den anderen Monomeren durch ein Potential $U_i(r)$ eines mittleren Kraftfeldes (engl. „potential of mean force") beschrieben werden kann [Re87]. Die Näherung die zur Gleichung (2.34) geführt hat, nennt man daher oft „mean field approximation". Das „mean field" Potential $U_i(r)$ des Monomeren i ist definiert gemäß

$$U_i(r) = \frac{1}{2} \sum_j \int_V U_{i,j}(r,r') \rho_j(r') \, dr'. \quad (2.35)$$

Damit kann die innere Energie U der Mischung geschrieben werden als

$$U = \sum_i \int_V U_i(r) \rho_i(r) \, dr \quad (2.36)$$

und die Energie einer bestimmten Anordnung ω als

$$U\left(\omega\right) = \sum_i U_i\left(r_i\right).\tag{2.37}$$

Die Wahrscheinlichkeitsdichte $\psi\left(\omega\right)$ kann, durch Ersetzen dieses Ausdrucks für die Energie $U\left(\omega\right)$ in Gleichung (2.29), als ein Funktional eines Monomerpotentials $u_i\left(r\right)$ geschrieben werden

$$\psi\left(\omega\right) = \exp\left[-\frac{1}{kT}\sum_i u_i\left(r_i\right)\right]\tag{2.38}$$

mit

$$u_i\left(r_i\right) = U_i\left(r_i\right) + U_i^{ex}\left(r_i\right) + U_i^{ref}.\tag{2.39}$$

Dabei ist das Potential des ausgeschlossenen Volumens $U_i^{ex}\left(r_i\right)$ (engl. „excluded volume potential") ein Funktional des Lagrange-Parameterfeldes $v\left(r\right)$ und definiert als

$$U_i^{ex}\left(r_i\right) = T\int_{|r'-r_i|\leq R_i} v\left(r'\right)dr'.\tag{2.40}$$

Obwohl die innere Energie U für einen Gleichgewichtszustand nicht direkt durch $v\left(r\right)$ beeinflußt wird, hat dieses Parameterfeld sehr wohl seinen Einfluß auf das Monomerpotential und deshalb auch auf die Wahrscheinlichkeit einer bestimmten räumlichen Anordnung von Monomeren, die sich dann wieder auf die innere Energie auswirkt. Oft wird die Parameterfunktion $v\left(r\right)$ auch als ein externes Potentialfeld betrachtet, das auf Volumenelemente Einfluß nimmt und das bewirkt, daß diese Elemente den Raum ohne Überlappung genau ausfüllen. Das Referenzpotential U_i^{ref} legt nur den Abzählpunkt der Energie fest und es ist so gewählt worden, das $\psi\left(\omega\right)$ der Normierungsbedingung genügt:

$$U_i^{ref} = kT\ln\left[\int_V \exp\left[-\frac{1}{kT}\left(\sum_i U_i\left(r_i\right) + U_i^{ex}\left(r_i\right)\right)\right]dr_i\right].\tag{2.41}$$

Gleichung (2.38) zeigt deutlich die Folge der „mean field" Näherung, die Wahrscheinlichkeitsdichte $\psi\left(\omega\right)$ läßt sich zerlegen in N Monomerdistributionen $g_i\left(r\right)$ und man bekommt den Ausdruck

$$\psi\left(\omega\right) = \prod_i g_i\left(r_i\right)\tag{2.42}$$

wobei die Monomerdistribution $g_i\left(r\right)$ definiert ist als

$$g_i\left(r\right) = \exp\left[-\frac{u_i\left(r\right)}{kT}\right] \tag{2.43}$$

und sie genügt, wegen der Wahl des Referenzpotentials, die Normierungsbedingung

$$\int_V g_i\left(r\right) dr = 1. \tag{2.44}$$

Daß die Wahrscheinlichkeitsdichte $\psi\left(\omega\right)$ in ein Produkt von Distributionen der einzelnen Monomeren zerlegt werden kann, deutet schon darauf hin, daß wir diese Distributionen als unabhängig voneinander aufgefaßt haben. Die „mean field" Näherung sorgt allerdings wegen der Abhängigkeit des Monomerpotentials von den Dichtefunktionalen aller Monomeren dafür, daß es eine implizite Abhängigkeit zwischen beiden gibt.

2.4 Die Kettenkonnektivität: Renormalisierung

In der Herleitung der Monomerwahrscheinlichkeitsdichte $\psi\left(\omega\right)$ für eine bestimmte Anordnung ω der Monomere haben wir die Kettenkonnektivität nicht berücksichtigt. Sie beinhaltet wegen der Normierungsbedingung Anordnungen, die nicht unbedingt der Kettenkonnektivität genügen. Nur ein Ausschnitt dieser Anordnungen genügt der Kettenkonnektivität und eine Renormalisierung ist angesagt. Eine Monomerwahrscheinlichkeitsdichte $\psi\left(\omega\right)$, die zu dem Ausschnitt der die Konnektivitätsbedingung erfüllenden Wahrscheinlichkeitsdichten gehört, werden wir als Wahrscheinlichkeitsdichte $\Psi\left(\omega\right)$ bezeichnen. Gehört eine bestimmte Anordnung ω nicht zu diesem Ausschnitt, dann wird $\Psi\left(\omega\right)$ gleich null gesetzt. Dies wird mathematisch durch folgende Renormalisierung erreicht:

$$\Psi\left(\omega\right) = \frac{\prod_{i,j>i}\delta\left[C_{i,j}\left(|r_i - r_j| - \left(R_i + R_j\right)\right)\right]}{\int_{V^N}\psi\left(\omega\right)\prod_{i,j>i}\delta\left[C_{i,j}\left(|r_i - r_j| - \left(R_i + R_j\right)\right)\right]d\omega}\psi\left(\omega\right). \tag{2.45}$$

Für das Dichtefunktional $\rho_i\left(r\right)$ eines Monomeren i gilt also mit Rücksichtnahme auf die Kettenkonnektivität, daß

$$\rho_i\left(r\right) = \frac{\int_{V^N}\delta\left[r_i - r\right]\prod_j g_j\left(r_j\right)\prod_{k>j}\delta\left[C_{k,j}\left(|r_k - r_j| - \left(R_k + R_j\right)\right)\right]d\omega}{\int_{V^N}\prod_j g_j\left(r_j\right)\prod_{k>j}\delta\left[C_{k,j}\left(|r_k - r_j| - \left(R_k + R_j\right)\right)\right]d\omega}$$

$$\tag{2.46}$$

wobei $\psi\left(\omega\right)$ ersetzt ist durch den Ausdruck aus Gleichung (2.42). Ist das Monomer i mit keinem anderen Monomer verbunden, so folgt natürlich aus dieser Gleichung, daß wegen der Normalisierungsbedingung für $g_i\left(r\right)$ in dem Fall gilt: $\rho_i\left(r\right) = g_i\left(r\right)$. Gleichung (2.46) kann auch geschrieben werden in der Form

$$\rho_i\left(r\right) = g_i\left(r\right) G_i\left(r\right) \tag{2.47}$$

wobei das Funktional $G_i(r)$ definiert ist gemäß

$$G_i(r) = \frac{1}{\int_{V^N} \prod_j g_j(r_j) \prod_{k>j} \delta\left[C_{k,j}\left(|r_k - r_j| - (R_k + R_j)\right)\right] d\omega} \cdot$$

$$\int_{V^{N-1}} \prod_{j\neq i} g_j(r_j)\, \delta\left[C_{j,i}\left(|r_j - r| - (R_i + R_j)\right)\right] \cdot$$

$$\prod_{k\neq i, k>j} \delta\left[C_{k,j}\left(|r_k - r_j| - (R_k + R_j)\right)\right] \frac{d\omega}{dr_i}. \tag{2.48}$$

$G_i(r)$ ist ein Renormalisierungsfunktional, das das Dichtefunktional von nicht miteinander verbundenen Monomeren ($\rho_i(r) = g_i(r)$) zu dem Dichtefunktional in einer Mischung renormalisiert, wobei bestimmte Monomere nach Vorschrift miteinander zu Polymerketten verknüpft sind. Ist das Monomer i mit keinem anderen Monomer in der Mischung verbunden, so ergibt sich natürlich $G_i(r) = 1$. Beschränken wir uns auf lineare Polymerketten. In dem Fall ist $G_i(r)$ einfach zu berechnen. Das Monomer i in einer linearen Kette, die die Monomere s bis S enthält, hat nur zwei Nachbarn mit denen es verbunden ist: $i-1$ und $i+1$. Es läßt sich leicht nachvollziehen, daß $G_i(r)$ in ein Produkt von zwei unabhängigen Integralen und einem weiteren Faktor zerlegt werden kann:

$$G_i(r) = \frac{1}{G(S \mid s)} \cdot \tag{2.49}$$

$$\int_{|r'-r|=R_i+R_{i-1}} G(r', i-1 \mid s)\, dr' \int_{|r'-r|=R_i+R_{i+1}} G(r', i+1 \mid S)\, dr'$$

wobei der Faktor $G(S \mid s)$ definiert ist gemäß,

$$G(S \mid s) = \int_{V^{S-s+1}} g_s(r_s) \prod_{j=s+1}^{S} g_j(r_j)\, \delta\left[|r_j - r_{j-1}| - (R_j + R_{j-1})\right] dr_s \ldots dr_S$$

$$\tag{2.50}$$

und das Gewicht aller Anordnungen der Monomere darstellt die der Kettenkonnektivitätsbedingung für die gesamte Polymerkette (s bis S) erfüllen. Das Funktional $G(r, i-1 \mid 1)$ ist das Gewicht aller Anordnungen der Monomere die der Konnektivitätsbedingung für das Kettenteil von Monomer s bis Monomer $i-1$ erfüllen und wobei das Monomer $i-1$ an der Stelle r gefunden wird. Es ist definiert gemäß,

$$G(r, i-1 \mid s) = \int_{V^{i-s}} \delta\left[r_{i-1} - r\right] g_{i-1}(r_{i-1}) \cdot \tag{2.51}$$

$$\prod_{j=s}^{i-2} g_j(r_j)\, \delta\left[|r_{j+1} - r_j| - (R_{j+1} + R_j)\right] dr_s \ldots dr_{i-1}.$$

Analog haben wir dann für das Funktional des Kettenteils von Monomer $i+1$ bis S:

$$G(r, i+1 \mid S) = \int_{V^{S-i}} \delta[r_{i+1} - r] g_{i+1}(r_{i+1}) \cdot \tag{2.52}$$

$$\prod_{j=i+2}^{S} g_j(r_j) \delta[|r_j - r_{j-1}| - (R_j + R_{j-1})] \, dr_{i+1} \dots dr_S.$$

Das Funktional $G(r, i-1 \mid s)$ für das Kettenteil von Monomer s bis $i-1$ kann umgeschrieben werden als

$$G(r, i-1 \mid s) = g_{i-1}(r) \int_{|r_{i-2} - r_{i-1}| = R_{i-2} + R_{i-1}} g_{i-2}(r) \cdot \tag{2.53}$$

$$\int_{V^{i-s-2}} \prod_{j=s}^{i-3} g_j(r_j) \delta[|r_{j+1} - r_j| - (R_{j+1} + R_j)] \, dr_s \dots dr_{i-2}$$

$$= g_{i-1}(r) \int_{|r' - r_{i-1}| = R_{i-2} + R_{i-1}} G(r', s-2 \mid s) \, dr'.$$

Damit haben wir eine rekursive Beziehung zwischen $G(r, i-1 \mid s)$ und $G(r, i-2 \mid s)$ hergestellt. Für das Funktional $G(r, s \mid s)$ des ersten Monomeren s der Kette gilt: $G(r, s \mid s) = g_s(r)$. Das Funktional $G(r, s+1 \mid s)$ des zweiten Monomeren $s+1$ der Kette gewinnt man aus einem Oberflächenintegral von $G(r, s \mid s)$ multipliziert mit dem Wert der Monomerdistribution des Monomeren $s+1$ an der Stelle r. Das Funktional $G(r, s+2 \mid s)$ gewinnt man auf gleicher Weise aus $G(r, s+1 \mid s)$ und so weiter. Für $G(r, s+1 \mid S)$ können wir eine ähnliche rekursive Beziehung herstellen, allerdings ausgehend von $G(r, S \mid S) = g_S(r)$. Es ist leicht einzusehen, daß $G(S \mid s)$ nichts anderes ist als das Volumenintegral über $G(r, S \mid s)$:

$$G(S \mid s) = \int_V G(r, S \mid s). \tag{2.54}$$

Fazit: Haben wir es mit linearen Ketten zu tun und sind die Monomerdistributionen bekannt, so ergeben sich die Beiträge der Kettenteile zum Renormalisierungsfunktional $G_i(r)$ aus der rekursiven Beziehung (2.53) und folglich können die Dichtefunktionale $\rho_i(r)$ berechnet werden.

2.5 Zustand des Gleichgewichts

Angenommen die Monomerdistributionen $g_i(r)$ sind uns bekannt, dann können wir über die Renormalisierungsfunktionale $G_i(r)$ die Dichtefunktionale $\rho_i(r)$ berechnen. In diesem Fall muß erstens für jedes Volumenelement im Raum die Volumendichte gleich eins sein. Zweitens, angenommen wir kennen auch das externe Feld $v\left(r\right)$, so muß das Monomerpotential $u_i\left(r\right)$, das mit Gleichung (2.39) errechnet ist, dem Wert aus der Definition der Monomerdistribution (Gleichung 2.43) gleich sein, und zwar für jedes Monomer in jedem Volumenelement. Ein Gleichgewichtszustand der Mischung wird als Lösung des folgenden nicht-linearen Gleichungssystems im Variablenraum $\left\{g_i\left(r\right),v\left(r\right)\right\}$ gefunden:

Für alle i und r eine Gleichung

$$kT \ln g_i\left(r\right) + U_i\left(r\right) + U_i^{ref} + \int_{|r'-r|\leq R_i} v\left(r'\right) dr' = 0. \qquad (2.55)$$

Für alle Punkte r im Raum minus einen die Gleichung

$$\sum_i \phi_i\left(r\right) - 1 = 0. \qquad (2.56)$$

Im letzten Punkt des Raumes ist die Bedingung (2.56) immer erfüllt, falls sie in den übrigen Punkten erfüllt ist wegen der vollständigen Raumausfüllung durch die Monomere.

Als letzte nicht-lineare Gleichung legt die Bedingung

$$\sum_i \int_V \rho_i\left(r\right) \int_{|r'-r|\leq R_i} v\left(r'\right) dr'dr = 0. \qquad (2.57)$$

den Abzählpunkt des externen Feldes fest.

Ein Gleichungssystem, daß für jedes Volumenelement im Raum mehrere Gleichungen umfaßt, kann nur numerisch zu einer Lösung gebracht werden, wenn wir uns in der Zahl der Volumenelemente erheblich beschränken, aber dazu mehr in den folgenden Abschnitten.

3 Numerische Behandlung

3.1 Nur Monomere mit gleichem Volumen

Nehmen wir an, daß alle Monomere in der Mischung die gleiche Form und das gleiche Volumen haben, so müssen alle Monomere an der Stelle r das gleiche Potential $U^{ex}\left(r\right)$ des ausgeschlossenen Volumens besitzen. In dem Fall können wir $U^{ex}\left(r\right)$) statt $v\left(r\right)$ als unbekannte Variable für das nicht-lineare Gleichungssystem nehmen. Gleiche Form und Volumen der Monomere bedeutet, daß alle Monomerradien den gleichen Wert haben. Durch Normierung des Volumens mit dem Monomerradius können wir den Monomerradius im normierten Koordinatenraum gleich Eins setzen.

Es leuchtet ein, daß Monomere der gleichen chemischen Sorte auch die gleiche Monomerpotentiale besitzen müssen. Bei den Monomeren der Polymerketten ist dies meistens nicht der Fall, weil die Eigenschaften eines Monomeren von der Position in der Kette abhängig sind. Wir werden aber auch allen Monomeren der gleichen Sorte, die in einer Polymerkette eingebaut sind, das gleiche Monomerpotential zuschreiben. Die Sorte eines Monomeren werden wir im folgenden mit I oder J notieren.

3.2 Der Diskretisierungs-Ansatz

Wie bereits angekündigt, muß der Raum in Volumenelementen grob aufgeteilt werden, damit durch Einsatz von numerisch-mathematischen Methoden das Gleichgewichtsproblem gelöst werden kann. Wir werden allerdings eine sehr grobe Diskretisierung des Volumens durchführen, damit die Zahl der Variablen besonders drastisch gesenkt wird. Als Diskretisierungsansatz wird ein Gitter genommen. Das Volumen der Mischung wird mit Hilfe eines Gitters in Gitterzellen aufgeteilt, wobei jede Gitterzelle genau ein Monomer enthalten kann.

Da wir eine Mischung aus Polymerketten und Lösungsmittelmolekülen in der Nähe einer Oberfläche beschreiben wollen, können wir noch weitergehende Näherungen machen. Betrachten wir zwei parallel zueinander angeordnete atomistisch-flache unendlich-große Oberflächen. Der Raum zwischen beiden Oberflächen wird mit einem Gitter aufgeteilt. Die Gitterzellen können in Schichten parallel zu den beiden Oberflächen gruppiert werden. Diese Schichten werden mit dem Index z von einer Oberfläche zur anderen numeriert. Da die Oberflächen unendlich groß sind nehmen wir an, daß die Monomerdistributionen parallel zu diesen Oberflächen keine Gradienten besitzen. Folglich sind also auch keine Gradienten der Dichtefunktionale und Renormalisierungsfunktionale parallel zu der Oberfläche zu erwarten. Sei M die Anzahl der Gitterschichten, dann ist es vorteilhaft die Normierung auf diese Zahl M zu beziehen:

$$\int_V f(r) = \sum_{z=1}^{M} f(z) \tag{3.58}$$

3.3 Die Paarwechselwirkungsenergie

In Abschnitt 2.3 haben wir hergeleitet wie das „mean field" Potential $U_i(r)$ aus den Paarwechselwirkungspotentialen und den Dichtefunktionalen berechnet wird. Alle Monomere der Gleiche Sorte als Monomer i haben das gleiche „mean field" Potential $U_I(r)$, wobei der Index I die Sorte des Monomeren angibt. An diesem Punkt werden wir nur nächste Nachbarnwechselwirkungen berücksichtigen:

$$U_{I,J}(z,z') = \varepsilon_{I,J}\left(\delta_{z,z'} + \delta_{|z-z'|,1}\right). \tag{3.59}$$

wobei $\delta_{x,y}$ das sogenannte Kronecker-Delta-Symbol darstellt: $\delta_{x,y} = 1$ falls $x = y$ und $\delta_{x,y} = 0$ falls $x \neq y$. Damit finden wir für ein in Schichten aufgebautes hexagonalen Gitter, daß

$$U_I(z) = \sum_J \varepsilon_{I,J}\left[\frac{1}{2}\rho_J(z-1) + \rho_J(z) + \frac{1}{2}\rho_J(z+1)\right]. \tag{3.60}$$

3.4 Die Beiträge zur Renormalisierungsfunktional

Wie in Abschnitt 2.4 hergeleitet, können die Dichtefunktionale der Monomere über die Beiträge der Teilketten zur Renormalisierungsfunktional mittels Oberflächeintegralen gewonnen werden. Mit unserem groben Diskretisierungsansatz können diese Oberflächeintegrale sehr einfach als Summe über die benachbarten Gitterzellen berechnet werden. Für ein in Schichten organisiertes hexagonalen Gitter zwischen zwei parallelen Oberflächen gilt:

$$\int_{|r'-r|\leq 2} f\left(r'\right)dr' = \frac{1}{2}f\left(z-1\right) + f\left(z\right) + \frac{1}{2}f\left(z+1\right). \qquad (3.61)$$

falls $r = z$.

3.5 Das nicht-lineare Gleichungssystem eines Gleichgewichtszustandes

Im diskretisierten Volumen läßt sich das nicht-lineare Gleichungssystems im Variablenraum der Monomerpotentiale und des Potentials des ausgeschlossenen Volumens wie folgt formulieren:

Für alle Monomersorten I und Gitterschichten z eine Gleichung

$$kT\ln g_I\left(z\right) + U_I\left(z\right) + U^{ex}\left(z\right) + U_I^{ref} = 0. \qquad (3.62)$$

Für alle z minus eine eine Gleichung

$$\sum_I \phi_I\left(z\right) - 1 = 0. \qquad (3.63)$$

Als letzte nicht-lineare Gleichung

$$\sum_{I,z} \rho_I\left(z\right)U^{ex}\left(z\right) = 0. \qquad (3.64)$$

Abgesehen von der letzten Gleichung (3.64) ist dieses von uns über die Dichtefunktionaltheorie und mit entsprechender groben Diskretisierung hergeleitete Gleichungssystem dem Gleichungssystem aus der sogenannte Scheutjens-Fleer Theorie [SF79, SF80, SF85, OSF90] gleich. Die Scheutjens-Fleer Theorie ist kein Dichtefunktionaltheorie aber eine reine statistisch-thermodynamische Gittertheorie.

Das nicht-lineare Gleichungssystem wird mit einer Quasi-Newton-Methode numerisch gelöst. Wir definieren einen Variablenvektor x gemäß:

$$g_I\left(z\right) = \frac{x[zN+I]}{\sum_z x[zN+I]}$$

$$(3.65)$$

$$U^{ex}\left(z\right) = x\left[NM+z\right].$$

Das nicht-lineare Gleichungssystem kann in der Vektorform

$$f(x) = 0 \tag{3.66}$$

aufgeschrieben werden. Das Gleichungssystem ist gelöst, falls die Norm des Vektors $f(x)$ eine vorgegebene Fehlerschranke ε unterschreitet. Das Iterationskonzept kann allgemein formuliert werden. Sei $x^{(k)}$ der Variablenvektor des letzten Versuchs k, dann kann der nächste Versuch $x^{(k+1)}$ für den Variablenvektor mit dem wir hoffentlich das nicht-linearen Gleichungssystem lösen, immer als die Summe aus dem letzten Variablenvektor und einem Vektor multipliziert mit einem Skalar geschrieben werden:

$$x^{(k+1)} = x^{(k)} + a^{(k)}p^{(k)}. \tag{3.67}$$

Der Skalar $a^{(k)}$ ist der Schrittlängenfaktor und der Vektor $p^{(k)}$ gibt die Suchrichtung an. Die allgemeine Vorgehensweise bei den iterativen Methoden ist wie folgt:

1. Der Iterationsindex k wird auf 0 gesetzt.
2. Wahl eines geeigneten Startvektors $x^{(k)}$.
3. Berechnung des Vektors $f^{(k)}$.
4. Abbruch der Iteration falls $|f| < \varepsilon$.
5. Bestimmung der Suchrichtung $p^{(k)}$.
6. Bestimmung des Schrittlängenfaktors $a^{(k)}$ entlang der Suchrichtung.
7. Berechnung eines neuen Variablenvektors $x^{(k+1)} = x^{(k)} + a^{(k)}p^{(k)}$.
8. Der Iterationsindex k wird auf $k+1$ gesetzt.
9. Weiter bei 3.

Es gibt bei den iterativen Methoden eine Reihe von möglichen Problemen, angefangen mit der Wahl des Startvektors $x^{(0)}$, über die Abbruchkriterien, bis zu Schrittlängen, die eine bestimmte Untergrenze unterschreiten. Als sehr robustes Iterationsverfahren für nicht-lineare Gleichungssysteme hat sich das sogenannte Quasi-Newton Verfahren erwiesen [DM77, OR70]. Es basiert auf der Newton-Raphson-Methode, in der die Suchrichtung $p^{(k)}$ aus der Taylorentwicklung durch Abbruch nach dem zweiten Gleid hergeleitet wird. Der Vektor f an der Stelle $x^{(k)} + p^{(k)}$ kann dann aus der Entwicklung des Vektors f an der Stelle $x^{(k)}$ gefunden werden:

$$f\left(x^{(k)} + p^{(k)}\right) = f^{(k)} + J^{(k)}p^{(k)} \tag{3.68}$$

wobei die Jacobimatrix definiert ist als

$$J_{i,j} = \frac{\partial f_i}{\partial x_j}. \tag{3.69}$$

Aus Gleichung (3.67) folgt, daß die Würzel des nicht-linearen Gleichungssystems ($f^{(k+1)} = 0$) mit der folgenden Suchrichtung gefunden wird, falls f eine quadratische Funktion ist:

$$p^{(k)} = -\left(J^{(k)}\right)^{-1} f^{(k)}. \tag{3.70}$$

Dabei wird die Suchrichtung $p^{(k)}$ durch Lösung des linearen Gleichungssystems

$$J^{(k)}p^{(k)} = -f^{(k)} \tag{3.71}$$

bestimmt. Dazu eignen sich die verschiedenen Zerlegungsverfahren für Matrizen [Sch93], wie z.B. das LU- oder das QR-Verfahren. Der größte Nachteil des Newton-Raphson Verfahrens ist die Verwendung der Jacobimatrix in jedem Iterationsschritt. Deshalb werden häufig Quasi-Newton Verfahren angewandt, die anstelle der Jacobimatrix eine Approximationsmatrix $B^{(k)}$ einsetzen [DM77]. Dabei wird mit einer Differenzmethode zuerst eine Ausgangsmatrix bestimmt, die nachfolgenden Matrizen werden mit einer sogenannten „update"-Methode berechnet. Sehr vorteilhaft sind „update"-Methoden, die nicht die Jacobimatrix selbst „updaten" sondern seine QR-zerlegte Form, dies führt zu einer erheblichen Reduzierung des Rechenaufwandes. Der Schrittlängenfaktor soll so gewählt werden, daß die Konvergenz noch hoch genug ist und die Suchrichtung eine Abstiegsrichtung bleibt. Deshalb wird zu Beginn jedes Iterationsschritts ein vollständiger Newtonschritt versucht. Führt dieser Newtonschritt nicht zu dem gewünschten Abstieg der Norm von f, so muß eine kleinere Schrittlänge benutzt werden. Verschiedene Methoden zur Bestimmung des Schrittlängefaktors stehen uns dann zur Auswahl [OR70].

4 Ergebnisse

Nach so vielen Gleichungen ist es angebracht, mit einem kurzen Beispiel zu zeigen, was dieses Modell an Vorhersagemöglichkeiten bietet. Allerdings wäre zu bedenken, daß theoretische Arbeiten in der Industrie nur nützlich sind, wenn sie auch tatsächlich in numerische Vorhersagen münden.

Als Beispiel ist eine Mischung aus 5% Diblock-Copolymeren und 95% Lösungsmittelmolekülen zwischen zwei Oberflächen gewählt worden. Die Distanz zwischen den beiden Oberflächen betrug 200 Gitterschichten. Die Lösungsmittelmoleküle werden mit dem Index S notiert und die beiden Oberflächen mit dem Index O. Die Diblock-Copolymeren bestehen aus einem Kettenteil mit 50 adsorbierenden A-Segmenten ($\varepsilon_{AO} < 0$) und einem Kettenteil mit 250 nicht-adsorbierenden B-Segmenten ($\varepsilon_{BO} = 0$). Alle Paarwechselwirkungsparameter ε_{IJ} sind gleich Null ausser $\varepsilon_{AO}(= -4,1410^{-20}\,\text{J})$. Abbildung 1 gibt die Dichteverteilungen der beiden Monomertypen des Diblock-Copolymeren in Abhängigkeit der Gitterschichten. Das Dichteprofil der adsorbierenden A-Segmente hat ein hohes Maximum direkt neben der Oberfläche und fällt dann rasch ab. Es gleicht sehr den Dichteprofilen der sogenannten Homopolymeren, die nur einen Monomertypus enthalten. Das Maximum des Dichteprofils der B-Segmente liegt von der Oberfläche weiter entfernt. Außerdem reicht dieses Dichteprofil sehr weit in die Lösung hinein. Man kann sich die adsorbierte Diblock-Copolymerschicht so vorstellen: Eine dicht gepackte Schicht von A-Segmenten in der unmittelbaren Nähe der Oberfläche, die die Block-Copolymere verankert und eine verdünnte Schicht der nicht-adsorbierenten B-Segmente. Wegen dieser weitreichenden verdünnten Schicht von B-Segmenten sind Diblock-Copolymere im allgemeinen bessere Stabilisatoren für kolloidale Lösungen als Homopolymere. Für eine ausfürliche Darstellung der Konsequenzen dieses Aufbaus der Adsorptionsschicht z.B. auf die kolloidale Stabilität sei der Leser auf [ESF91]verwiesen. In Anbetracht der zur Verfügung stehenden beschränkten Seitenzahl, soll dieses kurze Beispiel als Illustration genügen. Für weiterführende Studien verweisen wir den Leser auf die Literatur [OSF90, ESF91, ESF90].

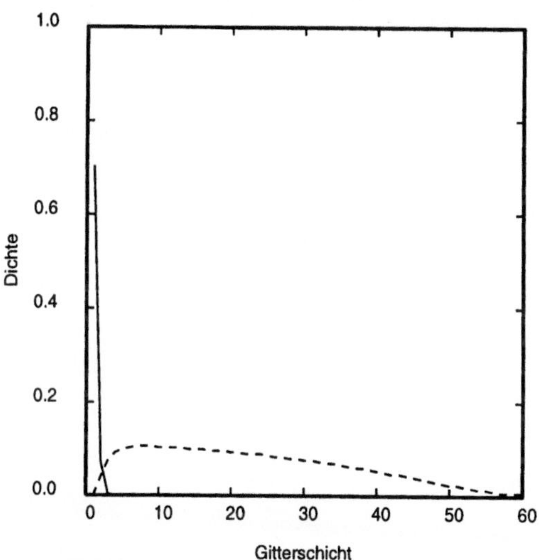

Abbildung 1. Dichteprofil der A- und B-Segmente von adsorbierten Diblock-Copolymeren in der Nähe einer Oberfläche (Gitterschicht z=0). Durchgezogene Linie: A-Segmente. Gestrichelte Linie: B-Segmente.

Literatur

[Sp94]   Lindner A. : Grundkurs Theoretische Physik. Teubner, Stuttgart 1994

[LL87]   Landau L.D., Lifschitz E.M.: Statistische Physik Teil I, Akedemie, Berlin 1987

[Ku94]   Kunz R.W.: Molecular Modelling für Anwender. Teubner, Stuttgart 1994

[Gr88]   Großmann S.: Funktionalanalysis. Aula, Wiesbaden 1988

[Re87]   Reichl L.E.: A Modern Course in Statistical Physics. Edward-Arnold Publishers, Austin 1987

[PY89]   Parr R.G., Yang W.: Density-Functional Theory of Atoms and Molecules. Oxford University Press, New York 1989

[SF79]   Scheutjens J.M.H.M., Fleer G.J.: J. Phys. Chem. **83** (1979) 1619

[SF80]   Scheutjens J.M.H.M., Fleer G.J.: J. Phys. Chem. **84** (1980) 179

[SF85]   Scheutjens J.M.H.M., Fleer G.J.: J. Macromolecules **18** (1985) 1882

[OSF90] Evers O.A., Scheutjens J.M.H.M., Fleer G.J.: Macromolecules **23** (1990) 5221

[DM77] Dennis J.E., More J.J.: Quasi-Newton Methods, Motivation and Theory. SIAM Review **19**, 1 (1977) 46

[OR70] Ortega J.M., Rheinboldt W.C.: Iterative Solution of Nonlinear Equations in Several Variables. Academic Press, New York (1970)

[Sch93] Schwarz H.R.: Numerische Mathematik. Teubner, Stuttgart 1993

[ESF91] Evers O.A, Scheutjens J.M.H.M., Fleer G.J.: Macromolecules **24** (1991) 5558

[ESF90] Evers O.A, Scheutjens J.M.H.M., Fleer G.J.: J. Chem. Soc. Faraday Trans. **86** (1990) 1333

Diskrete Optimierung in der chemischen Industrie

Josef Kallrath

BASF-AG, Ludwigshafen

1 Einleitung

Auf mathematischen Modellen basierende Optimierung kann in fast allen Bereichen der chemischen Industrie [Sch94] wertvolle Beiträge leisten: beginnend mit der Anregung und Bewertung neuer Ideen in Forschung und Entwicklung über Prozeßoptimierung, Steuerung in Produktion und Logistik, Erstellung von Marktprognosen, optimale Preisfindung, bis zur strategischen Planung. **Optimierung** bedeutet die Bestimmung des Maximums oder Minimums einer bestimmten Funktion, die auf einem (beschränkten) Bereich S oder Zustandsraum definiert ist. Die **mathematische Optimierung** kann sowohl die *Optimalität* als auch die Erfüllung sämtlicher Randbedingungen, d.h. die *Zulässigkeit* der Lösung garantieren. Die klassische Optimierungstheorie (Differentialrechnung, Variationsrechnung, Optimale Steuerung) behandelt die Fälle, in denen S kontinuierlich, d.h. zusammenhängend ist. Die **gemischt-ganzzahlige, kombinatorische** oder kurz **diskrete Optimierung**, bis vor wenigen Jahren noch ein Randgebiet der mathematischen Optimierung, gewinnt zunehmend an Bedeutung [GL94]. Der Definitionsbereich S ist teilweise diskret, d.h. einige Variablen sind auf ganze Zahlen beschränkt. Die Ganzzahligkeit der Problemstellungen rührt z.B. daher, daß sogenannte Null-Eins-Entscheidungen – etwa die Entscheidung, ob ein Arbeitsschritt von einem bestimmten Mitarbeiter zu einem Zeitpunkt bearbeitet wird oder nicht – zu treffen sind oder Größen - z.B. Standort, Stufenzahl einer Kolonne, Containerart – nur ganzzahlige Werte annehmen können. Viele praktische Fragestellungen lassen sich als lineare gemischt-ganzzahlige Optimierungsprobleme beschreiben. Deshalb wird in Abschnitt 2 ein kurzer Überblick über derartige Ansätze und mathematische Algorithmen zu ihrer Behandlung gegeben.

In der chemischen Industrie gibt es eine breite Palette von Einsatzfeldern diskreter Optimierung, z.B. :

- Mischungsprobleme (Produktion, Logistik)
- Produktionsplanung (Produktion, Logistik, Marketing)

- Scheduling-Probleme (Produktion, Ablaufplanung)
- Prozeß-Design (Verfahrenstechnik)
- Depot-Auswahl-Probleme (Planung, Strategie, Lokalisierung)
- Netzwerk-Design (Planung, Struktur)

Typisch für die chemische Industrie, in abgewandelter Form aber auch für die Mineralöl- oder Nahrungsmittelindustrie, sind **Mischungsprobleme**, die in den verschiedensten Varianten und meist in Verbindung mit speziellen logistischen Randbedingungen auftreten; ein Beispiel hierfür wird in Abschnitt 3 diskutiert. Gerade bei Unternehmen, die die Vorteile eines komplexen Produktionsnetzes ausnutzen können, sind **Produktionsplanungs-** und **Scheduling-Probleme** (Ablaufplanung, Maschinenbelegungsplanung) auf dem Hintergrund mehrerer verbundener Standorte (Abschnitt 4) und/oder mehrstufiger Produktionsanlagen (Abschnitt 5) zu sehen. Fast ausnahmslos sind **Umrüstproblematiken** mit einzubeziehen. Scheduling-Probleme tauchen natürlich auch in anderen Industriezweigen auf; ihre Lösung liefert Anlagenbelegungspläne oder die Antwort auf Personalzuordnungsprobleme. Sie gehören zu den schwierigsten Problemen der kombinatorischen Optimierung überhaupt. Typisch sind auch Mindest-Produktionsmengen, -Anlagenauslastungswerte oder -Schiffsladungen, die auf semi-kontinuierliche Variablen führen. Die Frage, wie bei Gegebenheit von Datenverkehrsaufkommen ein Telekommunikationsnetzwerk aufgebaut und genutzt werden sollte, führt, ebenso wie die Frage, welche Straßen und Verbindungsmöglichkeiten bei prognostizierbaren Transport- und Verkehrsaufkommen bereitgestellt werden sollten, auf ein **Netzwerk-Design-Problem**. Die genannten Anwendungsgebiete lassen sich meist noch mit Hilfe linearer gemischt-ganzzahliger Optimierungsmethoden behandeln. Die im **Prozeßdesign** chemischer Verfahrenstechnik auftretenden Probleme führen jedoch unvermeidlich auf nichtlineare diskrete Probleme.

Drei konkrete Beispiele sollen im folgenden einen Eindruck von der Vielfalt der Einsatzmöglichkeiten linearer gemischt-ganzzahliger Modelle vermitteln. Das erste der Modelle beschreibt die Berechnung optimaler Mischungsrezepturen, das zweite liefert einen optimalen Produktionsplan in einem Mehrprodukt-Mehrstandort-Produktionsverbund und das dritte die Bestimmung eines kostenminimalen Belegungsplans einer mehrstufigen Produktionsanlage. Alle drei Probleme werden mathematisch als gemischt-ganzzahlige Optimierungsprobleme mit Hilfe eines exakten Optimierungsverfahrens (Branch&Bound, [NW88]) gelöst. Die beiden ersten Probleme werden sehr ausführlich beschrieben, um dem technisch interessierten Leser einen Einstieg in die Modellbildung gemischt-ganzzahliger Optimierungsmodelle zu ermöglichen.

In einer zusammenfassenden Diskussion wird aufgezeigt, welche Lösungsansätze für noch wesentlich komplexere Probleme in Frage kommen.

2 Einige Grundlagen linearer gemischt-ganzzahliger Optimierung

Bei gegebenen Freiheitsgraden $x = (x_1, \ldots, x_n)$, Zielfunktional $f(x)$ und Beschränkungen oder Constraints $g(x)$ und $h(x)$ heißt ein Optimierungsproblem

$$min \{ f(x) \mid g(x) = 0 , h(x) \geq 0 , x \in X \} \tag{2.1}$$

diskretes Optimierungsproblem, wenn der Grundbereich X diskret, d.h. ganzzahlig ist, z.B. $X = \mathbb{N}_0 = \{0, 1, 2, 3, \ldots\}$. Ein Vektor x heißt *zulässige Lösung* des Optimierungsproblems (2.1), wenn er den Bedingungen $g(x)=0$, $h(x) \geq 0$, $x \in X$ genügt; die Menge aller zulässigen Lösungen bildet den *zulässigen Bereich*. Der Vektor x heißt *optimale Lösung* oder *globales Minimum*, wenn er zulässig ist und für alle zulässigen Lösungen $x', x' \neq x$ gilt: $f(x) \leq f(x')$. Als Beispiel möge das Problem

$$min \{ 3x_1 + 2x_2^2 \mid x_1^4 - x_2 - 15 = 0 , x_1 + x_2 - 3 \geq 0 , x_1 \in \mathbb{N}_0 , x_2 \in \mathbb{N}_0 \} \tag{2.2}$$

mit optimaler Lösung $x^* = (x_1, x_2)^* = (2, 1)$ und $f(x^*) = 8$ dienen; eine zulässige Lösung ist z.B. mit $x_1 = 3$ und $x_2 = 66$ gegeben.

Eine spezielle Klasse diskreter Optimierungsaufgaben mit großer Praxisrelevanz sind **lineare gemischt-ganzzahlige Probleme** (*MILP*) der Form

$$min \{ c^t \cdot x \mid x \in S \} \quad S := \{x \mid Ax = b, x_1, \ldots, x_r \in \mathbb{N}_0, x_{r+1}, \ldots, x_n \in \mathbb{R}_0^+ \} \tag{2.3}$$

Dürfen die diskreten Variablen $x_1, \ldots, x_r$ nur die beiden Werte 0 und 1 annehmen, so spricht man auch von binären Variablen. Zur Lösung von (2.3) stehen Heuristiken und exakte Verfahren [NW88] zur Verfügung. Erstere generieren Lösungen ohne Optimalitätsnachweis und sollen hier nicht weiter betrachtet werden. Zu den exakten Verfahren gehören dynamische Optimierung und Schnittebenen- sowie Entscheidungsbaumverfahren, die sich in vollständige Enumeration und begrenzte Enumeration (z.B. Branch&Bound) unterteilen. Sie erlauben die Bestimmung einer optimalen Lösung. Auf dynamische Optimierung soll hier nicht eingegangen werden, da sie sich nur für spezielle Probleme eignet. *Vollständige Enumeration* generiert alle Lösungen und selektiert daraus die optimale Lösung. Da der Aufwand zur Berechnung und Interpretation aller Lösungen im Entscheidungsbaum exponentiell steigt, ist dieses Verfahren nur für kleinere Probleme sinnvoll anwendbar. *Branch&Bound*-Verfahren dagegen schränken den Suchbaum durch geeignete Verzweigung eines Problems in mehrere Unterprobleme (Branching) und Berechnung der Lösung von Unterproblemen (Bounding) ein. Zunächst wird eine hinsichtlich der Ganzzahligkeitsbedingung relaxierte Variante von (2.3) gelöst. Dieses Problem P^0

$$min \{ c^t \cdot x \mid Ax = b , x_1, \ldots, x_n \in \mathbb{R}_0^+ \} \tag{2.4}$$

wird als *LP-Relaxierung* bezeichnet.

Das nachfolgende Beispiel zeigt, daß sich gemischt-ganzzahlige lineare Probleme und deren LP-Relaxierung drastisch unterscheiden können und daher auch mit einfachen Rundungsmechanismen aus relaxierten Programmen keine optimalen Lösungen für das diskrete Problem

$$\max Z \; ; \; Z = x_1 + x_2 \; , \qquad (2.5)$$

$$\begin{aligned} -2x_1 + 2x_2 &\geq 1 \\ -8x_1 + 10x_2 &\leq 13 \; x_1 \in \mathbb{N}_0 \; , \; x_2 \in \mathbb{N}_0 \end{aligned} \qquad (2.6)$$

gefunden werden können. Mit Hilfe einer einfachen Graphik können mit Hilfe der Geraden

$$g_1 : x_2 = x_1 + \frac{1}{2} \; ; \; g_2 : x_2 = 0,8x_1 + 1,3 \qquad (2.7)$$

die Lösungen $Z_{LP} = 8,5(4\;,\;4{,}5)$ und $Z_{IP} = 3(1\;,\;2)$ bestimmt werden, die sich offenbar sehr deutlich sowohl hinsichtlich des Lösungsvektors als auch hinsichtlich des Zielfunktionswertes unterscheiden. Damit scheiden einfache Rundungsverfahren zur Lösung diskreter Probleme aus. Beim Branch&Bound-Verfahren kann man die LP-Relaxierung jedoch in folgender Weise ausnutzen:

Ist bei der Lösung eines Unterproblems $P^k, k = 0,1,2,\ldots$ der Wert $\bar{x}_j$ einer diskreten Variablen x_j, $1 \leq j \leq r$, nicht ganzzahlig, so werden zwei disjunkte Unterprobleme P^{k+1} bzw. P^{k+2} erzeugt, indem zum Problem P^k die Ungleichungen $x_j \leq d$ bzw. $x_j \geq d + 1$ hinzugefügt werden, wobei d die größte ganze Zahl kleiner x_j ist. Bei der Lösung der Unterprobleme P^{k+1} und P^{k+2} kann auf die bekannte Lösung P^k zurückgegriffen werden, indem die zusätzlichen Ungleichungen hinzugefügt werden und dann der *duale Simplex-Algorithmus* eingesetzt wird.

Die Untersuchung eines beliebigen Unterproblems bzw. Knotens P^k führt auf drei attraktive Fälle, die den Suchbaum nicht erweitern und zu einem Abbruch im betrachteten Baumsegment führen:

1. Für die Lösung x^k von P^k gilt: $x^k \in S$; Vergleich mit einer anderen eventuell schon existierenden Lösung von (2.3).
2. Das Problem P^k hat keine zulässige Lösung.
3. Für die Lösung x^k von P^k gilt $x^k \notin S$ und $c^t \cdot x^k$ ist größer als der Zielfunktionalswert einer eventuell schon existierenden Lösung von (2.3).

Andernfalls werden durch Hinzufügung weiterer Ungleichungen wieder zwei Unterprobleme generiert. Sowohl mit Hilfe der *Variablenwahl* als auch mit Hilfe der *Knotenwahl* läßt sich der Algorithmus steuern und die Effizienz der Methode steigern. Die LP-Relaxierung und die im Suchbaum gefundenen Lösungen von (2.3) dienen als untere und obere Schranken Z_u und Z_o. Alle aktiven Knoten mit einer Bewertung $Z \geq Z_o$ brauchen nicht weiter untersucht zu werden. Sind alle aktiven Knoten abgearbeitet, so ist entweder eine optimale Lösung von (2.3) bestimmt oder nachgewiesen, daß (2.3) keine Lösung besitzt. Falls aus Gründen der Komplexität nicht der ganze Baum abgearbeitet wird, kann mit Z_u und Z_o die Qualität der vorliegenden Lösung bewertet werden.

Abschließend sei bemerkt, daß das vorgestellte Branch&Bound-Verfahren kein besseres als exponentielles Laufzeitverhalten garantiert, sich aber in der Praxis bewährt hat.

2.1 Lösungsverfahren linearer Optimierungsprobleme

Die Güte eines Verfahren zur Lösung linearer gemischt-ganzzahliger Programme hängt wesentlich von den Eigenschaften des inneren Optimierungskerns, dem *LP-solver* ab. Zur Lösung der Unterprobleme, d.h. der linearen Programme (2.4), werden derzeit in kommerzieller Software *revidierte Simplex-Verfahren* [NM93] und *Innere-Punkt-Methoden* [LMS91] verwendet.

Simplex-Verfahren. Der zulässige Bereich linearer Programme hat die Form eines Polyeders. Infolge der Konstanz des Gradienten liegt die Lösung in einer der Ecken. Das klassische Simplex-Verfahren nach Dantzig nutzt diese Eigenschaft aus, indem es von Ecke zu Ecke iterativ die optimale Ecke bestimmt. In der Sprache der linearen Algebra wird das geometrische Element Ecke durch den Begriff der Basis ersetzt. Die wesentlichen algorithmischen Komponenten des Simplex-Verfahrens sind der Optimalitätstest, die Wahl einer aufzunehmenden Basisvariablen und die Elimination einer Basisvariablen, sowie der Pivotschritt, der geometrisch die Bewegung von einer Ecke zu einer benachbarten Ecke beschreibt. Beim *revidierten Simplex-Verfahren* greifen diese algorithmischen Schritte direkt auf die Eingangsdaten (A, b, c) zurück. Sämtliche zur Berechnung der Austauschschritte erforderlichen Größen werden aus der Inversen der Basismatrix berechnet. Bei großen linearen Systemen bietet dieses revidierte Verfahren den Vorteil eines erheblich reduzierten Rechen- und Speicheraufwandes.

Innere-Punkt-Methoden. Innere-Punkt-Methoden (IPM) sind spezielle Algorithmen zur Lösung nichtlinearer beschränkter Optimierungsprobleme. Ausgehend von einer zulässigen Startlösung, die im Inneren S des zulässigen Bereichs S liegen muß, bestimmen diese Algorithmen iterativ die Lösung, und nähern sich in S asymptotisch der bei linearen Programmen auf dem Rand liegenden Lösung an. Mit Hilfe der notwendigen und hinreichenden Bedingungen für die Existenz lokaler Optima, d.h. der Karush-Kuhn-Tucker-Bedingungen [Sp93], wird dieses Problem auf die Lösung eines nichtlinearen Gleichungssystems reduziert. Dieses kann z.B. mit Hilfe des Newton-Verfahrens gelöst werden. In der linearen Programmierung eignen sich die IPM insbesondere für große, dünnbesetzte Systemmatrizen oder solche, die nahezu entartet sind.

3 Optimale Stoffmischung und Logistik

Nachfolgend soll eine spezielle Anwendung der optimalen Stoffmischung betrachtet werden. Dabei soll wie bei vielen anderen Mischungen z.B. auch in

der Mineralölindustrie, davon ausgegangen werden, daß sämtliche beteiligten
Stoffe sich chemisch inert verhalten, d.h. miteinander keine Reaktionen eingehen, und daß lineare Mischungsregeln vorliegen. Sollten bei Stoffeigenschaften
wie Viskosität oder Siedetemperatur scheinbar nichtlineare Mischungsregeln
erforderlich sein, so ist zu beachten, daß mit Hilfe logarithmischer Transformationen oder Ausnutzung von Monotonieeigenschaften des Dampfdruckes
äquivalente und nunmehr lineare Beziehungen hergestellt werden können.

Im vorliegenden Fall unterliegt die Mischung einem System physikalischer
Bedingungen und auch logistischer Einschränkungen. Zu minimieren sind die
Kosten, die sich aus Materialkosten, den durch die Mischvorgänge verursachten Arbeitskosten und Restmengenkosten zusammensetzen; dies führt zu einem Zählproblem und einem Container-Auswahlproblem, und damit auf ein
diskretes Optimierungsproblem, das nachfolgend in gekürzter Form erläutert
werden soll.

3.1 Problembeschreibung: Mischungsproblem mit diskreten Eigenschaften

Zu lösen ist ein Mischungsproblem mit Qualitätsbeschränkungen, wobei die
Kosten der Rohstoffe, Mischanalysen sowie die des Containerhandling minimiert werden sollen. Die Problematik der Abfüllbewegungen umfaßt die Suche
nach einer Auswahl von Containern, mit denen möglichst effizient alle zu bearbeitenden Aufträge durchgeführt werden können. Die zur Auswahl stehenden
Bestandscontainer werden durch die folgenden Parameter und Eigenschaften charakterisiert:

- Füllstand F_i
- Konzentrationen K_{ei} bezüglich des Stoffes e und andere Qualitätspara-
  meter

Beim **Mischverfahren** wird die lineare Mischbarkeit der Bestandschargen
zu einer Auftragsmischung vorausgesetzt. Konzentrationsgrenzen dürfen nicht
unterschritten und aus Kostengründen nur so geringfügig wie möglich überschritten werden. Gefordert wird ferner die Einhaltung der Auftragsmenge
A_j und eventuell die Verwendung einer Mindestmenge an Sonderrohstoffen
sowie die Fixierung von Zusatzstoffen. Aus logistischen Gründen kann die Zahl
der maximal zu verwendenden Container begrenzt sein. **Aufträge** werden
beschrieben durch:

- Auftragsnummer
- Auftragsmenge
- Eigenschaften des Auftragsproduktes bzw. Konzentrationsgrenzen
- Fixierung von Sonderstoffen

Als **technische Randbedingungen** sind zu beachten:

- Bestandscontainer können zu Befüllcontainern werden.
- Ein Container darf rechnerisch nicht vollständig entleert werden, da beim Abfüllen Verluste entstehen. Es muß daher unter Abzug einer Restmenge optimiert werden. Wird ein Bestandscontainer befüllt, so wird die Restmenge positiv berücksichtigt.
- Normalerweise wird eine Auftragsmischung aus mehreren Bestandscontainern in einen leeren Container abgefüllt, wobei Kosten durch den An- und Abtransport von Containern zum Ort der Mischung entstehen, die durch Befüllung eines Bestandscontainers anstelle eines zu befüllenden leeren Containers reduziert werden können. Dieser Bestandscontainer darf jedoch wegen nicht quantifizierbarer Abfüllverluste an keinen weiteren Mischungen beteiligt sein.
- Entsteht eine Auftragscharge durch Mischung, so wird eine Analyse (Nachuntersuchung) erforderlich, die Zusatzkosten verursacht.

Ziel ist es, durch optimale Bestimmung der Entnahmemengen aus bestimmten Bestandscontainern die Kosten des Rohstoffeinsatzes und des Mischungsablaufs zu minimieren. Es sei **bemerkt**, daß folgende Aspekte nicht berücksichtigt wurden:

- Verschiedene Lagerorte eines Bestandscontainers.
- Detaillierte Beschreibung von Abfüllverlusten.
- Mehrperiodische Aspekte und Auswahl von Aufträgen.

Das nachfolgende deterministische einperiodische Mehrproduktmodell mit Ressourcenbeschränkung wurde gemeinsam mit Boris Reuter und Prof. Dr. Stadtler (TH Darmstadt) erarbeitet.

3.2 Mathematisches Modell

Betrachtet wird eine Menge von N_A Aufträgen mit Auftragsmengen A_j. Die Aufträge tragen als Attribut untere und obere Grenzen K_{ej}^- und K_{ej}^+ für die Konzentrationen der N_E Inhaltsstoffe e.

Die Auftragsmischung kann aus maximal $N_C = 60$ Bestandscontainern i mit Füllstand F_i erstellt werden, in denen die Stoffe e mit einer Konzentration von K_{ei} vorliegen. Damit schreiben sich die **Inhaltsstoff-Restriktionen** in der Form

$$K_{ej}^- \cdot A_j \leq \sum_{i=1}^{N_C} K_{ei} \cdot x_{ij} \leq K_{ej}^+ \cdot A_j + s_{ej} \quad ; \quad \forall j, \ \forall e \ , \qquad (3.1)$$

wobei mit x_{ij} die Entnahmemenge aus Container i für Auftrag j bezeichnet ist. Die oberen Schranken in (3.1) sind keine festen Schranken, Überschreitungen s_{ej} werden durch den Strafkostenterm

$$C^S := \sum_{e=1}^{N_E} \sum_{j=1}^{N_A} C_e^s \cdot s_{ej} \qquad (3.2)$$

in der Zielfunktion penalisiert. Die gesamte Auftragsmenge ergibt sich aus der Summe der Entnahmen aus Bestandschargen x_{ij}, den verwendeten Mengen t_j der Sonderwirkstoffe und diversen, in Z_j konstant zusammengefaßten Zusatzstoffen. Dies führt schließlich für die Entnahmemengen auf die **Bilanzgleichung**

$$\sum_{i=1}^{N_C} x_{ij} + t_j + Z_j = A_j \quad ; \quad \forall j \ . \tag{3.3}$$

Die Durchführbarkeit eines Auftrages kann durch zu starke Verdünnung mit Zusatzstoffen gefährdet werden, d.h. die Konzentrationsanforderungen (3.1) können nicht mehr eingehalten werden; diese Problematik wird ausführlich in [Re94] behandelt. Für die Sonderwirkstoffe sind schließlich noch die Grenzwerte T_j^- und T_j^+ zu beachten, d.h.

$$T_j^- \leq t_j \leq T_j^+ \quad ; \quad \forall j \ . \tag{3.4}$$

Aus den Entnahmemengen lassen sich die Kosten für die Ausgangsstoffe gemäß

$$C^X := \sum_{i=1}^{N_C} \sum_{j=1}^{N_A} C_i \cdot x_{ij} \tag{3.5}$$

berechnen; die Kosten für Sonderwirkstoffe und Zusatzstoffe werden als vernachlässigbar angesehen. Die bisher eingeführten Variablen unterliegen noch weiteren Beschränkungen, z.B. darf aus Container i für Auftrag j nur eine maximale Menge X_{ij}^+

$$x_{ij} \leq X_{ij}^+ \quad ; \quad \forall i \ \forall j \tag{3.6}$$

entnommen werden; $X_{ij}^+ = 0$ sperrt den Container i für Auftrag j.

Soweit vorgestellt, handelt es sich um ein gewöhnliches, d.h. lineares Mischungsproblem, das mit Hilfe der linearen Programmierung gelöst werden kann.

Zur Modellierung der Kosten, die sich aus dem Arbeitsablauf des Mischens herleiten, sowie der Bedingungen, die die Anzahl der für die Mischung verwendeten Container beschränken, werden binäre Variablen mit folgender Bedeutung eingeführt:

$$\delta_{ij} := \begin{cases} 1, & \text{Container } i \text{ ist Befüllcontainer für Auftrag } j \\ 0, & \text{sonst} \end{cases} , \tag{3.7}$$

$$\alpha_i := \begin{cases} 1, & \text{Container } i \text{ wird verwendet} \\ 0, & \text{sonst} \end{cases} , \tag{3.8}$$

$$\gamma_{ij} := \begin{cases} 1, & \text{Container } i \text{ wird für Auftrag } j \text{ gebraucht} \\ 0, & \text{sonst} \end{cases} \tag{3.9}$$

und zudem noch die semi-kontinuierliche Variablen

$$\beta_i := \begin{cases} \geq 1, & \text{wenn in Bestandscontainer } i \text{ mehr als } M_i \text{ verbleibt} \\ = 0, & \text{sonst} \end{cases} . \tag{3.10}$$

M_i bezeichnet die Mindestmenge, die im Container i enthalten sein muß, damit er als Bestandscontainer weitergeführt wird. Diese Variablen werden mit den Entnahmemengen durch die Beziehungen

$$\sum_{j=1}^{N_A} x_{ij} \leq F_i \cdot \alpha_i \; ; \; \forall i \quad , \quad x_{ij} \leq F_i \cdot \gamma_{ij} \; ; \; \forall i \; \forall j \qquad (3.11)$$

verknüpft. Eine Auftragsmischung wird normalerweise in einen leeren Container eingefüllt. Wird statt dessen ein Bestandscontainer um die fehlenden Entnahmen aus anderen Bestandscontainern aufgefüllt, so muß er mit seiner vollständigen Menge F_i verwendet werden. Aufgrund der Abfüllverluste ist eine Befüllung nach einer Entnahme nicht zulässig. Die genannte Bedingung kann durch

$$x_{ij} \geq F_i \cdot \delta_{ij} \; ; \; \forall i \; \forall j \qquad (3.12)$$

garantiert werden. Andererseits kann für einen Auftrag höchstens ein Befüllcontainer eingesetzt werden

$$\sum_{i=1}^{N_C} \delta_{ij} \leq 1 \; ; \; \forall j \qquad (3.13)$$

und ein Container i kann nur für einen Auftrag Befüllcontainer sein, d.h.

$$\sum_{j=1}^{N_A} \delta_{ij} \leq 1 \; ; \; \forall i \; . \qquad (3.14)$$

Da der Raum im Abfüllbereich begrenzt ist, wird durch A^+ die Anzahl der zu nutzenden Container je Auftrag nach oben beschränkt werden, d.h.

$$\sum_{j=1}^{N_A} \gamma_{ij} \leq A^+ \; . \qquad (3.15)$$

Einem verwendeten Container ($\alpha_i = 1$) können nun drei Schicksale widerfahren: Teilentleerung, vollständige Entleerung oder Befüllung. Im ersten Falle ($\sum_j \delta_{ij} = 0 \wedge \beta_i \geq 1$) ist der verbleibende Rest größer als die geforderte Mindest-Einlagermenge M_i; der Container wird wieder ins Lager gebracht. Im zweiten Falle ($\sum_j \delta_{ij} = 0 \wedge \beta_i = 0$) wird der Container restentleert (Verschwendung des Bodenstandes B_i). Der Behälter steht nach der Restentleerung und eventueller Reinigung als Leercontainer zur Verfügung. Schließlich wird der Container im dritten Falle ($\sum_j \delta_{ij} = 1 \wedge \beta_i = 0$) befüllt; die Beziehung $\sum_j \delta_{ij} = 1$ erzwingt automatisch $\beta_i = 0$. So wird durch Verwendung als Befüllcontainer oder vollständige Entleerung verhindert, daß ein Bestandscontainer mit einem Füllstand weitergeführt wird, der die Mindestmenge M_i

unterschreitet. Mathematisch realisiert werden die drei genannten Möglichkeiten durch die Beziehung

$$F_i - \sum_{j=1}^{N_A} x_{ij} - B_i \cdot (1 - \sum_{j=1}^{N_A} \delta_{ij}) = (M_i - B_i) \cdot \beta_i \;\; ; \;\; \forall i \; . \tag{3.16}$$

Wird ein Bestandscontainer befüllt, so führt dies zur vollständigen Verwendung des Inhaltes dieses Containers. Der Bodenstand B_i, d.h. der anfallende
Stoffverlust bei vollständiger Entleerung eines Containers, wird zu nutzbarem
Material für die Mischung. Er wird deshalb mit seinem Materialwert $C_i \cdot B_i$
bzw. in Summe

$$C^B := \sum_{i=1}^{N_C} \sum_{j=1}^{N_A} (C_i \cdot B_i) \cdot \delta_{ij} \tag{3.17}$$

bewertet und gutgeschrieben. Die nachfolgend betrachteten Arbeitskosten be-
gründen sich allein aus dem Arbeitsablauf des Mischens. Sie bestehen aus den
fixen Kosten für An- und Abtransport der Container. Die Beiträge für den
Transport der verwendeten Bestands- und Leercontainer betragen C_1^T bzw.
C_2^T mit spezifischen Kosten C^t je Container und

$$C_1^T := \sum_{i=1}^{N_C} C^t \cdot \alpha_i \;\; , \;\; C_2^T := C^t \cdot N_A - \sum_{i=1}^{N_C} \sum_{j=1}^{N_A} C^t \cdot \delta_{ij} \; . \tag{3.18}$$

In C_2^T ist berücksichtigt, daß als Befüllcontainer nicht nur Leer-, sondern
auch Bestandscontainer fungieren können, deren Transportkosten bereits in
C_1^T einkalkuliert sind. Somit ergeben sich die gesamten Transportkosten zu

$$C^T := C_1^T + C_2^T \; . \tag{3.19}$$

Für Bestandscontainer, die befüllt werden ($\delta_{ij} = 1$), fallen keine Wechsel-
kosten C^w je Container für das Ein- und Aushängen in das bzw. aus dem
Mischgestell an. Die Wechsel- und Reinigungskosten an Bestandscontainern,
die nicht befüllt werden, betragen

$$C^W := C^w \cdot \sum_{i=1}^{N_C} (\alpha_i - \sum_{j=1}^{N_A} \delta_{ij}) \; . \tag{3.20}$$

Wird ein Container in das Mischgestell eingehängt, können mehrere Aufträge
aus ihm bedient werden. Jede Abfüllung beinhaltet einen manuellen Abfüll-
vorgang sowie einen Rangiervorgang, bei dem der zu befüllende Auftragscon-
tainer unter den Entnahmecontainern befördert wird. Eine Abfüllung bzw.
die Entnahme der Menge x_{ij} aus Bestandscontainer i für Auftrag j entspricht
der Verwendung des Containers i für Auftrag j, die durch $\gamma_{ij} = 1$ und $\delta_{ij} = 0$

gekennzeichnet wird. Für Befüllcontainer entfällt dieser Vorgang. Die Kosten für Abfüllen und Rangieren betragen je Container C^r und somit insgesamt

$$C^R := C^r \cdot \sum_{i=1}^{N_C} \sum_{j=1}^{N_A} (\gamma_{ij} - \delta_{ij}) \ . \tag{3.21}$$

Hinzu kommen noch die Kosten C^d für die Reinigung eines Auftragscontainers und Dokumentation eines Auftrags, d.h. in Summe

$$C^D = N_A \cdot C^d \tag{3.22}$$

sowie die durch qualitätsichernde Maßnahmen (Nachuntersuchungen) entstehenden Kosten. Eine Nachuntersuchung fällt jedoch nur dann an, wenn ein Auftrag aus mehr als einer Bestandscharge gemischt wird. Zum Zweck der Identifikation einer Mischung wird die binäre Variable

$$\sigma_j := \begin{cases} 1, & \text{wenn Auftrag } j \text{ eine Mischung ist} \\ 0, & \text{sonst} \end{cases} \tag{3.23}$$

eingeführt. Über die Verknüpfung

$$\sum_{i=1}^{N_C} \gamma_{ij} - (A^+ - 1) \cdot \sigma_j \leq 1 \ ; \quad \forall j \tag{3.24}$$

wird erreicht, daß im Falle einer Mischung ($\sum_i \gamma_{ij} \geq 2$) σ_j gleich 1 wird – d.h. es fallen Nachuntersuchungskosten an – , gleichzeitig aber die Anzahl der verwendeten Container kleiner bleiben muß als die Obergrenze A^+ der zu verwendenden Container. Im Fall, daß ein Auftrag aus einer Teilmenge eines einzigen Bestandscontainers ($\sum_i \gamma_{ij} = 1$) besteht, bleibt $\sigma_j = 0$ und die damit verbundenen Nachuntersuchungskosten entstehen nicht. Die Summe der Nachuntersuchungskosten ist somit

$$C^N := \sum_{j=1}^{N_A} C^n \cdot \sigma_j \ , \tag{3.25}$$

wobei C^n die Kosten einer einzelnen Nachuntersuchung bezeichnet. Damit nimmt das zu minimierende **Zielfunktional** die Gestalt

$$Z = C^X + C^S - C^B + C^T + C^W + C^D + C^R + C^N \tag{3.26}$$

an und beschließt die mathematische Formulierung des Modells.

3.3 Aspekte der mathematischen und numerischen Problemlösung

Die oben vorgelegte natürliche Formulierung des Modells muß im Hinblick
auf das Lösungsverfahren (Branch&Bound mit LP-Relaxierung) nicht unbedingt die bestmögliche sein. Eine „gute" Modellformulierung ist eine solche,
die einen möglichst streng eingegrenzten Lösungsraum liefert, so daß sich das
Polyeder des kontinuierlichen Problems (LP) möglichst eng um die konvexe
Hülle der zulässigen Punkte des diskreten Problems (IP) legt. Dies kann durch
die Einführung zusätzlicher Nebenbedingungen, die einerseits Variablen gegenseitig verknüpfen und andererseits enge obere und/oder untere Schranken
für Variablen festlegen, erreicht werden ([NW88], S.18; [Wi93], S.213). Das
Modell mit verschärften Modellbedingungen ist in [Re94] beschrieben. Durch
geeignete Wahl von Variablen kann auch die Besetzungsdichte der System-
matrix verringert und somit der *revidierte Simplex-Algorithmus* beschleunigt
werden. Schließlich wurden innerhalb des Branch&Bound-Verfahrens durch
die Reihenfolge $(\sigma, \alpha, \delta, \gamma, \beta)$ der Variablenauswahl, durch die Verzweigungs-
richtung eines ausgewählten Knotens und durch die Auswahl eines Knotens
die Rechenzeiten erheblich reduziert. Die Entscheidungsvariablen δ_{ij} wurden
via $\sum_i \delta_{ij} = 1$ zu *Special Ordered Sets* [AD92] zusammengefaßt; damit wurde
eine weitere Verbesserung der Branch&Bound-Eigenschaften erzielt.

3.4 Realisierungsaspekte und Ergebnisse

Das mathematische Modell wird mit Hilfe des in XPRESS-MP, einer kommer-
ziellen Software [AD92] zur Lösung gemischt-ganzzahliger Optimierungsprobleme, enthaltenen Modellgenerators übersetzt und mit Hilfe eines auf LP-
Relaxierung beruhenden Branch&Bound-Verfahrens innerhalb weniger Minuten auf einem PC gelöst.

Bei einem ähnlichen Problem innerhalb der BASF wurde eine erhebliche Kostenersparnis erzielt. Von zusätzlichem Nutzen sind in diesem Fall die
schnelle und flexible Reaktion auf Kundenanfragen, das Aufspüren völlig neuer Rezepturen und die sinnvolle Verwendung von ansonsten zu entsorgenden
Nebenprodukten.

4 Optimierung eines weltweiten Produktionsverbundes

In diesem Abschnitt wird ein Produktionsplanungsmodell zur Optimierung eines weltweiten Produktionsverbundes mit drei produzierenden Anlagen in drei
Kontinenten vorgestellt. Das Modell beschreibt ein Szenario mit orts- und zeitabhängigen Umrüstzeiten, Minimalanforderungen für die während eines Jahres zu produzierende Warenmenge, beschränkten Transportkapazitäten und
verschiedenen Transportzeiten und Marktanforderungen. Die zu maximierende Zielfunktion (Einnahmen minus Kosten) enthält produktspezifische Lagerkosten, Zusatzlagerkosten, Zukaufskosten, Umrüstungskosten, Transportkosten und Herstellungskosten sowie einen Erlösterm. Es wird schließlich die

Frage beantwortet, welche Menge eines jeden Produktes auf einer bestimmten Anlage produziert werden soll, um bei Berücksichtigung der Marktnachfragen den Deckungsbeitrag zu maximieren.

4.1 Problembeschreibung: Produktionsverbund

Zu lösen ist ein Produktionsplanungsproblem für einen Verbund aus drei Anlagen an drei verschiedenen Standorten, auf denen jeweils drei verschiedene Produkte qualitätsgleich produziert werden, um vorliegende Nachfragen zu befriedigen. Jedem Standort ist ein Lager und ein Verkaufsbereich (Europa, Amerika, Asien) zugeordnet. Die Standorte können via Schiffstransport Ware austauschen. Es ist eine Vorausschau über ein Jahr erwünscht. Die **Anlagen** sind charakterisiert durch

- produkt- und ortsabhängige Kapazitäten (Tonnen / Jahr)
- produkt- und ortsabhängige Umrüstzeiten für Produktwechsel (Tage)
- Mindestauslastung. Die Qualität der Produktion kann nur garantiert werden, wenn die Anlagen mit mindestens 50% ausgelastet sind. Andernfalls wird die Produktion eingestellt.

Da Produktwechsel bzw. Umrüstungen mit einem Anfahren der Anlage verbunden sind und diese Aktion ein gewisses Risiko darstellt, sind Umrüstungen sehr unerwünscht und deshalb explizit beschränkt, z.B. auf höchstens $5/Jahr$. Für die Modellbildung wird weiter noch die vereinfachende Annahme genutzt, daß je Monat höchstens eine Umrüstung stattfindet. Für die **Lager** gilt:

- Jedem Standort ist ein Lager bestimmter Kapazität zugeordnet.
- Zusatzlager können kurzfristig angemietet werden.
- Zur Erhaltung der Lieferbereitschaft dürfen bestimmte Mindestmengen im Lager nicht unterschritten werden. **Aufträge** werden beschrieben durch
- Auftragsnummer, Produktname, Monat und Auftragsmenge D_{ijk}. Die Aufträge liegen auf Monatsbasis vor. Sie sollten möglichst vollständig erfüllt werden.
- Möglich sind Zukäufe von Produkten im Falle eines Produktionsengpasses.

Ziel ist es, Produktions-, Umrüst-, Verschiffungs-, Lager- und Verkaufspläne derart zu bestimmen, daß sämtliche Nachfragen erfüllt werden und der Deckungsbeitrag (Erlös minus Kosten für Produktion, Umrüstung, Lager, Zukauf und Transport) maximal wird.

Das nachfolgende deterministische, mehrperiodische Modell wurde gemeinsam mit Dr. Max Wagner erarbeitet.

4.2 Mathematisches Modell

Betrachtet wird ein Szenario aus $N_A = 3$ Anlagen bzw. Standorten i, $N_P = 3$ Produkten j und $N_L = 3$ Zielländern z. Zur Erstellung des Belegungsplanes wird eine zeitliche Diskretisierung des gesamten Produktionszeitraumes

$T_P = 1$ Jahr (360 Tage) in $N_T = 12$ äquidistante Zeitintervalle der Größe $\Delta T = 30$ Tage vorgenommen; als weitere Zeiten werden orts- und produktabhängige Umrüstdauern $\Delta U_{ij_1j_2}$ zwischen 2 und 8 Tagen vorgegeben, während der im Falle einer Umrüstung auf Anlage i von Produkt j_1 nach Produkt j_2 keine verkaufsfähige Ware produziert wird.

Der Belegungsplan wird durch die $N_A \cdot N_P \cdot N_T = 108$ binären Variablen δ_{ijk} beschrieben, die angeben, ob am Ende des Zeitintervalls k auf der Anlage i das Produkt j hergestellt werden kann ($\delta_{ijk} = 1$) oder nicht ($\delta_{ijk} = 0$).

Desweiteren seien nichtnegative Unbekannte m_{ijk} (produzierte Mengen) sowie nichtnegative Unbekannte p_{ijkz} eingeführt, die für $z \neq i$ angeben, welche Menge von Produkt j vom Standort i zur Zeit k in das Zielland z abgeschickt wird und für $z = i$ die Verkaufsmenge am Standort i darstellen.

Zunächst muß garantiert werden, daß nicht zwei Produkte auf einer Anlage gleichzeitig produziert werden, d.h.

$$\sum_{j=1}^{N_P} \delta_{ijk} = 1 \quad ; \quad \forall i \ \forall k \ . \tag{4.1}$$

Die Variablen $\xi_{ij_1j_2k}$ beschreiben, ob Anlage i von Produkt j_1 auf ein Produkt j_2 im Zeitintervall k umgerüstet wird. Aus modelltechnischen Gründen findet eine Umrüstung, falls sie vorgenommen wird, nicht an den Monatsgrenzen statt. Durch die nachfolgenden Ungleichungen

$$\xi_{ij_1j_2k} \geq \delta_{ij_1k-1} + \delta_{ij_2k} - 1 \quad ; \quad \forall i \ \forall k \ \forall j_1 \ \forall j_2 \text{ mit } j_2 \neq j_1 \tag{4.2}$$

wird die Kopplung des k-ten Zeitintervalls an die beiden benachbarten Produktionsabschnitte gewährleistet. (4.2) garantiert zusammen mit (4.1) und (4.17) bereits, daß die $\xi_{ij_1j_2k}$ nur die Werte 0 oder 1 annehmen; die Ersparnis an Rechenzeit gegenüber der expliziten Deklarierung als binäre Variablen ist erheblich. Nehmen die binären Entscheidungsvariablen in aufeinanderfolgenden Zeitabschnitten den Wert Null an, d.h. $\delta_{ijk-1} = \delta_{ijk} = 0$, so bedingt dies, daß das Produkt j im Zeitintervall k nicht produziert werden kann. Dies wird durch

$$m_{ijk} \leq C_{ik} \cdot \delta_{ijk-1} + C_{ik} \cdot \delta_{ijk} \quad ; \quad \forall i \ \forall j \ \forall k \tag{4.3}$$

ausgedrückt. Fällt in ein bestimmtes Zeitintervall k keine Umrüstung, so kann ein Produkt mit voller theoretischer Kapazität C_{ik} produziert werden, sonst nur mit der reduzierten Kapazität

$$\bar{C}_{ij_1j_2k} = C_{ik} - \frac{\Delta U_{ij_1j_2}}{\Delta T} \cdot C_{ik} \quad ; \quad \forall i \ \forall j_1 \ \forall j_2 \text{ mit } j_2 \neq j_1 \ \forall k \ . \tag{4.4}$$

Mit Hilfe der Fixierung $C_{ik} = 0$ kann eine geplante Stillegung einer Anlage beschrieben werden.

Die Summe der hergestellten Produkte während eines Zeitintervalls k darf natürlich nicht größer sein als die gegebenenfalls reduzierte Kapazität, *d.h.*

$$\sum_{j=1}^{N_P} m_{ijk} \leq C_{ik} + \sum_{j_1=1}^{N_P} \sum_{\substack{j_2=1 \\ j_2 \neq j_1}}^{N_P} [\bar{C}_{ij_1 j_2 k} - C_{ik}] \cdot \xi_{ij_1 j_2 k} \quad ; \quad \forall i \; \forall k \; . \qquad (4.5)$$

Die Gesamtzahl der Umrüstungen während des gesamten Produktionszeitraumes am Ort i kann in einfacher Weise durch eine vorgegebene Schranke U_i

$$\sum_{k=1}^{N_T} \sum_{j_1=1}^{N_P} \sum_{\substack{j_2=1 \\ j_2 \neq j_1}}^{N_P} \xi_{ij_1 j_2 k} \leq U_i \leq N_T \quad ; \quad \forall i \qquad (4.6)$$

beschränkt werden.

Produzierte, zugekaufte, gelagerte, verkaufte und verschiffte Mengen werden durch die folgenden Lagerbilanzen verknüpft, die zeitlich rekursive Relationen ausnutzen. Die Größen ℓ_{ijk} definieren den Lagerbestand des j-ten Produktes am Standort i am Ende des k-ten Zeitintervalls. Infolge der Positivität der ℓ_{ijk} und durch die Bilanzgleichung

$$\ell_{ijk} := \ell_{ijk-1} + b_{ijk} + m_{ijk} - \left[\sum_{z=1}^{N_L} p_{ijkz} - \sum_{\substack{s=1 \\ s \neq i}}^{N_L} p_{sj\tau i} \right] \quad , \quad \ell_{ij0} = B_{ij} \quad ; \quad \forall i \; \forall j \; \forall k$$

$$(4.7)$$

ist sichergestellt, daß nicht mehr exportiert oder verkauft wird als es der Lagerbestand ℓ_{ijk-1} zuzüglich der im Laufe des Zeitintervalls k dem Lager i zugefügten Menge (Produktion, Zukauf, eingegangene Transportware) eines Produktes j zuläßt. In diesen Gleichungen sind die Produktion m, die Versendung in andere Zielländer und die Anlieferung p von einem anderen Standort, Zukaufsmengen b, die ebenfalls gelagert werden können, der Anfangslagerbestand B_{ij} sowie der Verkauf p ebenfalls mitberücksichtigt. Der Index τ kennzeichnet das Zeitintervall, in dem das Produkt j vom Standort s in das Zielland i abgeschickt wurde, d.h. $\tau = k - \Delta(s,i)$, wobei $\Delta(s,i)$ die diskrete Transportdauer vom Ort s zum Ort i bezeichnet. Berücksichtigt werden natürlich nur die Summanden, für die $\tau > 0$ ist. Die zugekauften Mengen b_{ijk} erlauben es, auch bei Kapazitätsengpässen die Nachfrage zu decken. Sie müssen allerdings den Beschränkungen

$$b_{ijk} \leq B^+{}_{ijk} \cdot \mathcal{B}_{ij} \quad ; \quad \forall i \; \forall j \; \forall k \qquad (4.8)$$

genügen; hierbei geben die $B^+{}_{ijk}$ maximal zulässige Mengen an, während die $\mathcal{B}_{ij}$ nur durch vorgegebene Werte 0 oder 1 spezifizieren, ob überhaupt Zukäufe zugelassen sind.

Gleichzeitig ist sicherzustellen, daß ein Mindestbestand für Produkt j bei Anlage i garantiert ist, d.h.

$$\ell_{ijk} \geq M_{ij} \quad ; \quad \forall i \; \forall j \; \forall k \; . \qquad (4.9)$$

Soweit der Lagerbestand betroffen ist, muß auch sichergestellt werden, daß die lokale Lagerkapazität $\mathcal{L}_{ij}$ nicht überschritten wird, d.h.

$$\ell_{ijk} \leq \mathcal{L}_{ij} \quad ; \quad \forall i \ \forall j \ \forall k \ . \tag{4.10}$$

Einige Untersuchungen zeigten, daß diese Einschränkung die Güte der Lösung stark beeinflußt. Insbesondere wurde klar, daß eine Bereitstellung größerer Lagerkapazitäten die Bedarfsdeckung und vor allem den Gewinn erheblich vergrößert. Aus diesem Grunde lag es nahe, weitere Variablen y_{ijk} einzuführen, die jeweils ein weiteres Lager mit besonderen Kosten, das z.B. durch Anmietung bereitgestellt werden kann, repräsentieren und somit statt auf (4.10) auf die weichere Bedingung

$$\ell_{ijk} \leq \mathcal{L}_{ij} + y_{ijk} \quad ; \quad \forall i \ \forall j \ \forall k \tag{4.11}$$

führen, wobei die Kapazität der Zusatzlager jedoch beschränkt ist, etwa durch

$$y_{ijk} \leq Y_{ij} \quad ; \quad \forall i \ \forall j \ \forall k \ . \tag{4.12}$$

Die Nachfrage D_{ijk} für Produkt j am Standort i zur Zeit k soll –notfalls durch Zukäufe– gedeckt werden, es soll aber auch nicht mehr ausgeliefert werden, als durch die Nachfrage D_{ijk} angefordert wird, d.h.

$$p_{ijki} \leq D_{ijk} \quad ; \quad \forall i \ \forall j \ \forall k \ . \tag{4.13}$$

Hinsichtlich der Versendung von Ware in andere Zielländer sind Mindest-Schiffsladungen zu beachten. Die Relationen

$$p_{ijkz} = 0 \quad \vee \quad P^- \leq p_{ijkz} \leq P^+ \ , \ z \neq i \tag{4.14}$$

können in XPRESS-MP durch semi-kontinuierliche Variablen σ_{ijkz} dargestellt werden, die der Bedingung

$$\sigma_{ijkz} = 0 \quad \vee \quad 1 \leq \sigma_{ijkz} \leq \sigma^+ \ , \quad z \neq i \ ; \quad \forall i \ \forall j \ \forall k \ \forall z \tag{4.15}$$

genügen. Die Kopplung zwischen den p_{ijkz} und σ_{ijkz} leistet die Transformation

$$p_{ijkz} = P^- \cdot \ \sigma_{ijkz}, \sigma^+ = P^+/P^- , \quad z \neq i \ ; \quad \forall i \ \forall j \ \forall k \ \forall z \ . \tag{4.16}$$

In die Zielfunktion werden die Herstellungs-, Umrüst-, Lager- und Transportkosten aufgenommen. Zunächst erhält man mit den anlagen- und produktspezifischen Umrüstkosten $U_{ij_1j_2}$ die gesamten Umrüstkosten gemäß

$$K_U := \sum_{i=1}^{N_A} \sum_{k=1}^{N_T} \sum_{j_1=1}^{N_P} \sum_{\substack{j_2=1 \\ j_2 \neq j_1}}^{N_P} U_{ij_1j_2} \cdot \xi_{ij_1j_2k} \ . \tag{4.17}$$

Mit den Lagerkosten K_{ij} je Mengeneinheit und Zeitintervall ΔT für Produkt j bei Anlage i ergeben sich die Lagerkosten K_L bzw. die Zusatzkosten K_M für ein mögliches zugemietetes Lager mit spezifischen Lagerkosten M_{ij} zu

$$K_L := \sum_{i=1}^{N_A} \sum_{j=1}^{N_P} \left(K_{ij} \cdot \sum_{k=1}^{N_T} \ell_{ijk} \right) \ , \quad K_M := \sum_{i=1}^{N_A} \sum_{j=1}^{N_P} \left(M_{ij} \cdot \sum_{k=1}^{N_T} y_{ijk} \right) \ . \quad (4.18)$$

Die gesamten Transportkosten ergeben sich mit den individuellen Kosten T_{iz} für den Transport einer Mengeneinheit von Standort i nach Standort z zu

$$K_T := \sum_{i=1}^{N_A} \sum_{j=1}^{N_P} \sum_{k=1}^{N_T} \sum_{\substack{z=1 \\ z \neq i}}^{N_L} T_{iz} \cdot p_{ijkz} \ . \quad (4.19)$$

Schließlich sind noch die variablen Produktionskosten V_{ij}, bzw. in Summe

$$K_P := \sum_{i=1}^{N_A} \sum_{j=1}^{N_P} \sum_{k=1}^{N_T} V_{ij} \cdot m_{ijk} \quad (4.20)$$

sowie die durch Zukäufe mit Kaufkosten K_{ijk} verursachten Kosten K_Z

$$K_Z = \sum_{i=1}^{N_A} \sum_{j=1}^{N_P} \sum_{k=1}^{N_T} K_{ijk} \cdot b_{ijk} \quad (4.21)$$

zu berücksichtigen. Die Einnahmen E berechnen sich aus den Verkaufserlösen zu

$$E = \sum_{i=1}^{N_A} \sum_{j=1}^{N_P} \sum_{k=1}^{N_T} E_{ijk} \cdot p_{ijki} \ . \quad (4.22)$$

Damit ergibt sich die zu maximierende Zielfunktion als der Deckungsbeitrag

$$Z(\delta, \xi, m, p, y, b) = E - (K_U + K_L + K_M + K_T + K_P + K_Z) \ . \quad (4.23)$$

4.3 Realisierungsaspekte und Ergebnisse

Das Modell führt auf ein gemischt-ganzzahliges lineares Optimierungsproblem mit 72 binären und 248 semi-kontinuierlichen Variablen, sowie 1401 kontinuierlichen Unbekannten und schließlich 976 linearen Nebenbedingungen. Es wird mit XPRESS-MP auf einem 80386 PC innerhalb weniger Minuten gelöst; wesentlich war hierfür bereits in der Formulierungsphase die Anpassung der Modellstruktur (gemischt-ganzzahliges Programm) an die algorithmischen Grundlagen der Software, um die numerischen Eigenschaften optimal auszunutzen. Im vorliegenden Fall wird nur die erste zulässige (gemischt-ganzzahlige) Lösung beim Branch&Bound-Verfahren bestimmt, die – wie sich mit Hilfe der LP-Relaxierung in den meisten Fällen zeigen läßt – höchstens ein oder zwei Prozent vom Optimum abweicht.

5 Kostenminimaler Belegungsplan einer zweistufigen Produktion

Dieses Scheduling-Problem enthält im Zusammenhang mit der Beschreibung der Umrüstungen einige der bereits im vorangegangen Beispiel beschriebenen Strukturen; auf diese soll daher hier nicht weiter eingegangen werden. Neu sind dagegen Modellblöcke, die feste chemische Rezepturen oder Verzugskosten beschreiben.

5.1 Problembeschreibung: Zweistufige Produktion

Zu lösen ist ein Maschinenbelegungsproblem für ein bestimmtes Anlagensystem, auf dem nach vorgegebenen Verfahren unter gewissen technischen Randbedingungen produziert wird, um vorliegende Aufträge abzuarbeiten. Es ist eine Vorausschau über einen Monat in Tageseinheiten erwünscht. Als **Anlagensystem** stehen 3 Vorproduktanlagen (*VPA*) und 11 Endproduktanlagen (*EPA*) zur Verfügung. Es existieren verschiedene **Verfahren** (Rezepturen) zur Herstellung eines Endproduktes aus Vorprodukten. 35 verschiedene Endprodukte werden aus einem bzw. zwei der insgesamt 5 Vorprodukte hergestellt. Die Rezepturen unterscheiden sich durch Anzahl und Anteile der Vorprodukte und in der Auswahl der EPA für die Produktion der Endprodukte. Die Produkte sind nur auf bestimmten EPA mit unterschiedlichen maximalen Durchsätzen produzierbar. Monatlich liegen etwa 250 **Aufträge** vor, charakterisiert durch

- Auftragsnummer
- Produktnummer
- Termin und
- Terminüberschreitungskosten.

Es sind folgende **technische Randbedingungen** zu beachten:

- Auf 3 gleichen Vorproduktanlagen können 5 Vorprodukte produziert werden.
- Eine Änderung des Durchsatzes sowie eine Umrüstung der Vorproduktanlagen auf ein anderes Vorprodukt verursacht Kosten und einen Produktionsverlust.
- Vorprodukte können nicht zwischengelagert werden.
- Eine Änderung des Durchsatzes einer Endproduktanlage verursacht keine Kosten. Bei Umrüstung der EPA auf ein anderes Produkt fallen Kosten und Umrüstzeiten an.
- Während der Umrüstung einer EPA auf ein anderes Produkt laufen die restlichen EPA bei unverändertem Durchsatz weiter. Erst wenn eine umgerüstete EPA wieder ihre Arbeit aufnimmt, werden bei Produktänderung die Durchsätze der anderen EPA beeinflußt.
- Die Durchsatzgrenzen für die Endproduktanlagen sind produktabhängig.

- Endprodukte können mit produktabhängigen Lagerkosten gelagert werden.
- Es entstehen Strafkosten bei Überziehung eines Fertigstellungstermines.

Ziel ist es, eine solche Belegung der VPA und EPA zu finden, daß die Kosten (Terminverzugs-, Umrüst- und Lagerkosten) minimiert werden. Mit Hilfe von Gewichtungsfaktoren soll der Einfluß der verschiedenen Kostenarten untersucht werden. **Bemerkung** : Nur selten enthalten die Aufträge Endprodukte, für deren Herstellung die Vorprodukte *4* und *5* benötigt werden. Daher wurde ein vereinfachtes Modell betrachtet, in dem den Vorprodukten *1*, *2* und *3* jeweils eine VPA fest zugeordnet ist und die Vorprodukte *4* und *5* nicht vorkommen. Damit entfallen Kosten und Umrüstzeiten für die VPA.

5.2 Mathematisches Modell

Gegeben sind $N_V = 3$ Vorprodukte, N_V VPA, $N_A = 35$ Endprodukte und $N_X = 11$ EPA. Hinsichtlich des mit ihr fest verknüpften Vorproduktes j kann die VPA j mit einer bestimmten Geschwindigkeit bzw. Ausstoßrate gefahren werden und somit bestimmte, zwischen M_j^- und M_j^+ variierende und durch die Rechnung zu bestimmende Mengen m_j produzieren.

Zur Erstellung des Belegungsplanes soll nun eine zeitliche Diskretisierung des gesamten Produktionszeitraumes T_P in $N_T = 30$ äquidistante Zeitintervalle der Größe $\Delta t = T_P/N_T$ vorgenommen werden.

Der Belegungsplan kann durch die binären Variablen $\delta_{ikl} \in \{0,1\}$ charakterisiert werden, die angeben, ob im Zeitintervall k auf der EPA l das Endprodukt i hergestellt wird ($\delta_{ikl} = 1$) oder nicht ($\delta_{ikl} = 0$); sie sollen zunächst aber noch nicht berücksichtigt werden. Mit x_{ik} ist die Ausstoßrate des Endproduktes i im Zeitintervall k beschrieben. Die Ausstoßraten des Endproduktes i ergeben sich aus den Produktionsraten y_{ikl} der einzelnen EPA, d.h.

$$x_{ik} = \sum_{l=1}^{N_X} \Omega_{il} \cdot y_{ikl} \quad , \quad \Omega_{il} \in \{0,1\} \quad ; \quad \forall i \ \forall k \ , \tag{5.1}$$

wobei die Konstanten Ω_{il} angeben, ob das Endprodukt i auf der EPA l hergestellt werden kann oder nicht. Die x_{ik} sind zur Beschreibung des Problems bequemer; als Unbekannte werden aber die y_{ikl} verwendet.

Bezeichnen m_{jk} die Ausstoßraten des Vorprodukts j im Zeitintervall k, so können die Produktionsgeschwindigkeiten M_j^- und M_j^+ der einzelnen VPA durch

$$M_j^- \leq m_{jk} \leq M_j^+ \quad ; \quad \forall j \ \forall k \ . \tag{5.2}$$

berücksichtigt werden. Zu produzieren ist im Zeitintervall k eine bestimmte Menge

$$p_{jk} = \sum_{i=1}^{N_A} V_{ij} \cdot x_{ik} = \sum_{i=1}^{N_A} V_{ij} \cdot \sum_{l=1}^{N_X} \Omega_{il} \cdot y_{ikl} \tag{5.3}$$

des Vorproduktes j; die V_{ij} sind bekannte Koeffizienten, die angeben, wieviel Prozent des Vorproduktes j im Endprodukt i enthalten sind. Produziert werde nun eine bestimmte Menge m_{jk} dieses Vorproduktes. Bei Änderung des Durchsatzes entsteht jedoch erfahrungsgemäß ein Produktionsverlust, der proportional zur Betragsdifferenz $d_{jk+1} := |m_{jk} - m_{jk+1}|$ der Ausstoßraten ist. Damit ergibt sich

$$m_{jk} - C_j \cdot d_{jk} = p_{jk} \iff \sum_{i=1}^{N_A} V_{ij} \cdot x_{ik} - m_{jk} + C_j \cdot d_{jk} = 0 \quad ; \quad \forall j \ \forall k \ , \quad (5.4)$$

wobei die Strafkonstanten C_j vorgegeben werden. Diese Nebenbedingung ist linear in allen Unbekannten. Die Betragsbedingungen $d_{jk+1} = |m_{jk} - m_{jk+1}|$ können durch die Ungleichungen

$$d_{jk+1} \geq m_{jk} - m_{jk+1} \quad , \quad d_{jk+1} \geq m_{jk+1} - m_{jk} \quad ; \quad \forall j \ \forall k \leq N_T - 1 \quad (5.5)$$

umgesetzt werden. Nimmt man die d_{jk} additiv und mit einem Faktor W^D geeignet gewichtet in eine zu minimierende Zielfunktion auf, so werden automatisch die Beträge approximiert. Die Schranken

$$d_{jk} \leq M_j^+ - M_j^- \quad ; \quad \forall j \ \forall k \qquad\qquad (5.6)$$

verbessern die Approximationsgüte. Schließlich sind noch Kapazitätsschranken für die EPA zu berücksichtigen, d.h.

$$y_{ikl} \leq C_{il}^+ \quad ; \quad \forall i \ \forall k \ \forall l \ . \qquad\qquad (5.7)$$

Natürlich darf es nicht passieren, daß auf einer EPA zu einem bestimmten Zeitintervall k mehrere Endprodukte hergestellt werden. Erst durch

$$\sum_{i=1}^{N_A} \delta_{ikl} \leq 1 \quad ; \quad \forall k \ \forall l \qquad\qquad (5.8)$$

wird dies verhindert. Die Bedingungen $y_{ikl} \leq C_{il}^+$ in (5.7) sind zu ersetzen durch

$$C_{il}^- \cdot \delta_{ikl} \leq y_{ikl} \leq C_{il}^+ \cdot \delta_{ikl} \quad ; \quad \forall i \ \forall k \ \forall l \ . \qquad\qquad (5.9)$$

Die Zustandsvariablen δ_{ikl} müssen ähnlich wie im vorangegangenen Beispiel wieder mit Umrüstvariablen $\xi_{i_1 i_2 kl}$ in Verbindung gebracht werden.

Durch die Kundenaufträge ist der zeitliche Abfluß L_{ik} des Endproduktes i bekannt. Produktabhängige Verzugskosten K_i^v entstehen, wenn die Verzugsmengen z_{ik}, d.h. die Differenzen

$$z_{ik} := L_{ik} - x_{ik} \quad ; \quad \forall i \ \forall k \qquad\qquad (5.10)$$

positiv werden. In die zu minimierende Zielfunktion werden Verzugskosten

$$K_V := \sum_{i=1}^{N_A} C_i^V \sum_{k=1}^{N_T} z_{ik} \qquad\qquad (5.11)$$

aufgenommen und in den Nebenbedingungen die Ungleichungen

$$z_{ik} + \sum_{n=1}^{k} x_{in} \geq \sum_{n=1}^{k} L_{in} \iff z_{ik} + \sum_{n=1}^{k} \sum_{l=1}^{N_X} \Omega_{il} \cdot y_{inl} \geq \sum_{n=1}^{k} L_{in} \ ; \quad \forall i \ \forall l \quad (5.12)$$

berücksichtigt. Infolge der Minimierungsbedingung werden die z_{ik} automatisch Null, wenn es nicht zu Verzügen kommt, oder nehmen andernfalls den Wert

$$z_{ik} = \sum_{n=1}^{k} L_{in} - \sum_{n=1}^{k} x_{in} \qquad (5.13)$$

an. Mit ähnlicher Bilanz ergeben sich die Lagerkosten K_L zu

$$K_L := \sum_{i=1}^{N_A} C_i^L \sum_{k=1}^{N_T} z_{ik} + \sum_{i=1}^{N_A} C_i^L \sum_{k=1}^{N_T} \sum_{n=1}^{k} (x_{in} - L_{in}) \ . \qquad (5.14)$$

Zu beachten ist, daß für negative Terme $\sum_n (x_{in} - L_{in})$ diese gerade wegen (5.8) durch z_{ik} neutralisiert werden und somit nichts zu den Lagerkosten beitragen. Weiter läßt sich die Doppelsumme über k und n noch zu

$$K_L = \sum_{i=1}^{N_A} C_i^L \sum_{k=1}^{N_T} z_{ik} + \sum_{i=1}^{N_A} C_i^L \sum_{k=1}^{N_T} (N_T - k + 1)(x_{ik} - L_{ik}) \qquad (5.15)$$

vereinfachen. Für die Zielfunktion spielt der konstante Term L_{ik} keine Rolle. Damit ergibt sich die Zielfunktion als Summe aus Verzugs- und Lagerkosten und der mit W^D gewichteten Einbeziehung der d_{jk} zu

$$Z := \sum_{i=1}^{N_A} (C_i^V + C_i^L) \sum_{k=1}^{N_T} z_{ik} + \sum_{i=1}^{N_A} C_i^L \sum_{k=1}^{N_T} (N_T - k + 1) \cdot x_{ik} + W^D \cdot \sum_{j=1}^{N_V} \sum_{k=1}^{N_T} d_{jk} \ .$$
$$(5.16)$$

In der Zielfunktion wären wie im vorangegangenen Beispiel Umrüstkosten zu berücksichtigen. Darauf soll hier aber nicht weiter eingegangen werden.

5.3 Ergebnisse

Das oben beschriebene Modell zeigt schon in groben Zügen gute Übereinstimmung mit den realen Produktionsbedingungen. Jedoch ist der numerische Aufwand zur Lösung dieses Problems erheblich größer als für das in Abschnitt 4 vorgestellte Produktionsplanungssystem. Selbst auf einer Workstation vom Typ $RS/6000$ dauern die Rechnungen einige Stunden.

6 Zusammenfassung und Perspektiven

Die angeführten Beispiele zeigen, daß in einzelnen Fällen mathematische Problemlösungen bereits erfolgreich in der BASF eingesetzt werden. Dem steht jedoch ein schier unerschöpfliches, chancenreiches, aber bisher ungenutztes Potential zur Reduzierung der Kosten, zur Steigerung der Effizienz und der Ressourcenschonung bei gleichzeitig höherer Flexibilität gegenüber. Allerdings übersteigen viele Probleme die Komplexität der behandelten Beispiele um ein Vielfaches. In manchen Fällen muß auf den Optimalitätsnachweis verzichtet werden; statt dessen ist man bemüht, sichere Schranken abzuleiten, die die Qualität der Lösung bewerten. Ein anderes in der BASF untersuchtes Verfahren zur Lösung von Scheduling-Problemen [He94] ist die aus der Künstlichen-Intelligenz-Forschung bekannte Technik der Constraint-Netze und Constraint-Propagierung [Bü95]. Um aber auch bei komplexen Systemen, in denen nicht mehr nur einige Hundert, sondern eher einige Tausend oder gar Zehntausende diskrete Variablen auftreten, gemischt-ganzzahlige Optimierungsverfahren erfolgreich einsetzen zu können, initiierte die BASF das von der Europäischen Gemeinschaft geförderte ESPRIT-Projekt *PAMIPS* mit einem aus 4 Industriepartnern und 3 Universitäten bestehenden Konsortium. In diesem Projekt werden mit paralleler gemischt-ganzzahliger Optimierung u.a. Problemstellungen aus Reihenfolgeplanung (Scheduling), Produktionsablaufplanung sowie Netzwerk-Design bzw. Netzwerk-Kapazitätsplanung untersucht.

Die mathematische Optimierung, im speziellen die diskrete Optimierung, wird neben direkten Anwendungen in der Produktion zunehmend eine wertvolle Grundlage für Entscheidungen bei *Ausweitung/Begrenzung* von Aktivitäten, im Rahmen der *In-/Devestitionsplanung*, bei der Beurteilung von Märkten, Produktspektren und vielem mehr [KS94] sein.

Je höher jedoch der Realitätsgrad der zugrundeliegenden Modelle ist, desto größer wird auch die mathematische Komplexität der Optimierungsprobleme. Aus Gründen der Akzeptanz ist es darüber hinaus oft erforderlich, z.B. bei der Berechnung von Machinenbelegungsplänen, daß das Ergebnis der Optimierungsrechnungen innerhalb weniger Minuten verfügbar ist. Beide Schwierigkeitsgrade –hohe mathematische Komplexität und geringe Rechenzeiten– erfordern eine intelligente Modellbildung und eine effiziente Software. Dazu werden neben den bisher vorgestellten Ansätzen in Zukunft die folgenden Verfahren miteinbezogen:

- Branch&Cut-Verfahren, spezialisierte Branch&Cut-Verfahren für Scheduling-Probleme,
- Parallele Branch&Bound- und Branch&Cut-Verfahren,
- Parallele Simplex-Algorithmen und parallele Innere-Punkt-Methoden.

Diese Entwicklungen werden sicherlich eine Vielzahl heute noch nicht lösbarer Aufgabenstellungen einer Lösung zuführen und auch die Akzeptanz diskreter Optimierung nicht nur in der chemischen Industrie erhöhen. Dennoch ist beim

Einsatz mathematischer Methoden und Techniken stets zu bedenken, daß diese weder menschlichen Erfindergeist noch unternehmerische Entscheidungen ersetzen können. Dagegen kann eine wohlverstandene Aufgabe und Leistung der mathematischen Optimierung darin bestehen, komplexe Systeme besser zu verstehen und zu beherrschen und Entscheidungen quantitativ abzusichern.

Literatur

[Sch94]   Schreieck A.: Mathematische Modellierung, Simualtion und Optimierung in der Chemischen Industrie. Interner Report, BASF-AG, Ludwigshafen 1994

[GL94]   Grötschel, M. , Lovász L.: Combinatorial Optimization. In: Graham R., Grötschel M. & Lovász L. (eds.) Handbook on Combinatorics, North Holland 1982

[NW88]   Nemhauser, G.L. , Wolsey, L.A.: Integer and Combinatorial Optimization. John Wiley & Sons, New York 1988

[NM93]   Neumann K. & Morlock M. : Operations Research. Carl Hanser, München 1993

[LMS91]   Lustig I.J., Marsten R.E. & Shanno D.F. : Computational experience with a primal-dual interior point method for linear programming. Linear Algebra Appl. **152** (1991) 191-222

[Sp93]   Spelluci P. : Numerische Verfahren der nichtlinearen Optimierung. Birkhäuser, Basel 1993

[Re94]   Reuter, B.: Mischungsplanung einer pharmazeutischen Produktion. Studienarbeit, TH Darmstadt, Darmstadt 1994

[Wi93]   Williams, H.P.: Model Building in Mathematical Programming. 3rd edn. John Wiley & Sons, Chichester 1993

[AD92]   Ashford R.W. , Daniel R. : Some Lessons in Solving Practical Integer Problems. J. Opl. Res. Soc. **43**, 5 (1992) 425–433

[He94]   Heipcke, S.: Optimales Scheduling mit Hilfe von Constraint Netzen. Diplomarbeit, Katholische Universität Eichstätt 1994

[Bü95]   Bücker M. : Ein allgemeines Konzept zur Modellierung und Lösung diskreter Optimierungsprobleme. Habilitationsschrift, Fakultät für Wirtschaftswissenschaften der Universität Karlsruhe, Karlsruhe 1995

[KS94]   Kallrath J. , Schreieck A.: Discrete Optimisation in Organisation and Production. Conference Proceeding EITC94, Brussels 1994

Mathematik
im CIM und in der Robotik

Kinematische Modellierung
für die Roboterkalibration

Klaus Schröer

Fraunhofer-Institut für Produktionsanlagen und Konstruktionstechnik, Berlin

1 Problembeschreibung

1.1 Kalibration

Kalibrationsverfahren werden bei Robotern und Handhabungsgeräten einge-setzt, um ihre kinematische Struktur, ihre Getriebe und ihre elastischen Eigen-schaften zu modellieren, sie zu vermessen und Modellparameter numerisch zu identifizieren [DS91]. Die kinematische Modellierung stellt daher einen Kern-punkt jeden Kalibrationsverfahrens dar.

Im folgenden wird ein neues Verfahren zur kinematischen Modellierung vorgestellt, das die Anforderungen der Vollständigkeit, Minimalität und Mo-dellstetigkeit für alle Kombinationen von Dreh- und Schubgelenken erfüllt. Es erlaubt darüber hinaus die Integration eines Modells elastischer Deformatio-nen. Je nach kinematischer Struktur werden 17 Parametrisierungen zur Mo-dellierung der Transformationen zwischen den Gelenkachsen hergeleitet. Für jede von ihnen wurden Vollständigkeit, Minimalität und Modell-Stetigkeit mit differentialgeometrischen Hilfsmitteln nachgewiesen.

Kalibrationsverfahren basieren auf einem mathematischen Modell des re-alen Roboters, das alle signifikanten, deterministischen Ursachen für Positi-onsabweichungen enthält. Dazu muß das geometrisch-kinematische Roboter-modell um Modelle der Antriebselemente und der elastischen Deformationen erweitert werden, die hier jedoch nicht behandelt werden (siehe z.B. [Sch93]). Für die Kalibration wird der Roboter als stationäres System betrachtet, das durch eine Modellfunktion beschrieben wird. Die Systemeingangswerte sind die Werte der Achsgeber, und die Systemausgangswerte sind Position und Orientierung des dem Endeffektor oder Tool-Center-Point (TCP) zugeordne-ten Koordinatensystems. Kalibration bedeutet dann die Identifikation aller Modellparameter durch Ausnutzen der Stetigkeit und Differenzierbarkeit der Modellfunktion und unter Anwendung von numerischen Optimierungsverfah-ren.

1.2 Kinematische Modellierung

Das kinematische Modell ist die Basis, auf der das Robotermodell aufbaut, weil durch das kinematische Modell die Bewegungen des Roboters im Großen beschrieben werden. Die folgenden gebräuchlichen Konzepte und Konventionen werden verwendet:

a) Den Bewegungsachsen des mechanischen Systems werden Koordinatensysteme zugeordnet. Dabei stimmt die z-Achse des Koordinatensystems bei rotatorischen Achsen mit der Drehachse und bei translatorischen Gelenken mit der Bewegungsrichtung überein. Position und Orientierung des TCP-Koordinatensystems werden entsprechend der in der jeweiligen Robotersteuerung implementierten Konventionen angenommen.

b) Die jeweilige Stellung des Roboters ist durch eine Folge von Transformationen von einem raumfesten Referenz- oder Basiskoordinatensystem über die Gelenkkoordinatensysteme zum TCP-Koodinatensystem definiert. Die Transformation von einem Gelenkkoordinatensystem zum nächsten ist eine Funktion der aktuellen Gelenkstellung, die wiederum eine Funktion der Werte der Positionsmeßsysteme der Antriebselemente ist.

c) Homogene Matrizen werden zur Berechnung dieser Transformationen verwendet und die Menge der Elementartransformationen $\mathbf{P}$

$$\mathbf{P} = \{T_x, T_y, T_z, R_x, R_y, R_z\}$$

zur Modellierung, d.h. Parametrisierung, dieser Transformationen. (Das Symbol T_x bezeichnet eine reine Translation entlang der x-Achse und R_x entsprechend eine reine Rotation um x.)

Der Begriff „homogene Matrix" ist in der Robotik geprägt worden. Durch den Übergang zu 4-dimensionalen homogenen Koordinaten (siehe z.B. [Fi78], Kap. 3]) sind nicht nur Rotationen, sondern werden auch Translationen zu linearen Abbildungen. Damit kann man die Transformationen zwischen beliebig lokalisierten Koordinatensystemen durch 4×4-Matrizen, für die in der Robotik der Name „homogene Matrizen" gebräuchlich wurde, beschreiben. Homogene Matrizen setzen sich zusammen aus einem 3×3-Rotationsteil $R = [r_{ij}] \in SO(3)$ und einem 3×1-Translationsteil $p = (p_x, p_y, p_z)^T$:

$$T = \begin{bmatrix} r_{11} & r_{12} & r_{13} & p_x \\ r_{21} & r_{22} & r_{23} & p_y \\ r_{31} & r_{32} & r_{33} & p_z \\ 0 & 0 & 0 & 1 \end{bmatrix}. \tag{1}$$

Wenn speziell die Spalten von T betrachtet werden, schreibt man auch:

$$T = (\mathbf{n}, \mathbf{o}, \mathbf{a}, \mathbf{p}), \quad \mathbf{n}, \mathbf{o}, \mathbf{a}, \mathbf{p} \in \mathbb{R}^3. \tag{2}$$

Beginnend mit einem kurzen Rückblick über kinematische Modelle und mit heuristischen Definitionen der Modellierungsanforderungen, werden zunächst die grundlegenden differentialgeometrischen Konzepte einer Parametrisierung und ihrer Singularitäten für allgemeine räumliche Transformationen eingeführt. Dies erlaubt die Definition einer formalen Prozedur zur Bestimmung aller Modellunstetigkeitsstellen einer Parametrisierung. Nach der Diskussion der Minimalitätsanforderung, werden die Anforderungen der Vollständigkeit und Modellstetigkeit für die bekanntesten Parametrisierungen untersucht. Abschließend wird das Parametrisierungskonzept, das zur kinematischen Modellierung vorgeschlagen wird, vorgestellt, und es werden weiterführende Fragestellungen diskutiert.

1.3 Rückblick und Anforderungen

Erste Ansätze zur Roboterkalibration versuchten, diejenigen Parameter zu identifizieren, die in den Robotersteuerungen verwendet wurden. Weil jedoch in den Steuerungsalgorithmen meist explizit auflösbare kinematische Gleichungssysteme (d.h. Vereinfachungen der Modelle) verwendet werden, konnten nur Armlängen und Nullagenfehler der Gelenke identifiziert werden (siehe z.B. [SDK83]). Kleine Abweichungen der Orientierung der Bewegungsachsen, die für die Positioniergenauigkeit sehr wichtig sind, konnten nicht identifiziert werden. Um dieses Problem zu lösen, wurde die 4-parametrige Beschreibung einer Transformation, die von Denavit und Hartenberg 1955 [DH55] vorgestellt wurde (sog. DH-Konvention), von vielen Autoren verwendet (siehe z.B. [KG85, KGP87, PAL85, Wu84]):

$$T = R_z(\theta)T_z(d)T_x(a)R_x(\alpha), \ \text{mit } \theta, d, a, \alpha \in \mathbb{R}. \tag{3}$$

Mathematische Basis dieses Modells ist das Konzept der gemeinsamen Normalen zweier Geraden, hier: Gelenkachsen. Diese Modellierung verletzt jedoch für parallele Achsen die Anforderung der Modellstetigkeit (siehe z.B. [SS89]). Anschaulich ist die Unstetigkeit damit illustrierbar, daß es bei parallelen Geraden keine eindeutige gemeinsame Normale mehr gibt. Um dieses Defizit zu beheben, wurde von Hayati und und Mirmirani [HM85] für parallele bzw. fast parallele aufeinanderfolgende Drehachsen folgende Parametrisierung vorgeschlagen (Hayati-Konvention):

$$T = R_z(\theta)T_x(a)R_x(\alpha)R_y(\beta), \ \text{mit } \theta, a, \alpha, \beta \in \mathbb{R}. \tag{4}$$

In der gleichen Arbeit wird darauf hingewiesen, daß zur kinematischen Modellierung der Bewegung translatorischer Gelenke auch weniger als vier Parameter verwendet werden können, weil geometrisch durch die Bewegung der translatorischen Achse nur eine Richtung im Raum definiert ist. Dafür wird ein 3-parametriges Modell vorgeschlagen (für eine ausführliche Beschreibung siehe z.B. [SS89]):

$$T = T_z(d)R_x(\alpha)R_y(\beta), \ \text{mit } d, \alpha, \beta \in \mathbb{R}. \tag{5}$$

Dieser Stand der Modellierung von Dreh- und Schubgelenken wird auch in anderen Kalibrationsverfahren verwendet (siehe z.B.: [SS89, JK87, Ki97, BHH92]). Andere Autoren schlugen dann 5- und 6-parametrige Modelle vor, die die Vorteile von DH- und Hayati-Konvention vereinigen sollten und weil sie von der Notwendigkeit dieser größeren Anzahl von Parametern ausgingen. Dazu gehören z.B. die Veitschegger-Konvention [VW85, HE85]:

$$T = R_z(\theta)T_z(d)T_x(a)R_x(\alpha)R_y(\beta), \qquad (6)$$

und das sog. S-Modell von Stone, Sanderson und Neumann [SSN86, SS87]:

$$T = R_z(\theta)T_z(d)T_x(a)R_x(\alpha)R_z(\gamma)T_z(b). \qquad (7)$$

Aus diesem Disput ergeben sich zwei Fragen: Was sind die Anforderungen an kinematische Modelle und wie kann ihr Erfülltsein mittels einer formalen Prozedur geprüft werden? Letzteres erfordert, daß heuristisch definierte Anforderungen auf eine präzise mathematische Grundlage gestellt werden.

Die Identifizierbarkeit der Modellparameter erfordert, daß drei grundlegende Anforderungen an das kinematische Modell erfüllt sind:

Vollständigkeit: Alle räumlichen Anordnungen der Gelenke einer offenen kinematischen Kette sollen erfaßt werden können.

Modellstetigkeit: Kleine Änderungen in der Achsanordnung sollen sich in kleinen Änderungen der Modellparameter niederschlagen.

Minimalität: Das kinematische Modell soll nur eine minimale Anzahl von Parametern enthalten.

Die Anforderungen der Vollständigkeit und der Modellstetigkeit sind im Hinblick auf die Kalibration unmittelbar einleuchtend (siehe z.B. [EDM87]). Die Anforderung der Minimalität ergibt sich aus dem Wunsch möglichst eindeutige Lösungen zu erhalten. Ist die Anforderung der Minimalität verletzt, dann sind redundante Parameter im Modell enthalten. Bei den numerischen Verfahren zur Parameteridentifikation führt dies zu Rangverlusten und damit ganzen Unterräumen von Lösungen.

Es ist notwendig, an dieser Stelle darauf hinzuweisen, daß Aussagen über die Minimalität von Modellen oder Teilmodellen nur bezüglich des kinematischen Modells, das durch geometrische Beziehungen definiert ist, bewiesen werden können. Für die nicht-geometrischen Teilmodelle wie z.B. das Modell der elastischen Deformationen gelten solche Aussagen nicht. Die formale Unabhängigkeit der Modellparameter im Hinblick auf die numerischen Verfahren, die zur Parameteridentifikation eingesetzt werden, kann jedoch auch für diese erweiterten Modelle mit Hilfe von numerischen Verfahren zur Modellanalyse überprüft werden (siehe z.B. [Sch93]).

Weitere praktische Anforderungen an das kinematische Modell ergeben sich daraus, daß es zur Roboterkalibration verwendet werden soll; sie werden in Abschnitt 4 dargestellt.

2 Mathematische Modellierung und Behandlung

2.1 Parametrisierungen und Modellstetigkeit

Die Modellierung der kinematischen Struktur besteht in einer Folge von Entscheidungen über die Parametrisierung der die Gelenkkoordinatensysteme verbindenden Transformationen.

Um den Begriff der Parametrisierung einer Transformation zu definieren, sei mit $\mathbf{E}$ die Menge der längen- und winkelerhaltenden Transformationen des 3-dimensionalen, reellen Raumes $\mathbb{R}^3$ bezeichnet. In der Terminologie der theoretischen Kinematik wird sie auch als Euklidische Gruppe bezeichnet, da ihre Elemente mit der Hintereinanderausführung als Operation im Sinne der Algebra eine Gruppe (speziell: eine Lie-Gruppe) bilden (siehe z.B. [KN74] und [BR79]). $\mathbf{E}$ trägt ebenfalls die Struktur einer differenzierbaren Mannigfaltigkeit (siehe z.B. [KN74, Bo75]) der Dimension 6 und kann dargestellt werden als das (mengentheoretische) Produkt des 3-dimensionalen, reellen Vektorraums $\mathbb{R}^3$ mit der speziellen orthogonalen Gruppe $SO(3)$, d.h. der Gruppe der räumlichen Drehungen:

$$\mathbf{E} = \mathbb{R}^3 \times SO(3). \tag{8}$$

Damit kann man eine präzise Definition einer Parametrisierung angeben [Bo75, Sch93]: Eine Parametrisierung der Euklidischen Gruppe $\mathbf{E}$ ist ein 6-Tupel $P = (P_1, \ldots, P_6) \in \mathbf{P}^6$ von Elementartransformationen, für das es eine nicht-leere, offene und zusammenhängende Teilmenge W des $\mathbb{R}^6$ gibt, so daß zusätzlich für die durch P definierte Abbildung

$$\varphi_P : W \to E, \quad \varphi_P(p) ::= \prod_{i=1}^{6} P_i(p_i) \tag{9}$$

gilt: Das Bild von W unter φ_P ist eine 6-dimensionale Untermannigfaltigkeit von $\mathbf{E}$.

Durch die zusätzliche Anforderung an das Bild von W werden Trivialitäten wie Parametrisierungen, die mehr als drei Translationen aus $\mathbf{P}$ enthalten oder Parametrisierungen, die reduzierbare Folgen von Faktoren enthalten, ausgeschlossen.

Diese Definition erlaubt es, den Begriff der Singularität einer Parametrisierung einzuführen:Eine Singularität oder singuläre Stelle einer Parametrisierung P ist ein Parametersatz $p \in \mathbb{R}^6$, für den der Rang der Jacobimatrix $D_p\varphi_P(p)$ kleiner 6 ist.

Gestützt auf dem Umkehrsatz der mehrdimensionalen Analysis (siehe z.B. [HH81], Satz 171.1) kann nun die entscheidende Aussage bewiesen werden [Sch93]:Parametrisierungen sind außerhalb ihrer Singularitäten modellstetig.

Der Beweis nutzt, daß die Jacobimatrix $D_p\varphi_P(p)$ eine lokale Linearisierung der die Parametrisierung definierenden Funktion φ_P ist und daß $D_p\varphi_P(p)$ – als 12×6-Matrix aufgefaßt – ein lineares Ausgleichsproblem definiert:

$$D_p\varphi_P(p)\Delta p = y, \tag{10}$$

wobei y eine Differenz von homogenen Matrizen ist (geschrieben als 12×1-Vektoren). Durch Anwendung von Sätzen der Linearen Algebra ist es dann möglich zu beweisen, daß Δp nur genau dann im Vergleich zu y unbeschränkt werden kann, wenn der Rang von $D_p \varphi_P(p)$ kleiner als 6 ist [Sch93, Kap. 4.2.2].

Gestützt auf diese mathematische Beschreibung können nun alle Parametrisierungen analysiert werden. Diejenigen Parametersätze p, für die eine Parametrisierung $\varphi_P(p)$ nicht modellstetig ist, können mit Hilfe der Jacobimatrix der Parametrisierung bestimmt werden. Weil diese Parametersätze Singularitäten von P sind, sind sie gerade die Nullstellen der Determinante (aufgefaßt als Funktion von p):

$$\left| (D_p \varphi_P(p))^T \cdot (D_p \varphi_P(p)) \right|. \tag{11}$$

Man kann diese Nullstellen beispielsweise mittels eines Programms für symbolische Berechnungen wie „Mathematica" [St91] ermitteln. Als Ergebnis erhält man einige einfache trigonometrische Gleichungen in den Modellparametern p, die die Mannigfaltigkeit der Singularitäten einer Parametrisierung definieren.

2.2 Verwendbarkeitsbereich einer Parametrisierung

Ziel der Untersuchung von Parametrisierungen ist es, festzustellen, für welche Achskonstellationen sie verwendbar sind und wo die Grenzen ihrer Verwendbarkeit sind. Mit dem jetzt vorhandenen mathematischen Instrumentarium ist es möglich, dies präzise zu formulieren. Dazu müssen für eine Parametrisierung P die folgenden Mengen von Transformationen bestimmt werden:

a) Die Menge $\overline{\mathbf{E}}_P$ der Transformationen $T \in \mathbf{E}$, für die kein Parametervektor existiert, d.h. die nicht im Bild der Parametrisierung P enthalten sind und somit nicht von P erfaßt werden:

$$\overline{\mathbf{E}}_P ::= \mathbf{E} \backslash \varphi_P(\mathbb{R}^6). \tag{12}$$

b) Die Menge $\mathbf{E}_P^S$ derjenigen Transformationen $T \in \mathbf{E}$, für die es einen Parametersatz $p \in \mathbb{R}^6$ gibt, der eine singuläre Stelle der Parametrisierung ist:

$$\mathbf{E}_P^S ::= \{ T \in \mathbf{E} \mid \exists p \in \mathbb{R}^6 : \varphi_P(p) = T \wedge \text{Rang}(D_p \varphi_P(p)) < 6 \}. \tag{13}$$

c) Der Verwendbarkeitsbereich $\mathbf{E}_P^V$ einer Parametrisierung, den man aus $\mathbf{E}$ durch den Ausschluß der disjunkten Mengen $\overline{\mathbf{E}}_P$ und $\mathbf{E}_P^S$ erhält:

$$\mathbf{E}_P^V ::= \mathbf{E} \backslash (\overline{\mathbf{E}}_P \cup \mathbf{E}_P^S) \tag{14}$$

Wenn auch der Verwendbarkeitsbereich $\mathbf{E}_P^V$ einer Parametrisierung nicht leer ist und wenn es auch Parametrisierungen gibt, durch die alle Transformationen $T \in \mathbf{E}$ beschrieben werden können (d.h. $\overline{\mathbf{E}}_P = \emptyset$), so gibt es doch keine

Parametrisierung, bei der $\mathbf{E}_P^V = \mathbf{E}$, weil jede Parametrisierung singuläre Stellen aufweist. Daher gibt es auch keine Parametrisierung, die zur Modellierung aller Achskonstellationen geeignet ist. Es kommt also bei der Entscheidung über das kinematische Modell darauf an, daß für die einzelnen Teilmodelle, durch die die relativen Lagen aufeinanderfolgender Gelenkkoordinatensysteme beschrieben werden, jeweils adäquate Parametrisierungen gewählt werden.

2.3 Minimale Modelle

Die soweit vorgestellten Ergebnisse sind für die 6-dimensionale Euklidische Gruppe $\mathbf{E}$ hergeleitet worden. Um sie zur Analyse kinematischer Modelle von Robotern verwenden zu können, müssen sie von $\mathbf{E}$ auf gewisse Mannigfaltigkeit übertragen werden, durch die alle räumlichen Anordnungen von Dreh- bzw. Schubgelenken beschrieben werden und die eine minimale Dimension aufweisen.

Was nun die minimale Dimension und damit die minimale Parameteranzahl anbetrifft, so haben schon mehrere Autoren nachgewiesen (siehe z.B. [EH88, ES88]), daß ein minimales und vollständiges kinematisches Modell einer offenen und unverzweigten kinematischen Kette, deren Elemente durch Dreh- und Schubgelenken verbunden sind, genau

$$n = 4r + 2t + 6 \tag{15}$$

Parameter enthält, wobei r die Anzahl der Drehgelenke und t die Anzahl der Schubgelenke ist. Damit gibt es auch nur höchstens n unabhängige Modellparameter eines vollständigen kinematischen Modells.

Um das Problem der Minimalität zu untersuchen, können die folgenden Fragen gestellt werden, deren Beantwortung zu einem von [EH88] und [ES88] wesentlich verschiedenen Nachweis der Beziehung 15 führt:In wieweit sind Position und Orientierung eines Gelenkkoordinatensystems allein durch die beobachtbare Bewegung eines Dreh- bzw. Schubgelenkes definiert? Welches sind die Mannigfaltigkeiten, durch die alle räumlichen Anordnungen von Dreh- bzw. Schubgelenken eindeutig beschrieben werden?

Wenn diese Mannigfaltigkeiten bestimmt sind, dann sind ihre Parametrisierungen die minimalen Modelle für die Transformationen von einem Koordinatensystem mit beliebiger räumlicher Lage zu einem Gelenkkoordinatensystem.

Die Bewegung eines Schubgelenkes definiert lediglich eine räumliche Richtung. Deshalb ist die Mannigfaltigkeit $\mathbf{T}$, die alle Bewegungsrichtungen translatorischer Gelenke beschreibt, gerade die Menge aller Richtungsvektoren, d.h. aller Vektoren mit der Länge 1:

$$\mathbf{T} = \{ x \in \mathbb{R}^3 \mid \| x \| = 1 \}. \tag{16}$$

Dies ist aber gerade die Einheitssphäre S^2 des 3-dimensionalen euklidischen Raumes, d.h. $\mathbf{T} = S^2$ und folglich ist $\mathbf{T}$ eine 2-dimensionale Mannigfaltigkeit. Die Parametrisierungen von S^2 sind gerade die Parametrisierungen der Richtungen translatorischer Gelenke.

Die Elemente von **T** können in Übereinstimmung mit den in Abschnitt 1.2 aufgeführten Konventionen eindeutig durch die **a**-Vektoren homogener Matrizen dargestellt werden, bzw. mit diesen identifiziert werden:

$$T = (\mathbf{n}, \mathbf{o}, \mathbf{a}, \mathbf{p}), \quad \mathbf{a} = (a_x, a_y, a_z)^T. \tag{17}$$

Diese Identifikation (hier im Sinne von: Gleichsetzung) von Elementen der Mannigfaltigkeit **T** mit Teilen homogener Matrizen ist Voraussetzung für die Bestimmung der Singularitäten mit Hilfe von 11.

Die Bewegung rotatorischer Gelenke definiert orientierte Geraden. Deshalb ist die Mannigfaltigkeit **R**, die alle Bewegungsrichtungen von Drehgelenken beschreibt, gerade die Menge der orientierten Geraden. Wenn man die Elemente von **R** durch eine Translation entlang der Drehachse, d.h. um die Elementartransformation T_z, erweitert und auf diese Weise eine bestimmte Position des einem Drehgelenk zugeordneten Koordinatensystems auf der Drehachse fixiert, so gilt das Folgende:

$$\begin{aligned}
\mathbf{R} \times \mathbb{R} &= S^2 \times \mathbb{R}^3, \\
\dim(S^2 \times \mathbb{R}^3) &= 5 \\
\Rightarrow \dim(\mathbf{R}) &= 4.
\end{aligned} \tag{18}$$

Die Elemente von $S^2 \times \mathbb{R}^3$ können nun wiederum eindeutig dargestellt werden durch Paare von **(a,p)**-Vektoren homogener Matrizen $T = (\mathbf{n}, \mathbf{o}, \mathbf{a}, \mathbf{p})$. Die Elemente von **R** alleine können nicht eindeutig mit gewissen Teilen von homogenen Matrizen identifiziert werden. Jedoch gibt es eine eineindeutige Zuordnung zwischen den Elementen von **R** und den Äquivalenzklassen derjenigen Elemente von $S^2 \times \mathbb{R}^3$, die sich nur durch eine Translation entlang der Drehachse voneinander unterscheiden. Aus diesem Grund brauchen nur jene Parametrisierungen von $S^2 \times \mathbb{R}^3$ im Hinblick auf Vollständig und Modellstetigkeit untersucht zu werden, die mit einer z-Translation T_z enden. Man erhält dann eine minimale Parametrisierung von **R** durch Streichen der letzten Elementartransformation T_z. In der Terminologie der Algebra entspricht dies einem Übergang zu einer Quotientenstruktur.

Zur Modellierung der Transformation vom letzten Gelenkkoordinatensystem zum TCP-Koordinatensystem werden 6 Parameter benötigt, weil beide Koordinatensysteme eine beliebige räumliche Lage haben können. Daher ist die Euklidische Gruppe **E** gerade die Mannigfaltigkeit, deren Parametrisierungen Modelle für diese Transformation sind.

3 Beispiele für die Analyse von Parametrisierungen

Um minimale Modelle von Transformationen, durch die räumliche Lagen von Dreh- oder Schubgelenken beschrieben werden, im Hinblick auf ihre Vollständigkeit und Modellstetigkeit untersuchen zu können, müssen die Ergebnisse, die in den Abschnitten 2.1 und 2.2 für die Euklidische Gruppe **E** hergeleitet wurden, auf die Mannigfaltigkeiten $\mathbf{R}$ und $\mathbf{T}$ übertragen werden. Dazu werden die Elemente von $\mathbf{T}$ und $\mathbf{R} \times \mathbb{R}$ auf die im vorangehenden Abschnitt dargestellte Weise mit gewissen Teilen von homogenen Matrizen identifiziert. Dies erlaubt die Übertragung der Ergebnisse der Abschnitte 2.1 und 2.2 auf $\mathbf{R}$ und $\mathbf{T}$. Speziell können die Jacobimatrizen $D_p\varphi_P(p)$ von Parametrisierungen P von $\mathbf{T}$ und $\mathbf{R} \times \mathbb{R}$ berechnet werden und dazu benutzt werden, die Singularitäten der Parametrisierungen zu bestimmen.

Faßt man die bis hierhin dargestellten Ergebnisse zusammen, so ergibt sich folgendes Vorgehen bei der Untersuchung einzelner Parametrisierungen P von $\mathbf{E}$, $\mathbf{R}$ oder $\mathbf{T}$:

1. Zunächst ist die globale Vollständigkeit zu prüfen, d.h. die Menge $\overline{\mathbf{E}}_P, \overline{\mathbf{R}}_P$ oder $\overline{\mathbf{T}}_P$, der Konstellationen, die durch die Parametrisierung nicht erfaßt werden, ist zu bestimmen. Diese Menge wird bestimmt durch die Untersuchung von Berechnungswegen für die Parameterwerte aus homogenen Matrizen.

2. Dann ist die Singularitätenmenge $\mathbf{E}_P^S, \mathbf{R}_P^S$ oder $\mathbf{T}_P^S$ zu bestimmen. Dies geschieht über die Bestimmung der Nullstellen der Determinante:

$$\left| (D_p\varphi_P(p))^T \cdot (D_p\varphi_P(p)) \right|. \tag{19}$$

Diese Berechnungen wurden mit Hilfe des Programmes „Mathematica" erstellt [St91].

Dieses Arbeitsprogramm ist für alle gängigen Parametrisierungen der Mannigfaltigkeiten $\mathbf{E}$ (basierend auf Roll-Nick-Gier- oder Euler-Winkeln), $\mathbf{T}$ und $\mathbf{R}$ (Denavit-Hartenberg-, Hayati-Konvention, etc.) durchgeführt worden (siehe [Sch93], Kap. 4.3). Beispielsweise konnte nachgewiesen werden:

a) Jede Parametrisierung von $\mathbf{T} = S^2$ besteht aus zwei Rotationen um verschiedene Koordinatenachsen, wobei für die zweite keine Rotation um die z-Achse zugelassen ist:

$$R_x R_y, \ R_y R_x, \ R_z R_x, \ R_z R_y. \tag{20}$$

Diese Parametrisierungen besitzen genau zwei Stellen, in denen sie nicht modellstetig sind. Es sind dies die beiden Fälle, wenn der Richtungsvektor $\mathbf{a}$ mit der Drehachse der ersten von beiden Drehungen koinzidiert.

b) Denavit-Hartenberg-Konvention (3):

$$\overline{\mathbf{R}}_P = \emptyset, \tag{21}$$

$$(\mathbf{R} \times \mathbb{R})_P^S = \{(\mathbf{a}, \mathbf{p}) \in S^2 \times \mathbb{R}^3 \mid \mathbf{a} = (0, 0, \pm 1)^T\}.$$

c) Hayati-Konvention (4):

$$\overline{\mathbf{R}}_p = \{(\mathbf{a}, \mathbf{p}) \in \mathbf{R} \mid a_z = 0 \ \wedge \ p_z \neq 0\}, \tag{22}$$

$$(\mathbf{R} \times \mathbb{R})_P^S = \{(\mathbf{a}, \mathbf{p}) \in S^2 \times \mathbb{R}^3 \mid (a_z = 0 \wedge p_z = 0) \vee (\mathbf{a} = \lambda\mathbf{p}, \lambda \in \mathbb{R})\}.$$

d) Veitschegger-Konvention (6):

$$\overline{(\mathbb{R}^3 \times S^2)}_P = \emptyset, \tag{23}$$

$$(\mathbf{R} \times \mathbb{R})_P^S =$$

$$\left\{ (\mathbf{a}, \mathbf{p}) \in \mathbb{R}^3 \times S^2 \;\middle|\; \mathbf{p} = \begin{pmatrix} 0 \\ 0 \\ p_z \end{pmatrix} \vee \left(\mathbf{a} = \begin{pmatrix} a_x \\ a_y \\ 0 \end{pmatrix} \wedge \mathbf{p} = \begin{pmatrix} \lambda a_x \\ \lambda a_y \\ p_z \end{pmatrix}, \lambda \in \mathbb{R} \right) \right\}.$$

Für die Veitschegger-Konvention kann man aufgrund dieser Untersuchung anhand der Singularitätenmenge erkennen, daß die Kombination von DH- und Hayati-Konvention zu einem 5-parametrigen Modell gerade nicht zu einer Vereinigung der positiven Eigenschaften beider Parametrisierungen führt. Das entscheidende Problem dieser Parametrisierung ist jedoch, daß ihr letzter Parameter keine z-Translation ist. Daher kann sie nicht durch Weglassen dieses Parameters zu einer minimalen, d.h. 4-parametrigen Parametrisierung der Mannigfaltigkeit $\mathbf{R}$ der orientierten Geraden gemacht werden. Sie ist daher zur Modellierung von Drehgelenkachsen zum Zweck der Parameteridentifikation nicht geeignet.

e) Parametrisierung der Euklidischen Gruppe E basierend auf Roll-Nick-Gier-Winkeln:

$$P = (T_x, T_y, T_z, R_z, R_y, R_x), \tag{24}$$

$$\overline{\mathbf{E}}_P = \emptyset$$

$$\mathbf{E}_P^S = \{ T \in \mathbf{E} \mid \mathbf{a} = (0, 0, \pm 1)^T \}.$$

4 Anforderungen des praktischen Einsatzes

Nach der grundsätzlichen Untersuchung der Eigenschaften Vollständigkeit, Minimalität und Modellstetigkeit kinematischer Modelle werden nun Probleme angesprochen, die bei der praktischen Anwendung dieser Modelle zur Parameteridentifikation bei Industrierobotern zu lösen sind. Es werden hier nur die Ergebnisse zusammengefaßt; eine detaillierte Beschreibung kann in [Sch93], Kap. 4.4 gefunden werden:

a) Die Erweiterung der minimale Modelle um zusätzliche und damit redundante Elementartransformationen und deren Parameter ist grundsätzlich möglich. Diese Parameter dürfen nicht identifiziert werden, wenn nicht gegen die Minimalitätsanforderung verstoßen werden soll. Weiterhin muß beachtet werden, daß das erweiterte Modell einen anderen Verwendbarkeitsbereich aufweisen kann.

b) Das kinematische Modell muß Elementartransformationen und Parameter enthalten, durch die die Bewegungen der Gelenke beschrieben werden können. Wenn diese Elementartransformationen nicht Bestandteil des minimalen Modells sind, dann muß das minimale Modell entsprechend erweitert werden. Die Parameter der so hinzugefügten Elementartransformationen werden nicht identifiziert.

c) Für die Parametrisierung der Transformation vom Roboterbasiskoordinatensystem zum Koordinatensystem des ersten Gelenks, sind Parametrisierungen vorzuziehen, die mit den Translationsparametern beginnen.

d) Nullagenfehler (d.h. Abweichungen des realen Roboters von dem konstruktiv vorgegebenen Bezug zwischen steuerungsdefinierter Nullposition und geometrischer Nullage) sind bei geeigneter Modellierung Teil des kinematischen Modells. Es handelt sich nicht um Parameter, die bei der Identifikation zu den Parametern des kinematischen Modells hinzugenommen werden müssen. Nullagenfehler werden nicht identifiziert, wenn das minimale Modell keinen Parameter enthält, durch den die Gelenkbewegung beschrieben werden kann.

e) Da auch elastische Deformationen modelliert und identifiziert werden müssen, ergibt sich die Anforderung an das kinematische Modell, daß die Gelenkbewegungen auch räumlich (d.h. auf den Bewegungsachsen) dort modelliert werden sollen, wo sich am realen System die Gelenke befinden. Dazu müssen die minimalen Modelle um weitere redundante und nicht zu identifizierende Parameter erweitert werden.

5 Ergebnisse

Faßt man nun alle Ergebnisse zusammen, so erhält man die folgende Übersicht. Dabei sind die Elementartransformationen des jeweils enthaltenen minimalen Modells fett hervorgehoben. Ausschließlich ihre Parameter werden identifiziert. (B = Roboterbasis, G_T = translatorisches Gelenk, G_R = rotatorisches Gelenk; Gelenk- bzw. z-Koordinatenachsen sind annähernd parallel $\parallel$ oder annähernd orthogonal $\perp$.) Es handelt sich dabei um Parametrisierung, die die Anforderungen der Vollständigkeit, Modellstetigkeit und Minimalität und die in Abschnitt 4 dargestellten Anforderungen ihrer praktischen Verwendung für die Kalibration erfüllen. Für alle Kombinationen von Dreh- und Schubgelenken sind Parametrisierungen enthalten. Dies bedeutet umgekehrt nicht, daß dies die einzigen Lösungen sind.

Transformation vom Bezugssystem B zum ersten Gelenk:

$$B \perp G_T : \quad P = (T_x, T_y, T_z, \mathbf{R_Z}, \mathbf{R_X}),$$
$$B \parallel G_T : \quad P = (T_x, T_y, T_z, \mathbf{R_X}, \mathbf{R_Y}).$$

Bei einem rotatorischen ersten Gelenk werden die folgenden Parametrisierungen verwendet.

$$B \perp G_R : \quad P_x = (\mathbf{T_y}, \mathbf{T_z}, \mathbf{R_Z}, \mathbf{R_X}, T_z),$$

wenn die Gelenkachse nahe der x-Achse des Bezugssystems B ist,

$$P_y = (\mathbf{T_x}, \mathbf{T_z}, \mathbf{R_Z}, \mathbf{R_X}, T_z),$$

wenn die Gelenkachse nahe der y-Achse des Bezugssystems B ist,

$$B \parallel G_R : \quad P_z = (\mathbf{T_x}, \mathbf{T_y}, \mathbf{R_X}, \mathbf{R_Y}, T_z).$$

Transformationen zwischen Gelenken:

$G_R \perp G_R:$ $P = (\mathbf{R_z}, \mathbf{T_z}, \mathbf{T_x}, \mathbf{R_x}, T_z),$

$G_R \parallel G_R:$ $P = (\mathbf{R_z}, \mathbf{T_x}, \mathbf{R_x}, \mathbf{R_y}, T_z),$ (Hier wird angenommen, daß die beiden Drehachsen nicht identisch sind.)

$G_T \perp G_R:$ $P = (\mathbf{T_z}, \mathbf{R_z}, \mathbf{T_x}, \mathbf{R_x}, T_z),$

$G_T \parallel G_R:$ $P = (T_z, \mathbf{T_x}, \mathbf{T_y}, \mathbf{R_x}, \mathbf{R_y}, T_z),$

$G_T \perp G_T:$ $P = (T_z, T_x, T_y, \mathbf{R_z}, \mathbf{R_x}),$

$G_T \parallel G_T:$ $P = (T_z, T_x, T_y, \mathbf{R_x}, \mathbf{R_y}),$

$G_R \perp G_T:$ $P = (\mathbf{R_z}, T_x, T_y, T_z, \mathbf{R_x}),$

$G_R \parallel G_T:$ $P = (R_z, T_x, T_y, T_z, \mathbf{R_x}, \mathbf{R_y}).$

Transformation vom letzten Gelenk zum TCP:

$G_T \perp TCP:$ $P = (\mathbf{T_z}, \mathbf{T_y}, \mathbf{T_x}, [\mathbf{R_z}, \mathbf{R_y}, \mathbf{R_z}]),$

$G_T \parallel TCP:$ $P = (\mathbf{T_z}, \mathbf{T_y}, \mathbf{T_x}, [\mathbf{R_z}, \mathbf{R_y}, \mathbf{R_x}]),$

$G_R \perp TCP:$ $P = (R_z, \mathbf{T_x}, \mathbf{T_y}, \mathbf{T_z}, [\mathbf{R_z}, \mathbf{R_y}, \mathbf{R_z}]),$

$G_R \parallel TCP:$ $P = (R_z, \mathbf{T_x}, \mathbf{T_y}, \mathbf{T_z}, [\mathbf{R_z}, \mathbf{R_y}, \mathbf{R_x}]).$

Die Parameter der Elementartransformationen in eckigen Klammern werden nicht identifiziert, wenn nur TCP-Positionsinformationen zur Parameteridentifikation verwendet werden können. Sie können nur dann identifiziert, wenn vollständige 6-dimensionale Positions- und Orientierungsinformationen zur Parameteridentifikation verwendet werden können. Bei Verwendung anderer Meßsysteme und Meßprinzipien, muß jeweils geprüft werden, welche Parameter der Transformation vom letzten Gelenk zum TCP tatsächlich identifiziert werden können.

6 Weiterführende Fragestellungen

6.1 Geschlossene Teilketten

Das hier vorgestellte geometrisch-kinematische Modell kann ohne Änderungen zur Modellierung aller Mehrkörpersysteme eingesetzt werden, die die Struktur einer offenen und unverzweigten kinematischen Kette besitzen, deren Elemente durch Dreh- oder Schubgelenke verbunden sind. Als eine weiterführende Fragestellung bietet es sich an zu untersuchen, welche Änderungen erforderlich sind, damit auch Mehrkörpersysteme mit geschlossenen kinematischen Teilketten modelliert werden können.

Das Vorhandensein geschlossener Teilketten führt dazu, daß die räumliche Lage aller Teilkörper nicht mehr allein durch ein Produkt von homogenen Matrizen mathematisch beschrieben werden kann:

$$T(p,q) = \prod_{i=0}^{N} T_i, \tag{25}$$

sondern daß durch die Geschlossenheit von Teilketten Zwangsbedingungen in das System eingebracht werden, die durch nicht-lineare Gleichungssysteme beschrieben werden:

$$\prod_{j=1}^{m} T_{kj} = 0. \tag{26}$$

6.2 Differentialgeometrie und Topologie

Bei der Untersuchung der Parametrisierungen, ihrer Möglichkeiten und Schranken, war es notwendig, elementare differentialgeometrische Hilfsmittel zu benutzen. Gegenstand einer stärker differentialgeometrisch orientierten Untersuchung sollte es sein, die hier dargestellten Ergebnisse - z.B. den Zusammenhang zwischen Singularitäten und Modellunstetigkeit einer Parametrisierung - unter Verwendung stärkerer Hilfsmittel aus der Differentialgeometrie formaler und möglicherweise übersichtlicher und kürzer herzuleiten.

Interessante mathematische Fragestellungen ergeben sich aus einer genaueren Untersuchung der mathematischen Struktur, die durch eine Parametrisierung auf den Mannigfaltigkeiten $\mathbf{E}$, $\mathbf{T}$ und $\mathbf{R}$ erzeugt wird - beispielsweise:

- Ist die Mannigfaltigkeit der Singularitäten einer Parametrisierung immer nicht-leer?
- Ist die Mannigfaltigkeit der Singularitäten gerade der Rand des Verwendbarkeitsbereiches einer Parametrisierung?
- Gibt es Wege aus der Teilmenge, die nicht im Bild einer Parametrisierung liegt, in den Verwendbarkeitsbereich der Parametrisierung, die keine Singularität enthalten?

Ein weiterer Forschungsgegenstand ist die Untersuchung der Verwendbarkeit dieser Parametrisierungen für Berechnungen innerhalb von Robotersteuerungen. Da die Rechenzeit bei der Roboterkalibration kein Engpaß ist, wurden homogene Matrizen zur Berechnung von Produkten von Elementartransformationen verwendet. Möglicherweise sind andere Beschreibungsweisen für eine Verwendung in Steuerungsberechnungen effizienter (siehe z.B. [MT85, FTP90]).

6.3 Variation der Bewegungsachsen

Eine Grundannahme der kinematischen Modellierung ist die Annahme der Existenz von Bewegungsachsen, d.h. daß die Achsen Invarianten ihrer Bewegung sind. Diese Annahme ist bei Drehgelenken noch eher erfüllt ist als bei Schubgelenken. Speziell bei Portalen mit Schubgelenken, die Arbeitsräume von mehreren Metern aufweisen, kann man erwarten, daß die Abweichungen von der konstanten Bewegungsrichtung Quellen signifikanter Fehler sind. Daher erhebt sich die Frage, wie solche Fehler modelliert und ggf. identifiziert werden können.

Da Abweichungen von der konstanten Achsbewegung Effekte sind, die zusätzlich zum normalen kinematischen Modell erfaßt werden sollen, ist es naheliegend, sie durch eine zusätzliche Transformation zu modellieren, die der Elementartransformation der Gelenkbewegung innerhalb des kinematischen Modells nachgestellt ist:

$$T_z(q_i) \cdot TRJ(q_i). \tag{27}$$

Da Abweichungen grundsätzlich in allen sechs Freiheitsgraden möglich sind, kann man TRJ() modellieren als:

$$TRJ(q_i) = T_x(q_i)T_y(q_i)T_z(q_i)R_z(q_i)R_y(q_i)R_x(q_i). \tag{28}$$

Dabei durchläuft q_i den Gelenkarbeitsraum:

$$q_i \in [l_i, u_i].$$

Im allgemeinen Fall handelt es sich mathematisch um das Problem, eine 6-dimensionale, approximierende, parametrisierte Kurve zu bestimmen:

$$C(q_i) = (x(q_i), y(q_i), z(q_i), \gamma(q_i), \beta(q_i), \alpha(q_i))^T. \tag{29}$$

Da die Fehlerbewegungen zusätzlich zum normalen kinematischen Modell modelliert werden sollen, erhält man als eine Randbedingung für die beschreibenden Funktionen ihre Periodizität:

$$C(l_i) = C(u_i) = 0. \tag{30}$$

Mögliche Kandidaten für die Modellierung der Kurven $C(q_i)$ sind:

- eine Fourier-Approximation bis zum 1. oder 2. Glied,
- kubische Splines mit einer geringen Anzahl vorher definierter Stützstellen,
- eine Approximation durch Polynome 2. oder 3. Grades.

Hierbei ist zu beachten, daß sich sehr schnell ein Approximationsraum hoher Dimension ergibt, wohingegen ein Approximationsraum möglichst kleiner Dimension für die Parameteridentifikation wünschenswert ist. Daher muß beispielsweise untersucht werden, ob (und ggf. bei welchen mechanischen Konstruktionen) die rotatorische Abweichung als Funktion der translatorischen Abweichungen, d.h. des 3-dimensionalen Kurvenverlaufs modelliert werden kann, beispielsweise im Sinne der Frenetschen Gleichungen einer Kurve.

Die Entscheidung über die Modellierung muß anhand konkreter Meßreihen für einen Robotertyp fallen. Dabei geht es nicht nur um die Entscheidung über die Modellierungsfunktionen, sondern auch darum, welche der sechs Freiheitsgrade überhaupt modelliert werden sollen.

Literatur

[BHH92]   Bennett, D.J., Hollerbach J.M., Henri P.D.: Kinematic Calibration by Direct Estimation of the Jacobian Matrix. Proc. IEEE Int. Conf. on Robotics and Automation (1992) 351-357

[Bo75]   Boothby, W. M.: An Introduction to Differentiable Manifolds and Riemannian Geometry. Academic Press, New York 1975

[BR79]   Bottema, O., Roth. O.: Theoretical Kinematics. North-Holland, Amsterdam 1979

[DH55]   Denavit, J., Hartenberg, R.S.: A Kinematic Notation for Lower-Pair Mechanisms Based on Matrices. ASME Journal of Applied Mechanics **22** (1955) 215-221

[DS91]   Duelen, G., Schröer, K.: Robot Calibration–Method and Results. Robotics & Computer-Integrated Manufacturing 8 **4** (1991) 223-231

[EDM87]   Everett, L.J., Driels M., B.W. Mooring.: Kinematic Modelling for Robot Calibration. Proc. IEEE Int. Conf. on Robotics and Automation (1987) 183-189

[EH88]   Everett, L.J., Hsu T.-W.: The Theory of Kinematic Parameter Identification for Industrial Robots. Trans. ASME, Journ. of Dynamic Systems, Measurement and Control **110** (1988) 96-100

[ES88]   Everett, L.J., Suryohadiprojo, A.H.: A Study of Kinematic Models for Forward Calibration of Manipulators. Proc. IEEE Int. Conf. on Robotics and Automation (1988) 798-800

[Fi78]   Fischer, Gerd.: Analytische Geometrie. Vieweg, Braunschweig 1978

[FTP90]   Funda, J., Taylor R.H., Paul R.P.: On Homogeneous Transforms, Quaternions, and Computational Efficiency. IEEE Trans. on Robotics and Automation 6 **3** (1990) 382-388

[HM85]   Hayati, S.A., Mirmirani, M.: Improving the Absolute Positioning Accuracy of Robot Manipulators. Journal of Robotic Systems 2 **4** (1985) 397-413

[HH81]   Heuser, H.: Lehrbuch der Analysis. Bd. 2. Teubner, Stuttgart 1981

[HE85]   Hsu, T.W., Everett L.J.: Identification of the Kinematic Parameters of a Robot Manipulator for Positional Accuracy Improvement. Proc. Computers in Engineering Conference, Boston 1985, 263 - 267

[JK87]   Judd, R.P., Knasinski A.B.: A Technique to Calibrate Industrial Robots With Experimental Verification. Proc. IEEE Int. Conf. on Robotics and Automation (1987) 351-357

[KN74]   Karger, A., Novak, J.: Space Kinematics and Lie Groups. Gordon and Breach, Montreux 1974

[KG85]   Khalil, W., Gautier, M.: Identification of Geometric Parameters of Robots; Symposium on Robot Control '85 (1st IFAC Symposium) Barcelona (1985) 191-194

[Ki97]   Kim, M.-S.: Entwicklung eines Parameteridentifikationsverfahrens zur Erhöhung der absoluten Positioniergenauigkeit von Industrierobotern. In: Prof. Dr.-Ing. Drs. h.c. G. Spur (Hrsg.) Produktionstechnik - Berlin. Forschungsberichte für die Praxis. Bd. 63. Diss. Berlin 1987. Hanser, München 1987

[KGP87]   Kirchner, H.O.K., Gurumoorthy, B., Prinz, F.B.: A Perturbation Approach to Robot Calibration. Int. J. of Robotics Research **6** (1987) 47-59

[MT85]   Mladenova, C.D., Toshev, V.E.: Group Theoretical Setting of Manipulators Kinematics and Control. Proc. 1st IFAC Symposium on Robot Control (1985) 263-267

[PAL85]   Payannet, D., Aldon, M.J., Liegeois, A.: Identification and Compensation of Mechanical Errors for Industrial Robots. Proc. 15th Int. Symp. on Industrial Robots (1985) 857-864

[Sch93]   Schröer, K.: Identifikation von Kalibrationsparametern kinematischer Ketten. In: Prof. Dr.-Ing. Drs. h.c. G. Spur (Hrsg.) Produktionstechnik - Berlin, Forschungsberichte für die Praxis. Bd. 126. Diss. Berlin 1993 Hanser, München 1993

[SDK83]   Spur, G., Duelen, G., Kirchhoff, U.: Verfahren zur Bestimmung der Nullagen und Längen kinematischer Elemente. Archiv für Elektrotechnik **66** (1983) 261-266

[SS89]   Spur, G., Schröer, K.: Kalibrierung von Industrierobotern. In: G. Pritschow, G. Spur, M. Weck. (Hrsg.) Vorschubantriebe in der Fertigungstechnik. Hanser, München 1989

[St91]   Wolfram, S.: A System for Doing Mathematics by Computer. Mathematica. Addison-Wesley, Redwood City (CA) 1991

[SSN86]   Stone, H.W., Sanderson A.C., Neumann, Ch.P.: Arm Signature Identification. Proc. IEEE Int. Conf. on Robotics and Automation (1986) 41-48

[SS87]   Stone, H.W., Sanderson, A.C.: A Prototype Arm Signature Identification System. Proc. IEEE Int. Conf. on Robotics and Automation (1987) 175-182

[VW85]   Veitschegger, W.K., Wu, C.H.: Robot Accuracy Analysis. Proc. IEEE Conf. on Cybernetics and Society (1985) 425-430

[Wu84]   Wu, C.H.: A Kinematic CAD Tool for the Design and Control of a Robot Manipulator. Int. J. of Robotics Research 3 1 (1984) 58-67

Algebraische Geometrie in der Robotik

Ulrich Karras

Festo Didactic KG, Esslingen

1 Problembeschreibung

Um im weltweiten Wettbewerb bestehen zu können, setzte man zu Beginn der achtziger Jahre in vielen Industriebereichen Westeuropas und Nordamerikas zunächst auf eine technologische Offensive. Das Ziel war es, Automatisierung und Flexibilisierung des gesamten Prozesses der Produktentstehung und speziell der Fertigung so weit wie möglich zu perfektionieren. So sollte zum Beispiel durch den Einsatz von Industrierobotern ein Höchstmaß an Fertigungsflexiblität erreicht werden und zwar vor allem in der Automobilindustrie.

Nach der VDI-Richtlinie 2860 sind Industrieroboter universell einsetzbare Bewegungsautomaten mit mehreren Achsen, deren Bewegungen hinsichtlich Bewegungsfolge und Wegen bzw. Winkeln frei programmierbar (d.h. ohne mechanische Eingriffe veränderbar) und gegebenfalls sensorgeführt sind. Sie sind mit Greifern, Werkzeugen und anderen Fertigungsmitteln ausrüstbar und können Handhabungs- oder Fertigungsaufgaben ausführen.

Ein Roboter besteht im wesentlichen aus mehreren starren Körpern – auch Roboterachsen genannt –, wobei jeweils zwei über ein Gelenk miteinander verbunden sind. Die Gelenke können rotierende oder lineare Bewegungen ausführen. Man sagt auch, daß jedes Robotergelenk nur einen Freiheitsgrad hat, es kann entweder um eine Achse rotieren oder entlang einer Linerarführung verfahren. Die Anzahl der Gelenke eines Roboters wird daher auch die Anzahl der *Freiheitsgrade* des Roboters genannt. Zum Beispiel besitzt ein *Portalroboter* drei Freiheitsgrade, die durch drei Linearachsen definiert sind, die jeweils senkrecht zueinander angeordnet sind. Ein Werkstück kann dann von einem Portalroboter in seiner räumlichen Lage beliebig verändert werden, soweit das Werkstück nicht außerhalb des Arbeitsraumes liegt. Um jedoch einen Körper, z.B. ein Werkstück, auch in der räumlichen Orientierung zu ändern,sind drei zusätzliche Freiheitsgrade notwendig, und zwar bekanntlich drei rotatorische, wobei die Rotationsachsen jeweils orthogonal zueinander angeordnet sind.

Der menschliche Arm zeigt, daß auch mit Kinematiken, die auschließlich aus Rotationsgelenken bestehen, translatorische Bewegungen realisiert werden können. Insbesondere kann man sich leicht davon überzeugen, daß ein Roboter mit sechs rotatorischen Gelenken bei geeigneter Anordnung der Gelenkachsen die Lage eines Werkstückes in allen sechs Freiheitsgraden, d.h. sowohl in seiner räumlichen Lage als auch in seiner räumlichen Orientierung, verändern kann. Solche Roboter werden auch *Knickarmroboter* genannt.

Zur Steuerung eines Roboters gilt es Sollwerte für die neuen Gelenkstellungen vorzugeben und über Antriebe und Reglersysteme die gewünschten Positionen einzustellen und zu überprüfen. Hierzu ist es zunächst wichtig Berechnungsverfahren zu besitzen, die folgendes leisten:

- Aus der Veränderung der Gelenkstellungen des Roboters die neue Lage und gegebenenfalls neue Orientierung des Werkstückes zu bestimmen.
- Umgekehrt aus der Vorgabe der neuen Lage und Orientierung die notwendigen Gelenkänderungen zu bestimmen.

Im ersten Fall spricht man von der sogenannten *Vorwärtstransformation* und im zweiten Fall von der *Rückwärtstransformation.*

Während die Vorwärtstransformation vom mathematischen Gesichtspunkt sehr einfach ist, so werden wir sehen, daß i.a. zur vollständigen Beschreibung der Rücktransformation die Lösung nichtlinearer algebraischer Gleichungen notwendig ist. Solche Gleichungen definieren interessante geometrische Gebilde, die intensiv in der Algebraischen Geometrie untersucht werden.

Ein erstes Problem, das bei der Rücktransformation schon bei einfachen Robotersystemen offenkundig wird, ist die Mehrdeutigkeit der Lösung. Abbildung 1 zeigt zum Beispiel einen Roboter, der durch Ausknicken nach links oder rechts den Punkt 1 erreichen kann.

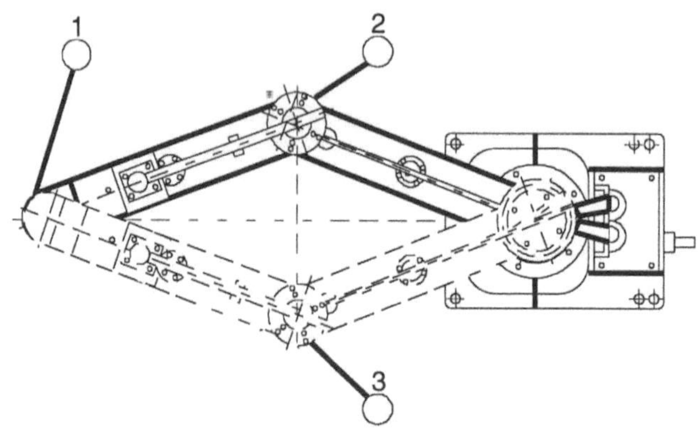

Abbildung 1

Diese Mehrdeutigkeit läßt sich im praktischen Einsatz sinnvoll nutzen. Versperrt zum Beispiel ein Hindernis das Ausknicken nach links, so läßt sich der gewünschte Punkt auch durch eine andere kollisionsfreie Gelenkstellung erreichen. Daher ist es für die konkrete Realisierung von diffizilen Bewegungsabläufen außerordentlich wichtig, eine Antwort auf folgende Frage zu finden:

> Wie findet man zu einer vorgegebenen Lage und Orientierung alle möglichen Gelenkstellungen ?

Diese Problemstellung wird in der Literatur auch häufig das IPP-Problem (Inverse Position Problem) genannt. Eine Antwort auf diese Fragestellung ist nicht nur im Zusammenhang mit schwierigen Positionsproblemen von Bedeutung, sondern auch für die Überprüfung der Genauigkeit von Robotersystemen.

Anwendung des IPP. Hat man verschiedene Gelenkstellungen gefunden, bei denen z.B. der Greifermittelpunkt – präziser der TCP (Tool Center Point) – die gleiche Lage einnehmen müßte, so verfährt man den Roboter von einer dieser speziellen Gelenkstellungen in die andere und mißt die Abweichung des TCP. Da aufgrund einer vorgegebenen Basisgenauigkeit des Robotersystems der TCP dabei keine zu großen Bewegungen durchführt, sind Messungen der Abweichung ohne extremen Aufwand auch mit sehr hoher Genauigkeit durchführbar. Mit Hilfe der Meßergebnisse lassen sich dann wichtige Parameter der Roboterstruktur bestimmen, die ganz wesentlich die Genauigkeit der Roboterbewegung beeinflussen, vgl. den Artikel von Herrn Schröer in diesem Buch.

Für die industrielle Anwendung ist es natürlich nicht nur wichtig, daß man ein Verfahren angeben kann, daß nicht nur prinzipiell funktioniert,sondern mit dem man explizit die numerischen Werte ermitteln kann. Oft sind solche numerischen Algorithmen jedoch so aufwendig, daß sie in der Praxis keine Akzeptanz finden. Unser zentrales Ziel wird es sein näher zu erläutern, daß überraschenderweise sehr tiefgehende Techniken und Ergebnisse aus der Algebraischen Geometrie einen ganz wesentlichen Beitrag zur effektiven numerischen Bestimmung liefern.

Neben der Positionierung spielt natürlich ganz besonders die Bahnsteuerung von Robotersystemen eine fundamentale Rolle, wie zum Beispiel beim Schweißen oder Lackieren. Das typische Bahnsteuerungsproblem in der Robotik läßt sich folgendermaßen charakterisieren. Gesucht ist eine Bahn im Raum der Gelenkkonfigurationen, so daß die zugehörige Trajektorie im Arbeitsraum des Roboters gewisse Nebenbedingungen, wie z.B.

- Anfangs- und Endlage,
- Anfangs- und Endgeschwindigkeit,
- Grenzwerte bzgl. Beschleunigung und Geschwindigkeit in der Bewegung der einzelnen Gelenke,
- Kollisionsfreiheit

nicht verletzt.

Es gibt zwei grundlegend verschiedene Ansätze zur Bahnsteuerung, nämlich die *globale* und die *lokale* Bahnführung. Den ersten Fall kann man nach Lösung des obigen IPP-Problems auf geeignete Spline-Interpolationen im Raum der Gelenkekonfigurationen zurückführen. Nachteil dieser Methode ist es, daß sie es nur ermöglicht, offline Roboterbahnen zu generieren. Mit anderen Worten: Die Sollwerte für die gesamte Bahnbewegung werden im voraus berechnet und werden dann der Steuerung im richtigen Zeittakt übergeben. Eine Änderung der Bahnbewegung während des Bearbeitungsvorganges ist nicht mehr möglich. Um flexibel auf Veränderungen im Arbeitsraum des Roboters reagieren zu können, ist zunehmend eine sensorgeführte Steuerung des Roboters von Bedeutung.Hierzu ist eine lokale online Bahnführung notwendig.

Zentrales Problem der lokalen Bahnsteuerung ist die Existenz von sogenannten *Singularitäten*. Versucht man z.B. das Werkzeug durch den Roboter in eine neue orientierte Lage zu bewegen, so kann es passieren, daß hierzu zwar eine Gelenkstellung existiert, die aber aus der gegebenen Stellung nur durch extrem schnelle Gelenkänderungen eingenommen werden kann. In gewissen Fällen hat man versucht durch zusätzliche Achsen, sogenannte redundante Achsen, dieses Problem zu beseitigen. Redundant deswegen, weil prinzipiell weniger Achsen ausreichen. Generell stellte sich die wichtige Frage:

> Wann treten Singularitäten überhaupt auf und lassen sie sich stets durch redundante Achsen vermeiden ?

Wir werden sehen, daß interessanterweise wieder sehr theoretische Methoden in der Mathematik, nämlich eine genauere Analyse der topologischen Struktur von Sphäre, Torus und der Gruppe aller Drehungen im Raum, einen fundamentalen Beitrag zur Beantwortung der Problemstellung liefern.

2 Modellierung

2.1 Lage und Orientierung eines Körpers im Raum

Die Lage und Orientierung eines Körpers, z.B. eines Werkstücks, kann durch sechs Basisbewegungen verändert werden. Die sechs Bewegungen teilen sich in drei lineare und in drei rotatorische Bewegungen auf, vgl. Abbildung 2.

Mathematisch erzeugen die drei linearen Bewegungen einen dreidimensionalen reellen Vektorraum, den Vektorraum der affinen Transformationen, der sich mit dem $\mathbb{R}^3$ in natürlicher Weise identifizieren läßt. Die drei rotatorischen Bewegungen erzeugen die Gruppe aller orientierungserhaltenen Drehungen im Raum. Diese Gruppe wird in der Mathematik mit $SO(3)$ bezeichnet und hat die geometrische Struktur einer dreidimensionalen differenzierbaren Mannigfaltigkeit. Mannigfaltigkeiten der Dimension n sind topologische Gebilde, die in der Nähe eines beliebigen Punktes „wie der $\mathbb{R}^n$ aussehen".

Zusammen erzeugen die linearen und rotatorischen Basisbewegungen dann die sechsdimensionale Liegruppe

$$SO(3) \times \mathbb{R}^3$$

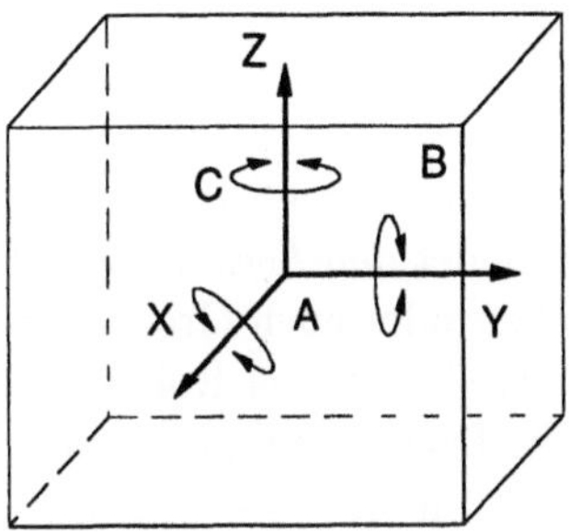

Abbildung 2

aller orientierungserhaltenen Bewegungen im Raum. Eine Liegruppe ist vom geometrischen Gesichtspunkt eine differenzierbare Mannigfaltigkeit, z.B. die obige Mannigfaltigkeit $SO(3) \times \mathbb{R}^3$. Zusätzliche besitzt diese Mannigfaltigkeit eine algebraische Struktur, nämlich die Struktur einer Gruppe, die zudem differenzierbar auf der Mannigfaltigkeit operiert. Auf obiger Mannigfaltigkeit ist die Gruppenstruktur nun nicht einfach durch das direkte Produkt gegeben, sondern wie folgt:

$$(A, a) * (B, b) = (A \cdot B, A \cdot b + a),$$

wobei $A \cdot B$ die Hintereinanderausführungen zweier Drehungen bedeutet. Bzgl. eines festgewählten Koordinatensystems können wir A in natürlicher Weise mit einer 3×3-Matrix und b mit einem 3-dimensionalen Vektor identifizieren. Dann ist $A \cdot b$ das übliche Matrizenprodukt. Wählen wir die Matrizendarstellung, so läßt sich obiges Produkt auch in natürlicher Weise als Produkt homogener 4×4-Matrizen darstellen:

$$\begin{pmatrix} A & a \\ 0 & 0 \end{pmatrix} \begin{pmatrix} B & b \\ 0 & 1 \end{pmatrix} = \begin{pmatrix} A \cdot B & A \cdot b + a \\ 0 & 1 \end{pmatrix}$$

Anmerkung: Daher wird korrekterweise die Liegruppe der orientierungserhaltenen Bewegungen in der mathematischen Literatur mit $SO(3) \times_\sigma \mathbb{R}^3$ bezeichnet, wobei σ abkürzend für die obige sogenannte semidirekte Produktstruktur steht. Wir werden aber im folgenden aus Gründen der Vereinfachung dies vernachlässigen.

2.2 Maß für die Beweglichkeit eines Roboters

Wir sind in der Einführung schon kurz auf die kinematische Modellierung eines Roboters eingegangen. Ein Roboter kann betrachtet werden als eine kinematische Kette von $n + 1$ starren Körpern $K_0, K_1, \ldots, K_n$, wobei jeweils zwei aufeinanderfolgende Körper K_{i-1} und K_i genau ein Gelenk G_i definieren, das die gegenseitige Bewegung der beiden Körper wie folgt einschränkt, vgl. auch Abbildung 3 :

– Rotation um eine Achse
– Translation entlang einer Achse

Die starren Köper K_i werden wir im folgenden Roboterachsen oder -glieder nennen. Die nullte Achse bildet den *Sockel* des Roboters, und die letzte Achse wird auch der *Endeffektor* oder auch Greifer des Robotersystems genannt. Verändert man die Gelenkstellungen der Roboterachsen zueinander, so ändert sich offenbar die räumliche Lage und Orientierung des Werkstücks am Greifer des Roboters. Ein Maß für die Beweglichkeit des Roboters erhält man nun offensichtlich dadurch, daß man prüft welche räumlichen Bewegungen des Werkstücks durch die Veränderung der Gelenkstellungen erreicht werden können.

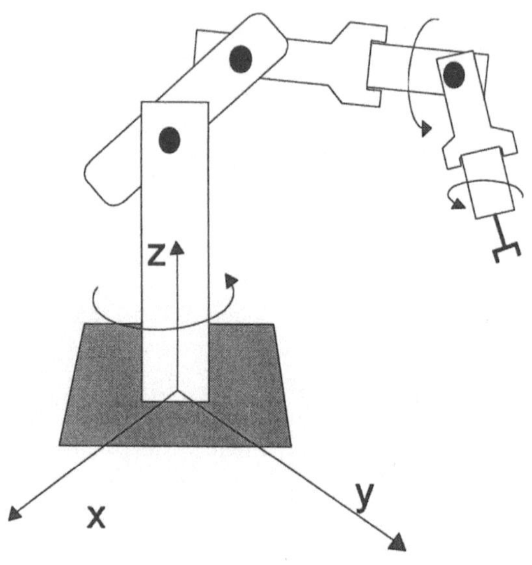

Abbildung 3

Bezeichnen wir mit Q die Menge aller Gelenkstellungen, so haben wir durch die jeweils induzierte räumliche Lage- und Orientierungsänderung des Werkstücks eine Abbildung

$$M \; : \; Q \to SO(3) \times \mathbb{R}^3$$

definiert. M steht abkürzend für „Manipulatorabbildung“.

Den Parameterraum Q aller Gelenkstellungen eines Robotersystems können wir sehr einfach beschreiben. Sei Q_i der Parameterraum für das i-te Gelenk. Dann ist Q_i offenbar ein abgeschlossenes Intervall $[a, b]$, das entweder eine eindimensionale Translation oder im Falle einer Rotationsachse eine Kreisbewegung parametrisiert. Da die Gelenke völlig unabhängig voneinander bewegt werden können, können wir leicht folgern, daß

$$Q = Q_1 \times \ldots \times Q_n.$$

Beispiel. Im Falle einer Rotationsachse dürfen wir o.B.d.A. annehmen, daß die Parametrisierung über die Exponentialabbildung $t \to \exp(2\pi i t)$ faktorisiert, d.h. Q_i kann in diesem Fall mit einem Teilkreis der eindimensionalen Sphäre $S1$ identifiziert werden. Ein Knickarmroboter hat nur rotatorische Achsen, d.h. $Q \approx T^n$, wobei T^n den n-dimensionalen Torus $S^1 \times \ldots \times S^1$ bezeichnet.

Ein Maß für die Beweglichkeit des Robotersystems ist nun offensichtlich gegeben durch die „Größe" des Bildes $M(Q) \subset SO(3) \times \mathbb{R}^3$. Aus physikalischen Gründen können wir nicht erwarten, daß M surjektiv ist, aber daß dies zumindestens „lokal" gilt. In mathematischer Terminologie läßt sich das folgendermaßen formulieren.

Problemstellung. Gegeben sei ein Robotersystem mit n Achsen. Dann folgt aus obiger Darstellung, daß der Parameterraum Q aller Gelenkstellungen eine n-dimensionale differenzierbare Mannigfaltigkeit ist. Wir werden im nächsten Abschnitt sofort sehen, daß die zugehörige Manipulatorabbildung M differenzierbar ist. Gesucht sind alle Gelenkstellungen $q \in Q$, in denen die Jacobiabbildung

$$\delta_q M \ : \ T_q Q \to T_{M(q)} SO(3) \times \mathbb{R}^3$$

maximalen Rang hat. Offensichtlich kann dies nur dann der Fall sein, wenn der Roboter mindestens 6-achsig ist.

2.3 Beschreibung der Manipulatorabbildung (Vorwärtstransformation)

Zur mathematischen Beschreibung der Manipulatorabblidung ordnen wir jeder Roboterachse K_i, $i = 0, \ldots, n$, ein orientiertes kartesisches Koordinatensystem K_i zu. Die Koordinatenachsen werden mit x_i, y_i, z_i bezeichnet. Wir benutzen die Denavit-Hartenberg-Konvention, vgl. [Cr86]:

- Bringe den Roboter in eine beliebige Lage. Nenne diese Lage die Null-Lage.
- In den Sockel des Roboters lege das Koordinatensystem K_0 so, daß dessen z-Achse längs der ersten Gelenkachse ausgerichtet ist, vgl. Abbildung 3.
- Das Koordinatensystem K_i lege nun folgendermaßen fest: Die Achse z_i zeige in Richtung der Gelenkachse des i-ten Gelenkes. Der Ursprung von K_i kann beliebig gewählt werden, z.B. im Schwerpunkt der entsprechenden Roboterachse. Für den Fall, daß z_i und die $(i+1)$-te Gelenkachse nicht kollinear sind, wähle die x_i-Achse senkrecht zu z_i und der $(i+1)$-ten Gelenkachse. Andernfals ist x_i frei wählbar. Die y_i-Achse ist implizit dadurch festgelegt, daß K_i ein orientiertes kartesisches Koordinatensystem bildet.

– Die obige Regel kann zunächst nur für $i = 1, \ldots, n - 1$ angewendet werden. Um sie auch für den Endeffektor anwenden zu können, muß formal eine $(n+1)$-te Gelenkachse definiert werden. Dies kann beispielsweise eine ausgezeichnete Endeffektororientierung sein.

Durch diese Zuordnung kann die Beziehung zwischen zwei Koordinatensystemen K_{i-1} und K_i durch folgende Parameter beschrieben werden, vgl. Abbildung 4 :

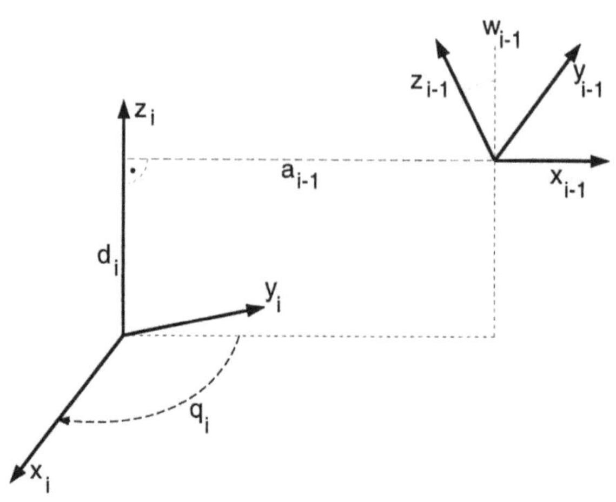

Abbildung 4

$a_i :=$ Abstand der Achse z_i zur Achse z_{i+1} in x_i-Richtung.

$w_i :=$ Winkel zwischer positiver z_i-Achse und positiver z_{i+1}-Achse bei Drehung um positive x_i-Achse.

$d_i :=$ Abstand der x_{i-1}-Achse zur x_i-Achse in z_i-Richtung

$q_i :=$ Winkel zwischen positiver x_{i-1}-Achse und positiver xi-Achse bei Drehung um positive z_i-Achse.

Es existiert dann eine eigentliche affine Transformation A_i , die K_i in K_{i-1} überführt :

$$A_i = \begin{pmatrix} \cos(q_i) & -\sin(q_i) & 0 & a_{i-1} \\ \sin(q_i)\cos(w_{i-1}) & \cos(q_i)\cos(w_{i-1}) & -\sin(w_{i-1}) & -d_i\sin(w_{i-1}) \\ \sin(q_i)\sin(w_{i-1}) & \cos(q_i)\sin(w_{i-1}) & \cos(w_{i-1}) & d_i\cos(w_{i-1}) \\ 0 & 0 & 0 & 1 \end{pmatrix}$$

Bemerkungen.

(i) Im Falle, daß das zugehörige Gelenk G_i rotatorisch ist, so können wir q_i mit dem Gelenkparameter identifizieren. Andernfalls beschreibt d_i den entsprechenden Gelenkparameter.

(ii) Die Zuordnung $G_i(q_i) := A_i$ induziert somit in natürlicher Weise eine Einbettung von Q_i in $SO(3) \times \mathbb{R}^3$. Man kann sich leicht überlegen, daß sich diese Einbettung zu einer 1-Parameteruntergruppe $\mathbb{R} \subset SO(3) \times \mathbb{R}^3$ erweitern läßt.

Definition 1. Ein Gelenk ist eine 1-Parameteruntergruppe $G : \mathbb{R} \to SO(3) \times \mathbb{R}^3$. Das Gelenk ist *rotatorisch*, wenn G über $exp : \mathbb{R} \to S^1$ faktorisiert.

Definition 2. Ein Robotersystem vom Freiheitsgrad n ist gegeben durch

- eine Abbildung $M : \mathbb{R}^n \to SO(3) \times \mathbb{R}^3$
- Gelenke $G_1, \dots, G_n$ mit $M(q_1, \dots, q_n) = G_1(q_1) * \dots * (q_n)$, und
- Unterraum $X \subset SO(3) \times \mathbb{R}^3$, *Arbeitsraum* genannt,
- Unterraum $Q = [a_1, b_1] \times \dots \times [a_n, b_n] \subset \mathbb{R}^n$, Raum der *Gelenkekonfigurationen* genannt.

M wird auch die *Manipulatorabbildung* des Robotersystems genannt.

Interpretation. Zeichnet man ein festes Koordinatensystem aus, z.B. das Koordinatensystem K_0 im Sockel des Roboters, so ordnet M jeder Gelenkstellung eine Matrix

$$A = \begin{pmatrix} C & \vec{d} \\ 0 & 1 \end{pmatrix}$$

zu, wobei C eine (3,3)-Matrix ist, deren Spalten die Basisvektoren des kartesischen Koordinatensystems des Greifers vom Roboter bilden, und $\vec{d}$ der Translationsvektor zum 0-Punkt des Greiferkoordinatensystems ist. Die Lage des TCP ist dann gegeben durch $\vec{d} + s \cdot C_z$, wobei C_z die z-Achse des Greiferkoordinatensystems ist, und s ein geeigneter reeller Parameterwert ist.

Beispiel. Betrachtet man die obige kinematische Modellierung, so läßt sich die Matrix A sehr einfach aus den euklidischen affinen Transformationen A_i wie folgt berechnen: $A = A_1 \cdot \dots \cdot A_n$

Bemerkung. Die Manipulatorabbildung ist somit explizit aus den Angaben in folgender Tabelle bestimmbar:

Nr.	a_i	d_i	w_i	q_i
1				
$\vdots$				
n				

2.4 Das inverse Positionsproblem (IPP)

Nach den Vorbereitungen der mathematischen Modellierung können wir nun unser erstes in Abschnitt 1 formuliertes Problem mathematisch präzisieren.

IPP-Problem. Gegeben sei ein Robotersystem $M : SO(3) \times \mathbb{R}^3$ mit Arbeitsraum X und Gelenkekonfigurationsraum Q. Sei $x \in X$ ein Arbeitspunkt, also Orientierung und Lage des Endeffektors des Roboters, dann sind alle Gelenkkonfigurationen $q \in Q$ gesucht, so daß

$$M(q) = x$$

ist. Es existieren zahlreiche Arbeiten, die dieses Problem der Rückwärtstransformation analysieren, vgl. [He, MT85]. In dem besonders interessanten Fall eines 6-achsigen Robotersystems wird in der Arbeit von Morgan und Tsai ein allgemein gültiger Lösungsansatz beschrieben [MT85].

Satz 1. Wenn $M : \mathbb{R}^6 \to SO(3) \times \mathbb{R}^3$ die Manipulatorabbildung eines 6-achsigen Knickarmroboters ist, so ist das IPP äquivalent zum Lösen des folgenden reellen polynomialen Gleichungssystems:

$$
\begin{aligned}
0 = F_k = &\ a_{k1}z_1z_3 + a_{k2}z_1z_4 + a_{k3}z_2z_3 + a_{k4}z_2z_4 \\
&+ a_{k5}z_5z_7 + a_{k6}z_5z_8 + a_{k7}z_6z_7 + a_{k8}z_6z_8 \\
&+ a_{k9}z_1 + a_{k10}z_2 + a_{k11}z_3 + a_{k12}z_4 \\
&+ a_{k13}z_5 + a_{k14}z_6 + a_{k15}z_7 + a_{k16}z_8 + a_{k17} \qquad k = 1,\dots,4
\end{aligned}
\tag{1}
$$

$$
0 = F_k = z_{2k-9}^2 + z_{2k-8}^2 - 1 \qquad\qquad\qquad k = 5,\dots,8
$$

Der Beweis ist vom mathematischen Gesichtspunkt nicht weiter interessant, aber wir werden sehen, daß sich die Beschreibung der Lösungsmenge als äußerst diffizil erweist und zu interessanten Synergien mit sehr theoretischen Methoden führt.

Bemerkungen.

(i) Die Koeffizienten a_{ki} sind natürlich abhängig von der Wahl des gewählten Arbeitspunktes $x \in SO(3) \times \mathbb{R}^3$.

(ii) Falls x ein singulärer Punkt ist, d.h. die Jacobi-Matrix der Manipulatorabbildung ist in einem Punkt $q \in Q$ mit $M(q) = x$ nicht invertierbar, dann gibt es unendlich viele Lösungen. Geometrisch bedeutet dies z.B., daß sich eine Roboterachse bewegen läßt ohne daß sich der gegebene Arbeitspunkt verändert. In der weiteren Analyse des IPP interessieren wir uns vorwiegend für den Fall, daß x nicht-singulär ist.

Bei der numerischen Behandlung polynomialer Gleichungen über den Körper $\mathbb{R}$ der rellen Zahlen erweist es sich als äußerst problematisch, daß $\mathbb{R}$ nicht algebraisch abgeschlossen ist. Daher betrachten wir obiges Gleichungssystem (1) über dem Körper $\mathbb{C}$ der komplexen Zahlen. Das obige Resultat ordnet somit jeder Manipulatorabbildung eines 6-achsigen Robotersystems eine Abbildung

$$\hat{F} \; : \; Q \times \mathbb{C}^8 \to \mathbb{C}^8$$

zu, so daß wir für jedes $q \in Q$ eine polynomiale Abbildung

$$F := \hat{F}(q, \bullet) : \mathbb{C}^8 \to \mathbb{C}^8$$

mit Koeffizienten wie in (1) erhalten.

Eine fundamentale Methode zur Bestimmung der Nullstellenmenge von Polynomabbildungen ist die sogenannte Homotopiemethode [Dr77, MS87a], deren Prinzip folgendermaßen aussieht: Gegeben sei eine beliebige Polynomabbildung $F : \mathbb{C}^n \to \mathbb{C}^n$, deren Nullstellenmenge $F(z) = 0$ bestimmt werden soll. Wähle nun eine Polynomabbildung $G : \mathbb{C}^n \to \mathbb{C}^n$, deren Nullstellenmenge $G(z) = 0$ einfach zu bestimmen ist. Dann betrachte die Homotopie

$$H(z,t) = (1 - t) \cdot G(z) + t \cdot F(z), \quad t \in [0,1].$$

Durchläuft t den Weg von 0 nach 1, so ändern sich entlang der Homotopie $H(z,t) = 0$ die Lösungen von $G(z) = 0$ in Lösungen von $F(z) = 0$. Die Sequenz der Lösungen von $H(z,t) = 0$ heißt auch der *Fortsetzungspfad* einer Lösung von $G(z) = 0$. Es stellt sich natürlich sofort die Frage, ob dieser Ansatz stets zum Ziel führt. Insbesondere sind Antworten auf folgende Fragen zu finden:

- Gibt es Nullstellen von $F(z) = 0$, die überhaupt nicht über einen Fortsetzungspfad gefunden werden können ?
- Hat $G(z) = 0$ genügend Nullstellen, um alle Nullstellen von $F(z) = 0$ zu finden?
- Können Fortsetzungspfade ins Unendliche divergieren ?

Das folgende Resultat von Drexler [Dr77] liefert Antworten auf die ersten beiden Fragestellungen:

Satz 2. Sei $G = (g_1, \ldots, g_n) : \mathbb{C}^n \to \mathbb{C}^n$ eine Polynomabbildung mit $g_i = c_i \cdot z_i^{d_i} - b_i$. Falls c_i und b_i „generisch" gewählt sind, dann gilt für die Homotopie $H(z,t) = (1 - t) \cdot G(z) + t \cdot F(z)$

- $H(z,t) = 0$ besteht aus $d = d_1 \cdot \ldots \cdot d_n$ glatten Fortsetzungswegen in $\mathbb{C}^n$, die für $t \to 1$ divergieren oder gegen eine Lösung von $F(z) = 0$ konvergieren.
- Jede isolierte Nullstelle von $F(z)$ ist „Limes" eines der Fortsetzungswege in $H(z,t) = 0$.

Folgerung. Betrachten wir unser Beispiel des 6-achsigen Robotersystems. So gilt $d = 2^8 = 256$. Zur Bestimmung aller nicht-singulären Gelenkstellungen zu einer vorgegebenen Orientierung und Lage des Endeffektors müssen wir numerisch 256 Fortsetzungspfade analysieren. Darüberhinaus ist folgendes zu prüfen:

- Wie entscheidet man, ob Koeffizienten c_i und b_i generisch gewählt sind?
- Wie entscheidet man numerisch, daß ein Fortsetzungspfad divergiert?

Dies werden wir im nächsten Abschnitt genauer untersuchen. Insbesondere werden wir zeigen : Für das IPP reicht es aus, 64 Fortsetzungspfade zu analysieren.

Nutzen. Dies reduziert den numerischen Aufwand um den Faktor 12 !

2.5 Lokale Bahnsteuerung

Betrachten wir ein Robotersystem $M : \quad \mathbb{R}^n \to SO(3) \times \mathbb{R}^3$ mit Arbeitsraum X und Gelenkekonfigurationsraum Q. Dann besteht die Aufgabe der Bahnsteuerung darin, zu einem vorgegebenen Weg $x(t), t \in [0,1]$, im Arbeitsraum X einen Weg $\theta(t)$ in Q zu finden, so daß

- $M(\theta(t)) = x(t)$ für alle $t \in [0,1]$
- $|\dot{\theta}(t)|, |\ddot{\theta}(t)| \leq K$ für alle $t \in [0,1]$
- Ist $x(t)$ ein geschlossener Weg, so muß auch $\theta(t)$ geschlossen sein.

Bemerkung. Ein Weg heißt geschlossen, falls Anfangs- und Endpunkt übereinstimmen. Ist nunmehr die dritte Forderung nicht erfüllt, so kann folgendes passieren. Wiederholt man die Bahnbewegung des Endeffektors, so startet der Roboter in einer neuen Gelenkstellung. Dies bedeutet aber, daß der Roboter während der Bewegung neue unvorhersehbare Positionen einnimmt, d.h. es kann zu überraschenden Kollisionen kommen.

Definition 3. Existiert zu jedem Weg $x(t)$ im Arbeitsraum X ein Weg $\theta(t)$ in Q, der obige Bedingungen erfüllt, so sagen wir, daß das Robotersystem M über dem Arbeitsraum X eine lokale Bahnsteuerung zuläßt.

Ein in der Praxis erprobtes Verfahren ist es, nur für endlich viele Stützstellen $x_1 \ldots, x_k$ des vorgegebenen Weges $x(t)$ im Arbeitsraum zugehörige Gelenkstellungen $\theta_1, \ldots, \theta_k$, d.h. $M(\theta_i) = x_i$, zu bestimmen und dann mittels geeigneter Spline-Interpolationsmethoden einen Weg $\theta(t)$ zu definieren, der zwar die zweite Bedingung, aber die erste Bedingung nur in den Stützstellen erfüllt.

Für eine online Bahnführung im Arbeitsraum ist dieser Ansatz unzureichend. Hier bedient man sich lokaler Bahnsteuerungsalgorithmen, die im wesentlichen darauf basieren die Gleichung

$$\delta M(\dot{\theta}(t)) = \dot{x}(t)$$

für alle t zu lösen. Ist $\dot{\theta}(t)$ eindeutig bestimmt, so kann man wie folgt schrittweise den Weg $\theta(t)$ bestimmen. Die Lösung der entsprechenden Differentialgleichung in der Nähe des Startpunktes $t = 0$ liefert ein Teilstück $\theta(t)$, $t \in [0, t_1]$. Durch Lösung der Differentialgleichung in t_1 kann dieser Weg fortgesetzt werden, usw ...

Das zentrale Problem dieser Methode ist die Forderung nach der Eindeutigkeit der Lösung $\dot{\theta}(t)$. Im Falle eines 6-achsigen Knickarm-Robotersystems ist die Eindeutigkeitsforderung äquivalent damit, daß die Jacobi-Matrix δM nicht-singulär ist. In diesem Falle stellt sich dann bei obiger Vorgehensweise die Frage:

Kann sichergestellt werden, daß die schrittweise Fortsetzung nicht in eine Singularität der Jacobi-Matrix mündet ?

Satz 3. Sei $M : \mathbb{R}^n \rightarrow SO(3) \times \mathbb{R}^3$ ein Robotersystem mit Gelenkekonfigurationsraum Q. Läßt M über einem Arbeitsraum X eine lokale Bahnsteuerung zu, so existiert eine stetige Funktion $g : \rightarrow Q$ mit $M(g(x)) = x$ für alle $x \in X$.

Wir wollen auf den Beweis nicht näher eingehen, er folgt sehr einfach aus Theorem 3 in [Ba86]. Interessanter ist es, daß dieses Resultat genutzt werden kann, um partielle Antworten auf obige Frage zu erhalten. Wir betrachten dazu zwei wichtige Spezialfälle.

Sei $X = SO(3)$, d.h. wir prüfen, ob der Robotergreifer entlang eines Weges stets eine beliebig vorgegebene Orientierungsänderung einhalten kann. Sei $X = S^2$, d.h. wir prüfen, ob der Robotergreifer entlang eines Weges stets eine beliebig vorgegebene Änderung der Richtung einer Koordinatenachse, z.B. der z-Achse, einhalten kann.

Satz 4. Sei $M : \mathbb{R}^n \rightarrow SO(3) \times \mathbb{R}^3$ ein Knickarm-Robotersystem mit Gelenkekonfigurationsraum Q. Dann existiert zu M für die Arbeitsräume $X = SO(3) \times Y$ oder $X = S^2 \times Y$ keine lokale Bahnsteuerung, wobei $Y \subset \mathbb{R}^3$ beliebig ist.

Folgerung. Es existiert kein Robotersystem mit dem folgendes möglich ist:

- Ein Werkzeug aus einer vorgegebenen Orientierung in eine beliebig andere Orientierung zu überführen.
- Die Greiferspitze aus einer vorgegebenen Richtung in eine beliebig andere Richtung zu überführen.

Beweisskizze. Nach Satz 3 genügt es zu zeigen, daß die Abbildung M über dem Arbeitsraum X keinen stetigen Schnitt zuläßt, d.h. es keine stetige Funktion $g : X \rightarrow Q$ mit $M(g(x)) = x$ für alle $x \in X$ gibt. Zunächst beobachten wir, daß dies ausreichend ist, für die Spezialfälle $X = SO(3)$ und $X = S^2$ zu zeigen. Bezeichnen wir mit $\pi : X \times Y \rightarrow X$ die Projektion auf die erste Komponente. Nehmen wir nun an, daß ein Schnitt $g' : X \times Y \rightarrow Q$ existiert.

Dann definiert $g(x) := g'(x, y_o)$ für ein festes $y_o \in Y$ einen Schnitt von M über X.

Der Beweis, daß M über $X = SO(3)$ bzw. S^2 keinen Schnitt besitzt, nutzt sehr tiefe Kenntnisse über die topologische Struktur dieser Räume. Die algebraische Topologie stellt Methoden bereit, um topologischen Mannigfaltikeiten in natürlicher Weise Ringe, die sogenannten Kohomologieringe $H^*(X)$, zuzuordnen. Diese Kohomologieringe kann man für die obigen beiden Räume explizit bestimmen. Da das Robotersystem nur aus rotatorischen Achsen besteht, faktorisiert die Manipulatorabbildung über den n-dimensionalen Torus T^n, dessen Kohomologiering ebenfalls explizit bestimmt werden kann. Stetige Abbbildungen induzieren Homomorphismen der entsprechenden Kohomologieringe. Also impliziert die Existenz eines Schnittes dann einen Ringhomomorphismus $g* : H^*(T^n) \to H^*(X)$ mit $g^* \circ M^* = id$, wobei id den identischen Ringhomomorphismus von $H^*(X)$ bezeichnet. Dies kann man aber dann aufgrund der Kenntnis der algebraischen Struktur der Ringe $H^*(T^n)$ und $H^*(X)$ sehr einfach zum Widerspruch führen.

3 Lösung algebraischer Gleichungssysteme

3.1 Kompaktifizierung

Gegeben sei eine algebraische Abbildung $F : \mathbb{C}^n \to \mathbb{C}^n$, also eine Abbildung, deren Komponentenfunktionen durch Polynome gegeben sind. Dann ist bei der numerischen Behandlung mittels der Homotopiemethode insbesondere die Existenz von Fortsetzungspfaden problematisch, die gegen ∞ divergieren. Dazu betrachten wir folgendes einfache Beispiel.

Beispiel 1. $F(z) = (z_1^2 - 1, z_1 \cdot z_2 - 1)$ $\qquad$ $G(z) = (z_1^2 - 1, z2^2 - 1)$

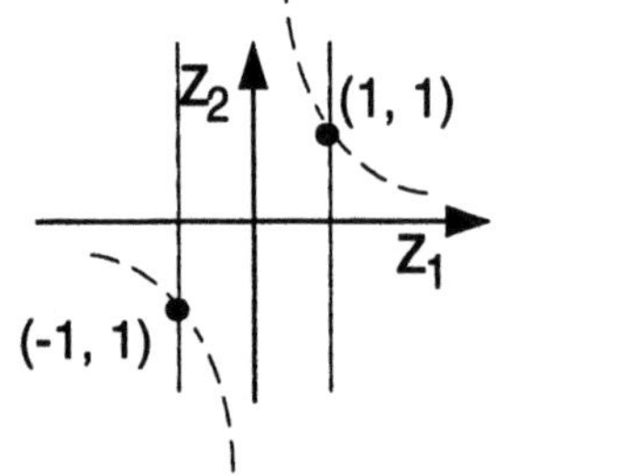

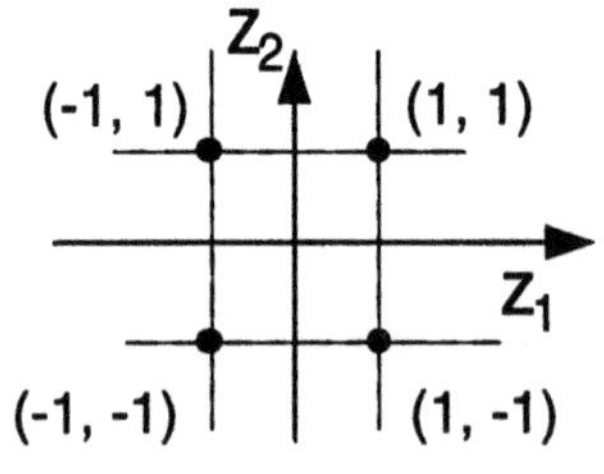

Homotopie $H(z,t) = t \cdot F(z) + (1 - t) \cdot G(z) = 0$ hat folgende Struktur:

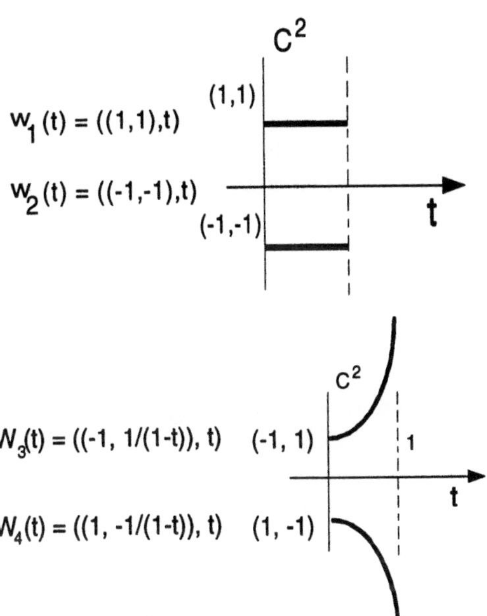

Das Problem kann nun sehr einfach behoben werden, indem wir die Nullstellenmenge in geeigneter Weise „kompaktifizieren". Dazu betrachten wir die natürliche Einbettung des affinen Raumes $\mathbb{C}^n$ in den komplex projektiven Raum $\mathbf{P}^n$, der bekanntlich aus dem „gelochten" affinen Raum $\mathbb{C}^{n+1} - \{0\}$ durch Identifikation von allen Punktepaaren entsteht, die auf einer gemeinsamen Geraden durch den 0-Punkt des $\mathbb{C}^{n+1}$ liegen. Jeder Punkt im projektiven Raum $\mathbf{P}^n$ kann in natürlicher Weise durch seine homogenen Koordinaten $[z_0, z_1, \ldots, z_n]$ beschrieben werden, wobei stets mindestens ein $z_i \neq 0$ ist. Die kanonische Einbettung $\mathbb{C}^n \to \mathbf{P}^n$ ist dann durch die Zuordnung $(z_1, \ldots, z_n) \to [z_0, z_1, \ldots, z_n]$ mit $z_0 \neq 0$ gegeben. Entsprechend erhält man weitere Einbettungen mit $z_i \neq 0$ für $i = 1, \ldots, n$. Tatsächlich kann man sich leicht überlegen, daß der projektive Raum mit $n+1$ Koordinatenumgebungen $U_i = \{[z_0, z_1, \ldots, z_n] \mid z_i \neq 0\}$ überdeckt werden kann. Die obige Zuordnung definiert dann jeweils einen Isomorphismus mit dem C^n, wobei die Umkehrabbildung durch die sogenannte stereographische Projektion

$$[z_0, z_1, \ldots, z_n] \to (z_0/z_i, \ldots, z_{i-1}/z_i, z_{i+1}/zi, \ldots, z_n/z_i)$$

gegeben ist.

Bemerkung. Sei nun $f(z_1, \ldots, z_n)$ ein Polynom vom Grad d, dann heißt $\hat{f}(z_0, z_1, \ldots, z_n) := z_0^d \cdot f(z_1/z_0, \ldots, z_n/z_0)$ die *Homogenisierung* von f bzgl. z_0. Man überlegt sich leicht, daß $\hat{f}$ ein homogenes Polynom vom Grad d

definiert und in natürlicher Weise eine algebraische Funktion auf dem projektiven Raum $\mathbf{P}^n$ induziert, die wir einfachhalber auch mit $\hat{f}$ bezeichnen. Sind nun $f_1, \ldots, f_n$ die Komponentenfunktionen der algebraischen Abbildung F, dann definiert die gemeinsame Nullstellenmenge der algebraischen Funktionen $\hat{f}_1, \ldots, \hat{f}_n$ eine projektive Varietät $V(\hat{f}_1, \ldots, \hat{f}_n) \subset \mathbf{P}^n$, die wir kurz mit $V(\hat{F})$ bezeichnen. Ist $V(F)$ die Nullstellenmenge der algebraischen Abbildung F, so ist dann $V(\hat{F})$ die Kompaktifizierung von $V(F)$ im $\mathbf{P}^n$.

Beispiel 2. Wir betrachten wieder die algebraische Abbildung F in Beispiel 1. Dann ist $V(\hat{F}) = \{(z_1^2 - z_0^2, z_1 \cdot z_2 - z_0^2) = 0\} \subset \mathbf{P}^2$. Im Schnitt von $V(\hat{F})$ mit der projektiven Geraden $z_0 = 0 = \mathbf{P}^1$ liegen dann die „unendlich fernen" Lösungen von $F = 0$. Sie lassen sich sehr einfach beschreiben, wenn man $V(\hat{F})$ über der Koordinatenumgebung U_2 der projektiven Ebene $\mathbf{P}^2$ betrachtet. Setze $u_0 = z_0/z_2, u_1 = z_1/z_2$, dann gilt: Die beiden Punkte $(-1,1), (1,1)$ entsprechen den endlichen Nullstellen von F und $(0,0)$ ist eine Nullstelle der Multiplizität 2, die der „unendlich fernen" Lösung von F entspricht.

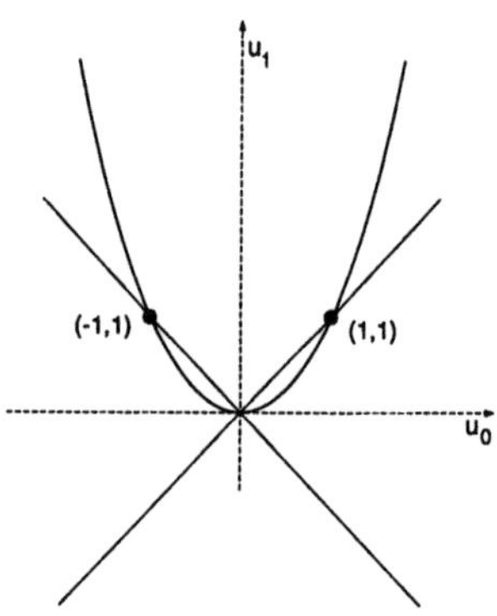

Abbildung 5

Fazit. Betrachtet man die Nullstellenmenge innerhalb einer geeigneten Koordinatenumgebung, so lassen sich die Werte explizit berechnen ! Damit können wir nun auch „unendlich ferne'Lösungen numerisch sehr viel effizienter behandeln, aber wir berechnen Lösungen, die für unser eigentliches Problem nicht relevant sind. Folgendes Beispiel zeigt, daß wir durch eine geeignete Modifikation der Kompaktifizierung auch diesen Aufwand noch reduzieren können.

Beispiel 3. Sei $F = (f_1, f_2)$ wie in Beispiel 1. Wir betrachten nunmehr die Einbettung $\mathbb{C}^2 \to \mathbf{P}^1 \times \mathbf{P}^1$, die durch $(z_1, z_2) \to ([z_0, z_1], [z_3, z_2])$ gegeben ist.

Dann sind $\hat{f} = z_1^2 - z_0^2$ und $\hat{f}_2 = z_1 z_2 - z_0 z_3$ sowohl bzgl. des Variablenpaars (z_0, z_1) als auch (z_3, z_2) homogen und induzieren somit algebraische Funktionen auf dem Produktraum $\mathbf{P}^1 \times \mathbf{P}^1$. Die gemeinsame Nullstellenmenge dieser Funktionen definiert wieder eine Varietät im Produktraum, die wir mit $V(\hat{F}^{(1,1)})$ bezeichnen. Offenbar ist $V(\hat{F}^{(1,1)})$ wieder eine Kompaktifizierung der Nullstellenmenge von F. Eine einfache Rechnung zeigt aber, daß $V(\hat{F}^{(1,1)})$ nur aus den beiden endlichen Nullstellen von F besteht !

Definition 4. Sei $F : \mathbb{C}^n \to \mathbb{C}^n$ eine algebraische Abbildung. Dann ist eine *m-Homogenisierung* von F durch folgende Daten gegeben:

- Wähle eine disjunkte Zerlegung $\{z_1, \ldots, z_n\} = Z \cup \ldots \cup Z_m$ und zu jedem Z_i eine Homogenisierungsvariable z_{0i}. Dies definiert geometrisch eine direkte Produktzerlegung $\mathbb{C}^n = \mathbb{C}^{k_1} \times \ldots \mathbb{C}^{k_m}$ und eine Einbettung in $\mathbf{P}^{k_1} \times \ldots \mathbf{P}^{k_m}$.
- Sei f_r eine Komponentenfunktion von F. Dann erhält man durch die Substitution $z_k \in Z_i \to z_k/z_{0i}$ eine Homogenisierung $\hat{f}_r$ von f_r für jedes Variablensystem vom Grad d_{ir}.
- Die *m*-Homogenisierungen $\hat{f}_r$, $r = 1, \ldots, n$, sind algebraische Funktionen auf dem Produktraum $\mathbf{P}^{k_1} \times \ldots \mathbf{P}^{k_m}$. Die gemeinsame Nullstellenmenge wird mit $V(\hat{F}^{(k_1, \ldots, k_m)})$ oder auch meist kürzer mit $V(\hat{F}^{(m)})$ bezeichnet. Sie wird eine *m-Kompaktifizierung* der Nullstellenmenge von F genannt.

Die Bedeutung einer solchen verallgemeinerten Kompaktifizierung wird durch folgenden klassischen Satz der algebraischen Geometrie gegeben. Zur Formulierung benötigen wir noch eine begriffliche Präzesierung.

Definition. Sei $\hat{F}^{(m)}$ eine m-Homogenisierung einer algebraischen Abbildung $F : \mathbb{C}^n \to \mathbb{C}^n$. Dann wird die *Bezout-Zahl* d von $\hat{F}^{(m)}$ definiert als der Koeffizient von $x_1^{k_1} \cdot \ldots \cdot k_m^{k_m}$ in dem Produkt

$$D = \prod_{r=1}^{n} \sum_{i=1}^{M} d_{ir} x_i.$$

BEZOUT´S Theorem. Sei $\hat{F}^{(m)}$ eine m-Homogenisierung einer algebraischen Abbildung $F : \mathbb{C}^n \to \mathbb{C}^n$ mit Bezout-Zahl d. Dann besteht der 0-dimensionale Anteil von $V(\hat{F}^{(m)})$ aus höchstens d Punkten in $\mathbf{P} = \mathbf{P}^{k_1} \times \ldots \times \mathbf{P}^{k_m}$. Falls $V(\hat{F}^{(m)})$ nulldimensional ist, so besitzt $\hat{F}^{(m)}$ genau d Nullstellen, wobei die Multiplizität der Nullstellen „mitgezählt" wird.

Bemerkungen.

(i) Die *Multiplizität* ist ein lokaler Begriff und macht eine Aussage über das Schnittverhalten von Untervarietäten, vgl. [Fu84]. Ist $z \in \mathbb{C}^n$ eine isolierte

Nullstelle von F, d.h. eine isolierter Schnittpunkt der Nullstellenmengen der Komponentenfunktionen von F, dann gilt für die Multiplizität dieses Schnittpunktes folgendes:

$$mult(F(z)) = 1 \leftrightarrow det(\delta_z F) \neq 0$$

(ii) Einen Beweis des Satzes findet man z.B. in [Sh77, Fu84].

Anwendung auf das IPP. Sei $F : \mathbb{C}^8 \to \mathbb{C}^8$ die algebraische Abbildung, die durch die Manipulatorabbildung eines 6-achsigen Knickarmroboters induziert wird, vgl. Satz 1.

- Betrachten wir die Standardkompaktifizierung von $\mathbb{C}^8$, so gilt : Bezout-Zahl$(\hat{F}) = 256$
- Betrachten wir jedoch die 2-Homogenisierung $\hat{F}^{(2)}$ von F bzgl. der Zerlegung $Z_1 = \{z_1, z_{2,z}, z_5, z_6\}$ und $Z_2 = \{z_3, z_4, z_7, z_8\}$, so liefern die ersten 4 Gleichungen Polynome vom Typ $(1,1)$, und die weiteren zwei vom Typ $(2,0)$ und zwei vom Typ $(0,2)$. Hieraus ergibt sich sofort: Bezout-Zahl$(\hat{F}^{(2)}) = 96$

Falls wir also die Homotopiemethode entsprechend von Satz 2 auch auf m-Homogenisierungen verallgemeinern können, so erhalten wir somit eine erhebliche Reduktion des numerischen Aufwandes, wenn wir zur Bestimmung der Nullstellen von F obige 2-Homogenisierung betrachten.

3.2 Homotopiemethode

Wir betrachten algebraische Abbildungen $F : \mathbb{C}^n \to \mathbb{C}^n$ und $G : \mathbb{C}^n \to \mathbb{C}^n$ und m-Homogenisierungen $\hat{F}^{(m)}$ und $\hat{G}^{(m)}$ über $\mathbf{P} = \mathbf{P}^{k_1} \times \ldots \times \mathbf{P}^{k_m}$. Wir nehmen an, daß F und G so gewählt sind, daß die m-Homogenisierungen vom gleichen Typ sind. Sei $S := V(\hat{F}^{(m)}) \cap V(\hat{G}^{(m)})$ und $\Sigma := V(\hat{G}^{(m)}) \setminus S$. Wir können dann die in Abschnitt 2.4 betrachtete Homotopie H zwischen F und G zu einer Homotopie

$$\hat{H}(z,t) := (1-t) \cdot \gamma \cdot \bar{G}^m(z) + t \cdot \bar{F}^m(z) \quad \text{auf} \quad \mathbf{P} \times [0,1]$$

fortsetzen, wobei γ eine komplexe Zahl ist. Die Nullstellenmenge $\hat{H}^{-1}(0)$ besteht dann offenbar aus Wegen in $\mathbf{P}$.

Satz 5. Falls die Multiplizität aller Nullstellen in Σ gleich 1 ist, dann gilt für die Homotopie $\hat{H}$ mit $\gamma = re^{i\Theta}$ bis auf endlich viele Winkel Θ folgendes:

- $\hat{H}^{-1}(0)$ besteht über $[0,1)$ aus glatten Wegen, die streng monoton wachsend bzgl. t sind, d.h. $\dot{t}(s) > 0$, wobei s die Parametrierung durch die Bogenlänge bezeichnet.
- Sei z ein isolierter Punkt von $V(\hat{F}^{(m)})$ mit $\text{mult}(V(\hat{F}^{(m)}), z) = m$. Falls $z \notin S$, dann existieren genau m Fortsetzungspfade, die gegen z konvergieren.

Folgerung. Sei $F : \mathbb{C}^8 \to \mathbb{C}^8$ die algebraische Abbildung, die durch die Manipulatorabbildung eines 6-achsigen Knickarmroboters induziert wird. Wir betrachten die 2-Homogenisierung $\hat{F}^{(2)}$ von F bzgl. der Homogenisierungsvariablen z_9 und z_{10}. Als Startsystem für die Lösung wählen wir nun das typgleiche Funktionensystem $\hat{G} = (\hat{g}_1, \hat{g}_2, \hat{g}_3, \hat{g}_4, \hat{f}_5, \ldots, \hat{f}_8)$ auf $\mathbf{P}^4 \times \mathbf{P}^4$, wobei

$$\hat{g}_1 = z_1 z_3 - 3 z_1 z_7 + 11 z_1 z_{10}$$
$$\hat{g}_2 = z_5 z_4 - 7 z_5 z_8 + 5 z_5 z_{10}$$
$$\hat{g}_3 = z_3 z_1 - 3 z_3 z_5 + 11 z_3 z_9$$
$$\hat{g}_4 = z_7 z_2 - 7 z_7 z_6 + 5 z_7 z_9$$

ist. Es ist einfach zu verifizieren, daß $V(\hat{G})$ aus 96 nichtsingulären (d.h. Multiplizität $= 1$) Nullstellen besteht. Folglich genügt es somit nach Satz 5 zur Bestimmung aller Nullstellen von F 95 Fortsetzungspfade, die in den Punkten von $V(\hat{G})$ starten, zu analysieren.

Beweisskizze zu Satz 5. Wir nehmen zunächst an, daß $S = \emptyset$ ist, d.h. $V(\hat{G}^{(m)})$ besteht aus genau d ($=$ Bezout-Zahl von F) Nullstellen der Multiplizität 1. Wir kompaktifizieren den Parameterraum $[0, 1]$ zu $\mathbf{P}^1$ mit den homogenen Koordinaten $[u, v]$. Für die Homogenisierung von $\hat{H}$ ergibt sich dann die Darstellung

$$\hat{H}(z, [u, v]) := u \cdot \bar{G}^m(z) + v \cdot \bar{F}^m(z).$$

Sei $A \subset \mathbf{P} \times \mathbf{P}^1$ die Nullstellenmenge dieser algebraischen Abbildung. Wir betrachten die natürliche Projektion $\pi : \mathbf{P} \times \mathbf{P} \to \mathbf{P}^1$. Mit B bezeichnen wir die Teilmenge von A, die aus den Punkten besteht, in denen die Abbildung π nicht lokal biholomorph ist. Zunächst folgt aus Lemma 2.17 in [FISCH], daß B eine analytische Menge ist. Dann besagt aber das Theorem von Chow, daß B eine algebraische Teilmenge von A ist. Der Remmertsche Abbildungssatz, vgl. 1.18 in [FISCH], impliziert , daß dann auch das Bild $C := \pi(B)$ eine algebraische Teilmenge von $\mathbf{P}^1$ ist. Also besteht C notwendigerweise aus endlich vielen Punkten. Das inverse Bild $\pi - 1(C)$ bezeichnen wir mit B_o. Dann ist die Einschränkung

$$\pi_{|A-B_0} : A - B_o \to \mathbf{P}^1 - C$$

ein d-blättrige Überlagerung. Ist nun $z \in V(\hat{F}^{(m)})$ eine isolierte Nullstelle der Multiplizität m, so liegt z im topologischen Abschluß von $A - B_o$. Aus der Definition der Multiplizität läßt sich dann ableiten, daß z im „Limes" von m Wegen liegen muß.

Zur Wahl der Homotopie ist nun zu beachten, daß γ so zu wählen ist, daß $\gamma \notin C$. Aus der Endlichkeit von C folgt somit die generische Wahlmöglichkeit von γ. Die Argumente lassen sich ohne Mühe auch auf den allgemeinen Fall , daß S nicht die leere Menge ist, übertragen.

Tatsächlich können wir den Rechenaufwand aber noch weiter reduzieren.

Satz 6. Sei $F : \mathbb{C}^8 \to \mathbb{C}^8$ die algebraische Abbildung, die durch eine Manipulatorabbildung eines 6-achsigen Knickarmroboters induziert wird. Sei $V(\hat{F}^{(m)}) \subset \mathbf{P}^4 \times \mathbf{P}^4$ die Nullstellenmenge der 2-Homogenisierung von F. Mit U wird das Bild von $\mathbb{C}^8$ im Produktraum $\mathbf{P}^4 \times \mathbf{P}^4$ bezeichnet. Dann enthält $V(\hat{F}^{(m)}) \cap (\mathbf{P}^4 \times \mathbf{P}^4 \setminus U)$ mindestens acht Nullstellen der Multiplizität ≥ 4. Falls die Koeffizienten der definierenden Polynome von F „generisch" gewählt sind, dann sind es genau acht Nullstellen der Multiplizität 4.

Der Beweis besteht aus einer detaillierten Analyse und Berechnung der Schnittzahlen von Divisoren, die durch die definierenden Polynome von F gegeben sind. Diese Analyse stützt sich auf die Ergebnisse 12.45 und 4.3.10 in [Fu84]. Weitere Details des Beweises findet man in [MS87b].

Folgerung. Wir wählen nun ein spezielles 6-achsiges Knickarm-Robotersystem, das eine algebraische Abbildung F_a mit 64 nichtsingulären Nullstellen induziert. Ein Beispiel ist durch das Robotersystem mit folgenden Gelenkparametern gegeben:

Nr.	a_i	d_i	$w_i(grad)$
1	0,5000	0,1875	80,0
2	1,0000	0,3750	15,0
3	0,1250	0,2500	120,0
4	0,6350	0,8750	75,0
5	0,3125	0,5000	100,0
6	0,2500	0,1250	60,0

Die Nullstellen der entsprechenden algebraischen Abbildung F_a können mit Hilfe des Startsystems G in der Folgerung zu Satz 5 berechnet werden. Aus Satz 6 folgt, daß genau 8 Nullstellen der Multiplizität 4 im „Unendlichen" bzgl. der Kompaktifizierung $\mathbb{C}^8 \subset \mathbf{P}^4 \times \mathbf{P}^4$ liegen.

Folgerung. Gegeben sei nun ein beliebiges 6-achsiges Knickarm-Robotersystem, z.B. das obige, aber mit einer anderen Achsstellung. Bezeichne F wieder die induzierte algebraische Abbildung. Dann kann nach Satz 5 zur Berechnung von $V(\hat{F}^{(2)})$ als Startsystem die 2-Homogenisierung $\hat{F}_a^2$ gewählt werden, und es genügt nach Satz 5 und Satz 6 die **64 Fortsetzungspfade** der endlichen nichtsingulären Nullstellen von $V(\hat{F}_a^2)$ zu analysieren.

4 Ausblick

Die Bedeutung der Lösung von polynomialen Gleichungssystemen beschränkt sich in der Anwendung natürlich nicht nur auf mechanische Fragestellungen wie in der Robotik, sondern auch auf zahlreiche andere Anwendungsbereiche, auf die wir hier aber im Rahmen dieser Arbeit nicht weiter eingehen können.

4.1 Anwendung der IPP-Lösung in der industriellen Praxis.

Das letzte Resultat in Abschnitt 3 wirft nun sofort die Frage auf, ob der
erreichte Reduktionsaufwand tatsächlich für die praxisnahe Umsetzung ausreichend ist. Gegenwärtig arbeitet man in der industriellen Praxis in der Regel
mit Rückwärtstransformationen, deren Eindeutigkeit durch folgende Maßnahmen erreicht werden:

(i) Alle gängigen Industrierobotersysteme haben einen Aufbau, so daß prin-
    zipiell aufgrund der Achsstellungen das IPP explizit berechnet werden
    kann. Die Mehrdeutigkeiten werden durch Nebenbedingungen sukzessive
    eliminiert.
(ii) Tatsächlich genügen die Achsstellungen natürlich nur mit gewissen Tole-
    ranzen diesen Annahmen. Es stellt sich daher die grundsätzliche Frage, ob
    durch den allgemeineren Ansatz zumindestens erhebliche Verbesserungen
    in der Genauigkeit der Robotersysteme zu erzielen sind.

Zur Beantwortung dieser Problemstellung ist erstens eine sorgfältige Analyse
der numerischen Algorthmen für die Homotopiemethode notwendig, vgl. z.B.
[MBW87] für die Angabe von solchen Algorithmen. Zweitens ist natürlich
zu prüfen, ob der erforderliche Rechneraufwand noch den Anforderungen der
industriellen Praxis genügt. Hierzu laufen gegenwärtig zahlreiche Untersuchungen, aber es liegen noch keine endgültigen Aussagen vor.

4.2 Verallgemeinerung der polynomialen Homotopiemethode.

Wir haben erläutert, daß ein Robotersystem in natürlicher Weise ein polyno-
miales Gleichungssystem induziert. Bei der weiteren Betrachtung haben wir
nur noch die Struktur dieses Gleichungssystems berücksichtigt, aber nicht
die Koeffizienten der definierenden Polynome. Diese Koeffizienten sind doch
offensichtlich nicht beliebig wählbar, sondern tatsächlich über gewisse Relationen miteinander verknüpft. Diese Beobachtung besagt, daß eine Parametrierung der Koeffizienten existiert. Die Idee ist es nun, die Homotopiemethode
nicht auf die Koeffizienten, sondern auf deren Parametrierung anzuwenden.
Der Parameterraum ist niederdimensional, folglich müßte sich die Anzahl der
Fortsetzungspfade noch weiter reduzieren lassen.

Dieser Aspekt wurde in [MS89] aufgegriffen, und es wird behauptet, daß
es zur Lösung des IPP ausreichend ist, 16 Fortsetzungspfade zu verfolgen. Es
würde den Rahmen dieser Arbeit sprengen, auf diese Arbeit im Detail näher
einzugehen. Fazit ist, daß zur Anwendung und Beurteilung dieser Egebnis-
se noch intensive Untersuchungen notwendig sind. Insbesondere ist hier die
numerische Behandlung erst in den Anfangsstufen.

Literatur

[Ba86]　　Baker, D.R. , Wampler, Ch.W. : On the inverse kinematics of redundant manipulators. General Motors Research Laboratories, Warren, Michigan 1986

[Cr86]　　Craig, John : Introduction to robotics. Addison-Wesley Publishing 1986

[Dr77]　　Drexler, Franz-Josef.: Eine Methode zur Berechnung sämtlicher Lösungen von Polynomgleichungssystemen. Numer. Math. **29** (1977) 45-58

[Fi77]　　Fischer, Gerd : Complex analytic geometry. Lecture Notes in Math. vol. 538. Springer, New York 1977

[He]　　Heiß, Hermann: Konstruktionskriterien und Lösungsverfahren für Industrieroboter mit explizit lösbarer kinematischer Gleichung. Robotersystem **2** (1986) 129-137

[Fu84]　　Fulton, William: Intersection Theory. Springer, New York 1984

[Go86]　　Gottlieb, D.H. : Topology and robots. Proc. of IEEE int. Conf. on Robotics and Automation, vol. 3 (1986) 1689-1691

[MT85]　　Morgan, A.P. , Tsai, L-W.: Solving the kinematics of the most general six- and five-degree-of-freedom manipulators by continuation methods. ASME J. Mechanisms, Transmission and Automation in Design **107** (1985) 48-57

[MS87a]　　Morgan, A.P. , Somnese, A.J.: A homotopy for solving general polynomial systems that respects m-homogenous structures. Appl. Math. Comput. **24** (1987) 101-113

[MS87b]　　Morgan, A.P. , Somnese, A.J.: Computing all solutions to polynomial systems using homotopy continuation. Appl. Math. Comput. **24** (1987) 115-138

[MBW87]　　Morgan, A.P., Billups, S.C., Watson, L.T.: HOMPACK: A suite of codes for globally convergent homotopy algorithms. ACM Trans. on Math. Software vol. 13 **3** (1987)

[MS89]　　Morgan, A.J., Somnese, A.J. : Coefficient-parameter polynomial continuation. Appl. Math. Comut. **29** (1989) 123-160

[Sh77]　　Shafarevich, I.R.: Basic Algebraic Geometry. Springer, New York 1977

Kombinatorische Optimierung und VLSI-Entwurf

Gerhard Reinelt

Institut für Angewandte Mathematik, Universität Heidelberg

1 Optimierungsprobleme beim VLSI-Entwurf

Elektronische Halbleiterchips sind in fast allen Bereichen unseres täglichen Lebens zu finden und übernehmen immer komplexere Aufgaben. Hochintegrierte Schaltungen mit mehreren hunderttausend Transistoren können nur mit Computerunterstützung und dem Einsatz fortgeschrittener mathematischer Techniken entwickelt und produziert werden; ihre kostengünstige Herstellung ist eine Herausforderung an Techniker und Ingenieure.

Die Entwicklung eines Halbleiterchips gliedert sich in mehrere Stufen. Es erfolgt zunächst der **logische Entwurf**, in dem festgelegt wird, welche Funktionalität die Schaltung haben soll. Es wird spezifiziert, aus welchen Einzelkomponenten (Transistoren, logische Einheiten, Speicher, etc.) sie zusammengesetzt wird und wie diese Komponenten durch Netze verbunden werden. Ein Netz verbindet jeweils die Anschlüsse der Komponenten, die das gleiche Signal führen. Der nächste Schritt besteht aus dem eigentlichen **Layout-Design**. Die Lage der Einzelkomponenten auf dem Chip wird festgelegt (**Plazierung**) und die Verbindungsnetze werden konkret ausgelegt (**Verdrahtung**). Plazierung und Verdrahtung erfolgen wegen ihrer enormen Komplexität typischerweise in mehreren Phasen. Zunächst erfolgt eine vereinfachte globale Plazierung mit entsprechender globaler Verdrahtung, dann werden Plazierung und Verdrahtung lokal optimiert. Eine **Kompaktierung**, mit der eine noch weitere Verkleinerung der benötigten Chipfläche angestrebt wird, schließt das Layout-Design ab. Mit Hilfe von Schaltkreissimulationen erfolgt das **Testen** der Schaltung auf Funktionsfähigkeit. Der letzte Schritt besteht dann in der eigentlichen **Produktion** des Chips.

In allen diesen Phasen des Entwurfs und der Produktion treten mathematische Probleme hoher und sehr hoher Komplexität auf und es finden sich sehr viele unterschiedliche kombinatorische Optimierungsaufgaben, deren Lösung zur Chip-Herstellung benötigt wird. Auch ein nur grober Überblick würde den Rahmen dieses Artikels sprengen, wir verweisen auf die umfassende Diskussion aller Aspekte des VLSI-Entwurfs in [Le90].

In diesem Artikel soll exemplarisch ein spezielles Teilproblem des VLSI-Entwurfs, das Problem der **Via-Minimierung**, untersucht werden. Anhand dieses Problems wird die Vorgehensweise der mathematischen Modellierung erläutert, mehrere algorithmische Verfahren zur Lösung des entsprechenden mathematischen Optimierungsproblems werden behandelt. Die Leistungsfähigkeit der einzelnen Verfahren wird an Problembeispielen aus der Praxis untersucht.

Ebenfalls aus Platzgründen kann keine umfassende Einführung in die Konzepte der Graphentheorie und der linearen Optimierung erfolgen. Wir verweisen hierzu auf [NW88].

2 Modellierung des Via-Minimierungsproblems

Bei einer speziellen Entwurfstechnologie für Leiterplatten mit zwei Lagen erfolgt nach der Plazierung der Komponenten zunächst nur eine sogenannte **transiente Verdrahtung**. In ihr wird bereits die Lage der einzelnen Verbindungen bestimmt, es erfolgt aber noch keine Zuordnung der Verbindungssegmente zu den Lagen. Abbildung 1 zeigt eine transiente Verdrahtung für sechs Komponenten und elf Verbindungen, die jeweils zwei Anschlüsse verbinden.

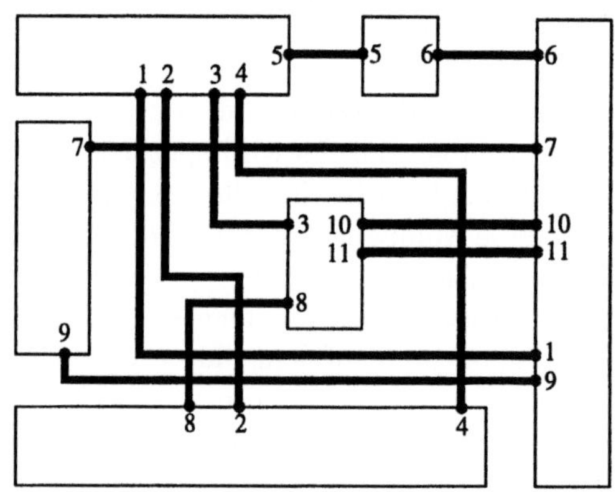

Abbildung 1. Eine transiente Verdrahtung

Im nächsten Schritt muß nun die Lagenzuordnung für die einzelnen Verbindungssegmente bestimmt werden. Um Kurzschlüsse zu vermeiden, müssen Verbindungen Lagen wechseln können. Lagenwechsel erfolgen über Durchkontaktierungen (**Vias**). Vias sind verglichen mit den Verbindungen relativ groß und behindern daher spätere Kompaktierungsverfahren. Weiterhin verkomplizieren sie den Herstellungsprozeß; eine sehr große Anzahl von Vias kann die Ausbeute verringern. Ziel der Lagenzuordnung ist daher die **Via-Minimierung**, die kurzschlußfreie Realisierung der konkreten Verdrahtung mit möglichst wenig Durchkontaktierungen. Die folgende Darstellung basiert auf [CKC84] und [Pi84], die zuerst die polynomiale Lösbarkeit des Problems für zwei Lagen zeigten, und [BGJR89] zur Behandlung einiger Zusatzbedingungen.

2.1 Ein vereinfachtes Modell

Wir betrachten zunächst ein vereinfachtes Modell der realen Situation. Diese Vereinfachung erlaubt nur 2-Punkt-Verbindungen, d.h. jedes Netz verbindet genau zwei Anschlüsse.

In einem ersten Analyseschritt werden die Einzelverbindungen in **freie** und **kritische** Segmente unterteilt, je nachdem, ob auf ihnen eine Durchkontaktierung (d.h. die Plazierung eines Vias) erlaubt ist oder nicht. Kritische Segmente entstehen etwa, wenn sich zwei Verbindungssegmente in der transienten Verdrahtung kreuzen oder wenn ihr Abstand so klein ist, daß sie auf unterschiedlichen Lagen plaziert werden müssen. Eventuell müssen weitere Designregeln berücksichtigt werden. Da Vias relativ groß sind, muß ein gewisser Sicherheitsabstand eingehalten werden. Abbildung 2 zeigt die Klassifizierung von kritischen und freien Segmenten für das Beispiel. Die kritischen Segmente sind von 1 bis 17 durchnumeriert.

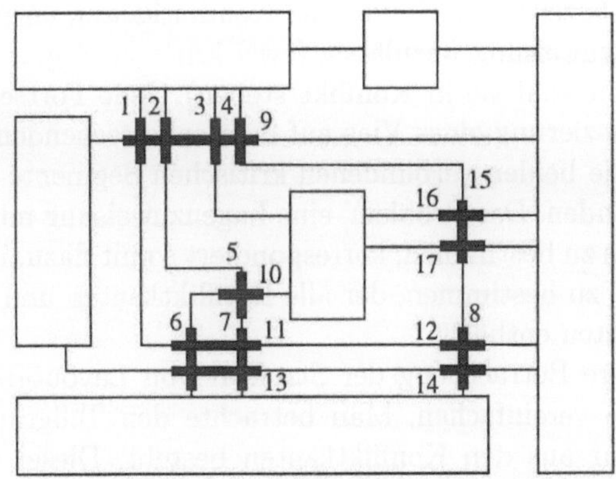

Abbildung 2. Freie und kritische Segmente

Wir repräsentieren die Topologie der freien und kritischen Segemente im sogenannten **Layoutgraphen** $G = (V, E)$ mit **Knotenmenge** V und **Kantenmenge** E. Dieser Graph enthält einen Knoten für jedes kritische Segment und zwei Arten von Kanten. Zwei Knoten werden durch eine **Konfliktkante** verbunden, wenn die zugehörigen kritischen Segmente auf unterschiedlichen Lagen plaziert werden müssen. Zwei Knoten werden durch eine **Fortsetzungskante** verbunden, wenn sie durch ein freies Segment verbunden sind.

Den Layoutgraphen für das Beispiel zeigt Abbildung 3 (Konfliktkanten sind durchgezogen, Fortsetzungskanten sind gestrichelt).

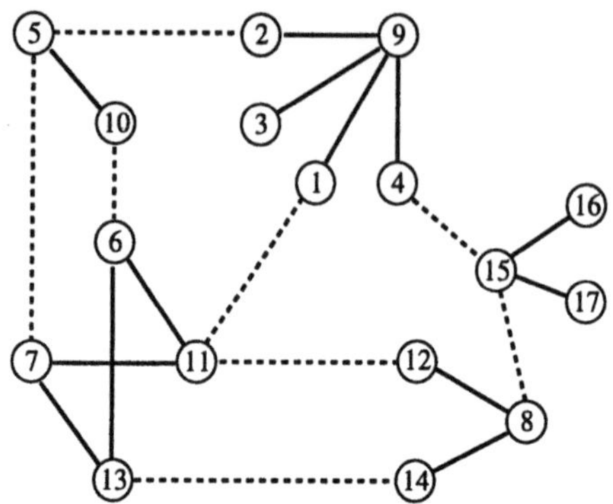

Abbildung 3. Layoutgraph mit Konflikt- und Fortsetzungskanten

Einer Zuweisung der kritischen Segmente auf die beiden Lagen entspricht im Layoutgraphen offenbar eine Aufteilung der Knotenmenge V in zwei Teilmengen W_1 und W_2. Der durch W_1 und W_2 induzierte **Schnitt** F besteht aus den Kanten, die zwischen diesen beiden Teilmengen verlaufen und wird mit $(W_1 : W_2)$ bezeichnet. F muß alle Konfliktkanten enthalten, denn sonst wäre die Lagenzuweisung unzulässig (zwei kritische Segmente wären auf der gleichen Lage, obwohl sie in Konflikt stehen). Jede Fortsetzungskante in F erfordert die Plazierung eines Vias auf dem entsprechenden Verbindungssegment, da sich die beiden verbundenen kritischen Segmente auf unterschiedlichen Lagen befinden. Das Problem, eine Lagenzuweisung mit einer minimalen Anzahl von Vias zu bestimmen, korrespondiert somit dazu, im Layoutgraphen einen Schnitt F zu bestimmen, der alle Konfliktkanten und möglichst wenige Fortsetzungskanten enthält.

Eine genauere Betrachtung der Struktur von Layoutgraphen erlaubt es, das Problem zu vereinfachen. Man betrachte den Teilgraphen des Layoutgraphen, der nur aus den Konfliktkanten besteht. Dieser Graph zerfällt in Komponenten $G_i = (V_i, E_i)$, die untereinander nicht verbunden sind. Im Beispiel ergeben sich fünf Komponenten. Jede Komponente muß **bipartit** sein, d.h. ihre Knotenmenge muß sich so in zwei Teilmengen zerlegen lassen, daß alle Konfliktkanten zwischen diesen Teilmengen verlaufen. Andernfalls wäre überhaupt keine Lagenzuweisung möglich, und die transiente Verdrahtung müßte korrigiert werden. Eine weitere Beobachtung zeigt, daß die Zuweisung eines Segments einer Komponente zu einer der beiden Lagen die Lagenzuordnung für alle anderen Segmente der Komponente impliziert. Wird etwa im Beispiel das Segment 7 auf Lage 1 plaziert, dann müssen die Segmente 11 und 13 auf Lage 2 und das Segment 6 auf Lage 1 plaziert werden.

Wir nutzen diese Eigenschaften zur Vereinfachung des Problems und konstruieren einen sogenannten **reduzierten Layoutgraphen** $R = (W, F)$ wie folgt. Seien $G_i = (V_i, E_i)$, $i = 1, \ldots, k$, die Komponenten des Layoutgraphen. Aus jeder Komponente $G_i = (V_i, E_i)$ wird ein Knoten v_i als Repräsentant ausgewählt; seine Lagenzuordnung impliziert die Lagenzuordnung für alle anderen Knoten der Komponente. Die Knotenmenge des reduzierten Layoutgraphen besteht aus diesen Repräsentanten, d.h. $W = \{v_1, v_2, \ldots, v_k\}$. Zwei Knoten werden durch eine Kante verbunden, wenn die zugehörigen Komponenten durch mindestens eine Fortsetzungskante verbunden sind, d.h. $F = \{v_i v_j \mid \text{ es gibt } u \in V_i, v \in V_j \text{ mit } uv \in E\}$. Jeder Kante $v_i v_j$ werden zwei Zahlen α_{ij} und β_{ij} zugeordnet, die wie folgt definiert sind:

- α_{ij} = Anzahl der Fortsetzungskanten zwischen V_i und V_j, die Knoten auf unterschiedlichen Lagen verbinden, wenn v_i und v_j derselben Lage zugewiesen werden,
- β_{ij} = Anzahl der Fortsetzungskanten zwischen V_i und V_j, die Knoten auf unterschiedlichen Lagen verbinden, wenn v_i und v_j unterschiedlichen Lagen zugewiesen werden.

Sei nun $(W_1 : W_2)$ ein Schnitt im reduzierten Layoutgraphen $R = (W, F)$. Dann läßt sich mit Hilfe dieser Zahlen die zugehörige Anzahl $\nu(W_1, W_2)$ der erforderlichen Vias angeben als

$$\nu(W_1, W_2) = \sum_{\substack{v_i v_j \in F \\ v_i, v_j \in W_1}} \alpha_{ij} + \sum_{\substack{v_i v_j \in F \\ v_i, v_j \in W_2}} \alpha_{ij} + \sum_{\substack{v_i v_j \in F \\ v_i \in W_1, v_j \in W_2}} \beta_{ij} \; .$$

Mit der Konstante $C = \sum_{v_i v_i \in F} \alpha_{ij}$ ist dann

$$\nu(W_1, W_2) = C + \sum_{\substack{v_i v_j \in F \\ v_i \in W_1, v_j \in W_2}} (\beta_{ij} - \alpha_{ij}) \; .$$

Mit Kantengewichten $c_{ij} = \alpha_{ij} - \beta_{ij}$, für alle $ij \in F$, besteht dann das Via-Minimierungsproblem darin, im reduzierten Layoutgraphen R einen Schnitt $B = (W_1 : W_2)$ zu bestimmen, so daß die Summe der Kantengewichte des Schnitts $\sum_{v_i v_j \in B} c_{ij}$ maximal ist. Man bezeichnet dieses Optimierungsproblem als **Max-Cut-Problem**. Die zu einem maximalen Schnitt B gehörige Minimalzahl benötigter Vias ergibt sich dann als $C - \sum_{v_i v_j \in B} c_{ij}$.

Im Beispiel ergibt sich mit den Repräsentanten 1, 5, 6, 8 und 15 der linke Graph von Abbildung 4. Die Kanten sind jeweils mit den Zahlen $(\alpha_{ij}, \beta_{ij})$ beschriftet. Die Transformation zum Max-Cut-Problem liefert schließlich den rechten Graphen von Abbildung 4 mit den angegebenen Kantengewichten. Ein maximaler Schnitt in diesem Graphen ist z. B. der Schnitt $(\{1, 5\} : \{6, 8, 15\})$ mit Gewicht 0.

Mit $C = 2$ ergibt sich im Beispiel also eine Lagenzuordnung, die zwei Vias erfordert. Ein Via liegt auf dem freien Segment, das die kritische Segmente 5 und 7 verbindet, das andere Via auf dem Verbindungssegment zwischen 4 und 15. Eine entsprechende Lagenzuordnung ist in Abbildung 5 abgebildet.

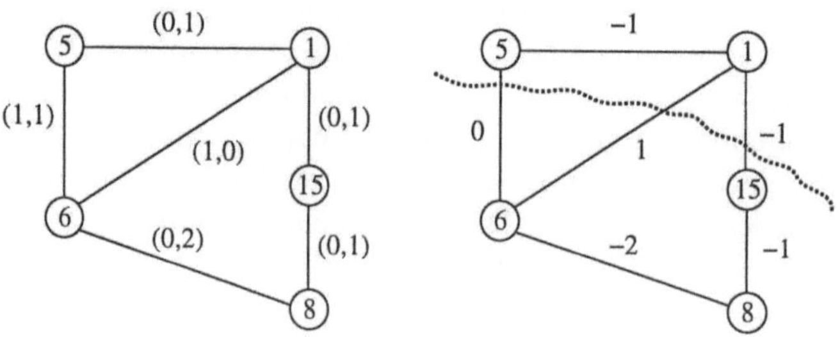

Abbildung 4. Reduzierter Layoutgraph und maximaler Schnitt

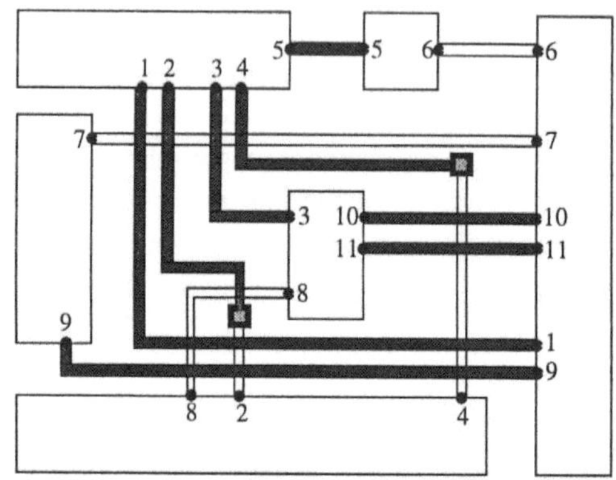

Abbildung 5. Eine optimale Lagenzuweisung

2.2 Erweiterung des Modells

Die bisherige Darstellung entwickelte ein prinzipielles Vorgehen zur Modellierung des Via-Minimierungsproblems als Max-Cut-Problem. Es gibt aber einige weitere technische Anforderungen, die berücksichtigt werden müssen.

3-Weg-Verzweigungen. Die Beschränkung auf 2-Punkt-Verbindungen ist natürlich unzureichend zur Behandlung praktischer Layouts, da Netze typischerweise mehrere Anschlüsse verbinden. Verbindet ein Netz mehr als zwei Punkte, so muß es sich verzweigen. Verwendet man nur horizontale und vertikale Verbindungssegmente, so können 3-Weg- und 4-Weg-Verzweigungen auftreten.

3-Weg-Verzweigungen werden wie folgt modelliert. Führt jede der Verzweigungen einer 3-Weg-Verzweigung zu einem kritischen Segment (andernfalls muß die Verzeigung nicht gesondert behandelt werden), so werden die entsprechenden Knoten im Layoutgraphen durch Verbindungskanten mit Gewicht 1/2 verbunden (die „normalen" Verbindungskanten, die nicht an Verzweigungen beteiligt sind, erhalten das Gewicht 1). Die Definition der Zahlen α_{ij} und β_{ij} wird wie folgt erweitert:

- α_{ij} = Summe der Gewichte der Fortsetzungskanten zwischen V_i und V_j, die Knoten auf unterschiedlichen Lagen verbinden, wenn v_i und v_j derselben Lage zugewiesen werden,
- β_{ij} = Summe der Gewichte der Fortsetzungskanten zwischen V_i und V_j, die Knoten auf unterschiedlichen Lagen verbinden, wenn v_i und v_j unterschiedlichen Lagen zugewiesen werden.

Man überzeugt sich leicht, daß 3-Weg-Verzweigungen korrekt behandelt werden. Der Beitrag zum Gewicht eines Schnitts ist genau dann 1, wenn nicht alle drei beteiligten Segmente auf der gleichen Lage liegen: in diesem Fall ist ein Via erforderlich, welches im Verzweigunspunkt plaziert werden kann. Die Modellierung ist im linken Teil von Abbildung 6 dargestellt.

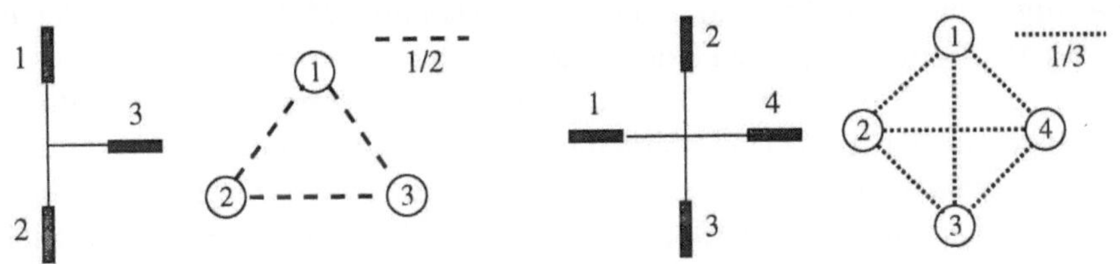

Abbildung 6. Modellierung von 3- und 4-Weg-Verzweigungen

4-Weg-Verzweigungen. In Layouts können auch 4-Weg-Verzweigungen auftreten. Diese bereiten Modellierungsprobleme, wenn alle vier von der Verzweigung ausgehenden Verbindungen zu kritischen Segmenten führen. Eine näherungsweise Modellierung ist die folgende. Man verbindet je zwei der Knoten, die die vier kritischen Segmente repräsentieren, mit Verbindungskanten des Gewichts 1/3. Bis auf den Fall, daß zwei Segmente auf der einen und zwei auf der anderen Lage plaziert werden, erfolgt ein korrekter Beitrag zum Wert eines Schnitts. In diesem speziellen Fall ist der Beitrag 4/3 anstelle des richtigen Werts 1 (Plazierung eines Vias im Verzweigungspunkt). Die Modellierung ist im rechten Teil von Abbildung 6 veranschaulicht.

Bei Vorliegen von 3-Weg- oder 4-Weg-Verzweigungen können im reduzierten Layoutgraphen **Schleifen** entstehen, d.h. Kanten, deren beide Endknoten gleich sind. Diese Schleifen können bei der Bestimmung eines maximalen Schnitts ignoriert werden, zur Berechnung der korrekten Anzahl der Vias müssen sie allerdings mit ihren Beiträgen zu den Zahlen α_{ij} und β_{ij} berücksichtigt werden.

Fixierung von Anschlüssen. Eine weitere Komplikation tritt auf, wenn für einige Anschlüsse vorgegeben ist, auf welcher Lage sie anzusteuern sind (**Preassignment**).

Um dies zu modellieren, wird zunächst für jeden fixierten Anschluß ein kritisches Segment (ohne geometrische Ausdehnung) generiert. Der Layoutgraph wird wie oben beschrieben mit diesen zusätzlichen Segmenten konstruiert. Es wird weiterhin ein neuer Knoten 0 zum reduzierten Layoutgraphen hinzugefügt, der mit allen Segmenten, die fixierten Anschlüssen entsprechen, verbunden wird. Der Knoten 0 repräsentiert eine der beiden Lagen. Ist ein Anschluß auf dieser Lage fixiert, wird der entsprechende Knoten über eine Verbindungskante mit Gewicht $-M$ mit Knoten 0 verbunden. Ist der Anschluß auf der anderen Lage fixiert, erhält die Kante zum Knoten 0 das Gewicht $+M$. Hierbei ist M eine genügend große Zahl, die erzwingt, daß alle Kanten mit Gewicht $+M$ und keine der Kanten mit Gewicht $-M$ im maximalen Schnitt enthalten sind.

Man überlegt sich leicht eine bessere Modellierung von Anschlußfixierungen, die ohne Gewichte $+M$ oder $-M$ auskommt. Man erzeugt wieder ein kritisches Segment für jeden fixierten Anschluß und bereits im Layoutgraphen einen Knoten 0, der eine der beiden Lagen repräsentiert. Anschlüsse, die auf der anderen Lage fixiert sind, werden über eine Konfliktkante mit 0 verbunden. Knoten, die Anschlüssen entsprechen, die auf der gleichen Lage liegen, werden mit dem Knoten 0 identifiziert, d.h. an ihnen anliegende Kanten werden jetzt direkt mit dem Knoten 0 verbunden. Die Komponente des Layoutgraphen, die den Knoten 0 enthält, repräsentiert jetzt alle Anschlußvorbelegungen und ebenso der zugehörige Knoten im reduzierten Layoutgraphen.

Lagenbevorzugung. Es ist in der Praxis durchaus möglich, daß die beiden Lagen nicht gleichwertig sind, sondern daß eine der beiden Lagen günstigere elektrische Eigenschaften hat und deswegen bevorzugt verwendet werden sollte. Durch entsprechend viele Durchkontaktierungen kann man natürlich fast die gesamte Verdrahtung auf einer Lage realisieren. Es ist aber abzuwägen zwischen Minimierung von Vias und Maximierung der Gesamtlänge der Verbindungen, die der bevorzugten Lage zugewiesen werden.

Lagenbevorzugung läßt sich in das hier vorgestellte Modell einbringen. Man fügt auf allen oder zumindest den genügend langen freien Segmenten ein künstliches (dimensionsloses) kritisches Segment ein. Der reduzierte Layoutgraph wird durch einen Knoten 0 erweitert, der die bevorzugte Lage repräsentiert. Jedes neue kritische Segment wird mit diesem Knoten über eine Kante mit Gewicht $-h \cdot l$ verbunden, wobei l der Länge des entsprechenden freien Segments entspricht und h ein Parameter ist, der die Wichtigkeit der Lagenbevorzugung modelliert. Ist h genügend groß, dann werden alle berücksichtigten freien Segmente auf die bevorzugte Lage plaziert, da dann der Zielfunktionsanteil für die Via-Minimierung vernachlässigt wird. Im Fall $h = 0$ erfolgt eine reine Via-Minimierung. Man beachte, daß auch bei gleichzeitiger Berücksichtigung von Anschlußfixierungen und Lagenbevorzugung nur ein zusätzlicher Knoten erforderlich ist.

Mehrlagenverdrahtung. In einigen Produktionstechnologien ist es auch möglich, die Verbindungsnetze auf mehr als zwei Lagen auszulegen. Die Modellierung der 2-Lagen-Verdrahtung läßt sich auf diese Fälle nicht erweitern. Probleme der Mehrlagenverdrahtung werden in [Mo86] diskutiert.

2.3 Komplexitätstheoretische Aspekte

Das Max-Cut-Problem ist im allgemeinen Fall $\mathcal{NP}$-schwierig und gehört damit in einem strengen mathematischen Sinn zu den schwierigsten kombinatorischen Optimierungsproblemen. Nach komplexitätstheoretischen Maßstäben ist es genauso schwierig wie das bekannte **Traveling Salesman Problem**. Nach dem gegenwärtigen Stand der Forschung ist daher nicht zu erwarten, daß ein Lösungsalgorithmus für das Max-Cut-Problem entwickelt werden kann, der allgemeine Probleme in beliebiger Größenordnung effizient (d.h. in polynomialer Zeit) löst. Einige Spezialfälle sind hier von Interesse.

Falls $c_{ij} \leq 0$ für alle Kanten ij des reduzierten Layoutgraphen gilt, dann ist das Problem leicht lösbar. Man formuliert dieses spezielle Problem normalerweise in der Minimierungsversion (nach Multiplikation aller Kantengewichte mit -1 ist anstatt des maximalen ein minimaler Schnitt zu bestimmen). Dies ist das klassische **Min-Cut-Problem.**

Ein Graph heißt **planar**, wenn er sich so in der Ebene zeichnen läßt, daß sich keine Kanten überkreuzen. Das Max-Cut-Problem für planare Graphen ist polynomial mit Matchingtechniken lösbar ([Ha75] und [OD72]). Falls keine Anschlußfixierungen oder Lagenbevorzugung vorliegen, dann ist der reduzierte Layoutgraph planar, denn seine Kanten korrespondieren zu freien Segmenten der transienten Verdrahtung und diese kreuzen sich nach Voraussetzung nicht. Unter Umständen ist der reduzierte Layoutgraph auch noch bei Anschlußfixierungen planar, z.B. dann, wenn alle fixierten Anschlüsse am Rand des Layouts liegen.

Fast-planare Graphen sind Graphen, die zwar nicht planar sind, die aber planar werden, wenn ein geigneter Knoten mit allen anliegenden Kanten entfernt wird. Dies ist im vorliegenden Fall immer dann gegeben, wenn ein Zusatzknoten 0 verwendet wird und der reduzierte Layoutgraph nicht planar ist. Elimination dieses Knotens liefert einen planaren Graphen nach den obigen Bemerkungen. Das Max-Cut-Problem für diese Graphenklasse ist aber bereits $\mathcal{NP}$-schwierig, d.h. im komplexitätstheoretischen Sinn genauso schwierig wie das allgemeine Max-Cut-Problem ([Ba82]).

2.4 Problembeispiele

Wir werden in den folgenden Abschnitten konkrete Rechnungen für sechs Beispiele aus der Praxis durchführen. Es handelt sich hier um Layouts, die von der Firma SIEMENS zur Verfügung gestellt wurden.

Wir betrachten jedes Problem in zwei Varianten. In der einen Variante sind alle Anschlüsse auf einer der beiden Lagen fixiert, in der anderen Variante wurde angenommen, daß Anschlüsse wahlweise auf einer der beiden

Lagen erfolgen können. Die Bezeichnungen der Probleme sind dann VIA1y
bis VIA6y für die Probleme, bei denen die Anschlüsse fixiert wurden, und
VIA1n bis VIA6n für die anderen Probleme. Die Daten der Probleme bzw.
der zugehörigen reduzierten Layoutgraphen sind in Tabelle 1 angegeben. Die
Layoutgraphen zu den Problemvarianten mit fixierten Anschlüssen haben jeweils einen Knoten mehr als die entsprechenden Varianten ohne Fixierungen.
Die Anzahl der Kanten zeigt, daß es sich um Graphen mit relativ wenigen
Kanten handelt. In den Beispielen ist die Kantenzahl etwa doppelt so hoch
wie die Knotenzahl. Industrielösungen lagen nur für die Problemvarianten mit
Anschlußfixierungen vor. Lagenzuordnungen erfolgten im wesentlichen nach
der einfachen Vorschrift, daß alle vertikalen Segmente auf die eine Lage und
alle horizontalen Segmente auf die andere Lage plaziert wurden (Anschlußfixierungen wurden über zusätzliche Vias berücksichtigt.) Im Beispiel aus Abbildung 1 würde diese Regel acht Vias generieren.

Tabelle 1. Beispielprobleme

| Problem | Anschlüsse | Netze | Reduz. Layoutgraph | | Anzahl Vias im |
			Knoten	Kanten	Original-Layout
VIA1n	427	198	827	1445	–
VIA1y	427	198	828	1779	421
VIA2n	443	205	979	1775	–
VIA2y	443	205	980	2102	434
VIA3n	676	300	1326	2480	–
VIA3y	676	300	1327	2844	683
VIA4n	748	352	1365	2606	–
VIA4y	748	352	1366	2915	650
VIA5n	770	360	1201	2234	–
VIA5y	770	360	1202	2557	782
VIA6n	555	213	946	1703	–
VIA6y	555	213	947	1976	608

Die Konstruktion der reduzierten Layoutgraphen aus den Daten der transienten Verdrahtung ist recht aufwendig und eine nichttriviale Implementie-
rungsaufgabe. Die Erzeugung der Graphen dauert mehrere Sekunden.

3 Heuristiken für das Max-Cut-Problem

Da es sich beim Max-Cut-Problem um ein $\mathcal{NP}$-schwieriges Optimierungsproblem handelt, kann man nicht erwarten, alle in der Praxis auftretenden Beispiele in vernünftiger Zeit optimal lösen zu können. Man benötigt daher auch
Verfahren, die in kurzer Zeit zumindest relativ gute Layouts liefern. In diesem
Abschnitt sollen zunächst derartige approximative Algorithmen (Heuristiken)

diskutiert werden. Die Heuristiken sowie das exakte Verfahren aus Abschnitt 4 nutzen nicht eine eventuelle Planarität der Graphen aus; sie sind allgemein einsetzbar. Für die Beschreibung spezieller effizienter (allerdings recht komplexer) Algorithmen zur Lösung planarer Max-Cut-Probleme sei auf [Mu90] verwiesen.

3.1 Konstruktionsverfahren

Von Konstruktionsverfahren spricht man bei Heuristiken, die sukzessive aufgrund eines lokalen Kriteriums einen Schnitt konstruieren. So bestimmte Lösungen können dann Ausgangspunkt für weitere Heuristiken sein.

Im folgenden sei für einen gegebenen Graphen $G = (V, E)$ mit Kantengewichten c_{uv}, für alle $uv \in E$, ein maximaler Schnitt zu bestimmen. Wir vereinbaren $c_{uv} = 0$, falls $uv \notin E$. Die Heuristiken bestimmen jeweils einen Schnitt $(S : T)$.

Greedy-Verfahren. Dieses Verfahren teilt die Knoten nacheinander den beiden Seiten des Schnitts zu. Das lokale Kriterium ist, daß jeweils der Knoten zugeteilt wird, der aktuell den größten Zielfunktionszuwachs liefert.

Greedy-Heuristik

1. Wähle einen beliebigen Knoten $v \in V$ und setze $S = \{v\}$, $T = \emptyset$ und $W = V \setminus \{v\}$.
2. Solange W nicht leer ist:
   (a) Berechne für alle $w \in W$ die Werte $d(w) = \max\{c_S(w), c_T(w)\}$, wobei $c_S(w) = \sum_{u \in S} c_{uw}$ und $c_T(w) = \sum_{u \in T} c_{uw}$.
   (b) Wähle $w^* \in W$ mit maximalem Wert $d(w^*)$.
   (c) Setze $W = W \setminus w^*$ und $S = S \cup \{w^*\}$, falls $d(w^*) = c_S(w^*)$, bzw. $T = T \cup \{w^*\}$ sonst.

Die Laufzeit des Verfahrens ist $O(E \log E)$, falls z.B. eine Heap-Datenstruktur zur Berechnung der Maxima verwendet wird. Eine einfache Implementierung liefert die Laufzeit $O(V^2)$.

Baum-Heuristik. Die folgende Heuristik ist speziell für Graphen mit wenigen Kanten geeignet, wie sie hier beim Via-Minimierungsproblem auftreten. Es wird zunächst ein maximaler aufspannender Baum in G bezüglich neuer Kantengewichte d, definiert durch $d_{uv} = |c_{uv}|$, für alle $uv \in E$, bestimmt. Ausgehend von diesem Baum läßt sich leicht ein Schnitt konstruieren, der alle Kanten des Baums enthält, die positive Originalgewichte haben, und keine der Kanten des Baums, die negative Originalgewichte haben.

Baum-Heuristik

1. Definiere neue Kantengewichte d_{uv} für alle $uv \in E$ durch $d_{uv} = |c_{uv}|$.
2. Berechne einen maximalen aufspannenden Baum in G bezüglich dieser neuen Kantengewichte.
3. Zeichne einen Knoten r als Wurzel des Baums aus und setze $S = \{r\}$ und $T = \emptyset$.
4. Durchsuche den Baum ausgehend von r. Sei hierbei uv eine Kante, die während des Durchsuchens durchlaufen wird, wobei u Vater von v im Baum ist (d.h. u ist insbesondere schon S oder T zugeordnet worden).
   (a) Falls $c_{uv} > 0$, dann setze $S = S \cup \{v\}$, falls $u \in T$, bzw. $T = T \cup \{v\}$, falls $u \in S$.
   (b) Falls $c_{uv} \leq 0$, dann setze $S = S \cup \{v\}$, falls $u \in S$, bzw. $T = T \cup \{v\}$, falls $u \in T$.

Enthält der Graph nur relativ wenige Kanten, so wird ein Schnitt konstruiert, der die wichtigsten Kanten des Graphen richtig berücksichtigt. Die Laufzeit ist im wesentlichen bestimmt durch die Zeit zur Berechnung des maximalen aufspannenden Baumes. Mit einer effizienten Implementierung des Algorithmus von Kruskal ergibt sich auch hier eine Laufzeit $O(E \log E)$, einfachere Implementierungen liefern die Laufzeit $O(V^2)$.

Zufälliger Schnitt. Ein Schnitt kann natürlich auch zufällig generiert werden. Diese „Konstruktionsheuristik" liefert normalerweise sehr schlechte Ergebnisse, hat aber eine gewisse Berechtigung, da zufällig generierte Schnitte oft durchaus sinnvolle Startlösungen für gewisse Verbesserungsverfahren darstellen. Für unsere Beispiele hat diese Heuristik keine Bedeutung; wir verwenden sie nur, um Leistungsunterschiede von Verbesserungsverfahren zu dokumentieren.

Rechenergebnisse. Die drei Heuristiken wurden auf die 12 Beispielprobleme angewendet. Tabelle 2 gibt die erzielten Ergebnisse sowie die Laufzeiten entsprechender Implementierungen auf einer SPARCstation 10/20 in Sekunden an. Die Baum-Heuristik ist der Greedy-Heuristik deutlich überlegen, die Zufallslösung liefert erwartungsgemäß sehr hohe Via-Zahlen.

3.2 Verbesserungsverfahren

Nach der Konstruktion eines Schnitts kann man versuchen, diesen durch Modifikationen zu verbessern. Auch hier bieten sich verschiedene Möglichkeiten an, von denen einige diskutiert werden sollen.

Im folgenden berechnen wir für jeden Knoten u in Abhängigkeit vom aktuellen Schnitt zwei Zahlen E_u und I_u. Sei $(S : T)$ der aktuelle Schnitt. Für

Tabelle 2. Ergebnisse der Konstruktionsheuristiken

Problem	Zufallsschnitt		Greedy-Heuristik		Baum-Heuristik	
	Vias	CPU	Vias	CPU	Vias	CPU
VIA1n	1742	0,00	592	0,24	282	0,17
VIA1y	1937	0,00	466	0,24	318	0,17
VIA2n	1770	0,00	677	0,36	365	0,22
VIA2y	1999	0,00	559	0,38	405	0,26
VIA3n	2459	0,01	900	0,81	534	0,41
VIA3y	2789	0,01	887	0,74	594	0,43
VIA4n	2948	0,01	839	0,81	496	0,44
VIA4y	3334	0,01	722	0,80	525	0,45
VIA5n	2652	0,01	1001	0,58	633	0,33
VIA5y	2998	0,01	998	0,59	677	0,35
VIA6n	1999	0,01	812	0,39	532	0,24
VIA6y	2292	0,01	664	0,33	589	0,22

$u \in S$ definieren wir $E_u = \sum_{v \in T} c_{uv}$ und $I_u = \sum_{v \in S} c_{uv}$; für $u \in T$ ist entsprechend $E_u = \sum_{v \in S} c_{uv}$ und $I_u = \sum_{v \in T} c_{uv}$. Für jeden Knoten u setzen wir $D_u = E_u - I_u$.

1-Opt und 2-Opt. Ein sehr einfaches Verbesserungsverfahren testet, ob es günstiger ist, einzelne Knoten der anderen Seite des Schnitts zuzuordnen. Die **1-Opt-Heuristik** ist wie folgt formuliert.

1-Opt-Heuristik

1. Sei $(S : T)$ der aktuelle Schnitt.
2. Für jeden Knoten $v \in V$ führe aus: Falls $D_v < 0$, dann setze im Fall $v \in S$ $S = S \setminus \{v\}$ und $T = T \cup \{v\}$ und im Fall $v \in T$ setze $T = T \setminus \{v\}$ und $S = S \cup \{v\}$.
3. Falls für keinen Knoten in 2 eine Verbesserung des aktuellen Schnitts möglich war, dann beende das Verfahren, andernfalls wiederhole Schritt 2.

Die Laufzeit der Heuristik hängt von der Anzahl der Verbesserungsschritte und damit von der Qualität der Startlösung ab. Hier kann i.a. keine polynomiale Laufzeit garantiert werden. Im Fall der reinen Via-Minimierung kann Schritt 2 aber höchstens $|E|$-mal ausgeführt werden. Der Aufwand für Schritt 2 läßt sich durch $O(V^2)$ abschätzen.

Die **2-Opt-Heuristik** testet, ob es sinnvoll ist, zwei Knoten gleichzeitig der jeweils anderen Seite des Schnitts zuzuordnen. Ein solcher Test ist nur eine Erweiterung des 1-Opt-Austauschs, wenn diese beiden Knoten durch eine Kante verbunden sind, andernfalls kann man die Knoten einzeln auf einen möglichen 1-Opt-Austausch untersuchen.

2-Opt-Heuristik

1. Sei $(S : T)$ der aktuelle Schnitt.
2. Für jede Kante $uv \in E$ führe aus:
   (a) Falls $uv \in (S : T)$ (mit o.B.d.A. $u \in S$ und $v \in T$) und $D_u + D_v - 2c_{uv} < 0$ dann setze $S = S \cup \{v\}$, $T = T \setminus \{v\}$, $T = T \cup \{u\}$ und $S = S \setminus \{u\}$.
   (b) Falls $u \in S$, $v \in S$ und $D_u + D_v + 2c_{uv} < 0$ dann setze $S = S \setminus \{u, v\}$ und $T = T \cup \{u, v\}$.
   (c) Falls $u \in T$, $v \in T$ und $D_u + D_v + 2c_{uv} < 0$ dann setze $T = T \setminus \{u, v\}$ und $S = S \cup \{u, v\}$.
3. Falls für keine Kante in 2 eine Verbesserung des aktuellen Schnitts möglich war, dann beende das Verfahren, andernfalls wiederhole Schritt 2.

Für die Laufzeit gelten im Prinzip die gleichen Bemerkungen wie für 1-Opt. Der Aufwand für Schritt 2 läßt sich durch $O(E)$ abschätzen.

Wegen der Einfachheit dieser lokalen Modifikationen kann man nicht allzu gute Resultate erwarten. Rechenexperimente zeigen, daß es nicht sinnvoll ist, mit Zufalls- oder Greedy-Lösungen zu starten, da die erzielten Resultate viel schlechter als die Ergebnisse der Baum-Heuristik sind. Tabelle 3 zeigt daher nur die Ergebnisse der 1-Opt-Heuristik, der 2-Opt-Heuristik, und der 1-Opt-Heuristik mit anschließender 2-Opt-Heuristik, wenn jeweils mit der Lösung der Baum-Heuristik gestartet wurde. Die 1-Opt-Heuristik ist besser als die 2-Opt-Heuristik, die besten Lösungen lieferte ein kombiniertes Verfahren. Der Rechenzeitaufwand ist gering.

Kernighan-Lin-Heuristik. Bei einfachen Austauschverfahren stellt man fest, daß sehr schnell relativ schlechte lokale Maxima erreicht werden, die dann wegen der begrenzten Modifikationsmöglichkeiten nicht mehr verlassen werden können. Dies tritt inbesondere dann auf, wenn mit weniger guten Ausgangslösungen gestartet wird. Die folgende Heuristik versucht, komplexere Austauschoperationen ohne zu hohen Rechenaufwand zu generieren. Eine besondere Eigenschaft ist, daß auch Modifikationen betrachtet werden, die zunächst zu einer Verschlechterung der aktuellen Lösung führen, aber die Chance bieten, neue Verbesserungsmöglichkeiten zu eröffnen.

Die Heuristik von Kernighan und Lin wurde ursprünglich dafür entwickelt, die Knotenmenge eines Graphen so in zwei gleichgroße Teilmengen zu zerlegen, daß der entstehende Schnitt maximal ist. Dieses Problem ist bei

Tabelle 3. Ergebnisse der 1-Opt und 2-Opt-Verbesserungen

Problem	1-Opt		2-Opt		1-Opt/2-Opt	
	Vias	CPU	Vias	CPU	Vias	CPU
VIA1n	272	0,01	282	0,01	272	0,01
VIA1y	312	0,01	308	0,08	302	0,08
VIA2n	347	0,00	362	0,02	344	0,03
VIA2y	383	0,00	400	0,06	382	0,06
VIA3n	513	0,01	530	0,04	513	0,04
VIA3y	573	0,01	584	0,14	569	0,15
VIA4n	490	0,01	494	0,03	488	0,04
VIA4y	516	0,01	524	0,09	516	0,07
VIA5n	619	0,01	627	0,05	613	0,04
VIA5y	657	0,01	667	0,12	657	0,08
VIA6n	517	0,00	520	0,03	511	0,03
VIA6y	571	0,01	582	0,08	568	0,08

einem speziellen Plazierungsverfahren (Min-Cut-Verfahren) zu lösen; es ist $\mathcal{NP}$-schwierig. Die Heuristik läßt sich aber auch für allgemeine Schnittprobleme anwenden, indem man isolierte Knoten zum Graphen hinzufügt. Zur vereinfachten Darstellung nehmen wir daher im folgenden an, daß $G = (V, E)$ mit $|V| = 2n$ vorliegt.

Das Verfahren bestimmt eine Folge von n tentativen Austauschen, die jeweils durch das Paar (s'_p, t'_p) beschrieben werden. Es wird dann die beste Teilfolge dieser Austausche bestimmt und realisiert, falls sie eine Verbesserung des Schnitts liefert, andernfalls terminiert das Verfahren.

Kernighan-Lin-Heuristik

1. Bestimme einen Schnitt $(S : T)$ in G mit $|S| = |T| = n$.
2. Setze $p = 1$, $S_p = S$ und $T_p = T$.
3. Bestimme $s_i \in S_p$, $t_j \in T_p$ mit maximalem Wert $g_p = D_{s_i} + D_{t_j} - 2c_{s_i t_j}$.
4. Setze $s'_p = s_i$, $t'_p = t_j$, $S_{p+1} = S_p \setminus \{s_i\}$ und $T_{p+1} = T_p \setminus \{t_j\}$.
5. Falls $p < n$, setze $p = p + 1$, $D_u = D_u + 2c_{us_i} - 2c_u t_j$, für alle $u \in S_p$, $D_v = D_v + 2c_{vt_j} - 2c_{vs_i}$, für alle $v \in T_p$, und gehe zu Schritt 3.
6. Bestimme $1 \le k \le n$, so daß $G = \sum_{i=1}^{k} g_i$ maximal ist.
7. Falls $G > 0$, setze $S = S \setminus \{s'_1, \ldots, s'_k\} \cup \{t'_1, \ldots, t'_k\}$, $T = T \setminus \{t'_1, \ldots, t'_k\} \cup \{s'_1, \ldots, s'_k\}$, und gehe zu Schritt 1.

Um die hohe Rechenzeit zu reduzieren, bestimmt man in Schritt 2 nicht das beste Austauschpaar, sondern berücksichtigt aus S_p und T_p jeweils nur die l Knoten mit den höchsten D-Werten. Weiterhin kann man die Länge der Austauschfolgen durch einen Parameter q beschränken. Für feste l und q

beträgt die Laufzeit zur Bestimmung eines Austauschs $O(V^2)$ im Gegensatz zur Zeit $O(V^4)$ in der oben dargestellten Version. Rechenergebnisse sind in Tabelle 4 dargestellt. Es wurden hier die Parameter $l = 20$ und $q = 20$ gesetzt.

Tabelle 4. Ergebnisse der Kernighan-Lin-Heuristik

Problem	Zufallsschnitt		Greedy-Heuristik		Baum-Heuristik	
	Vias	CPU	Vias	CPU	Vias	CPU
VIA1n	514	6,19	467	2,45	272	0,81
VIA1y	373	8,72	316	2,03	302	0,81
VIA2n	529	8,79	549	5,33	339	0,96
VIA2y	757	9,05	400	4,92	373	1,53
VIA3n	946	11,28	763	3,31	511	1,31
VIA3y	1023	15,31	611	9,83	565	1,31
VIA4n	878	20,54	567	9,81	488	1,44
VIA4y	1062	19,76	540	5,55	504	2,14
VIA5n	991	13,55	818	5,52	609	1,82
VIA5y	920	20,41	780	4,75	647	1,79
VIA6n	717	7,18	654	3,92	508	0,97
VIA6y	809	9,01	595	2,81	566	0,94

Man sieht, daß die Rechenzeit für zufällige Startlösungen recht hoch ist, aber dennoch keine guten Ergebnisse geliefert werden. Durch Erhöhung von l und q kann man hier Verbesserungen erzielen, die aber zu noch höheren Rechenzeiten führen. Beim Start mit der Baum-Heuristik werden sehr gute Lösungen in kurzer Zeit berechnet.

Lokale Enumeration. Eine weitere lokale Modifikation ist besonders für Graphen mit wenigen Kanten und kleinen Knotengraden geeignet, wie sie bei der Via-Minimierung auftreten.

Lokale Enumeration

1. Sei $(S : T)$ der aktuelle Schnitt.
2. Für jeden Knoten $u \in V$ führe aus: Bestimme für u und alle Nachbarn von u durch Enumeration die beste Zuordnung dieser Knoten zu den beiden Seiten des Schnitts und aktualisiere S und T entsprechend.
3. Falls für keinen Knoten in 2 eine Verbesserung des aktuellen Schnitts möglich war, dann beende das Verfahren, andernfalls wiederhole Schritt 2.

Die Enumeration sollte nur für Knoten mit kleinen Grad ausgeführt werden, da der Aufwand exponentiell mit der Anzahl der Nachbarn wächst. In den vorliegenden Beispielen wurde die Enumeration für alle Knoten außer dem zusätzlichen Knoten 0 (falls vorhanden) ausgeführt.

Die Ergebnisse dieser Heuristik für drei verschiedene Startlösungen sind in Tabelle 5 aufgelistet. Auch hier werden die besten Lagenzuordnungen erzielt, wenn mit der Baum-Heuristik gestartet wird.

Tabelle 5. Ergebnisse der lokalen Enumeration

Problem	Zufallsschnitt		Greedy-Heuristik		Baum-Heuristik	
	Vias	CPU	Vias	CPU	Vias	CPU
VIA1n	386	0,68	445	0,38	272	0,27
VIA1y	360	1,11	305	0,70	302	0,52
VIA2n	461	0,79	510	0,58	343	0,42
VIA2y	444	1,42	405	0,89	373	0,66
VIA3n	731	1,13	665	1,00	513	0,62
VIA3y	800	1,85	593	1,18	567	1,04
VIA4n	678	1,30	604	0,73	488	0,63
VIA4y	702	2,13	571	0,93	504	0,91
VIA5n	740	0,94	747	0,64	605	0,57
VIA5y	826	1,73	766	1,33	647	0,88
VIA6n	640	0,78	613	0,51	508	0,44
VIA6y	625	1,22	575	1,05	566	0,67

Die Ergebnisse der Enumerationsheuristik sind wesentlich besser als die der Kernighan-Lin-Heuristik, falls mit einer zufälligen Lösung oder einer Greedy-Lösung gestartet wird. Wird zunächst die Baum-Heuristik ausgeführt, sind die Ergebnisse beider Verfahren von gleicher Qualität.

Es gibt noch eine Reihe weiterer Heuristiken. In erster Linie ist hier **Simulated Annealing** zu nennen, das oft für Max-Cut-Probleme angewendet wird, die beim Studium von Spingläsern in der theoretischen Physik vorkommen ([LA87]).

4 Exakte Lösung von Max-Cut-Problemen

Zur exakten Lösung schwieriger kombinatorischer Optimierungsprobleme werden üblicherweise Branch & Bound-Verfahren eingesetzt. Ein solches Verfahren besteht aus Heuristiken zur Bestimmung unterer Schranken (zulässiger Lösungen), Methoden zur Berechnung oberer Schranken für den Wert einer Optimallösung und einem Enumerationsschema. Sukzessive wird hierbei das Ausgangsproblem in Teilprobleme partitioniert mit dem Ziel, durch Berechnung guter Schranken auf die Betrachtung vieler Teilprobleme verzichten zu können. Obere Schranken werden durch Vereinfachung (Relaxierung) des Ausgangsproblems bestimmt. Ihre Güte bestimmt wesentlich die Leistungsfähigkeit eines Branch & Bound-Verfahren.

4.1 Der polyedertheoretische Ansatz

Ein spezieller Ansatz zur Bestimmung oberer Schranken basiert auf polyedertheoretischen Betrachtungen und liefert im Regelfall bessere Schranken als einfache kombinatorische Relaxierungen. Oft können Probleme sogar ohne Zerlegung in Teilprobleme optimal gelöst werden. Wir skizzieren das prinzipielle Vorgehen beim Entwurf eines polyedrischen Verfahrens zur Lösung eines kombinatorischen Optimierungsproblems.

Im allgemeinen ist ein kombinatorische Optimierungsproblem über einer endlichen Grundmenge $E = \{e_1, e_2, \ldots, e_m\}$ definiert. Die Menge $\mathcal{I}$ seiner zulässigen Lösungen ist eine Teilmenge der Potenzmenge von E. Zur Bewertung der Lösungen gibt es Gewichte c_e für jedes Element e aus E. Das Gewicht einer Lösung $I \in \mathcal{I}$ ist dann gegeben durch $c(I) = \sum_{e \in I} c_e$ und das Optimierungsproblem besteht darin, eine zulässige Lösung mit maximalem Gewicht zu finden. Beim Max-Cut-Problem ist E die Kantenmenge des ungerichteten Graphen G, das System $\mathcal{I}$ besteht aus den Kantenmengen, die Schnitte in G repräsentieren.

Wir transformieren ein solches kombinatorisches Problem in einer Weise, die es erlauben wird, Methoden aus der linearen Optimierung anzuwenden.

Jeder zulässigen Lösung I wird ein **Inzidenzvektor** $\chi^I \in \{0,1\}^m$ zugeordnet über

$$\chi^I_{e_i} = \begin{cases} 0 & \text{falls } e_i \in I, \\ 1 & \text{falls } e_i \notin I. \end{cases}$$

Ein Inzidenzvektor hat also m Komponenten mit Werten 0 oder 1, die mit den Elementen aus E indiziert sind. Im nächsten Schritt bilden wir die konvexe Hülle $P_\mathcal{I}$ der Inzidenzvektoren der zulässigen Lösungen. $P_\mathcal{I}$ ist ein Polytop, dessen Ecken genau den zulässigen Lösungen entsprechen. Prinzipiell könnte daher das kombinatorische Problem als lineares Optimierungsproblem (LP)

$$\max\{c^T x \mid x \in P_\mathcal{I}\}$$

mit Verfahren der linearen Optimierung gelöst werden, die optimale Ecklösungen liefern. Abbildung 7 zeigt das Polytop der Schnitte zum vollständigen Graphen K_3 auf 3 Knoten. Dieses Polytop hat vier Ecken, die durch die Inzidenzvektoren der Schnitte $(\{1,2,3\} : \emptyset)$, $(\{1\} : \{2,3\})$, $(\{2\} : \{1,3\})$ und $(\{3\} : \{1,2\})$ gegeben sind.

Die Definition von $P_\mathcal{I}$ als konvexe Hülle von Inzidenzvektoren ist allerdings algorithmisch unbrauchbar. Um Algorithmen der linearen Optimierung anwenden zu können, benötigen wir eine Beschreibung von $P_\mathcal{I}$ mit linearen Gleichungen und Ungleichungen, d. h. eine Darstellung

$$P_\mathcal{I} = \{x \in \mathbf{R}^m \mid Bx = d, Ax \leq b\}.$$

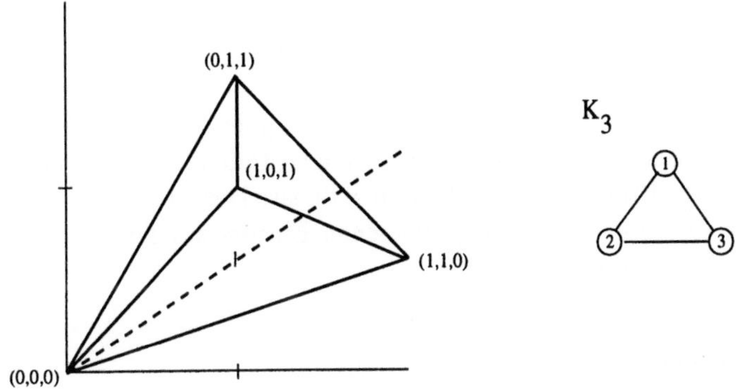

Abbildung 7. Das Polytop der Schnitte zum Graphen K_3

Die algorithmisch beste Beschreibung enthält so wenige Gleichungen und Ungleichungen wie möglich. Man hat dann ein minimales Gleichungssystem $Bx = d$ und jede Ungleichung in $Ax \leq b$ entspricht genau einer maximalen Seitenfläche (Facette) von $P_\mathcal{I}$.

Wir geben einige Ergebnisse für das Max-Cut-Problem ([BM86]). Sei $G = (V, E)$ ein Graph und $P_{\mathrm{CUT}(G)}$ das zugehörige Polytop definiert als konvexe Hülle der Inzidenzvektoren der Schnitte in G. Wir bezeichnen die Variablen zur Formulierung der Ungleichungen mit x_e für jede Kante $e \in E$. Für $F \subseteq E$ wird mit $x(F)$ die Summe $\sum_{e \in F} x_e$ bezeichnet. Es gelten:

1. Es gibt keine Gleichung, die von allen Punkten aus $P_{\mathrm{CUT}(G)}$ erfüllt wird, d. h. das System $Bx = d$ ist leer.

2. Die Ungleichungen $x_e \geq 0$ und $x_e \leq 1$ sind zulässig für $P_{\mathrm{CUT}(G)}$ für alle $e \in E$. Sie liefern genau dann Facetten, wenn die Kante e in keinem Kreis der Länge 3 von G enthalten ist.

3. Für jeden Kreis C von G und jede Teilmenge F von C mit ungerader Kardinalität ist $x(F) - x(C \setminus F) \leq |F| - 1$ eine zulässige Ungleichung für $P_{\mathrm{CUT}(G)}$. Eine Facette wird genau dann geliefert, wenn C keine Diagonalkanten hat.

4. Sei $E_p \subseteq E$ die Kantenmenge eines vollständigen Untergraphen von G mit p Knoten. Dann ist $x(E_p) \leq \lfloor \frac{p}{2} \rfloor \lceil \frac{p}{2} \rceil$ eine zulässige Ungleichung, die genau dann eine Facette definiert, wenn p ungerade ist.

Es gibt noch sehr viele weitere Klassen von facettendefinierenden Ungleichungen und auch Kompositionstheoreme zur Herleitung von neuen Ungleichungen aus bekannten.

Die Ungleichungen 3. sind die sogenannten **Kreisungleichungen**, die später noch besonders untersucht werden. Für planare Graphen liefern die Kreisungleichungen und die trivialen Ungleichungen $0 \leq x_e \leq 1$ eine vollständige Beschreibung von $P_{\mathrm{CUT}(G)}$.

Das theoretische Studium der Facettialstruktur eines dem Problem zugeordneten Polytops ist der erste wichtige Schritt zur Entwicklung von polyedrischen Methoden. Dieses Studium ist für jedes Problem neu zu leisten. Oft
kann man allerdings vorhandene Kenntnisse über verwandte Problemklassen
ausnutzen. Aus komplexitätstheoretischen Gründen kann man nicht erwarten,
für schwierige Problem eine vollständige lineare Beschreibung des Polytops P_I
herleiten zu können, für den praktischen Einsatz genügt aber oft auch eine
partielle Beschreibung.

4.2 Schnittebenenverfahren

Nach Herleitung einer polyedrischen Beschreibung ist man von der algorithmischen Umsetzung in der Regel aber noch weit entfernt. Der naheliegende
Ansatz, alle bekannten Ungleichungen aufzulisten und dann ein Verfahren der
linearen Optimierung zur Lösung des Maximierungsproblems anzuwenden, ist
undurchführbar. Auch wenn nur eine partielle lineare Beschreibung bekannt
ist, wächst die Zahl der entsprechenden Ungleichungen typischerweise exponentiell mit der Problemgröße.

Die zentrale Idee eines **Schnittebenenverfahrens** besteht darin, Ungleichungen nur bei Bedarf zu generieren. Anschaulich ist klar, daß nur Seitenflächen „in der Nähe" der Optimallösung relevant sind. Im Prinzip läuft ein
solches Verfahren wie folgt ab.

Schnittebenenverfahren

1. Wähle aus den bekannten Ungleichungen die Klassen aus, die im Verfahren
   berücksichtigt werden sollen.
2. Initialisiere ein Anfangs-Polytop, z. B. $\{x \mid 0 \leq x \leq 1\}$.
3. Bestimme einen Punkt y, der die Zielfunktion c über dem aktuellen Polytop maximiert.
4. Entspricht die Optimallösung einer zulässigen Lösung des kombinatorischen Problems, dann ist dieses gelöst, und das Verfahren kann beendet
   werden.
5. Ist dies nicht der Fall, so suche verletzte Ungleichungen (d.h. eine der in
   1. ausgewählten Ungleichungen, die von y nicht erfüllt werden) und füge
   diese zum LP hinzu. Gehe zu Schritt 3.

Ist die lineare Beschreibung von P_I nur partiell bekannt, so kann in
Schritt 5 der Fall eintreten, daß zwar keine zulässige Lösung vorliegt, aber
dennoch keine verletzte Ungleichung gefunden werden kann. Wir gehen auf
diese Situation später noch ein. Die Hoffnung ist allerdings, bereits in Schritt 4
eine optimale Lösung zu finden.

Im Laufe des Verfahrens geht man also zu immer besseren Relaxierungen des eigentlichen Problems über. In jedem Schritt 5 wird die Relaxierung
durch Hinzunahme weiterer Ungleichungen verschärft. Diese Ungleichungen

„schneiden" den Optimalpunkt des jeweils aktuellen Problems ab. Daher resultiert auch die Bezeichnung Schnittebenenverfahren für diese Klasse von Algorithmen.

Der wesentliche Punkt bei der Realisierung des Verfahrens ist die Erkennung von verletzten Ungleichungen in Schritt 5. Dies ist das sogenannte **Separationsproblem**, welches darin besteht, für die Lösung y der aktuellen LP-Relaxierung festzustellen, ob sie alle Ungleichungen der ausgewählten Klassen erfüllt, und andernfalls eine verletzte Ungleichung zu liefern.

Die grundlegende Bedeutung dieses Problems ist auch theoretisch nachgewiesen. Ein wichtiges Resultat besagt (vereinfacht), daß das zu lösende Ausgangsproblem genau dann polynomial lösbar ist, wenn das Separationsproblem polynomial lösbar ist. Eine ausführliche Darstellung der zugehörigen Theorie ist [GLS88].

Für den erfolgreichen Einsatz von Schnittebenenverfahren ist es also notwendig, das Separationsproblem für möglichst große Klassen von Ungleichungen effizient lösen zu können. Wir skizzieren einen Algorithmus zur Lösung des Separationsproblems für die Kreisungleichungen.

Separation für Kreisungleichungen

1. Sei y die Lösung des aktuellen linearen Programms. Wir können annehmen, daß $0 \leq y \leq 1$ erfüllt ist.
2. Konstruiere aus $G = (V, E)$ einen neuen Graphen $H = (V' \cup V'', E' \cup E'' \cup E''')$, der aus zwei Kopien $G' = (V', E')$ und $G'' = (V'', E'')$ von G und den folgenden zusätzlichen Kanten E''' besteht. Für jede Kante uv des Originalgraphen erzeugen wir zwei Kanten $u'v''$ und $u''v'$. Den Kanten $u'v'$ und $u''v''$ wird das Gewicht y_{uv} zugeordnet, die Kanten $u'v''$ und $u''v'$ erhalten das Gewicht $1 - y_{uv}$.
3. Für jedes Knotenpaar u' und u'' wird der kürzeste verbindende Weg (bezüglich der neu definierten Kantengewichte) in H berechnet. Ein solcher Weg enthält eine ungerade Anzahl von Kanten aus E''' und liefert zurückinterpretiert in G einen geschlossenen Kantenzug, der u enthält. Hat ein solcher (u',u'')-Weg eine Länge kleiner als 1, dann existiert ein Kreis $C \subseteq E$ und eine Kantenmenge $F \subseteq C$ ungerader Kardinalität, so daß y die zugehörige Kreisungleichung verletzt (C und F können leicht identifiziert werden).
4. Ist keiner dieser Wege kürzer als 1, so werden alle Kreisungleichungen von der aktuellen LP-Lösung erfüllt.

Das Separationsproblem für Kreisungleichungen kann somit durch Berechnung von $|V|$ kürzesten Wegen in polynomialer Zeit gelöst werden, ist aber für große praktische Probleme unter Umständen nicht schnell genug, um häufig aufgerufen werden zu können. Man wird daher immer versuchen, in den ersten Phasen des Schnittebenenverfahrens schnelle Heuristiken zum Auffinden verletzter Ungleichungen einzusetzen und erst als letztes Hilfsmittel auf langsamere exakte Verfahren zurückgreifen.

Bei der praktische Lösung von allgemeinen Max-Cut-Problemen werden Heuristiken und exakte Verfahren für weitere Klassen von Ungleichungen eingesetzt.

4.3 Branch-and-Cut

Wie bereits erwähnt, kann problemabhängig immer der Fall eintreten, daß das reine Schnittebenenverfahren nicht zum Ziel führt, da zu irgendeinem Zeitpunkt zum „Abschneiden" einer unzulässigen Lösung keine Ungleichung mehr gefunden wird. In einer solchen Situation muß man auf das Branch & Bound-Prinzip zurückgreifen und sukzessive Teilprobleme, die nicht gelöst werden können, weiter zerlegen. Im Gegensatz zum üblichen Branch & Bound-Verfahren hat man aber mit Schnittebenen in der Regel größere Chancen, sehr gute obere Schranken zu finden und den Zerlegungsaufwand in engeren Grenzen zu halten. Schnittebenen lassen sich an jedem Knoten des Verzweigungsbaums weiterhin einsetzen. Man bezeichnet die hier beschriebene Verfahrensklasse allgemein als **Branch & Cut-Verfahren**, da sie eine Synthese aus Schnittebenenverfahren und Methoden der impliziten Enumeration darstellen.

Zur konkreten Implementierung sind nicht nur effiziente Separationsverfahren zu entwickeln, sondern es sind noch einige weitere Aspekte zu beachten. Wir führen einige dieser Fragen auf.

1. Welches System soll in das Anfangs-LP eingehen?
2. Soll das minimale Gleichungssystem (falls vorhanden) explizit ins LP aufgenommen werden oder zur Elimination von Variablen verwendet werden?
3. In welcher Reihenfolge sollen Separationsverfahren angewendet werden?
4. Welche gefundenen Schnittebenen sollen zum LP hinzugefügt werden?
5. Sollen im Verlauf des Verfahrens Ungleichungen eliminiert werden, um das LP nicht zu groß werden zu lassen?
6. Soll man anfangs nur eine Teilmenge der Variablen berücksichtigen?
7. Welche Verzweigungsstrategie soll verwendet werden?
8. Wie sollen zulässige Lösungen bestimmt werden?
9. Welche Software soll zur Lösung der LPs benutzt werden?

Die Antworten auf diese Fragen können problemabhängig unterschiedlich ausfallen. Erfolgreiche Implementierungen basieren auf Erfahrung und problemspezifischen Maßnahmen. Ausführliche Darstellungen von Branch-and-Cut-Verfahren zur Lösung des Max-Cut-Problems sind [BGJR89] und [BJR89]. Eine allgemeine Diskussion des Entwurfs von Branch-and-Cut-Verfahren ist [JRT94].

4.4 Optimallösungen der Via-Minimierungsprobleme

Tabelle 6 zeigt die Ergebnisse, die mit einem Schnittebenenverfahren für die 12 Beispielprobleme erzielt wurden.

Tabelle 6. Optimallösungen

Problem	Optimum		Reduktion
	Vias	CPU	(in %)
VIA1n	272	3,43	
VIA1y	302	6,92	28,3
VIA2n	338	3,27	
VIA2y	373	17,50	14,1
VIA3n	509	14,47	
VIA3y	563	25,90	17,6
VIA4n	475	3,95	
VIA4y	504	13,22	22,5
VIA5n	602	10,52	
VIA5y	645	14,28	17,6
VIA6n	502	7,22	
VIA6y	560	11,53	7,9

Da es sich jeweils um planare Graphen handelte, konnten alle Probleme mit den Kreisungleichungen (ohne Branch-and-Bound) gelöst werden. Die Rechenzeiten sind klein genug, so daß die exakte Optimierung auch in der Praxis eingesetzt werden kann. Die Berücksichtigung von Lagenbevorzugung wird in [GJR89] diskutiert.

Der Vergleich der Minimalzahl erforderlicher Vias mit den heuristisch gefundenen Lösungen zeigt, daß die Baum-Heuristik mit anschließender Verbesserung durch die Kernighan-Lin-Heuristk oder lokale Enumeration durchaus brauchbare Ergebnisse liefert. In einigen Fällen wurden sogar Optimallösungen bestimmt. Gegenüber den Originallösungen ergaben sich Einsparungen von 7,9% bis 28,3% der Vias. Kann auf eine Fixierung der Anschlüsse verzichtet werden, so ergeben sich weitere Einsparungen.

Literatur

[Ba82]   Barahona, F.: On the Computational Complexity of Ising Spin Glass Models. Journal of Physics A: Math. Gen. **15** (1982) 3241–3253

[BJR89]   Barahona, F., Jünger, M., Reinelt, G.: Experiments in Quadratic 0-1-Programming. Mathematical Programming **44** (1989) 127–137

[BGJR89] Barahona, F., Grötschel, M., Jünger, M., Reinelt, G.: An Application of Combinatorial Optimization to Stastistical Physics and Circuit Layout Design. Operations Research **36** (1989) 493–513

[BM86]   Barahona, F., Mahjoub, A.R.: On the Cut Polytope. Mathematical Programming **36** (1986) 157–173

[CKC84]   Chen, R.-W., Kajitani, Y., Chan, S.-P.: A Graph-theoretic Via Minimization Algorithm for Two-layer Printed Circuit Boards. IEEE Transactions on Circuits and Systems **30** (1984) 291–308

[GJR89]   Grötschel, M., Jünger, M., Reinelt, G.: Via Minimization with Pin Preassignments and Layer Preference. Zeitschrift für Angewandte Mathematik und Mechanik **69** (1989) 393–399

[GLS88]   Grötschel, M., Lovász, L., Schrijver, A.: Geometric Algorithms and Combinatorial Optimization. Springer 1988

[Ha75]   Hadlock, F.O.: Finding a Maximum Cut of a Planar Graph in Polynomial Time. SIAM Journal on Computing **3** (1975) 221–225

[JRT94]   Jünger, M., Reinelt, G., Thienel, S.: Practical Problem Solving with Cutting Plane Algorithms in Combinatorial Optimization. Erscheint in: DIMACS Series in Discrete Mathematics and Theoretical Computer Science (1994)

[KL79]   Kernighan, B., Lin, S.: An Efficient Heuristic Procedure for Partitioning Graphs. Bell Systems Technical Journal **49** (1979) 291–308

[LA87]   Laarhoven, P.J.M. van, Aarts, E.H.L.: Simulated Annealing: Theory and Applications. Reidel, Dordrecht 1987

[Le90]   Lengauer, T.: Combinatorial Algorithms for Integrated Circuit Layout. John Wiley & Sons 1990

[Mo86]   Molitor, P.: On the Contact Minimization Problem. In: Proc. of the Fourth Annual Symposium on Theoretical Aspects of Computer Science, Lecture Notes in Computer Science vol. 247. Springer 1986

[Mu90]   Mutzel, P.: Implementierung und Analyse eines Max-Cut-Algorithmus für planare Graphen. Diplomarbeit, Universität Augsburg 1990

[NW88]   Nemhauser, G.L., Wolsey, L.A.: Integer and Combinatorial Optimization. John Wiley & Sons 1988

[OD72]   Orlova, G.I., Dorfman, Y.G.: Finding the Maximal Cut in a Graph. Engineering Cybernetics **10** (1972) 502–506

[Pi84]   Pinter, R.Y.: Optimal Layer Assignment for Interconnect. Journal of VLSI and Computer Systems **1** (1984) 123–137

Simulation und Optimierung einer PC–Fertigung unter Echtzeitbedingungen

Atef Abdel–Aziz Abdel–Hamid[1], *Norbert Ascheuer*[1], *Martin Grötschel*[1] *und Herbert Schorer*[2]

[1] Konrad–Zuse–Zentrum für Informationstechnik Berlin (ZIB)
[2] Siemens–Nixdorf Informationssysteme AG, Augsburg

1 Problembeschreibung

Die Business Unit PC in Augsburg ist die zentrale Produktionsstätte der Siemens–Nixdorf Informationssysteme (SNI) AG für Personal Computer sowie für einige Periphärgeräte. Das Werk, entworfen nach modernen CIM/CAI–Konzepten (Computer Integrated Manufacturing/ Computer Aided Industry), wurde 1987 errichtet. Bald zeigte sich jedoch, daß es für ein zu geringes Produktionsvolumen ausgelegt war und einige Komponenten des Systems Engpässe im Produktionsbetrieb darstellen. Das Management suchte nach Möglichkeiten, den Produktionsfluß zu verbessern, ohne teure technische Änderungen am System vornehmen zu müssen.

Eine Forschungsgruppe des Konrad–Zuse–Zentrums für Informationstechnik (die ehemals an der Universität Augsburg ansässig war) analysierte, unterstützt von einigen Studenten und Ingenieuren der SNI, den Produktionsfluß und lokalisierte Schwachstellen. Basierend auf diesen Erkenntnissen wurden mathematische Fragestellungen erarbeitet und auf mathematischen Optimierungsverfahren basierende Softwarepakete entwickelt, die jetzt teilweise bei SNI im Einsatz sind.

Im folgenden werden einige dieser Fragestellungen, deren Modellierung und mathematische Behandlung beschrieben. Einige der Ansätze, die hier dargestellt werden sollen, sind teilweise schon in [Gr92] angesprochen worden.

1.1 Layout der Fertigungshalle

In diesem Abschnitt soll der Produktionsfluß, soweit er für das weitere Verständnis erforderlich ist, skizziert werden. Abbildung 1 zeigt einen Teil des Fertigungssystems, wie wir es zu Projektbeginn 1989 vorfanden. Im ganzen umfaßt diese Halle drei Hochregallager (HRL). Auf jeder Seite der HRL befindet sich eine Montagelinie auf denen PCs, Monitore, Datensichtgeräte und Tastaturen gefertigt werden.

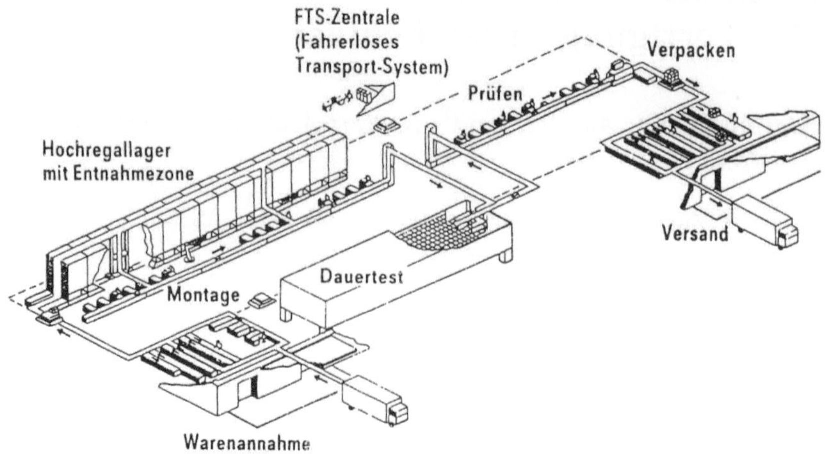

Abbildung 1. Systemlayout

Die Anlieferung der zur Montage der Geräte benötigten Einzelteile (Leiterplatten, Bildröhren, Kabel, etc.) an der **Warenannahme** erfolgt in genormten Behältern (TE = Transporteinheit), die hier datentechnisch erfaßt werden. Die Identifikation der TE im System erfolgt über einen Strichcode, der an den Kisten angebracht ist und von Scannern gelesen werden kann. Abhängig von der Montagelinie, an der die Teile benötigt werden, wird bei der Einbuchung in einem der drei Hochregallager ein Lagerplatz gesucht und für diese TE reserviert.

Über Rollenbänder wird die TE zu einem Übergabepunkt gebracht, wo sie von einem der zwölf Fahrzeuge des **Fahrerlosen Transportsystems** (FTS) aufgenommen und an die Einlagerstation des Hochregallagers gebracht wird. Die batteriebetriebenen Fahrzeuge des FTS stehen über Funk mit einem zentralen Rechner in Verbindung, der u.a. die Zuweisung von Fahrzeugen zu Fahraufträgen durchführt und über die Fahrtroute der Fahrzeuge entscheidet.

Die **Hochregallager** (HRL) dienen hauptsächlich als Materialpuffer zwischen der Warenannahme und den Montagelinien, die sich zu beiden Seiten der Hochregallager befinden. Ein HRL besteht aus zwei gegenüberliegenden Regalreihen, in denen für die drei verschieden großen TE-Arten Lagerplätze vormontiert worden sind. In dem zentralen Gang fährt ein **Regalbediengerät** (RBG), welches alle Transportaufgaben innerhalb des HRL verrichtet. Nachdem eine TE die Einlagerstation des HRL erreicht hat, wird automatisch ein Transportauftrag (TA) generiert und an den RBG–Kontrollrechner übermittelt. Der Rechner entscheidet, ob dieser Auftrag oder ob ein anderer vorliegender Auftrag, wie Auslagern oder Umlagern, als nächster ausgeführt wird.

Nachdem die TE eingelagert worden ist, bleibt sie so lange auf ihrem Lagerplatz, bis die in ihr enthaltenen Teile an der Montagelinie benötigt werden. Dies sind i.d.R. 1–3 Tage. Im unteren Bereich der HRL befindet sich ein

Entnahmebereich, in der die TE an der Stelle, an der sie an der Montagelinie benötigt wird, bereitgestellt werden kann. Die Nachlieferung neuer TE in den Entnahmebereich, d.h., die Generierung eines entsprechenden TA für das RBG erfolgt entweder automatisch, falls eine Lichtschranke feststellt, daß der Entnahmeplatz leer ist, oder durch manuelle Eingabe in das Softwaresystem.

Auf jeder Seite der HRL befindet sich eine **Montagelinie**. Eine dieser Montagelinien ist vollautomatisiert, d.h., dort wird die Montage von Robotern durchgeführt. An allen anderen Linien erfolgt die Montage manuell. Bevor ein Produktlos auf der Montagelinie gestartet wird, wird überprüft, ob die benötigten Teile im entsprechenden HRL verfügbar sind. Bei einem Wechsel des Produktloses kann eine Neubestückung des Entnahmebereiches notwendig sein.

Fertig montierte Geräte (außer Tastaturen) werden nach einer kurzen Funktionsprüfung über Rollenbänder in einen Dauertestbereich gebracht, wo unter erschwerten Bedingungen (z.B. unter erhöhter Temperatur) für einen geräteabhängigen Zeitraum (6–24 Stunden) Testprogramme ablaufen, die die volle Funktionsfähigkeit der Geräte überprüfen.

Nach der Auswertung der Dauertestergebnisse und einem kurzen Endtest, werden die Geräte verpackt und zum Versand transportiert. Falls im Test ein Gerätefehler festgestellt worden ist, wird dieser behoben, und das Gerät wieder in den Testbereich eingeschleust.

1.2 Konkrete Fragestellungen

Nach einer detaillierten Analyse des Systems kristallisierten sich einige Fragestellungen heraus, von denen wir der Meinung waren, daß sie durch den Einsatz von Verfahren der mathematischen Optimierung, und hier insbesondere der Kombinatorischen Optimierung, verbessert werden können. Nach Diskussionen mit Ingenieuren und Informatikern von SNI wurden einige dieser auch mathematisch sehr interessanten Probleme wieder fallengelassen, da ihre Umsetzung zu große Änderungen im Softwaresystem nach sich gezogen hätte. Im folgenden wollen wir einige der verbleibenden Fragestellungen beschreiben.

Fahrbewegungen des RBG. In der Regel hat das Regalbediengerät (RBG) eine Liste von noch nicht abgearbeiteten Transportaufträgen vorliegen, die im Normalbetrieb bis zu 5 Aufträge umfaßt. Nach Störungen des Geräts kann diese Liste durchaus auf 30–40 (und mehr) Aufträge anwachsen. Um den Zeitverzug an den Montagelinien und den Rückstau an der Warenannahme so gering wie möglich zu halten, sollen diese nach Beseitigung der Störung natürlich so schnell wie möglich abgearbeitet werden. Es zeigte sich jedoch, daß das RBG im Hochlastbetrieb einen Engpaß darstellt. Dies war im wesentlichen dadurch bedingt, daß das RBG aufgrund einer starren Prioritätensteuerung bei der Abarbeitung dieser Transportaufträge einen hohen Anteil an Leerfahrten aufzuweisen hatte. Das Ziel war es nun, eine Strategie zu entwerfen, bei der der Anteil der Leerfahrten so gering wie möglich gehalten wird.

Einlagerung von TE in die Hochregallager. Sobald eine TE an der Warenannahme eingebucht wird, wird ihr ein Lagerplatz in einem der Hochregallager zugewiesen. Dieser Platz sollte so gewählt werden, daß die Fahrzeiten des RBG zur Einlagerung der TE und zum Nachfüllen des Entnahmebereichs so gering wie möglich sind. Zwischen Platzzuweisung und endgültiger Einlagerung liegen aber, bedingt durch Stau- und Transportzeiten, oft über zwei Stunden. Dieser Lagerplatz ist in der Zwischenzeit für eine weitere Verwendung blockiert und günstigere Lagerplätze, die in der Zwischenzeit frei geworden sind, finden keine Berücksichtigung mehr. Zudem ist die vorhandene Zuweisungsmethode ein lokales Suchverfahren; globale Zuweisungsaspekte, in die alle noch nicht eingelagerten TE einbezogen werden, werden nicht berücksichtigt. Dies kann zu einer höheren Fahrzeitsumme führen. Unser Ziel war es, eine „globale" Einlagerstrategie zu entwickeln, die die Summe der RBG–Fahrzeiten so gering wie möglich hält.

Dauertestoptimierung. Ein Produktionsziel ist es, die Verweildauer der Geräte im Dauertestbereich so gering wie möglich zu halten. Da die Testzeit der Geräte fest vorgegeben ist, besteht im wesentlichen nur eine Einflußmöglichkeit auf die folgenden drei Zeiten: Die Fahrzeit des RBG zum und vom Testplatz, die Wartezeit auf den Beginn des Testzyklus und die Wartezeit nach Ende der Testzeit bis zur Auslagerung. Da die RBG–Fahrzeit im Vergleich zu den anderen beiden Zeiten sehr kurz ist, kann sie für die Minimierung der Verweildauer vernachlässigt werden. Dies war aber das Entscheidungskriterium, das bisher bei der Testplatzzuweisung Verwendung fand.

Das Dauertestregal ist in Stromzyklen eingeteilt, die jeweils im Abstand von zwei Stunden neu bestromt werden. Die Testzeit eines Gerätes beginnt nicht ab dem Zeitpunkt der Einlagerung, sondern ab dem Zeitpunkt der Neubestromung. Dies bedeutet, daß sich für Geräte, die auf ungünstigen Lagerplätzen eingelagert werden, die Testzeit um bis zu zwei Stunden verlängern kann.

Gesucht werden Verfahren, die für ankommende Geräte einen Testplatz bestimmen und festlegen, welches Gerät als nächstes ausgelagert werden soll, so daß die Summe der Verweilzeiten minimiert wird und evtl. eine maximale Verweildauer nicht überschritten wird.

2 Modellierung

Aus Platzgründen können hier nicht alle Modellierungsaspekte für die in Abschnitt 1 genannten Probleme beschrieben werden. Für das erstgenannte Problem, der Optimierung der Fahrbewegungen des RBG, werden wir die Modellierung, die datentechnische Umsetzung und die erzielten Resultate detailliert beschreiben. Für alle anderen Fragestellungen werden wir das nur kurz skizzieren.

Für das weitere Verständnis setzen wir Grundbegriffe der Graphentheorie, der Linearen und Ganzzahligen Optimierung voraus. Für eine Einführung in diese Teilgebiete der Mathematik verweisen wir auf Standardwerke, wie z.B. Bondy und Murty [BM76], Jungnickel [Ju87], Chvátal [Ch80], Schrijver [Sch86] und Nemhauser und Wolsey [NW88].

Die klassische Theorie der Algorithmen geht davon aus, daß der Algorithmus die volle Information über die Inputdaten besitzt. Für die beschriebenen Anwendungen benötigen wir aber sogennante **Online–Algorithmen**, die Entscheidungen treffen müssen, die nur auf unvollständiger Information basieren. Dies ist z.B. der Fall wenn der RBG–Controller entscheiden muß, welcher Transportauftrag als nächster auszuführen ist. Diese Entscheidung muß getroffen werden ohne Kenntnis darüber, welche Transportaufträge als nächste generiert werden. Die getroffene Entscheidung kann sich als ungünstig herausstellen, kann aber im nachhinein nicht mehr revidiert werden.

Da die zu entwerfenden Verfahren im täglichen Produktivbetrieb eingesetzt werden sollen, mußte bei deren Entwicklung besonderes Augenmerk auf ihre **Echtzeit-Tauglichkeit** gelegt werden. Dies bedeutet u.a., daß die Belastung der Rechner, auf denen gleichzeitig andere für die Produktion wichtige Prozesse laufen, möglichst gering gehalten wird und daß die Datenanforderung der Verfahren, die Berechnung und auch die Rückübertragung der berechneten Daten in einem vorgegebenen Zeitraum zu gewährleisten ist.

Die Theorie der Online–Algorithmen steckt noch in den „Kinderschuhen" und ist im Hinblick auf die vorliegenden Anwendungen wenig hilfreich. (Einen guten Überblick über den aktuellen Stand der Forschung liefern McGeoch und Sleator [MS92] und Albers [Al93]). Zur Behandlung der genannten Fragestellungen mag es deshalb bessere Wege als die im folgenden vorgestellten geben, aber zur Erarbeitung von theoretisch besser fundierten Verfahren ist sicherlich weitere Grundlagenforschung erforderlich.

2.1 Modellierung des Gesamtsystems

Es sei noch einmal explizit betont, daß unser Ziel die Verbesserung des Gesamtproduktionsflusses und nicht nur die Optimierung von Teilkomponenten ist. Ein prinzipielles Problem bei solch komplexen Fertigungssystemen ist zu beurteilen, wie die Verbesserung einer Komponente sich im Hinblick auf das Gesamtsystem auswirken wird. Dies gilt insbesondere, wenn mehrere Optimierungsprogramme unabhängig voneinander ablaufen. Da das vorliegende Fertigungssystem zu groß und zu komplex ist, um es als Ganzes in vernünftiger Weise mathematisch modellieren zu können, entschlossen wir uns, auf ein **Simulationsmodell** zurückzugreifen, welches alle wesentlichen Komponenten des Systems und ihre Interdependenzen abbildet.

Um unsere Vorstellungen an Genauigkeit, Geschwindigkeit und Flexibilität des Simulationsprogramms gewährleistet zu sehen, griffen wir nicht auf kommerzielle Simulationssoftware zurück. Statt dessen implementierten wir, basierend auf Prinzipien der ereignisorientierten Simulation (siehe hierzu z.B. [PBH88]), ein auf unsere Anforderungen zugeschnittenes Simulationsprogramm.

Die Auswirkungen von Veränderungen im Verhalten von Teilkomponenten, die durch den Einsatz mathematischer Optimierungsverfahren oder durch Änderung technischer Parameter bedingt sind, sollen mit Hilfe des Simulationsprogramms überprüft werden. Um verläßliche Aussagen zu gewinnen, war eine Modellvalidierung unerläßlich. An dieser Stelle kann keine vollständige Beschreibung aller Validierungsergebnisse erfolgen, und wir wollen den (sehr aufwendigen) Validierungsprozeß deshalb nur für die Fahrbewegungen des RBG andeuten. Die Ergebisse sind in Tabelle 1 zusammengefaßt.

Tabelle 1. Validierungsergebnisse der Hochregallager-Simulation

	# TA	ØSNI	ØSIM	ØDEV	max DEV	% DEV	Time
1	416	76,27	76,83	2,42	20	0,73	11,47
2	423	75,45	76,34	1,96	11	1,17	11,60
3	403	78,81	78,95	2,01	9	0,18	11,17
4	399	76,19	76,58	2,09	9	0,51	11,08
5	450	77,11	76,73	2,06	20	0,49	12,30

# TA	: Anzahl der TA, die im vorliegenden Zeitraum generiert wurden
ØSNI	: Durchschnittliche Dauer eines Fahrzyklus bei SNI
ØSIM	: Durchschnittliche Dauer eines Fahrzyklus in der Simulation
ØDEV	: Durchschnittliche Abweichung dieser beiden Zeiten
max DEV	: Maximale Abweichung dieser beiden Zeiten
% DEV	: Prozentuale Abweichung dieser beiden Zeiten
Time	: CPU–Zeit in Sekunden auf SIEMENS MX 300 für die Simulation von 18 Stunden (Angabe in Sekunden)

Über den Zeitraum einer Woche wurde in einem der HRL jeder generierte Transportauftrag (TA) und jede Fahrbewegung des RBG protokolliert. Die generierten TA dienten als Input für das Simulationsprogramm, und die realen Fahrten wurden mit den Fahrbewegungen in der Simulation verglichen. Am ersten Tag lagen 416 Transporte vor, ein Fahrzyklus, bestehend aus Leerfahrt, beladener Fahrt und TE–Handling, dauerte im realen System durchschnittlich 76,27 Sekunden, in der Simulation 76,83 Sekunden. Dies entspricht einer prozentualen Abweichung von 0,73 %. Die durchschnittliche Abweichung zwischen den Zeiten betrug 2,42 Sekunden, die maximale Abweichung 20 Sekunden.

Die Validierungsergebnisse wurden als sehr zufriedenstellend eingestuft, und wir kamen überein, Aussagen zu akzeptieren, die auf Simulationsergebnissen mit unserem System basieren. Für weitere Details sei auf [As94] verwiesen.

2.2 Optimierung der RBG–Fahrbewegungen

Wie im letzten Abschnitt beschrieben, ist es das Ziel, unter Online–Bedingungen eine vorhandene Menge von Transportaufträgen so anzuordnen, daß die Summe der Leerfahrzeiten zwischen den einzelnen Aufträgen so gering wie möglich ist.

Mit jedem Transportauftrag und der aktuellen Position des RBG identifizieren wir einen Knoten in dem gerichteten Graphen (Netzwerk) $D = (V, A)$ mit Knotenmenge $V = \{1, \ldots, n\}$ und Bogenmenge A. Der Knoten 1 entspreche fortan der RBG–Position. Ein Bogen $(i, j) \in A$ repräsentiert die Möglichkeit, Transportauftrag j direkt nach i auszuführen. Da Knoten 1 immer der erste in einer zulässigen Sequenz von TA sein muß, erhalten wir

$$A := \{(i,j) \mid i,j \in V \setminus \{1\}\} \cup \{(1,j) \mid j \in V \setminus \{1\}\}.$$

Jeder Bogen $(i, j) \in A$ erhält einen Kostenkoeffizienten c_{ij}, der der Leerfahrzeit zwischen i und j entspricht. Offensichtlich gilt meistens $c_{ij} \neq c_{ji}$. Das Problem ist nun, einen Weg in D zu finden, der jeden Knoten genau einmal besucht und minimale Länge hat. Im graphentheoretischen Sinne entspricht dies der Lösung eines **Asymmetrischen Hamiltonschen Wege–Problems (AHWP)**.

Das AHWP läßt sich als binäres lineares Programm formulieren. Hierzu führen wir für jeden Bogen $(i, j) \in A$ eine binäre Variable x_{ij} ein, die wie folgt zu interpretieren ist:

$$x_{ij} := \begin{cases} 1, & \text{falls } j \text{ nach } i \text{ ausgeführt wird,} \\ 0, & \text{sonst.} \end{cases}$$

Im folgenden sind die Bogenmengen $A(W), \delta^-(v), \delta^+(v)$ wie folgt definiert:

$$\begin{aligned}
A(W) &:= \{(i,j) \in A \mid i,j \in W\}, \\
\delta^-(v) &:= \{(i,v) \in A \mid i \in V \setminus \{v\}\}, \\
\delta^+(v) &:= \{(v,j) \in A \mid j \in V \setminus \{v\}\}.
\end{aligned}$$

Für eine gegebene Kantenmenge $B \subseteq A$ bezeichnet $x(B) := \sum_{(i,j) \in B} x_{ij}$. Einer optimalen Sequenz der TA entspricht nun offensichtlich eine Lösung des folgenden linearen 0/1-Optimierungsproblems:

$$\begin{aligned}
\min \; & c^T x \\
s.\,t. \; (1) \quad & x(A) = n - 1 \\
(2) \quad & x(\delta^-(i)) \leq 1 & \forall\, i \in V \\
(3) \quad & x(\delta^+(i)) \leq 1 & \forall\, i \in V \\
(4) \quad & x(A(W)) \leq |W| - 1 & \forall\, W \subseteq V,\; 2 \leq |W| \leq n - 1 \\
(5) \quad & x_{ij} \in \{0,1\} & \forall\, (i,j) \in A
\end{aligned}$$

Wir haben eine lineare Zielfunktion unter den Nebenbedingungen (1) – (5) zu minimieren. Hinter Gleichung (1) verbirgt sich der Umstand, daß jeder TA in einer zulässigen Sequenz enthalten sein muß. Ungleichungen (2) bzw. (3) bewirken, daß jeder Transportauftrag höchstens einen Vorgänger bzw. Nachfolger hat. Das Ungleichungssystem (4) verhindert Zyklen innerhalb der Auftragssequenz. Die Bedingung (5) erzwingt die Ganzzahligkeit der Lösung.

Das AHWP gehört im komplexitätstheoretischen Sinne zur Klasse der NP–schwierigen Probleme. Jedoch sind für die vorliegenden Größenordnungen (bis zu 50 Knoten) einige Verfahren bekannt, welche die Problembeispiele in vernünftiger Zeit optimal lösen.

Praktische Umsetzung. Die optimale Sequenz der TA ist jeweils neu zu berechnen, falls ein neuer TA generiert oder ein noch nicht abgearbeiteter TA storniert wird. Da es nicht passieren darf, daß das RBG auf das Ende der Berechnung der optimalen Sequenz wartet, implementierten wir einen dreistufigen Optimierungsprozeß. Wir beschreiben hier die Funktionsweise für den Fall, daß das RBG eine Liste von TA vorliegen hat und ein neuer TA generiert wird.

In einer ersten Stufe wird eine schnelle Heuristik aufgerufen, die versucht, den neuen TA möglichst günstig in die bestehende Abarbeitungssequenz einzuordnen. Diese Heuristik liefert praktisch ohne Zeitverzug eine zulässige Lösung. Falls noch Rechenzeit zur Verfügung steht, wird in einer zweiten Stufe ein aufwendigeres heuristisches Verfahren aufgerufen. In einer dritten Stufe wird das AHWP mittels eines Branch&Bound–Codes von Fischetti und Toth [FP92] optimal gelöst. Falls in einer dieser Berechnungsstufen eine bessere Sequenz gefunden wird, wird diese dem RBG–Controller zur Verfügung gestellt. Falls während der Stufen zwei oder drei jedoch ein neuer TA generiert wird, wird der Optimierungsprozeß abgebrochen, und mit dem neuen Problem wieder gestartet.

Die Rechenergebnisse zeigten aber, daß die implementierten Verfahren so schnell sind, daß es so gut wie nie erforderlich war, eine Stufe des Optimierungsprozesses vorzeitig zu beeenden. Für einen Vergleich verschiedener Heuristiken für dieses Problem sei auf [AAG94] verwiesen.

Rechenergebnisse. Anhand der realen Produktionsdaten, die auch für die Simulationsvalidierung aufgenommen wurden, sollte das Optimierungsverfahren mit der alten SNI–Strategie verglichen werden. Die Ergebnisse, die in der Simulation erzielt wurden, sind in Tabelle 2 zusammengefaßt.

Ein Blick in die Spalte mit der prozentualen Verbesserung (V %) zeigt, daß diese lediglich bei 6–8% lag. Dies waren natürlich enttäuschende Ergebnisse. Eine Analyse der Inputdaten zeigte aber, daß in dem Zeitraum, in dem die Daten aufgenommen worden sind, keine Hochlastsituation aufgetreten ist und es zudem auch keine wesentlichen Ausfälle des RBG gab. So lagen im

Maximum nur 7–9 TA, im Durchschnitt nur zwei TA, gleichzeitig vor. Es gab
also praktisch kaum „Optimierungsspielraum".

Tabelle 2. Ergebnisse mit Originaldaten

	TA	LF-S	LF-U	V %	MAX-TA	ØTA
1	416	20,72	19,00	8,30	8	2,08
2	423	20,42	19,08	6,56	8	1,82
3	403	20,37	18,87	7,36	7	2,19
4	399	20,09	18,49	7,96	9	1,91
5	450	20,91	19,26	7,89	9	2,00

TA   :   Anzahl der TA, die im vorliegenden Zeitraum generiert wurden
LF-S   :   durchschnittliche Leerfahrzeit zwischen den TA bei
                     SNI–Prioritätensteuerung (Angabe in Sekunden)
LF-U   :   durchschnittliche Leerfahrzeit bei Steuerung der Abarbeitung über
                     das beschriebene Optimierungsmodul (Angabe in Sekunden)
V %   :   Verbesserung in % ($\frac{(LF\text{-}S)\ -\ (LF\text{-}U)}{(LF\text{-}S)} \cdot 100$)
MAX-TA   :   Maximale Anzahl von TA, die sich gleichzeitig im
                     Auftragspool befanden.
ØTA   :   durchschnittliche Anzahl von TA, die sich gleichzeitig
                     im Auftragspool befanden.

Im Unterschied zum obigen Systemzustand besteht ein echter Bedarf an
Optimierungsverfahren aber im Hochlastbetrieb, wenn wirklich Engpässe auftreten. Da eine erneute Datenaufnahme zu aufwendig erschien, entschlossen
wir uns, innerhalb der Simulation künstlich Hochlastbedingungen zu erzeugen.
Wir fügten einfach einen zweistündigen Ausfall des RBG zu den Inputdaten
hinzu und beschränkten unsere Analyse auf den so erzeugten Zeitraum mit
Hochlastbetrieb. Die Ergebnisse sind in Tabelle 3 zusammengefaßt.

Wir stellen fest, daß die erzielten Verbesserungen hier signifikant sind. Sie
liegen im Bereich von 30–40%. Falls in dem vorgegebenen Zeitraum mehr TA
vorlagen, konnten in gleicher Zeit auch mehr TA ausgeführt werden (siehe
Spalte „Plus").

Zusammenfassend kann festgestellt werden, daß die Umstellung von einer einfachen Prioritätensteuerung auf ein mathematisches Optimierungsverfahren zu einer Entschärfung eines potentiellen Engpasses geführt hat. Das
beschriebene Optimierungsmodul ist seit Anfang 1992 bei SNI in sechs Hochregallagern im Produktiveinsatz. Die in der Simulation erzielten Ergebnisse
konnten im täglichen Produktivbetrieb bestätigt werden.

Modellkritik. Obwohl die erzielten Verbesserungen beeindruckend sind,
wollen wir an dieser Stelle einige kritische Bemerkungen zu der verwende-

Tabelle 3. Originaldaten mit künstlicher Störung

	TA	LF-S	LF-U	V %	MAX-TA	ØTA	Plus
1	50	17,98	11,50	36,00	29	13,32	3
2	49	19,48	14,72	24,44	20	8,32	0
3	50	19,74	11,33	42,60	26	12,23	3
4	49	18,14	10,34	43,00	31	15,24	3
5	50	19,31	13,77	28,69	25	13,08	1

Einträge wie in Tabelle 2

Plus : Anzahl der TA, die in der vorgegebenen Zeit zusätzlich ausgeführt werden konnten

ten Modellierung anbringen. Es sollte aufgefallen sein, daß sowohl das Modell als auch die Optimierungsverfahren statischer Natur sind. Wir haben für eine gegebene Menge von TA eine optimale Sequenz berechnet, und gingen stillschweigend davon aus, daß diese auch in dieser Reihenfolge ausgeführt wird. In der Regel wird dies aber nicht der Fall sein, da die Generierung eines neuen TA eine Reoptimierung, d.h. die Berechnung einer neuen Sequenz, erfordert. Das vorliegende Problem ist somit also kein AHWP, sondern ein **Online– AHWP**.

Alle verwendeten Stufen des Optimierungsmoduls, auch der Branch& Bound–Algorithmus, der das AHWP optimal löst, sind somit lediglich heuristische Verfahren zur Lösung des Online–AHWP. Zur Abschätzung der Güte dieser Verfahren ist es notwendig, untere Schranken für den Optimalwert zu bestimmen. Ascheuer [As94] führte die Berechnung dieser Schranken auf die Bestimmung von Optimalwerten für AHWP mit Nebenbedingungen (Präzedenzrelationen, Zeitfenster) zurück, die über komplexe Branch&Cut–Algorithmen bestimmt werden. Die Verwendung statischer Verfahren für ein dynamisches Online–Problem spiegelt sich in den so erzielten Schranken wider.

Bei den vorliegenden Datensätzen lagen die mit dem Optimierungsmodul erzielten Lösungen höchstens 20 – 40%, in einem Beispiel bis zu 90% von einer bestmöglichen Online–Strategie entfernt. Selbst in Anbetracht der Tatsache, daß diese Schranken nicht scharf sind, glauben wir, daß dynamische Verfahren, basierend auf einem Online–Modell, sicherlich noch bessere Ergebnisse produziert hätten. Uns ist bis heute aber kein Modell bekannt, welches dies in vernünftiger Weise abbildet. Da aber viele Anwendungen einen solchen Online–Charakter aufweisen, ist weitere Grundlagenforschung auf diesem Gebiet unbedingt erforderlich.

2.3 Einlagerung von Transporteinheiten

Bei dieser Problemstellung ging es darum, ankommenden Transporteinheiten (TE) Lagerplätze in den Hochregallagern zuzuweisen. Da das RBG in

Hochlastzeiten einen Engpaß darstellt, ist es das Ziel, seine Fahrzeiten im Hochlastbetrieb so gering wie möglich zu halten.

Verbesserte Zuweisungsstragie. Eine erste Lagerplatzvergabe soll nach wie vor bei der Einbuchung an der Warenannahme erfolgen. Jedoch ist dieser Platz nicht fix für die TE reserviert, sondern kann (im Idealfall) bis zur endgültigen Einlagerung noch mit anderen Lagerplätzen getauscht werden, falls dies für das Gesamtsystem günstiger erscheint. In das optimierte Zuweisungsverfahren sollen alle noch nicht eingelagerten TE einbezogen werden.

Modellierung. Es werden alle TE, die eingebucht, aber noch nicht eingelagert sind, zu einem Containerpool C zusammmengefaßt. Die freien Lagerplätze kommen in einen Lagerplatzpool L. Analog zu dem Modellierungschritt bei der Leerfahrzeitminimierung werden 0/1–Entscheidungsvariablen x_{ij} für jede mögliche Zuweisung von TE zu Lagerplatz eingeführt, wobei gelten soll

$$x_{ij} := \begin{cases} 1, \text{Container } i \in C \text{ wird auf Lagerplatz } j \in L \text{ eingelagert,} \\ 0, \text{ sonst.} \end{cases}$$

Zu jeder „Einlagermöglichkeit" x_{ij} assoziieren wir einen **Kostenkoeffizienten** c_{ij}, der der absoluten Fahrzeit entspricht, die entsteht, falls Behälter i auf Platz j eingelagert wird. Hierbei sind sowohl die Fahrzeit c_{ej} für die Einlagerung in den Lagerplatz j als auch die Fahrzeit c_{jp} für die Nachfüllung des Entnahmebereichs p zu berücksichtigen, d. h.

$$c_{ij} := \lambda_1 \cdot c_{ej} + \lambda_2 \cdot c_{jp} \,.$$

Die Kostenfunktion wird über Strafkostenparameter $\lambda_i \geq 1$ gesteuert, die dem aktuellen Systemzustand anzupassen sind. Im „Normalbetrieb" sollte $\lambda_1 < \lambda_2$ gelten; dadurch werden die TE nahe an ihrem Entnahmebereich gelagert. Falls es der Systemzustand erfordert, kann durch Änderung der Parameter λ_i ein anderes Verhalten erzwungen werden. Dies könnte z.B. der Fall sein, falls vor der Einlagerstation der Hochregallager im Bereich des FTS ein Rückstau entsteht. Dann kann durch $\lambda_1 > \lambda_2$ erzwungen werden, daß Lagerplätze nahe an der Einlagerstation bevorzugt werden. Dadurch wird der Prozeß der Einlagerung beschleunigt, und somit der Rückstau so schnell wie möglich aufgelöst. Die TE, die auf Lagerplätze zugewiesen werden mußten, die weit vom Entnahmebereich entfernt sind, können im Rahmen einer späteren Umlagerung auf günstigere Plätze transportiert werden.

Auf Lagerplätzen von zwei TE–Arten (Gitterboxen/Paletten und Sonderpaletten) kann nur eine TE pro Lagerplatz gelagert werden. Für die Zuweisung dieser TE–Arten ergibt sich somit folgendes binäres lineares Programm:

$$\min c^T x$$

$$
\begin{aligned}
s.t.\ (1)\quad & \sum_{j \in L} x_{ij} = 1 && \forall\, i \in C \\
(2)\quad & \sum_{i \in C} x_{ij} \leq 1 && \forall\, j \in L \\
(3)\quad & x_{ij} \in \{0,1\}
\end{aligned}
$$

Gleichung (1) erzwingt, daß jedem Auftrag genau ein Lagerplatz zugewiesen wird; Ungleichung (2) bewirkt, daß jedem freien Lagerplatz höchstens eine TE zugewiesen wird.

Die Modellierung der Zuweisung der dritten TE–Art (Eurofixbehälter) auf die entsprechenden Lagerplätze ist etwas komplexer. Diese Behälter werden in Schächten gelagert, deren Gesamtkapazität drei Lagereinheiten entspricht. Ein kleiner Eurofixbehälter beansprucht eine Einheit, ein großer zwei. Der Auftragspool C muß somit aufgeteilt werden in Aufträge für kleine Behälter C_s und große Behälter C_t. In den Lagerplatzpool werden alle Schächte k aufgenommen, die vielleicht schon teilbelegt sind, aber immer noch eine positive Lagerkapazität cap_k besitzen. Wir erhalten somit das folgende ganzzahlige lineare Programm:

$$\min c^T x$$

$$
\begin{aligned}
s.t.\ (1)\quad & \sum_{j \in L} x_{ij} && = 1 && \forall\, i \in C \\
(2)\quad & \sum_{i \in C_t} \sum_{j \in C_s} (2 \cdot x_{ik} + x_{jk}) \leq cap_k && && \forall\, k \in L \\
(3)\quad & x_{ij} && \in \{0,1\}
\end{aligned}
$$

Wir minimieren eine lineare Zielfunktion unter einer Reihe von Nebenbedingungen. Gleichung (1) erzwingt, daß jedem Auftrag genau ein Lagerplatz zugewiesen wird; Ungleichung (2) bewirkt, daß die Restkapazität des Lagerschachtes nicht überschritten wird.

Praktische Lösung des Problems. Das erste Problem der Lagerplatzzuweisung entspricht im graphentheoretischen Sinne einem Zuordnungsproblem (Assignment Problem, AP). Das Zuordnungsproblem gehört zur Klasse der polynomial lösbaren Probleme, für die effiziente Algorithmen zur Berechnung einer Optimallösung bekannt sind.

Obwohl das Minimierungsproblem für die Behälter ähnlich aussieht, ist es ein NP-schwieriges Optimierungsproblem, ein Generalized Assignment Problem (GAP). Im Unterschied zum AP kann nicht erwartet werden, daß es Algorithmen gibt, die dieses Problem in polynomialer Zeit lösen. Man ist deshalb darauf angewiesen, für die praktische Lösung dieser Probleme Heuristiken einzusetzen, die in kurzer Zeit suboptimale Lösungen liefern. Wir verwenden eine zweistufige Heuristik: Zuerst weisen wir für die großen Behälter Lagerplätze zu, fixieren diese Zuweisungen, führen einen Update des Lagerplatzpools durch und weisen anschließend die kleinen Behälter ihren Lagerplätzen zu. Jede Zuweisung entspricht der Lösung eines Assignment Problems.

Diese Zuweisungen müssen jeweils durchgeführt werden, wenn eine neue TE eingebucht oder ein Lagerplatz frei wird. Zur Lösung der Assignment Probleme verwenden wir den Code von Achatz, Kleinschmidt und Paparrizos [AKP91], der für die entstehenden Größenordnungen ($|C| \sim 20, |L| \sim 800$) praktisch ohne Zeitverzug eine optimale Lösung liefert.

Um die Güte der heuristischen Lösung abzuschätzen, implementierten wir für das GAP ein Schnittebenenverfahren. Dieses Verfahren löste fast alle Problembeispiele optimal oder lieferte sehr gute untere Schranken für deren Optimalwerte. Aus Laufzeitgründen ist dieses Verfahren jedoch für einen Einsatz bei SNI ungeeignet. Es zeigte sich, daß die Heuristiken durchweg zufriedenstellende Lösungen produzieren. Sehr oft wurde eine Optimallösung gefunden, oder der Optimalwert bis auf 1% erreicht. Weitere theoretische und algorithmische Untersuchungen zum GAP können in [Ab94] gefunden werden.

Rechenergebnisse. Analog zur Vorgehensweise bei der Leerfahrzeitminimierung des RBG verglichen wir die alte Strategie mit dem Optimierungsverfahren. Die erzielten Verbesserungen sind jedoch nicht so signifikant, wie es beim letzten Problem der Fall war. Sie lagen lediglich im 5%–Bereich. Da der Aufwand zur Umstellung des Softwaresystems zu groß erschien, wurde vorerst von einer Umsetzung bei SNI abgesehen.

Wie bei der Leerfahrzeitminimierung gesehen, haben die aufgenommenen Systemdaten, die als Basis für einen Vergleich dienen, eine große Auswirkung auf die erzielten Ergebnisse. Leider erwies sich hier der Prozeß der Datenaufnahme als sehr schwierig, da synchron mehrere Softwaresysteme „angezapft" werden mußten. Aus diesem Grunde konnten nur für wenige Tage Daten aufgenommen werden. Wir sind nach wie vor der Meinung, daß in dem beschriebenen Ansatz ein größeres Potential steckt, als es die Rechenergebnisse bisher zeigen. So kann es z.B. möglich sein, daß das Optimierungsverfahren eine gewisse Einschwingphase benötigt, bis alle Einlagerungen, die unter der alten Strategie erfolgt sind, durch optimierte Einlagerungen ersetzt worden sind. Diesbezügliche Experimente innerhalb des Simulationsprogramms dauern momentan noch an.

Bemerkung. In Zeiten, in denen für das RBG keine Transportaufträge vorliegen, können **Umlagerungen** vorgenommen werden, d.h., weit von ihrem Verbrauchsort im Entnahmebereich entfernt liegende TE können auf näher gelegene Lagerplätze transportiert werden. Dies kann in analoger Weise als ein AP bzw. GAP formuliert werden. In den Containerpool C werden alle TE aufgenommen, die in den Hochregallagern eingelagert sind. Der Lagerplatzpool L setzt sich aus allen freien und belegten Lagerplätzen des Hochregallagers zusammen. Durch Umlagerung kann im Prinzip ein für den RBG–Betrieb in der laufenden Produktion günstiger Ausgangszustand erreicht werden. Ob sich dieser Aufwand in der Praxis lohnt, ist jedoch noch nicht geprüft worden.

2.4 Ein- und Auslagerung im Dauertestbereich

Die Fragestellungen, die bei der Zuweisung von Geräten zu Testplätzen im Dauertestregal entstehen, sind ähnlicher Natur wie die bei der Einlagerung in die Hochregallager. Bei SNI gibt es zwei verschiedene Typen von Testregallagern. Im ersten (DTA) sind für die verschieden hohen Gerätetypen (PC, Monitor, Tower–PC, etc.) verschieden hohe Testplätze vormontiert. Es ist zulässig, daß Geräte in höhere Testplätze eingelagert werden. Im anderen Testbereich (DTN) sind die Testplätze nicht fest vormontiert, sondern es ist eine variable Einlagerung möglich.

Modellierung. In [KM93] sind Modelle und heuristische Verfahren beschrieben, die zum Ziel haben, die Verweildauer der Geräte im Dauertestbereich zu minimieren. Es ist prinzipiell möglich, die anstehenden Entscheidungen über Ein- und Auslagerungen über einen Entscheidungsbaum zu realisieren. Der Wurzel dieses Baumes entspricht der momentane Systemzustand, die Söhne stellen mögliche Entscheidungen dar, z.B. ein ankommendes Gerät auf einen bestimmten Platz einzulagern. Diese Knoten des Baumes werden dann wiederum als mögliche Ausgangssystemzustände angesehen und erhalten Söhne, die z.B. den Entscheidungen über mögliche Auslagerungen entsprechen, usw. Die Kanten zwischen Vater und Sohn erhalten einen Kostenkoeffizienten, der dem „Aufwand" entspricht, der mit dieser Entscheidung verbunden ist. Dies ist eine Kombination aus RBG–Fahrzeit und Wartezeit auf den Testbeginn bzw. auf die Auslagerung. Setzen wir diese Konstruktion fort, erhalten wir einen exponentiell großen Entscheidungsbaum. Die günstigste Sequenz von Entscheidungen entspricht einem kürzesten Weg von der Wurzel des Baumes zu einem seiner Endknoten. Dieses Verfahren ist natürlich aus Speicherplatz- und Rechenzeitgründen nicht praktikabel.

Die Kostenkoeffizienten ergeben sich aus einer Kombination aus Wartezeit auf den Testbeginn bzw. Auslagerung, und RBG–Fahrzeit. Der wesentliche Unterschied zur TE–Einlagerung besteht in dieser Kostenfunktion. War es bei der TE–Einlagerung so, daß die Kosten, eine gewisse TE auf einem festen Lagerplatz einzulagern, über die Zeit konstant waren, ist es hier, bedingt durch die Betaktungszyklen, so, daß die Kosten sich über die Zeit verändern. Ein Platz, der vor kurzem noch günstig war, wird nach Beginn des Betaktungszyklus „teuer", um dann über einen Zeitraum von zwei Stunden langsam wieder „billiger" zu werden. Ein kurzer Verzug bei der Einlagerung, bedingt z.B. durch kurzzeitige technische Störungen oder eine Überbeanspruchung des Datennetzes, kann sich somit sehr nachteilig auf das Gesamtergebnis auswirken.

Aus diesen Gründen kann eine Realisierung eines Entscheidungsbaumes, die auf wenige Schichten beschränkt ist, eine sinnvolle Heuristik zur Lösung des Problems darstellen.

Eine weitere Möglichkeit, die Einlagerung von Geräten zu modellieren, ist die Formulierung der Aufgabe als Zuordnungsproblem (AP). Dies geschieht analog zu der Modellierung, die in Abschnitt 2.3 beschrieben wurde. Geräte, die auf die Einlagerung warten (Gerätepool), werden Testplätzen (Lagerpool) zugewiesen. Für den DTN ergibt sich statt eines AP ein Generalized Assignment Problem (GAP).

Ein weiterer Modellierungsansatz zieht neben den Einlagerungen auch noch die möglichen Auslagerungen mit in Betracht. Hierzu wird ein geschichtetes Netzwerk $D = (V, B)$ mit der Knotenmenge

$$V := \{s, t\} \cup V_E \cup V_T \cup V_{T'} \cup V_A$$

konstruiert. Hier entsprechen s und t einer künstliche Quelle und Senke, die Knoten in V_E den einzulagernden Geräten, V_T den freien Lagerplätzen und V_A möglichen Auslagerungen von Geräten. $V_{T'}$ ist ein Duplikat von V_T. Die Kantenmenge B ist wie folgt definiert

$$\begin{aligned}
B := \quad & \{(s, i) | i \in V_E\} \\
& \cup \{(i, j) | i \in V_E, j \in V_T, i \text{ kann auf } j \text{ eingelagert werden }\} \\
& \cup \{(i, i') | i \in V_T, i' \in V_{T'}, i' \text{ ist das Duplikat von } i\} \\
& \cup \{(i, j) | i \in V_{T'}, j \in V_A\} \\
& \cup \{(i, t) | i \in V_A\}
\end{aligned}$$

Die Kanten zwischen V_E und V_T erhalten einen Kostenkoeffizienten, der der Wartezeit auf den Testbeginn entspricht, die entsteht, falls das Gerät auf diesem Platz getestet wird. Die Kanten zwischen $V_{T'}$ und V_A erhalten Kosten, die einer Kombination aus der RBG–Fahrzeit von diesem Lagerplatz zu dem auszulagernden Gerät und der bisherigen Wartezeit auf die Auslagerung entsprechen. Alle anderen Kanten erhalten Gewicht 0. Ist auf allen Kanten ein maximaler Flußwert von 1 gegeben, ist ein kostenminimaler Fluß mit Wert $|E|$ in diesem Netzwerk gesucht.

Rechenergebnisse. Zur Lösung der Assignment Probleme verwendeten wir die Implementierung des Algorithmus von Achatz, Kleinschmidt und Paparrizos [AKP91], zur Lösung der Min–Cost–Flow–Probleme eine Implementierung des Netzwerk–Simplexalgorithmus von Löbel [Lö92].

Die beschriebenen Optimierungsverfahren werden jeweils aufgerufen, wenn ein neues Gerät den Dauertestbereich erreicht und eingelagert werden muß, oder wenn ein Gerät ausgelagert wurde, und somit ein neuer Platz für mögliche Einlagerungen frei wurde. Zum Test der beschriebenen Verfahren stand ein Datenabzug für einen Produktionstag zur Verfügung. Es zeigte sich, daß durch Einsatz der Optimierungsverfahren und durch einige organisatorische Änderungen, wie z.B. eine andere Reihenfolge der Bestromung der Testzyklen, die Durchlaufzeiten von ca. 12,5 Stunden auf ca. 8,5 Stunden reduziert werden konnten. Wir möchten an dieser Stelle betonen, daß eine wesentliche Reduzierung alleine durch eine geänderte Betaktungsreihenfolge erzielt werden konnte. Über eine Umsetzung der vorgeschlagenen Änderungen und den

Einsatz der Optimierungsverfahren wird derzeit nachgedacht. Weitere algorithmische Details und Rechenergebnisse sind in [KM93] zu finden.

3 Zusammenfassung

Die mathematische Optimierung kann eine große Unterstützung bei der Ausnutzung der teuren Produktionsressourcen in flexiblen Fertigungssystemen sein. Sowohl in der Layout- als auch in der Betriebsphase bieten diese Systeme eine Vielzahl von Einsatzmöglichkeiten für Verfahren der mathematischen Optimierung. Wir berichteten über ein Projekt, das zum Ziel hatte, den Produktionsfluß in einem bereits bestehenden System zu verbessern.

Es wurde ein Optimierungsmodul zur Minimierung der Leerfahrzeiten eines Regalbediengeräts beschrieben, welches jetzt seit mehr als zwei Jahren im Produktivbetrieb im Einsatz ist. Durch dieses Modul konnten im Hochlastbetrieb die Leerfahrzeiten um ca. 30% reduziert werden. Ferner skizzierten wir eine Einlagerstrategie für Hochregallager und Ein- bzw. Auslagerstrategien für ein Testregal.

Am Beispiel der Bestromungsreihenfolge im Dauertest wurde gezeigt, daß manchmal auch schon einfache organisatorische Veränderungen zu einer Systemverbesserung führen. Zu deren Lokalisierung sind oft nur die „Augen eines neutralen Beobachters" notwendig.

Literatur

[Ab94]   Abdel–Aziz Abdel–Hamid, A.: Combinatorial optimization problems arising in the design and management of an automatic storage system. Doktorarbeit, Technische Universität Berlin 1994

[AAG94]   Abdel–Aziz Abdel-Hamid, A., Ascheuer, N., Grötschel, M.: Order picking in an automatic warehouse: Solving on–line asymmetric TSPs. Technical Report, Konrad–Zuse–Zentrum für Informationstechnik, Berlin 1994. In preparation

[AKP91]   Achatz, H., Kleinschmidt, P., Paparrizos, K.: A dual forest algorithm for the assignment problem. DIMACS Series in Discrete Mathematics and Theoretical Computer Science 4 (1991) 1-10

[Al93]   Albers, S.: The influence of lookahead in competitive on–line algorithms. Doktorarbeit, Universität des Saarlandes, Saarbrücken 1993

[As94]   Ascheuer, N.: On–line optimization of flexible manufacturing systems. Doktorarbeit, Technische Universität Berlin 1994

[BM76]   Bondy, J.A., Murty, U.S.R.: Graph Theory with Applications. American Elsevier, New York and Macmillan, London 1976

[Ch80]   Chvátal, V.: Linear Programming. W.H. Freeman and Company, New York 1980

[FP92]   Fischetti, M., Toth, P.: An additive bounding procedure for the asymmetric TSP. Mathematical Programming 53 (1992) 173–197

[Gr92]   Grötschel, M.: Discrete Mathematics in Manufacturing. ICIAM'91: Proceedings of the Second International Conference on Industrial and Applied Mathematics 1992

[Ju87]   Jungnickel, D.: Graphen, Netzwerke und Algorithmen. B.I.–Wissenschaftsverlag 1987

[KM93]   Krippner, T., Matejka, H.: Online–Optimierung eines Testregallagers. Modellierung und Vergleich verschiedener Heuristiken. Diplomarbeit, Universität Augsburg 1993

[MS92]   McGeoch, L.A., Sleator, D.D. (Hrsg.) On–line algorithms. Proceedings of a DIMACS workshop. AMS 1992

[Lö92]   Löbel, A.: Implementierung und Analyse des Netzwerk-Simplexalgorithmus für das Minimalkosten–Flußproblem. Diplomarbeit, Universität Augsburg 1992

[NW88]   Nemhauser, G.L., Wolsey, L.A.: Integer and Combinatorial Optimization. John Wiley & Sons, New York 1988

[PBH88]   Page, B., Bölckow, R., Heymann, A., Kadler, R., Liebert, H.: Simulation und moderne Programmiersprachen. Fachberichte Simulation 8. Springer, Berlin 1988

[Sch86]   Schrijver, A.: Theory of Linear and Integer Programming. John Wiley & Sons, Chichester 1986

Mathematik
in Medizin und Biologie

Der menschliche Organismus – ein Eldorado für die AIDS–Viren

Andreas W.M. Dress und Rainer Wetzel

Forschungsschwerpunkt Mathematisierung – Strukturbildungsprozesse,
Universität Bielefeld

1 Zusammenfassung

Die unglaubliche Vielfalt an Lebensformen und -gestalten ist, so wissen wir
seit Darwin, Ergebnis eines durch das Wechselspiel von **Replikation, Mutation** und **Selektion** gesteuerten Evolutionsprozesses. Während Replikations-
und Mutationsrate artenspezifisch für vergleichsweise lange Zeiträume als
weitgehend konstant angesehen werden dürfen, unterliegen die Selektionsme-
chanismen mitunter extremen Schwankungen. Auf Perioden hoher Stabilität,
während derer phänotypisch sich auswirkende Mutationen nur sehr geringe
Chancen haben, von der Selektion begünstigt zu werden, folgen immer wieder erstaunlich instabile Perioden, während derer in kurzer Zeit eine Fülle
unterschiedlichster Varianten aus nur wenigen Grundformen fast gleichzeitig
hervorwächst. Im genetischen Material der heutigen Organismen finden sich
verschlüsselt Nachrichten über solche Prozesse. In dem vorliegenden Aufsatz
wollen wir eine mathematisch fundierte Methode vorstellen, die es unter anderem erlaubt, durch den systematischen Vergleich von genetischem Material
den Grad der Stabilität beziehungsweise Instabilität biologischer Evolutions-
prozesse zu erschließen, und wir wollen anhand einer auf dieser Methode basierenden Analyse von Nukleotidsequenzen des AIDS–Virus zeigen, daß die
Evolution der AIDS–Virus–Populationen in menschlichen Organismen nahezu „explosiv" verläuft und keine symbiotische Adaption an irgendwelche der
Ausbreitung des AIDS–Virus entgegenwirkende Mechanismen des menschlichen Immunsystems erkennen läßt, also extrem instabil ist.

2 Beispiele evolutionärer Radiation

„Erobern" lebende Organismen ein neues Territorium, welches es ihnen erlaubt, sich ohne die in ihrer früheren Lebensumgebung geltenden Restriktionen zu vermehren, dann können, wie man anhand vieler morphologischer,
fossiler und molekularer Daten bestens belegen kann (vergleiche [Go77, Go80]
oder [Ze92]), fast gleichzeitig eine Vielzahl neuer Lebensformen entstehen.

Beispiele für derartige Phänomene sind die Ausbildung der ersten mehrzelligen Organismen, die Entwicklung der Lungenatmung, die es den Tetrapoden ermöglichte, das Land zu besiedeln (eine ausführliche Beschreibung der Evolution des Hämoglobins in dieser Periode ist in Mirkin & Rodin ([MR84], Abschnitt 3) zu finden) oder die berühmte Kreide–Tertiär–Zeitenwende, in der das Aussterben der bis dahin dominanten Reptilien den Vorfahren aller heutigen Säugetiere eine zuvor ungeahnte Ausbreitung ermöglichte. Jüngere Ereignisse solcher Art, welche die Evolution einzelner Arten betreffen, sind die neolithische Revolution, die es dem Homo sapiens erlaubte, sich in viele verschiedene Zweige zu entwickeln, wie dies z.B. durch neuere Untersuchungen von mitochondrialen Sequenzen belegt wird ([VSH91]), die Ausbreitung des Kaninchens in Australien oder – gleichermaßen katastrophal – die des australischen Opossums in Neu–Seeland.

In jedem dieser erwähnten Fälle ist es praktisch unmöglich, ein wohldefiniertes Verzweigungsmuster der evolutionären Entwicklungen nachzuzeichnen – unabhängig davon, ob morphologische, fossile oder molekulare Daten hinzugezogen werden. Dies zeigen z.B. auch die heute geführten Debatten über die phylogenetischen Beziehungen zwischen Pilzen, Pflanzen und Tieren oder zwischen, sagen wir, Pferden, Mäusen, Hasen, Seelöwen, Walen und Affen.

3 Herkömmliche Methoden zur Analyse evolutionärer Radiation

Die meisten Methoden für die phylogenetische Analyse entsprechender Daten spiegeln diese Probleme in hochgradig unstabilen Ergebnissen bei der Rekonstruktion des zu vermutenden phylogenetischen Stammbaums wider. Schon das Weglassen einiger weniger Merkmale (bzw. im Falle von DNA- oder Aminosäuresequenzen einiger weniger Positionen) oder die Hinzunahme von ein oder zwei weiteren Spezies kann zu ganz unterschiedlichen Resultaten führen. Bei einigen Methoden spielt im Fall problematischer Datensätze sogar die Reihenfolge, in der die Taxa verarbeitet werden, eine Rolle.

Eine Möglichkeit zur Abschätzung der Signifikanz der Ergebnisse solcher Verfahren sind sogenannte Bootstrap–Tests (siehe [Fe85]). Nur diejenigen Gruppierungen, die hierbei immer wieder auf's Neue bestätigt werden, werden zugelassen. Obwohl solche Verfahren die Möglichkeit eines *a posteriori* Tests für die einzelnen Kanten und damit auch für die gesamte Verzweigungsstruktur eines phylogenetischen Baums bieten (siehe dazu z.B. auch [BD86], S. 337), dürfte eine Methode, die erst gar nicht versucht, ein baumhaftes Verzweigungsmuster zu berechnen, wenn dies durch die Daten nicht klar vorgezeichnet ist, für die Analyse solch' problematischer Datensätze natürlich vorzuziehen sein.

4 Die Splitzerlegungs–Methode

Eine solche Methode ist nun die vor einigen Jahren gemeinsam mit H.J. Bandelt entwickelte *Splitzerlegungs-Methode*. Mittels dieser Methode versucht man, anstelle des gesamten phylogenetischen Baumes zunächst einmal nur alle durch die Daten unterstützten globalen phylogenetischen Splits $X = A \overset{.}{\cup} B$ der Gesamtmenge X aller jeweils betrachteten Arten zu konstruieren, welche eine monophyletische Gruppe A, also alle solcher Organismen, die von einem gemeinsamen Vorfahren abstammen, von allen übrigen abtrennen. Um dies zu bewerkstelligen, verwenden wir eine abgeschwächte Form von lokaler Information. Anstatt für jedes Quartett a, b, c, d von Organismen die wahr-

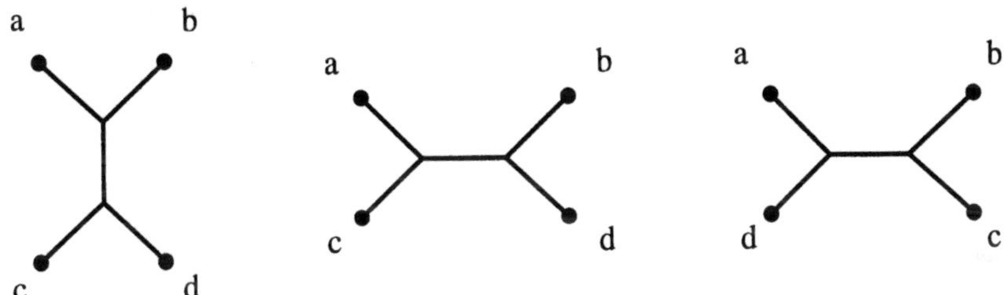

Abbildung 1. Die drei nicht–degenerierten additiven Bäume auf vier Objekten a, b, c, d

scheinlichste der drei möglichen nicht-degenerierten additiven Baumtopologien auszuwählen und die beiden anderen auszuschließen (was für die Konstruktion eines konsistenten Baumes unerläßlich wäre), lassen wir prinzipiell zwei dieser drei Baumtopologien zu. Beschreiben wir solche Gruppierungen auf einem Quartett als *zwei-versus-zwei Splits* und notieren wir die drei prinzipiell auf einem Quartett a, b, c, d möglichen zwei-versus-zwei Splits stenographisch durch $ab \mid cd$, $ac \mid bd$ und $ad \mid bc$, dann lassen sich aus einer Liste solcher lokalen Splits all diejenigen Partitionen $X = A \overset{.}{\cup} B$ von X in zwei disjunkte Teilmengen A und B leicht berechnen, für die für alle $a, a' \in A$ und $b, b' \in B$ der *zwei-versus-zwei Split* $aa' \mid bb'$ in unserer Liste auftaucht.

Das so definierte System von Splits wird in der Regel nicht in einen Baum passen, weil wir nicht ausschließen können, daß in ihm zwei Splits $X = A \overset{.}{\cup} B$ und $X = A' \overset{.}{\cup} B'$ auftauchen, für welche alle Durchschnitte $A \cap A'$, $A \cap B'$, $B \cap A'$ und $B \cap B'$ nicht leer sind (vergleiche [BD86]) für eine Übersicht über die Theorie der mit einer baumhaften Verzweigungsstruktur kompatiblen Familien von Splits). Doch kann ein jedes sich so ergebende Splitsystem zumindest in Form eines kanonisch definierten Netzwerks dargestellt werden (siehe Abb. 2).

Für die Abschätzung der Laufzeit von Algorithmen, die aus gegebenen Listen zulässiger lokaler zwei-versus-zwei Splits die globalen Splits berechnen, ist

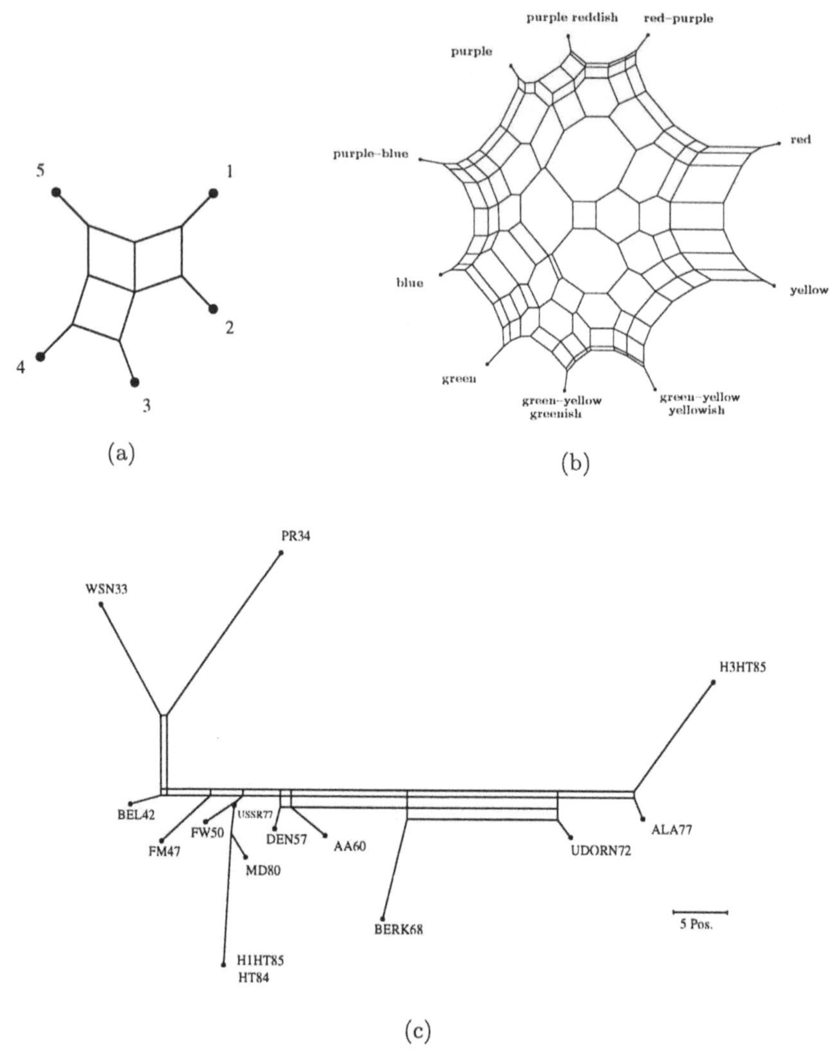

Abbildung 2. (a) Ein Beispiel für ein Netzwerk, wie es als Ergebnis unserer Methode auftreten kann. Das dargestellte System der Splits auf der Menge $X = \{1,2,3,4,5\}$ besteht aus den Splits $\{i\} \ \dot\cup \ (X \setminus \{i\})$ $(i = 1,\ldots,5)$, $\{1,2\} \ \dot\cup \ \{3,4,5\}$, $\{1,2,3\} \ \dot\cup \ \{4,5\}$, $\{1,2,5\} \ \dot\cup \ \{3,4\}$, $\{1,5\} \ \dot\cup \ \{2,3,4\}$. Die Splits der Form $\{i\} \ \dot\cup \ (X \setminus \{i\})$ werden jeweils durch eine, die Splits $\{1,2\} \ \dot\cup \ \{3,4,5\}$ und $\{1,2,5\} \ \dot\cup \ \{3,4\}$ durch zwei und die Splits $\{1,2,3\} \ \dot\cup \ \{4,5\}$ und $\{1,5\} \ \dot\cup \ \{2,3,4\}$ durch drei parallele Kanten dargestellt.

(b) Ein Netzwerk, das aus geschätzten Ähnlichkeiten von Farben berechnet wurde und klar den **Farbenkreis** darstellt.

(c) Ein Netzwerk, das die Verwandtschaftsbeziehungen zwischen 15 Sequenzen des Influenza NS–Gens darstellt. Die Zahlen geben das Jahr der Isolation an.

von besonderer Bedeutung, daß aufgrund unserer Verabredung, in unserer Liste für jedes Quartett a, b, c, d nur höchstens *zwei* der *drei* prinzipiell möglichen (s. Abb. 1) zwei-versus-zwei Splits zuzulassen, die Anzahl der resultierenden globalen Splits höchstens gleich $n(n-1)/2$ ist, wenn die zugrundeliegende Menge X die Kardinalität n besitzt ([BD92a], S. 62).

5 Radiation und Splitzerlegung am Beispiel des AIDS–Virus

Man könnte nun vermuten, daß diese abgeschwächte Definition unser Verfahren bei der Analyse von „explosiven" evolutionären Ereignissen schlechter abschneiden läßt als die klassischen Baumrekonstruktionsmethoden. Während bei den Standardverfahren Artefakte häufig in Form von nicht signifikanten (kurzen) Kanten des berechneten Baums zum Ausdruck kommen, könnte man bei der Splitzerlegungsmethode gleich ein ganzes Netzwerk solcher Kanten erwarten. Doch sehen wir erstens das Vorhandensein von deutlichen Vernetzungen als Zeichen dafür an, daß vermutlich keine der beteiligten Kanten gesichert und phylogenetisch relevant ist, und zweitens zeigen Beispiele wirklicher Daten, daß unsere Methode in solchen Fällen eher eine busch– als eine baumhafte oder vernetzte Struktur liefert. Sind die verwandten Daten hingegen mehr oder weniger baumhaft, dann liefert die Methode in aller Regel auch den zugehörigen Baum (siehe Abb. 2, (b)), – sind sie präzis baumhaft, so ist das natürlich auch beweisbar ([BD92a]).

Ein gutes Beispiel zur Demonstration der Splitzerlegungs–Methode sind die Sequenzdaten des Immunschwächevirus. Wir haben hierzu eine Anzahl von alinierten Nukleotidsequenzen aus einem Gen dieses Virus benutzt, welches die äußeren Hüllglykoproteine codiert.

Um hinsichtlich der Robustheit der Ergebnisse unserer Methode ganz sicher zu gehen, haben wir zur Ermittlung der zulässigen lokalen zwei-versus-zwei Splits mehr als eine Distanztabelle auf den Sequenzen definiert und untersucht. Einmal wurden alle Punktmutationen mit gleichem Gewicht gezählt, das heißt, beim Vergleich zweier Sequenzen wird einfach die Anzahl der unterschiedlichen Positionen gezählt und als Distanz verwandt. Die zweite von uns untersuchte Distanztabelle nutzt aus, daß die vier Nukleotide A,G,C,T der DNA (bzw. U statt T im Falle der RNA) in die beiden Klassen der Purine (A,G) und der Pyrimidine (C,T) zerfallen. Dementsprechend haben wir in einem zweiten Durchgang zur Definition der genetischen Distanz nur Transversionen gezählt, das sind Mutationen zwischen Purinen und Pyrimidinen. Schließlich sind die von uns verwandten Sequenzen sogenannte *codierende* Sequenzen, bei denen jeweils drei aufeinander folgende Nukleotide (ein Codon) eine Aminosäure bestimmen. Da die drei Codonpositionen von unterschiedlicher Wichtigkeit für die Festlegung der codierten Aminosäure sind, ist die getrennte Untersuchung dieser drei Positionsklassen von Interesse, die wir deshalb ebenfalls unabhängig voneinander zur Berechnung von Distanzen auf diesen Sequenzen benutzt haben.

Für jede so erhaltene Distanztabelle oder *Metrik d* haben wir nun alle Splits $X = A \overset{.}{\cup} B$ dieser Sequenzfamilie X berechnet, für die für alle $a, a' \in A$ und $b, b' \in B$ der Index

$$\alpha^d_{\substack{aa' \mid bb'}} := \max(d(a,b) + d(a',b'), d(a,b') + d(a',b)) - d(a,a') - d(b,b')$$

positiv ist, was gerade bedeutet, daß von den drei für ein Quartett a, a', $b, b' \in X$ in Betracht zu ziehenden Distanzsummen $d(a,a') + d(b,b')$, $d(a,b) + d(a',b')$ und $d(a,b') + d(a',b)$ der globale Split $X = A \overset{.}{\cup} B$ auf einer Menge $\{a, a', b, b'\}$ niemals einen zwei-versus-zwei Split $aa' \mid bb'$ mit maximaler Distanzsumme induziert. Der in dem Splitdiagramm einem Split zugeordneten Familie paralleler Kanten wird als Länge ein Wert, der proportional zu dessen *Isolationsindex*

$$\alpha^d_{A,B} := \min(\alpha^d_{\substack{a,a' \mid b,b'}} \mid a, a' \in A; b, b' \in B)$$

ist, zugewiesen. In [BD92a] wurde bewiesen, daß der Wert

$$d_{\mathrm{split}}(x,y) := \sum_{A,B \text{ trennt } x \text{ und } y} \frac{1}{2} \cdot \alpha^d_{A,B}$$

(in welcher Formel die Summe über alle Splits $X = A \overset{.}{\cup} B$ mit positivem Isolationsindex $\alpha^d_{A,B}$ und mit entweder $x \in A$ und $y \in B$ oder $x \in B$ und $y \in A$ läuft) immer kleiner als oder gleich $d(x,y)$ ist, daß die Differenz $d_0 := d - d_{\mathrm{split}}$ eine (Pseudo-)Metrik ist, und daß die Zerlegung

$$d = d_{\mathrm{split}} + d_0$$

abstrakt durch gewisse strukturelle Anforderungen kategorialer Art, angewandt auf die Kategorie der metrischen Räume und kontrahierenden Abbildungen, gekennzeichnet werden kann (vergleiche [Is64] und [Dr84]).

Der *Zerlegungsindex*

$$100 \cdot \frac{\sum\limits_{x,y} d_{\mathrm{split}}(x,y)}{\sum\limits_{x,y} d(x,y)}$$

von d kann als Maß dafür angesehen werden, wieviel von den ursprünglichen Daten im System der gewichteten Splits repräsentiert wird. Im Falle der Influenzaviren beträgt dieser Index $79,6\%$.

Die in Abbildung 3 dargestellten Diagramme zeigen unabhängig vom verwandten Distanzmaß klar die Entwicklung des AIDS–Virus: während die aus

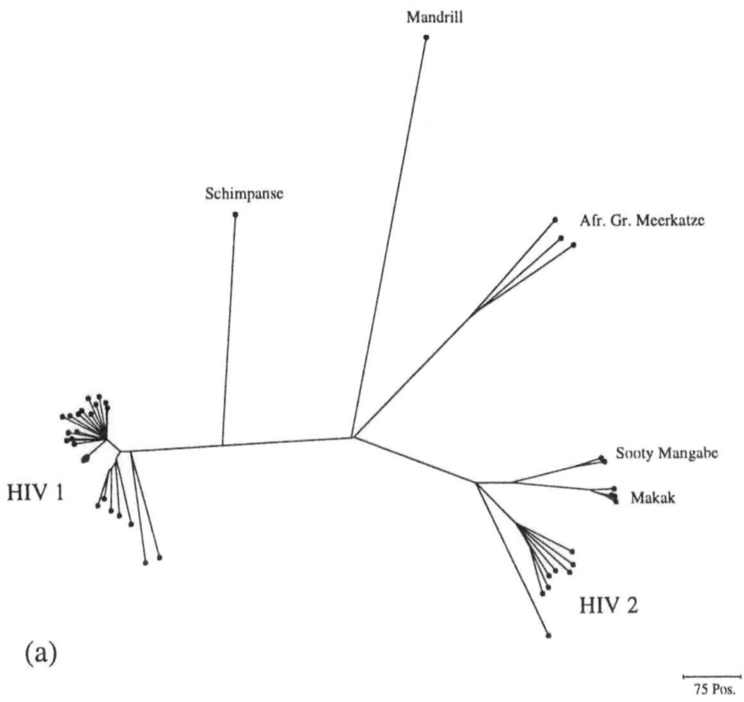

Abbildung 3. Fünf Diagramme, die die Anwendung der Splitzerlegungs–Methode auf Sequenzen der AIDS–Virus Familie verdeutlichen. Nach der Alinierung der Sequenzen wurden alle eine Lücke enthaltenden Sequenzpositionen gestrichen. Die verschiedenen Metriken wurden folgendermaßen berechnet: (a) alle Sequenzunterschiede wurden gleich bewertet, (b) es wurden nur die unterschiedlichen Positionen im Purin–Pyrimidin–Alphabet bewertet, und in (c) – (e) wurde die Analyse auf die drei verschiedenen Codonpositionen eingeschränkt, wobei die Distanzen wie in (a) berechnet wurden. Der Zerlegungsindex beträgt 77,4 % für (a), 77,2 % für (b), 66,6 % für (c), 67,4 % für (d) und 71,8 % für (e). Die dargestellte Einheitslänge beträgt jeweils 75, 50, 20, 20 und 25 Sequenzpositionen.

Halbaffen und Affen isolierten AIDS–Viren anscheinend mit deren Immunsystem co-evolvierten und sich in Anpassung an den dort herrschenden Selektionsdruck in klar erkennbaren, baumhaften Verzweigungsmustern entwickelten, vergleichbar den Entwicklungsmustern des Influenza–Virus (vergleiche Abb. 2), gab es wahrscheinlich zwei unabhängige Infektionen der Gattung Mensch, die zu den Subtypen HIV-1 und HIV-2 führten. Wichtiger noch: diese beiden Ereignisse zogen eine explosive Entwicklung und Aufspaltung beider AIDS-Virustypen nach sich. Das AIDS-Virus findet im Menschen anscheinend ähnlich günstige Bedingungen vor, wie das Kaninchen in Australien oder das Opossum in Neu–Seeland. Der menschliche Organismus kann bislang keinen

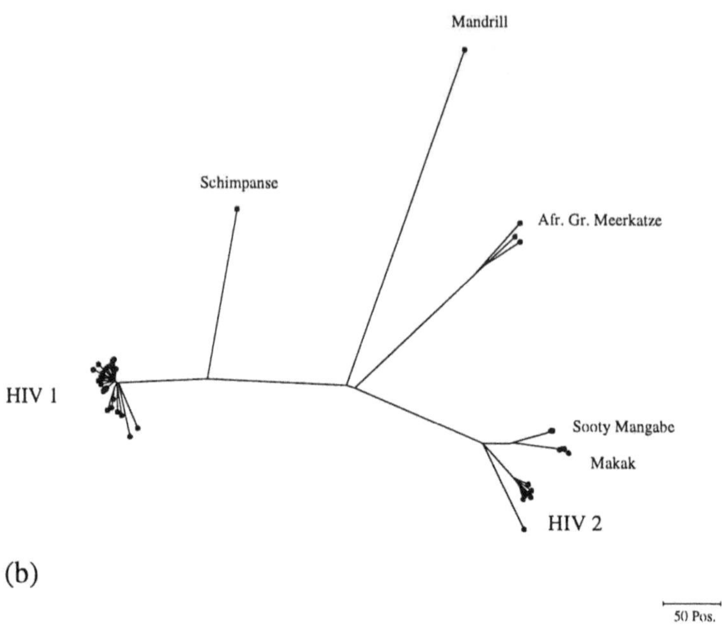

Mandrill
Schimpanse
Afr. Gr. Meerkatze
HIV 1
Sooty Mangabe
Makak
HIV 2
(b)
50 Pos.

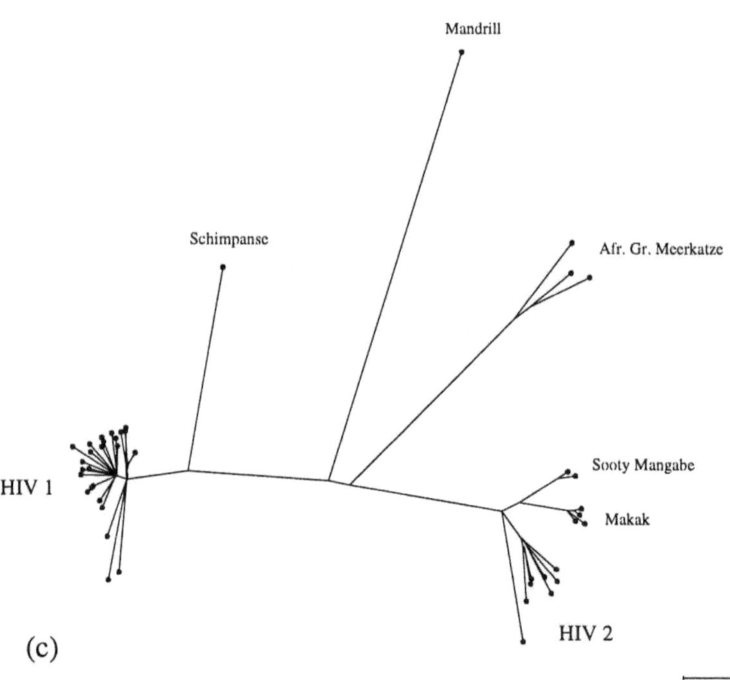

Mandrill
Schimpanse
Afr. Gr. Meerkatze
HIV 1
Sooty Mangabe
Makak
HIV 2
(c)
20 Pos.

Mandrill
Afr. Gr. Meerkatze
Schimpanse
Makak
Sooty Mangabe
HIV 1
HIV 2
20 Pos.

(d)

Mandrill
Schimpanse
Afr. Gr. Meerkatze
Sooty Mangabe
Makak
HIV 1
HIV 2
30 Pos.

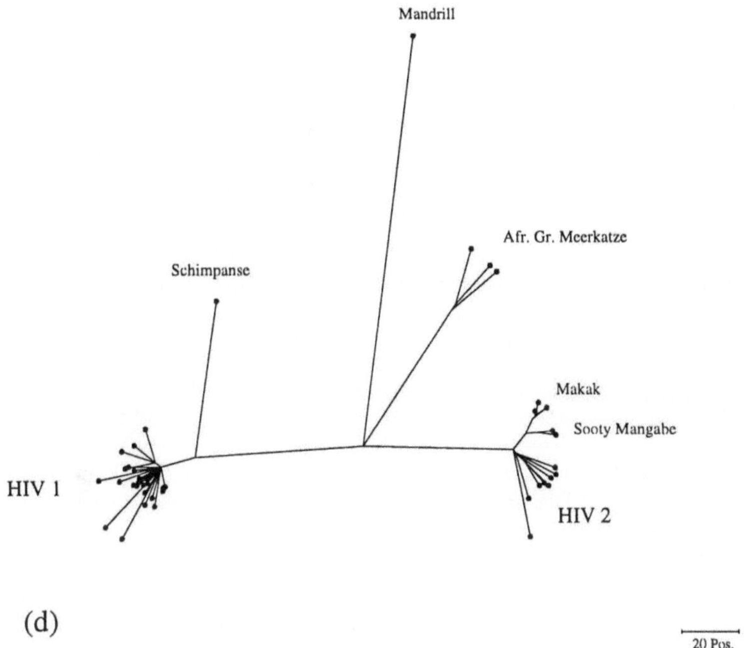

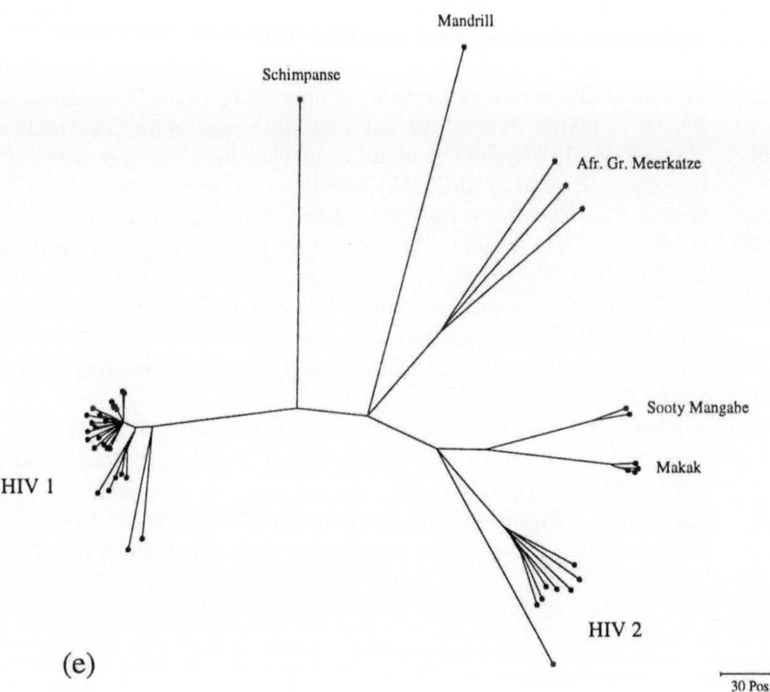

(e)

erkennbaren evolutionären Druck auf die Evolution des Virus ausüben. Dabei spielt sicher auch die sehr lange Latenzphase dieser Virusinfektion, in der aber gleichwohl eine Weitergabe möglich ist, eine große Rolle. Der Mensch ist also gleichermaßen Zeuge wie Opfer einer solchen explosiven Entwicklung einer biologischen Spezies.

Zu hoffen bleibt, daß die mit den geschilderten Methoden ermöglichte Analyse der unterschiedlichen Evolutionsdynamik von Virenpopulationen mit dazu beitragen wird, auch die zur Zeit von allen anderen bekannten Virenpopulationen offensichtlich stark abweichende Evolutionsdynamik des AIDS–Virus irgendwann – und hoffentlich eher früher als später – unter Kontrolle zu bringen und effektiv einzudämmen.

Literatur

[BD86]   Bandelt, H.–J., Dress, A.W.M.: Reconstructing the Shape of a Tree from Observed Dissimilarity Data. Advances in Applied Mathematics **7** (1986) 309–343

[BD92a]   Bandelt, H.–J., Dress, A.W.M.: A Canonical Decomposition Theory for Metrics on a Finite Set. Advances in Mathematics **92** (1992) 47–105

[BD92b]   Bandelt, H.–J., Dress, A.W.M.: Split Decomposition: A New and Useful Approach to Phylogenetic Analysis of Distance Data. Mol. Phylogenetics and Evolution **1** (1992a) 242–252

[DDH93]   Dopazo, J., Dress, A.W.M., von Haeseler, A.: Split Decomposition: A New Technique to Analyse Viral Evolution. PNAS **90** (1993) 10320–10324

[Dr84]   Dress, A.W.M.: Trees, Tight Extensions of Metric Spaces, and the Cohomological Dimension of Certain Groups: A Note on Combinatorial Properties of Metric Spaces. Advances in Mathematics **53** (1984) 321–402

[Fe85]   Felsenstein, J.: Confidence limits on phylogenies: An approach using the bootstrap. Evolution **39** (1985) 783–791

[Go77]   Gould, S.J.: Ever since Darwin. London, New York 1977

[Go80]   Gould, S.J.: The Panda's Thumb: More Reflections in Natural History. London, New York 1980

[Is64]   Isbell, J.R.: Six Theorems About Metric Spaces. Comment. Math. Helv. **39** (1964) 65–74

[MR84]   Mirkin, B.G. & Rodin S.N.: Graphs and Genes. Berlin, Heidelberg, New York, Tokyo 1984

[VSH91]   Vigilant, L., Stoneking, M., Harpending, H., Hawkes, K. Wilson, A.C.: African Population and the Evolution of Human Mitochondrial DNA. Science **253** (1991) 1503–1507

[Ze92]   Zeeman, C.: Evolution and Catastrophe Theory. In: J. Bourriau (ed.) Understanding Catastrophe. Cambridge Univ. Press 1992, pp. 83–101

Vergleichende Sequenzanalysen von Virusgenen

Katja Nieselt-Struwe und Manfred Eigen

Max-Planck-Institut für biophysikalische Chemie, Göttingen-Nikolausberg

1 Einleitung

Ein Großteil der Evolutionsforschung befaßt sich heute mit der Analyse von Sequenzen. Genetische Sequenzen bergen die „Fußabtritte" der Evolution in sich, denn Evolution findet auf der genetischen Ebene statt. Aufgrund der nunmehr verfügbaren Automatisierung der Sequenzbestimmung ist eine riesige und stetig steigende Anzahl von Sequenzen in den verschiedensten Datenbanken zu finden.

Was kann nun die Mathematik für die Analyse dieser Daten leisten? Hierfür ein Beispiel: Hat man in den letzten Jahren die in der Literatur veröffentlichten Forschungsergebnisse über die Evolution des AIDS-Virus verfolgt, so konnte man Erstaunliches feststellen: speziell bei der Frage nach dem Alter aber auch der Herkunft dieses Virus ließen sich eklatante Widersprüche entdecken. So las man in einem Artikel, daß der gemeinsame Vorläufer der beiden menschlichen AIDS-Virustypen, HIV-1 und HIV-2, ca. 40 Jahre alt sei, in einem weiteren Artikel sprachen die Autoren von 150 Jahren und eine weitere Forschungsgruppe kam zu dem Schluß, daß das Vorläufervirus der menschlichen und der in Affen vorkommenden Immunschwächeviren sogar mehrere Millionen Jahre alt sei. Weiterhin herrschte Uneinigkeit über die Herkunft (Mensch oder Affe in Afrika?) dieses Virus. Da, wie wir im folgenden sehen werden, alle zur Zeit bekannten Immunschwächevirentypen einen gemeinsamen Vorläufer haben und da die Autoren sich weitgehend auf die selben Daten, nämlich die isolierten Sequenzen stützten, muß es für die unterschiedlichen Interpretationen der Daten eine Erklärung geben.

Viren sind im klassischen Sinne keine lebenden Organismen. Vielmehr stellen sie Grenzformen zwischen der unbelebten und der belebten Natur dar und eignen sich von daher hervorragend für die Untersuchung, wie Information auf molekularer Ebene entsteht, verändert und optimiert werden kann. Dieses geschieht in mehr als millionenfacher Geschwindigkeit als bei anderen Organismen. Viren, und speziell RNA-Viren (wie das Immunschwächevirus) kopieren dabei ihre genetische Information meist nur knapp unterhalb der sogenannten Fehlerschwelle. Das ist ein Schwellenwert, bei dessen Überschreitung jegliche Information verlorengeht. Der Selektionsdruck bewirkt jedoch eine unterschiedliche Akzeptanz bzw. Fixierung der Mutationen entlang des viralen Genoms. In Abhängigkeit von der Fixierungsrate können sich Teile des viralen Genoms (oder auch nur eines Gens) sehr schnell bis zu dem Maße verändern, daß schon nach einigen Replikationsrunden bzw. Generationen in diesen Teilregionen komplette Randomisierung vorliegen kann. Auf der anderen Seite gibt es Regionen innerhalb des Genoms, die vollkommen konstant erscheinen. Unterscheiden sich die Zeitskalen, mit denen Mutationen in den verschiedenen Regionen innerhalb des Genoms fixiert werden, um mehrere Größenordnungen, so kommen die klassischen Sequenzvergleichsmethoden, die Distanzen mit uniformer Zeit korrelieren, sowohl bei der Datierung der Spezies als auch der Bestimmung der Verwandschaftsverhältnisse zu möglicherweise ganz unterschiedlichen Ergebnissen.

Die klassischen Analysemethoden in der Evolutionsforschung dienen zumeist der Aufgabe, den dynamischen Prozeß, der die fraglichen Sequenzen hervorgebracht hat, zu charakterisieren. Nun wird jedoch dabei traditionellerweise angenommen, daß dieser Prozeß eine hierarchische Struktur hat und die Sequenzen mit Hilfe eines phylogenetischen Baumes dargestellt werden können. Diese Annahme ist für die Evolution von Organismen sicherlich zumeist gerechtfertigt. Jedoch gibt es viele Beispiele, bei denen eine hierarchische Darstellung völlig unangebracht wäre. Gerade bei sehr schnell oder explosionsartig evolvierenden Organismen, wie z.B. Viren, findet man häufig sogenannte bündelhafte Knotenpunkte, von denen heraus viele Isolate in einer nicht mehr nachvollziehbaren Abfolge evolviert sind, so daß Baumrekonstruktionen für diese Knoten zu fehlerhaften Schlußfolgerungen führen.

Die angesprochenen Probleme zeigen, wie notwendig die Entwicklung einer systematischen, analytischen Methode zur Untersuchung von Sequenzen ist. Die kürzlich von Eigen und Dress [EWD88] entwickelte Methode der statistischen Geometrie ist ein analytisches Instrumentarium, das es erlaubt, die einer Sequenzfamilie zugrundeliegende „Topologie" (also ihre Graphenstruktur) zu charakterisieren. Die hergeleiteten Parameter ermöglichen sowohl eine Unterscheidung in z.B. baum- oder nichtbaumhaft wie auch die Detektion unterschiedlicher Substitutionsraten.

Eine Anwendung auf Sequenzen des AIDS-Virus wird eine Erklärung für die in der Literatur unterschiedlichen Alters- sowie Herkunftsbestimmungen ermöglichen. Wir werden die Methode der statistischen Geometrie zum Vergleich auch auf andere Virusfamilien anwenden. Hier werden wir das ganze Spektrum möglicher Divergenzstrukturen – von ideal baumhaft bis vollständig vernetzt – vorfinden.

Bemerkung: Wir haben bei allen folgenden Sätzen, Lemmata etc. darauf verzichtet, einen Beweis zu präsentieren. Der Leser möge bei Interesse die Dissertation von K. Nieselt-Struwe [NS92] konsultieren.

2 Modellierung

Gegeben sei eine Sequenzfamilie, die zu einem gemeinsamen Zeitpunkt T_0 entstanden ist und seitdem unabhängig und parallel evolviert ist. Zu unterschiedlichen Zeitpunkten T_i sind wiederum explosionsartig neue Sequenzen entstanden. Die Verwandschaftsverhältnisse seien mittels eines Graphen dargestellt (s. Abb. 1).

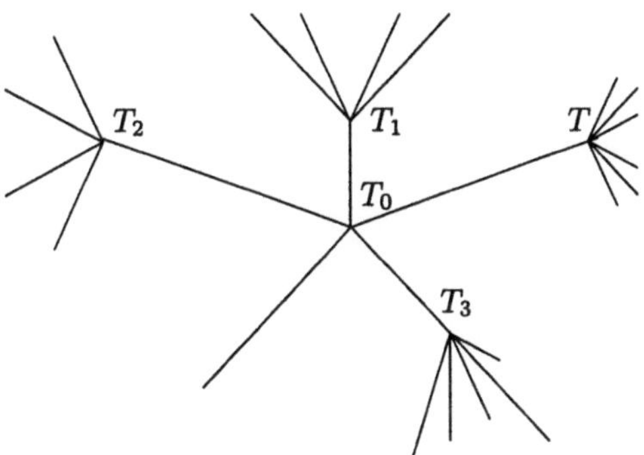

Abbildung 1. Graphische Verwandschaftsdarstellung einer Sequenzfamilie, die in gewissen Unterfamilien parallel und unabhängig evolviert ist. Die äußeren Knoten entsprechen dabei den Sequenzen. Ausgehend von dem bekannten Entstehungszeitpunkt T einer Unterfamilie sollen die Entstehungszeitpunkte T_i der anderen Unterfamilien und insbesondere des gemeinsamen Ursprungs bestimmt werden.

Mittels geeignet zu definierender, unabhängiger Parameter soll ein Nachweis und eine Kategorisierung nichtuniformer Substitutionsraten in den Sequenzen erfolgen. Darauf basierend soll eine Datierung der Zeiten T_i, bei gegebenen Kalibrierungszeitpunkt T, wobei insbesondere die Bestimmung der Divergenzzeit T_0 des gemeinsamen Ursprungs der Untermengen von Interesse ist, vorgenommen werden.

Eine Anwendung des Modells auf das AIDS-Virus zeigt, daß die Positionen der Sequenzen mindestens 3 Geschwindigkeitsraten besitzen. Die Mutationsraten erlauben dann eine neue zeitliche Einordnung des Entstehungszeitpunktes des Virus (s.a. [ENS91]). Analysemethoden, die uniforme Raten sowohl zur Datierung als auch zur Berechnung der Abstammungsreihenfolgen verwenden, führen in diesem Fall zu fehlerhaften Ergebnissen.

3 Statistische Geometrie im Sequenzraum

In diesem Abschnitt soll die Methode der statistischen Geometrie vorgestellt werden. Der für die Sequenzanalyse relevante Raum ist der Sequenzraum, dessen Konzept zunächst präsentiert wird. Anhand eines Beispiels folgt dann die grundlegende Idee der statistischen Geometrie. Für die Herleitung der Methode werden einige elementare Begriffe aus der Graphentheorie benötigt, die wir im üblichen Sinne benutzen und daher hier nicht gesondert definieren.

3.1 Eine motivierende Einführung in den Sequenzraum und in die statistische Geometrie im Sequenzraum

Das Konzept des Sequenzraumes wurde zuerst in der Informationstheorie von Hamming [Ham50] für binäre Sequenzen eingeführt. Im folgenden wird dieses Konzept auf beliebige, endliche Alphabete verallgemeinert.

Gegeben sei eine endliche Menge $\mathcal{A} = \{X_1, \ldots, X_\kappa\}$ der Mächtigkeit $\kappa \in \mathbb{N}$. $\mathcal{A}$ sei *Alphabet* genannt.

Definition 1. Die Menge aller ν-Tupel $\zeta = \big(\zeta(1), \ldots, \zeta(\nu)\big)$ mit $\zeta(i) \in \mathcal{A}$ für alle $i = 1, \ldots, \nu$, die zusammen mit der kanonischen Distanzfunktion

$$
\begin{aligned}
d_h : \mathcal{A}^\nu \times \mathcal{A}^\nu &\longrightarrow \mathbb{N}_0 \\
(\zeta, \zeta') &\longmapsto d_h(\zeta, \zeta') := \mid \{i \mid \zeta(i) \neq \zeta'(i), i = 1, \ldots, \nu\} \mid
\end{aligned}
\tag{1}
$$

einen metrischen Raum bildet, ist der *Sequenzraum* $\mathcal{A}^\nu$. Ein Element aus $\mathcal{A}^\nu$ heißt *Sequenz*.

Zum besseren Verständnis der Geometrie des Sequenzraumes soll dessen Aufbau iterativ beschrieben werden: Man beginne mit der Dimension $\nu = 1$. Dann besteht der Sequenzraum $\mathcal{A}^\nu$ aus all den Sequenzen, die als jeweils einziges Element gerade einen der κ Buchstaben des Alphabets besitzen. Graphisch gesehen läßt sich der Sequenzraum dann als der vollständige Graph K_κ veranschaulichen. Jede weitere Position (d.h. Zunahme der Dimension $\nu \mapsto \nu + 1$) bedeutet eine Ver-κ-fachung aller κ^ν Punkte und die Addition von weiteren $\kappa^\nu \cdot (\kappa - 1)$ Kanten (den fehlenden Kanten für die direkten Nachbarn). Jeder Knoten in dem Graphen hat demnach den Grad $(\kappa - 1) \cdot (\nu + 1)$.

Die statistische Geometrie läßt sich anhand von 4 Sequenzen ζ_1, ζ_2, ζ_3, ζ_4 aus dem binären (0,1)-Sequenzraum exemplifizieren. Wir denken uns die 4 Sequenzen übereinander geschrieben. Wir interessieren uns nun für die Anzahl der möglichen „Gleich-Nichtgleich"-Einträge der 4 Sequenzen. Beachtet man die Reihenfolge der Sequenzen gibt es insgesamt 8, bei Nichtbeachtung der Reihenfolge 3 verschiedene Positionsbesetzungen, wie sich aus der folgenden Darstellung entnehmen läßt:

	P_1	P_2	P_3	P_4	P_5	P_6	P_7	P_8
	p_1	p_2	p_2	p_2	p_2	p_3	p_3	p_3
ζ_1	0	0	1	1	1	0	0	0
ζ_2	0	1	0	1	1	0	1	1
ζ_3	0	1	1	0	1	1	0	1
ζ_4	0	1	1	1	0	1	1	0

Diese Besetzungen sind: entweder alle vier Sequenzen besitzen den gleichen Eintrag, oder eine Sequenz unterscheidet sich von den anderen drei, wobei es bei Beachtung der Reihenfolge vier Möglichkeiten gibt, oder die Sequenzen unterscheiden sich paarweise voneinander, wofür 3 Möglichkeiten existieren. Die Positionsbesetzungen definieren also Mengenpartitionen $(P_1 - P_8)$ von $\{1, 2, 3, 4\}$ bzw. numerische Partitionen (p_1, p_2, p_3) von $n = 4$. Zählt man nun in einem gegebenen Sequenzquartett die Anzahl der Positionen, deren Besetzungen die Partitionen definieren, so erhält man 8 bzw. 3 Parameter, die wir die Sequenzraumparameter des Quartetts nennen. Mit Hilfe dieser lassen sich die 4 Sequenzen durch eine gewichtete Graphstruktur, dessen äußere Knoten genau den 4 Sequenzen und die Distanzsegmente den Sequenzraumparametern entsprechen, darstellen (s. Abb. 2).

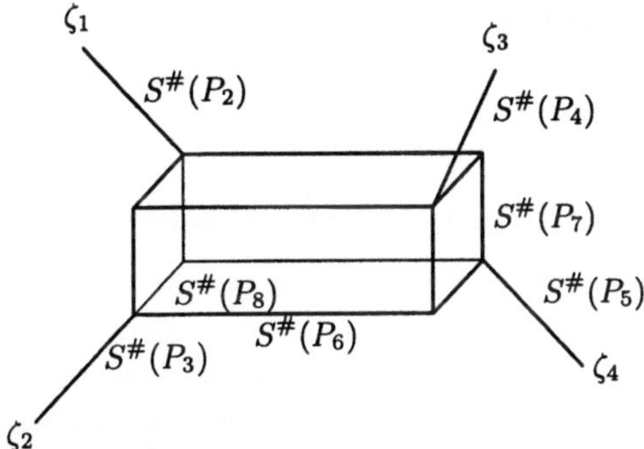

Abbildung 2. Der Sequenzraumgraph für Sequenzquartette aus einem binären Sequenzraum: die absoluten Hamming-Distanzen zwischen den Sequenzen werden in Distanzsegmente, die man aus den positionalen Besetzungen erhält, unterteilt. Dabei ist $S^\#(P_2)+S^\#(P_3)+S^\#(P_4)+S^\#(P_5)$ die Summe der Positionen, bei denen eine der 4 Sequenzen sich von den anderen dreien unterscheidet. Die Anzahl der Positionen mit paarweise gleichem Eintrag ist gleich der Summe der drei Quaderdimensionen $S^\#(P_6), S^\#(P_7), S^\#(P_8)$. Man beachte, daß jeder Punkt in diesem Graphen einer Sequenz im Sequenzraum entspricht und daß der Hammingabstand zwischen je zwei Sequenzen gerade gleich der Länge des kürzesten Weges zwischen den entsprechenden Knoten ist. Zur Definition der allgemeinen Graphenstruktur von Sequenzen s.a. Abschnitt 3.2.

Für eine Menge M mit $m > 4$ Sequenzen sind wir nun nicht an der Geometrie der gesamten Menge interessiert. Vielmehr berechnen wir – und jetzt kommt die Statistik der Methode ins Spiel – für jedes der $\binom{m}{4}$ möglichen Quartette von M die jeweiligen Sequenzraumparameter. Motivation dafür ist, daß in der Evolutionsforschung häufig die Rekonstruktion des Entstehungsweges der betrachteten Sequenzen bzw. ihrer zugehörigen Spezies von Interesse ist. Hier wird dann speziell gefragt, ob ein phylogenetischer Baum der korrekte Graph zur Darstellung der Verwandschaften ist oder ob der Graph eher bündelhaft[1] ist oder sogar Netzstrukturen enthält. Das folgende Theorem, das mehrfach unabhängig voneinander bewiesen wurde, gibt eine notwendige und hinreichende Bedingung für die Darstellbarkeit einer Familie von m Sequenzen mittels eines Baumes an [Za65, Si69, PH72]:

Theorem 2. *Für eine Familie M von m Sequenzen aus $\mathcal{A}^\nu$ existiert genau dann eine Darstellung mittels eines gewichteten Baumes, wenn alle 4-elementigen Untermengen von M durch einen gewichteten Baum darstellbar sind.*

Die arithmetischen Mittelwerte der Sequenzraumparameter entsprechen der mittleren Quartettgeometrie von M. Dieser Graph – die statistische Geometrie von M genannt – gibt Auskunft über die zugrundeliegende Struktur von M. Diese ist baumhaft, wenn einer der drei inneren Distanzsegmente groß im Vergleich zu den beiden anderen ist. Sind diese drei Segmente hingegen von ungefähr gleicher Größenordnung, so repräsentiert die Menge ein teilweise verrauschtes Bündel. Sind alle Distanzsegmente in dem Graphen von ähnlicher Größenordnung, so ist der Verrauschungsgrad von M soweit fortgeschritten, daß die Sequenzen sich nicht mehr von Zufallssequenzen unterscheiden lassen.

3.2 Das allgemeine Prinzip der statistischen Geometrie

Die Grundidee der statistischen Geometrie läßt sich schon anhand der auf der Sequenzfamilie induzierten Metrik, ohne Berücksichtigung der Einbettung dieser Familie in den vollen Sequenzraum, darlegen. Distanzen genügen jedoch im allgemeinen nicht zur eindeutigen strukturellen Analyse von Geometrien im Sequenzraum. Dafür soll im folgenden die Isometriegruppe des Sequenzraumes bzgl. der Hamming-Metrik bestimmt und eine Charakterisierung von Konfigurationen relativ zu dieser Gruppe vorgenommen werden. Die hierfür zu definierenden Parameter sind invariant unter den Operationen der Isometriegruppe und so fundamentale Größensysteme zur Beschreibung der Geometrie des Sequenzraumes.

Gegeben sei der Sequenzraum $\mathcal{A}^\nu$ über einem endlichen Alphabet $\mathcal{A}$ der Länge κ. Bezüglich der Hammingmetrik d_h definieren wir die Isometriegruppe $Iso(\mathcal{A}^\nu) =: \mathcal{S}(\mathcal{A}^\nu)$ von $\mathcal{A}^\nu$, d.h. die Menge aller bijektiven Abbildungen σ von $\mathcal{A}^\nu$ auf sich selbst, für die

$$d_h(\zeta, \zeta') = d_h(\sigma(\zeta), \sigma(\zeta')) \tag{2}$$

für alle $\zeta, \zeta' \in \mathcal{A}^\nu$ gilt. Zur Beschreibung der Struktur von $\mathcal{S}(\mathcal{A}^\nu)$ wird die folgende Definition benötigt:

Definition 3. Sei G eine Gruppe und H eine Permutationsgruppe auf einer endlichen Menge M. Unter dem *Kranzprodukt $G \wr H$* von G und H versteht man die Menge

$$\{(f, h) | h \in H, f : M \to G\}$$

---

[1] Wir unterscheiden im folgenden Bäume, im Sinne nichtdegenerierter Bäume, d.h. alle inneren Knoten haben den Grad 3, von Bündeln, deren innere Knoten den Grad größer 3 haben.

versehen mit der Multiplikation $\circ$

$$(f_1, h_1) \circ (f_2, h_2) = (g, h_1 \cdot h_2)$$

mit $g(i) := f_1(i) f_2(h_1^{-1}(i)) \ \forall \ i \in M$.

Von Dress und Rumschitzki [DR88] wurde das folgende Lemma bewiesen:

Lemma 4. *Die Isometriegruppe $S(\mathcal{A}^\nu)$ ist das Kranzprodukt $S_A \wr S_\nu$ der Permutationsgruppe auf $\mathcal{A}$ mit der symmetrischen Gruppe vom Grad ν.*

Die Elemente $\sigma = (\tau, \pi)$ von $S_A \wr S_\nu$ $(\tau \in \{1, \ldots, \nu\}^{S_A}, \pi \in S_\nu)$ operieren dabei in folgender kanonischen Weise auf $\mathcal{A}^\nu$:

$$\sigma(\zeta) = (\tau, \pi)(\zeta) : \{1, \ldots, \nu\} \longrightarrow \mathcal{A}$$
$$i \longmapsto \tau_i\Big(\zeta\big(\pi^{-1}(i)\big)\Big).$$

Definition 5. Unter einer n–Konfiguration $S = (\zeta_1, \ldots, \zeta_n)$ mit $n \in \mathbb{N}$ versteht man ein n–Tupel von Elementen ζ_i aus $\mathcal{A}^\nu$.

Gegeben sei eine n–Konfiguration $S = (\zeta_1, \ldots, \zeta_n)$ mit $\zeta_i \in \mathcal{A}^\nu$. Sei $I = \{1, \ldots, \nu\}$ eine endliche (Index)–Menge der Mächtigkeit ν, deren Elemente die Positionen der Sequenzen indizieren. Definiere eine Äquivalenzrelation $\overset{i}{\sim}$ auf der Menge $\{1, \ldots, n\}$ durch

$$a \overset{i}{\sim} b \Leftrightarrow \zeta_a(i) = \zeta_b(i). \tag{3}$$

$\overset{i}{\sim}$ definiert folglich auch eine Partition $P = P(i) = \{P_1, P_2, \ldots\}$ durch:

$$a \overset{i}{\sim} b \Leftrightarrow \text{es existiert ein } l \text{ mit } a, b \in P_l. \tag{4}$$

Sei $\Pi(n) = $ Menge aller Partitionen P von $\{1, \ldots, n\}$.

Definition 6. Für jedes $P \in \Pi(n)$ definiere $S^\#(P)$ als die Kardinalität der Untermenge von $\{1, \ldots, \nu\}$, für die $P(i) = P$ mit $i \in I$ gilt:

$$S^\#(P) = |\{i \in I | P(i) = P\}|. \tag{5}$$

Mit $S^\#$ sei im folgenden die der Konfiguration S zugeordnete Funktion

$$S^\# : \Pi(n) \to \mathbb{N}_0, P \mapsto S^\#(P)$$

bezeichnet.

Läßt man in der Konfiguration S die Reihenfolge der Sequenzen unberücksichtigt, so definiert die Besetzung einer Position eine numerische Partition $p = (n_1, n_2, \ldots)$ von n. Sei mit $\pi(n) = $ die Menge aller numerischen Partitionen von n bezeichnet.

Definition 7. $s^{\#}$ sei die Funktion

$$s^{\#} : \pi(n) \to \mathbb{N}_0 \tag{6}$$

$$p \mapsto s^{\#}(p) = \sum_{\substack{P \in \Pi(n) \\ P|_p}} S^{\#}(P),$$

wobei $P|_p$ bedeuten soll, daß P die numerische Partition p induziert.

Definition 8. Die Werte der Funktion $S^{\#}$ einer n–Konfiguration S seien die *geordneten Sequenzraumparameter n-ter Ordnung* von S genannt. Entsprechend heißen die Werte der Funktion $s^{\#}$ die *ungeordneten Sequenzraumparameter n-ter Ordnung* von S.

Bemerkung. Die Anzahl der Partitionen einer Menge M der Mächtigkeit n läßt sich mit Hilfe der Stirling Zahlen der zweiten Art berechnen. Für die Anzahl der numerischen Partitionen von n existieren Rekursionsformeln. Für die konkreten Formeln sei der Leser auf allgemeine Kombinatoriklehrbücher (z.B. [Lü89], [GJ83], [Hal86]) verwiesen. Man beachte weiterhin, daß für Alphabete der Mächtigkeit $\kappa < n$ die Werte $S^{\#}(P)$ $(s^{\#}(p))$ für alle Partitionen P (p) mit mehr als κ Teilmengen (Teilen) gleich Null sind.

Wir sind nun in der Lage das entscheidene Theorem zu formulieren:

Theorem 9. *Gegeben seien zwei n–Konfigurationen $S = (\zeta_1, \ldots, \zeta_n)$ und $T = (\xi_1, \ldots, \xi_n) \subseteq \mathcal{A}^\nu$. Es existiert genau dann ein $\sigma \in S_A \wr S_\nu$ mit $\sigma(\zeta_i) = \xi_i$ für alle $i = 1, \ldots, n$, wenn $S^{\#}(P) = T^{\#}(P)$ für alle Partitionen $P \in \Pi(n)$ gilt.*

Der Graph einer Konfiguration im Sequenzraum. Wir betrachten nun im folgenden eine n-Konfiguration $S = (\zeta_1, \ldots, \zeta_n) \subseteq \mathcal{A}^\nu$ über einem binären Alphabet $\mathcal{A}$ und die zugehörigen geordneten Sequenzraumparameter n-ter Ordnung $\{S^{\#}(P)\}$ von S. Im folgenden wollen wir eine aufgelöste Graphstruktur (Γ, Φ) mit einem gewichteten Graphen $\Gamma = \Gamma(S) = (\Gamma(S), w) = (E(S), K(S), w)$ und einer injektiven Abbildung $\Phi : S \to E(S)$ definieren derart, daß jeder der Sequenzraumparameter $S^{\#}(P)$ mit $P \neq \{1, \ldots, n\}$ gleich dem Gewicht von mindestens einer Kante in $\Gamma(S)$ ist und daß für $\zeta_i, \zeta_j \in S$ der gewichtete Abstand $d_w(\Phi(\zeta_i), \Phi(\zeta_j))$ gleich der Anzahl von Partitionen P ist, für die i und j nicht in einer gemeinsamen Teilmenge von P liegen, also gleich dem Hammingabstand $d_h(\zeta_i, \zeta_j)$ von ζ_i und ζ_j ist.

Definition 10. Der Graph $\Gamma = \Gamma(S) = (\Gamma(S), w) = (E(S), K(S), w)$ mit

$$E(S) = \left\{ \phi : I \to \Pi(n) | \phi(i) \in P(i) \text{ und } \phi(i) \cap \phi(j) \neq \emptyset \; \forall \; i, j \in I \right\} \text{ und}$$

$$K(S) = \left\{ (\phi, \phi') \subseteq E(S) | \phi(i) \neq \phi'(i) \text{ und } \phi(j) \neq \phi'(j) \Rightarrow P(i) = P(j) \right\}$$

sowie der Gewichtsfunktion $w : K(S) \to \mathbb{N}$ mit

$$w(\{\phi, \phi'\}) = |\{i \in I | \phi(i) \neq \phi'(i)\}|$$

heißt der zu S und $\{S^{\#}(P)\}$ zugehörige Sequenzraumgraph.

Die Eckenmenge $E(S)$ von Γ läßt sich mittels

$$\psi : E(S) \to \mathcal{A}^{\nu}, (\phi)(i) \mapsto \zeta_k(i) \text{ für alle } i \in I \text{ und } k \in \phi(i). \qquad (7)$$

kanonisch in den Sequenzraum abbilden und sei $\hat{S}$ genannt.
Dann läßt sich der der folgende Satz beweisen:

Satz 11. *Für je zwei Konfigurationen $S = (\zeta_1, \ldots, \zeta_n)$ und $T = (\xi_1, \ldots, \xi_n)$ aus $\mathcal{A}^{\nu}$, für die es ein $\sigma \in S(\mathcal{A}^{\nu})$ mit $\sigma(\zeta_i) = \xi_i$ für alle $i \in I$ gibt, existiert eine Isometrie $\hat{S} \xrightarrow{\sim} \hat{T}$ und folglich auch ein Isomorphismus der gewichteten Graphen $(\Gamma(S), w)$ und $(\Gamma(T), w)$.*

Speziell für den Fall $n = 4$ und $|\mathcal{A}| = 2$ definieren wir:

$$\mathsf{L} := \max\{S^{\#}(\{1,2\}\{3,4\}), S^{\#}(\{1,3\}\{2,4\}), S^{\#}(\{1,4\}\{2,3\})\}$$
$$\mathsf{S} := \min\{S^{\#}(\{1,2\}\{3,4\}), S^{\#}(\{1,3\}\{2,4\}), S^{\#}(\{1,4\}\{2,3\})\}$$
$$\mathsf{M} := S^{\#}(\{1,2\}\{3,4\}) + S^{\#}(\{1,3\}\{2,4\}) + S^{\#}(\{1,4\}\{2,3\}) - \mathsf{L} - \mathsf{S}$$

Das folgende Lemma beantwortet die Frage, wann der Sequenzraumgraph einer binären 4-Konfiguration eine nichtdegenerierte Baumstruktur besitzt und läßt sich mit Hilfe eines Satzes von Buneman [Bu71] beweisen:

Lemma 12. *Der Sequenzraumgraph einer 4-Konfiguration $S \subset \mathcal{A}^{\nu}$ mit $|\mathcal{A}| = 2$ ist genau dann ein nichtdegenerierter Baum, wenn $\mathsf{L} > 0$ und $\mathsf{M} = \mathsf{S} = 0$ gilt.*

Die im folgenden definierten Parameter erlauben die Charakterisierung des Sequenzraumgraphen einer 4-Konfiguration:

Definition 13. Gegeben sei eine 4-Konfiguration S aus dem binären Sequenzraum $\mathcal{A}^{\nu}$. Weiterhin sei jeweils $\mathsf{L} > 0$ vorausgesetzt:

1. Der Parameter

$$g_t(S) := \frac{\mathsf{L}}{\mathsf{L} + \mathsf{M} + \mathsf{S}} \qquad (8)$$

   gibt den charakteristischen Wert für die „Baumhaftigkeit" einer Quadrupelkonfiguration S an. Für ideale Baumhaftigkeit gilt $g_t(S) = 1$.
2. Zur Beschreibung der Struktur von Sequenzen, die von einer idealen „Baumhaftigkeit" erheblich abweichen, soll der charakteristische Wert für die „Bündelhaftigkeit" eines Quadrupels definiert werden:

$$g_b(S) := \frac{2 \cdot \mathsf{M}}{\mathsf{L} + \mathsf{S}} \qquad (9)$$

Ein „ideales" Bündel hat den Wert $g_b(S) = 1$, ein idealer Baum hingegen $g_b(S) = 0$.

3. Der Parameter

$$g_n(S) := \frac{s^{\#}(3,1)}{s^{\#}(2,2)} \qquad (10)$$

ist ein Maß dafür, inwieweit die betrachtete Konfiguration von einer
Konfiguration von Zufallssequenzen abweicht. Für Zufallssequenzen gilt
$g_n = 4/3$.

Die statistischen Sequenzraumparameter 4. Ordnung. Für einen Datensatz von $m \geq 4$ Sequenzen genügt es nach Theorem 2 also, alle $\binom{m}{4}$ Quadrupel von Sequenzen auf ihre Baumhaftigkeit zu untersuchen, um die Existenz
bzw. Nichtexistenz einer Baumstruktur für die gesamte Menge nachzuweisen.
Hierfür definieren wir nun:

1. die arithmetischen Mittelwerte der Sequenzraumparameter $s^{\#}((4))$,
   $s^{\#}((3,1))$, $s^{\#}((2,2))$, $s^{\#}(2,1,1)$, $s^{\#}((1,1,1,1))$. Diese seien respektive mit
   d_0^4, d_1^4, d_2^4, d_3^4, d_4^4 bezeichnet und die *ungeordneten statistischen Sequenzraumparameter 4. Ordnung von M* genannt.
2. Für die drei Partitionen P von $\{1,2,3,4\}$, die die numerische Partition $p = (2,2)$ induzieren, sortiere die zugehörigen Sequenzraumparameter
   $S^{\#}(P)$ der Größe nach und berechne die jeweiligen arithmetischen Mittelwerte. Diese seien mit $\overline{L}$, $\overline{M}$, $\overline{S}$ bezeichnet.

Auf der anderen Seite tritt häufig die Frage auf, ob ein gewisser Knoten in einem von einem klassischen Baumrekonstruktionsalgorithmus errechneten phylogenetischen Baum eine verläßliche Kantenabfolge wiedergibt. In diesem Falle
ist nicht die Untersuchung aller $\binom{m}{4}$ 4-Untermengen der Sequenzmenge M von
Interesse, sondern alle 4-Untermengen einer gewissen 4-Partition von M, die
sich z.B. aus einer vorangegangenen Clusteranalyse ergeben hat:

Definition 14. Sei eine Familie M von m Sequenzen von $\mathcal{A}^{\nu}$ gegeben. Deswei-
teren sei eine (Mengen–)Partition $P = P(M) = \{P_1, P_2, P_3, P_4\}$ mit $|P_i| = k_i$
und $k_1 + k_2 + k_3 + k_4 = m$ von M in 4 Teilmengen gegeben. Die *mittlere 4-Geometrie* von P ist die Menge der Mittelwerte aller geordneten Sequenzraumparameter der Quadrupelkonfigurationen $(M_{j_1}, M_{j_2}, M_{j_3}, M_{j_4}) \in
P_1 \times P_2 \times P_3 \times P_4$ mit $j_i \in \{1, \ldots, k_i\}$.

Auch für die statistischen Sequenzraumparameter 4. Ordnung von M bzw.
für die mittlere 4-Geometrie gibt es eine geometrische Realisierung, jedoch
lediglich in Form eines gewichteten Abstandsgraphen, ohne daß die Knoten in
dem Graphen eine Sequenz im Sequenzraum darstellen. Dieses ist der Graph
aus Abb. 2, wobei die Gewichte der Kanten den entsprechenden mittleren
Sequenzraumparametern zugeordnet werden. Diesen Graphen nennen wir die
statistische Geometrie 4. Ordnung von M.

Zur Beschreibung der Struktur der statistischen Geometrie einer großen
Menge M binärer Sequenzen definieren wir wie in Definition 13:

Definition 15.

$$\overline{g_t}(M) := \frac{\overline{L}}{\overline{L} + \overline{M} + \overline{S}}$$

$$\overline{g_b}(M) := \frac{2 \cdot \overline{M}}{\overline{L} + \overline{S}}$$

$$\overline{g_n}(M) := d_1^4 / d_2^4$$

3.3 Die statistischen Sequenzraumparameter des Diffusionsprozesses

Einen der Graphen, das Bündel, wollen wir nun in diesem Abschnitt genauer untersuchen. Wie wir bei den Untersuchungen von Virussequenzen sehen werden, spielt gerade das Bündel ein entscheidende Rolle bei der Beschreibung der Evolution von Virusgenen.

Eine Menge von m Sequenzen ζ_i der festen Länge ν, deren Elemente aus einem Alphabet $\mathcal{A}$ der Länge κ stammen, habe sich von einem gemeinsamen Vorläufer zur Zeit $t = 0$ separiert, und seitdem seien die Sequenzen unabhängig voneinander parallel evolviert. Für die zeitliche Entwicklung wird angenommen, daß bei dieser Entwicklung die Reproduktion der einzelnen Positionen der Sequenzen fehlerhaft verlaufen kann.

Im folgenden sollen analytische Ausdrücke für die ungeordneten statistischen Sequenzraumparameter als Funktion der Zeit t angegeben werden. Die Zeit t sei dabei so gewählt, daß pro Zeiteinheit im Mittel eine Mutation pro Sequenz auftritt.

Zunächst soll eine konstante Geschwindigkeit, d.h. eine für alle Positionen und Sequenzen konstante Rate, mit der sich Änderungen während des Prozesses ergeben, betrachtet werden. Später wird dieses auf mehrere Geschwindigkeiten erweitert.

Mit Hilfe der gewonnenen Gleichungen ist dann eine Möglichkeit gegeben, zu entscheiden, ob sich eine Sequenzmenge gemäß eines solchen Diffusionsprozesses entwickelt hat. Weiterhin lassen sich die Positionen quantitativ unterscheiden, die mit unterschiedlichen Geschwindigkeiten mutieren. Eine konkrete Anwendung des Modells befindet sich im Abschnitt 4.2.

Sei $P_{X_i}(t)$ gleich der Wahrscheinlichkeit, daß zur Zeit t in einer beliebigen Sequenz an einer beliebigen Position der Buchstabe X_i aus $\mathcal{A}$ auftritt. Dabei muß $P_{X_1}(t) + \cdots + P_{X_\kappa}(t) = 1$ gelten. Der Anfangszustand sei o.E. $P_{X_1}(0) = 1$ und $P_{X_i}(0) = 0$ für $i = 2, \ldots, \kappa$ für alle $j = 1, \ldots, m$ und $k = 1, \ldots, \nu$. Dann gilt

Satz 16.

$$P_{X_1}(t) = \frac{1}{\kappa} \left(1 + (\kappa - 1) \exp(\frac{-\kappa t}{(\kappa - 1)\nu}) \right) \tag{11}$$

$$P_{X_i}(t) = \frac{1}{\kappa} \left(1 - \exp(\frac{-\kappa t}{(\kappa - 1)\nu}) \right) \qquad \textit{für } i = 2, \ldots, \kappa \tag{12}$$

Mit Hilfe dieses Satzes läßt sich der Erwartungswert für den mittleren Hammingabstand zweier Sequenzen in Abhängigkeit der Zeit t angeben:

Satz 17. *Sei $\overline{d_h}/\nu(t)$ der Erwartungswert für den relativen, mittleren Hammingabstand zweier Sequenzen nach t Mutationsereignissen, dann ist*

$$\frac{\overline{d_h}}{\nu}(t) = \frac{(\kappa-1)}{\kappa}\left(1 - \exp\left(\frac{-2\kappa t}{(\kappa-1)\nu}\right)\right). \tag{13}$$

Bemerkung. Die beiden letzten Sätze gehen auf eine persönliche Mitteilung von P. Richter zurück.

Umgekehrt läßt sich bei gegebenem mittleren Paarabstand $\overline{d_h}$ die Zeit t berechnen:

Satz 18.

$$\frac{t}{\nu}(\overline{d_h}) = \frac{-(\kappa-1)}{2\kappa}\ln\left(1 - \frac{\kappa\overline{d_h}}{(\kappa-1)\nu}\right). \tag{14}$$

Gegeben sei eine n-Konfiguration $S = (\zeta_1, \ldots, \zeta_n)$ mit $\zeta_i \in \mathcal{A}^\nu$ und $|\mathcal{A}| = 2$. Dann gibt es $[\frac{n}{2}] + 1$ numerische Partitionen von n, die im folgenden lexikographisch numeriert aufgelistet sind:

$$p_1 = (n)$$
$$p_2 = (n-1, 1)$$
$$p_3 = (n-2, 2)$$
$$\vdots$$
$$p_{[\frac{n}{2}]+1} = ([\frac{n}{2}], [\frac{n}{2}])$$

Sei nun $\mathrm{P}(p_i, n, t)$ gleich der Wahrscheinlichkeit, daß zur Zeit t die Besetzung einer (jedoch davon unabhängigen) Position in der betrachteten Konfiguration von n Sequenzen die numerische Partition p_i definiert. Dann gilt

Satz 19. *Für $i = 1, \ldots, \frac{n+1}{2}$ für n ungerade und für $i = 1, \ldots, \frac{n}{2}$ für n gerade ist*

$$\mathrm{P}(p_i, n, t) = \frac{\binom{n}{i-1}}{2^{n-1}}\left(1 - e^{\frac{-4t}{\nu}}\right)^{i-1}\left(\sum_{l=0}^{[\frac{n-2i+2}{2}]} \binom{n-2i+2}{2l} e^{\frac{-4lt}{\nu}}\right). \tag{15}$$

Für n gerade ist weiterhin

$$\mathrm{P}(p_{\frac{n}{2}+1}, n, t) = \frac{\binom{n}{\frac{n}{2}}}{2^n}\left(1 - e^{\frac{-4t}{\nu}}\right)^{\frac{n}{2}}. \tag{16}$$

Aufgrund der Unabhängigkeit der Positionen sind dann die relativen, ungeordneten statistischen Sequenzraumparameter d_i^n/ν gleich den Erwartungswerten $P(p_i, n, t)$.

Wir gehen nun auf den Fall $n = 4$ genauer ein. Seien $r_1(t) := P(p_2, 4, t)/P(p_1, 4, t)$ und $r_2(t) := P(p_3, 4, t)/P(p_2, 4, t)$. Bei gegebenen Ratios r_1 und r_2 soll die Mutationszeit t/ν berechnet werden. Dies sichert der folgende

Satz 20.

$$\frac{t}{\nu}(r_1) = -\frac{1}{4}\ln\left(\frac{-3r_1 + 2\sqrt{2r_1^2 + 4}}{r_1 + 4}\right) \tag{17}$$

$$\frac{t}{\nu}(r_2) = -\frac{1}{4}\ln\left(\frac{3 - 4r_2}{3 + 4r_2}\right) \tag{18}$$

Im folgenden sei eine Menge von Sequenzen betrachtet, die gemäß dem oben definierten Diffusionsprozeß evolviert. Unbekannt sei jedoch, ob sich alle Positionen mit der gleichen Mutationsgeschwindigkeit verändert haben. Wie läßt sich dieses herausfinden? Zunächst einmal lassen sich die mittleren Sequenzraumparameter d_0, d_1 und d_2 und damit r_1 und r_2 berechnen. Würden alle Positionen mit dem gleichen t evolvieren, so müßte $t(r_1) = t(r_2)$ gelten. Aus Satz 20 lassen sich $t(r_1)$ und $t(r_2)$ bestimmen. Sind diese nicht identisch, so besitzt das System mindestens 2 verschiedene Mutationsraten.

4 Statistische Geometrie verschiedener Virusfamilien

Zunächst einige grundlegende Bemerkungen über molekulare Informationsträger:

Die genetische Information ist in den Nukleinsäuren gespeichert. Die Nukleinsäuren sind Kettenmoleküle, deren Monomere in linearer Abfolge verknüpft sind. Jedes Monomer trägt einen charakteristischen Molekülrest, der die Funktion eines Sprachsymbols, etwa eines Buchstabens, wahrnimmt. Die Sprache der Nukleinsäuren macht von vier Buchstaben Gebrauch, die zwei Molekülklassen, den Purinen und Pyrimidinen zuzuordnen sind. Es gibt jeweils zwei Purine, das Adenin(A) und das Guanin(G), sowie zwei Pyrimidine, das Thymin(T) und das Cytosin(C). Zwischen den Purinen und den Pyrimidinen bilden sich spezifische Bindungen aus, die wir als Komplementarität bezeichnen. So sind jeweils A und T sowie G und C zueinander komplementär.

Damit sind die Spracheigenschaften der Nukleinsäuren festgelegt. Durch lineare Polymerisation lassen sich beliebig lange Symbolfolgen (Wörter, Sätze, ...) herstellen. So besteht der Bauplan eines Virus in der Regel aus mehreren Tausend, der eines Coli-Bakteriums aus vier Millionen und der eines Menschen gar aus drei Milliarden Symbolen. Aufgrund der Komplementarität lassen sich die genetischen Nachrichten kopieren und vervielfältigen.

So wird die Übertragung der genetischen Information eines Organismus von Generation zu Generation gesichert.

Innerhalb der Zelle wird die genetische Information zur Synthese von exekutiven Funktionsträgern, den Proteinen, benutzt. Die Proteine katalysieren – als Enzyme – und steuern – als Regelsubstanzen – den gesamten Funktionsablauf der Zelle. Die Information der Proteine ist kolinear mit der der Nukleinsäuren verknüpft. Da die Sprache der Proteine von zwanzig verschiedenen Symbolen (Aminosäuren) Gebrauch macht, ist jeweils ein geordnetes Triplett von Nukleinsäuresymbolen (Codon) einem Proteinbaustein zugeordnet. Der genetische Code besteht aus $4^3 = 64$ Codons, die mit unterschiedlicher Redundanz die 20 Aminosäuren kodieren und mit Hilfe von Start- und Stopsignalen eine Interpunktion ermöglichen.

Die Funktion der Nukleinsäuren beinhaltet also sowohl Reproduktion als auch Übersetzung. Dabei kann es zu Fehlablesungen, Mutationen, kommen. Die Mehrzahl der Fehler resultiert aus einem einfachen Austausch von individuellen Symbolen. Als weitere Fehler können Deletionen oder Insertionen einzelner Symbole oder längerer Segmente, sowie Duplikationen oder Inversionen von Bausteinen auftreten.

Im folgenden wollen wir die Ergebnisse der Untersuchungen, die wir bei drei Virusfamilien, dem Influenza-, Polio- und AIDS-Virus vorgenommen haben, vorstellen. Wir haben hierfür Gene ausgewählt, die Proteine kodieren, da diese im besonderen Maße dem Selektionsdruck ausgesetzt sind. Wir waren dabei vor allem an der Frage nach einer baum- oder nichtbaumhaften Struktur der Dynamik des Evolutionsprozesses interessiert.

Zunächst wurden alle Sequenzen eines Virusgens aliniert. Eine Alinierung (engl. Alignment) definiert das Verhältnis zwischen Sequenzen auf einer Position-für-Position Basis. Hierbei werden die Sequenzen unter dem Prinzip der minimalen Evolution aufeinander ausgerichtet, d.h. auf gleiche Länge gebracht.

Dann wurden die alinierten Nukleinsäure-Sequenzen in das Purin/Pyrimidin–Alphabet (im folgenden als RY–Alphabet bezeichnet), also $A, G \rightarrow R$ und $C, T \rightarrow Y$, übersetzt und die Positionen mit Deletionen oder Insertionen entfernt.

In allen Fallbeispielen haben wir die drei Codonpositionen getrennt voneinander untersucht.

Das Influenzavirus. Influenza ist eine weltweit verbreitete Krankheit, die in periodischen Abständen Epidemien in Menschen, Schweinen, Vögeln und anderen Tieren auslöst. Aufgrund der Fähigkeit des Virus seine Antigenspezifität stark zu verändern, ist es bisher nicht möglich, Influenza mit Vakzinen langzeitig zu kontrollieren.

Bei dem von uns studierten Influenza-A-Virus – der uns so häufig niederstreckende Grippeerreger – haben wir das NS-Gen, welches für das sogenannte *non-structural Protein* kodiert, untersucht: hier standen uns 15 Sequenzen mit einer Länge von je 852 Nukleotiden, die zwischen 1933 und 1985 isoliert wurden, zur Verfügung.

Das Poliovirus. Das Poliovirus ist ein Mitglied der Familie der Picornaviren (Pico-RNA-Viren steht für kleine/kurze RNA-Viren). Polio ist der Erreger der Kinderlähmung. Die in diesem Fallbeispiel verwendeten Sequenzen wurden aus [RPN87] entnommen. Es sind 57 Isolate vom Typ 1, die über einen Zeitraum von 31 Jahren isoliert wurden und von 5 Kontinenten stammen. Die Sequenzen enthalten je 150 Nukleotide.

Das Immunschwächevirus HIV/SIV. Das Retrovirus „Human Immunodeficiency Virus" (kurz HIV) ist der Erreger der Krankheit „Acquired Immune Deficiency Sydrome" (AIDS). Nach den ersten diagnostizierten Fällen im Jahre 1981 hat sich diese Krankheit innerhalb weniger Jahre pandemisch über die gesamte Erde ausgeweitet, und es entstand eine kontrovers geführte Diskussion über den geographischen Ursprung und das Alter der Krankheit. Bis heute wurden mehrere Haupttypen, HIV-1, HIV-2 und bei Primaten vorkommende SIV-Typen identifiziert. Wir haben uns bei unseren Untersuchungen insbesondere auf zwei Fragestellungen konzentriert:

1. Läßt sich aus den vorhandenen Daten eine Abstammungsreihenfolge rekonstruieren?
2. Kann man den Entstehungszeitpunkt des heutigen Virustyps berechnen?

Hiefür haben wir zwei Gene gewählt: das für die Hülle kodierende ENV-Gen und das für den Kern kodierende GAG-Gen. Diese wurden ausgewählt, da sie in ganz unterschiedlichem Maße der Immunabwehr des Wirtes ausgesetzt sind und somit sehr verschiedene evolutionäre Raten besitzen. Dabei bestanden die Datensätze aus HIV-1-, HIV-2- und mehreren in Primaten isolierten SIV-Sequenzen. Die Sequenzen stammen aus der HIV-Datenbank [MBR93].

Mittels vorangegangener phylogenetischer Analysen läßt sich zeigen, daß es zur Zeit 5 Gruppen gibt, deren Abstände ungefähr gleich groß sind. In der ersten Gruppe befinden sich die HIV-1-Sequenzen und die Schimpansen-Sequenz, in der zweiten das Mandrill-Isolat (kurz MND), in der dritten die Isolate der Afrikanischen Grünen Meerkatzen (AGM), in der vierten die HIV-2- zusammen mit den Sequenzen von Sooty Mangaben (SM) und Makaken (MM) und in der fünften Gruppe das Diademmeerkatzenisolat (SYK).

4.1 Die statistischen Geometrien von Influenza-A, Polio-1 und HIV/SIV

Die Tabelle 1 enthält für alle untersuchten Virusfamilien die charakteristischen Parameter für die mittlere Baum-, Bündel- und Netzhaftigkeit gemäß Definition 15. Die Werte für das Influenza- und das Poliovirus wurden aus den statistischen Sequenzraumparametern und die für das HI/SI-Virus aus den

$\binom{5}{4}$ mittleren 4-Geometrien der 5-Partition HIV-1/HIV-2/AGM/MND/SYK berechnet. Zusätzlich angegeben ist d_0, der mittlere Anteil homologer Positionen. Beim Influenza-Virus erkennt man, daß die Geometrie der mittleren

Tabelle 1. Die mittleren charakteristischen Topologieparameter verschiedener Virusfamilien

Virus	*Position*	$\overline{g_t}$	$\overline{g_b}$	$\overline{g_n}$	d_0
Influenza A	1.Codon	1,0	0,0	5,3	0,98
	2.Codon	1,0	0,0	3,0	0,99
	3.Codon	1,0	0,0	3,4	0,98
POLIO-1	1.Codon	n.b.[a]	n.b.	n.b.	0,98
	2.Codon	n.b.	n.b.	n.b.	0,98
	3.Codon	0,74	0,47	1,9	0,67
HIV/SIV (ENV)	1.Codon	0,39	1,00	2,34	0,50
	2.Codon	0,45	0,99	2,33	0,56
	3.Codon	0,36	1,03	1,75	0,36
HIV/SIV (GAG)	1.Codon	0,39	1,01	2,89	0,63
	2.Codon	0,43	0,91	2,17	0,71
	3.Codon	0,37	0,98	1,95	0,48

[a] Nicht bestimmbar.

Quadrupelkonfiguration der RY–Sequenzen für alle 3 Codonpositionen ideal baumhaft ist mit einem hohen Anteil an Konservierung. Die Baumhaftigkeit der Influenza-Sequenzen erlaubt es demnach nach Theorem 15, phylogenetische Bäume zu erstellen. Diese Dendrogramme sind sogenannte zeitaufgelöste Dendrogramme ([BNP86, NS92]), d.h., je älter das Isolat ist, desto näher liegt es an der Wurzel. Das bedeutet, daß Basensubstitutionen gemäß der chronologischen Isolationsordnung der verschiedenen Stränge akkumulieren.

Wie extrem der Verrauschungsgrad zwischen den Codonpositionen differieren kann, wird anhand der charakteristischen Werte der POLIO-Sequenzen deutlich. Die Graphen der statistischen Geometrie der ersten und zweiten Codonposition der RY–Sequenzen sind ideale Bündel mit sehr kurzen Kantenlängen. Die Werte der dritten Codonposition deuten dagegen auf eine weit fortgeschrittene verrauschte Baumhaftigkeit hin.

Die charakteristischen Werte zeigen, wie wenig verläßlich die Rekonstruktion eines phylogenetischen Baumes für die POLIO-Sequenzen wäre.

Insgesamt geben die Analysen einen Hinweis darauf, warum es – zumindest in den Industrienationen – gelungen ist, die Poliomyelitis mit Hilfe von

Vakzinen weitgehend einzudämmen. Die hohe Fehlerrate, die Polio z.B. mit Influenza gemein hat, beschränkt sich (in der hier untersuchten Teilregion des VP1/2A–Gens), aufgrund des offenbar existierenden Zwangs zur Erhaltung der Aminosäurestruktur, fast ausschließlich auf synonyme Mutationen in der 3. Codonposition.

Bei den HI/SI-Viren erkennt man deutlich, daß die charakteristischen Werte in *allen* Fällen denen eines Bündels entsprechen, das einen Verrauschungsgrad von ca. 50% erreicht hat. Dabei sind nur geringe Unterschiede sowohl zwischen den einzelnen Codonpositionen als auch zwischen den beiden Genen vorhanden. Daraus folgern wir, daß eine gemeinsame Wurzel der 5 Gruppen existiert, von der aus diese ungefähr zur gleichen Zeit divergiert und im folgenden parallel und unabhängig evolviert sind. Dabei ist das Vorläufervirus höchstwahrscheinlich in einer Affenpopulation entstanden und dann mittels unabhängiger Übertragungen in die beiden menschlichen Subtypen evolviert.

Zur Veranschaulichung der unterschiedlichen Divergenztopologien sind in Abb. 3 die Abstandsgraphen der mittleren Geometrien der untersuchten Viruspopulationen, separiert nach Codonpositionen, ermittelt aus den statistischen Sequenzraumparametern der RY-Sequenzen, dargestellt.

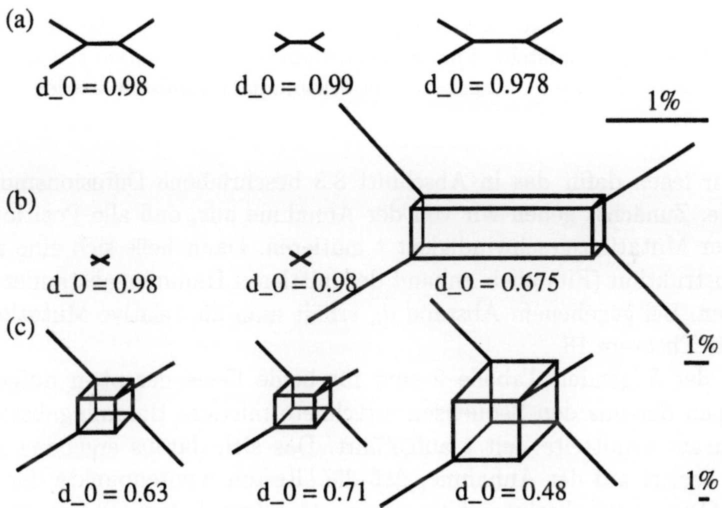

Abbildung 3. Die statistischen Geometrien verschiedener Virusfamilien im RY-Sequenzraum. Die Graphen von links nach rechts repräsentieren jeweils die mittlere Geometrie der ersten, zweiten und dritten Codonposition. Der Parameter d_0 gibt den relativen, mittleren Anteil an homologen Positionen an. Für die Graphen ist eine Einheitslänge von 1% Divergenz angegeben. **(a)** 852 Positionen des NS-Gens von Influenza A. **(b)** 150 Positionen des VP1/2a-Gens von Polio-1. **(c)** 1230 Positionen des Gag-Gens von HIV und SIV. Die Geometrie wurde aus den 5 mittleren 4-Geometrien der 5 Gruppen HIV-1/HIV-2/AGM/MND/SYK ermittelt.

4.2 Ein Modell zur Altersdatierung von Diffusionsprozessen am Beispiel des AIDS-Virus

Die bündelhafte Struktur des Graphens der verschiedenen HIV/SIV-Gruppen (vgl. Abb. 4), dessen Ursprung im folgenden mit Urknoten bezeichnet sei, bietet die Möglichkeit einer zeitlichen Einordnung des möglichen Vorläufervirus der verschiedenen Gruppen.

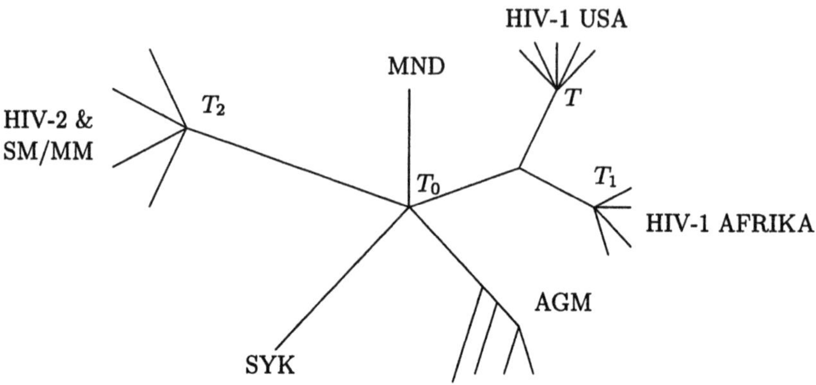

Abbildung 4. Schematischer Graph, der die Evolution der verschiedenen HIV-SIV-Gruppen darstellt. Für die bündelhaften Knotenpunkte sollen die Divergenzzeiten T_0, T_1 und T_2 ausgehend von bekanntem T ermittelt werden.

Wir legen dafür das in Abschnitt 3.3 beschriebene Diffusionsmodell zugrunde. Zunächst gehen wir von der Annahme aus, daß alle Positionen mit gleicher Mutationsgeschwindigkeit t mutieren. Dann ließe sich eine zeitliche Rekonstruktion (Fit) auch anhand des mittleren Hammingabstandes $\overline{d_h}$ vornehmen. Bei gegebenem Abstand $\overline{d_h}$ erhält man die relative Mutationszeit t mittels Theorem 18.

In der folgenden Tabelle 2 sind für beide Gene der oben aufgeführten Gruppen der aus den Sequenzen errechnete mittlere Hammingabstand und die daraus ermittelte Zeit t aufgeführt. Das sich daraus ergebene absolute Alter basiert auf der Annahme, daß die ältesten Knotenpunkte der HIV-1–USA–Gruppe ein absolutes Alter von ca. 15 Jahren haben (Referenzzeitpunkt 1985) [2].

Für beide Gene wurden dann für die jeweiligen Gruppen die statistischen Sequenzraumparameter 4. Ordnung für die gesamte Sequenzlänge im

---

[2] Dieses Alter ergibt sich aus der Extrapolation der logarithmischen Wachstumskurve von zwischen 1981 und 1989 registrierten AIDS Fällen zu ihrem Ursprung, aus der man folgert, daß die Krankheit in den USA erstmalig im Jahre 1978 aufgetaucht sein muß, sowie aus der Tatsache, daß der Zeitraum zwischen Infektion und Ausbruch der Krankheit im Mittel 8–10 Jahre beträgt [Eig89].

Tabelle 2. Relative mittlere Hammingabstände der angegebenen Gruppen für das ENV- und das GAG–Gen und die daraus resultierenden relativen Divergenzzeiten t/ν.

Gen	Gruppe	$\overline{d_h}/\nu$	t/ν	Alter [Jahren]
ENV	HIV-1 USA	0,005	0,003	15
	HIV-1 Afrika	0,049	0,026	130
	HIV-2+SIV–MM/SM	0,097	0,054	270
	Urknoten	0,292	0,219	1095
GAG	HIV-1 USA	0,005	0,003	15
	HIV-1 Afrika	0,025	0,013	65
	HIV-2+SIV–MM/SM	0,063	0,034	170
	Urknoten	0,217	0,136	680

Purin/Pyrimidin–Sequenzraum berechnet. Die aus den Verhältnissen der Sequenzraumparameter resultierenden Zeiten sind in Abb. 5 verzeichnet.

Anhand der gefundenen Werten erkennt man, daß in *keinem* Fall die Mutationszeiten übereinstimmen. Ferner zeigen die Werte für t, daß in allen Gruppen die Zeit für das Verhältnis d_2/d_1 immer größer als die Zeit für das Verhältnis d_1/d_0 ist. Daraus läßt sich zunächst folgern, daß eine große Anzahl konstanter Positionen in beiden Genen vorliegt.

Auch die Hinzunahme einer zweiten Mutationsrate konnte keine Lösung des zugehörigen Gleichungssystems erzeugen.
Wir gingen dann von folgender Annahme aus: Die Sequenzen evolvieren gemäß eines Diffusionsprozesses mit drei unabhängigen Mutationszeiten.

Die drei unabhängigen Zeiten sollen im folgenden mit t_c, t_v und t_h, die Anzahl der Positionen in den Kategorien respektive mit ν_c, ν_v und ν_h bezeichnet werden. Dann muß bei gegebenen d_0, d_1 und d_2 für jede Gruppe das folgende Gleichungssystem gelöst werden:

$$d_0 = d_{0h} + d_{0v} + d_{0c}$$
$$d_1 = d_{1h} + d_{1v} + d_{1c}$$
$$d_2 = d_{2h} + d_{2v} + d_{2c}$$
$$t(d_{2h}/d_{1h}) = t(d_{1h}/d_{0h}) = t_h$$
$$t(d_{2v}/d_{1v}) = t(d_{1v}/d_{0v}) = t_v \tag{19}$$
$$t(d_{2c}/d_{1c}) = t(d_{1c}/d_{0c}) = t_c$$

mit den Randbedingungen

$$\nu_h = d_{0h} + d_{1h} + d_{2h} \tag{20}$$
$$\nu_v = d_{0v} + d_{1v} + d_{2v} \tag{21}$$

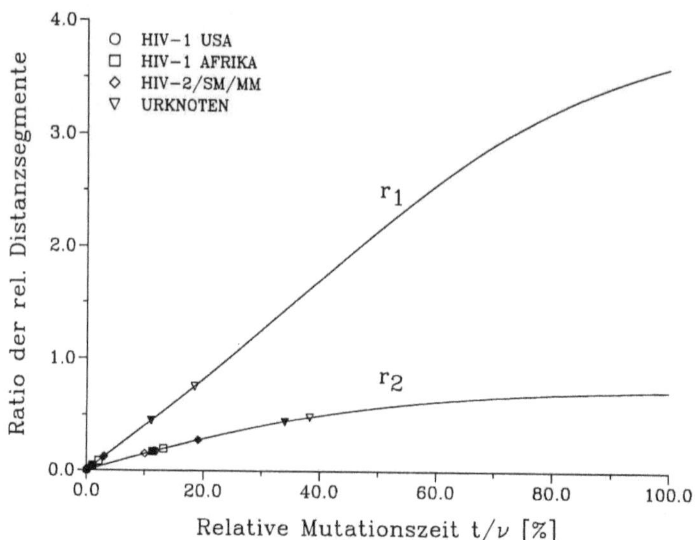

Abbildung 5. Relative Mutationszeiten des ENV- und des GAG-Gens verschieden-er HIV/SIV-Gruppen, die sich aus den Verhältnissen $r_1 = d_1/d_0$ und $r_2 = d_2/d_1$ der mittleren Sequenzraumparameter der Quadrupelgeometrien gemäß Satz 20 ergeben, basierend auf der Annahme, daß alle Positionen mit der gleichen Geschwindigkeit mutieren. Die offenen Symbole entsprechen den Werten des ENV-Gens, die geschlossenen Symbole denen des GAG-Gens.

$$\nu_c = d_{0c} + d_{1c} + d_{2c} \tag{22}$$

Zunächst seien ν_h, ν_v und ν_c bestimmt. Dafür gehen wir von folgenden sinnvollen Annahmen aus:

1. Für alle Datensätze gelte $t_c/\nu_c = 0$, d.h. $d_{1c} = d_{2c} = 0$.
2. Für die Datensätze der USA gelte $t_v/\nu_v = 0$,
   d.h. $d_{1v}(\text{USA}) = d_{2v}(\text{USA}) = 0$.
3. Für den Urknoten gelte $t_h/\nu_h \gg 1$.

Hieraus folgt:

1. $d_{1h}(\text{USA}) = d_1(\text{USA})$ und $d_{2h}(\text{USA}) = d_2(\text{USA})$ und somit $t_h(\text{USA})$. Aus $t_h(\text{USA})$ folgt $d_{0h}(\text{USA})$ durch

$$d_{0h} = \frac{d_{1h}\Big(1 + \exp(-4t_h) + \exp(-8t_h)\Big)}{4\Big(1 - \exp(-8t_h)\Big)}$$

2. Aus den Annahmen für den Urknoten folgt:

$$d_{0h} = \nu_h \cdot \frac{1}{8}, d_{1h} = \nu_h \cdot \frac{1}{2}, d_{2h} = \nu_h \cdot \frac{3}{8} \qquad (23)$$

Hieraus ergeben sich d_{1v}, d_{2v}, t_v und d_{0v} für den Urknoten.

3. Dann ergeben sich ν_h, ν_v und ν_c aus:

$$\nu_h = d_{0h} + d_1 + d_2 \text{ (USA)} \qquad (24)$$

$$\nu_v = d_{0v} + d_{1v} + d_{2v} \text{ (Urknoten)} \qquad (25)$$

$$\nu_c = \nu - \nu_h - \nu_c \qquad (26)$$

Für alle anderen Gruppen wurde mit den errechneten Werten ν_h, ν_v und ν_c das Gleichungssystem 19 unter Verwendung einer numerischen Optimierungsroutine, gelöst. Es zeigte sich, daß die drei Positionskategorien dabei nicht den drei Codonpositionen zuzuordnen sind (etwa ν_h der 3. Codonposition, ν_c der zweiten und ν_v der ersten).

In der Tabelle 3 befinden sich für das ENV- und das GAG-Gen die ermittelten Werte ν_h, ν_v, ν_c sowie für die jeweiligen Gruppen die relativen Divergenzzeiten t_h/ν_h und t_v/ν_v. Eine untere Grenze für das absolute Alter der Afrika-Sequenzen (Zeit T_1 aus Abb. 4) ergibt sich dann aus dem Verhältnis $t_h(\text{Afrika})/t_h(\text{USA})$, wobei als Referenzzeitpunkt T für die USA-Gruppe wiederum ein absolutes Alter von 15 Jahren angenommen wird (s. o.). Eine untere Grenze für das Alter der HIV-2/SM/MM-Gruppe erhält man entsprechend aus der Summe der Ratios $t_h(\text{HIV-2})/t_h(\text{Afrika})+t_v(\text{HIV-2})/t_v(\text{Afrika})$. Folglich berechnet sich eine untere Grenze für das Alter des Vorläufers aller HIV/SIV-Gruppen aus $t_v(\text{Urknoten})/t_v(\text{HIV-2})$. Insgesamt ergibt sich je nach Gen: $T_1 = 30$ Jahre, $T_2 = 110 - 180$ Jahre und $T_3 = 515 - 735$ Jahre.

5 Diskussion

Die Analysen und Ergebnisse der letzten Abschnitte geben Aufschluß darüber, warum die zeitlichen Einordnungen des Immunschwächevirus der verschiedenen Autoren so extreme Unterschiede aufweisen. Über das gesamte Genom (oder auch ein gesamtes Gen) betrachtet, ist die Mutationsrate sehr hoch, doch ist diese nur der Mittelwert über die Mutationsraten der einzelnen Positionen. Hier reicht das Spektrum von vollkommen konstant bis vollkommen variabel (verrauscht). Nun kann aber nicht der Mittelwert dieses Spektrums, und das bedeutet eine uniforme Mutationsrate, benutzt werden, um Datierungen von „alten" Knotenpunkten basierend auf „jungen" Knotenpunkten vorzunehmen, wenn die Zeitskalen extrem differieren.

Die Bedeutung der drei Zeiten t_h , t_v und t_c läßt sich wie folgt erklären: In der Kategorie der konstanten Positionen ist ein entscheidender Anteil, der die evolutionäre Verwandschaft mit der Familie der Retroviren widerspiegelt, enthalten. Die Zeitskala dieser Kategorie entspricht dabei der Zeitskala der Wirte. Das sind unter Umständen viele Millionen Jahre. Auf dieser Zeitskala

Tabelle 3. Zeitliche Einordnungen der Vorläufer verschiedener HIV/SIV-Gruppen, die sich aus den errechneten Divergenzzeiten für die Gesamtsequenzlänge des ENV- und GAG-Gens ergeben.

ENV-Gen: $\nu = 1896$ $\nu_h/\nu = 0,02$ $\nu_v/\nu = 0,73$ $\nu_c/\nu = 0,25$				
	HIV-1 USA	HIV-1 Afrika	HIV-2 & MM/SM	Urknoten
t_h/ν_h	0,20	0,39	0,69	∞
t_v/ν_v	0,00	0,04	0,08	0,374

GAG-Gen: $\nu = 1230$ $\nu_h/\nu = 0,02$ $\nu_v/\nu = 0,56$ $\nu_c/\nu = 0,42$				
	HIV-1 USA	HIV-1 Afrika	HIV-2 & MM/SM	Urknoten
t_h/ν_h	0,15	0,32	0,66	∞
t_v/ν_v	0,00	0,02	0,08	0,327

beruht die zeitliche Einordnung des gemeinsamen Vorläufers von HIV und SIV, die Fukasawa *et al.* [FTH88] vornahmen.

Das Alter der heute existenten Form des Immunschwächevirus wird hingegen durch die Kategorie der variablen Positionen definiert. Auf dieser Zeitskala variiert die Pathogenität des Virus. Die obigen Analysen haben ergeben, daß der gemeinsame Knoten, der die zur Zeit bekannten 5 Gruppen von HIV und SIV verbindet, mindestens einem Alter von ca. 1000 bis 2000 Jahren entspricht.

In der Kategorie der hypervariablen Positionen schließlich wird die große Veränderbarkeit des Virus deutlich. Legt man die Zeitskala t_h für eine Kalibrierung zugrunde, so kommt man auf ein Alter von ca. 50 bis 250 Jahren, je nachdem, ob man das GAG- oder das ENV-Gen nimmt. Dies ist das Alter, das Smith *et al.* [SSS88] bzw. Sharp und Li [SL88] für den gemeinsamen Vorläufer der HIV-1- und HIV-2-Gruppe berechneten.

Kehren wir zurück zu unserer Ausgangsfrage, was die Mathematik für die Analyse von Sequenzen leisten kann. Wie wir hoffentlich eindrucksvoll am Beispiel des AIDS-Virus gezeigt haben, ermöglicht die Mathematik, die verschiedenen Mechanismen der Evolution *systematisch* zu studieren und vor allem verstehen zu lernen.

Die von uns vorgestellte Methode der statistischen Geometrie bietet der Sequenzanalyse eine Möglichkeit zur Bestimmung der einer Menge von Sequenzen zugrundeliegenden „Topologie", d.h. der Struktur des Verzweigungsprozesses, welche die zu untersuchenden Sequenzen hervorgebracht hat. Die Methode ist jedoch nicht auf biologische Sequenzen beschränkt. Wir konnten z.B. völlig neue Einsichten in die Struktur der Konfigurationsräume kombinatorischer Optimierungsprobleme mit Hilfe der Methode der statistischen

Geometrie gewinnen. Der interessierte Leser sei auf die Dissertation von K. Nieselt-Struwe [NS92] verwiesen.

Wie wir gesehen haben, weisen die wenigsten der untersuchten Virusfamilien baumhafte Divergenzstrukturen auf. Daher sollte bei der Ermittlung des Verwandschaftsgraphen auch keines der klassischen Baumrekonstruktionsverfahren verwendet werden, sondern Verfahren, die in der Lage sind, sowohl baumhafte als auch nichtbaumhafte Strukturen wiederzugeben. Ein Beispiel für ein derartiges (mathematisches) Verfahren ist die von Bandelt und Dress entwickelte Methode der schwachen d-Splits bzw. p-Splits, die im folgenden Abschnitt präsentiert wird. Die mittels dieser Methode erzeugten Verwandschaftsgraphen der HIV/SIV-Sequenzen zeigen u.a. deutlich die bündelhafte Gestalt des Urknotens.

Literatur

[BD92]   Bandelt, H.-J., Dress, A.W.M.: A Canonical Decomposition Theory for Metrics on a Finite Set. Adv. in Math. **92** (1992) 47–105

[Bu71]   Buneman, P.: The recovery of trees from measures of dissimilarity. In: Hodson, F.R., Kendall, D.G., Tantu, P. (Hrsg.) Mathematics in the Archaelogical and Historical Science. Proc. of the Anglo–Romanian–Conf. Edinburgh Univ. Press 1970, pp. 387–395

[BNP86]   Buonagurio, D.A., Nakada, S., Parvin, J.D., Krystal, M., Palese, P., Fitch, W.M.: Evolution of human Influenza–A viruses over 50 years: Rapid and uniform rate of change in the NS gene. Science **232** (1986) 980–982

[DR88]   Dress, A.W.M., Rumschitzki, D.S.: Evolution on Sequence Space and Tensor Products of Representation Spaces. Acta Appl. Math. **11** (1988) 103–115

[Eig89]   Eigen, M.: The AIDS Debate. Naturwissenschaften **76** (1989) 341–350

[EWD88]   Eigen, M., Winkler-Oswatitsch, R., Dress, A.W.M.: Statistical geometry in sequence space: a method of comparative sequence analysis. Proc. Natl. Acad. Sci. USA **85** (1988) 5913–5917

[ENS91]   Eigen, M., Nieselt–Struwe, K.: How old is the immunodeficiency virus? AIDS **4** (suppl. 1) (1991) 85–93

[FTH88]   Fukasawa, M., Tomoyuki, M., Hasegawa, A., Morikawa, S., Tsujimoto, H., Miki, K., Kitamura, T., Hayami, M.: Sequence of simian immunodeficiency virus from African green monkey, a new member of the HIV/SIV group. Nature **333** (1988) 457–461

[GJ83]   Goulden, I.P. & Jackson, D.M.: Combinatorial Enumeration. Wiley-Interscience series in discrete mathematics, New York 1983

[Hal86]   Hall, M.: Combinatorial Theory. Wiley-Interscience series in discrete mathematics, New York 1986

[Ham50]   Hamming, R.W.: Error detecting and error correcting codes. Bell Syst. Techn. J. **24** (1950) 147–160

[Lü89]   Lüneburg, H.: Tools and fundamental constructions of combinatorial mathematics. Wissenschaftsverlag, Zürich 1989

[MBR93] Myers, G., Berzofsky, J.A., Rabson, A.B., Smith, T.F., Wong–Staal, F.: Human Retrovirus and AIDS. HIV Sequence Database. Los Alamos National Laboratory 1993

[NS92] Nieselt-Struwe, K.: Konfigurationsanalysen kombinatorischer und biologischer Optimierungsprobleme. Dissertation, Universität Bielefeld 1992

[PH72] Patrinos, A.N., Hakimi, S.L.: The Distance Matrix of a Graph and its Tree Realization. Quart. Appl. Math. **30** (1972) 255–269

[RPN87] Rico–Hesse, R., Pallansch, M.A., Nottay, B.K., Kew, O.M.: Geographic distribution of wild Poliovirus type 1 genotypes. Virology **160** (1987) 311–322

[SL88] Sharp, P., Li, W.-H.: Understanding the origins of AIDS viruses. Nature **336** (1988) 315

[Si69] Simões-Pereira, J.M.S.: A note on the tree realizability of a distance matrix. J. Comb. Theory **6** (1969) 303–310

[SSS88] Smith, T.F., Srinivasan, A., Schochetman, G., Marcus, M. & Myers, G.: The phylogenetic history of immunodeficiency viruses. Nature **333** (1988) 573–575

[Za65] Zaretskii, K.: Constructing a tree on the basis of a set of distances between the hanging vertices. Upsheki Mat. Nauk **20** (1965) 90–92

Die Ausbreitung von AIDS: Zufall und Komplexität

Philippe Blanchard und T. Krüger

Theoretische Physik und BiBoS, Universität Bielefeld

1 Einleitung

In der vorliegenden Arbeit soll eine kurze Übersicht über zwei mathematische Modelle gegeben werden, die sich mit unterschiedlichen Aspekten der HIV-Infektion befassen. Weiterführende Resultate und Darstellungen zu diesen Themen finden sich in den Arbeiten [BBK90a, BBK90b, Bl93].

Im ersten Modell, dem Abschnitt 2 und 3 gewidmet ist, wird ein neuer Ansatz vorgestellt, der die epidemische Dynamik von AIDS beschreibt und gegenüber klassischen Modellierungsansätzen eine Reihe von Vorteilen aufweist. Das zweite Modell (Abschnitt 4) beschäftigt sich mit einer sehr spezifischen Frage zur Wechselwirkung von HIV mit dem Immunsystem und könnte eine mögliche Erklärung für die sehr lange Inkubationszeit bei HIV-Infektionen liefern.

Die AIDS-Epidemie weist gegenüber bisherigen Epidemien eine ganze Reihe von Besonderheiten auf, die eine gute mathematische Beschreibung der Ausbreitung von HIV schwierig erscheinen lassen. Zum einen besitzt AIDS eine ungewöhnlich lange Inkubationszeit - der gegenwärtige Median liegt bei 10 Jahren - während der die Infektiosität vermutlich starke zeitliche Schwankungen aufweist.

Darüber hinaus wird eine mathematische Beschreibung einer sexuell übertragbaren Krankheit wie AIDS erschwert durch die enorme Streuung im menschlichen Sexualverhalten, über die nur sehr unzureichende empirische Datenbefunde vorliegen.

Es scheint uns, daß für eine adäquate mathematische Modellierung der AIDS-Epidemie diskrete stochastische Modelle, in denen einzelne Individuen als „quasi" Modellbausteine von Anfang an fungieren, wesentlich besser geeignet sind, die Komplexität der AIDS-Dynamik zu erfassen als herkömmliche, auf Differentialgleichungsansätzen basierende Modelle. In den letzten Jahren wurde deshalb im Forschungszentrum BiBoS (Bielefeld-Bochum-Stochastik) der Universität Bielefeld ein stochastisches Modell entwickelt, in dem die sexuelle Kontaktstruktur einer Bevölkerung über Zufallsgraphen kodiert wird.

Das Modell erlaubt neben einer präzisen mathematischen Formulierung eine
sehr wirklichkeitsnahe Beschreibung und Einbeziehung komplexer soziologi-
scher, epidemiologischer und medizinischer Datensätze.

Bezüglich der Wirkungsweise von HIV-Viren auf das Immunsystem
herrscht trotz intensiver Forschungen in den letzten Jahren noch ein großes
Maß an Ungewißheit. Es existieren viele verschiedene Hypothesen über die
Mechanismen, die schließlich zum Zusammenbruch des Immunsystems als
Folge einer HIV-Infektion führen - jedoch keine davon hat bisher allgemeine Zustimmung gefunden. Das ist an sich nicht verwunderlich, da jedes Jahr
neue, bisher nicht vermutete Wirkungsmechanismen im komplexen Zusammenspiel von HIV und Immunsystem entdeckt werden und zur Revidierung
alter Theorien führen.

Im Abschnitt 4 wird ein mathematisches Modell vorgestellt, welches beschreibt, wie sich Infektionskeime (langlebige infizierte Follikulärdendritische
Zellen) in gewissen Bereichen der Lymphknoten akkumulieren können, ohne daß eine merkbare Beeinträchtigung der T4-Zellen Population feststellbar ist. (Die T4-Lymphoziten spielen eine zentrale Rolle in der Immunre-
gulation, indem sie den Kampf gegen Eindringlinge und und die Erzeugung
von Antikörpern koordinieren.) Falls jedoch eine kritische Dichte von Infek-
tionskeimen überschritten ist, setzt eine plötzliche starke Reduktion der T4-
Zellen Dichte ein. Dieses Phänomen könnte eine mögliche Erklärung für die
extrem lange Inkubationszeit bei AIDS liefern. Selbstverständlich ist beim
gegenwärtigem Stand unserer Kenntnisse über das Immunsystem jedes Modell desselben, auch wenn es nur Teilaspekte beschreibt, eine Karikatur der
Wirklichkeit und kann bestenfalls Indizien für qualitative Phänomene ergeben.
Doch gerade wegen der hohen Komplexität des Immunsystems und seiner Wirkung auf ein gegebenes Virus scheinen mathematische Modelle nützlich und
hilfreich zu sein, um tieferliegende Einsichten in die globalen Wirkungsweisen
und qualitativen Hierarchien der einzelnen Mechanismen zu gewinnen. Zum
Schluß möchten wir noch einen dritten Aspekt der mathematischen Modellierung in Zusammenhang mit HIV erwähnen, nämlich die Evolutionsgeschichte
der Gruppe der AIDS-Viren. Wie alt ist beispielsweise HIV und welches sind
seine biologischen Urahnen? Diese und verwandten Fragen zur Evolutionsgeschichte von HIV können mittels eines neuen Verfahrens aus der statistischen Geometrie von A. Dress, M. Eigen, K. Nieselt-Struwe und R. Winkler-
Oswatisch teilweise recht genau beantwortet worden. Der interessierte Leser
sei auf die entsprechenden Beiträge im vorliegenden Buch verwiesen.

In Abschnitt 5 werden die beiden Modelle im Rahmen der sogenannten
Perkolationstheorie eingebettet.

2 Die Ausbreitung von HIV auf Zufallsgraphen

Mathematische Modelle in der Epidemiologie dienen in erster Linie zum Verständnis der relativen Bedeutung derjenigen Faktoren, die die Ausbreitung

einer Infektion entscheidend beeinflussen. Insbesondere möchte man Einsichten bezüglich der Wechselwirkung von Prozessen, die auf individueller Ebene ablaufen und Mechanismen und Relationen die Bevölkerung als ganzes betreffend gewinnen. Aus vielen Gründen hat während der letzten zehn Jahre das Interesse an mathematischen Modellen zur HIV-Epidemie stark zugenommen. Die meisten Modellierungsansätze stützen sich jedoch auf deterministischen Differentialgleichungsapproximationen und können nach unserem Dafürhalten der Komplexität der AIDS-Epidemie nur sehr bedingt gerecht werden. Das im Folgenden beschriebene Modell ist in unseren Augen wesentlich besser geeignet für eine wirklichkeitsnahe Behandlung der Ausbreitung von AIDS und liefert darüber hinaus eine Vielzahl von interessanten, einfachen Spezialfällen, die teilweise sogar einer analytischen mathematischen Behandlung zugänglich sind.

Die grundlegende Struktur unseres Modelles bilden sogenannte Zufallsgraphenräume. Ein Zufallsgraphenraum ist eine Menge von Graphen, die gemäß gewisser gegebener Wahrscheinlichkeitsverteilungen für graphenspezifische Eigenschaften erzeugt werden.

Das einfachste und älteste Beispiel eines Zufallsgraphenraumes ergibt sich, indem man die Zahl n der Knoten (Ecken) vorgibt und zwischen zwei Knoten jeweils eine Kante mit Wahrscheinlichkeit p zieht. Dieser Raum wird als $G(n,p)$ bezeichnet und enthält alle Graphen mit n Knoten. Jedoch besitzen Graphen mit unterschiedlicher Kantenzahl eine unterschiedliche Wahrscheinlichkeit für ihre Erzeugung und zwar ist die Wahrscheinlichkeit für die Bildung eines Graphen aus $G(n,p)$ mit k Kanten gerade

$$\binom{\frac{n(n-1)}{2}}{k} p^k (1-p)^{\frac{n(n-1)}{2}-k},$$

wobei der Binominalkoeffizient die Anzahl der Graphen mit n Knoten und k Kanten angibt.

Ein Zufallsgraphenraum ist also eine Menge von Graphen in der jedem Graphen eine gewisse Wahrscheinlichkeit zukommt. Diese Wahrscheinlichkeiten summieren sich zu eins, sodaß man einen sogenannten Wahrscheinlichkeitsraum erhält. In diesem Sinne kann man die zufällige Auswahl eines Graphen (eines Zufallsgraphen) aus einem Zufallsgraphenraum als die Realisierung eines Zufallsereignisses bzw. -prozesses ansehen. Eines der grundlegenden Gesetze in der Wahrscheinlichkeitstheorie ist das Gesetz der großen Zahlen. Es besagt im wesentlichen, daß der Mittelwert $Y_n = \frac{1}{n} \sum_{i=1}^{n} X_i$ einer Folge $\{X_j\}_{j \in \mathbf{N}}$ unabhängiger gleichverteilter Zufallsvariablen eine Abschätzung des Erwartungswertes $m = \mathrm{E}[X_1]$ liefert. Darüber hinaus konvergiert Y_n fast sicher gegen m für $n \to +\infty$.

Schließlich folgt auch aus dem Gesetz der großen Zahlen, daß für hinreichend große Ereignisräume „gewisse" statistische, strukturelle Größen bzw. Eigenschaften für fast alle Ereignisse gleich sind. Man denke zum Beispiel an die Häufigkeit von Kopf und Wappen in einer sehr langen Sequenz von

Münzwürfen. Auf unsere Zufallsgraphen übertragen bedeutet dies, daß für hinreichend große Zufallsgraphenräume (z. B. wenn die Knotenzahl gegen unendlich geht) die meisten zufällig ausgewählten Graphen sehr ähnlich in ihren strukturellen Eigenschaften sind. Ein sehr einfaches Beispiel möge das Gesagte verdeutlichen.

Ein Graph heißt zusammenhängend falls für jede nichtleere echte Teilmenge A der Knotenmenge V eine Kante aus A in die Komplementmenge V/A existiert. Das heißt für $G(n,p)$

$$\text{Prob}\{G \in G(n,p) \text{ ist nicht zusammenhängend}\} \leq \sum_{k=1}^{n-1} \binom{n}{k} (1-p)^{k(n-k)}.$$

Hierbei ist $\binom{n}{k}$ die Anzahl der k-elementigen Teilmenge von V und $(1-p)^{k(n-k)}$ die Wahrscheinlichkeit, daß keine Kante von einer gegebenen k elementigen Teilmenge aus V ins Komplement existiert. Wegen der Symmetrie von $\binom{n}{k}$ und dem Exponenten von $1-p$ ist der rechte Ausdruck in obiger Ungleichung kleiner gleich

$$2 \sum_{k=1}^{\left[\frac{n}{2}\right]} \binom{n}{k} (1-p)^{k(n-k)},$$

wobei $\left[\frac{n}{2}\right]$ die ganze Zahl kleiner gleich $\frac{n}{2}$ bezeichnet. Wegen $\binom{n}{k} \leq n^k$ für $0 \leq k$ und $(1-p)^{n-k} \leq (1-p)^{\left[\frac{n}{2}\right]}$ für $k \leq \left[\frac{n}{2}\right]$ erhält man dann

$$2 \sum_{k=1}^{\left[\frac{n}{2}\right]} \binom{n}{k} (1-p)^{k(n-k)} \leq 2 \sum_{k=0}^{\left[\frac{n}{2}\right]} n^k (1-p)^{\left[\frac{n}{2}\right]k} - 2$$

$$= 2 \frac{1 - \left(n(1-p)^{\left[\frac{n}{2}\right]}\right)^{\left[\frac{n}{2}\right]}}{1 - n(1-p)^{\left[\frac{n}{2}\right]}} - 2 \to 0$$

für $n \to \infty$ wegen $n(1-p)^{\frac{n}{2}} \to 0$ für $p \in (0,1)$.

Das heißt, die Wahrscheinlichkeit auf einen nichtzusammenhängenden Graphen in $G(n,p)$ zu treffen, geht für $n \to \infty$ gegen null. Will man das Konzept von Zufallsgraphen auf die Modellierung der HIV-Epidemie anwenden, muß man klarerweise wesentlich kompliziertere Klassen von Zufallsgraphen als $G(n,p)$ betrachten.

Da die Zufallsgraphenräume, die im Folgenden betrachtet werden, die möglichen, zukünftigen „Sexualkontaktstrukturen" einer gegebenen Bevölkerung widerspiegeln sollen, müssen die wichtigsten soziologischen Daten über das Sexualverhalten Eingang in die Definition unserer Zufallsgraphenräume finden. Natürlicherweise werden Knoten mit einzelnen Individuen und Kanten mit potentiellen Sexualkontakten identifiziert. Die Verteilung der Anzahl der Sexualpartner über einen gewissen Zeitabschnitt spiegelt sich folglich in der

Degreeverteilung der Graphen wieder (der „Degree" eines Knoten ist die Anzahl der Kanten in x). Darüber hinaus existieren in natürlichen Populationen eine ganze Reihe von Subpopulationen mit unterschiedlichen Sexualverhalten, z. B. Homosexuelle, Bisexuelle, etc. Dies impliziert eine Partitionierung der Knotenmenge V der Gesamtbevölkerung in Teilmengen V_i, die sich hinsichtlich ihres Sexualverhaltens z. B. Degreeverteilung wesentlich unterscheiden. Um nicht unnötige technische Schwierigkeiten diskutieren zu müssen, die die Grundideen verschleiern würden, möchten wir uns im Folgenden nur auf zwei soziale Datensätze bzg. des Sexualverhaltens beschränken und eine nicht in Teilpopulationen strukturierte Gesamtpopulation (z. B. Homosexuelle) zugrunde legen. Wie bereits gesagt, entspricht die Verteilung der Anzahl der Sexualpartner der Degreeverteilung unserer Graphen. Der zweite soziologische Datensatz ist die Verteilung der Dauer von sexuellen Partnerschaften. Um diese adäquat auf Zufallsgraphen implementierten zu können, bedarf es einer zusätzlichen Struktur auf der Kantenmenge, die in den uns bekannten, bisher untersuchten Zufallsgraphenräumen nicht präsent ist. Diese neue Struktur entspricht der Vorgabe einer Zeitordnung auf der Kantenmenge. Genauer gesagt erhält jede Kante eine Bewertung, die dem Zeitintervall entspricht, während dessen die Kanten einen aktiven Sexualkontakt repräsentiert.

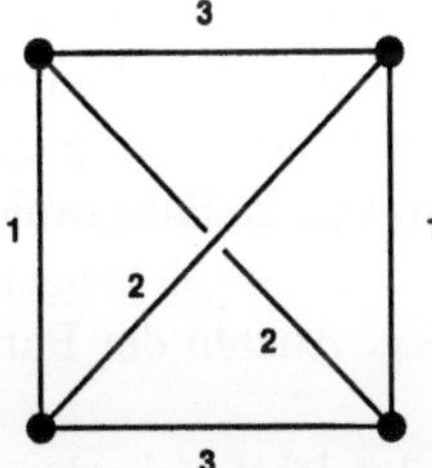

Im nebenstehenden Beispiel ist für vier Individuen eine sexuelle Partnerschaftsstruktur angegeben, wobei die Zahlen an den Kanten jeweils die Zeitintervalle (z. B. Monate, Jahre) beschreiben, während dessen die entsprechende Partnerschaft besteht. Im weiteren nehmen wir simplifizierend an, daß jedes Individuum pro Zeiteinheit höchstens einen Sexualpartner hat. Mathematisch lassen sich die beiden Datensätze - Verteilung der Zahlen der Sexualpartner und Verteilung der Dauer der Partnerschaften - mittels einer sogenannten Matchingfunktion $\varphi_t(x)$ $x \in V, t \in [0, T]$ beschrieben. Hierbei gibt $\varphi_t(x)$ den Sexualpartner von x zum Zeitpunkt t an. $\varphi_t(x)$ ist stückweise konstant in t und die Sprungstellen geben den Zeitpunkt eines Parnerwechsels an. Weiterhin ist klarerweise $\cup_t \varphi_t(x) \backslash \{x\}$ die Gesamtmenge der Sexualpartner von x und deren Größe gleich dem Degree von x (falls x z. Zeit t keinen Partner hat, setzen wir $\varphi_t(x) = x$). Eine gegebene Matchingfunktion erzeugt somit einen Graphen versehen mit einer Zeitordnungsstruktur auf der Kantenmenge. Um Zufallsgraphen zu gewinnen, muß man also ein ganzes Ensemble von Matchingfunktionen betrachten, von denen jede einzelne kompatibel mit den Vorgaben bzg. der Degreeverteilung und der Partnerschaftsdauerverteilung sein sollte. Es erhebt sich nun die Frage, wie man ausgehend von den beiden Degreeverteilungen eine möglichst typische Matchingfunktion generieren kann, die in Einklang mit den vorgegebenen Verteilungen steht. Dies läßt sich mittels eines einfachen Algorithmus tun, den wir hier nur sehr verkürzt beschreiben können. Zuerst wählen wir zufällig für jedes Individuum (Knoten) aus V einen Degree entsprechend der gegebenen Degreeverteilung. Nehmen wir an, daß die bedingten Verteilungen der Partnerschaftsdauer bezüglich des Degrees gegeben sind, können dadurch jedem Individum x mit Degree k eine entsprechende Sequenz von Intervallen - die Partnerschaftdauern - zufällig zuordnen. Falls die Parnerschaftsdauerverteilung nicht altersabhängig ist (was wir hier aus Gründen der Einfachheit annehmen wollen), sind alle mögliche Anordnungen der zugehörigen Intervallsequenz gleich wahrscheinlich. Wir wählen folglich eine beliebige derartige Anordnung. Bisher haben wir somit für alle x die Sprungstellen von $\varphi_t(x,t)$ fixiert - es verbleibt noch die zufällige Wahl von passenden Sexualpartnern. Da der Begriff Partnerschaft symmetrisch ist, müssen die Anfangs- und Endzeiten der Partnerschaftsintervalle für x und y übereinstimmen, falls x und y eine Partnerschaft über einen gewissen Zeitraum bilden sollen. Für jeden Zeitpunkt t erhält man also ein Pool P^t von Individuen, die eine neue Partnerschaft zur Zeit t beginnen. Dieser Pool wird nun nochmals unterteilt in Teilpoole P^t_τ, wobei P^t_τ diejenigen Individuen enthält, die zum Zeitpunkt t eine Partnerschaft der Dauer τ eingehen. Innerhalb der P^t_τ wird dann eine zufällige Paarung ausgelost. Führt man das Verfahren für alle Zeiten t aus unserem vorgegebenen Gesamtzeitraum $[0, T]$ dadurch entsteht eine Familie von Zufallsgraphen, die alle die gleiche Wahrscheinlichkeit besitzen und deren Grapheneigenschaften kompatibel mit den vorgegebenen Datensätzen bzg. Anzahl der Partner und Partnerschaftsdauer sind.

Dem bisher gesagten zufolge lässt sich also die möglichen Sexualkontaktstrukturen und deren zeitliche Dynamik über Zufallsgraphenräume abbilden, deren Gesamtheit von Graphen erzeugt wird, durch die Menge der Matchingfunktion $\varphi_n(x)$, die kompatibel mit den vorgegebenen Datensätzen sind. Weiterhin haben wir ein Verfahren skizziert, mittels dessen sich einzelne Realisierungen von Zufallsgraphen aus den entsprechenden Zufallsgraphenräumen generieren lassen.

Eine ganze Reihe von wichtigen Aspekten können hierbei aus Platzgründen nicht diskutiert werden, z. B. die Darstellung von Mehrfachpartnerschaften zum gleichen Zeitpunkt oder die Einbeziehung von Abhängigkeiten der Partnerwahl von soziologischen Parametern wie Alter, Beruf und geographische Lokalisierung. Des weiteren bedarf die Modellierung der HIV-Ausbreitung innerhalb von Drogenabhängigen einer speziellen Diskussion. Es sei hier nur angemerkt, daß sich der beschriebene Modellansatz relativ problemlos erweitern läßt, so daß die obig genannten Verhaltensstrukturen gleichfalls in Zufallsgraphenmodelle einbettbar sind.

Um ein epidemiologisches Modell zu gewinnen, müssen wir schließlich noch die Ausbreitung von HIV auf einem gegebenen Zufallsgraphen beschreiben.

Das läßt sich recht einfach mittels eines stochastischen Prozesses tun, der durch Übergangswahrscheinlichkeiten definiert wird. Dazu führt man eine Zustandsfunktion $\chi(x,t)$ auf der Menge der Knoten eines Graphen ein, die endlich viele Werte annehmen kann. Die Werte der Zustandsfunktion geben den Krankheits- bzw. Infektionsstatus von x zur Zeit t an. Üblicherweise wählt man $\chi(x,t) = 0$ falls x zur Zeit t nicht infiziert ist.

Im weiteren betrachten wir aus Gründen der bereits mehrfach erwähnten Einfachheit den Fall, daß die Zustandsfunktion nur zwei Werte 0 und 1 annehmen kann. (Der Zustand 1 charakterisiert also die infizierten Individuen). Mit $\gamma \in (0,1)$ als Übertragungswahrscheinlichkeit pro Sexualkontakt erhält man durch die bedingten Wahrscheinlichkeiten

$$\text{Prob}\{\chi(x,t+1) = 1 | \chi(x,t) = 0 \text{ und } \chi(\varphi_{t+1}(x),t) = 1\} = \gamma$$
$$\text{Prob}\{\chi(x,t+1) = 1 | \chi(x,t) = 1\} = 1$$

und alle anderen bedingten Wahrscheinlichkeiten gleich null einen stochastischen Prozeß, auf dem durch $\varphi_t(x)$ $t \in [0,T]$, $x \in V$ definierten Graphen.

Für Zustandsfunktionen mit mehreren Zuständen, die beispielsweise verschiedenen Stadien in der Krankheitsentwicklung bezeichnen, hängen die Übergangswahrscheinlichkeiten üblicherweise vom Zeitpunkt der Infektion ab. Für HIV reichen in der Regel 8 Zustände. Zusammen mit der Spezifikation eines Anfangszustandes wird somit ein stochastischer Prozeß auf den Elementen eines Zufallsgraphenraumes definiert, der die Ausbreitung einer sexuell übertragenen Krankheit beschreibt.

Im Folgenden wollen wir auf einige prinzipielle Aspekte des qualitativen Verlaufs von Epidemischen Prozessen eingehen. Die vielleicht wichtigste theoretische Fragestellung bei einem gegebenen Modell und fixiertem Parametersatz übertragbaren Krankheit, ist zu entscheiden, ob eine kleine Zahl anfänglich infizierter Individuen ein epidemisches (exponentielles) Anwachsen der Zahl der Infizierten verursachen kann oder nicht (natürlich kann ein exponentielles Wachstum der Infiziertenzahl nur für eine relativ kurze Anfangsphase des Infektionsprozesses vorliegen). Für den Fall eines epidemischen Anfangswachstums nennen wir das Modell überkritisch, ansonsten unterkritisch. Klarerweise ist der Übergang zwischen den beiden Verläufen für endliche Populationen nicht völlig scharf.

Im Jahre 1909 führte Ross in Zusammenhang mit Malaria Modellen eine numerische Größe ein, die sogenannte Reproduktionszahl R_0 mittels derer sich obige Frage prinzipiell entscheiden läßt. R_0 wird üblicherweise interpretiert als die erwartete Anzahl von Infektionsfällen, die ein typischer Infizierter während seiner infektiösen Phase verursacht, unter der Annahme, daß der Infizierte nur Kontakt mit nicht infizierten Individuen hat. Es ist naheliegend zu vermuten, daß der Fall

$R_0 > 1$ den überkritischen Epidemieverlauf und

$R_0 < 1$ den unterkritischen Epidemieverlauf charakterisiert.

Für $R_0 = 1$ nennen wir das Modell kritisch - dieser Fall erfordert jeweils eine gesonderte Diskussion. Bevor wir auf die Schwierigkeiten bezüglich der

Berechnung von R_0 eingehen, wollen wir aufzeigen, wie man mittels R_0 eine grobe Abschätzung der Gesamtzahl von Infizierten im stationären asymptotischen Zustand für hinreichend große Populationen erhält. Sei $R_{eff}(t)$ die Anzahl der Neuinfektionen, die zur Zeit t ein typischer Infizierter im Verlauf seiner infektiösen Phase erzeugt (d.h. im Gegensatz zu R_0 wird eine Möglichkeit von Kontakten zwischen bereits Infizierten berücksichtigt). Für hinreichend große und homogene Populationen kann man R_0 und R_{eff} in folgende Beziehungen setzen:

$R_{eff} = R_0(1 - \text{Prob}\{$ Individuum i wählt einen bereits infiziertes Individuum als Partner $\mid i$ ist infiziert und wählt einen neuen Partner $\})$

R_{eff} und $\text{Prob}\{\ldots\}$ in obiger Gleichung hängen klarerweise von der Zeit ab. Im stationären asymptotischen Fall jedoch erwartet man $R_{eff} = 1$ und $\text{Prob}\{\ldots\} \cong \frac{Z}{N}$ wobei Z die Anzahl der Infizierten und N die Größe der Gesamtpopulation beschreibt. Folglich erhält man approximativ

$$Z \cong (1 - \frac{1}{R_0})N \text{ für } R_0 > 1 \,.$$

Die zentrale Schwierigkeit bei der Bestimmung von R_0 liegt in dem Begriff „typischer Infizierter", dessen Charkterisierung zum Beispiel sowohl Kenntnisse über den erwarteten Zeitpunkt der Infektion als auch Wissen über die Verteilung der Infizierten bzgl. ihrer für den epidemischen Prozess relevanten sozialen Verhaltensweisen erfordert. Alle diese Größen sind zeitabhängig und können im Prinzip erst nach Vorliegen des vollständigen Bildes der Infektionsdynamik bis zur Asymptotik ermittelt werden. Dies stellt natürlich eine nicht unerheblichliche Einschränkung der Bedeutung von R_0 als eine theoretische Größe, die man im vorraus (d.h. ohne ein vollständiges Bild der epidemischen Dynamik zu besitzten) kennen möchte, dar. Von daher ist es naheliegend zu erwarten, daß man für eine effektive a priori Bestimmung von R_0 zusätzliche regularisierende Eigenschaften für das jeweilige epidemische Modell benötigt wie sie beispielsweise in Markov Prozessen vorliegen. Wie aus der Definition von R_0 unmittelbar zu entnehmen ist, werden für die Bestimmung von R_0 Kontakte zwischen bereits infizierten Individuen nicht berücksichtigt. Für hinreichend große Populationen mit unabhängiger Partnerwahl und einer kleinen Zahl von Anfangsinfizierten ist die Wahrscheinlichkeit eines Kontaktes zwischen Infizierten in der Tat sehr klein und geht mit wachsender Populationsgröße gegen Null. Bezüglich der Graphenstruktur heißt dies, das lokale Ausschnitte der Graphen im wesentlichen wie Bäume (d.h. Graphen ohne Zyklen) aussehen. Es können jedoch Situationen auftreten, für die diese Eigenschaft nicht mehr zutrifft - man denke beispielsweise an den Fall, wenn der zugehörige Kontaktgraph isomorph zu einer konvexen Teilmenge des Gitters $\mathbf{Z}^n$ ist. Dabei treten unabhängig von der Graphengröße stets kurze Zyklen auf, was zur Folge hat, daß für $R_0 < 1$ das Modell zwar immer noch unterkritisch ist für $R_0 > 1$ jedoch nicht notwendigerweise Überkritikalität vorliegt. In solchen Fällen ist die exakte Bestimmung der System-Parameter, für die das Modell überkritisch ist, erfahrungsgemäß äußerst schwierig und führt auf komplizierte Fragen innerhalb der Perkolationstheorie (siehe Abschnitt 5).

Welches Bild ergibt sich nun für die über- bzw unterkritischen Fälle auf der Ebenen der von uns betrachteten Zufallsgraphenräume? Betrachtet man ausgehend von einer Menge von Anfangsinfizierten die Menge aller bis zur Zeit T infizierten Individuen einschließlich aller Kanten über die eine Infektionsübertragung erfolgt erhält man den Infektionsteilgraphen eines gegebenen Graphen. Die Größe dieses Infektionsteilgraphen (in Abhängigkeit von $|V|$ und T) ist natürlich äquivalent zur Kenntnis der Ausbreitungsdynamik des betrachteten epidemischen Prozesses. Der Infektionsteilgraph läßt sich nun algorithmisch erzeugen über zwei a priori unabhängige Ausdünnungsprozesse, von denen der zweite in Verbindung mit realistischen Computersimulationen von Bedeutung ist. Als erstes kann man jede Kante l mit Wahrscheinlichkeit $(1 - \gamma)^{\Delta(l)}$ eliminieren, wobei γ die Übertragungswahrscheinlichkeit pro Sexualkontakt und $\Delta(l)$ die Anzahl von Sexualkontakten entlang der Kanten l ist ($\Delta(l)$ ist üblicherweise von der Form Konstante. (Dauer des Zeitraumes mit dem die Kante l bewertet ist)). Dergestalt erhält man einen Zufallsgraphenraum mit weniger Kanten der jedoch kein uniformes Wahrscheinlichkeitsmaß mehr besitzt (analog zu $G(n,p)$). Der zweite Ausdünnungsmechanismus basiert auf dem Begriff der minimalen Kanten. Ein Kante l zwischen Knoten i und j die mit dem Zeitintervall $I = (a, b)$ bewertet ist, heißt minimal, falls i und j nicht zur Menge der Anfangsinfizierten gehören und $\varphi_t(i) = i$ und $\varphi_t(j) = j$ für $t < 0$ ist. Klarerweise kann über minimale Kanten keine Infektion übertragen werden. Eliminiert man minimale Kanten (d.h. in obigem Beispiel wie $\varphi_t(i) = i$, $\varphi_t(j) = j$ für $t \leq b$ gesetzt) ergibt sich ein ausgedünnter Graph. Dieser Prozess läßt sich iterieren bis keine minimalen Kanten mehr existieren. Der so entstehende Teilgraph ist identisch zu unserem anfänglich erwähnten Infektionsteilgraphen. Der Ausdünnungsprozess über die Elimination minimaler Kanten kann unabhängig von der konkreten Form der implementierten stochastischen Prozesses ausgeführt werden und liefert dadurch eine Mehtode, um die Komplexität vom im Computer zu Simulationszwecken erzeugten Zufallsgraphen zu reduzieren.

Im folgenden Abschnitt werden wir die Berechnung von R_0 an einigen einfachen Beispielen vorführen, wobei wir besonderes Augenmerk auf den Einfluß von altersabhängiger Partnerwahl und zeitabhängiger Infektiosität richten. Darüber hinaus werden Ergebnisse zu Computersimulationen für semirealistische Modelle kurz vorgestellt.

3 Modelle mit unabhängigen Matchings und einige Bemerkungen zu Computersimulationen für semirealistische Situationen

Im weiteren betrachten wir Modelle mit folgenden Bedingungen an die Matchingfunktion $\varphi_t(x)$:

1. $\# \bigcup_t \varphi_t(x) = p$ für alle $x \in V, V = \mathbf{N}$

2. $\forall x \in V \; \exists a_0(x) \in \mathbf{N}$ sodaß $\varphi_t(x) = x$ für $t \notin [a_0; a_0 + p - 1]$ weiterhin ist $\# \{x \in V : a_0(x) = k\} = N$ für alle $k \in \mathbf{N}$

Die erste Bedingung besagt, daß jedes Individuum genau p verschiedene Partner hat. Die zweite Bedingung, daß die sexuell aktive Zeit jedes Individuums aus V ein zusammenhängender Intervall der Länge p ist und zu jedem Zeitpunkt genau pN Individuen sexuell aktiv sind. Definiert man das Alter $c_t(x)$ eines Individuums x zur Zeit t als $t - a(x) + 1$, so folgt aus Bedingung (2), daß die Zahl der Individuen gleichen Alters gleich N ist.

Eine altersabhängige Kopplungsstruktur läßt sich für obiges Modell sehr leicht durch die Vorgabe von Paarungswahrscheinlichkeit zwischen Individuen verschiedenen Alters definieren. Sei $a_{ij} = \text{Prob}\{c_t(\varphi_t(x)) = j \mid c_t(x) = i\} \forall t \in \mathbf{N}$. Klarerweise kann a_{ij} nur für $1 \leq i, j \leq p$ verschieden von Null sein. Darüberhinaus ist $a_{ij} = a_{ji}$ wegen der Symmetrie des Begriffes Partnerschaft. Definiert man für einen gegebenen Graphen G die Mengen $B(x, l)$ als Menge der Knoten in G mit Abstand kleiner gleich l zu x (Abstand ist hier zu verstehen als der kanonische Abstand auf Graphen) und bezeichnet mit $K(x, l)$ den von $B(x, l)$ induzierten Teilgraphen von G, so läßt sich leicht zeigen, daß für ein zufällig gewähltes Individuum x die Wahrscheinlichkeit, daß $K(x, l)$ nicht baumförmig ist, für alle l gegen Null mit $N \to \infty$ geht. Das heißt aber, daß $R_0 \gtrless 1$ zur Unterscheidung von unter- und überkritischen Phasen verwendet werden kann. Im weiteren möchten wir für einige ausgewählte altersabhängige Kopplung $(a_{ij})_{1 \leq i,j \leq p} \; R_0$ berechnen unter Einschluß von zeitabhängiger Infektiosität. Falls $K(x, l)$ Baumstruktur besitzt, kann wegen der Unabhängigkeit der Partnerwahl ($\varphi_{t+1}(x)$ ist unabhängig von $\varphi_t(x)$) $K(x, l)$ mittels eines Multigruppen-Branchingprozesses erzeugt werden. Die maximale Eigenwert für die Übergangsmatrix der Erwartungswerte der Gruppengrößen liefert dann R_0. Branching - oder Verzweigungsprozesse sind Modelle, in denen jedes existierende Element (nennen wir es „Teilchen") ein oder mehrere neue Teilchen erzeugen kann. Man kann auch Modelle betrachten, in denen Teilchen verschiedener Typen unterschieden werden und es darum geht, die Wahrscheinlichkeitsverteilung für die Anzahl der Teilchen zu ermitteln. Bei einer Kernreaktion kann sich ein Teilchen in mehrere Teilchen aufspalten oder ein männliches Kind kann mehrere männliche Kinder oder auch keines haben [Ch78].

Im weiteren sei $p = 4$. Mit γ_1 und γ_2 als Übertragungswahrscheinlichkeiten für den ersten bzw. zweiten Kontakt nach Infektion (Kontaktdauer jeweils eine Zeiteinheit) - spätere Kontakte können keine Infektion übertragen - und der Annahme, daß Individuen im Alter 3 und 4 nicht mehr suszeptibel sind, haben wir einen stochastischen Prozess definiert (die letzten Annahmen wurden zur Vermeidung von „Abschneideeffekten" aufgrund des nichtlinearen Altersprofils bzgl. der sexuellen Aktivität eingeführt). Sei A_1 bzw. A_2 eine gegebene Menge von Anfangsinfizierten im Alter 1 und 2 und

- $I_1(n) = \#\,\{$ Individuen mit Abstand n zu $A_1 \cup A_2$ und erstmals infiziert im Alter 1$\}$
- $I_2(n) = \#\,\{$ Individuen mit Abstand n zu $A_1 \cup A_2$ und erstmals infiziert im Alter 2$\}$,

wobei $\#\,\{B\}$ die Anzahl der Elemente in der Menge B bezeichnet.
Für die Erwartungswerte von $I_{1,2}(n)$ erhält man im Limes $N \to \infty$ folgende lineare Rekursion:

$$\mathbf{E}I_1(n+1) = (a_{21}\gamma_1 + a_{31}\gamma_2)\mathbf{E}I_1(n) + (a_{31}\gamma_1 + a_{41}\gamma_2)\mathbf{E}I_2(n)$$
$$\mathbf{E}I_2(n+1) = (a_{22}\gamma_1 + a_{32}\gamma_2)\mathbf{E}I_1(n) + (a_{32}\gamma_1 + a_{41}\gamma_2)\mathbf{E}I_2(n)$$

Die Übergangsmatrix T für diesen Zwei-Gruppen Branchingprozess:

$$T = \begin{pmatrix} a_{21}\gamma_1 + a_{31}\gamma_2 & a_{31}\gamma_1 + a_{41}\gamma_2 \\ a_{22}\gamma_1 + a_{32}\gamma_2 & a_{32}\gamma_1 + a_{42}\gamma_2 \end{pmatrix}.$$

Sei $\bar{\gamma} = \frac{\gamma_1 + \gamma_2}{2}$. Wir betrachten zuerst den Fall

$$a_{ij} = \tfrac{1}{4} \forall (i,j) \Rightarrow T = \tfrac{\bar{\gamma}}{2} \begin{pmatrix} 1 & 1 \\ 1 & 1 \end{pmatrix} \Rightarrow R_0 = \lambda_{\max}(T) = \bar{\gamma}.$$

Da $\bar{\gamma} \le 1$ folgt somit, daß der uniforme Fall (keine altersabhängige Partnerwahl) unter den obigen Modellannahmen stets unterkritisch ist. Darüber hinaus hängt R_0 nicht von der Verteilung (γ_1, γ_2) sondern nur vom Mittelwert ab (letzteres ist auch für Verallgemeinerungen auf beliebiges p noch gültig).

Wir betrachten nun folgende, antidiagonale Alterskopplung

$$a_{ij} = \begin{pmatrix} 0 & 0 & 0 & 1 \\ 0 & 0 & 1 & 0 \\ 0 & 1 & 0 & 0 \\ 1 & 0 & 0 & 0 \end{pmatrix}.$$

Man erhält

$$T = \begin{pmatrix} 0 & \gamma_2 \\ \gamma_2 & \gamma_1 \end{pmatrix} \Rightarrow \lambda_{\max} = \frac{\gamma_1 + (\gamma_1^2 + 4\gamma_2^2)^{1/2}}{2}$$

Für $\gamma_1 = \gamma_2 = \bar{\gamma}$ erhält man somit $\lambda_{\max} = R_0 = \bar{\gamma}\frac{1+\sqrt{5}}{2}$ d.h. für $\bar{\gamma} > \frac{\sqrt{5}-1}{2}$ wird in diesem Falle altersunabhängiger Infektiosität das Modell überkritisch. Wir nennen $\{\gamma_1, \gamma_2\}$ extrem von Typ I falls

$$\gamma_1 = \min\{2\bar{\gamma}, 1\}$$
$$\gamma_2 = \max\{2\bar{\gamma} - 1, 0\}$$

und extrem von Typ II falls

$$\gamma_1 = \max\{2\bar{\gamma} + 1, 0\}$$
$$\gamma_2 = \min\{2\bar{\gamma}, 1\}$$

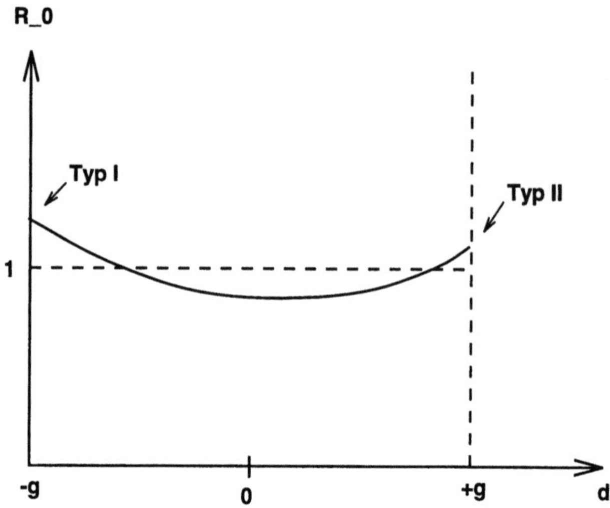

Abbildung 1. Dabei ist $g = 2(1 - \bar{\gamma})$ und $R_0 = \lambda_{max}$

Für $\bar{\gamma} \leq \frac{1}{2}$ ergibt sich für beide Typen I und II jeweils $\lambda_{\max} = 2\bar{\gamma}$. Sowohl Typ I als auch Typ II werden überkritisch für $\bar{\gamma} > \frac{1}{2}$. Man erhält also folgendes qualitatives Bild für geeignetes $\bar{\gamma}$ (z.B. $\bar{\gamma} = 0,55$). Die antidiagonale Alterskopplung ist ein Spezialfall der folgenden Kopplungsmatrix, die alle „worst case" Fälle (größeres R_0 bei fixiertem $\bar{\gamma}$) einschließt.

$$a_{11} = a_{23} = a_{44} = a_{34} = a_{43} = 0 \text{ die anderen } a_{ij} \text{ beliebig.}$$

Wegen der Symmetrie und Stochastizität von (a_{ij}) hat man nur einen freien Parameter β und kann (a_{ij}) schreiben als

$$\begin{pmatrix} 0 & 0 & \beta & (1-\beta) \\ 0 & 0 & (1-\beta) & \beta \\ \beta & (1-\beta) & 0 & 0 \\ (1-\beta) & \beta & 0 & 0 \end{pmatrix}$$

Für $\beta = 0$ erhalten wir obigen antidiagonalen Fall. Abschließend betrachten wir den pseudouniformen Fall $\beta = \frac{1}{2}$

$$T = \begin{pmatrix} \gamma_2/2 & \bar{\gamma} \\ \gamma_2/2 & \bar{\gamma} \end{pmatrix} \Rightarrow \lambda_{\max} = \frac{\gamma_2}{2} + \bar{\gamma} = \gamma_2 + \frac{\gamma_1}{2}$$

Das heißt in diesem Beispiel ist Typ II der schlechteste Fall (R_0 maximal) und Typ I der günstigste Fall (R_0 minimal). Es ergibt sich folgendes Bild für $\bar{\gamma}$ fixiert.

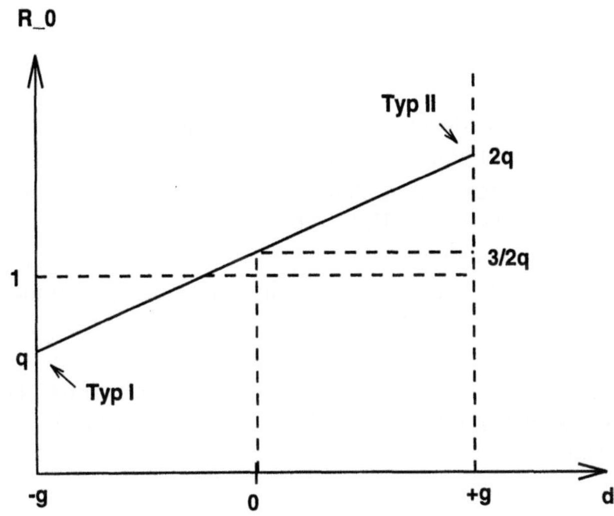

Abbildung 2. Dabei ist $g = 2(1 - \bar{\gamma}), R_0 = \lambda_{max}$ und $q = \bar{\gamma}$.

Summarisch läßt sich folgendes festhalten: bei inhomogener Alterskopplungsstruktur kann die Zeitabhängigkeit der Infektiosität zu sehr unterschiedlichem qualitativen Epidemieverläufen in Abhängigkeit von der gegebenen Verteilung führen. Bei nichtaltersabhängiger Partnerwahl tritt dieses Phänomen nicht mehr auf. Darüber hinaus begünstigt eine starke inhomogene Alterskopplung in jedem Fall die Ausbreitungsgeschwindigkeit einer sexuell übertragbaren Krankheit. Natürlich ist das hier vorgestellte Modell sehr simpel und erfaßt nur ganz wenige Strukturen einer wirklichen Bevölkerung. Das Modell läßt sich unter Beibehaltung der guten analytischen Kontrolle jedoch recht weitgehend verfeinern (z.B. Partnerschaften unterschiedlicher Dauer, hoch- und niedrigpromiske Veranlagungen, Heterosexualität, etc.) jedoch bleiben dabei die qualitativen Aussagen im wesentlichen gleich (natürlich kann es bei mehr Strukturen zu Überlagerung und damit zu Kompensation gegensätzlicher Effekte kommen.)

Zu Abschluß dieses Abschnitts möchten wir noch kurz auf die in Bielefeld durchgeführten bzw. laufenden Computersimulationen zur Modellierung der HIV-Epidemie eingehen. Selbstverständlich müssen realitätsnahe Simulationen auf wesentlich komplexeren Modellannahmen basieren als in der vorliegenden Arbeit dargestellt werden konnte.

Ausführliche Simulationen haben wir beispielsweise an einer ca. 100 000 Individuen großen sexuell aktiven Modellpopulation durchgeführt, die in erster Näherung den Verhältnissen innerhalb deutscher mittelgroßer Städte widerspiegelt. Die bisher erreichbare maximale Modellpopulation umfaßt einige Millionen Individuen, erfordert jedoch recht lange Rechenzeit). An relevanten Subpopulationen wurden Homosexuele, Bisexuelle, Heterosexuelle, Prostituierte und IV-Drogenbenutzer einbezogen. Die Verteilungen der Zahl der Sexualpartner und die Dauer der Partnerschaften wurden als Poisson verteilt angesetzt. Neben der Parameterabhängigkeit des Epidemieverlaufs wurden der Einfluß verschiedener Präventionsszenarien untersucht sowie die Auswirkungen einer zeitabhängigen Infektiosität. Für die von der empirischen Sexualforschung als relevant angesehenen Parameterbereich ergab sich als vielleicht bemerkenswertestes Resultat unserer Simulationen, daß die HIV-Epidemie innerhalb der deutschen heterosexuellen Bevölkerung unterkritisch ist (es wurden hierbei jedoch keine hochpromisken Subpopulationen - z.B. Swinger-berücksichtigt) Dies bedeutet jedoch nicht, daß das Risiko, eine HIV-Infektion bei heterosexuellen Kontakten nahe bei Null liegt, da ausgehend von der HIV-Epidemie innerhalb der Homosexuellen Bevölkerung über Bisexuelle durchaus ein Infektionstransport in die rein heterosexuelle Popultion auftritt (getriebene Epidemie).

Damit erscheinen allerdings von anderen Autoren mittels deterministischer Modelle vorhergesagte, teilweise recht apokalyptische Szenarien doch als sehr zweifelhaft. Für eine ausführliche Beschreibung unserer Simulationsergebnisse verweisen wir auf [BBK90b].

4 Die Follikulärdendritischen Zellen als HIV-Reservoir

In letzter Zeit wurde bei der Suche nach Immunzellpopulationen, die als HIV-Reservoir in Frage kommen können, in mehreren Veröffentlichungen immer mehr auf die Bedeutung von Follikulärdendritischen Zellen (FDC) in Lymphknoten aufmerksam gemacht. FDC-Zellen sind ortsfeste Zellen des phagozytären Systems, die man hauptsächlich in der Milz, in der Haut und in den Lymphknoten findet. Es wird vermutet, daß der durch Zell-Zell-Kontakt vermittelte Infektionsprozess zwischen T4-Zellen und FDC-Zellen durch das FDC-Maschenwerk in den Lymphknoten wesentlich für das Verständnis der Ausbreitung der HIV-Viren im menschlichen Organismus ist. Ein einfaches mathematisches Modell für die zufällige Wanderung von T4-Zellen im FDC-Maschenwerk von uns entwickelt [BKV94].

Mathematisch kann in grober Näherung - dieses Maschenwerk durch ein beschränktes Gebiet Ω auf dem $\mathbf{Z}^3$-Gitter dargestellt werden. Jeder Gitterpunkt $\omega \in \Omega$ ist von einer FDC-Zelle besetzt. Zu jeder diskreten Zeit $t \in \mathbf{N}$ i Teilchen, die die T4-Zellen darstellen, werden durch eine Quelle mit Wahrscheinlichkeit p_i erzeugt. Es wird angenommen, daß jedes Teilchen eine Irrfahrt in Ω führt bis zur zufälligen Zeit, wo das Teilchen den Rand von Ω erreicht und das Gebiet Ω verläßt. Mit T wird die mittlere Verweilzeit jedes Teilchens in Ω bezeichnet. Jeder Gitterplatz von Ω wird deshalb durch ein oder zwei Zellen besetzt: Falls zwei Zellen sich gleichzeitig in einem Gitterplatz befinden, dann kann ein Zell-Zell Kontakt stattfinden. Im Modell werden sowohl für die festen FDC-Zellen wie auch für die wandernden T4-Zellen nur zwei Zustände, nämlich $\{0,1\}$, betrachtet. Dabei haben die Zustände 0 und 1 die folgende Bedeutung: 0 = nicht infiziert, 1 = infiziert. Mit A_0 wollen wir die Menge der zum Zeitpunkt $t = 0$ infizierten FDC-Zellen bezeichnen und mit A_t die Menge dieser Zellen, die zum Zeitpunkt t infiziert sind. Infektionsübertragung kann nur durch einen Zell-Zell Kontakt stattfinden. Sei α die Übertragungswahrscheinlichkeit durch den Kontakt einer infizierten FDC-Zelle mit einem T4-Lymphozit und β die Übertragungswahrscheinlichkeit in die andere Richtung. Besonders bedeutend sind folgende Fragestellungen:

(i) Beschreibung des asymptotischen Verhaltens für $t \to +\infty$ der Anzahl $|A_t|$ der infizierten FDC-Zellen für $|A_0|$ gegeben.

(ii) Untersuchung des Verhaltens von P_t, wobei P_t die bedingte Wahrscheinlichkeit dafür ist, daß eine T4-Zelle, die zum Zeitpunkt t nicht infiziert erzeugt wird, das Gebiet Ω infiziert verläßt.

Falls die Bewegung des T4-Lymphozyten durch einen Sprungprozess beschrieben wird, läßt sich das Modell im Fall großer Zellzahlen weitgehend analytisch diskutieren. Ein überraschendes Ergebnis dabei ist die Existenz einer kritischen Zeit $t \equiv t_c(\alpha, \beta, T)$ unterhalb derer die T4-Lymphozyten unbeeinflußt das Maschenwerk durchdringen können (d. h. P_t ist nahe bei Null) und oberhalb derer die T4-Lymphozyten fast sicher infiziert und in Folge zerstört werden. Anders gesagt folgt die Ansteckungswahrscheinlichkeit P_t einem $0 - 1$ Gesetz und für $t = t_c$ findet ein Phasenübergang in der Wirkung des FDC-Maschenwerks auf das Immunsystem statt. Dieses Ergebnis erhärtet die Vermutung, daß der beschriebene Mechanismus von Bedeutung für das Zustandekommen der langen Inkubationszeit bei HIV-Infektionen ist und liefert darüber hinaus eine Erklärung für das beobachtete Abfallen der T4-Lymphozyten-Konzentration in der Blutbahn im Endstadium von AIDS bei gleichzeitiger nur geringer Infektiosität der in der Blutbahn befindlichen T4-Lymphozyten.

Es stellt sich heraus, daß die Übergangszeit Δt für $\alpha \geq \beta$ viel kleiner als die kritische Zeit t_c ist. Für $\alpha > \beta$ unter der Hypothese $t_c \approx$ Jahre findet man dann, daß Δt einige Monate beträgt. Zur kritischen Zeit t_c bleibt die kritsche Dichte infizierter FDC-Zellen $\rho_c = \frac{|A_{t_c}|}{|\Omega|}$ nahe an Null und für $t > t_c$ bleibt ρ_t klein.

5 Zusammenfassung, Diskussion und einige Bemerkungen zur Perkolationstheorie

In diesem letzten Abschnitt wollen wir versuchen, dem Bedürfnis nach einer methodischen Zusammenfassung, des zentralen Themas dieser Arbeit entgegenzukommen. Wie ein roter Faden bei der Modellierung gewisser Aspekte der Ausbreitung der HIV-Viren in einer Bevölkerung (Epidemiologie) oder im menschlichen Organismus (Pathogenese der HIV-Infektion) durchzieht die

Idee des Wechselspiels zwischen Zufall und Komplexität den ganzen Artikel. Darüber hinaus ist eines der Hauptergebnisse beider Modellansätze die Existenz eines Schwellenwertes (R_0 und t_c), welcher beidemal im Zusammenhang mit einem Phasenübergang des betrachteten Systems in Erscheinung treten. Phasenübergänge wie diese sind typisch für die sogenannte Perkolationstheorie. Diese bezeichnet eine Klasse von Modellen, bei denen das Zusammenspiel von Geometrie, Topologie und Zufall untersucht werden kann. Das erste Perkolationsmodell wurde 1957 durch Broadbent und Hammersley eingeführt und besitzt eine sehr anschauliche Deutung. Man betrachtet einen großen porösen Stein in einem See und fragt sich, mit welcher Wahrscheinlichkeit die Mitte des Steines von Wasser durchdrungen werden kann. Die Bernoulli Perkolation bietet ein einfaches stochastisches Modell dieses Problems an. Der Stein wird durch ein endliches Teilgebiet Ω des dreidimensionalen Gitters $\mathbf{Z}^3$ dargestellt. Sei p eine reelle Zahl $0 \leq p \leq 1$. Die Kanten in Ω sollen unabhängig voneinander mit Wahrscheinlichkeit p für offen (also durchlässig) oder geschlossen erklärt werden. p kann als eine die Porösität des Steines beschreibende Konstante aufgefaßt werden. Die entstehenden Teilgraphen offener Kanten bilden Cluster, d. h. zusammenhängende Netzwerke offener Kanten. Ein Punkt 0 im Stein wird genau dann naß, weenn es einen offenen Weg entlang der Kanten in Ω von 0 zur Oberfläche des Steines gibt. Mit $Z(0)$ wird die Zusammenhangskomponente von 0 (d. h. das Cluster von 0) bezeichnet. Die Wahrscheinlichkeit dafür, ob 0 naß wird, hängt also davon ab, ob $Z(0)$ Punkte auf der Oberfläche $\partial\Omega$ des Steines enthält. Für sehr große Steine ist diese Wahrscheinlichkeit asymptotisch äquivalent mit der Wahrscheinlichkeit, daß $Z(0)$ unendlich groß wird. Bezeichnen wir mit $|Z|$ die Anzahl der Kanten in $Z(0)$, dann haben wir das Verhalten der Größe $\theta(p)$ zu untersuchen, wobei $\theta(p)$ die Wahrscheinlichkeit, daß $|Z|$ unendlich ist, darstellt. Fundamental für die Perkolationstheorie ist die Tatsache, daß es einen kritischen Wert p_c gibt, so daß

$$\theta(p) = \begin{cases} = 0 & \text{für } p < p_c \\ > 0 & \text{für } p > p_c \end{cases}$$

gilt. p_c heißt deshalb kritische Wahrscheinlichkeit. Erreicht p den Perkolationsschwellenwert p_c, dann schließen sich die vielen einzelnen Cluster plötzlich zu einem einzigen riesigen Cluster zusammen. Bei $p = p_c$ findet also ein Phasenübergang bezüglich der Zusammenhangseingenschaften des zufälligen Systems statt. Eine einfache Veranschaulichung eines solchen Systems stellt das Kaffeewasser dar, daß in einer Expressomaschine (englisch: percolator) unter Druck durch gemahlenen Kaffee hindurchdringt. Im Sinne der Theorie der zufälligen Graphen ist dies das Erscheinen einer riesigen Komponente und in der Epidemiologie für $R_0 > 1$ der Übergang von vereinzelt auftretenden Fällen zur Epidemie. Im Maschenwerksmodell des Abschnitts 4 hat man auch einen für die Perkolationstheorie typischen Phasenübergang entdeckt, wobei die Zeit diesmal die Rolle des Parameters p übernimmt.

Es gibt zahlreiche Modelle im Geist der Perkolationstheorie. In allen Fällen lassen sich die meisten interessanten Fragen der Perkolationstheorie leicht formulieren, sind aber oft schwer zu lösen. Aus diesem Gegensatz bezieht die Perkolationstheorie einen erheblichen Teil ihrer Attraktivität. Mathematische und physikalische Fragestellungen der Perkolationstheorie findet man in [Gr89, SA92]. Wir hoffen, daß die in diesem Artikel skizzierten ein Schwellenverhalten zeigenden Modelle dem Leser einen Beweis dafür liefern, daß die Perkolationstheorie sich erfolgversprechend in vielen Gebieten außerhalb ihrer klassischen physikalischen Fragestellungen nämlich der Physik komplexer ungeordneter Systeme einsetzen läßt, wobei rückwirkend Anregungen zur Weiterentwicklung der Theorie selbst erzielt werden.

Wirklichkeitsgetreuere Varianten dieser Modelle sollen untersucht werden. Nur mit Hilfe von Modellen, welche die Feinstruktur des Übergangsmechanismus des HIV-virus und die neueren Ergebnisse über die möglichen komplexen Wechselwirkungen der HIV-Viren mit Teilen des Immunsystems in sinnvoller Weise berücksichtigen, besteht eine realistische Hoffnung, eine befriedigende Klärung vieler offener theoretischer Fragen der Epidemiologie und der Immunologie der HIV-Infektion zu erzielen.

Literatur

[BBK90a] Ph. Blanchard, G.F. Bolz, T. Krüger: Modelling AIDS-Epidemics or any veneral diseases on random graphs. In: J.P. Gabriel, C. Lefevre, P. Picard (eds.) Stochastic Processes in Epidemic Theory. Lecture Notes in Biomathematics 86. Springer 1990

[BBK90b] Ph. Blanchard, G.F. Bolz, T. Krüger: Stochastic Modelling on Random Graphs of the Spread of Sexually transmitted diseases. In: M. Schauzu (ed.) Progresses of the 2nd Statusseminar, BMFT Research Program on AIDS. MMV, München 1990

[Bl93] Ph. Blanchard: Zufallsgraphen, Perkolationstheorie und HIV-Ausbreitung. Phys. Bl. **49** (1993) 1116-1118

[BKV94] Ph. Blanchard, T. Krüger, B. Voigt: Sudden death of T4-Lymphocytes migrating through the FDC-meshwork. BiBoS Preprint 1994

[Gr89] G.R. Grimmet: Percolation. Springer 1989

[SA92] D. Stauffer, A. Aharony: Introduction to Percolation Theory. 2nd edn. Taylor and Francis, London 1992

[Ch78] K.L. Chung: Elementare Wahrscheinlichkeitstheorie und stochastische Prozesse, Springer 1978

Mathematische Demographie und Epidemiologie

Karl-Peter Hadeler[1] *und Hans Heesterbeek*[2]

[1] Biologisches Institut und Mathematische Fakultät, Universität Tübingen
[2] Agricultural Mathematics Group (GLW-DLO), Wageningen (Niederlande)

1 Einleitung

Die Demographie als Bevölkerungswissenschaft beschäftigt sich mit den Regeln, nach denen sich menschliche Populationen entwickeln, mit ihrem Altersaufbau, der Zahl der Geburten und Todesfälle und sozialen Charakteristika. Im Vordergrund steht dabei nicht so sehr das Schicksal des Individuums als die Erklärung vergangener Entwicklungen und die Prognose. Die Prognose kann nur unter der Prämisse *rebus sic stantibus* erfolgen. Die Erfahrung zeigt, daß nicht nur Emigration und Immigration, sondern auch relativ geringe politische oder ökonomische Schwankungen etwa das Reproduktionsverhalten entscheidend beeinflussen können.

Da die Demographie von Massenphänomenen handelt, kann sie in der Regel mit deterministischen Modellen arbeiten, obgleich die zugrundeliegenden Mechanismen stochastischer Natur sind. Diese Modelle nehmen die Form von Differentialgleichungen oder Integralgleichungen an; dabei führt die Beschreibung der Interaktionen zwischen verschiedenen Typen oder Klassen zu auch mathematisch interessanten nichtlinearen Problemen. Hier ist insbesondere das sog. Zweigeschlechter-Problem (two-sex problem) zu nennen, also die angemessene Beschreibung der Bildung von Paaren und Familien in der Gesellschaft. Dieses sowohl aus der Sicht der Modellbildung wie der Mathematik schwierige Problem hat in den letzten Jahren an Aktualität gewonnen, nicht zuletzt im Zusammenhang mit der Ausbreitung sexuell übertragener Krankheiten.

Unter Epidemiologie soll hier die Theorie der infektiösen Krankheiten verstanden werden. In der Regel ist die Ausbreitung einer infektiösen Krankheit ein nichtlinearer Prozeß, der durch Gleichungen ähnlich denen der chemischen Reaktionskinetik beschrieben wird. Der Ausbruch und das nachherige Abklingen einer Epidemie wird allein durch diese Dynamik bestimmt, bei ansonsten unveränderten physiologischen Parametern. Diese Einsicht in die Dynamik von Epidemien hat sich aber erst in diesem Jahrhundert verbreitet, während man davor die Abnahme der Krankheitsfälle einer Schwächung des infektiösen Agens zuschreiben wollte. Den anfänglichen Verlauf einer Invasion einer übertragbaren Krankheit in eine nicht infizierte Population kann man allerdings durch ein lineares Problem beschreiben. Dieses Problem bzw. seine Lösung findet seinen Ausdruck in dem berühmten Schwellensatz der Epidemiologie. Diesen Satz kann man jetzt mit Hilfe der sog. Basisreproduktionszahl sehr allgemein als einen Satz über Eigenwerte von Operatoren formulieren.

Demographie und Epidemiologie sind in vielfacher Weise verknüpft. Infektiöse Krankheiten breiten sich in Bevölkerungen mit einer demographischen Struktur aus und diese Struktur definiert die Bedingungen für den Ausbreitungsprozeß. Andererseits können infektiöse Krankheiten mit hoher Morbidität oder Mortalität die demographische Entwicklung entscheidend beeinflussen. Solche demographischen Effekte von Epidemien waren in der Vergangenheit nicht selten und sind auch in Zukunft zu erwarten.

Oft laufen die demographische Entwicklung und eine Epidemie auf ganz verschiedenen Zeitskalen (Generationen bzw. Wochen). Bei manchen Erkrankungen, wie der HIV Infektion, sind die Zeitskalen durchaus vergleichbar, wodurch eine simultane Behandlung der demographischen und der epidemiologischen Prozesse erforderlich wird.

Sowohl demographische als auch epidemiologische Erkenntnisse können zu Interventionen anregen. Für die Demographie sei die Beeinflussung der Geburtenrate durch Erziehungsprogramme oder ökonomische Anreize genannt. In der Epidemiologie sind solche Programme oft klarer zu definieren und die Erfolge sind auch deutlicher zu sehen. Dies gilt insbesondere für Impfungen. In der Planung und Beurteilung von Impfkampagnen sind Demographie und Epidemiologie besonders eng verknüpft, da in der Regel die Impfungen an bestimmte Altersklassen gebunden sind und die Trägheit demographischer Prozesse hier in die Epidemiologie auch rasch verlaufender Krankheiten hineinwirkt.

In diesem Aufsatz wird ein kurzer Abriß der historischen Entwicklung der Demographie und der Epidemiologie gegeben sowie eine Einführung in aktuelle Fragestellungen, aus der insbesondere der enge Zusammenhang beider Gebiete deutlich wird.

Die Darstellung beschränkt sich auf die grundlegenden und allgemeinen Konzepte und ihre mathematische Realisierung. Daher wird ausdrücklich von einer Auflistung verschiedener Krankheiten und ihrer spezifischen Übertragungsmechanismen und Verläufe abgesehen.

2 Demographie

2.1 Lineare Modelle

Der zentrale Begriff der Demographie ist die Überlebensfunktion $p(a)$. Die Zahl $p(a)$ ist die Wahrscheinlichkeit dafür, daß ein soeben geborenes Individuum, also ein Individuum des Alters 0, mindestens das Alter a erreicht. Die

Funktion $p(a)$ fällt monoton von $p(0) = 1$ gegen Null für $a \to \infty$. In realistischen Modellen ist $p(a)$ gleich Null für große a. Aus der Überlebensfunktion kann man die altersabhängige Mortalität oder Mortalitätsfunktion

$$\mu(a) = -\left(\log p(a)\right)' \tag{1}$$

ableiten, so daß die Überlebensfunktion aus der Mortalität als

$$p(a) = \exp\left\{-\int_0^a \mu(s)ds\right\} \tag{2}$$

zurückgewonnen werden kann. Der Zusammenhang zwischen (1) und (2) wurde schon von Daniel Bernoulli (1766) aufgestellt. Weiter leitet sich aus $p(a)$ ein formaler Ausdruck für die Lebenserwartung $e(a)$ ab,

$$e(a) = \frac{1}{p(a)} \int_0^\infty p(a + x)dx \ . \tag{3}$$

Die Lebenserwartung $e(a)$ ist der Erwartungswert der Zeit, die ein Individuum des Alters a noch leben wird. Wenn $p(a)$ für $a > a_0$ identisch verschwindet, so ist $\mu(a)$ formal unendlich groß und $e(a)$ verschwindet ebenfalls für $a > a_0$. Die Funktion $p(a)$ ist monoton fallend, die Funktion $\mu(a)$ ist positiv, die Funktion $e(a)$ braucht nicht monoton zu sein.

Die Funktionen p, μ, e beschreiben das Schicksal eines durchschnittlichen Individuums. Wie ihre schon seit der Antike bekannten Vorläufer, die Sterbetafeln, bilden sie die mathematische Grundlage für individuelle Prognosen, etwa im Zusammenhang mit Lebensversicherungen oder Leibrenten (s. Impagliazzo [Im85] zu der historischen Entwicklung und Keyfitz [Ke85] zu konkreten Anwendungen). Da aber die Erneuerung der Population, also die Geburten, nicht berücksichtigt werden, geben diese Funktionen keine vollständige Auskunft über die Entwicklung der gesamten Population und erlauben daher noch nicht die Prognosen, die man in der politischen und wirtschaftlichen Planung braucht. Sharpe und Lotka [SL11] waren unter den ersten, die ein mathematisch vollständiges Modell für die Entwicklung einer Bevölkerung aufgestellt haben. Sei $u(t,a)$ die Altersverteilung der Population zum Zeitpunkt t, d.h. $\int_{a_1}^{a_2} u(t,a)da$ ist die Zahl der Individuen mit einem Alter zwischen a_1 und a_2. Mathematisch gesehen, ist $u(t,\cdot)$ eine (nicht normierte) Dichte. Weiter sei $N(t)$ die Zahl der Geburten, d.h. $\int_{t_1}^{t_2} N(t)dt$ ist die Zahl der Geburten im Zeitabschnitt t_1 und t_2. Sharpe und Lotka fanden, daß man die Funktion $u(t,a)$ für $a > 0$, $t > 0$ angeben kann, wenn nur die Zahl der Geburten $N(t)$ für $t > 0$ und die Altersverteilung für $t = 0$, $u(0,a) = u_0(a)$, also zu Beginn der Beobachtung, bekannt sind. Sie fanden die Formel

$$u(t,a) = \begin{cases} u_0(a - t)p(a)/p(a - t) & t < a \\ N(t - a)p(a) & t > a \ . \end{cases} \tag{4}$$

Diese Formel kann mit dem Schema der Abbildung 1 interpretiert werden. Individuen, die zum selben Zeitpunkt geboren wurden bzw. zu einem gegebenen Zeitpunkt dasselbe Alter hatten, bewegen sich in diesem Schema auf einer Geraden $t - a = const.$ Solche Gruppen von Individuen bezeichnet man als Kohorten.

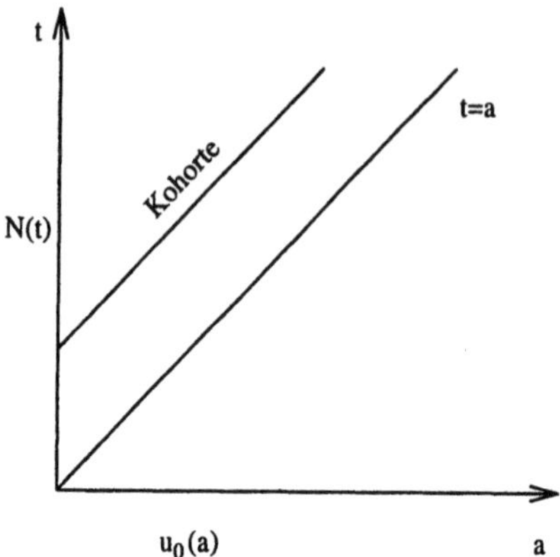

Abbildung 1. Lexisdiagramm für die Entwicklung einer Population mit Altersstruktur

Im Bereich $t < a$ finden sich nur Individuen, die zu Beginn der Beobachtung schon existierten. Ein Individuum, das zum Zeitpunkt t das Alter $a > t$ hat, hatte zum Zeitpunkt 0 das Alter $a - t$. Gäbe es keine Todesfälle, so wäre die Zahl dieser Individuen einfach $u_0(a - t)$. Wegen der Mortalität ist diese Zahl mit der entsprechenden Überlebensfunktion zu multiplizieren. Hierbei ist die bedingte Wahrscheinlichkeit zu berücksichtigen, da die Individuen das Alter $a - t$ schon erreicht hatten. Im Bereich $t > a$ finden sich nur Individuen, die nach Beginn der Beobachtung geboren wurden. Hat ein solches Individuum zum Zeitpunkt t das Alter $a < t$, so wurde es zum Zeitpunkt $t - a$ geboren. Zum Zeitpunkt der Geburt war die Zahl dieser Individuen $N(t)$. Nunmehr sind nur noch $N(t)p(a)$ vorhanden. Bei willkürlich vorgegebenen stetigen Funktionen $N(t)$ und $u_0(a)$ wird die Funktion $u(t, a)$ in der Regel entlang der Geraden $t = a$ unstetig sein.

Das Schema der Abbildung 1, allerdings für den Fall diskreter Altersklassen, war schon Lexis [Le75] bekannt. Das Neue in der Arbeit von Lotka und Sharpe ist die formelmäßige Darstellung im kontinuierlichen Fall, die das Problem der Analysis zugänglich macht, sowie die Einführung einer Geburtenrate bzw. altersabhängigen Fertilität $b(a)$, so daß $N(t)$ mit $u(t, a)$ durch die Gleichung

$$u(t, 0) = \int_0^\infty b(a)u(t, a)da \qquad (5)$$

verbunden wird. Setzt man den Ausdruck (4) in die rechte Seite der Gleichung (5) ein, so erhält man eine Integralgleichung für die Funktion $N(t)$

$$N(t) = \int_0^t b(a)p(a)N(t - a)da + \int_t^\infty b(a)\frac{p(a)}{p(a - t)}u_0(a - t)da \ . \qquad (6)$$

Diese Gleichung heißt Erneuerungsgleichung. Wenn die Fertilität $b(a)$ und die Mortalität $\mu(a)$ bekannt sind, so ist der Kern $b(a)p(a)$ gegeben. Bei bekannter Anfangsverteilung $u_0(a)$ kann man $N(t)$ aus der Erneuerungsgleichung bestimmen und dann $u(t,a)$ aus (4) gewinnen. Wegen dieses Zusammenhanges spielt die Erneuerungsgleichung in der Demographie eine zentrale Rolle.

Sind die Koeffizienten b, μ und die Funktionen u_0, N stetig differenzierbar, so ist auch $u(t,a)$ für $t \neq a$ stetig differenzierbar. McKendrick [Mc26] fand, daß in diesem Falle die Funktion $u(t,a)$ einer partiellen Differentialgleichung

$$\frac{\partial u}{\partial t} + \frac{\partial u}{\partial a} + \mu(a)u = 0 \tag{7}$$

genügt.

Die Charakteristiken der Gleichung (7) sind die Geraden $t-a = const$. Die Gleichung besagt nichts weiter, als daß Kohorten entlang den Charakteristiken laufen und dabei der altersabhängigen Mortalität unterworfen sind. Die Funktion $u(t,a)$ erfüllt die Randbedingung (5), die die Entstehung von Nachkommen von Eltern des Alters a beschreibt. Schließlich erfüllt die Funktion $u(t,a)$ die Anfangsbedingung $u(0,a) = u_0(a)$. Die Darstellung der Lösung (4) kann aus (7)(5) und der Anfangsbedingung gewonnen werden, indem man die Differentialgleichung mit der Methode der Charakteristiken (s. John [Jo78]) löst. Die partielle Differentialgleichung, mit Anfangs- und Randbedingungen, und die Erneuerungsgleichung sind im wesentlichen äquivalent.

In einer abstrakten Formulierung definieren die Gleichungen (7)(5) ein dynamisches System bzw. eine Operatorhalbgruppe in einem geeigneten Funktionenraum wie $L_1(0,\infty)$ (s. Webb [We85]).

Das System (7)(5) ist linear, und sein diskretes Analogon ist eine Matrixiteration. Daher erwartet man, daß die Lösungen sich asymptotisch wie Exponentialfunktionen verhalten. Dies wurde von Lotka vermutet, aber ein Beweis wurde erstmals von Feller [Fe41] gegeben. Unter schwachen Voraussetzungen über $\mu(a)$ und $b(a)$ kann man zeigen, daß für eine große Klasse von Anfangsdaten $u_0(a)$ die Lösung $u(t,a)$ das asymptotische Verhalten

$$u(t,a) \sim const. \cdot \bar{u}(a)e^{\hat{\lambda}t} \tag{8}$$

hat. Hierin bezeichnet $\bar{u}(a)$ die konstante („stabile" oder „persistente") Altersverteilung, und $\hat{\lambda}$ ist der Exponent des exponentiellen Wachstums. Die Funktion $\bar{u}(a)$ ist bis auf einen konstanten Faktor eindeutig. Es ist evident, daß die stabile Altersverteilung z.B. dann nicht erreicht wird, wenn alle zu Beginn vorhandenen Individuen ein Alter oberhalb des „Fertilitätsfensters" haben (also oberhalb des Bereichs, in dem die Funktion $b(a)$ positiv ist).

Die Funktionen $p(a)$, $\mu(a)$, und $\bar{u}(a)$ hängen, bei der Normierung $\bar{u}(0) = 1$, gemäß

$$\bar{u}(a) = p(a)e^{-\hat{\lambda}a} = e^{-\int_0^a \mu(s)ds - \hat{\lambda}a} \tag{9}$$

zusammen. Die Funktionen $u(t,a)$ und $\bar{u}(a)$ werden üblicherweise als Alterspyramiden dargestellt. In empirisch gewonnenen Alterspyramiden werden in der Regel die Geschlechter getrennt aufgeführt. Bei einer wachsenden Population ($\hat{\lambda} \geq 0$) ist die Funktion $\bar{u}(a)$ monoton fallend. Für eine fallende Population ($\hat{\lambda} < 0$) braucht $\bar{u}(a)$ nicht monoton zu sein. In konkreten Beispielen ist die Verteilung oft „zwiebelförmig".

Der Exponent $\hat{\lambda}$ ist die eindeutige reelle Lösung der charakteristischen Gleichung

$$\int_0^\infty b(a)e^{-\int_0^a \mu(s)ds - \lambda a}da = 1 \ . \tag{10}$$

Aus dieser sog. Euler-Lotka Gleichung sieht man, daß $\hat{\lambda}$ eine monoton wachsende Funktion von $b(a)$ und eine fallende Funktion von $\mu(a)$ ist. Trotz vieler Versuche scheint es schwierig, Abschätzungen für $\hat{\lambda}$ bei gleichzeitiger Änderung von b und μ zu erhalten. Es scheint noch schwieriger, Abschätzungen für den größten Realteil unter den übrigen Lösungen der charakteristischen Gleichung zu finden. Diese Zahl charakterisiert die Rate, mit der sich die Altersverteilung der Bevölkerung der stabilen Verteilung annähert.

Man sollte diskutieren, ob dieses Modell realistisch ist. Zunächst sieht es so aus, als ob die Gleichungen einfach das beschreiben, was in der Bevölkerung geschieht: Kohorten altern und werden durch altersabhängige Mortalität vermindert, Nachkommen werden entsprechend altersabhängiger Fertilität produziert. Aber in der Realität ist nur der Prozeß des Alterns deterministisch, Tod und Geburt werden durch Zufallsprozesse regiert. Die deterministische Beschreibung kann allenfalls die Erwartungswerte erfassen. Also muß man dieses System als ein Modell für große Populationen sehen. Dies steht im Einklang mit der Erfahrung der Versicherungswirtschaft, daß man in der Lebensversicherung (etwa im Unterschied zur Industrieanlagen-Versicherung) mit der Betrachtung von Erwartungswerten auskommt.

Weiter kann man fragen, ob in der Demographie lineare Modelle genügen, wo doch in der Ökologie schon die einfachsten Modelle nichtlinear sind. In der Tat wurde das Lotka-Sharpe Modell in der Weise verallgemeinert, daß die Fertilität $b(a, P)$ und die Mortalität $\mu(a, P)$ von der Größe der Gesamtpopulation $P(t) = \int_0^\infty u(t, a)da$ abhängen (Gurtin und MacCamy [GM74]). Dann tritt an die Stelle einer exponentiellen Lösung ein stationärer Zustand, also eine konstante Populationsgröße mit einer konstanten Altersverteilung. Eine Geburtsrate, die mit wachsender Populationsgröße fällt, und eine Todesrate, die mit wachsender Populationsgröße steigt, definieren implizit eine „Kapazität der Umwelt". Das Konzept der Kapazität ist für viele Tier- und Pflanzenpopulationen brauchbar (bleibt allerdings nicht ohne Kritik), bei denen tatsächlich das Wachstum der Population durch ökologische Bedingungen begrenzt ist. Dagegen scheinen für moderne menschliche Populationen die demographischen Parameter in erster Linie nicht von der Populationsgröße oder -dichte abzuhängen. Der Einfluß der Bevölkerungsdichte wird jedenfalls von den Effekten sozialen und ökonomischen Wandels überlagert.

Die Anwendbarkeit des Modells wird weiter dadurch eingeschränkt, daß in vielen Bevölkerungen Wanderungsbewegungen stattfinden. Da z.B. Immigration durch ökonomische Veränderungen und gesetzgeberische Maßnahmen beeinflußt wird und diese wiederum kaum vorhersagbar sind, ist die Anwendung dieses und ähnlicher Modelle auf Situationen beschränkt, in denen die demographischen Parameter selbst sich nicht verändern und die Immigration zu vernachlässigen ist.

Schließlich ist noch zu diskutieren, welche Bedeutung die asymptotischen Aussagen des Erneuerungssatzes für die Praxis haben können. Das Modell sagt exponentielles Wachstum voraus, asymptotisch für große Zeiten. Aber exponentielles Wachstum kann in der Realität gar nicht für große Zeiten aufrechterhalten werden. Es soll klar herausgestellt werden, daß dieses Modell als Prädiktor für *kurze* Zeiten gedacht ist; der Exponent beschreibt das erwartete Bevölkerungswachstum in der näheren Zukunft, unter im übrigen konstanten Bedingungen, und $\bar{u}(a)$ ist die erwartete Altersverteilung.

Daß in der Demographie Exponentialfunktionen an die Stelle der aus der Physik gewohnten stationären Zustände oder Gleichgewichte treten, kommt daher, daß in der Demographie relative Änderungen untersucht werden, in der Physik dagegen absolute Änderungen. Also ist die exponentielle Extrapolation der demographischen Modelle das angemessene Analogon der linearen Extrapolation in der Physik.

Innerhalb dieses Modells ist die Annahme einer konstanten Bevölkerungsgröße $\hat{\lambda} = 0$ ziemlich unrealistisch. Es gibt einfach keinen Mechanismus, der die Größe der Bevölkerung konstant halten könnte.

Aus historischer Sicht ist es merkwürdig, daß die kontinuierlichen Modelle, insbesondere die partielle Differentialgleichung (7), von praktischen Demographen erst sehr spät zur Kenntnis genommen wurden. Die praktische Demographie benutzt sogenannte Lexis-Modelle (nach Lexis 1875), in der Ökologie heißen entsprechende Matrixmodelle Leslie-Modelle (nach Leslie [Le45]). Anstatt eines kontinuierlichen Alters werden diskrete Altersklassen betrachtet, die einem Jahr oder einer Klasse von vielleicht fünf Jahren entsprechen. Aus den Gleichungen (7)(5) kann man ein Lexis-Modell durch Diskretisierung gewinnen. Durchsichtiger ist allerdings eine direkte Modellbildung. Sei p_i die Wahrscheinlichkeit des Übergangs von der Altersklasse i zur Klasse $i+1$ und sei b_i die Fertilität der Altersklasse i. Es gebe n Altersklassen, sei $u = (u_1, \ldots, u_n)^T$ der Zustand der Population. Dann wird die Entwicklung der Population durch die lineare Rekursion

$$u^{t+1} = Au^t, \quad t = 0, 1, \ldots \tag{11}$$

beschrieben, wobei die Matrix A durch

$$A = \begin{pmatrix} b_1 & b_2 & \cdots & b_n \\ p_1 & & & \\ & p_2 & & \\ & & \ddots & \ddots & \\ & & & p_n & 0 \end{pmatrix} \tag{12}$$

gegeben ist. Sind z.B. die p_i und b_i sämtlich positiv, so ist A eine irreduzible nichtnegative Matrix. Der Spektralradius ρ ist ein Eigenwert, dazu gibt es einen positiven Eigenvektor $\bar{u} = (\bar{u}_i)$. Die Folge u^t konvergiert (nach geeigneter Normierung) gegen $\bar{u}$. Der Vektor $\bar{u}$ ist die „stationäre" Bevölkerungsverteilung, ρ ist die asymptotische Wachstumsrate.

Wenn man die partielle Differentialgleichung (7)(5) geeignet diskretisiert, wird man auf ein Leslie-Modell der Form (12) geführt.

2.2 Paarbildungsmodelle

Bisher wurde das Geschlecht der Individuen nicht berücksichtigt. Das System (7)(5) muß also als ein Modell für die Gesamtbevölkerung, also für beide Geschlechter zugleich, oder aber als ein Modell für ein Geschlecht allein gesehen werden. Der erste Gesichtspunkt ist unbefriedigend, weil die altersabhängige Fertilität und auch Mortalität von Männern und Frauen deutlich verschieden sind; der zweite ebenfalls, denn das andere Geschlecht ist ja vorhanden. Wenn das Modell an jedes Geschlecht einzeln angepaßt wird, können sich, wie schon Kuczynski [Ku32] bemerkt hat, Widersprüche ergeben. Das liegt daran, daß im Gegensatz zu Geburt und Tod und Trennung von Paaren die Verbindung von Personen verschiedenen Geschlechts zu Paaren und die gemeinsame Produktion von Nachkommen ein nichtlinearer und zudem ziemlich verwickelter Prozeß ist, da die Auswahl des Partners (der hier allein durch sein Alter charakterisiert ist) nicht nur von der eigenen Präferenz, sondern auch von der Präferenz des potentiellen Partners abhängt. Demographen haben seit langem erkannt, daß beide Geschlechter gemeinsam betrachtet werden müssen. Ein Phänomen wie ein „Heiratsengpaß" (marriage squeeze, d.h. ein Mangel bzw. Überschuß an Partnern des einen Geschlechts bei sich rasch verändernder Populationsgröße) kann nur mit einem Modell für beide Geschlechter verstanden werden.

Die erste Fassung eines deterministischen Modells für zwei Geschlechter wurde von Kendall [Ke49] vorgeschlagen. Er betrachtet eine Population, symmetrisch bezüglich der Geschlechter, mit Geburt, Tod, und Paarbildung (ohne Trennung), in Form dreier gekoppelter Differentialgleichungen für weibliche und männliche Singles x, y und Paare p aus jeweils einer Frau und einem Manne. Allgemeinere Fassungen dieses Modells lassen unterschiedliche Raten für die Geschlechter und Trennung der Paare zu:

$$\dot{x} = b_x p + (\mu_y + \sigma)p - \mu_x x - \varphi(x,y)$$
$$\dot{y} = b_y p + (\mu_x + \sigma)p - \mu_y y - \varphi(x,y) \tag{13}$$
$$\dot{p} = -(\mu_x + \mu_y + \sigma)p + \varphi(x,y)$$

Hier sind μ_x, μ_y die Mortalitäten der Frauen und Männer, σ ist die Trennungsrate, und b_x, b_y sind die Geburtsraten. Die einzige Nichtlinearität in diesem System ist die Paarbildungsfunktion $\varphi(x,y)$. In vielen Anwendungen wird für φ ein harmonisches Mittel

$$\varphi(x,y) = \rho \frac{xy}{\nu x + (1-\nu)y} \tag{14}$$

mit $\rho > 0$ und $0 < \nu < 1$ gewählt. In dem Modell (13) werden Singles aus Paaren durch Geburt produziert, aber auch durch Trennung und Tod des Partners.

Es ist ziemlich klar, welche Eigenschaften eine Paarbildungsfunktion haben sollte. Diese wurden von Frederickson [Fr71] wie folgt zusammengestellt (s. auch Keyfitz [Ke72]): Die Funktion φ soll nichtnegativ sein, weiter definit in dem Sinne, daß $\varphi(x,0) = 0$, $\varphi(0,y) = 0$ gilt, und monoton, $\varphi(x+u, y+v) \geq \varphi(x,y)$ für $u, v \geq 0$.

Schließlich soll φ homogen vom Grade 1 sein,

$$\varphi(\alpha x, \alpha, y) = \alpha\varphi(x,y) \quad \text{für} \quad \alpha \geq 0 \tag{15}$$

aus der Annahme, daß in menschlichen Populationen demographische Phänomene unabhängig von der Populationsdichte sind. Die Funktion φ soll nicht trivial sein, d.h. es soll $\varphi(x,x) = \rho x$ mit $\rho > 0$ gelten.

Einige wichtige Eigenschaften dieses Systems wurden bald erkannt. Pollard [Po73] stellte fest, daß wie in linearen Systemen und im Unterschied zu den üblichen nichtlinearen Systemen, die interessanten „persistenten" Lösungen nicht stationäre Punkte, sondern exponentielle Lösungen

$$(\bar{x}, \bar{y}, \bar{p})e^{\lambda t} \tag{16}$$

sind. Diese stellen eine konstante demographische Struktur bei exponentiellem Wachstum der Population dar.

Yellin und Samuelson [YS74] betrachteten ein System der Form (13)

$$\begin{aligned}
\dot{x} &= c_x p - \mu_x x - \varphi(x,y) \\
\dot{y} &= c_y p - \mu_y y - \varphi(x,y) \\
\dot{p} &= -mp + \varphi(x,y)
\end{aligned} \tag{17}$$

mit allgemeinen Koeffizienten c_x, c_y, m, die zunächst nicht als demographische Parameter definiert sind. Durch geeignete Spezifikation dieser Parameter können weitere Effekte wie unterschiedliche Mortalität zwischen Singles und Paaren berücksichtigt werden. Weiter fanden sie, daß die Transformation $\xi = x/p$, $\eta = y/p$ das System (17) in die Form

$$\begin{aligned}
\dot{\xi} &= c_x + (m - \mu_x)\xi - (1+\xi)\varphi(\xi,\eta) \\
\dot{\eta} &= c_y + (m - \mu_y)\eta - (1+\eta)\varphi(\xi,\eta)
\end{aligned} \tag{18}$$

bringt. Die Variablen in (18) haben keine unmittelbare biologische Bedeutung, aber (18) hat die Form eines zweidimensionalen competitiven Systems im Sinne von Hirsch [Hi82]. Für solche Systeme weiß man, daß jede beschränkte Trajektorie gegen einen stationären Punkt konvergiert.

Das Modell (13) ist ein Beispiel eines homogenen Systems. Solche Systeme sind eine natürliche Erweiterung der linearen Systeme für Situationen, in denen nichtlineare Interaktionen stattfinden und die Population wächst. Ein System von Differentialgleichungen

$$\dot{u} = f(u) \tag{19}$$

heißt homogen, wenn die Funktion $f : \mathbb{R}^n \to \mathbb{R}^n$ die Eigenschaft

$$f(\alpha u) = \alpha f(u), \quad \alpha > 0 \tag{20}$$

hat. Um die Eindeutigkeit der Lösungen zu sichern, wird gefordert, daß die Funktion f Lipschitzstetig ist. Im Hinblick auf die hier betrachteten Anwendungen werde angenommen, daß der Orthant $\mathbb{R}^n_+$ positiv invariant ist,

$$u \in \mathbb{R}^n_+, \quad u_i = 0 \Rightarrow f_i(u) \geq 0 \ . \tag{21}$$

Um das Verhalten des homogenen System zu verstehen, benutzt man die Projektion auf den Raum der Wahrscheinlichkeitsvektoren

$$S = \{u : \ x \geq 0, e^T u = 1\} \tag{22}$$

wobei $e^T = (1, \ldots, 1)$ ist.

Wenn $u(t)$ eine nicht verschwindende Lösung von (19) ist, so ist $v(t) = u(t)/e^T u(t)$ eine Lösung der folgenden Differentialgleichung

$$\dot{v} = f(v) - v e^T f(v) \ . \tag{23}$$

Wegen der Homogenität erfüllen also die Projektionen der Trajektorien wieder eine Differentialgleichung. Bezeichnen die Komponenten des Vektors u absolute Häufigkeiten, so entsprechen die Komponenten des Vektors v relativen Anteilen. Es gibt eine Korrespondenz zwischen exponentiellen Lösungen $u(t) = \bar{u}\exp(\hat{\lambda}t)$ der Gleichung (19) und stationären Punkten der Gleichung (23). Wenn $\bar{u} \in S$ eine stationäre Lösung von (23) ist, so ist $\bar{u}\exp(\hat{\lambda}t)$, mit dem Exponenten $\hat{\lambda} = e^T f(\bar{u})$, eine Lösung von (19). Also kann man die exponentiellen Lösungen aus dem nichtlinearen Eigenwertproblem

$$f(\bar{u}) = \hat{\lambda}\bar{u} \ . \tag{24}$$

bestimmen.

Die Beziehung zwischen den Systemen (19) und (23) liefert einen Stabilitätsbegriff für die Gleichung (19), den man als Stabilität der relativen Anteile bezeichnen kann. Eine exponentielle Lösung heißt stabil, wenn der entsprechende stationäre Punkt von (23) stabil ist. Zur Untersuchung der Stabilität genügt es, die Jacobi-Matrix des Systems (19) und deren Eigenwerte zu bilden. Einer dieser Eigenwerte ist der Exponent $\hat{\lambda}$ der exponentiellen Lösung. Seien die Eigenwerte $\hat{\lambda} = \lambda_1, \lambda_2, \ldots, \lambda_n$ numeriert. Die exponentielle Lösung ist stabil, wenn die Realteile $\lambda_j - \hat{\lambda}$ für $j = 2, \ldots, n$ negativ sind. Für allgemeinere Ergebnisse zu homogenen Systemen s. Hadeler [Ha92].

Nun kehren wir zu dem Paarbildungsmodell (13) zurück. Für dieses Problem wurde gezeigt (Hadeler, Waldstätter, Wörz [HWW88]), daß es zusätzlich zu den beiden trivialen Lösungen $(1,0,0)^T \exp\{-\mu_x t\}$, $(0,1,0)^T \exp\{-\mu_y t\}$, die eine rein weibliche bzw. eine rein männliche Population beschreiben, höchstens eine zweigeschlechtige Lösung $(\bar{x}, \bar{y}, \bar{p})^T \exp \hat{\lambda} t$ gibt. Diese Lösung existiert genau dann, wenn die Ungleichungen

$$\mu_y > \mu_x - \frac{b_x \varphi_x(0,1)}{\mu_x + \sigma + \varphi_x(0,1)}, \quad \mu_x > \mu_y - \frac{b_y \varphi_y(1,0)}{\mu_y + \sigma + \varphi_y(1,0)} \tag{25}$$

erfüllt sind. Gelten diese Bedingungen, so konvergieren alle Lösungen mit Ausnahme der rein weiblichen und der rein männlichen gegen diese einzige exponentielle Lösung.

Die Yellin-Samuelson Version (17) wurde von Waldstätter [Wa90] ausführlich untersucht. Für die Parameter kann man viele unterschiedliche Interpretationen finden. Im Gegensatz zu (13) gibt es Fälle mit mehreren stabilen zweigeschlechtigen Lösungen und andere, in denen es nur eine solche gibt, die aber instabil ist und den Charakter eines Sattelpunktes hat. Es muß allerdings bemerkt werden, daß instabile exponentielle Lösungen stets negative Exponenten haben, also aussterbenden Bevölkerungen entsprechen. Ein wichtiger Spezialfall ist die symmetrische Situation. Das Modell ist (auf der Diagonalen $x = y$) linear,

$$\dot{x} = bp + (\mu + \sigma)p - \mu x - \rho x$$
$$\dot{p} = -(2\mu + \sigma)p + \rho x . \tag{26}$$

Der Exponent der exponentiellen Lösung ist

$$\hat{\lambda} = \tfrac{1}{2}\left\{ [(\mu + \sigma + \rho)^2 + 4b\rho]^{1/2} - (\mu + \sigma) \right\} - \mu. \tag{27}$$

Für $\rho \to \infty$ findet man $\hat{\lambda} \to b - \mu$, da im Grenzfall die gesamte Population Paare bildet. Für endliche ρ ist der Exponent kleiner als $b - \mu$.

Bildet man die gesamte weibliche und männliche Population $X = x + p$ und $Y = y + p$, so kann man die Gleichungen (13) auch in der Form

$$\dot{X} = b_x p - \mu_x X$$
$$\dot{Y} = b_y p - \mu_y Y \tag{28}$$
$$\dot{p} = -(\mu_x + \mu_y + \sigma)p + \varphi(X - p, Y - p)$$

schreiben. Wenn die Trennungsrate σ groß ist, so ist die Zahl der Paare klein. Man kann die Gleichungen reskalieren, indem man σ, b_x, b_y durch σ/ϵ, b_x/ϵ, b_y/ϵ und die Variable p durch ϵp ersetzt. Läßt man ϵ gegen Null gehen, so erhält man die Gleichungen

$$\dot{x} = b_x \varphi(x,y)/\sigma - \mu_x x$$
$$\dot{y} = b_y \varphi(x,y)/\sigma - \mu_y y . \tag{29}$$

Im Falle $\mu_x = \mu_y = \mu$ kann man die Variablen reskalieren und mit

$$\dot{x} = b_x \varphi(x, y)$$
$$\dot{y} = b_y \varphi(x, y) \tag{30}$$

ein sehr einfaches System erhalten (Asmussen [As80]). Dann erfüllt der Quotient $q = x/y$ die Gleichung $\dot{q} = \varphi(q, 1)(b_x - b_y q)$. Auf den Limesmengen gilt also $q = b_x/b_y$, dort ist die Gleichung zu $\dot{x} = b_x \varphi(x, b_y x/b_x) = \varphi(b_x, b_y)x$ äquivalent, und die Lösungen sind asymptotisch exponentiell mit dem Exponenten $\varphi(b_x, b_y)$.

Obgleich es einige grundlegenden Eigenschaften des Paarbildungsprozesses erfaßt, ist das Paarbildungsmodell in Form gewöhnlicher Differentialgleichungen (13), um so mehr (26) - (30), letztlich unrealistisch, da bei der Paarbildung die Altersstruktur der Population eine ausschlaggebende Rolle spielt. Ein vollständiges Modell für eine Population mit zwei Geschlechtern und Altersstruktur wurde zuerst von Hoppensteadt [Ho75] formuliert, der sich dabei auf Überlegungen von Keyfitz und anderen stützte. In diesem Modell gibt es drei Zustandsvariable, die Altersverteilung $x(t, a)$ der weiblichen Singles, die der männlichen Singles $y(t, b)$ und die der Paare $p(t, a, b, c)$. Dabei bezeichnen a und b das chronologische Alter des Mannes bzw. der Frau, und c die Dauer der Paarbindung. Das Modell ist eine Kombination der Systeme (7)(5) und (13). Wie in (13) gibt es die Variablen x, y und p, wie in (7) wird der Vorgang des Alterns durch hyperbolische Gleichungen beschrieben, und die Geburten durch Randbedingungen. Das System kann so geschrieben werden, daß die Differentialgleichungen selbst linear sind, ebenso die Randbedingungen, die die Geburt von Individuen beschreiben. Einzig die Randbedingung, die die Entstehung neuer Paare, also von Paaren $p(t, a, b, 0)$ beschreibt, ist nichtlinear. Die Differentialgleichungen lauten

$$x_t + x_a + \mu_x(a)x + \int_0^\infty p(t, a, b, 0)db$$
$$- \int_0^\infty \int_c^\infty \mu_y(b)p(t, a, b, c)dbdc - \int_0^\infty \int_c^\infty \sigma(a, b, c)p(t, a, b, c)dbdc = 0$$
$$y_t + y_b + \mu_y(b)y + \int_0^\infty p(t, a, b, 0)da \tag{31}$$
$$- \int_0^\infty \int_c^\infty \mu_x(a)p(t, a, b, c)dadc - \int_0^\infty \int_c^\infty \sigma(a, b, c)p(t, a, b, c)dadc = 0$$
$$p_t + p_a + p_b + p_c + \mu_x(a)p + \mu_y(b)p + \sigma(a, b, c)p = 0$$

die Randbedingungen für die Entstehung von Singles,

$$x(t, 0) = \int_0^\infty \int_c^\infty \int_c^\infty b_x(a, b, c)p(t, a, b, c)dadbdc$$
$$y(t, 0) = \int_0^\infty \int_c^\infty \int_c^\infty b_y(a, b, c)p(t, a, b, c)dadbdc \tag{32}$$

und die Bildung von Paaren

$$p(t, a, b, 0) = \Phi(x, y)(t, a, b) \ . \tag{33}$$

Wie im Fall des Modells (13) gibt es viele Möglichkeiten für die Wahl der Paar-bildungsfunktion (Hadeler [Ha89]). Eine davon schließt an das harmonische Mittel an,

$$\Phi(x,y)(a,b) = \frac{m(a,b)x(a)y(b)}{\int_0^\infty g(a)x(a)da + \int_0^\infty h(b)y(b)db} \, . \tag{34}$$

Waldstätter [Wa90] hat gezeigt, daß unter geeigneten Bedingungen an die Parameter die Anfangsrandwertaufgabe eine eindeutige Lösung hat, die für al-le $t > 0$ existiert. Das System erhält die Positivität und is homogen vom Grad 1. Andererseits ist die Paarbildungsfunktion nicht monoton. In der Tat, man erwartet, daß eine Zunahme der Singles in gewissen Altersklassen zu einer Verminderung der Paarbildung in anderen Altersklassen führt. Der Verlust der Monotonie bedingt, im Vergleich zu (13), große mathematische Schwie-rigkeiten.

Man erwartet, daß das qualitative Verhalten des Modells (31) die Eigen-schaften der Systeme (7)(5) und (13) widerspiegelt. Numerische Rechnungen zeigen, daß für hinreichend symmetrische Koeffizenten eine einzige stabile ex-ponentielle Zwei-Geschlechter-Lösung

$$(\bar{x}(a), \bar{y}(b), \bar{p}(a,b,c)) \, e^{\hat{\lambda}t} \tag{35}$$

existiert. Prüss und Schappacher [PS94] haben für wachsende Populationen einen entsprechenden Satz bewiesen.

Wenn die Geburtsraten und die Trennungsrate nicht von der Variablen c abhängen, so kann man in (31) eine neue abhängige Variable $\tilde{p}(t,a,b)$ einführen und die Gleichungen über c integrieren. Das liefert ein System

$$\begin{aligned}
&x_t + x_a + \mu_x x + \int_0^\infty \Phi(x,y)(t,a,b)db - \int_0^\infty (\sigma + \mu_y)\tilde{p}(t,a,b)db = 0 \\
&y_t + y_b + \mu_y y + \int_0^\infty \Phi(x,y)(t,a,b)da - \int_0^\infty (\sigma + \mu_x)\tilde{p}(t,a,b)da = 0 \\
&\tilde{p}_t + \tilde{p}_a + \tilde{p}_b + (\mu_x + \mu_y + \sigma)\tilde{p} - \Phi(x,y)(t,a,b) = 0 \\
&x(t,0) = \int_0^\infty b_x \tilde{p}(t,a,b)da\,db \\
&y(t,0) = \int_0^\infty b_y \tilde{p}(t,a,b)da\,db \\
&\tilde{p}(t,a,0) = 0, \quad \tilde{p}(t,0,b) = 0
\end{aligned} \tag{36}$$

in dem die Nichtlinearität in den Differentialgleichungen auftritt.

Das Modell (13) mit dem harmonischen Mittel ergibt sich als Spezialfall des Systems (36), wenn alle Koeffizienten als konstant angenommen werden. Ein etwas realistischeres System ergibt sich, wenn man in (13) eine Jugend-periode (maturation period) einführt. Es ergibt sich ein System von Differen-tialgleichungen mit Verzögerung (Hadeler [Ha93])

$$\begin{aligned}
&\dot{x}(t) = b_x e^{-\mu_x \tau} p(t-\tau) - \mu_x x(t) + (\mu_y + \sigma)p(t) - \varphi(x(t), y(t)) \\
&\dot{y}(t) = b_y e^{-\mu_y \tau} p(t-\tau) - \mu_y y(t) + (\mu_x + \sigma)p(t) - \varphi(x(t), y(t)) \\
&\dot{p}(t) = -(\mu_x + \mu_y + \sigma)p(t) + \varphi(x(t), y(t))
\end{aligned} \tag{37}$$

das man auch aus (36) erhalten kann, indem man stückweise konstante Ko-
effizienten einführt und über a, b integriert. Für hinreichend symmetrische
Parameter gibt es eine eindeutig bestimmte, lokal stabile, exponentielle Zwei-
Geschlechter Lösung.

Ein schwieriges Problem ist die Bestimmung der Paarbildungsfunktion für
eine Population mit Altersstruktur, sowohl im Hinblick auf eine theoretische
Herleitung als auch in Bezug auf die Identifikation von Parametern. Insbesondere für die diskreten Analoga (endlich viele Altersklassen) haben Busenberg
und Castillo-Chavez [BC91] eine Übersicht der verschiedenen „mixing patterns" gegeben.

3 Mathematische Epidemiologie

3.1 Das Schwellentheorem und die Basisreproduktionszahl

In Abschnitt 2 haben wir die Dynamik der Bevölkerung beschrieben. Klas-
sifizierende Größen waren allein das Alter und das Geschlecht. Es ist denkbar, in solche Modelle weitere Eigenschaften einzubeziehen, z.B. den ökonomischen Status in Form von Einkommen oder Beiträgen zum Pensionsfond. Von
überragender Bedeutung, sowohl für das Individuum als auch die Gesamtheit, ist jedoch die Gesundheit bzw. der Status bezüglich gewisser verbreite-
ter Krankheiten. Hier sind vor allem infektiöse Krankheiten von Bedeutung
wegen des engen Zusammenhangs mit der Sozialstruktur und sozialen Kontakten. So soll im folgenden unter Epidemiologie die Theorie der Dynamik
infektiöser Krankheiten verstanden werden. Es ist nicht von ungefähr, daß
sich Demographie und Epidemiologie in enger Verbindung entwickelt haben.

Wahrscheinlich hat als erster Daniel Bernoulli (1766) Mathematik zur Er-
forschung eines epidemiologischen Problems eingesetzt. Er bemühte sich, eine
Kontroverse bzgl. der Pocken-Epidemien zu schlichten und er untersuchte die
möglichen Effekte einer Impfung mit Kuhpockenvirus. Er zeigte, daß trotz der
mit der Impfung verbundenen Mortalität die Impfung sowohl für das Individuum als auch für die Gesamtheit vorteilhaft wäre. Ein wichtiges Hilfsmittel
war die Sterbetafel des englischen Astronomen Halley, die dieser 1693 mit
Daten der Stadt Breslau aufgestellt hatte, und aus der er eine Überlebensfunktion ableiten konnte. Nach einer langen Periode nur geringen Fortschritts
mit Arbeiten wie der von Farr (1866), der die Abnahme der Krankheitsfälle
einer Schwächung des infektiösen Agens zuschrieb, entstand die moderne Epidemiologie mit den Arbeiten von P.D.En'ko [En1889], R.Ross [Ro11, Ro16],
A.G.McKendrick [Mc26]. Die spätere Entwicklung, insbesondere der statistischen Aspekte, wurde entscheidend durch N.Bailey [Ba75] beeinflußt.

In der ersten ihrer wichtigen Arbeiten trafen Kermack und McKendrick
[KM27] folgende Annahmen für die Dynamik einer direkt übertragenen Krankheit:

1. Eine einzige Infektion setzt im Infizierten einen autonom verlaufenden
   Krankheitsprozeß in Gang.

2. Alle Individuen sind gleich suszeptibel.

3. Die Übertragung von Infizierten zu Suszeptiblen wird durch das Massenwirkungsgesetz beschrieben.

4. Die Krankheit führt zum Tod oder zu völliger Immunität.

5. Die Umgebung ist konstant, insbesondere verlaufen demographische Prozesse viel langsamer als epidemiologische.

Sei $S(t)$ die Dichte der Suszeptiblen, sei $\Lambda(t)$ die sog. Infektiosität (*force of infection*). Für ein suszeptibles Individuum ist $\Lambda(t)$ die Wahrscheinlichkeit pro Zeiteinheit, infiziert zu werden.

Mit diesen Annahmen ergibt sich für die Dynamik der Suszeptiblen die Gleichung

$$\frac{dS}{dt} = -\Lambda(t)S(t) \ . \tag{38}$$

Die erwartete Infektivität eines für eine Dauer τ infizierten Individuums kann mittels einer Funktion $A(\tau)$ beschrieben werden. In Abbildung 2 geben wir zwei Beispiele solcher Funktionen A (beachte den Unterschied in der Zeitskala).

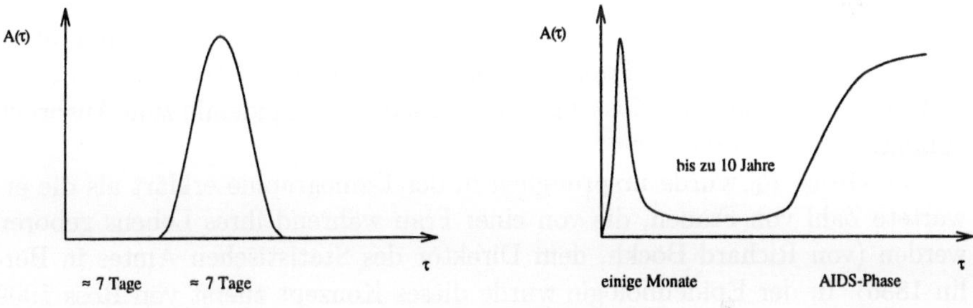

Abbildung 2. Intensitätsfunktionen für Masern und für HIV

Die Infizierten, die zur Zeit t das Infektionsalter τ haben, sind gerade diejenigen, die zur Zeit $t - \tau$ infiziert wurden. Daher stehen Λ und A in folgendem Zusammenhang,

$$\Lambda(t) = -\int_0^\infty A(\tau)\frac{dS}{dt}(t - \tau)d\tau \ . \tag{39}$$

Da $dS/dt < 0$ ist, ergibt sich Λ als positive Größe. Sei $S_0 = S(0)$ die Dichte beim Auftreten der ersten Infizierten.

Kermack und McKendrick zeigten, daß ein Schwellensatz gilt:

$$\begin{aligned}
S_0 > 1 \Big/ \int_0^\infty A(\tau)d\tau &\Leftrightarrow \text{eine Epidemie bricht aus} \\
S_0 < 1 \Big/ \int_0^\infty A(\tau)d\tau &\Leftrightarrow \text{eine Epidemie bricht nicht aus} \ .
\end{aligned} \tag{40}$$

Als die Basisreproduktionszahl R_0 definiert man die Zahl der Neuinfektionen, die von einem infizierten Individuum, während seiner infektiösen Periode, in einer vollständig suszeptiblen Population erzeugt werden. Von der Interpretation her ist es klar, daß es im Falle $R_0 > 1$ zum Ausbruch einer Epidemie kommen sollte, wenn nämlich jeder Infizierte im Mittel mehr als eine Neuinfektion verursacht, und daß andererseits im Falle $R_0 < 1$ keine Epidemie entsteht. Die Inzidenz (Anzahl der Neuerkrankungen pro Zeiteinheit) ist $i(t) = -dS(t)/dt$. Ein exponentieller Ansatz $i(t) = e^{rt}$ in (38)(39) liefert eine charakteristische Gleichung (ähnlich (10)) für den Exponenten in der Invasionsphase,

$$1 = S_0 \int_0^\infty A(\tau) e^{-r\tau} d\tau \ . \tag{41}$$

Diese hat genau eine reelle Lösung r.

Die Basisreproduktionszahl ist hier das Produkt der erwarteten Infektivität und der Dichte der Suszeptiblen,

$$R_0 = S_0 \int_0^\infty A(\tau) d\tau \ . \tag{42}$$

Nach dem Ergebnis von Kermack-McKendrick wird (unter den Voraussetzungen 1.-5.) die Schwellenbedingung für den Ausbruch einer Epidemie nun durch die Ungleichung $R_0 > 1$ gegeben.

Tritt die Krankheit in einer suszeptiblen Population (durch Immigration oder Kontakt mit anderen Populationen) auf, so hängt es, bei gegebenen Parametern, von der Zahl der Suszeptiblen S_0 ab, ob eine Epidemie zum Ausbruch kommt.

Die Größe R_0 wurde ursprünglich in der Demographie erklärt als die erwartete Zahl von Frauen, die von einer Frau während ihres Lebens geboren werden (von Richard Böckh, dem Direktor des Statistischen Amtes in Berlin 1886). In der Epidemiologie wurde dieses Konzept zuerst von Ross 1909 benutzt. Die Basisreproduktionszahl entscheidet, ob eine Krankheit sich in einer Population ausbreiten kann. Sie ist auch ein wichtiges Hilfsmittel in der Beurteilung von Kontrollstrategien.

Wir betrachten ein einfaches Beispiel, in dem die Infektiosität exponentiell abklingt,

$$A(\tau) = \beta e^{-\alpha\tau} \ . \tag{43}$$

Hierin bestimmt β die Wahrscheinlichkeit einer Infektion, pro Zeiteinheit, und α bestimmt die Dauer der infektiösen Periode (im Mittel $1/\alpha$). Dann ist $R_0 = \beta S_0/\alpha$. In diesem einfachen Fall kann man das Ergebnis auch unmittelbar einsehen: Ein Infizierter verursacht βS_0 Infektionen pro Zeiteinheit und bleibt im Mittel $1/\alpha$ Zeiteinheiten infektiös.

Wir bemerken noch, daß in diesem einfachen Falle die Integralgleichung (38) (39) sich in eine gewöhnliche Differentialgleichung umschreiben läßt. Man führt die totale Dichte aller zur Zeit t Infizierten ein,

$$I(t) = -\int_{-\infty}^{t} e^{-\alpha(t-\tau)} \frac{dS}{dt}(\tau) d\tau \tag{44}$$

und gewinnt durch Differentiation nach t

$$\frac{dS}{dt} = -\beta SI$$

$$\frac{dI}{dt} = \beta SI - \alpha I \ . \tag{45}$$

Obgleich dieses System viel bekannter ist und oft als *das* Modell von Kermack-McKendrick bezeichnet wird, ist die Integralgleichung allgemeiner.

Ein weiteres wichtiges Resultat von Kermack und McKendrick besteht in der Erkenntnis, daß nach Durchlauf der Epidemie die schließliche Dichte S_∞ der Suszeptiblen immer noch positiv ist. In der Tat, sind zu Beginn der Epidemie nur verschwindend wenige infiziert, so ergibt sich aus (38)(39) die Gleichung

$$\log \frac{S_\infty}{S_0} = R_0 \left(\frac{S_\infty}{S_0} - 1 \right) \tag{46}$$

die neben S_0 eine weitere positive Lösung $S_\infty < S_0$ hat.

Bis jetzt haben wir beim Studium der Epidemie die Demographie außer acht gelassen. Wenn nicht neue Suszeptible durch Geburt (oder Immigration) entstehen, wird auch im Falle $R_0 > 1$ die Epidemie schließlich durch Mangel an Suszeptiblen zum Erliegen kommen.

Betrachten wir konkrete demographische Prozesse, so gibt es zwei Möglichkeiten: Entweder die demographische Entwicklung verläuft auf einer viel langsameren Zeitskala ($\hat{\lambda}t$ in Formel (8) ist klein), oder beide Prozesse müssen gemeinsam betrachtet werden. Liegt im ersten Fall $R_0 > 1$ vor, so wird die Epidemie zunächst zu Ende gehen, dann wird $S(t)$ aufgrund der demographischen Erneuerung langsam wachsen. Schließlich werden wieder genügend Suszeptible vorhanden sein, so daß bei erneuter Exposition wieder eine Epidemie auftritt. Diese Situation liegt z.B. bei den Masernepidemien auf Island vor. Die Bevölkerung von Island ist zu klein, als daß durch Geburten ständig genügend Suszeptible bereitgestellt würden. Die Masern können sich also nicht behaupten. Nach hinreichend langen Zeitintervallen kommen jedoch durch zufällige Kontakte mit infizierten Reisenden wieder Epidemien zum Ausbruch. Cliff und Haggett [CH88] zeigen sehr schöne graphische Darstellungen dieser Epidemien.

In größeren Populationen können die Masern endemisch werden. Ein endemisches Gleichgewicht kann bei langsamer demographischer Entwicklung auch dadurch ermöglicht werden, daß Immunität wieder verloren gehen kann und immune Individuen wieder suszeptibel werden können (vgl. Annahme 4).

Es soll betont werden, daß der Schwellensatz bzw. die Basisreproduktionszahl Aussagen über die Möglichkeit des Ausbruchs einer Epidemie liefern. Da sie auf der Linearisierung in der Nähe des nicht infizierten Zustands beruhen, liefern sie keine Aussage über die Gesamtzahl der Infizierten oder die Prävalenz im endemischen Gleichgewicht. Mathematisch gesehen ist R_0 ein normierter Verzweigungsparameter. Im endemischen Fall führt der Übergang von $R_0 < 1$ zu $R_0 > 1$ zur Destabilisierung des nicht infizierten Zustands und zum Abzweigen eines infizierten stationären Zustands.

3.2 R_0 für strukturierte Populationen.

Eine Population kann in vielfältiger Weise strukturiert sein. Ein Individuum wird durch seinen Typ ξ charakterisiert, von dem wir hier annehmen, daß er in einem Gebiet $\Omega \in \mathbb{R}^n$ variiert. Sei $i(t,\xi)$ die Inzidenz (Zahl der Neuerkrankungen pro Zeiteinheit). Sei $A(\tau,\xi,\eta)$ die Infektiosität, die sich für einen Suszeptiblen des Typs ξ durch einen Infizierten ergibt, der seinerseits vor einer Zeit τ infiziert wurde und sich zu diesem Zeitpunkt im Typ η befand. Dann wird, in Analogie zu (38)(39), die Ausbreitung der Infektion durch die Integralgleichung

$$i(t,\xi) = S(t,\xi) \int_\Omega \int_0^\infty A(\tau,\xi,\eta)i(t-\tau,\eta)d\tau d\eta \tag{47}$$

beschrieben.

Zur Illustration betrachten wir den wichtigen Spezialfall, daß der Typ durch das chronologische Alter gegeben ist. Dann ist $\xi = a$ und $\Omega = [0,\infty)$. Nehmen wir an, daß ähnlich wie in (43)

$$A(\tau,a,b) = \beta(a,b+\tau)e^{-\int_b^{b+\tau} \alpha(\sigma)d\sigma} \tag{48}$$

mit geeigneten Funktionen β und α gilt. Es gilt

$$i(t,a) = S(t,a) \int_0^\infty \int_0^a A(t,a,b)i(t-\tau)d\tau db \ . \tag{49}$$

Die Funktion

$$I(t,a) = \int_0^a i(t-\tau,a-\tau)e^{\int_{a-\tau}^a \alpha(\sigma)d\sigma} d\tau \tag{50}$$

gibt die Zahl der Infizierten des Alters a zur Zeit t. Zusammen mit der Funktion $S(t,a)$ erfüllt sie Integrodifferentialgleichung

$$\frac{\partial S}{\partial t}(t,a) + \frac{\partial S}{\partial a}(t,a) = -S(t,a) \int_0^\infty \beta(a,b)I(t,b)db$$

$$\frac{\partial I}{\partial t}(t,a) + \frac{\partial I}{\partial a}(t,a) = S(t,a) \int_0^\infty \beta(a,b)I(t,b)db - \alpha(a)I(t,a) \ . \tag{51}$$

Konzentrieren wir uns nun auf die Definition von R_0 im allgemeinen Falle. Da anhand von R_0 entschieden werden soll, ob eine Invasion durch die Krankheit erfolgreich sein kann, und die Invasionsphase durch eine kurze Zeitspanne mit sehr niedriger Prävalenz charakterisiert ist, setzen wir voraus:

1. Die suszeptible Population befindet sich im demographischen Gleichgewicht, d.h. wird durch eine stationäre Typenverteilung beschrieben.
2. Die Verringerung der suszeptiblen Population durch den Infektionsprozeß ist zu vernachlässigen.

Wir bezeichnen mit $S(\xi)$ die stationäre suszeptible Population. Wir betrachten jetzt Generationen von Infizierten. Während in der Demographie die Generationen durch die Reproduktion verknüpft sind, definiert hier der Infektionsvorgang die jeweils nächste Generation. Die zu Beginn der Invasion auftretenden Infizierten bilden die nullte Generation, die direkt durch diese Infizierten bilden die erste Generation, usw. Die Dichte der Infizierten einer Generation ϕ_m und ihrer Nachfolgerin ϕ_{m+1} sind durch eine Rekursion verknüpft, die durch einen Integraloperator K beschrieben wird,

$$\phi_{m+1}(\xi) = (K\phi_m)(\xi) = S(\xi) \int_\Omega \int_0^\infty A(\tau, \xi, \eta) d\tau \, \phi_m(\eta) d\eta \ . \tag{52}$$

Die Rekursion gibt an, wieviele Invididuen vom Typ ξ durch die Infizierten vom Typ η erzeugt werden.

Nun möchte man wissen, ob diese Generationsgrößen „im Mittel" zu- oder abnehmen. Hier liefert die Mathematik ein starkes Hilfsmittel. Unter geeigneten analytischen Voraussetzungen definiert K einen irreduziblen positiven Operator im Banachraum $L_1(\Omega)$, und die Asymptotik der Dichten $\phi_m = K^m \phi_0$ wird durch den Spektralradius des Operators K beschrieben, also durch die Zahl $\rho(K) = \sup\{|\lambda| : \lambda \in \sigma(K)\}$. Der Spektralradius ist Eigenwert von K und es gilt

$$\rho(K) = \lim_{m \to \infty} \|K^m\|^{1/m} \ . \tag{53}$$

Zum Eigenwert $\rho(K)$ gibt es eine Eigenfunktion $\bar{\phi}$, und das asymptotische Verhalten der ϕ_m wird durch

$$\phi_m = K^m \phi_0 \sim const \, \rho^m \bar{\phi} \quad \text{für} \quad m \to \infty \tag{54}$$

beschrieben.

Dieses mathematische Ergebnis besagt, daß nach einer transienten Phase die Typverteilung der anfänglich Infizierten keine Rolle mehr spielt. Die Verteilung über die Typen wird allein von der Funktion $\bar{\phi}$ bestimmt, und das Anwachsen (oder Fallen) der Infizierten durch die Zahl $\rho(K)$. Daher definiert man (s. [DHM90]) als die Basisreproduktionszahl der strukturierten Population

$$R_0 = \rho(K) = \text{dominanter Eigenwert des Operators } K \tag{55}$$

Für homogene Populationen stimmt diese Definition mit der ursprünglichen (42) überein.

Somit wurde die Basisreproduktionszahl über den Generationenoperator eingeführt. Man braucht nun noch einen mathematischen Satz, der besagt, daß die Bedingung $R_0 > 1$ notwendig und hinreichend für die Entwicklung einer Epidemie in Realzeit ist. Dieser Satz existiert (s. [He92]). Man kann zeigen, daß die Integralgleichung (47) eine bis auf Faktoren eindeutig bestimmte exponentielle Lösung $i(t, \xi) = e^{rt}\psi(\xi)$ hat, wobei r die Realteile aller anderen möglichen Exponenten dominiert, und daß die folgende Äquivalenz gilt

$$r > 0 \Leftrightarrow R_0 > 1 \ . \tag{56}$$

Mathematisch gesehen, ist r die Spektralschranke des Generators einer Operatorhalbgruppe. Die Bedingung $R_0 < 1$ bzw. $r < 0$ besagt, daß die suszeptible Population stabil gegen die Invasion der Krankheit ist.

Im folgenden soll dieses allgemeine Konzept auf den wichtigsten Spezialfall einer altersstrukturierten Population angewandt werden. Zuvor sei noch bemerkt, daß sich diese Ideen auf Fälle übertragen lassen, in denen die Umwelt periodisch variiert - man denke an die Jahresperiodik [HSD81, Sm83, He94, HF89, HL89] - oder einer komplizierteren Dynamik unterworfen ist [RWM94, MNG92]. Dann treten Floquet-Multiplikatoren bzw. Lyapunov-Exponenten an die Stelle der hier beschriebenen Eigenwerte.

Betrachten wir den Fall einer nach dem Alter strukturierten, sich nach dem Modell (7)(5) entwickelnden Population. Wenn die demographische Entwicklung langsam verläuft im Vergleich mit den epidemiologischen Prozessen, so kann man die persistente Altersverteilung (s.(9)) als stationär

$$S(a) = S_0 p(a) e^{-\hat{\lambda} a} \tag{57}$$

betrachten. Dabei ist $p(a)$ die Überlebensfunktion und $\hat{\lambda}$ der Exponent des demographischen Wachstums. Sei $\beta(\tau, a, b)$ die Infektiosität, die ein Infizierter des Alters b mit der Infektionsdauer τ einem Suszeptiblen des Alters a anbietet. Dann gilt

$$A(\tau, a, b) = \beta(\tau, a, b + \tau) \frac{p(b + \tau)}{p(b)} \ . \tag{58}$$

Dabei gibt der Quotient die Wahrscheinlichkeit dafür an, daß der Infizierte bis zur Zeit τ überlebt. Dann ist

$$(K\phi)(a) = S_0 p(a) e^{-\hat{\lambda} a} \int_0^\infty \int_0^\infty \beta(\tau, a, b + \tau) \frac{p(b + \tau)}{p(b)} \phi(b) d\tau db \ . \tag{59}$$

Im sog. separablen Fall

$$\beta(\tau, a, b) = f(a) g(\tau, b) \tag{60}$$

hat K einen eindimensionalen Wertebereich, also nur einen Eigenwert, so daß man R_0 explizit angeben kann,

$$R_0 = S_0 \int_0^\infty \int_0^\infty g(\tau, a + \tau) p(a + \tau) e^{-\hat{\lambda} a} f(a) d\tau da \ . \tag{61}$$

Für die allgemeine Situation von (47) leitet die schwächere Annahme

$$\int_0^\infty A(\tau, \xi, \eta) d\tau = f(\xi) g(\eta) \tag{62}$$

auf eine ähnlich explizite Formel für R_0,

$$R_0 = \int_\Omega f(\eta) g(\eta) S_0(\eta) d\eta \ . \tag{63}$$

Bei diesen Überlegungen wurde die sog. vertikale Transmission, d.h. die Übertragung von der Mutter auf das Kind vor oder während der Geburt, ausgeschlossen. Dieser Problemkreis ist in der Monographie von Busenberg und Cooke [BC93] dargestellt.

Wenn die demographischen und epidemiologischen Prozesse auf gleichen Zeitskalen verlaufen, so können sie in der mathematischen Untersuchung nicht getrennt werden. Unter den Annahmen von Abschnitt 2.2 wird man auf homogene Systeme geführt. Der Schwellensatz nimmt dann die Form einer Ungleichung zwischen den vorher eingeführten Exponenten r (Exponent des Wachstums der epidemiologischen Kenngrößen) und $\hat{\lambda}$ (Exponent des demographischen Wachstums) an. Die durch die Krankheit verursachte reduzierte Fertilität geht nicht in die Schwellenbedingungen ein, denn zu Beginn einer Epidemie ist dieser Effekt von zweiter Ordnung. Andererseits kann das demographische Wachstum durch eine Epidemie erheblich beeinflußt werden. In der endemischen Situation gibt es die nicht infizierte persistente Lösung (die instabil ist) und eine infizierte persistente Lösung. Letztere ist stabil; im Falle einer erhöhten Mortalität (oder verminderten Fertilität) ist ihr Exponent kleiner als der des ungestörten demographischen Wachstums (s. [AMM88, HN90, Th92]).

3.3 Sexuell übertragene Krankheiten

Bis in die achtziger Jahre wurden auch sexuell übertragene Krankheiten durch Varianten der klassischen Epidemie-Modelle beschrieben. Als sich mit dem Auftreten von HIV die Vorstellung durchsetzte, daß diese Erkrankung sich in erheblichem Maß auch in der heterosexuellen Bevölkerung ausbreiten könnte, richtete das wissenschaftliche Interesse sich auf die von der Demographie bis dahin vernachlässigten Paarbindungsmodelle (s. Abschnitt 2.2). Eine wesentliche Rolle spielt dabei der Gedanke, daß für sexuell übertragene Krankheiten durch die klassischen Modelle mit der Annahme zufälliger Kontakte zwischen allen Mitgliedern der Bevölkerung die relevanten Größen wie Prävalenz oder Reproduktionszahl überschätzt werden. Wenn Paarbindung nach Definition sexuelle Kontakte mit Dritten ausschließt, so sind Individuen in Paarbindung faktisch immun. Da ein großer Teil der Bevölkerung sich über längere Zeiträume in stabiler Paarbindung befindet, ist die Zahl der faktisch Infizierbaren deutlich geringer als die Zahl der Suszeptiblen. Modelle für sexuell übertragene Krankheiten mit Paarbindung sind zunächst von Dietz [Di86], Dietz und Hadeler [DH88] vorgestellt worden. Sie haben die allgemeine Form der Gleichungen (13) bzw. (31), wobei dann die Klassen der Infizierten und Suszeptiblen zu unterscheiden sind. Es ist hier nicht der Raum, diese Systeme ausführlich darzustellen. Für diese Modelle wurde wie im klassischen Fall ein Schwellentheorem hergeleitet. Wieder gibt dieses die genaue Bedingung dafür, daß das Einbringen einiger weniger Infizierter den Ausbruch einer Epidemie bewirkt. Wieder steht das Schwellentheorem in engem Zusammenhang mit der Spektralschranke eines gewissen Operators. Diekmann, Dietz, Heester-

beek [DDH91] haben auch das Konzept der Basisreproduktionszahl auf diese
Situation übertragen.

3.4 Durch Parasiten verursachte Erkrankungen

In den bisherigen Betrachtungen haben wir uns auf direkt übertragene Krankheiten konzentriert. In der Regel sind die Erreger „Mikroparasiten" (Bakterien oder Viren). Im Gegensatz dazu stehen durch „Vektoren" (zumeist Insekten) übertragene Krankheiten (vector-borne diseases). Als Erreger treten neben Protozoen vor allem „Makroparasiten" (Würmer) auf. In den mathematischen Modellen wird die Dynamik der menschlichen Population und die der Überträger, evtl. noch der Zwischenwirte, beschrieben. Da bei vielen dieser Erkrankungen der Infizierte nur von wenigen Parasiten befallen ist, wird die Parasitenpopulation im Wirt mit einem stochastischen Ansatz beschrieben. Wir verweisen auf [AG82, Nå85, HD84, Kr89, AM91].

Die Idee der Basisreproduktionszahl läßt sich auf diese Situation verallgemeinern. Z.B. tritt im Falle unstrukturierter Populationen an die Stelle der Zahl (42) der führende Eigenwert einer $2 \times 2-$Matrix, die die Interaktionen der Wirte und der Überträger beschreibt, s. z.B. Diekmann, Heesterbeek, Metz [DHM90].

3.5 Impfung und Kontrolle

Entsprechend der Vielzahl von Übertragungsmechanismen und von Krankheitsverläufen gibt es verschiedene Strategien zur Kontrolle infektiöser Krankheiten, darunter Maßnahmen zur Verminderung der individuellen Suszeptibilität (Impfung), zur Erniedrigung der Kontaktrate zwischen Infektiösen und Suszeptiblen (Isolation, Quarantäne), Aufklärungsprogramme zur Verminderung der Kontakt- bzw. Infektionsraten.

Impfung überführt ein suszeptibles Individuum in einen Zustand partieller oder vollständiger Immunität. Aus der Sicht des Individuums soll die Impfung Schutz vor Infektion gewähren und im Falle einer Infektion den Krankheitsverlauf mildern. Das Ziel der Gemeinschaft ist in erster Linie, den Ausbruch einer Epidemie zu verhindern oder, so dies nicht erreichbar ist, die Prävalenz zu senken. Insbesondere bei nicht zu vermeidendem Impfrisiko brauchen die optimalen Strategien des Individuums und der Gemeinschaft nicht übereinzustimmen; in einer gut durchimpften Bevölkerung kann es sich für den einzelnen lohnen, von einer Impfung abzusehen.

Betrachten wir zunächst Impfungen, die zu vollständiger Immunität führen. Wir gehen zurück zum System (38)(39). Die Impfstrategie ψ bestehe darin, einen Anteil ψ der Suszeptiblen zu impfen. Dann erniedrigt sich die Dichte der Suszeptiblen von S_0 auf $S_0(1 - \psi)$. An die Stelle der Basisreproduktionszahl R_0 tritt nun die Reproduktionszahl bei Anwendung der Strategie ψ,

$$R(\psi) = S_0(1 - \psi) \int_0^\infty A(\tau)d\tau. \tag{64}$$

Mithin gilt $R(\psi) = (1 - \psi)R_0$.

Wieder schließt die Bedingung $R(\psi) < 1$ die Entstehung einer Epidemie aus. Also ist die kritische (mindestens erforderliche) Impfrate

$$\psi^* = 1 - \frac{1}{R_0} \ . \tag{65}$$

Dieser Zusammenhang zeigt, daß R_0 in der Größe von $10 - 20$, wie sie bei manchen Kinderkrankheiten auftreten, einen sehr hohen Durchimpfungsgrad erfordern.

Da Impfungen gegen verbreitete Krankheiten in der Regel auf gewisse Altersklassen konzentriert werden und durch Geburt immer wieder neue Suszeptible entstehen, sind die Altersstruktur und der Erneuerungsvorgang in Bezug auf Impfstrategien besonders wichtig.

Von vornherein ist nicht evident, wie Impfungen in epidemiologische Modelle einzubringen sind und welches die für die Beurteilung von Impfstrategien relevanten Größen sind. Es hat sich als günstig gezeigt (dies wurde wohl zuerst von Dietz 1975 vorgeschlagen), in den Modellgleichungen nur die tatsächlich erfolgten Übergänge in den geschützten Zustand zu berücksichtigen und alle Aspekte der Durchführung der Impfung (Erkennung der Suszeptiblen, Bereitschaft zur Impfung, Impferfolg) in Nebenbedingungen zu berücksichtigen. Die Impfstrategie $\psi(a)$ gibt also die Rate an, mit der Individuen des Alters a geimpft werden [KD84, AM82, Sch84].

Ein einfaches Modell vereinigt das demographische Modell (7)(5) mit dem epidemiologischen Modell (51). Das System ist homogen im Sinne von Abschnitt 2.2. Wir unterscheiden die Klassen der Suszeptiblen S, der Geimpften V und der Infizierten I. Das Modell besteht dann aus drei partiellen Differentialgleichungen

$$\frac{\partial S}{\partial t} + \frac{\partial S}{\partial a} = -\mu(a)S - \psi(a)S - S(t,a)\int_0^\infty B(t,a,b)I(t,b)db$$

$$\frac{\partial V}{\partial t} + \frac{\partial V}{\partial a} = -\mu(a)V + \psi(a)S + \alpha I \tag{66}$$

$$\frac{\partial I}{\partial t} + \frac{\partial I}{\partial a} = -\tilde{\mu}(a)I - \alpha I + S(t,a)\int_0^\infty B(t,a,b)I(t,b)db$$

mit Randbedingungen

$$S(t,0) = \int_0^\infty [b(a)(S(t,a) + V(t,a)) + \tilde{b}(a)I(t,a)]da$$

$$V(t,0) = 0 \tag{67}$$

$$I(t,0) = 0 \ .$$

Der Einfachheit halber nehmen wir an, daß die Funktion $B(t,a,b)$ das Produkt einer altersabhängigen Suszeptibilität $\beta(a)$ und einer Infektiosität $k(a)/P$ ist,

$$B(t,a,b) = \frac{1}{P(t)}\beta(a)k(b) \tag{68}$$

mit

$$P(t) = \int_0^\infty [S(t,a) + V(t,a) + I(t,a)]da \ . \tag{69}$$

$P(t)$ ist die Populationsgröße. Die Funktionen $b \geq \tilde{b}$ und $\mu \leq \tilde{\mu}$ sind die Fertilität und die Mortalität der Nichtinfizierten bzw. der Infizierten.

Wenn nicht geimpft wird, gibt es nach (9) die stationäre Alterverteilung $S(a) = \bar{u}(a) = S_0 p(a)e^{-\hat{\lambda}a}$, $V(a) = 0$, $I(a) = 0$. Bei Anwendung der Impfstrategie ψ verringert sich die Zahl der Suszeptiblen in den einzelnen Altersklassen, die persistente Verteilung ist

$$S[\psi](a) = \bar{u}(a)e^{-\int_0^a \psi(\tau)d\tau}, \quad V(a) = \bar{u}(a) - S[\psi](a), \quad I(a) = 0 \ . \tag{70}$$

Den Ausdruck für $S(a)$ kann man so deuten, daß die Kohorte der suszeptibel geborenen durch die Mortalität (beschrieben durch $p(a)$) und die Impfstrategie ψ vermindert wird [DS85]. Man kann nun den Schwellensatz und damit $R(\psi)$ auf verschiedene Weise gewinnen. Man kann (66) an der Stelle (70) linearisieren und eine charakteristische Gleichung für den dominanten Eigenwert λ herleiten [HM94]

$$\frac{\int_0^\infty \beta(a)p(a)e^{-\int_0^a \psi ds}\int_0^\infty k(a+\tau)e^{-\hat{\lambda}(a+\tau)}e^{-\int_a^{a+\tau}(\tilde{\mu}+\alpha)ds}e^{-(\lambda-\hat{\lambda})\tau}d\tau da}{\int_0^\infty p(a)e^{-\hat{\lambda}a}da} = 1 \ . \tag{71}$$

Für die persistente Lösung (70) lautet die Stabilitätsbedingung, durch die Eigenwerte ausgedrückt, $\lambda < \hat{\lambda}$. Da die linke Seite von (71) in $\lambda - \hat{\lambda}$ fallend ist, ergibt sich die Stabilitätsbedingung in der Form $R(\psi) < 1$ mit

$$R(\psi) = \frac{\int_0^\infty \beta(a)p(a)e^{-\int_0^a \psi ds}\int_0^\infty k(a+\tau)e^{-\hat{\lambda}(a+\tau)}e^{-\int_a^{a+\tau}(\tilde{\mu}+\alpha)ds}d\tau da}{\int_0^\infty p(a)e^{-\hat{\lambda}a}da} \ . \tag{72}$$

Die Größe $R(\psi)$ ist die Reproduktionszahl. Mit (70), nach einfacher Umformung, kann man sie in der folgenden Form schreiben,

$$R(\psi) = \frac{\int_0^\infty \beta(a)S[\psi](a)\int_0^\infty k(a+\tau)e^{-\hat{\lambda}(a+\tau)}e^{-\int_a^{a+\tau}(\tilde{\mu}+\alpha)ds}d\tau da}{\int_0^\infty p(a)e^{-\hat{\lambda}a}da} \ . \tag{73}$$

Andererseits kann man wie bei der Herleitung von (61) vorgehen. Die Zahl $A(\tau,a,b)$ ist die Infektiosität, die von einem Infizierten, der vor τ Zeiteinheiten selbst infiziert wurde und damals das Alter b hatte, jetzt auf einen Suszeptiblen des Alters a ausgeübt wird. Im Rahmen des Modells (66) ist

$$A(\tau,a,b) = \frac{\beta(a)k(b+\tau)e^{-\int_b^{b+\tau}(\tilde{\mu}+\alpha)ds}}{\int_0^\infty p(a)e^{-\hat{\lambda}a}da} \ . \tag{74}$$

Der Integraloperator K hat nun die Darstellung

$$(K[\psi]\phi)(a) = S[\psi](a) \int_0^\infty \int_0^\infty A(\tau, a, b) d\tau \phi(b) db \ . \tag{75}$$

Der Operator hat einen eindimensionalen Wertebereich. Der nichttriviale Eigenwert ist gerade die in (73) gegebene Reproduktionszahl $R(\psi)$. Die zweite Herleitung liefert mehr Einsicht in den Mechanismus der Übertragung. Die einzelnen Faktoren in (74) beschreiben die Suszeptibiliät $\beta(a)$ eines Suszeptiblen des Alters a, die Infektiosität eines Infizierten vom nunmehrigen Alter $b + \tau$, die Verminderung der Infizierten in der Zeit von b bis $b + \tau$ durch Mortalität und Gesundung, das ganze in Proportion gesetzt zur Größe der Population. Für eine Vertiefung dieser Überlegungen sei auf den Artikel von Diekmann, Heesterbeek, Metz [DHM94] verwiesen.

Eine Impfstrategie ψ vermindert die anfänglich in der Population vorhandenen Suszeptiblen entsprechend (70) und an die Stelle der Basisreproduktionszahl R_0 tritt die Reproduktionszahl $R(\psi)$. Wieder schließt die Bedingung $R(\psi) < 1$ eine Epidemie aus. Das Ziel der Impfung muß also sein, durch geeignete Wahl von ψ die Bedingung $R(\psi) < 1$ zu erreichen.

In der Regel soll dies mit geringem Einsatz geschehen oder es sollen die vorgegebenen Mittel zu einer möglichst großen Reduktion von $R(\psi)$ eingesetzt werden. Diese Fragen führen auf verschiedene Optimierungsprobleme, die im Falle des Modells (66) konkret gelöst werden können [HM94, Mü94].

Mathematische Modelle liefern Schätzungen für die Parameterwerte, bei denen Ausbrüche von Epidemien zu erwarten sind, für zu erwartende Prävalenz und für den Grad der Durchimpfung, der zur die Elimination der Krankheit nötig ist, des weiteren Hinweise zum ökonomischen Einsatz der Mittel.

Bei der Anwendung auf konkrete Probleme ist zu beachten, daß die Ausbreitung einer infektiösen Krankheit durch spezifische Eigenschaften des Parasiten und der sozialen Kontakte in der Population beeinflußt wird. Insbesondere die konkrete Durchführung von Impfprogrammen kann durch mangelnde Bereitschaft der zu Impfenden oder Mängel in der technischen Durchführung erschwert werden.

Literatur

[AG82]   Anderson, R.M., Gordon, D.M.: Processes influencing the distribution of parasite numbers within host populations with special emphasis on parasite-induced host mortalities. Parasitology **85** (1982) 373–398

[AM82]   Anderson, R.M., May, R.M.: Directly transmitted infectious diseases: control by vaccination. Science **215** (1982) 1053–1060

[AM91]   Anderson, R.M., May, R.M.: Infectious Diseases of Humans: Dynamics and Control. Oxford University Press, Oxford 1991

[AMM88]   Anderson, R.M., May, R.M., McLean, A.R.: Possible demographic consequences of AIDS in developing countries. Nature **332** (1988) 228–233

[As80]   Asmussen, S.: On some two-sex population models. Ann. of Prob. **8** (1980) 727–744

[Ba75]   Bailey, N.J.T.: The Mathematical Theory of Infectious Diseases and Its Applications. 2nd. ed. Griffin, London 1975

[Be66]   Bernoulli, D.: Essai d'une nouvelle analyse de la mortalité causée par la petite vérole et des avantages de l'incubation pour le prévenir. Histoire de l'Académie Royale des Sciences, année 1760, Paris (1766) 1–55

[BC91]   Busenberg, S., Castillo-Chavez, C.: A general solution of the mixing of subpopulations and its application to risk- and age-structured epidemic models of the spread of AIDS. IMA J. Math Appl. Med. Biol. **8** (1991) 1–29

[BC93]   Busenberg, S., Cooke, K.: Vertically Transmitted Diseases. Springer, Berlin 1993

[CH88]   Cliff, A.D., Haggett, P.: Atlas of Disease Distributions. Blackwell Publishers, Oxford 1988

[DDH91]   Diekmann, O., Dietz, K., Heesterbeek, J.A.P.: The basic reproduction ratio for sexually transmitted diseases, part 1: theoretical considerations. Math. Biosc. **107** (1991) 325–339

[DHM90]   Diekmann, O., Heesterbeek, J.A.P., Metz, J.A.J.: On the definition and the computation of the basic reproduction ratio R_0 in models for infectious diseases in heterogeneous populations. J. Math. Biol. **28** (1990) 365–382

[DHM94]   Diekmann, O., Heesterbeek, J.A.P., Metz, J.A.J.: The legacy of Kermack and McKendrick. In: D.Mollison (ed.) Epidemic Models: Their Structure and Relation to Data. Cambridge University Press 1994

[Di75]   Dietz, K.: Transmission and control of arbovirus diseases. In: D.Ludwig, K.L.Cooke (eds.), Epidemiology, SIAM, Philadelphia 1975, pp. 104–121

[Di86]   Dietz, K.: Epidemiological models for sexually transmitted infections. Proc. First World Congress Bernoulli Soc. Tashkent, vol. 2. VNU Press, Utrecht 1986, pp. 539–542

[DH88]   Dietz, K., Hadeler, K.P.: Epidemiological models for sexually transmitted diseases. J. Math. Biol. **26** (1988) 1–25

[DS85]   Dietz, K., Schenzle, D.: Mathematical models for infectious disease statistics. In: A.C.Atkinson and S.E.Feinberg (eds.) A Celebration of Statistics. Springer, Berlin 1985

[En1889] En'ko, P.D.: On the course of epidemics of some infectious diseases. Vrač St.Peterburg **10** (1889) 1008–1010, 1039–1042, 1061–1063

[Fa66]   Farr, W.: On the cattle plague. J. Social Science London **20** (1866) 349–351

[Fe41]   Feller, W.: On the equation of renewal theory. Ann. Math. Stat. **12** (1941) 243–267

[Fr71]   Fredrickson, A.G.: A mathematical theory of age structure in sexual populations: random mating and monogamous marriage models. Math. Biosc. **10** (1971) 117–143

[GM74]   Gurtin, M.E., MacCamy, R.C.: Nonlinear age-dependent population dynamics. Arch. Rat. Mech. Anal. **54** (1974) 281–300

[Ha89]   Hadeler, K.P.: Pair formation in age-structured populations. Acta Appl. Math. **14** (1989) 91–102

[Ha92]   Hadeler, K.P.: Periodic solutions of homogeneous equations. J. Diff. Equ. **95** (1992) 183–202

[Ha93]   Hadeler, K.P.: Pair formation models with maturation period. J. Math. Biol. **32** (1993) 1–15

[HD84]   Hadeler, K.P., Dietz, K.: Population dynamics of killing parasites which reproduce in the host. J. Math. Biol. **21** (1984) 45–65

[HF89]   Hadeler, K.P., Freedman, H.I.: Predator-prey populations with parasitic infection. J. Math. Biol. **27** (1989) 609–631

[HM94]   Hadeler, K.P., Müller, J.: Vaccination in age structured populations I: The reproduction number. II.Optimal Strategies. In: V.Isham and G.Medley (eds.) Models for Infectious Human Diseases: Their Structure and Relation to Data. Cambridge University Press 1994

[HN90]   Hadeler, K.P., Ngoma, K.: Homogeneous models for sexually transmitted diseases. Rocky Mtn. J. of Math. **20** (1990) 967–986

[HWW88]   Hadeler, K.P., Waldstätter, R., Wörz-Busekros, A.: Models for pair formation in bisexual populations. J. Math. Biol. **26** (1988) 635–649

[He92]   Heesterbeek, J.A.P.: R_0, Dissertation, University of Leiden 1992

[He94]   Heesterbeek, J.A.P., Roberts, M.G.: Threshold quantities for helminth infections. J. Math. Biol. (1994). Im Druck

[HL89]   Hethcote, H.W., Levin, S.A.: Periodicity in epidemiological models. In: L.Gross, T.Hallam, S.A.Levin (eds.), Applied Mathematical Ecology. Springer, Berlin 1989

[HSD81]   Hethcote, H.W., Stech, H.W., van den Driessche, P.: Periodicity and stability in epidemic models: A survey. In: S.Busenberg, K.L.Cooke (eds.) Diff. Equ. and Appl. in Ecology, Epidemics and Population Problems. Academic Press, New York 1981

[Hi82]   Hirsch, M.W.: Systems of differential equations which are competitive or cooperative I: Limit sets. SIAM J. Math. Anal. **13** (1982) 167–179

[Ho75]   Hoppensteadt, F.: Mathematical Theories of Populations: Demographics, Genetics and Epidemics. Regional Conf. Ser. Appl. Math. 20 SIAM, Philadephia 1975

[Im85]   Impagliazzo, J.: Deterministic Aspects of Mathematical Demography. Biomathematics vol. 13. Springer, Berlin 1975

[Jo78]   John, F.: Partial Differential Equations. 3rd edn. Springer, Berlin 1978

[KD84]   Katzmann, W., Dietz, K.: Evaluation of age-specific vaccination strategies. Theor. Pop. Biol. **25** (1984) 125-137

[Ke49]   Kendall, D.G.: Stochastic processes and population growth. J. Roy. Statist. Soc. Ser. B **11** (1949) 230–264

[KM27]   Kermack, W.O., McKendrick, A.G.: A contribution to the mathematical theory of epidemics I. Proc. Roy. Soc. London **A115** (1927) 700–721

[Ke72]   Keyfitz, N.: The mathematics of sex and marriage. In: Proc. Sixth Berkeley Symp. Math. Stat. and Prob. **4** (1972) 89–108

[Ke85]   Keyfitz, N.: Applied Mathematical Demography. 2nd. edn. Springer, Berlin 1985

[Kr89]   Kretzschmar, M.: Persistent solutions in a model for parasitic infections. J. Math. Biol. **27** (1989) 549–573

[Ku32]   Kuczynski, R.R.: Fertility and Reproduction. Falcon Press, New York 1932

[Le45]   Leslie, P.H.: On the use of matrices in certain population mathematics.
           Biometrika **33** (1945) 183–212
[Le75]   Lexis, W.: Einleitung in die Theorie der Bevölkerungs-Statistik. Trub-
           ner, Strassbourg 1875
[Mc26]   McKendrick, A.G.: Applications of mathematics to medical problems.
           Proc. Edinb. Math. Soc. **44** (1926) 98–130
[MNG92]   Metz, J.A.J., Nisbet, R.M., Geritz, S.A.H.: How should we define 'fit-
           ness' for general ecological scenarios? Trends in Ecology and Evolution
           7 (1992) 198-202
[Mü94]   Müller, J.: Optimal vaccination patterns in age structured populations.
           Dissertation. Tübingen 1994
[Nå85]   Nåsell, I.: Hybrid Models of Tropical Infections. Lect. Notes in Biomath.
           vol. 59. Springer, Berlin 1985
[Po73]   Pollard, J.H.: Mathematical models for the growth of human populati-
           ons. Chapt 7. Cambridge University Press 1973
[PS94]   Prüss, J., Schappacher, W.: Persistent age-distributions for pair forma-
           tion models. J. Math.Biol. (1994) Im Druck
[RWM94]   Rand, D.A., Wilson, H.B., McGlade, J.M.: Dynamics and evolution:
           evolutionary stable attractors, invasion and phenotype dynamics. Phil.
           Trans. Roy. Soc. London B **343** (1994) 261–283
[Ro11]   Ross, R.: The Prevention of Malaria. 2nd edn. (with 'Special Addendum
           on the Theory of Happenings'). John Murray, London 1911
[Ro16]   Ross, R.: An application of the theory of probabilities to the study of
           a priori pathometry, I. Proc. Roy. Soc. London A **92** (1916) 204–230
[Sch84]   Schenzle, D.: Age-structured model of pre- and post-vaccination meas-
           les transmission. IMA J. Math. Applied in Med. Biol. **1** (1984) 169–191
[SL11]   Sharpe, F.R., Lotka, A.J.: A problem in age distributions. Phil. Mag.
           21 (1911) 435–438
[Sm83]   Smith, H.L.: Subharmonic bifurcation in an S-I-R epidemic model. J.
           Math. Biol. **17** (1983) 163–177
[Th92]   Thieme, H.R.: Epidemic and demographic interaction in the spread
           of potentially fatal diseases in growing populations. Math. Biosc. **111**
           (1992) 99–130
[Wa90]   Waldstätter, R.: Models for Pair Formation with Applications to De-
           mography and Epidemiology. Dissertation Tübingen 1990
[We85]   Webb, G.F.: Theory of Nonlinear Age-dependent Population Dynamics.
           M. Dekker 1985
[YS74]   Yellin, J., Samuelson, P.A.: A dynamical model for human population.
           Proc. Natl. Acad. Sci. USA **71** (1974) 2813–2817

Prognoserechnungen zur AIDS-Ausbreitung in der Bundesrepublik Deutschland

Peter Deuflhard[1], Ulrich Nowak[1] und Jürgen Weyer[2]

[1] Konrad-Zuse-Zentrum für Informationstechnik Berlin (ZIB)
[2] RISK-Consulting, Köln

1 Einführung

Die Ausbreitung der Immunschwächekrankheit AIDS ist für unsere Gesellschaft ein bedrohliches Problem. Öffentlichkeit, Politik und Wirtschaft drängen auf Prognoserechnungen. Wegen der zahlreichen „weichen" Fakten in diesem Bereich ist jedoch eine mathematische Modellierung nicht ganz unproblematisch. Andererseits besteht längst nicht mehr die Freiheit zu wählen, *ob* überhaupt mathematische Modelle aufgestellt werden, sondern nur noch ob *seriöse* mathematische Modelle aufgestellt werden. Bei Verzicht auf eine seriöse Modellierung bleibt das Feld anderen überlassen, die Vorhersagen ohne methodischen Unterbau abgeben – dazu ist aber die Fragestellung einfach zu wichtig.

Der vorliegende Artikel ist eine Kurzfassung einer umfangreichen Studie [SWD91], in der Simulationsrechnungen auf der Basis eines Kompartmentmodells von 1650 gewöhnlichen Differentialgleichungen vorgelegt worden waren. Das mathematische Modell (Abschnitt 2) geht aus von einer Einteilung der Bevölkerung nach 9 Risikogruppen und berücksichtigt 3 Infektionsstadien; darüber hinaus enthält es die demographische Struktur der Bundesrepublik Deutschland (alte Bundesländer), die für die Dynamik der AIDS-Seuche wesentlich ist. Die entstehenden Differentialgleichungen sind nichtlinear und „steif", was bedeutet, daß auf jeden Fall die Jacobimatrix der rechten Seite oder eine geeignete Approximation mitzuführen ist. In Abschnitt 3 wird eine neue Technik der „dynamischen Ausdünnung" [No93] innerhalb einer linear-impliziten Eulermethode mit Extrapolation [Deu85] vorgestellt, die speziell an diesem Beispiel erstmals getestet wurde. Die mit dieser Methode erzielten Rechenzeitbeschleunigungen machten Sensitivitätsstudien erst möglich, ohne die eine sinnvolle Simulation und Bewertung des mathematischen Modells nicht machbar gewesen wäre. Ein minimaler Ausschnitt der Ergebnisse der Prognoserechnungen aus [SWD91] wird schließlich in Abschnitt 4 dargestellt. Diese Ergebnisse aus dem Jahre 1991 sind unverändert übernommen, so daß sich ihr Prognosewert gut beurteilen läßt – im Kontrast zu manchen anderen Prognosen auf diesem Gebiet.

2 Mathematische Modellierung

Die mathematische Modellierung der Ausbreitung von AIDS in Abhängigkeit von der Zeit t stellt eine nicht-triviale Aufgabe dar. Zwei Arten der Modellierung wurden bisher versucht, eine *diskrete* und eine *kontinuierliche*.

Die diskrete Methode – siehe Blanchard [BBK89] – modelliert die Kontakte von Individuen auf einem *Graphen*; leider wurde für diesen Zugang ein *planarer* Graph zugrundegelegt, was notwendigerweise – trotz hoher Rechenzeiten für immer noch recht kleine Stichprobenanzahl – zu Fehlprognosen führen mußte. Das wesentliche Problem einer Modellbildung mittels planarer Graphen besteht darin, daß implizit angenommen wird, daß sich die Seuche nur von „ihrem Rand" aus fortpflanzt. Das heißt, es wird ein Zeitschritt ΔT festgesetzt, und es werden die innerhalb dieses Zeitschrittes potentiell infektiösen Kontakte als Verbindungslinien zwischen den Eckpunkten eines Graphen beschrieben, wobei die Eckpunkte infektiöse oder nicht-infektiöse Individuen repräsentieren. Derartige Kontakte längs einer Kante des Graphen können zu Neuansteckungen von ursprünglich gesunden Individuen führen. Danach wird im nächsten Schritt die Infektion über die „Ecken" der Neuangesteckten weitergetragen. Hier pflanzt sich also die Seuche über den „Rand" der Neuinfektionen fort, während der „infektiöse Kern" der Altinfektionen nicht angemessen berücksichtigt wird. Ein solches Vorgehen führt notwendigerweise zu einer Unterschätzung der Seuchengefahr.

Die kontinuierliche Methode führt auf *Differentialgleichungen*. In [DH88, Ha89] werden zur Modellierung einige wenige gewöhnliche Differentialgleichungen, auch solche mit retardiertem Argument, herangezogen – anfänglich *drei*, später *acht*, um unterschiedliches Geschlecht in das Modell einzuführen; solche Modelle zielen jedoch von vornherein nicht auf eine quantitative Prognose, sondern begnügen sich mit der Untersuchung von qualitativen Eigenschaften. Wirtschaft und Politik fordern jedoch unabweisbar möglichst fundierte quantitative Prognosen.

Beispiel: Lebensversicherung. Aufgrund gesetzlicher Bestimmungen muß die Finanzierung einer Lebensversicherung bereits beim Abschluß eines Lebensversicherungsvertrages über die gesamte Laufzeit des Vertrages hinweg kalkuliert werden. Eine Nachtarifierung ist – im Gegensatz zur Krankenversicherung – aufsichtsrechtlich unzulässig. Als Rechnungsgrundlage zur Lebensversicherungstarifierung dienen die jeweils aktuellen Sterbetafeln, wobei das gegenwärtige Sterberisiko in die Zukunft hinein – also bei einer Vertragsdauer von etwa 30 Jahren – über 30 Jahre hinweg extrapoliert wird. Bei Vertragsabschlüssen wird also so kalkuliert, als ob auch noch im Jahre 2020 keine AIDS-Mortalität vorhanden wäre. Leider entspricht diese Rechnungsgrundlage heute längst nicht mehr der Realität. Bis Mai 1991 mußten die deutschen Lebensversicherer bereits über DM 43 Mio. an Lebensversicherungsleistungen und Invalidenrenten aufgrund von AIDS erbringen.

Die Studie [SWD91] stellt sich der Herausforderung einer quantitativen Prognose. In der Frage der mathematischen Modellierung orientiert sie sich möglichst nahe an empirischen Fakten. In Abbildung 1 ist die kumulative Anzahl aller *registrierten* AIDS-Fälle in der Bundesrepublik zusammen mit einer Aufschlüsselung nach sogenannten Risikogruppen dargestellt, wobei Daten über einen längeren Zeitraum nur für die alten Bundesländer vorliegen. Diese Daten sind der Meldestatistik des Bundesgesundheitsamtes entnommen und mit einer hohen Dunkelziffer behaftet [ECE91]. Sie taugen also nicht als zahlenmäßiger Input für ein Ausbreitungsmodell. Dennoch zeigen sie ein wesentliches Merkmal: man beobachtet durchweg relativ „glatte" zeitliche Verläufe, was ein kontinuierliches *Kompartmentmodell* ermutigt, wobei als Kompartments gerade die Risikogruppen zu wählen sind.

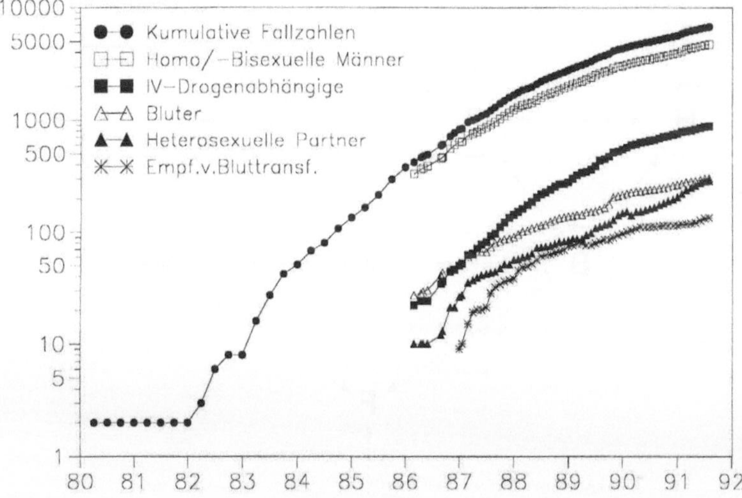

Abbildung 1. Anzahl der AIDS-Fälle in der Bundesrepublik (alte Länder), kumulativ und aufgeschlüsselt nach Risikogruppen.

Das in [SWD91] zugrundegelegte Modell geht aus von 9 Risikogruppen, jeweils in 5 unterschiedlichen Gesundheitsstadien, was einem System von 45 gewöhnlichen Differentialgleichungen entspräche. Hinzu kommt noch die Altersstruktur: jede Risikogruppe wird in 50 bzw. 20 Altersklassen (je nach Gruppe) aufgeteilt – mit Blick auf die in der Versicherungswirtschaft übliche diskrete Jahresstruktur. Dies führt schließlich auf ein System von

$$n = 1650 = 5 \times (5 \times 50 + 4 \times 20)$$

gewöhnlichen Differentialgleichungen mit zahlreichen *algebraischen Nebenbedingungen*.

Die Modellierung der Seuchendynamik von AIDS geht von folgenden vereinfachenden Annahmen aus:

- Das HI-Virus wird auf sexuellem Wege und durch Blutkontakte übertragen (z.B. „needle-sharing").
- Für den Ausbruch von Voll-AIDS ist ausschließlich eine vorliegende Infektion mit HIV verantwortlich (nach neuesten Erkenntnissen bewirkt möglicherweise erst das Zusammenspiel von HIV mit weiteren Coagentien den Ausbruch von Voll-AIDS [EW91, CDW89, Mo90, WE90]).
- Die Individuen aller Risikogruppen durchmischen sich (was etwa der Annahme eines planaren Graphen im Diskreten widerspricht).

In Abbildung 2 ist das *Netzwerk der Übertragungspfade* zwischen den Kompartments schematisch dargestellt.

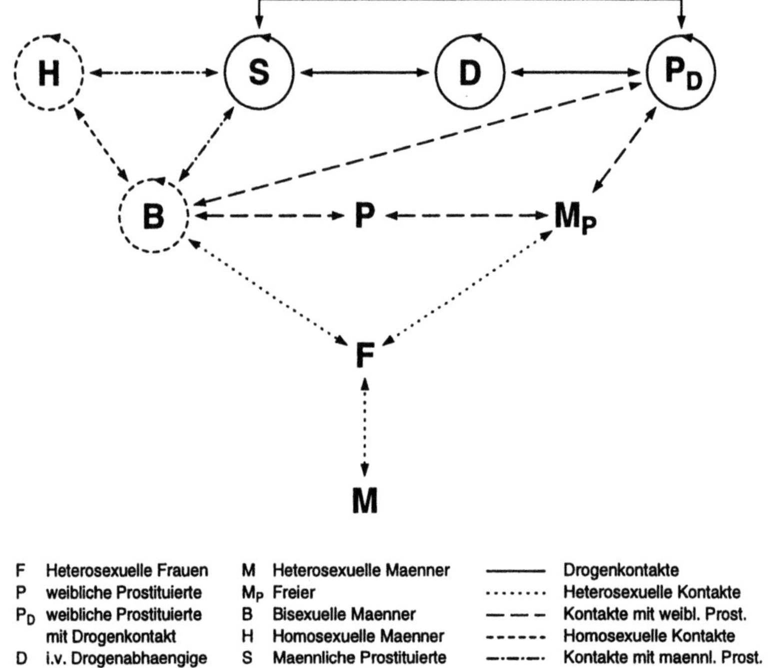

F	Heterosexuelle Frauen	M	Heterosexuelle Maenner	———	Drogenkontakte
P	weibliche Prostituierte	M_P	Freier	········	Heterosexuelle Kontakte
P_D	weibliche Prostituierte	B	Bisexuelle Maenner	— — —	Kontakte mit weibl. Prost.
	mit Drogenkontakt	H	Homosexuelle Maenner	------	Homosexuelle Kontakte
D	i.v. Drogenabhaengige	S	Maennliche Prostituierte	—·—·—·	Kontakte mit maennl. Prost.

Abbildung 2. Netzwerk der Übertragungspfade von AIDS zwischen verschiedenen Risikogruppen.

Inzidenz. Unter der Inzidenz $\mathrm{Inc}(t)$ verstehen wir die Anzahl der Neuinfektionen pro Zeiteinheit zum Zeitpunkt t. Bezeichne $N_{il}(t)$ die Anzahl von

l-jährigen Personen in Gruppe i, $S_{il}(t)$ den Anteil der gesunden Personen und $I_{il}^{(k)}(t)$ den Anteil von infizierten Personen im k-ten Infektionsstadium ($1 \leq k \leq m$) an den l-jährigen Individuen in Kompartment i. Sei $\lambda_{il,jp}^{(k)}(t)$ die Anzahl der „adäquaten" individuellen Kontakte, d.h. der Kontakte, die eine infizierte p-jährige Person der Risikogruppe j im k-ten Infektionsstadium mit l-jährigen Individuen aus der Risikogruppe i hat, und die mit Wahrscheinlichkeit 1 zu einer Infektion führen. Demnach gehen von infizierten p-jährigen Personen der Gruppe j insgesamt $\sum_{k=1}^{m} \lambda_{il,jp}^{(k)} N_{jp}(t) I_{jp}^{(k)}(t)$ adäquate Kontakte zu l-jährigen Personen in Gruppe i aus. Nur der Kontakt zu gesunden Personen führt zu einer Neuansteckung, so daß die Kontakte von p-jährigen Personen aus Gruppe j

$$\left[\sum_{k=1}^{m} \lambda_{il,jp}^{(k)} N_{jp}(t) I_{jp}^{(k)}(t) \right] \frac{S_{il}(t)}{S_{il}(t) + \sum_{k=1}^{m_0} I_{il}^{(k)}(t)}$$

Neuansteckungen bei l-jährigen Individuen in Gruppe i ergeben. Zum Zeitpunkt t erhält man somit als Inzidenz in Gruppe i für Personen des Alters l:

$$\mathrm{Inc}_{il}(t) := \left[\sum_{j=1}^{n} \sum_{p=l_{\min}(j)}^{l_{\max}(j)} \sum_{k=1}^{m} \lambda_{il,jp}^{(k)} N_{jp}(t) I_{jp}^{(k)}(t) \right] \frac{S_{il}(t)}{S_{il}(t) + \sum_{k=1}^{m_0} I_{il}^{(k)}(t)} \,.$$

Dabei sind $l_{\min}(j)$ und $l_{\max}(j)$ die untere bzw. obere Altersgrenze in Gruppe j.

Individueller Krankheitsverlauf. Das Krankheitsbild einer infizierten Person umfasse insgesamt m Stadien von der Primärinfektion bis zum Tod des Patienten. Mit $d_i^{(\mu)}$ wird die mittlere Verweildauer einer infektiösen Person im μ-ten Infektionsstadium in Gruppe i bezeichnet; sie wird damit implizit als altersunabhängig angenommen. Mit $\delta_i^{(\nu,\mu)}$ wird der Anteil von infizierten Personen im Krankheitsstadium μ bezeichnet, der – ohne weitere Zwischenstadien zu durchlaufen – das Krankheitsstadium $\nu > \mu$ entwickelt. Berücksichtigt man für ein festes Infektionsstadium $\nu \geq 2$ sämtliche Zu- und Abgänge pro Zeiteinheit, so wird diese Bilanz beschrieben durch

$$\sum_{\mu=1}^{\nu-1} \delta_i^{(\nu,\mu)} N_{il}(t) I_{il}^{(\mu)}(t)/d_i^{(\mu)} - N_{il}(t) I_{il}^{(\nu)}(t)/d_i^{(\nu)} \,,$$

wobei leeren Summen der Wert 0 zugeordnet wird.

Altersstruktur. Neben der Seuchendynamik unterliegt die Bevölkerung auch einer infektionsunabhängigen Populationsdynamik, die sich aus Geburten, Alterungs- und Sterberaten zusammensetzt. Der demographische Input (Geburt, Eintritt in die Pubertät usw.) erfolgt stets in die erste berücksichtigte Altersklasse $l_{\min}(i)$ einer jeden Bevölkerungsgruppe i. Die zeitabhängigen Inputraten pro Zeiteinheit werden mit $g_i^{(\nu)}(t)$, $0 \leq \nu \leq m$, bezeichnet, wobei

$g_i^{(o)}(t)$ den Zugang an gesunden Personen und $g_i^{(\nu)}(t)$ für $\nu \geq 1$ den Zugang an infizierten Personen im ν-ten Infektionsstadium angibt. Sei nun γ_{il} die Alterungsrate und β_{il} die infektionsunabhängige Sterberate einer l-jährigen Person in Kompartment i. Dann können die demographischen Einflüsse dargestellt werden durch die Terme

für $l = l_{\min}(i)$:

$$g_i^{(o)}(t) - \gamma_{il} N_{il}(t) S_{il}(t) - \beta_{il} N_{il}(t) S_{il}(t) \quad \nu = 0$$

$$g_i^{(\nu)}(t) - \gamma_{il} N_{il}(t) I_{il}^{(\nu)}(t) - \beta_{il} N_{il}(t) I_{il}^{(\nu)}(t) \ \nu \geq 1$$

für $l > l_{\min}(i)$:

$$\gamma_{il-1} N_{il-1}(t) S_{il-1}(t) - \gamma_{il} N_{il}(t) S_{il}(t) - \beta_{il} N_{il}(t) S_{il}(t) \ \nu = 0$$

$$\gamma_{il-1} N_{il-1}(t) I_{il}^{(\nu)}(t) - \gamma_{il} N_{il}(t) I_{il}^{(\nu)}(t) - \beta_{il} N_{il}(t) I_{il}^{(\nu)}(t) \ \nu \geq 1 \ .$$

Insgesamt erhält man so für jede Altersklasse l einer Risikogruppe i die Modellgleichungen:

$$\frac{d}{dt}\left[N_{il}(t) S_{il}(t)\right] =$$

$$- \left[\sum_{j=1}^{n} \sum_{p=l_{\min}(j)}^{l_{\max}(j)} \sum_{k=1}^{m} \lambda_{il,jp}^{(k)} N_{jp}(t) I_{jp}^{(k)}(t)\right] \cdot \frac{S_{il}(t)}{S_{il}(t) + \sum_{k=1}^{m_0} I_{il}^{(k)}(t)}$$

$$+ \left\{\begin{array}{ll} g_i^{(0)}(t) & l = l_{\min}(i) \\ \gamma_{il-1} N_{il-1}(t) S_{il-1}(t) & l > l_{\min}(i) \end{array}\right\} - (\gamma_{il} + \beta_{il}) N_{il}(t) S_{il}(t)$$

$$\frac{d}{dt}\left[N_{il}(t) I_{il}^{(1)}(t)\right] =$$

$$+ \left[\sum_{j=1}^{n} \sum_{p=l_{\min}(j)}^{l_{\max}(j)} \sum_{k=1}^{m} \lambda_{il,jp}^{(k)} N_{jp}(t) I_{jp}^{(k)}(t)\right] \cdot \frac{S_{il}(t)}{S_{il}(t) + \sum_{k=1}^{m_0} I_{il}^{(k)}(t)}$$

$$+ \left\{\begin{array}{ll} g_i^{(1)}(t) & l = l_{\min}(i) \\ \gamma_{il-1} N_{il-1}(t) I_{il-1}^{(1)}(t) & l > l_{\min}(i) \end{array}\right\} - ((\gamma_{il} + \beta_{il}) + 1/d_i^{(1)}) N_{il}(t) I_{il}^{(1)}(t)$$

$$\frac{d}{dt}\left[N_{il} I_{il}^{(\nu)}(t)\right] =$$

$$\sum_{\mu=1}^{\nu-1} \delta_i^{(\nu,\mu)} N_{il}(t) I_{il}^{(\mu)}(t)/d_i^{(\mu)} + \left\{\begin{array}{ll} g_i^{(\nu)}(t) & l = l_{\min}(i) \\ \gamma_{il-1} N_{il-1}(t) I_{il-1}^{(\nu)}(t) & l > l_{\min}(i) \end{array}\right\}$$

$$-((\gamma_{il} + \beta_{il}) + 1/d_i^{(\nu)}) N_{il}(t) I_{il}^{(\nu)}(t)$$

$$i = 1,\ldots,n\,;\ l = l_{\min}(i),\ldots,l_{\max}(i)\,;\ \nu = 2,\ldots,m$$

Zusätzlich genügen die Größen $N_{il}(t)$ dem Differentialgleichungssystem:

$$\frac{d}{dt}\left[N_{il}(t)\right] = \left\{ \begin{array}{ll} \sum_{\nu=0}^{m} g_i^{(\nu)} & l = l_{\min}(i) \\ \gamma_{il-1}N_{il-1}(t) & l > l_{\min}(i) \end{array} \right\}$$

$$- \left\{ \begin{array}{ll} (\gamma_{il} + \beta_{il})N_{il}(t) & l < l_{\max}(i) \\ \beta_{il}N_{il}(t) & l = l_{\max}(i) \end{array} \right\} - 1/d_i^{(m)}N_{il}(t)I_{il}^{(m)}(t)\ .$$

Die Modellgleichungen stellen also zunächst ein *implizites* Differentialgleichungssystem dar.

Vereinfachungen. Aufgrund der extremen Symptomatik mit teilweiser Hospitalisierung spielen Patienten mit Voll-AIDS wegen fehlender Kontakte keine Rolle für die epidemische Dynamik, d.h. $m_0 = 2$ und $\lambda_{il,jp}^{(3)} = 0$. Personen ohne Symptomatik und solche mit leichter Symptomatik unterscheiden sich praktisch nicht hinsichtlich der Kontaktpräferenz $\left[\lambda_{il,jp}^{(1)} = \lambda_{il,jp}^{(2)} =: \lambda_{il,jp}\right]$. Drei Infektionsstadien ($m = 3$) werden definiert als asymptomatische Infektion, LAS/ARC/ADC und AIDS (=Voll-AIDS). Eine direkte Konversion vom ersten ins dritte Stadium der Krankheit ist möglich. In allen Gruppen erscheint ein einheitliches Eintrittsalter ($l_{\min}(i) = 15$) als sinnvoll. Das maximale Alter wird im Drogen- und Prostituiertenbereich auf $l_{\max}(i) = 34$ für $i = 2, 3, 4, 9$, bei den übrigen Gruppen auf $l_{\max} = 64$ festgelegt. Die demographischen Parameter γ_{il} und β_{il} (Überlebens- und Sterberaten) lassen sich aus Sterbetafeln [SB90] bestimmen.

Erweitert man den rationalen Term in der Inzidenz jeweils mit $N_{il}(t)$ und verwendet die Abkürzungen $y^{(0)} = N_{il}(t)S_{il}(t);\ y_{il}^{(\nu)} = N_{il}(t)I_{il}^{(\nu)}(t), (\nu = 1, 2, 3);\ y_{il}^{(4)} = N_{il}(t)R_{il}(t)$, so erhält man anstelle des obigen impliziten Differentialgleichungssystems das folgende *explizite* Differentialgleichungssystem

$$\frac{d}{dt}\left[y_{il}^{(0)}\right] = -\sum_{j=1}^{9}\sum_{p=15}^{l_{\max}(j)}\lambda_{il,jp}\left[y_{jp}^{(1)} + y_{jp}^{(2)}\right]\cdot\frac{y_{il}^{(0)}}{\sum_{\nu=0}^{2}y_{il}^{(\nu)}}$$

$$+ \left\{ \begin{array}{ll} \alpha_i\sum_{j=1}^{9}\sum_{p=15}^{l_{\max}(j)}[y_{jp}^{(0)} + gy_{jp}^{(1)}] & l = 15 \\ \gamma_{il-1}y_{il-1}^{(0)} & l > 15 \end{array} \right\} - 1/365y_{il}^{(0)} \tag{1}$$

$$\frac{d}{dt}\left[y_{il}^{(1)}\right] = +\sum_{j=1}^{9}\sum_{p=15}^{l_{\max}(j)}\lambda_{il,jp}\left[y_{jp}^{(1)} + y_{jp}^{(2)}\right]\cdot\frac{y_{il}^{(0)}}{\sum_{\nu=0}^{2}y_{il}^{(\nu)}}$$

$$+ \left\{ \begin{array}{ll} 0 & l = 15 \\ \gamma_{il-1}y_{il-1}^{(1)} & l > 15 \end{array} \right\} - [1/365 + 1/d^{(1)}]\,y_{il}^{(1)} \tag{2}$$

$$\frac{d}{dt}\left[y_{il}^{(2)}\right] = \left[\delta^{(2,1)}/d^{(1)}\right]y_{il}^{(1)} + \left\{\begin{array}{ll} 0 & l = 15 \\ \gamma_{il-1}y_{il-1}^{(2)} & l > 15 \end{array}\right\}$$

$$- \left[1/365 + 1/d^{(2)}\right]\gamma_{il}^{(2)}$$

(3)

$$\frac{d}{dt}\left[y_{il}^{(3)}\right] = \sum_{\nu=1}^{2}\left[\delta^{(3,\nu)}/d^{(\nu)}\right]y_{il}^{(\nu)} + \left\{\begin{array}{ll} 0 & l = 15 \\ \gamma_{il-1}y_{il-1}^{(3)} & l > 15 \end{array}\right\}$$

$$- \left[1/365 + 1/d^{(3)}\right]\gamma_{il}^{(3)}$$

(4)

$$\frac{d}{dt}\left[y_{il}^{(4)}\right] = 1/d^{(3)}y_{il}^{(3)} \qquad (i = 1,\ldots,9;\ l = 15,\ldots,l_{\max}(i))\ .$$

(5)

Bilanzierung der Kontakte. Sei p_{ij} die (altersunabhängige) Infektionswahrscheinlichkeit bei einem einzelnen Kontakt eines infizierten Individuums aus Gruppe j mit einem Individuum aus Gruppe i. Mit $a_{il,jp}$ werde die Anzahl der Encounter (*neue* Partnerschaften) von infizierten (j,p)-Individuen mit (i,l)-Personen pro Zeiteinheit bezeichnet und $f_{il,jp}$ sei die zugehörige Häufigkeit von Geschlechtskontakten. Dann stellt $f_{il,jp}/a_{il,jp}$ die durchschnittliche Anzahl von Geschlechtskontakten im Verlauf einer Partnerschaft dar und $1 - (1 - p_{ij})^{f_{il,jp}/a_{il,jp}}$ ist die Wahrscheinlichkeit dafür, daß sich ein gesundes (i,l)-Individuum während der Partnerschaft mit *einem* infektiösen (j,p)-Individuum infiziert. Die weiter oben definierten Kontaktparameter $\lambda_{il,jp}$ lassen sich durch die hier neu eingeführten Größen ausdrücken in der Form

$$\lambda_{il,jp} = a_{il,jp}\left[1 - (1 - p_{ij})^{f_{il,jp}/a_{il,jp}}\right]\ .$$

(6)

Obwohl es zunächst so scheint, als ob damit die Zahl der involvierten Parameter wesentlich vergrößert wurde, führt dieses Konzept zu einer wesentlichen Reduktion der Freiheitsgrade: An jedem Kontakt, der von einem (j,p)-Individuum ausgeht, muß auch ein Individuum aus einer Zielgruppe beteiligt sein, d.h. das „Angebot" an Encountern muß exakt der „Nachfrage" entsprechen, was zu folgenden „Bilanzierungsgleichungen" führt

$$a_{il,jp}N_{jp} = a_{jp,il}N_{il} \quad \text{und} \quad f_{il,jp}N_{jp} = f_{jp,il}N_{il}\ .$$

(7)

Nimmt man diese Konsistenzgleichungen zu den Modellgleichungen des Altersklassenmodells hinzu, so erhält man ein *differentiell-algebraisches System*.

3 Numerische Lösungsmethoden

Wie oben hergeleitet, hat man ein explizites System von 1650 autonomen, nichtlinearen, gekoppelten Differentialgleichungen der Form

$$y' = f(y) \qquad y(t_0) = y_0 \tag{8}$$

zu lösen. Die Gleichungen haben strukturelle Ähnlichkeit mit Differentialgleichungen der chemischen Reaktionskinetik, sind also bei nicht näher spezifizierten Anfangswerten und Parametern steif. Jeder steife Integrator (implizite Runge-Kutta-Verfahren, BDF-Verfahren oder linear-implizite Extrapolationsverfahren) benötigt die Information der (n, n)-Jacobimatrix

$$J := f_y(y) \tag{9}$$

zur wiederholten Lösung linearer Gleichungssysteme der Form

$$(I - \gamma hJ)\Delta y = hf \,, \tag{10}$$

wobei I die Einheitsmatrix, γ eine verfahrensabhängige Konstante und h die Zeitschrittweite bezeichnen. Zur mathematisch sauberen Erläuterung des Begriffs „Steifheit" verweisen wir etwa auf das jüngst erschienene Lehrbuch [DB94]. Hier wollen wir die Eigenschaft „Steifheit" lediglich anhand des vereinfachten Modellproblems [Da63]

$$y' = \lambda y \qquad y(0) = 1 \qquad \lambda < 0 \tag{11}$$

illustrieren. Damit die diskrete Lösung wenigstens qualitativ mit der kontinuierlichen Lösung übereinstimmt, führt etwa die explizite Euler-Diskretisierung auf die Bedingung

$$h \leq \frac{2}{|\lambda|} \,. \tag{12}$$

Eine solche Schrittweitenbeschränkung ist in der Übergangsphase eines dynamischen Systems durchaus sinnvoll, jedoch nicht in der Umgebung des Fixpunktes. Ein explizites Verfahren sollte deshalb nicht als Standardlöser für steife Differentialgleichungsmodelle eingesetzt werden. In Abbildung 3 ist hierzu ein Vergleich des expliziten und des linear-impliziten Eulerverfahrens mit Extrapolation [Deu85] anhand der Integration eines AIDS-Ausbreitungsmodells angegeben. Mit dem expliziten Eulerverfahren wäre die Simulation offenbar nicht über 1994 hinaus durchführbar gewesen – ausgehend von 1987.

Sparse-Matrix-Techniken. Die auftretenden großen linearen Gleichungssysteme vom Typ (10) mit dünnbesetzter („sparse") Matrix $I - \gamma hJ$ sind also aus Gründen der Zeitschrittwahl unvermeidbar. Ihre numerische Lösung, etwa mit einer Gauß' schen LU-Zerlegung, repräsentiert einen Großteil der gesamten Rechenzeit. Dieser Anteil kann im ersten Schritt kräftig reduziert werden,

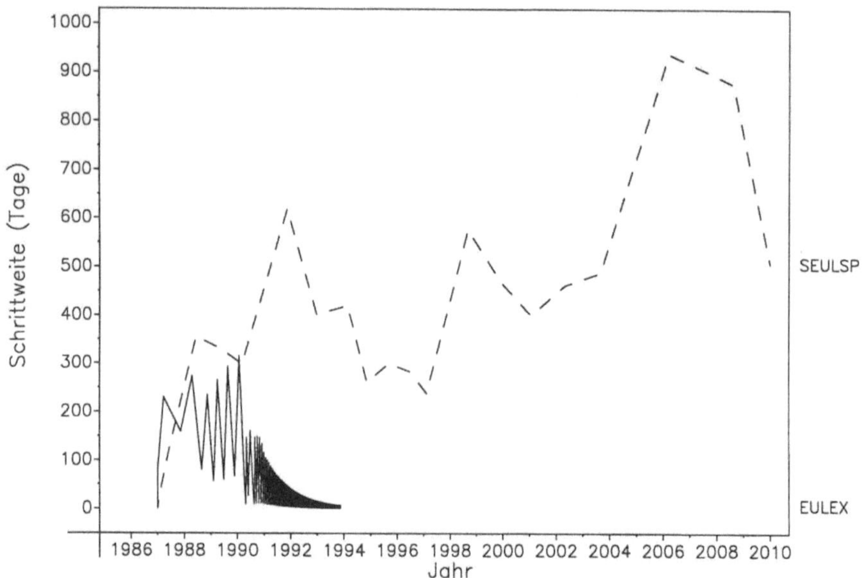

Abbildung 3. Schrittweiten des expliziten Eulerverfahrens (— — —) und des linear-impliziten Eulerverfahrens (————) bei der Simulation eines AIDS-Ausbreitungsmodells

indem spezielle Sparse-Matrix-Varianten verwendet werden, die etwa auf steife Integratoren optimiert sind – siehe etwa [DN87]. Diese Varianten sparen zudem Speicherplatz, da nur die numerischen Werte der Nichtnullelemente sowie deren Zeilen- und Spaltenindizes vorgehalten werden müssen. Daneben ist allerdings auch der sogenannte „fill-in" von Bedeutung, d.h. die Anzahl der Nichtnullelemente, die im Laufe der Zerlegung zusätzlich entstehen. Die Anwendung solcher Techniken alleine hat jedoch im vorliegenden Problem noch nicht ausgereicht, um zu vertretbaren Simulationszeiten zu kommen.

Dynamisches Sparsing. Grundidee dieser Methode – vgl. [No93] – ist es, eine Stabilitätsbedingung vom Typ (12) zur *elementweisen* Ausdünnung (= „Sparsing") der Jacobi-Matrix einzusetzen. Dabei interpretiert man die (skalierten) Elemente $J_{i,k}$ der Jacobimatrix J als Übergangswahrscheinlichkeiten eines einzelnen Prozesses von i nach k und eliminiert alle diejenigen Elemente, für die gilt

$$|J_{i,k}| < \frac{\sigma}{h}, \tag{13}$$

mit einem Defaultparameter $\sigma < 1$, der robust gewählt werden kann. Diese Technik würde innerhalb eines *impliziten* Integrationsverfahrens (etwa Runge-Kutta-Verfahren oder BDF-Verfahren) zusätzlich die Iterationsschleife für die Lösung der auftretenden nichtlinearen Gleichungen beeinträchtigen, was mit

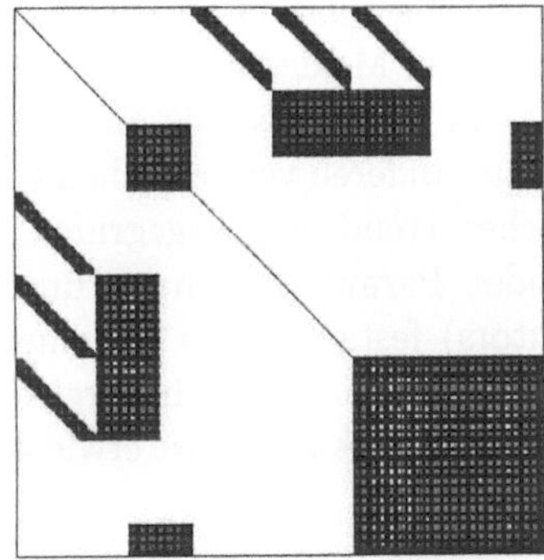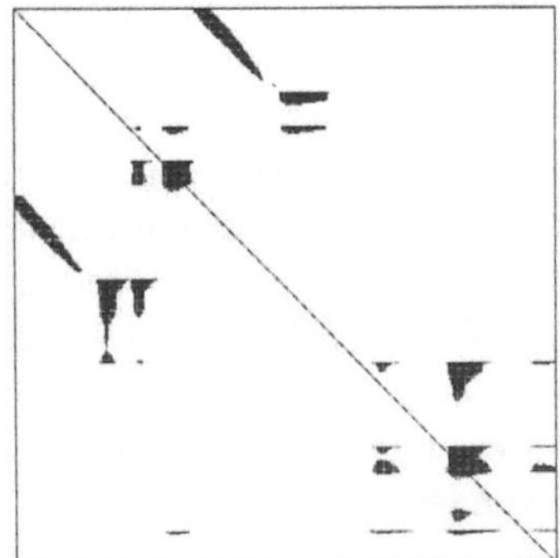

Abbildung 4. Besetzungsmuster der Jacobi-Matrix: vor und nach „Sparsing"

einem Verlust an Effizienz einhergehen müßte. Sie eignet sich deshalb insbesondere zur Verwendung im Kontext von *linear-impliziten* Integrationsverfahren wie etwa den Extrapolationsverfahren. In Abbildung 4 ist der Effekt des dynamischen Sparsing am Beispiel des Besetzungsmusters einer Jacobimatrix und der ausgedünnten Matrix ($t = 8395$) dargestellt.

Die Methode stellt also eine dynamisch adaptierbare Brücke dar zwischen dem expliziten und dem linear-impliziten Eulerverfahren mit Extrapolation. Im konkreten Simulationsfall ergab sich insgesamt eine Verkürzung der Rechenzeiten um einen Faktor 120, der etwa zu gleichen Teilen auf den Einsatz von Sparse-Techniken und auf die dynamische Ausdünnung mit obiger Heuristik (13) zurückzuführen ist. Erst diese Beschleunigung machte die dringend nötigen Sensitivitätsstudien anhand des AIDS-Ausbreitungsmodells ($n = 1650$) möglich.

4 Ergebnisse der Simulationen

Das in Abschnitt 2 dargestellte mathematische Modell von 1650 gewöhnlichen Differentialgleichungen wurde mit Hilfe der speziellen steifen Extrapolationsmethode aus Abschnitt 3 numerisch simuliert.

Als Primärdaten erwiesen sich die vom Bundesgesundheitsamt (BGA) gesammelten Daten als durchweg ungeeignet, da sie in keiner Weise mit zuverlässigen Daten aus anderen Quellen kompatibel sind. So ist etwa die Anzahl der den privaten Krankenversicherern bekannten AIDS-Erkrankungen nur ein Drittel der vom BGA genannten Gesamtzahl, und das, obwohl nur etwa jeder neunte Bundesbürger privat krankenversichert ist (alle Angaben für alte Bundesländer). Es bleibt dem Leser überlassen, ob er hieraus den Schluß ziehen will, daß das Unterzeichnen eines privaten Krankenversicherungsvertrages ein bisher unbekanntes Infektionsrisiko darstellt, oder ob er folgern will, daß die

Meldestatistik des BGA mindestens um den Faktor 3 zu niedrig ist. Außerdem weichen die Meldedaten der Bundesrepublik hinsichtlich Pro-Kopf-Erkrankungen und Zuwachsraten drastisch von den Meldedaten vergleichbarer europäischer Industrienationen ab. Aus diesem Grunde wurde auf geeignete Daten aus der Versicherungswirtschaft und aus anderen vertraulichen Quellen unter Berücksichtigung genereller europäischer Trends zurückgegriffen.

Die zahlreichen in das Modell eingehenden Parameter wurden durch äußerst aufwendige Studien (i.w. des Drittautors) festgelegt bis auf einen verbleibenden Rest von wenigen Parametern, die schließlich durch Vergleich der Simulation mit der Vergangenheit angepaßt wurden. Als *sensitiv* erwiesen sich die folgenden Parameter

- die Inkubationszeit (7 Jahre beobachtet bis 1991, jedoch 12,5 Jahre aus den Simulationsrechnungen)
- die Infektionszeit (meßbar)
- Einflußgrößen der Beschaffungsprostitution
- Anzahl der Sexualpartner pro Lebenszeit (Schwellenverhalten bei ca. 5 Partnern).

Wenig sensitiv erwiesen sich etwa die Sexualpraktiken und Details der demographischen Entwicklung.

Da es sich bei den Eingabegrößen zu diesen Simulationen weithin um weiche Fakten handelt, können die Resultate dieser Rechnungen auch nicht im Sinne eines *deterministischen* Modells interpretiert werden. Stattdessen sind *Bandbreiten* für das zu erwartende Geschehen anzugeben anhand von typischen *Szenarien*, die Grenzfälle des gesellschaftlichen Verhaltens charakterisieren. Im vorliegenden Fall wurden zwei Szenarien durchgerechnet:

- pessimistisches Szenario: die Menschen lernen nichts und ändern ihr Verhalten nicht
- optimistisches Szenario: die Menschen lernen, was durch eine um ein Drittel reduzierte Encounter-Rate modelliert wurde (Kondombenutzung).

In Abbildung 5 und 6 sind die aus den Simulationen zu erwartenden zeitlichen Entwicklungen von HIV-Positiven bezogen auf die Großstadtbevölkerung im pessimistischen und im optimistischen Fall dargestellt. Weitere vergleichbare Resultate finden sich in der umfangreichen Studie [SWD91], u.a. für die erwartete Entwicklung der Anzahl von AIDS-Kranken und AIDS-Toten, aufgeschlüsselt nach Risikogruppen und Alter. Die Botschaft all dieser Ergebnisse ist übereinstimmend: Lernen lohnt, die Effekte werden dadurch verzögert und abgemildert, aber nicht ganz aus der Welt geschafft. Leider weist empirisches Material (aus den USA) daraufhin, daß die Menschen *nicht* lernen, sondern daß nach einer Übergangsphase des Schocks eine Trotzmentalität die Oberhand gewinnt (siehe [BF89]). (Auch die euphorischen Zielsetzungen des „Europäischen Impfprogramms gegen AIDS" [Ho89] sowie die Bemühungen anderer Forschergruppen um einen Impfstoff gegen AIDS müssen aus heutiger

Sicht äußerst skeptisch beurteilt werden, da die hohe lokale Veränderlichkeit der Erbinformation des HI-Virus die Entwicklung eines geeigneten Impfstoffes fundamental erschwert.)

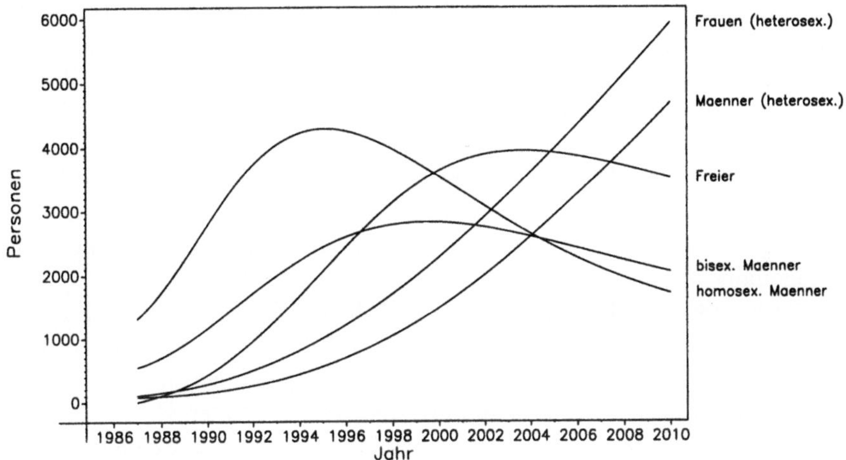

Abbildung 5. HIV-Positive pro 1 Mill. Bevölkerung in Ballungsgebieten – pessimistisches Szenario.

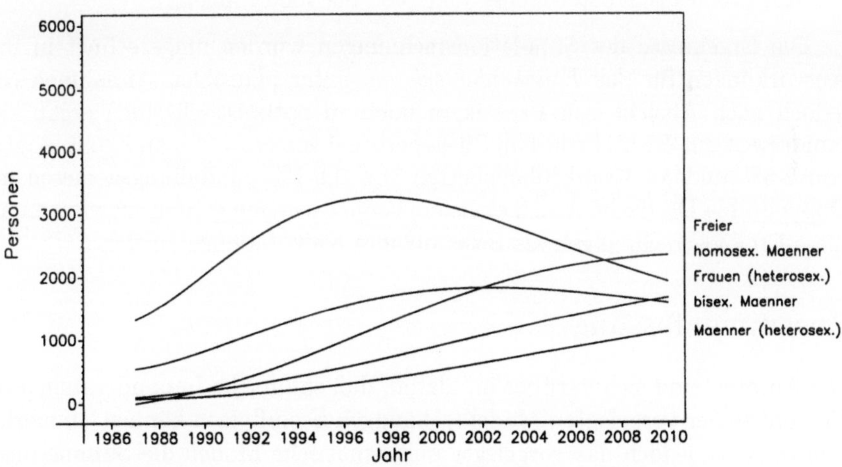

Abbildung 6. HIV-Positive pro 1 Mill. Bevölkerung in Ballungsgebieten – optimistisches Szenario.

Seuchenkaskade. Sämtliche Simulationsrechnungen ergaben im wesentlichen das gleiche Gesamtbild einer kaskadenartigen Ausbreitung der Seuche AIDS. Zur Veranschaulichung betrachte man nochmals Abbildung 2. In einer ersten Phase manifestiert sich AIDS nahezu ausschließlich in den soziologischen Randgruppen (Homosexuelle, Drogenabhängige), die in der obersten Reihe des Diagramms angeordnet sind. Auf dem Übertragungspfad über Bisexuelle und Männer mit Prostituiertenkontakten sickert die Krankheit schließlich in die rein heterosexuelle Bevölkerung ein, zunächst in die weibliche Population, zuletzt in die männliche heterosexuelle Population, ohne Drogen-, Prostitutions- oder homosexuelles Risiko. So stellen etwa im optimistischen Szenario die gegenwärtigen Hochrisikogruppen im Jahre 1990 ca. 90 Prozent der Infizierten, im Jahre 2000 ca. 70 Prozent und im Jahre 2010 nur noch 50 Prozent. Im pessimistischen Fall verläuft diese Entwicklung rascher und gravierender.

Die Krankheit AIDS tritt im wesentlichen in Ballungsgebieten auf, was auch aus mathematischer Sicht wegen der Nichtlinearität der Differentialgleichungen vom Reaktionstyp klar ist. In [SWD91] wurden die Resultate auf das Gebiet der alten Bundesrepublik umgerechnet unter Berücksichtigung eines soziologisch bekannten Stadt-Land-Gefälles bei der Prävalenz sexuell übertragbarer Krankheiten. Auf diese Weise entstanden Prognosen für die Bundesrepublik als ganze. Als Eckdaten ergaben sich für das Jahr 2000 die folgenden Bandbreiten:

- jährlich etwa 30000 bis 50000 neue AIDS-Erkrankungen, davon 26000 bis 42000 Männer und 4000 bis 8000 Frauen,
- jährlich 19000 bis 31000 neue AIDS-Tote, d.h. 3-7% aller Sterbefälle, davon 17000 bis 27000 Männer und 2000 bis 4000 Frauen.

Die Ergebnisse der Simulationsrechnungen wurden umgerechnet in ihre Auswirkungen für das *Krankenhauswesen*: unter plausiblen Annahmen (die jedoch nach Ansicht von Praktikern noch zu optimistisch sind) ergab sich bundesweit ein Zusatzbedarf an Pflegepersonal von ca. 4-7%, an Klinik-Ärzten von 2-5% und an Krankenhausbetten von 0,6-1%, in Ballungsgebieten das Doppelte bis Dreifache. Auch einzelne *Versicherungen* greifen inzwischen auf diese Prognoserechnungen als Basis für ihre Kalkulationen zurück.

Zusammenfassung

Die Autoren sind sich darüber im klaren, daß zahlreiche Imponderabilien die Ergebnisse der vorgelegten Modellrechnungen beeinflussen können. Immerhin repräsentiert jedoch das vorgelegte mathematische Modell die Summe unserer derzeitigen Kenntnisse zur Fragestellung AIDS-Epidemie; neu hinzukommende Erkenntnisse lassen sich rasch einarbeiten und in ihren Konsequenzen überschauen. Die Entwicklung neuer effizienter numerischer Methoden spielte eine Schlüsselrolle bei der tatsächlichen Simulation dieses umfangreichen realitätsnahen mathematischen Modells.

Literatur

[BBK89]   Ph. Blanchard, G.F. Bolz, T. Krüger: Mathematical modelling on random graphs of the spread of sexually transmitted diseases with emphasis on the HIV infection. BiBoS Preprint 359/89

[BF89]   C. Bowie, N. Ford: Sexual behaviour of young people and risk of HIV infection. J. Epidemiology and Community Health **43** (1989) 61–65

[Da63]   G. Dahlquist: A Special Stability Problem for Linear Multistep Methods. BIT **3** (1963) 27–43

[Deu85]   P. Deuflhard: Recent Progress in Extrapolation Methods for ODE's. SIAM Review **27** (1985) 505–535

[DB94]   P. Deuflhard, F. Bornemann: Numerische Mathematik II. Integration gewöhnlicher Differentialgleichungen. de Gruyter, Berlin New York 1994

[DH88]   K. Dietz, K.P. Hadeler: Epidemiological models for sexually transmitted diseases. J. Math. Biol. **26** (1988) 1–25

[DN87]   I.S. Duff, U. Nowak: On Sparse Solvers in a Stiff Integrator of Extrapolation Type. IMA Journal of Numerical Analysis **7** (1987) 391–405

[EW91]   H.J. Eggers, J. Weyer: Linkage and independence of AIDS and Kaposi's disease: The interaction of HIV and some coagents. Infection **19** (1991) 114–122

[ECE91]   European Centre for the Epidemiological Monitoring of AIDS: AIDS surveillance in Europe **1-29** (1980–1991)

[Ha89]   K.P. Hadeler: Modeling AIDS in structured populations. I.S.I. – 47th Session, Paris 1989

[Ho89]   H. Holmes: EC concerted research programme: European vaccine against AIDS (EVA). „Programme EVA", AIFO **4** (1989) 556–559

[CDW89]   S.Ch. Lo, M.S. Dawson, D.M. Wong, P.B. Newton (III), M.A. Sonoda, F.W. Engler, R.Y. Wang, J.W. Shih, H.J. Alter, D.J. Wear: Identification of mycoplasma incognitus infection in patients with AIDS: an immuno-histochemical in situ hybridization and ultrastructural study. Am. J. Trop. Med. Hyg. **41** (1989) 601–616

[Mo90]   L. Montagnier: A possible role of mycoplasmas as co-factors in AIDS. Cinquième colloque des cent grades (1990) 9–15

[No93]   U. Nowak: Dynamic Sparsing in Stiff Extrapolation Methods. IMPACT Comput. Sci. Engrg. **5** (1993) 53–74

[SWD91]   B.Ch. Schmidt, J. Weyer, P. Deuflhard, U. Nowak, U. Pöhle: Die Ausbreitung von HIV/AIDS in Ballungsgebieten. Mathematische Modellierung und Computer-Simulation unter Berücksichtigung der Altersstruktur der Bevölkerung. Technical Report TR 91–9. Konrad-Zuse-Zentrum Berlin 1991

[SB90]   Statistisches Bundesamt: Statistisches Jahrbuch 1990. Kohlhammer 1990

[WE90]   J. Weyer, H.J. Eggers: On the structure of the epidemic spread of AIDS: The influence of an infectious co-agent. Zbl. Bakteriol. **273** (1990) 52–67

Arthrose – Wie Mathematik helfen kann

Matthias Eck[1], Josef Hoschek[2] und Ulrich Weber[3]

[1] Department of Computer Science and Engineering, University of Washington, Seattle (USA)
[2] Fachbereich Mathematik, Technische Hochschule Darmstadt
[3] Orthopädische Klinik im Oskar-Helene-Heim, Freie Universität Berlin

1 Problemstellung

Die Arthrose, d.h. die degenerative Gelenkerkrankung, ist eine der häufigen Erkrankungen des mittleren und höheren Lebensalters. Sie kann insbesondere im Bereich von Hüft- und Kniegelenk zu erheblichen Beeinträchtigungen des menschlichen Bewegungsvorganges und des allgemeinen Wohlbefindens führen.

Als mögliche Auslöser dieser Krankheit kommen viele Aspekte in Frage. Hüftgelenks- oder Kniearthrosen können durch angeborene (X- oder O-Bein; Hüftdysplasie) oder später im Leben erworbene Fehlentwicklungen entstehen. Weitere Auslöser können u.a. ein teilweiser Gewebstod (Nekrosen) oder rheumatische Erkrankungen sein. In einer Vielzahl der Fälle lassen sich derartige biomechanisch wirksame Veränderungen nicht nachweisen, so daß eine allgemeine Prädisposition durch genetische und biochemische (Knorpelstoffwechsel) Faktoren für die Pathogenese dieser Arthrosen angenommen wird.

Das Krankheitsbild der Arthrose beruht aber letzten Endes stets auf einer Störung des Gleichgewichtes, das physiologisch zwischen der Resistenz des jeweiligen Knorpelgewebes gegen mechanische Beanspruchung einerseits und der Größe des Gelenkdruckes andererseits besteht.

Um sich ein Bild vom ungefähren Krankheitsverlauf zu machen, kann der *Arthrosegrad* zu Rate gezogen werden, der von Grad 0 (keine Veränderungen) bis Grad 3 (völlige Zerstörung des Gelenkes) skaliert ist. Für den Arthrosegrad 1 sind zunächst vermehrte Verknöcherungen typisch (z.B. von Femurkopf und Hüftpfanne im Hüftgelenk). Zusätzlich ist meist bereits eine Gelenkspaltverschmälerung sowie ein Randwulstanbau zu erkennen. Diese Indikationen verstärken sich dann bei Arthrosegrad 2. Es entstehen kleine Knochenzysten, die eine Verformung der Knochen bewirken, der Gelenkspalt verschmälert sich bis zur völligen Aufhebung, und es kommt zu Nekrosen (vgl. mit Abb. 1).

Auf der anderen Seite ist das Spektrum der möglichen Behandlungsansätze leider sehr schmal; der Wert z.B. medikamentöser Therapien in der kausalen Behandlung der Arthrose ist beim Menschen bis heute nicht eindeutig belegt.

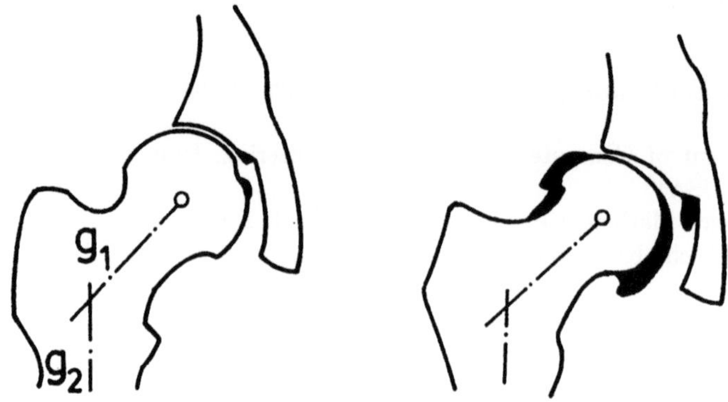

Abbildung 1. Erkrankungen und Mißbildungen an einem Hüftgelenk

Lediglich bei der Hüftdysplasie ist in den letzten Jahren ein entscheidender
Prognosewandel eingetreten; weil es inzwischen durch spezielle prophylakti-
sche Maßnahmen in frühester Kindheit gelingt, die Ausbildung der Veränderung zu verhindern oder zumindest in hohem Maße positiv zu beeinflussen.

Zur Behandlung von degenerativen Gelenksveränderungen bleiben somit
oftmals nur schwere, operative Eingriffe. Hierbei gibt es nun zwei konzeptio-
nell unterschiedliche Ansätze:
Einerseits ist der Totalersatz des Gelenkes durch eine *Endoprothese* die heutzutage zumindest bei älteren Patienten am häufigsten verwendete Methode.
Das kranke und zerstörte Gelenk wird dabei oft ganz entfernt und durch ein
Kunstteil ersetzt. Hierdurch ist dann meist eine sichere, sofortige Besserung
der Leiden gewährleistet. Die Typen der Hüftendoprothesen unterscheiden
sich im wesentlichen durch die Art ihrer Befestigung, wobei sog. zementierte
und zementlose Modelle unterschieden werden. Als gemeinsames Problem aller
Hüftendoprothesen ist anzusehen, daß im Mittel nach etwa 10-15 Jahren meist
durch Prothesenlockerung (oder Bruch) ein Verlust der Prothesen auftritt.
Während die Hüftendoprothesen immer aus einer Kappe im Becken und einem
künstlichen Ersatz des Hüftkopfes bestehen, liegt bei Knie-Endoprothesen eine
größere Modellvielfalt vor. Achsendoprothesen ersetzen das natürliche Kniegelenk vollständig, während andere Modelle versuchen, das natürliche Kniegelenk durch Oberflächenersatz nachzubilden (Schlittenprothesen).
Demgegenüber ist die *Stellungskorrektur*, meist im Bereich des Hüftgelenks
angewendet, eine gelenkerhaltende Maßnahme. Solche sogenannten *Osteotomien* werden im weitesten Sinne unter dem Gesichtspunkt der Wiederherstel-
lung der anatomischen Form und der mechanischen Funktion durchgeführt.
Ihre Anwendung hat dementsprechend das Vorhandensein eines noch erhal-
tenswerten, nicht völlig zerstörten Gelenkes zur Voraussetzung. Leider kann
aber bislang aus vielen Gründen in nur 70 % der so behandelten Fälle das Ar-
throseleiden zumindest langfristig vermindert werden, sodaß diese Operation

meist nur bei jüngeren Patienten erwogen wird. Für das Knie werden Stellungskorrekturen meist zur Beseitung extremer X- oder O-Beine eingesetzt.

Aus diesem sehr komplexen Aufgabenbereich wollen wir im folgenden an drei konkret formulierten Problemen demonstrieren, wie Mathematik bei der Behandlung von Arthrose hilfreich sein kann.

Problem A (Hüftendoprothese). Soll ein erkranktes Hüftgelenk durch eine Hüftendoprothese ersetzt werden, so implantiert man meist sogenannte *Schaftprothesen*, die aus einer halbkugelförmigen Kappe für das Becken und einem Metallschaft mit aufgesetztem kugelförmigen Kopf für den Oberschenkel (Femur) bestehen [Wag75]. *Schalenprothesen* (bestehend aus einer Kappe im Becken und einer Kappe für den Schenkelhalskopf) oder Halbprothesen (nur Schaftteil in natürlicher Pfanne) haben geringe Bedeutung. Entscheidend für die Haltbarkeit einer Hüftendoprothese aber ist die richtige Materialauswahl, die Gestaltung des Schaftes und die Optimierung des Bewegungsumfanges. Hier werden wir im folgenden die orthopädisch wichtige Frage beantworten, wie ein vorliegendes Prothesenmodell bei der Implantation positioniert werden muß, damit unter Berücksichtigung biomechanischer Randbedingungen der Bewegungsumfang des operierten Gelenks möglichst groß wird.

Problem B (Hüftosteotomie). Gründe für das erwähnt häufige Fehlschlagen von Umstellungsoperationen im Bereich des Hüftgelenkes sind darin zu sehen, daß dem Wunsch nach exakter Planung sowie präoperativer Operationssimulation bislang eine Reihe von unüberwindlichen Schwierigkeiten entgegen standen.

So ließ sich lange Zeit der korrekturbedürftige Zustand mit den klinischen und röntgenologischen Methoden nur 2-dimensional und damit unzureichend beschreiben. Zusätzlich wurde aus Vereinfachungsgründen nur der unmittelbare Erkrankungsort, ohne Berücksichtigung abhängiger bzw. benachbarter Bereiche untersucht. Die eigentliche Operationsplanung erfolgte deshalb auch nur lokal und 2-dimensional.

Weiterhin wurde die Planung stets nur hinsichtlich einer Hauptzielsetzung (z.B. Verringerung des Winkels zwischen Schenkelhalsachse und Femurschaftachse) kalkuliert. Eine Reihe von anerkanntermaßen wesentlichen Randbedingungen mußte dabei unberücksichtigt bleiben.

Der oder die Osteotomieschnitte können entweder im Beckenbereich (vgl. [Del90]) oder am Oberschenkelknochen vorgenommen werden. Wir werden hier nur Oberschenkelosteotomien betrachten und im Gegensatz zu den bisherigen Operationsmethoden ein Verfahren beschreiben, mit der eine in speziellem Sinn optimale 3-dimensionale computerunterstützte Operationsplanung für zwei unterschiedliche Osteotomietypen (Keil- und Schrägschnittosteotomie) möglich ist. Hierbei wird das Planungsproblem global betrachtet, was durch die Einhaltung wichtiger *anatomischer Randbedingungen* gewährleistet wird.

Alternative dreidimensionale Planungsverfahren sind in der Literatur nur für wesentlich speziellere Aufgabenstellungen bekannt. Hier ist z.B. [Wal88] zu nennen, wo eine Methode zur interaktiven Umstellung des Femurkopfes in der Pfanne ohne Einhaltung von anatomischen Nebenbedingungen beschrieben wird.

Problem C (Knieendoprothese). Obwohl seit langem bekannt ist, daß die Kniebewegung eine räumliche, dreidimensionale Bewegung ist [Fis07], liegt den meisten Gelenkersatzkonstruktionen im Kniebereich nur als vereinfachtes Modell eine ebene Bewegung zugrunde. Dabei lassen sich die ebenen Modelle in drei Zweige strukturieren [Hos90]:

1. Ergebnisse, die die Kniebewegung als Drehung um ein festes Scharniergelenk approximieren und Aussagen über die Lage der Kompromißachse liefern;
2. Ergebnisse, die die Kniebewegung als Rollung zweier Polkurven deuten und Aussagen über die Form der Femurkondylen im Sagittalschnitt liefern;
3. Ergebnisse, die die Kniebewegung als Rollung zweier Polkurven deuten und Aussagen über ein Ersatzgetriebe liefern [Men74].

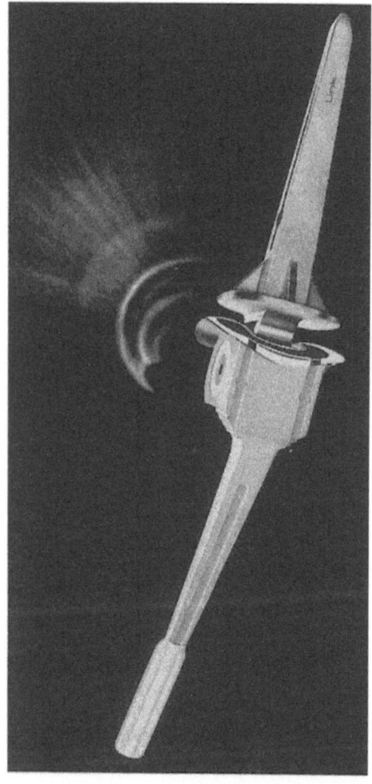

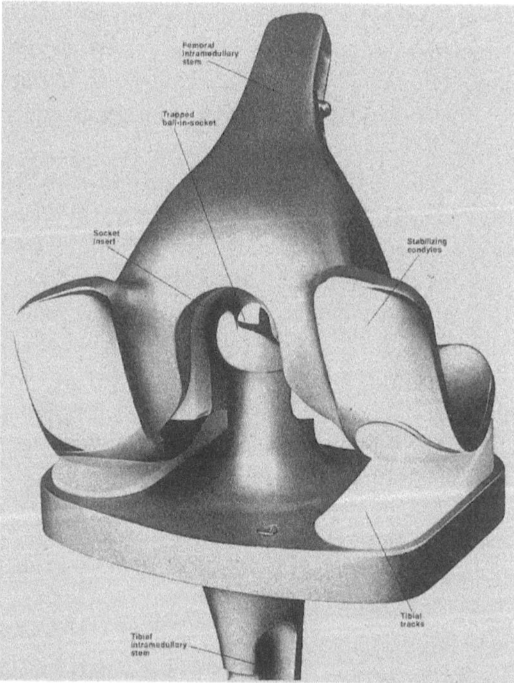

Abbildung 2. Modelle von Knieendoprothesen (links: Achsprothese, rechts: Schlittenprothese)

Die ebene Modellbildung ist sicher wesentliche Mitursache dafür, daß alle Endoprothesenmodelle die natürliche Bewegung des Knies nur bedingt zufriedenstellend simulieren. Die durch die unvollkommene Modellbildung entstehenden kinematischen Fehler erzeugen z.B. zusätzliche Kräfte zwischen den Prothesengleitflächen, die eine Ursache von Lockerungserscheinungen sind.

Wir wollen hier die Fragestellung betrachten, wie sich die dreidimensionale Kniebewegung mathematisch beschreiben läßt und wie hieraus echt räumlich arbeitende Endoprothesen berechnet werden können. Eine räumlich arbeitende Endoprothese besitzt im Idealfall Gleitflächen, die sich während des gesamten Bewegungsablaufs nicht nur punktuell sondern längs ganzer Kurven berühren und damit eine gleichmäßigere Übertragung der Kräfte garantieren [Mül58].

2 Modellierung

Problem A (Hüftendoprothese). Bei der Konstruktion des Schaftes von Hüftendoprothesen befaßte man sich bis etwa vor 10 Jahren vorwiegend mit der Materialauswahl und biomechanisch geeigneter Formgebung. Daraus entstanden die heute meist implantierten Standardimplantate deren Schaft über statistisch ausgewählte Femura konstruiert werden. Mit Hilfe der heute zur Verfügung stehenden Computertomographie-Methoden, lassen sich jetzt auch individuell modifizierte Hüftendoprothesen oder sogar Individual-Implantate entwickeln [Tüm90].

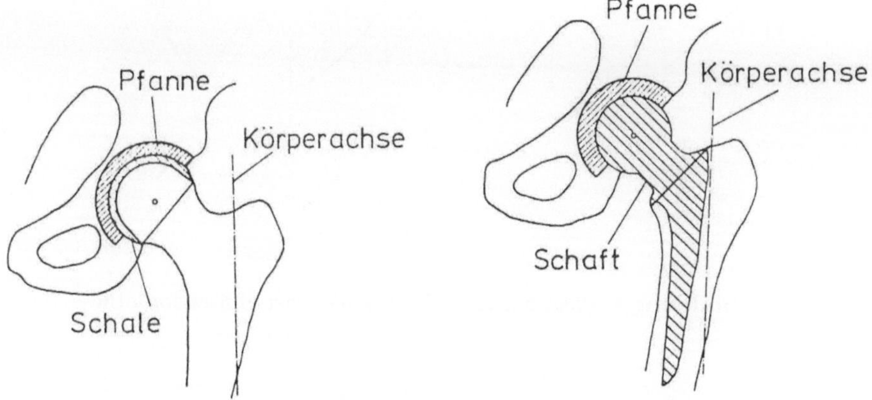

Abbildung 3. Skizze einer implantierten Schalenprothese (links) und einer implantierten Schaftprothese (rechts).

Diese individuell angepaßten Implantate führen im allgemeinen zu einer gleichmäßigen, großflächigen Krafteinleitung in den Knochen, was eine längere Lebensdauer der Prothese mit sich bringen kann. Die Konstruktion einer

Individual-Prothese wird meist für Problempatienten mit osteoporotischen Knochen oder Hüftdysplasie eingesetzt.

Entscheidend für die Akzeptanz durch den Patienten aber auch für die Lebensdauer einer Prothese ist die Beweglichkeit des zu operierenden Beines, die einmal von der Prothesenkonstruktion selbst und von der Implantation im Körper abhängt. Mit Hilfe einer mathematischen Modellbildung lassen sich optimale Implantationsparameter für eine vorgegebene Prothesenkonstruktion ermitteln: Soll die Positionierung der Hüftgelenkendoprothesen im Körper beschrieben werden, so empfiehlt sich ein kartesisches Bezugssystem $D(O; x, y, z)$ mit dem Körper zu verbinden, dessen z-Achse die Körperachse sei, dessen x-Achse frontal nach vorne zeige und dessen y-Achse quer zum Körper liege. In diesem körperfesten Bezugssystem hat das Bein in Ruhestellung die Richtung der negativen z-Achse, die Lage der halbkugelförmigen Pfanne P kann durch die Drehwinkel α und β beschrieben werden (s. Abb. 4), die Lage der Achse der Schenkelhalskugel (Kappe) K entsprechend durch die Drehwinkel γ und δ erfaßt werden. Die konstruktiven Prothesenparameter v_p bzw. v_s beschreiben die Öffnungswinkel der Pfanne bzw. der Schenkelhalskugel.

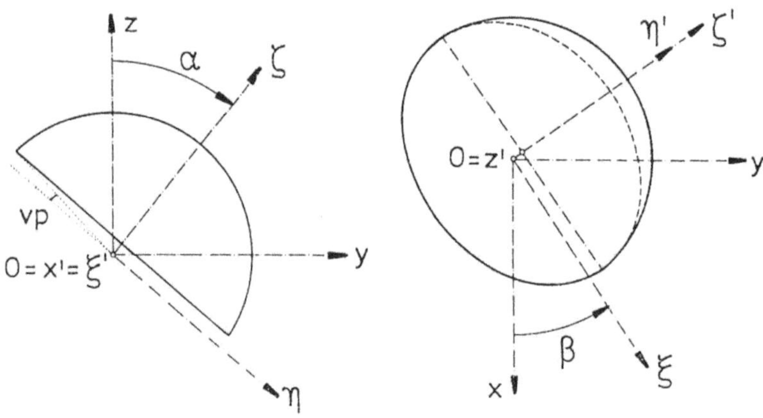

Abbildung 4. Positionierung der Pfanne einer Hüftendoprothese

Empfehlungen an den Operateur, wie die Implantationsparameter für unterschiedliche Endoprothesenmodelle zu wählen sind, finden sich in [Web79]; z.B.

Schalenprothese mit $v_s = -20°, v_p = 0° : \alpha = 45°, \beta = 15°, \delta = 27°, \gamma = -15°$

Schaftprothese mit $v_s = -40°, v_p = 0° : \alpha = 45°, \beta = 10°, \delta = 37°, \gamma = -15°$

Ziel ist nun, die Implantationsparameter $\alpha, \beta, \gamma, \delta$ bzw. Prothesenparameter v_s, v_p innerhalb biomechanischer Restriktionen so zu verändern, daß der Bewegungsumfang des bewegten Beines möglichst groß wird, s.a. [Hos80].

Problem B (Hüftosteotomie). Die Intension aller Stellungskorrekturen im Hüftgelenk ist es, die relative Lage von Femurkopf zu Hüftgelenkpfanne geeignet zu verändern. Hierbei gibt es zunächst zwei prinzipielle Möglichkeiten: entweder man zerschneidet das Femur in Hüftgelenksnähe und fixiert den Femurkopf in neuer Lage wobei die Pfanne fest bleibt (*Femurosteotomie*) oder aber man trennt durch mehrere Schnitte die Pfanne vom Becken ab und fixiert die Pfanne in neuer Lage wobei das Femur fest bleibt (*Beckenosteotomie*). Wir wollen uns hier nur auf zwei Varianten der operationstechnisch weniger aufwendigen Femurosteotomien beschränken.

Bei der *Schrägschnittosteotomie* wird das Femur durch einen einzigen, schräg im Raum liegenden Schnitt geteilt. Die beiden freigeschnittenen Knochenteile werden dann intraoperativ auf der entstehenden Schnittfläche gegeneinander um eine gedachte Drehachse gedreht, wie in Abb. 5 zu erkennen ist. Anschließend werden die beiden freien Femurteile in der neuen Lage durch geeignete Schrauben so miteinander fixiert, daß sie wieder zusammenwachsen können.

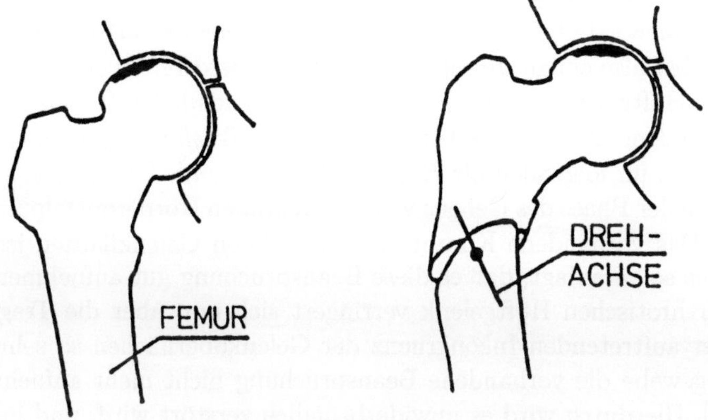

Abbildung 5. Schrägschnittosteotomie

Bei der *Keilosteotomie* wird durch zwei Knochenschnitte ein Keil aus dem Femur herausgeschnitten, wobei der erste Schnitt stets waagerecht, d.h. senkrecht zur Körperachse angelegt wird. Der zweite Schnitt steht senkrecht auf der Frontalebene des Körpers (d.h. y-z-Ebene). Weiterhin kann der dann freie Femurkopf noch gedreht und verschoben werden. Anschließend werden beide Teile wiederum fixiert. Man unterscheidet hierbei noch zwei Typen. Einmal kann der Keil auf der gelenknahen Seite entnommen werden (Typ **PI**), vgl. mit Abb. 6, oder aber auf der gelenkfernen Seite (Typ **PII**).

Wie wir im nächsten Abschnitt sehen werden besitzt jede der beiden Umstellungsvarianten 6 Freiheitsgrade (Drehwinkel, Keilwinkel,Verschiebungen). Die Idee im weiteren besteht nun darin, diese Freiheitsgrade so zu bestimmen (d.h. eine spezielle Umstellung festzulegen), daß eine orthopädisch motivier-

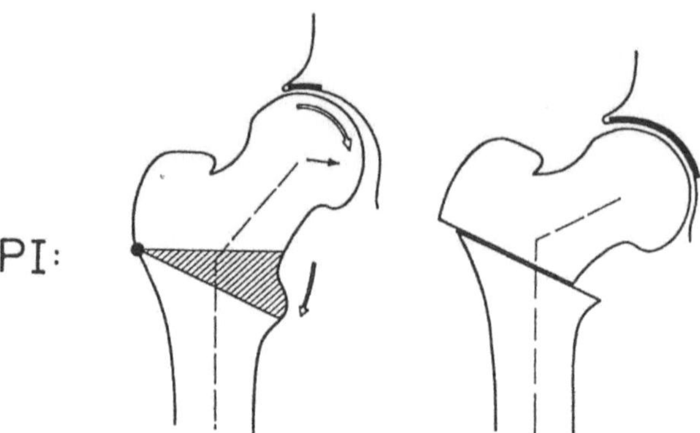

Abbildung 6. Keilosteotomie vom Typ **PI**

te Zielfunktion extremal wird. Hierbei wollen wir auch anatomisch und orthopädisch sinnvolle Nebenbedingungen einhalten. Insgesamt werden wir also ein (nichtlineares) Optimierungsproblem mit Nebenbedingungen lösen.

Zunächst also einige Überlegungen zur Zielfunktion. In einem idealen, d.h. gesunden Hüftgelenk verteilt sich die beanspruchende Kraft r gleichmäßig auf die vorhandene tragende Gelenkfläche (auch *Tragfläche* genannt) [Kum79]. Die Kraft r, im folgenden als *Hüftgelenkresultierende* bezeichnet, zeigt dabei während jeder Phase des Gehens vom momentanen Körpermittelpunkt auf das Gelenk. Das vorhandene Knorpelgewebe auf den Gelenkflächen ist nun von Natur aus so veranlagt, daß es diese Beanspruchung gut aufnehmen kann. In einem arthrotischen Hüftgelenk verringert sich nun aber die Tragfläche als Folge der auftretenden Inkongruenz der Gelenkoberflächen so sehr, daß das Knorpelgewebe die vorhandene Beanspruchung nicht mehr aufnehmen kann [Kum68]. Hierdurch wird es unwiderbringlich zerstört wird, und im weiteren Krankheitsverlauf berühren sich die Knochen schließlich, was den bekannt starken Schmerz hervorruft.

Das ideale Ziel einer Umstellung ist es daher, die *Beanspruchung* des Hüftgelenkes während aller Gangphasen möglichst gut zu reduzieren. Die exakte Umsetzung dieser Zielfunktion erscheint allerdings viel zu komplex, sodaß wir zunächst eine Reihe von vereinfachenden Annahmen treffen:

– Das eigentlich dynamische Problem wird auf ein statisches reduziert, indem nur der *Einbeinstand* oder äquivalent hierzu die *Stützbeinphase während des Gehens* betrachtet wird. Die Betrachtung ausschließlich dieser einen Gangphase ist durch die häufige und hohe Beanspruchung begründet [Kum68].

– Die Richtung der Hüftgelenksresultierenden r im Einbeinstand ist bekannt und bleibt während der Umstellung konstant (der Betrag von r wird nicht benötigt). Diese Vereinfachung ist durch das Fehlen eines einfachen 3-dimensionalen biomechanischen Modells zur Kraftberechnung begründet. Allerdings zeigen experimentelle Untersuchungen, daß diese Annahme geeignet ist [Mül90].

- Die Tragfläche wird über ein einfaches Abstandskriterium bestimmt. Dies soll die unbekannte Dickenverteilung des Knorpels auf den Knochenflächen modellieren, wobei für den Gelenkspalt im Hüftgelenk 5 mm ein allgemein akzeptiertes Maß ist [Rob87].

- Die Gelenkkongruenz wird durch das senkrechte Ausrichten des Femurkopfes auf die Kraft r sowie die später zu fordernde Durchdringungsfreiheit der Gelenkflächen erreicht. Durch dieses Ausrichten wird dann auch der Punkt der maximalen Belastung des Gelenkes auf die Tragfläche gebracht, was anerkanntermaßen ein wünschenswertes Ergebnis bezüglich der Spannungsverteilung auf den Gelenkflächen ist [Kum79].

Unter all diesen vereinfachenden Annahmen erscheint es dann naheliegend, die Zielfunktion wie folgt zu formulieren:

(Z) *Die Tragfläche im Einbeinstand soll maximal werden!*

Nun aber zu den schon erwähnten Nebenbedingungen, die sich alle auf drei anatomisch wichtige Achsen des menschlichen Beins beziehen, vgl. mit Abb. 1. Die Achse g_1, auf der der Mittelpunkt des Femurkopfes liegt, wird als *Schenkelhalsachse*, die Achse g_2, auf der weiterhin noch der Mittelpunkt des Kniegelenkes liegt, wird als *Schaftachse* bezeichnet. Nicht ganz so naheliegend ist die Achse g_3, auf der im Idealfall die Gelenksmittelpunkte des Fußes, des Knies und der Hüfte liegen, und die als *Traglinie* oder *Lastachse* bezeichnet wird.

Unter anderem mit Hilfe dieser Achsen können wir dann die folgenden sechs orthopädisch notwendigen Nebenbedingungen formulieren, die für beide Umstellungsvarianten gleichermaßen wichtig sind [Eck90, Eck91]:

(N1) Die Schnitte sollten unterhalb des *Trochanter major* (großer Rollhügel des Femurs) liegen, um Schnitte durch den Femurhals und –kopf zu vermeiden. Ferner werden so Verletzungen der Muskulatur vermieden, die direkt am Trochanter major angreift.

(N2) Der Winkel zwischen g_1 und g_2 sollte größer als 90° sein, da andernfalls extreme Belastungen im Übergangsbereich Femurhals zu Femurschaft auftreten.

(N3) Der Winkel zwischen der Femurhalsachse g_1 vor und nach der Operation gemessen sollte höchstens 20° betragen, um eine zu starke Verdrehung der Muskulatur zu vermeiden. Hierdurch soll auch die Vereinfachung kompensiert werden, daß wir kein komplexes Muskelmodell in die Planung integriert haben.

(N4) Die drei Gelenksmittelpunkte des Beines (Hüfte, Knie, Fuß) sollen vor und nach der Operation möglichst auf der Traglinie g_3 liegen.

(N5) Die Überdeckung der beiden Femurteile im Bereich der Schnitte sollte mindestens 50 % der Ursprungsfläche sein, da ansonsten die Fixierung durch Schrauben nicht in ausreichendem Maße möglich ist.

(N6) Die Gelenkflächen des Femurkopfes und der Hüftpfanne dürfen keinerlei
      Durchdringungen oder Berührungen aufweisen.

Ferner kommt noch je eine Nebenbedingung für jeden Umstellungstyp hinzu,
die die Wahl der Schnitte so begrenzt, daß die jeweilige Schnittebene nicht zu
steil zum geeigneten Fixieren ist:

(N7a) Bei der Schrägschnittosteotomie sollte der Winkel zwischen der zu
       ermittelnden Schraubachse und g_2 höchstens 70° betragen.
(N7b) Bei der Keilosteotomie sollte der herausgeschnittene Keil nicht größer
       als 45° sein, da ansonsten auch zuviel Knochenmasse entnommen
       wird.

Durch all diese Annahmen und Bedingungen haben wir das komplexe Operati-
onsplanungsproblem nun auf ein spezielles 3-dimensionales Problem reduziert,
das einzig von der Geometrie der Knochenoberflächen abhängt.

Problem C (Knieendoprothese). Ausgangspunkt unseres Ansatzes ist ein
geeignetes Meßverfahren zum Vermessen der Kniebewegung, da man bisher
keine mathematische Beschreibung der Kniebewegung besitzt: Die Bewegung
zwischen zwei starren Körpern (hier: Knochen) kann vollständig über die Position von wenigstens vier Markierungspunkten auf beiden Körpern bestimmt
werden, in der Praxis werden jedoch meistens mehr Markierungspunkte benutzt, um Meßfehler auszugleichen. Solche Markierungspunkte, die nicht in
einer Ebene liegen sollten, können entweder Metallnadeln sein, die am Knochen befestigt werden und dann mit optischen Verfahren vermessen werden
könnten, präziser werden aber Messungen, bei denen Markierungspunkte über
geeignete Implantation in die Knochenhaut direkt mit dem Skelett verbunden
werden, wobei die Positionen der Markierungspunkte dann über Röntgenste-
reophotogrammetrie bestimmt werden. Ein solcher Ansatz wurde von Selvik
[Sel74] entwickelt und ist unter verschiedenen Aspekten in den letzten Jahren recht erfolgreich eingesetzt worden. Dennoch besitzt diese Methode eine
natürliche Grenze: Einmal finden sich nicht genug Patienten, die sich solche
Meßpunkte implantieren lassen, zum anderen ist die Bestrahlungsrate in einem Röntgenstereophotogrammetriegerät relativ hoch und die ausgeführten
Bewegungen entsprechen nicht ganz der natürlichen Bewegung. Außerdem ist
der Meßbereich relativ begrenzt. Leider konnten bisher keine entsprechend
genau arbeitenden Meßverfahren entwickelt werden, die diese Nachteile vermeiden.

Bei der Methode Selvik werden dem Probanden in die Knochenhaut des
distalen Femurs und der proximalen Tibia Tantalumbällchen vom Durchmes-
ser 0, 8 mm mit einem speziellen Instrumentarium implantiert. Zur Messung
werden zwei Filmwechsler benutzt, die 35×35 cm^2 Filme mit einer Frequenz
zwischen 2/s und 4/s durch die Aufnahmeposition bewegen. Insgesamt sind
pro Messung nur 15 Aufnahmen möglich. Vor der eigentlichen Messung muß

die Anlage bezogen auf die implantierten Markierungspunkte mit einem Kalibrierungskäfig geeicht werden. Aus den Daten von je 2 zusammengehörigen Röntgenaufnahmen lassen sich über photogrammetrische Rekonstruktion die dreidimensionalen Koordinaten der bewegten Markierungspunkte ermitteln. Für die anschließende mathematische Modellierung der Kniebewegung wird vorausgesetzt, daß die beiden beteiligten Skeletteile starre Körper sind. Nur Daten, die möglichst gut die Bewegung eines starren Körpers beschreiben, sind für die kinematische Modellbildung einsatzfähig. Zum Starrkörpertest wurden als Kriterien benutzt: das Volumen des Polyeders, das von den Markierungspunkten beschrieben wird, die Fläche der Dreiecke auf der Oberfläche dieses Polyeders, die Winkel dieser Dreiecke, die Abstände zwischen den Markierungspunkten. Es ergaben sich für das Volumen Standardabweichungen von ca. $1,6\%$, für die Dreiecksflächen von 1%, für die Winkel von $0,8\%$ und für die Abstände zwischen den Markierungspunkten von $0,5\%$ [Hos84].

Aus diesen Daten entsteht über Approximation ein mathematisches Modell der Kniebewegung als Beschreibung der Bewegung von Oberschenkel gegen Unterschenkel. Wird am Oberschenkel oder Unterschenkel eine Prothesenfläche F angebracht, kann daraus als Einhüllende die auf F gleitende Gegenflanke berechnet werden [Hos84].

3 Mathematische Behandlung

Problem A (Hüftendoprothese). Die Lage der Pfanne P einer Hüftendoprothese im körperfesten Bezugssystem D wird gemäß Abb. 4 mit Hilfe der Winkel α und β festgelegt, wobei α eine Drehung um die x-Achse und β eine Drehung um die z-Achse beschreiben. Sind $X(\alpha)$ bzw. $Z(\beta)$ die zugehörigen Drehmatrizen (s.a. [Hos80], [Hos92]), so läßt sich die Überlagerung dieser Drehungen analytisch wie folgt beschreiben

$$(x, y, z)^T = Z(\beta) \cdot X(\alpha) \cdot (\xi, \eta, \zeta)^T \ . \tag{1}$$

Diese Beziehungen legen das Bezugssystem D_p der Pfanne im festen Bezugssystem D des Körpers fest. Der Randkreis der Pfanne kann mit Hilfe des Öffnungswinkels v_p erfaßt werden. Dabei sei v_p positiv für Pfannen kleiner als eine Halbkugel, $v_p = 0°$ legt eine halbkugelförmige Pfanne fest.

Auf die gleiche Weise läßt sich auch in der Ruhestellung des Beines der Prothesenkopf K analytisch beschreiben. An die Stelle des Winkels α tritt jetzt ein Winkel δ, an die Stelle des Winkels β ein Winkel γ, an die Stelle des Öffnungswinkels v_p der Öffnungswinkel v_s. Dieser ist negativ, da der Prothesenkopf im allgemeinen größer als eine Halbkugel ist.

Um den Bewegungsumfang des Beines zu erfassen, wird das Bein und mit ihm der Prothesenkopf (Kopfkappe) aus der Ruhelage radial so lange nach außen bewegt, bis sich der Randkreis der Schenkelhalskugel K und der Randkreis der Pfannenkugel P berühren. In dieser Modellbildung bleibt noch eine Sicherheitstoleranz von etwa $10°$ in jeder Richtung, bevor die Prothesenteile

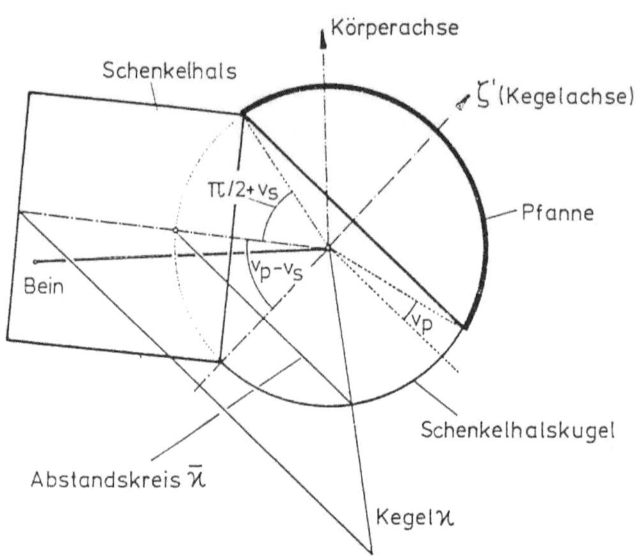

Abbildung 7. Berührmodell: Der Kegel κ ist Ortsfläche der Extremallagen der Achsen der Schenkelhalskugel bei der Bewegung des Beines. Der sphärische Mittelpunkt S des Randkreises der Schenkelhalskugel bewegt sich auf dem Abstandskreis $\bar{\kappa}$.

aneinander anschlagen (s.a. Abb. 7). Das Anschlagen der Prothesenteile sollte vermieden werden, da dies mit eine Ursache für Prothesenlockerungen ist. Aus Abb. 7 kann sofort entnommen werden, daß der Abstandskreis $\bar{\kappa}$ größer wird, wenn die Prothesenparameter $v_p - v_s$ anwachsen, d.h. erste Forderung an die Prothesenkonstruktion ist, den Winkel $\alpha^* = v_p - v_s$ möglichst groß zu wählen. Weiter läßt sich die absolute Auslenkung des Beines vergrößern, wenn der radialen Auslenkung eine zusätzliche Drehung des Beines um seine Längsachse überlagert wird.

Die Frage nach dem optimalen Bewegungsumfang führt auf ein nichtlineares Optimierungsproblem, wobei Zielfunktion des Optimierungsproblems ist, die frontale Auslenkung Φ_{10} in (x-z-Ebene) möglichst groß werden zu lassen. Dabei sollen die Parameter α bis δ sowie die Streckung Φ_{02} (Auslenkung in der x-z-Ebene rückwärts), Anspreizung Φ_{11} (Auslenkung zum Körper) und Abspreizung Φ_{12} (Auslenkung vom Körper weg) gemessen jeweils in der y-z-Ebene gewisse Grenzwerte nicht überschreiten. Als Restriktionen wurden angesetzt

$$35° \leq \alpha \leq 60°, \quad 0° \leq \beta \leq 25°, \quad 0° \geq \gamma \geq -30°, \quad 25° \leq \delta \leq 45°$$

Anspreizung $\Phi_{11} \leq 20°$, Abspreizung $\Phi_{12} \geq -30°$
Außendrehung mindestens $30°$, Innendrehung mindestens $20°$
Streckung $\Phi \geq -10°$.

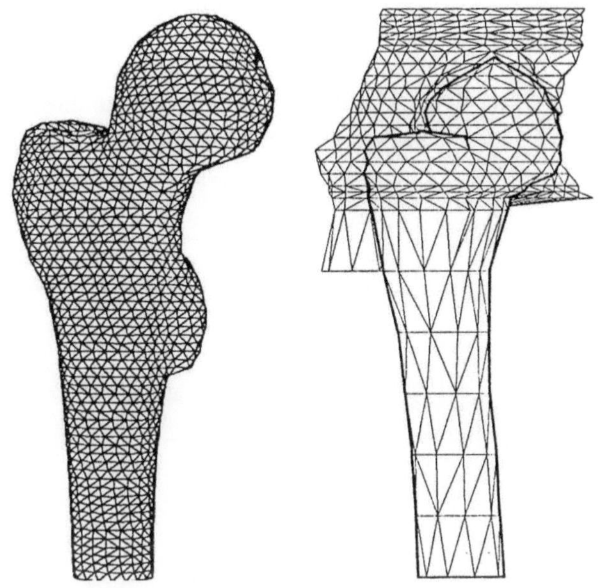

Abbildung 8. Rekonstruierte Knochen aus CT-Serien

Problem B (Hüftosteotomie). Unsere bereits ausführlich beschriebene Modellierung der Operationsplanung stützt sich wesentlich auf eine räumliche Rekonstruktion der Knochenoberflächen zumindest des arthrotischen Hüftgelenks sowie von Knie und Fuß des gleichen Beines. Solche Rekonstruktionen sind durch die Einführung von Schnittbildverfahren möglich geworden, worauf hier nicht näher eingegangen werden soll, s.a. [Eck91].

In Abb. 8 sind zwei aus Computertomographie-Serien gewonnene Rekonstruktionen zu sehen. Links ist das obere Ende eines Femurs in einer Projektion von vorne zu sehen, das aus vielen kleinen Dreiecken gebildet wurde. Rechts ist ein Femur mit zugehöriger Hüftpfanne in seitlicher Ansicht abgebildet, bei dem die Anzahl der Dreiecke bewußt geringer gehalten wurde, um für den anschließenden Optimierungsprozeß weniger Rechenzeit zu benötigen.

Als nächstes wird nun die Bewegung des Femurkopfes in der Hüftgelenkpfanne beschrieben. Hierzu sind zunächst einmal diese Oberflächen zu erzeugen: Aus allen zur Verfügung stehenden CT-Schichtaufnahmen werden die Teile der Konturlinien (eventuell von einem Orthopäden) manuell selektiert, die als mögliche Gelenkflächen (*Kontaktfläche*) in Frage kommen. Die noch zu berechnende Tragfläche wird dann stets ein Teil dieser Kontaktfläche sein.

Von diesen Flächen berechnen wir dann wiederum Triangulationen, die wir dann zur Vereinfachung noch „glätten", indem wir Ausgleichsellipsoide (d.h. spezielle Flächen 2. Ordnung) sowohl für die Kontaktflächen des Femurs als auch für die Pfanne berechnen. Anschließend werden die zuvor gewonnenen

Triangulationen auf die entsprechenden Ellipsoide projiziert. Die zugehörigen
Gelenkflächen zu Abb. 8 (rechts) sind in Abb. 9 aus der frontalen Ansicht
abgebildet. Man erkennt hier die überdeckende Lage der Flächen mit dem
dazwischenliegenden Gelenkspalt. Übrigens ist die Wahl von Ellipsoiden nicht
willkürlich sondern motiviert durch die Vorstellung, daß diese Flächen durch
Verformung eines idealen Kugelgelenks entstanden sind [Miz77].

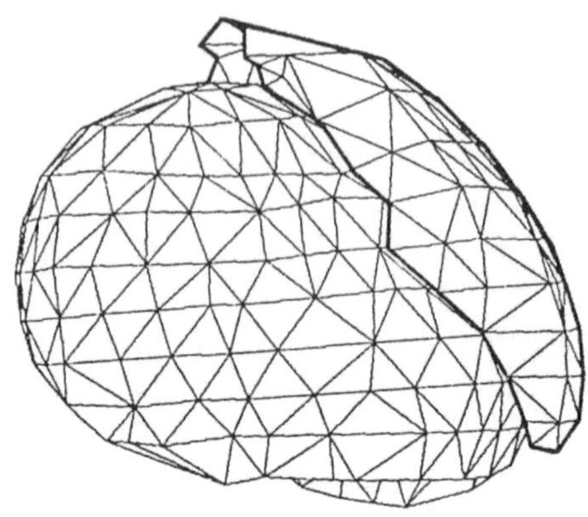

Abbildung 9. Kontaktflächen von Femur und Pfanne nach der „Glättung"

Mit diesen Flächen und der gegebenen Hüftgelenksresultierenden r kann
dann auch die Tragfläche (als Teil der Kontaktfläche) näherungsweise berechnet werden. Hierzu wird jedes Dreieck der Pfannentriangulation in Richtung
r auf das Femurkopfausgleichsellipsoid projiziert. Die Tragfläche ist dann einfach die Summe der Flächeninhalte all jener Dreiecke, deren drei Eckpunkt-
Projektionsstrahlen das Ellipsoid tatsächlich treffen (d.h. schneiden oder berühren) und deren (kürzester) Abstand kleiner ist als 5 mm (Gelenkspaltto-
leranz).

Die eigentliche Kopfbewegung (in der festen Pfanne) wird dann so organisiert, daß ein frei wählbarer Punkt p des Femurkopfellipsoides (p ist durch
zwei reelle Vorgaben ϕ_1 und ϕ_2 bestimmt) in eine neue Position auf der Kraft-
linie l (Gerade in Richtung r senkrecht auf dem Pfannenellipsoid) übergeführt
wird. Diese Überführung soll dann derart erfolgen, daß erstens die Normale
in p dann auch auf l liegt und zweitens der Abstand von p' zur Pfanne genau
3,5 mm beträgt. Der Wert 3.5 mm ist auch hier willkürlich und nur kleiner als
5 mm gewählt, da wir annehmen, daß der Gelenkspalt in p' durch die hier auftretende maximale Beanspruchung geringer ist. Anschließend ist dann noch
eine Drehung des Femurkopfes um die Achse l mit dem Winkel ϕ_3 erlaubt
(vergl. mit Abb. 10).

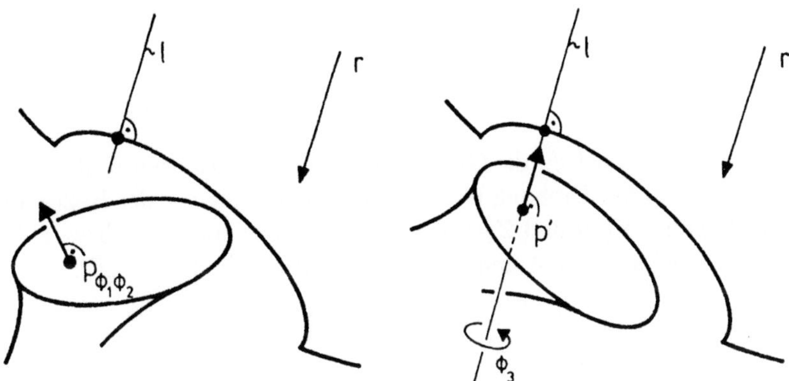

Abbildung 10. Die Bewegung des Femurkopfes

Die so beschriebene Gesamtbewegung ist also durch Vorgabe der Größen ϕ_1, ϕ_2 und ϕ_3 festgelegt und läßt sich algebraisch in der Form

$$T_{\phi_1,\phi_2,\phi_3} : x' = A \cdot x + d \tag{2}$$

zusammenfassen, wobei A eine *Drehmatrix* und d ein *Translationsvektor* ist.

Der nächste Schritt ist nun, die Bestimmungsparameter der gewählten Osteotomie so zu berechnen, daß der Kopf tatsächlich, wie durch Gleichung (2) beschrieben, umgestellt wird.

Für die Schrägschnittosteotomie ist dies einfach möglich, da man die Bewegung in Gleichung (2) durch eine Schraubung darstellen kann [Bot79]. Erfolgt der schräge Schnitt dann senkrecht zu der Schraubachse b (dies ist der reelle Eigenvektor von A), so ergibt sich sofort, daß nach der Schraubung die beiden Femurteile wieder parallel zueinander sind, d.h. bestmöglichen Kontakt aufweisen. Der Drehwinkel Φ dieser Schraubung ist dann auch identisch mit dem Drehwinkel der Schrägschnittosteotomie [Cha81]. Die Schubstrecke μ der Schraubung gibt weiterhin in etwa an, um welchen Betrag das untere Femurteil zu verschieben ist (μ sollte daher klein sein).

Offen ist schließlich noch die Schnitthöhe h, d.h. die Stelle an der das Femur tatsächlich geschnitten wird. Diese Größe wird als weitere reelle Optimierungsvariable angesetzt.

Weiterhin kann das (freie) untere Femurteil noch entlang der Schnittebene $b \cdot x = h$ (gegeben in Hess'scher Normalform) verschoben werden. Diese Verschiebung besitzt zwei reelle Freiheitsgrade, im folgenden s_1 und s_2 genannt, die ebenso zur Optimierung benutzt werden.

Insgesamt haben wir also 6 Freiheitsgrade (ϕ_1, ϕ_2, ϕ_3, h, s_1 und s_2), die dann durch nichtlineare Optimierung der Zielfunktion (Z) unter Einhaltung der Nebenbedingungen festgelegt werden.

Im Falle der Keilosteotomie ist die Umsetzung der Gleichung (2) nicht so offensichtlich. Folgt man der Beschreibung aus dem vorigen Abschnitt, so ist zunächst klar, daß der Femurkopf seine neue Position nach folgender Transformationsgleichung erhalten muß:

$$\tilde{T}_{\psi_1,\psi_2} : x' = \tilde{A} \cdot x + \tilde{d} \quad \text{mit} \quad \tilde{A} = Y(\psi_2) \cdot Z(\psi_1) \quad . \tag{3}$$

Hierbei bezeichnet ψ_2 die Größe des herauszuschneidenen Keiles sowie ψ_1 den Drehwinkel der Drehung parallel zur z-Achse, die vor der Keilentnahme auszuführen ist. $Y(\psi)$ und $Z(\psi)$ sind Drehmatrizen um die y- bzw. z-Achse.

Im allgemeinen sind A und $\tilde{A}$ nun nicht gleich, sondern es gilt:

$$A = X(\psi_3) \cdot \tilde{A} \tag{4}$$

mit $X(\psi)$ als Drehmatrix um x-Achse. Diese Zerlegung ist stets eindeutig möglich und bestimmt sofort die gesuchte Matrix $\tilde{A}$ [Bot79]. Daraufhin läßt sich auch der approximative Vektor $\tilde{d}$ in Abhängigkeit von d angeben:

$$\tilde{d} = d + (A - \tilde{A}) \cdot p' \quad , \tag{5}$$

wobei p' wiederum die postoperative Position von p ist (vergl. mit Abb. 10).

Aus dieser Überlegung heraus wird es auch klar, daß wir während des folgenden Optimierungsprozesses dafür sorgen müssen, daß $|\psi_3|$ klein bleibt (hier: $|\psi_3| < 5°$), was natürlich wiederum eine nichtlineare Nebenbedingung an ϕ_1, ϕ_2 und ϕ_3 darstellt.

Dieser formale „Umweg" über die technischen Größen ϕ_1, ϕ_2 und ϕ_3 ist hier aber notwendig, da die wahre Position des Kopfes in der Pfanne nicht ohne weiteres bekannt wäre, falls ψ_1 und ψ_2 direkt vorgegeben würden.

Weiterhin sei bemerkt, daß bei unserem Ansatz prinzipiell nicht zwischen den Osteotomietypen **PI** und **PII** unterschieden werden muß, da **PI** automatisch für $\psi_2 > 0$ gewählt wird sowie **PII** andernfalls.

Die zwei Schnitte an sich sind eindeutig bestimmt, wenn die Schnitthöhe h des ersten Schnittes senkrecht zur z-Achse (d.h. Körperachse) noch vorgegeben wird. Dieser reelle Wert kann wiederum als Optimierungsvariable in den Gesamtprozeß miteinbezogen werden.

Kritischer bei Keilosteotomien ist die Verschiebung des unteren Femurteiles. Diese ist notwendig, da nach dem Schneiden und Verdrehen des Femurs die beiden Femurteile nicht mehr aufeinanderliegen. Um nun postoperativen Knochenkontakt zu erreichen, muß das untere Teil in Richtung des Schnittes verschoben werden. Diese Verschiebung bewirkt im allgemeinen eine Beinverkürzung von etwa 2 bis 3 cm, die allgemein als Nachteil angesehen wird. Zusätzlich kann das untere Femurteil wiederum entlang der Schnittfläche verschoben werden, was durch die zwei reellen Variablen s_1 und s_2 ausgedrückt wird. Insgesamt ergeben sich so wieder 6 Freiheitsgrade für die Optimierung.

Um die nichtlineare Optimierung für beide Osteotomietypen in der im vorigen Abschnitt beschriebenen Art auszuführen zu können, sind im wesentlichen nur noch die drei Achsen g_1, g_2 und g_3 zu bestimmen, was durch (hier nicht genauer beschriebene) nichtlineare Berechnung von zylindrischen Ausgleichsflächen unter Einhaltung von speziellen interpolatorischen Nebenbedingungen erfolgt.

Die Zielfunktion (Z) sowie die Nebenbedingungen (N1) bis (N7) können dann direkt umgesetzt werden, wobei zu (N5) noch einige Bemerkungen nötig sind.

Um die Durchdringung der Gelenkflächen zu garantieren, werden einmal alle Punkte der Pfannentriangulation in die *implizite Darstellung* des Femurkopfellipsoides eingesetzt sowie umgekehrt alle Punkte der Femurkopftriangulation in die entsprechende Darstellung des Pfannenellipsoids. Alle hierdurch entstehenden Werte müssen dann positiv sein, da der Punkt andernfalls im Innern des Ellipsoids (und damit der entsprechenden Gelenkfläche) liegen würde. Dies stellt ein sehr einfach nachzuprüfendes Kriterium dar.

Problem C (Knieendoprothese). Die stereophotogrammetrischen Messungen liefern jeweils die Koordinaten der bewegten Punkte von Tibia und Femur. Da die kinematische Analyse die Bewegung eines bewegten starren Körpers Σ (Gangraum) gegen einen festen Körper $\hat{\Sigma}$ (Rastraum) erfaßt, ist es zunächst einmal notwendig, die Meßdaten relativ zu einem der beiden Systeme darzustellen. In unserem Fall wird vorausgesetzt, daß das Femur als Rastraum und die Tibia als Gangraum gewählt wird. Als Koordinatenursprung wählen wir jeweils die Schwerpunkte der Positionen der Meßpunkte und führen dann in beiden Systemen geeignete kartesische Koordinatensysteme mit den Basisvektoren $\mathbf{e}_i$ und $\hat{\mathbf{e}}_i$ ein [Hos90]. Die Transformation von Punkten des Systems $\hat{\Sigma}$ in das System Σ wird beschrieben durch

$$\mathbf{X} = \mathbf{S} + \mathbf{A}\hat{\mathbf{X}} \qquad (6)$$

mit $\mathbf{A}$ als orthogonaler Matrix, die die Drehung des Systems $\hat{\mathbf{e}}_i$ in das System $\mathbf{e}_i$ beschreibt. Über Inversion von (6) können alle Meßpunkte der Tibia in das feste System $\hat{\Sigma}$ des Femurs transformiert werden. Natürlich enthalten diese Meßpunkte zufällig verteilte Ungenauigkeiten. Durch Optimierungstechniken wird der Einfluß dieser Ungenauigkeiten möglichst klein gehalten [Spo80]. Nach der Transformation (6) haben wir für jede Position k (Zeitpunkt t_k) der Bewegung der Tibia dreidimensionale Koordinaten der Markierungspunkte $\mathbf{P}_i$ bezogen auf das feste Femursystem erhalten. Wir bezeichnen die Markierungspunkte in den verschiedenen Positionen mit $\hat{\mathbf{X}}_{ik}$, wo $i = 1, \ldots, 4$ oder 5 die Numerierung der Markierungspunkte und $k = 0, \ldots, n$ die Nummern der $n+1$ Bewegungspositionen beschreiben. Die stetige Bewegung eines starren Körpers Σ (Gangraum) bezogen auf das Rastsystem $\hat{\Sigma}$ kann über die Matrixgleichung [Mül58]

$$\hat{\mathbf{X}}(t) = \mathbf{A}(t)\mathbf{X} + \hat{\mathbf{b}}(t) \qquad (7)$$

beschrieben werden, in der $\hat{\mathbf{X}}$ und $\mathbf{X}$ die Positionen eines Punktes im festen Raum $\hat{\Sigma}$ bzw. im bewegten Raum Σ darstellen. $\mathbf{A}$ ist eine orthogonale Matrix, $\mathbf{b}$ der Translationsvektor, t der Zeitparameter. Unbekannt ist in (7) die

Lage des Bezugssystems des bewegten Raumes Σ. In [Vel88] wird gezeigt, daß für fehleroptimale Approximation als Ursprung von Σ der Schwerpunkt der bewegten Markierungspunkte gewählt werden muß. Wird weiter die Anfangslage des Bezugssystems von Σ zur Zeit t_0 geeignet festgelegt, läßt sich die Matrix $\mathbf{A}$ in jedem Bewegungsaugenblick t_i über Ausgleichsmethoden [Vel88] berechnen. Nun kann jeder Matrix $\mathbf{A}(t_i)$ ein Drehvektor $\mathbf{D}_i$ zugeordnet werden [Bot79], die Folge der $\mathbf{D}_i$ wird dann durch eine B-Splinekurve $\mathbf{D}(t)$ und einer geeigneten Fehlernorm approximiert, so daß $\mathbf{A}(t)$ zur Verfügung steht. In [Jüt94] wird ein anderes Konzept entwickelt: Der Matrix $\mathbf{A}(t_i)$ wird der Vektor $\mathbf{E}_i$ der Eulerwinkel zugeordnet und die Folge der $\mathbf{E}_i$ wird durch eine rationale B-Splinekurve $\mathbf{E}(t)$ [Hos92] interpoliert bzw. über geeignete Fehlernorm approximiert. Zusätzlich muß in beiden Ansätzen noch der Translationsvektor $\mathbf{b}(t)$ durch Approximation aus den Positionen $\mathbf{b}(t_i)$ des Schwerpunktes ermittelt werden. Nach diesen Approximationsschritten liegt ein explizites mathematisches Modell der Kniebewegung vor.

Diese mathematische Beschreibung der Kniebewegung ist Grundlage der Berechnung der beiden Gleitflächen einer Knieendoprothese: Eine der Gleitflächenpaare kann beliebig gewählt werden. So kann z.B. die Prothesenfläche im Gangsystem (der Tibia) über eine Tensorprodukt B-Splinefläche $\mathbf{X}(u,v)$ modelliert werden. Die gegebene Prothese $\mathbf{X}(u,v)$ und das unbekannte Gegenprofil $\hat{\mathbf{X}}(u,v)$ berühren sich in jedem Bewegungsaugenblick t längs einer gemeinsamen Kurve und haben dort gemeinsame Tangentialebenen, d.h. die relative Geschwindigkeit $\frac{d\hat{\mathbf{X}}(t)}{dt}$ folgend aus (7) muß längs der gesuchten Berührkurve orthogonal auf den Flächennormalen $\mathbf{N}$ von $\mathbf{X}(u,v)$ stehen, woraus die Enveloppenbedingung folgt

$$\frac{d\hat{\mathbf{X}}(t)}{dt} \cdot \mathbf{N}(u,v) = \left(\frac{d\hat{\mathbf{X}}(t)}{dt}, \frac{\partial \mathbf{X}}{\partial u}(u,v), \frac{\partial \mathbf{X}}{\partial v}(u,v) \right) = 0.$$

Die (numerische) Lösung $(u(t), v(t))$ dieser transzendenten Gleichung legt die jeweilige Berührkurve zwischen den beiden Prothesengleitflächen im Bewegungsaugenblick t fest, die Menge der Berührkurven bildet über Rücktransformation gemäß (7) das gesuchte Gegenprofil $\hat{\mathbf{X}}(u,v)$ einer kinematisch exakt arbeitenden Endoprothese.

Um einsatzfähige Endoprothesenmodelle zu erhalten, ist eine Standardisierung der menschlichen Kniebewegung notwendig. Das dies nicht von vornherein aussichtslos ist, zeigen Untersuchungen [His80], wo mehrere charakteristische Größenklassen des Knies eingeführt werden. Eine Starrkörperbewegung kann kinematisch über den Schraubparameter $k(t)$ und die zugehörigen Achsenflächen der Bewegung [Bot79] charakterisiert werden. Diese Achsenflächen sind Regelflächen und lassen sich mit Invarianten beschreiben: Das sphärische Bild $\mathbf{Q}(t)$, den Drall $d(t)$ und die Striktion $\sigma(t)$ [Hos71]. Über solche Funktionen können die verschiedenen Kniebewegungen verglichen und analysiert werden. Mit unseren Meßergebnissen ließ sich leider dieser Weg nicht erfolgreich beschreiben: Da nur relativ wenige Meßpunkte zur Approximation der

Kniebewegung zur Verfügung standen und auch die Meßfehler beachtlich waren, zeigten sich bei den Invarianten, die von höheren Ableitungen abhängen, unerwünschte Oszillationen. Dagegen liefern die Invarianten erster Ordnung (z.B. $k(t)$) trotz der relativ großen Fehler beim Selvik Verfahren das aus den bisherigen Beobachtungen der Kniebewegung erwartete Verhalten [Hos87].

4 Resultate

Problem A (Hüftendoprothese). Für eine Schaftendoprothese mit $v_p - v_s = 40°$, d.h. z.B. Halbkugelschale als Pfanne und Schenkelhalskugel-Öffnung von $v_s = -40°$, kann eine maximale Beugung $\Phi_{01} = 99,8°$ für die Parameter $\alpha = 60°$, $\beta = 25°$, $\gamma = 2,4°$, $\delta = 45°$ ermittelt werden, d.h. also im wesentlichen für eine Steilstellung der Pfanne bis zum erlaubten Grenzwert Φ_{01} (bei Standardimplementationen ca. $70°$). Bei der Schalenprothese zeigt sich, daß die frontale Auslenkung unbefriedigend ist und auch die Sitzstellung im allgemeinen nur über Anschlag der Prothesenteile eingenommen werden kann (s. Abb. 11).

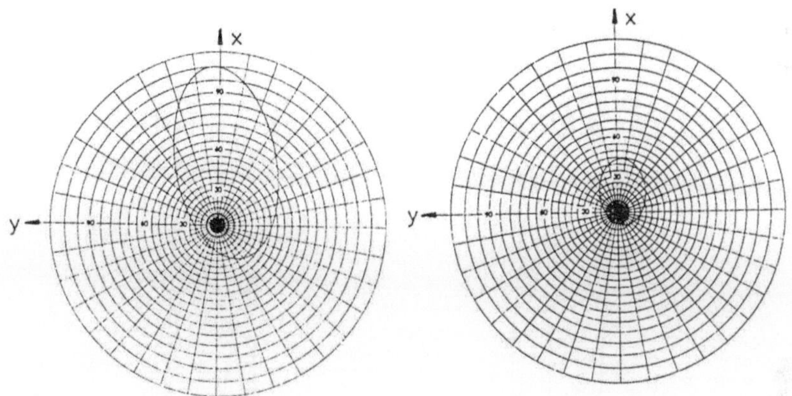

Abbildung 11. Optimales Bewegungsdiagramm (stereographische Projektion) des Oberschenkels mit Auslenkung in Graden. Die Standposition entspicht 0 Grad! Linke Abbildung: Schaftprothese, rechte Abbildung: Schalenprothese

Problem B (Hüftosteotomie). Die Berechnungen wurden alle an dem rekonstruierten Hüftgelenk aus Abb. 8 (rechts) ausgeführt. Mit unserer Methode wurde zunächst eine präoperativ vorhandene Tragfläche von 770 mm^2 festgestellt.

In Abb. 12 (links) ist das postoperative Ergebnis der optimierten Schrägschnittosteotomie in einer seitlichen Ansicht dargestellt. Die Tragfläche konnte hierbei auf 930 mm^2 erhöht werden. Der Gelenkspalt ist noch mindestens

2 mm breit, die Überdeckung der beiden Femurteile im Bereich der Schnitte beträgt noch akzeptable 53 % und die Beinverkürzung ist mit ≈ 2 mm vernachläßigbar.

Bezüglich der Tragfläche wurde mit der optimierten Keilosteotomie (vergl. Abb. 12 (rechts)) ein etwas besseres Resultat erzielt (1000 mm^2). Unter den sinnvollen Restriktionen $\psi_1 \in [-20°, 20°]$ und $\psi_2 \in [-40°, 40°]$ ergaben sich die optimalen Winkel zu $\psi_1 = 20°$, $\psi_2 = 37°$, $\psi_3 = -3°$. Dieses Ergebnis deutet im übrigen auf ein sehr pathologisches Hüftgelenk hin.

Der Gelenkspalt ist noch mindestens 2 mm breit und die Überdeckung der beiden Femurteile im Bereich der Schnitte ergab sich zu 54 %. Einzig die Beinverkürzung von etwa 2,5 cm ist nicht mehr tolerabel, sondern müßte mit entsprechenden orthopädischen Maßnahmen (z.B. erhöhte Schuhsohle) begegnet werden.

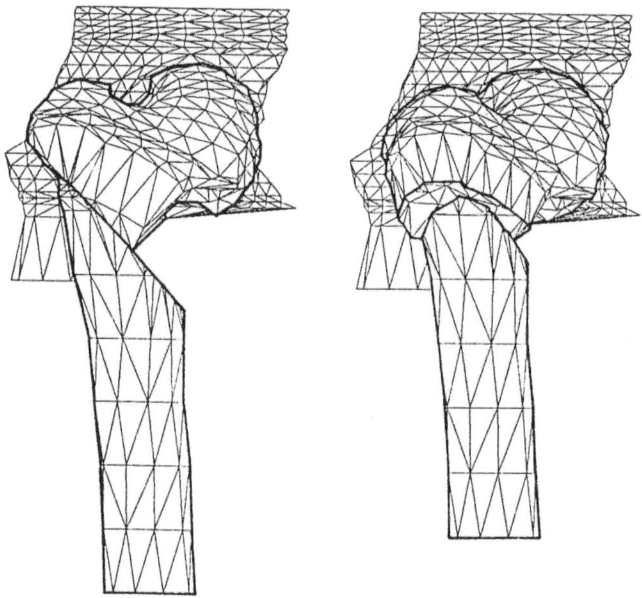

Abbildung 12. Optimierte Osteotomien, links: Schrägschnittosteomie, rechts: Keilosteotomie

Problem C (Knieendoprothese). Liegen geeignete Meßdaten vor, können über unser mathematisches Modell kinematisch exakt arbeitende Endoprothesen berechnet werden. Die beiden Gleitflächen der Endoprothesen berühren sich längs gemeinsamer Gleitkurven, wodurch eine optimale Kraftübertragung gesichert ist. Das mathematische Modell erlaubt außerdem eine Sensitivitätsanalyse der für eine Implantation wichtigen Parameter und Ermittlung von Prothesen, die gegen Implantationsfehler besonders unempfindlich sind. Die Prothesenteile selbst können über das mathematische Modell durch NC-Fräsen [Hos92] hergestellt werden.

5 Zusammenfassung und Diskussion

Problem A (Hüftendoprothese). Die gefundenen Resultate zeigen, daß durch eine geänderte Positionierung der implantierten Prothese ein erheblicher Anstieg der Beweglichkeit des erkrankten Beines erzielt werden kann. Die über mathematische Modellbildung gefundenen optimalen Positionsparameter können für den operierenden Arzt jedoch nur Tendenzen aufzeigen, da ein exaktes Einstellen dieser Winkel während der Operation nicht möglich ist.

Problem B (Hüftosteotomie). Wir haben eine Methode zur dreidimensionalen Operationsplanung beschrieben, die auf CT-gemessenen Individualdaten basiert. Die simulierten Ergebnisse liegen hierbei im praxisrelevanten Bereich. Bis zum Einsatz im Klinikalltag sind aber noch viele Teilprobleme zu lösen.

Einmal ist ein benutzerfreundliches User-Interface zu entwickeln, welches es auch dem ungeübten Orthopäden erlaubt, mit dem Simulationsprogramm zurechtzukommen. Hier sind aktuelle Bestrebungen im Gange.

Weiterhin sollten die Simulationen auch auf die bereits erwähnten Beckenosteotomien ausgedehnt werden, da durch diesen Operationstyp ebenfalls gute Ergebnisse erzielt können. Eventuell ist auch an Kombinationen von Femur- und Beckenosteotomien zu denken.

Ein weiterer, wichtiger Aspekt ist auch die Verfeinerung der Modellannahmen durch Verwendung eines biomechanischen Modells. Erste sinnvolle Ansätze sind hier in [Del90] enthalten, wo über manuell einzugebende Muskelansatzpunkte und spezielle Annahmen über das voraussichtliche Muskelverhalten dreidimensionale Muskelkräfte und -momente berechnet werden.

Die schwierigste Zukunftaufgabe aber wird es sein, die Umsetzung der Simulationsergebnisse im Einzelfall zu bewerkstelligen. Hierbei ist die Umsetzung der Keilosteotomie vom Ansatz her weniger problematisch, da stets senkrecht zum Operationstisch geschnitten wird. Komplizierter ist hier die Schrägschnittosteotomie. Erste Ansätze zur praktischen Realisierung sind in [Cha94] beschrieben, wo vorgeschlagen wird, ein spezielles Werkzeug während der Operation am Femur anzubringen, mit dem der schräge Schnitt dann genauer geführt werden kann.

Eventuell können aber auch speziell entwickelte Roboter verwendet werden, um die komplizierten Schnitte mit höherer Genauigkeit auszuführen. Auch an dieser interdisziplinären Aufgabenstellung werden wir in Zukunft weiter arbeiten.

Problem C (Knieendoprothese). Leider sind die hier entwickelten Modelle und Methoden im Bereich der Kniegelenkendoprothetik noch nicht einsetzbar.

Die Ursache ist eine Technologielücke: Alle zur Verfügung stehenden Meß-verfahren besitzen nicht die notwendige Genauigkeit. Die nicht ausreichende Präzision der Meßdaten führt dazu, daß eine Konfektionierung der Knieen-doprothesen über invariante Funktionen nicht gelungen ist. Zur Zeit gibt es weltweit keine Ansätze, die eine Verbesserung dieser Situation erwarten las-sen. Die Sportschuhindustrie, z.B., arbeitet mit im Knochen eingeschraubten Markierungsnägeln und Videoaufnahmen, wobei die Meßgenauigkeit dieser Ansätze allerdings weit unter der Methode Selvik liegt.

Literatur

[Bot79]   Bottema, O., Roth, B.: Theoretical kinematics. North Holland 1979

[Cha81]   Charit, Y.: The geometry of an oblique osteotomy. Research Report. University of Witswaterbrand, Johannesburg **81** (1981)

[Cha94]   Charit, Y., Eck, M., Hoschek, J., Wassum, P., Weber, U.: Geometric problems in performing oblique osteotomies. Preprint. FB Mathematik, TH Darmstadt **1638** (1994)

[Del90]   Delp, S.L., Bleck, E.E., Zajac, F.E.: Biomechanical Analysis of the Chiari Pelvic Osteotomy – Preserving Hip Abductor Strength. Clinical Ortho-paedics **254** (1990) 189–198

[Eck90]   Eck, M., Hoschek, J., Weber, U.: Three-dimensional determination of an oblique osteotomy in the hip by mathematical optimization fulfilling some anatomical demands. J. Biomechanics **23** (1990) 1061–1067

[Eck91]   Eck, M.: Geometrische Verfahren zur dreidimensionalen Osteotomiepla-nung. Diss. FB Mathematik, TH Darmstadt 1991

[Fis07]   Fischer, O.: Kinematik organischer Gelenke. Vieweg, Braunschweig 1907

[His80]   Hiss, E., Schwerbrock, W.: Untersuchungen zur räumlichen Form der Femurkondylen. Z. Orthop. **118** (1980) 396–404

[Hos71]   Hoschek, J.: Liniengeometrie. Bibl. Inst. Mannheim 1971

[Hos80]   Hoschek, J., Weber, U.: Zur optimalen Implantation von Hüftgelenk-Pro-thesen. Der Mathematikunterricht **17** (1980) 18–39

[Hos84]   Hoschek, J., Weber, U.: Mathematisch-kinematische Methoden in der Gelenkendoprothetik. Z.Orthop. **122** (1984) 341–348

[Hos87]   Hoschek, J., Halt, J., Selvik, G., Weber, U.: A mathematical model of hu-man knee-motion and evaluation of knee endoprostheses. Biomechanics: Basic and Applied Research (1987) 379–384

[Hos90]   Hoschek, J., Eck, M., Weber, U.: Mathematische Modellbildung in der Orthopädie. Der Mathematikunterricht **36** (1990) 16–31

[Hos92]   Hoschek, J., Lasser, D.: Mathematische Grundlagen der geometrischen Datenverarbeitung. Teubner 1992

[Jüt94]   Jüttler, B., Wagner, G.: Computer Aided Design of Rational Motions. Technical Report. Institut Geometrie TU Wien **10** (1994)

[Kum68]   Kummer, B.: Die Beanspruchung des menschlichen Hüftgelenks, I. All-gemeine Problematik. Z. Anat. u. Entwicklungsgeschichte **127** (1968) 277-285

[Kum79]   Kummer, B.: Die Tragfläche des Hüftgelenks. Z. Orthop. **117** (1979) 693–696

[Men74] Menschik, A.: Mechanik des Kniegelenkes. Z. Orthop. **112** (1974) 481–495

[Miz77] Mizrahi, J.: The human femoral head as a tilted solid of revolution. South African Journal of Science **73** (1977) 280

[Mül58] Müller, H.R.: Zur Ermittlung von Hüllflächen in der räumlichen Kinematik. Monatshefte für Mathematik **63** (1958) 231–240

[Mül90] Müller-Gerbl, M., Dunkelberg, D., Ennemoser, O.: Resultant forces of muscles and joint at the hip joint. Proc. of the 7th meeting of ESB (1990) P41

[Rob87] Roberts, D., Udupa, J.K., Christiansen, E., Chiang, H.M.: Joint surface congruency and loading investigated in vivo via quantified interactive 3-d imaging. Proc. 8th annual meet. NCGA's Computer Graphics (1987) 138–151

[Sel74] Selvik, G.: Roentgen Stereophotogrammetry in High Tibial Osteotomy for Gonarthrosis. Arch. Orthop. Traumat. Surg. **99** (1981) 73–81

[Spo80] Spoor, C.W., Veldpaus, F.E.: Rigid Body Motion calculated from Spatial Co-ordinates of Markers. J. Biomechanics **13** (1980) 391–393

[Tüm90] Tümmler, H.P., Stallforth, H., Ungethüm, M.: Computergestützte Erstellung von individuellen Hüftendoprothesen. Biomed. Technik **35** (1990) 38–39

[Vel88] Veldpaus, F.E., Woltring, H.J., Dortmans, L.J.: A Least-squares Algorithm for the equiform Transformation from Spatial Marker Co-ordinates. J. Biomechanics **21** (1988) 45–54

[Wag75] Wagner, H.: Der alloplastische Gelenkflächenersatz am Hüftgelenk. Archiv orthop. Unfall-Chirurgie **82** (1975) 101–106

[Wal88] Wallin, A., Klaue, K., Ganz, R., Perren, S.M.: Three dimensional evaluation of pathological joints and simulation of corrective surgical procedures. Proceedings NCGA **III** (1988) 198–207

[Web79] Weber U., Hoschek, J.: Der Bewegungsumfang von Hüftgelenksprothesen-Konstruktionen. Arch. Orthop. Traumat. Surg. **95** (1979) 95–104

Mathematik
in Versicherungen
und Banken

Finanzierungsverfahren in der Sozialversicherung

Klaus Heubeck

Büro Dr. Heubeck, Köln

1 Einleitung

Fragen der Finanzierung von Sozialversicherungssystemen sind in der öffentlichen Diskussion meist kein besonders breit behandeltes Thema. Lediglich im Zusammenhang von grundlegenden Reformen (wie bei der Rentenreform 1992) oder bei der Neueinführung von Leistungssystemen (wie bei der kürzlich beschlossenen Pflegeversicherung) spielen sie eine gewisse Rolle, werden von politischen und populistischen Überlegungen aber meist in den Hintergrund verwiesen. In der Regel konzentrieren sich alle Überlegungen und Anstrengungen auf die Feststellung des Bedarfs und seiner möglichst gerechten, sozialen Deckung, weniger auf die Aufkommens- oder Beitragsseite, für die man jahrzehntelang nicht nur in Deutschland quasi unbegrenzte Steigerungsmöglichkeiten unterstellte und ausschöpfte.

Diese Handhabung hat sich in den letzten Jahren in manchen Bereichen deutlich, in anderen nur ansatzweise geändert. Gründe dafür sind die zunehmenden Zwänge, denen sich viele Sozialversicherungssysteme in demographischer und in ökonomischer Hinsicht ausgesetzt sehen; es sind aber auch die Fortschritte in der Bevölkerungsstatistik, der Versicherungsmathematik und in den Prognoseverfahren, die eine umfassende Behandlung der Finanzierungsfragen von Versicherungssystemen bis hin zu Optimierungsaussagen und Empfehlungen möglich machen. So wurden bereits vor 1985, in der Schweiz, vor Einführung einer Pflichtversorgung über kapitalbildende betriebliche Pensionskassen, umfangreiche Untersuchungen darüber angestellt, welchen Anteil diese Art der Vorsorge an der gesamten, ansonsten durch Umlagen finanzierten Sozialversicherung haben sollte. In Frankreich überlegt man zur Zeit, welchen Beitrag das aus dem Verkauf von Staatsbetrieben freigesetzte Kapital bei der Sanierung der Sozialversicherung leisten könnte. Und in Cypern stellte sich z. B. vor einiger Zeit die Frage, welche Rolle ein zur Verfügung stehender Kapitalstock bei der Anpassung der Sozialrenten leisten würde.

Für Deutschland ergeben sich aus dem Vereinigungsprozeß und der Öffnung Osteuropas eine Reihe von Fragen, die die Finanzierung der Sozialversicherungssysteme unmittelbar berühren, beispielsweise die Ausweitung

des Versichertenkreises auf die Beitrags- und die Leistungsentwicklung, der
Effekt von Wanderungsbewegungen oder die Folgen der Einführung eines
zusätzlichen Systems der Pflegeversicherung. Hier wie in vielen anderen Industrienationen sehen sich die Sozialversicherungssysteme überdies einer generellen Herausforderung gegenüber, nämlich dem Problem der Alterung und
des längerfristigen Rückgangs der Bevölkerung.

Da eine derartige Entwicklung die Zahl der Leistungsempfänger steigen,
die Zahl der Beitragszahler in dem System aber zumindest relativ schrumpfen läßt, stellte und stellt sich fast überall die Frage, ob und wie man einem
solchen Trend begegnen könnte. Die Besinnung auf die finanziellen Zusammenhänge, die Eigengesetzlichkeiten in den jeweiligen Sicherungssystemen ist
dann eine zwingende Folge. Eine naheliegende Überlegung in diesem Zusammenhang geht dahin, daßman das Ausbleiben von Beitragszahlern für das
System (also die Abnahme des Faktors Arbeit) nur durch einen höheren Verbrauch von Kapital (also die Zunahme des Faktors Kapital) ersetzen müsse,
um die Leistungsfähigkeit der Systeme auch bei Bevölkerungsrückgang auf-
rechtzuerhalten. Einfacher und den Sachzusammenhängen entsprechend in der
Sprache der Versicherungsmathematik formuliert, läßt sich diese Frage auch
so stellen: Ist das Kapitaldeckungsverfahren geeignet, die Leistungsfähigkeit
eines im Umlageverfahren finanzierten Sozialversicherungssystems auch bei
einem längerfristigen Bevölkerungsrückgang wirkungsvoll zu unterstützen.

Für die Behandlung dieser und ähnlicher Fragestellungen bietet die Versicherungsmathematik das notwendige Instrumentarium. Sie stützt sich dabei
auf eine ihrer Spezialdisziplinen, die verallgemeinerte Pensionsversicherungs-
mathematik, die Theorie der Finanzierungsverfahren, auf spezielle Prognose-
methoden und muß ihre Ansätze und Ergebnisse natürlich in das ökonomische
Umfeld und die dort bestehenden Zusammenhänge einpassen.

2 Allgemeines zu den Finanzierungsverfahren

Grundlage jeder Finanzierungsfrage in einer Sozialversicherung ist das bestehende Leistungssystem, die Festlegung also, wann und unter welchen Voraussetzungen bestimmte Leistungen erbracht werden sollen. In Deutschland
kennt man inzwischen 5 Arten von Sozialversicherungen (Renten-, Kranken-,
Pflege-, Unfall- und Arbeitslosenversicherung), die Leistungen in den ihnen
zugeordneten Bereichen bei Eintritt der jeweils spezifisch definierten Versi-
cherungsfälle vorsehen. Um die finanzielle Ausgangssituation und ihre Entwicklung in der Zeit beschreiben und untersuchen zu können, benötigt man
eine Reihe von Grunddaten, meist aus Statistiken, die in die jeweiligen Modelle als Anfangswerte, als Parameter oder auch als stochastische Größen eingebaut werden. So interessieren unter anderem Angaben zum Versichertenbestand oder – darüber hinausgehend – zur Bevölkerung allgemein und zu
ihrer künftigen Entwicklung. Von Bedeutung sind Wanderungsbewegungen
in das oder aus dem Versicherungssystem, die Struktur von Neuzugängen,

die Geburtenrate, die Sterblichkeit und ihre Veränderungen und die Heiratswahrscheinlichkeit. Im Anschlußan die Leistungsfalldefinition braucht man beispielsweise Informationen zur Invalidisierungshäufigkeit, zur Krankheits und Pflegebedürftigkeit, zum Übergang in den Ruhestand usw. Die benötigten Werte und Schätzungen über ihre künftige Entwicklung erhält man mit Hilfe von entsprechenden Statistiken und Prognoseverfahren bzw. versucht, sie durch Parametervariationen in die Modellberechnungen einzubauen.

Nur wenige Faktoren beeinflussen die Finanzierungsverfahren von der ökonomischen Seite her. Es sind dies – abgesehen natürlich von der Höhe der Leistungen und Beiträge – die Dynamisierungsraten der Leistungen (z.B. die Rentenerhöhungen oder die Steigerungen der Krankheitskosten), die Dynamisierungsraten der Beiträge (z.B. in Verbindung mit Lohnsteigerungen) und die Zinserträge auf das für ein gegebenes Versicherungssystem angesammelte Kapital. Diese Größen gehen in die Finanzierungsmodelle als externe Parameter ein und werden in aller Regel mit Rücksicht auf die ökonomischen Zusammenhänge festgesetzt und variiert. Aussagen über die wirtschaftlichen Folgen eines bestimmten Finanzierungsverfahrens, etwa zum gesamtwirtschaftlichen Wachstum, zur Einkommensverteilung oder ähnliches, lassen sich mit den mathematischen Methoden nicht machen, sondern bleiben der Makroökonomie vorbehalten.

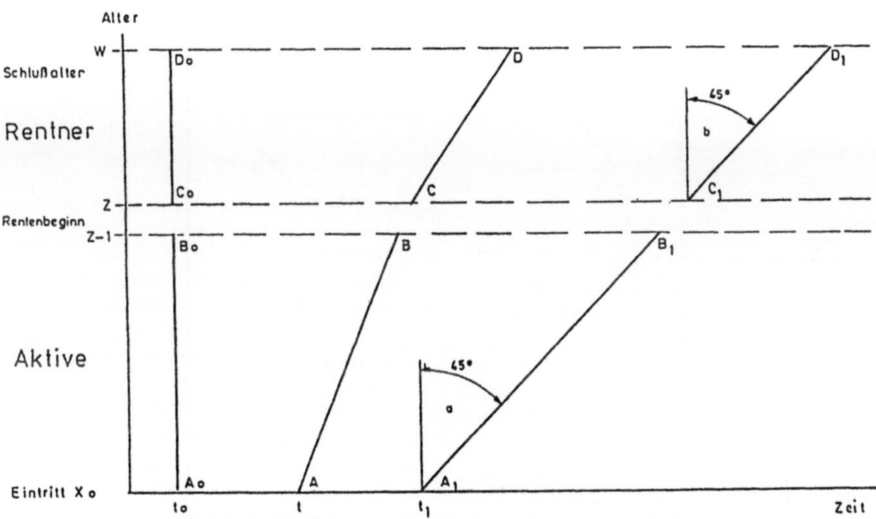

Abbildung 1. Mögliche Finanzierungsverfahren

Über die Art und Weise, wie Versicherungsleistungen finanziert werden, hat auch der Laie mehr oder weniger deutliche Vorstellungen: in der Privatversicherung zahlt der Einzelne Prämien, um im Versicherungsfall bestimmte, aus angesammelten Kapitalien zu bestreitende Leistungen erhalten zu können; versicherungsmathematisch spricht man vom (individuellen) Anwartschaftsdeckungsverfahren. In den Sozialversicherungen werden alle laufenden Leistungen von den Beitragszahlern aufgebracht, ohne daß Kapitalien angesammelt werden; man spricht vom Umlageverfahren. Daß in der Sozialversicherung das Umlageverfahren jedoch nur ein Spezialfall ist und es im Grunde eine unendliche Zahl von Finanzierungsverfahren gibt, zeigt Abbildung 1 auf G. Wünsche (Blätter der Deutschen Gesellschaft für Versicherungsmathematik, Bd. VI, S. 493, Köln 1964) zurückgehende Darstellung für das Beispiel einer Rentenversicherung.

Die Strecken A_0B_0 und C_0D_0 kennzeichnen darin das reine Umlageverfahren: die Aktiven kommen durch ihre Beiträge im Jahr t_0 für die Leistungen an die Rentner auf. Die Strecken A_1B_1, C_1D_1 beschreiben ein Anwartschaftsdeckungsverfahren, wie es in der privaten Lebensversicherung praktiziert wird. Und die Strecken AB und CD stehen für eine gemischte Finanzierung mit partieller Kapitalbildung und Umlageelementen. Durch die Transformation $x = \tan(a)$ und $y = \tan(b)$ läßt sich diese eher anschauliche Darstellung auf die Einheitsebene übertragen, in der die Eckpunkte spezielle Finanzierungsverfahren und die Punkte (x, y) und (x', y') in der Ebene irgendeine Mischform beschreiben.

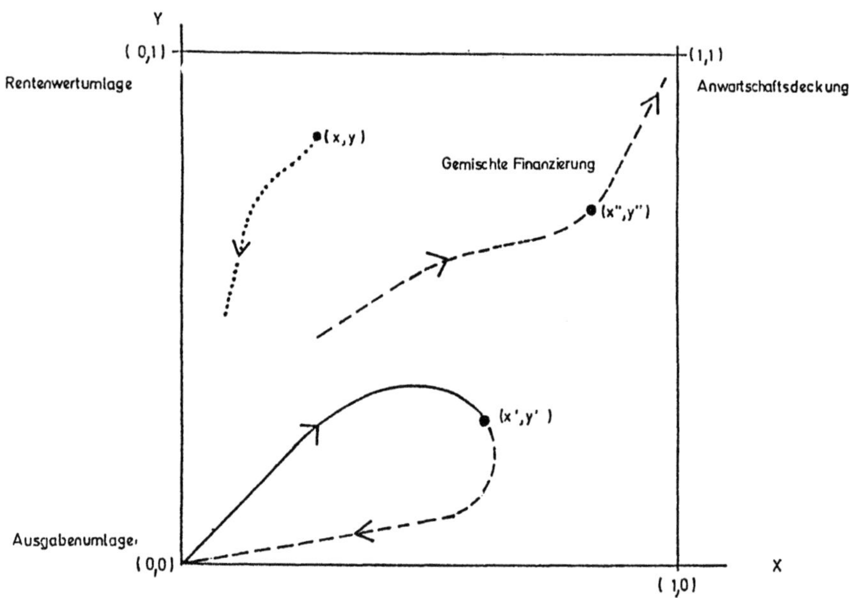

Abbildung 2. Finanzierungsverfahren in der Einheitsebene

Die in Abbildung 2 eingetragenen Pfade sollen andeuten, daß in der Praxis und bei besonderen Fragestellungen auch Wechsel im Finanzierungsverfahren, Veränderungen zu mehr oder weniger Kapitalbildung möglich (und berechenbar) sind und daß sich hier die Suche nach möglichst effizienten Verfahren und sinnvollen Übergängen anschließen läßt (vgl. hierzu Abschnitt 5). Eine weitere Überlegung läßt sich durch die gewählte graphische Darstellung – eher suggestiv – verdeutlichen. Teilt man das gegebene Leistungsvolumen eines Sozialversicherungssystems auf und weist einzelnen Finanzierungsbereichen oder -verfahren bestimmte Teilleistungen zu, so könnte man dies darstellen durch einen Teilbereich des oben dargestellten Einheitsquadranten.

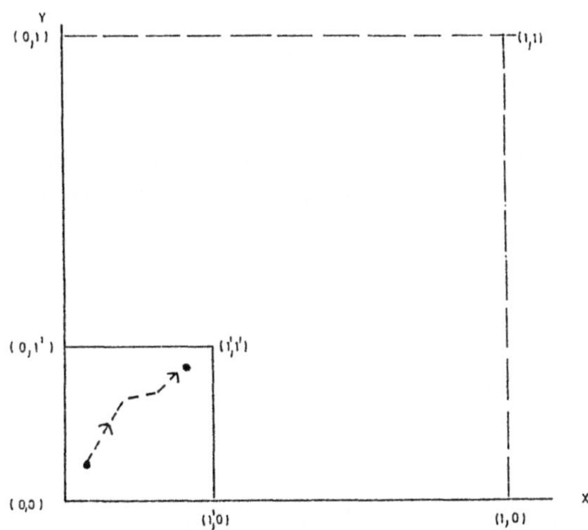

Abbildung 3. Finanzierung von Teilleistungen

Eine derartige Frage stellt sich zum Beispiel, wenn man die umlagefinanzierte gesetzliche Rentenversicherung durch die anwartschaftsfinanzierenden Systeme der betrieblichen Altersversorgung und der privaten Lebensversicherung finanztechnisch sinnvoll ergänzt sehen möchte. Das Gesamtversorgungsmodell für diese drei Säulen der Altersversorgung läßt sich dann erfassen und umsetzen durch eine Mischung von Anwartschaftsdeckung und Umlage mit geeigneter Aufteilung und Zuordnung auf die jeweiligen Sektoren.

3 Bevölkerungsmodelle

Die Beschreibung der von einem Sozialversicherungssystem erfaßten Bevölkerung oder Versichertengemeinschaft geschieht im Prinzip recht einfach auf der Basis entsprechender Statistiken. Differenziert wird meist nur nach den versicherungsmathematisch relevanten Merkmalen, das sind in der Regel das Alter und das Geschlecht. Für die Einbindung der Versicherten in das untersuchte System ist ihre Kennzeichnung als Beitragszahler oder Leistungsempfänger und eine Differenzierung nach der Leistungsart erforderlich. Außerdem interessieren natürlich die Übergänge der Personen innerhalb des Systems, also zum

Beispiel der Wechsel vom Aktiven zum Rentner, der Wechsel vom Gesunden zum Kranken oder der Tod. Entsprechende Statistiken liegen für die meisten interessierenden Fragestellungen in Form von Sterbetafeln, Morbiditätstafeln oder ähnlichem vor.

Anknüpfend an das Alter des Versicherten läßt sich ein Modell zur Entwicklung von Versichertenbeständen wie folgt beschreiben: Es bezeichne

X_i das Alter einer Person bei Eintritt eines Bestandswechsels aufgrund der Ursache i (also z.B. aufgrund eines bestimmten Versicherungsfalles).

Dieses Ausscheiden aus einem Bestand wird als ein zufälliges Ereignis, eine Zufallsgröße angesehen, die von anderen Ereignissen abhängig oder unabhängig sein kann. (Beispiel: Tod nach Invalidität). Für unabhängige Ereignisse (X_i) definiert man die Wahrscheinlichkeit für das Ausscheiden aufgrund der Ursache i im Zeitintervall $(x, x + t)$ als eine bedingte Wahrscheinlichkeit

$$p(X_i \leq x + t | X_i > x) = {}_t\dot{q}_x^{(i)} \, .$$

Darin stehen $x, t \in \mathbb{R}_+$ für das Alter bzw. die Zeit, und der Buchstabe q erinnert an die übliche Bezeichnungsweise für die Sterblichkeit.

Bei abhängigen Ereignissen (X_i) ist es zweckmäßig, die Wahrscheinlichkeit für das erste Ausscheiden festzuhalten. Entsprechend bezeichnet

$$p(X_i \leq \min(x + t, X_1, \ldots, X_{i-1}, X_{i+1}, \ldots, X_h) \mid X_1 > x, \ldots, X_h > x) = {}_t q_x^{(i)}$$

die Wahrscheinlichkeit für ein Ausscheiden in $(x, x + t)$ wegen Ursache i vor allen anderen Ausscheideursachen $i = 1, \ldots, h$.

Bei nur einer Ausscheideursache beschreiben die obigen Wahrscheinlichkeiten die Situation in der Lebensversicherung; das Storno könnte hier als zweite Ausscheideursache problemlos einbezogen werden. Zu Berechnungen in der Renten-, Kranken- und Pflegeversicherung benötigt man mindestens zwei Ausscheideursachen, neben dem Tod nämlich die Invalidität, den Krankheits- bzw. den Pflegefall.

Aus den oben genannten Wahrscheinlichkeiten lassen sich unter anderem folgende Werte für den Versichertenbestand berechnen (und umgekehrt):

$$l_x = p(X_1 > x, \ldots, X_h > x) \cdot l_0$$

als die Anzahl der aus einem Anfangsbestand l_0 noch nicht Ausgeschiedenen x-Jährigen und

$$l_{x+t} = l_x \prod_{i=1}^{h} \left(1 - {}_t\dot{q}_x^{(i)} \right)$$

$$l_{x+t} = l_x \left(1 - \sum_{i=1}^{h} {}_t q_x^{(i)} \right)$$

als die Anzahl der bis zur Zeit $x + t$ noch nicht Ausgeschiedenen bei unabhängig bzw. abhängig gegebenen (partiellen) Ausscheidewahrscheinlichkeiten. Mit Hilfe der entsprechenden Statistiken oder Übergangswahrscheinlichkeiten gelingt es daher, für einen gegebenen Bestand von Personen (z.B. die Beitragszahler) die Übergänge in versicherungstechnisch definierte Nebenbestände (z.B. Tote, Invalide, Rentner, Pflegebedürftige) zu verfolgen und auf diese Weise den Versichertenbestand modellhaft fortzuschreiben. Anzumerken bleibt, daß bei längerfristigen Untersuchungen unter anderem zu beachten ist, ob und in welcher Weise sich die unterstellten Übergangswahrscheinlichkeiten im Zeitablauf ändern. Die seit langem zu beobachtenden Sterblichkeitsverminderungen sind hier nur ein Beispiel für das generelle Problem veränderlicher Rechnungsgrundlagen.

Die jeweiligen Bestände lassen sich – in Abhängigkeit vom Alter x am Stichtag und vom Eintrittsalter s – zu einem beliebigen Stichtag m dann durch Dreiecksmatrizen der folgenden Form beschreiben

$$\mathcal{L}(m) = (l_{x,s}(m)) \ .$$

Zum Beispiel erhält man den Bestand der Aktiven bis zum Schlußalter z, das sind in der Regel die Beitragszahler in einem Rentenversicherungssystem, für $s < x < z$ rekursiv durch

$$l_{x+1,s}(m) = l_{x,s}(m - 1) \cdot p_{x,s}^{aa} \ ,$$

wobei $p_{x,s}^{aa}$ die Übergangswahrscheinlichkeiten für die jeweiligen Aktiven innerhalb des Aktivenbestandes bezeichnen. Für die ohne Versicherungsfall im Alter n Ausgeschiedenen (Externe $= E$) ergibt sich der Bestand durch

$$_{n+\frac{1}{2}}l_{n+1,s}^{E}(m) = l_{n,s}(m - 1) \cdot p_{n,s}^{aE}$$
$$_{n+\frac{1}{2}}l_{x+1,s}^{E}(m) = {}_{n+\frac{1}{2}}l_{x,s}^{E}(m - 1) \cdot p_{x}^{EE} \ ,$$

wobei $x \geq n$ und das Ausscheiden meist in der Mitte der Zeiteinheit unterstellt wird. Die Entwicklung der Bestände in der Zukunft läßt sich dann durch Fortschreibungsfunktionen F und G beschreiben, für die gilt

$$\mathcal{L}(m) = F[\mathcal{L}(m - 1)]$$

$$\mathcal{L}^{E}(m) = G[\mathcal{L}^{E}(m - 1), \mathcal{L}(m - 1)].$$

Ähnliche, dann natürlich entspechend erweiterte Darstellungen erhält man, wenn man – wie in der Praxis üblich und notwendig – nicht nur die Bestände ohne Leistungsfall fortentwickelt, sondern auch die nach Eintritt eines Versicherungsfalles in einem „Rentner"-bestand verbleibenden Personen, die Übergänge in diese Bestände und auch die in bestimmten Fällen mögliche Rückkehr in den Ausgangsbestand (z.B. Reaktivierung nach Invalidität) erfassen muß.

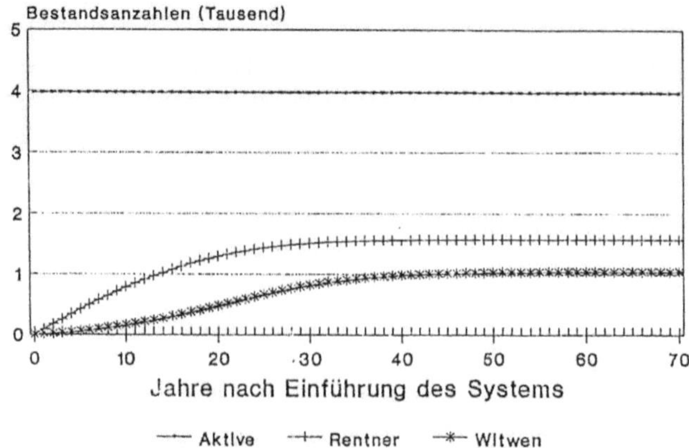

Abbildung 4. Bestandsentwicklung nach den RICHTTAFELN

Abbildung 4 zeigt die Entwicklung der Bestände für einen Fall, in dem aus 4000 Aktiven im Laufe der Zeit Invaliden- und Altersrentner werden und bei Todesfällen die hinterbliebenen Ehefrauen separat erfaßt werden. Die Übergangswahrscheinlichkeiten sind dabei den in der betrieblichen Altersversorgung allgemein verwendeten „Richttafeln" entnommen, und die aus dem Aktivenbestand ausscheidenden Personen werden hier durch eine entsprechende Anzahl von Neuzugängen ersetzt.

Die dem Einzelnen im Bestand zuzurechnenden Deckungsmittel – in der Versicherungsmathematik meist mit dem Buchstaben V bezeichnet – können in analoger Weise dargestellt (und fortgeschrieben) werden:

$$\mathcal{V}(m) = (V_{x,s}(m))$$
$$\mathcal{V}^E(m) = \left({}_{n+\frac{1}{2}}V_{x,s}^E(m)\right).$$

In der betrieblichen Altersversorgung beschreibt man das Deckungskapital einer Pensionsverpflichtung beispielsweise als Funktion:

$$v_{x,s} = H[A_x, P_s a_x^a]$$

A_x bezeichnet darin den Barwert der Leistungen, P_s die bei Eintritt berechnete, konstante Prämie und a_x^a den Barwert der (Beitrags-)Leistungen des x-jährigen Aktiven.

Das Gesamtdeckungskapital ergibt sich dann bestandsbezogen anfänglich gemäß

$$V_{x,s}(0) = v_{x,s}l_{x,s}(0)$$

und zum Zeitpunkt m, wenn man z.B. eine Dynamik σ unterstellt, in der
Form

$$V_{x,s}(m) = (1 + \sigma)^m v_{x,s} l_{x,s}(m).$$

Offensichtlich gelingt es auf diese Weise, für gegebene Rechnungsgrundlagen
den finanziellen Verlauf eines Versicherungssystems relativ kompakt zu beschreiben. Bei normalen Leistungsverläufen braucht man die Berechnungen
dabei nicht für alle Personen durchzuführen, sondern kann sich auf den nach
x und s verdichteten Bestand beschränken.

4 Finanzielle Zusammenhänge

Im folgenden sollen die Beziehungen zwischen den Beiträgen, den Leistungen
und den Deckungsmitteln ausführlicher dargelegt werden, und zwar zunächst
für den Einzelnen mit Alter x und zum Zeitpunkt m, anschließend auch
für Bestände. Jedes Versicherungssystem unterliegt dem Äquivalenzgedanken,
nämlich der Vorstellung, daß sich Leistungen und Gegenleistungen ausgleichen
sollten. Für ein an Personen gebundenes und Kapitalansammlung zulassendes
Sozialversicherungssystem heißt das: für einen beliebigen Zeitpunkt m müssen
die Deckungsmittel $_mV$ am Jahresanfang und die im Jahr zu erwartenden Beiträge $_mB$ den im Jahr zu erwartenden Leistungen $_mL$ und den am Ende des
Jahres noch vorhandenen Deckungsmitteln entsprechen. Dieser Zusammenhang, übertragen auf ein Wirtschaftsjahr, läßt sich auch als eine Bilanzgleichung verstehen und besagt nichts anderes, als daß bei rechnungsmäßigem,
d.h. erwartungstreuem Verlauf der Versicherer in diesem Jahr weder Gewinn
noch Verlust gemacht hat.

Für den Einzelnen mit Eintrittsalter x und der Überlebens- oder Bestands-
verbleibewahrscheinlichkeit p_{x+m} läßt sich die auch als Fundamentalgleichung
der Reserve bezeichnete Bilanzgleichung für den zeitdiskreten Fall wie folgt
schreiben

$$_mV_x +_m B_x =_m L_x + v p_{x+m} \cdot \,_{m+1}V_x \,.$$

Sie gilt im übrigen unabhängig von irgendwelchen Äquivalenzforderungen und
ist unabhängig von der Versicherungsform oder dem jeweiligen Finanzierungsverfahren.

Der Buchstabe v steht üblicherweise für die Diskontierung, also $v = \frac{1}{1+i}$
wenn i den Zins bezeichnet.

Für die weiteren Überlegungen ist es zweckmäßig, die Verhältnisse mit
kontinuierlicher Zeit darzustellen, also für die Zinsintensität $\delta(t)$ die Diskontierung mit

$$v(t,0) = \exp\left(-\int_0^t \delta(\tau)d\tau\right),$$

und für die Ausscheideintensität $\mu_x^{(i)}$ wegen der Ursache i die Ausscheidewahrscheinlichkeit zwischen x und $x + t$ für abhängige Ereignisse (X_i) z.B. mit

$$_t q_x^{(i)} = \int_0^t {}_\tau p_x \, \mu_{x+\tau}^{(i)} \, d\tau, \; t \in \mathbb{R}_+ \, .$$

Darin gibt

$$_\tau p_x = 1 - {}_\tau q_x = p(X > x + \tau \mid X > x)$$

die Überlebenswahrscheinlichkeit bis $x + \tau$ für den Ausgangsbestand an. Zur Vereinfachung und vor dem Hintergrund, daß der Zins wie ein partielles Ausscheiden aus dem Bestand wirkt, schreibt man

$$\overline{\mu}_{x+t} := \delta(t) + \sum_{i=1}^h \mu_{x+t}^{(i)} \, .$$

Damit läßt sich die obige Bilanzgleichung allgemeiner schreiben

$$\frac{dV_x(t)}{dt} = B_x(t) - L_x(t) + \overline{\mu}_{x+t} V_x(t) \, .$$

In dieser als Thiele'sche Differentialgleichung bekannten Darstellung für die Deckungsmittel V bezeichnen $B_x(t)$ und $L_x(t)$ hier als kontinuierlich unterstellten Beitrags- bzw. Leistungsfluß des Versicherten mit Eintrittsalter x. Eine Äquivalenzbedingung für das zugrundeliegende Versicherungsverhältnis könnte z.B. lauten, daß zu einem späteren Zeitpunkt t' oder einem Schlußalter z die Deckungsmittel verschwunden bzw. in einer bestimmten Höhe R ausgezahlt werden sollen:

$$V_x(t') = 0 \text{ oder } V_x(z) = R.$$

Durch $V_x(0) = K$ ließe sich als Randbedingung auch ein bestimmter Anfangsbetrag in den Versicherungsverlauf einbauen.

Eine Lösung der Thiele'schen Differentialgleichung wird gegeben durch

$$V_x(t) = \exp\left(\int_0^t \overline{\mu}_{x+v} dv\right) \cdot \int_0^t (B_x(\tau) - L_x(\tau)) \cdot \exp\left(-\int_0^\tau \overline{\mu}_{x+v} dv\right) d\tau \, .$$

Dies entspricht der sog. retrospektiven Darstellung des Deckungskapitals für eine beliebige Personenversicherung. Die üblichere und für bilanzielle Zwecke normalerweise verwendete sog. prospektive Darstellung existiert als Lösung der Differentialgleichung nur, wenn eine Äquivalenzforderung der Art $V_x(\infty) = K$ für festes K erfüllt ist. Sie lautet

$$V_x(t) = \int_t^\infty (L_x(\tau) - B_x(\tau)) \cdot \exp\left(-\int_t^\tau \overline{\mu}_{x+v} dv\right) d\tau$$

und entspricht dann der retrospektiven Form.

Aus der retrospektiven Form läßt sich unter Beachtung von

$$\exp\left(-\int_0^t \overline{\mu}_{x+\nu}d\nu\right) = {}_tp_x = \frac{l_{x+t}}{l_x}$$

die Gleichung für das Deckungskaptial des Bestandes (mit beliebigen Eintrittsaltern x) herleiten

$$\exp\left(-\int_0^t \delta(\nu)d\nu\right) \cdot l_{x+t} \cdot V_x(t) =$$

$$\int_0^t (B_x(\tau) - L_x(\tau)) \cdot l_{x+\tau} \cdot \exp\left(-\int_0^\tau \delta(\nu)d\nu\right) d\tau$$

und durch Erfassen aller Versicherten:

$$V(t) = \int_0^t (B(\tau) - L(\tau)) \cdot \exp\left(-\int_t^\tau \delta(\nu)d\nu\right) d\tau.$$

Die Äquivalenzbedingung ist dabei erneut nicht notwendig erfüllt; wesentlicher Einflußfaktor ist allein der Zins δ.

Für den Bestand lautet die Thiele'sche Differentialgleichung damit:

$$V'(t) = B(t) - L(t) + \delta(t)V(t)$$

Für $\rho_V(t) := \frac{V'(t)}{V(t)}$ erhält man

$$V(t)(\delta(t) - \rho_V(t)) = L(t) - B(t).$$

Bezeichnet man die Veränderungsraten der Leistungen und der Beiträge in analoger Weise mit

$$\rho_L(t) \text{ bzw. } \rho_B(t),$$

so erhält man mit

$$\tilde{\rho}(t) = \rho_V(t) = \rho_L(t) = \rho_B(t)$$

eine Definition für den sog. relativen finanziellen Beharrungszustand eines Versicherungssystems; $\tilde{\rho}(t)$ bezeichnet seine Wachstumsintensität in der Zeit. Falls $\tilde{\rho}(t) = 0$ ist, besteht ein absoluter finanzieller Beharrungszustand.

In der Praxis geht man – abgesehen von der oft zu voreilig formulierten oder zumindest unterstellten Existenz eines relativen Beharrungszustandes – vielfach, der Anschauung folgend, davon aus, daß längerfristig zwischen Zins und wirtschaftlichem Wachstum eine feste Beziehung vorliege, der Realzins also konstant sei. Übertragen auf unser Versicherungssystem würde dies für $V(t) \neq 0$ bedeuten

$$\delta(t) - \tilde{\rho}(t) = \overline{\delta} \text{ (konstant)}.$$

Dabei ist jedoch zu beachten, daß diese für eine Wirtschaft langfristig vielleicht näherungsweise richtige Aussage in einem Sozialversicherungssystem, für seine Beiträge und seine Leistungen nur unter bestimmten Voraussetzungen und allenfalls kürzerfristig zutrifft. Entsprechend vorsichtig sollte man bei längerfristigen Berechnungen und Prognosen sein.

Vielfach werden die Beiträge in ein System in Abhängigkeit von einer bestimmten Bemessungsgrundlage, z.B. den versicherten Löhnen $G(t)$ und mit Beitragssatz $b(t)$ erhoben:

$$B(t) = b(t) \cdot G(t).$$

Dann gilt – unabhängig vom Finanzierungsverfahren – im relativen finanziellen Beharrungszustand unter den obigen Voraussetzungen

$$b(t) = \frac{L(t) - \overline{\delta}\, V(t)}{G(t)} \, .$$

Bleibt der Beitragssatz in der Zeit zwischen t_0 und t konstant, kann man auch vereinfachend schreiben

$$b = \frac{L_0 - \overline{\delta}\, V_0}{G_0} \, .$$

Damit liegt im wesentlichen das formale Rüstzeug vor, um im folgenden eine Reihe von Praxisfragen zu behandeln.

5 Finanzierungsfragen der Praxis

Umlage - Finanzierung. In fast allen staatlichen Rentenversicherungssystemen werden die Leistungen eines Jahres durch Beiträge der Versicherten oder durch Steuereinnahmen in demselben Jahr finanziert. Irgendwelche Deckungsmittel, deren Zinserträge oder deren Abbau einen Teil der zugesagten Leistungen erbringen könnten, gibt es – abgesehen von meist relativ kleinen Schwankungsreserven – nicht oder nicht mehr. Es gilt rein formal

$$V(t) = 0 \text{ und damit } L(t) = B(t).$$

Aber auch für $V(t) \neq 0$ und $\overline{\delta} = \delta - \tilde{\rho} = 0$ folgt $L(t) = B(t)$, d.h. selbst bei vorhandener Reserve kann es zu einer Quasi-Umlage kommen, wenn nämlich die Dynamik des Systems den gesamten Zinsertrag eines etwa vorhandenen Deckungskapitals aufzehrt. Dies ist mit ein Grund dafür, daß man bei stark lohndynamischen Systemen tendenziell durchaus auf eine Reservebildung verzichten kann. Die Umlageprämie lautet

$$B(t) = b(t) \cdot G(t) = L(t),$$

so daß sich im Beharrungszustand ein konstanter Beitragssatz ergibt:

$$b = \frac{L(t)}{G(t)} = \frac{L_0}{G_0} \, .$$

Entlastung durch Kapitalbildung. Der oben beschriebene Fall, daß sich Zins und Lohn- oder Leistungsdynamik entsprechen, ist in der Wirklichkeit eher die Ausnahme; vielmehr wird man langfristig meist von einem realen Wachstum einer Volkswirtschaft, d.h. $\bar{\delta} > 0$ ausgehen müssen, so daß irgendwelche Deckungsmittel einen positiven Ertrag abzuwerfen in der Lage sind:

$$\int V(t)\,\bar{\delta}\,dt > 0.$$

Damit gilt

$$\int (L(t) - B(t))\,dt > 0$$

und daraus

$$L(t) > B(t).$$

In einer solchen Situation (die Statistiken weisen für die Industrieländer für $\bar{\delta}$ z.B. Werte zwischen 2 % und 4 % aus) können bei Vorliegen von Deckungsmitteln die Leistungen eines Rentenversicherungssystems insgesamt daher größer als die Beiträge sein. Anders ausgedrückt: Die Beiträge bei Kapitalbildung werden für das gleiche Leistungssystem kleiner als die Umlagebeiträge sein. Für den Umlage-Beitragssatz

$$b^0 = \frac{L_0}{G_0}$$

ist der Beitragssatz der allgemeinen Prämie bei Kapitalbildung gegeben durch

$$b = b^0 - \frac{\bar{\delta}\,V_0}{G_0} = b^0 \left(1 - \frac{\bar{\delta}\,V_0}{L_0}\right).$$

Für eine Reserve, die etwa die Höhe einer Jahresausgabe hat ($V(t) \approx L(t)$), ermittelt man daraus z.B. für $\bar{\delta} = \delta - \tilde{\rho} = 4\%$ und einen Umlagesatz $b^0 = 19\%$ einen Beitragssatz von $b = 18,2\%$.

Die in diesem Beispiel gewählte Parameterkonstellation entspricht nicht von ungefähr der Situation, wie sie sich für die Rentenversicherung in Deutschland – zunächst ohne Rücksicht auf die demographische Entwicklung – darstellt. Es läßt sich mit dem oben etwas vereinfacht dargestellten Formelapparat also recht genau abschätzen, wie stark ein Umlagesatz reduziert werden kann, wenn man dem Versicherungssystem Deckungskapital und damit Einnahmen in Form von Zinserträgen zur Verfügung stellt. Eine analoge Aussage geht dahin, daß man die Höhe des Kapitals ermittelt, das man benötigt, um Steigerungen des Umlagebeitragssatzes zu vermeiden. Eine solche Problemstellung kann sich bekanntlich aus der Alterung oder dem Schrumpfen eines Versicherungsbestandes ergeben, wie umgekehrt dessen Ausweitung zum Absinken des Beitragssatzes führt bzw. in der Vergangenheit vielfach zu Leistungserhöhungen genutzt worden ist.

Bei dieser Art von Ableitungen und Aussagen für den finanziellen Beharrungszustand werden die Probleme der sukzessiven Veränderungen, die sich

beim Übergang von einem Beitragssatz auf einen anderen, von einem Kapitalvolumen auf ein anderes ergeben, natürlich nicht oder nur unzureichend genau
behandelt. Es wird nur die Situation nach Übergang ohne Rücksicht auf etwaige Bestandsveränderungen beschrieben und als neuer Beharrungszustand
unterstellt. Um hier zu genaueren Ergebnissen und Aussagemöglichkeiten zu
kommen, mußman den Berechnungen daher Angaben zu den jeweiligen Versichertenbeständen zugrunde legen und die zeitlichen Entwicklungen durch
entsprechende Modellrechnungen simulieren.

Umlage im demographischen Beharrungszustand. Die Gesamtzahl einer Bevölkerung zur Zeit t kann in seiner altersmäßigen Verteilung beschrieben
werden mit Hilfe einer Funktion $l(x, t)$ zu:

$$\mathcal{L}(t) = \int_{x_0}^{\omega} l(x, t)dx.$$

Dabei erfaßt man alle Alter x zwischen einem Eintrittsalter x_0 (bei Versi-
cherungsbeständen in der Regel $\neq 0$) und einem Schlußalter ω als Symbol für
das meist auf 100 oder 110 festgesetzte Ende der verwendeten Sterbetafel).

Das demographische Wachstum in der Zeit läßt sich für festes Alter x
beschreiben durch

$$\rho_x(t) = \frac{l'(x, t)}{l(x, t)}.$$

Falls es in allen Altern gleich ist $\rho_x = \rho$, spricht man von einem relativen demographischen Beharrungszustand oder auch einer relativ stationären
Bevölkerung. Falls dies auch unabhängig von der Zeit gilt, liegt eine sogenannte „stabile" Bevölkerung vor. In Abbildung 4 wird ein solcher, hier von den
Rechnungsgrundlagen bestimmter Zustand offensichtlich nach ca. 40 Jahren
erreicht.

In den meisten Ländern, auch in Deutschland, sieht die Wirklichkeit anders
aus. Die künftige Entwicklung ist vielfach gekennzeichnet durch eine zunehmende Alterung, d. h. auch einen mehr oder weniger gleichmäßigen Rückgang der Bevölkerung, der sich – so zeigen Modellrechnungen für Deutschland (vgl. Abbildung 5) – in einer Größenordnung von jährlich ca. 1%, d.h.
$\rho = -0,01$, auswirken könnte. Mit einer solchen Feststellung ist für die
Problemstellungen der Praxis allerdings noch nicht mehr gewonnen als eine
allgemeine Tendenzaussage. Zu konkreten Ergebnissen gelangt man, indem
man auf den Grundlagen von Modellrechnungen für die allgemeine Bevölkerung (mit einer Reihe von sinnvollen Varianten zur Abschätzung des Irrtums-
risikos und möglicher Extrementwicklungen) entsprechende Modellrechnungen für die Entwicklung der Versichertenbestände, der Beitragszahler und
der Leistungsempfänger, vornimmt. Dies führt dann unter anderem zu der
Möglichkeit, für das jeweilige Versicherungssystem besonders kennzeichnen-
de Belastungskennzahlen und deren künftige Entwicklung zu ermitteln (vgl.

Abbildung 6) und schließlich auch künftige Verläufe des Beitragssatzes abzuschätzen.

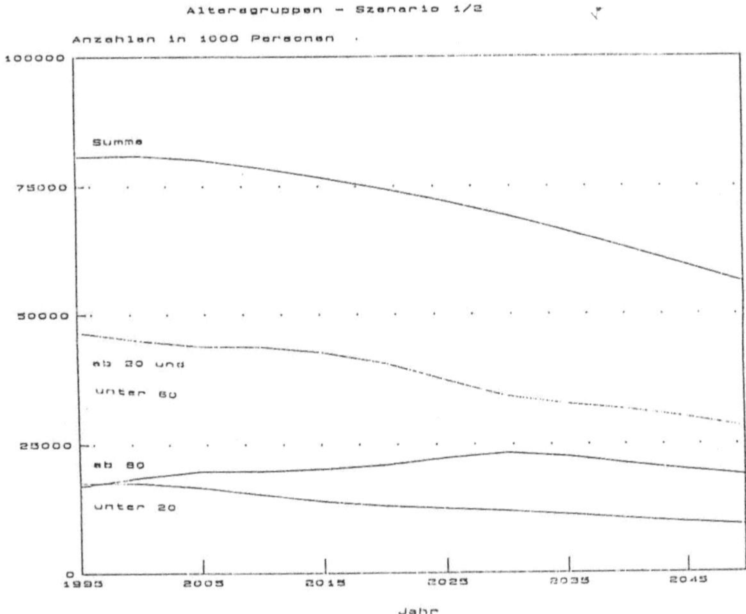

Abbildung 5. Entwicklung der Wohnbevölkerung des vereinigten Deutschlands

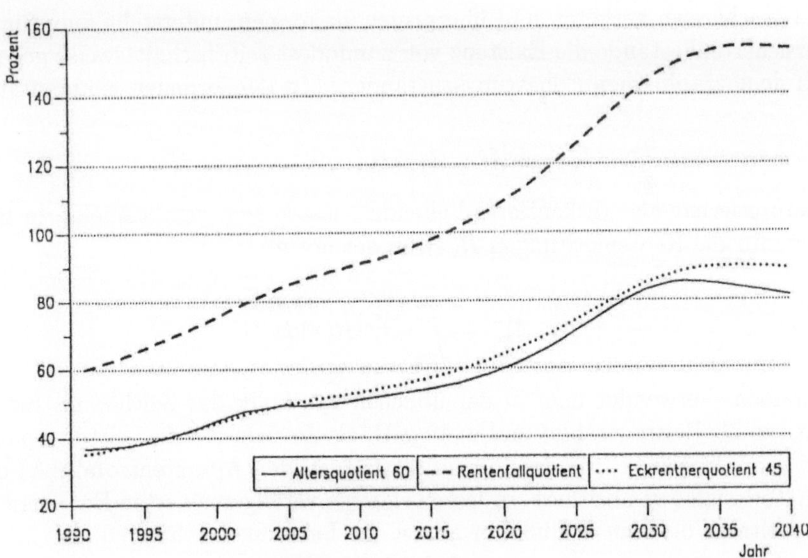

Abbildung 6. Entwicklung ausgewählter Belastungsquotienten für die Bundesrepublik – Ergebnisse aus dem Rentenmodell 1989

Abbildung 7 zeigt beispielhaft zwei Korridore für Beitragssatzverläufe, die für verschiedene Ausgangsparameterkonstellationen ermittelt wurden für die deutsche Gesetzliche Rentenversicherung, und zwar einmal mit und einmal ohne Berücksichtigung der System- und Leistungsänderungen (-minderungen), die das Rentenreformgesetz 1992 vorsah und schließlich auch eingeführt hat.

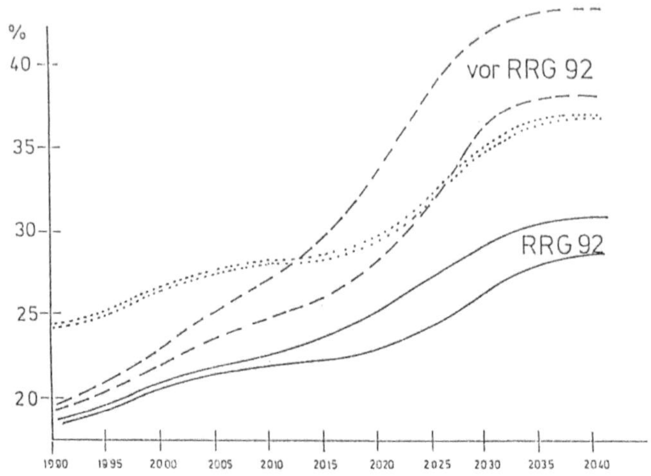

Abbildung 7. Beitragssätze im Umlageverfahren

Um derartige Aussagen zu Beitrags- und Leistungsveränderungen auch formal geschlossen herleiten und überprüfen zu können, unterstellt man für die Versichertenbestände die Existenz von zumindest zeitabschnittsweise gegebenen demographischen Beharrungszuständen. Mit der formalen Kommutation

$$D_x^{(\rho)} := l_x \ \exp(-\rho \cdot x),$$

interpretierbar als „diskontierte Lebende", lassen sich verallgemeinerte Barwerte für die Rentenleistungen $R(x)$, in der Form

$$A_{x_0}^{(\rho)} = \int_{x_0}^{\omega} D_x^{(\rho)} R(x) dx$$

schreiben. Verwendet man in der üblichen Symbolik das Zeichen aa für die Aktiven als Beitragszahler und $aiAw$ z.B. als Zeichen für ein Leistungspaket, das den Aktiven (a) für den Invaliditätsfall (i), den Altersrentenfall (A) und den Todesfall (w) absichert, so lassen sich die verallgemeinerten Barwerte für die Beiträge bis zum Schlußalter z bzw. die Leistungen schreiben als

$$A_{x_0}^{aa(\rho)} = \int_{x_0}^{z} D_x^{aa(\rho)} B(x) dx$$

$$A_{x_0}^{aiAw(\rho)} = \int_{x_0}^{z} D_x^{aiAw(\rho)} R(x)dx.$$

In den Symbolen der rechten Seite verbergen sich dabei unterschiedliche Produktsummen, bei denen in den Summanden jeweils die einzelne Ausscheideintensität mit der zugehörigen Renten- bzw. Beitragsleistung kombiniert ist.

Der Umlageprämiensatz lautet damit

$$b_{x_0}^0 = \frac{A_{x_0}^{aiAw(\rho)}}{A_{x_0}^{aa(\rho)}}$$

und ist für ein gegebenes Leistungssystem und gegebene Wachstumsrate ρ direkt ausrechenbar. ρ wirkt hier wie ein Diskontierungsfaktor, und zwar im Zähler stärker als im Nenner, da aus der Sicht des Berechnungsstichtages die meisten Leistungen später anfallen als die Beiträge.

Die obige Gleichung macht deutlich, daß folgende Aussagen nicht nur Vermutungen sind, sondern sich auch rechnerisch belegen lassen:

Je größer das Wachstum eines Versichertenbestandes, je mehr Personen in einen Bestand integriert werden, desto niedriger kann auch die Umlageprämie (vorübergehend) gehalten werden. Eine derartige Situation war kennzeichnend für die Entwicklung der gesetzlichen Rentenversicherung in Deutschland von den 50-er bis in die 70-er Jahre und führte zwar nicht zu sinkenden, sondern wegen der starken Leistungsausweitungen und -steigerungen zu unterproportionalen Beitragssatzerhöhungen.

Umgekehrt führt eine Verminderung des Bestandswachstums tendenziell auch zu Beitragssatzerhöhungen, und ein Rückgang im Bestand erhöht den Umlagesatz unmittelbar und deutlich.

Schließlich zwei Aussagen, die zwar mehr als offensichtlich, aber in der Diskussion um die Ausbildungszeiten und die Altersgrenzen von großer Bedeutung und auch weiter quantifizierbar sind: je höher das Eintrittsalter x_0 für eine Versicherung und je niedriger das Schlußalter z für die Beitragszahlung, desto höher müssen die Umlage-Beitragssätze ausfallen.

Einige Zahlen für einen größeren Versichertenbestand mit zentralem Schlußalter 65 und spezifische Ausscheidehäufigkeiten mögen andeuten, mit welchen Bandbreiten man für Umlagesätze in der Praxis zu rechnen hat.

e^ρ	$x_0 = 29$	$x_0 = 20$
0,99	38 %	30 %
1,00	29 %	22 %
1,01	22 %	16 %
1,02	17 %	12 %

Bevölkerungsrückgang und Kapitalansammlung. Schon vor den Vorüberlegungen zu einer Rentenreform 1992, aber auch vor Einführung einer
Pflegeversicherung und in ähnlichen Situationen stellte man sich die naheliegende Frage, ob das mit einem Bevölkerungsrückgang und dem Alterungsprozeß verbundene Absinken der Anzahl von Beitragszahlern vielleicht aufgefangen werden könnte durch eine frühzeitig vorgenommene Kapitalbildung. Die
später fehlenden Einnahmen aus der Umlage sollen ersetzt werden durch Einnahmen in Form von Erträgen, die das bis zur Bedarfssituation in ausreichender Höhe angesparte Kapital dann abwerfen sollte, außerdem gegebenenfalls
durch zusätzliche Einnahmen aus der sukzessiven und partiellen Auflösung
der angesammelten Mittel.

Die Problemstellung entspricht letztlich wiederum der Frage einer sinnvollen Kombination zweier Finanzierungsverfahren, nämlich der Verbindung
des bestehenden Umlagesystems mit für Teilleistungen eventuell bereits bestehender kapitalbildender Finanzierung und einer weiteren partiellen Anwartschaftsdeckung, so daß sich im Ergebnis für die Gesamtleistungen eine neue
gemischte Finanzierung (vgl. Abschnitt 2 und Abbildung 3) ergibt. Über
die für die kapitalbildenden Verfahren einzusetzenden Träger braucht man
dabei im ersten Schritt noch nicht zu befinden, obwohl ihre jeweiligen Gegebenheiten natürlich die Wahl insbesondere der wirtschaftlichen Parameter für die Modellrechnungen mitbestimmen sollten. Bei derartigen Analysen
sind eine Vielzahl von Randbedingungen zu beachten (z.B. die Möglichkeiten
und Grenzen des Kapitalmarktes, die makroökonomischen Zusammenhänge
zwischen Zins und Sparquote oder die denkbaren Veränderungen der Ausscheidewahrscheinlichkeiten), auf die hier aber ebensowenig eingegangen werden kann wie auf die Probleme, die sich im Zusammenhang mit der Änderung
des Grades der Kapitalisierung im Zeitablauf stellen.

Im Prinzip geht es um die Frage, wie und in welchem zeitlichen Ablauf
ein Gesamtleistungspaket L auf den Sektor mit Umlagefinanzierung und den
Sektor mit Kapitalansammlung aufgeteilt werden kann. Im 3-Säulen-Modell
für die Altersversorgung würde man den Kapitalsektor wiederum aufteilen auf
die betriebliche Altersversorgung und die private Lebensversicherung, die in
Deutschland systembedingt mit etwas unterschiedlichen Kapitaldeckungsverfahren und -graden, aber grundsätzlich mit voller Anwartschaftsfinanzierung
arbeiten.

Seien wie oben b^0 der Beitragssatz der Umlage und b^k der Beitragssatz bei
partieller leistungsäquivalenter Kapitaldeckung, d.h.

$$b^0 \cdot G(t) = L(t)$$
$$b^k \cdot G(t) = L(t) - \overline{\delta}\, V(t) \text{ mit } \overline{\delta} \neq 0 \neq \mathrm{V(t)}.$$

Wegen

$$V(t) = \frac{b^0 - b^k}{b^0(\delta - \tilde{\rho})} L(t)$$

folgt für den relativen finanziellen und demographischen Beharrungszustand

$$V(t) = \frac{b^0 - b^k}{b^0(\delta - \rho - \sigma)} L(t),$$

wobei $\tilde{\rho} = \rho + \sigma$, denn in dieser Situation setzt sich das Gesamtwachstum zusammen aus dem Wachstum σ der Löhne $G(t)$ und der Veränderungsrate ρ der erfaßten Bevölkerung.

Aus der obigen Gleichung läßt sich unter anderem abschätzen, welches Kapital man haben oder aufbauen müßte, um eine bestimmte Absenkung des Umlage-Beitragssatzes zu erreichen oder eine etwa auf Bevölkerungsrückgang beruhende Steigerung zu vermeiden.

Die Ausgangswerte $\delta - \sigma = 0,02$ und $\rho = -0,01$ führen bei einem Umlagesatz $b^0 = 0,25$ beispielsweise für $b^k = 0,2(bzw.0,15)$ auf Deckungsstöcke von $V(t) = 6,67 \cdot L(t)(bzw.13,3L(t))$. Das Kapitalvolumen müßten also das 6,67-(bzw. 13,3-)fache der Jahresleistungssumme ausmachen, wenn man den Beitrag von 25 % auf 20 % bzw. 15 % absenken wollte. Andere Größenordnungen erhält man für Deckungsstöcke die zwischen dem Zwei- und dem Fünffachen der Jahresleistungen liegen. Sie würden einen Beitragssatz zwischen 23,5 % und 21,5 % zur Folge haben.

Die Zahlen in diesen Beispielen, insbesondere die letztgenannten, sind natürlich nicht von ungefähr gewählt. Die Situation der gesetzlichen Rentenversicherung in Deutschland ist unter anderem gekennzeichnet durch einen Umlagebeitragssatz von gegenwärtig rund 19 %. Bei unverändertem Leistungssystem wird der Rückgang der Bevölkerung diesen Satz innerhalb der kommenden 25 Jahre voraussichtlich auf 25% und mehr steigen lassen. Andererseits gibt es mit der betrieblichen und der privaten Altersversorgung bereits kapitalbildende Versorgungssysteme, deren Deckungsmittel in etwa das Zweifache der gesamten Jahresleistungen aller drei Systeme ausmachen und deren Kapitalvolumina weiter ausbaubar wären, ohne an gesamtwirtschaftliche Grenzen zu stoßen. Die künftigen Beitragssätze für das Umlagesystem ließen sich dadurch wie gezeigt reduzieren, bzw. ihr Anstieg ließe sich bremsen. Allerdings müßten zum Aufbau des Kapitals die Beiträge in die Anwartschaftsfinanzierung verstärkt werden. Einen entsprechenden möglichen Pfad für ein dem oberem Korridor vergleichbares Leistungssystem deutet die in Abbildung 7 gepunktet eingezeichnete mittlere Kurve an.

So einfach die Zusammenhänge versicherungsmathematisch und finanztechnisch auch sind, so schwierig scheint es aber zu sein, den wirtschaftlich günstigsten Weg auch in die Praxis umzusetzen. Zwar wird der Generationsvertrag oft beschworen, doch scheint es gerade angesichts der zu erwartenden Bevölkerungsalterung schwierig zu sein, das Ziel einer gleichmäßigen Belastung der Generationen (im Sinne von in etwa gleichen Beitrags- Leistungs-Verhältnissen) im Auge zu behalten und politisch auch durchzusetzen. Die gezielte Verstärkung der Vorfinanzierung mit Kapitalansammlung böte hier eine Chance, die (noch) nicht genutzt wird.

Portefeuille-Management und Risikotheorie im Versicherungsunternehmen

Axel Reich

Kölnische Rückversicherungs-Gesellschaft AG, Köln

1 Einleitung

Portefeuille-Management dient dem Versicherungsunternehmen dazu, sowohl die Ertrags- als auch die Risikosituation einzelner Teilkollektive (Portefeuilles) zielgerichtet zu gestalten und zu optimieren. Hierbei geht es bei einem Erstversicherungsunternehmen (VU) einerseits darum zu entscheiden, welche Risiken, d.h. welche Policen der Versicherungsnehmer (VN) das VU akzeptieren möchte, damit insgesamt der Ertrag für das VU zufriedenstellend ist. Andererseits muß man im Hinblick darauf, daß eine Versicherungspolice Schäden abdeckt, deren Ausmaß a priori nicht bekannt ist, die möglichen negativen Konsequenzen von Schadenverläufen ökonomisch bewerten und absichern. Das Ausmaß der Schadenhöhen, das durch einzelne Schadenereignisse hervorgerufen wird, reicht von einer zerbrochenen Fensterscheibe bis zum Werte von 15,5 Mrd. US \$, den der Hurricane Andrew im August 1992 als versicherten Schaden hervorgerufen hat. Während es auf der Schadenseite der Zufallseinfluß ist, dessen stochastisches Gesetz es zu ermitteln gilt, um ökonomisch gezielt reagieren zu können, ist auf der Prämienseite eine Marktverfassung zu berücksichtigen, die durch sinkende Margen und steigende Kapazitätsanforderungen gekennzeichnet ist.

In seinem mathematischen Kern ergibt sich daher zunächst die Aufgabe, die Performance eines Portefeuilles vor allem im Hinblick auf die Mehrdimensionalität des eigentlichen Zielprozesses zu messen. Dies setzt die Formulierung ökonomischer Entscheidungsmodelle voraus, die zudem alternative Handlungsstränge eines operativen Portefeuille-Managements in ihrer Zielerreichung bewerten sollen. Die Spannweite möglicher Handlungsoptionen erstreckt sich dabei über alle Maßnahmen klassischer Risikopolitik. Eine Einbettung in die Gesamtrisikosituation des Erstversicherers mit der ökonomisch effizienten Gestaltung von Art und Ausmaß des Risikotransfers gilt es ebenso vorzunehmen wie eine Segmentierung des Bestandes im Hinblick auf ein konkretes und zielgerichtetes Marktbearbeitungskonzept oder eine adäquate Produktplazierung und -gestaltung.

In den achtziger Jahren sind mathematische Verfahren zum .einen entwickelt, zum anderen als anwendbar erkannt worden, die die Kluft zwischen strategischem Management und dem Alltag des Underwriters in einem VU überwinden. Auch der Prozeß der Umsetzung dieser Möglichkeiten hat bereits begonnen.

Dieser Prozeß in den Unternehmen ist sicher wichtiger als die interessanten Entwicklungen, die innerhalb der Risikotheorie in den achtziger Jahren stattgefunden haben. Zu diesen Entwicklungen wird in Abschnitt 2 beispielhaft über die stochastischen Modellbildungen und die zugehörigen, effizienten Algorithmen berichtet.

Hierbei handelt es sich um eines der zentralen Themen innerhalb der Risikotheorie. Es geht vor allem um den Konflikt zwischen praxisadäquaten, aber kaum rechenbaren Modellen (sog. individuellen Modellen) und (sog. kollektiven) Modellen, die inzwischen über rekursive Algorithmen schnell numerisch zu bearbeiten sind und als Approximation dienen können.

Diese Modelle und Methoden werden dann auf ein Portefeuille von ca. 12000 Risiken aus der Versicherungssparte Feuer-Industrie eines Erstversicherungsunternehmens angewandt. Damit wird eine quantifizierte Beschreibung der Ertrags- und Risikosituation dieses Portefeuilles möglich und die Voraussetzung für die planmäßige Steuerung seines portefeuille-spezifischen Gefährdungspotentials geschaffen. Ein ganzes Bündel von risikopolitischen Maßnahmen aus den Bereichen Bestandspolitik, Sicherheitskapitalpolitik, Rückversicherungspolitik und Prämienpolitik läßt sich individuell an der Risikosituation ausrichten und in seiner Wirkung quantifizieren. Eine Optimierung unter simultaner Berücksichtigung von Ertrags- und Sicherheitszielen ist somit möglich.

2 Mathematische Modelle

Ein konkretes Portefeuille-Management, das sich an Gewinn-, Sicherheits- und Wachstumszielen eines VU zu orientieren hat, setzt ein ganzes Bündel von Informationen über das Portefeuille als Ganzes und seine Teilkollektive voraus.

Angesichts der steigenden Wettbewerbsdynamik in aufbrechenden, deregulierten Märkten sind der Prämienfestlegung engste Grenzen gesetzt. Steuerungsmöglichkeiten ergeben sich u.a. durch Selektions- und Segmentierungsverfahren, die vor allem die Schadenseite, damit dann aber auch die Schadenquote als Verhältnis von Schäden zu Prämien, quantitativ beschreiben.

Zwischen den Prämien (Einnahmen des VU) und den Schäden (Ausgaben des VU) wird ein Unterschied sofort offensichtlich: Die Prämie einer Police kann als ein DM-Betrag durch eine reelle Zahl deterministisch beschrieben werden und wird über statistische Verfahren für das nächste Jahr innerhalb einer Versicherungssparte ermittelt. Dies ist unmöglich für die Schäden im nächsten Jahr einer Versicherungspolice: Zum einen ist unbestimmt, ob es überhaupt einen Schaden geben wird und wenn er dann eintritt, sind z.B. bei der Feuerversicherung, die weiter unten behandelt wird, beliebige Teilschäden als Prozentsatz der Versicherungssumme denkbar. Dem VU, das die Übernahme dieser Feuerpolice als Chance sieht, ist dieses Risiko nicht etwa völlig unbekannt, sondern es wird versuchen, die unterschiedlichen Wahrscheinlichkeiten für alle möglichen Teilschäden, auch für den „Teilschaden" der Höhe 0, zu ermitteln. Im Fazit muß also der Schaden als stochastische Größe, nämlich als reelle Zufallsvariable, verstanden werden. Die sog. Verteilungsfunktion dieser Zufallsvariablen beschreibt präzise, mit welcher Wahrscheinlichkeit der Schaden unterhalb einer beliebig wählbaren Schranke bleibt.

Seit Jahrzehnten schon befaßt sich nun die Risikotheorie über mathematische Modelle und ökonomische Entscheidungskriterien mit der theoretischen Beschreibung und Optimierung des Versicherungsgeschehens. Natürlich wurde es schon immer als eine der wichtigsten Aufgaben der Risikotheorie gesehen, der gesamten Prämieneinnahme eines Portefeuilles die Zufallsvariable des Gesamtschadens als der Summe der Einzelschäden gegenüberzustellen. Hier steht die Bestimmung eines erwarteten, irgendwie gearteten Ausgleichseffekts über das Kollektiv aller Risiken im Vordergrund.

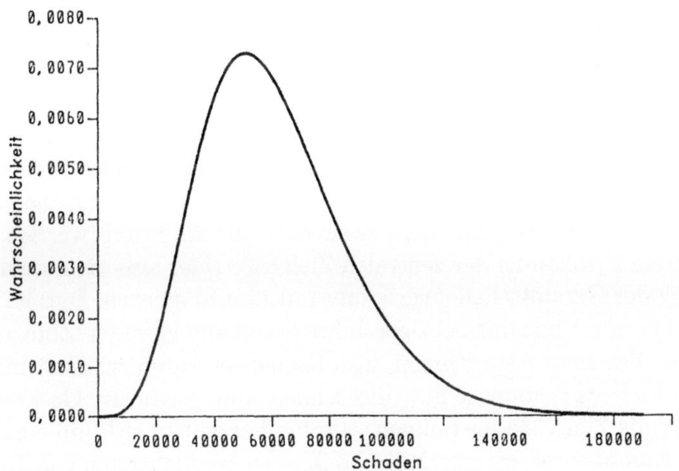

Abbildung 1. Dichte des Gesamtschadens für das Bruttoportefeuille

Abbildung 1 zeigt die sog. Dichte des Gesamtschadens des in Abschnitt 3 behandelten Portefeuilles. Dieser Dichte kann man für die Summe aller Schäden die unterschiedlichen Wahrscheinlichkeiten je nach Höhe des Gesamtschadens entnehmen.

Zum Gesamtschaden gibt es innerhalb der Risikotheorie seit langem schon zwei grundsätzlich verschiedene Modellbildungen, nämlich kollektive Modelle auf der einen Seite und individuelle Modelle auf der anderen. In der individuellen Risikotheorie wird angenommen, daß der Gesamtschaden sich zusammensetzt aus der Summe von n unabhängigen (aber nicht notwendig identisch verteilten, eben „individuellen") Risiken

$$S_{ind} = \sum_{i=1}^{n} X_i.$$

Dabei ist n die (deterministische) Anzahl aller Policen des Portefeuilles.

Bei kollektiven Modellen hingegen wird der Gesamtschaden durch die Summe einer zufälligen Anzahl N unabhängiger und identisch verteilter (d.h. mit der gleichen Verteilungsfunktion versehener) Schäden Y_j dargestellt:

$$S_{coll} = \sum_{j=1}^{N} Y_j.$$

In beiden Modellen ist die Verteilungsfunktion des Gesamtschadens zu bestimmen. Dies könnte analytisch geschehen, muß aber sicherlich auch numerisch geleistet werden.

Im Hinblick auf die numerische Berechenbarkeit der Verteilungsfunktion des Gesamtschadens hat einerseits das individuelle Modell den Vorteil, lediglich eine fixe Anzahl von Zufallsvariablen addieren zu müssen und den Nachteil, daß diese ihrer Natur nach nicht identisch verteilt sind. Ein kollektives Modell hat demgegenüber den Vorteil, nur identisch verteilte Zufallsvariable addieren zu müssen, aber den offensichtlichen Nachteil, daß die Länge der Summe stochastisch ist, also ebenfalls eine Zufallsvariable darstellt. Über einen Zusammenhang zwischen beiden Modellen ist zunächst nichts gesagt.

Zwei Aspekte sind für die Brauchbarkeit dieser Modelle entscheidend wichtig. Zum einen sind Modelle dann zweifelsfrei für die Praxis wertlos, wenn sie die konkrete Ermittlung der zentralen Zielgröße (hier also die numerische Bestimmung der Gesamtschadenverteilung) nicht ermöglichen. Dies ist für beide Modelle bis zum Ende der siebziger Jahre zutreffend gewesen. Zum zweiten ist es wichtig, daß man Algorithmen, also Rechenverfahren zur Bestimmung der Gesamtschadenverteilung kennt, die schnell und genau die Gesamtschadenverteilung als Zielgröße bestimmen. Hierbei handelt es sich um eine Aufgabe größerer Komplexität, die durch die vielfältigen Möglichkeiten von Teilschäden und von hohen Schadenanzahlen nicht überraschend ist.

Tatsache jedenfalls ist, daß zu beiden Modellen 1981 bzw. 1989 exakte Algorithmen entwickelt wurden, die bei den heutigen EDV-Anlagen in einem VU als rechenbar und rechenaufwendig bezeichnet werden können. Auf diese Algorithmen, die in beiden Fällen Rekursionsformeln darstellen, wird in den Unterabschnitten eingegangen.

Doch einfach weil die bekannten Algorithmen für kollektive Modelle schneller rechenbar sind als für individuelle Modelle, liegt die Frage nahe, ob sich für die eigentlich interessierenden individuellen Modelle nicht angepaßte, approximierende kollektive Modelle verwenden lassen, wenn denn eine für die Versicherungspraxis ausreichende Genauigkeit erzielt werden kann. Abschnitt 2.3 beschreibt, daß dies möglich ist und schildert Anpassungsverfahren.

2.1 Individuelles Modell

Hier ist der Ausgangspunkt ein Bestand von endlich vielen Policen, deren mögliche Schäden $X_i \geq 0$ wir als Zufallsvariablen auffassen. Es wird angenommen, daß die n Stück X_i unabhängig voneinander sind und jeweils eine individuelle Verteilungsfunktion

$$P(X_i \leq x) = F_i(x), \quad x \in \mathbb{R},$$

besitzen. $F_i(x)$ nennt also für beliebig gewähltes $x \in \mathbb{R}$ die Wahrscheinlichkeit dafür, daß der Schaden der i-ten Police kleiner oder gleich x ausfällt. Wir werden im 3. Abschnitt 12000 unterschiedliche Feuerpolicen betrachten.

Es ist zunächst sehr einfach, die Verteilungsfunktion F des Gesamtschadens

$$S_{ind} = \sum_{i=1}^{n} X_i$$

mit Hilfe der F_i hinzuschreiben. Es ist nämlich die Verteilungsfunktion der Summe zweier (und dann auch endlich vieler), unabhängiger Zufallsvariablen gerade die Faltung der beiden Verteilungsfunktionen. Also ist für beliebiges $x \in \mathbb{R}$

$$F(x) = P(S_{ind} \leq x) = F_1 * F_2 * \ldots * F_n(x).$$

Für z.B. $n = 2$ ist das Faltungsprodukt ein einfaches Integral

$$F(x) = F_1 * F_2(x) = \int F_1(x - y)dF_2(y) = \int F_2(x - y)dF_1(y),$$

das für diskrete, nicht negative Zufallsvariablen als eine endliche Summe darstellbar ist.

Diese einfache Faltungsformel ist nun unter dem Aspekt der Rechenbarkeit völlig unbrauchbar für größere n. Ist n größer als 1000 (was für Portefeuilles eines VU meistens der Fall ist), so benötigen auch mittelgroße EDV-Anlagen eine Rechenzeit für die numerische Bestimmung der Gesamtschadenverteilung, die bei weitem nicht akzeptabel ist. [KRR87] gibt Informationen über solche Rechenzeiten auch für weitere Verfahren. Weil also die Faltungsformel zur numerischen Bestimmung der Gesamtschadenverteilung zu rechenaufwendig ist, hat man sich um das Auffinden anderer Verfahren bemüht.

Hier ist in den achtziger Jahren ein wesentlicher Fortschritt erzielt worden. Zunächst gab Kornya [Ko83] für einen Spezialfall (nämlich den Fall, daß alle X_i nur Massen in 2 Punkten haben, mit anderen Worten also den Fall der Risiko-Lebensversicherung) eine ganz andere Methode zur Berechnung der Gesamtschadenverteilung an. 1989 wurde durch De Pril [DeP89] ein entscheidender Fortschritt erzielt. Er leitete unter sehr schwachen, für die Praxis völlig ausreichenden Voraussetzungen, eine approximative Lösung her, die mit einem effizienten Algorithmus berechnet werden kann. Die erforderliche CPU-Zeit ist zwar immer noch hoch, aber erheblich geringer als bei der Faltungsformel. Die Voraussetzungen besagen lediglich, daß die X_i auf $\mathbb{N}_0$ konzentriert (insbesondere also diskret) und beschränkt sind.

2.2 Kollektives Modell

Kollektive Modelle spielen in der Praxis und der Theorie traditionsgemäß eine viel größere Rolle als individuelle Modelle. Ein Zusammenhang zwischen beiden Modellklassen ist zunächst nicht gegeben, doch wird in Abschnitt 2.3 auseinandergesetzt, wie man kollektive Modelle dazu benutzen kann, um sehr schnell die Gesamtschadenverteilung eines individuellen Modells numerisch zu bestimmen.

In einem kollektiven Modell wird angenommen, daß der Gesamtschaden S_{coll} die Form

$$S_{coll} = \sum_{j=1}^{N} Y_j$$

hat mit unabhängigen und identisch verteilten reellen Zufallsvariablen $Y_j > 0$. Die Länge N dieser Summe wird als auf $\mathbb{N}_0$ konzentrierte Zufallsvariable vorausgesetzt, die unabhängig von $(Y_j)_{j \in \mathbb{N}}$ ist. Interpretiert wird Y_j als der j-te Schaden und N als die Schadenanzahl.

Bezeichnet G die Verteilungsfunktion der Y_j, die nach Voraussetzung nicht mehr von j abhängt, also

$$G(x) = P(Y_j \leq x) \, ,$$

und ist

$$p_n = P(N = n)$$

die Wahrscheinlichkeit dafür, daß genau n Schäden auftreten, so zeigt man ganz elementar, daß die Verteilungsfunktion $F_{coll} = P(S_{coll} \leq x)$ des Gesamtschadens S_{coll} sich sehr einfach durch p_n und G ausdrücken läßt:

$$F_{coll}(x) = \sum_{n=0}^{\infty} p_n G^{*n}(x) \, .$$

Hier ist G^{*n} die n-fache Faltungspotenz von G. Auch diese Formel ist für numerische Zwecke unbrauchbar, da es sich zum einen um eine unendliche Reihe handelt, zum anderen auch die Partialsummen hohe Faltungspotenzen von G enthalten, deren Berechnung wieder einen zu hohen Rechenaufwand erzeugt.

Dem Kanadier Panjer [Pa81] gelang 1981 ein entscheidender Durchbruch, indem er unter sehr schwachen Voraussetzungen an die Y_j und für die „Panjerklasse" von N (nämlich Poisson, Negativ Binomial und Binomial) eine Rekursion und damit also einen sehr effizienten Algorithmus für die Gesamtschadenverteilung F_{coll} gefunden hat. Genauer: sind die Y_j konzentriert auf $\mathbb{N}$ mit einer Dichte g und gehört N der Panjer-Klasse an, so gilt für die Dichte f der Gesamtschadenverteilung

$$f(0) = P(N = 0) \, ,$$

$$f(x) = \sum_{i=1}^{x} (a + b\,\frac{i}{x})\, g(i)\, f(x-i), \quad x = 1, 2, \ldots$$

mit geeigneten Konstanten $a, b \in \mathbb{R}$, die durch N eindeutig bestimmt sind.

Die Voraussetzung an die Y_j ist ausreichend allgemein, bedeutet sie doch nur, daß Schäden etwa in vollen DM-Beträgen zu zahlen sind. Auch die Voraussetzungen an die Schadenanzahl, entweder einer Poisson- oder Negativ Binomial- oder Binomial-Verteilung zu gehorchen, sind unkritisch. Der mathematische Grund dafür, daß genau diese Typen von Schadenanzahlen auftreten, ist bekannt: Sie sind dadurch charakterisiert, daß es genau die Schadenanzahlverteilungen sind, die einer linearen Rekursion der Form

$$p_n = (a + \frac{b}{n})\, p_n - 1$$

mit konstanten $a, b \in \mathbb{R}$ genügen.

Da es für die Praxis nicht so wichtig ist, sei hier nur am Rande erwähnt, daß im Falle, daß die Schadenhöhenverteilung G eine stetige Dichte besitzt, man die Zielfunktion F_{coll} als Lösung einer linearen Volterraschen Integralgleichung 2. Art beschreiben kann. Existierende Verfahren zur numerischen Lösung solcher Integralgleichungen sind aber in der Praxis ohne größere Bedeutung geblieben.

Entscheidend wichtig für die Verwendbarkeit und Verwendung der Rekursionsformel von Panjer ist die Tatsache, daß die dadurch entstehenden Rechenzeiten akzeptabel und insbesondere immer noch deutlich kleiner sind als bei den bisher bekannten Algorithmen für individuelle Modelle. Quantitative Aussagen hierzu finden sich in [KRR87].

2.3 Die Verbindung von individuellen mit kollektiven Modellen

Die schlechte Rechenbarkeit von individuellen Modellen hat in der Praxis (und auch in der Theorie) dazu geführt, daß man sich deutlich mehr den kollektiven Modellen zugewandt hat. Nun ist, abgesehen von praxisfernen Spezialfällen, die Gesamtschadenverteilung eines individuellen Modells sicher niemals identisch mit der Gesamtschadenverteilung irgendeines rechenbaren kollektiven Modells, so daß man bei Verwendung eines kollektiven Modells unvermeidlich einen (vielleicht tolerablen) Fehler macht. Dieser Fehler ist lange Zeit schlichtweg unbekannt gewesen. Hipp [Hi85] hat 1985 zum ersten Mal eine Abschätzung dieses Fehlers angegeben für den Fall eines standardmäßigen Übergangs von einem individuellen Modell zu einem „assoziierten" kollektiven, wie es in der Praxis vor allem mit Poissonverteilter Schadenanzahl geschieht. Für mittelgroße Kollektive ist dieser Fehler in der Größenordnung von 1/1000 ausreichend klein. Dieser Übergang zu einem kollektiven Modell geschieht in der Weise, daß man die Schadenhöhenverteilung G der Y_j als eine gewichtete Summe der bedingten Schadenhöhenverteilungen F_i der X_i erhält.

Man geht also von einem individuellen Modell

$$S_{ind} = \sum_{i=1}^{n} X_i$$

aus und ordnet diesem ein kollektives Modell

$$S_{coll} = \sum_{j=1}^{N} Y_j$$

in der Weise zu, daß die Schadenhöhenverteilung G der Y_j

$$G(x) = \sum_{i=1}^{n} \frac{q_i}{nq} \cdot \frac{P(X_i \leq x) - (1 - q_i)}{q_i}$$

genügt. Dabei ist

$$q_i = P(X_i > 0), \, q = \frac{q_1 + \ldots + q_n}{n}$$

und N z. B. Poisson-verteilt mit einem Parameter

$$\lambda = nq = q_1 + \ldots + q_n.$$

Die naheliegende Frage, ob diese in der Praxis übliche Wahl eines kollektiven Modells auch optimal ist, wurde in [KRR93] negativ beantwortet. Es gibt (in [KRR93] näher beschriebene) deutlich bessere kollektive Modelle in dem Sinne, daß die Genauigkeit um mindestens eine Zehnerpotenz besser ausfällt.

3 Fallbeispiel

Portefeuille-Management setzt den Einsatz risikotheoretischer, also mathematischer Methoden voraus, um die drei wesentlichen strategischen Zielgrößen Profitabilität, Sicherheit und Wachstum definieren und operationalisieren zu können. Die in Abschnitt 2 beschriebene Gesamtschadenverteilung ermöglicht die Messung der Performance und der Volatilität eines Portefeuilles. Abgesehen von den i.a. antinomen Zielen Profitabilität und Sicherheit stellt sich die Wachstumsfrage für das VU nicht nur rein quantitativ, sondern vor allem auch in qualitativer Hinsicht: Portefeuille-Optimierung kann sich nicht in einer Globalsteuerung des Portefeuilles erschöpfen. Der Ausgleich im Kollektiv, der sich in der Portefeuillesicht ja auch widerspiegelt, ist für die Versicherungswirtschaft unverzichtbar, doch stellt sich für ein in aufbrechenden Märkten arbeitendes VU natürlich auch die Frage, wie inhomogen Profitabilität oder Volatilität für Teilkollektive ausfallen.

Mathematisch verlangt diese differenzierende Sichtweise den zusätzlichen Einsatz multivariater Methoden der Mathematischen Statistik. Damit lassen sich ganz unterschiedliche Fragestellungen eines VU operativ bearbeiten, z. B.

wie ein bedarfsgerechter Tarif aussieht, welche Teilbereiche Gewinn- bzw. Verlustsegmente darstellen werden oder wo ein ökonomisch sinnvolles Wachstum auch unter dem Aspekt der Gewinnung von Marktanteilen stattfinden sollte. Die eher mathematische Vorstellung, nach der die Prämieneinnahme schon dem Schadenbedarf eines bestimmten Teilkollektivs folgen wird, sollte einer Sichtweise weichen, die mehr auf feste Handlungsspielräume im Rahmen bestimmter Marktgegebenheiten abstellt mit den dazugehörigen Bearbeitungsstrategien der Segmentierung und Vorselektion.

Desweiteren soll nun der erste Schritt einer solchen Portefeuillesteuerung konkreter beschrieben werden: Hauptziel in diesem Rahmen ist nämlich die Identifikation von Gewinn- und Verlustsegmenten im Sinne der Bestimmung des Erwartungswerts des Ergebnisses (Gewinn oder Verlust), zugleich die Bestimmung der „Gefährlichkeit" dieser einzelnen Segmente im Hinblick auf mögliche Abweichungen vom Erwartungswert des Ergebnisses, um damit ökonomisch sinnvolle Wachstumssegmente aufdecken zu können.

Ausgangspunkt sind die Bestands- und Schadeninformationen eines Portefeuilles über einen Zeitraum von 5 Jahren, das ca. 12000 Risiken (oder auch Policen) gegen die Feuergefahr versichert hat. Für den ersten Schritt werden die 12000 Risiken ihrer „Größe" nach in 21 Klassen (Segmente) aufgeteilt. Als Maß für die Größe könnte die Versicherungssumme dienen, doch wählt man besser den sogenannten PML-Wert (Probable Maximum Loss) als „Exposure"-Maß, der den möglichen Höchstschaden angibt und für bedeutende Policen erheblich kleiner als die Versicherungssumme ausfallen kann.

Gesellschaft: FEUERVERS. Land: DEUTSCHLAND
Währungseinheit: 1.000 DM Inflation: 1,00000
Jahr: 1987 Sparte: F-IND

Klasse	PML von	bis	Gesamt PML	Gesamt Prämie	Anzahl Policen	mittlerer PML	Prämie/ PML (‰)
1	0	50	7.650	33,919	266	29	4,4
2	50	100	23.277	94,230	305	76	4,0
3	100	200	87.932	272,207	581	151	3,1
4	200	300	135.832	364,224	538	252	2,7
5	300	400	165.597	446,137	471	352	2,7
...	...	...	...	...	...	...	...
16	15.000	20.000	4.642.144	5.935,484	289	16.063	1,3
17	20.000	25.000	3.062.474	4.167,079	143	21.416	1,4
18	25.000	30.000	1.909.465	2.145,034	72	26.520	1,1
19	30.000	35.000	3.376.476	5.271,092	105	32.157	1,6
20	35.000	40.000	2.117.066	3.877,816	56	37.805	1,8
21	40.000	50.000	1.246.644	2.778,040	28	44.523	2,2
Ges.:			46.383.356	68.897,946	12.087	3.837	1,5

Abbildung 2. Risikoprofil

Für jedes einzelne Jahr benötigt man ein sog. Risikoprofil (Abbildung 2), ein Schadenprofil (Abbildung 3) und eine Einzelschadenstatistik (Abbildung 4) als Datenbasis. Diese geben für jedes einzelne der 21 Segmente Informationen über die Anzahl der Policen, die Prämieneinnahme, das gesamte Exposure, die gesamten Schäden und über einzelne Schäden ab einer gewissen Höhe.

Gesellschaft:	FEUERVERS.			Land:	DEUTSCHLAND		
Währungseinheit: 1.000 DM				Inflation: 1,00000			
Jahr:	1987			Sparte:	F-IND		

| Klasse | PML | | Anzahl | Anzahl | Schaden- | Schaden- | Schaden- | Schaden- |
	von	bis	Policen	Schäden	höhe	grad (‰)	frequenz (‰)	quote (%)
1	0	50	266	1	0,336	0,04	3,76	0,99
2	50	100	305	7	33,095	1,42	22,95	35,12
3	100	200	581	24	283,660	3,23	41,31	104,21
4	200	300	538	29	81,278	0,60	53,90	22,32
5	300	400	471	27	212,137	1,28	57,32	47,55
...	...	...	...	...	...	...	...	...
16	15.000	20.000	289	94	7.002,751	1,51	325,26	117,98
17	20.000	25.000	143	48	3.941,222	1,29	335,66	94,58
18	25.000	30.000	72	28	883,787	0,46	388,89	41,20
19	30.000	35.000	105	68	1.104,434	0,33	647,62	20,95
20	35.000	40.000	56	28	1.340,367	0,63	500,00	34,56
21	40.000	50.000	28	18	1.351,486	1,08	642,86	48,65
Ges.:			12.087	1.257	50.209,857	1,08	104,00	72,88

Abbildung 3. Schadenprofil

Gesellschaft:	FEUERVERS.	Land:	DEUTSCHLAND
Währungseinheit: 1.000 DM		Inflation: 1,00000	
Jahr:	1987		
Sparte:	F-IND		
Meldeschwelle:	100,000		
Franchise:	0,000		

Nr.	Risiko-Klasse	Einzelschaden-höhe	PML	Schaden-grad (‰)
1	3	120,000	160	750,00
2	6	100,000	473	211,42
3	7	200,001	505	396,04
4	7	225,001	535	420,56
5	7	380,000	535	710,28
6	7	150,000	661	226,93
7	8	375,001	758	494,72
...	...	...	...	...
72	18	142,501	29.385	4,85
73	18	144,000	29.522	4,88
74	20	187,501	36.142	5,19
75	20	320,000	37.522	8,53
76	20	135,000	38.255	3,53
77	20	330,000	38.255	8,63
78	21	113,751	42.836	2,66
79	21	262,501	42.836	6,13
80	21	130,027	48.955	2,66
81	21	300,061	48.955	6,13
Gesamt:		34.110,019	922.548	36,97

Abbildung 4. Einzelschadenstatistik

Aus diesen Informationen werden zunächst die für die Schadenseite nach Abschnitt 2 erforderlichen statistischen Größen für eine jede der 21 Klassen und das gesamte Portefeuille ermittelt. (Es ist klar, daß zur Ermittlung der Profitabilität anschließend auch die Prämien- und Kostengrößen hinzugespielt werden müssen). Die durchaus aufwendige Ermittlung der Schadenanzahl- und Schadenhöhenverteilung für jede einzelne Klasse dient nicht nur dem Zweck, die Gesamtschadenverteilung für eine jede Klasse zu bestimmen. Ganz nebenbei ergeben sich noch interessante Aussagen über die Risikoklassen: z. B. nimmt die Schadenfrequenz (Quotient aus Anzahl der Schäden und Anzahl der Risiken) im Erwartungswert mit der Größe des Risikos exponentiell zu. Außerdem ergibt sich der Nachweis, daß die Dichten der Schadenhöhenverteilungen der einzelnen Klassen extrem unterschiedlich sind.

| Gesellschaft: FEUERVERS. | | Land: DEUTSCHLAND | | | |
| Währungseinheit: 1.000 DM | | Sparte: F-IND | | | |

| Klasse | PML | | Erwartungswerte | | | |
	von	bis	Schaden-anzahl	Einzel-schaden	Gesamt-schaden	Schaden-quote (%)
1	0	50	5,0	1,963	9,796	39,8
2	50	100	5,8	4,762	27,415	38,3
3	100	200	13,2	8,063	106,537	43,4
4	200	300	13,6	11,993	163,657	50,8
5	300	400	14,5	14,270	206,229	52,1
6	400	500	15,6	15,804	246,089	51,3
7	500	750	40,2	18,513	744,220	56,8
8	750	1000	41,2	22,205	914,872	63,1
9	1000	2000	140,9	30,965	4363,204	70,1
10	2000	3000	104,4	43,493	4541,558	78,0
11	3000	4000	78,5	50,112	3932,750	79,6
12	4000	5000	65,0	52,679	3421,506	84,1
13	5000	7000	125,7	53,206	6689,881	84,3
14	7000	9000	89,4	57,061	5100,814	88,4
15	9000	15000	190,5	57,816	11013,208	75,4
16	15000	20000	83,7	66,490	5564,762	75,1
17	20000	25000	53,1	64,721	3436,421	69,1
18	25000	30000	35,1	57,681	2025,383	71,6
19	30000	35000	53,8	50,709	2727,476	43,2
20	35000	40000	33,0	45,279	1493,855	37,9
21	40000	50000	26,9	48,178	1295,690	40,0
Gesamt:			1229,0	49,948	61385,553	74,5

Abbildung 5. Schadenerwartung für Brutto

Sie reichen von „ungefährlichen" Klassen (Segment Nr. 3) mit vielen Klein-
schäden bis hin zu totalschadenanfälligen Klassen (z. B. Segment Nr. 7),
wobei die Schadenhöhenverteilung das für das VU besonders interessante
„Großschadenpotential" exakt quantifiziert. Abgesehen von diesem Großschadenpotential der einzelnen Segmente seien zwei Typen von Resultaten hervorgehoben: Abbildung 5 gibt – nach Hinzunahme der Prämieninformation – mit
dem Erwartungswert der Schadenquote eine Aussage über die erwartete Profitabilität der einzelnen Segmente, während Abbildung 1 das Schwankungspo-
tential des gesamten Portefeuilles beschreibt.

Abbildung 5 weist einen strukturellen Zusammenhang zwischen der Schadenquote und der Größe der Risiken nach. Unter Berücksichtigung von Kosten
sind es nur die ganz kleinen und die ganz großen Risiken, die eine positive
Ergebniserwartung besitzen. Der ganze mittlere Bereich verläuft langfristig
unprofitabel.

Abbildung 1 zeigt die Dichte des Gesamtschadens für das ganze Portefeuille. Hier ist die für Feuerportefeuilles typische zweifache Gefährlichkeit
gut zu erkennen: zum einen die enorme Schwankungsbreite des Gesamtschadens, zum anderen die Schiefe, die die ökonomisch unerwünschte Asymmetrie
der Abweichungen nach links und nach rechts sichtbar macht.

Hier setzen dann risikopolitische Maßnahmen des VU an, die in den Bereichen der Bestandspolitik, Sicherheitskapitalpolitik, Rückversicherungspolitik,
Reservierungspolitik und Prämienpolitik greifen müssen.

4 Weitere Entwicklungen

Risiken umfassend analysieren und daraufhin zielsicher entscheiden, ist die Stoßrichtung mit der das einzelne Versicherungsunternehmen sich die unternehmerischen Gestaltungsspielräume im Markt erschließen muß. Eine nachhaltige Verbesserung der Schadenquote, manchmal auch nur durch Minimierung unvermeidbarer Verluste, läßt sich nur durch systematische Risikosegmentierung erreichen. Eine solche Segmentierung splittet das Portefeuille in feinere homogene Segmente, die über gemeinsame risikobestimmende Merkmale eine einheitliche Performance aufweisen. Eine solche Segmentierung geht i.a. über die in Abschnitt 3 durchgeführte, eindimensionale Schichtung der Risiken allein nach PML-Werten hinaus. Für diese auf der Basis statistischer Analysen zu bildenden Segmente lassen sich dann differenzierte Akquisitions-, Zeichnungs-, Preis- und Rabattentscheidungen treffen.

Sich verengende Marktspielräume verlangen klare Ziele und entsprechend konsequente Maßnahmen. Ob jetzt Spartensanierungskonzept oder risikoorientierte Marktsegmentierung, der Wunsch, das Versicherungsgeschäft ergebnisorientiert feinzusteuern, ist ausgeprägter denn je vorhanden. Dieser Wunsch ist nicht zufällig ein Muß für jedes Unternehmen, das im Wettbewerb auf aufbrechenden Märkten seine Chancen wahrnehmen will. Die Schadenquoten unter dem Marktdurchschnitt zu halten und dabei profitable Marktanteile zu gewinnen, ist die entscheidende Devise. Die Steuerbarkeit des Gesamtbestandes soll durch die Hinzunahme weiterer Segmentierungskriterien (in Feuer z.B. neben dem PML, Bücher, Regionen, Anteil an Original, Betriebsarten, Rabatte etc.) weiterhin erhöht werden. Unter Verwendung von Verfahren der Multivariaten Statistik (vgl. [FH84]) wird dabei eine möglichst tief gegliederte, aber statistisch noch signifikante Aufteilung angestrebt.

An dieser Stelle tauchen oft handfeste Probleme auf. Zum einen setzt quantitative Analyse den Zugriff auf Daten voraus. Viele Versicherer jedoch haben heute differenzierte Informationen über einzelne Risiken nach Tarifmerkmalen, oder erweitern ihre Bestandssätze sogar mittels Felderhebungen im Massengeschäft in enger Zusammenarbeit mit Marktforschungsinstituten. Aber die vorhandenen Informationen werden noch nicht überall gezielt ausgewertet. Nicht selten werden untertarifierte Risiken ebenso behandelt wie übertarifierte. Im Extremfall erhalten katastrophal schlechte Risiken sogar besondere Rabatte, z.B. auf Grund hoher Versicherungssummen, weil ein anderes Merkmal, das für den hohen Schadenbedarf ursächlich ist, nicht erkannt wurde. Vertrieb, Marketing, Preisfestsetzung und Rabattierung sind leider oft noch sehr undifferenziert ausgerichtet und nicht aufeinander abgestimmt.

Das Underwriting im VU weiß natürlich, daß innerhalb einer Sparte Risiken unterschiedlich gut verlaufen können. Es wünscht sich zum einen eine sehr weitgehende, viele Merkmale berücksichtigende Strukturierung des Bestandes, um Einzelrisiken immer individueller zeichnen zu können. Eine beliebig feine Auffächerung des Bestandes läßt aber irgendwann z.B. wegen der zu geringen Besetzungszahlen keine statistisch signifikante Aussage mehr zu.

Signifikanzgründe zwingen das Underwriting hier, Wünschenswertes ganz klar auf Machbares zu reduzieren.

Zum anderen müssen an dieser Stelle methodisch fundierte Verfahren der Großschadenbereinigung einfließen. Diese Nahtstelle zur Risikoanalyse des Portefeuilles ist in vielen Unternehmen schon ein heiß diskutierter Punkt bei der zeitnahen Erfolgskontrolle. Großschadenbereinigung meint nicht Vernachlässigung von Großschäden. Genauso wie zufällig eingetretene Großschäden aus dem empirischen Material herausgerechnet werden müssen, sind dann in einem 2. Schritt alle Sockelschäden um erwartete Großschadenanteile zu ergänzen, um zufällig nicht eingetretene Großschäden ebenfalls adäquat zu berücksichtigen. Dies ist leider noch nicht Praxis in einem jeden VU, doch mit der z.B. in Feuer PML-orientierten Ermittlung des Schwankungspotentials aus einer in Abschnitt 3 beschriebenen Portefeuille-Analyse ist die Ermittlung solcher Großschadenanteile bereits risikoadäquat geleistet worden.

Der Dreh- und Angelpunkt des Ganzen, die Identifikation und Zusammenfassung von Segmenten, die sich in bezug auf ihre Profitabilität homogen verhalten, kann jetzt mit entsprechenden statistischen Verfahren verfolgt werden. Die Zusammenfassung dieser homogenen Einzelsegmente erfolgt dann dahingehend optimal, daß immer in einem 1. Schritt aus der Anzahl möglicher Segmentierungsmerkmale (also z.B. in Feuer PML, Region, Anteil an Original, Betriebsarten, Rabatte), das maximal trennende Merkmal bestimmt und dann auf der jeweiligen Hierarchiestufe der entsprechende Split in homogenere profitable bzw. unprofitable Untergruppen bei maximaler Trennschärfe durchgeführt wird. Durch die so entstehende hierarchische Segmentierung des Gesamtportefeuilles in einem Top-Down Ansatz können die Gewinn- und Verlustsegmente genau lokalisiert werden. Das Ausmaß der Prämieninsuffizienz bzw. das Ertragspotential der profitablen Segmente wird quantifiziert, die Priorität, mit der die verschiedenen Kriterien bei der Bewertung von Risiken berücksichtigt werden sollen, wird ermittelt. Ein kompletter Portefeuillesplit führt zu einem komplexen Baum mit zahlreichen Verästelungen resp. Hierarchien und direkt operativ zu bearbeitenden Segmenten auf der untersten Ebene.

Das Durchleuchten der so vielfachen Kombinationen von Risikomerkmalen führt schließlich zur Kenntnis derjenigen Kombinationen von Merkmalen, die die Schadenquote positiv oder negativ beeinflussen. Die Erfahrung zeigt, daß sich Segmente sehr wohl in signifikante Untersegmente splitten lassen, deren Schadenquoten sich sehr wesentlich unterscheiden. Das sind dann die vielgesuchten Nischen bzw. Verlustbringer. Die Umsetzung in praktische Maßnahmen für den Vertrieb und Innendienst ist direkt ableitbar. Von der Formulierung gezielter Akquisitionsprogramme über segmentspezifische Preis- und Zeichnungsrichtlinien bis zur Radikalsanierung einzelner Verlustsegmente sind vielfältige Maßnahmen möglich.

Ob jetzt Feuer, eine andere Sachsparte oder Unfall, im ganzen short-tail Bereich kann auf diese Art und Weise eine leistungsfähige Risikosegmentierung vorgenommen werden. Was in Feuer der PML, Anteil an Original,

Betriebsarten und Rabatte sind, ist in Allgemein Unfall beispielsweise die Deckungssumme, Progressionsstaffel, Alter, Geschlecht und Beruf, die Anzahl der Freizeitunfälle, oder der Anteil neuer Sportarten (z.B. Surfen, Skateboard). Die Fragestellung bleibt die gleiche. Welche Kundensegmente sind rentabel und aufgrund welcher Merkmale entsteht die Disposition für einen guten bzw. schlechteren Verlauf der Risiken?

Ein für die Zukunft wichtiges Beispiel für den Einsatz mathematischer Methoden in der Assekuranz ist die Kraftfahrtversicherung. Der Markt für Autoversicherungen wird sich in Deutschland in den nächsten Jahren stärker verändern als in jedem vergleichbaren Zeitraum zuvor. Auslöser dieser Entwicklung ist auch hier die Deregulierung der Autoversicherung als Konsequenz des EG-Binnenmarktes. Mit rund 45 % aller Nicht-Leben-Bruttobeiträge stellt die Kraftfahrtversicherung in Deutschland die mit Abstand wichtigste Sparte dar. Rund zwei Drittel der 1992 eingenommenen Beiträge von knapp DM 35,7 Milliarden entfallen dabei auf die Kraftfahrt-Haftpflicht-Versicherung. Mit der Aufhebung der Tarifverordnung per 01.07.1994 werden der Kalkulationsfreiheit alle bestehenden Beschränkungen genommen. Die nach Freigabe der Kaskosparten eher zaghaften Versuche, neue Tarifkriterien (Lady-Rabatt, Wenigfahrer-Rabatt) im Wettbewerb zu plazieren, haben gegenüber den Möglichkeiten, die im deregulierten Gesamt-Umfeld bestehen, nur einen unzureichenden Vorgeschmack geboten. Die Vertriebsstrukturen werden sich aufgrund veränderten Kundenverhaltens und des Eindringens branchenfremder Anbieter ebenfalls verändern. Alternative Angebotskonzepte können auf Kosten der traditionellen Anbieter deutlich an Marktanteilen gewinnen.

Um im ständig wachsenden, immer intensiveren Wettbewerb bestehen zu können, wird darum auch in Kraftfahrt, wie überall, versucht, Strategien zu finden, die den künftigen Erfolg sichern. Dabei spielen sogenannte Scoring-Verfahren eine ganz besondere Rolle. Indem sie zunächst unter einer Vielzahl von Merkmalen die risikorelevanten herausfinden, schaffen sie die Grundlage für eine solche Strategieentwicklung. Ihr Schwerpunkt liegt dabei in dem statistisch signifikanten Nachweis komplexer, insbesondere mehrdimensionaler Zusammenhänge. Der Einfluß von z.Zt. noch nicht tarifrelevanten Merkmalen wie z.B. Km-Jahresleistung, Geschlecht und Alter des Fahrers, aber auch Höchstgeschwindigkeit oder Nutzung des Fahrzeugs, ist dabei von besonderem Interesse. Neben den im Bestand eines VU vorhandenen Merkmalen können auch weitere, durch eine Kundenbefragung erhobene Merkmale berücksichtigt werden. Anhand der ermittelten risikorelevanten Merkmale kann über ein Scoring der Risiken bezüglich ihrer erwarteten Profitabilität eine Priorisierung der Segmente vorgenommen werden. Ökonomisch entscheidend ist, daß auf diese Weise die zugehörigen Differentialrenditen ausgewiesen werden.

Damit wird also nicht nur aufgezeigt, welche Portefeuillesegmente einen versicherungstechnischen Verlust oder Gewinn produzieren, sondern es werden auch Erklärungen geliefert, warum diese Segmente entsprechend verlaufen. Neu ist die Bestimmung komplexer, mehrdimensionaler Zusammenhänge, auch für rein qualitative Einflußfaktoren, über entsprechend leistungsfähige

Verfahren. So kann z.B. die Abhängigkeit der Schadenfrequenz von Risiko-merkmalen des Fahrers (Alter, Geschlecht, Beruf, ...) simultan mit Merkma-len, die Art und Umfang der Nutzung des PKW's beschreiben, analysiert und quantifiziert werden. Oder es kann der Schadendurchschnitt bestimmt werden als Funktion der KW-Leistung, der Farbe und Zusatzausstattung des Autos. Der Schadenbedarf kann erheblich differenzierter als bisher ermittelt werden.

Die zugrunde liegenden Verfahren aus dem Bereich der multivariaten Kor-relations- und Regressionsanalyse [HE86] ermitteln zum einen signifikante Korrelationen zwischen den Zielvariablen (Schadenfrequenz/Schadendurch-schnitt) und den Strukturvariablen (Tarif-, Bestandsmerkmale, sonstige erho-bene Merkmale). Sie weisen gleichzeitig aber auch Abhängigkeiten zwischen den Strukturvariablen selbst nach. Die sich anschließende Suche nach einem vollständigen und besten Modell wird mit sogenannten Variablenselektions-verfahren durchgeführt.

Hat man die risikorelevanten Merkmale erst aus dem großen Pool mögli-cher Merkmale extrahiert und ihre gegenseitigen Abhängigkeiten entsprechend quantifiziert, läßt sich im Rahmen einer gezielten Marktbearbeitung die Per-formance des Portefeuilles durch entsprechende Focussierung bei unveränder-tem oder nur leicht modifiziertem Tarif entscheidend verbessern.

Eine solche Analyse schafft ebenfalls die Voraussetzung für die Entwick-lung und Umsetzung einer unternehmensspezifischen und gleichzeitig risiko-adäquaten Tarifstruktur. Mit der Identifikation rentabler Kundensegmente und deren risikorelevanten Merkmalen ist der erste Schritt getan. Im An-schluß daran sind natürlich die Vertriebs- und Marketingsysteme auf die neu definierten Zielgruppen entsprechend auszurichten.

Die Versicherungsunternehmen müssen sich nicht nur in Feuer, Kraft-fahrt oder Haftpflicht angesichts der zu erwartenden Umwälzungen rüsten, um rechtzeitig den Anforderungen aufbrechender Märkte gewachsen zu sein. Ganz generell werden in allen Sparten feinere Methoden der Marktdifferenzierung und ihre konsequente Umsetzung im Sinne echter, d.h. sauber abgegrenzter Teilmärkte gebraucht, die ein Vorgehen im Sinne der hier vorgestellten Me-thoden benötigen.

Das Instrumentarium eines modernen Portefeuille-Managements versetzt die Versicherungsunternehmen in die Lage, fundierte Vorschläge für die un-ternehmenseigenen strategischen Optionen zu entwickeln. Auf der Basis von Stärken und Schwächen, Chancen und Risiken lassen sich so die eigenen Wett-bewerbsvorteile definieren und in attraktiven Bereichen zur Geltung bringen.

Literatur

[DeP89]   De Pril, N.: The Aggregate Claims Distribution in the Individual Model with Arbitrary Positive Claims. ASTIN Bulletin **19** (1989) 9-24

[FH84]   Fahrmeier, L., Hamerle, A.: Multivariate statistische Verfahren. De Gruy-ter, Berlin New York 1984

[HE86]   Hartung, J., Elpelt, B.: Multivariate Statistik. 2. Aufl. Oldenbourg München 1986

[Hi85]   Hipp, C.: Approximation of Aggregate Claims Distributions by Compound Poisson Distributions. Insurance: Mathematics and Economics **4** (1985) 227-232

[Ko83]   Kornya, P.S.: Distribution of Aggregate Claims in the Individual Risk Theory Model. Transactions of the Society of Actuaries **35** (1983) 823-836

[KRR87] Kuon, S., Reich, A., Reimers, L.: Panjer vs Kornya vs De Pril: A Comparison from a practical point of view. ASTIN Bulletin **17** (1987) 183-191

[KRR93] Kuon, S., Radtke, M., Reich, A.: An Appropriate Way to Switch from the Individual Risk Model to the Collective One. ASTIN Bulletin **23** (1993) 23-5

[Pa81]   Panjer, H.: Recursive Evaluation of a Family of Compound Distributions. ASTIN Bulletin **12** (1981) 22-26

Wie sicher kalkuliert die Lebensversicherung ?

Hans-Jochen Bartels

Fakultät für Mathematik und Informatik, Mannheim

Einleitung

Die obige Frage wird in dieser Note exemplarisch anhand der folgenden drei Aspekte der Kalkulationssicherheit erörtert:

1. Die zeitliche Veränderung biometrischer Rechnungsgrundlagen am Beispiel der Änderung der Sterblichkeit unter dem Einfluß der AIDS-Epidemie;
2. Die Inhomogenität eines versicherten Kollektivs und damit zusammenhängend die Berechnung von Selbstbehalten in der Lebensrückversicherung;
3. Die Absicherung der Ergebnisse aus Vermögensanlage: Optionen und Portfolio-Insurance.

Den genannten Beispielen entsprechen im Hinblick auf die verwendeten mathematischen Methoden drei Entwicklungsstufen der Versicherungsmathematik: Im ersten Beispiel werden nur deterministische Modelle skizziert, die bei einer Untergliederung der Bevölkerung in Subpopulationen verschiedenen Risikos das Wachstum der Epidemie AIDS über gewöhnliche nichtlineare Differentialgleichungssysteme beschreiben. Das zweite Beispiel hat die numerische oder doch wenigstens approximative Berechnung der Gesamtschadenverteilung von Lebensversicherungsportefeuilles zum Inhalt.Eine solche Berechnung erlaubt unter anderem die Berechnung von Selbstbehalten in der Summenexzedenten-Rückversicherung und die Abschätzung von Ruinwahrscheinlichkeiten eines gegebenen Kollektivs. Erst die Kenntnis der Gesamtschadenverteilung gibt dem Aktuar die Möglichkeit, die Ausgeglichenheit der Risikengesamtheit zu beurteilen. Die hierbei verwendeten risikotheoretischen Methoden, die in den zwanziger Jahren dieses Jahrhunderts entwickelt wurden und dann primär im Sachversicherungsbereich angewendet wurden, haben mindestens im deutschsprachigen Raum eher zögerlich Eingang in Fragen der Kalkulation von Personenversicherungen gefunden. Das erklärt vielleicht auch, warum erst Mitte der achtziger Jahre durch N. de Pril [deP86, deP89] vernünftige d.h. in der Praxis durchführbare Algorithmen zur exakten Berechnung von Gesamtschadenverteilungen bei Lebensversicherungsportefeuilles angegeben wurden, während man lange Zeit eine solche exakte Berechnung für praktisch unmöglich hielt [Re87, S. 165ff] und sich auf die Entwicklung passender Approximationsverfahren konzentrierte (Stichworte: Kollektives Modell der Risikotheorie, Approximation durch schnelle FourierTransformation,Approximation durch Reihenentwicklung nach orthogonalen Polynomen und andere Verfahren, vgl. [Be83, Ge79, Re87]). Bei der dritten Frage wird die Berechnung von Optionspreisen nach F. Black und M. Scholes [BS73] erörtert. Finanztermingeschäfte und speziell Optionskontrakte haben bei der Absicherung der Vermögensanlagen deutscher Versicherungsunternehmen in den vergangenen Jahren zunehmend an Bedeutung gewonnen, so daß die betroffenen Versicherungsmathematiker sich stärker den zugrundeliegenden stochastischen Modellen zur Berechnung von Optionspreisen zuwenden, dies auch vor dem Hintergrund, daß solche Formeln zur Bewertung fondsgebundener Lebensversicherungsverträge mit garantierter Versicherungssumme („unit-linked life policies") benötigt werden. Der Einfluß der publizierten Optionspreisformel auf die realen Optionsmärkte ist enorm und das, obgleich einige (auch mathematische) Fehler und Ungenauigkeiten bei der Begründung der erwähnten Formel durch Black und Scholes in einer Vielzahl von nachfolgenden Publikationen zu diesem Problemkreis kritiklos, fast wortwörtlich wiederholt werden. Für viele Anwender der Formel gilt das, was A.D. Smith in diesem Zusammenhang einmal bemerkte [Sm91, S. 417]: „As a result, many actuaries find themselves applying a formula which they don´t understand properly, and which they have never seen demonstrated". Nichtsdestotrotz und das ist das eigentliche Mirakel : Zwei Fehler heben sich so gegenseitig auf, daß am Ende doch noch etwas Richtiges herauskommt, so daß Y.Z. Bergman hierzu feststellt „Some of the most important scientific discoveries were not hampered by technical errors done en route, and the Black Scholes seminal Option Pricing Model may be counted among this honrable number" [Be82, S. 6].

1 Änderung der Sterblichkeit unter dem Einfluß von AIDS

Zwei Fakten erlaubten es in der Vergangenheit, bei der Kalkulation auch von langfristigen Todesfallversicherungen eindimensionale, d.h. nur von dem Parameter „Lebensalter" abhängige Sterbetafeln zu verwenden:

- in den Nachkriegsjahrzehnten waren keine fundamentalen Verschiebungen bei den Todesursachenstatistiken zu beobachten, und:
- die mittlere Lebenserwartung ist aufgrund der Änderung der äußeren Rahmenbedingungen in größeren Zeiträumen in den meisten Staaten – von wenigen Ausnahmen und natürlich von Kriegszeiträumen einmal abgesehen – langsam stetig gestiegen.

Die vergleichsweise geringe Beachtung der Rechnungsgröße Sterblichkeit bei der Kalkulation von Lebensversicherungstarifen mit Todesfallcharakter änderte sich Mitte der achtziger Jahre schlagartig durch das Auftreten der neuen, letal verlaufenden Krankheit AIDS (Acquired Immune Deficiency Syndrome) mit zunächst exponentiell ansteigenden Fallzahlen. Insbesondere im angelsächsischen Bereich ,wo traditionell Risikoversicherungen ohne Gewinnbeteiligung angeboten werden, die dann aus Konkurrenzgründen zwangsläufig nahe an der Bedarfsprämie kalkuliert sind,waren Ende der achtziger Jahre nach den ersten Prognosen des Institute of Actuaries (Bulletins der AIDS Working Party) zum Teil drastische Prämienerhöhungen bei reinen Todesfallversicherungen zu beobachten und in allen westlichen Staaten wurden die Richtlinien der Antragsprüfung (Antragsfragen und zum Teil auch obligatorische HIV Tests oberhalb bestimmter beantragter Versicherungssummen) den veränderten Gegebenheiten angepaßt. Häufig werden,um die Änderung der Sterblichkeit zu prognostizieren, deterministische Modelle verwendet, welche zur Beschreibung der epidemischen Ausbreitung eine Untergliederung der betroffenen Population in Teilkollektive vorsieht, und die zeitliche Veränderung der Anzahlen über ein System gekoppelter, nichtlinearer Differentialgleichungen beschreibt. Im (unrealistisch) einfachsten Fall unterscheidet man drei Zustände pro Population:

- Gesunde, Anzahl als Funktion der Zeit t etwa $x = x(t)$
- Infizierte, Anzahl etwa $y = y(t)$
- Verstorbene, Anzahl etwa $z = z(t)$

Nimmt man an, daß

(i) die Zahl der Neuinfektionen proportional zur Zahl der bereits Infizierten und der der verbliebenen Gesunden ist

(ii) die Zahl der Todesfälle proportional zur Anzahl der Infizierten ist, ergeben sich in diesem holzschnittartig vereinfachten Schema folgende drei Differentialgleichungen:

$$\frac{dx}{dt} = -\beta \cdot x \cdot y \tag{1}$$

$$\frac{dy}{dt} = \beta \cdot x \cdot y - \gamma \cdot y \tag{2}$$

$$\frac{dz}{dt} = \gamma \cdot y \tag{3}$$

mit den Proportionalitätsfaktoren $\beta > 0$: Infektions- oder Kontaktrate, sowie der Sterberate $\gamma > 0$. Der obige Ansatz läßt sich realitätsnäher dahingehend modifizieren, daß man entsprechende Annahmen auf mehrere Populationen, die miteinander in Kontakt treten, überträgt. Nimmt man z.B. vier verschiedene Populationen,die miteinander in Kontakt treten (etwa z.B. Hämophile,

Narkomane, Homosexuelle Männer und die mit den anderen Gruppen verkeh-
renden hetero- und bisexuellen Partner), so hätte man anstelle von (2) die
Differentialgleichung:

$$\frac{dy_2}{dt} = (x_2(0) - y_2(t))(\beta_1 y_1(t) + \beta_2 y_2(t) + \beta_1 y_3(t) + \beta_1 y_4(t)) - \gamma y_2(t) \quad (4)$$

Entsprechend komplizierter werden die anderen Differentialgleichungen, insbesondere dann, wenn man die Anzahl der Zustände pro Subpopulation erhöht
(z.B. durch Unterscheidung von HIV-Positiven und AIDS-Kranken), verschiedene Altersklassen einführt oder – wie in [LE88, S. 36] durchgeführt – Modifikationen bei der Neuansteckungsrate vornimmt. Eine numerische Auflösung
dieser oder ähnlicher gewöhnlicher Differentialgleichungssysteme ist vielleicht
zeitaufwendig , bereitet aber keine prinzipiellen Schwierigkeiten (vgl. z.B.
[Dr89]). Bei Holzwarth und Weyer [HW92, S. 496] findet man ein Modell, welches 1650 Gleichungen mit formal über 2,7 Millionen (!) Parameter enthält. Es
ist fast überflüssig zu sagen, daß die Schätzung der auftretenden Parameter
(Kontaktraten, Sterberaten) bei zu dünnem statistischen Material, welches
selbst teilweise aus Schätzwerten besteht, besondere Schwierigkeiten bereitet.
Dieser Einwand gilt natürlich mutatis mutandis auch für das von A.D. Wilkie [Wi] veröffentlichte Modell, welches von einem Markov-Prozeß mit zeitlich
veränderlichen Übergangswahrscheinlichkeiten ausgeht und nach Kolmogorov
zu ähnlich voluminösen Differentialgleichungssystemen führt, sowie für den in
[BBK90] verwendeten Modellansatz, der diskrete stochastische Prozesse auf
Zufallsgraphen zur Abbildung der epidemischen Dynamik benutzt. Es gelingt
bei ausreichend großer Anzahl der verwendeten Parameter meist allen Modellen,die in der Vergangenheit beobachtete Fallzahlen gut zu interpolieren.
Der Vergleich der extrapolierten Werte mit den tatsächlichen später eintretenden Fallzahlen Anfang bis Mitte der neunziger Jahre war aber einigermaßen
ernüchternd und hat schon jetzt die Zweifel an der Aussagekraft solcher Projektionen auch für vergleichsweise kurze Zeitspannen gerechtfertigt. Andererseits ist der Einfluß auf die Kalkulation von reinenTodesfallversicherungen
schon deswegen evident, da die eingerechneten einjährigen Sterbewahrschein-
lichkeiten im einstelligen Promillebereich liegen,und deswegen keinesfalls zu
vernachlässigen, vgl. hierzu z.B. [HW87, HW92].

2 Gesamtschadenverteilungen von Lebensversicherungs-portefeuilles und Berechnung von Selbstbehalten in der Lebensrückversicherung

Die traditionell deterministische Kalkulation in der Lebensversicherung ignoriert den aleatorischen Charakter der Anzahl der in einem Jahr sterbenden
Personen. Bei kleineren und bezüglich der riskierten Summen inhomogenen
Beständen stellt sich aber die Frage nach einem Risikoausgleich im Kollektiv;
in solchen Fällen ist dieser nur noch mittels Rückversicherung möglich. Üblich

sind hierbei in der Personenversicherung Summen-Exzedenten-Verträge, diese sehen vor: Der Rückversicherer ist an der Haftung derjenigen Risiken beteiligt, die eine vorgegebene Summe, den „Selbstbehalt" des Erstversicherers übersteigen. Es erfolgt eine entsprechende Aufteilung von Versicherungssummen, Prämien und Schäden zwischen Erst- und Rückversicherer (sowohl für Teil- als auch Totalschäden). Hieraus resultiert eine Homogenisierung des Bestandes und eine Verringerung der Schwankungen im Schadenverlauf des Gesamtkollektivs. Anhand eines Kollektivs von n einjährigen Risikoversicherungen sollen die wesentlichen Gesichtspunkte dargestellt werden. Die Übertragung auf ein Kollektiv von z.B. kapitalbildenden Todesfallversicherungen ist unschwer möglich. Das individuelle Modell der Risikotheorie beschreibt die einzelnen Risiken durch Zufallsvariable

$$X_i : \quad \Omega \to \mathbb{R}, \quad i = 1, \ldots, n$$

wobei die reellen Zahlen $\mathbb{R}$ die Schadenszahlungen repräsentieren und Ω den Raum der Elementarereignisse d.h. der Schadensereignisse bezeichnet. Im einfachsten Fall, bei einer einjährigen reinen Todesfallversicherung ist also

$$X_i = \begin{cases} S_i & \text{mit WS } q_i \\ 0 & \text{mit WS } 1 - q_i = p_i \end{cases},$$

wenn S_i die versicherte Todesfallsumme und q_i die einjährige Todesfallwahrscheinlichkeit des i-ten Risikos bezeichnen. Sind weiter $S = X_1 + \ldots + X_n$ der Gesamtschaden und $B = B_1 + \ldots + B_n$ die Gesamtprämieneinnahme und R die bei der Erstversicherung vorhandenen Reserven (dazu zählen sicher die Rückstellung für Beitragsrückerstattung und gegebenfalls auch das Eigenkapital, sofern für dieses auch Haftungsfunktionen gegenüber den Versicherungsnehmern vorgesehen sind), so nennt man üblicherweise die Wahrscheinlichkeit

$$P(S > B + R)$$

Ruinwahrscheinlichkeit, sie ist ein Maß für die ökonomische Qualität eines Bestandes. Das allgemein zu behandelnde Problem lautet:

- $P(S > x) \leq \epsilon$
- $\epsilon > 0$ gegeben, berechne (bzw. approximiere) x
- x gegeben, berechne (bzw. schätze ab) ϵ.

Nun ist $P(S > x) = 1 - P(S \leq x) = 1 - F_S(x)$, mit $F_S(x)$: Verteilungsfunktion des Gesamtschadens. Nimmt man an, daß den einzelnen Risiken des Kollektivs stochastisch unabhängige Zufallsvariablen X_i entsprechen, dann berechnet sich die Verteilungsfunktion von S als das Faltungsprodukt der Verteilungsfunktionen der einzelnen Risiken X_i :

$$P(S \leq x) = *F_{X_i}(x) = (F_{X_i} * \ldots * F_{X_n})(x). \tag{5}$$

Bei großem n ist diese Formel auch bei den hier sehr einfachen Zufallsvariablen X_i für eine direkte Berechnung wenig geeignet (vgl. z.B. die Bemerkungen in

[Re87, S. 166]), sodaß man häufig Approximationsverfahren zur näherungsweisen Berechnung verwendet hat (vgl. z.B. [Be83, Ge79, BG92]). Sowohl für die exakte Berechnung als auch für Abschätzungen ist es hilfreich, mittels momenterzeugender Funktionen bzw. über die Fouriertransformation und charakteristische Funktionen das unhandliche Faltungsprodukt zu vermeiden, es ist nämlich bei stochastischer Unabhängigkeit der einzelnen Risiken

$$P(S \geq x) = P(e^{tS} \geq e^{tx}) \leq \frac{E(e^{tS})}{e^{tx}} = \frac{\prod_n^{i=1} E(e^{tX_i})}{e^{tx}} \, . \tag{6}$$

Nach geeigneter Umtransformation (Übergang zu zentrierten Zufallsvariablen) lassen sich dann Abschätzungen von Petrov über Summen unabhängiger Zufallsvariablen heranziehen um zu Abschätzungen von zulässigen Selbstbehalten bei vorgegebener Ruinwahrscheinlichkeit zu gelangen , ohne daß ein übermäßiger Rechenaufwand dazu notwendig ist (zu den Einzelheiten vgl. [BG92]). Die von de Pril angegebenen Algorithmen zur exakten Berechnung der Gesamtschadenverteilung gehen auch von momenterzeugenden Funktionen aus: Wegen

$$E(e^{tX_i}) = q_i e^{tS_i} + p_i \tag{7}$$

berechnet sich die momenterzeugende Funktion $E(e^{tS}) = \prod_{i=1}^{n} E(e^{tX_k})$ zu

$$G(u) = \prod_{i,j} (p_j + q_j u^i)^{c_{ij}} \, , \tag{8}$$

wenn $u = exp(t)$ gesetzt wird und c_{ij} die Anzahl der Risiken mit Sterbewahrscheinlichkeit q_j und Summe i bezeichnet. Man berechnet die Ableitung von $G(u)$ auf zwei verschiedene Weisen und erhält so Rekursionsformeln für die Wahrscheinlichkeiten $P(S = s)$ und damit für die Verteilungsfunktion von S (vgl. hierzu [deP86, deP89]). Der Rechenaufwand bei großen Beständen erfordert aber immer noch Großrechner. Insofern behalten die erwähnten Approximationen in der Praxis bei Überschlagsrechnungen ihre Berechtigung. Wenn man die Gesamtschadenverteilung eines Bestandes ausreichend gut kennt, gibt es zur Berechnung von risikotheoretisch vertretbaren Selbstbehalten in der Lebensversicherung mehrere Zugänge. Ein hier kurz skizzierter Weg benutzt Ruinwahrscheinlichkeiten: Man geht etwa von folgenden Modell-Voraussetzungen aus: Der Aktuar der jeweiligen Gesellschaft berechnet die risikotheoretisch notwendige Prämie einer Police, indem zu dem Erwartungswert des Schadens ein Sicherheitszuschlag addiert wird proportional zu der Varianz der Zufallsvariablen, welche das Risiko repräsentiert. Dabei hängt der verwendete Proportionalitätsfaktor von der Größe des jeweiligen Portefeuilles ab und bestimmt sich aus vorher festgelegten akzeptierten Ruinwahrscheinlichkeiten. Kurz: Man legt zunächst die risikotheoretisch notwendige Prämie nach dem Varianzprinzip fest bei vorgegebener Ruinwahrscheinlichkeit. In einem zweiten Schritt vergleicht man die oben beschriebene intern notwendige Prämie zu dem Risiko X, etwa $H(X)$ mit der am Markt erzielbaren Prämie $B(X)$. Im Falle $H(X) < B(X)$ kann man das Risiko zeichnen und in den Bestand aufnehmen, während im Fall $B(X) < H(X)$ das Risiko entweder abzulehnen ist, bzw. nur ein Teil selbst übernommen werden kann, der sogenannte Selbstbehalt, während der den Selbstbehalt übersteigende Teil in Retrozession gegeben werden muß, falls eine Rückdeckungsmöglichkeit besteht. Der nach diesen Prinzipien explizit berechenbare Selbstbehalt hängt von den Daten des einzelnen Risikos X ab, d.h. konkret bei einjährigen Risikoversicherungen von der zugrundeliegenden einjährigen Sterbewahrscheinlichkeit. Damit ist der Selbstbehalt abhängig vom Lebensalter (zu den Einzelheiten vgl.[Ba88, BG92]). Bei anderen Modellen, die auf Landré bzw. Laurent zurückgehen,und die ein anderes Stabilitätsmaß zugrunde legen,erhält man Formeln für den Selbstbehalt,die in ähnlicher Weise abhängig sind vom Eintrittsalter (vgl.[Wo88, S. 296]), eine Tatsache, die in der Praxis meines Wissens bislang jedenfalls vollständig ignoriert wird.

3   Zur Absicherung der Ergebnisse aus Vermögensanlage: Bemerkungen zur Berechnung von Optionspreisen

Die Grundgedanken zur Absicherung von Vermögensanlagen,hier etwa Aktienanlagen durch Optionskontrakte lassen sich sehr einfach beschreiben: Der Aktienkurs werde durch den stochastischen Prozeß $x(t) = X_t(\omega)$ mit Zeitparameter t, $0 \leq t \leq t^*$ beschrieben. Eine sogenannte Call-Option („europäische Kaufoption") gibt dem Käufer das Recht, eine bestimmte Anzahl von Aktien zu einem vorher festgelegten Preis („Ausübungspreis") am Ende („Ausübungstag") einer bestimmten Frist („Laufzeit der Option") zu kaufen. Der Wert $w(x, t^*)$ einer Call-Option mit Ausübungspreis c zum Ausübungszeitpunkt t^* ist:

$$w(x, t^*) = (x(t^*) - c)^+ = Max(0, x(t^*) - c). \tag{9}$$

Analog berechnet sich der Wert einer Put-Option (Verkaufsoption) zum Ausübungszeitpunkt t^* zu:

$$(c - x(t^*))^+ = Max(0, c - x(t^*)). \tag{10}$$

Der Grundgedanke der Portfolio-Versicherung ist: Ersetze $x(t^*)$ durch $Max(c, x(t^*))$ zum Beispiel dadurch,daß man eine Aktie und eine Put-Option hält oder alternativ: den Barbetrag c und eine Call-Option. Letzteres ist mit der ersten Position gleichwertig wegen

$$Max(c, x(t^*)) = x(t^*) + (c - x(t^*))^+ = c + (x(t^*) - c)^+. \tag{11}$$

Was ist nun der angemessene Preis zum Beispiel für eine europäische Kaufoption? Die Berechnung des Optionspreises während der Optionslaufzeit ist natürlich abhängig von der Modellierung des Preises $x(t)$ des Basisobjektes

und erfordert je nach Modellannahmen damit zum Teil auch tiefergehende
Kenntnisse in stochastischer Analysis. Das Standardreferenzmodell von Black-
Scholes geht von folgenden Annahmen aus:

- es gibt eine über die Laufzeit der Option konstante risikofreie Zinsrate, zu
  der man Geld anlegen und aufnehmen kann ,
- der Preis der Option hängt nur von der Restlaufzeit und dem Kurs x(t)
  des Basisobjektes ab,
- es werden keine Transaktionskosten beim Kauf oder Verkauf des Basisobjektes oder der Option erhoben,
- es erfolgen keine Dividendenzahlungen während der Optionslaufzeit,
- Leerverkäufe sind uneingeschränkt erlaubt, d.h. ein Verkäufer, der ein
  Papier nicht besitzt,erhält den Preis des Käufers und kommt mit ihm
  überein, zu einem künftigen Datum den dann gültigen Preis zu zahlen,
- der Wert des Basispapiers folgt als stochastischer Prozeß einer geometrischen Brownschen Bewegung, d.h. es gilt

$$x(t) = x(0)e^{\mu t + \sigma B(t)}, \tag{12}$$

wobei $B(t)$ die Brownsche Bewegung bezeichnet, in der Sprechweise der stochastischen Analysis genügt also der stochastische Prozeß $x(t)$ der stochastischen Differentialgleichung:

$$dx = \sigma x dB + (\mu + \frac{1}{2}\sigma^2)x dt. \tag{13}$$

Als fairen Preis $w(x,t)$ für eine europäische Call-Option geben Black und
Scholes dann an:

$$w(x,t) = xN(d_1) - ce^{-r(t^*-t)}N(d_2) \tag{14}$$

$$\text{mit } d_1 = \frac{\ln(x/c) + (r + \frac{1}{2}\sigma^2)(t^* - t)}{\sigma\sqrt{t^* - t}}$$

$$\text{und } d_2 = \frac{\ln(x/c) + (r - \frac{1}{2}\sigma^2)(t^* - t)}{\sigma\sqrt{t^* - t}}.$$

Die Begründung von Black und Scholes (vgl. [BS73]) ist kurz skizziert die
folgende:

Um den aktuellen Preis für die Kaufoption zu bestimmen, konstruiert man
sich ein risikoloses Hedge-Portefeuille bestehend aus gekauften Aktien und verkauften Call-Optionen. Dabei wird eine kontinuierliche Anpassung des Hedge-
Portefeuilles so vorgenommen, daß jede Änderung des Aktienkurses durch die
Änderung des Preises der Kaufoption kompensiert wird, das wird dadurch
erreicht, daß stets ein Verhältnis von $w_1 = w_1(x,t)$ von Aktien zu Kaufoptionen gehalten wird, w_1 bezeichnet dabei die erste partielle Ableitung des
Kaufpreises $w(x,t)$ nach der Variablen x, der Wert des Portefeuilles beträgt
daher pro Aktieneinheit:

$$x - \frac{x}{w_1} = x(t) - \frac{w(x,t)}{w_1(x,t)} \; . \tag{15}$$

Unterstellt man, daß in einem funktionierenden Markt keine Arbitrage möglich ist (there is no free lunch), muß für ein risikoloses Portefeuille die Ertragsrendite mit der Verzinsungsrate r übereinstimmen , d.h.

$$(x - \frac{w}{w_1})rdt = d(x - \frac{w}{w_1}) \; . \tag{16}$$

Irrtümlicherweise wird die rechte Seite dieser stochastischen Differentialgleichung bei Black und Scholes unter Anwendung des Itô-Lemmas berechnet zu:

$$dx - \frac{dw}{w_1} = \ldots = -(\frac{1}{2}w_{11}\sigma^2 x^2 + w_2)dt\frac{1}{w_1} \; , \tag{17}$$

wobei w_{11} die zweite partielle Ableitung von $w = w(x,t)$ nach x bzw. w_2 die erste partielle Ableitung von w nach t bezeichnen. Wegen Gleichung (16) ergibt dies zur Bestimmung des Optionspreises die folgende partielle Differentialgleichung:

$$w_2 = rw - rxw_1 - \frac{1}{2}\sigma^2 x^2 w_{11} \tag{18}$$

mit den Randbedingungen

$$w(x,t^*) = Max((x-c),0).$$

Zur Lösung dieser Differentialgleichung transformiert man (18) auf die Wärmeleitungsgleichung $y_{11} = y_2$ und gelangt so zu dem Ergebnis (14).

Der Fehler bei dieser Ableitung der Formel (14) liegt – wie bereits Bergman 1982 und später unabhängig davon 1993 W. Böge (Heidelberg, vgl.[Ba94]) bemerkte – darin , daß man einerseits in der stochastischen Differentialgleichung (16) bzw. (17) die Anzahl $1/w_1$ der verkauften Call-Optionen als Konstante betrachtet – anderenfalls hätte man das stochastische Differential $d(x - \frac{w}{w_1})$ nicht wie in (17) berechnen dürfen –, andererseits aber in der resultierenden partiellen Differentialgleichung w_1 als partielle Ableitung der Funktion $w(x,t)$ ansieht, die natürlich nicht konstant ist. Das Verhältnis von Aktien zu Kaufoptionen in dem betrachteten Portefeuille als konstânt anzusehen, widerspricht auch der Idee der kontinuierlichen Anpassung des Hedge-Portefeuilles. Die Differentialgleichungen (16) und (18) sind nicht äquivalent. Bei korrekter Anwendung des Itô-Kalküls (i.e. bei nicht konstanter partieller Ableitung $w_1 = w_1(x,t)$) ergibt sich aus (16) folgende kompliziertere stochastische Differentialgleichung:

$$dx - (\frac{w_1{}^2 - w_{11}w}{w_1{}^2}dx + \frac{w_1 w_2 - w_{12}w}{w_1{}^2}dt \; +$$

$$\frac{1}{2}(\frac{2w_{11}^2 ww_1 - w_1{}^3 w_{11} - ww_1{}^2 w_{111}}{w_1{}^4})\sigma^2 x^2 dt) = (x - \frac{w}{w_1})rdt, \tag{19}$$

in der der stochastische Term nicht fortfällt. Glücklicherweise ist der oben
erwähnte Fehler nicht der einzige in der Ableitung der Black-Scholes-Formel,
es gilt zusätzlich folgender

Satz 1. *Das von Black und Scholes in [BS73] angegebene Hedge-Portefeuille
(vgl. Formel (15)) ist nicht selbstfinanzierend, d.h. es sind je nach Kursverlauf
Einschüsse erforderlich.*

Zum Beweis siehe [Be82, S. 7, Proposition 2].

Wie schon oben erwähnt, werden die angegebenen Fehler in vielen Artikeln
und Lehrbüchern fast wortwörtlich wiederholt, und die Ergebnisse der Dissertation [Be82] sind aus meiner Sicht zu wenig beachtet worden. Aus diesem
Grunde und vor allem wegen „the Black-Scholes derivation is an example of
two wrongs which do make a (most important) right" [Be82, S. 14f] soll hier
Bergman folgend [Be82] ein richtiger Beweis der Formel (14) kurz skizziert
werden, wobei man gleich einen etwas allgemeineren Standpunkt einnimmt:
Eine Vermögensanlage-Strategie wird mehrere Aktienanlagen und einen risikolosen Bond vorsehen, der Gesamtwert der Anlage zur Zeit ist dann, wenn
$N_i(t)$ die Anzahl der Aktien in der Anlageart i bezeichnet:

$$V = V(t) = \sum_{i=0}^{d} N_i(t)P_i(t), \tag{20}$$

dabei beschreibt $P_i(t)$ den zeitlichen Verlauf der Aktie i bzw. für $i = 0$ des
risikolosen Bonds. Nach dem Lemma von Itô ergibt sich die stochastische
Differentialgleichung

$$dV = \sum_i N_i \cdot dP + \sum_i dN_i \cdot dP_i + \sum_i dN_i \cdot P_i. \tag{21}$$

Den ersten Term in der rechten Seite der Gleichung (21) kann man als denjenigen Teil der Wertänderung des Portefeuilles ansehen, der allein Kursände-
rungen der jeweiligen Anlageart zuzuordnen ist, der dritte Term entspricht der
Wertänderung, die sich aufgrund von Wechseln der Anzahlen in den einzelnen Anlagearten ergeben, schwieriger ist die Zuordnung des mittleren Terms.
Merton ordnet diesen mittleren dem dritten Term zu und verlangt als Bedingung für sich selbst finanzierende Portefeuilles („Merton´s self-financing
condition") :

$$\sum_i (dN_i)(dP_i) + \sum_i (dN_i)P_i = 0 \tag{22}$$

aus der sich dann die nach dem Muster von Black und Scholes zu behandelnde
stochastische Differentialgleichung ergibt:

$$dV = \sum_i N_i(dP_i). \tag{23}$$

Es ist dann nicht mehr besonders schwierig,in dem Fall $d = 1$, d.h. in dem Fall, in dem nur Anlagen in einer Aktie und dem risikolosen Bond getätigt werden, folgenden Äquivalenzsatz zu beweisen:

Satz 2. $V = V(x,t)$ *genügt genau dann der Bedingung (22),wenn $V(x,t)$ der partiellen Differentialgleichung (18) genügt. Die einzige selbstfinanzierende Strategie ist die folgende: Man hält kontinuierlich einen Anteil von $\frac{\partial V}{\partial x}(x,t)$ Aktien im Portefeuille, während der restliche Anteil $e^{-rt}(V - \frac{\partial V}{\partial x}x)$ in risikolosen Bonds angelegt wird.*

Zum Beweis vergleiche man [Be82, S. 20ff]. Die Übertragung einiger Ergebnisse auf den Fall $d > 1$ ist möglich, wenn man die Bedingung (22) akzeptiert (vgl. [KSh91, S. 372ff]). Bemerkenswert ist, daß der zuletzt beschriebene Äquivalenzsatz keine No-Arbitrage-Bedingung benötigt und auch nichts über die Existenz oder Nichtexistenz anderer Strategien ausssagt, die gegebenenfalls Arbitrage-Effekte erlauben.

Wie sicher kalkuliert die Lebensversicherung? Antwort: Es gibt Anwendungsbereiche, für die es fast aussichtslos erscheint, genaue Kalkulationen vorzunehmen (vgl. die Vielzahl zu schätzender Parameter in Beispiel 1). Es gibt aber auch mathematische Modelle, deren Mögllichkeiten von Praktikern nicht genutzt werden, und schließlich gibt es glückliche Zufälle, wenn man lange Zeit mit einer mathematisch unbegründeten Formel rechnet, und diese Formel sich dann nachträglich als gar nicht so falsch herausstellt [1].

Literatur

[Ba00]   Bachelier, L.: Théorie de la Spéculation. Ann. Sci. Ec. Norm. Sup. III **17** (1900) 21-86

[Ba88]   Bartels, H.-J.: Zur Frage des optimalen Selbstbehalts in der Lebensrückversicherung (oder: Variationen über ein Thema von Tchebycheff) Transactions of the 23 rd International Congress of Actuaries, vol. 4. Helsinki 1988, 1-8

[BG92]   Bartels, H.-J., Grigo, N.: Das Gesamtrisiko eines Lebensversicherungsportefeuilles. Transactions of the 24th International Congress of Actuaries, vol. 3. Montreal 1992, 43-52

[Ba94]   Bartels, H.-J.: Bemerkungen zur Berechnung von Optionspreisen. In: Festschrift zu Ehren von Professor Dr. E. Lorenz aus Anlaß seines 60. Geburtstages. Versicherungswirtschaft, Karlsruhe 1994, 497-505

[Be82]   Bergman, Y.Z.: Pricing of contingent claims in perfect and imperfect markets. PH.D. Thesis, University of California Berkeley 1982

[BS73]   Black, F., Scholes, M : The pricing of options and corporate liabilities. J. Polit. Economy **81** (1973) 637-659

---

[1] Zu empirisch geäußerten Bedenken an der Gültigkeit der Black-Scholes-Optionspreisformel vgl. [Lo93].

[Be83]   Bertram, J.: Angewandte Risikotheorie Berechnung von Gesamtschaden-
           verteilungen. Dissertation, Braunschweig 1983
[BBK90]   Blanchard, Ph., Bolz, G.F., Krüger, T.: Modelling Aids-Epidemics or any
           veneral diseases on random graphs. In: Gabriel, J.P., et al (eds.) Stocha-
           stic Processes in Epidemic Theory. Lecture Notes in Biomathematics **86**
           Springer 1990
[CR85]   Cox, J.C., Rubinstein, M.: Option Markets. Prentice-Hall, Englewood
           Cliffs New Jersey 1985
[Dr89]   Dreher, A.: Eine epidemiologische Prognose von AIDS und mögliche Aus-
           wirkungen auf die Sterbetafeln der Lebensversicherungen. Diplomarbeit,
           Göttingen 1989
[Fö91]   Föllmer, H.: Probabilistic Aspects of Options, Panem & Circensis **3**
           (1991) (Mitteilungsblatt des Fördervereins für Mathematische Statistik
           und Versicherungsmathematik, Universität Göttingen)
[Ge86]   Gerber, H.U.: Lebensversicherungsmathematik. Springer, Berlin Heidel-
           berg 1986
[Ge79]   Gerber, H.U.: An introduction to mathematical risk theory. Huebner
           Foundation Monograph **8** University of Pennsylvania 1979
[Go91]   Goldenberg, D.H.: A unified method for pricing options on diffusion pro-
           cesses. Journal of Financial Economics **29** (1991) 3-34
[KSh91]   Karatzas, I., Shreve, St.E. : Brownian Motion and stochastic calculus,
           Graduate Texts in Mathematics, vol. 113. 2nd edn. Springer, New York
           Berlin Heidelberg 1991
[HW87]   Holzwarth, A., Weyer,J.: Über die Berechnung AIDS-bereinigter Ster-
           betafeln und ihre versicherungsmathematischen Konsequenzen. Blätter
           DGVM **18** (1987) 133-149
[HW92]   Holzwarth, A., Weyer,J.: AIDS-Risikoanalyse für Lebens- und Berufs-
           unfähigkeitsversicherung. Blätter DGVM **20** (1992) 483-516
[LE88]   Lörper, J., Eich, J.: AIDS und Lebensversicherung, Mathematische Mo-
           delle und Manahmen der Versicherer. Schriftenreihe der Kölnischen Rück
           14 (1988)
[Lo93]   Longstaff, F.A.: Martingale restriction tests of option pricing models,
           University of California Los Angeles. Preprint März 1993
[deP86]   N. de Pril: On the exact computation of the aggregate claims distribution
           in the individual life model. ASTIN Bulletin **16** (1986) 109-112
[deP89]   N. de Pril: The aggregate claims distribution in the individual model
           with arbitrary positive claims. ASTIN Bulletin **19** (1989) 9-24
[Re87]   Reichel, G.: Grundlagen der Lebensversicherungstechnik. Gabler, Wies-
           baden 1987
[Ru]   Ruis, A.: Modifikationen der Black-Scholes-Formel in der Optionspreis-
           bewertung. Diplomarbeit bei Prof. Dr. W. Böge, Universität Heidelberg
           1993
[Sm91]   Smith, A.D.: Option Pricing Formulae. 2nd AFIR Colloquium Brighton
           vol. 2 (1991) 415-453
[Wi]   Wilkie, A.D.: An actuarial model for AIDS. Journal of the Institute of
           Actuaries, vol. 115. 839-853
[Wo88]   Wolfsdorf, K.: Versicherungsmathematik Teil 2. Theoretische Grundla-
           gen, Risikotheorie, Sachversicherung. Teubner, Stuttgart 1988

Anwendung kryptographischer Methoden im elektronischen Zahlungsverkehr

Peter Alles[1] und Albrecht Beutelspacher[2]

[1] debis Systemhaus GEI, Eschborn
[2] Mathematisches Institut, Gießen

1 Einleitung

Im Bankenbereich spielt Sicherheit im weitesten Sinne schon seit vielen Jahrhunderten in vielfältigen Ausprägungen eine herausragende Rolle. Seit dem Aufkommen von Zahlungsmitteln sind Sicherheitsüberlegungen entscheidend für ihre Gestaltung (Fälschungssicherheit). Das Vertrauen in der Kunde-Bank-Beziehung resultiert aus dem Bankgeheimnis, nach dem sich ein Kreditinstitut zum Schutz von Informationen, die sich aus vertraglichen oder vorvertraglichen Beziehungen mit Kunden ergeben, vor Dritten verpflichtet (Vertraulichkeit). Durch gesetzliche Auflagen zur Ordnungsmäßigkeit der Buchführung z.B. im Handelsgesetzbuch werden umfangreiche Anforderungen an die Art und den Umfang der Dokumentation von Geschäftsvorgängen gestellt (Revisionsfähigkeit). Der zunehmende Einsatz verteilter und offener Systeme der Informationstechnik (kurz: IT-System) stellt erhöhte Anforderungen an die Berechtigungsprüfung und die Integrität von Abläufen z.B. im elektronischen Zahlungsverkehr (Transaktionssicherheit).

Sicherheit als Schutz vor beabsichtigten Angriffen auf ein IT-System oder Teile eines solchen Systems sowie als Schutz vor zufälligen Veränderungen von Daten und Programmen wird durch die unterschiedlichsten Techniken und Maßnahmen erreicht. Kryptographische Verfahren können in modernen IT-Systemen wirksam zur Kontrolle einer Zugriffsberechtigung auf Systemteile und zur Gewährleistung der Vertraulichkeit und Integrität von Information verwendet werden. Unter *Kryptographie* wird der Einsatz i.d.R. mathematischer Methoden verstanden, Daten so zu verändern (Verschlüsselung), daß sie nur von autorisierten Instanzen gelesen werden können (Entschlüsselung). Die Entwicklung kryptographischer Verfahren wird durch Methoden der *Kryptoanalyse* unterstützt, die die Stärke von Verschlüsselungsverfahren gegenüber unberechtigten Entschlüsselungsangriffen untersuchen und bewerten.

Durch den Einsatz immer größerer und komplexerer IT-Systeme im Bankenbereich, mit denen individuelle Informationen (z.B. Kontostand), abgefragt, bargeldlose Zahlungen getätigt oder elektronische Überweisungen ausgelöst werden können, ist potentiell jeder Mensch Teilnehmer eines solchen

IT-Systems. Sicherheitsrelevante Systemteile wie Scheckkarten, Kartenleser, persönliche Geheimzahlen (PIN), PIN-Tastaturen, Terminals und Geldausgabeautomaten befinden sich in großer Anzahl zum Teil in unkontrollierter Umgebung. Daher muß das Gesamtsystem ein so *hohes Maß an Sicherheit* aufweisen, daß die Nachlässigkeit einzelner Systemteilnehmer oder die unbefugte Veränderung einzelner Systemkomponenten höchstens zu einem lokalen Schaden führt, d.h. daß keine anderen Systemteilnehmer und -komponenten in ihren Interessen bzw. in ihrer (sicheren) Funktionsfähigkeit beeinträchtigt werden, auch wenn ein böswilliger Angriff mit sehr hohem Aufwand betrieben wird.

Kryphtographische Verfahren bieten hierfür eine *effiziente* Möglichkeit, da mit ihnen die Identität und Authentizität (Echtheit einer Identität) von Systemteilnehmern und -komponenten wie Kunden, Mitarbeitern eines Kreditinstituts, DV-Systemen und Programmen in vernetzten und offenen IT-Systemen *zuverlässig* kontrolliert und die Vertraulichkeit und Integrität von Daten und Programmen relativ einfach gewährleistet werden kann. Durch die standardisierte und obligatorische Integration kryptographischer Mechanismen in Anwendungssysteme ist es weiterhin möglich, eine *konfigurierbare, kontrollierbare* und *verifizierbare* Sicherheit zu erzeugen, d.h. das gewünschte Sicherheitsniveau ist steuerbar, seine Aufrechterhaltung ist als unumgehbarer Automatismus unabhängig von Personen und Ereignissen (im Sinne der genannten lokalen Schadensbegrenzung), und die Qualität von Sicherheitsmechanismen ist nach objektiven Maßstäben feststellbar.

Im folgenden Abschnitt 2 wird eine Einführung in die wichtigsten Anwendungsbereiche kryptographischer Methoden in der elektronischen Kunde-Bank-Kommunikation gegeben. Neben einer kurzen anwendungsorientierten Beschreibung werden die eingesetzten Algorithmen genannt, die im einzelnen in Abschnitt 3 beschrieben werden. Die sicherheitsbezogenen Einsatzszenarien und die wesentlichen Designkriterien werden in Abschnitt 4 näher untersucht. Aktuelle und zukünftige Entwicklungen, die den Einsatz kryptographischer Verfahren im Bankenbereich betreffen, werden im Abschnitt 5 diskutiert. Im abschließenden Abschnitt 6 wird die Besonderheit der Rolle herausgearbeitet, die die Mathematik in Bankanwendungen gegenüber anderen Anwendungssituationen der Praxis spielt.

2 Anwendungsbereiche für kryptographische Methoden

In diesem Abschnitt werden exemplarisch einige der am stärksten verbreiteten und allgemein zugänglichen elektronischen Anwendungssysteme der deutschen Kreditwirtschaft beschrieben, für die kryptographische Verfahren einen wesentlichen Sicherheitsbeitrag darstellen. Es wird dabei unterschieden zwischen Systemen, die im Prinzip für jeden zugänglich sind (sog. Kleinkunde) und im wesentlichen zum automatisierten Geldabheben und bargeldlosen Bezahlen dienen, und Systemen des Zahlungsverkehrs und Massendatenaustausches mit Großkunden.

Für die im folgenden angeführten Verschlüsselungsalgorithmen wird auf Abschnitt 3, für die entsprechenden Einsatzszenarien auf Abschnitt 4 verwiesen.

2.1 Das System der Geldausgabeautomaten

Seit Beginn der achtziger Jahre ist es in Deutschland möglich, über Geldausgabeautomaten (GAA) Geld vom Konto abzuheben. Der Vorgang des Geldabhebens wird durch Verwendung einer gültigen eurocheque-Karte (kurz ec-Karte) autorisiert, wobei die Legitimation des Kunden durch Eingabe einer persönlichen Geheimzahl (PIN) festgestellt wird. Die PIN ist einer ec-Karte fest zugeordnet und wird aus kartenspezifischen Daten wie Kontonummer, Bankleitzahl und Kartenfolgenummer durch ein Verschlüsselungsverfahren, das auf dem DES-Algorithmus basiert, gewonnen. Sie ist nicht wie häufig fälschlicherweise behauptet wird auf dem Magnetstreifen der Karte gespeichert, sondern wird zur PIN-Verifikation in einem besonderen Sicherheitsmodul aus den Kartendaten und einem geheimen Schlüssel nachgeneriert.

Die GAA-Autorisierung sowie die PIN-Prüfung erfolgen in der Regel online, d.h. im zuständigen Autorisierungsrechner eines Kreditinstituts, der die Kundenkonten verwaltet und Limitprüfungen durchführt. Zu diesem Zweck werden zwischen GAA und Autorisierungsrechner standardisierte Nachrichten ausgetauscht, die nach der ISO-Norm 8583 aufgebaut sind. Die Kunden-PIN wird dabei mit dem standardisierten symmetrischen DES-Algorithmus verschlüsselt übertragen, und alle Einzelnachrichten werden integritätsgesichert durch dynamisch erzeugte Message Authentication Codes (MAC), die ebenfalls mithilfe des DES-Algorithmus generiert werden.

Die dem GAA-System und den POS-Systemen (s. folgender Abschnitt) zugrundeliegenden Sicherheitskonzepte enthalten Schutzmaßnahmen, um die Vertraulichkeit von geheimen Daten (PIN, kryptographische Schlüssel) insbesondere bei der Datenübertragung sicherzustellen und die Manipulation, Vortäuschung und Wiedereinspielung von Nachrichten zu erkennen. Zusätzlich ist seit einigen Jahren in den deutschen GAAs ein Verfahren integriert, das die Kartenechtheit verifiziert, um den Einsatz von Kartenduplikaten (kopierte Magnetstreifendaten) auszuschließen. Dabei wird das sog. MM-Merkmal ausgewertet, das die Zusammengehörigkeit der wesentlichen Magnetstreifendaten (z.B. Kontonummer) zu dem individuellen Datenträgermedium (spezifische Plastikkarte) sicherstellt. Auch hierbei wird der DES-Algorithmus eingesetzt.

2.2 Elektronisches Bezahlen

Das erste System zum elektronischen Bezahlen, mit dem umfangreiche und unterschiedliche kryptographische Verfahren einem Praxistest unterzogen wurden, war der sog. POS-Feldversuch im Großraum Regensburg, der ab 1989 mit über 40000 ec-Hybridkarten durchgeführt wurde. An verschiedenen Points of Sale (POS) waren zu diesem Zweck besondere Kassenterminals installiert, an denen ein Kunde durch Einstecken seiner ec-Karte, die neben dem üblichen Magnetstreifen mit einem zusätzlichen Chip ausgestattet war (Hybridkarte), in den Kartenleser und Eingabe seiner PIN einen elektronischen Zahlungsvorgang auslösen konnte. Die Autorisierung eines Zahlungsvorganges wurde dabei in Abhängigkeit von verschiedenen Parametern wie Kartenart (auch die „normalen", nur mit einem Magnetstreifen ausgerüsteten ec-Karten konnten eingesetzt werden), Betragshöhe, Verfügungslimit, Datum der letzten online-Autorisierung etc. entweder offline (d.h. im POS-Terminal direkt) oder online (im Rechenzentrum des zuständigen Kreditinstituts) durchgeführt. Nach Einleitung des Umsatzes in den Zahlungsverkehr erfolgte die Abbuchung des autorisierten Betrages vom Konto des Kunden.

Kryptographische Verfahren wurden im POS-Feldversuch im wesentlichen zur Absicherung der Schnittstellen zwischen ec-Hybridkarte, POS-Terminal, Autorisierungs-RZ und Clearing-RZ eingesetzt:

- *Schnittstelle ec-Hybridkarte POS-Terminal*
  Die PIN des Kunden wurde im Falle einer ec-Hybridkarte im Chip der Karte geprüft. Dazu wurde die über die PIN-Tastatur des POS-Terminals eingegebene PIN unter dem proprietären symmetrischen Algorithmus SCA-85 verschlüsselt und in den Chip zur Prüfung übertragen. Zuvor wurde ein SCA-basiertes Authentikationsprotokoll mit der Karte durchgeführt, um deren Identität und Gültigkeit festzustellen. Alle der PIN-Prüfung nachfolgende Kommunikation mit der Karte zur Durchführung eines Zahlungsvorganges erfolgte integritätsgeschützt mit SCA-erzeugten MACs.

- *Schnittstelle POS-Terminal Autorisierungsrechner eines Kreditinstituts*
  Für die online-Autorisierung eines Zahlungsvorganges und die PIN-Prüfung im Falle einer ec-Karte ohne Chip wurden ISO-8583-Nachrichten zwischen dem POS-Terminal und dem Autorisierungsrechner des zuständigen Kreditinstituts (Kundenbank) ausgetauscht. Die PIN wurde dabei DES-verschlüsselt übertragen und alle Nachrichten waren mit DES-erzeugten MACs integritätsgeschützt.

- *Schnittstelle POS-Terminal Clearingrechner eines Kreditinstituts*
  Die offline oder online autorisierten Zahlungsvorgänge wurden im POS-Terminal MAC-gesichert gesammelt und zu einer Datei zusammengestellt, die beim Kassenabschluß an den Clearingrechner eines Kreditinstituts (Händlerbank) übertragen wurde (Clearing: Einleiten der Umsätze in den Zahlungsverkehr). Die Dateiübertragung erfolgte ebenfalls integritätsgesichert mit DES-erzeugten MACs. Im Gegensatz zu den beiden anderen Schnittstellen, wo über eine einmalige Schlüsselverteilung kryptographische Schlüssel den Systemteilnehmern zur weiteren Verwendung fest zugewiesen wurden (dieser Vorgang wird häufig als Personalisierung bezeichnet), wurde der verwendete Schlüssel dynamisch – d.h. zum Zeitpunkt seiner Verwendung – zwischen POS-Terminal und Clearingrechner verein-

bart, indem ein sog. Public-Key-Exchange-Protokoll nach Diffie/Hellman durchgeführt wurde.

Seit 1990 wächst das sog. electronic-cash-System der deutschen Kreditwirtschaft, das elektronische Kassenterminals in Betreibernetze (z.B. der Mineralölindustrie) integriert, die jeweils über einen Front-End-Prozessor an die Autorisierungsrechner der Kreditwirtschaft angeschlossen sind. An diesen Kassenterminals kann die übliche ec-Karte zum elektronischen Bezahlen mit Abbuchung vom Konto verwendet werden, nachdem der Kunde sich durch Eingabe seiner PIN legitimiert hat. PIN-Prüfung und Zahlungsautorisierung erfolgen immer online, d.h. im zuständigen Autorisierungsrechner, wobei zur PIN-Verschlüsselung und MAC-Sicherung der ISO-8583-Nachrichten der DES-Algorithmus eingesetzt wird. Der Aufbau und die Unterhaltung der Betreibernetze sind für die ec-Kartenverarbeitung durch die deutsche Kreditwirtschaft mit strengen Sicherheitsauflagen belegt.

Zur Zeit befindet sich ein weiterer Großversuch des Kreditgewerbes zur Erprobung von ec-Hybridkarten in Vorbereitung, indem auch das Konzept der Multifunktionalität von Chipkarten realisiert werden soll. Neben dem elektronischen Bezahlen mit Kontoabbuchung können dann auch eine „elektronische Geldbörse", eine Telefonanwendung und weitere Anwendungen in den Chip integriert bzw. nachgeladen werden. Als kryptographischer Algorithmus für alle Aufgaben des Keymanagements, der Integritätssicherung und der Datenverschlüsselung ist der DES-Algorithmus vorgesehen.

2.3 Elektronischer Zahlungsverkehr und Datenaustausch

Für den elektronischen Massendatenaustausch zwischen (Groß- bzw. Firmen-) Kunden und Kreditinstituten, die z.B. dem Einleiten von Umsätzen in den Zahlungsverkehr (Clearing) dienen, werden auf der Kundenseite im wesentlichen PCs eingesetzt, die über standardisierte Kommunikationsverfahren mit Bankrechnern in Verbindung treten. Die Verfahren auf der Übertragungsebene setzen häufig Protokolle wie X.400 oder FTAM ein. Die auf der Anwendungsebene ausgetauschten Nachrichten, in die Sicherheitselemente integriert sind, basieren meist auf dem nationalen Bankenstandard DTA oder internationalen Standards wie SWIFT und zunehmend EDIFACT (s.u.).

In Deutschland wird seit einigen Jahren der Banking Communication Standard (BCS) für die elektro-nische Übertragung von Überweisungen und Umsätzen zwischen Firmenkunden und Privatbanken eingesetzt. Dabei können vertrauliche Daten DES-verschlüsselt übertragen und einzelne Datensätze mit elektronischen Unterschriften versehen werden. Zur vertraulichen Übertragung von DES-Schlüssel und zur Erzeugung elektronischer Unterschriften wird der RSA-Algorithmus verwendet. Die elektronische Unterschrift wird aus einem Hashwert erzeugt, der durch die Komprimierung einer beliebig langen, zu signierenden Nachricht auf eine feste Länge entsteht. Der Hash-Funktion liegt wiederum der DES-Algorithmus in einer Variante des CBC-

Modus (cipher block chaining) zugrunde. Eine ähnliche Funktionalität bietet auch das ELKO-System der Sparkassen.

Anfang der neunziger Jahre wurde im Rahmen der elektronischen Öffnung der Deutschen Bundesbank der Dienst der elektronischen Abrechnung mit Filetransfer (EAF) für das nationale Interbanken-Clearing eingerichtet, wobei über das EAF-Netz täglich mit den Landeszentralbanken elektronisch Forderungen und Verbindlichkeiten von bis zu 500 Mrd. DM ausgetauscht werden. Die mit dem FTAM-Protokoll übertragenen Datenpakete werden mit dem DES-Algorithmus MAC-gesichert.

Das SWIFT-Netz (SWIFT = Society For Worldwide Interbank Financial Telecommunication) dient seit Ende der siebziger Jahre primär der elektronischen Abwicklung des internationalen Interbanken-Clearings. In standardisierten Protokollen wird dabei (SWIFT II) der asymmetrische RSA-Algorithmus eingesetzt, um bilaterale Authentikationsschlüssel für einen symmetrischen Algorithmus zu vereinbaren, mit dem die Integrität und Authentizität von ausgetauschten Zahlungsverkehrsdaten sichergestellt wird. Ausgangspunkt dieser kryptographischen Verfahren sind (asymmetrisch) zertifizierte Schlüsselpaare für jeden SWIFT-Teilnehmer.

Für den Datenaustausch mit Großkunden werden seit 1985 von der UN Verfahren und Protokolle standardisiert, die unter der Abkürzung EDIFACT (Electronic Data Interchange for Administration, Commerce and Transport) bekannt sind. Zur Zeit wird vor allem von Bankenvertretern intensiv daran gearbeitet, die EDIFACT-Standards um Sicherheitselemente zu erweitern, damit Daten vertraulich übertragen werden können, Nachrichten integritätsgesichert oder digital signiert werden können, und Schlüssel bilateral und dynamisch vereinbart werden können. Die Standardvorgaben sollen dabei so flexibel bleiben, daß beliebige symmetrische und asymmetrische Algorithmen für die unterschiedlichsten Sicherheitsfunktionen eingesetzt werden können.

3 Kryptographische Algorithmen

Grundsätzlich kann man die Kryptographie auf verschiedene Weise einteilen:

- Man kann nach Art der Anwendung von Algorithmen unterscheiden. Dann unterscheidet man das Ziel *Vertraulichkeit* (Nachrichten sollen nur für Berechtigte zugänglich sein) und das Ziel *Authentizität* (man soll nachweisen können, ob eine Nachricht nicht verändert wurde und wirklich von der angegebenen Quelle kommt).
- Man kann die Kryptographie auch nach *Art der Algorithmen* einteilen. Dann wird man *symmetrische* und *asymmetrische (public key) Algorithmen* unterscheiden. Bei symmetrischen Algorithmen haben beide Kommunikationspartner denselben kryptographischen Schlüssel. Das bedeutet, daß Ver- und Entschlüsselung bzw. Erzeugung und Verifikation einer authentischen Nachricht gleich schwierig sind. Ganz anders ist dies bei asymmetrischen Verfahren: Dort braucht jeweils nur einer der Partner

einen geheimen Schlüssel, die *Verschlüsselung* bzw. die *Verifikation* einer
Nachricht kann mit allgemein zugänglichen öffentlichen Parametern erfolgen!

	symmetrisch	asymmetrisch
Verschlüsselung	symmetrische Verschlüsselung	asymmetrische Verschlüsselung
Authentikation	symmetrische Authentikation	Elektonische Signatur

Wir werden in diesem Abschnitt die wichtigsten Algorithmen vorstellen.

3.1 Der DES-Algorithmus

Der DES (Data Encryption Standard) ist sicherlich der bekannteste und am
weitesten verbreitete Algorithmus. Die Geschichte dieses Algorithmus ist ein-
zigartig: Zwar sind die Designkriterien bis heute geheim und nicht zugänglich,
aber der Algorithmus selbst wurde von Anfang an in allen Details veröffent-
licht. Die Herausforderung, den DES zu analysieren, das heißt, seine Schwächen (und Stärken) herauszufinden, hat die öffentliche Kryptologie seit der
Veröffentlichung des DES im Jahre 1977 in starkem Maße vorangebracht.

Der DES ist bereits häufig beschrieben worden; wir gehen hier nur auf die
äußeren Daten ein. Der DES ist eine symmetrische Blockchiffre; das bedeutet,
daß jeweils unter demselben Schlüssel Blöcke von jeweils 64 Bit verschlüsselt
werden. Dies produziert Outputblöcke (Chiffretext) von ebenfalls jeweils 64
Bit. Der Schlüssel besteht aus 64 Bit, von denen 56 Bit frei wählbar sind; der
Schlüsselraum besteht also aus $2^{56} \approx 10^{17}$ Schlüsseln.

Der DES ist eine „Feistel-Chiffre". Das bedeutet, daß der Algorithmus in
„Runden" organisiert ist (im Falle des DES handelt es sich um 16 Runden);
in jeder Runde wird die rechte Hälfte des Inputs einer komplexen Operation
unterworfen, bei der auch der Schlüssel eingeht, und zur neuen linken Hälfte
erklärt, während die alte linke Hälfte die neue rechte Hälfte wird. Feistel-
Chiffren bieten den großen Vorteil, daß Entschlüsseln prinzipiell der gleiche
Vorgang ist wie Verschlüsseln.

Während die ersten Angriffe auf den DES diesem Algorithmus weder viel
anhaben konnten, noch tiefe Erkenntnisse über sein Wesen brachten, sind in
den letzten Jahren zwei sehr ernstzunehmende Angriffe entwickelt worden, die
differentielle Analyse von Biham und Shamir [BS93] und die lineare Analyse
von Matsui [Ma93]. Mit Hilfe dieser Verfahren konnte zwar eine ganze Reihe
von „DES-Alternativen" und „-Verbesserungen" gebrochen werden, der DES
selbst hat bislang jedenfalls de facto diesen Angriffen widerstanden. Die derzeit beste Attacke benötigt 2^{47} Klartext-Schlüsseltextpaare, um den Schlüssel
zu berechnen.

Dennoch hat man nach Alternativen Ausschau gehalten. Eine Entwicklungsrichtung geht dahin, möglichst schnelle Algorithmen zu entwickeln; dazu gehört der FEAL [Mi91], von dem aber jedenfalls erste Versionen gebrochen wurden. In den letzten Jahren wurde v.a. von J. Massey von der ETH Zürich Algorithmen entwickelt, deren Ziel es ist, nur bekannte und gut untersuchte Komponenten zu verwenden; dazu gehören die Algorithmen IDEA [LM91] und SAFER K-64 [Ma93]. Dies dient vor allem dazu, ein Vertrauen in die Sicherheit dieser Algorithmen zu entwickeln.

3.2 Der RSA-Algorithmus

Der RSA-Algorithmus ist nach seinen Erfindern Ron Rivest, Adi Shamir und Len Adleman benannt, die diesen Algorithmus als ersten seiner Art im Jahre 1978 veröffentlichten (siehe [Ri78]). Inzwischen sind zwar einige weitere asymmetrische Algorithmen entwickelt worden, aber der RSA-Algorithmus ist nach wie vor der Prototyp für asymmetrische Verfahren.

Bevor wir den RSA-Algorithmus genauer beschreiben, ist eine allgemeine Bemerkung angebracht. Bei den meisten symmetrischen Algorithmen bietet die Schlüsselerzeugung insofern kein Problem, als daß man nur „zufällig" eine Zahl (bzw. einen Bitstring) aus einem vorgegebenen Bereich zu wählen hat. Zum Beispiel muß man beim DES-Algorithmus einen String der Länge 56 wählen. Bei asymmetrischen Algorithmen ist dies grundsätzlich anders; denn die Zahlen, die als Schlüssel in Frage kommen, müssen gewisse mathematische (in der Regel zahlentheoretische) Eigenschaften haben. Deshalb unterscheidet man bei asymmetrischen Algorithmen explizit zwischen Schlüsselerzeugung und Anwendung des Algorithmus.

Schlüsselerzeugung beim RSA-Algorithmus. Um für einen Teilnehmer Schlüssel zu erzeugen, wählt man zwei große Primzahlen p und q, bildet deren Produkt $n = pq$ und die Zahl $\varphi(n) = (p-1)(q-1)$. (Die Funktion φ ist die Eulersche φ-Funktion; $\varphi(n)$ gibt die Anzahl der invertierbaren Elemente in $\mathbb{Z}_n$ an.) Dann wählt man eine natürliche Zahl e, die teilerfremd zu n ist und berechnet (etwa mit Hilfe des euklidischen Algorithmus) eine natürliche Zahl d mit

$$ed = 1 \; mod \; \varphi(n), \quad \text{d.h. } ed = 1 + k\varphi(n) \text{ für eine natürliche Zahl } k.$$

Dann ist e der öffentliche Schlüssel, n der (ebenfalls öffentliche) Modul und d der geheime Schlüssel des Teilnehmers.

Anwendung des RSA-Algorithmus: Verschlüsselung. Der Kern des RSA-Algorithmus steckt im „Satz von Euler". Dieser sagt, daß für alle natürlichen Zahlen $n = pq$ und k folgende Beziehung gilt:

$$m^{k \cdot \varphi(n)+1} \equiv m \; (mod \; n) \text{ für alle natürlichen Zahlen } m \leq n.$$

Die Idee besteht darin, die Potenzierung mit $k \cdot \varphi(n) + 1$ als Ver- und Entschlüsselung der Nachricht m aufzufassen und den Exponenten $k\varphi(n) + 1$ so als Produkt ed natürlicher Zahlen e und d zu schreiben, daß es praktisch unmöglich ist, aus e die Zahl d zu berechnen. Dieser Zusammenhang zwischen e und d wurde im vorigen Abschnitt (Schlüsselerzeugung) beschrieben.

Wenn jemand an einen Teilnehmer B eine Nachricht m verschlüsselt senden will, so verwendet er den öffentlichen Schlüssel e des Empfängers. Die Nachricht sei so aufbereitet, daß sie in natürliche Zahlen $m \leq n$ zerlegt ist. Verschlüsselt wird auf folgende Weise:

$$m \to c := m^e (mod\ n).$$

Nur der Empfänger kann den Geheimtext c entschlüsseln, indem er seinen geheimen Schlüssel d darauf anwendet:

$$c \to c^d (mod\ n).$$

Der Satz von Euler garantiert, daß korrekt entschlüsselt wird, daß also der Empfänger wieder m erhält.

Anwendung des RSA-Algorithmus: elektronische Signatur. Um ein Dokument mit einer elektronischen Unterschrift zu versehen, geht man analog wie bei der Verschlüsselung vor nur mit vertauschten Rollen. Derjenige, der ein Dokument m elektronisch signieren möchte, wendet auf m seinen geheimen Schlüssel an:

$$m \to sig := m^d (mod\ n).$$

Diese Signatur kann im Prinzip von jedem verifiziert werden, indem sie rückgängig gemacht wird; es wird überprüft, ob

$$sig^e (mod\ n) = m$$

ist. In der Regel wird man diese „naive" Prozedur nicht anwenden, und zwar aus zwei Gründen:

- Die Signatur ist genauso lang wie das unterschriebene Dokument; dies ist insbesondere dann störend, wenn das Dokument aus mehreren Blöcken m besteht.
- Die Performance des RSA-Algorithmus ist so schlecht, daß sich eine Signierung langer Dokumente verbietet.

Daher setzt man zusätzlich eine Hashfunktion ein. Eine *(kryptographische) Hashfunktion* ist eine Abbildung $H : X \to Y$, die einen beliebig langen String auf einen String fester Länge (typische Größe: 128 Bit) komprimiert; dabei sollen folgende Eigenschaften erfüllt sein:

- *Einwegeigenschaft:* H ist einfach auszuführen, aber für jedes $y \in Y$ ist es praktisch unmöglich, ein $x \in X$ zu finden mit $H(x) = y$.

– *Kollisionsfreiheit:* Es ist praktisch unmöglich, zu zwei verschiedenen x und x' aus X ein $y \in Y$ zu finden mit $H(x) = H(x')$.

Damit kann man folgende Prozedur einführen: Der Unterschreiber signiert nicht das ganze Dokument m, sondern nur den Hashwert $H(m)$. Zum Verifizieren benötigt man sowohl m als auch die elektronische Signatur $sig = H(m)^d (mod\ n)$. Man berechnet zunächst aus m den Hashwert $H(m)$ und überprüft dann, ob $sig^e (mod\ n) = H(m)$ ist.

Sicherheitsanalyse des RSA-Algorithmus. Diffie und Hellman haben in ihrer Arbeit „New directions" [DH76] asymmetrische Verfahren mit Hilfe des Begriffs einer Trapdoor-Einwegfunktion beschrieben.

Eine *Einwegfunktion* ist dabei eine (bijektive) Funktion $f : X \to Y$, die einfach auszuführen ist, bei der es aber für jedes $y \in Y$ praktisch unmöglich ist, ein x mit $f(x) = y$ zu finden. Im nächsten Abschnitt werden wir ein Beispiel einer Einwegfunktion, nämlich die diskrete Exponentialfunktion vorstellen.

Eine *Trapdoor-Einwegfunktion* ist eine Funktion f, die man so beschreiben kann, daß sie eine Einwegfunktion ist, bei der es aber eine Trapdoor (das heißt ein Geheimnis, einen Geheimgang) gibt, mit Hilfe dessen man die Funktion umkehren kann.

Wenn man eine Trapdoor-Einwegfunktion hat, hat man auch ein asymmetrisches Verschlüsselungs- und Signaturschema. Man verschlüsselt eine Nachricht, indem man die Trapdoor-Einwegfunktion des Empfängers auf die Nachricht anwendet. Da diese Funktion für Außenstehende eine Einwegfunktion ist, kann keiner die chiffrierte Nachricht entschlüsseln; nur der Empfänger kann mit Hilfe seiner Trapdoor den Geheimtext entziffern.

In der Situation des RSA-Algorithmus ist die Funktion $m \to m^e (mod\ n)$ die Trapdoor-Einwegfunktion. Nach heutigem Wissensstand kann man diese Funktion nur umkehren, wenn man einen der geheimen Parameter d, p, q oder $\varphi(n)$ kennt. Die Kenntnis dieser Parameter ist eng mit der Faktorisierung von n verknüpft. Bei p und q ist das unmittelbar klar; aber auch die Kenntnis von $\varphi(n)$ ist äquivalent zur Faktorisierung von n. (Wenn man $\varphi(n)$ kennt, so hat man die zwei Gleichungen $n = pq$ und $\varphi(n) = (p-1)(q-1)$ in den Unbekannten p, q zu lösen.)

Um sicher zu sein, daß n nicht faktorisiert werden kann, müssen p und q jedenfalls genügend groß gewählt werden. Der bislang stärkste Angriff war die Faktorisierung einer 129 Dezimalstellen langen RSA-Zahl im Jahre 1994 durch Lenstra und anderen; der Aufwand war allerdings enorm; er betrug ca. 5000 MIPS-Jahre. Allgemein verwendet man Zahlen p und q in die Größenordnung von Mindestens 256 Bit; dann hat der Modul n eine Länge von mindestens 512 Bit (ca. 170 Dezimalstellen). Die Größe der Zahlen p und q ist aber nicht hinreichend für große Sicherheit, vielmehr müssen diese Primzahlen auch noch speziell gewählt werden; man verwendet sogenannte starke Primzahlen.

Die Größe der verwendeten Zahlen wirkt sich natürlich nachteilig auf die
Performance aus, denn man muß eine Langzahlarithmetik bereitstellen, mit
deren Hilfe man mit den entsprechend großen Zahlen exakt potenzieren kann.

3.3 Der Diffie-Hellman-Schlüsselaustausch

Die symmetrische Kryptographie hat das grundsätzliche Dilemma des Schlüsselaustauschs: Um eine (eventuelle sehr lange) Nachricht geheim übertragen
zu können, muß man zuvor einen (eventuell) kurzen Schlüssel geheim übertragen! Dieses Problem kann zwar reduziert werden, bleibt aber innerhalb der
symmetrischen (klassischen) Kryptographie prinzipiell ungelöst.

Mit Hilfe der asymmetrischen Kryptographie ist dieses Problem aber elegant lösbar, und zwar gibt es sogar zwei Lösungsmöglichkeiten. Man könnte
einerseits ein asymmetrisches Verschlüsselungsschema benutzen, um den geheimen Schlüssel (für ein symmetrisches Verfahren) zu übertragen. Andererseits gibt es die Möglichkeit des Schlüsselaustauschs nach Diffie und Hellman.
Diese Autoren haben das Protokoll in ihrer berühmten Arbeit New directions
in cryptography vorgestellt.

Das Verfahren beruht darauf, daß diskrete Exponentialfunktionen (bei geeigneter Wahl der Parameter) Einwegfunktionen sind. Wir fixieren eine Primzahl p und eine natürliche Zahl $g \leq p - 1$; es ist günstig, wenn g ein Erzeuger
der Gruppe $\mathbb{Z}_p^*$ ist. Die *diskrete Exponentialfunktion* in $\mathbb{Z}_p$ zur *Basis* g ist die
Abbildung

$$k \to g^k \, mod \; p.$$

Diese Funktion ist leicht auszuführen; mit Hilfe des Square-and-Multiply-
Verfahrens kann man die Potenz g^k in höchstens $2 \cdot \log_2 k$ modularen Multiplikationen ausrechnen. Andererseits scheint es sehr aufwendig zu sein, die
diskrete Exponentialfunktion umzukehren; man sagt dazu auch, *diskrete Log-
arithmen* zu berechnen. Bei sorgfältiger Wahl von p kann man diskrete Log-
arithmen nur mit mindestens $\sqrt{p}$ modularen Multiplikationen berechnen. Man
kann also sagen, daß die diskrete Exponentialfunktion (bei guter Wahl von p)
beim heutigen Wissensstand der Mathematik eine Einwegfunktion ist.

Nun beschreiben wir den Diffie-Hellman-Schlüsselaustausch. Die Frage ist:
Können sich zwei Personen, die noch nie Kontakt miteinander hatten, in der
Öffentlichkeit unterhalten, so daß jeder mithören kann, und am Ende haben
beide ein gemeinsames Geheimnis, aber kein anderer kennt dieses Geheimnis?
Genau dieses Problem wird im Diffie-Hellman-Protokoll gelöst.

Als öffentliche Daten liegen eine Primzahl p und eine natürliche Zahl g
vor. Diese Zahlen seien so gewählt, daß die diskrete Exponentialfunktion zur
Basis g eine Einwegfunktion ist.

Im ersten Schritt wählen die beiden Personen A und B je eine natürliche
Zahl a bzw. b und berechnen $\alpha = g^a mod \; p$ bzw. $\beta = g^b mod \; p$.

Danach werden die Zahlen α und β ausgetauscht. (Dies ist die „Unterhaltung").

Im letzten Schritt berechnet A die Zahl

$$\beta^a \bmod p = g^{ba} \bmod p.$$

Entsprechend berechnet B die Zahl

$$a^b \bmod p = g^{ab} \bmod p.$$

Da $ba = ab$ ist, haben beide tatsächlich die gleiche Zahl berechnet. Diese
Zahl ist auch ein gemeinsames Geheimnis in dem Sinne, daß keiner, der nur α
und β kennt, die Zahl $g^{ab} \bmod p$ berechnen kann. Der einzige heute bekannte
Weg besteht darin, durch Lösung eines diskreten Logarithmusproblems aus α
auf a (oder aus β auf b) zu schließen und dann wie A (oder B) weiterzurechnen.

Zum Abschluß der Behandlung kryptographischer Verfahren eine grundsätzliche Bemerkung. Es gibt zwar kryptographische Verfahren (etwa das one-
time-pad), deren Sicherheit beweisbar ist. Solche Verfahren werden aber aus
praktischen Gründen kaum eingesetzt. Man muß daher auf Verfahren bauen,
deren Sicherheit grundsätzlich in Zweifel zu ziehen ist. Das Minimum, was
man heute von einem kryptographischen Verfahren verlangen muß, ist, daß es
allen bekannten Angriffsarten (insbesondere statistische Tests) bestanden hat.
Das Beste, worauf man hoffen kann, sind Verfahren, die jedenfalls teilweise
mathematisch analysierbar sind. Das ist insbesondere für die asymmetrischen
Verfahren der Fall: Man kann nicht nur einige Eigenschaften dieser Verfahren
beweisen, sondern die Sicherheit der asymmetrischen Algorithmen ist eng mit
der Schwierigkeit bekannter mathematischer Probleme verknüpft.

4 Realisierung von Sicherheitsanforderungen in Bankanwendungen

Der hohe Stellenwert, den der Sicherheitsgedanke im Bankenbereich genießt,
äußert sich nicht zuletzt auch darin, daß in der überwiegenden Zahl der Ein-
satzfälle kryptographischer Verfahren nur solche Algorithmen als Grundlage
verwendet werden, deren Sicherheit „erwiesen" ist. Dies trifft in idealerweise
auf die Algorithmen DES und RSA zu, obwohl gerade hierfür die theoretische
Sicherheit grundsätzlich nicht bewiesen werden kann (siehe vorangegangenen
Abschnitt).

  - Der DES-Algorithmus ist seit seiner Veröffentlichung der weltweiten Kryp-
    toanalyse ausgesetzt, an der sich eine Vielzahl der renommiertesten Kryp-
    tologen mit den unterschiedlichsten Analyse-Methoden beteiligt haben.
    Bei den entsprechenden Untersuchungen wurden jedoch keine substanti-
    ellen Schwächen entdeckt, sondern implizit sogar die geheimgehaltenen
    Design-Prinzipien bestätigt. Eine unbefugte Schlüsselermittlung scheint
    nur mit einer systematischen Suche im fast vollständigen Schlüsselraum
    möglich zu sein, die im Normalfall einer Anwendungssituation in keinem
    vernünftigen Verhältnis zum erzielbaren Nutzen steht. Daher kann der

DES-Algorithmus als „praktisch sicher" bezeichnet werden. Eine zusätzliche Sicherheitsverbesserung kann durch eine modizierte Anwendungsmethode erreicht werden (Triple-DES).

– Die Stärke des RSA-Algorithmus beruht auf der „praktischen" Schwierigkeit der Faktorisierung großer Primzahlprodukte. Obwohl die Unmöglichkeit, ein effizientes Faktorisierungsverfahren zu finden, bisher nicht bewiesen werden konnte, geben auch hier die langjährigen Untersuchungen der weltbesten „Faktorisierer" zur berechtigten Hoffnung Anlaß, daß der RSA-Algorithmus als ein auch zukünftig „praktisch sicherer" Algorithmus zu betrachten ist. Entscheidend hierbei ist, daß bei der Schlüsselgenerierung, die als wichtigste Teilaufgabe die Erzeugung großer Primzahlen beinhaltet, darauf geachtet wird, daß nicht spezielle Faktorisierungsalgorithmen, die zur Ermittlung von Primzahlen mit Spezialeigenschaften optimiert sind, wirksam zur Faktorisierung des Moduls eingesetzt werden können. Weiterhin bietet der RSA-Algorithmus durch Erhöhung der Modullänge im Prinzip eine einfache Möglichkeit, die praktische Sicherheit beliebig zu erhöhen, wenn auch zu Ungunsten der Performance.

Im folgenden werden die wesentlichen Einsatzsituationen kryptographischer Algorithmen am Beispiel wichtiger Sicherheitsanforderungen für verteilte Verarbeitungs- und Kommunikationssysteme beschrieben. Diese Anforderungen wiederum basieren auf den allgemeinen Grundbedrohungen eines IT-Systems

– Verlust der Vertraulichkeit (unbefugter Informationsgewinn)
– Verlust der Integrität (unbefugte Modifikation von Information und Systemen) und
– Verlust der Verfügbarkeit (unbefugte Beeinträchtigung der Funktionalität),

zu denen häufig für finanzwirtschaftliche Systeme die Bedrohung

– Verlust der Verbindlichkeit (unbefugte Beeinträchtigung der Nachweisbarkeit)

auf die gleiche Ebene gestellt wird.

4.1 Identifikation und Authentikation

Die Identifikation und Authentikation ermöglicht die Angabe (Identifikation) einer Identität einer Instanz und den Nachweis (Authentikation) der angegebenen Identität gegenüber einer weiteren Instanz. Durch die Einbeziehung von Authentikation in Interaktionen von Instanzen kann die Vorspiegelung falscher Identitäten verhindert werden. Die Identifikation und Authentikation

bildet die Grundlage für jede Art von sicherer und prüfbarer Anwendungs-
ausführung und fungiert als Voraussetzung weiterer Sicherheitmechanismen
(z.B. Zugriffskontrolle, Beweissicherung).

Die Identifikation und Authentikation eines Benutzers kann auf verschiedene Arten erreicht werden. In den herkömmlichen Anwendungssystemen der
Kreditwirtschaft basiert die Kunden-Identifizierung auf der einer Scheckkar-
te zugeordneten PIN, die per DES-Algorithmus erzeugt und verifiziert (Authentikation) wird. In Transaktionsnachrichten wird die PIN als vertrauliches
Datum immer verschlüsselt übertragen, was ebenfalls per DES-Algorithmus
geschieht. Nach einem kryptographischen Design-Prinzip werden für verschiedene Verschlüsselungszwecke grundsätzlich unterschiedliche Schlüssel verwendet, so daß zur PIN-Verschlüsselung (Übertragung) und zur PIN-Erzeugung
(Kartenproduktion) jeweils eigene Schlüsselkreise verwendet werden.

Im Falle des Einsatzes von Chipkarten zur Benutzeridentifikation kann
auf eine PIN-Übertragung zugunsten einer Identifizierung vor Ort (d.h. im
Chip der Karte) verzichtet werden. Hierbei müssen jedoch kryptographisch
geschützte Challenge- und Response-Protokolle eingesetzt werden, die durch
dynamische Protokollelemente die unbefugte Wiederholung einer bereits erfolgreich verlaufenen Identifikation verhindern.

4.2 Vertraulichkeit

Insbesondere in Kommunikationsvorgängen muß die Vertraulichkeit von
bestimmten Daten (z.B. personenbezogene Daten, Schlüssel) gewährleistet
werden. Durch eine Verschlüsselung solcher Daten kann die unbefugte Kennt-
nisnahme während der Übertragung verhindert werden, so daß nur der be-
absichtigte Empfänger in den Besitz der sensitiven Informationen gelangt.
Obwohl die Verschlüsselung zum Zwecke der Vertraulichkeit der klassische
Anwendungsfall von Kryptoalgorithmen darstellt, wird meist nach Datentyp
bzw. Verwendungszwecke unterschieden:

- Für Zwecke des Keymanagements, also der verschlüsselten Übertragung
  von Schlüsseln, wird vorzugsweise der RSA-Algorithmus eingesetzt, da
  sich mit ihm Probleme der Schlüsselerzeugung, -verteilung, -verwaltung
  und -vielfalt viel eleganter lösen lassen, als dies mit einem symmetrischen
  Verschlüsselungsverfahren möglich ist.
- Für die eigentliche Nutzdatenverschlüsselung in bankfachlichen Anwendungen (als Gegensatz zu den Keymanagement-Anwendungen) wird meist
  der DES-Algorithmus eingesetzt, da symmetrische Algorithmen gegenüber
  asymmetrischen deutliche Performance-Vorteile bieten.

4.3 Datenintegrität

Da sich Veränderungen von Daten, ob zufällig oder böswillig, nicht grundsätzlich wirksam verhindern lassen, müssen insbesondere während Übertragungs-

vorgängen über öffentliche Netze Maßnahmen ergriffen werden, damit Manipulationen (z.B. an Kontonummern, Geldbeträgen, Identifikationsdaten) sicher erkannt und derart verfälschte Daten zurückgewiesen werden können. Im Prinzip wird dazu immer mittels eines mathematischen Verfahrens der Nachricht ein von ihr abhängiges Integritätsmerkmal angefügt, so daß bei einer unbefugten Änderung die Nachricht mit einer konfigurierbaren Wahrscheinlichkeit nicht mehr zu dem Integritätsmerkmal „paßt".

Zum Schutz vor zufälligen Veränderungen werden Verfahren aus der Codierungstheorie verwendet, ein wirksamer Schutz vor böswilligen Veränderungen ist nur mit dem Einsatz kryptographischer Verfahren möglich. Letztere können als

- Message Authentication Code (MAC),
- Manipulation Detection Code (MDC) oder
- Elektronische Unterschrift (Signaturverfahren)

realisiert werden.

Ein MAC kann mit einer symmetrischen Blockchiffre im sog. CBC-Modus (cipher block chaining, d.h. eine Verschlüsselungsvariante mit integrierter Verkettung als Schutz gegen Vertauschung von Blöcken) gebildet werden. In Bankanwendungen erfolgt dies meist mit dem DES-Algorithmus, wobei als Schlüssel ein nachrichtenindividueller Sessionkey verwendet wird.

Eine Elektronische Unterschrift (Signatur) wird mit einem asymmetrischen Verfahren gebildet und besitzt als einziger Typ von Integritätsmerkmalen die Eigenschaft, daß nur der Signierende mit seinem privaten Schlüssel die Signatur erzeugen kann, während alle anderen Instanzen mithilfe des zugehörigen öffentlichen Schlüssels eine solche Unterschrift verifizieren können (s. auch Abschnitt 3). Dies entspricht in Analogie der Funktion der handschriftlichen Signatur, ist in ihrer Fälschungssicherheit elektronisch jedoch wesentlich stringenter realisierbar.

4.4 Authentikation des Datenursprunges

Durch den Austausch von kryptographisch gesicherter Information zusätzlich zu übertragenen Nutzdaten ist es möglich, die Unbestreitbarkeit der Urheberschaft und des Empfangs sicherzustellen. Dies bedeutet, daß Absender und Empfänger einer Nachricht (Dokument) sich gegenseitig und gegenüber Dritten beweisen können, wer der Urheber des Vorganges ist (Proof of Origin), und daß dem Empfänger der Erhalt einer Information nachgewiesen werden kann (Proof of Receipt).

Das ISO Non-Repudiation Framework [ISO] unterscheidet anhand der zum Nachweis übersendeten Protokollinformation drei Stufen hinsichtlich der Qualität dieses Dienstes:

- Elektronische Unterschrift;
- Elektronische Unterschrift mit Zeitstempel;

– Einbeziehung einer vertrauenswürdigen dritten Instanz (Trusted Third Party).

5 Ausblick

Bieten Anwendungen der Kryptographie im elektronischen Zahlungsverkehr auch in Zukunft Herausforderungen an die Mathematik? Unserer Meinung nach ist die Antwort auf diese Frage ein klares „ja". Wir erläutern dies an drei Problemkreisen.

5.1 Algorithmen für die Zeit nach dem DES

Der DES war in den letzten Jahren heftigen Attacken ausgesetzt; diese haben zwar den DES bislang nicht ernsthaft in Gefahr gebracht, man sollte sich aber dennoch darauf vorbereiten, daß der DES in einigen Jahren abgelöst werden könnte. Wodurch kann der DES abgelöst werden? Man könnte ganz einfach sagen: Durch einen Algorithmus, der alle Eigenschaften von DES hat, aber nicht dessen Schwächen.

Was sind erhaltenswerte Eigenschaften und was sind Schwächen? Man möchte einen Algorithmus haben, der 64 Bit-Blöcke auf 64 Bit-Blöcke abbildet. Ob man die Schlüsselgröße (64 Bit formal, 56 Bit real) erhalten möchte, ist die Frage; denn einige der diskutierten Attacken wirken im wesentlichen auf alle Blockchiffren mit 64 Bit Schlüssellänge. Konsens besteht darüber, daß die Konstruktionsprinzipien eines neuen Algorithmus möglichst einfach und mathematisch gut analysierbar sein sollen; dies schafft ein erhebliches Vertrauen für die zu entwickelnden Algorithmen.

In den letzten Jahren sind einige neue Algorithmen vorgestellt worden, etwa IDEA [LM91] oder Safer K-64 [Ma93]. Die Entwicklung und Diskussion neuer Algorithmen wird in den nächsten Jahren eine wichtige Aufgabe für die Kryptologie sein.

5.2 Beweisbar sichere Verfahren

Das Ideal jedes kryptographischen Algorithmus ist beweisbare Sicherheit. Dabei nennt man ein Verfahren *beweisbar sicher*, falls man eine untere Schranke für das Brechen dieses Algorithmus angeben kann. Bislang gibt es nur wenige praktisch einsetzbare Verfahren, die beweisbar sicher sind. Die oben diskutierten Algorithmen DES und RSA gehören nicht dazu; diese sind bestenfalls mathematisch analysierbar.

In den letzten Jahren wurde eine spezielle Anwendung zunehmend diskutiert, bei der praktikable beweisbar sichere Verfahren zur Verfügung stehen. Es handelt sich dabei um die Shared Secret Schemes. In einem *Shared Secret Scheme* wird ein Geheimnis, etwa ein geheimer kryptographischer Schlüssel, so unter Teilnehmern aufgeteilt, daß das Geheimnis nur aus vorher festgelegten Konstellationen von Teilgeheimnissen rekonstruiert werden kann. Das

einfachste Shared Secret Scheme genügt der Anforderung, daß aus je zwei Teilgeheimnissen das globale Geheimnis rekonstruiert werden können soll, aber
nicht aus einem alleine (siehe dazu etwa [BK93]). Shared Secret Schemes werden u.a. mit Methoden der projektiven Geometrie konstruiert; siehe dazu
[BR62], Abschnitt 6.

5.3 Chipkarten

Das sicherste kryptographische Verfahren nützt nichts, wenn es nicht so implementiert werden kann, daß der Benutzer ein gewisses Vertrauen zu dem
Mechanismus fassen kann, der seine Sicherheitsinteressen vertreten soll. Aus
dieser Sicht ist es nicht wünschenswert, daß alle benutzerrelevanten Prozesse
auf einem entfernten Host durchgeführt werden, auf den der einzelne Benutzer
keine Einflußmöglichkeiten hat.

Als benutzerfreundliches Sicherheitswerkzeug hat sich in jüngster Zeit die
Chipkarte durchgesetzt. Dies ist eine Plastikkarte im Scheckkartenformat, auf
der ein Mikrochip untergebracht ist, der geheime Schlüssel speichern und Algorithmen ausführen kann. Dieses Medium verbindet in idealer Weise hohe
Sicherheit mit großer Benutzerfreundlichkeit. Es ist klar, daß der Prozessor
und Speicher auf der Karte nur beschränkte Kapazitäten hat; typische Zahlen sind 128 Byte RAM, 3-4 Kbyte ROM, 2-4 Kbyte EEPROM; es handelt
sich durchweg um 8-Bit Prozessoren. Die Aufgabe für die Kryptologen besteht
darin, Algorithmen und Verfahren zu entwickeln, die in akzeptabler Zeit auf
einem solchen Prozessor ausgeführt werden können. (Zum Thema Chipkarten
vgl. [AH93, BKP91])

5.4 Anonymes elektronisches Geld

Es gilt als gesichert, daß es einen großen Bedarf für elektronische Geldbörsen
gibt. Darunter hat man sich etwa eine Chipkarte vorzustellen, auf die Geld
einbezahlt wurde, das man dann wieder ausgeben kann, zum Beispiel zum
Telefonieren, im öffentlichen Nahverkehr, usw.

Unser gewöhnliches Münzgeld hat die zusätzliche Eigenschaft, daß es einen
hohen Grad von Anonymität bietet; das heißt in diesem Fall, daß man an
einer Münze nicht ansehen kann, durch welche Hände sie gegangen ist. Es
gibt bemerkenswerte Ansätze, die v.a. auf D. Chaum zurückgehen (siehe zum
Beispiel [Ch85]), die anonymes elektronisches Geld realisieren. (Zur Diskussion
der Anonymität siehe auch [Be94], Abschnitt 6.)

6 Rolle der Mathematik

Üblicherweise wird in Anwendungen (etwa der Statistik oder der Optimierung) die Mathematik als Werkzeug benutzt, das an das Problem herangetra-
gen (und anschließend wieder weggeführt) wird. Hierbei spielt das Problem

der Modellierung eine große Rolle: Man muß zunächst die reale Situation „modellieren", das heißt einer mathematischen Bearbeitung zugänglich machen. Dann kann man die mathematischen Methoden anwenden. Am Ende muß man sich dann überzeugen, inwieweit die mathematische Lösung (im mathematischen Modell) tatsächlich das reale Problem löst.

Das ist bei Anwendungen der Kryptographie grundsätzlich anders. Die Modellbildung spielt keine Rolle. Denn die zu verarbeitenden mathematischen Objekte sind bereits vorhanden: Verarbeitet werden Bitstrings, also natürliche Zahlen. Diese werden durch kryptographische Verfahren strukturiert, ihnen wird sozusagen ein mathematischer Stempel aufgedrückt. Diese Struktur dient dann dazu, die Daten als authentisch zu erkennen oder ihren Inhalt zu verheimlichen. Mit anderen Worten: Die mathematischen Strukturen werden gerade nicht wieder entfernt; die Mathematik bleibt im realen System, sie verschwindet nicht wieder.

Damit wird auch ein häufig beobachtetes Phänomen klar: Kryptographie macht nur einen kleinen Bruchteil eines Gesamtsystems aus. Üblicherweise liegt dabei die Betonung auf dem „nur", aber man kann es auch so sehen, daß die kryptographischen Mechanismen (zwar nur einen kleinen, aber immerhin) einen *Teil des realen Systems* bilden.

Literatur

[Al90]   Alles, P.: Sicherheitskonzepte der GZS im Electronic Cash System (POS). Proceedings des BIFOA-Kongresses SECUNET 90. Vieweg, Braunschweig 1990

[AH93]   Alles, P., Hueske, T.: Netzsicherheit und Chipkarteneinsatz. Datenschutz und Datensicherheit 4/93, 214-219

[Be94]   Beutelspacher, A.: Kryptologie. Vieweg ^{4}1994

[BK93]   Beutelspacher, A., Kersten, A.: Die Bedeutung von Shared Secret Schemes als Mechanismus zur Realisierung von Sicherheitsfunktionen in informationstechnischen Systemen. Datenschutz und Datensicherung 3/93, 498-510

[BKP91]   Beutelspacher, A., Kersten, A., Pfau, A.: Chipkarten als Sicherheitswerkzeug. Springer, Berlin Heidelberg New York 1991

[BR62]   Beutelspacher, A., Rosenbaum, U.: Projektive Geometrie. Von den Grundlagen bis zu den Anwendungen. Vieweg 1962

[BS93]   Biham, Shamir, A.: Differential Cryptanalysis of the Data Encryption Standard. Springer, Berlin Heidelberg New York 1993

[Ch85]   Chaum, D.: Security without Identification: Transaction Systems to Make Big Brother Obsolete. Comm. ACM **24** (1985) 1031-1044

[DH76]   Diffie, W., Hellman, M.E.: New Directions in Cryptography. IEEE Transactions on Information Theory **22** (1976) 644-654

[FR94]   Fumy, W., Rieß, H.P.: Kryptographie. Entwurf, Einsatz und Analyse symmetrischer Kryptoverfahren. Oldenbourg München Wien ^{2}1994

[ISO]   ISO/IEC 10181-4: Information Technology – Open Systems Interconnection – Security Framework for Open Systems – Part 4: Non Repudiation Framework. Working Draft.

[LM91]   Lai, X., Massey, J.L.: A Proposal for a New Block Encryption Standard. Advances in Cryptology Eurocrypt 90. Springer Lecture Notes in Computer Science **473** (1991) 389-404

[Ma93]   Massey, J.L.: A Byte-Oriented Block-Ciphering Algorithm. Proceedings of the Cambridge Algorithms Workshop. Cambridge, England Dec. 9-11 1993

[Ma93]   Matsui, M.: Linear Cryptanalysis Method for DES Cipher. Advances in Cryptology Eurocrypt 93. Springer Lecture Notes in Computer Science

[Mi91]   Miyagucji, S.: The FEAL Cipher Family. Advances in Cryptology Crypto 90. Springer Lecture Notes in Computer Science **537** (1991) 627-638

[Ri78]   Rivest, R.L., Shamir, A., Adleman, L.: A Method for Obtaining Digital Signatures and Public-Key Cryptosystems. Communicat ions of the ACM **21** (1978) 120-126

Mathematik
in Transport
und Kommunikation

Einschätzen und Optimieren von Verkehrsflüssen

Günter Deweß und Petra Helbig

Mathematisches Institut, Universität Leipzig

Erstaunlich unterschiedliche reale Probleme lassen sich auf ein und dieselbe mathematische Grundaufgabe zurückführen, auf die Kostenminimierung eines „Flusses" in der Ebene. Die Kosten müssen dabei nicht unbedingt finanzielle Mittel sein, vorstellbar sind auch Umweltverschmutzung, Lärm, wertvolle Zeit, Gefährdung von Menschenleben, Energieaufwand oder Folgen einer gezielten Überflutung. Der Fluß ist in vielen Fällen ein anschaulicher Transport- oder Materialfluß: Erdmassenverlagerung beim Betrieb oder beim Rekultivieren eines Tagebaus, Belieferung vieler Kunden von einigen Auslieferungslagern aus, Schulkinder auf dem Weg zum Unterricht oder Müllfahrzeuge auf der Fahrt zur Halde. Es kann auch sein, daß eine Baustelle von A nach B durch die Landschaft „fließt" mit dem Resultat, daß anschließend eine neue Straße oder Bahnlinie von A nach B führt. Selbst einige physikalische Anwendungen ordnen sich ein, wenn Naturgesetze Minimalprinzipien ausdrücken: Untersuchungen zur Lichtausbreitung, zur Torsionsfestigkeit eines Stabes oder zur Linie einer Kette im Schwerefeld.

Zur Einstimmung benutzen wir die Aufgabe „Autobahn–Südtangente Leipzig", vgl. Abb. 1. Nördlich von Leipzig kreuzen sich zwei Autobahnen (in der Abbildung schwarz dargestellt). Zwischen diesen soll südlich der Stadt eine Verbindung hergestellt werden, so daß ein Autobahnring um Leipzig entsteht. Das zu betrachtende Gebiet wird in kleine Planquadrate eingeteilt. Jedes Planquadrat wird durch „Kosten" bewertet, die beim Bau einer Trasse entstehen: Sehr hohe Werte für dichtbesiedelte Gebiete, Naturschutzgebiete, Gebiete mit hohen Baukosten oder Bodenpreisen; niedrigere Werte für besser geeignete Gebiete. Die Kosten sind in der Abbildung anhand einer Farbskala veranschaulicht. Nach Vorgabe von möglichen Anschlüssen rechts (Kleinpösna, Klinga, Grimma) und links (zwischen Bad Dürrenberg und Weißenfels) sollen die bezüglich dieser Kosten günstigsten Verbindungen berechnet werden. Jede Lösungsvariante (weiß eingezeichnet) ist die günstigste Verbindung zwischen ihren Endpunkten. Durch Veränderung der Kostenbewertung kann die Entscheidung analysiert werden. Vielleicht bietet ein Gewerbegebiet dafür, daß die Trasse in seiner Umgebung verläuft, die Übernahme der Kosten für 5 km Autobahn an. Im Modell werden dann 5 km an dieser Stelle mit Kosten 0 bewertet – die Optimierung zeigt an, ob das Angebot dafür ausreicht, daß die günstigste Trasse über diese Stelle führt. Die neue Autobahn–Südtangente A 140 wird übrigens entsprechend der weißen Linie von Kleinpösna nach Weißenfels Nord verlaufen.

1 Probleme der Modellbildung

1.1 Allgemeine Modellvorstellungen

Betrachtet wird ein abgeschlossenes Rechteck in der Ebene. In diesem sind Quellgebiete mit Vorräten an einem einheitlichen Transportgut und Senkengebiete mit Bedarf an diesem gegeben. Der Gesamtvorrat soll mindestens so groß sein wie der Gesamtbedarf. Ferner gibt eine Kostendichte im Rechteck an, wie teuer der Transport ist, wenn eine Mengeneinheit im entsprechenden Gebiet eine Längeneinheit weit bewegt wird. Bestimmte Gebiete der Ebene können für Transporte gesperrt sein, was formal durch Kostendichte „unendlich" markiert sei.

Ein Transportfluß wird durch eine Menge von Kurven gegeben, zu jeder Kurve gehört die Angabe der längs der Kurve transportierten Masse („Stromstärke"). Jede Kurve beginnt in einem Quellpunkt und vermindert damit dessen Vorrat um ihre Stromstärke. In den inneren Punkten der Kurve kommt Transportgut weder hinzu noch geht welches verloren. Jede Kurve endet in einem Senkenpunkt und trägt entsprechend der Stromstärke zu dessen Bedarfsdeckung bei. Jede Kurve verläuft ganz im Rechteck, ohne einen gesperrten Punkt zu passieren.

Gesucht ist ein Transportfluß mit minimalen Gesamtkosten, der den Bedarf überall deckt. Nicht benötigter Vorrat bleibt kostenfrei in den Lagern liegen.

Bei genauerer Betrachtung zeigt sich, daß diese Vorstellungen für eine mathematische Modellierung nicht ausreichend sind. Jedes Quellgebiet könnte man als Träger einer Verteilungsfunktion auffassen – insbesondere ist also zugelassen, daß in einem einzelnen Punkt des Rechtecks ein positiver Vorrat konzentriert ist, aber der Vorrat darf auch stetig im Gebiet verteilt sein. Analog für den Bedarf.

Wichtig ist, daß jedes gesperrte Gebiet eine offene Menge ist (um jeden gesperrten Punkt gibt es eine kleine Umgebung, in der alle Punkte gesperrt sind). Wäre z. B. in Abb. 2 das auf der Spitze stehende Quadrat *einschließlich* seines Randes gesperrt, so würde es von A nach B keine Verbindung kürzester euklidischer Länge geben, im allgemeinen also auch keine mit geringsten Kosten. Jede Verbindung von A nach B, die den Rand des Quadrates meidet, könnte man durch eine noch etwas knapper am Quadratrand vorbeigehende ersetzen.

Es ist sinnvoll, die Kostendichte im zulässigen Bereich als nichtnegativ und beschränkt nach oben vorauszusetzen. Wenn man dann noch den Begriff „Kurve" geeignet einschränkt, kann man durch Integration der Kostendichte längs jeder Kurve die Kosten für den Transport einer Mengeneinheit auf der Kurve von deren Quelle bis zu deren Senke bestimmen.

Problematisch bleibt die Charakterisierung des Transportflusses als beliebige Menge von solchen Kurven. Bei stetiger Vorratsverteilung müßte sie überabzählbar viele Elemente haben, auf jeder Kurve mit differentieller Stromstärke. Wie verarbeitet man so etwas auf dem Computer, wie teilt man es dem Anwender mit? Im Interesse der Praktikabilität gehen wir diesen Schwierigkeiten aus dem Weg, indem wir uns den folgenden zwei Argumenten anschließen:

Innermathematisch kann man zwar zunächst mit Erfolg die Modellentwicklung auf der Grundlage von Funktionalen, klassischer Variationsrechnung, Steuerungstheorie, verallgemeinerten Ableitungen usw. einige Schritte vorantreiben und so strukturelle Erkenntnisse gewinnen. Aber irgendwann entsteht bei fast jedem Beispiel die Notwendigkeit einer Diskretisierung, um konkrete Lösungen ausrechnen zu können. Da ist es nicht abwegig, von Anfang an mit einem diskreten Modell zu arbeiten.

Außer diesem verfahrensmethodischen Argument gibt es Gründe aus Sicht des Anwenders, die für ein diskretes Modell sprechen. Genauer als mit Hilfe eines sachgemäß gewählten Rasters kann die Lage von Quellen, Senken, gesperrten Gebieten und Bahnkurven meist ohnehin nicht beschrieben werden. Beim Abtragen eines „stetigen" Sandberges durch Auffüllen einer Mulde würde man, wenn Verfahren und Computer jedes differentiell kleine Sandkörnchen individuell beschreiben könnten, damit keine in Wirklichkeit kostengünstigere Variante erhalten als mit einem ausreichend feinen diskreten Modell. Nur wenn das stetige Modell leichter handhabbar wäre, hätte es Berechtigung.

Wir entscheiden uns für ein diskretes endliches Modell. Daß dieses eventuell als Approximation eines kontinuierlichen Modells benutzt wird, unterstützen wir durch eine automatisierte Diskretisierung als eventuelle Vorstufe bei der Dateneingabe und die Möglichkeit einer großen Anzahl diskreter Elemente. Das spielt für die Modellgestaltung insofern eine Rolle, als daß wir auf die Anwendbarkeit strukturell einfacher Algorithmen achten müssen, denn nur mit solchen kann eine sehr große Anzahl von Daten verarbeitet werden.

1.2 Grundmodell I: viele Quellen und Senken

Betrachtet wird ein abgeschlossenes Rechteck in der Ebene, aufgeteilt in Quadrate einheitlicher Größe. Die Ränder der Quadrate bilden ein Netz von m „horizontalen" und n „vertikalen" Gitterlinien parallel zu den Rechteckseiten. Die N Ecken aller Quadrate heißen Gitterpunkte und seien von 0 bis $m \cdot n - 1$ durchnumeriert.

Teile des Rechtecks können durch Markieren gewisser Gitterpunkte als unzulässige Gebiete deklariert werden. Ist ein Gitterpunkt unzulässig, so sei damit das offene Quadrat unzulässig, das von seinen vier im Gitter benachbarten Gitterpunkten aufgespannt wird (für Punkte auf dem Rechteckrand denken wir uns Nachbarn außerhalb des Rechtecks hinzu, vgl. Abb. 2).

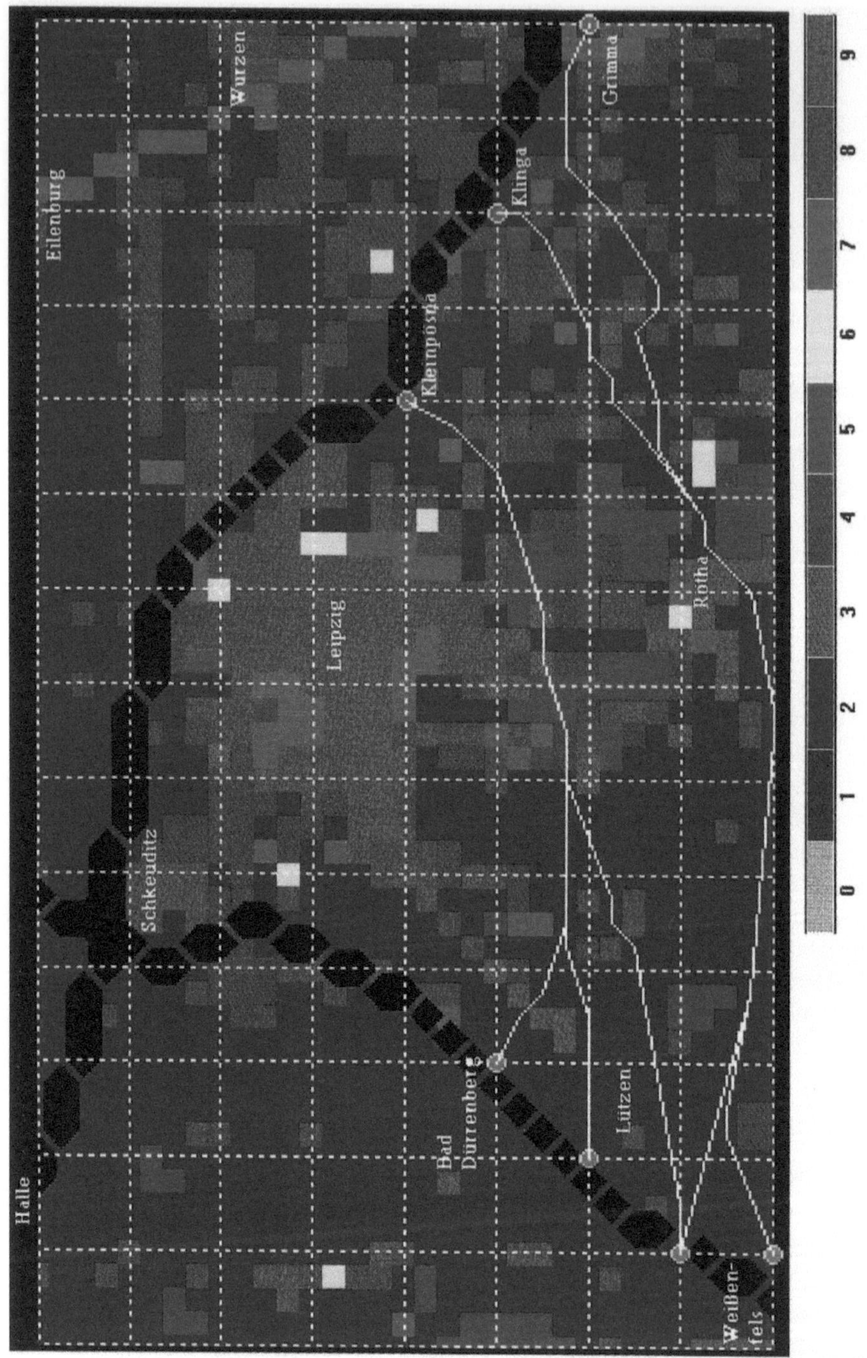

Abbildung 1. Optimale Trassen für eine Autobahnsüdtangente Leipzig

Über allen zulässigen Punkten des Rechtecks sei als „Dichte" eine Funktion d gegeben, $0 < d(\cdot) \leq d'$ mit bekannter oberer Schranke d'. Die unzulässigen Punkte ordnen sich gut ein, wenn man d für sie als unendlich auffaßt.

q Stück der Gitterpunkte sind als Quellen $Q_1, \ldots, Q_q$ mit Vorräten $a_1, \ldots, a_q$ ausgezeichnet, s Stück der Gitterpunkte als Senken $S_1, \ldots, S_s$ mit Bedarfsgrößen $b_1, \ldots, b_s$. Es sei $a_1 + \cdots + a_q \geq b_1 + \cdots + b_s$. Bei Überschuß der Vorräte wird eine fiktive Senke mit entsprechendem Bedarf eingeführt.

Als Menge der Bahnen wird die Menge aller derjenigen Polygonzüge mit Knickpunkten in Gitterpunkten betrachtet, die ganz im zulässigen Teil des Rechtecks verlaufen. Als Bewertung eines Polygonzuges bezeichnen wir die Summe der Bewertungen seiner Strecken. Dabei erfolgt die Bewertung jeder Strecke durch annähernde Berechnung des Kurvenintegrals längs der Strecke über die Dichte: Alle Schnittpunkte der Strecke mit Gitterlinien dienen als Stützstellen für die Trapezregel, Abb. 2.

Das Produkt von Bewertung der Bahn und Stromstärke auf der Bahn ergibt die Kosten auf der Bahn. Gesucht ist ein bedarfsdeckender Transportplan mit minimalen Gesamtkosten.

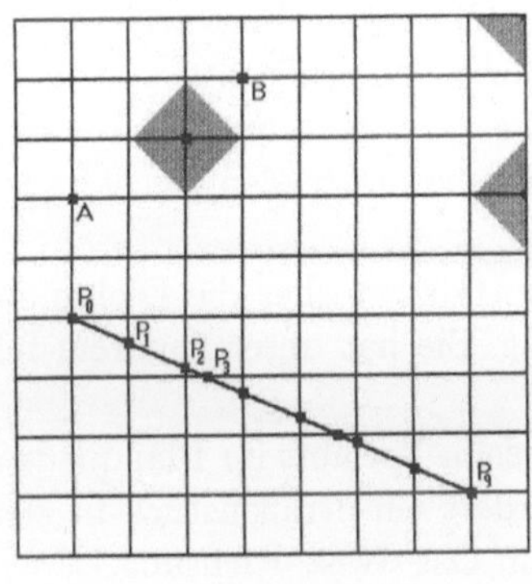

grau $\leftrightarrow$ unzulässige Gebiete

Bewertung der Strecke $\overline{P_0\,P_9}$:

$$\sum_{i=0}^{8} \frac{d(P_i)+d(P_{i+1})}{2}\,\|P_{i+1} - P_i\|$$

Abbildung 2.

1.3 Einquellenmodell II

Wir heben den Fall mit nur einer Quelle als gesondertes Modell hervor. Er tritt in wichtigen Anwendungen auf, aber auch als Hilfsaufgabe bei der Behandlung des Mehrquellenmodells. In diesem Fall können effektivere Lösungsverfahren benutzt werden. Für Aufgaben mit nur einer Senke wäre alles analog (es darf aber nicht außer der Senke noch die fiktive Senke erforderlich werden).

Im allgemeinen Modell sind die optimalen Kosten für den Transport einer Einheit zu jeder bestimmten Senke von der Verteilung der Vorräte auf die Quellen und auch von der Lage und vom Bedarf *aller* Senken abhängig.

Im Modell II hängen sie allein vom Ort der betrachteten Senke ab. Wir nennen die für jeden Gitterpunkt (nicht nur für die Senken) berechenbare Größe „minimale Kosten für die Lieferung einer Mengeneinheit von der Quelle bis zum Gitterpunkt" das Kostenniveau in diesem Gitterpunkt. Mathematisch gesehen ist es übrigens Optimallösung der zum Flußproblem dualen Aufgabe. Bei einigen Anwendungen gewinnt das Kostenniveau anschauliche Bedeutung. Da wir darauf im folgenden nicht ausführlich eingehen, wollen wir wenigstens ein Beispiel nennen: Wir betrachten die Versorgung eines Gebietes durch eine außerhalb liegende Quelle, Transport außerhalb des Gebietes koste nichts, jede Flächeneinheit des Gebietes habe Bedarf 1. Dann gibt das Kostenniveau die Gestalt des massereichsten Berges an, den man über dem Gebiet auftürmen kann, wenn der Anstieg in jedem Punkt höchstens so groß wie die Dichte sein darf.

1.4 Diskussion der Kostenmodellierung

Die Diskretisierung der Orte und Bahnkurven durch ein Gitter stellt keine wesentliche Einschränkung für Anwendungen dar, durch hinreichend feine Gitter erfolgt eine hinreichend gute Approximation (es sei darauf hingewiesen, daß Bahnverläufe allein *auf* den Gitterlinien dazu nicht ausreichen würden – z .B. eine Approximation der Rechteckdiagonale wäre dann bestenfalls durch eine Kurve möglich, deren euklidische Länge die Summe der beiden Rechteckseitenlängen ist).

Dagegen ist die Darstellbarkeit der Transportkosten über die Dichte auf den Gitterlinien eine wesentliche Voraussetzung. Sie hat unter anderem folgende Konsequenzen:

Die Kosten dürfen nicht richtungsabhängig sein. Verläuft im Planquadrat ein Wasserweg in Nord–Süd–Richtung, so erfordert ein Straßenstück in gleicher Richtung keine Brücke, ein Straßenstück in Ost–West–Richtung ist viel teurer. Man müßte also bei der Kostenangabe bereits wissen (oder im Dialog nachkorrigieren), wie die zu berechnende Lösung verläuft. Indem man die bei der Verarbeitung von Modell I entstehende Kostenmatrix (siehe unten) an einigen Stellen manipuliert, könnten einige solcher „Brücken" berücksichtigt werden, aber generell richtungsabhängige Kosten sprengen das Modell.

Die Krümmung der Bahnkurven kann nicht bewertet werden, wie es z. B. bei der Projektierung des lokalen Verlaufs der Trasse für einen Hochgeschwindigkeitszug (Mindestradius für die Gleise) erforderlich ist.

Die Kosten erscheinen mengenproportional. Wenn eine Optimallösung zur Häufung von Transporten an einer Stelle des Rechtecks führt, so ist der dadurch entstehende „Stau" mit erhöhter Kostendichte an dieser Stelle erst in einer nochmaligen Rechnung modellierbar. Andererseits: Es wird kein „Zubringereffekt" erfaßt, wie er in der Realität eventuell kostendämpfend dann auftritt, wenn zwei Transportbahnen zur gleichen Senke ein gemeinsames Endstück haben. Wir werden im Ausblick noch darauf eingehen.

2 Mathematische und rechentechnische Realisierung

2.1 Viele Quellen und Senken

Man könnte wie in der Graphentheorie üblich kanonische Kosten und optimale
Stromstärken *simultan* primal-dual berechnen, dazu müßte man Stromstärke-
variablen für *jedes* geordnete Gitterpunktpaar einführen. Wir entkoppeln die
beiden Aspekte: Letztlich brauchen wir die Kosten pro Mengeneinheit für den
Transport von jeder Quelle zu jeder Senke, um damit *anschließend* ein klassisches Transportproblem der linearen Optimierung lösen zu können. Natürlich
sollen das die Kosten sein, die bei günstigster Verbindung zwischen der Quelle
und der Senke entstehen – sie sind also selbst Ergebnis einer Optimierung. Im
Modell I, wenn die Anzahl der Quellen und Senken in der Größenordnung der
Gitterlinienanzahl oder darüber liegt, ist es zweckmäßig, diese Kosten sogar
für jedes Paar von Gitterpunkten zu berechnen. Das entspricht der Berechnung der Distanzmatrix für den vollständigen ungerichteten Graphen, dessen
Knoten die Gitterpunkte sind. Jeder Kante dieses Graphen entspricht anschaulich die „Luftlinie" zwischen zwei Gitterpunkten, jedem Weg in diesem
Graphen ein zwischen Gitterpunkten verlaufender Polygonzug im Bild.

Ermitteln und Abspeichern der Kantenbewertung des Graphen.
Für alle N^2 Paare von Gitterpunkten wird mittels Trapezregel das angenäher-
te Kurvenintegral über die Dichte längs der Verbindungsstrecke berechnet; als
Stützstellen dienen alle Schnittpunkte der Verbindungsstrecke mit den Gitterlinien. Es treten also bei einer Kantenbewertung höchstens $m+n$ Stützstellen
auf, bei nicht zu extremen Rechtecken sind das $O(\sqrt{N})$ Stück, so daß der
Gesamtaufwand für das Bewerten aller Kanten $O(N^2\sqrt{N})$ ist. Der Aufwand
für das Abspeichern aller Kantenbewertungen ist $O(N^2)$.

Die Matrix dieser Kantenbewertungen ist symmetrisch, das halbiert den
Rechenzeit- und Speicherbedarf. Ferner sparen wir die Betrachtung solcher
Paare von Gitterpunkten ein, auf deren Verbindungsstrecke ein weiterer Gitterpunkt liegt (es wird die Teilerfremdheit der Koordinatendifferenzen im Gitter mit dem Euklidischen Algorithmus getestet). Diese Bewertungen werden
∞ gesetzt, die spätere Ermittlung kostenminimaler Verbindungen korrigiert
das.

Die Kantenbewertung ∞ wird sofort eingetragen, wenn einer der Gitterpunkte des Paares unzulässig ist oder die Trapezregel auf eine unzulässige
Stützstelle stößt. Durch die Voruntersuchung mittels Euklidischen Algorithmus ist gesichert, daß keine innere Stützstelle ein Gitterpunkt ist – anderenfalls wäre nämlich das numerische Problem zu lösen, ob eine unzulässige
Stützstelle knapp neben einem zulässigen Gitterpunkt in Wirklichkeit zulässig
ist.

Daß bei Modell I die Matrix der Kantenbewertungen abzuspeichern ist,
stellt die Anwendungsschranke des Modells dar. Bei einem Gitter von 30×40

Linien braucht man etwa 3 MByte Speicher allein für diese Matrix. Diese Schranke kann durch einen Verfeinerungsbaustein überwunden werden, siehe 2.3.

Berechnen der Kostenmatrix. Aus der Matrix der Kantenbewertungen (der „Luftlinienkosten") wird schrittweise die Matrix der Minimalkosten (p_{ij}) für den Transport einer Mengeneinheit vom Gitterpunkt i zum Gitterpunkt j berechnet. Es entsteht kein neuer Speicherbedarf, da überspeichert werden kann. Auch die Kostenmatrix ist symmetrisch, so daß der Algorithmus technisch auf die Hälfte reduzierbar ist.

Die Berechnung der Kostenmatrix ist der zeitaufwendigste Teil des Gesamtverfahrens, bei $N = 1200$ Gitterpunkten sind etwa 30 Minuten auf einer Workstation erforderlich. Wir verwenden den außerordentlich einfachen und zugleich sehr effektiven Kaskade–Algorithmus von Floyd mit $O(N^3)$. Er startet mit den Kantenbewertungen als erster Belegung für die zu berechnenden p_{ij}. Nach Abarbeiten der folgenden Anweisung ist dann (p_{ij}) die gesuchte Kostenmatrix.

```
für k=0 bis N-1
   für i=0 bis N-1
      für j=0 bis N-1
         Pij := Min (Pij, Pik + Pkj)
```

Lösen eines Transportproblems der linearen Optimierung. Indem man die Kostenmatrix auf die Zeilen zu den Quellen und die Spalten zu den Senken einschränkt, entsteht die Kostentabelle eines klassischen Transportproblems. Falls der Gesamtvorrat höher als der Gesamtbedarf ist, wird sie noch um eine Nullenspalte für die fiktive Senke ergänzt.

Zur Lösung benutzen wir die übliche Potentialmethode der Linearen Optimierung, theoretisch exponentiell aufwendig im schlimmsten Fall, praktisch bleibt die Rechenzeit auch bei mehreren hundert Quellen und Senken im Minutenbereich. Die Basislösungen entarten häufig, aber spezielle Vorkehrungen gegen ein Kreisen des Algorithmus waren bisher nicht erforderlich.

Ermitteln des Bahnverlaufs. Für diejenigen Verbindungen von Quellen Q zu Senken S, auf denen in der Optimallösung des klassischen Transportproblems eine nichtverschwindende Menge transportiert wird, interessiert der genaue Bahnverlauf. Durch den Floyd–Algorithmus sind die Kosten für die zu benutzenden Bahnen bekannt, aber nicht ihre Gestalt.

Zunächst wird die Bahn von Q nach S durch Angabe aller passierten Gitterpunkte beschrieben. Das geschieht mit Aufwand $O(N^2)$ für jede einzelne Bahn durch Abtesten der Zwischenrelation in der Kostenmatrix. Dabei ist zu beachten, daß ein zu naives Abtesten „A liegt zwischen Q und S genau dann, wenn *Kosten(Q, A) + Kosten(A, S) = Kosten(Q, S)*" numerisch nicht funktioniert. Es muß die Berechnungsreihenfolge beim Entstehen der Kostenmatrix rekonstruiert werden, damit dieselben Rundungsfehler gemacht werden – anders ist eine Gleichheit reeller Zahlen im Computer nicht feststellbar.

Anschließend werden aus der Aufzählung der von Q nach S passierten Gitterpunkte die „unechten Knickpunkte" weggelassen, um den Polygonzug möglichst kurz zu beschreiben. Das geht mit $O(N)$ für jede Bahn mittels Dreiecksungleichung für die euklidische Metrik (durch die bekannte endliche Gitterfeinheit ist das numerisch kein Problem, die Rundungsfehler beim Testen der Gleichheit in der Dreiecksungleichung können signifikant eingeschätzt werden). Wir benutzen für alle in Frage kommenden Gitter als Kriterium dafür, daß der zwischen A' und A'' aufgezählte Gitterpunkt A ein unechter Knickpunkt ist, die Bedingung $\|A - A'\| + \|A'' - A\| \leq 1,000001 \cdot \|A'' - A'\|$.

2.2 Der Einquellenfall

Anstelle der Kostenmatrix braucht hier nur das Kostenniveau für jeden Gitterpunkt berechnet zu werden. Gleichzeitig wird sein Vorgänger auf einer kostenminimalen Bahn notiert, so daß anschließend von jeder Senke aus durch Rückverfolgen der Notierungen bis zur Quelle eine kostenminimale Bahn leicht abzulesen ist.

Bei geschickter Implementierung des Dijkstra–Dantzig–Verfahrens zur Ermittlung „kürzester" Bahnen im Graphen wird jede Kantenbewertung genau einmal benötigt. Wir berechnen sie aktuell dann, wenn sie benötigt wird, folglich brauchen wir sie nicht zu speichern. Zum Speichern des Kostenniveuaus und eines aktiven Vorgängers für jeden der N Knoten benötigt man nur $O(N)$ Speicherplätze, so daß mit Modell II viel größere N als mit Modell I beherrscht werden. Und der Rechenaufwand ist auch noch geringer als beim Floyd–Verfahren.

Im folgenden bezeichnen:

- Q Quelle, P und P' und $P^\star$ Gitterpunkte, $f(P', P)$ Bewertung der Kante von P' nach P,
- $t(P)$ Kosten auf einer besten bisher bekannten Bahn von Q nach P, $R(P)$ der unmittelbare Vorgänger von P auf dieser Bahn,
- $\mathcal{M}$ Menge von Knoten P, für die bekannt ist, daß $t(P)$ bereits die Minimalkosten von Q nach P darstellt.

Als Anfangsschritt des Verfahrens führen wir aus: $\mathcal{M} = \{Q\}$, $t(Q) = 0$, $t(P) = f(Q, P)$ und $R(P) = Q$ für alle $P \neq Q$.

Es folgen $N - 1$ allgemeine Schritte, bei denen $\mathcal{M}$ jeweils um ein Element erweitert wird: Suche ein $P^\star \notin \mathcal{M}$ mit minimalem $t(P)$. Aktualisiere für alle $P \notin \mathcal{M} \cup \{P^\star\}$ die Daten gemäß $t(P) := \min\{t(P), t(P^\star) + f(P^\star, P)\}$. Für den Fall, daß dieses Minimum durch den hinteren Term geliefert wird, aktualisiere auch $R(P) := P^\star$. $\mathcal{M} := \mathcal{M} \cup \{P^\star\}$.

Da jedes $P^\star$ genau einmal eingeordnet wird, wird auch jedes $f(P^\star, P)$ genau einmal benötigt. Bei bekannter Kantenbewertung wäre der Verfahrensaufwand $O(N^2)$. Der Gesamtrechenaufwand wird also durch den Aufwand $O(N^2\sqrt{N})$ der Kantenbewertung bestimmt.

Dazu ergibt sich noch eine weitere nicht unwesentliche Möglichkeit zur Effektivierung: $f(P^\star, P)$ wird ja schrittweise durch Summieren entsprechend der Trapezregel bestimmt. Falls dabei bereits für eine Zwischensumme f der Trapezregel $t(P^\star) + f > t(P)$ ist, kann man die Trapezregel abbrechen, da dann $t(P^\star) + f(P^\star, P)$ für die Aktualisierung nicht aktiv ist.

Gebiete mit verschwindender Kostendichte. Für Modell II genügt es, die Dichte als *nichtnegativ* vorauszusetzen. Dagegen wird in Modell I eine *positive* Kostendichte benötigt, da in Gebieten mit verschwindender Kostendichte die Bahnbestimmung über das Auswerten der Zwischenrelation versagen würde. In Modell I muß man deshalb eine stellenweise als Dichte gewünschte Null durch eine hinreichend kleine positive Zahl beschreiben.

Gebiete mit verschwindender Kostendichte führen im Modell II auf konstantes Kostenniveau in diesem Gebiet. Bei der Veranschaulichung des Kostenniveaus als Deponiehöhe entstehen damit ebene Plateaus auf dem Hügel. Abbildung 3 zeigt, wie innerhalb des gegebenen Umrisses ein Berg maximaler Masse aufzuschütten ist (Schüttwinkel hier als mit 45° beschränkt angesetzt), wenn die Ellipse als ebenes Plateau gewünscht wird. Nicht nur in dieser Ellipse, sondern auch außerhalb des Umrisses ist die Kostendichte als 0 anzugeben, im übrigen Teil als 1 (wegen $1 = \tan 45°$). Ein beliebiger Punkt außerhalb des Umrisses dient formal als Quelle, ein beliebiger Punkt als Senke. Wählt man den Senkenpunkt in der Ellipse, so gibt die optimale „Transportbahn" die sinnvollste Erschließung des Plateaus mittels einer Straße vom Umfeld aus an. Diese verläuft als Strecke zwischen den Pfeilspitzen in der Abbildung.

Begrenzt in Abb. 3 der Umriß den Querschnitt eines Pfeilers (mit der Ellipse als Querschnitt eines Hohlraumes), dessen Festigkeit gegen Torsion zu untersuchen ist, so wird der Pfeiler bei Verdrehung etwa in der Nähe der „Transportbahn" aufbrechen. Solche Studien zur Torsionsfestigkeit wurden auch mit weniger willkürlichen Stabquerschnitten gemacht, die aber doch schon mit geschlossenen analytischen Verfahren nicht mehr berechenbar gewesen wären.

Wie die gegebene Kostendichte ist auch das zu berechnende Kostenniveau eine Funktion allein des Ortes im Rechteck. Es kann somit rechentechnisch mit dem gleichen Programm verarbeitet werden wie die Kostendichte.

Gebiete mit Kostendichte 0 treten als erschlossenes Umfeld um von außen zu versorgende Gebiete auf. Mit Kostendichte 0 kann man auch die Stränge eines vorhandenen Verkehrs- oder Leitungsnetzes bewerten (irgendein Punkt auf dem Netz als Quelle), wenn die kostengünstigste Anbindung eines bisher nicht angeschlossenen Ortes (Senke) gesucht ist. Der Punkt, wo die optimale „Transportbahn" das Netz verläßt, ist die optimale Anschlußstelle, das Bahnstück von hier bis zur Senke die neu zu bauende Verbindung. Auch die günstigste Verbindung zwischen zwei (bisher nicht zusammenhängenden!)

Gebieten und die beiden dafür besten Anschlußstellen kann man berechnen, wenn man beide Gebiete als solche mit Kostendichte 0 darstellt, in eines die Quelle und in das andere die Senke legt.

Modell II für den Fall mehrerer Quellen. Modell II liefert die kostengünstigsten Bahnen von jeweils einer Quelle zu allen Senken und somit die Daten für eine Zeile des in Modell I zu behandelnden klassischen Transportproblems. Treten relativ wenige Quellen auf (wesentlich weniger als $\sqrt{N}$), ist dieser Weg zur Bestimmung der relativ wenigen Zeilen effektiver als der über den Floyd–Algorithmus. Oft ist er noch gangbar, wenn der Speicherplatz für die Kostenmatrix des Floyd–Algorithmus nicht reicht.

Indem man vorsorglich alle von Modell II gelieferten Bahnen von den Quellen zu den Senken abspeichert, hat man die von der Lösung des klassischen Transportproblems benutzten zur Verfügung. Somit gilt trotz des Auftretens mehrerer Quellen und Senken, daß Gebiete mit verschwindender Kostendichte zugelassen werden dürfen.

Es gibt Anwendungen außerhalb unserer Grundaufgabe, für die nicht der optimale Transportfluß zwischen Quellen und Senken, sondern die Kostenmatrix für alle Paare von Gitterpunkten gebraucht wird (vgl. Ausblick am Schluß). Für solche Anwendungen ist Modell II nachteilig.

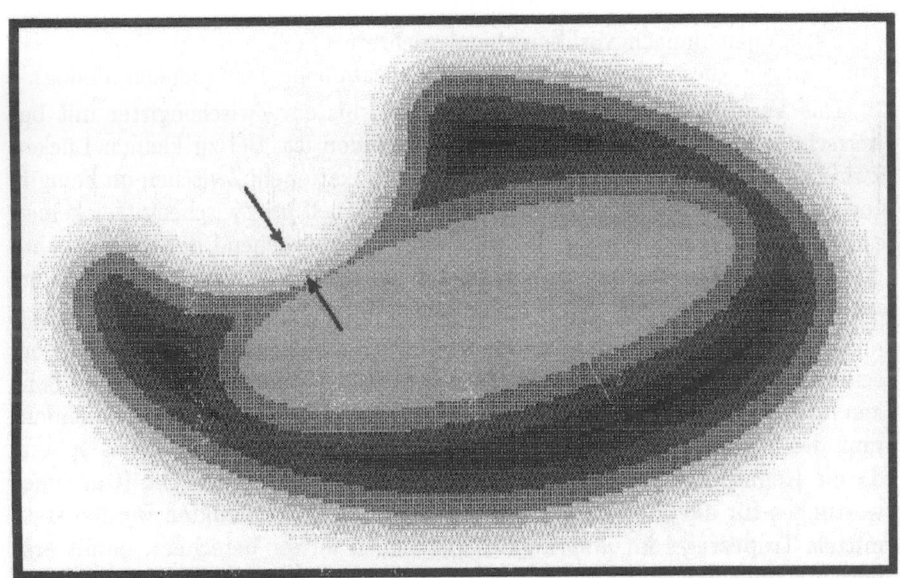

Abbildung 3. Kostenniveau als Deponiehöhe (hell ↔ niedrig, dunkel ↔ hoch)

2.3 Der Verfeinerungsbaustein

Die globale Optimierung des Transportflusses ist praktisch nicht für beliebig hohe Gitterpunktanzahl N durchführbar. Mit Modell I kommt man mit
einer heutigen Workstation aus Speicher- und Rechenzeitgründen bis etwa
$N = 1000$. Bei Modell II braucht man für $N = 10\,000$ schon etwa zwei Stunden
Rechenzeit, das in Abb. 3 dargestellte Deponieproblem wurde zu Testzwec-
ken mit $N = 100\,000$ in drei Wochen Rechenzeit gelöst. Die Berechnung von
Transportbahnen mit der Pixelgenauigkeit eines Computerbildschirms (Projektierung von 10 km Autobahn mit 10-m-Genauigkeit) würde $N = 800\,000$
erfordern, also mehrere Jahre Rechenzeit. Diese Genauigkeit wird durch drei-
malige Anwendung der folgenden Verfeinerungstechnik erreicht in insgesamt
etwa vier Stunden, indem stufenartig vier Probleme mit $N = 5000$ gelöst
werden.

Der Verfeinerungsbaustein besteht im wesentlichen aus den drei Prozeduren Vergröbern, Entwirren und Einhüllen. Außer diesen wird mehrfach Modell
II und eventuell (bei Vorliegen mehrerer Quellen und Senken, wie für die folgende Darstellung angenommen) einmal Modell I berechnet.

Vergröbern: Aus dem feinen gegebenen Gitter wird durch vorübergehendes
Löschen jeder zweiten Gitterlinie ein „Zwischengitter" mit doppelter Gitterweite erzeugt. Quellen und Senken, die auf gelöschten Gitterpunkten liegen,
werden vorübergehend in nächstgelegene zulässige Zwischengitterpunkte verlagert.

Es können danach vorübergehend mehrere Quellen im gleichen Gitterpunkt liegen, diese werden nicht zu einer zusammengefaßt (Senken analog).

Das Vergröbern wird solange wiederholt, bis ein Zwischengitter mit be-
herrschbar kleiner Gitterpunktanzahl entstanden ist. Bei zu kleinen Lücken
zwischen unzulässigen Gebieten drohen Komplikationen: Zwischen im Feingitter gegenseitig erreichbaren Orten gibt es eventuell im Zwischengitter keinen
zulässigen Polygonzug mehr. Es wird dann vorübergehend die Kostendichte
∞ in einigen Zwischengitterpunkten auf die endliche Dichteschranke d' erniedrigt, aber einen sicheren Automatismus dafür kennen wir nicht.

. Durch Modell I (bei wenigen Quellen durch mehrfachen Einsatz von II er-
setzbar) entsteht ein System von Transportbahnen zwischen Quellen und Senken im gröbsten benutzten Zwischengitter. Falls sich dabei Bahnen schneiden,
muß das System noch „entwirrt" werden. Wir beschreiben das etwas später,
da die Kenntnis des weiteren Vorgehens dafür förderlich ist. Die Kantenbewertungen für die „Luftlinien" zwischen den Grobgitterpunkten werden stets
mittels Trapezregel im *ursprünglich* gegebenen Gitter berechnet, damit erst
dort erkennbare Dichtesprünge und unzulässige Gebiete nicht vernachlässigt
werden. (An dieser Stelle entsteht das numerische Problem, ob unzulässige
Stützstellen knapp neben zulässigen ursprünglichen Gitterpunkten in letztere
zu verlegen sind, nun doch. Da es von der euklidischen Metrik abhängt, ist es
ähnlich wie beim Aussondern unechter Knickpunkte gut lösbar.)

Liege also ein System sich nicht kreuzender Bahnen zwischen Quellen und Senken vor. Im folgenden wird nun jede solche Bahn einzeln lokal nachoptimiert. Es bezeichne Q den Anfangs- und S den Endpunkt der betrachteten Bahn. Es seien Q' die Quelle im feineren Gitter, die beim Vergröbern nach Q verlagert wurde, entsprechend S' die Senke, aus der S entstand.

Einhüllen: Es wird die Menge aller derjenigen Gitterpunkte des nächstfeineren Gitters (Gitterweite g) ermittelt, die einen Abstand von höchstens $2g$ vom Polygonzug von Q nach S, der Strecke von Q' nach Q oder der Strecke von S' nach S haben.

Technisch beginnt das Einhüllen jeder Teilstrecke damit, daß man diese um $2g$ Einheiten über jeden Endpunkt verlängert, die Schnittpunkte der verlängerten Strecke mit den Gitterlinien bestimmt und deren Koordinaten auf ganzzahlige Vielfache von g rundet. Bei der Hinzunahme von gewissen Gitterpunkten in der Nachbarschaft der so erhaltenen muß man vermeiden, Gitterpunkte mehrfach zu erfassen (selbst bei Modell II dürfen in der Grundmenge nicht Punkte mit euklidischem Abstand 0 auftreten).

Beim Einhüllen einer Bahn mit euklidischer Länge $a \cdot g$ entstehen bei unserem Verfahren höchstens $5a + 20$ Hüllenpunkte. Bei einem Gitter der Größe 800×1000 führt selbst eine Bahn so lang wie die Summe der Rechteckseiten, $a \approx 1800$, zu einer rechentechnisch beherrschbaren Punktanzahl. Es kann mit Modell II, angewandt auf die Hüllenpunktmenge, eine kostengünstigste Bahn von Q' nach S' im feineren Gitter berechnet werden. Als Bahnen stehen alle Polygonzüge von Q' nach S' im Rechteck zum Vergleich, die Knickpunkte höchstens in den Hüllenpunkten haben – zwischen den Knickpunkten können die Teilstrecken durchaus außerhalb des Hüllengebietes verlaufen! Dennoch ist natürlich theoretisch nicht gesichert, daß man so die global kostengünstigste Bahn von Q' nach S' im feineren Gitter erhält, die Kosten selbst werden besser approximiert als der Bahnverlauf, in den meisten Beispielen wird auch er stimmen. Die Suche nach Bedingungen für die Konvergenz der Verfeinerungen gegen eine globaloptimale Bahn dürfte ziemlich aussichtslos sein. Selbst wenn man das Schwanken der Kostendichte im zulässigen Gebiet durch eine Lipschitzkonstante beschränkt, kann bei im Verhältnis zu ihr noch so feiner Gitterweite die globaloptimale Bahn vor einer Verfeinerung auf der einen Seite eines großen unzulässigen Gebietes, aber nach der Verfeinerung auf dessen anderer Seite verlaufen.

Nach der Erzeugung des Systems aller Bahnen im feineren Gitter wird dieses System wieder entwirrt, dann werden die Bahnen im nächstfeineren Gitter eingehüllt usw. bis zum Erreichen des ursprünglich gegebenen Gitters.

„Entwirren" eines Systems von Bahnen. Ein System von Transportbahnen von den Quellen zu den Senken heiße kreuzungsfrei, wenn es für jedes Bahnenpaar möglich ist, die zwei Bahnen durch beliebig kleine örtliche Variationen so zu verändern, daß sie keine gemeinsamen Punkte haben (die modifizierten Bahnen brauchen nicht im zulässigen Gebiet zu liegen). Anschaulich gesagt dürfen zwei Bahnen eines kreuzungsfreien Systems zwar gemeinsame Teilstücke haben, aber dürfen sich nicht „echt schneiden".

Im stetigen Modell gibt es unter den Optimallösungen stets eine kreuzungsfreie. Dagegen kann es bei Diskretisierung mit noch so kleiner endlicher Gitterweite vorkommen, daß unter den Optimallösungen keine kreuzungsfreie ist. Mit dieser möglichen Folge der Diskretisierung muß man sich abfinden. Es lassen sich Beispiele konstruieren, wo der Schnittpunkt zweier Bahnen in der eindeutigen Optimallösung selbst durch Variation der Bahnen um hundertfache Gitterweite nicht verschwindet. Aber selbst in diesen Fällen ist der Unterschied zwischen den Kosten dieser Lösung und denen einer „stetigen Optimallösung" meist ausreichend gering, er hängt von den Schwankungen der Kostendichte bei Ortsveränderung um *eine* Gitterweite ab.

Große Fehler können entstehen, wenn man ein nicht kreuzungsfreies System von Optimalbahnen im vergröberten Gitter durch mehrfaches Einhüllen lokal nachoptimiert. Die Zuordnung zwischen Quellen und Senken wird ja beim Einhüllen beibehalten, auch wenn es im feineren Gitter eine bessere gibt. Das Entwirren führt in der Regel (man kann Ausnahmen konstruieren) zu dieser besseren Zuordnung. Wir erläutern das an dem durch Abb. 4 gegebenen Beispiel.

Links wird eine Optimallösung im Grobgitter dargestellt: Zwei Bahnen *1–5–6–10* und *2–5–6–9* jeweils mit Stromstärke 1. Hüllt man jede dieser Bahnen ein und verfeinert, so ergibt sich die in der Mitte dargestellte nichtoptimale Lösung im Feingitter: Aus der ersten Bahn geht *1–3–8–10*, aus der zweiten Bahn geht *2–4–7–9* hervor. Das Entwirren der links dargestellten Grobgitterlösung führt diese in *1–5–6–9* und *2–5–6–10* über, erst daraus entsteht die rechts dargestellte Optimallösung im Feingitter.

Falls sich Bahnen in Nicht–Gitterpunkten schneiden, werden solche Schnittpunkte vorübergehend als Endpunkte von Strecken eines Polygonzugs zugelassen, die nach dem Entwirren und Einhüllen von selbst wieder entfallen.

Das aufwendige allgemeine Programm zum Entwirren eines Systems von Bahnen ist Gegenstand einer Diplomarbeit gewesen (H. Kieser 1994). Es sei nur darauf hingewiesen, daß sich durch das Entwirren im allgemeinen die Anzahl der Bahnen ändert. Modifizieren wir die in Abb. 4 gegebene Aufgabe dadurch, daß wir den Vorrat in Gitterpunkt 1 und den Bedarf in Gitterpunkt 10 auf zwei Einheiten erhöhen. Eine links angegebene Optimallösung im Grobgitter kann dann aus den zwei Bahnen *1–5–6–10* mit Stromstärke 2 und *2–5–6–9* mit Stromstärke 1 bestehen. Diese muß zu drei Bahnen je mit Stromstärke 1 entwirrt werden: *1–5–6–9, 1–5–6–10, 2–5–6–10*.

2.4 Probleme der Ein- und Ausgabe

In manchen Beispielen kann die Kostendichte durch einen Funktionalausdruck angegeben werden, der beispielspezifisch als Quelltext dem allgemeinen Programm hinzugefügt wird. So verarbeiteten wir beim Berechnen gekrümmter Lichtbahnen durch atmosphärische Brechung die mit wachsender Höhe über

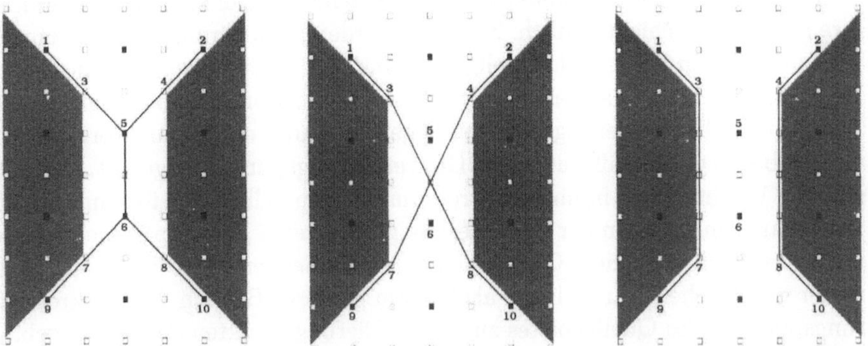

Abbildung 4. grau ↔ unzulässige Gebiete,   ansonsten Kostendichte konstant
■ Grobgitterpunkte,   ☐ weitere Feingitterpunkte
Punkte *1* und *2* Quellen mit Vorrat 1, Punkte *9* und *10* Senken mit
Bedarf 1

der Erdoberfläche exponentiell abfallende Luftdichte, das linear veränderliche
Schwerefeld für die Kettenlinie, die konstante Kostendichte für Transportaufgaben mit entfernungsproportionalen Kosten.

Für Fälle wie das Autobahnbeispiel (Abb. 1) wurde die Kostendichte zei-
lenweise Gitterpunkt für Gitterpunkt eingegeben (für konstante Abschnitte in
dieser Folge durch Dichtewert und Anzahl aufeinanderfolgender Punkte mit
dem Wert). Dieser Eingabemodus erspart dem Benutzer Quelltexteinfügun-
gen, er wird durch farbige Darstellung der Dichte auf dem Bildschirm und
Korrekturmöglichkeiten gut handhabbar, solange die Anzahl der Daten nicht
zu groß wird. Die Modelle I und II benötigen die Kostendichte nur auf den
Gitterlinien, sie wird dafür linear aus den Werten der beiden benachbarten
Gitterpunkte interpoliert.

Für Gitter mit hoher Gitterpunktanzahl ist eine polygonale Eingabe der
Dichte vorgesehen. Zuerst erhält das betrachtete Rechteck insgesamt eine
konstante Dichte. Anschließend werden durch Angabe von Knickpunkten geschlossene Polygone (mit doppelpunktfreiem Rand) zusammen mit einem
Dichtewert für ihr Inneres eingegeben. Falls sie vorher eingegebene Polygone überlappen, wird im Überlappungsgebiet der dort vorher gegebene Wert
überspeichert. Als Speicher für die Kostendichte dient hier der Bildschirm-
speicher, die Wertangabe wird als Farbinformation des Pixels dargestellt –
damit wird diese Eingabe durch die Graphikbibliothek effektiv unterstützt
(Eingabe gefärbter polygonaler Flächen, Ablesen des Farbwertes zu einem Pi-
xel, ...). In ein zweites Exemplar dieses Bildes werden dann Quellen, Senken
und Lösungsbahnen eingezeichnet, ferner ein geeignetes Grobgitter zur besseren Identifizierung der Punkte, dieses Bild kann leicht über Farbdrucker
ausgegeben werden. Von jeder Bahn wird zusätzlich die Stromstärke und die
Folge ihrer Knickpunkte ausgegeben.

Die Eingabe bzw. Kontrollausgabe von Quellen (Senken jeweils analog) mit ihren Werten geschieht ähnlich. Zunächst werden punktförmige Quellen eingegeben. Es folgen polygonale Quellgebiete mit ihrem jeweiligen Gesamtvorrat. Nach Eingabe aller Quellgebiete wird diesen proportional zu ihrer Fläche eine Anzahl von Diskretisierungspunkten zugewiesen und der Gesamtvorrat jedes Quellgebietes gleichmäßig auf seine Diskretisierungspunkte aufgeteilt. Deshalb sind die Vorratshöhen in unseren Programmen generell als Fließkommazahlen vereinbart. Im Rahmen der Optimierung gibt es keine „stetigen" Quellgebiete mehr, der Fluß von einem Quellgebiet zu einem Senkengebiet erscheint (auch in der graphischen Darstellung) als System gewisser Bahnen von Diskretisierungspunkten des Quellgebietes zu Diskretisierungspunkten des Senkengebietes.

3 Interpretation von Resultaten

Das Ergebnis einer Transportflußoptimierung bedarf häufig mehrerer Korrekturrunden oder Variantenrechnungen im Mensch–Maschine–Dialog. Damit werden keineswegs nur Modellierungsmängel ausgeglichen, sondern oft wesentliche Hilfen für außerhalb der Mathematik zu treffende Entscheidungen bereitgestellt.

Eine solche Entscheidung ist oft die über eine Diskontierung der Kosten: Vorteile jetzt mit späteren Nachteilen oder höherer Aufwand jetzt mit positiven Langzeitwirkungen? Solche Fragen stehen z. B. beim Autobahnbau generell, wir greifen im folgenden den ökologischen Aspekt heraus. Der Mathematiker kann den Konflikt nicht lösen, aber denen, die entscheiden müssen, die Konsequenzen verdeutlichen.

Vielleicht liegt im fraglichen Gebiet ein Feuchtbiotop mit Vorkommen einiger seltener Tierarten, und um dieses zu umgehen, wird die Autobahn 2 km länger als sonst. Ein Erfolg für den Umweltschutz!? Wenn die Autobahn 50 Jahre lang täglich von 50 000 Fahrzeugen benutzt wird, führen diese 2 km im Laufe der Jahre zu einem Mehrverbrauch von insgesamt etwa 100 000 t Benzin, entsprechende Rückstände werden zusätzlich in die Landschaft geblasen …

Wir greifen aus dem in Abb. 1 dargestellten Beispiel die Verbindung von Grimma nach Weißenfels heraus und variieren die Kostendichte in Abhängigkeit von einem Faktor F: Wir unterstellen, daß die Folge–„Kosten" durch einen Kilometer Autobahn F mal so hoch sind wie die gegenwärtig durch den Bau von einem Kilometer in günstigstem Gelände (Kostendichte 1 im bisherigen Modell) entstehenden. Für die Rechnung bedeutet das, F zur bisherigen Kostendichte zu addieren. Höhere F-Werte führen zu kürzeren Strecken. Für $F \to \infty$ werden die gegenwärtigen Kosten bedeutungslos, es würde die geradlinige Verbindung als Lösung empfohlen.

Man sieht in Abb. 5, wie sich die Veränderung von F auswirkt. Interessant ist, wie sich durch Erhöhung von F zunächst eine andere Streckenführung aus Grimma heraus ergibt, die bei noch weiterer Erhöhung jedoch wieder in die vorhergehende zurückspringt. Solche Effekte sind ohne mathematisches Modell überhaupt nicht abzuwägen. Die Kosteneinheit entspricht etwa 1 Million DM. Schon der Übergang von Trasse A nach B, der die künftigen Aufwendungen durch Verkürzung der Strecke um einen halben Kilometer langfristig mildert, führt zu momentanen Mehrausgaben von etwa 59 Millionen DM.

F	Optimalstrecke	momentane Kosten	Streckenlänge in km
0	A	1093	49,74
2	B	1152	49,24
8	C	1194	48,02
16	D	1213	47,03

Abbildung 6 zeigt ein Beispiel mit einigen unzulässigen Gebieten und ansonsten konstanter Dichte. Es ist durch Diskretisierung aus einer Aufgabe mit drei stetigen Senkengebieten (links oben, links unten, rechts) und einem Quellgebiet hervorgegangen, dessen Vorratsdichte in der Mitte höher als am Rande war.

Man kann sich das Quellgebiet in dieser Studie als einen abzutragenden Hügel (in der Mitte höher als am Rande) vorstellen, die Senkengebiete als aufzufüllende Vertiefungen. Es dürfte klar sein, daß die durch Einsatz mathematischer Methoden gewonnene Einsicht in die Struktur des Problems rein empirisch nicht zu erhalten ist – erst recht nicht bei realen Beispielen mit unterschiedlichen Bedarfshöhen und nichtkonstanter Kostendichte. Der zu vermutende Diskretisierungsfehler, der sich vor allem darin äußert, daß bei stärkerer Verfeinerung einige Anteile des Flusses auf der anderen Seite eines gesperrten Gebietes vorbeilaufen müßten, kann nur geringen Einfluß auf die Kosten haben. Durch Berechnen von Varianten mit leicht veränderten Daten gewinnt man einen Eindruck von der Zuverlässigkeit der gefundenen Lösung.

Steht das Quellgebiet dagegen für ein großes Werksgelände, für das vorbeugend eine Evakuierung zu planen ist, wird die zunächst gefundene Lösung einen Dialog auslösen: Da die Kosten in der Summe (somit die *Durchschnittsanstrengungen pro Person*) minimiert wurden, muß man einzelne „Härtefälle" ausschließen. Ferner ist zu untersuchen, wo durch eine zu große Häufung von Transportbahnen Staus entstehen. Man kann vielfältig durchspielen, wie sich eine Veränderung der Aufnahmefähigkeit von Senken, das Schaffen neuer Senken oder das Verändern gesperrter Gebiete auswirken würden.

4 Ausblick

Die Entwicklung der Transportflußoptimierung hat einen Stand erreicht, der ernsthafte Anwendungen ermöglicht, aber sie muß aus unserer Sicht in vier Richtungen weitergehen.

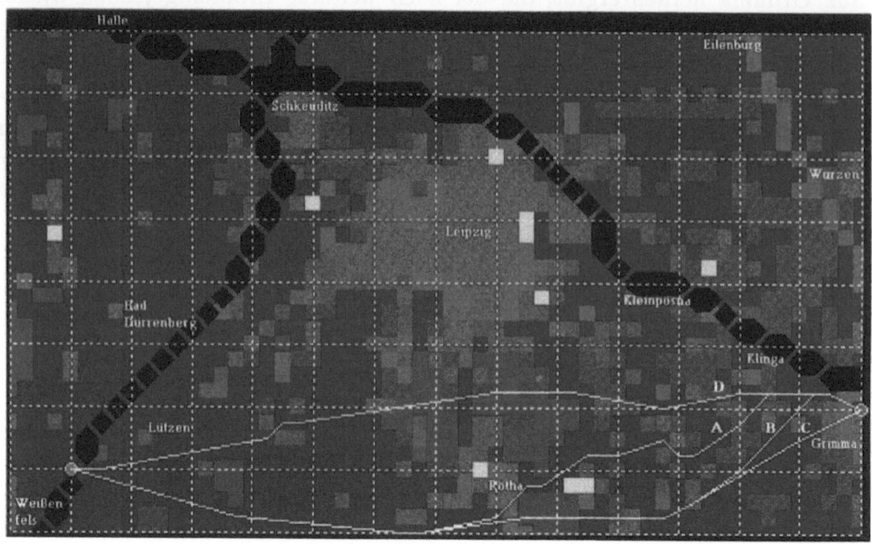

Abbildung 5. Einfluß zukünftiger Kosten auf die Optimierung der Trasse

Zum ersten ist die Benutzerfreundlichkeit der Software zu verbessern. Bei
Eingabe der Kostendichte, Vorrats- und Bedarfsverteilung müßte es möglich
sein, innerhalb der Polygone nicht nur Konstanten, sondern Funktionen aus
einem Menü zu wählen. Außer den geschlossenen Polygonen sollten auch andere von der Graphikbibliothek unterstützte Figuren zugelassen sein. Wichtig
wäre es, nach dem Ermitteln der Einhüllmengen eine Präzisierung der Kostendichte für diese vorzusehen, um eine zu detaillierte Ermittlung der Dichte
für die Teile des Rechtecks einzusparen, in denen keine Bahn verläuft.

Die Zuverlässigkeit des Verfeinerns erhöht sich, wenn bei Verlassen des
Einhüllgebietes die neue Bahn zunächst ohne Gitterverfeinerung nochmals
eingehüllt wird. Man könnte die Gitterfeinheit lokal von den Schwankungen
der Kostendichte abhängig machen, im Inneren von Gebieten mit konstanter
Kostendichte braucht man (außer Quellen und Senken) dann überhaupt keine
Gitterpunkte.

Zweitens sollten unsere graphentheoretischen Modelle mit anderen vergl-
lichen und gegebenenfalls gekoppelt werden. Allein schon in der von Prof.
R. Klötzler geleiteten Gruppe an der Leipziger Universität gibt es außer unserem noch zwei ganz andere Ansätze: Finite–Element–Methoden führen auf
semi–infinite lineare Optimierung, die durch Anpassung entsprechender Stan-
dardprogramme bzw. die Entwicklung einer die spezielle Koeffizientenstruktur
ausnutzenden semi–infiniten Transportflußoptimierung bewältigt werden soll.
Bei stetiger oder gar differenzierbarer Kostendichte könnte es sinnvoll sein,
unser Modell zur annähernden Berechnung der Auftreffpunkte der Bahn auf
die Ränder der unzulässigen Gebiete zu nutzen und die Bahnen zwischen diesen Punkten dann mit anderen Mitteln zu präzisieren.

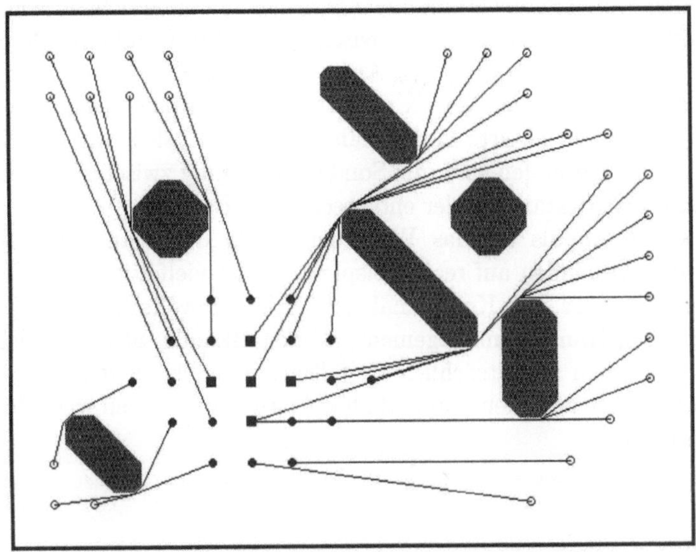

Abbildung 6. grau ↔ unzulässige Gebiete,   ansonsten Kostendichte konstant
■ bzw. ● Quellen mit Vorrat 2 bzw. 1,   ○ Senken mit Bedarf 1

Drittens ist es vielversprechend, nach Aufgaben ähnlich unserer Grundaufgabe zu suchen, die durch eine Erweiterung unserer Werkzeuge auch noch
lösbar werden. Als ein Beispiel dafür führen wir das „Steiner–Problem im
Dichtefeld" an, das durch eine Modifikation unseres Modells I für bis zu fünf
Orte praktikabel gelöst werden kann – andere Lösungsverfahren dafür sind
uns nicht bekannt. Wir erläutern Problem und Lösung anschaulich für drei
Orte A, B und C. Gesucht ist das kostengünstigste System von Bahnen, das
die gegenseitige Erreichbarkeit der Orte bewirkt. Dieses wird im allgemeinen
aus drei Bahnen von A nach X', B nach X', C nach X' mit einem geeignet
festzulegenden „Steinerpunkt" X' bestehen (wenn X' mit einem der gegebenen Orte zusammenfällt, hat eine der Bahnen die Länge 0). Solche Probleme
entstehen beim Bau von Versorgungsleitungen, aber auch als Zuladeproblem
(zwei Transporte von A nach C und von B nach C erfolgen ab X' gemeinsam
mit Kosten wie für *einen* Transport). Wir benutzen Modell I bis zur Bildung
der Kostenmatrix. Dann wird für jeden Gitterpunkt X die Summe der Kosten
von A nach X, B nach X, C nach X gebildet – das X mit dem Minimalwert
ist mit Gittergenauigkeit das gesuchte X'. Dann wird wie im Modell I der
Verlauf der Bahnen von A nach X', B nach X', C nach X' rekonstruiert.
Benutzt man anstelle der von X abhängigen Summe der drei Kosten eine gewichtete Summe, so kann man sogar Standortprobleme im Dichtefeld lösen –
die Gewichte sind entsprechend den von X' aus in A, B, C zu versorgenden
oder entsorgenden Mengen zu wählen.

Eine andere Erweiterung des Grundmodells ergibt sich durch Modifizieren
der Kantenbewertung bei Vorliegen von Brücken über ansonsten unzulässige

Gebiete oder von Expreßverbindungen. Gibt es z. B. abweichend von der normal ermittelten Kantenbewertung zwischen den Gitterpunkten S und T noch eine günstigere, so wird diese vor Anwendung des Floyd–Verfahrens an der entsprechenden Stelle der Matrix eingetragen. Die Kostenmatrix weist dann aus, daß auch manche Orte in der Nähe von S mit solchen in der Nähe von T günstiger zu verbinden sind, die Sonderverbindung zwischen S und T wird dann von selbst Bestandteil der entsprechenden Bahnen.

Der vierte Impuls für das Weiterentwickeln der Transportflußoptimierung ist das Anwenden auf reale Beispiele. Sie ist vielfältig anwendbar, aber erst, wenn Partner aus Kommunalwirtschaft, Umweltschutz, Verkehrsbau, Standort- und Transportmanagement, Werkstoffkunde, Strömungslehre oder anderen Bereichen sie tatsächlich vielfältig nutzen, können die Mathematiker grundsätzlich zufrieden sein und gleichzeitig die richtigen weiterführenden Fragen erkennen.

Grüne Welle – Berechnungsverfahren für Lichtsignalanlagenkoordinierung

Reinhart D. Kühne

Steierwald Schönharting und Partner GmbH, Stuttgart

1 Die Anfänge der grünen Welle

Die Anfänge einer koordinierten Lichtsignalanlagensteuerung liegen bald 50 Jahre zurück. Bereits im Jahr 1949 wurde in Denver im US-Bundesstaat Colorado eine koordinierte Signalsteuerung vorgenommen, wobei 125 Knoten aus 10 Verkehrssektoren in die Koordinierung einbezogen waren. Die Programme hatten 6 verschiedene Umlaufzeiten und 4 Phasenverschiebungen zur Anpassung der einzelnen Signalsteuerungen. Mit ähnlichen Ansätzen wurden im Jahr 1952 in Baltimore im US-Bundesstaat Maryland 850 Knoten aus 100 Verkehrssektoren mit insgesamt 8 Gebietszentralen in die koordinierte Signalsteuerung einbezogen [SH77].

Im Jahre 1960 wurde in Toronto, Ontario, Kanada, auf einem UNIVAC-1107-Verkehrsrechner eine koordinierte verkehrsabhängige Signalsteuerung vorgenommen, wobei eine Verkehrsdatenerfassung im 2-Sekunden-Takt zugrunde lag.

In Europa reichen die Anfänge der Grünen Welle ins Jahr 1960 zurück. Unter dem legendären Stadtwerkedirektor und Verkehrstechniker Wolfgang von Stein wurden 7 Knoten der Königsallee der Stadt Düsseldorf koordiniert. Düsseldorf hat seit dieser Zeit das umfangreichste und jeweils modernste System der Koordinierung von Lichtsignalanlagen mit verkehrsabhängiger Signalsteuerung.

In Großbritannien wurden unter Leitung von Robertson vom Transportation and Road Research Laboratory auf der Basis des off-line-Koordinierungsprogramms TRANSYT in Glasgow 1966 und West-London 1967 Koordinierungsansätze implementiert. Dabei wurden bereits leistungsfähige Myried-Computer eingesetzt und in London für die Cromwell Road ein Programm in Assembler-Sprache verwendet [Ro85].

2 Grundbegriffe der Lichtsignalsteuerung

Für das Verständnis der zugrunde liegenden Berechnungen von Optimierungsansätzen einschließlich der Rand- und Rahmenbedingungen ist die Einführung

Tabelle 1. Die Anfänge der Grünen Welle

USA / Kanada	Denver, Colorado 1949 (Barnes)	125 Knoten, 10 Verkehrssektoren, 6 verschiedene Umlaufzeiten, 4 Phasenverschiebungen
	Baltimore, Maryland 1952	850 Knoten, 100 Verkehrssektoren, 8 Gebietszentralen
	Toronto, Ontario 1960	UNIVAC-1107 Verkehrsrechner, Verkehrsdatenerfassung im 2 s-Takt
Deutschland	Düsseldorf 1960 (v.Stein)	7 Knoten der Königsallee
Großbritannien	Glasgow 1966 (Robertson)	Koordinierung mit TRANSYT auf Myried-Computern
	West-London 1967 (Robertson)	TRANSYT in Assemblersprache für Cromwell Road, London

einer Reihe von Begriffen hilfreich.

Die Grundbegriffe bei der Lichtsignalkoordinierung beziehen sich zum einen auf den Einzelknoten und zum anderen auf den Streckenzug.

Beim **Einzelknoten** geht es um

– Umlaufzeit	Zeit für vollständigen Programmablauf (Rot – Rot+Gelb – Grün – Gelb)
– Zwischenzeit	Zeit zwischen Ende Strom i und Anfang Strom j (Strom i und Strom j „feindlich")
– Freigabezeit	Grünzeit
– Phase	einheitlicher Schaltzustand, der während der Phasendauer unverändert bleibt.

Beim **Streckenzug** tauchen die Begriffe

– Hauptrichtung	(Dominanz) maßgebende Verkehrsrichtung für das verkehrstechnische Berechnungsverfahren
– Gegenrichtung	Verkehrsrichtung mit geringer Bedeutung
– Verlustzeit	Zeitverlust gegenüber ungehinderter Fahrt längs eines Straßenzuges mit der Entwurfsgeschwindigkeit
– Versatzzeit	Zeitverschiebung im Umlauf benachbarter Knoten
– Bandbreite	Grünzeit für durchgehenden Verkehrsstrom längs (koordinierter) Knoten

auf.

3 Darstellung von Grüne Welle-Knotenpunkten

In einem Zeit-Weg-Diagramm werden die Fahrtverläufe von Haupt- und Gegenrichtung als sogenannte Grünbänder dargestellt. Für einen Knotenpunkt
mit je einer Signalanlage für die Hauptrichtung und für die Gegenrichtung
ergeben sich ansteigende Fahrlinien (Hauptrichtung) bzw. abfallende Fahrlinien (Gegenrichtung). Das Grünband, das von den Fahrlinien aufgespannt
wird, reicht vom Beginn bis zum Ende der Grünzeit. Die Bandbreite kann
von Knoten zu Knoten variieren. Die Grünbänder von Haupt- und Gegenrichtung schneiden sich im Teilpunkt, der wie in Abb.1 genau in der Mitte des
Knotenpunkts oder wie in Abb.2 nur in Nähe des Knotenpunkts liegt.

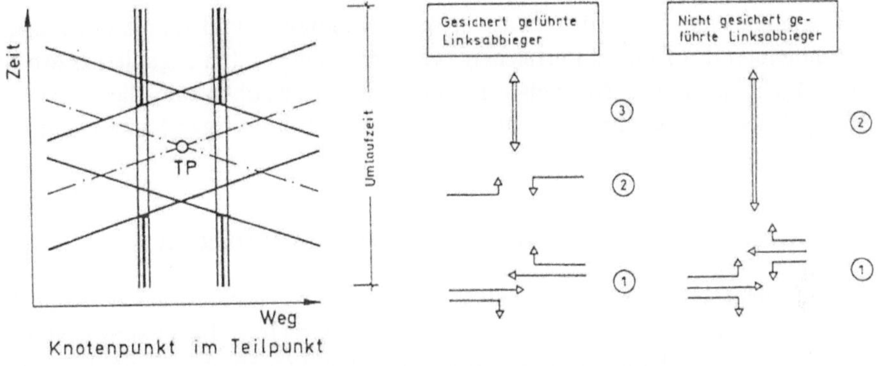

Abbildung 1. Knotenpunkt im Teilpunkt

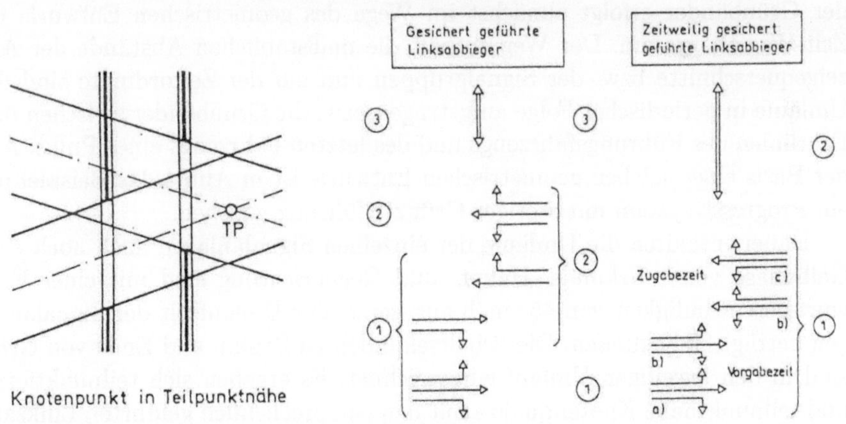

Abbildung 2. Knotenpunkt in Teilpunktnähe

Für die Führung der Linksabbieger gibt es dabei grundsätzlich unterschiedliche Ansätze. Sie können zum einen gesichert geführt werden – hier-

zu muß die Rotzeit des Gegenverkehrs ausgenutzt werden – oder sie können
nicht gesichert geführt werden, indem sich die Fahrer Lücken im Gegenver-
kehr für das Linksabbiegen aussuchen. Im ersten Fall besteht der Umlauf
aus mindestens 3 Phasen, im zweiten nur aus 2 Phasen. Liegt der Knotenpunkt nicht im Teilpunkt, sondern nur in Teilpunktnähe, so läßt sich beim
2-Phasen-Ansatz der Linksabbiegerstrom im Hauptstrom zeitweilig gesichert
führen, wobei durch Zugabezeiten und Vorgabezeiten die zeitweilige Siche-
rung ausgedehnt bzw. eingeschränkt werden kann. Liegt der Knotenpunkt in
Teilpunktferne, so ist ein freier Abfluß der Linksabbieger in einem 3-Phasen-
Ansatz leicht möglich.

Die bisherigen Beispiele bezogen sich auf einfache Knoten mit der Unterscheidung in Hauptrichtung und Gegenrichtung. Um bei längeren Knoten-
abständen eine einheitliche Entwurfsgeschwindigkeit und damit ein Zusam-
menbleiben des Pulks zu erreichen, wird mit sogenannten Signaltrichtern die
Geschwindigkeit von Nachzüglern eines Pulks angehoben und die Geschwindigkeit der Spitzenfahrzeuge eines Pulks auf die Entwurfsgeschwindigkeit her-
untergezogen.

4 Darstellung von Grüne Welle-Grünbändern

Abb.3 zeigt ein Beispiel für einen solchen Signaltrichter, bei dem auf einer Trichterlänge von 1200 m mit insgesamt 5 Geschwindigkeitsanzeigen eine
Trichterung von Fahrzeugpulks im Bereich zwischen 80 und 50 km/h erreicht
wird. Die Geschwindigkeitsanzeigen selber sind mit dem zugehörigen Signal-
programm abgestimmt und gegeneinander zeitversetzt. Sie unterstützen damit
die Koordinierung hintereinandergelegener Knoten.

Die Einpassung der Signalprogramme der einzelnen Knoten in die Ränder
der Grünbänder erfolgt zunächst im Wege des geometrischen Entwurfs im
Zeit-Weg-Diagramm. Der Weg enthält die maßstäblichen Abstände der An-
zeigequerschnitte bzw. der Signalgruppen und auf der Zeitordinate sind die
Umläufe in periodischer Folge aufgetragen bzw. die Grünbänder zwischen den
Fahrlinien des Führungsfahrzeugs und des letzten Fahrzeugs eines Pulks. Auf
der Basis eines solchen geometrischen Entwurfs ist in Abb.4 das Beispiel für
ein Progressivsystem mit stetiger Grünzeitführung gegeben.

Dabei enthalten die Umläufe der einzelnen Signalanlagen auch noch eine
Gelbphase von 1 Sekunde. Haupt- und Gegenrichtung sind mit einer Entwurfsgeschwindigkeit von 45 km/h angesetzt. Die Umlaufzeit der Signalanlagen beträgt 80 Sekunden. Die Schaltsekunden zu Beginn und Ende von Grün
sind in den jeweiligen Umlauf eingezeichnet. Es ergeben sich teilpunktferne
und teilpunktnahe Knotenpunkte mit den entsprechenden geführten Linksab-
biegemöglichkeiten [Ri82].

Läßt sich aufgrund von sonstigen Rahmenbedingungen das Grünband
nicht durchgehend mit gleicher Breite realisieren, so spricht man von nichtstetiger Grünzeitführung. In diesem Falle ergeben sich für Teile eines Fahrzeugpulks zusätzliche Wartezeiten von höchstens einem Umlauf.

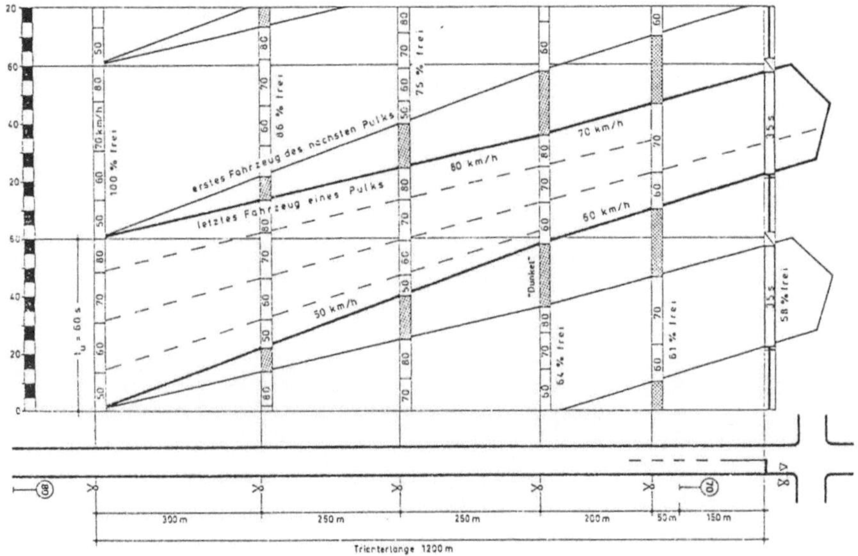

Abbildung 3. Beispiel für einen Signaltrichter

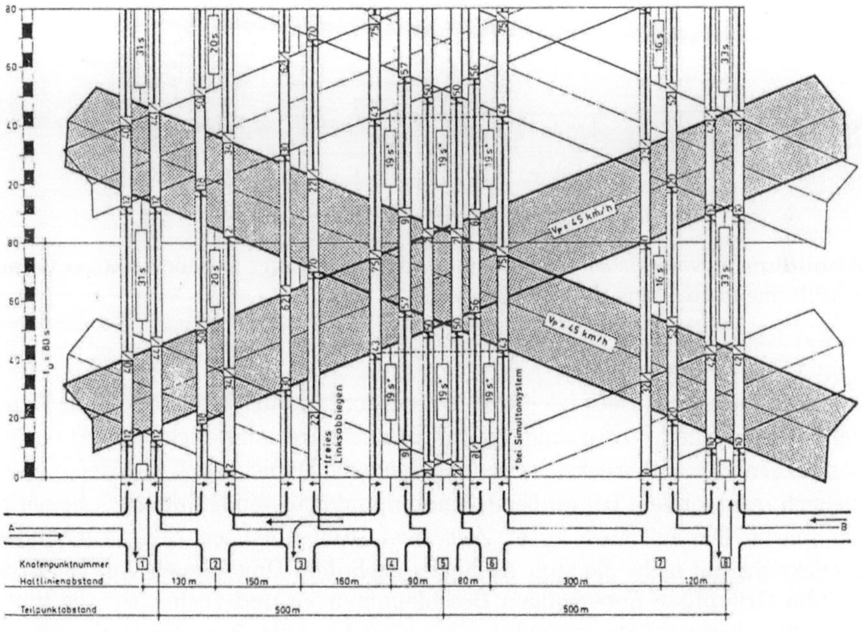

Abbildung 4. Progressivsystem mit stetiger Grünzeitführung

Abb.5 zeigt ein Beispiel mit verschieden breiten Grünbändern mit sowohl stetiger als auch nichtstetiger Grünzeitführung in Hauptrichtung und Gegenrichtung. Die in diesem Beispiel realisierte Trichterung soll die nichtstetige Grünzeitführung wenigstens teilweise kompensieren und die Nachzüglerfahrzeuge eines Pulks beschleunigen um diese noch in die Koordinierung einbeziehen zu können.

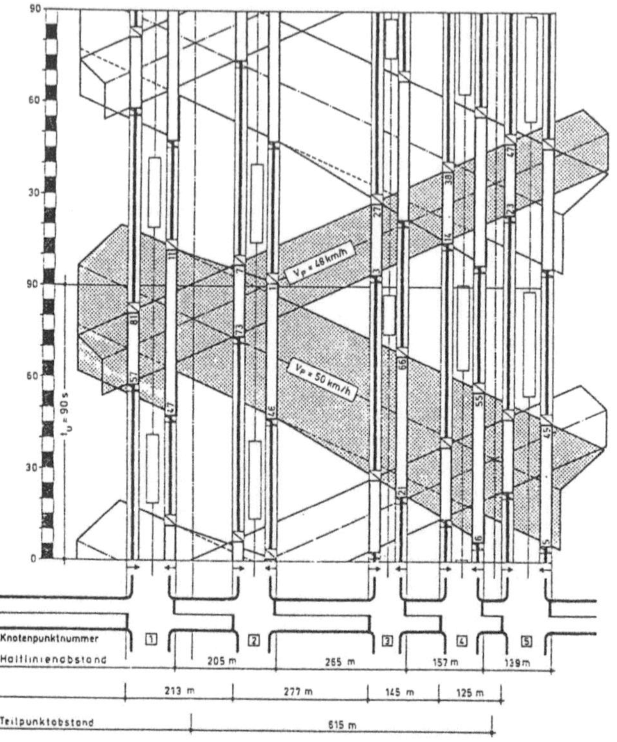

Abbildung 5. Verschieden breite Grünbänder mit stetiger und nichtstetiger Grünzeitführung in Richtung und Gegenrichtung

In den gezeigten Beispielen wurde die Koordinierung offenkundig im Wege der geometrischen Einpassung auf der Basis stetiger oder nichtstetiger Grünbänder erreicht. Unberücksichtigt dabei blieb die Diffusion von Fahrzeugpulks, die sich insbesondere bei größeren Knotenpunktsabständen deutlich bemerkbar macht. Die auf einen festen Zeitversatz führenden scharfen Grünbänder berücksichtigen nicht die zum Anfahren nach dem Umspringen von der Rot- auf die Grünphase notwendigen Beschleunigungen und auch nicht die innere Dynamik eines Fahrzeugpulks, die zu einem Aufweiten der Pulks führen und zu einer ausgeschmierten Verkehrsstärkeverteilung über der Umlaufzeit (vgl. Abb.6).

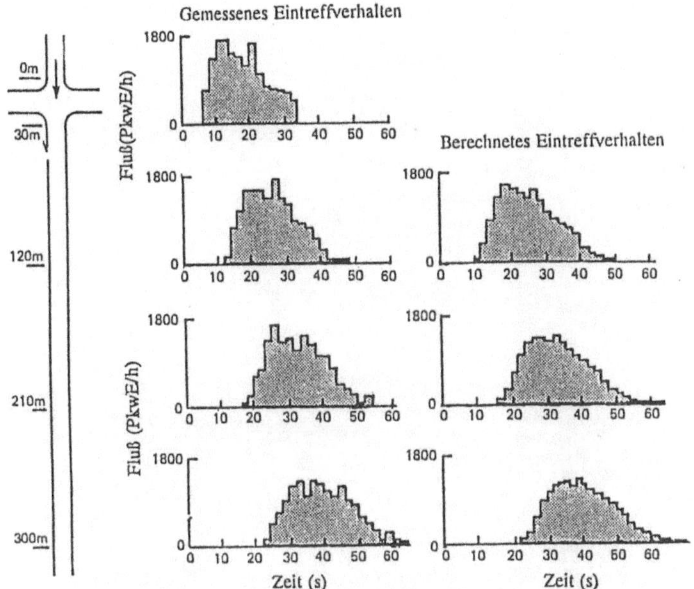

Abbildung 6. Zerfließen eines Fahrzeugpulks

5 Pulkzerfließen

In einem ersten Ansatz kann die Verteilung der Verkehrsstärken innerhalb
der Umlaufzeit durch die Verfolgung einzelner Gruppen innerhalb der Umlaufzeit erreicht werden. Dies ist notwendig, weil die Fahrzeuge mit unterschiedlichen Geschwindigkeiten fahren und den nächsten Knoten nur zum
Teil innerhalb der geometrisch bestimmten Umlaufzeit erreichen. In diesem
Fall ist mit zusätzlichen Halten bzw. Verlustzeiten zu rechnen. Auf der Basis
der Zusammensetzung eines Fahrzeugpulks aus Fahrzeugen unterschiedlicher
Geschwindigkeit und einer entsprechenden Verkehrsstärkeverteilung über den
Umlauf ergeben sich dann detaillierte Aussagen über die Zahl der Halte und
die Gesamtverlustzeiten. Die zugrunde liegende geometrische Konstruktion
bleibt aufwendig (vgl. Abb.7).

Besser als geometrische sind direkte mathematische Verfahren geeignet, die
Fahrlinien mit Beschleunigungs- und Verzögerungsteil realistisch nachzubilden
und durch Integration über alle Fahrlinien eines Umlaufs verbesserte Daten
über Zahl der Halte und Verlustzeiten zu gewinnen. Werden diese mathematisch genauen Verfahren in eine Optimierungsstrategie eingebunden, so landet
man bei den Grundgedanken des off-line-Optimierungsverfahrens TRANSYT,
das seit Mitte der 1960er Jahre in Großbritannien entwickelt, mittlerweile als
on-line-Verfahren eine weite Verbreitung insbesondere im englischen Sprach-
raum gefunden hat [Do81].

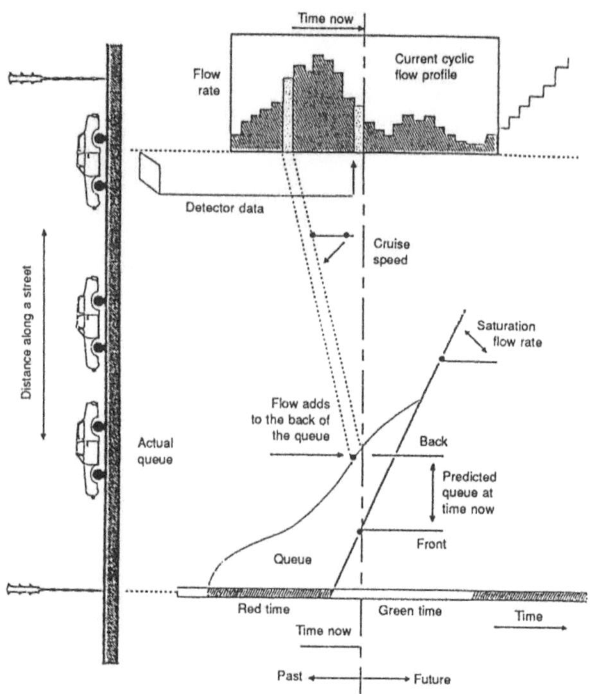

Abbildung 7. Berücksichtigung des Pulkzerfließens bei der Verlustzeitberechnung

6 Optimierungsprinzipien

Als Optimierungsprinzipien stehen zur Verfügung die

- Grünbandmaximierung
- minimale Zahl an Halten
- minimale Verlustzeiten

Für die Grünbandmaximierung gilt es, sowohl Haupt- als auch Gegenrichtung mit möglichst viel Grünzeit zu versorgen. Dabei wird eine nichtstetige Grünzeitführung in Kauf genommen, also eine nicht vollständige Koordinierung bezogen auf nicht zerfließende Fahrzeugpulks. Als Verfahren zur Grünbandmaximierung hat sich das sogenannte Dominanzverfahren als das praktischste erwiesen, obwohl adaptive Verfahren theoretisch höhere Nutzenpotentiale aufweisen. Der Berechnungsablauf für eine Linienkoordinierung nach dem Dominanzverfahren besteht aus 4 Blöcken (vgl. Abb.8):

1. Datenbereitstellung
2. Umlaufzeiten, Freigabezeiten
3. Kernstück
4. Signalzeitenplanausgabe

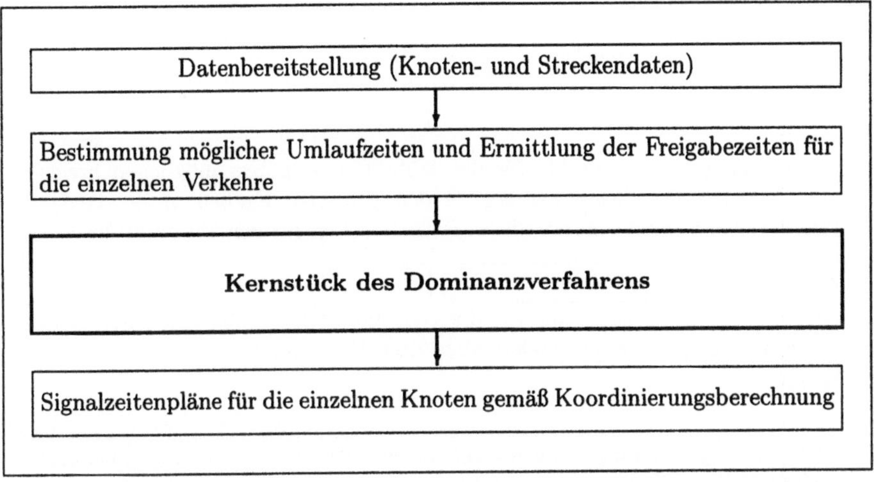

Abbildung 8. Koordinierungsberechnung nach dem Dominanzverfahren

Das eigentliche Kernstück des Dominanzverfahren besteht ebenfalls aus 4 Blöcken (vgl. Abb.9):

1. Festlegung der Hauptrichtung
2. frühester / spätester Freigabezeitbeginn
3. Einsatzlinie für die Gegenrichtung
4. Einrechnung des Linksabbiegeverkehrs

Bei der Festlegung der Hauptrichtung der Koordinierung muß eine Richtung ausgewählt werden, auch für den Fall, daß sich aus der Verkehrsbelastung nicht unmittelbar eine bevorzugte Richtung ergibt. Diese Hauptrichtung, für die die Koordinierung, wie eingangs beschrieben, durch geometrisches Einpassen der Umläufe nacheinander folgender Knoten bestimmt wird, kann durchaus tageszeitabhängig geändert werden. Eine eindeutige Festlegung jedoch ist unabänderliche Voraussetzung des Verfahrens, das mit der Festlegung der dominanten Richtung sinnfälligerweise den Namen Dominanzverfahren trägt.

Für die Berechnung der Zeitpunkte für den frühest oder spätest möglichen Freigabezeitbeginn wird eine Darstellung gewählt, bei der im Zeit-Weg-Diagramm die Fahrzeit der Hauptrichtung abgezogen wird. Das Grünband der Hauptrichtung liegt demnach waagerecht. In dieser mit dem Hauptstrom mitschwimmenden Darstellung ergibt sich der früheste oder späteste mögliche Freigabezeitbeginn für die Gegenrichtung aus der Formel

$$T_{fruh} = T_{end} + T_{quer} + 2T_{zwisch} \; .$$

Als spätester Beginn ergibt sich

$$T_{spat} = T_{anf} - (T_{quer} + T_{band} + 2T_{zwisch}) \; .$$

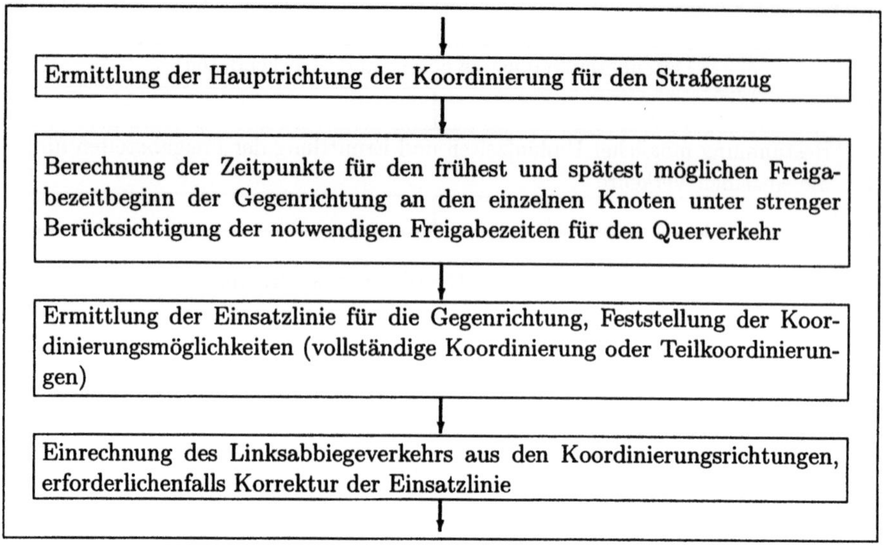

> Ermittlung der Hauptrichtung der Koordinierung für den Straßenzug

> Berechnung der Zeitpunkte für den frühest und spätest möglichen Freigabezeitbeginn der Gegenrichtung an den einzelnen Knoten unter strenger Berücksichtigung der notwendigen Freigabezeiten für den Querverkehr

> Ermittlung der Einsatzlinie für die Gegenrichtung, Feststellung der Koordinierungsmöglichkeiten (vollständige Koordinierung oder Teilkoordinierungen)

> Einrechnung des Linksabbiegeverkehrs aus den Koordinierungsrichtungen, erforderlichenfalls Korrektur der Einsatzlinie

Abbildung 9. Kernstück des Dominanzverfahrens

Dabei sind im einzelnen:

T_{fruh} = frühester Freigabezeitanfang

T_{spat} = spätester Freigabezeitanfang

T_{end} = Freigabezeitende

T_{anf} = Freigabezeitanfang

T_{quer} = Freigabezeit für Querverkehr

T_{zwisch} = Zwischenzeit

T_{band} = vorgegebene Grünbandbreite

Aus Fahrzeit $T_{fahrt} = \frac{L}{V}$ mit L = Entfernung zum Startknoten und V = Entfernungsgeschwindigkeit für die durchgehende Zeitlinie bzw. mit $T_{fahrt} = \frac{L}{V} + T_{hinder}$ für die gebrochene Zeitlinie mit T_{hinder} = Behinderungszeit aufgrund der unterbrochenen Zeitlinie.

Die Ergebnisse der zugrunde liegenden Formeln sind graphisch in Abb.10 dargestellt.

7 Kompensation von geringen Abweichungszeiten

Durch die Fahrzeitsubtraktion löst man sich von der üblichen Zeit-Weg-Darstellung der Grünen Welle. Die Trajektorien der Hauptrichtung bilden sich jetzt als waagerechte Zeitgeraden zur sogenannten Nullzeitlinie aus. Die Zeitbereiche für Überdeckung lassen sich durch Abfahrts- bzw. Ankunftszeitgeraden in einfacher geometrischer Konstruktion bestimmen. Für den Fall, daß

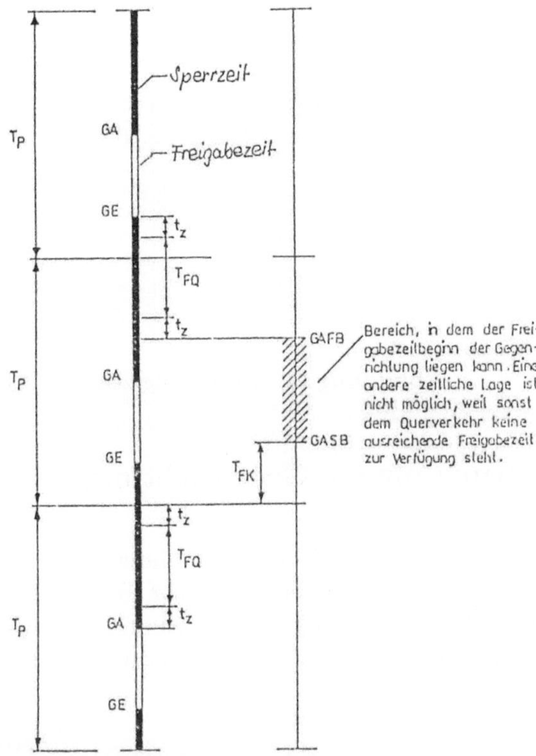

Abbildung 10. Frühester bzw. spätest möglicher Freigabezeitbeginn für die Gegenrichtung

sich kein gemeinsamer Überdeckungsbereich ergibt, kann man aus den Abweichungszeiten (vgl. Abb.11)

$$T_{Vorlauf} = T_{Abfahrt_{Anfang}} - T_{Ankunft}$$

$$T_{Nachlauf} = T_{Abfahrt_{Ende}} - T_{Ankunft}$$

die Koordinierungsgeschwindigkeit berechnen, die zum Erreichen einer Überdeckung in Abweichung von der Entwurfsgeschwindigkeit angesetzt werden muß:

$$v = \frac{L}{T_{Fahrt} + T_{Vorlauf}} \qquad \text{bzw.} \qquad v = \frac{L}{T_{Fahrt} + T_{Nachlauf}}$$

Sind die Abweichungszeiten nur gering, kann durch eine Geschwindigkeitsänderung eine Koordinierung in Gegenrichtung erreicht werden.

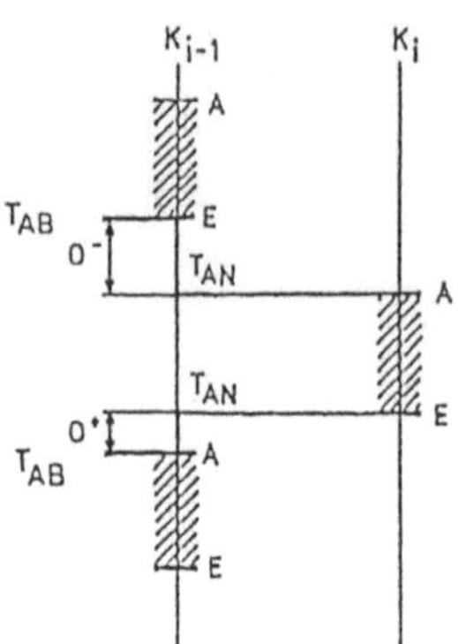

Abbildung 11. Abweichungszeiten

8 Koordinierung für die Gegenrichtung

Es sind nun mehrere Lösungen denkbar, die durch Ausnutzen der Verschiebungsmöglichkeiten aufgrund unterschiedlicher Bandbreiten innerhalb des Rahmens frühester bzw. spätester Freigabezeitbeginn eine Koordinierung der Gegenrichtung ermöglichen. Abb.12 faßt 3 Fälle zusammen.

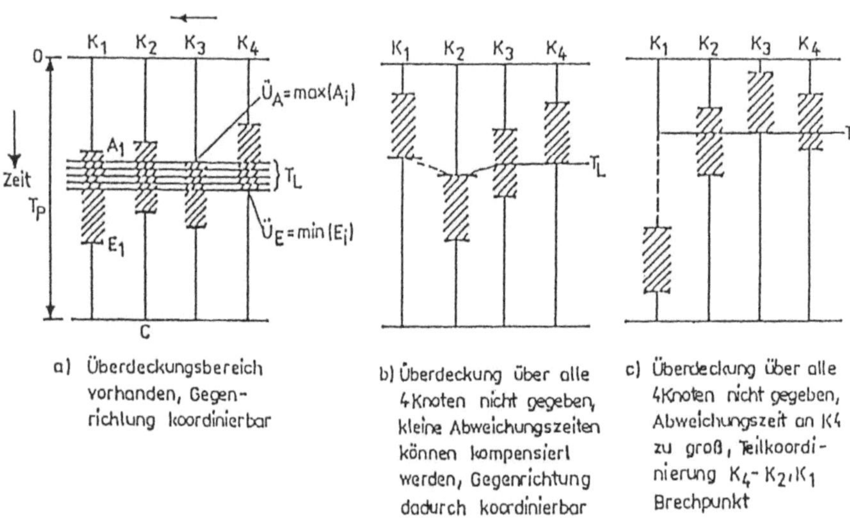

Abbildung 12. Einsatzlinien für die Gegenrichtung

Dabei sind jeweils 4 aufeinander folgende Knoten zu koordinieren. Die Darstellung ist wie oben ausgeführt so gewählt, daß die Progression mit der Entwurfsgeschwindigkeit in Hauptrichtung waagerecht ist. Es ergeben sich im einzelnen die Fälle:

a) Ein Überdeckungsbereich ist vorhanden zwischen frühestem und spätestem Grünzeitbeginn für alle 4 Knoten. Damit ist die Gegenrichtung koordinierbar. Hier sind sogar mehrere gleichwertige Koordinierungslösungen mit der Einsatzlinie T 1 möglich.

b) Überdeckung über alle 4 Knoten ist nicht gegeben. Die Abweichungen zur Erreichung einer Koordinierung sind klein. Mit der Einführung nichtstetiger Grünbänder ist eine Koordinierung möglich.

c) Überdeckung über alle 4 Knoten ist gegeben. Die Abweichungszeiten sind so groß, daß auch bei einer nichtstetigen Grünbandführung eine Koordinierung nicht erreicht werden kann. Jetzt wird eine Teilkoordination vorgenommen, die wie im Beispiel offensichtlich, zwischen den letzten 3 aufeinander folgenden Knoten leicht möglich ist.

Für die endgültige Berechnung der Signalzeitenpläne nimmt das Koordinierungsprogramm die beschriebenen mathematischen Manipulationen vor. Die Manipulationen bestehen aus simplen Additionen und Subtraktionen und resultieren in der Angabe von Bereichen, in denen Koordinierung möglich ist. Am Ende des Verfahrens stehen Vorschläge, insbesondere im Bereich Teilkoordinierung mit der Angabe der jeweils erreichbaren Grünbandausdehnungen. Zur eigentlichen Auswahl des Programms werden die für den jeweiligen Vorschlag sich ergebenden Grünbandsummen bestimmt und das Ergebnis entweder automatisch übernommen oder durch Eingriff des Verkehrsingenieurs auf der Maßgabe der Vorschläge ein suboptimaler, aber leicht praktisch realisierbarer Vorschlag ausgewählt.

9 Weitere Optimierungsverfahren

Neben der Grünbandoptimierung des Dominanzverfahrens sind Verfahren mit Minimierung der Zahl der Halte bzw. Minimierung der Verlustzeiten in der TRANSYT-/SCOOT-Programmfamilie realisiert. Grundlage bildet dabei die Verwendung von effektiven Grünzeiten, die die Anfahrzeitverluste, die Zahl der Haltelinienüberfahrten, Zwischenzeiten und Mindestfreigabezeiten berücksichtigt.

Abb.13 zeigt im Bereich der durchschnittlichen Zuflußrate in Form von Pkw-Einheiten/h zwischen 1000 und 1800 Pkw-Einheiten/h die Verlustzeiten längs einer Strecke. Übersättigungsverlustzeit, zufällige Verlustzeiten und gleichmäßige Verlustzeiten addieren sich in Abhängigkeit von der durchschnittlichen Zuflußrate auf und führen so zu einer totalen Verlustzeit in Pkw-Einheiten/h pro Stunde. Auf der Basis der Darstellung des Straßennetzes durch Stromstrecken, wobei jeder Strom als Stromstrecke dargestellt wird, also auch Linksabbieger, Rechtsabbieger usw. Diese Stromstrecken enthalten Verkehrsstrom, Streckenlänge, Fahrstreifen, Zuflußzusammensetzung und eine makroskopische Verkehrsbelastungsganglinie für einen typischen Umlauf. Letztere Ganglinie berücksichtigt eine Verkehrsstärkenverteilung über den

Umlauf als Folge der Dynamik innerhalb eines Fahrzeugpulks. Als Variable innerhalb einer Optimierungsprozedur wird dabei der Sättigungsausgleich durch
Veränderung von Freigabezeiten und Versatzzeiten gewählt. Feste Größen sind
die Phasenfolge und die Umlaufzeit. Da die Optimierungsprozedur auf Verlustzeiten abhebt, ist der Güteindex ein aus der Summe der Verlustzeiten ge-
bildeter Index. Zur Operationalisierbarkeit des Verfahrens werden nur einige
wenige Optimierungsschritte durchgeführt. Auf geringfügige Verbesserungen
wird so zugunsten leichterer Handhabbarkeit verzichtet.

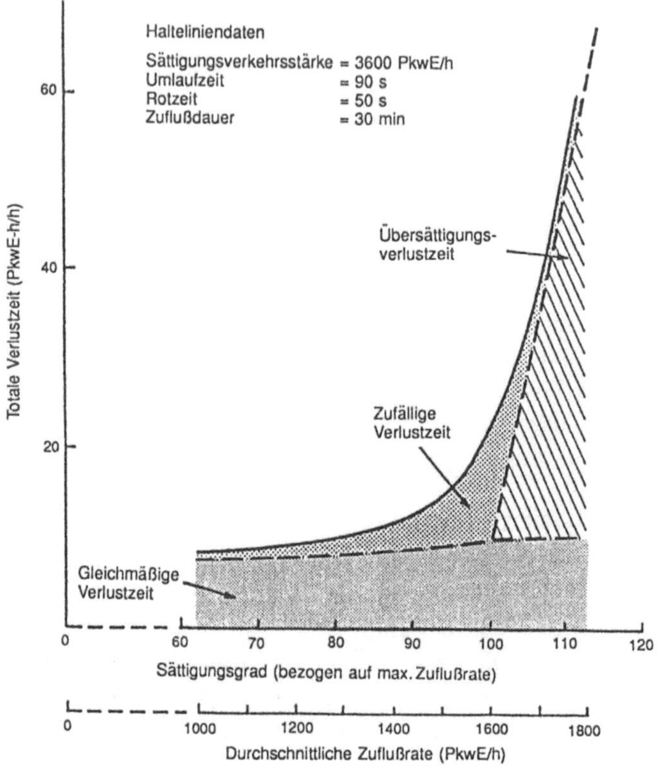

Abbildung 13. Verlustzeiten längs einer Strecke

Der Güteindex im einzelnen ist durch

$$GI = \sum_{I=1}^{N} W w_I d_I + K k_I s_I$$

gegeben.

Dabei sind:

N = Zahl der Knoten

W = summarische Kosten je Stunde mittlerer Pkw-Einheitenverlustzeit

K = summarische Kosten je Pkw-Einheit/Halt

w_I = Verlustfaktor am Knoten I

d_I = Verlustzeit am Knoten I

k_I = Haltfaktor am Knoten I

s_I = Zahl der Halte am Knoten I

Die summarischen Kosten je Stunde mittlerer Pkw-Einheiten/Verlustzeit
und je Pkw-Einheiten/Halt sind verbrauchsabhängig als Funktion der Reisegeschwindigkeit gegeben. Die Reisegeschwindigkeit wird dabei aus der Entwurfsgeschwindigkeit für die freie Strecke entnommen. Die Verwendung von summarischen Kosten in Abhängigkeit von der Reisegeschwindigkeit ermöglicht die
Berücksichtigung von Umweltgesichtspunkten bei der Optimierung und ist im
theoretischen Ansatz sicher anderen pragmatischeren Ansätzen überlegen. Die
Zusammenstellung der Reise- und Verlustzeiten vor und nach Installation des
Optimierungsprogrammes für verschiedene Städte in Großbritannien aus der
TRANSYT- /SCOOT-Familie läßt jedoch Zweifel an der Sinnfälligkeit der
gewählten Optimierungsverfahren aufkommen und gibt den pragmatischen
Ansätzen eine zweifelsfreie Rechtfertigung [Tr91a] .

Literatur

[Br87]   Brilon, W.: Delays at Fixed Times Traffic Signals Under Time Dependant
         Traffic Conditions. Traffic Engineering and Control 1987, 13 – 20

[Do81]   Doll, N.: TRANSYT 8 – Beschreibung der Funktionen. Institut für Ver-
         kehrswesen, Universität Karlsruhe 1981

[Hi87]   Hisai, M.: Delay-Minimizing Control and Bandwidth-Maximizing Control
         of Coordinated Traffic Signals by Dynamic Programming. In: Gartner,
         N.H. (ed.) Transportation and Traffic Theory. Elsevier 1987, 301 – 318

[Kü87]   Kühne, R.D.: Cooperative Strategies Traffic Flow Models and Strategies
         in Non-Vehicular Traffic Management and Data Acquisition Systems. In-
         vestigation for Daimler Benz AG, AEG Research Center Ulm 1987

[Ri82]   Richtlinien für Lichtsignalanlagen (RILSA). Forschungsgesellschaft für
         Straßen- und Verkehrswesen Köln 1982

[Ro85]   Robertson, D.I.: Research on the TRANSYT and SCOOT Methods of
         Signal Coordination. Transport and Road Research Laboratory, Report
         888. Crowthorne, England 1985

[SL80]   Schnabel, W., Lohse, D.: Grundlagen der Straßenverkehrstechnik und der
         Straßenverkehrsplanung. transpress, Berlin 1980

[Sch84] Schnabel, W.: Arbeitsanleitung zur verkehrstechnischen Berechnung von
         Linien- und Flächenkoordinierung. Das Straßenwesen **25** (1984) 233 – 244

[SH77]   nach von Stein, W., Huhn, M.: Straßenverkehrstechnik **2** (1977) 50 – 51

[Tr91a] Transportation Research Board, Report 339. Effects of the Quality of Traffic Signal Progression on Delay. National Research Council, Washington D.C. 1991

[Tr91b] Transportation Research Board, Report 340. Assessment of Advanced Technologies for Relieving Urban Traffic Congestion. National Research Council, Washington D.C. 1991

Bestimmung optimaler Einsatzpläne für Flugpersonal

Karla Hoffman[1] *und Manfred Padberg*[2]

[1] Operations Research Department, George Mason University, Fairfax, USA
[2] New York University, New York, USA

Unter dem *Airline-Crew-Scheduling-Problem* versteht man das Problem, einen optimalen Einsatzplan für das fliegende Personal einer Fluggesellschaft zu finden. Das Airline-Crew-Scheduling-Problem wurde während der vergangenen 40 Jahre kontinuierlich untersucht, wobei stets nach *approximativen* Lösungen gesucht wurde, selbst bei sehr kleinen Flottengrößen. Da die Kosten für das fliegende Personal der größten US-Fluggesellschaften heutzutage nicht selten 1,3 Milliarden US-Dollar überschreiten (sie bilden nach den Treibstoffkosten den zweitgrößten Posten der gesamten Betriebskosten), ist das Airline-Crew-Scheduling-Problem von zentraler Bedeutung. Einsparungen von wenigen Prozent bei den Kosten für das fliegende Personal schlagen sich in erheblichen absoluten Beträgen nieder.

Wir stellen überblickend ein *Branch-and-Cut-Verfahren* vor, das für Mengen-Partitionierungsprobleme, wie sie bei Fluggesellschaften auftreten, *beweisbar optimale* Lösungen berechnet. Für eine detailliertere Beschreibung des Verfahrens sei auf [HP93] verwiesen. Nach einer Einführung in das Airline-Crew-Scheduling-Problem werden wir unseren Ansatz zur Lösung typischer realer Probleminstanzen vorstellen. Während des Branch-and-Cut-Verfahrens werden Schnittebenen generiert, die auf der Struktur des von den Inzidenzvektoren der zulässigen Lösungen erzeugten Polytops basieren. Diese werden in einem Branch-und-Cut-Verfahren eingesetzt, das außerdem auf Prozeduren zur automatischen Reformulierung des Problems, Heuristiken und Techniken der linearen Optimierung zurückgreift. Wir berichten über Rechenergebnisse für 34 sehr große reale Airline-Crew-Scheduling-Probleme. Dabei betrachten wir sowohl reine Mengen-Partitionierungsprobleme als auch Mengen-Partitionierungsprobleme mit zusätzlichen Nebenbedingungen, den sogenannten *Basis-Restriktionen*. Die Basis-Restriktionen modellieren tarifvertragliche Nebenbedingungen und wurden bislang nicht *explizit* berücksichtigt, ein Umstand, der es unmöglich machte, eine Aussage darüber zu machen, wie weit der Wert der gefundenen „praktischen" Lösung von dem einer Optimallösung abwich. Auch was die Zufriedenheit des Personals betrifft, sind kostenminimale Lösungen von Vorteil, da so erreicht wird, daß das Personal einen größeren Teil seiner Dienstzeit in der Luft und nicht wartend am Boden zubringt.

1 Einleitung

Viele Jahre lang haben fast alle großen nordamerikanischen Fluggesellschaften (ebenso wie viele Fluggesellschaften anderer Staaten) dieselbe mathematische Modellierungstechnik verwendet, um ihr Flugpersonal den Flügen zuzuordnen. Es geht dabei darum, die Kosten für das fliegende Personal unter Berücksichtigung der zahlreichen Nebenbedingungen, die sich aus staatlichen und tarifvertraglichen Bestimmungen ergeben, zu minimieren.

Ausgangspunkt für die Formulierung des Problems ist der offizielle Flugplan der Fluggesellschaft, der für jedes *Flugsegment* eines gegebenen Monats Abflug- und Ankunftzeiten sowie die erforderliche Ausstattung der Maschine angibt. Dabei versteht man unter einem Flugsegment einen Nonstop-Flug zwischen je zwei Städten. Die Einsatzpläne für die Besatzungen (*Crews*) werden für jede Flotte eines bestimmten Flugzeugtyps separat ermittelt.

Im ersten Schritt werden für jede Flotte *Rotationen* bestimmt, worunter man Sequenzen von Flugsegmenten versteht, die an individuellen Basen beginnen und enden und die geforderten Nebenbedingungen erfüllen. Rotationen umfassen im allgemeinen einen Zeitraum von zwei bis fünf Tagen, je nach dem, welche Nebenbedingungen sich in Abhängigkeit von der Fluggesellschaft und dem Flottentyp ergeben. Flüge nach Übersee verlangen Rotationen, die einen größeren Zeitraum überdecken. Eine zulässige Rotation muß den allgemeinen Verordnungen der Federal Aviation Administration (Bundesluftfahrtverwaltung) und den gewerkschaftlichen Vertragsbestimmungen genügen sowie speziellen jeder Fluggesellschaft eigenen Bedingungen, die für einen reibungslosen Ablauf bei der Realisierung der Einsatzpläne Sorge tragen. Jede Rotation wird mit einem Kostenfaktor bewertet, der alle variablen Kosten berücksichtigt, die sich aus dieser Rotation ergeben. In diese Maßzahl finden Kosten Eingang, die sich z.B. aus den folgenden Kriterien ergeben: der Dauer der Abwesenheit einer Crew vom Heimatflughafen (in Tagen oder Ausgaben für Unterkunft und Verpflegung gemessen), der Zahl der Flugstunden eines Crew Mitgliedes oder dem Auftreten von sogenannten „deadheadings", die dann gegeben sind, wenn Crew-Mitglieder, *ohne* sich im aktiven Dienst zu befinden, mitfliegen.

Sei nun eine Menge möglicher Rotationen gegeben und betrachten wir das Problem, unter sämtlichen Teilmengen dieser Menge, die gewährleisten, daß jedes Flugsegment genau einmal überdeckt wird, eine „beste" auszuwählen. Dieses Problem kann als Mengen-Partitionierungsproblem (MPP) formuliert werden:

$$\min \ \sum_{j=1}^{n} c_j x_j$$

(MPP)

$$\text{unter}: \ Ax = e_m$$
$$x_j \in \{0,1\} \qquad \text{für } j = 1, \ldots n$$

wobei e_m der Vektor bestehend aus m Einsen und n die Zahl der betrachteten Rotationen ist. Jede Zeile der $m \times n$ Matrix A repräsentiert ein Flugsegment und jede Spalte korrespondiert zu einer Rotation. Es ist

$$a_{ij} = \begin{cases} 1 & \text{falls Flugsegment } i \text{ von Rotation } j \text{ überdeckt wird} \\ 0 & \text{sonst.} \end{cases}$$

In einem gegebenen Zeitraum existieren für nur 1000 Flugsegmente schon Milliarden zulässiger Rotationen. Daher wird von den Fluggesellschaften üblicherweise eine wesentlich kleinere, jedoch immer noch sehr umfangreiche, Teilmenge von Rotationen erzeugt, von der angenommen wird, daß sie für die Gesamtmenge repräsentativ ist. Der endgültige Einsatzplan benutzt wiederum nur eine kleine Anzahl von Rotationen aus dieser Teilmenge (typischerweise werden weniger als 150 Rotationen benötigt, um 1000 Flugsegmente zu überdecken). Um einen Eindruck von der Größenordnung realer Probleme zu gewinnen, haben wir eine große Fluggesellschaft gebeten, uns die Dimensionen ihrer Airline-Crew-Scheduling-Probleme zu nennen. Wir bekamen die Information, daß pro Tag etwa 2500 Flugsegmente von mehr als 10 verschiedenen Flugzeugtypen geflogen werden müssen, was den Einsatz von ungefähr 5700 Pilotinnen und Piloten sowie 9000 Stewardessen and Stewards erfordert.

Bei der Lösung eines Airline-Crew-Scheduling-Problem treten zwei wesentliche Komponenten auf – die Generierung zulässiger Rotationen (oft als Spalten- oder Matrixgenerierung bezeichnet) und die Lösung eines Mengen-Partitionierungsproblems. Die Software, die gegenwärtig von den meisten U.S.-Fluggesellschaften zur Generierung zulässiger Rotationen und zur Berechnung des fertigen Einsatzplans eingesetzt wird, wurde bereits vor fast 30 Jahren entwickelt [Ru73] und kann von einer Reihe von Anbietern bezogen werden. Um Einsatzpläne für Gruppen von 1000 Flugsegmenten, einer für die Praxis realistischen Größenordnung, zu bestimmen, verfahren die gegenwärtig verwendeten Programme wie folgt: es werden durch Lösung einer Reihe von Subproblemen optimale Einsatzpläne für eine große Anzahl relativ kleiner Probleme (mit bis zu 100 Rotationen und weniger als 50 Flugsegmenten) ermittelt und diese Lösungen im Anschluß daran zu einer zulässigen Lösung des ursprünglichen Problems kombiniert. Dieser Ansatz liefert brauchbare Ergebnisse, jedoch gibt es keine Möglichkeit, abzuschätzen wie weit der so gefundene Einsatzplan von einem optimalen Einsatzplan entfernt ist. Die bei großen Fluggesellschaften für das fliegende Personal anfallenden Kosten überschreiten jedoch nicht selten 1,3 Milliarden US-Dollar pro Jahr (nach den Treibstoffkosten ist das der zweitgrößte Posten), so daß auch kleine prozentuale Einsparungen in diesem Bereich zu beachtlichen absoluten Einsparungen führen.

In der Vergangenheit wurden zwei generelle Ansätze zur Ermittlung zulässiger Einsatzpläne verfolgt. Der erste Ansatz, der im Software-Paket ALPPS [Ge78] angewandt wird, beginnt damit, jeder Crew ein einzelnes Flugsegment

zuzuordnen. Man erhält so eine zulässige, aber sehr teure Lösung. Danach
wählt der Algorithmus zufällig Spalten aus, d.h. in diesem Fall Flugsegmente,
bis eine bestimmte Anzahl erreicht ist. Für diese Flugsegmente werden nun
alle möglichen Rotationen erzeugt, und das so entstehende Mengen-Partitionierungsproblem (das nur eine Teilmenge der Flugsegmente abdeckt, für diese
Teilmenge jedoch alle möglichen Rotationen berücksichtigt) wird gelöst. Falls
die gefundene Optimallösung geringere Kosten aufweist als die Spaltenmenge
aus der das Problem generiert wurde, wird letztere durch die Spalten der Optimallösung ersetzt. Dann werden erneut zufällig Spalten ausgewählt, ein neues
Teilproblem generiert, dieses gelöst, usw. Dieser iterative Prozeß endet, falls
die zur Verfügung stehende Rechenzeit erschöpft ist oder die Lösung während
der letzten Iterationen nicht verbessert werden konnte. Für eine detailliertere
Beschreibung dieses Ansatzes verweisen wir auf [Bo82, Ge78, AGP91].

Ein dazu alternativer Ansatz berücksichtigt in jeder Iteration alle Flugsegmente. Da jedoch die vollständige Enumeration aller möglicher Rotationen
zu einer Matrix A mit Milliarden von Spalten führen würde, verwendet dieser
Ansatz Heuristiken zur Generierung einer repräsentativen Spaltenmenge, d.h.
es werden zufällig zulässige Rotationen erzeugt, wobei kostengünstige Rotationen bevorzugt werden. Ist eine repräsentative Menge von Rotationen erzeugt,
wird das so entstandene Subproblem gelöst. Dieses Verfahren wird iteriert, bis
sich die Qualität der Lösungen stabilisiert oder ein Zeitlimit erreicht wird. In
dieser Weise verfährt das von American Airlines Decision Technologies ver-
triebe Software Paket TRIP, bei der Lösung von Crew-Scheduling-Problemen
für American Airlines.

Ein neuerer Ansatz stützt sich bei der Erzeugung von Rotationen auf
graphentheoretische Methoden. Dabei werden zulässige Rotationen durch ein
zeitlich gestaffeltes Netzwerk repräsentiert und mit Hilfe von Kürzeste-Wege-
Algorithmen generiert [LMO88, DS89, BJA91]. Dieser Ansatz stellt eine interessante Alternative zur Lösung von Airline-Crew-Scheduling-Problemen dar,
wurde jedoch bei der Entwicklung und Erprobung unseres Codes bislang nicht
berücksichtigt, da zum einen die Fluggesellschaften die früheren, auf den Arbeiten von Rubin [Ru73] basierenden Methoden verwenden und zum anderen keine Daten zu diesem neuen Verfahren zur Verfügung standen. Wie jedes *dynamische* Spaltengenerierungsverfahren erfordert auch dieses spezielle
Vorkehrungen während der Programmentwicklung, von denen wir, bis Daten
verfügbar sind, abgesehen haben.

Ungeachtet des speziellen Verfahrens zur Generierung von Spalten ist bei
all diesen Ansätzen stets die Lösung einer sehr großen Anzahl von Mengen-
Partitionierungsproblemen erforderlich. Es hat sich gezeigt, daß, solange die
zu lösenden Subprobleme relativ klein sind, Methoden der linearen Optimierung (eventuell kombiniert mit einem Branch-und-Bound-Verfahren) häufig
schnell ganzzahlige Lösungen liefern; siehe [MS81, Ge89]. Sobald jedoch die
Subprobleme größer werden (z.B. wenn ein Subproblem mehr als 100 Zeilen

aufweist), werden ganzzahlige Lösungen sehr viel seltener gefunden, und Tiefe und Größe des Branch-und-Bound-Baumes nehmen dramatisch zu. In diesem Artikel wird ein alternativer Ansatz zur Lösung *großer* Mengen-Partitionierungsprobleme diskutiert. Wir haben unseren Ansatz an Problemen mit bis zu 825 Zeilen und bis zu 1,05 Millionen Variablen getestet. Probleme dieser Größe können meist nicht mit den traditionellen Methoden angegangen werden.

Alle bis auf zwei der Testprobleme wurden von US-amerikanischen Luftfahrtgesellschaften bereitgestellt, die beiden anderen von einer europäischen. Sie sind repräsentativ für die Probleme, die in der Praxis auftreten. Einige der größten dieser Testprobleme wurden speziell zu dem Zweck erzeugt, den Effekt zu untersuchen, den die Verwendung größerer Subprobleme auf die Qualität der erzeugten Gesamtlösungen hat. Northwest Airlines [BH90], USAir und American Airlines [AGP91] berichten, daß der Übergang zu größeren Subproblemen die Qualität der gefundenen Lösungen deutlich verbessert. Tatsächlich wurde das größte der Testprobleme durch Generierung *aller* zulässigen Rotationen für die kleinste Flotte einer großen Luftfahrtgesellschaft erzeugt, mit der Absicht, diese Feststellungen weiter zu untersuchen. Es handelt sich um ein Problem mit 145 Flugsegmenten (Zeilen der Matrix A) und 1053137 Rotationen (Spalten von A). Für dieses *kleinste* Problem einer Fluggesellschaft war die Optimallösung 0.5% besser als die Lösung, die durch das Programmpaket ALPPS durch Lösen einer Vielzahl kleiner Probleme gefunden wurde. Die Optimallösung wurde in 37 Minuten Rechenzeit ermittelt! Es war also möglich, die *optimale* Lösung des Problems in sehr zufriedenstellender Rechenzeit zu ermitteln. Die Tatsache, daß dieses Problem beweisbar optimal gelöst werden konnte, lieferte zudem ein Werkzeug für das Management dieser Fluglinie, mit dessen Hilfe der Effekt der Veränderung einer Flugsegment-Zeit auf die Besatzungskosten gemessen werden konnte.

Eine Besonderheit unserer Software ist die Tatsache, daß damit Probleme mit einer beliebigen Anzahl von „Basis-Restriktionen", d.h. Restriktionen der Form

$$a^0 \leq \sum_{j \in B} a_j x_j \leq a^1,$$

gelöst werden können. Dabei ist $B \subseteq \{1, 2, \ldots, n\}$, $a_j > 0$ für alle $j \in B$ und $0 < a^0 < a^1$. Die Berücksichtigung dieser Restriktionen gewährleistet, daß Arbeitsbestimmungen der folgenden Art eingehalten werden: Die Gesamtzahl der Stunden, die eine Besatzung fern der Heimatbasis verbringt, muß sich während jeder Dienstperiode in gewissen Grenzen bewegen. Diese Restriktionen schränken die Möglichkeiten der Zuordnung der zur Verfügung stehenden Besatzungen zu Flügen wesentlich ein und beeinflussen somit in starkem

Maße die Gesamtkosten für das fliegende Personal. Typischerweise gibt es in Abhängigkeit vom jeweiligen Flugzeugtyp etwa zehn verschiedene Möglichkeiten, Crews in Gruppen zusammenzufassen, und zu jeder Gruppierung gehören etwa 7–10 Basen, wobei man unter einer Basis den Heimatflughafen einer Crew versteht. Die anderen zur Verfügung stehenden Softwarepakete können Basis-Restriktionen *nicht* bei der Generierung von Einsatzplänen berücksichtigen, sondern sind darauf angewiesen, sukzessive Reformulierungen des Problems zu lösen, solange bis *irgendeine* zulässige Lösung gefunden wurde. American Airlines berichtet: „Anstatt die Basis-Restriktionen explizit in der LP-Matrix zu berücksichtigen, setzen wir heuristisch ermittelte Gewichtungsfaktoren ein, um die Lösungen in Richtung einer auch die Basis-Restriktionen erfüllenden Lösung zu verändern" (siehe [Ge89]). Eine solche Prozedur erfordert eine Menge Erfahrung seitens der Analytiker, enorme Rechenzeiten und – der problematischste Punkt – liefert Einsatzpläne unbekannter Qualität. Da wir die Basis-Restriktionen während des Lösungsprozesses direkt berücksichtigen, liefert unsere Software beweisbar optimale Lösungen, die sämtlichen Arbeits-bestimmungen genügen. Es wurde darüberhinaus in einer anderen Studie beobachtet, daß Einsatzpläne mit minimalen Kosten „effizienter" sind, in dem Sinne, daß die Arbeitszeiten der Besatzungen besser ausgenutzt werden, was wiederum zu einer größeren Zufriedenheit der Besatzungsmitglieder führt.

Unser *Branch-and-Cut-Verfahren* setzt sich aus vier Komponenten zusammen: einem Präprozessor, der die vom Benutzer erstellte Formulierung strafft, einer Heuristik, die schnell „gute" ganzzahlige zulässige Lösungen liefert, einem Schnittebenenverfahren – es bildet den *Kern* dieses Ansatzes – zur Verbesserung der LP-Relaxierung und einer Verzweigungs- oder *Branching*-Strategie, die jeweils die nächste Branching-Variable festlegt und somit den Suchbaum bestimmt. Forschungsergebnisse der letzten Jahre haben gezeigt, daß Verfahren, in denen diese vier Komponenten zusammenarbeiten, sehr erfolgreich zur Lösung schwerer kombinatorischer Optimierungsprobleme eingesetzt werden können. Es konnten so Probleme gelöst werden, die bislang als nicht „behandelbar" galten. Siehe auch [HP91] für große unstrukturierte 0/1-Probleme, [PR91] für einen Algorithmus zur Lösung großer symmetrischer Traveling-Salesman-Probleme, [BGJ88, GJR89] für die Behandlung von Problemen, die im VLSI-Design auftreten, [GM90] für Lösungsverfahren für Netzwerk-Zusammenhangsprobleme. In diesem Beitrag beschreiben wir eine erfolgreiche Anwendung dieses generellen Rahmens auf eine Klasse von Problemen, die als Mengen-Partitionierungsprobleme mit oder ohne Basis-Restriktionen bekannt sind.

In Abschnitt 2 wird der mathematische Hintergrund bereitgestellt, der zum Verständnis dieses Beitrags erforderlich ist. Abschnitt 3 enthält eine Beschreibung des Branch-and-Cut-Verfahrens und Abschnitt 4 Rechenergebnisse zu 34 realen Airline-Crew-Scheduling-Problemen. Ein Ausblick wird in Abschnitt 5 gegeben. Alle von uns betrachteten Testprobleme sind für Forschungszwecke zugänglich und können von Karla Hoffman erfragt werden.

2 Mathematischer Hintergrund

Das Airline-Crew-Scheduling-Problem mit Basis-Restriktionen kann mathematisch als das folgende binäre lineare Optimierungsproblem formuliert werden:

$$\min \quad \sum_{j=1}^{n} c_j x_j$$

(MPB)

$$\text{unter}: \quad Ax = e_m$$
$$d_1 \leq Dx \leq d_2$$
$$x \in \{0,1\}^n,$$

mit $A \in \{0,1\}^{m \times n}$, $D \in \mathbb{Q}^{d \times n}$ (typischerweise sind die Einträge von D zusätzlich nichtnegativ) und $d_1, d_2 \in \mathbb{Q}^d$. Wie zuvor ist e_m der Vektor bestehend aus m Einsen. Mit

$$P_{LP} = \{x \in \mathbb{R}^n \mid Ax = e_m, d_1 \leq Dx \leq d_2, 0 \leq x \leq e_n\}$$

bezeichnen wir die *LP-Relaxierung* der durch die Restriktionen von (MPB) definierten Punktemenge. Das zugehörige ganzzahlige Polytop P_I ist die *konvexe Hülle* der ganzzahligen Punkte von P_{LP}, d. h.

$$P_I = \text{conv}\{x \in P_{LP} \mid x \text{ ganzzahlig}\}.$$

Unser Ziel ist es, die lineare Zielfunktion $\sum_{j=1}^{n} c_j x_j$ über dem Polytop P_I zu minimieren. Offensichtlich gilt $P_I \subseteq P_{LP}$, wobei die Gleichheit der beiden Polytope nur in sehr seltenen Fällen gegeben ist. P_I kann jedoch durch ein endliches System von linearen Ungleichungen beschrieben werden. Unter allen solchen linearen Beschreibungen von P_I gibt es eine minimale, in dem Sinne, daß alle Ungleichungen verschiedene *Facetten*, d.h. echte Seitenflächen maximaler Dimension, von P_I definieren. Ein solches minimales System ist im wesentlichen eindeutig. Natürlich könnte P_I auch leer sein, jedoch ist das bei praktischen Problemen kaum der Fall.

Das Auffinden Facetten-definierender Ungleichungen von P_I ist mühsam, und nur für den Fall, daß D leer ist, sind ein paar wenige generelle Resultate über die Facettialstruktur von P_I bekannt (siehe z.B. [BP76]). Wir betrachten daher eine *polyedrische Relaxierung* von P_I, die das Polytop P_I möglichst genau beschreibt. Wir teilen zu diesem Zweck die Menge der Restriktionen von (MPB) in zwei Gruppen auf und betrachten deren polyedrische Relaxierungen gesondert. Vom theoretischen Standpunkt aus gesehen ist dies natürlich nicht der beste Ansatz, jedoch wird diese Vorgehensweise durch unsere numerischen Ergebnisse im nachhinein gerechtfertigt. Die erste Gruppe beschreibt das in (MPB) enthaltene *Mengen-Packungsproblem*, und die polyedrische Relaxierung, die wir betrachten, ist das Polytop

$$P_I^A = \text{conv}\{x \in \mathbb{R}^n \mid Ax \leq e_m, x \in \{0,1\}^n\}.$$

Eine andere zu dieser Gruppe von Ungleichungen gehörige Relaxierung ist
durch das zum *Mengen-Überdeckungsproblem* gehörige Polytop gegeben. Dieses erhält man aus der Definition von P_I^A, indem man „$\leq$" durch „$\geq$" ersetzt.
Wir verwenden in unserem Programmpaket auch Ergebnisse polyedrischer
Untersuchungen zum Mengen-Überdeckungssproblem. Die zweite Gruppe der
Restriktionen von (MPB) ist durch die Basis-Restriktionen gegeben. Als zugehörige polyedrische Relaxierung von P_I betrachten wir

$$P_I^D = \text{conv}\{x \in \mathbb{R}^n \mid d_1 \leq Dx \leq d_2, x \in \{0,1\}^n\}.$$

Offensichtlich gilt $P_I \subseteq P_I^A \cap P_I^D \cap P_{LP}$, und somit sind alle für P_I^A oder
P_I^D *gültigen* Ungleichungen auch für P_I gültig. Der Ausdruck „gültige Ungleichung für P_I" bezeichnet dabei irgendeine Ungleichung $ax \leq a_0$, so daß
$ax \leq a_0$ für alle $x \in P_I$ erfüllt ist. Wir sind natürlich nur an „Schnitten"
oder Schnittebenen für die LP-Relaxierung P_{LP} interessiert, d.h. an für P_I
gültigen Ungleichungen $ax \leq a_0$ für die $ax > a_0$ für wenigstens ein $x \in P_{LP}$
gilt. Unter allen für P_I gültigen Ungleichungen interessieren wir uns vor allem für solche, die besonders „gut" sind. Insbesondere, da wir P_I ohnehin
approximieren müssen, interessieren wir uns für Ungleichungen, die Facetten
von P_I^A und P_I^D definieren. Facetten-definierende Ungleichungen für P_I^A und
für ein zu P_I^D verwandtes Polytop waren Gegenstand vieler theoretischer Untersuchungen in den 70er Jahren, beginnend mit den Arbeiten von Padberg
[Pa71, Pa73, Pa75]. Wir bezeichnen die gültigen Ungleichungen von P_I, die
sich aus polyedrischen Überlegungen heraus ergeben, als „polyedrische Schnitte", um sie von den traditionellen „Schnitten" der ganzzahligen Optimierung
zu unterscheiden. Polyedrische Schnitte sind aufgrund ihrer mathematischen
Eigenschaften die „bestmöglichen" Schnitte für das Polytop oder Polyeder,
von dem sie abgeleitet sind. Um solche Ungleichungen für Berechnungen nutzen zu können, muß man (a) sie *mathematisch beschreiben* und (b) Verfahren
entwickeln, mit deren Hilfe verletzte Ungleichungen *algorithmisch gefunden*
werden können, bzw. mit deren Hilfe festgestellt werden kann, daß eine solche
nicht existiert (siehe z.B. [Pa79]).

Um die facettiale Struktur des zum Mengen-Packungsproblem gehörigen
Polytops P_I^A zu untersuchen, betrachtet man den zur Matrix A gehörigen
Intersektionsgraphen $G_A = (N, E)$, der wie folgt definiert ist. Die Knoten
$j \in N = \{1, 2, \ldots, n\}$ korrespondieren zu den Spalten a^j von A, und je zwei
Knoten $i, j \in N$, $(i \neq j)$ sind genau dann durch eine Kante $(i, j) \in E$ verbunden, wenn die Spalten a^i und a^j nicht orthogonal sind, d.h. es existiert mindestens ein k, so daß sowohl die k-te Komponente der i-ten Spalte als auch die
k-te Komponente der j-ten Spalte den Wert $+1$ hat. Abbildung 1 zeigt den Intersektionsgraphen zu den Beispieldaten, die in Tabelle 9 gegeben sind. Dabei
geben die Zahlen an den Knoten den Wert einer zulässigen *nicht-ganzzahligen*
Lösung des zugehörigen Problems (MPP) an. Zu jedem zulässigen 0/1-Vektor
$x \in P_I^A$ korrespondiert eine Knotenmenge $S = \{j \in N \mid x_j = 1\}$ von G_A.
Offensichtlich sind keine zwei Knoten aus S durch eine Kante von G_A verbunden. Es ist nicht schwer, die Umkehrung dieser Aussage zu beweisen: Zu jeder

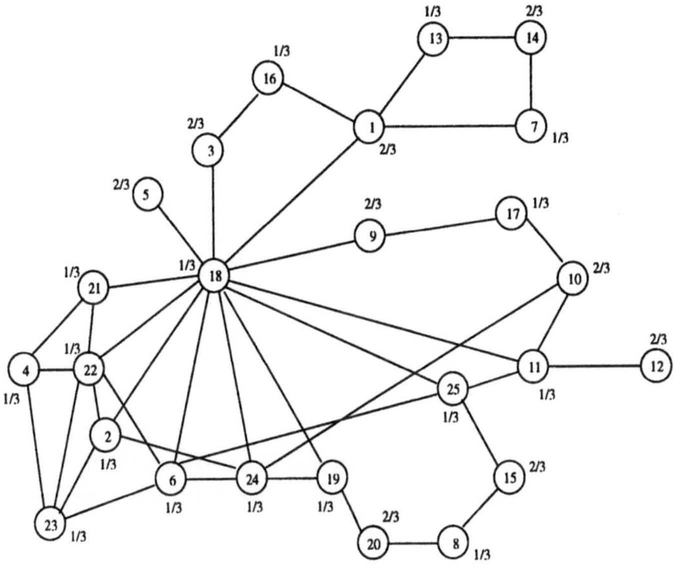

Abbildung 1. Intersektionsgraph G_A zu den Beispieldaten

stabilen oder *unabhängigen* Knotenmenge S von G_A, d.h. zu jeder Knotenmenge $S \subseteq N$, in der je zwei Knoten nicht durch eine Kante aus E verbunden sind, ist durch $x_j = 1$ für alle $j \in S$ und $x_j = 0$ für alle $j \in N \setminus S$ ein korrespondierender 0/1-Vektor $x \in P_I^A$ der Länge n erklärt. Nun sei andererseits $K \subseteq N$ eine Teilmenge der Knotenmenge von G_A mit der Eigenschaft, daß jedes Paar von Knoten $i, j \in N$ durch eine Kante $(i, j) \in E$ verbunden ist, d.h. die Knotenmenge K induziert einen *vollständigen Teilgraphen* von G_A. Dann hat offensichtlich jede stabile Menge $S \subseteq N$ höchstens ein Element mit K gemeinsam, d.h. $|S \cap K| \leq 1$, und somit erfüllen alle $x \in P_I^A$ die Ungleichung

$$\sum_{k \in K} x_k \leq 1, \tag{1}$$

d.h. (1) ist eine gültige Ungleichung für P_I^A. Ist die Knotenmenge K bezüglich der definierenden Eigenschaft nicht *inklusionsmaximal*, d.h. existiert ein Knoten $j \in N \setminus K$, so daß j mit *jedem* Knoten $k \in K$ durch eine Kante von G_A verbunden ist, so können wir K in (1) durch $K \cup j$ ersetzen und erhalten eine weitere für P_I^A gültige Ungleichung. Da diese „stärker" ist als (1), in dem Sinne, daß sie mehr *reelle* Punkte von P_{LP} abschneidet, werden wir nur inklusionsmaximale vollständige Teilgraphen oder *Cliquen* von G_A betrachten. Eines der ältesten Resultate zur Facettialstruktur von P_I^A wurde von Padberg [Pa71, Pa73] bewiesen und besagt:

Theorem 1. *Eine Ungleichung $\sum_{j \in K} x_j \leq 1$ definiert genau dann eine Facette von P_I^A, wenn K die Knotenmenge einer Clique von G_A ist.*

Cliquen sind nicht die einzigen *Konfigurationen* des Intersektionsgraphen G_A der 0/1-Matrix A, aus denen Facetten-definierende Ungleichungen für das Polytop P_I^A abgeleitet werden können. Aus den theoretischen Arbeiten der 70er Jahre wissen wir, daß ungerade Kreise, deren Komplemente, sogenannte „webs" und andere Konfigurationen ebenfalls zu Facetten von P_I^A führen. Untersucht man das Mengen-Packungspolytop anhand des Intersektionsgraphen, so hat dies sowohl in praktischer als auch in theoretischer Hinsicht den Vorteil, daß damit ein *algorithmischer* Ansatz für das Auffinden von Facetten von P_I^A gegeben ist. Und Algorithmen sind selbstverständlich für Implementierungen auf dem Rechner unabdingbar.

Das Polytop P_I^D ist über die Basis-Restriktionen, die zweite Gruppe von Ungleichungen von (MPB), definiert. Die Elemente von D sind typischerweise nicht-negative rationale Zahlen, und somit beschreibt P_I^D im Falle $d_1 = 0$ ein mehrdimensionales Rucksack-Problem. Die Facettialstruktur des zugehörigen Rucksack-Polytops wurde ebenfalls in den 70er Jahren untersucht, beginnend mit einer Arbeit von Padberg [Pa75], die bereits Anfang 1973 geschrieben und verbreitet wurde. Die Art und Weise, wie wir die theoretischen Ergebnisse in unserem gegenwärtigen Programmsystem nutzen, lehnt sich an eine frühe Arbeit von Crowder et al. [CJP83] an. Verschiedene von uns zusätzlich integrierte Erweiterungen der Grundidee werden in [HP91] kurz beschrieben.

3 Das Branch-and-Cut-Verfahren: ein Überblick

Das hier beschriebene *Branch-and-Cut-Verfahren* ist entwickelt worden, um große Mengen-Partitionierungsprobleme mit Basis-Restriktionen und mehreren Tausend 0/1-Variablen *optimal* zu lösen. Das Programm kann außerdem als Heuristik benutzt werden, die einerseits „gute" zulässige Lösungen und andererseits eine untere Schranke für den Wert einer Optimallösung liefert. Die untere Schranke dient als Maßstab, um die Qualität der gefundenen Lösung zu messen. Das Programm ist in Standard (1977 Ansi) FORTRAN geschrieben und somit portabel. Ohne den LP-Löser und nach Streichung aller Kommentarzeilen umfaßt das Programm 19022 Zeilen. Die aufwendigsten Programmteile sind das Schnittebenenverfahren und die Prozeduren für das Preprocessing, die aus 7506 bzw. 4516 Programmzeilen bestehen. Das Flußdiagramm in Abbildung 2 gibt einen Überblick über die wichtigsten Module des gesamten Branch-and-Cut-Verfahrens; siehe dazu auch [HP85]. Im Flußdiagramm bezeichnet Z^* die beste bekannte ganzzahlige Lösung und Z_{LP} den Wert der Lösung des gegenwärtigen linearen Programms. „Gain" bezeichnet den Zuwachs von Z_{LP}.

Unser Programmpaket beginnt mit dem *Preprocessing*, d.h. der Vorverarbeitung, der vom Benutzer gegebenen Formulierung des Problems. In unserem Kontext besteht das „Preprocessing" aus der Anwendung von Techniken zur automatischen Reformulierung, die in jedem Schritt des Branch-and-Cut-Verfahrens angewandt werden können, um eine gegebene Formulierung zu verbessern oder zu vereinfachen. Ergebnis des Preprocessing ist eine

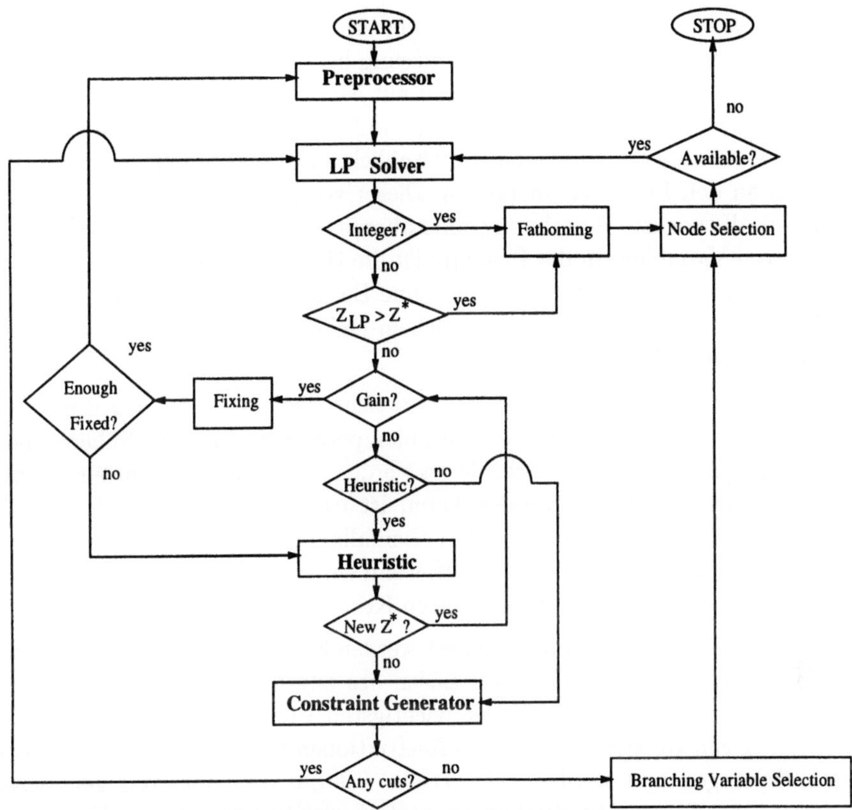

Abbildung 2. Flußdiagramm eines Branch-and-Cut-Verfahrens

„straffere", äquivalente Formulierung, d.h. eine Formulierung, in der einige der Variablen auf Null oder Eins fixiert sind, redundante oder inaktive Zeilen entfernt wurden und die Differenz der Zielfunktionswerte der Lösungen der LP-Relaxierung und des ganzzahligen Optimierungsproblems möglichst klein ist, wobei gleichzeitig garantiert wird, daß die Optimallösungen des ursprünglichen Problems erhalten bleiben.

Nach dem Preprocessing wird eine untere Schranke für den Wert einer Optimallösung durch Lösung der LP-Relaxierung des Problems bestimmt. Wir verwenden CPLEX zur Lösung linearer Optimierungsprobleme; siehe dazu Bixby (1991). CPLEX stellt sowohl einen primalen als auch einen dualen Simplex-Algorithmus – unter anderem mit dem Pivot-Auswahlkriterium „steilster Anstieg" – bereit. Die Benutzung dieser Prozeduren hat die Gesamtrechenzeit zur Lösung der schwierigen und hochdegenerierten linearen Optimierungsprobleme, die im Zusammenhang mit Mengen-Partitionierungsproblemen auftreten, im Vergleich zu früheren Versionen dieses LP-Lösers, erheblich reduziert. Unser Programmpaket ist jedoch modular genug, um auch mit anderen LP-Lösern, wie z.B. OSL von IBM, arbeiten zu können.

Eine *obere Schranke* für das Problem erhalten wir durch eine Heuristik, die auf Methoden der linearen Optimierung basiert, und die iterativ die Problemgröße durch Setzen von Variablen auf Null oder Eins und Untersuchung der „logischen" Konsequenzen davon für andere Variablen reduziert. Dadurch werden stets kleinere Probleme (im Hinblick auf die Zahl der „aktiven" Variablen) an den LP-Löser übergeben. Dieser wiederum liefert den Ausgangspunkt für die nächste Berechnung einer oberen Schranke und das nachfolgende Setzen von Variablen. In der Regel findet die Heuristik schnell „gute" zulässige Lösungen des Problems (mit oder ohne Basis-Restriktionen), jedoch ist es auch möglich, daß sie scheitert, in welchem Fall der Wert der oberen Schranke auf $+\infty$ gesetzt wird.

Haben wir eine obere und eine untere Schranke, so können wir durch Betrachtung der *reduzierten Kosten* Variablen permanent fixieren. Näheres hierzu kann in [CJP83, PR91] nachgelesen werden. Auch wenn so nur ein kleiner Teil der Variablen fixiert werden kann, ist es möglich, daß durch logische Implikationen viele andere Variablen ebenfalls fixiert werden können. Daher rufen wir den Präprozessor erneut auf, wenn ein gewisser Anteil der Variablen mit Hilfe des Kriteriums der reduzierten Kosten fixiert wurde.

Sobald keine Variablen mehr fixiert werden können, haben wir eine „gute" Formulierung des Problems. Nach Lösen des zugehörigen linearen Optimierungsproblems starten wir mit der wichtigsten Phase des Programms − der Erzeugung von Restriktionen. Diese Restriktionen basieren auf polyedrischen Untersuchungen und werden *polyedrische Schnitte* genannt. Wir generieren insbesondere *Cliquen-Ungleichungen* und Ungleichungen, denen *Kreise ungerader Länge* zugrunde liegen, und liften diese in einer Art und Weise, die deren Gültigkeit für alle zulässigen Punkte des ganzzahligen Mengen-Partitionierungsproblems garantiert. Wir erzeugen außerdem weitere Ungleichungen zu den Basis-Restriktionen. Dies geschieht automatisch unter Verwendung der polyedertheoretischen Resultate, die in [HP91] entwickelt wurde.

Anschließend werden die verletzten Ungleichungen zum Problem hinzugefügt und der LP-Löser erneut aufgerufen. Wir iterieren diesen Prozeß bis einer der folgenden Fälle auftritt: (1) die LP-Lösung ist ganzzahlig; (2) das LP ist unzulässig; (3) es können keine weiteren Schnitte generiert werden, da entweder unser Wissen über die polyedrische Struktur des Problems nicht ausreicht oder unsere Prozeduren zur Generierung von Ungleichungen unvollständig sind; (4) obwohl Schnitte generiert werden, verbessert sich der Zielfunktionswert nicht genügend; oder (5) der Zielfunktionswert ist stark angestiegen im Vergleich zu den Schranken auf anderen Knoten des Suchbaumes; in diesem Fall stellen wir die weitere Bearbeitung dieses Knotens zurück und betrachten vielversprechendere Knoten.

Falls die erste Situation eintritt und wir gerade den Wurzelknoten, d.h. den obersten Knoten des Suchbaumes, bearbeiten, ist die gefundene Lösung optimal, und das Verfahren terminiert. Falls diese Situation innerhalb des Suchbaumes eintritt, muß der Knoten nicht weiter betrachtet werden. Wir

aktualisieren die obere Schranke und fahren mit der Bearbeitung des Suchbaumes fort. Falls die zweite Situation an der Wurzel des Suchbaumes eintritt,
ist das gesamte Problem unzulässig. Finden wir diese Situation innerhalb des
Baumes vor, so wird der Knoten nicht weiter bearbeitet und wir fahren mit
der Suche fort. Tritt Fall drei oder vier ein, erweitern wir den Baum durch
Aufteilung des zum gerade bearbeiteten Knoten gehörigen Problems in zwei
Subprobleme (*Branching*). Zuvor jedoch rufen wir die Heuristik auf, um die
obere Schranke zu verbessern. Findet die Heuristik eine bessere Schranke, so
wird versucht, durch Betrachtung der reduzierten Kosten und anschließende
Ausnutzung logischer Implikationen Variablen zu fixieren. Wurden genügend
Variablen fixiert, so wird der Präprozessor erneut aufgerufen, um die Formulierung des Problems zu straffen. Der fünfte Fall ist dem dritten und vierten
ähnlich, mit der Ausnahme, daß der Knoten nicht aufgeteilt, sondern dessen
weitere Bearbeitung zurückgestellt wird. Siehe [PR91] für eine detailliertere
Diskussion dieser Bestandteile eines Branch-and-Cut-Verfahrens am Beispiel
des symmetrischen Traveling-Salesman-Problems.

Um zu gewährleisten, daß die Suchbäume nicht zu groß werden, verwenden
wir verschiedene Branching-Strategien, die wir in Abhängigkeit von verschiedenen Charakteristika der gegenwärtigen LP-Lösung auswählen. Die Bran-
ching-Strategie hängt ab von der Dichte der Matrix A, der Zahl der nicht-
ganzen Variablen, die in einer bestimmten Zeile auftreten, der Frage, ob eine
der Variablen einen Wert genügend nahe bei Eins hat, und dem Vorhandensein
von Variablen, deren Zielfunktionskoeffizienten vom Durchschnitt (statistisch)
beträchtlich abweichen, und die so möglicherweise die Zielfunktion zumindest
in einem Zweig des Suchbaumes deutlich verändern.

An jedem Knoten des Branch-and-Bound-Baumes wird also das Problem
reformuliert, werden lineare Programme gelöst, polyedrische Schnitte generiert, und es wird eine Heuristik aufgerufen. Normalerweise ist die einzige Reformulierung, die innerhalb des Branching-Baumes vorgenommen wird, das
durch das Setzen der Branching-Variablen implizierte Setzen von Variablen.
Am Wurzelknoten oder falls eine bessere obere Schranke gefunden wurde auch
innerhalb des Baumes werden permanente Fixierungen anhand der reduzierten Kosten der LP-Lösung am Wurzelknoten vorgenommen. Dabei wird die
Matrix stets verändert, d.h. der Präprozessor wird aufgerufen. Wir möchten
noch festhalten, daß Ungleichungen, die in irgendeinem Teil des Baumes generiert werden, "global", d.h. im gesamten Suchbaum, gültig sind. Dies liegt
daran, daß wir polyedrische Schnitte verwenden. Die Datenstruktur für die Restriktionen bleibt unverändert, wenn wir uns von einem Teil des Suchbaumes
zu einem anderen bewegen, es sei denn, der Präprozessor wurde aufgerufen.
Verwendet man anstatt der polyedrischen Schnitte traditionelle Schnittebenen der ganzzahligen Optimierung, wie zum Beispiel Gomory-Schnitte oder
„Intersektions-Schnitte", so ist die Verwendung der selben Menge von Restriktionen auf dem ganzen Suchbaum mathematisch *nicht korrekt*.

4 Rechenergebnisse

In diesem Abschnitt präsentieren wir empirische Ergebnisse, die wir mit unserem experimentellen Programmsystem CREW-OPT ermittelt haben. CREW-OPT umfaßt alle Komponenten, die wir in dieser Arbeit beschrieben haben. Siehe dazu auch [HP93]. CREW-OPT wurde größtenteils in FORTRAN implementiert und auf einem CONVEX C-220 Mini-Supercomputer, einer IBM RISC Workstation, einer HP Workstation und einer Anzahl verschiedener DEC Maschinen getestet. Auf letzteren fand der größte Teil der Entwicklungsarbeit statt. Neben dem LP-Löser sind die wichtigsten Komponenten des Programmpakets ein Präprozessor, eine Heuristik und Verfahren zur Generierung von Schnittebenen. Diese Komponenten werden *wiederholt* aufgerufen, in allen Teilen des Suchbaumes. Wir benutzen das duale Simplexverfahren des Pakets CPLEX mit dem Auswahlkriterium „steilster Anstieg". Die Menge unserer Testprobleme enthält 26 reine Mengen-Partitionierungsprobleme, die uns von vier verschiedenen Luftfahrtgesellschaften bereitgestellt wurden, und 8 Mengen-Partitionierungsproblem mit zusätzlichen Basis-Restriktionen, die wir von zwei der Gesellschaften erhielten. Alle bis auf eines der Probleme mit Basis-Restriktionen sind Probleme mit drei Basen und somit bis zu sechs Rucksack-Restriktionen. Das Problem mit 28016 Variablen hat acht Basen und resultiert in einem Problem mit 15 Rucksack-Restriktionen. (Eine der „$\geq$"-Bedingungen kann eliminiert werden, da für die entsprechende Basis die Zahl der Flugstunden nach unten nur durch Null beschränkt ist.)

Tabelle 1 beschreibt die reinen Mengen-Partitionierungsprobleme, und Tabelle 4 enthält vergleichbare Informationen für die Mengen-Partitionierungsprobleme mit Basis-Restriktionen. In den folgenden Tabellen werden nur 23 der 26 Probleme aufgelistet. Die übrigen drei Probleme werden im Anschluß daran gesondert behandelt, da sie wesentlich schwieriger sind und eine eingehendere Diskussion erfordern.

In den Tabellen 1 und 4 geben die Überschriften „Cols", „Rows" und „Dens" die Anzahl Spalten, die Anzahl Zeilen und die Dichte des ursprünglichen Problems wieder, wobei unter Dichte der prozentuale Anteil an von Null verschiedenen Einträgen in der Matrix A verstanden wird. „PCols", „PRows" und „PDens" geben die entsprechenden Daten nach der *ersten* Preprocessing-Phase wieder. Die Zahlen in den Tabellen 1 und 4 zeigen, daß das anfängliche Preprocessing einen proportional stärkeren Effekt bei größeren Problemen hat. Wir möchten jedoch nochmals betonen, daß das Preprocessing *wiederholt* während der Durchführung des Branch-and-Cut-Verfahrens zur Anwendung kommt und nicht nur einmal, zur Straffung der ersten Formulierung, aufgerufen wird. Interessant ist, daß für die meisten Probleme das erste Preprocessing die Dichte nicht signifikant verändert und daß im allgemeinen die Dichte mit steigender Problemgröße geringer wird.

Tabellen 2 und 5 enthalten Informationen zur Qualität der LP-Relaxierung im Hinblick auf die Berechnung einer unteren Schranke für den Wert einer ganzzahligen Optimallösung des Problems und zur Qualität der Heuristik,

Tabelle 1. Reine Mengen-Partitionierungsprobleme (RMP): Problemcharakteristiken

PROBLEM	Cols	Rows	PCols	PRows	Dens	PDens
RMP1	197	17	177	17	22.10	22.27
RMP2	467	31	463	29	19.55	21.00
RMP3	626	27	454	27	20.00	19.06
RMP4	770	19	639	19	25.83	25.89
RMP5	899	20	750	20	28.06	28.16
RMP6	1079	23	895	23	26.33	26.05
RMP7	1220	23	911	23	32.33	31.44
RMP8	1366	19	925	19	33.20	33.19
RMP9	1709	23	1403	23	26.70	27.02
RMP10	1783	20	1408	20	36.90	36.14
RMP11	2879	40	2145	40	21.88	21.59
RMP12	7479	55	5957	50	13.67	13.47
RMP13	8308	801	6235	521	.99	1.12
RMP14	8627	825	6694	537	1.00	1.32
RMP15	28016	163	6564	112	6.52	7.48
RMP16	36699	71	16542	69	8.16	8.34
RMP17	85552	77	27084	53	18.4	21.42
RMP18	87879	145	85258	145	5.66	5.68
RMP19	118607	61	78186	61	13.96	13.96
RMP20	123409	73	95178	73	10.04	10.11
RMP21	148633	139	138951	139	7.27	7.23
RMP22	288507	71	202603	71	10.06	10.07
RMP23	1053137	145	370642	90	9.1	9.8

wenn sie als eine „stand alone"-Routine benutzt wird, d.h. Z_{HEUR} ist der Wert der ersten ganzzahligen zulässigen Lösung, die von der Heuristik ermittelt wird, vorausgesetzt, es wurde überhaupt eine gefunden. Z_{LP} bezeichnet den Wert der LP-Lösung nach Durchführung des Preprocessing und Z_{IP} den Wert der optimalen 0/1-Lösung. Falls in der mit Z_{HEUR} überschriebenen Spalte keine Angaben gemacht werden, wurde durch den LP-Löser schon eine ganzzahlige Lösung gefunden und die Heuristik somit nicht benötigt.

Die Tabellen 3 und 6 geben einen umfassenden Überblick über den bei der Durchführung von CREW-OPT sowohl insgesamt als auch anteilig für die einzelnen Komponenten anfallenden Aufwand. Die Überschriften „Prep Calls", „LP Calls" und „CG Calls" bezeichnen die Zahl der Aufrufe des Präpro-

Tabelle 2. Reine Mengen-Partitionierungsprobleme (RMP): Werte der LP-Relaxierung, Werte der Lösung der Heuristik, Werte der Optimallösung

PROBLEM	Z_{LP1}	Z_{HEUR}	Z_{IP}
RMP1	10972.5	failed	11307
RMP2	67743.0		67743
RMP3	14118.0		14118
RMP4	9961.5	10377	10068
RMP5	10453.5	11613	10488
RMP6	7485.0	7846	7656
RMP7	5558.0	5718	5718
RMP8	5843.0	6568	6314
RMP9	7206.0	7340	7216
RMP10	7260.0	7634	7314
RMP11	10898.0		10898
RMP12	1084.0	1096	1086
RMP13	53735.9	53904	53839
RMP14	49616.4	49713	49649
RMP15	17731.7	17854	17854
RMP16	215.25	221	219
RMP17	5338.0		5338
RMP18	105444.0		105444
RMP19	10875.75	11907	11115
RMP20	61844.0		61844
RMP21	1181590.0		1181590
RMP22	132878.0		132878
RMP23	9949.5	10075	10022

zessors, des LP-Lösers und der Routinen zur Generierung der Restriktionen.
Dabei umfaßt „LP calls" nicht die Aufrufe des LP-Lösers innerhalb der Heuristik. „# of Cuts" bezeichnet die Zahl der polyedrischen Schnitte, die während des ganzen Lösungsprozesses generiert wurden, und „# of nodes" die Gesamtzahl der Knoten des Suchbaumes. Alle Zeiten sind in CPU-Sekunden angegeben. Alle, mit Ausnahme der vier größten reinen Mengen-Partitionierungsprobleme, wurden auf einer RS6000/500 gerechnet, die vier großen Probleme aus Speicherplatzgründen auf einer CONVEX/C-220, wobei nur einer der beiden Prozessoren benutzt wurde. Letztere sind in Tabelle 3 durch * gekennzeichnet. Das größte in der Tabelle aufgeführte Problem wurde in zwei

Tabelle 3. Reine Mengen-Partitionierungsprobleme (RMP): Ergebnisse des Branch-and-Cut-Verfahrens

PROBLEM	Prep Calls	LP Calls	CG Calls	# of Cuts	# of Nodes	Prep Time	LP Time	Heur Time	CG Time	Total Time	Proc
RMP1	3	5	1	2	0	0.02	0.03	0.0	0.0	0.06	CG
RMP2	1	1	0	0	0	0.03	0.04	0.00	0.00	0.10	LP
RMP3	1	1	0	0	0	0.02	0.03	0.00	0.00	0.09	LP
RMP4	2	4	1	1	0	0.04	0.05	0.06	0.00	0.19	CG
RMP5	3	5	1	1	0	0.05	0.10	0.09	0.00	0.30	CG
RMP6	6	6	4	17	0	0.06	0.15	0.59	0.07	0.99	CG
RMP7	2	4	1	3	0	0.08	0.13	1.06	0.01	1.35	CG
RMP8	7	14	3	15	0	0.09	0.13	0.23	0.03	0.56	CG
RMP9	2	4	1	1	0	0.09	0.10	0.18	0.00	0.48	CG
RMP10	4	13	10	180	0	0.11	0.91	0.26	2.15	3.68	CG
RMP11	1	1	0	0	0	0.16	0.28	0.00	0.00	0.50	LP
RMP12	14	32	20	229	2	0.98	4.15	7.35	22.16	35.40	BC
RMP13	9	53	42	345	4	18.32	73.75	23.73	92.93	215.30	BC
RMP14	12	12	2	37	0	11.07	29.81	6.03	0.93	48.42	CG
RMP15	2	2	0	0	0	2.87	2.38	4.39	0.04	11.19	CG
RMP16	5	10	8	127	0	2.95	16.48	50.31	62.10	134.38	CG
RMP17	1	1	0	0	0	6.83	7.86	0.0	0.0	20.27	LP
RMP18	1	1	0	0	0	3.07	27.88	0.0	0.0	37.35	LP
RMP19	13	43	15	48	4	8.07	34.68	34.67	2.32	87.53	BC
*RMP20	1	1	0	0	0	31.1	50.7	0.0	0.0	87.6	LP
*RMP21	1	1	0	0	0	44.3	122.2	0.0	0.0	174.4	LP
*RMP22	1	1	0	0	0	65.3	119.9	0.0	0.0	192.5	LP
*RMP23	12	44	26	389	0	156.2	628.3	530.7	62.7	1410.6	CG

Tabelle 4. Basis-Restriktions-Probleme (BRP): Problemcharakteristiken

PROBLEM	Cols	Rows	PCols	PRows	Dens	PDens
BRP1	154	28	147	23	23.00	23.07
BRP2	189	23	170	22	24.82	24.25
BRP3	699	31	689	28	25.77	26.91
BRP4	854	31	814	28	15.73	26.78
BRP5	1586	32	1539	29	24.23	24.36
BRP6	2296	30	49	17	32.66	43.94
BRP7	28016	179	12672	130	7.05	7.75
BRP8	85552	83	31852	57	19.47	22.67

Tabelle 5. Basis-Restriktions-Probleme (BRP): Werte der LP-Relaxierung, Werte der Lösung der Heuristik, Werte der Optimallösung

PROBLEM	Z_{LP1}	Z_{HEUR}	Z_{IP}
BRP1	9794.6	failed	10420
BRP2	8943.1	failed	10002
BRP3	6051.0	6700	6056
BRP4	6431.1	6446	6446
BRP5	7165.8	failed	7526
BRP6	6932.5	failed	7556
BRP7	18236.429	18263	18263
BRP8	5349.5	failed	5697

Tabelle 6. Basis-Restriktions-Probleme (BRP): Ergebnisse des Branch-and-Cut-Verfahrens

PROBLEM	Prep Calls	LP Calls	CG Calls	# of Cuts	# of Nodes	Prep Time	LP Time	Heur Time	CG Time	Total Time	Proc
BRP1	7	48	26	106	8	0.55	0.38	0.10	0.20	1.51	BC
BRP2	4	9	2	14	0	0.48	0.12	0.06	0.05	0.78	CG
BRP3	2	4	1	2	0	0.71	0.10	0.08	0.01	0.94	CG
BRP4	3	3	5	39	0	0.71	0.13	0.15	0.00	1.04	HR
BRP5	10	29	6	60	2	2.47	1.18	2.40	8.14	15.30	BC
BRP6	2	4	1	5	0	1.22	0.04	0.03	0.01	1.41	CG
BRP7	3	3	0	0	0	3.05	2.47	4.21	0.0	10.46	HR
BRP8	11	129	79	1386	22	153.5	515.4	285.3	775.8	1734.2	BC

Phasen gelöst. Zunächst wurden doppelt auftretende Spalten entfernt und das Problem wieder in eine Datei zurückgeschrieben. Dafür wurden 842 Sekunden benötigt, von denen nur 112 Sekunden für das Entdecken der doppelten Spalten verwendet wurden und die restliche Zeit für Lese- und Schreibvorgänge auf der CONVEX-Maschine. Die in der Tabelle aufgeführte Zeit bezieht sich auf die zweite Phase, in der das resultierende reduzierte Problem mit 370642 Variablen von CREW-OPT gelöst wurde. Die letzte, mit „Proc" überschriebene Spalte zeigt an, welche Programmkomponenten benötigt wurden, um Optimalität zu beweisen. „LP" zeigt an, daß das erste LP die optimale ganzzahlige Lösung lieferte und daher nur der Präprozessor und der LP-Löser eingesetzt wurden. „HR" weist darauf hin, daß zusätzlich zum Präprozessor und dem LP-Löser die Heuristik benötigt wurde. Weiterhin steht „CG" für den Fall, daß Restriktionen generiert werden mußten und „BC" dafür, daß *alle Prozeduren* aufgerufen wurden, einschließlich der Branching-Routine zur Erzeugung des Suchbaumes.

Jedes der reinen Mengen-Partitionierungsprobleme aus der Testmenge, das weniger als 5000 Variablen aufweist, konnte in weniger als vier Sekunden gelöst werden, wobei die durchschnittliche Bearbeitungszeit bei unter einer Sekunde liegt. Unter allen 52 Problemen dieser Menge gibt es nur eines, dessen Lösung mehr als vier Minuten benötigte, ein Problem mit mehr als einer Million ursprünglichen Variablen. Die gesamte Lösungszeit für dieses größte Problem betrug weniger als 37 Minuten, die Zeiten für das Lesen des Problems, die Entfernung doppelter Spalten und das Zurückschreiben des reduzierten Problems eingeschlossen. *Dies ist wesentlich weniger Zeit, als für die Generierung zulässiger Rotationen für dieses Problem nötig war.* Nur für drei der 52 Probleme war Branching erforderlich, und der größte Suchbaum, der erzeugt wurde, besitzt 4 Knoten. Somit können durch ein dem gegenwärtigen Stand der Forschung entsprechendes Verfahren zur Lösung kombinatorischer Optimierungsprobleme, wie z.B. CREW-OPT, sämtliche dieser Probleme sehr leicht gelöst werden.

Eine Untersuchung der Zeiten, die in Tabelle 6 für Probleme mit Basis-Restriktionen aufgeführt sind, zeigt, daß durch Hinzufügung von Basis-Restriktionen die Probleme schwieriger werden. Anders als bei den reinen Mengen-Partitionierungsproblemen, haben sogar relativ kleine Probleme nichtganzzahlige Lösungen. Alle, bis auf das größte Problem, konnten in weniger als sechzehn Sekunden gelöst werden. Das größte Problem, mit 85552 Variablen, konnte in etwas weniger als einer halben Stunde optimal gelöst werden. In drei der acht Fälle war Branching erforderlich.

Tabelle 7. Schwere Mengen-Partitionierungsprobleme: Problemcharakteristiken

PROBLEM	Cols	Rows	PCols	PRows	DENSITY
NW04	87482	36	46190	36	20.2
AA1	8904	823	7532	607	1.0
AA4	7195	426	6122	342	1.8

Tabelle 8. Schwere Mengen-Partitionierungsprobleme: Werte der LP-Relaxierung, Werte der Lösung der Heuristik, Werte der Optimallösung

PROB NAME	LP VALUE	IP VALUE	HEUR SOL	Time to 2% of Opt	Time to 1% of Opt	Time to Optimality
NW4	16310.7	16862	19492	225	298	2642
AA1	55535.4	56137	failed	375	375	14441
AA4	25877.6	26374	27080	868	7443	139337

Tabelle 9. Daten des Beispielproblems

$m = 30, n = 25$

Matrix A columnwise: Columns $1, \ldots, 25$ in sequential order:
{ 14, 26, 27, 28}, {7, 10, 21}, {13, 25}, {19,20}, {12}, {6,8,22},
{27,29}, {23,24}, {1,2},{3,4,15}, {9,15,16},{16}, {28,30},
{29,30}, {18,24}, {25,26}, {2,3}, {1,5,6,7,8,9,10,11,12,13,14},
{5,17}, {17,23}, {11,19},{10,11,19,20,21,22}, {20,21,22},
{4,5,6,7},{8,9,18}.

Matrix A rowwise: Rows $1, \ldots, 30$ in sequential order:
{9,18}, {9,17},{10,17},{10,24},{18,19,24},{6,18,24},{2,18,24},
{6,18,25},{11,18,25},{2,18,22}, {18,21,22},{5,18},{3,18},
{1,18},{10,11}, {11,12},{19,20},{15,25},{4,21,22},{4,22,23},
{2,22,23},{6,22,23},{8,20},{8,15},{3,16}, {1,16},{1,7},
{1,13},{7,14},{13,14}

Cost of columns $1, \ldots, 25$:
4, 3, 2, 2, 1, 3, 2, 2, 2, 3, 3, 1, 2, 2, 2,
2, 2, 11, 2, 2, 2, 6, 3, 4, 3.

Die drei verbleibenden Probleme, die bislang nicht beschrieben wurden, sind reine Mengen-Partitionierungsprobleme, die deutlich mehr rechnerischen Aufwand erfordern als die übrigen Probleme. Diese drei Probleme wurden gewissermaßen zu unseren „Problemkindern" und motivierten uns, noch mehr Software zu entwickeln – speziell zur Generierung von Restriktionen. Dies führte zu einer Gesamtverbesserung von CREW-OPT, das nun auch diese drei „Außenseiter" zufriedenstellend löst. Die Problemgrößen und Charakteristika dieser drei Probleminstanzen sind in Tabelle 7 aufgeführt. Weshalb diese Probleme so schwierig sind, wissen wir nicht. Wir konnten keine Besonderheiten bezüglich der Größe, der Dichte, der Verteilung der von Null verschiedenen Einträge oder der Struktur der Kostenfunktion feststellen. Gegenwärtig ist CREW-OPT der *einzige* Code, der in der Lage ist, für auch nur eines dieser Probleme die Optimalität der gefundenen Lösung zu beweisen. Beim Problem NW04 benötigen wir 44 Minuten Rechenzeit, um die Optimalität der Lösung zu beweisen, obwohl die Optimallösung mit einem Wert von 16862 bereits im ersten Knoten des Suchbaumes nach nur 5 Minuten (298 Sekunden) auf einer IBM RS6000/550 gefunden wurde. Die LP-Relaxierung hat eine Optimallösung vom Wert 16310,7 und liegt somit 3,3% unterhalb der Optimallösung. Die Optimalität der gefundenen Lösung konnte erst nach 44 Knoten, 253 Aufrufen des LP-Lösers und 14 Aufrufen des Präprozessors nachgewiesen werden. Während des Lösungsprozesses wurden 6109 polyedrische Schnitte generiert.

Bei Problem AA1 konnte nach 4.01 Stunden bewiesen werden, daß der Wert der Optimallösung 56137 beträgt. Eine Lösung vom Wert 56138 wurde im ersten Knoten, nach nur 6.3 Minuten, gefunden, die Optimallösung am Knoten 20. Die LP-Relaxierung hat eine Optimallösung vom Wert 55535,4 (1,05% unterhalb des Wertes der Optimallösung). Es waren 90 Branch-and-Bound-Knoten erforderlich, um die Optimalität nachzuweisen. Die Zahl der generierten polyedrischen Schnitte betrug 3787.

Das letzte dieser Probleme, AA4, hat eine Optimallösung vom Wert 26374. Es dauerte 38,7 Stunden, die Optimalität der Lösung zu beweisen, die bei Bearbeitung des Knotens 125 gefunden wurde. Der Wert der Optimallösung der LP-Relaxierung betrug 25877,6 (1,8% von der optimalen ganzzahligen Lösung entfernt). Die ganzzahligen zulässigen Lösungen, die während des Programmlaufs gefunden wurden, hatten die Werte 27080, 27030, 26993, 26707, 26453, 26448, 26402 und 26374. Es waren 494 Branch-and-Bound-Knoten erforderlich, um die Optimalität nachzuweisen. Die Zahl der generierten polyedrischen Schnitte betrug 15449.

5 Ausblick

Aus den Ergebnissen unserer Untersuchungen schließen wir, daß es möglich ist, für sehr große Mengen-Partitionierungsprobleme Optimallösungen, bei gleichzeitigem Nachweis der Optimalität, zu bestimmen. Dies trifft selbst dann zu, wenn zusätzliche Nebenbedingungen, die das tatsächliche Problem, mit dem die Planer konfrontiert sind, modellieren, explizit in die Formulierung als ganzzahliges lineares Optimierungsproblem aufgenommen werden. In den wenigen Fällen, in denen der Nachweis der Optimalität mit großem Aufwand verbunden ist, lieferte unser Programmpaket schon sehr bald ausnehmend gute Lösungen, unter gleichzeitiger Angabe einer Gütegarantie.

Der Einsatz der oben beschriebenen Techniken und die damit mögliche exakte Lösung *größerer* Mengen-Partitionierungsprobleme zur Bestimmung von Einsatzplänen, die kostengünstiger sind als die bisherigen, würde sich sofort in wesentlichen Einsparungen niederschlagen. Darüberhinaus denken wir, daß es mit den heute zur Verfügung stehenden Techniken möglich ist, das *gesamte Problem* als ein *einziges* Optimierungsproblem zu lösen. Methoden zur Spaltengenerierung, so wie sie heute für das Traveling-Salesman-Problem zur Anwendung kommen (siehe [PR91]), könnten zur Lösung von sehr großen Crew-Scheduling-Problemen ebenso eingesetzt werden. Es können so sehr große ganzzahlige Optimierungsprobleme durch einen iterativen Ansatz angegangen werden, der globale Konvergenz garantiert, jedoch nicht erfordert, daß alle Spalten gleichzeitig während des Lösungsprozeßes generiert und berücksichtigt werden. Die Effizienz dieses Ansatzes wird in zukünftigen Arbeiten untersucht werden.

Anstatt zu versuchen, die Betriebskosten zu senken, konzentrierten sich die amerikanischen Luftfahrtgesellschaften während der letzten Jahre hauptsächlich darauf, die *Einnahmen zu erhöhen* – Stichwort: „Gewinn Management" – was in einer enormen Bandbreite bei den Flugpreisen für ein und denselben Flug resultierte. Erst vor kurzem, ausgelöst durch den Protest von Passagieren, die feststellen mußten, daß Reisende auf benachbarten Sitzen für den selben Service auf dem selben Flug beträchtlich abweichende Tarife bezahlen mußten, wurde das Tarifsystem wieder vereinfacht. Die Fluggesellschaften sind nun bereit, auch andere Wege bei der Gewinnmaximierung und der Reduktion von Kosten zu beschreiten. Die steigende Konkurrenz unter den Fluggesellschaften führt zu größerer Bereitschaft und Notwendigkeit, Kosten zu reduzieren. Wir denken, daß durch bessere Planung Kostenreduktionen erreicht werden können. Die Personaleinsatzplanung stellt einen wichtigen Bereich in der Flugbranche dar und Kosteneinsparungen sind dort offensichtlich möglich. Die damit verbundenen Problemstellungen können *mathematisch besser* formuliert und angegangen werden, als dies gegenwärtig der Fall ist. Über die Einsparungen hinaus, führt eine verbesserte Einsatzplanung auch zu größerer Zufriedenheit der Besatzungsmitglieder, da sie einen größeren Teil ihrer Dienstzeit fliegend verbringen und weniger Zeit am Boden. Auch in anderen Bereichen der Flugbranche, wie zum Beispiel der Flotteneinplanung (Fleet-Assignment) und der Planung der Wartungsdienste (Maintenance-Scheduling), lassen auf Polyedertheorie basierende Verfahren der Kombinatorischen Optimierung im Hinblick auf Personal-Management, Auslastung und Wartung der Betriebsmittel und somit der Reduzierung von Betriebskosten ähnliche Ergebnisse erwarten.

Wir möchten mit der Bemerkung schließen, daß die in dieser Arbeit skizzierten Lösungsmethoden, und somit das Paket CREW-OPT, auf eine Vielzahl anderer, in der Realität auftretender praktischer Probleme, angewendet werden können. Wir haben das Beispiel der Einsatzplanung von Flugpersonal gewählt, da hierfür reale Datensätze zur Verfügung stehen und von Seiten der Fluggesellschaften großes Interesse an Lösungsmethoden besteht. Da wir eine große Bibliothek mit Beispieldaten aufbauen und zur Verfügung stellen wollen, bitten wir alle Leser, die sich mit solchen Problemen beschäftigen, mit den Autoren Kontakt aufzunehmen. Wir möchten außerdem darauf hinweisen, daß die vorliegende Arbeit eine stark gekürzte Version der ursprünglichen Arbeit von Hoffman und Padberg [HP93] ist. [3]

---

[3] Diese Arbeit wäre ohne die Bereitstellung von Daten durch verschiedene Fluggesellschaften und ohne die Mithilfe vieler Personen, die uns detailliertes Hintergrundwissen zu diesem wichtigen Problem vermittelt haben, nicht möglich ge-

Literatur

[AGP91] Anbil, R., E. Gelman, B. Patty and R. Tanga: Recent Advances in Crew Pairing Optimization at American Airlines. Interfaces **21** (1991) 62–74

[BP76]   E. Balas and M. Padberg: Set Partitioning: A survey. SIAM Review **18** (1976) 710–760

[BGJ88] Barahona, M., M. Grötschel, M. Jünger and G. Reinelt: An Application of Combinatorial Optimization to Statistical Physics and Circuit Layout Design. Operations Research **36** (1988) 493–513

[BJA91] Barnhart, C., E. L. Johnson, R. Anbil and L. Hatay: A Column Generation Technique for the Long-haul Crew Assignment Problem. Report #COC-91-01, School of Industrial and System Engineering, Georgia Institute of Technology 1991

[BH90]   Barutt, J. and T. Hull: Airline Crew Scheduling: Supercomputers and Algorithms, SIAM News **23** (1990) November

[Bi90]   Bixby, R. E.: Implementing the Simplex Methods. Part I, Introduction. Part II, The Initial Basis. TR 90-32 Mathematical Sciences, Rice University, Houston, TX 1990

[BB90]   Bixby, R. E. and E. Boyd: Using the CPLEX Callable Library. Manuals distributed by Cplex Optimization INC., 7710-T Cherry Park, Houston, TX 1990

[Bo82]   Borneman, D. R.: The Evolution of Airline Crew Pairing Optimization. AGIFORS Crew Management Study Group Proceedings, Paris, May 1982

[CH90]   Cannon, T. L. and K. L.Hoffman: Large-Scale 0-1 Linear Programming on Distributed Workstations. Annals of Operations Research **22** (1990) 181–217

[CJP83] Crowder, H., E. L.Johnson and M. Padberg: Solving Large Scale Zero-one Linear Programming Problems. Operations Research **31** (1983) 803–834

[CS89]   Cornuejols, G. and A. Sassano: On the 0,1 Facets of the Set Covering Polytope. Mathematical Programming **43** (1989) 45–56

[DS89]   Desrochers, M. and F. Soumis: A Column Generation Approach to the Urban Transit Crew Scheduling Problem. Transportation Sci. **23** (1989) 1–13

[Ge78]   Gerbracht, R.: A New Algorithmn for Very Large Crew Pairing Problems. 18th AGIFORS Symposium, Vancouver, British Columbia, Canada 1978

---

wesen. Unser besonderer Dank gilt Lorraine Latosky und Fenton Hill (USAir), Jane Barrut, Jeremy Schneider und Elroy Olsen (Northwest Airlines), und Ranga Anbil (American Airlines) für ihre Kooperation. Die Convex Computer Corporation hat uns großzügig Rechenzeiten für die Entwicklung und das Austesten unserer Programme zur Verfügung gestellt, wofür wir an dieser Stelle danken möchten. Schließlich danken wir Greg Astfalk von der Convex Computer Corporation, für seine unermüdliche Hilfe und Betreuung, und nicht zuletzt für seinen Enthusiasmus und seine Zuversicht während des Projekts. Für die kompetente Verkürzung und Übersetzung des ursprünglichen Aufsatzes ins Deutsche sind wir Frau Dr. Petra Bauer (Universität Köln) zu großem Dank verpflichtet.

[Ge89]   Gershkoff, I.: Optimizing Flight Crew Schedules. Interfaces **19** (1989) 29–43

[GM90]   Grötschel, M. and C. L. Monma: Integer Polyhedra Arising from Certain Network Design Problems with Connectivity Constraints. SIAM J. Discrete Mathematics **3** (1990) 502–523

[GJR89]   Grötschel, M., M. Jünger and G. Reinelt: Optimal Control of Plotting and Drilling Machines: A Case Study. Report No. 184, Universität Augsburg 1989

[HP85]   Hoffman, K. L. and M. Padberg: LP-based Combinatorial Problem Solving. Annals of Operations Research **4** (1985) 145–194

[HP91]   Hoffman, K. L. and M. Padberg: Techniques for Improving the LP-representation of Zero-one Linear Programming Problems. ORSA Journal on Computing **3** (1991) 121–134

[HP93]   Hoffman, K. L. and M. Padberg: Solving Airline Crew Scheduling Problems by Branch-and-Cut. Management Science **39** (1993) 657–682

[LMO88]   Lavoie, S., M. Minoux and E. Odier: A New Approach for Crew Pairing Problems by Column Generation with Application to Air Transportation. EJOR **35** (1988) 45–58

[MS81]   Marsten, R. E. and F. Shepardson: Exact Solution of Crew Problems using the Set Partitioning Mode: Recent Successful Applications. Networks **11** (1981) 165–177

[Pa71]   Padberg, M.: Essays in Integer Programming. Ph. D. thesis, GSIA, Carnegie-Mellon University, Pittsburgh, PA 1971

[Pa73]   Padberg, M.: On the Facial Structure of Set Packing Polyhedra. Mathematical Programming **5** (1973) 199–215

[Pa75]   Padberg, M.: A Note on Zero-one Programming. Operations Research **23** (1975) 833–837

[Pa79]   Padberg, M.: Covering, Packing and Knapsack Problems. Annals of Discrete Mathematics **4** (1979) 265–287

[PR90]   Padberg, M. and G. Rinaldi: An efficient Algorithm for the Minimum Capacity Cut Problem. Mathematical Programming **47** (1990) 19–36

[PR91]   Padberg, M. and G. Rinaldi: A Branch-and-Cut Algorithm for the Solution of Large-scale Traveling Salesman Problems. SIAM Review **33** (1991) 60–100

[Ru73]   Rubin, J.: A Technique for the Solution of Massive Set Covering Problems, with Applications to Airline Crew Scheduling. Transportation Sci. **7** (1973) 34–48

[Sa89]   Sassano, A.: On the Facial Structure of the Set Covering Polytope. Mathematical Programming **44** (1989) 181–202

Modelle und Methoden zur Konstruktion ausfallsicherer Netzwerke

Mechthild Stoer

Televerkets Forskningsinstitutt, Postboks 83, N-2007 Kjeller, Norwegen

1 Problemstellung

Sicher hat jeder schon einmal gelesen, daß durch Baggerarbeiten ein zentrales Telefonkabel zerstört wurde und dadurch ein Gebiet vom Telefonnetz abgehängt wurde. Bei einem Brand in einer zentralen Schaltstelle in Chicago im Mai 1988 waren sogar für eine Zeitlang der internationale Flughafen, das Banknetz und der Notruf nicht mehr telefonisch erreichbar [Zor89]. Was war passiert? Anscheinend hatte man nicht für genügend Redundanz und Umleitungsmöglichkeiten im Netz gesorgt. Glasfaserkabel und ihre praktisch unbegrenzten Kapazität verleiteten dazu, sehr „dünne" Netze bauen, um Kosten zu sparen. Ein kostenminimales Netz, das alle Knoten (Verteiler, Schaltstellen, etc.) miteinander verbindet, hat die Gestalt eines Baumes; ein baumförmiges Netz ist aber das Gegenteil von ausfallsicher. Das andere Extrem, ein vollständig vermaschtes Netz mit Kabeln zwischen jedem Paar von Knoten, ist aus Kostengründen nicht erwünscht. Man muß also zwischen der Kostenminimierung und der Erhaltung einer gewissen Redundanz abwägen. Dazu möchte ich zwei Modelle vorstellen, von denen das eine nur auf die Netztopologie Rücksicht nimmt, und das andere auch noch Kabelkapazitäten in Betracht zieht.

2 Modellierung

2.1 Bestimmung der Netztopologie (Modell 1)

Das erste Modell wurde bei Bell Communications Research (Bellcore), New Jersey, vom Mathematiker C. Monma zusammen mit einigen Ingenieuren entwickelt (s. [CMW89]) und diente zur Auslegung von LATA-Netzen in Großstädten. (LATA steht für „local access and transport area".) Hierbei wird das Netz nur als eine Menge von Knoten und Kabeln angesehen. Die Knoten entsprechen nicht den einzelnen Privattelefonen, sondern etwas höher in der

Netzhierarchie gelegenen Schaltstellen („hubs" und „gateways"). Die zur Auswahl stehenden Kabelverbindungen entsprechen den Stellen, wo schon Kupferkabel liegen, und wo man nun möglicherweise Glasfaserkabel legen möchte. Mit jedem dieser möglichen Kabelverbindungen sind Kosten für den Bau des Kabels verbunden. Das Problem ist nun, eine Auswahl aus diesen möglichen Kabelverbindungen zu treffen, so daß das entstehende Netzwerk gewisse Redundanzeigenschaften besitzt, und so daß die Summe aller Kabelkosten so gering wie möglich ist. Die Redundanz ist so definiert, daß es im Netzwerk zwischen jedem Paar von Knoten eine gewisse festgelegte Mindestanzahl von *unabhängigen* Wegen geben soll, d. h. Wegen, die keinen Knoten außer den Endknoten gemeinsam haben. Wenn es zwischen zwei Knoten zwei unabhängige Wege gibt, wird gewährleistet, daß bei Ausfall irgendeines dritten Knotens oder irgendeines Kabels höchstens **ein** Weg zerstört wird, und der andere erhalten bleibt. Für Telekommunikationsanwendungen hält man eine Mindestanzahl von null bis zwei unabhängigen Wegen für ausreichend, je nach Wichtigkeit der beiden Endknoten.

In der Sprache der Graphentheorie sucht man also nach einem kostenminimalen Graphen, der genügend hoch zusammenhängend ist, d. h., der alle lokalen Zusammenhangsbedingungen (über die Mindestanzahl unabhängiger Wege zwischen je zwei Endknoten) erfüllt. Dieses Problem ist NP-schwer, also, salopp gesagt, so schwer zu lösen wie das berüchtigte Problem des Handlungsreisenden (Traveling Salesman Problem).

Ein Beispiel für ein ausfallsicheres Netzwerk ist in Abb. 1 zu sehen. Dort wird zwischen jedem Paar von Quadraten mindestens zwei unabhängige Wege verlangt, und zwischen jedem anderen Paar von Knoten mindestens ein unabhängiger Weg (etwa weil manche der Kreisknoten in einem Tal am Stadtrand liegen und man an einer Anbindung durch zwei Wege nicht interessiert ist). Wie man sieht, besteht das Netzwerk aus ineinanderhängenden Ringen (dem fettgezeichneten Teil) und Bäumen, wobei jedes Quadrat auf mindestens einem Ring liegt. Fällt irgendein Knoten aus, können sich alle quadratischen Knoten noch gegenseitig erreichen!

Die Bestimmung der Netztopologie ist eigentlich nur der erste Schritt bei der Netzauslegung. In einem zweiten Schritt wird der Punkt-zu-Punkt-Verkehr geroutet und gebündelt, aufgrund dessen die Multiplexerkosten bestimmt und das Netzwerk analysiert. Alle diese nachgeordneten Schritte werden vom ersten Modell nicht berücksichtigt. Dieses Modell ist besonders dann brauchbar, wenn man ein Netz von Grund auf neu bauen oder ein etwa schon existierendes baumförmiges Netz ausfallsicher machen will, und wenn angesichts dieses Zieles Kapazitäten eine untergeordnete Rolle spielen. Im Abschnitt 3 wird das Modell mathematisch behandelt.

2.2 Bestimmung von Kapazitäten (Modell 2)

In einem zweiten Modell, das von G. Dahl vom Forschungsinstitut der norwegischen Telekom und von mir entwickelt wurde, werden Verkehrsinformation

und Kapazitäten mitberücksichtigt, s. [DSt92, StD94]. Dieses Modell soll bei
der Auslegung des Telefonnetzes auf regionaler und nationaler Ebene in Norwegen verwendet werden. Gegeben hat man, wie vorhin, eine Auswahl von
möglichen Kabelverbindungen, und zu jedem dieser Kabel eine Auswahl von
verschiedenen Kapazitäten zu verschiedenen Kosten. Außerdem ist für manche Paare von Knoten der Verkehr zwischen beiden Knoten angegeben, als
eine reelle Zahl. Man sagt, *der Gesamtverkehr fließt durch das Netz*, wenn
man für jedes Paar von Knoten den Verkehr auf einem oder mehreren Wegen so verteilen kann, daß die Gesamtsumme dessen, was durch ein Kabel
fließt (summiert über alle Verkehrsflüsse zwischen **allen** Paaren von Knoten)
die Kapazität des Kabels nicht übersteigt. Die Flüsse werden als ungerichtet
betrachtet. Eine solche Verkehrsverteilung bezeichnen die Graphentheoretiker
auch als *Multicommodity Flow*.

Die Aufgabe ist nun, die Kabelverbindungen und ihre Kapazitäten möglichst kostengünstig so zu bestimmen, daß auch wenn ein Kabel oder Knoten
ausfällt, der Gesamtverkehr noch durch das Netz fließen kann, im oben beschriebenen Sinne.

Wenn man annimmt, jedes Kabel habe entweder Kapazität 0 oder eine
sehr hohe Kapazität, dann reduziert sich dieses Modell auf das erste. Es gibt
also ein etwas detaillierteres Bild der Wirklichkeit als das erste.

Aber auch dieses Modell ist nicht ganz wirklichkeitsgetreu, denn oft sind
es die Endgeräte (Multiplexer) in den Knoten, die über die Kabelkapazität
bestimmen, und es ist nicht immer klar, wie man deren Kosten auf die Kabel umrechnet. Zweitens berücksichtigt das Modell keine Beschränkungen der
Verkehrsrouten, wie zum Beispiel: „Jeder Verkehrsfluß darf nur auf **einem**
Weg geroutet werden", oder „für jeden Verkehrsfluß gibt es nur zwei Routen:
die normale und eine Fluchtroute", usw. Weglängen und Blockierungswahr-
scheinlichkeiten werden ebenfalls nicht berücksichtigt. Unser Modell legt also
seinen Kapazitätsberechnungen ein sehr vereinfachtes Verkehrsflußkonzept zugrunde. Die Hoffnung ist, daß die herauskommenden Kapazitäten auch einen
aufwendiger berechneten Verkehrsfluß zulassen.

3 Mathematische Behandlung von Modell 1

Für das erste Modell entwickelten C. Monma und D. Shallcross [MSh89] verschiedene Heuristiken, die auf lokalen Verbesserungsverfahren beruhen und
in kurzer Zeit eine brauchbare Lösung liefern. Die Heuristiken funktionieren
so, daß zuerst ein nicht sehr kostengünstiges, aber ausfallsicheres, Netzwerk
bestimmt wird. Diese Lösung wird dann verbessert, durch Reduzierung der
Knotengrade, durch Ersetzen zweier oder dreier Kanten durch andere, durch
Aufteilen von Kreisen, und durch Zusammenlegen von Kreisen. Die Heuristiken liefern in kurzer Zeit brauchbare Lösungen und sind bei Bellcore in
Gebrauch [Bel88].

Ein Nachteil von Heuristiken ist der, daß sie nicht unbedingt die optimale
Lösung liefern, und daß man auch nicht weiß, wie weit die Kosten der ge-

fundenen Lösung vom Optimum entfernt sind. Bei diesem speziellen Problem
war Bellcore aber stark an einer Qualitätsabschätzung für die Heuristiken
interessiert.

Daher studierten M. Grötschel, C. Monma und ich das Modell, um eine
möglichst gute Beschreibung in Form eines linearen Programms (LP) zu finden, das dann mit Hilfe eines Branch&Cut-Verfahrens zu lösen wäre, siehe
[GMS92a, GMS92b]. Dieses Verfahren liefert bei Problembeispielen mäßiger
Größenordnung in kurzer Zeit optimale Lösungen und, wenn man es vorzeitig
abbricht, eine untere Schranke für den Wert der Optimallösung und damit für
den Wert aller heuristisch gefundenen Lösungen. Die Idee des Verfahrens und
seine Anwendung auf Modell 1 wird in Abschnitt 3.3 vorgestellt.

Zunächst möchte ich einige Bezeichnungen einführen, dann das Modell als
ganzzahliges linearen Programm formulieren und das Verfahren erklären.

3.1 Notation

Wir bezeichnen die Menge aller Knoten mit V und die Menge aller möglichen
Kabelverbindungen mit E. Eine Kabelverbindung zwischen Knoten u und v
wird auch *Kante* genannt und mit uv bezeichnet, oder kurz mit e, wenn die
Endknoten nicht interessieren. $G = (V, E)$ stellt den Eingabegraphen dar.
Die Kosten für die Installierung einer Kante e heißen c_e. Die Knoten sind
in drei Typen eingeteilt, die „optionalen", die „normalen" und die „speziellen". Die speziellen sind die, die untereinander durch je zwei Wege verbunden
sein müssen. Etwas genauer wird der Typ eines Knotens v durch eine Zahl
$r_v \in \{0, 1, 2\}$ dargestellt, wobei $r_v = 2$ für einen speziellen Knoten, $r_v = 1$ für
einen normalen, und $r_v = 0$ für einen optionalen Knoten steht. Die geforderte
Mindestanzahl unabhängiger Wege zwischen je zwei Knoten u und v ist das
Minimum von r_u und r_v. Je höher also r_v, desto höher die Einbindung von
Knoten v. Das Problem ist nun, eine Kantenmenge F aus E auszuwählen, so
daß der Graph oder das Netzwerk (V, F) zwischen jedem Paar von Knoten
u und v mindestens $\min(r_u, r_v)$ unabhängige Wege besitzt, und so daß die
Summe aller Kosten c_e für $e \in F$ minimal ist.

Die Bedingung an die Anzahl der unabhängigen Wege läßt sich auch anders
ausdrücken. Angenommen, alle Knoten seien spezielle Knoten (mit $r_v = 2$)
und der Graph (V, F) sei ausfallsicher in obigem Sinne. Dann wird jede Knotenmenge W von mindestens zwei Kanten aus F verlassen, da es ja zwischen
einem Knoten in W und einem außerhalb von W zwei unabhängige Wege
geben muß. Des weiteren, wenn man einen Knoten z aus (V, F) mit allen inzidenten Kanten entfernt (man stelle sich einen Brand in dem Knoten vor), dann
muß jede Knotenmenge W noch von mindestens einer Kante in F verlassen
werden, die nicht vom „Brand" zerstört wurde.

Diese und ähnliche Beziehungen lassen sich mit Hilfe von Ungleichungen
ausdrücken, zu denen noch etwas Notation benötigt wird. Wenn $r(W)$ den
maximalen Knotentyp in W bezeichnet und $r(V \setminus W)$ den maximalen Knotentyp in $V \setminus W$, dann sei $\mathrm{con}(W)$ das Minimum dieser beiden Zahlen. $G - z$

sei der Graph, aus dem man z mit allen inzidenten Kanten entfernt hat, der *Schnitt* $\delta_G(W)$ sei die Menge aller Kanten, die die Knotenmenge W verlassen, und $\delta_{G-z}(W)$ sei die Menge aller Kabel, die die Knotenmenge W im Graphen $G - z$ verlassen. Dann muß für jedes ausfallsichere Netzwerk (V, F) gelten:

$$|\delta(W) \cap F| \geq \text{con}(W) \quad \text{für alle } W \subseteq V \tag{1}$$

und

$$|\delta_{G-z}(W) \cap F| \geq 1 \tag{2}$$

für alle W, für die sowohl $W \setminus \{z\}$ als auch $(V \setminus W) \setminus \{z\}$ einen Knoten vom Typ 2 enthalten. Man kann sogar noch mehr sagen: wenn F alle diese Ungleichungen erfüllt, dann existiert zwischen jedem Paar von Knoten die vorgeschriebene Anzahl von unabhängigen Wegen! Das läßt sich mit dem Satz von Menger (s. etwa [ChL86]) beweisen.

3.2 Formulierung als ganzzahliges lineares Programm

Mit (1) und (2) haben wir alle Ungleichungen, die zur Formulierung des Modells als ganzzahliges LP benötigt werden. Jeder Kante e in F wird eine Variable x_e zugeordnet. Ein Netzwerk (V, F) wird durch die Besetzung der Variablen mit $x_e = 1$ für $e \in F$ und $x_e = 0$ für $e \in E \setminus F$ definiert. Damit ist jedem Netzwerk ein 0/1-Vektor, und jedem 0/1-Vektor ein Netzwerk zugeordnet. Summen $\sum_{e \in C} x_e$ von Variablen über eine Kantenmenge C werden kurz mit $x(C)$ bezeichnet.

Das ganzzahlige LP ist

$$
\begin{aligned}
\min \quad & \sum_{e \in E} c_e x_e \\
\text{(i)} \quad & x(\delta(W)) \geq \text{con}(W) \text{ für alle } W \subseteq V \\
\text{(ii)} \quad & x(\delta_{G-z}(W)) \geq 1 && \text{für alle } W \subseteq V \text{ mit } r(W \setminus \{z\}) = 2 \\
& && \text{und } r((V \setminus W) \setminus \{z\}) \\
\text{(iii)} \quad & 0 \leq x_e \leq 1 && \text{für alle } e \in E \\
\text{(iv)} \quad & x_e \text{ ganzzahlig} && \text{für alle } e \in E.
\end{aligned}
\tag{3}
$$

Ungleichungen (3)(i) und (ii) sind eine Umschreibung von (1) und (2). Sie heißen *Schnittungleichungen* bzw. *Knoten-Schnittungleichungen*. Eine Idee zur Lösung ganzzahliger Probleme ist, die Ganzzahligkeitsbedingungen (iv) aus (3) wegzulassen, und das Problem als lineares Programm zu lösen. Mit den Schnitt- und Knotenschnittungleichungen allein kommt man aber leider nicht nah genug an den Optimalwert heran. Man muß daher das LP durch weitere Ungleichungen verbessern, die für jeden 0/1-Vektor (d. h. für jedes ausfallsichere Netzwerk) gültig sind. Es folgt eine Liste solcher Ungleichungen, die im Branch&Cut-Verfahren benutzt werden.

– Die *Partitionsungleichungen*, die durch eine vollständige Zerlegung der Knotenmenge V in p Mengen W_1, W_2, ..., W_p definiert werden, von denen jede einen Knoten von mindestens Typ 1 enthält:

$$\frac{1}{2} \sum_{i=1}^{p} x(\delta(W_i)) \geq \begin{cases} p, & \text{wenn } r(W_i) = 2 \text{ für mind. zwei Mengen } W_i \\ p - 1 & \text{sonst.} \end{cases}$$

$$(4)$$

Diese Ungleichungen drücken aus, daß in einem ausfallsicheren Netzwerk zwischen p disjunkten Knotenmengen mindestens p oder $p - 1$ Kanten laufen müsssen.

– Die *Knoten-Partitionsungleichungen*, die durch einen Knoten z und eine vollständige Zerlegung W_1, W_2, ..., W_p der Knotenmenge $V \setminus \{z\}$ definiert werden, so daß jedes W_i einen Knoten von mindestens Typ 1 enthält, und so daß es mindestens zwei Mengen W_i gibt, die jeweils einen Knoten vom Typ 2 enthalten:

$$\frac{1}{2} \left(\sum_{i \in I_2} x(\delta_{G-z}(W_i)) + \sum_{i \in I_1} x(\delta_G(W_i)) + x([\{z\} : \cup_{i \in I_1} W_i]) \right) \geq p - 1,$$

$$(5)$$

wobei $I_k := \{ i \in \{1, \ldots, p\} \mid r(W_i) = k \}$, $k = 1, 2$. Diese Ungleichungen geben an, wieviele Kanten zwischen disjunkten Knotenmengen laufen müssen, wenn ein Knoten im Netz entfernt wird.

– Die *gelifteten 2-Cover-Ungleichungen*, die folgendermaßen definiert sind. Sei $H \neq V$ eine Knotenmenge, die vollständig in $p \geq 3$ Mengen H_1, H_2, ..., H_p zerlegt sei, und sei $T \subseteq \delta(H)$ eine Kantenmenge. Weiterhin seien folgende Voraussetzungen erfüllt:
  - die Anzahl von Kanten in T sei mindestens 3 und ungerade,
  - jeder Schnitt $\delta(H_i)$ enthalte höchstens eine Kante aus T,
  - $r(H_i) \geq 1$ für $i = 1, \ldots, p$,
  - $r(H_i) = 2$, wenn $\delta(H_i)$ eine Kante aus T enthält.

Die geliftete 2-Cover-Ungleichung ist dann

$$x(E(H)) - \sum_{i=1}^{p} x(E(H_i)) + x(\delta(H)) - x(T) \geq p - \frac{|T| - 1}{2}, \qquad (6)$$

wobei $E(H)$ die Menge aller Kanten mit beiden Endknoten in H bezeichnet. Diese Ungleichungen wurden aus der b-Matching-Theorie von J. Edmonds hergeleitet [GMS92a].

3.3 Branch&Cut-Verfahren

Die Idee des Branch&Cut-Verfahrens besteht darin, die Ganzzahligkeitsbedingung durch weitere lineare Ungleichungen zu ersetzen, und das Problem als LP zu lösen. Theoretisch kann man den Lösungsraum, nämlich die konvexe Hülle bzw. das Polyeder aller ganzzahligen Punkte von (3)(i)–(iii), vollständig durch lineare Ungleichungen beschreiben. Aber eine vollständige Liste von Ungleichungen ist unbekannt, da das Problem, ein optimales ausfallsicheres Netzwerk zu bestimmen, NP-schwer ist. Man muß sich also mit einer Auswahl von weiteren gültigen und nichtredundanten Ungleichungen begnügen, so viele man eben finden kann. Im Bestimmen genügend vieler Klassen von Ungleichungen für das vorliegende Problem und deren praktischer Verwendung liegt die Hauptarbeit des polyedrischen Kombinatorikers. Die von uns verwendeten Ungleichungen sind (4)–(6). Diese beschreiben das Problem genau genug, um in vielen Fällen die Optimallösung zu erzeugen. Weitere gültige Ungleichungen sind in [GMS92a, Sto92] aufgelistet. Dort wurde auch untersucht, welche von ihnen redundant für das Polyeder der ausfallsicheren Netzwerke ist.

Genau betrachtet sind die aufgelisteten Ungleichungen zu viele, um sie alle auf einmal in ein LP aufzunehmen. Allein von den Schnittungleichungen gibt es etwa $2^{|V|}$ viele. Man setzt sie daher am besten erst bei Bedarf ein. Das geschieht so:

1. Bestimme ein Start-LP aus wenigen Ungleichungen und löse es. Der Lösungsvektor sei x^*.
2. Bestimme mehrere Ungleichungen vom Typ (3)(i), (ii), und (4)–(6), die durch x^* verletzt sind.
3. Wenn Schritt 2 erfolgreich war, füge die neuen Ungleichungen zum LP hinzu, löse es, und wiederhole Schritt 2 für die neue Lösung x^*.
4. Wenn Schritt 2 nicht erfolgreich war, ist x^* entweder ganzzahlig und damit optimal, oder x^* hat gebrochene Einträge.
5. Wähle einen gebrochenen Eintrag $0 < x_e^* < 1$ aus und stelle zwei neue Unterprobleme auf: eines, wo x_e auf 1 fixiert ist, und eines, wo x_e auf 0 fixiert ist, und löse beide in Schritten 2–5.
6. Sind alle Unterprobleme abgearbeitet, gebe man die beste ganzzahlige Lösung aus.

Schritt 1 bis 4 (ohne Schritt 5) nennt man das „Schnittebenenverfahren", Schritt 5 ist der „Branching"-Schritt, alles zusammen das „Branch&Cut-Verfahren".

Das Start-LP in Schritt 1 besteht aus den Ungleichungen $x(\delta(v)) \geq r_v$ für alle Knoten v und $0 \leq x_e \leq 1$ für alle Kanten e. Die sog. *Separationsalgorithmen*, mit deren Hilfe in Schritt 2 für eine gegebene Lösung x^* verletzte Ungleichungen bestimmt werden, sind in [GMS92b] beschrieben.

Es ist ein ganz entscheidendes Merkmal des Branch&Cut-Verfahrens, daß selbst wenn man in Schritt 5 mit einer gebrochenen Lösung aufgibt, der Zielfunktionswert $c^T x^*$ für das LP eine untere Schranke für den Optimalwert darstellt, da man über einen Lösungsbereich optimiert hat, der größer ist als der interessierende. (Man hat ja immer nur eine Teilmenge der Ungleichungen benutzt.) Mit der unteren Schranke kann man den Wert der Heuristiken abschätzen. Desgleichen ist jeder Zielfunktionswert einer gefundenen ganzzahligen und zulässigen Lösung (d. h. eines ausfallsicheren Netzwerks) eine obere

Schranke für den Optimalwert. Beide Schranken werden im Laufe des Verfahrens verbessert, und man kann daher das gesamte Verfahren abbrechen, wenn diese Schranken nahe genug beieinander sind.

Die Lösung eines Unterprobleme in Schritt 2 kann abgebrochen werden, wenn der Zielfunktionswert $c^T x^*$ für dieses Unterproblem den Wert der besten zulässigen Lösung übersteigt. Es gibt noch verschiedene andere Tricks, mit denen man die Lösung von Unterproblemen abkürzen kann, s. [JRT94]. Weitere Details über die Implementation sind in [GMS92b] zu finden.

3.4 Rechenergebnisse

Ein genereller Rahmen für Branch&Cut Algorithmen wurde mir von Michael Jünger zur Verfügung gestellt Darin wurden die problemspezifischen Teile (in Schritt 1 und 2) eingebaut. Der LP-Löser ist CPLEX von R. Bixby [Bix94]. Von Bellcore bekam ich sieben Testbeispiele für LATA-Netzwerke (LATA = Local Access Transport Area). Das größte von diesen hatte 116 Knoten und 173 Kanten als Eingabegraph, das kleinste 36 Knoten und 65 Kanten. Mit Hilfe eines Präprozessors konnten die sehr dünnen Graphen noch weiter verkleinert und einige Kanten fixiert werden. Zum Beispiel kann man Knoten vom Typ 1 oder 2 mit nur zwei inzidenten Kanten entfernen und die zwei Kanten durch eine Kante mit neuen Kosten ersetzen. Knoten vom Typ 1 mit nur einer inzidenten Kante kann man ganz entfernen. Mit diesen Kriterien wurde die Anzahl der Variablen auf 42 bis 83 reduziert. Die Rechenergebnisse sind in Tabelle 1 dargestellt. Die Einträge sind der Reihe nach:

E	Anzahl der Kanten des Eingabegraphen
IT	Anzahl der Iterationen (= LP-Aufrufe)
C	untere Schranke vor dem Branchen in Schritt 5
COPT	Wert der Optimallösung
GAP	$100 \times (COPT - C)/COPT$ (= relativer Fehler in Prozent)
BU	Anzahl der generierten Unterprobleme
BT	maximale Tiefe des Branch&Cut-Baumes
T	Laufzeit in Sekunden auf einer SUN 4/50 IPX (28,5 MIPS)

Wie man aus der Spalte GAP sieht, wurden vier Probleme schon vor dem Branchen optimal gelöst, und für die anderen war der relative Fehler kleiner als 1%. Das bedeutet, daß die verwendeten Ungleichungen fast ausreichen, das Problem zu beschreiben, zumindest für die Problembeispiele aus der Praxis von Bellcore. Die Rechenzeiten zur optimalen Lösung dieser recht kleinen Probleme bewegen sich im Bereich von weniger als einer Minute.

Mit Hilfe der gefundenen Optimalwerte konnte auch die Güte der von Bellcore verwendeten Heuristiken abgeschätzt werden. In Tabelle 2 bezeichnet COPT den Optimalwert, CHEUR den Wert der besten gefundenen heuristischen Lösung, und GAP den relativen Fehler in Prozent ($= 100 \times (CHEUR - COPT)/COPT$). Wie man sieht, liefern die Heuristiken Lösungen, deren Wert

Tabelle 1. Rechenergebnisse für Branch&Cut auf den LATA-Problemen

PROBLEM	E	IT	C	COPT	GAP	BU	BT	T
LATADMA	65	12	1489	1489	0			
LATA1	112	4	4296	4296	0			
LATA5S	71	4	4739	4739	0			
LATA5L	98	19	4679	4726	0,99	4	2	4
LATADSF	173	7	7647	7647	0			
LATADS	173	17	7303,60	7320	0,22	28	9	17
LATADL	173	14	7385,25	7400	0,20	32	10	21

höchstens 1,5% von der Optimallösung entfernt ist, und in zwei Fällen sogar die Optimallösung selbst.

Tabelle 2. Vergleich der optimalen und der heuristischen Lösung

PROBLEM	COPT	CHEUR	GAP
LATADMA	1489	1494	0,34
LATA1	4296	4296	0
LATA5S	4739	4739	0
LATA5L	4726	4794	1,44
LATADSF	7647	7727	1,05
LATADS	7320	7361	0,56
LATADL	7400	7460	0,81

Ein optimales ausfallsicheres Netzwerk für das Problembeispiel LATADSF ist in Abb. 1 abgebildet. Knoten vom Typ 2 sind quadratisch, Knoten vom Typ 1 rund. Die abgebildeten Kanten gehören alle zum Netz, davon bezeichnen die fetten Linien den zweifach zusammenhängenden Teil des Netzes, der gegen Ausfälle einzelner Knoten und Kanten geschützt ist.

4 Mathematische Behandlung von Modell 2

Für das zweite Modell seien gegeben:

- Der Eingabegraph $G = (V, E)$ mit Knotenmenge V und Kantenmenge E, die die Stellen bezeichnen wo man Kabel legen kann, bzw. wo schon welche liegen.
- Der vorausgesagte Verkehr $d_{uv} > 0$ zwischen manchen Knotenpaaren (u, v). Die Menge dieser Knotenpaare sei mit D bezeichnet, und kann auch als Kantenmenge eines Graphen $H = (V, D)$ aufgefaßt werden.

Abbildung 1. optimale Lösung des LATADSF-Problems

– Für jede Kante $e \in E$ sei eine Auswahl von Kapazitäten $0 < M_e^1 <$ $M_e^2 < \cdots < M_e^T$ und deren Kosten $0 \leq C_e^1 < C_e^2 < \cdots C_e^T$ gegeben. Wenn $C_e^1 = 0$, dann ist Kante e bereits vorhanden und hat die freie Kapazität M_e^1. Aus technischen Gründen wird $M_e^0 := 0$ und $C_e^0 := 0$ gesetzt. Der oberste Index T kann auch von e abhängen und wird auch mit T_e bezeichnet.

Die Aufgabe ist, möglichst billig Kanten und deren Kapazitäten auszuwählen, so daß in jeder Ausfallsituation (Ausfall eines einzelnen Kabels oder Knotens) genügend Kapazität zum Routen des Verkehrs (Multicommodity Flow) vorhanden ist. Was unter einem Multicommodity Flow zu verstehen ist, wurde in Abschnitt 2.2 erklärt.

In Abschnitt 4.1 wird ein ganzzahliges LP aufgestellt, das das Problem teilweise beschreibt, und in Abschnitt 4.2 dessen mathematische Behandlung vorgestellt.

4.1 Formulierung als ganzzahliges lineares Programm

Im Gegensatz zu den meisten Darstellungen in der Literatur möchte ich die benötigten Multicommodity Flows nicht explizit mit Tausenden von Variablen und vielen Indizes formulieren. Da das Lösungsverfahren nur die ganzzahligen Entscheidungsvariablen für die Kapazitätsauswahl verwendet und die

Multicommodity Flows nur im Bedarfsfall ausrechnet, werde ich hier nur das ganzzahlige LP in den Entscheidungsvariablen aufstellen.

Die Entscheidungsvariablen haben in der LP-Formulierung mit den Differenzen von Kapazitäten und Kosten zu tun. Die Kapazitätsdifferenzen $M_e^t - M_e^{t-1}$ seien mit m_e^t bezeichnet, und die Kostendifferenzen $C_e^t - C_e^{t-1}$ mit c_e^t, für $t = 1, \ldots, T_e$. Die Variable $x_e^t = 1$ oder 0 steht dann für die Entscheidung „baue die t-te Kapazitätserweiterung m_e^t", oder „baue sie nicht". Anders ausgedrückt: soll Kabel e mit Kapazität M_e^t versehen werden, dann ist x_e^1 bis x_e^t gleich Eins zu setzen, und x_e^{t+1} bis x_e^T gleich Null. Wenn x_e^1 bis x_e^T gleich Null gesetzt sind, bedeutet das, das Kabel e wird nicht gelegt.

Die zu minimierende Zielfunktion ist

$$\sum_{e \in E} \sum_{t=1}^{T_c} c_e^t x_e^t,$$

kurz min $c^T x$, und die Entscheidungsvariablen müssen

$$1 \geq x_e^1 \geq x_e^2 \geq \cdots \geq x_e^{T_c} \geq 0 \tag{7}$$

für alle $e \in E$ erfüllen, die sog. *Reihenfolgebedingungen*.

Angenommen, man hat eine Besetzung der Variablen x, die die Reihenfolgebedingungen erfüllt, dann kann man die Kapazität y_e jeder Kante e als

$$y_e := \sum_{t=1}^{T_c} m_e^t x_e^t \tag{8}$$

berechnen. Waren die Variablen x ganzzahlig, so nimmt y_e die Werte 0 oder M_e^1 oder M_e^2 usw. an.

Als nächstes müssen die Bedingungen ausgedrückt werden, daß die Kapazität y für alle Ausfallsituationen einen Multicommodity Flow zuläßt. Eine notwendige Bedingung dafür sind die folgenden *Schnittungleichungen* (die nichts mit den Schnittungleichungen (1) aus Modell 1 zu tun haben). Dazu nehme man eine Knotenmenge W und vergleiche die Gesamtkapazität des Schnittes $\delta(W)$, nämlich $y(\delta_G(W)) := \sum_{e \in \delta(W)} y_e$ mit dem Verkehr, der mindestens über diesen Schnitt laufen muß, nämlich $d(\delta_H(W)) := \sum_{e \in \delta_H(W)} d_e$. Es muß gelten

$$y(\delta_G(W)) \geq d(\delta_H(W)), \tag{9}$$

sonst ist die Kapazität des Schnittes zu klein für den Verkehr. Das gleiche muß auch nach Ausfall irgendeiner einzelnen Kante e gelten:

$$y(\delta_{G-e}(W)) \geq d(\delta_H(W)), \tag{10}$$

und nach Ausfall irgendeines einzelnen Knotens v:

$$y(\delta_{G-v}(W)) \geq d(\delta_{H-v}(W)). \tag{11}$$

Ungleichungen (9) werden übrigens von (10) impliziert.

Wenn man in (10) und (11) den Kapazitätsvektor y durch die Variablen x ersetzt, wie in (8) angegeben, dann hat man zusammen mit den Reihefolgebedingungen und der Ganzzahligkeitsbedingung für x ein ganzzahliges lineares Programm in x vor sich. Diese Formulierung hat allerdings gewaltige Nachteile. Erstens liefert sie schlechte Ergebnisse, wenn man die Ganzzahligkeitsbedingungen entfernt. Zweitens, selbst wenn man die Ganzzahligkeitsbedingungen beibehält, ist eine ganzzahlige Lösung nicht unbedingt zulässig für unser Problem, denn die gewählten Kapazitäten könnten immer noch zu klein sein, selbst wenn alle Schnittungleichungen erfüllt sind!

Im Prinzip ist es möglich, die Formulierung des ganzzahligen LPs zu vervollständigen, aber das würde den Rahmen dieses Aufsatzes sprengen. Details sind in [StD94] nachlesen. Für Kenner der Materie sei hier nur erwähnt, daß der sog. „Japanischen Satz" [Iri71] eine vollständige Beschreibung gebrochener Multicommodity Flows mit Hilfe von Ungleichungen in y liefert.

Schwerwiegender als die unvollständige Beschreibung des ganzzahligen LPs durch Schnittungleichungen wiegt die Tatsache, daß diese Formulierung bei Entfernung der Ganzzahligkeit schlechte Ergebnisse liefert. Tatsächlich sind diese Ungleichungen fast immer redundant für den interessierenden Lösungsraum, das Polyeder der ganzzahligen und zulässigen Entscheidungsvariablen. Dem kann man aber nachhelfen, indem man aus den Schnittungleichungen nichtredundante Ungleichungen entwickelt. Das ist im einzelnen in [StD94] beschrieben, hier möchte ich nur das Endprodukt vorstellen, und zwar am besten an einem Beispiel.

Der Schnitt $\delta(W)$ im Eingabegraphen G enthalte vier Kanten, und bei allen habe man die gleiche Auswahl an Kapazitäten, nämlich 5, 10 und 15. Für jede Kante gibt es also drei Entscheidungsvariable x_e^1 (für Kapazität 5), x_e^2 (für Erweiterung zu Kapaz. 10) und x_e^3 (für Erweiterung zu Kapaz. 15). Der Verkehr $d(\delta_H(W))$ über diesen Schnitt betrage 16. Wenn die erste Kante e_1 oder einer ihrer Endknoten ausfällt, kann man sich überlegen, daß die Ungleichung

$$x_{e_2}^2 + x_{e_3}^2 + x_{e_4}^2 \geq 1$$

erfüllt sein muß. Sind nämlich alle diese Variablen gleich Null, dann hat der Schnitt nur die Gesamtkapazität $5+5+5$; er sollte aber mindestens 16 haben. Es gilt sogar

$$x_{e_1}^2 + x_{e_2}^2 + x_{e_3}^2 + x_{e_4}^2 \geq 2,$$

denn wenn etwa nur $x_{e_1}^2 = 1$, dann ist bei einem Ausfall von Kante e_1 nicht genug Kapazität vorhanden. Nach dem gleichen Prinzip gilt auch

$$x_{e_1}^3 + x_{e_2}^2 + x_{e_3}^1 + x_{e_4}^1 \geq 2.$$

Allgemein sind die folgenden Ungleichungen gültig. Sei v ein ausgefallener Knoten, sei $\delta_{G-v}(W)$ ein Schnitt in $G-v$, und sei der Verkehr über diesen Schnitt $b := d(\delta_{H-v}(G))$. Für alle $e \in \delta_{G-v}(W)$ habe man einen Index

$t_e \in \{1, \ldots, T_e\}$ festgelegt, so daß $\sum_{e \in \delta_{G-v}(W)} M_e^{t_e-1} < b$. Dann ist

$$\sum_{e \in \delta_{G-v}(W)} x_e^{t_e} \geq 1 \tag{12}$$

eine gültige Ungleichung, die *Bandungleichung*, so genannt, weil die t_e ein „Band" über den Schnitt ziehen.

Die *starken Bandungleichungen* mit rechter Seite 2 sind folgendermaßen definiert. Sei $\delta(W)$ ein Schnitt in G, und der Verkehr über diesen Schnitt $b := d(\delta_H(G))$. Für alle $e \in \delta_(W)$ habe man einen Index $t_e \in \{1, \ldots, T_e\}$ festgelegt, so daß für alle $f \in \delta(W)$ gilt: $\sum_{e \in \delta_{G-f}(W)} M_e^{t_e-1} < b$. Dann ist

$$\sum_{e \in \delta(W)} x_e^{t_e} \geq 2 \tag{13}$$

eine gültige Ungleichung für Modell 2.

Zwar liefern auch die Bandungleichungen keine vollständige Beschreibung des LPs (zusammen mit der Ganzzahligkeit!), aber mit ihrer Hilfe kommt man für wirklichkeitsnahe Testbeispiele schon recht nah an den Optimalwert heran.

Zusammenfassend hat das ganzzahlige LP die Form

$$\min c^T x \text{ unter } (7), (12), (13).$$

4.2 Lösungsverfahren

Vom Prinzip her ist das Lösungsverfahren das gleiche wie für Modell 1, mit dem Unterschied, daß die Bestimmung der Zulässigkeit der Lösung komplizierter ist, und daß wir uns mit dem Schnittebenenverfahren ohne Branching begnügen.

In groben Zügen sieht das Verfahren so aus:

1. Stelle ein Start-LP aus allen Ungleichungen (7) und einigen wenigen Bandungleichungen (12) und (13) auf und löse es. Aus dem Lösungsvektor x^* berechne man mit Hilfe von (8 die Kapazitäten y_e^*.

2. Bestimme für jede Ausfallsituation (d.h., für jedes $e \in E$ und $v \in V$), ob die Kapazitäten y_e^* den Verkehr (d.h., einen Multicommodity Flow) zulassen. Falls nicht, versuche eine verletzte Schnittungleichung (9)–(11) zu finden.

3. Wenn verletzte Schnittungleichungen gefunden wurden, bestimme aus ihnen wenn möglich verletzte Bandungleichungen, füge diese zum LP hinzu, löse es und wiederhole Schritt 2.

4. Wenn $y*$ in allen Ausfallsituationen zulässig war, und wenn zusätzlich x^* ganzzahlig ist, dann ist x^* die optimale Kapazitätsauswahl. Gib x^* und die in jeder Ausfallsituation gefundenen Verkehrsrouten aus.

5. Wenn x^* nicht ganzzahlig ist, oder wenn in Schritt 2 keine verletzten Schnittungleichungen gefunden wurden, dann bestimme mit Hilfe einer Heuristik aus x^* eine zulässige Lösung.

Zulässigkeitstests. In Schritt 2 wird zur Bestimmung der Zulässigkeit von y^* für jede Ausfallsituation ein LP aufgestellt, das einen Multicommodity Flow im Graphen $G - e$ oder $G - v$ bei Kapazitäten y^* bestimmt, falls es einen gibt. Dazu wird jedem (u, w)-Weg zwischen Knoten u und w mit $d_{uw} > 0$ eine nichtnegative Variable, nämlich der Verkehrsfluß auf diesem Weg, zugeordnet. (Das sind zwar exponentiell viele Variable, trotzdem läßt sich dieses LP mit Spaltengenerierung optimal lösen.) Wenn die Kapazitäten keinen zulässigen Multicommodity-Flow zulassen, definieren die dualen Variablen des LPs in vielen Fällen, nicht immer, eine verletzte Schnittungleichung. Näheres zum Multicommodity-Flow-LP und seiner Lösung steht z. B. in [DSt92]. Die Zulässigkeitstests sind zeitlich das aufwendigste am ganzen Verfahren.

Heuristiken. In Schritt 5 soll aus x^* eine zulässige Lösung entwickelt werden, wenn x^* selbst nicht zulässig war. Dazu haben wir verschiedene Heuristiken entwickelt. Die erfolgreichste war die, daß man eine gebrochene Komponente x_e^t im Vektor x^* bestimmt, die am nächsten beim Wert 1 liegt, und dann das Verfahren ab Schritt 2 mit der zusätzlichen Gleichung $x_t^e = 1$ nochmal laufen lässt, usw., bis man eine ganzzahlige Lösung erhält.

Eine andere Heuristik rundet die Komponenten in x^* soweit auf ganzzahlige Werte auf, bis sie einen Multicommodity Flow zulassen, und setzt dann nacheinander jede 1-Komponente von x^* auf 0, falls die entstehende Lösung einen Multicommodity Flow zuläßt. Die Reihenfolge der Komponenten wird nach verschiedenen Kostenkriterien bestimmt. Obwohl man durch gewisse Tricks einige Zulässigkeitstest abkürzen kann, ist das Verfahren zeitaufwendiger als das erste.

4.3 Rechenergebnisse

Von den Netzwerkplanern hatten wir bis jetzt nur ein Praxis-Beispiel bekommen. Das Beispiel stellt ein regionales Netzwerk in Norwegen dar und hat 117 Knoten, 132 Kanten und 113 Verkehrsanforderungen von jeweils einer Einheit. Auf jeder Kante gab es bis zu vier Kapazitäten zur Auswahl, so daß die Anzahl der Variablen 301 betrug. Dieses Beispiel konnte mit obigem Verfahren in 2:14 Minuten auf einer Solbourne Workstation mit Sparc 10 Prozessor optimal gelöst werden. 99% der Zeit gingen dabei an die Lösung der Zulässigkeitsprobleme in Schritt 2.

Ein weiteres von uns selbst aufgestelltes Testbeispiel ist ein Problem mit 27 Knoten, 51 Kanten und 19 Verkehrsanforderungen mit den Werten 6 und 100. Die Knoten entsprechen verschiedenen Städten in Südnorwegen, mit Kantenkosten proportional zum Luftlinienabstand. Für jede Kante stehen vier Kapazitäten zur Auswahl, eine bereits vorhandene (freie) Kapazität von m^1 Einheiten, sowie 63, 252, und 1008 Einheiten. Damit gibt es 153 ganzzahlige Variable. Durch Variation der freien Kapazität m^1 zwischen 0 und 6 erhielten wir verschiedene Versionen des Problems. Eines von ihnen, für $m^1 = 6$, konnte optimal gelöst werden, bei den anderen betrugen die relativen Abstände der heuristischen Lösung zur unteren Schranke zwischen 1 und 5 Prozent. Die Rechenzeit für das Schnittebenenverfahren (Schritte 1 bis 4) lag zwischen 15 Sekunden und zwei Minuten, und die Rechenzeit für die anschließende Heuristik zwischen ein und fünf Minuten, auf der gleichen Solbourne Workstation. An einer Verschnellerung des Verfahrens wird noch gearbeitet.

Die optimale Lösung für freie Kapazitäten $b = 6$ ist in Abb. 2 dargestellt. Dabei bezeichnen gestrichelte Linien die Verkehrsanforderungen, mit fetten Linien für die Anforderung von 100 Einheiten. Die durchgezogenen Linien stellen das optimale Netzwerk dar: ein Ring von fetten Kanten der Kapazität 252, mit vier Kanten der Kapazität 1008, sowie eine einzelne fette Kante rechts oben mit Kapazität 63. Alle anderen dünn eingezeichneten Kanten haben die freie Kapazität 6.

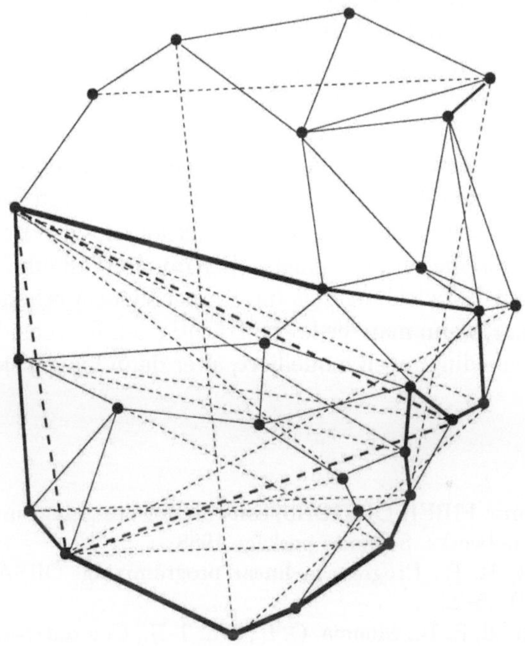

Abbildung 2. Optimale Lösung

5 Zusammenfassung und Diskussion

Ausfallsicherheit von Kommunikationsnetzwerken bedeutet, daß das Netz nach Ausfall irgendeines einzelnen Knotens oder Kabels garantiert noch „funktionsfähig" ist. Je nachdem, was man unter „Funktionsfähigkeit" versteht, lassen sich verschiedene Optimierungs-Modelle für kostengünstige ausfallsichere

Netzwerke erstellen. Das erste fordert nur, daß in einer Ausfall-Situation das Netzwerk zwischen allen Paaren „wichtiger" Knoten noch mindestens einen Weg besitzt. Die hierbei berücksichtigten Kosten sind einmalig anfallende Kabelkosten. Das führt bereits zu einem nichttrivialen mathematischen Problem, ist allerdings nur interessant, wenn das Netzwerk von Grund auf neu geplant wird. Im zweiten Modell werden Kabelkapazitäten und Verkehrsmengen mitberücksichtigt. Beide Modelle haben Anwendungen in der Telekommunikation. Die von uns verwendete mathematische Methode ist das sog. Schnittebenen- oder Branch&Cut-Verfahren. Damit kann man gute untere Schranken für die Kosten von heuristisch gefundenen Lösungen bestimmen. Die Rechenergebnisse zeigen, daß die vorgestellten Verfahren Beispiele aus der Praxis in wenigen Minuten fast optimal (mit Qualitätsabschätzung!) lösen können.

Ein Branch&Cut-Verfahren läßt sich leider nicht ohne weiteres von einem Modell auf das andere übertragen. In jedem Fall müssen vorher Untersuchungen über gültige und nichtredundante Ungleichungen und deren algorithmische Verwendung angestellt werden. Zum Beispiel ist die Bedingung, daß Verkehr in Modell 2 nicht gesplittet werden, sondern nur eine einzige Route benutzen darf, völlig anders als ganzzahliges LP zu formulieren. Dieses Modell werden wir demnächst in Angriff nehmen. Andere mögliche Erweiterungen sind obere Schranken für Weglängen, Einhaltung von Blockierungsgraden, stückweise lineare Kapazitäts-Kostenfunktionen, oder Berücksichtigung mehrerer Verkehrsszenarien über längere Zeiträume. Festzuhalten bleibt: angesichts der langen Entwicklungszeit für Branch&Cut-Methoden lohnen sich diese Verfahren nur, wenn man die kostenträchtigsten Entscheidungen und die wichtigsten Nebenbedingungen modelliert, aber dann lohnen sie sich wirklich.

Literatur

[Bel88]   Bellcore: FIBER OPTIONS, software for designing survivable optimal fiber networks. Software package 1988

[Bix94]   Bixby, R. E.: Progress in linear programming. ORSA J. Comput. **5** (1994) 15–22

[CMW89]   Cardwell, R. H., Monma, C. L., Wu, T-H.: Computer-aided design procedures for survivable fiber optic networks. IEEE J. Selected Areas Commun. **7** (1989) 1188–1197

[ChL86]   Chartrand, C., Lesniak, L.: Graphs & digraphs. 2nd edn. Wadsworth & Brooks/Cole, Pacific Grove CA 1986

[DSt92]   Dahl, G., Stoer, M.: MULTISUN – mathematical model and algorithms. Technical Report TF R 46/92. Norwegian Telecom Research. Kjeller, Norway 1992

[GMS92a]   Grötschel, M., Monma, C. L., Stoer, M.: Facets for polyhedra arising in the design of communication networks with low-connectivity constraints. SIAM J. Opt. **2** (1992) 474–504

[GMS92b]   Grötschel, M., Monma, C. L., Stoer, M.: Computational results with a cutting plane algorithm for designing communication networks with low-connectivity constraints. Oper. Res. **40** (1992) 309–330

[Iri71]   Iri, M.: On an extension of the maximum-flow minimum-cut theorem to multicommodity flows. J. Oper. Res. Soc. Japan **13** (1971) 129–135

[JRT94]   Jünger, M., Reinelt, G., Thienel, S.: Provably good solutions for the traveling salesman problem. Erscheint in Oper. Res. **40** (1994)

[MSh89]   Monma, C. L., Shallcross, D. F.: Methods for designing communication networks with certain two-connected survivability constraints. Oper. Res. **37** (1989) 531–541

[Sto92]   Stoer, M.: Design of survivable networks. Band 1531 der Lect. Notes Math. Springer, Heidelberg 1992

[StD94]   Stoer, M., Dahl, G.: A polyhedral approach to multicommodity survivable network design. Numerische Mathematik **68** 1 (1994) 149–168

[Zor89]   Zorpette, G.: Keeping the phone lines open. IEEE Spectrum (1989) 32–36

Biographien

Peter Alles studierte Mathematik und Informatik an der Technischen Hochschule Darmstadt. Nach einem Studienaufenthalt an der Karls-Universität in Prag und der Promotion über zyklische Ordnungen beschäftigte er sich ab 1986 bei der Gesellschaft für Zahlungssysteme in Frankfurt mit der Entwicklung von Sicherheitskonzepten für POS- und electronic-cash-Systeme und Chipkarten-Anwendungen. Seit 1991 ist sein Arbeitsschwerpunkt als Security Consultant bei der debis Systemhaus GEI die Entwicklung von Keymanagement-Systemen.

Adresse: *debis Systemhaus GEI, Bereich IT-Sicherheit,*
              Oxfordstr. 12–16, D-53111 Bonn

Atef Abdel-Aziz Abdel-Hamid studierte Elektrotechnik und Industrial Mathematics an der Cairo University, Giza, Ägypten. Nach Abschluß des Studiums arbeitete er fünf Jahre als wissenschaftlicher Mitarbeiter an der technischen Fakultät der Cairo University. Ab 1988 war er Doktorand am Lehrstuhl für Optimierung der Universität Augsburg, bevor er 1992 an das Konrad–Zuse–Zentrum für Informationstechnik nach Berlin wechselte. Er promovierte am Fachbereich Mathematik der Technischen Universität Berlin. Zu Zeit arbeitet er in Eng. Mathematics & Physics Department der technischen Fakultät der Cairo University. Sein Hauptarbeitsgebiet ist das Design von Algorithmen der Kombinatorischen Optimierung und die Fragestellungen, die aus dem Bereich des Industrial Engineering (Electronic Networks und Production Systems) erwachsen.

Adresse: *Eng. Mathematics & Physics Dpt., Faculty of Engineering,*
              Cairo University, Giza 12211, Egypt
Email: `abdel_Hamid@cairo.eun.eg`

Norbert Ascheuer studierte an der Universität Augsburg Wirtschaftsmathematik. Nach Abschluß des Studiums arbeitete er zwei Jahre als wissenschaflicher Mitarbeiter am Lehrstuhl für Angewandte Mathematik der Universität Augsburg, bevor er 1992 an das Konrad–Zuse–Zentrum für Informationstechnik Berlin (ZIB) wechselte. Zur Zeit promoviert er am Fachbereich Mathematik der Technischen Universität Berlin. Seine Hauptinteressengebiete liegen im Design von Algorithmen für schwere Kombinatorische Optimierungsprobleme sowie deren Anwendung auf Fragestellungen der Praxis.

Adresse: *Konrad-Zuse-Zentrum für Informationstechnik (ZIB)*
              Heilbronnerstr. 10, D-10711 Berlin
Email: `ascheuer@zib-berlin.de`

Achim Bachem studierte Mathematik an den Universitäten Köln und Bonn und promovierte in Operations Research an der Universität Bonn. Nach der Habilitation im Fachgebiet Operations Research erhielt er 1980 einen Ruf auf eine Professur für Angewandte Mathematik an der Universität Erlangen-Nürnberg. 1982 übernahm er eine Professur für Operations Research an der Universität Bonn und erhielt 1984 den Ruf auf den Lehrstuhl für Angewandte Mathematik an der Universität zu Köln. Seit 1993 ist er Direktor des Mathematischen Instituts und des Instituts für Informatik sowie Vorstandsvorsitzender des Zentrums für Paralleles Rechnen der Universität zu Köln. Sein Hauptarbeitsgebiet ist die Lösung großer anwendungsrelevanter Probleme im Bereich der Routenplanung, der Verkehrssimulation sowie anderer kombinatorischer und numerischer Probleme.

Adresse: *Mathematisches Institut der Universität zu Köln,*
Weyertal 80, D-50931 Köln
Email: `bachem@mi.uni-koeln.de`

Hans-Jochen Bartels studierte Mathematik und Physik an der Georg–August-Universität in Göttingen. Schwerpunkt des Studiums und der Promotion (1974 bei Martin Kneser) waren die Algebra und die Zahlentheorie. Nach einem Gastaufenthalt am Sonderforschungsbereich Theoretische Mathematik an der Universität Bonn, Assistentenzeit und Habilitation 1979 über ein Thema der Zahlentheorie an der Universität Göttingen folgte eine siebenjährige Tätigkeit (1984–1990) bei der Gothaer Lebensversicherung A.G. in leitenden Funktionen, zuletzt als Chefmathematiker. Seit 1991 lehrt er als Professor an der Universität Mannheim unter anderem Versicherungsmathematik. Sein Hauptarbeitsgebiet ist derzeit die Anwendung von Methoden der stochastischen Analysis auf Fragen der Modellierung von Vermögensanlage- und Absicherungsstrategien.

Adresse: *Universität Mannheim, Fakultät f. Mathematik und Informatik,*
Seminargebäude A5, D-68131 Mannheim

Andreas Beste studierte allgemeinen Maschinenbau an der Technischen Hochschule Darmstadt. Er promovierte in konstruktivem Ingenieurbau ebenfalls an der Technischen Hochschule Darmstadt. Nach einer Tätigkeit in der Turbinen- und Generatorenentwicklung bei der KWU in Mühlheim wechselte er zur AUDI AG, wo er heute die Abteilung für Bauteilfestigkeit leitet. Sein Hauptarbeitsgebiet ist die experimentelle und rechnerische Betriebsfestigkeit.

Adresse: *AUDI AG, Abt. I/EGF, D-85045 Ingolstadt*

Philippe Blanchard studierte Mathematik und Physik an der Eidgenössischen Technischen Hochschule Zürich, wo er promovierte. Nach einer Assistenzprofessur an der Universität von Tunis war er von 1970 bis 1973 in der Abteilung für Theoretische Physik am Kernforschungszentrum CERN in Genf tätig. 1972 habilitierte er sich in Mathematik und Theoretischer Physik.

Seit 1973 ist er an der Universität Bielefeld tätig, seit 1980 als Professor für Theoretische Physik in der Forschungsgruppe mathematische Physik und am Forschungszentrum Bielefeld-Bochum-Stochastik (BiBoS). Seine Hauptarbeitsgebiete sind die Grundlagen der Quantentheorie und die stochastische Modellierung komplexer Systeme.

Adresse: *Fakultät für Physik, Universität Bielefeld,*
D-33615 Bielefeld
Email: `theorie3@physik.uni-bielefeld.de`

Albrecht Beutelspacher studierte von 1969 bis 1973 Mathematik, Physik und Philosophie an der Universität Tübingen, danach war er bis 1985 Assistent und Professor auf Zeit an der Universität Mainz. Dort promovierte er 1976 und habilitierte sich 1980. Von 1986 bis 1988 war er Mitarbeiter im Forschungsbereich der Siemens AG, München, wo er eine Gruppe zu den Themen Datensichheit und Chipkarten aufbaute. Seit 1988 ist er Professor an der Universität Giessen. Herr Beutelspacher hat über 100 wissenschaftliche Arbeiten und 10 Bücher in seinen Hauptarbeitsgebieten Geometrie, Diskrete Mathematik und Kryptologie geschrieben.

Adresse: *Universität Giessen, Mathematisches Institut,*
Arndtstr. 2, D-35392 Giessen

Martin Brokate studierte Mathematik an der Freien Universität Berlin und promovierte dort im Jahre 1980. Nach seiner Assistentenzeit in Berlin und Augsburg, in die auch die Habilitation 1986 an der Universität Augsburg fiel, war er als Professor an der Universität Kaiserslautern tätig. Seit 1993 ist er Professor für Numerische Mathematik an der Universität Kiel. Er interessiert sich hauptsächlich für Systeme mit Hysteresis und für Kontrolltheorie.

Adresse: *Institut für Informatik und Praktische Mathematik,*
Christian-Albrechts-Universität Kiel, D-24098 Kiel
Email: `mbr@informatik.uni-kiel.d400.de`

Peter Burr studierte Verfahrenstechnik an der Universität Leeds, England und promovierte dort in Verfahrenstechnik 1979. Seither arbeitet er bei der Firma Linde AG in Höllriegelskreuth bei München, wo er eine Hauptabteilung, deren Aufgabe es ist, Verfahren für die Lösung verfahrenstechnischer Problemstellungen zu entwickeln, leitet. Sein Hauptarbeitsgebiet ist das Design von Prozeßsimulationen.

Adresse: *Linde AG (Werksgruppe Verfahrenstechnik und Anlagenbau),*
Dr.-Carl-von-Linde-Str. 6–14, D-82049 Höllriegelskreuth

Peter Deuflhard studierte Reine Physik an der TH München (bis 1968), promovierte 1972 in Mathematik an der Universität zu Köln und habilitierte 1977 in Mathematik an der TU München. Seinen ersten Lehrstuhl übernahm er 1978 an der Universität Heidelberg, wo er bis 1986 blieb. Seitdem ist er

als Präsident des Konrad-Zuse-Zentrums in Berlin und hat zugleich einen
Lehrstuhl für Scientific Computing an der Freien Universität inne. Seine Hauptarbeitsgebiete sind gewöhnliche und partielle Differentialgleichungen, vorzugsweise die numerische Simulation grosser Systeme, die aus natur- und ingenieurwissenschaftlichen Problemen kommen (z.B. Raumfahrt, Chemie- und
Verfahrenstechnik, Elektrotechnik, Medizin). Daneben gilt sein Interesse noch
inversen Problemen sowie der nichtlinearen Optimierung und optimalen Steuerung.

Adresse: *Konrad-Zuse-Zentrum Berlin,*
          Heilbronner Str. 10, D-10711 Berlin
Email: `Deuflhard@sc.zib-berlin.de`

Günter Deweß studierte Mathematik an der Universität Leipzig und war
dort 1965–93 als Assistent, Oberassistent und Dozent (Vorlesungen für Mathematiker, Lehrer und Betriebswirte) tätig. Entsprechend seiner Promotion in
Mathematischer Statistik und Habilitation in Optimierung betreute er unter-
schiedlichste Anwendungsprojekte (Chemie, Metallurgie, Polygraphie, Transport). Nach Auflösung der von ihm seit 1976 aufgebauten Forschungsgruppe
„Kombinatorische Optimierung" versucht er, das nun außerhalb der Universität fortzusetzen.

Adresse: *Zschampertaue 6, D-04207 Leipzig*

Andreas Dress studierte Mathematik in Berlin, Tübingen und Kiel, wo
er 1962 promovierte. Nach Tätigkeit an der FU Berlin und am Institute
for Advanced Study in Princeton folgte er 1969 einem Ruf an die damals
neu gegründete Universität Bielefeld. Dort ist er z.Zt. Sprecher des Bielefelder *Forschungsschwerpunktes Mathematisierung–Strukturbildungsprozesse.*
Zu seinen Arbeitsgebieten zählen Geometrie, Topologie und Algebra (insbesondere aus der Darstellungstheorie und der Algebraischen K-Theorie) sowie
– besonders in den letzten Jahren – Fragen aus der Biologie und Chemie, die
die Entwicklung neuer Methoden in der diskreten Mathematik erfordern.

Adresse: *Forschungsschwerpunkt Mathematisierung-Strukturbildungsprozesse,*
          Universität Bielefeld, Postfach 10 01 31, D-33501 Bielefeld
Email: `jordan@mathematik.uni-bielefeld.de`

Klaus Dreßler studierte Mathematik und Physik an der Universität Kaiserslautern und an der Duke University, North Carolina, USA. Er promovierte
im Themenbereich Mathematische Physik/Partielle Differentialgleichungen an
der Universität Kaiserslautern, wo er anschließend als wissenschaftlicher Assistent tätig war. Im Jahre 1990 übernahm er das Arbeitsgebiet Mathematische
Methoden in der Beriebsfestigkeit bei der TECMATH GmbH. Heute ist er
dort als Entwicklungsleiter verantwortlich für mathematische Modellbildung
und Systementwicklung.

Adresse: *TECMATH GmbH, Sauerwiesen 2, D-67661 Kaiserslautern*

Matthias Eck studierte von 1983 bis 1988 Mathematik mit Schwerpunkt Informatik und promovierte 1991 in Mathematik an der TH Darmstadt. Er war 1993 als Lehrbeauftragter an der UGH Siegen tätig. 1994 absolvierte er ein Postdoktorandenstipendium der DFG an der University of Washington in Seattle, USA. Ab 1995 wird er als Assistent am Fachbereich Mathematik der TH Darmstadt tätig sein. Sein Forschungsgebiet sind die mathematischen Grundlagen der geometrischen Datenverarbeitung und deren Anwendungen.

Adresse: *Department of Computer Science and Engineering, University of Washington, 423 Sieg Hall, FR-35, Seattle, WA 98195, USA*
Email: `eck@cs.washington.edu`

ab 1.April 1995:
Adresse: *AG 3, FB Mathematik, TH Darmstadt, Schloßgartenstr. 7, D-64289 Darmstadt*
Email: `eck@mathematik.th-darmstadt.de`

Edda Eich studierte Mathematik an der Universität Bonn. Nach der Assistenzzeit und Promotion an der Universität Augsburg wechselte sie 1991 zur Linde AG, Werksgruppe Verfahrenstechnik und Anlagenbau, in Höllriegelskreuth. Seit 1995 ist sie Professorin an der Fachhochschule München. Ihr Hauptarbeitsgebiet ist die numerische Lösung diverser Aufgaben der technischen Simulation wie die Lösung differential-algebraischer Gleichungssysteme und großer nichtlinearer Gleichungssysteme, sowie die Optimierung und optimale Steuerung dieser Systeme.

Adresse: *Fachhochschule München, Fachbereich 07 (Mathematik/Informatik) Lothstr. 34, D-80335 München*

Manfred Eigen studierte Physik und Chemie an der Universität Göttingen, wo er 1951 promovierte. Seit 1953 war er Assistent, seit 1958 wissenschaftliches Mitglied und seit 1964 ist er Direktor am Max-Planck-Institut für biophysikalische Chemie in Göttingen. 1967 erhielt er den Nobelpreis für Chemie. Seine neueren Forschungen gelten vor allem der Selbstorganisation der Materie, der Entstehung und Evolution des Lebens.

Adresse: *Max-Planck-Institut für biophysikalische Chemie, Abt. biochemische Kinetik, Am Fassberg, D-37077 Göttingen*

Olaf Evers studierte Molekulare Wissenschaften an der Universität von Wageningen in den Niederlanden. Ein Teil der Diplomarbeit wurde an der Technische Hochschule Darmstadt erledigt. Die Promotion an der Universtät Wageningen befasste sich mit dem Thema „Statistical Thermodynamics of Block Copolymer Adsorption". 1989 wurde er von der BASF AG in Ludwigshafen eingestellt und arbeit seitdem in der Gruppe „Systeme für die Chemie" des Bereichs Zentrale Informatik auf dem Gebiet des Molecular Modelling und statistische Physik für Polymersysteme.

Adresse: *BASF AG, Olaf Evers, ZX/ZC - C13, D-67056 Ludwigshafen*
Email: `evers@zx.basf-ag.de`

Claus Führer studierte Mathematik an der TU Braunschweig und an der
Universität Hamburg. 1980 wurde er wissenschaftlicher Mitarbeiter am Institut für Dynamik der Flugsysteme der DFLVR in Oberpfaffenhofen. Dort
war er für die Numerischen Methoden in der Rad/Schiene Dynamik verantwortlich. Von 1985 bis 1988 arbeitete er als wissenschaltlicher Mitarbeiter am
Lehrstuhl für Angewandte Mathematik der TU München und promovierte
dort über differential-algebraische Gleichungssysteme in der Mehrkörperdynamik. Von 1988 an ist er wiss. Mitarbeiter am Institut für Dynamik und
Robotik der DLR (vorm. DFVLR) und dort für die Entwicklung von SIM-
PACK mitverantwortlich. 1992/93 war er Gastdozent an der Universität Lund,
Schweden. Sein Hauptarbeitsgebiet ist die Numerik von Mehrkörpersystemen
mit Zwängen, insbesondere in der Fahrzeugdynamik.

Adresse: *Institut für Dynamik und Robotik, Deutsche Forschungsanstalt
für Luft- und Raumfahrt (DLR), D-82230 Wessling*
E-mail: `Claus.Fuehrer@dlr.de`

Carsten Fuchs studierte Mathematik und Chemie an der Heinrich–Heine–
Universität Düsseldorf und der Freien Universität Berlin. Nach dem Diplom
in Mathematik promovierte er an der FU Berlin in Theoretischer Chemie und
arbeitete dort als Postdoc über die Elektronenstruktur von Metallclustern.
Inzwischen ist er als Software–Entwickler bei der SAP AG in Walldorf bei
Heidelberg tätig.

Adresse: *Beethovenstraße 14, D-69190 Walldorf*
Email: `fuchsc@sap-ag.de`

Martin Grötschel studierte Mathematik an der Ruhr-Universität Bochum,
promovierte 1977 zum Dr. rer. pol. an der Universität Bonn und habilitierte
sich dort 1981 im Fach Operations Research. Von 1982 bis 1991 hatte er einen
Lehrstuhl für Angewandte Mathematik an der Universität Augsburg. Seit
1991 ist er Professor an der TU Berlin und Vizepräsident des Konrad–Zuse–
Zentrums für Informationstechnik (ZIB). Seit 1993 ist er Vorsitzender der
Deutschen Mathematiker-Vereinigung. Seine mathematischen Spezialgebiete
sind Optimierung, Diskrete Mathematik und deren Anwendungen.

Adresse: *Konrad-Zuse-Zentrum für Informationstechnik (ZIB),
Heilbronnerstr. 10, D-10711 Berlin*
Email: `groetschel@zib-berlin.de`

Karl-Peter Hadeler studierte Mathematik und Biologie an den Universitäten Hamburg und Moskau. Er promovierte in Mathematik an der Universität Hamburg 1965. Dort habilitierte er sich für das Fach Mathematik.
Danach war er Visiting Associate Professor an der University of Minnesota

und Professor an der Universität Erlangen. Seit 1971 hat er den Lehrstuhl für
Biomathematik an der Universität Tübingen inne. Er gehört der Fakultät für
Biologie und der Mathematischen Fakultät an. Sein Hauptarbeitsgebiet ist die
Mathematische Biologie, insbesondere auch die mathematische Beschreibung
demographischer und epidemiologischer Prozesse und die Untersuchung der
damit zusammenhängenden dynamischen Systeme.

Adresse: *Biomathematik, Universität Tübingen,*
         Auf der Morgenstelle 10, D-72076 Tübingen
Email: `k.p.hadeler@uni-tuebingen.de`

Hans Heesterbeek studierte Phytopathologie an der Universität Wageningen und Mathematik an der Universität Amsterdam. Er arbeitete am Centre for Mathematics and Computer Science (CWI) in Amsterdam und promovierte in Mathematik an der Universität Leiden. Seit 1994 ist er tätig als
„biologischer Mathematiker" in der Agricultural Mathematics Group in Wageningen. Sein Hauptarbeitsgebiet ist die mathematische Theorie der Ausbreitung infektiöser Krankheiten.

Adresse: *Agricultural Mathematics Group (GLW-DLO), Postfach 100,*
         NL-6700 AC Wageningen, Niederlande
Email: `heesterbeek@glw.agro.nl`

Petra Helbig absolvierte an der Universität Leipzig ein Diplomlehrerstudium
für Mathematik/Physik. Seit 1990 arbeitet sie als wissenschaftliche Mitarbeiterin in der Abteilung Optimierung des Mathematischen Instituts dieser Universität. Ihre Hauptarbeitsgebiete sind Ablaufplanung und Transportflußoptimierung.

Adresse: *Mathematisches Institut, Universität Leipzig,*
         Augustusplatz 10, D-04109 Leipzig
Email: `petra@mihp710.mathematik.uni-leipzig.de`

Klaus Heubeck studierte Mathematik, Jurisprudenz und Volkswirtschaft
in Göttingen und München und promovierte zum Dr.phil.nat. an der Universität Basel. Seit 1970 ist er freiberuflich tätig als versicherungsmathematischer
Sachverständiger für Altersversorgung. 1983 übernahm er den Lehrauftrag für
Versicherungsmathematik an der Universität zu Köln und ist dort seit 1992
Honorarprofessor. Das von ihm geführte Gutachterbüro hat gegenwärtig etwa
60 Mitarbeiter und berät vorwiegend Unternehmen, aber auch Einzelperso-
nen, Verbände und staatliche Einrichtungen in allen Fragen der betrieblichen,
staatlichen und privaten Altersversorgung.

Adresse: *Büro Dr. Heubeck, Lindenallee 53, D-50968 Köln*

Karla Hoffman studierte Mathematik und Betriebswirtschaftslehre an der
Rutgers Universität in New Brunswick, New Jersey, und promovierte in Industrial Engineering/Operations Research an der George Washington Universität

in Washington, D.C., USA. Seit 1982 ist sie Professorin für Operations Research an der George Mason Universität. Ihr Hauptarbeitsgebiet ist die globale Optimierung und die ganzzahlige lineare Programmierung mit Schwerpunkt im Design von Algorithmen für sequentielle und parallele Rechner.

Adresse: *Operations Research Department, George Mason University,*
4400 University Drive, Fairfax, Virginia 22030, USA
Email: `KHOFFMNANGMUVAX.GMU.EDU`

Josef Hoschek studierte an der Technischen Hochschule Mathematik und Physik, promovierte und habilitierte dort und ist seit 1969 Professor für Mathematik. In seinen Forschungsarbeiten befaßte er sich zunächst mit der theoretischen Kinematik und Problemen der Liniengeometrie und später mit Anwendungen der Mathematik in verschiedenen Bereichen der Automobiltechnik und der Medizin, wie z.B. dem Glätten und Approximieren von Flächen, der Bahnplanung in der Robotik, der Planung von medizinischen Operationen. Er ist Organisator zahlreicher internationaler Fachtagungen für verschiedene Anwendungen der Mathematik und Herausgeber der Zeitschrift Computer Aided Geometric Design.

Adresse: *Fachbereich Mathematik, Technische Hochschule Darmstadt,*
Schloßgartenstr. 7, D-64289 Darmstadt
Email: `hoschek@mathematik.th-darmstadt.de`

Michael Jünger studierte Informatik und Operations Research an der Universität Bonn und an der Stanford University, Kalifornien, USA, und promovierte in Mathematik an der Universität Augsburg. Nach der Assistentenzeit an der Universität Augsburg und einer Professur für Mathematik an der Universität GH Paderborn übernahm er 1991 einen Lehrstuhl für Informatik an der Universität zu Köln. Sein Hauptarbeitsgebiet ist das Design und die Analyse von Algorithmen der Kombinatorischen Optimierung.

Adresse: *Institut für Informatik, Universität zu Köln,*
Pohligstraße 1, D-50969 Köln
Email: `mjuenger@informatik.uni-koeln.de`

Josef Kallrath studierte Astronomie, Mathematik und Physik an der Universität Bonn und der Michigan State University (USA) und promovierte in Astronomie mit einer Dissertation über Hydrodynamik von Sternwinden. Seit 1990 ist er bei der BASF-AG in einer Gruppe mit Arbeitsgebiet „Angewandte Mathematik" mit den Aufgabenfelder Optimierung, kombinatorische Optimierung, Numerik und Parameteridentifizierung beschäftigt und kommt einem Lehrauftrag an der Universität Heidelberg nach. In mehreren Forschungsaufenthalten zwischen 1990 und 1994 in den USA, Kanada und Österreich verfolgt er weiterhin astronomische Fragestellungen aus den Gebieten Himmelsmechanik und Doppelsternphysik.

Adresse: *BASF-AG, ZX/ZC-C13, D-67056 Ludwigshafen*
Email: `kallrath@zx.basf-ag.de`

Ulrich Karras studierte Mathematik und Physik an der TH Aachen und an der Universität Bonn, und promovierte in Mathematik an der Universität Bonn. Nach mehreren Auslandsaufenthalten habilitierte er sich am Fachbereich Mathematik der Universität Dortmund und übernahm dort eine Professur für Mathematik. Sein Hauptarbeitsgebiet war die Algebraische Geometrie und Komplexe Analysis. 1987 übernahm er eine Tätigkeit in der industriellen Roboterentwicklung und ist numnehr Entwicklungsleiter für Kommunikationstechnik und Systemintegration bei der Festo Didactic KG in Esslingen.

Adresse: *Festo Didactic KG, Postfach 624, D-73707 Esslingen*

Andreas Kröner studierte Verfahrenstechnik an der Universität Stuttgart und an der University of Colorado, Boulder, USA. Nach der Assistententätigkeit am Institut für Systemdynamik und Regelungstechnik der Universität Stuttgart wechselte er zur Linde AG, Werksgruppe VA in Höllriegelskreuth. Sein Hauptarbeitsgebiet ist die Entwicklung von Software für Trainigssimulatoren.

Adresse: *Linde AG, Werksgruppe VA, Abt. IPV,*
         Dr.-Carl-von-Linde-Str. 6, D-82049 Höllriegelskreuth

Reinhart Kühne studierte Physik an der Universität Stuttgart und promovierte dort 1974 bei Professor Haken in theoretischer Physik. Nach der Assistentenzeit an den Universitäten Stuttgart und Ulm begann er 1980 als Laborleiter am AEG Forschungsinstitut (später Daimler-Benz Forschungsinstitut) in Ulm mit dem Aufbau einer Gruppe für verkehrstechnische Systemberatung, die er 1990 in die Verkehrstechnik Forschungsgruppe der Daimler-Benz Forschung in Stuttgart überführte. Nach einem Gastdozentenaufenthalt an der University of California at Berkeley, Institute of Transportation Studies 1991, übernahm er 1992 die Geschäftsführung des Ingenieurbüros Steierwald Schönharting und Partner GmbH. Sein Hauptarbeitsgebiet liegt in der Anwendung neuer Technologien zur Verkehrssteuerung incl. der Verkehrsflußmodellierung und der Entwicklung von Algorithmen zur Beeinflussung des Verkehrs in städtischen Netzen und auf Außerortstraßen.

Adresse: *Steierwald Schönharting und Partner GmbH,*
         Heßbrühlstr. 21c, D-70565 Stuttgart

Peter Lory studierte Mathematik und Informatik an der Technischen Universität München, wo er im Fach Mathematik bei Professor Bulirsch promovierte und habilitierte. Längere Forschungsaufenthalte führten ihn an die State University of New York at Stony Brook und an die University of California, San Diego. Mehrere Jahre arbeitete er in einer Firma des verfahrenstechnischen

Anlagenbaus (Linde AG). Seit 1992 ist er Professor im Fachbereich Informatik/Mathematik der Fachhochschule München. Seine Hauptarbeitsgebiete sind mathematische Modellierung und numerische Simulation.

Adresse: *Fachhochschule München, Postfach 200113, D-80001 München*
Email: `lory@f7wap5.informatik.fh-muenchen.de`

Katja Nieselt-Struwe studierte Mathematik und Physik an der Universität Göttingen und an der University of California in San Diego, USA. Seit 1988 arbeitet sie bei Manfred Eigen am Max-Planck-Institut für biophysikalische Chemie in Göttingen auf dem Gebiet der Evolutionstheorie und promovierte 1992 in Mathematik an der Universität Bielefeld. Seit 1992 ist sie als Post-Doc bei Manfred Eigen angestellt und beschäftigt sich mit der Weiterentwicklung von Sequenzanalysemethoden, mit denen sie unter anderem die Evolution von Viren studiert.

Adresse: *Max-Planck-Institut für biophysikalische Chemie, Abt. biochem.*
         Kinetik, Am Fassberg, D-37077 Göttingen
Email: `kniesel@gwdg.de`

Manfred Padberg studierte Mathematik, Physik und Betriebswirtschaftslehre an den Universitäten in Münster und Mannheim und promovierte in Industrial Administration/Operations Research an der Carnegie-Mellon Universität in Pittsburgh, Pennsylvania, USA. Seit 1974 ist er Professor für Operations Research an der New York Universität. Sein Hauptarbeitsgebiet ist die Kombinatorische Optimierung, insbesondere die Entwicklung von effizienten Algorithmen für Null-Eins Programmierungsprobleme. Für seine Forschungsarbeit hat er, unter anderen Auszeichnungen, den Lanchester Preis 1983 der Operations Research Society of America, den Dantzig Preis 1985 der Mathematical Programming Society for Industrial Applied Mathematics und im Jahre 1989 einen Alexander von Humboldt Forschungspreis erhalten.

Adresse: *New York University,*
         MEC 8-68, New York, New York 10012, USA

Axel Reich studierte Mathematik an den Universitäten Göttingen und Hamburg. Während der Assistentenzeit an der Universität Göttingen schloß er Promotion und Habilitation ab und wurde dort zum apl. Professor ernannt. 1982 wechselte es von der Universität zur Kölnischen Rückversicherung als Leiter der Forschungsabteilung. Daneben hält er Vorlesungen über Risikotheorie an der Universität zu Köln. Seine Tätigkeitsfelder sind Anwendung und Entwicklung von risikotheoretischen Verfahren für die Versicherungspraxis.

Adresse: *Kölnische Rückversicherungs-Gesellschaft AG,*
         Theodor-Heuss-Ring 11, D-50668 Köln

Gerhard Reinelt studierte Informatik und Operations Research an der Universität Bonn. An der Universität Augsburg promovierte er in Mathematik und habilitierte sich in Informatik. Nach der Assistentenzeit in Augsburg übernahm er 1992 eine Professur für Informatik an der Universität Heidelberg. Sein Hauptarbeitsgebiet ist die Entwicklung und Analyse von Algorithmen für kombinatorische Optimierungsprobleme.

Adresse: *Institut für Angewandte Mathematik, Universität Heidelberg,*
Im Neuenheimer Feld 294, D-69120 Heidelberg
Email: `Gerhard.Reinelt@IWR.Uni-Heidelberg.De`

Herbert Schorer studierte an der Technischen Universität München die Fachrichtung Maschinenbau. Von 1965 bis 1971 war er in der Zentrale des Siemens-Konzerns mit der Planung und Einführung von numerisch gesteuerten Produktionseinrichtungen beauftragt. Im Jahre 1972 übernahm er eine leitende Funktion im Werk Augsburg, der Fabrik für Großrechner. Seit dem Aufbau des neuen PC-Werkes, das heute zu Siemens-Nixdorf gehört, leitet er die Abteilung Fertigungstechnik mit dem Schwerpunkt Automatisierung und DV-Einsatz.

Adresse: *Siemens Nixdorf Informationssysteme AG, BU PC F1,*
Bürgermeister-Ulrich-Str. 100, D-86199 Augsburg

Rainer Schrader studierte an der Universität Bonn Mathematik. Dort promovierte er 1982 und habilitierte sich 1987 für das Fachgebiet Operations Research. Im Oktober 1987 übernahm er eine Professur für Betriebswirtschaftslehre insbesondere Operations Research an der Universität Bayreuth und 1988 eine Professur für Operations Research an der Universität Bonn. Seit 1990 ist er Inhaber eines Lehrstuhls für Informatik an der Universität zu Köln. Er ist Gründungsmitglied des dortigen Instituts für Informatik und des Zentrums für Paralleles Rechnen. Sein Hauptarbeitsgebiet ist der Entwurf und die Analyse von effizienten Algorithmen für kombinatorische Optimierungsprobleme.

Adresse: *Universität zu Köln, Institut für Informatik,*
Pohligstr. 1, D-50969 Köln
Email: `rschrader@informatik.uni-koeln.de`

Klaus Schröer studierte Mathematik und Informatik an der Freien und an der Technischen Universität Berlin. Nach einer 4-jährigen Industrietätigkeit in den Bereichen Bildverarbeitung und Approximation parametrischen Kurven, arbeitet er seit 1987 am Berliner Fraunhofer-Institut für Produktionsanlagen und Konstruktionstechnik im Gebiet der Robotik, wo er 1993 promovierte. Seine derzeitigen Hauptarbeitsgebiete sind Kinematik und Optimierungsverfahren für nicht-lineare Systeme.

Adresse: *Fraunhofer-Institut für Produktionsanlagen und Konstruktions-*
technik (IPK Berlin), Pascalstr. 8–9, D-10587 Berlin

Andreas Schuppert studierte Physik an der Universität Stuttgart und promovierte in Stuttgart in Mathematik. 1988 wechselte er zur Scientific-

Computing Gruppe in der Zentralforschung der Hoechst AG. Sein Hauptar-
beitsgbiet ist die Modellierung der thermomechanischen Eigenschaften von
Polymeren sowie die Modellierung von reaktiven Prozessen.

Adresse: *ZF/Methoden/Scientific Computing, F821, Hoechst AG,
        D-65926 Frankfurt/M.*
Email: `Schuppert@wia.hoechst-ag.d400.de`

Mechthild Stoer studierte Mathematik und Informatik an den Universitäten
Würzburg und Augsburg, und promovierte 1991 an der Universität Augsburg. Danach wurde sie für drei Jahre als wissenschaftliche Mitarbeiterin
am Konrad-Zuse-Zentrum in Berlin beschäftigt und wechselte 1994 an das
Forschungsinstitut der norwegischen Telekom. Ihr Hauptarbeitsgebiet ist die
kombinatorische Optimierung.

Adresse: *Televerkets Forskningsinstitutt, Postboks 83,
        N-2007 Kjeller, Norwegen*
Email: `mechthild.stoer@nta.no`

Ulrich Weber studierte Medizin an der Universität Frankfurt/Main und
promovierte dort (Physiologie) im Jahre 1968. Nach der Assistentenzeit in
Hanau und Giessen übernahm er eine Professur für klinische und experimentelle Biomechanik 1983 an der Universität Giessen. Seit 1988 ist er Leiter
der Orthopädischen Universitätsklinik der FU Berlin im Oskar-Helene-Heim
sowie Lehrstuhlinhaber für Orthopädie an der FU Berlin. Seine klinischen
Hauptarbeitsgebiete sind Orthopädische Gelenkchirurgie und Endoprothetik,
Wirbelsäulenchirurgie, orthopädische Mikrochirurgie. Seit 1978 besteht eine
intensive wissenschaftliche Zusammenarbeit mit dem Mathematischen Institut der TH Darmstadt im Rahmen zahlreicher wissenschaftlicher Projekte
unter dem Oberbegriff „Mathematik in der Orthopädie".

Adresse: *Orthopädische Universitätsklinik der FU Berlin im Oskar-Helene-
        Heim, Clayallee 229, D-14195 Berlin*

Rainer Wetzel studierte im Anschluß an eine Berufsausbildung in Karlsruhe, Heidelberg und Bielefeld Geodäsie und Mathematik. Er promovierte
über mathematische Probleme der graphischen Darstellung von Ähnlichkeits-
daten, wie sie etwa bei Stammbaumanalysen mittels molekularer Sequenzen
auftreten. Zur Zeit ist er wissenschaftlicher Mitarbeiter am Bielefelder Forschungsschwerpunkt Mathematisierung–Strukturbildungsprozesse.

Adresse: *Forschungsschwerpunkt Mathematisierung-Strukturbildungsprozesse,
        Universität Bielefeld, Postfach 100131, D-33501 Bielefeld*
Email: `wetzel@mathematik.uni-bielefeld.de`

Jürgen Weyer studierte Mathematik und Physik an der Universität zu Köln
sowie Ökologie an der Universität Tübingen. Er promovierte und habilitierte

sich im Fach Mathematik an der Universität zu Köln. Nach seiner Assistentenzeit übernahm er hauptamtlich Professuren an den Universitäten Santiago de Chile, Dortmund und Köln. Im Jahre 1989 wurde er in den Sachverständigenrat der Enquête-Kommission AIDS des Deutschen Bundestages berufen. Professor Weyer leitet heute als verantwortlicher Aktuar das Beratungsunternehmen Risk-Consulting zur Verminderung medizinischer, ökologischer und industrieller Risiken.

Adresse: *Risk-Consulting, Unternehmensberatung für*
Mathematische Modellbildung
An der Kemperwiese 3a
D-51069 Köln
Email: `weyer@mi.uni-koeln.de`

Michael Wulkow studierte Mathematik und Physik in Münster und promovierte als MItarbeiter des Konrad-Zuse-Zentrums für Informationstechnik in Berlin über Algorithmen zur Simulation von Polymerisationsprozessen. 1992 gründete er bei Oldenburg die Firma Computing in Technology (CiT GmbH), die Beratung und Software-Entwicklung bei der Anwendung mathematisch-numerischer Methoden auf anwendungsrelevante Prozesse der Technologie bietet. Der Entwicklungsschwerpunkt von CiT liegt zur Zeit bei der Lösung komplexer Differentialgleichungssysteme in Chemie und Umweltschutz.

Adresse: *Computing in Technology GmbH (CiT),*
Pater-Kolbe-Str. 7, D-26180 Rastede

Mathematische Semesterberichte

Mit den Rubriken:

- Mathematik in philosophischer und historischer Sicht
- Mathematik in Studium und Unterricht
- Mathematik in Forschung und Anwendungen
- Probleme und Lösungen
- Buchbesprechungen

Geschäftsführende Herausgeber:

N. Knoche, J. Schwermer

Bestellungen und Probehefte auf Anforderung

Springer-Verlag
Heidelberger Platz 3
D-14197 Berlin

Springer

Tm.BA95.07.11

Springer-Verlag und Umwelt